http://www.ohm.co.kr / http://www.rnckit.com

Ohm사 · R&C사 홈페이지 안내

OHM사/R&C사 홈페이지를 방문하시면 보다 많은 정보를 얻을 수 있습니다. 앞으로 OHM사/R&C사는 엔지니어들을 위한 학습교재와 최신 기술들을 보급하여 나가는데 최선을 다할 것이며, 엔지니어들이 우대받는 세상이 되도록 선도하여 나가겠습니다.

◀ http://www.ohm.co.kr

http://www.rnckit.com ▶

▶ 도서상품

OHM사에서 발행되는 교재를 직접 구매할 수 있으며, 상품에 따라 정해진 마일리지를 적립하여 드리고, 일정 금액이 적립되면 현금과 동일하게 사용할 수 있습니다.

▶ 키트상품

교재와 관련하여, 부설기관인 R&C사에서 교육용 키트를 제작, 그와 관련된 장비 등의 기자재를 함께 판매하고 있습니다.

▶ 특판상품

교재와 함께 그에 관련된 학습용 키트를 한데 모아 특판 상품으로 구성하여 개별 구입시보다 저렴하게 구입할 수 있도록하여 판매하고 있습니다.

▶ 할인상품

교재 및 R&C사에서 제작되는 학습용 키트상품 중 일부 품목의 할인율을 높혀 매우 저렴한 가격에 판매하고 있습니다.

▶ 커뮤니티

교재 및 학습용 키트에 대한 의문점을 분야별로 세분화된 커뮤니티를 통해 저자들과 관련 분야의 전문가들에게 직접 질문하고 상담할 수 있습니다.

▶ 상품관련 자료실

교재 및 R&C사에서 제작되는 학습용 키트상품 관련 예제소스 등의 본사 상품에 관련된 자료를 열람하고 다운로드 하실 수 있습니다.

E-mail : ohm@ohm.co.kr

OK-MKL25Z 키트

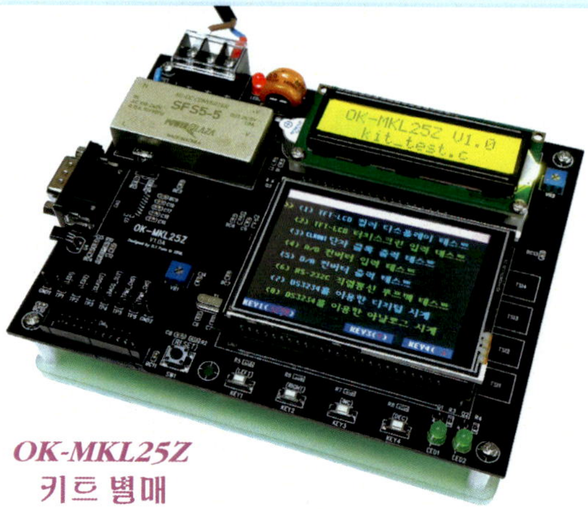

OK-MKL25Z
키트 별매

NXP사의 ARM Cortex-M0+
MKL25Z128VLK4 활용

저 자 : 윤 덕 용
ISBN : 978-89-7101-796-8
판 형 : B5
쪽 수 : 658
가 격 : 38,000원

OK-MKL25Z 키트 V1.0의 설계 사양

항 목	사 양	비 고
CPU	MKL25Z128VLK4	20.97152MHz로 동작
ROM	CPU에 내장된 128KB의 플래시 메모리	프로그램 및 상수 데이터 저장
RAM	CPU에 내장된 16KB의 SRAM	프로그램, 스택, 사용자 데이터 저장
프로그램의 입력/실행	SWD 에뮬레이터를 사용하는 방법	기본으로 USB Multilink Universal 에뮬레이터를 사용
I/O	1. CPU 프로그램용 컨넥터 JTAG 인터페이스용 20핀 컨넥터(CN2) 2. 기본 입출력 장치 (1) 16자×2행 텍스트 LCD 모듈 (2) 320×240픽셀 터치스크린 TFT-LCD 모듈 (3) SPI를 사용한 SD 카드 인터페이스 (4) 4개의 키 입력 스위치(KEY1~KEY4) (5) 4개의 터치 센싱 입력(TSI1~TSI4) (6) 2개의 상태표시 LED(LED1, LED2) (7) +5V용 버저 (8) RS-232C 직렬통신 컨넥터(CN5) 3. 기타 입출력 장치 (1) +5V, +3.3V 전압센서(ADC1, ADC2) (2) 가변저항 VR1에 의한 전압센서(ADC3) (3) LM35DZ 온도센서(U4, ADC4) (4) 1개의 D/A 컨버터 출력(DAC0_OUT) (5) TV 리모컨 수신 회로(U5) (6) SPI를 사용한 DS3234 리얼타임 클록(U6) (7) 6개의 테스트 단자(TP1~TP6)	USB Multilink Universal 에뮬레이터 사용 별도의 *TFT-32A* 보드를 장착 사용 별도의 *TFT-32A* 보드에 내장 표준 9핀 RS-232C 케이블 사용 A/D 입력 범위는 0V~+3.3V 온도측정 범위는 0~100℃ D/A 출력 범위는 0V~+3.3V 2.4V 충전용 NiMH 배터리로 전원 백업
전원	SMPS +5V(키트에서 +3.3V 레귤레이터 사용)	
PCB	160×130mm 양면 에폭시 기판	

NXP사의 ARM Cortex-M0+

MKL25Z128VLK4 활용

(KDS를 사용한 C언어 프로그래밍)

工學博士 尹 德 鏞 著

ARM Cortex-M0+에 대한 기본적인 이해
MKL25Z128VLK4 소자의 철저한 이해
많은 내장 I/O의 구조와 기능에 대한 이해
마이크로컨트롤러 외부 I/O 인터페이스 설계

MKL25Z128VLK4의 기본적인 프로그래밍
TFT-LCD 기본 프로그래밍 기술
TFT-LCD 한글 디스플레이 기술
각종 I/O에 대한 제어 프로그래밍 기술

OK-MKL25Z 키트에서 프로그래밍 실습
C언어를 사용한 프로그램 작성 기술
(무료 C컴파일러 KDS V3.1.0을 사용)
SWD 에뮬레이터에 의한 프로그램 다운로드
(USB Multilink Universal 에뮬레이터 사용)

OK-MKL25Z 키트 별매

Ohm사

이 책에서 사용하는 예제 프로그램은 책 속에 디스켓이나 CD로 제공하지 않고 본사 또는 저자의 인터넷 웹사이트 자료실에 제공합니다. 따라서, 독자 여러분께서는 이를 다운로드하여 퍼스널컴퓨터에 설치, 사용하시기 바랍니다. 이 책에서 사용하는 소프트웨어는 다음과 같습니다.

◉ NXP(구 Freescale)사의 무료 ARM용 C컴파일러 KDS V3.1.0
◉ C언어 예제 프로그램 MKL25Z128VLK4.zip

이 책의 내용이나 *OK-MKL25Z* 키트에 관하여 기술적인 문의사항이 있는 분은 본사 또는 저자의 인터넷 웹사이트에 공개적으로 질문하여 주시면 저자가 직접 신속하고 정확하게 답변해 드리겠습니다. 그러나, 어떤 경우에도 이 책 또는 키트에 관한 기술적인 문제를 저자에게 개인적으로 전화나 메일을 이용하여 질문하시는 것은 정중히 사절합니다.

◉ 본사 웹사이트 : http://www.ohm.co.kr/ 및 http://rnckit.co.kr
◉ 본사 E-mail : ohm@ohm.co.kr
◉ 저자 웹사이트 : http://cafe.naver.com/mcu32bit/
◉ 저자 E-mail : yoon3m@kongju.ac.kr

◉ NXP 지원 카페 : http://cafe.daum.net/kinetis/

머 리 말

ARM 마이크로프로세서의 위세가 날로 확장되고 있다. 1990년대 초에 발표된 이후 급속한 진화를 거쳐서 1990년대 후반부터 널리 소개되기 시작한 ARM은 **32비트 RISC 구조**의 고성능이면서도 **가격**이 매우 싸고 **소비전력**이 적다는 등의 장점을 가지고 있어서 이 분야의 시장에 진입한지 불과 10년도 지나지 않아 고성능 임베디드 프로세서 시장을 거의 장악하였다. ARM이 이처럼 경쟁력이 있는 것은 ARM사가 공통의 CPU 코어를 공급하고 각 반도체 회사에서 여기에 필요한 I/O 기능을 추가하여 소자를 제조함으로써 설계 개발에 필요한 시간과 비용을 절감할 수 있었기 때문이다.

그동안 ARM 마이크로프로세서는 소비전력이 적고 고성능이라는 장점 때문에 휴대용 기기나 통신기기에 압도적으로 많이 사용되어 왔다. 그러나, ARM은 2000년대에 들어서면서 기능과 패키지를 간소화하고 저가격이라는 장점을 앞세워 기존의 16비트나 심지어는 8비트의 마이크로컨트롤러 시장까지 파고들었다. ARM7TDMI 제품군을 중심으로 한 이러한 **스마트 ARM 마이크로컨트롤러**는 가격 대비 성능이나 성능 대비 소비전력 측면에서의 우월성을 바탕으로 일반 MCU 시장에 쉽게 진입하였다.

ARM의 마이크로컨트롤러 시장 공략은 2004년 ARM사에서 **Cortex-M3** 아키텍쳐를 발표하고 최근에 이에 속하는 제품들이 여러 반도체 회사에서 쏟아져 나오면서 더욱 본격화되었다. Cortex-M3는 처음부터 32비트 마이크로컨트롤러로서 설계되었기 때문에 명령처리 속도는 물론이고 인터럽트 처리 기능이나 다양한 I/O 기능이 기존의 마이크로컨트롤러 제품들을 압도하였다. 여기에 2009년에 초저가형의 **Cortex-M0** 시리즈를 추가되고, 2010년에는 부동소수점 연산장치를 내장한 **Cortex-M4** 시리즈, 2012년에 초저전력형의 **Cortex-M0+** 시리즈, 2014년에는 Cortex-M4를 더욱 고성능화한 **Cortex-M7** 시리즈를 발표함으로써 이제는 ARM이 아래로는 8비트 MCU 시장에서부터 위로는 DSP 시장까지도 차례로 점령해나가고 있다.

이 책에서는 NXP사의 Cortex-M0+ 모델인 **MKL25Z128VLK4** 마이크로컨트롤러에 대하여 공부하는데, 저자가 만든 *OK-MKL25Z* 트레이닝 키트를 가지고 NXP사의 **무료 C컴파일러 KDS V3.1.0**을 사용하여 C언어로 프로그램을 작성하고, **USB Multilink 에뮬레이터**를 사용하여 이를 키트에 다운로드하고 실행하는 기술을 익힌다.

이 마이크로컨트롤러는 원래 산업용 및 자동차용 마이크로컨트롤러 시장에서 강자로 군림하였던 미국의 Freescale사에서 개발 판매하였으나 2015년에 이 회사가 네덜란드의 NXP사에 인수 합병되면서 이제부터는 NXP사의 제품으로 바뀌었다. 이 회사들이 서로 통합하기 이전부터 Freescale은 ARM Cortex-M0+/M4/M7 제품을 생산하고 있었고, NXP도 역시 ARM Cortex-M0/M0+/M3/M4 제품을 생산해왔는데, 통합 이후에도 이들 각 제품의 브랜드를 그대로 유지하겠다고 NXP사는 밝히고 있다.

어려운 여건 속에서도 이 책을 출판해주신 Ohm사의 곽종학 사장님과 직원 여러분에게 감사드리는 바이다.

2016년 2월　　저자 尹 德 鏞 씀

차 례

제1장 ARM 마이크로프로세서의 개요

제2장 MKL25Z128VLK4의 기본 구조

제3장 *OK-MKL25Z* 키트의 구조와 기능

제4장 MKL25Z128VLK4의 개발 툴

제5장 MKL25Z128VLK4의 시스템 제어기

제6장 병렬 I/O 포트(GPIO)의 활용

제7장 A/D 컨버터(ADC)의 활용

제8장 D/A 컨버터(DAC)의 활용

제9장 주기적인 인터럽트 타이머(PIT)의 활용

제10장 타이머 및 PWM 모듈(TPM)의 활용

제11장 비동기 직렬통신 포트(UART0)의 활용

제12장 동기 직렬통신 포트(SPI)의 활용

제13장 터치 검출 입력(TSI)의 활용

제1장
ARM 마이크로프로세서의 개요

이 장에서는 ARM(Advanced RISC Machines) 마이크로프로세서의 탄생, 발전 과정, 종류 및 특징에 대하여 알아보고, NXP사에서 LPC라는 브랜드로 출시하고 있는 ARM Cortex-M 시리즈(Cortex-M0/M0+/M3/M4)와 통합 이전의 Freescale사에서부터 출시된 Kinetis 브랜드의 Cortex-M 시리즈(Cortex-M0/M0+/M3/M4/M7)의 모델들을 개괄적으로 정리하여 보기로 한다.

1.1 ARM 마이크로프로세서의 역사 및 특징

(1) ARM 마이크로프로세서의 역사 및 제품군

ARM 계열 마이크로프로세서의 역사는 1985년에 영국의 Acorn Computers사에서 Berkeley 대학의 RISC(Reduced Instruction Set Computer) 프로젝트 결과를 기반으로 하는 세계 최초의 상업용 RISC 마이크로프로세서인 26비트 어드레스, 32비트 데이터에 3단계 파이프 라인 처리 구조를 가지는 ARM(Acorn RISC Machine) v1 코어를 개발하면서 시작되었다. 이것은 불과 25000개 정도의 트랜지스터를 사용하여 인텔의 80286과 비슷하거나 다소 우수한 정도의 성능을 발휘할 수 있었다. 이어서 1987년에는 ARMv1과 유사한 구조를 가지고 있지만 32비트 곱셈기 및 캐시 메모리를 내장하고 보조 프로세서를 지원하는 ARMv2가 개발되었다.

1990년에는 Acorn사의 기술 인력과 Apple Computer사 및 VLSI Technology사의 자본을 가지고 합작으로 새로 ARM(Advanced RISC Machines)사를 설립하고, 1992년에 MMU(Memory Management Unit)를 지원하는 32비트 어드레스의 ARMv3 아키텍쳐(architecture)를 개발하여 ARM6 모델로 Apple사의 PDA 제품에 적용함으로써 ARM 칩이 모바일 임베디드 시장에 본격 진입하게 되었다. 이어서 1996년에 발표된 ARMv4에서는 16비트의 Thumb 모드 명령을 사용할 수 있게 되었고, 현재와 같은 여러가지의 기본적인 ARM 구조를 대부분 갖추게 되었다. 이것의 대표적인 모델 제품군은 ARM7TDMI, ARM8, ARM9나 인텔의 StrongARM 등이다.

ARM사는 계속하여 1999년에 DSP(Digital Signal Processing)나 Jazelle 명령 확장

기능을 가지는 ARMv5를 발표하여 ARM10이나 Xscale 제품군을 탄생시켰고, 2001년에는 Thumb-2 명령과 TrustZone 보안 기능이나 멀티프로세서싱 기능을 가지는 ARMv6을 발표하여 ARM11 및 MP Core 제품군에 적용하도록 하였다.

ARM 아키텍쳐의 버전별 역사와 주요 특징을 요약하면 <표 1.1>과 같다. 그러나, ARM 제품군(family)은 이와 같은 구조에 따른 버전을 따르지 않고 동일한 특징을 가지는 하드웨어 코어를 사용하는지에 따라 ARM1~ARM11로 구분한다. 이중에서 ARM1~ARM6은 처음부터 상품화되지 않았거나 또는 대부분 단종되었으며, 현재는 주로 ARM7, ARM9, ARM10, ARM11 제품군이 사용되고 있는데 이것들의 주요 특징을 요약하면 <표 1.2>와 같다.

〈표 1.1〉 ARM의 역사와 아키텍쳐 버전별 주요 특징

버전	발표 연도	특 징	적용 제품군
ARMv1	1985	최초의 상업용 RISC 프로세서, 26비트 어드레스 사용	ARM1
ARMv2	1987	32비트 곱셈기, 온칩 캐시, 32비트 보조 프로세서 지원	ARM2, ARM3
ARMv3	1992	MMU 지원, 32비트 어드레스 사용, 64비트 MAC	ARM6, ARM7
ARMv4	1996	Thumb 모드 명령 추가, 26비트 어드레스 기능 폐지	ARM7TDMI, ARM8, ARM9TDMI, StrongARM
ARMv5	1999	MAC 향상, DSP 및 Jazelle 명령 확장 기능 지원	ARM9E/J, ARM10, Xscale
ARMv6	2001	SIMD, Thumb-2, TrustZone, 멀티프로세싱 기능 지원	ARM11, ARM11 MP Core
ARMv7	2004	제품의 브랜드명을 Cortex로 통일하고, 용도에 따라 3가지 코어 제품군으로 나눔	Cortex-A, Cortex-R, Cortex-M

〈표 1.2〉 ARM의 제품군별 주요 특징

	ARM7	ARM9	ARM10	ARM11
발표 연도	1993	1996	1998	2002
파이프라인	3단계	5단계	6단계	8단계/9단계
최고 동작 속도	133 MHz	250 MHz	325 MHz	550 MHz
소비전력	0.25 mW/MHz	0.2 mW/MHz	0.5 mW/MHz	0.6 mW/MHz
명령처리 속도	0.9 MIPS/MHz	1.1 MIPS/MHz	1.35 MIPS/MHz	1.35 MIPS/MHz
기본 아키텍쳐	폰노이만 구조 온칩 캐시	수정된 하버드 구조 명령캐시/데이터캐시	수정된 하버드 구조 명령캐시/데이터캐시	수정된 하버드 구조 명령캐시/데이터캐시
곱셈기	32×8	32×8	32×16	32×16
적용 제품 코어	ARM720T ARM7EJ-S ARM7TDMI ARM7TDMI-S	ARM920T ARM922T ARM926EJ-S ARM946E-S	ARM1020E ARM1022E ARM1026EJ-S	ARM1136J-S ARM1136JF-S ARM1176JZ-S ARM1176JZF-S

그러다가 2004년 ARM사는 새로 ARMv7 아키텍쳐를 기반으로 하는 32비트 마이크로컨트롤러 모델인 Cortex-M3를 발표하면서 마이크로컨트롤러 시장에 본격적으로 뛰어들었다. 즉, 이제까지 주력해왔던 범용 또는 모바일용의 ARM 마이크로프로세서는 Cortex-A라는 브랜드 명칭으로 시리즈화하여 계속 발전시켜 나가고, 새로 진입한 마이크로컨트롤러 제품들은 Cortex-M이라는 브랜드 명칭으로 새로운 시리즈를 구축

하여 나감으로써 이 2가지 계열의 제품들을 동일한 비중으로 가져가겠다는 의지를 분명히 하였다.

(2) ARM 마이크로프로세서의 주요 특징

ARM 마이크로프로세서는 제품군에 따라 사양과 성능이 많이 다르지만, 이것들이 공통적으로 갖는 주요 특징을 요약하면 다음과 같다.

① ARM사는 반도체 제조회사가 아니며 ARM 마이크로프로세서 제품을 직접 만들지 않는다. ARM사는 자신이 설계한 ARM 코어를 IP(Intellectual Property) 라이센스로 제공하며, 이 라이센스를 계약한 반도체 회사는 여기에 자사에서 설계한 I/O 회로를 추가하여 ARM 마이크로프로세서 제품 모델을 생산 판매하게 된다. 그러나, ARM사도 에뮬레이터와 같은 하드웨어 개발 툴이나 C컴파일러와 같은 소프트웨어 개발 툴은 자사 제품을 가지고 있다.

② 가격이 싸다. ARM 마이크로프로세서는 구조가 간단하고, ARM사에서 개발한 코어를 많은 반도체 회사에서 라이센스로 받아 동일하게 사용하므로 개발 비용이 적게 들어 제품의 가격이 싸다. 현재 ARM은 전세계 32비트 임베디드 RISC 시장의 약 75% 이상을 장악하고 있는 것으로 알려져 있는데, 현재까지 약 100여개 이상의 반도체 회사가 ARM사와 라이센스 관계를 맺고 있으며, 우리나라 삼성전자의 경우에도 1994년부터 ARM 코어를 라이센스하여 여러 가지 모델을 생산하고 있다. 현재 삼성전자에서 생산하는 ARM Cortex-A 계열의 제품들은 전세계의 스마트폰 시장에서 압도적인 시장 점유율을 자랑하고 있다.

③ 소비전력이 적다. ARM 마이크로프로세서는 소비전력이 적게 사용되도록 설계하여 빠른 속도에서도 발열이 적고, 이러한 특징은 ARM 모델이 배터리를 전원으로 사용하는 휴대용 모바일(mobile) 기기에서 가장 각광받는 중요한 요인이 되었다.

④ 칩 면적(die size)이 작다. ARM 마이크로프로세서는 적은 트랜지스터의 수를 사용하고 초미세 공정으로 칩 면적이 작게 설계되어 소형화에 유리하고 발열 문제도 적으며 제조 원가도 싸진다.

⑤ 고성능 32비트 RISC 프로세서이다. ARM 마이크로프로세서는 RISC 구조로 되어 있고 캐시 메모리(cache memory)를 내장하며 파이프라인(pipeline) 처리방식으로 명령을 실행하여 평균적으로 1사이클에 1명령을 처리한다. 초기에는 폰노이만(Von

Neumann) 구조를 사용하였으나 ARM7 제품군부터는 수정된 하버드 구조(Modified Harvard Architecture)를 채택하여 명령 페치와 데이터 액세스를 동시에 수행할 수 있도록 개선하였다. 또한, 명령처리 구조를 단순화하기 위하여 모든 데이터 처리나 연산 명령은 내부 레지스터를 중심으로 이루어지며, 레지스터와 메모리 사이의 데이터 이동은 별도의 로드(load) 및 스토어(store) 명령으로 수행한다.

⑥ 많은 범용 레지스터와 효율적인 명령 세트를 가지고 있다. ARM 마이크로프로세서는 32비트의 고정 길이 명령을 가지며, 명령의 종류가 적으나 연산 명령보다는 데이터 이동이나 제어처리 명령이 많고, 대부분의 명령에서 조건부 실행이 가능한 것과 같이 효율적인 명령 세트를 가지고 있다. 16비트의 Thumb 명령을 사용하는 경우에는 메모리에서 코드의 집적 효율을 더욱 높일 수 있어서 적은 메모리와 저소비전력을 필요로 하는 시스템에 적합하다. Cortex-M3 모델부터는 Thumb 명령을 더욱 개선한 Thumb-2 명령을 사용하고 있다.

⑦ 명령 세트를 확장하기가 매우 용이한 구조(ISA ; Instruction Set Architecture)로 되어 있다. ARM 마이크로프로세서는 기본적인 명령 세트 이외에 보조 프로세서(coprocessor)를 이용한 명령 세트 확장이 용이하게 되어 있는데, DSP 보조 프로세서나 VFP 부동소수점 연산 보조 프로세서 등이 이에 해당한다. 이처럼 ARM은 내부 구조가 철저하게 모듈식으로 되어 있어서 제품군에 따라 보조 프로세서는 물론이고 캐시 메모리나 MMU/MPU 또는 Jazelle, TrustZone 등의 기능을 추가로 확장하는 것이 매우 용이하게 수행될 수 있다. Cortex-M4는 DSP 기능과 VFP 부동소수점 연산장치를 내장한 Cortex-M3의 상위 모델이며, Cortex-M7은 Cortex-M4를 더욱 고속화한 모델이다.

⑧ 엔디안 모드를 지원한다. ARM 마이크로프로세서는 각 메모리 번지에 바이트 단위로 명령 코드나 데이터가 저장되는 바이트 머신(byte machine)인데, 4바이트의 워드가 낮은 번지에 LSB(Least Significant Byte)부터 차례로 저장되는 리틀 엔디안(little endian) 방식과 낮은 번지에 MSB(Most Significant Byte)부터 차례로 저장되는 빅 엔디안(big endian) 방식을 모두 지원한다. 그러나, Cortex-M 모델들은 리틀 엔디안 방식으로 고정되어 있다.

메모리에 명령 코드나 데이터를 저장할 때 사용하는 빅 엔디안 방식과 리틀 엔디안 방식을 비교하여 설명하면 <그림 1.1>과 같다. 전통적으로 Intel사의 마이크로프로세서들은 리틀 엔디안 방식을 주로 사용하였으며, Motorola사의 마이크로프로세서들은 빅 엔디안 방식을 주로 사용하였다. Cortex-M 시리즈에서는 리틀 엔디안 방식만을 고정적으로 사용한다.

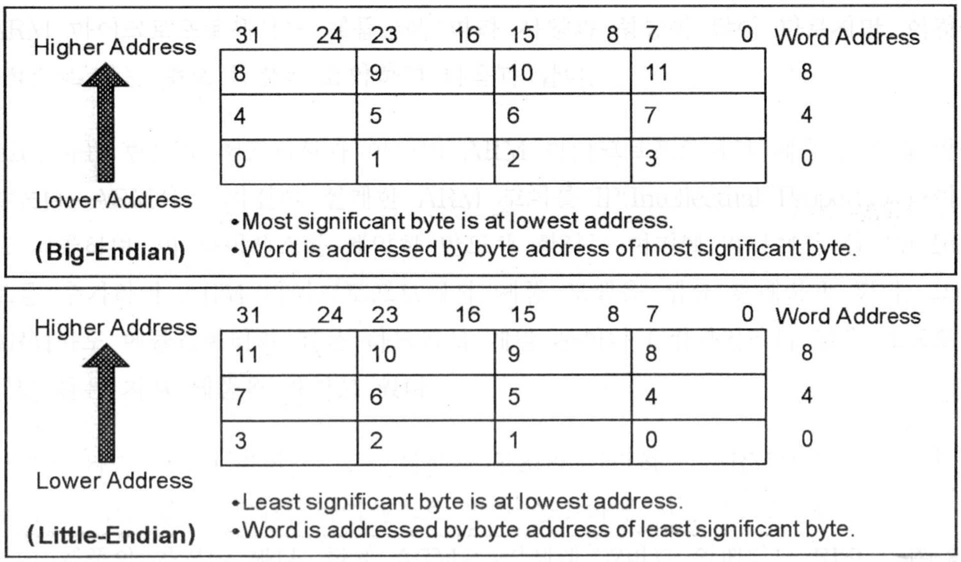

<그림 1.1> 메모리의 빅 엔디안 및 리틀 엔디안 데이터 저장 방식

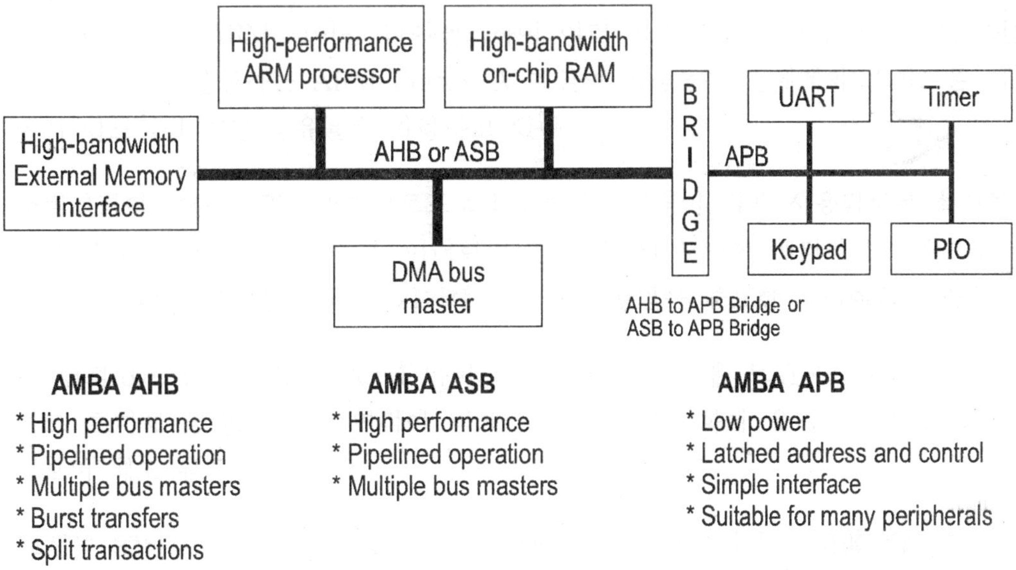

<그림 1.2> ARM의 AMBA 버스

ARM 마이크로프로세서의 내부에서는 고성능의 AMBA(Advanced Microcontroller Bus Architecture) 버스 구조를 사용한다. AMBA 버스에는 <그림 1.2>에 보인 것과 같이 내부 시스템 버스로 사용되는 고성능의 AHB(Advanced High-performance Bus) 및 ASB(Advanced System Bus) 버스와, 이보다는 느리지만 내부의 주변장치를 접속하는 데 유용한 APB(Advanced Peripheral Bus) 버스 등 3가지가 있다. Cortex-M 시리즈에서는 시스템 버스로 AHB 버스를 사용하며, 내부 주변장치에는 APB 버스를 사용하고 있다.

(3) ARM 마이크로프로세서의 응용 분야

ARM사에서 제안하는 ARM 마이크로프로세서 제품의 응용분야는 다음과 같이 크게 3가지로 분류된다.

○ **임베디드 실시간 제어 시스템** - 데이터 저장장치, 자동차, 산업용 기기, 네트웍 장비 등과 같이 운영체제를 탑재하지 않은 프로세서 내장형 실시간 제어 시스템.(오늘날의 Cortex-M 제품이 주로 여기에 해당한다.)

○ **보안 응용 분야** - 스마트 카드, SIM 카드, 화폐 지불 시스템 등과 같이 암호화 처리가 중요한 보안 시스템.(오늘날의 Cortex-M 제품이 주로 여기에 해당한다.)

○ **개방형 응용 플랫폼** - Linux, Palm OS, Symbian OS, Windows CE, Android 등의 운영체제를 탑재하여 다양한 응용 프로그램을 실행할 수 있는 개방형 플랫폼. 휴대용 기기, 오락기기, 디지털 영상처리 장비 등에 사용됨.(오늘날의 Cortex-A 제품이 주로 여기에 해당한다.)

오늘날 Cortex-A 계열에 해당하는 ARM 마이크로프로세서는 저전력소비와 고성능이 중요한 휴대용 통신기기나 네트웍 장비에 가장 널리 사용되고 있다. 휴대용 기기는 전원으로서 배터리를 사용하기 때문에 소비전력이 적은 것이 중요하며, 대부분의 휴대용 통신기기는 고속의 무선통신이나 디지털 영상처리 목적으로 사용하기 때문에 고성능이 중요한 요소가 된다.

그런데, 이러한 휴대용 통신기기는 대용량의 데이터를 처리하고 운영체제까지 탑재하는 경우가 많기 때문에 ARM 마이크로프로세서의 외부에 대용량의 플래시 메모리 또는 DRAM을 인터페이스하게 되므로 외부 시스템 버스가 필수적으로 요구된다. 또한, 휴대용 통신기기에는 그래픽 처리용의 TFT-LCD를 사용하는 경우가 많으므로 여기에 전용의 소자를 사용하지 않고 ARM 마이크로프로세서가 이를 직접 제어하게 되면 경제적으로나 제품의 경박단소화에 유리해진다.

이러한 이유로 ARM 마이크로프로세서는 시간이 갈수록 점점 더 높은 성능이 요구되고 메모리나 TFT-LCD 및 기타 외부 입출력 장치를 구동할 수 있도록 엄청나게 많은 핀수가 필요하였다. 이러한 요구에 부응하여 ARM 마이크로프로세서는 점점 고성능화 및 대형화로 치달아 현재는 1GHz가 넘는 클록 속도에 400개가 넘는 핀을 가지는 모델까지 출시되고 있으며, 따라서 외부 패키지는 거의 대부분 매우 작은 크기의 BGA형을 사용하고 있어서 아마추어 사용자들은 이 소자를 납땜하는데도 적지 않은 어려움을 겪게 된다.

그러나, Cortex-M에 해당하는 임베디드 시스템의 마이크로컨트롤러에서는 이와 같이 높은 성능과 다양한 기능을 가지는 방대한 모델은 오히려 거추장스러울 경우가 많다. 보통의 마이크로컨트롤러에서는 외부에 대규모 메모리를 인터페이스하기 보다는 내부에 적절한 용량의 플래시 메모리나 SRAM을 내장하여 시스템의 설계를 간단히 하고 사용자 프로그램을 쉽게 다운로드하는 것이 중요할 때가 많다. 또한, 외부에 TFT-LCD를 직접 구동하도록 인터페이스하여 사용하는 경우도 드물고 필요한 I/O는 칩에 내장하여 외부 인터페이스를 최소한으로 줄임으로써 전체적으로 스마트한 컨트롤러 시스템을 지향하는 경향이 있다.

이것들은 대부분 외부에 시스템 버스를 가지고 있지 않아 핀수를 적게 하였고, 따라서 수십개 또는 이보다 약간 많은 정도의 핀을 갖는 QFP형 패키지가 많으므로 아마추어들도 어렵지 않게 납땜할 수 있다. 외부에 시스템 버스가 없는 대신에 여러가지 용량의 플래시 메모리와 SRAM을 마이크로컨트롤러 소자에 내장하고 있는 모델들이 시리즈로 출시되고 있으며, 이 내부 메모리에는 USART, SPI, USB 등의 통신을 사용하여 간편하게 사용자 프로그램을 다운로드하는 ISP(In-System Programming) 또는 IAP(In-Application Programming) 기능을 가지고 있다. 또한, 이러한 ARM 마이크로컨트롤러는 모델에 따라 내부에 다양한 I/O 기능을 내장하고 있어서 웬만한 응용분야에는 특별한 외부 인터페이스를 추가하지 않고 이 소자 1개만을 사용하여 충분하게 컨트롤러를 구성할 수 있게 된다.

2004년 Cortex-M3을 시작으로 발표되기 시작한 이러한 마이크로컨트롤러는 기존의 ARM이 갖는 장점을 유지하면서 Thumb 및 Thumb-2 명령을 사용하여 프로그램 메모리 사용의 효율을 높이고 C언어를 사용하여 편리하게 프로그램이 가능하도록 하는 등 사용자 편의성을 향상시켰다. 출시된지 몇년만에 현재까지 Cortex-M 시리즈가 마이크로컨트롤러 시장에서 세력을 확대해나가는 속도는 눈부시다. 고성능 응용 분야를 표방하는 Cortex-M3 이외에도 Cortex-M0/M0+는 8비트 시장에서의 경쟁력을 위하여 더욱 저가격화한 모델이며, Cortex-M4/M7은 DSP 기능과 VFP 부동소수점 연산 장치를 내장한 Cortex-M3의 고성능 상위 모델이다. 현재 가장 낮은 가격의 Cortex-M0/M0+ 모델은 1달러 이하 수준이므로 성능은 물론이고 가격면에서도 8비트 마이크로컨트롤러와 충분히 경쟁이 되고 있다. 또한, Cortex-M4/M7은 높은 처리 성능과 저렴한 가격을 바탕으로 기존의 DSP 시장을 빠르게 잠식하고 있다.

이 책에서는 ARM 마이크로프로세서를 공부하는 것이 목적이지만 휴대용 통신기기를 염두에 두고 만들어진 방대한 BGA형의 범용 ARM 마이크로프로세서에는 그다지 관심이 없으며, 내부에 플래시 메모리와 SRAM을 가지고 있어서 사용자 프로그램의 다운로드가 가능하고, 주로 외부 시스템 버스는 갖지 않으며, 다양한 I/O를 내장하고 있으면서도 핀 수가 수십 개에서 200개 정도로 적어 LQFP형의 패키지로 되어 있는 Cortex-M0/M0+/M3/M4/M7 시리즈의 마이크로컨트롤러에 대하여 공부하고자 한다. 이와 같은 모델은 내부 메모리 맵이 고정되어 있어서 사용자가 프로그램을 작성할 때 스타트업 코드 작성에 특별히 신경을 쓰지 않아도 된다는 것도 장점이다.

(4) ARM Cortex-M 계열의 마이크로컨트롤러

2004년 ARM사는 ARM11로 대표되는 ARMv6 아키텍쳐의 후속으로 ARMv7 아키텍쳐를 발표하면서 제품군을 ARM12가 아니라 Cortex라는 통합 브랜드명으로 사용하였다. 즉, 기존의 ARM 대신에 Cortex라는 통합 브랜드를 사용하면서 아키텍쳐와 코어 제품군을 크게 <표 1.3>과 같이 3가지 프로파일(profile)로 나누었다.

먼저, ARMv7-A 아키텍쳐를 가진 Cortex-A 코어 제품군은 고성능(high end) 어플리케이션(Application) 플랫폼으로 사용하는 것을 목표로 하며, 기본적으로 리눅스, 윈도우즈 임베디드, 안드로이드 등의 운영체제를 통하여 스마트폰이나 태블릿 컴퓨터 등에 널리 사용되고 있다. 이 제품군은 상대적으로 소비전력이 크며, 고성능의 명령 처리, 메모리 관리 시스템, 자바 지원 기능, 보안 프로그램 지원 기능 등이 중요하다.

ARMv7-R 아키텍쳐를 가진 Cortex-R 코어 제품군은 고성능의 실시간(Real-time) 처리 분야에 사용하는 것을 목표로 하며, 여기서는 낮은 소비전력과 높은 신뢰성이 필수적으로 요구되고 인터럽트 지연 시간이 짧은 것이 중시된다.

ARMv7-M 아키텍쳐를 가진 Cortex-M 코어 제품군은 저가형의 마이크로컨트롤러(Microcontroller) 응용 분야에 사용하는 것을 목표로 하며, 여기서는 낮은 소비전력과 인터럽트 지연 시간이 짧은 것이 요구되고 사용의 편의성과 다양한 I/O 기능이 매우 중시되고 있다. 초저가형의 Cortex-M0 및 초저전력형의 Cortex-M0+와 FPGA용의 Cortex-M1은 모두 ARMv7이 아니라 ARMv6 아키텍쳐를 사용하고 있다. DSP급의 고성능을 지향하는 Cortex-M4/M7은 부동소수점 연산장치(FPU ; Floating-Point Unit)를 내장하고 있어서 빠른 실수 연산이 가능하다.

〈표 1.3〉 ARM Cortex 제품군의 종류 및 특징

ARM 패밀리	ARM 아키텍쳐	ARM 코어	특징	처리 속도
Cortex-A	ARMv7-A	Cortex-A5	VFP, NEON, Jazelle RCT, Thumb/Thumb-2, 1~4 cores.	1.57 DMIPS/MHz per core
		Cortex-A8	(2005년) VFP, NEON, Jazelle RCT, Thumb/Thumb-2, 13-stage superscalar pipeline.	2.0 DMIPS/MHz
		Cortex-A9 MPCore	(2007년) Application profile, VFPv3 FPU, NEON, Thumb/Thumb-2, Jazelle RCT/DBX, out-of-order speculative issue superscalar, 1~4 SMP cores.	2.50 DMIPS/MHz per core
		Cortex-A15 MPCore	(2010년) Application profile, VFPv4 FPU, NEON, Thumb-2, Jazelle RCT/DBX, out-of-order speculative issue superscalar, Large Physical Address Extensions (LPAE), Hardware virtualization, 1~4 SMP cores.	3.5~4.1 DMIPS/MHz per core
Cortex-R	ARMv7-R	Cortex-R4 Cortex-R4F	Real-time profile, Thumb-2, FPU.	1.50 DMIPS/MHz
Cortex-M	ARMv6-M	Cortex-M0 Cortex-M0+	(2009년) Microcontroller profile, Thumb-2 subset. Hardware multiply instruction.(Cortex-M0+는 2012년)	0.9 DMIPS/MHz
		Cortex-M1	(2007년) FPGA targeted, Microcontroller profile, Thumb-2 subset.	0.8 DMIPS/MHz
	ARMv7-M	Cortex-M3	(2004년) Microcontroller profile, Thumb/Thumb-2. Hardware multiply and divide instruction.	1.25 DMIPS/MHz
	ARMv7-ME	Cortex-M4 Cortex-M4F	(2010년) Microcontroller profile, both Thumb/Thumb-2, FPU. Hardware MAC, SIMD and divide instructions.	1.25 DMIPS/MHz 1.27 DMIPS/MHz
	ARMv7-M	Cortex-M7	(2014년) single and double precision FPU. 0~64KB instruction cache and data cache, 6-stage superscalar	2.14 DMIPS/MHz

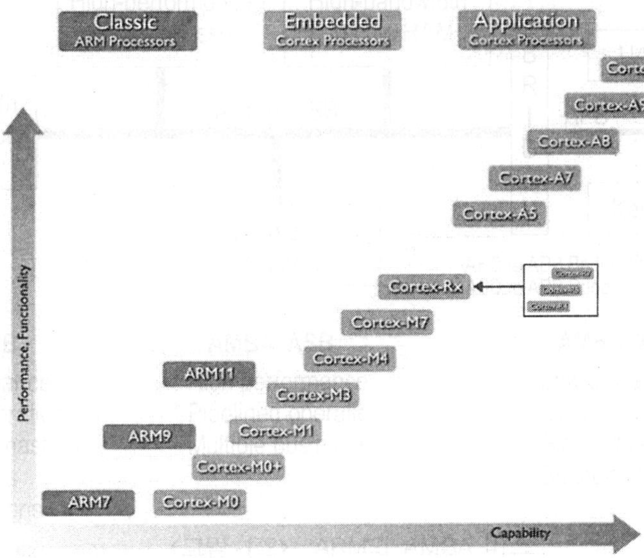

〈그림 1.3〉 ARM 마이크로프로세서 제품군의 분류

ARM사가 ARM 마이크로프로세서의 새로운 제품군을 ARM12로 명명하지 않고 이와 같이 3가지의 서로 다른 코어를 포함하면서도 Cortex라는 단일 브랜드를 사용하는 것으로 정책을 바꾼 것은 향후 점점 복잡해지는 어플리케이션에 효율적으로 대응하면서 제품의 브랜드 인지도를 높여가겠다는 의도로 해석된다. 또한, 기존에는 ARM이 임베디드 시스템에 사용하기 위한 고성능의 범용 마이크로프로세서 모델에만 치중하였으나, 향후에는 고성능 어플리케이션 용도의 Cortex-A 제품군과 동일한 비중으로 Cortex-M 제품군을 가지고 마이크로컨트롤러 시장에 대한 대응을 높여가겠다는 의지의 표현으로도 보인다. 그만큼 마이크로컨트롤러 시장의 규모가 크고 중요하기 때문이다.

여기서 우리가 관심을 갖는 것은 Cortex-M 마이크로컨트롤러 제품군이다. ARM사에서 제공하는 사양을 기준으로 Cortex-M0, Cortex-M0+, Cortex-M3, Cortex-M4, Cortex-M7의 주요 특성을 비교 정리하여 소개하면 <표 1.4>와 같다.

<표 1.4> ARM Cortex-M0/M0+/M3/M4/M7의 특성 비교

	Cortex-M0	Cortex-M0+	Cortex-M3	Cortex-M4	Cortex-M7
Architecture Version	ARMv6-M (Von Neuman)	ARMv6-M (Von Neuman)	ARMv7-M (Havard)	ARMv7-ME (Havard)	ARMv7-M (Havard)
Instruction Set	Thumb, Thumb-2	Thumb, Thumb-2	Thumb, Thumb-2	Thumb, Thumb-2 DSP, SIMD, FPU	Thumb, Thumb-2 DSP, SIMD, FPU
Dhrystone DMIPS/MHz	0.87	0.95	1.25	1.27	2.14
CoreMark/MHz	2.33	2.46	3.34	3.40	5.04
Bus Protocol	AHB Lite	AHB Lite	AHB Lite, APB	AHB Lite, APB	AHB Lite, AXI, APB
Pipeline Stage	3	2	3	3	6
Instruction/Data Cache	No	No	No	No	4~64KB/4~64KB
Number of Interrupts	1~32 + NMI	1~32 + NMI	1~240 + NMI	1~240 + NMI	1~240 + NMI
Interrupt Priority	4	4	8~256	8~256	8~256
Debug	JTAG, SWD	JTAG, SWD	JTAG, SWD	JTAG, SWD	JTAG, SWD
Memory Protection Unit	No	No	Yes(option)	Yes(option)	Yes(option)
Bit Banding Support	No	No	Yes	Yes	Yes
Single Cycle Multiply	Yes(option)	Yes(option)	Yes	Yes	Yes
Hardware Divide	No	No	Yes	Yes	Yes
Single Cycle DSP/SIMD	No	No	No	Yes	Yes
Floating Point Hardware	No	No	No	single precision	single/double precision
CMSIS Support	Yes	Yes	Yes	Yes	Yes
Power Consumption	12.5μW/MHz	9.8μW/MHz	31μW/MHz	32.82μW/MHz	53μW/MHz
Anouncement Year	2009	2012	2004	2010	2014

◀휴게실▶ 마이크로프로세서와 마이크로컨트롤러

(1) 마이크로프로세서

마이크로프로세서(microprocessor, 간단히 μP로 표기)는 컴퓨터의 中央處理裝置(Central Processing Unit ; CPU)를 단일 IC 칩에 집적시켜 만든 반도체 소자로서, 이것은 1971년에 미국의 Intel사에 의하여 세계 최초로 만들어졌으며 오늘날은 이를 흔히 MPU(MicroProcessor Unit)라고 부르기도 한다.

즉, 마이크로프로세서는 CPU의 여러 형태중에서 1개의 소자로 만들어진 종류이므로, 모든 마이크로프로세서는 CPU이지만 모든 CPU가 곧 마이크로프로세서인 것은 아니다. 그러나, 이를 MPU라고 부를 때는 이것이 곧 마이크로프로세서를 의미한다. 이것은 일반 컴퓨터의 중앙처리장치에서 주기억장치를 제외한 연산장치, 제어장치 및 각종 레지스터들을 단지 1개의 IC 소자에 집적시킨 것이므로 연산, 제어, 판단, 기억, 계시(計時), 프로그램에 의한 처리 등의 기본적인 처리기능은 일반 중대형 컴퓨터의 CPU에 비하여 별로 다를 바가 없다.

이같은 마이크로프로세서를 CPU로 사용하여 만든 소형 컴퓨터를 마이크로컴퓨터(microcomputer)라고 한다. 이에 비하여 미니컴퓨터 이상의 중대형 컴퓨터에서는 CPU를 많은 소자를 사용하여 전용으로 설계하게 된다. 마이크로컴퓨터에서처럼 마이크로프로세서를 사용하여 컴퓨터를 설계하면 CPU가 하나의 IC 소자로 간단히 구성되므로 전체 시스템이 소형경량화(小形輕量化)되고, 소비전력이 적어지며, 가격이 낮아질 뿐만 아니라 부품수가 적어서 시스템의 신뢰성이 높아지는 등의 장점을 갖는다.

(2) 마이크로컨트롤러

마이크로프로세서 중에 1개의 칩 내에 CPU 기능은 물론이고 일정한 용량의 메모리(ROM, RAM 등)와 입출력 제어 인터페이스 회로까지를 내장한 것을 특별히 마이크로컨트롤러(microcontroller)라고 부른다. 이것은 마이크로프로세서가 널리 사용되기 시작하면서 1970년대 중반부터 나타난 형태로서 범용의 목적보다는 기기 제어용에 주로 사용되므로 붙여진 이름이며, 이는 1개의 소자만으로 완전한 하나의 컴퓨터 시스템 기능을 갖추고 있으므로 "단일 칩 마이크로컴퓨터(single-chip microcomputer)"라고도 부른다.

제어 응용 시스템에 마이크로컨트롤러를 사용하게 되면 범용 마이크로프로세서나 하드웨어 배선 논리를 사용하는데 비하여 다음과 같은 장점을 얻을 수 있다.

① 제품이 소형경량화된다. 시스템의 컨트롤러 부분이 마이크로컨트롤러 LSI 1개와 극히 소수의 외부 소자들로 간단히 구성되므로 크기와 무게가 현저히 줄어들고 소비전력도 적어진다.
② 제품의 가격이 싸진다. 컨트롤러 부분이 단순화됨에 따라 부품비, 제작비, 개발비가 감소되고, 개발기간도 단축된다.
③ 시스템의 신뢰성이 향상된다. 컨트롤러의 하드웨어가 단순화되어 부품수가 적어지고 고장율이 감소하며 유지보수가 용이해진다.
④ 시스템의 융통성이 커진다. 하드웨어에 의존하는 부분을 소프트웨어로 처리할 수 있게 되므로 기능의 변경이나 확장에 보다 유연하게 대응할 수 있다.

종래의 마이크로컨트롤러는 CPU 기능에다 한정된 용량의 메모리(기본적으로 SRAM과 플래시 메모리를 내장하는 모델이 많음)와 인터럽트 제어기, 직렬 및 병렬 인터페이스, 타이머/카운터 등을 내장하는 정도에 불과하였으나, 최근에는 DMA 제어기와 같은 고성능의 I/O 기능, 다양한 종류의 고속 직렬 통신 기능, A/D 컨버터 및 D/A 컨버터, PWM 출력 기능, 보조기억장치나 카메라 인터페이스 기능 등을 내장하여 각종 제어 분야의 응용 시스템에 사용하기에 보다 편리해지고 있다.

이와 같이 오늘날의 마이크로컨트롤러는 각 응용분야에 적합하도록 여러 반도체 회사에서 매우 많은 종류가 시리즈로 개발 사용되고 있으며, 범용 마이크로프로세서를 지칭하는 MPU와 구별하여 이를 MCU(MicroController Unit 또는 MicroComputer Unit)라고 부르기도 한다. 오늘날 이런 반도체 소자를 지칭하여 "마이컴"이라고 부르는 사례가 있는데 이는 합리적인 근거가 없는 매우 잘못된 표현이다.

그러나, 보통 넓은 의미에서 그냥 마이크로프로세서라고 하면 범용 마이크로프로세서(MPU)는 물론이고 마이크로컨트롤러(MCU)나 RISC 프로세서, DSP 등 CPU의 기능을 갖는 반도체 소자를 모두 지칭하는 포괄적인 개념이 된다.

1.2 NXP사의 ARM Cortex-M 계열 마이크로컨트롤러

현재 ARM Cortex-M 계열의 마이크로컨트롤러 제품을 활발하게 생산하는 회사는 NXP, STMicroelectronics, Atmel, TI(Texas Instruments) 등이 대표적이다. NXP는 2015년에 Freescale을 인수하여 압도적으로 가장 많은 Cortex-M 제품을 가진 반도체 회사가 되었다. 이 회사는 기존 LPC 브랜드의 Cortex-M0/M0+/M3/M4 시리즈 제품에 추가하여 Freescale의 Kinetis 브랜드에 해당하는 Cortex-M0+/M4/M7 제품을 갖게 됨으로써 명실상부하게 Cortex-M 계열의 전제품을 출시하는 회사가 되었다.

STMicroelectronics사도 Cortex-M 계열의 전제품을 출시하여 현재 가장 활발하게 활동하는 회사의 하나이며, Atmel은 2016년에 마이크로칩 테크놀로지에 인수 합병되었지만 변함없이 적극적으로 Cortex-M 계열의 제품을 출시할 것으로 예상되고 있다. TI사도 2009년에 ARM 마이크로프로세서 사업을 강화하기 위하여 Cortex-M3 모델을 세계 최초로 상품화하여 출시하였던 Luminary Micro사를 인수 합병하였다.

여기서는 기존의 Freescale을 포함하는 NXP사의 Cortex-M 계열 제품들을 개략적으로 요약하여 정리하기로 한다.

(1) Cortex-M0 마이크로컨트롤러

Cortex-M0 마이크로컨트롤러는 8051, PIC, AVR 등과 같은 8비트 마이크로컨트롤러와 시장에서 경쟁하기 위하여 ARM사에서 2009년에 발표한 32비트 마이크로컨트롤러이다. 이것은 "32비트의 성능에 8비트급의 가격"을 목표로 내세우면서 저가격을 무기로 하여 기존의 8비트 시장을 크게 위협하며 공략하고 있다. 현재도 Cortex-M0 모델 중에서 기존의 8비트 마이크로컨트롤러보다 더 싼 가격에 출시되는 제품이 많이 있으며, 앞으로 이것들의 가격은 더욱 내려갈 것으로 예상되고 있어서 Cortex-M0와 기존 8비트 마이크로컨트롤러의 싸움은 이미 승부가 결정된 것으로 보아야 한다.

Cortex-M3/M4/M7에서 하버드 구조를 가지는 ARMv7 코어를 사용하는데 비하여 Cortex-M0/M0+는 폰노이만 구조의 ARMv6 코어로 되어 있어서 상대적으로 성능은 다소 떨어지지만, 기존의 8비트 마이크로컨트롤러 시장을 주도해오던 8051, PIC, AVR 시리즈에 비해서는 월등히 우수한 32비트급의 고성능을 자랑한다. Cortex-M0는 이와 같이 Cortex-M3나 Cortex-M4/M7에 비하여 성능은 비교적 낮지만 주변장치는 이것들과 매우 유사하여 8비트급의 경쟁 모델들에 비하면 탁월한 성능과 기능을 갖는다. 결국 기존의 8비트 모델들은 가격, 성능, 주변장치 기능 등에서 크게 뒤지고 있으므로 Cortex-M0와의 경쟁에서 열세를 면하기 어려울 것이다.

Cortex-M0 시리즈의 제품은 2009년부터 NXP에서 활발하게 제품을 개발하여 출시하고 있으며, 이후로 Nuvoton사, STMicroelectronics사, Infineon사도 Cortex-M0 시장에 참여하는 등 이 모델을 생산하는 반도체 회사는 점점 증가하고 있다. NXP에 합병되기 전의 Freescale은 Cortex-M0 제품을 가지고 있지 않았다.

▣ NXP사의 Cortex-M0 마이크로컨트롤러

NXP사는 가장 빠른 2009년부터 Cortex-M0 마이크로컨트롤러 제품을 생산하여 왔으며, 이 회사의 Cortex-M0 제품은 특히 초저가격 모델로 유명하였는데 이것들을 요약하면 <표 1.5>와 같다.

〈표 1.5〉 NXP사 Cortex-M0 계열 제품의 주요 특징 요약

모델명	패키지	속도 [MHz]	플래시 [KB]	SRAM [KB]	EEPROM [KB]	I/O 핀	16/32 비트 타이머	PWM	WDT /RTC	10 비트 ADC	10 비트 DAC	UART	I2C	SPI/ SSP	USB	CAN	전원 [V]	비 고
LPC1101 LPC1102 LPC1104	WLCSP16/25	50	32	2 8 8	-	11/21	2/2	-	1/-	5/6	-	1	1	1/1	-	-	3.3	miniature
LPC1110 LPC1111 LPC1112 LPC1113 LPC1114 LPC1115	DIP28 TSSOP20/28 HVQFN33 LQFP48	50	4 8 16 24 32 64	1 4/2 4/2 4/8 4/8 8	-	16 28 28 42 42 42	2/2 2/2 2/2 2/2 2/2 2/2	-	1/- 1/- 1/- 1/- 1/- 1/-	5 8 8 8 8 8	-	1 1 1 1 1 1	1 1 1 1 1 1	1/1 1/1 1/1 2/2 2/2 2/2	-	-	3.3	LPC1100(X)L 시리즈 (저전력, 저가격)
LPC1101LV LPC1102LV LPC1112LV LPC1114LV	WLCSP25 HVQFN24 HVQFN32	50	32 32 16 32	2 8 4/2 8	-	21 21 27/20 27/20	2/2	-	1/-	8	-	1	1	1/1	-	-	1.8	LPC1100LV 시리즈 (저전압)
LPC11A02 LPC11A04 LPC11A11 LPC11A12 LPC11A13 LPC11A14	WLCSP20 HVQFN32 LQFP48	50	16 32 8 16 24 32	4 8 2 4 6 8	2 4 0.5 1 2 4	18 18 28 42/28 28 42/28	2/2	-	1/-	8	1	1	1	1/1 1/1 2/2 2/2 2/2 2/2	-	-	3.3	아날로그형
LPC11C12 LPC11C14 LPC11C22 LPC11C24	LQFP48	50	16 32 16 32	8 8 8 8	-	40 40 36 36	2/2	-	1/-	8	-	1	1	2/2	-	1	3.3	CAN용
LPC11D14 LPC12D27	LQFP100	50 30	32 128	8 8	-	42 40	2/2	-	1/- 1/1	8	-	1 2	1	2/2 1/1	-	-	3.3	LCD용
LPC11E11 LPC11E12 LPC11E13 LPC11E14 LPC11E36 LPC11E37	HVQFN32 LQFP48 LQFP64	50	8 16 24 32 96 128	4 6 8 10 12 12	0.5 1 2 4 4 4	28 40 40 54/40 54/28 54/40	2/2	-	1/-	8	-	1	1	2/2	-	-	3.3	EEPROM형
LPC11U12 LPC11U13 LPC11U14 LPC11U22 LPC11U23 LPC11U24 LPC11U34 LPC11U35 LPC11U36 LPC11U37	HVQFN32 LQFP48 LQFP64 TFBGA48	50	16 24 32 16 24 32 40 64 96 128	6 6 6 6 6 8/6 8 12/10 54/40 54/40	- - - 1 1 4/2 4 4 4 4	40 40/26 54/40 40 40 40/26 40/26 54/40 54/40 54/40	2/2	-	1/-	8	-	1	1	2/2	1	-	3.3	USB용
LPC1224 LPC1225 LPC1226 LPC1227	LQFP48/64	30	48/32 80/64 96 128	4 8 8 8	-	55/39 55/39 55/39 55/39	2/2	-	1/1	8	-	2	1	1/1	-	-	3.3	산업 컨트롤러용

(2) Cortex-M0+ 마이크로컨트롤러

2009년에 Cortex-M0 마이크로컨트롤러 코어를 발표한 ARM은 2012년에 이를 더욱 발전시킨 Cortex-M0+를 발표하고 Freescale 및 NXP사와 협력하여 즉시 상품화하였다. Atmel과 STMicroelectronics사는 이보다 좀더 늦게 Cortex-M0+ 제품을 출시하였다.

Cortex-M0+는 Cortex-M0와 100% 호환되는 명령세트를 가지고 있으나 소비전력을 더욱 감소시키고 Cortex-M0의 3단계 파이프라인 처리방식을 2단계로 간소화시켜 프로그램 실행 속도를 향상시켰으며, 주변장치의 액세스를 더욱 고속화시켜 GPIO를 1 클록 사이클에 액세스한다. 또한, 인터럽트 벡터 테이블을 재배치 가능(relocatable)하게 바꾸는 등 여러 가지 측면에서 Cortex-M3/M4와 유사한 기능을 채용하고 있는 특징을 가지고 있다.

특히 ARM사에서는 Cortex-M0+가 향후 사물인터넷(IoT ; Internet of Things)에서 중요한 컨트롤러로 사용될 것이라고 강조하고 있다. 이것은 아마 Cortex-M0+가 기존의 Cortex-M0 코어에 비하여 더욱 낮은 소비전력 특성과 더욱 빠른 주변장치 액세스 특성을 갖도록 하여 배터리를 기반으로 하는 통신 컨트롤러에서 사용하기에 적합하도록 만들었기 때문으로 판단된다. 예를 들어 Cortex-M0/M3/M4의 소비전력이 25℃와 1.8V의 동작 조건에서 각각 73, 149, 157 mW/MHz인데 비하여 Cortex-M0+에서는 이것이 52 mW/MHz로 감소하였다.

▣ NXP사의 Cortex-M0+ 마이크로컨트롤러

NXP사의 Cortex-M0+ 계열 제품에는 LPC800 시리즈와 LPC1100 시리즈가 있는데, 이를 요약하면 <표 1.6>과 같다.

〈표 1.6〉 NXP사 Cortex-M0+ 계열 제품의 주요 특징 요약

모델명	패키지	속도 [MHz]	플래시 [KB]	SRAM [KB]	EEPROM [KB]	I/O 핀	표준 타이머	PWM	WDT /RTC	12 비트 ADC	10 비트 DAC	아날로그 비교기	UART	I2C	SPI	USB	CAN	전원 [V]	비 고
LPC810 LPC811 LPC812 LPC822 LPC824	DIP8 S020 TSSOP16/20 HVQFN32	30	4 8 16 16 32	1 2 4 4 8	-	6 14 18/14 29/16 29/16	5 5 6 6 6	4 4 4 8 8	1/-	- - - 12/5 12/5	-	1	2 2/3 3 3 3	1 1 1 4 4	1 1/2 2 2 2	-	-	3.3	low power형
LPC11E66 LPC11E67 LPC11E68	LQFP48/64 LQFP100	50	64 128 256	12 20 36	4 4 4	36 80/36 80/36	6	14 19 19	1/1	8 12/8 12/8	-	-	4 5/4 5/4	2	2	-	-	3.3	EEPROM형
LPC11U66 LPC11U67 LPC11U68	LQFP48/64 LQFP100	50	64 128 256	12 16 32	4 4 4	34 80/34 80/34	11	14 14 17	1/1	8 12/8 12/8	-	-	3 5/3 5/3	2	2	1	-	3.3	USB용

▣ Freescale에서 NXP로 넘어온 Cortex-M0+ 마이크로컨트롤러

NXP와 통합되기 전부터 Freescale에서 생산하던 Cortex-M0+ 제품에는 초저전력용(ultra-low power)의 L시리즈, 계측용(metrology)의 M시리즈, 전동기 제어용의 V시리즈, 5V 전원용의 E시리즈, 자동차용(automotive)의 EA시리즈 등이 다양하게 갖추어져 있는데, 이중에서 L시리즈 제품의 특징을 요약하면 <표 1.7>과 같다. 이 회사는 모든 Cortex-M 시리즈에 대하여 다음과 같은 원칙으로 용도에 따라 제품군(family)을 분류하고 있으며, 모델명을 정하는 기본 원칙을 도시하면 <그림 1.4>와 같다.

K?0x = entry-level 제품
K?1x = baseline(general purpose) 제품
K?2x = USB 제품
K?3x = segment LCD 제품
K?4x = USB 및 segment LCD 제품
K?5x = measurement 제품
K?6x = ethernet LCD 제품
K?7x = graphic LCD 제품
K?8x = scalable 및 secure 제품

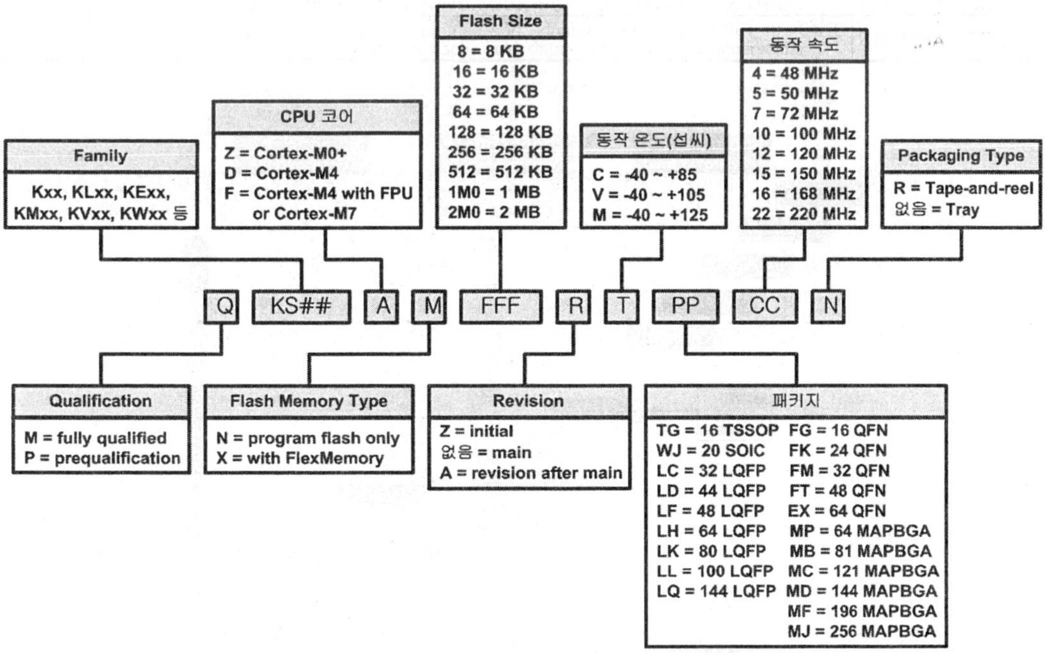

<그림 1.4> Freescale사 Cortex-M 시리즈 제품의 모델명을 정하는 방식

또한, Freescale사에서 만드는 Cortex-M0+ 모델인 L시리즈와 Cortex-M4 모델인 K 시리즈의 세부 제품군 체계도는 <그림 1.5>와 같고, 이중에서 Cortex-M0+ 모델인 L시리즈만을 다시 정리하면 <그림 1.6>과 같다.

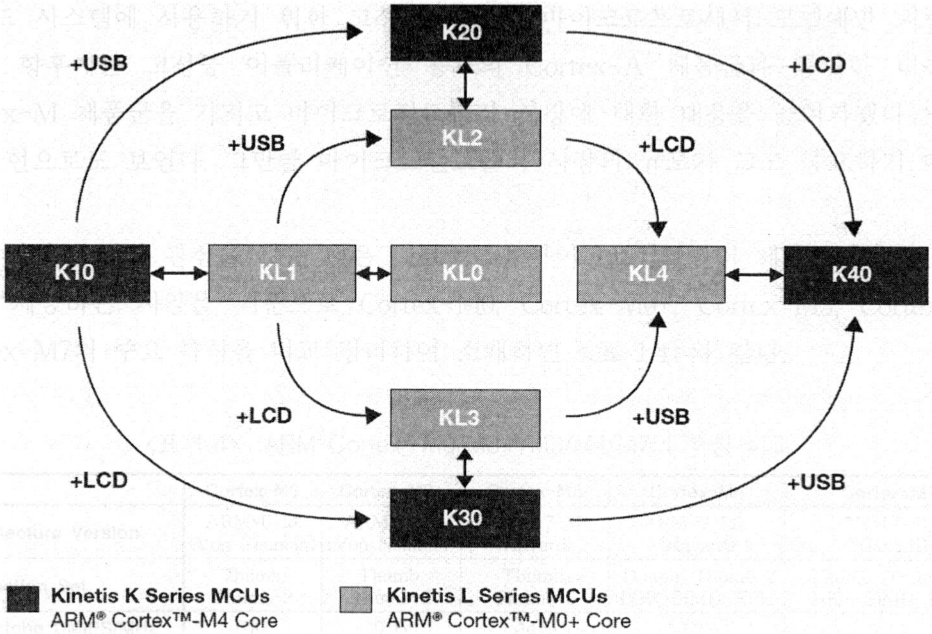

<그림 1.5> Freescale사 Cortex-M0+ 및 Cortex-M4 제품군의 체계도

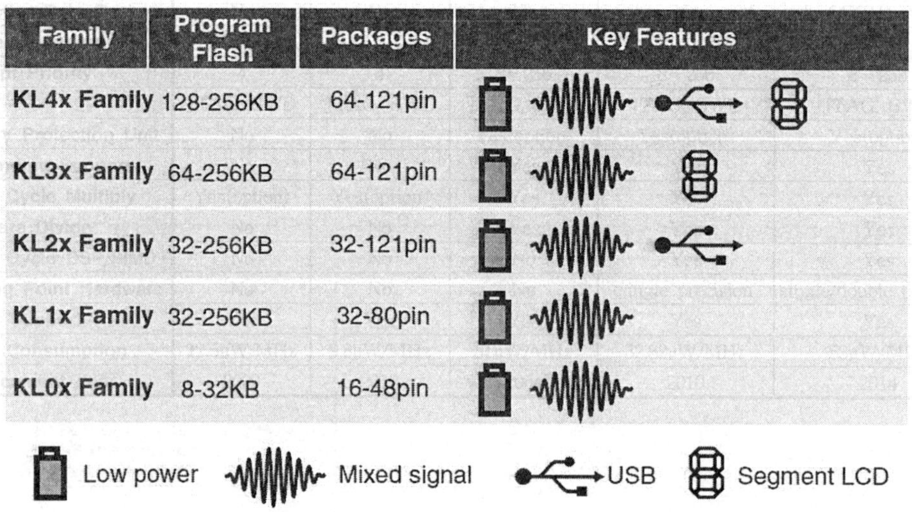

<그림 1.6> Freescale사 Cortex-M0+ 제품군의 체계도

<표 1.7> Freescale사 Cortex-M0+ 계열 제품(L시리즈)의 주요 특징 요약

모델명	패키지	속도 [MHz]	플래시 [KB]	SRAM [KB]	캐시 [B]	DMA	GPIO	RTC/워치독	32비트 타이머	TSI	12비트 ADC	아날로그 비교기	12비트 DAC	저전력 UART	UART	SPI	I2C	USB	전원 [V]	비고
MKL02Z8VFG4	QFN16		8	1	32	-	14	-/1	-	-	6	2	-				2			
MKL02Z16VFG4	QFN16		16	2	32	-	14	-/1	-	-	6	2	-				2			
MKL02Z32VFG4	QFN16		32	4	32	-	14	-/1	-	-	6	2	-				2			
MKL02Z16VFK4	QFN24		16	2	32	-	22	-/1	-	-	12	4	-				2			
MKL02Z32VFK4	QFN24		32	4	32	-	22	-/1	-	-	12	4	-				2			
MKL02Z16VFM4	QFN32		16	2	32	-	28	-/1	-	-	14	4	-				2			
MKL02Z32VFM4	QFN32		32	4	32	-	28	-/1	-	-	14	4	-				2			
MKL03Z8VFG4	QFN16		8	2	-	-	14	1/1	-	-	4	4	-				2			
MKL03Z16VFG4	QFN16		16	2	-	-	14	1/1	-	-	4	4	-				2			
MKL03Z32VFG4	QFN16		32	2	-	-	14	1/1	-	-	4	4	-				2			
MKL03Z8VFK4	QFN24		8	2	-	-	22	1/1	-	-	7	5	-				2			
MKL03Z16VFK4	QFN24		16	2	-	-	22	1/1	-	-	7	5	-				2			
MKL03Z32VFK4	QFN24		32	2	-	-	22	1/1	-	-	7	5	-				2			
MKL04Z8VFK4	QFN24		8	1	64	4	22	1/1	2	-	12	4	-				1			
MKL04Z16VFK4	QFN24		16	2	64	4	22	1/1	2	-	12	4	-				1			
MKL04Z32VFK4	QFN24		32	4	64	4	22	1/1	2	-	12	4	-				1			
MKL04Z8VLC4	LQFP32		8	1	64	4	28	1/1	2	-	14	4	-				1			Entry-level MCU
MKL04Z16VLC4	LQFP32	48	16	2	64	4	28	1/1	2	-	14	4	-	1	-	1	1	-	1.8/3.3	
MKL04Z32VLC4	LQFP32		32	4	64	4	28	1/1	2	-	14	4	-				1			
MKL04Z8VFM4	QFN32		8	1	64	4	28	1/1	2	-	14	4	-				1			
MKL04Z16VFM4	QFN32		16	2	64	4	28	1/1	2	-	14	4	-				1			
MKL04Z32VFM4	QFN32		32	4	64	4	28	1/1	2	-	14	4	-				1			
MKL04Z16VLF4	LQFP48		16	2	64	4	41	1/1	2	-	14	4	-				1			
MKL04Z32VLF4	LQFP48		32	4	64	4	41	1/1	2	-	14	4	-				1			
MKL05Z8VFK4	QFN24		8	1	64	4	22	1/1	2	8	12	4	1				1			
MKL05Z16VFK4	QFN24		16	2	64	4	22	1/1	2	8	12	4	1				1			
MKL05Z32VFK4	QFN24		32	4	64	4	22	1/1	2	8	12	4	1				1			
MKL05Z8VLC4	LQFP32		8	1	64	4	28	1/1	2	12	14	4	1				1			
MKL05Z16VLC4	LQFP32		16	2	64	4	28	1/1	2	12	14	4	1				1			
MKL05Z32VLC4	LQFP32		32	4	64	4	28	1/1	2	12	14	4	1				1			
MKL05Z8VFM4	QFN32		8	1	64	4	28	1/1	2	12	14	4	1				1			
MKL05Z16VFM4	QFN32		16	2	64	4	28	1/1	2	12	14	4	1				1			
MKL05Z32VFM4	QFN32		32	4	64	4	28	1/1	2	12	14	4	1				1			
MKL05Z16VLF4	LQFP48		16	2	64	4	41	1/1	2	12	14	4	1				1			
MKL05Z32VLF4	LQFP48		32	4	64	4	41	1/1	2	12	14	4	1				1			
MKL13Z32VFM4	QFN32		32	4			28			-	16/9	3	1	2	-					
MKL13Z64VFM4	QFN32		64	8			28			-	16/9	3	1	2	-					
MKL13Z32VFT4	QFN48		32	4			40			-	16/15	4	1	2	-					
MKL13Z64VFT4	QFN48		64	8			40			-	16/15	4	1	2	-					
MKL13Z32VLH4	LQFP64		32	4			54			-	16/16	6	1	2	-					
MKL13Z64VLH4	LQFP64		64	8			54			-	16/16	6	1	2	-					
MKL13Z32VMP4	BGA64		32	4			54			-	16/16	6	1	2	-					
MKL13Z64VMP4	BGA64		64	8			54			-	16/16	6	1	2	-					
MKL13Z32VLK4	LQFP80		32	4			70			-	16/16	6	1	2	-					
MKL13Z64VLK4	LQFP80		64	8			70			-	16/16	6	1	2	-					
MKL14Z32VFM4	QFN32		32	4			28			-	9	3	-	1	2					
MKL14Z64VFM4	QFN32		64	8			28			-	9	3	-	1	2					
MKL14Z32VFT4	QFN48		32	4			40			-	15	4	-	1	2					
MKL14Z64VFT4	QFN48		64	8			40			-	15	4	-	1	2					
MKL14Z32VLH4	LQFP64		32	4			54			-	16	6	-	1	2					
MKL14Z64VLH4	LQFP64		64	8			54			-	16	6	-	1	2					
MKL14Z32VLK4	LQFP80		32	4			70			-	16	6	-	1	2					
MKL14Z64VLK4	LQFP80		64	8			70			-	16	6	-	1	2					
MKL15Z32VFM4	QFN32		32	4			28			9	16/9	3	1	1	2					
MKL15Z64VFM4	QFN32		64	8			28			9	16/9	3	1	1	2					
MKL15Z128VFM4	QFN32	48	128	16	64	4	28	1/1	2	9	16/9	3	1	1	2	2	2	-	1.8/3.3	Baseline MCU
MKL15Z32VFT4	QFN48		32	4			40			14	16/15	4	1	1	2					
MKL15Z64VFT4	QFN48		64	8			40			14	16/15	4	1	1	2					
MKL15Z128VFT4	QFN48		128	16			40			14	16/15	4	1	1	2					
MKL15Z32VLH4	LQFP64		32	4			54			16	16/16	6	1	1	2					
MKL15Z64VLH4	LQFP64		64	8			54			16	16/16	6	1	1	2					
MKL15Z128VLH4	LQFP64		128	16			54			16	16/16	6	1	1	2					
MKL15Z32VLK4	LQFP80		32	4			70			16	16/16	6	1	1	2					
MKL15Z64VLK4	LQFP80		64	8			70			16	16/16	6	1	1	2					
MKL15Z128VLK4	LQFP80		128	16			70			16	16/16	6	1	1	2					
MKL16Z32VFM4	QFN32		32	4			28			9	16/9	3	1	1	2					
MKL16Z64VFM4	QFN32		64	8			28			9	16/9	3	1	1	2					
MKL16Z128VFM4	QFN32		128	16			28			9	16/9	3	1	1	2					
MKL16Z32VFT4	QFN48		32	4			40			14	16/15	4	1	1	1					
MKL16Z64VFT4	QFN48		64	8			40			14	16/15	4	1	1	1					
MKL16Z128VFT4	QFN48		128	16			40			14	16/15	4	1	1	1					
MKL16Z32VLH4	LQFP64		32	4			54			16	16/16	6	1	1	1					
MKL16Z64VLH4	LQFP64		64	8			54			16	16/16	6	1	1	1					
MKL16Z128VLH4	LQFP64		128	16			54			16	16/16	6	1	1	1					
MKL16Z256VLH4	LQFP64		256	32			54			16	16/16	6	1	1	2					
MKL16Z256VMP4	BGA64		256	32			54			16	16/16	6	1	1	2					

<표 1.7> Freescale사 Cortex-M0+ 계열 제품(L시리즈)의 주요 특징 요약(계속)

모델명	패키지	속도 [MHz]	플래시 [KB]	SRAM [KB]	캐시 [B]	DMA	GPIO	RTC/워치독	32비트 타이머	TSI	12비트 ADC	아날로그 비교기	12비트 DAC	저전력 UART	UART	SPI	I2C	USB	전원 [V]	비고
MKL24Z32VFM4	QFN32	48	32	4	64	4	23	1/1	2	-	7	3	-	1	2	2	2	1	1.8/3.3	with USB
MKL24Z64VFM4	QFN32		64	8			23			-	7	3	-							
MKL24Z32VFT4	QFN48		32	4			36			-	13	4	-							
MKL24Z64VFT4	QFN48		64	8			36			-	13	4	-							
MKL24Z32VLH4	LQFP64		32	4			50			-	14	6	-							
MKL24Z64VLH4	LQFP64		64	8			50			-	14	6	-							
MKL24Z32VLK4	LQFP80		32	4			66			-	14	6	-							
MKL24Z64VLK4	LQFP80		64	8			66			-	14	6	-							
MKL25Z32VFM4	QFN32		32	4			23			9	16/7	3	1							
MKL25Z64VFM4	QFN32		64	8			23			9	16/7	3	1							
MKL25Z128VFM4	QFN32		128	16			23			9	16/7	3	1							
MKL25Z32VFT4	QFN48		32	4			36			14	16/13	4	1							
MKL25Z64VFT4	QFN48		64	8			36			14	16/13	4	1							
MKL25Z128VFT4	QFN48		128	16			36			14	16/13	4	1							
MKL25Z32VLH4	LQFP64		32	4			50			16	16/14	6	1							
MKL25Z64VLH4	LQFP64		64	8			50			16	16/14	6	1							
MKL25Z128VLH4	LQFP64		128	16			50			16	16/14	6	1							
MKL25Z32VLK4	LQFP80		32	4			66			16	16/14	6	1							
MKL25Z64VLK4	LQFP80		64	8			66			16	16/14	6	1							
MKL25Z128VLK4	LQFP80		128	16			66			16	16/14	6	1							
MKL26Z32VFM4	QFN32		32	4			23			9	16/7	3	1							
MKL26Z64VFM4	QFN32		64	8			23			9	16/7	3	1							
MKL26Z128VFM4	QFN32		128	16			23			9	16/7	3	1							
MKL26Z32VFT4	QFN48		32	4			36			14	16/10	4	1							
MKL26Z64VFT4	QFN48		64	8			36			14	16/10	4	1							
MKL26Z128VFT4	QFN48		128	16			36			14	16/10	4	1							
MKL26Z32VLH4	LQFP64		32	4			50			14	16/10	4	1							
MKL26Z64VLH4	LQFP64		64	8			50			14	16/10	4	1							
MKL26Z128VLH4	LQFP64		128	16			50			14	16/10	4	1							
MKL26Z256VLH4	LQFP64		256	32			50			16	16/8	6	1							
MKL26Z128VMP4	BGA64		128	16			50			16	16/8	6	1							
MKL26Z256VMP4	BGA64		256	32			50			16	16/8	6	1							
MKL26Z128VLL4	LQFP100		128	16			80			16	16/4	6	1							
MKL26Z256VLL4	LQFP100		256	32			80			16	16/4	6	1							
MKL26Z128VMC4	BGA121		128	16			80			16	16/4	6	1							
MKL26Z256VMC4	BGA121		256	32			80			16	16/4	6	1							
MKL33Z32VFT4	QFN48	48	32	4	64	4	40	1/1	2	-	16/14	6	1	2	1	2	2	-	1.8/3.3	with segment LCD
MKL33Z64VFT4	QFN48		64	8			40			-	16/14	6	1	2	1					
MKL33Z32VLH4	LQFP64		32	4			54			-	16/16	6	1	2	1					
MKL33Z64VLH4	LQFP64		64	8			54			-	16/16	6	1	2	1					
MKL33Z128VLH4	LQFP64		128	16			54			-	16/16	3	1	2	1					
MKL33Z256VLH4	LQFP64		256	32			54			-	16/16	3	1	2	1					
MKL33Z32VMP4	BGA64		32	4			54			-	16/16	6	1	2	1					
MKL33Z64VMP4	BGA64		64	8			54			-	16/16	6	1	2	1					
MKL33Z128VMP4	BGA64		128	16			54			-	16/16	3	1	2	1					
MKL33Z256VMP4	BGA64		256	32			54			-	16/16	4	1	2	1					
MKL33Z32VLK4	LQFP80		32	4			70			-	16/16	6	1	2	1					
MKL33Z64VLK4	LQFP80		64	8			70			-	16/16	6	1	2	1					
MKL34Z64VLH4	LQFP64		64	8			54			-	16/16	6	-	1	2					
MKL34Z64VLL4	LQFP100		64	8			84			-	16/16	6	-	1	2					
MKL36Z64VLH4	LQFP64		64	8			54			16	16/16	6	1	1	2					
MKL36Z128VLH4	LQFP64		128	16			54			16	16/16	4	1	1	2					
MKL36Z256VLH4	LQFP64		256	32			54			16	16/16	6	1	1	2					
MKL36Z256VMP4	BGA64		256	32			54			16	16/16	4	1	1	2					
MKL36Z64VLL4	LQFP100		64	8			84			16	16/16	4	1	1	2					
MKL36Z128VLL4	LQFP100		128	16			84			16	16/16	4	1	1	2					
MKL36Z256VLL4	LQFP100		256	32			84			16	16/16	4	1	1	2					
MKL36Z128VMC4	BGA121		128	16			84			16	16/16	6	1	1	2					
MKL36Z256VMC4	BGA121		256	32			84			16	16/16	6	1	1	2					
MKL43Z128VLH4	LQFP64	48	128	16	64	4	50	1/1	2	-	16/14	6	1	1	1	2	2	1	1.8/3.3	with USB and segment LCD
MKL43Z256VLH4	LQFP64		256	32			50			-	16/14	6			1					
MKL43Z128VMP4	BGA64		128	16			50			-	16/14	6			1					
MKL43Z256VMP4	BGA64		256	32			50			-	16/14	6			1					
MKL46Z128VLH4	LQFP64		128	16			50			-	16/14	4			2					
MKL46Z256VLH4	LQFP64		256	32			50			-	16/14	4			2					
MKL46Z256VMP4	BGA64		256	32			50			16	16/14	4			2					
MKL46Z128VLL4	LQFP100		128	16			84			16	16/16	6			2					
MKL46Z256VLL4	LQFP100		256	32			84			16	16/16	6			2					
MKL46Z128VMC4	BGA121		128	16			84			16	16/16	6			2					
MKL46Z256VMC4	BGA121		256	32			84			16	16/16	6			2					

(3) Cortex-M3 마이크로컨트롤러

Cortex-M3는 2004년에 발표된 Cortex-M 계열의 최초 제품이다. 현재 이를 생산하는 회사는 NXP, STMicroelectronics, Atmel, TI 등이 대표적이다.

NXP사는 매우 빠른 2008년부터 Cortex-M3 마이크로컨트롤러 제품을 생산하기 시작하여 현재 매우 활발하게 Cortex-M3 모델을 생산 판매하고 있다. 이 회사는 2009년에 세계 최초로 Cortex-M0 계열을 발표하였으며, 2010년에는 세계 최초로 Cortex-M4 계열의 마이크로컨트롤러 제품을 발표하였다. NXP에 합병되기 전의 Freescale은 Cortex-M3 제품을 가지고 있지 않았다.

〈표 1.8〉 NXP사 Cortex-M3 LPC1300 시리즈 제품의 주요 특징 요약

모델명	패키지	속도 [MHz]	플래시 [KB]	SRAM [KB]	I/O 핀	16/32 비트 타이머	PWM	WDT	10 비트 ADC	10 비트 DAC	LCD	USART /UART	SPI/ SSP	I2S	I2C	Ether-net MAC	USB	CAN	EMC	전원 [V]	비 고
LPC1311	HVQFN33	72	8	4	28	2/2	-	1	8	-	-	0/1	0/1	-	1	-	-	-	-	3.3	low price
LPC1313	LQFP48		32	8	42/28							0/1	0/1								
LPC1315	LQFP64		32	8	40/28							1/0	0/2								
LPC1316			48	8	40/28							1/0	0/2								
LPC1317			64	10	51/40							1/0	0/2								
LPC1342	HVQFN33	72	16	4	42/28	2/2	-	1	8	-	-	0/1	0/1	-	1	-	D	-	-	3.3	low price with USB
LPC1343	LQFP48		32	8	40/28							0/1	0/1				D				
LPC1345	LQFP64		32	8	40/26							1/0	0/2				D				
LPC1346			48	8	40/26							1/0	0/2				D				
LPC1347			64	10	51/40							1/0	0/2				D				

〈표 1.9〉 NXP사 Cortex-M3 LPC1500 시리즈 제품의 주요 특징 요약

모델명	패키지	속도 [MHz]	플래시 [KB]	SRAM [KB]	I/O 핀	16/32 비트 타이머	PWM	WDT	12 비트 ADC	12 비트 DAC	USART	SPI/ SSP	I2S	I2C	Ether-net MAC	USB	CAN	EMC	전원 [V]	비 고
LPC1517	LQFP48/ 64/100	72	64	12	46/32	4/4	4	1	2/24	1	3	2/2	-	1	-	-	1	-	3.3	motion control
LPC1518			128	20	78/46															
LPC1519			256	36	78/46															
LPC1547	LQFP48/ 64/100	72	64	12	44/30	4/4	4	1	2/24	1	3	2/2	-	1	-	D	1	-	3.3	motion control with USB
LPC1548			128	20	76/44											D				
LPC1549			256	36	76/44											D				

〈표 1.10〉 NXP사 Cortex-M3 LPC1700 시리즈 제품의 주요 특징 요약

모델명	패키지	속도 [MHz]	플래시 [KB]	SRAM [KB]	I/O 핀	32 비트 타이머	PWM	WDT	12 비트 ADC	10 비트 DAC	LCD	USART /UART	SPI/ SSP	I2S	I2C	Ether-net MAC	USB	CAN	EMC	전원 [V]	비 고
LPC1751	LQFP80	100	32	8	52	4+1	6	1	6	-	-	0/4	1/2	-	2	-	D	1	-	3.3	80핀 LQFP
LPC1752		100	64	16						-				-		-	D	1			
LPC1754		100	128	32						1				-		-	OTG	1			
LPC1756		100	256	32						1				1		-	OTG	2			
LPC1758		100	512	64						1				1		1	OTG	2			
LPC1759		120	512	64						1				1		-	OTG	2			
LPC1763	LQFP100 TFBGA100	100	256	64	70	4+1	6	1	8	1	-	0/4	1/2	1	3	-	-	-	-	3.3	100핀 LQFP
LPC1764		100	128	32						-				-		1	D	2			
LPC1765		100	256	64						1				1		-	OTG	2			
LPC1766		100	256	64						1				1		1	OTG	2			
LPC1767		100	512	64						1				1		1	-	-			
LPC1768		100	512	64						1				1		1	OTG	2			
LPC1769		120	512	64						1				1		1	OTG	2			
LPC1774	LQFP144 LQFP208 TFBGA180 TFBGA208	120	128	40	165/ 141/ 109	5	6	1	8	1	-	0/4	1/3	1	3	-	D	2	8/32	3.3	208핀 LQFP
LPC1776		120	256	80							-	1/4				1	OTG		16/32		
LPC1777		120	512	96							-	1/4				-	OTG		32		
LPC1778		120	512	96							-	1/4				1	OTG		8/16/32		
LPC1785		120	256	80							1	1/4				-	OTG		32		
LPC1786		120	256	80							1	1/4				1	OTG		32		
LPC1787		120	512	96							1	1/4				-	OTG		32		
LPC1788		120	512	96							1	1/4				1	OTG		8/16/32		

<표 1.11> NXP사 Cortex-M3 LPC1800 시리즈 제품의 주요 특징 요약

모델명	패키지	속도 [MHz]	플래시 [KB]	SRAM [KB]	I/O 핀	32 비트 타이머	PWM	WDT	10 비트 ADC	10 비트 DAC	LCD	USART /UART	SPI/ SSP	I2S	I2C	Ether-net MAC	USB	CAN	EMC	전원 [V]	비 고
LPC1810			-	136													-				
LPC1812			512	104													-				
LPC1813			512	104													-				
LPC1815			768	136													-				
LPC1817	LQFP144	180	1024	136	64	4+1	6	1	2x6	1	-	3/1	0/2	1	2	-	-	1	8/16 bit	3.3	144핀 LQFP
LPC1820	TBGA100		-	168													OTG				
LPC1822			512	104													OTG				
LPC1823			512	104													OTG				
LPC1825			768	136													OTG				
LPC1827			1024	136													OTG				
LPC1830			-	200							-										
LPC1833	LQFP208		512	136							-										
LPC1837	TBGA256	180	1024	136	80	4+1	6	1	2x8	1	-	3/1	0/2	1	2	1	OTG	1	8/16/32 bit	3.3	208핀 LQFP
LPC1850	TBGA180		-	200							1										
LPC1853			512	136							1										
LPC1857			1024	136							1										

NXP사의 Cortex-M3 모델은 LPC1700 시리즈를 중심으로 하여 저가형의 LPC1300 시리즈가 있고, 2010년에는 최고 180MHz로 동작하는 고성능의 LPC1800 시리즈를 발표하였으며, 2014년에는 여기에 모터 제어용의 LPC1500 시리즈를 추가하였다. 이 회사의 LPC1300 시리즈, LPC1500 시리즈, LPC1700 시리즈, LPC1800 시리즈에 해당하는 Cortex-M3 모델 제품들의 주요 특징을 정리하면 <표 1.8>~<표 1.11>과 같다.

(4) Cortex-M4 마이크로컨트롤러

2010년에 발표된 Cortex-M4 마이크로컨트롤러는 Cortex-M3의 상향 호환 모델로서 기본적으로 Cortex-M3의 구조와 유사하며 여기에 DSP(Digital Signal Processor) 기능 및 FPU(Floating-Point Unit)가 추가되어 흔히 DSC(Digital Signal Controller)라고 불린다. 사실 엄밀하게 말하면 Cortex-M3 코어에 DSP 기능이 추가된 것이 Cortex-M4이고, 여기에 FPU가 더 추가된 것이 Cortex-M4F지만, 오늘날 대부분의 반도체 회사에서는 Cortex-M4F 모델을 그냥 Cortex-M4라고 부르는 경향이 있다.

ARM Cortex-M4는 근본적으로 Cortex-M3 코어의 고성능 상향 호환 모델이기 때문에 대부분의 반도체 회사에서는 기존의 Cortex-M3 모델과 핀 배열이 동일하거나 또는 거의 유사하게 만들고 있다. 또한 Cortex-M4 모델이라는 것을 상징하여 대부분 모델명에 "4"라는 숫자가 들어간다.

Cortex-M4 시리즈의 제품은 2010년에 NXP에서 가장 먼저 발표하였으며, 현재까지 Freescale(NXP에 합병), STMicroelectronics, Atmel, TI, Infineon, Nuvoton 등이 앞서거니 뒤서거니 하면서 이 시리즈의 제품들을 출시하여 시장에서 경쟁하고 있다.

▣ NXP사의 Cortex-M4 마이크로컨트롤러

NXP사는 2010년부터 Cortex-M4 마이크로컨트롤러 제품을 생산하기 시작하여 현재 여러 종류의 Cortex-M4 모델을 생산 판매하고 있다. 이 회사의 Cortex-M4 모델에는 LPC4000 패밀리와 LPC4300 패밀리가 있는데, LPC4300 패밀리 모델은 특이하게 Cortex-M0 코어를 함께 내장한 듀얼 코어(dual core) 구조를 가지고 있으며, 최고 204MHz의 고속으로 동작한다. 이와 같이 하나의 반도체 소자에 서로 다른 종류의 Cortex-M 코어를 내장하는 멀티 코어 제품은 다른 회사에서도 종종 출시하고 있다.

NXP사의 Cortex-M4 제품에서 LPC4000 패밀리 모델을 요약하면 <표 1.12>와 같고 LPC4300 패밀리 모델을 요약하면 <표 1.13>과 같다.

<표 1.12> NXP사 Cortex-M4 LPC4000 시리즈 제품의 주요 특징 요약

모델명	패키지	속도 [MHz]	플래시 [KB]	EEPROM [KB]	SRAM [KB]	FPU	I/O 핀	32비트 타이머	PWM	WDT /RTC	12비트 ADC	10비트 DAC	LCD/SD	UART	SPI/SSP	I2S/I2C	Ethernet MAC	USB	CAN	EMC [bit]	전원 [V]
LPC4072FBD80	LQFP80	120	64	2	24	-	52	5	12	1/1	1x8	1	-/-	4	1/3	1/3	-	D	2	-	3.3
LPC4072FET80	TFBGA80		64	2	24	-	52						-/-	4			-	D		-	
LPC4074FBD80	LQFP80		128	2	40	-	52						-/-	4			-	D		-	
LPC4074FBD144	LQFP144		128	2	40	-	109						-/-	4			-	D		-	
LPC4076FBD144	LQFP144		256	2	80	Y	109						-/1	5			1	O/D		8	
LPC4076FET180	TFBGA180		256	2	80	Y	142						-/1	5			1	O/D		16	
LPC4078FBD80	LQFP80		512	4	96	Y	52						-/1	5			1	O/D		-	
LPC4078FBD100	LQFP100		512	4	96	Y	69						-/1	5			1	O/D		-	
LPC4078FBD144	LQFP144		512	4	96	Y	109						-/1	5			1	O/D		8	
LPC4078FBD208	LQFP208		512	4	96	Y	165						-/1	5			1	O/D		32	
LPC4078FET180	TFBGA180		512	4	96	Y	142						-/1	5			1	O/D		16	
LPC4078FET208	TFBGA208		512	4	96	Y	165						-/1	5			1	O/D		32	
LPC4088FBD144	LQFP144	120	512	4	96	Y	109	5	12	1/1	1x8	1	1/1	5	1/3	1/3	1	O/D	2	8	3.3
LPC4088FET180	TFPGA180		512	4	96	Y	142						1/1	5			1	O/D		16	
LPC4088FBD208	LQFP208		512	4	96	Y	165						1/1	5			1	O/D		32	
LPC4088FET208	TFBGA208		512	4	96	Y	165						1/1	5			1	O/D		32	

<표 1.13> NXP사 Cortex-M4 LPC4300 시리즈 제품의 주요 특징 요약

모델명	패키지	속도 [MHz]	플래시 [KB]	SRAM [KB]	I/O 핀	32비트 타이머	PWM	WDT /RTC	10비트 ADC	10비트 DAC	LCD /SD	UART	SPI/SSP	I2S	I2C	Ethernet MAC	USB	CAN	EMC	전원 [V]	M0/FPU
LPC4310	LQFP144/100 BGA100	204	-	168	64	5	6	1/1	2x6	1	-	4	1/3	2	2	-	-	2	8/16 bit	3.3	1/1
LPC4312			512	104																	
LPC4313			512	104																	
LPC4315			768	136																	
LPC4317			1024	136																	
LPC4320	LQFP144/100 BGA100	204	-	200	64	5	6	1/1	2x6	1	-	4	1/3	2	2	-	1	2	8/16 bit	3.3	1/1
LPC4322			512	104																	
LPC4323			512	104																	
LPC4325			768	136																	
LPC4327			1024	136																	
LPC4330	LQFP208/144 BGA256/180/100	204	-	264	146	5	6	1/1	2x8	1	0/1	4	1/3	2	2	1	2	2	16/32 bit	3.3	1/1
LPC4333			512	136																	
LPC4337			1024	136																	
LPC4350	LQFP208 BGA256/180	204	-	264	146	5	6	1/1	2x8	1	1/1	4	1/3	2	2	1	2	2	16/32 bit	3.3	1/1
LPC4353			512	136																	
LPC4357			1024	136																	
LPC4370	TFPGA100/LBGA256	204	-	282	164	5	1	1/1	2x8	1	1/1	4	1/3	2	2	1	2	2	16/32 bit	3.3	2/1

▣ Freescale에서 NXP로 넘어온 Cortex-M4 마이크로컨트롤러

NXP사에 통합되기 전의 Freescale은 특이하게 Cortex-M3 시리즈를 거치지 않고 Kinetis라는 브랜드로 Cortex-M4 시리즈 시장에 진출하였으며, 나중에 Cortex-M0+와 Cortex-M7 제품도 출시하였다. Freescale의 Cortex-M4 모델은 K0x, K1x, K2x, K3x, K4x, K5x, K6x, K7x, K8x 패밀리로 나누어지며, 이것들의 모델을 정리하면 <표 1.14>와 같다. 이중에서 K3x, K4x, K5x 패밀리에는 FPU를 내장하지 않으며, 나머지 패밀리에서는 모델에 따라 FPU를 가진 소자도 있고 가지지 않은 소자도 있다.

〈표 1.14〉 Freescale사 Cortex-M4 시리즈 제품의 주요 특징 요약

모델명	속도 [MHz]	플래시 [KB]	Flex NVM [KB]	SRAM [KB]	캐시 [KB]	메모리 보호 (MPU)	NAND flash/ LCD	FPU /EBI	16 비트 ADC	아날로그 비교기	12 비트 DAC	UART	SPI	I2S	I2C	Ethernet MAC	USB	CAN	전원 [V]	비고
MK02FN64Vxx10	100	64	-	16	-	-	-/-	Y/-	Y	Y	Y	Y	Y	Y	Y	-	-	-	1.8/ 3.3	Entry-level MCU
MK02FN128Vxx10	100	128	-	16	-	-	-/-	Y/-												
MK10DX32Vxx5	50	32	32	8	-	-	-/-	-/-	Y	Y	-	Y	Y	Y	Y	-	-	-	1.8/ 3.3	Baseline MCU
MK10DX64Vxx5	50	64	32	16	-	-	-/-	-/-			-							-		
MK10DX128Vxx5	50	128	32	16	-	-	-/-	-/-			-							-		
MK10DN32Vxx5	50	32	-	8	-	-	-/-	-/-			-							-		
MK10DN64Vxx5	50	64	-	16	-	-	-/-	-/-			-							-		
MK10DN128Vxx5	50	128	-	16	-	-	-/-	-/-			-							-		
MK10DX64Vxx7	72	64	32	16	-	-	-/-	-/Y			Y							Y		
MK10DX128Vxx7	72	128	32	32	-	-	-/-	-/Y			Y							Y		
MK10DX256Vxx7	72	256	32	64	-	-	-/-	-/Y			Y							Y		
MK10DX128Vxx10	100	128	128	32	-	Y	-/-	-/Y			Y							Y		
MK10DX256Vxx10	100	256	256	64	-	Y	-/-	-/Y			Y							Y		
MK10DN512Vxx10	100	512	-	128	16	Y	-/-	-/Y			Y							Y		
MK10FX512Vxx12	120	512	512	128	16	Y	Y/-	Y/Y			Y							Y		
MK10FN1M0Vxx12	120	1024	-	128	16	Y	Y/-	Y/Y			Y							Y		
MK11DX128Vxx5	50	128	64	32	-	-	-/-	-/-			-							-		
MK11DX256Vxx5	50	256	64	32	-	-	-/-	-/-			Y							-		
MK11DN512Vxx5	50	512	-	64	-	-	-/-	-/-			Y							-		
MK12DX128Vxx5	50	128	64	32	-	-	-/-	-/-			Y							-		
MK12DX256Vxx5	50	256	64	32	-	-	-/-	-/-			Y							-		
MK12DN512Vxx5	50	512	-	64	-	-	-/-	-/-			Y							-		
MK20DX32Vxx5	50	32	32	8	-	-	-/-	-/-	Y	Y	-	Y	Y	Y	Y	-	OTG	-	1.8/ 3.3	with USB
MK20DX64Vxx5	50	64	32	16	-	-	-/-	-/-			-							-		
MK20DX128Vxx5	50	128	32	16	-	-	-/-	-/-			-							-		
MK20DN32Vxx5	50	32	-	8	-	-	-/-	-/-			-							-		
MK20DN64Vxx5	50	64	-	16	-	-	-/-	-/-			-							-		
MK20DN128Vxx5	50	128	-	16	-	-	-/-	-/-			-							-		
MK20DX64Vxx7	72	64	32	16	-	-	-/-	-/Y			Y							Y		
MK20DX128Vxx7	72	128	32	32	-	-	-/-	-/Y			Y							Y		
MK20DX256Vxx7	72	256	32	64	-	-	-/-	-/Y			Y							Y		
MK20DX128Vxx10	100	128	128	32	-	Y	-/-	-/Y			Y							Y		
MK20DX256Vxx10	100	256	256	64	-	Y	-/-	-/Y			Y							Y		
MK20DN512Vxx10	100	512	-	128	16	Y	-/-	-/Y			Y							Y		
MK20FX512Vxx12	120	512	512	128	16	Y	Y/-	Y/Y			Y							Y		
MK20FN1M0Vxx12	120	1024	-	128	16	Y	Y/-	Y/Y			Y							Y		
MK21DX128Vxx5	50	128	64	32	-	-	-/-	-/-			Y							-		
MK21DX256Vxx5	50	256	64	32	-	-	-/-	-/-			Y							-		
MK21DN512Vxx5	50	512	-	64	-	-	-/-	-/-			Y							-		
MK21FX512Vxx5	50	512	128	128	-	Y	-/-	Y/-			Y							Y		
MK21FN1M0Vxx5	50	1024	-	128	-	Y	-/-	Y/-			Y							Y		
MK24FN256Vxx12	120	256	-	256	-	-	-/-	Y/-			Y							-		
MK24FN1M0Vxx12	120	1024	-	256	-	Y	-/-	Y/-			Y							Y		
MK26FN2M0Vxx18	180	2048	-	256	-	Y	-/-	Y/-			Y							Y		
MK30DX64Vxx7	72	64	32	16	-	-	-/SLCD	-/-	Y	Y	Y	Y	Y	Y	Y	-	-	Y	1.8/ 3.3	with segment LCD
MK30DX128Vxx7	72	128	32	32		-		-/-												
MK30DX256Vxx7	72	256	32	64		-		-/-												
MK30DX128Vxx10	100	128	128	32		Y		-/Y												
MK30DX256Vxx10	100	256	256	64		Y		-/Y												
MK30DN512Vxx10	100	512	-	128		Y		-/Y												

<표 1.14> Freescale사 Cortex-M4 시리즈 제품의 주요 특징 요약(계속)

모델명	속도 [MHz]	플래시 [KB]	Flex NVM [KB]	SRAM [KB]	캐시 [KB]	메모리 보호 (MPU)	NAND flash/ LCD	FPU /EBI	16 비트 ADC	아날로그 비교기	12 비트 DAC	UART	SPI	I2S	I2C	Ethernet MAC	USB	CAN	전원 [V]	비고
MK40DX64Vxx7	72	64	32	16	-	-	-/SLCD	-/-	Y	Y	Y	Y	Y	Y	Y	-	OTG	Y	1.8/ 3.3	with USB and segment LCD
MK40DX128Vxx7	72	128	32	32		-		-/-												
MK40DX256Vxx7	72	256	32	64		-		-/-												
MK40DX128Vxx10	100	128	128	32		Y		-/Y												
MK40DX256Vxx10	100	256	256	64		Y		-/Y												
MK40DX512Vxx10	100	512	512	128		Y		-/Y												
MK40DN512Vxx10	100	512	-	128		Y		-/Y												
MK50DX128Cxx7	72	128	32	32	-	-	-/-	-/Y	Y	Y	Y	Y	Y	Y	Y	-	OTG	-	1.8/ 3.3	with analog
MK50DX256Cxx7	72	256	32	64		-	-/-	-/Y								-				
MK50DX256Cxx10	100	256	256	64		-	-/-	-/Y								-				
MK50DN512Cxx10	100	512	-	128		Y	-/-	-/Y								-				
MK51DX128Cxx7	72	128	32	32		-	-/SLCD	-/-								-				
MK51DX256Cxx7	72	256	32	64		-	-/SLCD	-/-								-				
MK51DX256Cxx10	100	256	256	64		Y	-/SLCD	-/Y								-				
MK51DN256Cxx10	100	256	-	64		Y	-/SLCD	-/Y								-				
MK51DN512Cxx10	100	512	-	128		Y	-/SLCD	-/Y								-				
MK52DN512Cxx10	100	512	-	128		Y	-/-	-/Y								Y				
MK53DX256Cxx10	100	256	256	64		Y	-/SLCD	-/Y								Y				
MK53DN512Cxx10	100	512	-	128		Y	-/SLCD	-/Y								Y				
MK60DX256Vxx10	100	256	256	64	-	Y	-/-	-/Y	Y	Y	Y	Y	Y	Y	Y	Y	OTG	Y	1.8/ 3.3	with Ethernet
MK60DN256Vxx10	100	256	-	64	-		-/-	-/Y												
MK60DN512Vxx10	100	512	-	128	-		-/-	-/Y												
MK60FX512Vxx12	120	512	512	128	16		Y/-	Y/Y												
MK60FN1M0Vxx12	120	1024	-	128	16		Y/-	Y/Y												
MK60FX512Vxx15	150	512	512	128	16		Y/-	Y/Y												
MK60FN1M0Vxx15	150	1024	-	128	16		Y/-	Y/Y												
MK61FX512Vxx12	120	512	512	128	16		Y/-	Y/Y												
MK61FN1M0Vxx12	120	1024	-	128	16		Y/-	Y/Y												
MK61FX512Vxx15	150	512	512	128	16		Y/-	Y/Y												
MK61FN1M0Vxx15	150	1024	-	128	16		Y/-	Y/Y												
MK63FN1M0Vxx12	120	1024	-	256	16		Y/-	Y/Y												
MK64FX512Vxx12	120	512	128	256	16		Y/-	Y/Y												
MK64FN1M0Vxx12	120	1024	-	256	16		Y/-	Y/Y												
MK65FX1M0Vxx18	180	1024	256	256	16		Y/-	Y/Y												
MK65FN2M0Vxx18	180	2048	-	256	16		Y/-	Y/Y												
MK66FX1M0Vxx18	180	1024	256	256	16		Y/-	Y/Y												
MK66FN2M0Vxx18	180	2048	-	256	16		Y/-	Y/Y												
MK70FX512Vxx12	120	512	512	128	16	Y	Y/GLCD	Y/Y	Y	Y	Y	Y	Y	Y	Y	Y	OTG	Y	1.8/ 3.3	with Graphic LCD
MK70FN1M0Vxx12	120	1024	-	128	16															
MK70FX512Vxx15	150	512	512	128	16															
MK70FN1M0Vxx15	150	1024	-	128	16															
MK80FN256Vxx15	150	256	-	256	16	-	Y/-	Y/Y	Y	Y	Y	Y	Y	Y	Y	Y	OTG	-	1.8/ 3.3	with Security
MK81FN256Vxx15	150	256	-	256	16															
MK82FN256Vxx15	150	256	-	256	16															

(5) Cortex-M7 마이크로컨트롤러

가장 최근인 2014년에 발표된 Cortex-M7 마이크로컨트롤러는 기존의 Cortex-M4보다 우수한 DSP 기능과 IEEE 754 규격을 만족하는 단정도 및 배정도 FPU를 갖는 초고성능 마이크로컨트롤러로서 여기에 캐시 메모리까지 추가되어 기존의 Cortex-M4에 비하여 최소 2배 이상의 처리속도를 자랑한다.

ARM Cortex-M7은 최고 400MHz까지의 시스템 클록으로 동작하며, 6단계의 슈퍼스칼라(superscalar) 파이프라인 처리 기능과 명령 캐시 및 데이터 캐시를 내장하여 명령처리 속도를 획기적으로 향상시켰다. 향상된 SIMD 및 MAC 연산처리 성능을 가지며, 2~12클록 사이클에 수행되는 하드웨어 나눗셈 연산장치를 내장하고 있다.

Cortex-M7 시리즈는 초기에 Freescale, STMicroelectronics, Atmel 등의 3개사와 라이센스 계약을 맺었으며, 이들 회사는 2015년부터 제품을 출시하고 있다. NXP사는 원래 Cortex-M7 제품을 생산하지 않았으나 2015년에 Freescale사를 합병하면서 이제는 Cortex-M7 제품을 갖게 되었다.

▣ Freescale에서 NXP로 넘어온 Cortex-M7 마이크로컨트롤러

Freescale에서는 전동기 제어용으로 특화된 KV5x 시리즈를 Cortex-M7 코어로 생산하고 있다. 이 회사의 전동기 제어용 마이크로컨트롤러인 V 시리즈 제품군은 <표 1.15>에 요약한 것처럼 Cortex-M0+ 코어 제품, Cortex-M4 코어 제품, Cortex-M7 코어 제품이 포함되어 있다.

〈표 1.15〉 Freescale사의 전동기 제어용 V 시리즈 제품의 주요 특징 요약

모델명	속도 [MHz]	플래시 [KB]	SRAM [KB]	캐시 [KB]	FPU	EBI	DMA	16 비트 ADC	아날로그 비교기	12 비트 DAC	UART	SPI	I2C	Ethernet MAC	USB	CAN	전원 [V]	비고
MKV10Z16Vxx7	75	16	8	-	-	-	Y	Y	Y	Y	Y	Y	Y	-	-	-	1.8/3.3	Cortex-M0+
MKV10Z32Vxx7	75	32	8													-		
MKV10Z64Vxx7	75	64	16													-		
MKV10Z128Vxx7	75	128	16													-		
MKV11Z64Vxx7	75	64	16													Y		
MKV11Z128Vxx7	75	128	16													Y		
MKV30F64Vxx10	100	64	16	-	SP	-	Y	Y	Y	Y	Y	Y	Y	-	-	-	1.8/3.3	Cortex-M4
MKV30F128Vxx10	100	128	16															
MKV31F128Vxx10	100	128	24															
MKV31F256Vxx12	120	256	48															
MKV31F512Vxx12	120	512	96															
MKV42F64Vxx16	168	64	16	-	SP	-	Y	Y	Y	Y	Y	Y	Y	-	-	Y	1.8/3.3	Cortex-M4
MKV42F128Vxx16	168	128	24															
MKV42F256Vxx16	168	256	32															
MKV44F64Vxx16	168	64	16															
MKV44F128Vxx16	168	128	24															
MKV44F256Vxx16	168	256	32															
MKV46F128Vxx16	168	128	24															
MKV46F256Vxx16	168	256	32															
MKV56F512Vxx20	200	512	128	I=16 D=8	SP	Y	Y	Y	Y	Y	Y	Y	Y	-	-	Y	1.8/3.3	Cortex-M7
MKV56F1M0Vxx20	200	1024	256											-				
MKV56F512Cxx22	220	512	128											-				
MKV56F1M0Cxx22	220	1024	256											-				
MKV58F512Vxx20	200	512	128											Y				
MKV58F1M0Vxx20	200	1024	256											Y				
MKV58F512Cxx22	220	512	128											Y				
MKV58F1M0Cxx22	220	1024	256											Y				

제2장
MKL25Z128VLK4의 기본 구조

이 장에서는 NXP사에서 생산 판매하는 ARM Cortex-M0+ 마이크로컨트롤러 중에서 이제부터 우리가 공부하려는 MKL25Z128VLK4의 특징, 외부 및 내부 구조, 내부 메모리 구조와 같은 전반적인 기본 기능에 대하여 설명한다.

2.1 MKL25Z128VLK4의 특징

MKL25Z128VLK4를 중심으로 MKL25Z 시리즈에 속하는 마이크로컨트롤러들의 특징을 요약하면 다음과 같다.

① 고성능 32비트 ARM Cortex-M0+ 코어를 가지고 있는 마이크로컨트롤러로서 최고 48MHz의 시스템 클록에서 제로 웨이트(zero wait)로 동작한다.

② 128KB의 플래시 메모리와 16KB의 SRAM을 내장하고 있으며, 64바이트의 캐시 메모리를 가지고 2단계 파이프라인으로 동작하여 1사이클에 메모리를 액세스한다.

③ 내부에 ±3% 정밀도를 갖는 4MHz의 고속 내부 클록과 32.768kHz의 저속 내부 클록을 발생하는 RC 오실레이터 IRC를 가지고 있으며, 3~32MHz의 크리스털을 외부에 접속하여 사용할 수 있는 오실레이터 모듈 OSC를 가지고 있다.

④ 4채널의 DMA 제어기를 가지고 있다.

⑤ 단일 클록 사이클에 액세스할 수 있는 66개의 병렬 I/O 포트(GPIO)를 가지고 있으며, 이중에서 포트 A와 포트 D의 모든 핀은 외부 인터럽트 단자 또는 DMA 요청 단자로 사용될 수 있다.

⑥ 총 8개의 타이머를 가지고 있다. 여기에는 1개의 SysTick 타이머, 4개의 16비트 타이머, 1개의 64비트 타이머, 각각 1개씩의 RTC와 워치독 타이머 등이 포함된다.

⑦ 총 8개의 직렬통신 포트를 가지고 있다. 여기에는 3개의 UART, 2개의 SPI, 2개의 I^2C, 1개의 USB가 포함된다.

⑧ 16비트 분해능의 A/D 컨버터를 1개 가지고 있다. 여기에는 외부 16개, 내부 4개의 아날로그 입력 채널이 포함된다.

⑨ 12비트 분해능의 D/A 컨버터를 1개 가지고 있다.

⑩ 6채널의 아날로그 비교기를 가지고 있다.

⑪ 정전용량 방식의 터치스크린을 입력하기 위한 TSI(Touch Sensing Interface) 모듈을 가지고 있다.

⑫ 정상(Normal Run) 모드와 9가지의 저전력(Low Power) 모드를 가지고 있다.

⑬ JTAG이 아닌 SWD(Serial Wire Debug) 인터페이스를 사용한 디버그 기능을 지원한다. 이 책에서는 이를 이용한 저가형 에뮬레이터 USB Multilink를 사용한다.

⑭ 1.71~3.6V의 전원으로 동작하며, -40℃~+105℃의 온도 범위에서 사용할 수 있다. 내부에 5V를 3.3V로 변환하는 USB용 레귤레이터를 가지고 있다.

⑮ 80핀 LQFP(Low-profile Quad Flat Package) 패키지로 되어 있다.

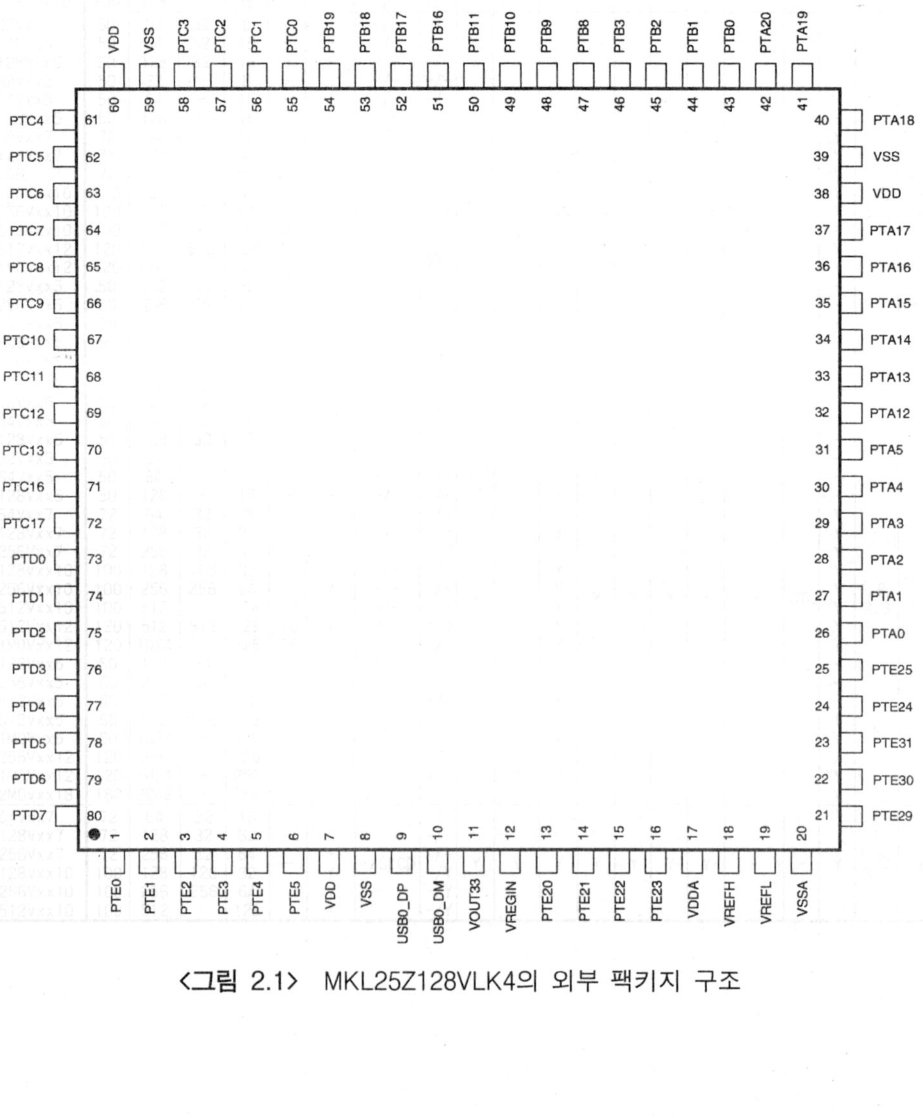

<그림 2.1> MKL25Z128VLK4의 외부 패키지 구조

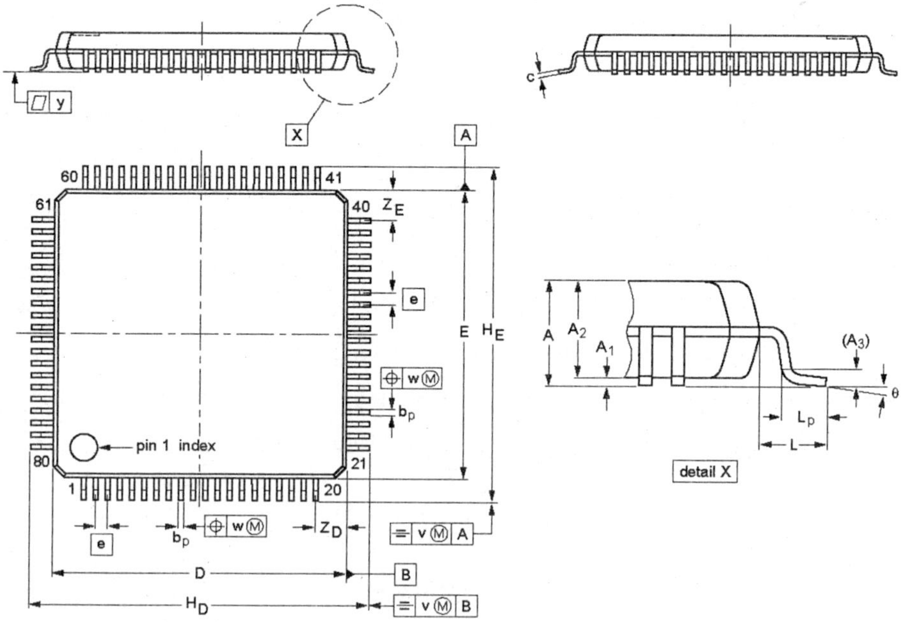

DIMENSIONS (mm)

A max.	A_1	A_2	A_3	b_p	c	D	E	e	H_D	H_E	L	L_p	v	w	y	Z_D (1)	Z_E (1)	θ
1.6	0.16 0.04	1.5 1.3	0.25	0.27 0.13	0.18 0.12	12.1 11.9	12.1 11.9	0.5	14.15 13.85	14.15 13.85	1	0.75 0.30	0.2	0.15	0.1	1.45 1.05	1.45 1.05	7° 0°

〈그림 2.2〉 MKL25Z128VLK4의 패키지 크기

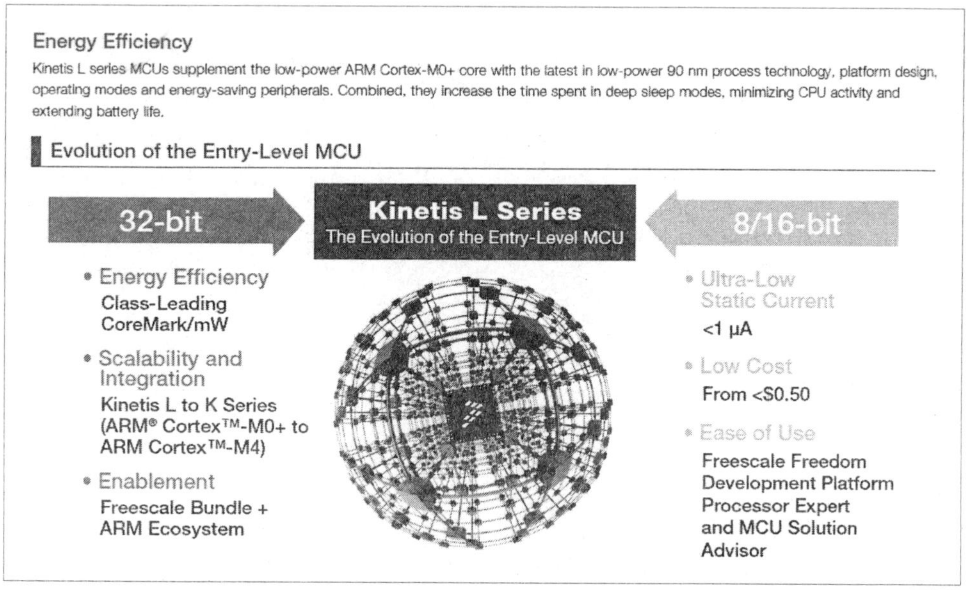

〈그림 2.3〉 Freescale사 Cortex−M0+ 제품인 L시리즈의 특징

2.2 MKL25Z128VLK4의 외부 구조

MKL25Z128VLK4 모델은 80핀의 LQFP 패키지로 되어 있는데, 이것의 모양과 크기는 <그림 2.2>에 보였다. 패키지의 크기가 매우 작고 핀 간격이 좁아서 납땜하기가 쉽지는 않지만, 숙련된 전기전자 분야의 엔지니어라면 충분히 납땜이 가능하다.

MKL25Z128VLK4의 외부 핀 배열은 <그림 2.1>에 보였고, 각 핀의 기능을 요약하면 <표 2.1>과 같다. <그림 2.1>에는 이 마이크로컨트롤러가 기본적으로 사용하는 핀의 이름만을 표시하였다. 그러나, 범용 병렬 입출력 제어기(GPIO)는 이들 각 핀을 여러 가지의 주변장치용 신호로 사용하도록 8가지의 부수적 기능을 설정할 수도 있는데 이를 포함한 모든 핀의 배열을 <표 2.2>에 보였고, 부수적인 핀의 이름과 기능을 <표 2.3>에 요약하였다.

<표 2.1> MKL25Z128VLK4 외부 핀의 기능 요약

신호 이름	핀번호	I/O	기 능
전원			
VDD	7, 38, 60	power	MCU Power : MCU 디지털 회로의 전원 입력 단자. 여기에는 1.71~3.6V가 입력되어야 한다. 약 10μF와 0.1μF 정도의 커패시터로 필터링 및 디커플링해주는 것이 좋다.
VSS	8, 39, 59	ground	MCU Ground : MCU에서 모든 디지털 회로의 접지 단자.
VDDA	17	power	Analog Power Supply : MCU 아날로그 회로(A/D 컨버터, D/A 컨버터, 아날로그 비교기 등)의 전원 입력 단자. 여기에도 1.71~3.6V가 입력되어야 하며, 1μF와 0.01μF 커패시터 또는 여기에 10μH 정도의 인덕터를 추가로 사용하여 필터링 및 디커플링해주는 것이 좋다.
VSSA	20	ground	Analog Ground : MCU에서 모든 아날로그 회로의 접지 단자.
VREFH	18	power	Voltage Reference Select High : 아날로그 회로의 기준전압(+) 입력 단자.
VREFL	19	power	Voltage Reference Select Low : 아날로그 회로의 기준전압(-) 입력 단자.
USB			
VREGIN	12	power	Unregulated Power Supply : USB 컨넥터의 입력 전원을 3.3V로 낮추기 위한 레귤레이터 전원 입력 단자. 여기에는 2.7~5.5V가 입력되어야 한다.
VOUT33	11	power	Regulator Output Voltage : MCU에 내장된 USB용의 레귤레이터에서 출력되는 3.3V 전원 출력 단자. 여기서는 3.0~3.6V의 전압이 출력되며, 이것의 최대 전류용량은 120mA이다.
USB0_DP	9	I/O	USB D+ Analog Data Signal : USB 직렬통신의 (+) 극성 신호.
USB0_DM	10	I/O	USB D- Analog Data Signal : USB 직렬통신의 (-) 극성 신호.
시스템(default)			
EXTAL0	40	I	External Clock/Oscillator Input : 수정발진자를 사용한 오실레이터 입력 단자 또는 외부 클록 입력 단자.
XTAL0	41	O	Oscillator Output : 수정발진자를 사용한 오실레이터 출력 단자.
$\overline{\text{RESET}}$	42	I/O	Reset Bi-directional Signal : 외부 리셋 입력 또는 출력 단자.
$\overline{\text{NMI}}$	30	I	Non-maskable Interrupt : 외부 차단 불가능 인터럽트 입력 단자.
SWD_CLK	26	I	Serial Wire Debug Clock Input : SWD 클록 입력 단자. 내부에서 약 20kΩ~50kΩ 정도의 저항으로 풀다운되어 있다.
SWD_DIO	29	I/O	Serial Wire Debug Data Input/Output : SWD 데이터 입출력 단자. 내부에서 약 20kΩ~50kΩ 정도의 저항으로 풀업되어 있다.

〈표 2.1〉 MKL25Z128VLK4 외부 핀의 기능 요약(계속)

신호 이름	핀번호	I/O	기 능
			병렬 I/O 포트
PTA0	26	I/O	General-Purpose Input/Output Port A : 32비트의 병렬 I/O 포트. 20kΩ~50kΩ 정도의 풀업저항이나 풀다운 저항을 설정할 수 있다. H레벨 출력일 때는 최대 -5mA, L레벨 출력일 때는 최대 +5mA의 전류 구동이 가능하다. 각 핀은 8가지의 부수적인 기능을 수행할 수도 있다.
PTA1	27	I/O	
PTA2	28	I/O	
PTA3	29	I/O	
PTA4	30	I/O	
PTA5	31	I/O	
PTA12	32	I/O	
PTA13	33	I/O	
PTA14	34	I/O	
PTA15	35	I/O	
PTA16	36	I/O	
PTA17	37	I/O	
PTA18	40	I/O	
PTA19	41	I/O	
PTA20	42	I/O	
PTB0	43	I/O *	General-Purpose Input/Output Port B : 32비트의 병렬 I/O 포트. 20kΩ~50kΩ 정도의 풀업저항이나 풀다운 저항을 설정할 수 있다. H레벨 출력일 때는 최대 -5mA, L레벨 출력일 때는 최대 +5mA의 전류 구동이 가능하다. 각 핀은 8가지의 부수적인 기능을 수행할 수도 있다. *핀은 최대 전류용량을 ±18mA로 설정할 수 있다.
PTB1	44	I/O *	
PTB2	45	I/O	
PTB3	46	I/O	
PTB8	47	I/O	
PTB9	48	I/O	
PTB10	49	I/O	
PTB11	50	I/O	
PTB16	51	I/O	
PTB17	52	I/O	
PTB18	53	I/O	
PTB19	54	I/O	
PTC0	55	I/O	General-Purpose Input/Output Port C : 32비트의 병렬 I/O 포트. 20kΩ~50kΩ 정도의 풀업저항이나 풀다운 저항을 설정할 수 있다. H레벨 출력일 때는 최대 -5mA, L레벨 출력일 때는 최대 +5mA의 전류 구동이 가능하다. 각 핀은 8가지의 부수적인 기능을 수행할 수도 있다.
PTC1	56	I/O	
PTC2	57	I/O	
PTC3	58	I/O	
PTC4	61	I/O	
PTC5	62	I/O	
PTC6	63	I/O	
PTC7	64	I/O	
PTC8	65	I/O	
PTC9	66	I/O	
PTC10	67	I/O	
PTC11	68	I/O	
PTC12	69	I/O	
PTC13	70	I/O	
PTC16	71	I/O	
PTC17	72	I/O	
PTD0	73	I/O	General-Purpose Input/Output Port D : 32비트의 병렬 I/O 포트. 20kΩ~50kΩ 정도의 풀업저항이나 풀다운 저항을 설정할 수 있다. H레벨 출력일 때는 최대 -5mA, L레벨 출력일 때는 최대 +5mA의 전류 구동이 가능하다. 각 핀은 8가지의 부수적인 기능을 수행할 수도 있다. *핀은 최대 전류용량을 ±18mA로 설정할 수 있다.
PTD1	74	I/O	
PTD2	75	I/O	
PTD3	76	I/O	
PTD4	77	I/O	
PTD5	78	I/O	
PTD6	79	I/O *	
PTD7	80	I/O *	
PTE0	1	I/O	General-Purpose Input/Output Port E : 32비트의 병렬 I/O 포트. 20kΩ~50kΩ 정도의 풀업저항이나 풀다운 저항을 설정할 수 있다. H레벨 출력일 때는 최대 -5mA, L레벨 출력일 때는 최대 +5mA의 전류 구동이 가능하다. 각 핀은 8가지의 부수적인 기능을 수행할 수도 있다.
PTE1	2	I/O	
PTE2	3	I/O	
PTE3	4	I/O	
PTE4	5	I/O	
PTE5	6	I/O	
PTE20	13	I/O	
PTE21	14	I/O	
PTE22	15	I/O	
PTE23	16	I/O	
PTE24	24	I/O	
PTE25	25	I/O	
PTE29	21	I/O	
PTE30	22	I/O	
PTE31	23	I/O	

<표 2.2> MKL25Z128VLK4에서 GPIO의 디폴트 기능 및 8가지 부수적인 기능

핀 번호	default 기능	부수적인 기능(Alternate Function) ALT0	ALT1	ALT2	ALT3	ALT4	ALT5	ALT6	ALT7
26	SWD_CLK	TSI0_CH1	PTA0		TPM0_CH5		I2C0_SCL		SWD_CLK
27		TSI0_CH2	PTA1	UART0_RX	TPM2_CH0		I2C0_SDA		
28		TSI0_CH3	PTA2	UART0_TX	TPM2_CH1				
29	SWD_DIO	TSI0_CH4	PTA3	I2C1_SCL	TPM0_CH0				SWD_DIO
30	$\overline{\text{NMI}}$	TSI0_CH5	PTA4	I2C1_SDA	TPM0_CH1				$\overline{\text{NMI}}$
31			PTA5	USB_CLKIN	TPM0_CH2				
32			PTA12		TPM1_CH0				
33			PTA13		TPM1_CH1				
34			PTA14	SPI0_PCS0	UART0_TX				
35			PTA15	SPI0_SCK	UART0_RX				
36			PTA16	SPI0_MOSI			SPI0_MISO		
37			PTA17	SPI0_MISO			SPI0_MOSI		
40	EXTAL0	EXTAL0	PTA18		UART1_RX	TPM_CLKIN0			
41	XTAL0	XTAL0	PTA19		UART1_TX	TPM_CLKIN1		LPTMR0_ALT1	
42	$\overline{\text{RESET}}$		PTA20						$\overline{\text{RESET}}$
43	ADC0_SE8/TSI0_CH0	ADC0_SE8/TSI0_CH0	PTB0/LLWU_P5	I2C0_SCL	TPM1_CH0				
44	ADC0_SE9/TSI0_CH6	ADC0_SE9/TSI0_CH6	PTB1	I2C0_SDA	TPM1_CH1				
45	ADC0_SE12/TSI0_CH7	ADC0_SE12/TSI0_CH7	PTB2	I2C0_SCL	TPM2_CH0				
46	ADC0_SE13/TSI0_CH8	ADC0_SE13/TSI0_CH8	PTB3	I2C0_SDA	TPM2_CH1				
47			PTB8		EXTRG_IN				
48			PTB9						
49			PTB10	SPI1_PCS0					
50			PTB11	SPI1_SCK					
51	TSI0_CH9	TSI0_CH9	PTB16	SPI1_MOSI	UART0_RX	TPM_CLKIN0	SPI1_MISO		
52	TSI0_CH10	TSI0_CH10	PTB17	SPI1_MISO	UART0_TX	TPM_CLKIN1	SPI1_MOSI		
53	TSI0_CH11	TSI0_CH11	PTB18		TPM2_CH0				
54	TSI0_CH12	TSI0_CH12	PTB19		TPM2_CH1				
55	ADC0_SE14/TSI0_CH13	ADC0_SE14/TSI0_CH13	PTC0		EXTRG_IN		CMP0_OUT		
56	ADC0_SE15/TSI0_CH14	ADC0_SE15/TSI0_CH14	PTC1/LLWU_P6/ RTC_CLKIN	I2C1_SCL		TPM0_CH0			
57	ADC0_SE11/TSI0_CH15	ADC0_SE11/TSI0_CH15	PTC2	I2C1_SDA		TPM0_CH1			
58			PTC3/LLWU_P7		UART1_RX	TPM0_CH2	CLKOUT		
61			PTC4/LLWU_P8	SPI0_PCS0	UART1_TX	TPM0_CH3			
62			PTC5/LLWU_P9	SPI0_SCK	LPTMR0_ALT2			CMP0_OUT	
63	CMP0_IN0	CMP0_IN0	PTC6/LLWU_P10	SPI0_MOSI	EXTRG_IN		SPI0_MISO		
64	CMP0_IN1	CMP0_IN1	PTC7	SPI0_MISO			SPI0_MOSI		
65	CMP0_IN2	CMP0_IN2	PTC8	I2C0_SCL	TPM0_CH4				
66	CMP0_IN3	CMP0_IN3	PTC9	I2C0_SDA	TPM0_CH5				
67			PTC10	I2C1_SCL					
68			PTC11	I2C1_SDA					
69			PTC12			TPM_CLKIN0			
70			PTC13			TPM_CLKIN1			
71			PTC16						
72			PTC17						
73			PTD0	SPI0_PCS0		TPM0_CH0			
74	ADC0_SE5b	ADC0_SE5b	PTD1	SPI0_SCK		TPM0_CH1			
75			PTD2	SPI0_MOSI	UART2_RX	TPM0_CH2	SPI0_MISO		
76			PTD3	SPI0_MISO	UART2_TX	TPM0_CH3	SPI0_MOSI		
77			PTD4/LLWU_P14	SPI1_PCS0	UART2_RX	TPM0_CH4			
78	ADC0_SE6b	ADC0_SE6b	PTD5	SPI1_SCK	UART2_TX	TPM0_CH5			
79	ADC0_SE7b	ADC0_SE7b	PTD6/LLWU_P15	SPI1_MOSI	UART0_RX		SPI1_MISO		
80			PTD7	SPI1_MISO	UART0_TX		SPI1_MOSI		
1			PTE0		UART1_TX	RTC_CLKOUT	CMP0_OUT	I2C1_SDA	
2			PTE1	SPI1_MOSI	UART1_RX		SPI1_MISO	I2C1_SCL	
3			PTE2	SPI1_SCK					
4			PTE3	SPI1_MISO			SPI1_MOSI		
5			PTE4	SPI1_PCS0					
6			PTE5						
13	ADC0_DP0/ADC0_SE0	ADC0_DP0/ADC0_SE0	PTE20		TPM1_CH0	UART0_TX			
14	ADC0_DM0/ADC0_SE4a	ADC0_DM0/ADC_SE4a	PTE21		TPM1_CH1	UART0_RX			
15	ADC0_DP3/ADC0_SE3	ADC0_DP3/ADC0_SE3	PTE22		TPM2_CH0	UART2_TX			
16	ADC0_DM3/ADC0_SE7a	ADC0_DM3/ADC0_SE7a	PTE23		TPM2_CH1	UART2_RX			
24			PTE24		TPM0_CH0		I2C0_SCL		
25			PTE25		TPM0_CH1		I2C0_SDA		
21	ADC0_SE4b/CMP0_IN5	ADC0_SE4b/CMP0_IN5	PTE29		TPM0_CH2	TPM_CLKIN0			
22	DAC0_OUT/ ADC0_SE23/CMP0_IN4	DAC0_OUT/ ADC0_SE23/CMP0_IN4	PTE30		TPM0_CH3	TPM_CLKIN1			
23			PTE31		TPM0_CH4				

<표 2.3> MKL25Z128VLK4에서 부수적인 기능으로 사용되는 외부 핀의 요약

칩 신호명	모듈 신호명	I/O	기 능
시스템			
CLKOUT	-	O	Clock Output : SIM 모듈에서 LPO, MCGIRCLK, OSCERCLK 중에서 1가지를 선택하여 출력할 수 있는 클록 신호 출력 단자.
LLWU_Pn	LLWU_P0~15	I	Wakeup Input : LLWU 모듈에서 웨이크업 입력 신호 단자.
아날로그 부분 : ADC0			
ADC0_DPn	DADP0~3	I	Differential Analog Channel Plus Input : A/D 컨버터를 차동 모드로 사용할 때의 (+)극성 아날로그 입력 단자. 단극성 모드로도 사용.
ADC0_DMn	DADM0~3	I	Differential Analog Channel Minus Input : A/D 컨버터를 차동 모드로 사용할 때의 (-)극성 아날로그 입력 단자.
ADC0_SEn	ADn	I	Single-Ended Analog Channel Input : A/D 컨버터를 단극성 모드로 사용할 때의 아날로그 입력 단자. 신호명의 끝부분에 a형, b형으로 구분되는 경우도 있다.
EXTRG_IN	-	I	External Trigger Input : A/D 컨버터 또는 타이머 TPM에서 사용하는 외부 트리거 입력신호 단자.
아날로그 부분 : CMP0			
CMP0_IN[5:0]	IN[5:0]	I	Analog Comparator Voltage Input : 아날로그 비교기의 입력 단자.
CMP0_OUT	CMPO	O	Analog Comparator Output : 아날로그 비교기의 출력 단자.
아날로그 부분 : DAC0			
DAC0_OUT	Vout	O	DAC Output : D/A 컨버터의 아날로그 전압 출력 단자.
타이머 부분 : TPM0/1/2			
TPM_CLKIN[2:0]	TPM_EXTCLK	I	External Clock : TPM 카운터로 입력될 외부 클럭 입력 단자.
TPM0_CH[5:0]	TPM_CHn	I/O	TPM0 Channel Input/Output : TPM0 카운터의 인터럽트 출력, PWM 출력, 캡쳐 트리거 입력 등으로 사용되는 단자.
TPM1_CH[1:0]	TPM_CHn	I/O	TPM1 Channel Input/Output : TPM1 카운터의 인터럽트 출력, PWM 출력, 캡쳐 트리거 입력 등으로 사용되는 단자.
TPM2_CH[1:0]	TPM_CHn	I/O	TPM2 Channel Input/Output : TPM2 카운터의 인터럽트 출력, PWM 출력, 캡쳐 트리거 입력 등으로 사용되는 단자.
타이머 부분 : LPTMR			
LPTMR0_ALT[2:1]	LPTMR_ALTn	I	Pulse Counter Input : 저전력 타이머의 동작 모드를 결정하는 입력 단자.
타이머 부분 : RTC			
RTC_CLKOUT	RTC_CLKOUT	O	1 Hz Square-Wave Output : RTC에서의 주파수 출력 단자. SIM 모듈에서 1Hz 또는 OSCERCLK 중에서 선택하여 출력한다.
통신 부분 : USB			
USB_CLKIN	-	I	Alternate USB Clock Input : USB 통신 모듈의 클록 입력 단자.
통신 부분 : SPI0/1			
SPIn_MOSI	MOSI	I/O	Master Data Output, Slave Data Input : SPI 통신의 데이터 신호 단자.
SPIn_MISO	MISO	I/O	Master Data Input, Slave Data Output : SPI 통신의 데이터 신호 단자.
SPIn_SCK	SCK	I/O	SPI Serial Clock : SPI 통신의 클록 신호 단자.
SPIn_PCS0	$\overline{SS}$	I/O	Slave Select : SPI 통신의 슬레이브 선택 신호 단자.
통신 부분 : I2C0/1			
I2Cn_SCL	SCL	I/O	Bidirectional Serial Clock : I2C 통신의 클록 신호 단자.
I2Cn_SDA	SDA	I/O	Bidirectional Serial Data : I2C 통신의 데이터 신호 단자.
통신 부분 : UART0/1/2			
UARTn_TX	TXD	O	Transmit Data : UART 통신의 데이터 송신 신호 단자.
UARTn_RX	RXD	I	Receive Data : UART 통신의 데이터 수신 신호 단자.
인간-기계 인터페이스 부분 : TSI			
TSI0_CH[15:0]	TSI[15:0]	I/O	TSI Capacitive Pin : 터치 스크린을 위한 입출력 신호 단자.

2.3 MKL25Z128VLK4의 내부 구조

(1) 전체 구조

Freescale사의 32비트 ARM Cortex-M0+ 모델인 MKL25Z128VLK4의 내부 구조를 블록도로 보이면 <그림 2.4>와 같다. CPU 코어에는 기본적으로 SWD 인터페이스와 인터럽트 제어기 NVIC 및 MTB(Micro Trace Buffer)가 포함된다.

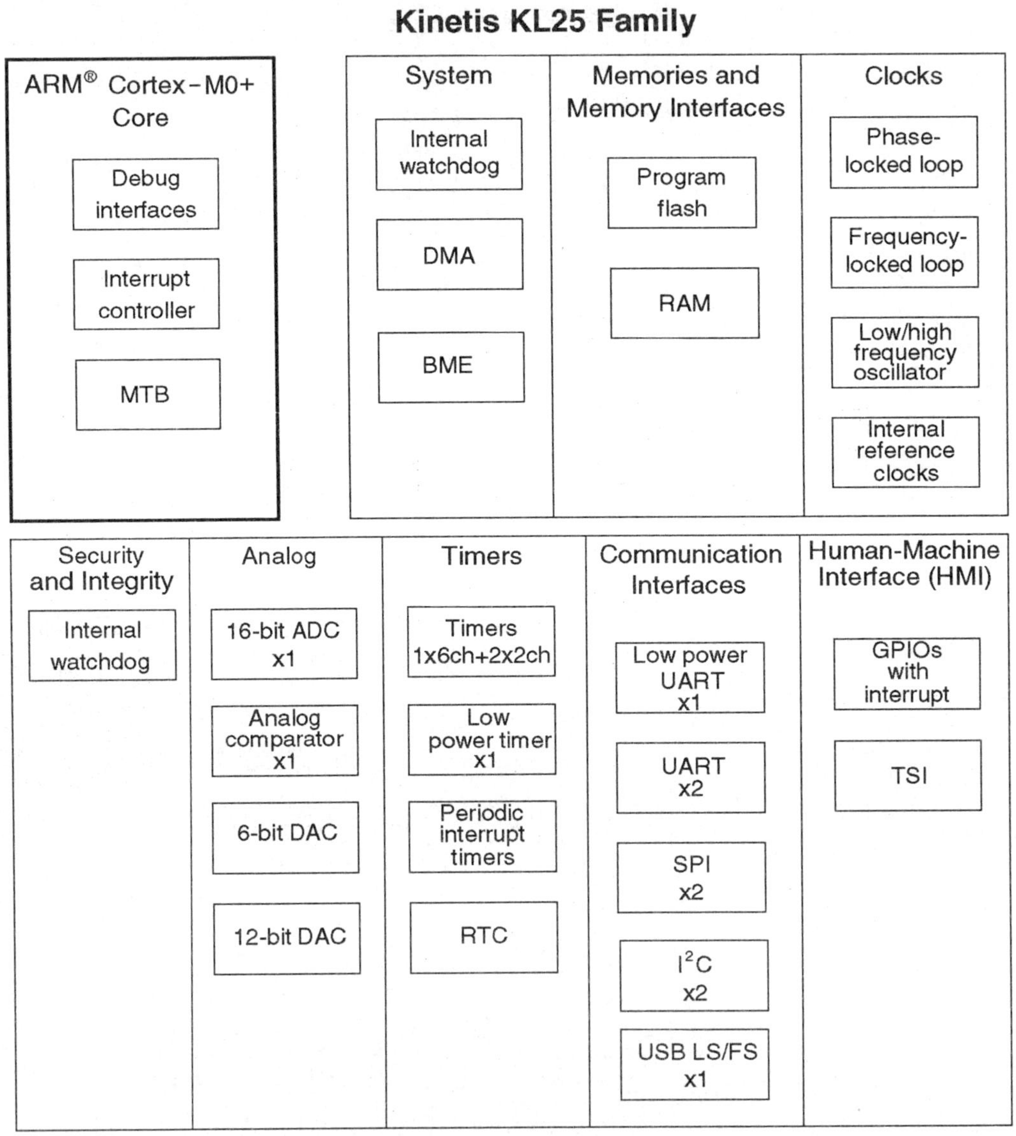

<그림 2.4> MKL25Z128VLK4의 내부 구성 블록도

(2) CPU 코어

MKL25Z128VLK4는 ARMv6-M 아키텍쳐에 해당하는 Cortex-M0+ 코어를 내장하고 있으며, 이에 관한 자세한 기술적인 사항을 알려면 참고문헌[1]의 "Cortex-M0+ Technical Reference Manual(ARM DDI 0484C)" 및 참고문헌[2]의 "Cortex-M0+ Devices Generic User Guide(ARM DUI 0662B)"를 읽어보기 바란다.

ARM사에서 제안한 Cortex-M0+ 코어의 구조를 블록도로 보이면 <그림 2.5>와 같다. Cortex-M3나 Cortex-M4는 RISC 및 하버드 구조를 가지고 있지만 Cortex-M0와 Cortex-M0+의 CPU 코어는 폰 노이만(von Neumann) 구조로 되어 있으며, 이중에서 Cortex-M0+는 2단계 파이프라인(pipeline) 처리방식으로 명령을 고속 실행한다. 또한, 이것은 프로그램 메모리의 용량을 적게 차지하면서 높은 성능을 발휘할 수 있도록 16비트의 Thumb 명령 및 Thumb-2 명령을 기본으로 사용한다.

Cortex-M0+에서는 간단하게 2핀의 신호를 사용하는 SWD(Serial Wire Debug) 인터페이스를 지원하며, 이를 이용하여 하드웨어 브레이크 포인트(breakpoint)나 워치 포인트(watchpoint)와 같은 디버그 기능을 사용할 수 있다. 또한, Cortex-M0+ 코어에는 중첩이 가능한 벡터형 인터럽트 제어기(NVIC)를 가지고 있으며, 자동 재저장 기능을 가지고 24비트 다운 카운터로 동작하는 SysTick 시스템 타이머를 포함하고 있다.

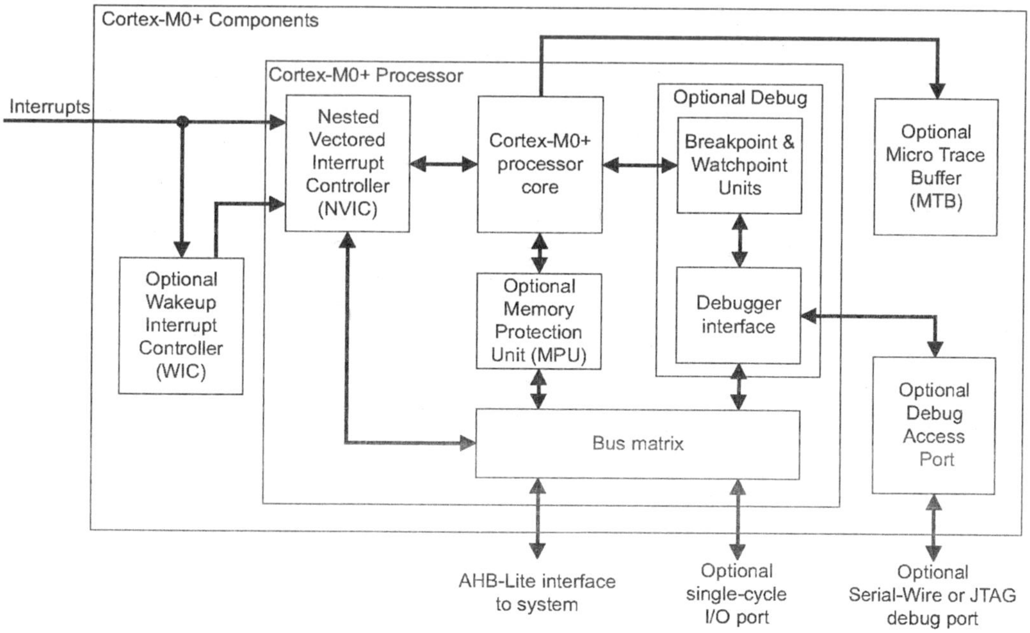

<그림 2.5> Cortex-M0+의 CPU 코어 구조

(3) 레지스터 구조

Cortex-M0+는 리셋 후에 기본적으로 Thread mode에서 응용 프로그램을 실행하며, 예외(exception) 처리시에는 Handler mode로 들어가고 예외 처리가 끝나면 다시 Thread mode로 되돌아온다. Cortex-M0+에서는 디폴트로 CONTROL 레지스터의 비트 0이 0으로 되어 Privileged level(또는 Supervisor mode)로 동작하며, 이것의 반대 상태는 Unprivileged level(또는 User mode)이라고 한다. Cortex-M0+는 Privileged level의 Thread mode에서 모든 명령과 모든 리소스(resource)를 사용할 수 있으나, Unprivileged level에서는 일부 액세스 기능이 제한된다.

Cortex-M0+의 코어 레지스터를 <그림 2.6>에 보였다. 여기서 R0~R12는 데이터 저장용으로 사용되는 32비트 범용 레지스터이다.

R13은 스택 포인터(SP ; Stack Pointer)로 사용되는데, 이것은 CONTROL 레지스터의 비트1을 0으로 설정하면 MSP(Main Stack Pointer)로 동작하고, 1로 설정하면 PSP(Process Stack Pointer)로 동작한다. 리셋 직후 R13은 MSP로 동작하며 초기값으로 0x0000_0000을 갖는다.

R14는 링크 레지스터(LR ; Link Register)로 사용되는데, 이것은 서브루틴, 기능 호출(function call), 예외 처리 등을 위한 정보를 전달한다. 리셋 직후 링크 레지스터의 값은 정해지지 않는다.

R15는 프로그램 카운터(PC ; Program Counter)로 사용되는데, 이것은 항상 다음에 실행할 프로그램 명령의 번지를 가리킨다. 리셋 직후 프로그램 카운터는 리셋 벡터 0x0000_0004의 값을 가진다.

프로그램 상태 레지스터(PSR ; Program Status Register)는 3개의 32비트 레지스터 APSR(Application Program Status Register), IPSR(Interrupt Program Status Register), EPSR(Execution Program Status Register) 등으로 구성된다. 이 레지스터들은 사용하는 명령에 따라 각각 개별적으로 액세스되거나 2개 또는 3개가 결합되어 액세스되기도 한다.

예외처리 마스크 레지스터(Exception Mask Register)는 프로세서가 예외처리 기능을 사용하지 못하도록 금지시키는 역할을 수행한다. PRIMASK(Priority Mask Register)는 우선순위를 가지는 예외처리를 금지시키는데 사용한다.

CONTROL 레지스터는 Thread mode에서 MSP와 PSP 중에서 현재의 스택 포인터로 어느 것을 사용할 것인지 지정하는 역할을 수행한다. 그러나, Handler mode에서는 항상 MSP를 사용한다.

이 책에서는 모든 사용자 프로그램을 C언어로 작성한다. 어셈블리 언어를 사용하여 사용자 프로그램을 작성하는 경우에는 Cortex-M0+ 코어의 이러한 내부 레지스터 구조와 어셈블리 언어 명령을 상세히 이해하는 것이 중요하지만, C언어로 사용자 프로그램을 작성하는 경우에는 CPU 코어의 레지스터 구조를 여기서 설명한 만큼 개략적으로 이해하는 것만으로도 충분하다.

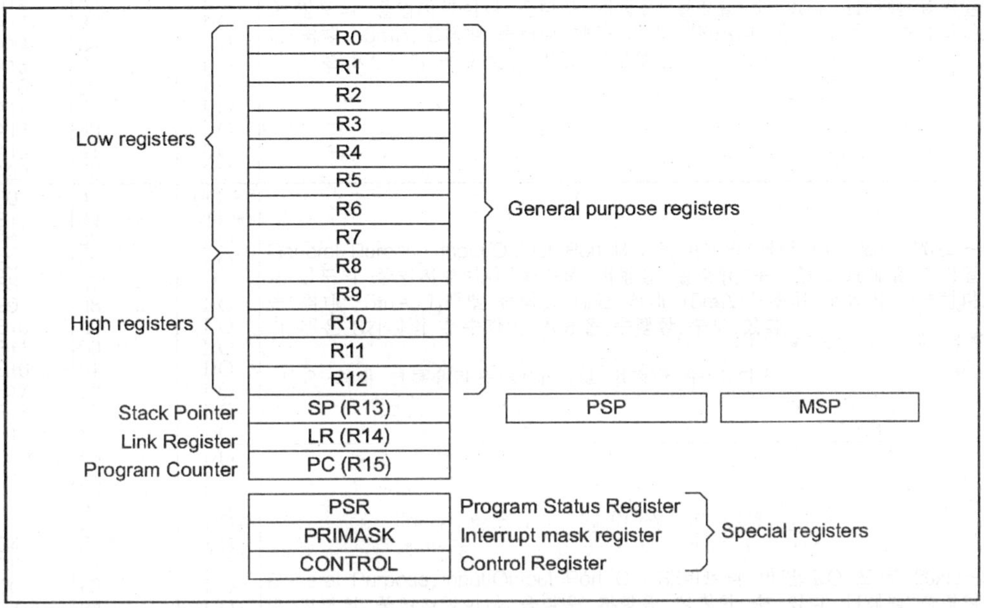

Name	Type(1)	Reset value	Description
R0-R12	read-write	Unknown	*General-purpose registers*
MSP	read-write	0x00000000(3)	*Stack pointer (SP) register R13*
PSP	read-write	Unknown	*Stack pointer (SP) register R13*
LR	read-write	Unknown	*Link register (LR) register R14*
PC	read-write	0x00000004(3)	*Program counter (PC) register R15*
PSR	read-write	Unknown(2)	*Program status register*
ASPR	read-write	Unknown	*Application program status register*
IPSR	read-only	0x00000000	*Interrupt program status register*
EPSR	read-only	Unknown(2)	*Execution program status register*
PRIMASK	read-write	0x00000000	*Priority mask register*
CONTROL	read-write	0x00000000	*Control register*

1. Describes access type during program execution in Thread and Handler modes. Debug access can differ.
2. Bit[24] is the T-bit and is loaded from bit[0] of the reset vector.
3. 해당 번지의 메모리에 저장된 값을 나타냄.

〈그림 2.6〉 Cortex−M0+의 코어 레지스터

◀휴게실▶ **EEPROM과 플래시 메모리**

MKL25Z128VLK4에는 128KB의 플래시 메모리와 16KB의 SRAM을 내장하고 있다. 이 소자에는 없지만 어떤 MCU에는 불휘발성 데이터 메모리로서 EEPROM을 내장하고 있는 경우도 있다. EEPROM과 플래시 메모리는 하나의 뿌리에서 발전해온 매우 유사한 메모리이지만 사용방법이 서로 다르다. 이것들은 오늘날 독립된 메모리 소자로서도 널리 사용되고 있으므로 충분히 알아둘 필요가 있다.

EEPROM(E^2PROM, Electrically Erasable PROM)은 온보드(on-board) 상태에서 사용자가 내용을 바이트 단위로 리드하거나 라이트할 수 있으므로 사실상 SRAM과 유사하게 사용할 수 있는 불휘발성 메모리이며, 따라서 제조회사에 따라서는 이를 EEPROM이라고 부르지 않고 EAPROM(Electrically Alterable PROM) 또는 NVRAM(Non-Volatile RAM)이라고 부르기도 한다. 그러나, 이것의 리드 동작은 액세스 시간이 다소 느리기는 하더라도 SRAM과 유사하므로 별 문제가 없는데 비하여, 라이트 동작을 수행하는 경우에는 1바이트를 라이트할 때마다 수[ms] 이상의 시간지연이 필요하므로 SRAM처럼 사용할 수는 없다. 따라서, EEPROM은 실시간으로 사용되는 변수를 저장하는 메모리나 스택 메모리로는 사용될 수 없으며, 한번 내용을 저장하면 비교적 오랫동안 이를 기억하고 있으면서 주로 이를 읽어 사용하기만 하거나 전원을 꺼도 지워져서는 안되는 중요한 데이터를 백업하여 두어야 하는 설정값 저장용 메모리로 적합하다. 이 메모리 소자는 28Cxxx의 형태로 이름을 짓는 경우가 많다.

한편, 플래시 메모리(flash memory)는 온보드 상태에서 사용자가 내용을 바이트 단위로 자유로이 리드할 수는 있지만, 라이트 동작은 페이지(page) 또는 섹터(sector)라고 불리는 블록(block) 단위로만 수행할 수 있는 변형된 EEPROM이다. 블록의 크기는 메모리 소자나 메이커에 따라 다르지만 대체로 64바이트, 128바이트, 256바이트 등에서부터 많게는 128KB까지도 사용한다. 이렇게 플래시 메모리는 EEPROM과 매우 유사하지만 바이트 단위로 라이트하는 것이 불가능하므로 페이지 모드 라이트 기능만을 가지는 EEPROM이라고 생각하면 되며, 따라서 역시 SRAM처럼 실시간 데이터 메모리로 사용하는 것은 불가능하다. 그러나, 플래시 메모리는 EEPROM에 비해 메모리 셀의 구조가 간단하여 훨씬 더 대용량의 메모리 소자를 만드는데 적합하며, 1개의 블록 전체를 라이트하는데 수 [ms] 정도가 걸리므로 대용량 데이터를 라이트할 때는 EEPROM보다 훨씬 속도가 빠르다는 장점을 가진다.

그런데, 플래시 메모리는 내부 구조에 따라서 NOR형 플래시와 NAND형 플래시 메모리로 나눌 수 있다. NOR형 플래시는 다른 메모리 소자와 같이 외부 구조가 어드레스 버스, 데이터 버스, 그리고 몇 가지의 제어신호 및 전원으로 되어 있어서 프로그램 저장용으로 널리 사용된다. NOR형 플래시 메모리는 대부분 29Cxxx 형태의 이름을 가지고 있다. 그러나, NAND형 플래시 메모리는 어드레스 버스와 데이터 버스가 따로 있는 것이 아니고 8개(또는 16개)의 데이터 신호와 몇 개의 제어신호 및 전원핀을 가지고 있다. 8개의 데이터 신호선은 어드레스 및 제어명령을 라이트하거나 데이터 값을 읽고 쓰는 용도로 사용된다. 이렇게 하면 메모리를 읽고 쓰는 동작은 좀 번거로워지지만 메모리 용량이 증가하더라도 핀 수가 늘어나지 않으므로 하드웨어 규격을 통일할 수 있어서 플래시 메모리를 마치 하드디스크처럼 사용하는 것이 가능하다.

특히, 요즈음에는 1.8[V]나 3.3[V]의 저전압에서 동작하는 수십 MB~수십 GB짜리 대용량의 NAND형 플래시 메모리 카드가 많이 개발되어 휴대전화, 디지털 카메라, MP3 플레이어, 이동형 USB 메모리 등과 같은 용도에 널리 사용되고 있으며, 종래의 자기 디스크형 하드디스크를 NAND형 플래시 메모리로 대체한 SSD(Solid State Drive)도 널리 사용되고 있다. 이러한 기기에 NAND형 플래시 메모리 카드를 사용할 때는 편의성과 하드웨어 및 소프트웨어적인 호환성이 중요하므로 SD(Secure Digital), MMC(MultiMedia Card), CF(Compact Flash) 등과 같은 표준 규격이 만들어져 사용되고 있다.

SD 카드

MMC 카드

CF 카드

2.4 MKL25Z128VLK4의 메모리 구조

Cortex-M0+의 메모리 구조는 <그림 2.7>에 보인 바와 같이 총 4GB 용량이 몇가지의 영역으로 나누어진다. External RAM과 External device 영역은 소자의 외부에 위치하며, 그밖의 모든 영역은 소자의 내부에 위치한다.

Code, SRAM, External (S)RAM 영역은 모두 프로그램 메모리로 사용할 수 있으며, 이 MCU의 모든 주변장치들은 Peripheral 영역에 위치하지만, Cortex-M0+ 코어에 해당하는 SCB(System Control Block), 인터럽트 컨트롤러 NVIC, 시스틱 타이머 SysTick, 디버그 유닛 등의 주변장치는 특별히 Private Peripheral 영역에 위치한다.

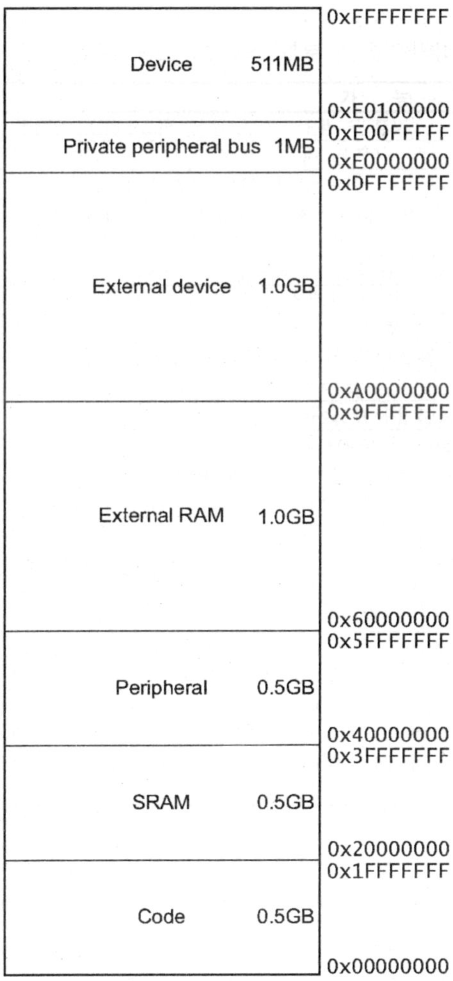

〈그림 2.7〉 Cortex-M0+의 전체 메모리 맵

<표 2.4> MKL25Z128VLK4의 메모리 맵

System 32-bit Address Range	Destination Slave	Access
0x0000_0000–0x07FF_FFFF[1]	Program flash and read-only data (Includes exception vectors in first 196 bytes)	All masters
0x0800_0000–0x1FFF_EFFF	Reserved	—
0x1FFF_F000-0x1FFF_FFFF[2]	SRAM_L: Lower SRAM	All masters
0x2000_0000-0x2000_2FFF[2]	SRAM_U: Upper SRAM	All masters
0x2000_3000–0x3FFF_FFFF	Reserved	–
0x4000_0000–0x4007_FFFF	AIPS Peripherals	Cortex-M0+ core & DMA
0x4008_0000–0x400F_EFFF	Reserved	–
0x400F_F000–0x400F_FFFF	General purpose input/output (GPIO)	Cortex-M0+ core & DMA
0x4010_0000–0x43FF_FFFF	Reserved	–
0x4400_0000–0x5FFF_FFFF	Bit Manipulation Engine (BME) access to AIPS Peripherals for slots 0-127[3]	Cortex-M0+ core
0x6000_0000–0xDFFF_FFFF	Reserved	–
0xE000_0000–0xE00F_FFFF	Private Peripherals	Cortex-M0+ core
0xE010_0000–0xEFFF_FFFF	Reserved	–
0xF000_0000–0xF000_0FFF	Micro Trace Buffer (MTB) registers	Cortex-M0+ core
0xF000_1000–0xF000_1FFF	MTB Data Watchpoint and Trace (MTBDWT) registers	Cortex-M0+ core
0xF000_2000–0xF000_2FFF	ROM table	Cortex-M0+ core
0xF000_3000–0xF000_3FFF	Miscellaneous Control Module (MCM)	Cortex-M0+ core
0xF000_4000–0xF7FF_FFFF	Reserved	–
0xF800_0000–0xFFFF_FFFF	IOPORT: GPIO (single cycle)	Cortex-M0+ core

1. The program flash always begins at 0x0000_0000 but the end of implemented flash varies depending on the amount of flash implemented for a particular device.
2. This range varies depending on SRAM sizes.
3. Includes BME operations to GPIO at slot 15 (based at 0x4000_F000).

MKL25Z128VLK4에서 4GB의 전체 메모리 맵을 요약하면 <표 2.4>와 같다. 이를 영역별로 나누어 살펴보면 다음과 같다.

(1) 내장 플래시 메모리

MKL25Z128VLK4의 플래시 메모리는 0x0000_0000~0x0001_FFFF 번지에 128KB의 용량을 가지며, 이중에서 서두의 0x0000_0000~0x0000_00BF 번지는 인터럽트 벡터 영역으로 사용되고, 0x0000_00C0~0x0000_00CF 번지는 Program Once Field 영역으로 사용된다. 또한, 0x0000_03FC~0x0000_03FF 번지는 MCG(Multipurpose Clock Generator) 모듈에서 내부 클록(Internal Reference Clock ; IRC)을 조정(trim)하기 위한 불휘발성 데이터 저장 영역으로 예약되어 있다. 그리고, 0000_0400~0x0000_040F

번지의 16바이트는 flash configuration field로서 플래시 메모리 보호나 시스템 부팅 옵션에 관한 정보들을 설정하는데 사용된다.

플래시 메모리는 사용자 프로그램 코드나 상수를 저장하는 프로그램 메모리 영역으로서 32비트 데이터 버스를 통하여 제로 웨이트(zero wait)로 1클록 사이클에 빠르게 액세스되며, 항상 1KB의 섹터 단위로 처리된다. 리셋 후에 플래시 컨트롤러의 MCM_PLACR 레지스터에서 디폴트로 명령 캐시와 데이터 캐시를 사용하도록 초기화되기 때문에 플래시 메모리를 읽을 때는 항상 64바이트의 캐시 메모리가 사용된다.

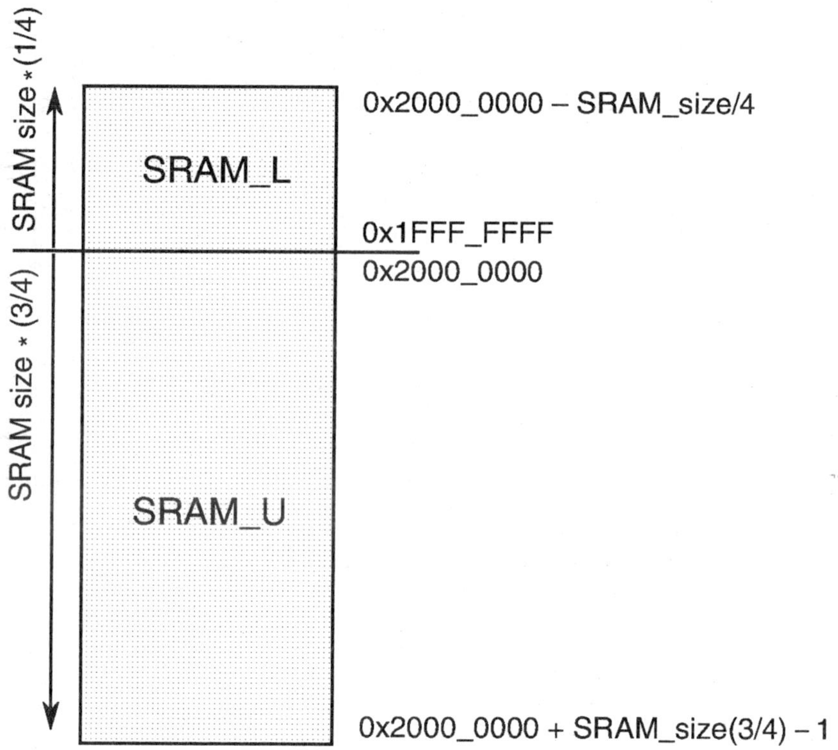

<그림 2.8> MKL25Z128VLK4에서 SRAM이 위치하는 방식

(2) 내장 SRAM

앞의 <그림 2.7>에서도 보였듯이 원래 Cortex-M0+의 SRAM은 0x2000_0000 번지에서 시작하도록 되어 있다. 그러나, MKL25Z128VLK4는 특이하게 16KB의 내장 SRAM을 각각 1/4용량과 3/4용량으로 분할하여 뒤쪽의 3/4부분(Upper SRAM)만을 0x2000_0000 번지부터 할당하고 앞쪽의 1/4부분(Lower SRAM)은 바로 그 아래 번지에 할당하고 있다. 즉, 0x1FFF_F000~0x1FFF_FFFF 번지에 4KB의 SRAM이 위치하고, 바로 그 위의 번지에 이어서 0x2000_0000~0x2000_2FFF 번지에 12KB의 SRAM이 위치하고 있다. 이를 알기 쉽게 도시하면 <그림 2.8>과 같다.

Cortex-M0+에서 SRAM은 바이트(byte, 8비트), 하프 워드(half word, 16비트), 워드(word, 32비트) 단위로 액세스할 수 있고, 당연히 최대 속도인 48MHz에서 제로 웨이트(zero wait)로 액세스된다. Cortex-M0+의 메모리 데이터는 항상 <그림 2.9>처럼 리틀 엔디안 방식(little-endian format)으로 저장된다.

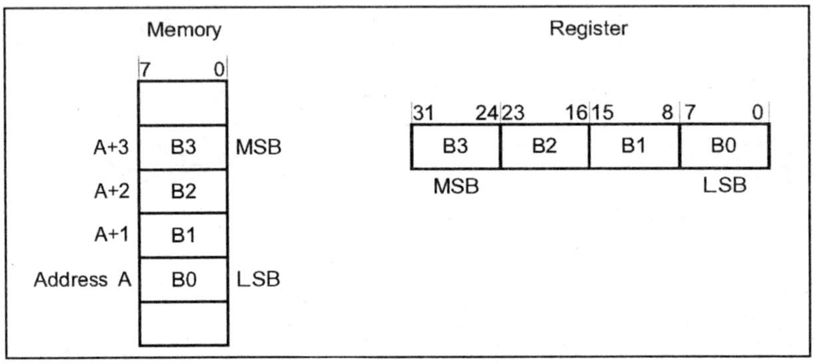

<그림 2.9> Cortex-M0+에서 데이터를 저장할 때 사용하는 리틀 엔디안 방식

(3) AIPS-Lite 버스의 일반 주변장치

MKL25Z128VLK4의 일반 주변장치들은 모두 크로스바 스위치(Crossbar switch)를 거쳐서 peripheral bridge인 AIPS-Lite 버스에 연결되어 있으며, <표 2.5>에 보인 바와 같이 0x4000_0000~0x4007_FFFF 및 0x400F_F000~0x400F_FFFF 번지 영역에 위치한다. 이들 주변장치 영역은 슬롯(slot)이라고 불리는 4KB 단위의 블록으로 나누어지고 각 슬롯에 하나의 주변장치가 할당된다.

이 MCU가 Unprivileged level 또는 사용자 모드에 있을 경우에는 이 슬롯 중에서 SIM(슬롯 71/72), MCG(슬롯 100), LLWU(슬롯 124), PMC(슬롯 125), SMC(슬롯 126), RCM(슬롯 127)은 읽기(read) 동작만 가능하고 쓰기(write) 동작은 불가능하다.

이들 주변장치를 사용하려면 먼저 SIM(System Integration Module)의 해당 레지스터를 사용하여 그 주변장치에 클록을 공급하고, 해당 주변장치의 I/O 제어 레지스터를 사용하여 초기화해야 한다. 이 주변장치 영역의 I/O 제어 레지스터들은 8비트, 16비트, 32비트 단위로 액세스가 가능하며, MKL25Z128VLK4는 BME(Bit Manipulation Engine)를 가지고 있어서 1개의 C언어 명령으로 빠르고 효율적인 read-modify-write 동작이 가능하도록 동작할 수 있다.

<표 2.5> MKL25Z128VLK4의 AIPS-Lite 버스에 접속된 일반 주변장치

슬롯 번호	어드레스 범위	주변장치 모듈
0	0x4000_0000~0x4000_0FFF	
1	0x4000_1000~0x4000_1FFF	
2	0x4000_2000~0x4000_2FFF	
3	0x4000_3000~0x4000_3FFF	
4	0x4000_4000~0x4000_4FFF	
5	0x4000_5000~0x4000_5FFF	
6	0x4000_6000~0x4000_6FFF	
7	0x4000_7000~0x4000_7FFF	
8	0x4000_8000~0x4000_8FFF	DMA controller
9	0x4000_9000~0x4000_9FFF	
10	0x4000_A000~0x4000_AFFF	
11	0x4000_B000~0x4000_BFFF	
12	0x4000_C000~0x4000_CFFF	
13	0x4000_D000~0x4000_DFFF	
14	0x4000_E000~0x4000_EFFF	
15	0x4000_F000~0x4000_FFFF	GPIO controller(aliased to 0x400F_F000) for BME
16	0x4001_0000~0x4001_0FFF	
17	0x4001_1000~0x4001_1FFF	
18	0x4001_2000~0x4001_2FFF	
19	0x4001_3000~0x4001_3FFF	
20	0x4001_4000~0x4001_4FFF	
21	0x4001_5000~0x4001_5FFF	
22	0x4001_6000~0x4001_6FFF	
23	0x4001_7000~0x4001_7FFF	
24	0x4001_8000~0x4001_8FFF	
25	0x4001_9000~0x4001_9FFF	
26	0x4001_A000~0x4001_AFFF	
27	0x4001_B000~0x4001_BFFF	
28	0x4001_C000~0x4001_CFFF	
29	0x4001_D000~0x4001_DFFF	
30	0x4001_E000~0x4001_EFFF	
31	0x4001_F000~0x4001_FFFF	
32	0x4002_0000~0x4002_0FFF	FTFA(Flash memory module)
33	0x4002_1000~0x4002_1FFF	DMAMUX(DMA Multiplexer)
34	0x4002_2000~0x4002_2FFF	
35	0x4002_3000~0x4002_3FFF	
36	0x4002_4000~0x4002_4FFF	
37	0x4002_5000~0x4002_5FFF	
38	0x4002_6000~0x4002_6FFF	
39	0x4002_7000~0x4002_7FFF	
40	0x4002_8000~0x4002_8FFF	
41	0x4002_9000~0x4002_9FFF	
42	0x4002_A000~0x4002_AFFF	
43	0x4002_B000~0x4002_BFFF	
44	0x4002_C000~0x4002_CFFF	
45	0x4002_D000~0x4002_DFFF	
46	0x4002_E000~0x4002_EFFF	
47	0x4002_F000~0x4002_FFFF	
48	0x4003_0000~0x4003_0FFF	
49	0x4003_1000~0x4003_1FFF	
50	0x4003_2000~0x4003_2FFF	
51	0x4003_3000~0x4003_3FFF	
52	0x4003_4000~0x4003_4FFF	
53	0x4003_5000~0x4003_5FFF	
54	0x4003_6000~0x4003_6FFF	
55	0x4003_7000~0x4003_7FFF	PIT(Periodic Interrupt Timer)
56	0x4003_8000~0x4003_8FFF	TPM(Timer/PWM Module) 0
57	0x4003_9000~0x4003_9FFF	TPM(Timer/PWM Module) 1
58	0x4003_A000~0x4003_AFFF	TPM(Timer/PWM Module) 2
59	0x4003_B000~0x4003_BFFF	ADC(Analog-to-Digital Converter)

<표 2.5> MKL25Z128VLK4의 AIPS-Lite 버스에 접속된 일반 주변장치(계속)

슬롯 번호	어드레스 범위	주변장치 모듈
60	0x4003_C000~0x4003_CFFF	
61	0x4003_D000~0x4003_DFFF	RTC(Real-Time Clock)
62	0x4003_E000~0x4003_EFFF	
63	0x4003_F000~0x4003_FFFF	DAC(Digital-to-Analog Converter)
64	0x4004_4000~0x4004_0FFF	LPTMR(Low-Power Timer)
65	0x4004_1000~0x4004_1FFF	
66	0x4004_2000~0x4004_2FFF	
67	0x4004_3000~0x4004_3FFF	
68	0x4004_4000~0x4004_4FFF	
69	0x4004_5000~0x4004_5FFF	TSI(Touch Sensing Interface)
70	0x4004_6000~0x4004_6FFF	
71	0x4004_7000~0x4004_7FFF	SIM(System Integration Module)
72	0x4004_8000~0x4004_8FFF	SIM(System Integration Module)
73	0x4004_9000~0x4004_9FFF	Port A multiplexing controller
74	0x4004_A000~0x4004_AFFF	Port B multiplexing controller
75	0x4004_B000~0x4004_BFFF	Port C multiplexing controller
76	0x4004_C000~0x4004_CFFF	Port D multiplexing controller
77	0x4004_D000~0x4004_DFFF	Port E multiplexing controller
78	0x4004_E000~0x4004_EFFF	
79	0x4004_F000~0x4004_FFFF	
80	0x4005_0000~0x4005_0FFF	
81	0x4005_1000~0x4005_1FFF	
82	0x4005_2000~0x4005_2FFF	
83	0x4005_3000~0x4005_3FFF	
84	0x4005_4000~0x4005_4FFF	
85	0x4005_5000~0x4005_5FFF	
86	0x4005_6000~0x4005_6FFF	
87	0x4005_7000~0x4005_7FFF	
88	0x4005_8000~0x4005_8FFF	
89	0x4005_9000~0x4005_9FFF	
90	0x4005_A000~0x4005_AFFF	
91	0x4005_B000~0x4005_BFFF	
92	0x4005_C000~0x4005_CFFF	
93	0x4005_D000~0x4005_DFFF	
94	0x4005_E000~0x4005_EFFF	
95	0x4005_F000~0x4005_FFFF	
96	0x4006_0000~0x4006_0FFF	
97	0x4006_1000~0x4006_1FFF	
98	0x4006_2000~0x4006_2FFF	
99	0x4006_3000~0x4006_3FFF	
100	0x4006_4000~0x4006_4FFF	MCG(Multipurpose Clock Generator)
101	0x4006_5000~0x4006_5FFF	OSC(System Oscillator)
102	0x4006_6000~0x4006_6FFF	I2C 0
103	0x4006_7000~0x4006_7FFF	I2C 1
104	0x4006_8000~0x4006_8FFF	
105	0x4006_9000~0x4006_9FFF	
106	0x4006_A000~0x4006_AFFF	UART 0
107	0x4006_B000~0x4006_BFFF	UART 1
108	0x4006_C000~0x4006_CFFF	UART 2
109	0x4006_D000~0x4006_DFFF	
110	0x4006_E000~0x4006_EFFF	
111	0x4006_F000~0x4006_FFFF	
112	0x4007_0000~0x4007_0FFF	
113	0x4007_1000~0x4007_1FFF	
114	0x4007_2000~0x4007_2FFF	USB OTG FS/LS
115	0x4007_3000~0x4007_3FFF	CMP(Analog Comparator)/6-bit DAC
116	0x4007_4000~0x4007_4FFF	
117	0x4007_5000~0x4007_5FFF	
118	0x4007_6000~0x4007_6FFF	SPI 0
119	0x4007_7000~0x4007_7FFF	SPI 1

〈표 2.5〉 MKL25Z128VLK4의 AIPS-Lite 버스에 접속된 일반 주변장치(계속)

슬롯 번호	어드레스 범위	주변장치 모듈
120	0x4007_8000~0x4007_8FFF	
121	0x4007_9000~0x4007_9FFF	
122	0x4007_A000~0x4007_AFFF	
123	0x4007_B000~0x4007_BFFF	
124	0x4007_C000~0x4007_CFFF	LLWU(Low-Leakage Wakeup Unit)
125	0x4007_D000~0x4007_DFFF	PMC(Power Management Controller)
126	0x4007_E000~0x4007_EFFF	SMC(System Mode Controller)
127	0x4007_F000~0x4007_FFFF	RCM(Reset Control Module)
128	0x400F_F000~0x400F_FFFF	GPIO controller(aliased to 0xF80F_F000)
※	0xF80F_F000~0xF80F_FFFF	FGPIO controller

특이하게 GPIO는 3가지의 메모리 영역에서 선택적으로 액세스하는 것이 가능한데, 이중 0xF800_F000~0xF800_FFFF 번지 영역에서 FGPIO라는 이름으로 액세스할 때 1클록 사이클에 제로 웨이트의 속도로 가장 빠르게 액세스된다. 이때는 FGPIO가 크로스바 스위치를 거치지 않고 CPU 코어에 IOPORT로 직접 접속되므로 1클록 사이클에 고속으로 액세스가 가능하게 된다. 그러나, 모든 BME(Bit Manipulation Engine) 동작은 슬롯 15의 0x4000_F000~0x4000_FFFF 번지 영역에서 GPIO 레지스터로 액세스되며, 일부의 BME 동작은 슬롯 128의 0x400F_F000~0x400F_FFFF 번지 영역에서도 액세스될 수 있다.

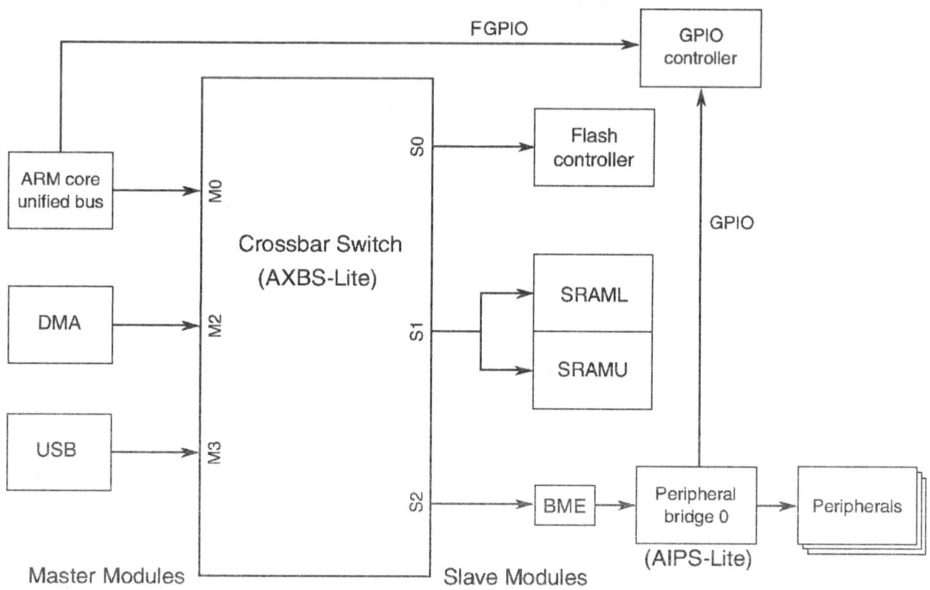

〈그림 2.10〉 MKL25Z128VLK4에서 크로스 바 스위치에 관련된 연결 구조

이와 관련된 개념을 그림으로 설명하면 <그림 2.10>과 같다. MKL25Z128VLK4의 내부에는 크로스바 스위치(Crossbar Switch)를 구동하는 마스터에 Cortex-M0+ 코어, DMA 컨트롤러, USB 모듈의 3가지가 있으며, 이 크로스바 스위치를 거쳐서 구동되는 슬레이브에는 플래시 메모리, SRAM, 그리고 주변장치 들이 있다. 일반 주변장치들은 크로스바 스위치를 거치고 BME를 거쳐서 peripheral bridge인 AIPS-Lite 버스에 연결되는데, 슬롯 15와 슬롯 128로 액세스하는 GPIO도 여기에 해당한다. 그러나, FGPIO로 0xF800_F000~0xF800_FFFF 번지 영역을 액세스하면 Cortex-M0+ 코어가 크로스바 스위치를 거치지 않고 1사이클에 고속으로 GPIO를 액세스할 수 있다.

(4) PPB 버스의 시스템 코어 주변장치

MKL25Z128VLK4에서 Cortex-M0+의 시스템 코어에 해당하는 주변장치들은 모두 PPB(Private Peripheral Bus) 버스를 통하여 연결되며, 이것들은 <표 2.6>과 같이 0xE000_E000~0xE000_EFFF 번지 영역에 위치한다.

<표 2.6> MKL25Z128VLK4의 PPB 버스에 접속된 시스템 코어 주변장치

어드레스 범위	주변장치 모듈
0xE000_E000 ~ 0xE000_E00F	
0xE000_E010 ~ 0xE000_E0FF	SysTick
0xE000_E100 ~ 0xE000_ECFF	NVIC
0xE000_ED00 ~ 0xE000_ED8F	SCB(System Control Block)
0xE000_ED90 ~ 0xE000_EDEF	
0xE000_EDF0 ~ 0xE000_EEFF	SWD(Serial Wire Debug)
0xE000_EF00 ~ 0xE000_EFFF	

◀휴게실▶ **I/O 제어 레지스터의 비트 속성**

MKL25Z128VLK4에서 사용하는 I/O 제어 레지스터의 각 비트들은 고유한 속성을 가지고 있다. 이 책에서는 I/O 제어 레지스터의 기능을 설명하는 그림에서 각 비트 속성을 다음과 같이 표시하고 있다.

- rw : (read/write) 사용자 프로그램에서 read하거나 write할 수 있는 비트이다.
- r : (read-only) 사용자 프로그램에서 read만 할 수 있는 비트이다.
- w : (write-only) 사용자 프로그램에서 write만 할 수 있는 비트이다.
- rw1s : (read/set) 사용자 프로그램에서 read하거나 1을 write하여 세트할 수 있는 비트이다.
- rw1c : (read/clear) 사용자 프로그램에서 read하거나 1을 write하여 클리어할 수 있는 비트이다.
- reserved 또는 - : 사용하지 않는 비트이다.

제3장
OK-MKL25Z 키트의 구조와 기능

3.1 *OK-MKL25Z* 키트의 개요 및 사양

OK-MKL25Z 키트는 NXP(구 Freescale)사의 32비트 ARM Cortex-M0+ 마이크로컨트롤러 시리즈에 해당하는 MKL25Z128VLK4 소자의 하드웨어 및 소프트웨어 학습용으로 설계된 아주 작은 규모의 단일 보드 컴퓨터 시스템(training kit)으로서 이것의 기본 구조는 <그림 3.1>과 같고, 이에 대한 자세한 기술적인 사양은 <표 3.1>과 같다.

〈표 3.1〉 *OK-MKL25Z* 키트 V1.0의 설계 사양

항 목	사 양	비 고
1. CPU	MKL25Z128VLK4	20.97152MHz로 동작
2. ROM	CPU에 내장된 128KB의 플래시 메모리	프로그램 및 상수 데이터 저장
3. RAM	CPU에 내장된 16KB의 SRAM	프로그램, 스택, 사용자 데이터 저장
4. 프로그램 입력/실행	SWD 에뮬레이터를 사용하는 방법	기본으로 USB Multilink Universal 에뮬레이터를 사용
5. I/O	1. CPU 프로그램용 컨넥터	
	JTAG 인터페이스용 20핀 컨넥터(CN2)	USB Multilink Universal 에뮬레이터 사용
	2. 기본 입출력 장치	
	(1) 16자×2행 텍스트 LCD 모듈	
	(2) 320×240픽셀 터치스크린 TFT-LCD 모듈	별도의 *TFT-32A* 보드를 장착 사용
	(3) SPI를 사용한 SD 카드 인터페이스	별도의 *TFT-32A* 보드에 내장
	(4) 4개의 키입력 스위치(KEY1~KEY4)	
	(5) 4개의 터치 센싱 입력(TSI1~TSI4)	
	(6) 2개의 상태표시 LED(LED1, LED2)	
	(7) +5V용 버저	
	(8) RS-232C 직렬통신 컨넥터(CN5)	표준 9핀 RS-232C 케이블 사용
	3. 기타 입출력 장치	
	(1) +5V, +3.3V 전압센서(ADC1, ADC2)	A/D 입력 범위는 0V~+3.3V
	(2) 가변저항 VR1에 의한 전압센서(ADC3)	
	(3) LM35DZ 온도센서(U4, ADC4)	온도측정 범위는 0~100℃
	(4) 1개의 D/A 컨버터 출력(DAC0_OUT)	D/A 출력 범위는 0V~+3.3V
	(5) TV 리모컨 수신 회로(U5)	
	(6) SPI를 사용한 DS3234 리얼타임 클록(U6)	2.4V 충전용 NiMH 배터리로 전원 백업
	(7) 6개의 테스트 단자(TP1~TP6)	
6. 전원	SMPS +5V(키트에서 +3.3V 레귤레이터 사용)	
7. PCB	160×130mm 양면 에폭시 기판	

OK-MKL25Z 키트는 <그림 3.1>에서 보는 것처럼 32비트의 ARM Cortex-M0+ 마이크로컨트롤러인 MKL25Z128VLK4를 중심으로 하여 CPU에 내장된 여러 가지 기본 I/O 기능과 다양한 외부 확장 I/O를 가지고 있다.

MKL25Z128VLK4는 80핀 LQFP 패키지로 되어 있으며, 총 66개의 병렬 I/O 핀을 가지고 있는데, 이것들은 대부분 CPU에 내장된 주변장치를 위한 입출력 신호 단자와 기능을 겸하고 있다. *OK-MKL25Z* 키트에서 이들 병렬 I/O 포트에 접속한 기능에는 16자×2행의 텍스트 LCD 모듈, 320×240 픽셀의 터치스크린형 컬러 TFT-LCD 모듈, 4개의 키 입력 스위치, 4개의 터치 센싱 입력, 2개의 상태표시용 LED, 버저(buzzer) 등이 있으며, 내장된 주변장치를 사용하여 외부에 접속한 기능에는 RS-232C 직렬통신 컨넥터 CN5, 반도체 온도센서 LM35D와 각종 전압센서를 접속한 A/D 컨버터 입력 4개, 1개의 D/A 컨버터 출력, SPI 직렬통신을 이용한 DS3234 RTC 회로, TV 리모컨 수신회로 등이 있다.

사용자는 이와 같이 키트에 내장된 많은 하드웨어를 통하여 Cortex-M0+ 마이크로컨트롤러의 다양한 프로그래밍 연습 및 응용이 가능할 것이며, 사용자 프로그램의 다운로드 및 디버깅은 SWD 인터페이스를 통하여 USB Multilink Universal 에뮬레이터로 수행한다.

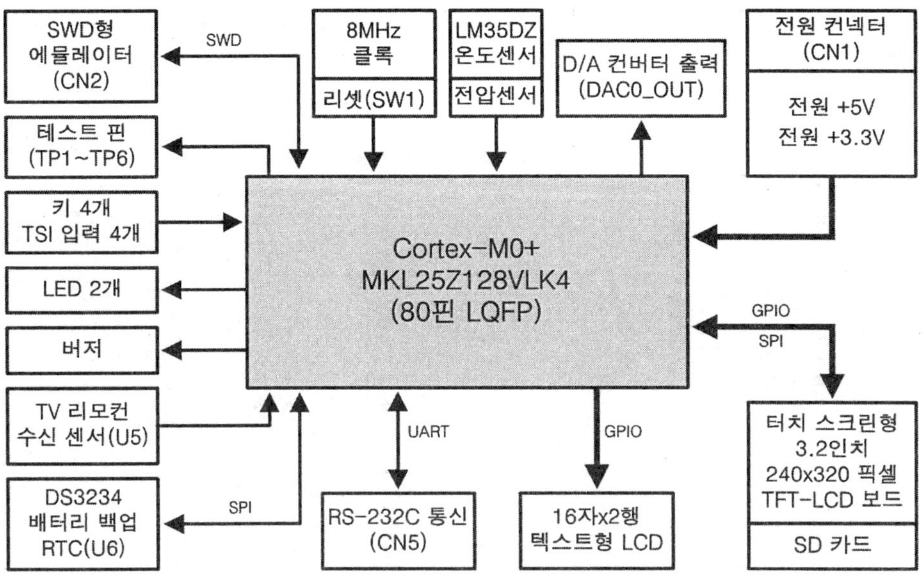

〈그림 3.1〉 *OK-MKL25Z* 키트 V1.0의 하드웨어 구성 블록도

OK-MKL25Z 키트는 적어도 8051이나 AVR과 같은 8비트 마이크로컨트롤러 이상

을 사용해본 경험이 있으면서 ARM Cortex-M0+ 계열의 마이크로컨트롤러는 처음으로 공부하는 아마추어나 현장 엔지니어 또는 대학생을 위한 교육용 키트로 사용될 것을 기본 목표로 하여 설계하였다. 따라서, 이 키트는 매우 다양한 기본 기능을 내장하고 있으면서도 PCB 기판을 양면으로 하고 크기가 약 160×130mm에 불과하도록 작게 설계하여 큰 부담없이 저렴한 비용으로 사용자가 직접 제작할 수 있도록 하였다. 이것은 MKL25Z128VLK4 소자의 기본 기능을 익히는데 목표를 두고 있는 교육용 트레이닝 키트지만, 사용자들이 이 마이크로컨트롤러 소자를 재미있게 공부하면서 더불어 난이도가 높은 고급 응용기술까지 익힐 수 있도록 TFT-LCD 모듈이나 터치스크린 회로 등을 장착하여 상당한 정도의 수준을 갖는 응용 프로그래밍 기술을 직접 체험할 수 있도록 설계하였다.

이 책에서는 사용자가 이 키트에 프로그램을 다운로드하거나 디버깅하기 위하여 기본적으로 저가형의 USB Multilink Universal 에뮬레이터를 사용하지만, SWD 인터페이스를 지원하는 다른 에뮬레이터를 사용할 수도 있다.

OK-MKL25Z 키트에서 사용하는 MKL25Z128VLK4 마이크로컨트롤러는 128KB의 플래시 메모리와 16KB의 SRAM을 내장하고 있어서 MCU로서는 메모리 용량이 상당히 큰 편이므로 여기서는 상당한 규모를 가지는 C언어 응용 프로그램을 작성할 수도 있다.

이 책에서는 마이크로프로세서의 초보 입문자들도 재미있게 이를 따라 익히며, 여러 응용분야에 종사하는 사용자들이 각각 자신의 분야에 필요한 ARM Cortex-M0+ 응용 기술을 연마할 수 있도록 가능한한 여러 가지의 다양한 응용 프로그램을 C언어로 제시하고 이를 키트에서 실행하여 볼 수 있도록 하였다. 이 책에서 C컴파일러는 현재 NXP에서 무료로 제공하는 **Kinetis Design Studio V3.1.0**을 사용한다. 그러나, ARM 계열 마이크로프로세서에서는 거의 어셈블리 언어를 사용하지 않는 추세이므로 이 책에서도 어셈블리 언어 예제는 취급하지 않는다.

3.2 *OK-MKL25Z* 키트의 하드웨어 구조

이제 사용자가 *OK-MKL25Z* 키트의 기능들을 충분히 활용하고 나아가 이를 하드웨어적으로 응용하는 능력을 기르기 위해서는 이 키트의 구조 및 기능을 자세히 이해하여야 한다. 여기서는 이것의 전체적인 하드웨어 구조와 설계자의 의도를 설명하고자 한다.

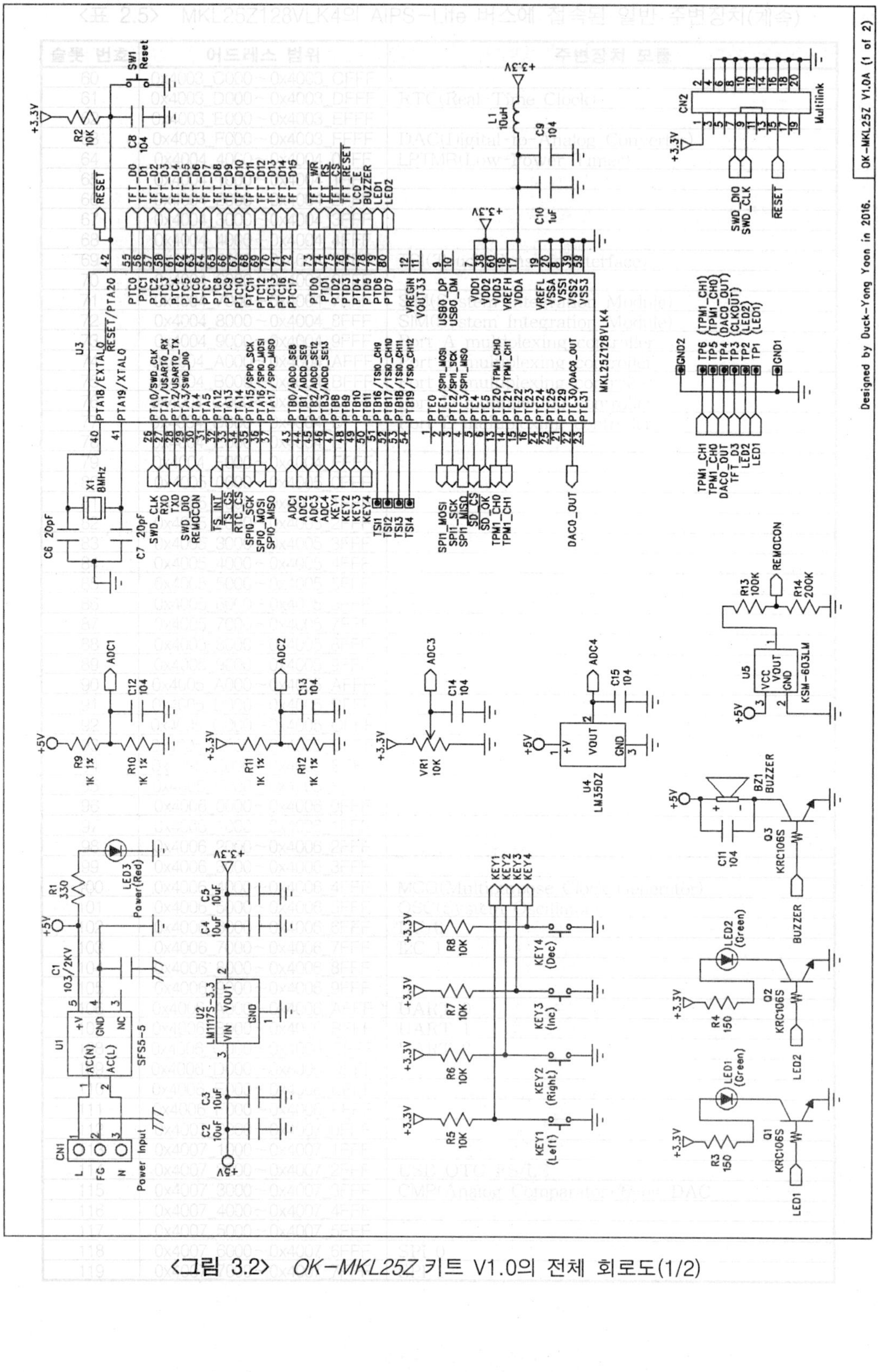

〈그림 3.2〉 *OK-MKL25Z* 키트 V1.0의 전체 회로도(1/2)

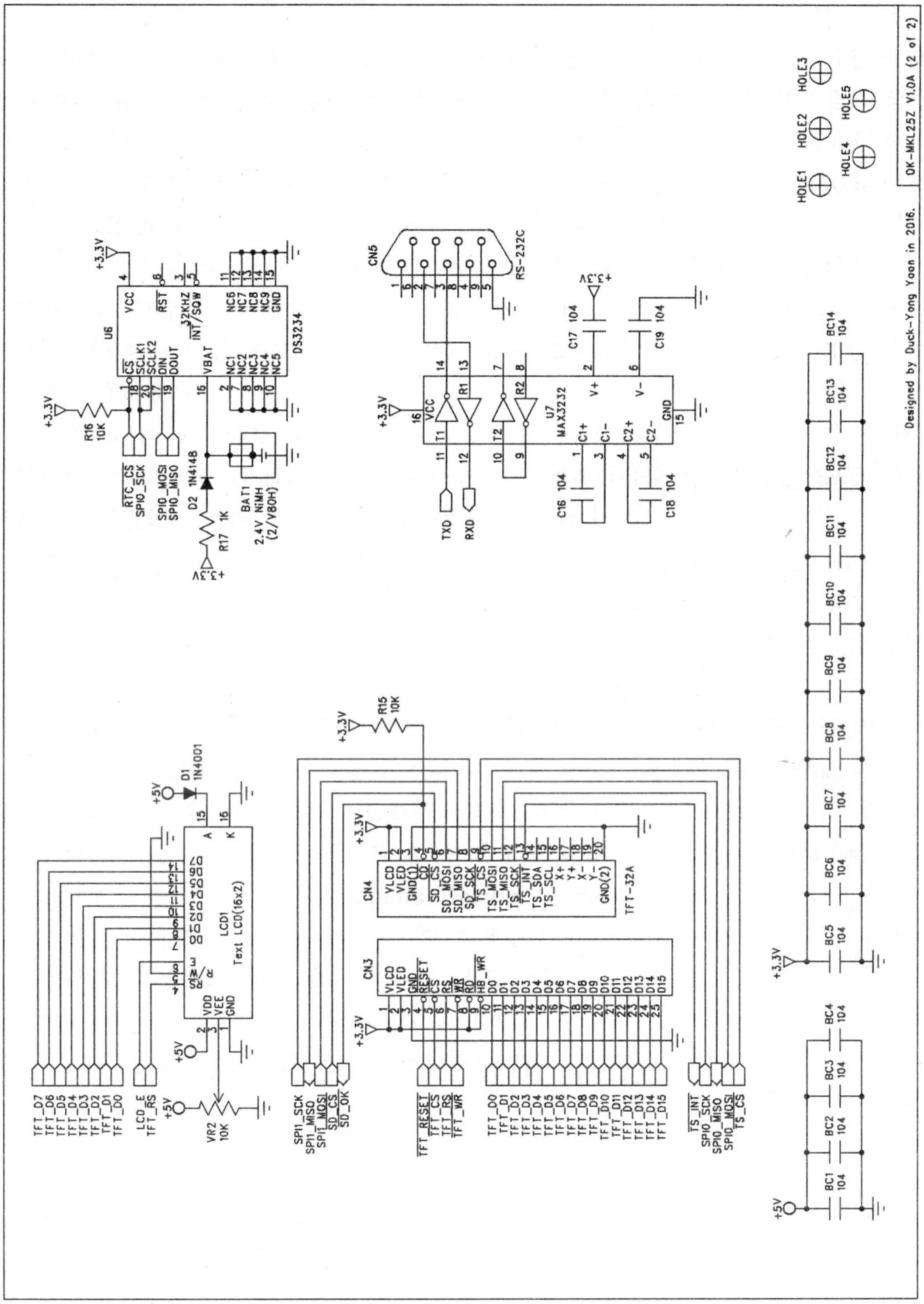

〈그림 3.2〉 *OK-MKL25Z* 키트 V1.0의 전체 회로도(2/2)

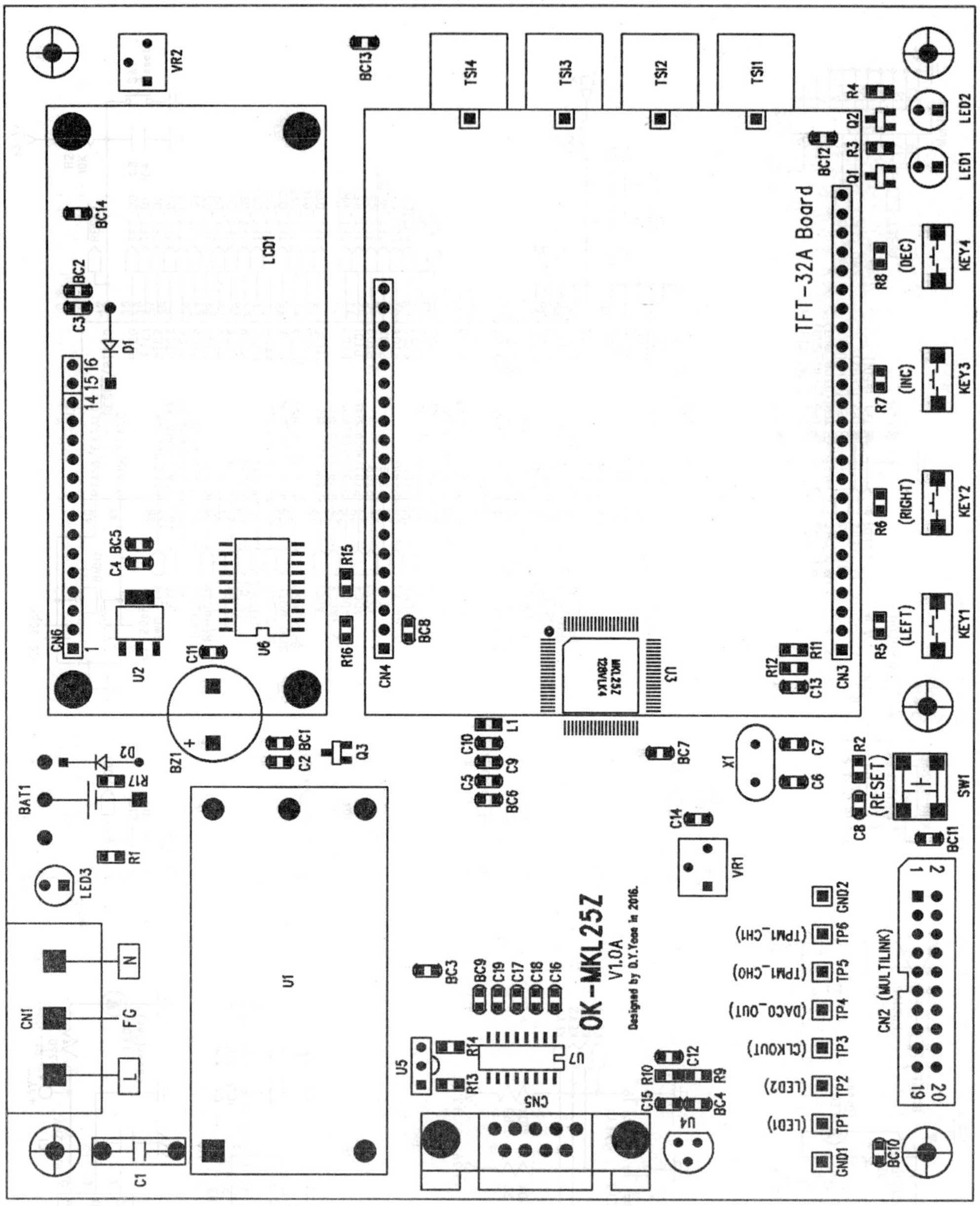

〈그림 3.3〉 *OK-MKL25Z* 키트 V1.0의 PCB 부품배치도(실물의 100% 크기)

OK-MKL25Z 키트 V1.0 메인 보드의 전체 회로도는 <그림 3.2>에 보인 바와 같고, 실제 키트의 PCB(Printed Circuit Board) 모양 및 부품배치도는 <그림 3.3>에 보였으며, 여기에서 사용하는 모든 부품의 리스트를 <표 3.2>에 정리하였다.

〈표 3.2〉 *OK-MKL25Z* 키트 V1.0의 전체 부품 리스트

부품 번호	수량	부품명 및 규격	비 고
U1	1	SFS5-5 PCB 장착형 SMPS	POWERPLAZA 제품
U2	1	LM1117S-3.3	SOT-223형
U3	1	MKL25Z128VLK4	80핀 LQFP형
U4	1	LM35DZ 반도체 온도 센서	TO-92형
U5	1	KSM-603LM TV 리모컨 수신 센서	
U6	1	DS3234 SPI형 RTC	20핀 SO형
U7	1	MAX3232 RS-232C 통신 인터페이스	16핀 SOP형
X1	1	8MHz ATS형 수정발진자	
D1	1	1N4001 다이오드	
D2	1	1N4148 다이오드	
LED1, 2	2	5Φ 녹색 LED	
LED3	1	5Φ 적색 LED	
Q1~3	3	KRC106S(또는 KRC105S) 트랜지스터	
LCD1	1	HC16202NY-LY 텍스트형 LCD 모듈 (16핀 SIP male/female header 포함)	좌측 상단 컨넥터형
R1	1	2012형 330 칩 저항	
R2, 5~8, 15, 16	7	2012형 10K 칩 저항	
R3, 4	2	2012형 150 칩 저항	
R9~12	4	2012형 1% 1K 칩 저항	정밀 저항을 사용하는 것이 바람직함
R13	1	2012형 100K 칩 저항	
R14	1	2012형 200K 칩 저항	
R17	1	2012형 1K 칩 저항	
VR1, 2	2	GF063P 10K 반고정 저항	1K~20K 범위에서 임의 사용 가능
L1	1	2012형 10μH 칩 인덕터	
C1	1	1kV 0.01μF 고압 세라믹 커패시터	
C2~5	4	2012형 10μF 칩 세라믹 커패시터	
C6, 7	2	2012형 20pF 칩 세라믹 커패시터	
C8, 9, 11~19, BC1~14	25	2012형 0.1μF 칩 세라믹 커패시터	
C10	2	2012형 1μF 칩 세라믹 커패시터	
BAT1	1	2/V80H 2.4V 70mAh NiMH 전지	
BZ1	1	ALP1205S +5V용 버저	
SW1	1	ITS-1102T 4핀 택트(tact) 스위치	
KEY1~4	4	ITS-1107 2핀 택트(tact) 스위치	
TP1~6, GND1~2	1	SIP male header	40핀 SIP male header를 잘라서 사용
CN1	1	BR-762C(3핀) 컨넥터	
CN2	1	3FB-20P-S/T 20핀 박스형 컨넥터	
CN3	1	25핀 SIP female header	40핀 SIP female header를 잘라서 사용
CN4	1	20핀 SIP female header	40핀 SIP female header를 잘라서 사용
CN5	1	DB9-HM 9핀 D형 컨넥터(수컷)	
CN6	1	16핀 SIP female header	40핀 SIP female header를 잘라서 사용

(1) MCU 및 주변회로

MKL25Z128VLK4의 주변회로는 <그림 3.2>에서 보는 바와 같이 마이크로컨트롤러 소자와 이에 기본적으로 추가되는 시스템 리셋 회로, 시스템 클록 발생회로, SWD 에

뮬레이터 인터페이스 회로 등으로 구성된다.

▣ MCU 회로

이 키트의 MCU 소자로는 MKL25Z128VLK4를 사용한다. 이는 80핀 LQFP 패키지로 되어 있는데 크기가 매우 작고 핀 간격이 좁아서 납땜에 능숙하지 않는 사람은 조립하기가 꽤 어려울 수도 있다.

▣ 시스템 리셋 회로

시스템 리셋 회로는 키트에 전원을 투입할 경우 또는 필요할 때마다 임의로 시스템 전체를 강제로 리셋시키기 위한 회로이다. 전원 투입 리셋 회로는 마이크로컨트롤러 외부의 10KΩ 저항(R2)과 0.1μF 커패시터(C8) 소자로 구성되며, 사용자 리셋 회로는 여기에 스위치 SW1을 추가함으로써 간단히 구현된다.

시스템 리셋 신호 $\overline{\text{RESET}}$은 마이크로컨트롤러 소자는 물론이고 에뮬레이터 인터페이스 회로와도 연결되어 있어서 USB Multilink Universal 에뮬레이터가 필요할 때 마이크로컨트롤러를 리셋시킬 수 있어야 한다.

▣ 시스템 클록 발생회로

MKL25Z128VLK4는 외부 클록으로서 3~32MHz의 크리스털을 사용할 수 있도록 되어 있으며, *OK-MKL25Z* 키트에서는 8MHz의 크리스털을 사용하므로 내부 PLL 회로에서 이를 6배로 체배하면 48MHz의 시스템 클록을 만들 수 있다.

클록 발생 회로에는 안정된 발진 동작을 위하여 18~22pF의 커패시터를 풀다운하도록 되어 있는데, 이 키트에서는 수정발진자 옆에 20pF의 세라믹 커패시터(C6, C7)를 달아주었다.

▣ USB Multilink Universal 에뮬레이터 인터페이스 회로

원래 ARM 표준의 JTAG 컨넥터는 기본적으로 20핀 또는 14핀으로 되어 있는데, Cortex-M0+ 소자인 MKL25Z128VLK4에서는 이중에서 SWD 인터페이스 신호만을 사용하므로 *OK-MKL25Z* 키트에서도 CN2에 20핀 컨넥터를 사용하여 SWD 인터페이스 방식으로 에뮬레이터를 접속할 수 있도록 설계하였다. 이 책에서는 사용자 프로그램을 다운로드하고 디버깅하는데 기본적으로 P&E Microcomputer Systems사의 USB Multilink Universal 에뮬레이터를 사용한다.

(2) 병렬포트에 접속한 I/O 회로

MKL25Z128VLK4는 포트A에서 포트E까지 총 66비트의 병렬 I/O 포트를 가지고 있다. 이 키트에서 병렬 I/O 포트에 접속한 장치들을 요약하면 다음과 같다.

▣ 키, 터치 센싱 입력, LED, 버저의 인터페이스

키 입력은 KEY1~KEY4의 4개가 있는데, 이것들은 각각 PTB8~PTB11에 차례로 접속하였으며 외부에 10kΩ의 풀업저항을 사용하였다. 물론 병렬 I/O 포트의 내부에는 20kΩ~50kΩ 정도의 풀업저항 및 풀다운 저항을 가지고 있으므로 필요하면 이를 설정하여 사용해도 된다.

이 키트에서는 키 입력 이외에도 4개의 터치 센싱 입력 TSI1~TSI4를 가지고 있어서 이를 4개의 키 대신 사용할 수도 있는데, 이것들은 각각 PTB16~PTB19에 차례로 접속하였다.

상태 표시 LED 출력은 LED1, LED2 등 2개가 있는데, 이것들은 각각 병렬 I/O 포트의 PTD6과 PTD7에 접속하였다. MKL25Z128VLK4의 병렬 I/O 포트 핀들은 최대 25mA까지의 소스 및 싱크 전류 용량을 가지고 있으므로 LED를 직접 구동하는 것이 가능하지만, 좀더 안정된 동작을 할 수도 있고 H상태의 출력으로 LED를 점등하기 위하여 외부에 KRC106S 트랜지스터를 사용하였다.

OK-MKL25Z 키트에서는 +5V용 버저도 1개 사용하는데 이는 PTD5 신호에 접속하였으며, 충분한 전류구동을 위해 KRC106S 트랜지스터를 사용하여 ON/OFF한다.

▣ 텍스트형 LCD 및 TFT-LCD의 인터페이스

텍스트형 LCD 모듈은 가장 일반적인 16자×2행의 제품을 사용하는데, 이것의 데이터는 PTC0~PTC7을 통하여 8비트로 출력하며, 제어 신호 RS와 E는 각각 PTD1과 PTD4를 사용한다.

TFT-LCD는 3.2인치 320×240 픽셀의 제품을 사용하며, 이것의 데이터는 PTC0~PTC17을 통하여 16비트로 출력하고, 제어 신호 $\overline{\text{WR}}$, RS, $\overline{\text{CS}}$, $\overline{\text{RESET}}$은 PTD0~ PTD3을 차례로 사용한다.

▣ I/O 인터페이스의 요약

OK-MKL25Z 키트에서 MKL25Z128VLK4의 병렬 I/O 포트와 그 부수적인 기능으로 사용된 하드웨어 디바이스들을 요약하면 <표 3.3>과 같다.

<표 3.3> *OK-MKL25Z* 키트 V1.0에서 사용한 MKL25Z128VLK4의 핀 배열 요약

핀 번호	기본적인 핀 이름	OK-MKL25Z 키트에서 사용하는 기능							
		ALT0	ALT1	ALT2	ALT3	ALT4	ALT5	ALT6	ALT7
26	PTA0								SWD_CLK
27	PTA1			UART0_RX					
28	PTA2			UART0_TX					
29	PTA3								SWD_DIO
30	PTA4		PTA4						
31	PTA5		(PTA5)						
32	PTA12		PTA12						
33	PTA13		PTA13						
34	PTA14		PTA14						
35	PTA15			SPI0_SCK					
36	PTA16			SPI0_MOSI					
37	PTA17			SPI0_MISO					
40	PTA18	EXTAL0							
41	PTA19	XTAL0							
42	PTA20								$\overline{\text{RESET}}$
43	PTB0	ADC0_SE8							
44	PTB1	ADC0_SE9							
45	PTB2	ADC0_SE12							
46	PTB3	ADC0_SE13							
47	PTB8		PTB8						
48	PTB9		PTB9						
49	PTB10		PTB10						
50	PTB11		PTB11						
51	PTB16	TSI0_CH9							
52	PTB17	TSI0_CH10							
53	PTB18	TSI0_CH11							
54	PTB19	TSI0_CH12							
55	PTC0		PTC0						
56	PTC1		PTC1						
57	PTC2		PTC2						
58	PTC3		PTC3				CLKOUT		
61	PTC4		PTC4						
62	PTC5		PTC5						
63	PTC6		PTC6						
64	PTC7		PTC7						
65	PTC8		PTC8						
66	PTC9		PTC9						
67	PTC10		PTC10						
68	PTC11		PTC11						
69	PTC12		PTC12						
70	PTC13		PTC13						
71	PTC16		PTC16						
72	PTC17		PTC17						
73	PTD0		PTD0						
74	PTD1		PTD1						
75	PTD2		PTD2						
76	PTD3		PTD3						
77	PTD4		PTD4						
78	PTD5		PTD5						
79	PTD6		PTD6						
80	PTD7		PTD7						
1	PTE0		(PTE0)						
2	PTE1			SPI1_MOSI					
3	PTE2			SPI1_SCK					
4	PTE3			SPI1_MISO					
5	PTE4		PTE4						
6	PTE5		PTE5						
13	PTE20				TPM1_CH0				
14	PTE21				TPM1_CH1				
15	PTE22		(PTE22)						
16	PTE23		(PTE23)						
24	PTE24		(PTE24)						
25	PTE25		(PTE25)						
21	PTE29		(PTE29)						
22	PTE30	DAC0_OUT							
23	PTE31		(PTE31)						

☞ 신호 이름에 ()가 붙은 것은 키트에서 사용하지 않는 핀인데 편의상 GPIO 핀이라고 간주한 것이다.

(3) *OK-MKL25Z* 키트의 컨넥터 요약

OK-MKL25Z 키트 V1.0에는 기판에서 외부로 접속하기 위한 컨넥터가 모두 6개 있고, 테스트 핀(test pin)이 6개 있는데 이를 <표 3.4>에 요약하였다.

<표 3.4> *OK-MKL25Z* 키트 V1.0의 외부 접속 커넥터 요약

커넥터		각 핀의 기능			
CN1	전원 커넥터 (BR-762C 3핀)	1 2	L FG	3	N
CN2	USB Multilink Universal 에뮬레이터용 (3FB-20P-S/T)	1 3 5 7 9 11 13 15 17 19	MCU VDD (사용 안함) (사용 안함) SWD_DIO SWD_CLK (사용 안함) (사용 안함) -RESET (사용 안함) (사용 안함)	2 4 6 8 10 12 14 16 18 20	(사용 안함) GND GND GND GND GND GND GND GND GND
CN3	TFT-LCD 보드 접속용 - 좌측 (25핀 SIP female header)	1 2 3 4 5 6 7 8 9 10 11 12 13	VLCD(+3.3V) VLED(+3.3V) GND -TFT_RESET -TFT_CS TFT_RS -TFT_WR -TFT_RD (사용 안함) D0 D1 D2 D3	14 15 16 17 18 19 20 21 22 23 24 25	D4 D5 D6 D7 D8 D9 D10 D11 D12 D13 D14 D15
CN4	TFT-LCD 보드 접속용 - 우측 (20핀 SIP female header)	1 2 3 4 5 6 7 8 9 10	VLCD(+3.3V) VLED(+3.3V) GND -SD_OK -SD_CS SD_MOSI SD_MISO SD_SCK -TS_CS TS_MOSI	11 12 13 14 15 16 17 18 19 20	TS_MISO TS_SCK -TS_INT (사용 안함) (사용 안함) (사용 안함) (사용 안함) (사용 안함) (사용 안함) GND
CN5	RS-232C 통신용 (DB9-HM, 수컷)	1 2 3 4 5	(사용 안함) RxD TxD (사용 안함) GND	6 7 8 9	(사용 안함) (사용 안함) (사용 안함) (사용 안함)
CN6 (LCD1)	텍스트 LCD 모듈 접속용 (16핀 SIP female header)	1 2 3 4 5 6 7 8	GND VDD VEE RS R/-W E D0 D1	9 10 11 12 13 14 15 16	D2 D3 D4 D5 D6 D7 A K
테스트 핀	신호 측정용 (SIP male header)	GND1 TP1 TP2 TP3	GND LED1 LED2 CLKOUT	TP6 TP7 TP8 GND2	DAC0_OUT TPM1_CH0 TPM1_CH1 GND

3.3 *TFT-32A* 보드의 하드웨어 구조

TFT-32A 보드 V1.0은 320x240 픽셀의 해상도와 터치 스크린을 가지고 있는 3.2인치 262,144 컬러의 TFT-LCD 모듈 FL320QVC18-A0에 사용자가 이를 사용하기 쉽도록 8/16비트 병렬 인터페이스 회로와 터치 스크린 컨트롤러 및 SD 카드를 포함하는 PCB를 부착하여 TFT-LCD 응용 보드로 만든 것이다.

이 TFT-LCD 모듈은 원래 16비트 병렬 인터페이스만 가능하도록 만들어져 있어서 8비트 마이크로컨트롤러에서는 사용하기가 불편하였으나 TFT-LCD 모듈을 이처럼 전용 보드에 장착하여 만들면 이를 편리하게 8비트 또는 16비트 인터페이스 방법을 사용자가 임의로 선택하여 사용할 수 있으며, 커넥터를 사용하여 쉽게 마이크로프로세서에 접속할 수 있다. 74HC574 8비트 래치를 사용하여 사용자는 이와 같이 8비트 또는 16비트로 편리하게 인터페이스할 수 있으나 TFT-LCD 모듈의 입장에서 보면 항상 데이터 액세스는 16비트 단위로 수행된다.

OK-MKL25Z 키트에서는 MKL25Z128VLK4 마이크로컨트롤러가 16비트 방식으로 TFT-LCD를 인터페이스하므로 *TFT-32A* 보드에서 반드시 U2(74HC574), R3, J1은 조립하지 말아야 한다. 만약 이것들을 이미 조립하였다면 J1=OFF로 설정하면 된다.

TFT-32A 보드에서는 터치 스크린 컨트롤러로서 SPI 인터페이스형인 ADS7846을 사용한다. 그러나, 이 보드에서는 사용하지 않지만 터치 스크린 컨트롤러에는 I²C 통신 방식의 TSC2003도 있으며, 필요하다면 터치 스크린에서 나오는 X+, Y+, X-, Y- 신호를 직접 A/D 컨버터로 읽어들일 수도 있다.

TFT-32A 보드 V1.0의 주요 사양을 요약하면 <표 3.5>와 같다.

〈표 3.5〉 *TFT-32A* 보드 V1.0의 사양

항 목	사 양	비 고
1. TFT-LCD 모듈	FL320QVC18-A0(CN4) 3.2인치, 터치 스크린 내장형	컨트롤러 HX8347-A
2. 인터페이스 방식	① 8비트 인터페이스 방식 (J1 =ON) ② 16비트 인터페이스 방식(J1 = OFF)	*OK-MKL25Z* 키트에서는 16비트 방식을 사용함
3. 터치 스크린	SPI 인터페이스(ADS7846N 또는 ADS7846E 사용)	
4. SD 카드	SD 카드 (CN3)	
5. 접속 커넥터	CN1(25핀) 및 CN2(20핀)	
6. 백라이트	TFT-LCD 소자 내부에 5개의 LED 내장	
7. 전원	① LCD 전원 : +3.3V(+2.8V도 사용 가능) ② LED 전원 : +3.3V(백라이트용)	*OK-MKL25Z* 키트에서는 모두 +3.3V를 사용함
8. PCB 크기	66×80mm 양면 에폭시 기판	

(1) *TFT-32A* 보드의 구조

TFT-32A 보드 V1.0의 PCB 외형 및 부품 배치도는 <그림 3.4>와 같다. 또한, 이것의 회로도는 <그림 3.5>와 같고, 부품 리스트는 <표 3.6>과 같다. 외부 접속 커넥터 CN1과 CN2의 각 핀 기능을 요약하면 <표 3.7>과 같다.

이러한 확장 보드를 연결할 때는 보드의 상하 방향을 반대로 하거나 커넥터의 핀을 하나씩 시프트하여 잘못 꽂는 사고가 종종 발생하는데, 이렇게 되면 키트의 하드웨어에 치명적인 고장을 일으킬 수 있다. *TFT-32A* 보드에서는 이러한 사고를 예방하기 위하여 커넥터 CN1과 CN2의 핀 개수를 25개와 20개로 서로 다르게 하였는데, 이렇게 하면 이 보드를 메인 PCB와 접속할 때 방향을 반대로 잘못 꽂거나 커넥터 위치가 어긋나도록 잘못 꽂는 사고를 훨씬 줄일 수 있다.

TFT-LCD 모듈을 조립할 때는 FPCB의 37개 핀을 *TFT-32A* 보드의 PCB 패턴과 정확하게 일치시키고, FPCB에 붙어있는 양면 접착 테이프로 위치를 잘 고정시킨 후에 납땜하는 것이 좋다. 납땜 후에는 TFT-LCD 패널의 뒷면에 붙어있는 양면 접착 테이프를 이용하여 TFT-LCD 모듈의 패널을 *TFT-32A* 보드의 PCB에 붙여주면 되는데, 이때 TFT-LCD 모듈의 3군데 모서리에 있는 돌기가 PCB의 구멍에 일치하도록 위치를 정확히 잘 맞추어야 한다.

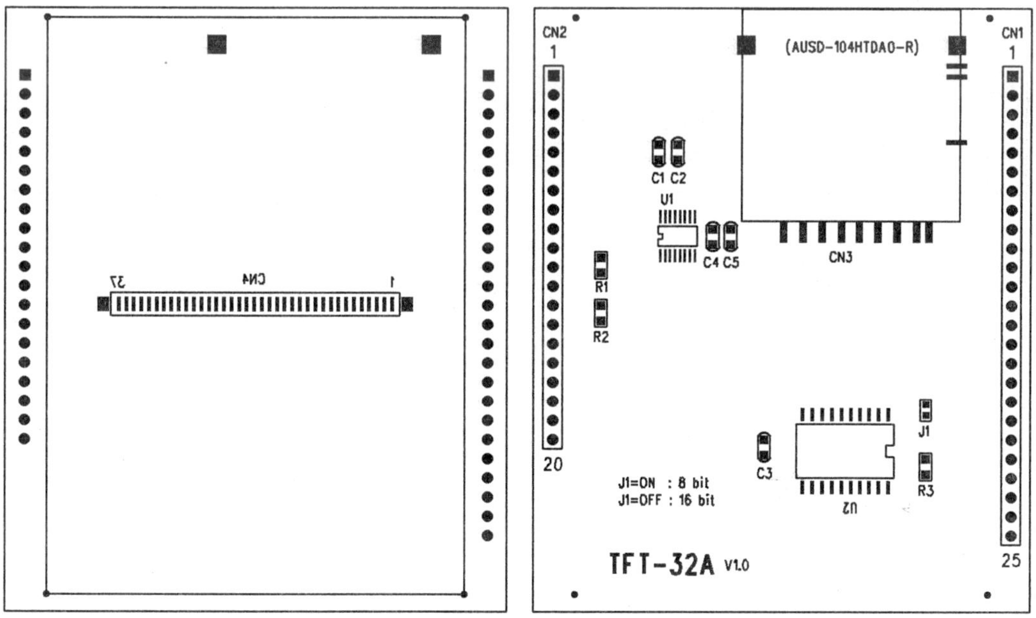

(a) 보드의 앞면(TFT-LCD 모듈 부착면)　　(b) 보드의 뒷면

<그림 3.4> *TFT-32A* 보드 V1.0의 PCB 부품배치도(실물의 100% 크기)

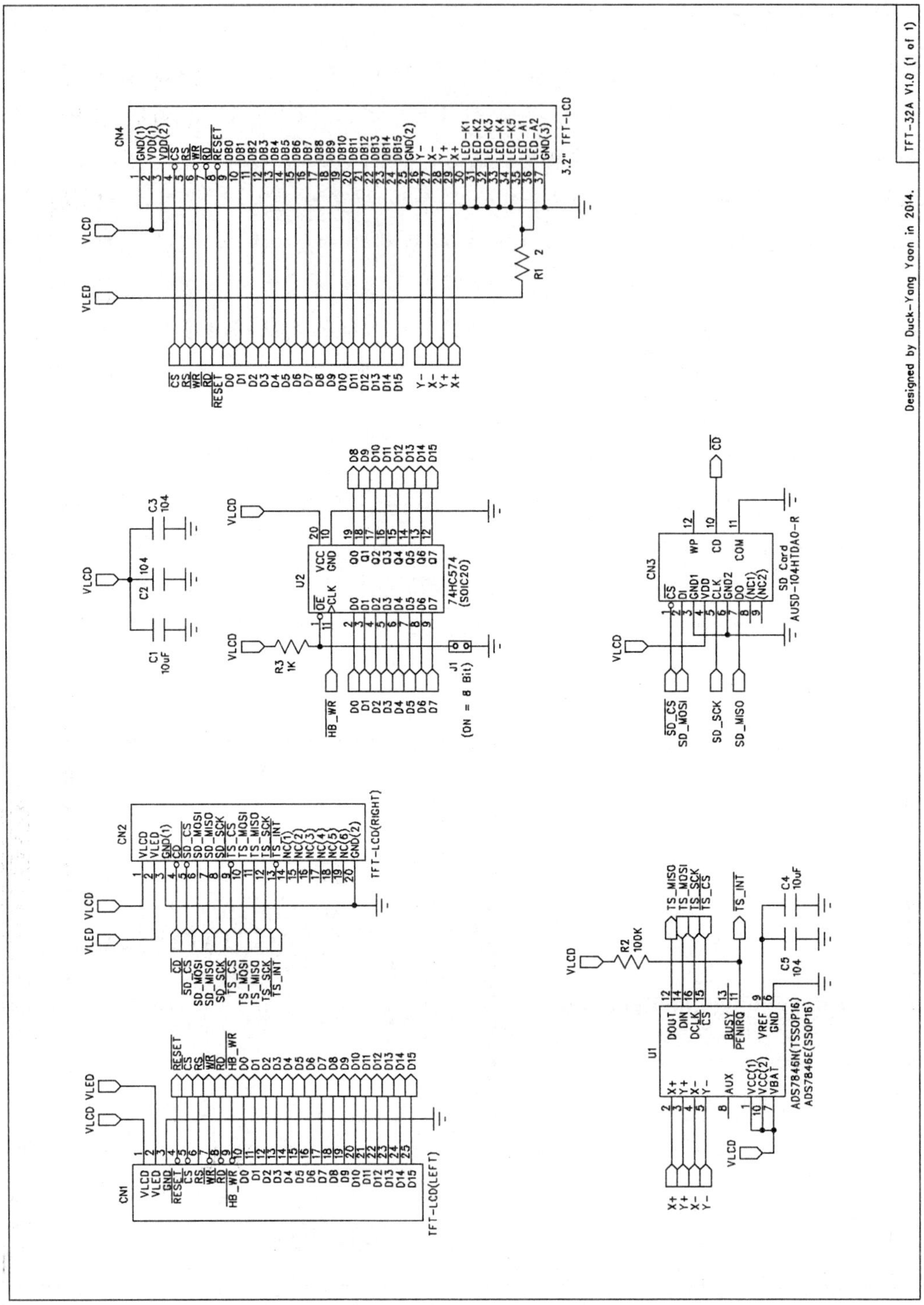

〈그림 3.5〉 *TFT-32A* 보드 V1.0의 회로도

<표 3.6> *TFT-32A* 보드 V1.0의 부품 리스트

부품 번호	수량	부품명 및 규격	대표적인 구입처
CN4	1	FL320QVC18-A0 (3.2인치 HX8347-A 컨트롤러형)	http://www.ohm.co.kr
U1	1	ADS7846N(16핀 TSSOP형) 또는 ADS7846E(16핀 SSOP형)	http://www.findlcd.com http://www.devicemart.co.kr
U2	1	74HC574 (20핀 SOIC형)	http://www.devicemart.co.kr
R1	1	2 1/8W(SMD 2012형)	
R2	1	100K 1/8W(SMD 2012형)	
R3	1	1K 1/8W(SMD 2012형)	http://www.devicemart.co.kr
C1, 4	2	10μF/10V 세라믹(SMD 2012형)	
C2, 3, 5	3	104(0.1μF) 세라믹(SMD 2012형)	
CN1	1	25핀 SIP male header	
CN2	1	20핀 SIP male header	http://www.devicemart.co.kr
CN3	1	AUSD-104HTDA0-R SD 카드 커넥터	
PCB	1	*TFT-32A* V1.0(66×80mm 양면 에폭시)	http://www.ohm.co.kr

<표 3.7> *TFT-32A* 보드 V1.0의 외부 접속 커넥터 핀 기능

커넥터	신호명	핀번호	기 능
CN1	VLCD	1	TFT-LCD 모듈 전원(3.3V 사용 권장)
	VLED	2	LED 백라이트 전원(3.3V 사용 권장)
	GND	3	전원 VLCD 및 VLED의 접지 단자
	-RESET	4	TFT-LCD 모듈 리셋 신호(최소 10μs 이상의 펄스로 리셋 동작)
	-CS	5	TFT-LCD 모듈 칩선택 신호
	RS	6	커맨드와 파라미터를 구분하는 신호(0=커맨드, 1=파라미터)
	-WR	7	TFT-LCD 모듈의 라이트 스트로브 신호
	-RD	8	TFT-LCD 모듈의 리드 스트로브 신호
	-HB_WR	9	8비트 인터페이스 방식에서 상위 바이트를 라이트하는 스트로브 신호
	D0~D7	10~17	16비트 데이터 버스의 하위 바이트
	D8~D15	18~25	16비트 데이터 버스의 상위 바이트(사용하지 않음)
CN2	VLCD	1	TFT-LCD 모듈 전원(모듈 내부에서 커넥터 CN1의 1번 핀과 연결됨)
	VLED	2	LED 백라이트 전원(모듈 내부에서 커넥터 CN1의 2번 핀과 연결됨)
	GND	3	전원의 접지 단자(모듈 내부에서 커넥터 CN1의 3번 핀과 연결됨)
	-CD	4	SD 카드의 장착 여부를 나타내는 신호(사용하지 않음)
	-SD_CS	5	SD 카드의 칩선택 신호 (사용하지 않음)
	SD_MOSI	6	SD 카드의 SPI 통신 데이터 입력 신호(사용하지 않음)
	SD_MISO	7	SD 카드의 SPI 통신 데이터 출력 신호(사용하지 않음)
	SD_SCK	8	SD 카드의 SPI 통신 클록 입력 신호 (사용하지 않음)
	-TS_CS	9	터치 스크린 컨트롤러 ADS7846의 칩선택 신호
	TS_MOSI	10	터치 스크린 컨트롤러 ADS7846의 SPI 통신 데이터 입력 신호
	TS_MISO	11	터치 스크린 컨트롤러 ADS7846의 SPI 통신 데이터 출력 신호
	TS_SCK	12	터치 스크린 컨트롤러 ADS7846의 SPI 통신 클록 입력 신호
	-TS_INT	13	터치 스크린 컨트롤러 ADS7846의 인터럽트 출력 신호
	NC(1)	14	(사용하지 않음)
	NC(2)	15	(사용하지 않음)
	NC(3)	16	(사용하지 않음)
	NC(4)	17	(사용하지 않음)
	NC(5)	18	(사용하지 않음)
	NC(6)	19	(사용하지 않음)
	GND	20	전원의 접지 단자(모듈 내부에서 커넥터 CN1의 3번 핀과 연결됨)

만약 TFT-LCD 모듈에 붙어있는 양면 테이프로 이것을 *TFT-32A* 보드의 PCB에 접착시키는데 부족함이 있다면 TFT-LCD와 PCB 사이에 강력 본드를 1~2방울 떨어뜨려 보다 확실하게 접착시켜주는 방법도 있다.

TFT-LCD 모듈을 먼저 조립하고 나면 커넥터 CN1과 CN2를 납땜하는 것이 불편하므로, 가급적이면 커넥터 CN1과 CN2를 가장 먼저 납땜하고 그 이후에 나머지 부품들을 조립하는 것이 바람직하다.

(2) *TFT-32A* 보드의 동작 타이밍

3.2인치 TFT-LCD 모듈 FL320QVC18-A0에 사용된 컨트롤러 HX8347-A의 동작 타이밍은 <그림 3.6>과 같다. 따라서, 이를 컨트롤러로 사용한 *TFT-32A* 보드 V1.0의 동작 타이밍도 이와 동일하다.

만약, *TFT-32A* 보드를 마이크로컨트롤러에 8비트 인터페이스 방식으로 접속하려면 74HC574를 사용한다. 8비트 방식에서는 74HC574의 클록 입력 신호인 -HB_WR를 사용하여 먼저 16비트 데이터의 상위 바이트를 D7~D0에 라이트하고, 다음에는 -CS, RS, -WR 신호를 사용하여 16비트 데이터의 하위 바이트를 D7~D0에 라이트한다. 그러면 실제로 TFT-LCD 모듈에는 이렇게 하위 바이트를 라이트하는 순간에 74HC574에 미리 저장되어 있던 8비트를 포함한 16비트의 데이터 전체가 동시에 라이트된다. 이때 *TFT-32A* 보드의 D15~D8 신호는 74HC574의 출력신호 Q7~Q0에 해당하므로 사용하지 말고 오픈시켜 놓아야 한다.

마이크로컨트롤러와 *TFT-32A* 보드를 8비트 인터페이스 방식 및 16비트 인터페이스 방식으로 사용하는 방법을 요약하면 <표 3.8>과 같다. *OK-MKL25Z* 키트에서는 16비트 인터페이스 방식으로 사용하므로 점퍼 스위치 J1을 OFF시켜야 한다.

<표 3.8> *TFT-32A* 보드 V1.0의 외부 인터페이스 방식 요약

인터페이스	점퍼 스위치 J1	사용 방법
8비트 방식	J1 = ON	① 점퍼 스위치 J1을 ON시킴. ② D7~D0 버스를 통하여 상위 바이트를 -HB_WR 신호로 라이트하고, 하위 바이트를 -CS, RS, -WR 신호로 라이트함. ③ 사용하지 않는 -RD 신호는 +3.3V에 접속함. ④ 사용하지 않는 D15~D8은 오픈시켜두어야 함.
16비트 방식	J1 = OFF	① 점퍼 스위치 J1을 OFF시킴. ② D15~D8에 상위 바이트, D7~D0에 하위 바이트를 접속함. ③ 사용하지 않는 -RD 및 -HB_WR 신호는 +3.3V에 접속함. ④ U2와 R3을 조립하지 않아도 됨.

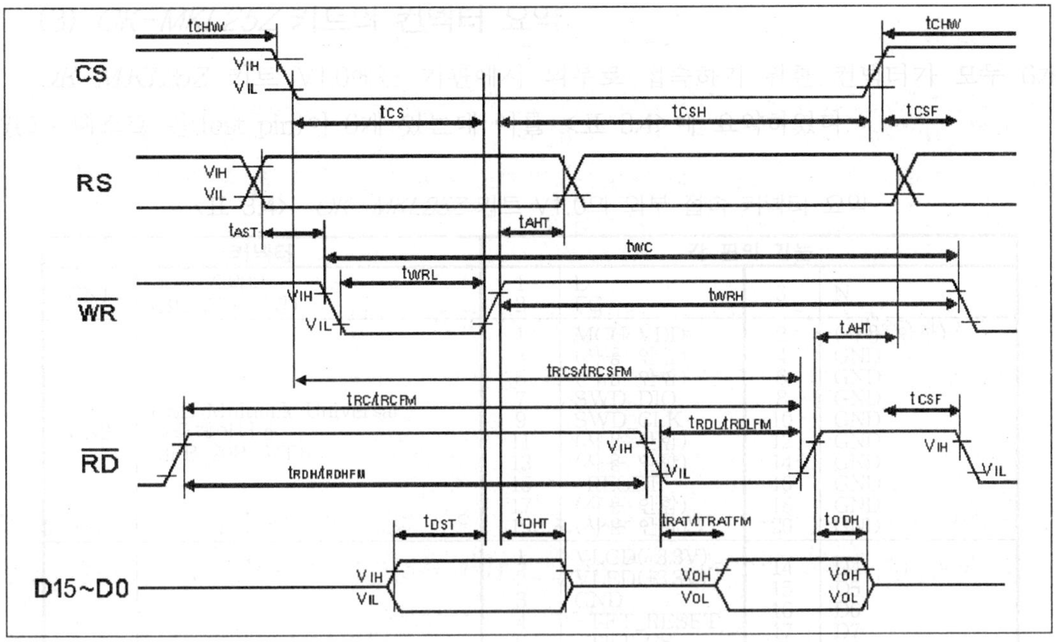

(VCC=1.65V to 2.9V, Ta = -30 to 70˚C)

Signal	Symbol	Parameter	Min.	Max.	Unit	Description
RS	t_{AST}	Address setup time	10	-	ns	-
	t_{AHT}	Address hold time (Write/Read)	10	-		
$\overline{CS}$	t_{CHW}	Chip select "H" pulse width	0	-	ns	-
	t_{CS}	Chip select setup time (Write)	35	-		
	t_{RCSFM}	Chip select setup time	355	-		
	t_{CSF}	Chip select wait time (Write/Read)	10	-		
	t_{CSH}	Chip select hold time	10	-		
$\overline{WR}$	t_{WC}	Write cycle	100	-	ns	-
	t_{WRH}	Control pulse "H" duration	35	-		
	t_{WRL}	Control pulse "L" duration	35	-		
$\overline{RD}$	t_{RCFM}	Read cycle	450	-	ns	When read from GRAM
	t_{RDHFM}	Control pulse "H" duration	90	-		
	t_{RDLFM}	Control pulse "L" duration	355	-		
D15~D0	t_{DST}	Data setup time	15	-	ns	For maximum C_L=30pF For minimum C_L=8pF
	t_{DHT}	Data hold time	10	-		
	t_{RATFM}	Read access time	-	340		
	t_{ODH}	Output disable time	20	80		

〈그림 3.6〉 HX8347-A의 동작 타이밍

◀참고▶ TFT-LCD 모듈의 화면은 유리로 덮여 있는데 이 유리는 생각보다 매우 약하여 깨지기 쉬우니 주의가 필요하다. 사용 중에 이를 떨어뜨리거나 충격을 주지 말아야 하는 것은 물론이고, *TFT-32A* 보드를 *OK-MKL25Z* 키트에 꽂거나 뺄 때도 주의가 필요하다. 특히 *TFT-32A* 보드를 *OK-MKL25Z* 키트에 끼울 때 화면의 중앙 부분을 누르는 것은 매우 위험하므로 반드시 화면의 좌우 외곽부 즉, CN1과 CN2 컨넥터가 있는 부분의 변두리 쪽을 눌러서 꽂아야 한다.

3.4 *OK-MKL25Z* 키트의 조립 및 테스트

이제 *OK-MKL25Z* 키트 V1.0을 사용자가 직접 조립하고자 하면 <그림 3.2>의 회로도와 <그림 3.3>의 PCB 부품 배치도, 그리고 <표 3.2>의 전체 부품 리스트를 참조하면서 반드시 다음 설명을 읽고 작업하라.

(1) *OK-MKL25Z* 키트를 조립할 때의 유의 사항

OK-MKL25Z 키트 V1.0을 납땜하거나 조립할 때의 주의 사항들을 요약하면 다음과 같다.

① 납땜에 자신이 없다면 납땜 기술을 충분히 연습하고 작업하거나 전문가에게 납땜을 부탁하라. 납땜 작업중에 부품이나 PCB가 손상되면 복구하기가 어려우니 충분히 자신감이 있을 때 납땜을 실시하는 것이 바람직하다.

② 납땜은 신속하고 확실히 하라. 1개의 핀을 납땜하는데 수초 이상이 걸리면 부품이 과열되어 손상될 수 있다. 또한, IC 소자의 경우 같은 소자에 있는 여러 개의 핀들을 연속하여 납땜하지 말고, 다른 소자를 번갈아 돌아가면서 납땜하라. 이와 같이 하면 납땜중에 부품의 온도가 높아졌던 것이 다른 부품을 납땜하는 동안에 냉각되어 다시 돌아와서 납땜하더라도 보다 안전해진다.

③ 부품이 서로 바뀌지 않도록 철저히 체크하며, PCB에 표시되어 있는 부품의 방향이나 극성 표시를 올바르게 확인하고 삽입하라. 만약, 방향이나 극성이 잘못되어 조립되면 키트가 정상적으로 동작하지 않음은 물론이고 부품이 소손될 수 있으며, 나중에 이를 교체하려면 부품은 물론 PCB를 망가뜨릴 우려가 있다. 특히, RS-232C용의 컨넥터처럼 모양이 비슷한 부품이라도 핀의 암수를 올바르게 구분하여 선정하는 등 정확한 부품을 사용해야 한다는 점을 다시 한번 확인하라.

④ 부품을 PCB 홀에 삽입할 때는 이를 PCB의 바닥면에 완전히 밀착시킨 후에 납땜하라. 부품이 PCB의 바닥면에 밀착되지 않고 위로 들떠 있으면 뒷면에서 납땜이 확실하게 되지 않거나 부품이 기계적으로 단단히 고정되지 않을 수도 있으며, 미관상으로도 좋지 않다.

그러나, LM35DZ 온도센서(U4)와 같이 특수한 소자의 경우에는 주의가 필요하다. 이것은 PCB 주변의 기온을 측정하는 것이므로 PCB 윗면에 수직으로 세우지 말고 핀을 90도로 꺾어서 소자가 PCB의 옆쪽 밖으로 돌출되도록 젖혀두어야만 주위 공기의 흐름에 의하여 좀더 정확한 온도를 측정할 수 있다.

⑤ MKL25Z128VLK4 마이크로컨트롤러 소자를 가장 먼저 조립하라. 이것은 핀 간격이 매우 좁은 LQFP형의 소자이므로 전용의 솔더크림과 정밀한 인두를 사용하여 납땜하며, 상당히 숙달된 납땜 기술을 필요로 한다. 납땜이 부실하면 자칫 기판을 망가뜨리거나 나중에 기판이 오동작하는 가장 큰 원인이 되므로 주의해야 한다.

⑥ 텍스트 LCD와 TFT-LCD 모듈은 직접 기판에 고정하여 조립하지 말고 지정된 컨넥터를 사용하여 착탈식으로 처리하라. 이것은 이와 같이 착탈식으로 처리해야만 필요에 따라서 이를 붙이거나 뗄 수 있다.

⑦ 키트의 입력전원은 220V 교류를 사용하므로 감전사고에 주의하라. 이 키트에는 PCB 장착형 SMPS를 사용하고 있다. SMPS의 출력전압 +5V와 이를 이용하여 만든 +3.3V는 손으로 만져도 문제가 없지만, 220V의 교류입력은 손으로 만지면 감전사고를 일으킬 수 있다.

(2) 조립하지 않아도 되는 부품

이 키트는 매우 많은 기능을 가지고 있으므로 경우에 따라서는 사용하지 않는 일부 부품을 조립하지 않고 비워두어도 무방하다.

① 키트에 교류 220V의 전원을 공급할 때 FG(Frame Ground)선을 연결하지 않는다면 커패시터 C1은 조립하지 않아도 된다. 이것은 정전기에 의하여 직류전원의 접지와 교류전원의 FG 단자 사이에 과도한 전위차가 발생하지 않도록 하는 소자인데, 키트에 FG선을 연결하지 않는다면 아무 소용이 없기 때문이다.

② 키트의 부품중에서 L1과 C9, C10은 마이크로컨트롤러의 아날로그 회로에 보다 안정된 전원을 공급하기 위한 저역통과 필터 기능을 수행한다. 하지만, 인덕터 소자를 가지고 있지 않거나 아날로그 회로가 다소 불안정 또는 부정확한 동작을 하는 것을 감수하겠다면 이들 소자를 조립하지 않아도 되며, 이때 L1은 반드시 점퍼선으로 연결하여 단락시켜 주어야 한다.

③ 이 키트에서는 TFT-LCD 모듈을 16비트 방식으로 인터페이스하므로 TFT-LCD 보드 *TFT-32A* 보드에서 U2, R3, J1은 조립하지 말아야 한다.

(3) *OK-MKL25Z* 키트의 동작을 테스트하는 방법

이제 *OK-MKL25Z* 키트의 조립이 모두 끝났으면 이것이 잘 동작하는지 테스트해야 한다. 여러분이 올바른 부품을 사용하여 자신 있게 납땜하였다면 틀림없이 잘 동작할 것이니 미리 걱정할 필요는 없다. 이제 납땜 및 조립 작업을 수행하던 주위를 좀 깨끗하게 정리한 후에 차분하게 다음과 같은 순서로 테스트를 시작한다.

① 조립이 끝났으면 작업하던 테이블 위를 깨끗이 청소하고 다시 한번 조립상태를 세밀하게 점검하라. 부품이 바뀌지 않고 올바르게 선정되었는지, 극성이 바르게 조립되었는지, 납땜 상태는 양호한지 등을 중점적으로 체크한다.

② 전원을 넣은 상태에서 PCB를 함부로 만지면 220V 교류전원에 감전될 수 있다는 점에 주의하라. PCB 기판의 모든 납땜이나 수정 작업은 전원을 *끄고* 실시하라.

③ 조립이 끝나면 *OK-MKL25Z* 키트에는 아무 프로그램도 들어있지 않으므로 전원을 넣어봐야 아무 동작도 수행되지 않는다. 그러나, 전원을 투입하고 나서 LED3이 점등되는지, TFT-LCD 화면에 백라이트가 들어오는지 그리고 심하게 열이 나거나 연기가 나는 소자는 없는지 주의하여 관찰하는 것이 좋다.

④ 아직은 사용자가 직접 프로그램을 작성하는 것은 어려우므로 이 책의 예제 프로그램에 함께 제공되는 kit_test.c 파일을 컴파일하고 다운로드하여 실행한다. 그러기 위해서는 제4장에서 설명하는 것처럼 먼저 KDS 소프트웨어 및 예제 프로그램을 설치하고 USB Multilink Universal 에뮬레이터를 사용하는 사용 방법을 익혀야 한다.

⑤ 위의 ④에서 수행한 테스트 프로그램이 모두 올바르게 실행된다면 이제 여러분이 조립한 *OK-MKL25Z* 키트는 거의 정상적으로 동작하는 것으로 봐도 좋다. 그러나, 부분적으로 동작하지 않는 기능이 발견되면 회로도를 보면서 해당 부분의 하드웨어를 체크해야 한다. 만약, 전혀 키트가 동작하지 않고 스스로 이를 디버깅할 능력이 부족하다면 전문가의 도움을 받는 것이 좋다.

예제 프로그램에 함께 제공되는 kit_test.c 프로그램은 *OK-MKL25Z* 키트의 각 부분 하드웨어 동작을 점검하기 위한 8가지의 테스트 프로그램으로서 이것을 실행하는 방법과 실행하였을 경우의 동작은 다음과 같다. 이 테스트 프로그램의 소스는 C언어로 작성하였으며 이 절의 마지막 부분에서 보였다.

① 제4.3절의 설명에 따라 KDS 소프트웨어를 설치하고 이것을 사용하는데 필요한 기본적인 설정을 완료하라.

② 제4.3절의 설명에 따라 예제 프로그램을 설치하고, kit_test.c 파일을 제외한 모든 예제 파일은 프로젝트에서 등록을 해제하라. 이런 상태에서 kit_test.c 파일을 컴파일하여 다운로드하고 실행하라.

③ 이 프로그램을 실행하면 TFT-LCD 화면에 8가지의 테스트 메뉴가 나타난다. 그러면 KEY3과 KEY4로 테스트 메뉴를 선택하고 KEY1로 선택된 테스트 기능을 실행한다. 모든 테스트 결과는 화면에 표시되며, 각 테스트가 종료되면 화면은 다시 테스트 메뉴로 돌아온다.

④ 테스트 (1)은 TFT-LCD 모듈의 화면처리 동작을 테스트하는 메뉴이다. 먼저 TFT-LCD 화면에 한글 및 영문 메시지를 출력하여 동작을 확인하고, 이어서 화면에 수평의 컬러 바(bar)를 출력하여 색깔이 올바르게 되는지 확인하며, 마지막으로 여러 가지의 수학적인 그래픽 함수 파형을 표시한다.

⑤ 테스트 (2)는 터치 스크린 테스트로서 사용자가 화면을 터치하면 그 좌표값이 화면에 표시되며, 2개의 지정된 아이콘을 누르면 지정된 기능이 수행된다.

⑥ 테스트 (3)은 주파수 출력 테스트로서 TP3(CLKOUT) 테스트 단자에 여러 가지 주파수 신호를 5초씩 차례로 출력한다. 이를 통하여 MCU 내부에서 여러 가지의 발진회로들이 올바르게 설정되어 사용되고 있는지를 확인할 수 있다.

⑦ 테스트 (4)는 전원전압 테스트로서 A/D 컨버터로 키트의 +5V, +3.3V, VR1로 설정한 전압, 온도센서, MCU 내부의 V_{REFH} 전압 등을 측정하여 전압값은 소수점 아래 2째 자리까지 표시하고 온도값은 소수점 아래 첫째 자리까지 표시한다.

⑧ 테스트 (5)는 아날로그 출력 테스트로서 DAC0_OUT 출력 단자를 통하여 약 1kHz의 삼각파와 정현파를 차례로 출력한다. 이 출력 신호는 테스트 단자 TP4에서 오실로스코프로 관측할 수 있다.

⑨ 테스트 (6)은 RS-232C 직렬통신 테스트로서 19200 bps로 송신한 데이터 문자열을 루프백 방법으로 수신하여 송신 데이터와 수신 데이터가 일치하는지를 확인하는 방법으로 직렬통신이 정상적으로 수행되는지 테스트한다.

⑩ 테스트 (7)은 디지털 시계 프로그램 예제로서 DS3234(U6) RTC를 사용하여 디지털 시계를 구현한다. 이 디지털 시계에는 캘린더를 포함하며, 현재 시각을 설정하는 기능을 가지고 있다.

⑪ 테스트 (8)은 아날로그 시계 프로그램 예제로서 DS3234(U6) RTC를 사용하여 아날로그 시계를 구현한다. 이 정도의 작은 화면에 멋지게 디스플레이되는 아날로그 시계를 감상할 수 있다. 아날로그 시계에는 내부에 캘린더와 디지털 시계가 포함되며, 현재 시각을 설정하는 기능을 가지고 있다.

이상의 테스트를 실시하면서 정상 동작 여부를 확인하여 만약 *OK-MKL25Z* 키트에 문제가 있다면 하드웨어 디버깅을 수행하여야 한다. 마이크로프로세서의 초보자거나 MKL25Z128VLK4 마이크로컨트롤러에 익숙하지 않은 사용자라면 키트를 점검하는 일은 쉽지 않지만 자신의 실제 키트와 회로도를 대조하면서 원리적으로 차분히 접근하면 꼭 어려운 것만도 아니어서 대부분의 에러는 무난하게 찾아낼 수가 있다.

하드웨어를 디버깅할 때는 물론 좋은 계측기가 필요하지만, 계측기에 지나치게 의존하지 말고 자신의 눈이나 감각으로 직접 부품의 납땜 상태나 소자의 핀 접속 상태 또는 동작중 과열 여부 등 여러 가지의 상태를 확인하는 것이 중요하다. 키트 동작의 오류는 거의 대부분 납땜 불량이나 부품의 오삽 등과 같은 작업자의 실수에 의하여 발생하므로 자신의 눈이나 확대경 등을 사용하여 키트를 세밀하게 관찰하면 어렵지 않게 오류를 찾아낼 수 있다.

(4) *OK-MKL25Z* 키트의 하드웨어 동작을 테스트하는 프로그램

OK-MKL25Z 키트의 하드웨어 동작을 테스트하는 키트 테스트 프로그램의 소스는 다음과 같다.

<프로그램 kit_test.c> *OK-MKL25Z* 키트의 하드웨어 동작을 테스트하는 프로그램

```
/* ============================================================================ */
/*                kit_test.c : OK-MKL25Z 키트 V1.0 하드웨어 진단 프로그램          */
/* ============================================================================ */
/*                                     programmed by Duck-Yong Yoon in 2016.    */

#include <MKL25Z4.h>
#include "OK-MKL25Z.h"
#include "OK-MKL25Z_large.h"
#include "OK-MKL25Z_xlarge.h"

/* ----- 사용자 함수 ----------------------------------------------------------- */
```

```
void Display_screen(void);                          // display test screen
void Display_test(U08 current);                     // display test number
void Test1(void);                                   // Test 1
void TFT_8color_horizontal(void);                   // display 8 color bars
void Test2(void);                                   // Test 2
void Test3(void);                                   // Test 3
void Test4(void);                                   // Test 4
void Test5(void);                                   // Test 5
void Test6(void);                                   // Test 6
void Test7(void);                                   // Test 7
void DS3234_initialize(void);                       // check DS3234 RTC
unsigned char DS3234_read(U08 address);             // read DS3234
void DS3234_write(U08 address, U08 value);          // write DS3234
void Digital_display_time(void);                    // display DS3234 time
unsigned char BCD_increment(U08 number);            // BCD increment
unsigned char BCD_decrement(U08 number);            // BCD decrement
void Digital_cursor_left(void);                     // go cursor left
void Digital_cursor_right(void);                    // go cursor right
void Digital_increment(void);                       // increment time
void Digital_decrement(void);                       // decrement time
void Test8(void);                                   // Test 8
void Analog_cursor_left(void);                      // go cursor left
void Analog_cursor_right(void);                     // go cursor right
void Analog_increment(void);                        // increment time
void Analog_decrement(void);                        // decrement time
void Draw_analog_clock(void);                       // draw analog clock
void Analog_display_time(void);                     // display analog and digital time
void Draw_pin(void);                                // draw hour, minute, second pin
void Line_soft(S16 x1,S16 y1, S16 x2,S16 y2, U16 color); // draw a soft line
void TFT_English_pixel(U16 Xpixel,U16 Ypixel, U08 code); // write a English ASCII character

/* ----- 메인 프로그램 --------------------------------------------------------- */

int main(void)
{
  unsigned char key = no_key, test = 1;

  Initialize_MCU();                                 // initialize MCU and kit
  Delay_ms(50);                                     // wait for system stabilization
  Initialize_LCD();                                 // initialize text LCD module
  Initialize_TFT_LCD();                             // initialize TFT-LCD module
  Initialize_touch_screen();                        // initialize touch screen
  Beep();                                           // beep

  LCD_string(0x80," OK-MKL25Z V1.0 ");              // display title
  LCD_string(0xC0,"    kit_test.c  ");

  TFT_string_large(1, 5,Cyan,   Black," OK-MKL25Z 키트  V1.0  ");
  TFT_string_large(1,10,White,Magenta," 하드웨어 진단 프로그램 ");
  TFT_string(6,19,White,  Black,"    2016년 03월 01일(화)    ");
  TFT_string(6,23,Green,  Black,"         윤덕용  작성         ");
  Delay_ms(3000);

  Display_screen();                                 // display test screen
  Display_test(test);                               // display test number
  Beep();                                           // beep

  while(1)
    { while(key == no_key)                          // wait key input
        key = Key_input();

      if(key == KEY3)                               // if KEY3, decrenment test number
       { key = no_key;
         test--;
         if(test == 0) test = 8;
         Display_test(test);
       }
      else if(key == KEY4)                          // if KEY4, increnment test number
       { key = no_key;
         test++;
         if(test > 8) test = 1;
         Display_test(test);
       }
```

```
      else if(key == KEY2)                          // if KEY2, ignore and skip
       key = no_key;
      else if(key == KEY1)                          // if KEY1, run test number
       { key = no_key;
         if(test == 1) Test1();
         else if(test == 2) Test2();
         else if(test == 3) Test3();
         else if(test == 4) Test4();
         else if(test == 5) Test5();
         else if(test == 6) Test6();
         else if(test == 7) Test7();
         else if(test == 8) Test8();

         Display_screen();                          // display test screen
         Display_test(test);                        // display test number
       }
    }
}
/* ---------------------------------------------------------------------------------- */
void Display_screen(void)                           /* display test screen */
{
  LCD_string(0xC0,"   kit_test.c    ");

  TFT_clear_screen();                               // clear screen
  TFT_landscape_mode();                             // landscape mode

  TFT_string( 0, 0,White,Magenta,"   OK-MKL25Z 키트 V1.0  진단 프로그램   ");
  TFT_string( 0, 3,Cyan,   Black,"   (1) TFT-LCD 컬러 디스플레이 테스트");
  TFT_string( 0, 6,Green,  Black,"   (2) TFT-LCD 터치스크린 입력 테스트");
  TFT_string( 0, 9,Cyan,   Black,"   (3) CLKOUT 단자 클록 출력 테스트");
  TFT_string( 0,12,Green,  Black,"   (4) A/D 컨버터 입력 테스트");
  TFT_string( 0,15,Cyan,   Black,"   (5) D/A 컨버터 출력 테스트");
  TFT_string( 0,18,Green,  Black,"   (6) RS-232C 직렬통신 루프백 테스트");
  TFT_string( 0,21,Cyan,   Black,"   (7) DS3234를 이용한 디지털 시계");
  TFT_string( 0,24,Green,  Black,"   (8) DS3234를 이용한 아날로그 시계");
  TFT_string( 0,28,White,   Blue,"KEY1(      )");
  TFT_string(20,28,White,   Blue," KEY3( ) ");
  TFT_string(31,28,White,   Blue," KEY4( ) ");
  TFT_string( 5,28,Red,     Blue,"실행");
  TFT_xy(26,28); TFT_English(0x18);
  TFT_xy(37,28); TFT_English(0x19);
}

void Display_test(U08 current)                      /* display test number */
{
  TFT_string(0, 3,Cyan,   Black,"  ");
  TFT_string(0, 6,Green,  Black,"  ");
  TFT_string(0, 9,Cyan,   Black,"  ");
  TFT_string(0,12,Green,  Black,"  ");
  TFT_string(0,15,Cyan,   Black,"  ");
  TFT_string(0,18,Green,  Black,"  ");
  TFT_string(0,21,Cyan,   Black,"  ");
  TFT_string(0,24,Green,  Black,"  ");
  TFT_string(0,current*3, Yellow,Black,">>");
}
/* ---------------------------------------------------------------------------------- */
void Test1(void)                                    /* Test 1 */
{
  unsigned short i, x, y;

  LCD_string(0xC0,"    Test 1      ");

  TFT_clear_screen();                               // clear screen
  TFT_landscape_mode();                             // landscape mode

  TFT_string( 0, 0,Green,  Black,"****************************************");
  TFT_string( 0, 2,Magenta,Black,"  Cortex-M0+ 계열  OK-MKL25Z 키트 V1.0  ");
  TFT_string( 0, 4,Cyan,   Black,"        (TFT-32A 보드 V1.0 포함)        ");
  TFT_string( 0, 6,Green,  Black,"****************************************");
```

```
TFT_string( 0, 8,Black,   Black,"                                          ");
TFT_string( 0,10,Magenta,Black,"       (디스플레이 모드 = Landscape)       ");
TFT_string( 0,14,Cyan,    Black,"    3.2인치, 320x240 픽셀, 65536 컬러     ");
TFT_string( 0,16,White,   Black," 컨트롤러/드라이버 HX8347-A(대만 Himax) ");
TFT_string( 0,20,Red,     Black," 빨강 Red    ");
TFT_string(13,20,Green,   Black," 녹색 Green  ");
TFT_string(26,20,Blue,    Black," 파랑 Blue   ");
TFT_string( 0,22,Yellow,  Black," 노랑 Yellow ");
TFT_string(13,22,Cyan,    Black," 녹청 Cyan   ");
TFT_string(26,22,Magenta,Black," 자홍 Magenta ");
TFT_string( 0,24,Black,   Black,"                                          ");
TFT_string( 0,26,White,   Blue, "       윤교수의 마이크로프로세서 월드      ");
TFT_string( 0,28,Green,   Black,"     (http://cafe.naver.com/mcu32bit)     ");
Delay_ms(5000);

TFT_clear_screen();                                    // clear screen

TFT_string( 0, 0,Green,   Black,"******************************************");
TFT_string( 0, 2,Magenta,Black,"  Cortex-M0+ 계열  OK-MKL25Z 키트 V1.0   ");
TFT_string( 0, 4,Cyan,    Black,"          (TFT-32A 보드 V1.0 포함)        ");
TFT_string( 0, 6,Green,   Black,"******************************************");
TFT_string( 0, 9,Magenta,Black,"       (디스플레이 모드 = Landscape)       ");

TFT_string( 0,13,Cyan,    Black,"          8x16 English ASCII Normal       ");
TFT_string( 0,15,Yellow,  Black,"         16x16 한글 보통 글씨 명조체       ");

TFT_string_large(1,18, Cyan,  Black, "12x24 English ASCII Large");
TFT_string_large(1,21, Yellow,Black, "24x24 한글 큰 글씨 명조체");

TFT_string( 0,26,White,   Blue, "       윤교수의 마이크로프로세서 월드      ");
TFT_string( 0,28,Green,   Black,"     (http://cafe.naver.com/mcu32bit)     ");
Beep();
Delay_ms(5000);

TFT_clear_screen();                                    // clear screen

TFT_string( 0, 0,Green,   Black,"******************************************");
TFT_string( 0, 2,Magenta,Black,"  Cortex-M0+ 계열  OK-MKL25Z 키트 V1.0   ");
TFT_string( 0, 4,Cyan,    Black,"          (TFT-32A 보드 V1.0 포함)        ");
TFT_string( 0, 6,Green,   Black,"******************************************");
TFT_string( 8, 8,Magenta,Black,"32x48 매우 큰 글씨 숫자");
TFT_xy(0,10);
TFT_color(Cyan,Black);
for(i = 0; i < 10; i++)
  TFT_English_vlarge(i + '0');
TFT_string( 8,17,Magenta,Black,"40x56 가장 큰 글씨 숫자");
TFT_xy(0,19);
TFT_color(Yellow,Black);
for(i = 0; i < 8; i++)
  TFT_English_xlarge(i + '0');
TFT_string( 0,26,White,   Blue, "       윤교수의 마이크로프로세서 월드      ");
TFT_string( 0,28,Green,   Black,"     (http://cafe.naver.com/mcu32bit)     ");
Beep();
Delay_ms(5000);

TFT_clear_screen();                                    // clear screen
TFT_portrait_mode();                                   // portrait mode

TFT_string( 0, 0,Green,   Black,"******************************");
TFT_string( 0, 2,Magenta,Black,"      OK-MKL25Z 키트  V1.0     ");
TFT_string( 0, 4,Cyan,    Black,"    (TFT-32A 보드 V1.0 포함)    ");
TFT_string( 0, 6,Green,   Black,"******************************");
TFT_string( 0, 8,Black,   Black,"                              ");
TFT_string( 0,10,Magenta,Black," (디스플레이 모드 = Portrait) ");
TFT_string( 0,14,Cyan,    Black,"    3.2인치, 240x320 픽셀      ");
TFT_string( 0,16,Yellow,  Black,"          65536 컬러           ");
TFT_string( 0,20,Red,     Black,"    16비트 CPU 인터페이스      ");
TFT_string( 0,24,White,   Black,"   컨트롤러/드라이버 HX8347-A   ");
TFT_string( 0,26,White,   Black,"          (대만 Himax)          ");
TFT_string( 0,30,Red,     Black," 빨강 Red ");
TFT_string(10,30,Green,   Black," 녹색 Gre ");
TFT_string(20,30,Blue,    Black," 파랑 Blu ");
TFT_string( 0,32,Yellow,  Black," 노랑 Yel ");
TFT_string(10,32,Cyan,    Black," 녹청 Cya ");
```

```
TFT_string(20,32,Magenta,Black," 자홍 Mag ");
TFT_string( 0,36,White,  Blue, "윤교수의 마이크로프로세서 월드");
TFT_string( 0,38,Green,  Black,"http://cafe.naver.com/mcu32bit");
Beep();
Delay_ms(5000);

TFT_clear_screen();                              // clear screen

TFT_string( 0, 0,Green,  Black,"******************************");
TFT_string( 0, 2,Magenta,Black,"     OK-MKL25Z 키트  V1.0     ");
TFT_string( 0, 4,Cyan,   Black,"   (TFT-32A 보드 V1.0 포함)   ");
TFT_string( 0, 6,Green,  Black,"******************************");
TFT_string( 0, 8,Black,  Black,"                              ");
TFT_string( 0,10,Magenta,Black," (디스플레이 모드 = Portrait) ");

TFT_string( 0,16,Cyan,   Black,"     8x16 English Normal      ");
TFT_string( 0,19,Yellow, Black,"     16x16 한글 보통 글씨     ");

TFT_string_large(1,24, Cyan,  Black, "12x24 English Large");
TFT_string_large(1,28, Yellow,Black, "24x24 한글 큰 글씨");

TFT_string( 0,36,White,  Blue, "윤교수의 마이크로프로세서 월드");
TFT_string( 0,38,Green,  Black,"http://cafe.naver.com/mcu32bit");
Beep();
Delay_ms(5000);

TFT_clear_screen();                              // clear screen
TFT_landscape_mode();                            // landscape mode

TFT_8color_horizontal();                         // display 8 color bars
TFT_string(18, 1,Black,Transparent,"백색");
TFT_string(18, 5,White,Transparent,"흑색");
TFT_string(18, 8,Green,Transparent,"적색");
TFT_string(18,12,Red,  Transparent,"녹색");
TFT_string(18,16,Cyan, Transparent,"청색");
TFT_string(18,20,Black,Transparent,"노랑");
TFT_string(18,24,Red,  Transparent,"녹청");
TFT_string(18,27,White,Transparent,"자홍");
Beep();
Delay_ms(5000);

TFT_clear_screen();                              // clear screen
TFT_landscape_mode();                            // landscape mode
Beep();

Rectangle(0,0, 319,239, Magenta);                // graphic show of line
Rectangle(1,1, 318,238, Magenta);
for(x = 10; x <= 310; x += 10)
  { Line(x,0, x,239, Green);
    Delay_ms(20);
  }
for(y = 10; y <= 230; y += 10)
  { Line(0,y, 319,y, Green);
    Delay_ms(20);
  }
Delay_ms(3000);
TFT_clear_screen();

Rectangle(0,0, 319,239, Magenta);                // graphic show of ramp
Rectangle(1,1, 318,238, Magenta);
for(i = 0,x = 20,y = 12; i <= 34; i++,x += 20,y += 12)
  { Line(x,0, 0,y, Red);
    Line(0,239-y, x,239, Red);
    Delay_ms(20);
  }
for(i = 0,x = 700,y = 420; i <= 34; i++,x -= 20,y -= 12)
  { Line(x,0, 0,y, Cyan);
    Line(0,239-y, x,239, Cyan);
    Delay_ms(20);
  }
Delay_ms(3000);
TFT_clear_screen();

Rectangle(0,0, 319,239, Magenta);                // graphic show of rectangle
```

```
    Rectangle(1,1, 318,238, Magenta);
    for(i = 0,x = 152,y = 114; i <= 18; i++,x -= 8,y -= 6)
      { Rectangle(x,y, 319-x,239-y, Cyan);
        Delay_ms(20);
      }
    Delay_ms(1000);
    for(i = 0,x = 8,y = 6; i <= 18; i++,x += 8,y += 6)
      { Rectangle(x,y, 319-x,239-y, Red);
        Delay_ms(20);
      }
    for(i = 0,x = 152,y = 114; i <= 18; i++,x -= 8,y -= 6)
      { Rectangle(x,y, 319-x,239-y, Green);
        Delay_ms(20);
      }
    Delay_ms(3000);
    TFT_clear_screen();

    Rectangle(0,0, 319,239, Magenta);              // graphic show of circle
    Rectangle(1,1, 318,238, Magenta);
    for(i = 10; i <= 160; i += 10)
      { Circle(160,120,i, Green);
        Delay_ms(20);
      }
    Delay_ms(1000);
    for(i = 160; i >= 10; i -= 10)
      { Circle(160,120,i, Red);
        Delay_ms(20);
      }
    for(i = 10; i <= 160; i += 10)
      { Circle(160,120,i, White);
        Delay_ms(20);
      }
    Delay_ms(3000);
    TFT_clear_screen();

    Rectangle(0,0, 319,239, Magenta);              // graphic show of 2 circles
    Rectangle(1,1, 318,238, Magenta);
    for(i = 10; i <= 120; i += 10)
      { Circle(80,120,i, Green);
        Circle(240,120,i, Green);
        Delay_ms(20);
      }
    Delay_ms(1000);
    for(i = 120; i >= 10; i -= 10)
      { Circle(80,120,i, Red);
        Circle(240,120,i, Red);
        Delay_ms(20);
      }
    for(i = 10; i <= 120; i += 10)
      { Circle(80,120,i, Yellow);
        Circle(240,120,i, Yellow);
        Delay_ms(20);
      }
    Delay_ms(3000);
    TFT_clear_screen();

    Rectangle(0,0, 319,239, Magenta);              // graphic show of sine curve
    Rectangle(1,1, 318,238, Magenta);
    Line(0,120, 319,120, Magenta);
    for(i = 10; i <= 120; i += 10)
      { Sine(i, 0, Green);
        Delay_ms(20);
      }
    Delay_ms(1000);
    for(i = 10; i <= 120; i += 10)
      { Sine(i, 1, Blue);
        Delay_ms(20);
      }
    Delay_ms(3000);
    Beep();
}

unsigned int Color[8] =                            // 8-color data
   { White, Black, Red, Green, Blue, Yellow, Cyan, Magenta };
```

```
void TFT_8color_horizontal(void)                  /* display 8 color bars */
{
  unsigned int i, j, k;

  TFT_GRAM_address(0,0);

  for(i = 0; i < 8; i++)
    for(j = 0; j < 30; j++)
      for(k = 0; k < 320; k++)
        TFT_data(Color[i]);
}

/* ----------------------------------------------------------------------- */

void Test2(void)                                  /* Test 2 */
{
  LCD_string(0xC0,"     Test 2     ");

  TFT_clear_screen();                             // clear screen
  TFT_landscape_mode();                           // landscape mode

  Rectangle(0,0, 319,239, Green);                 // display title
  Rectangle(1,1, 318,238, Green);

  TFT_string(6,5,White,Magenta," ADS7846  터치스크린 테스트 ");

  TFT_string( 1,  1,Cyan,   Black,"(0,0)");
  TFT_string(32,  1,Cyan,   Black,"(319,0)");
  TFT_string( 1, 27,Cyan,   Black,"(0,239)");
  TFT_string(30, 27,Cyan,   Black,"(319,239)");

  TFT_string( 9,  9,Cyan,   Black," 원시 데이터");
  TFT_string(21,  9,Magenta,Black,             " x = 0000 ");
  TFT_string(21, 11,Magenta,Black,             " y = 0000 ");
  TFT_string( 9, 15,Cyan,   Black," 픽셀 데이터");
  TFT_string(21, 15,Magenta,Black,             " x =  000 ");
  TFT_string(21, 17,Magenta,Black,             " y =  000 ");
  TFT_string( 8, 22,White,   Blue," 비프음 ");
  TFT_string(19, 22,White,    Red," 테스트 종료 ");
  Rectangle(61,173, 130,194, White);
  Rectangle(149,173, 258,194, White);

  while(1)
    { Touch_screen_input();                       // input touch screen

      TFT_color(Cyan,Black);
      TFT_xy(26,9);                               // display 12-bit original X data
      TFT_unsigned_decimal(x_12bit,0,4);
      TFT_xy(26,11);                              // display 12-bit original Y data
      TFT_unsigned_decimal(y_12bit,0,4);
      TFT_xy(27,15);                              // display pixel X data
      TFT_unsigned_decimal(x_touch,0,3);
      TFT_xy(27,17);                              // display pixel Y data
      TFT_unsigned_decimal(y_touch,0,3);

      if((x_touch >= 61) && (x_touch <= 130) && (y_touch >= 173) && (y_touch <= 194))
        { Beep();
          Delay_ms(200);
        }
      else if((x_touch >= 149) && (x_touch <= 258) && (y_touch >= 173) && (y_touch <= 194))
        { Beep();
          return;
        }
    }
}

/* ----------------------------------------------------------------------- */

void Test3(void)                                  /* Test 3 */
{
  LCD_string(0xC0,"     Test 3     ");

  TFT_clear_screen();                             // clear screen
```

```
  TFT_landscape_mode();                                  // landscape mode

  TFT_string(0,8,White,Magenta,"  CLKOUT 단자(TP3)  주파수 출력 테스트  ");

  TFT_string( 0,16,Cyan,Black,"          CLKOUT = LPO(1kHz)          ");
  PORTC_PCR3 = 0x00000500;                               // PTC3 = CLKOUT
  SIM_SOPT2 &= 0xFFFFFF1F;                               // CLKOUT = LPO(1kHz)
  SIM_SOPT2 |= 0x00000060;
  Delay_ms(5000);
  PORTC_PCR3 = 0x00000100;                               // PTC3 for GPIO
  GPIOC_PDDR |= 0x00000008;                              // PTC3 = output

  TFT_string( 0,16,Cyan,Black,"        CLKOUT = MCGIRCLK(4MHz)        ");
  PORTC_PCR3 = 0x00000500;                               // PTC3 = CLKOUT
  MCG_SC &= 0xF1;                                        // FCRDIV = /1
  MCG_C2 |= 0x01;                                        // internal 4MHz
  MCG_C1 |= 0x02;                                        // IRCLKEN = 1(MCGIRCLK = 4MHz)
  SIM_SOPT2 &= 0xFFFFFF1F;                               // CLKOUT = MCGIRCLK(4MHz)
  SIM_SOPT2 |= 0x00000080;
  Beep();
  Delay_ms(5000);
  PORTC_PCR3 = 0x00000100;                               // PTC3 for GPIO
  GPIOC_PDDR |= 0x00000008;                              // PTC3 = output
  Beep();
}

/* ------------------------------------------------------------------------- */

void Test4(void)                                         /* Test 4 */
{
  unsigned short result;
  float temperature;

  LCD_string(0xC0,"     Test 4     ");

  TFT_clear_screen();                                    // clear screen
  TFT_landscape_mode();                                  // landscape mode

  TFT_string(0,2,White,Magenta,"        A/D 컨버터  입력 테스트         ");
  TFT_string(9, 7,White,Black,"ADC1  (+5.0V) = +0.00V");
  TFT_string(9,10,White,Black,"ADC2  (+3.3V) = +0.00V");
  TFT_string(9,13,White,Black,"ADC3  ( VR1 ) = +0.00V");
  TFT_string(9,16,White,Black,"ADC4 (LM35DZ) = +00.0 C");
  TFT_xy(30,16);
  TFT_English(0x7F);
  TFT_string(9,19,White,Black,"Intern. Temp. = +00.0 C");
  TFT_xy(30,19);
  TFT_English(0x7F);
  TFT_string(9,22,White,Black,"Vbg   (+1.00V) = +0.00V");
  TFT_string(9,25,White,Black,"VREFH (+3.3V) = +0.00V");
  TFT_string(30,28,White,   Blue,"KEY4(    )");
  TFT_string(35,28,Red,     Blue,"종료");

  PORTB_PCR0 = 0x00000000;                               // PTB0 = ADC0_SE8(=ADC1)
  PORTB_PCR1 = 0x00000000;                               // PTB1 = ADC0_SE9(=ADC2)
  PORTB_PCR2 = 0x00000000;                               // PTB2 = ADC0_SE12(=ADC3)
  PORTB_PCR3 = 0x00000000;                               // PTB3 = ADC0_SE13(=ADC4)

  SIM_SCGC6 |= 0x08000000;                               // enable clock for ADC0
  PMC_REGSC |= 0x01;                                     // enable bandgap buffer

  ADC0_CFG1 = 0x0000000F;                                // 16 bit single-ended
  ADC0_CFG2 = 0x0000000B;                                // 5.2MHz clock
  ADC0_SC2 = 0x00000000;                                 // software trigger, use VREFH
  ADC0_SC3 = 0x00000000;                                 // single conversion

  while(1)
    { ADC0_SC1A = 0x00000008;                            // ADC1 = ADC0_SE8 (+5.0V)
      while(!(ADC0_SC1A & 0x00000080));                  // wait for end of conversion
      result = ADC0_RA;
      TFT_xy(25,7);                                      // display voltage
      TFT_color(Cyan,Black);
      TFT_signed_float((float)result*2.*3.3/65536., 1, 2);
```

```
      ADC0_SC1A = 0x00000009;                       // ADC2 = ADC0_SE9 (+3.3V)
      while(!(ADC0_SC1A & 0x00000080));             // wait for end of conversion
      result = ADC0_RA;
      TFT_xy(25,10);                                // display voltage
      TFT_color(Cyan,Black);
      TFT_signed_float((float)result*2.*3.3/65536., 1, 2);

      ADC0_SC1A = 0x0000000C;                       // ADC3 = ADC0_SE12 (VR1)
      while(!(ADC0_SC1A & 0x00000080));             // wait for end of conversion
      result = ADC0_RA;
      TFT_xy(25,13);                                // display voltage
      TFT_color(Cyan,Black);
      TFT_signed_float((float)result*3.3/65536., 1, 2);

      ADC0_SC1A = 0x0000000D;                       // ADC4 = ADC0_SE13 (LM35DZ)
      while(!(ADC0_SC1A & 0x00000080));             // wait for end of conversion
      result = ADC0_RA;
      TFT_xy(25,16);                                // display temperature
      TFT_color(Magenta,Black);
      TFT_signed_float((float)result*330./65536., 2, 1);

      ADC0_SC1A = 0x0000001A;                       // internal temperature = AD26
      while(!(ADC0_SC1A & 0x00000080));             // wait for end of conversion
      result = ADC0_RA;
      TFT_xy(25,19);                                // display temperature
      TFT_color(Green,Black);
      temperature = 25. - ((float)result*3.3/65536. - 0.716) / 0.00162;
      TFT_signed_float(temperature, 2, 1);

      ADC0_SC1A = 0x0000001B;                       // Vbg = AD27 (+1.00V)
      while(!(ADC0_SC1A & 0x00000080));             // wait for end of conversion
      result = ADC0_RA;
      TFT_xy(25,22);                                // display voltage
      TFT_color(Green,Black);
      TFT_signed_float((float)result*3.3/65536., 1, 2);

      ADC0_SC1A = 0x0000001D;                       // VREFH = AD29 (+3.3V)
      while(!(ADC0_SC1A & 0x00000080));             // wait for end of conversion
      result = ADC0_RA;
      TFT_xy(25,25);                                // display VBAT voltage
      TFT_color(Green,Black);
      TFT_signed_float((float)result*3.3/65536., 1, 2);

      Delay_ms(100);
      if(Key_input() == KEY4) return;
      Delay_ms(100);
      if(Key_input() == KEY4) return;
      Delay_ms(100);
      if(Key_input() == KEY4) return;
    }
}
/* ------------------------------------------------------------------------------ */

void Test5(void)                                    /* Test 5 */
{
  unsigned char x;
  unsigned short i, j, DAC_data[200];

  LCD_string(0xC0,"     Test 5     ");

  TFT_clear_screen();                               // clear screen
  TFT_landscape_mode();                             // landscape mode

  TFT_string(0,5,White,Magenta,"       D/A 컨버터  출력 테스트        ");

  SIM_SCGC6 |= 0x80000000;                          // enable clock for DAC0
  PORTE_PCR30 = 0x00000000;                         // PTE30 = DAC0_OUT

  DAC0_C0 = 0xB0;                                   // DAC enable, software trigger

  TFT_string(11,15,White,Black,"TP4(DAC0_OUT) 단자");
  TFT_string( 4,18,Cyan, Black,"약 500Hz의 삼각파 출력 (0~+3.3V)");
```

```
  for(x = 0; x <= 100; x++)                          // calculate data of triangular wave
    DAC_data[x] = (unsigned short)((4095./100.) * (float)x);
  i = 1;
  for(x = 101; x < 200; x++)
    { DAC_data[x] = DAC_data[100-i];
      i++;
    }

  for(i = 0; i < 2500; i++)                          // display for 5 sec
    { for(j = 0; j < 200; j++)
        { *(__IO uint16_t *)0x4003F000 = DAC_data[j];    // output data
          Delay_us(9);
        }
    }

  TFT_string(11,15,White,Black,"TP4(DAC0_OUT) 단자");
  TFT_string( 4,18,Cyan, Black,"약 500Hz의 정현파 출력 (0~+3.3V)");
  Beep();

  for(x = 0; x < 200; x++)                           // calculate data of sinusoidal wave
    DAC_data[x] = (signed short)(2047. * sin(x * 1.8 * 3.141592 / 180.)) + 2047;

  for(i = 0; i < 2500; i++)                          // display for 5 sec
    { for(j = 0; j < 200; j++)
        { *(__IO uint16_t *)0x4003F000 = DAC_data[j];    // output data
          Delay_us(9);
        }
    }

  Beep();
}

/* ------------------------------------------------------------------------------ */

void Test6(void)                                     /* Test 6 */
{
  unsigned char i, test_flag, RXD;
  unsigned char string[13] = { "OK-MKL25Z Kit" };

  LCD_string(0xC0,"      Test 6      ");

  TFT_clear_screen();                                // clear screen
  TFT_landscape_mode();                              // landscape mode

  TFT_string(0,4,White,Magenta,"     RS-232C 직렬통신 루프백 테스트     ");

  TFT_string(1, 9,White,Black,"CN5 컨넥터에 RS-232C 케이블을 접속하고");
  TFT_string(6,12,White,Black,"2번핀과 3번핀을 연결하시오 !");
  TFT_string(7,18,Cyan, Black,"송신 문자 : ");
  TFT_string(7,21,Cyan, Black,"수신 문자 : ");
  Delay_ms(1000);

  SIM_SCGC4 |= 0x00000400;                           // enable clock for UART0
  PORTA_PCR1 = 0x00000200;                           // PTA1 = UART0_RXD
  PORTA_PCR2 = 0x00000200;                           // PTA2 = UART0_TXD

  UART0_C1 = 0x00;                                   // 8-bit character, no parity
  UART0_C2 = 0x0C;                                   // enable transmitter and receiver
  UART0_C3 = 0x00;                                   // not interrupt
  UART0_C4 = 0x0F;                                   // 16x sampling
  MCG_SC &= 0xF1;                                    // FCRDIV = /1
  MCG_C2 |= 0x01;                                    // internal 4MHz
  MCG_C1 |= 0x02;                                    // IRCLKEN = 1
  SIM_SOPT2 |= 0x0C000000;                           // MCGIRCLK = 4MHz
  UART0_BDH = 0;                                     // 1 stop bit
  UART0_BDL = 13;                                    // 4MHz/13/16 = 19200 bps
  Delay_ms(1);
  RXD = UART0_D;                                     // dummy read

  test_flag = 0;
  for(i = 0; i < 13; i++)
    { UART0_D = string[i];                           // transmit test data
      TFT_xy(19+i,18);                               // display transmitted test data
      TFT_color(Green,Black);
```

```
      TFT_English(string[i]);
      Delay_ms(10);

      RXD = UART0_D;                              // receive test data
      TFT_xy(19+i,21);                            // display transmitted test data
      TFT_color(Magenta,Black);
      TFT_English(RXD);

      if(RXD == string[i])                        // data OK ?
        test_flag++;

      Beep();
      Delay_ms(500);
    }

  if(test_flag == 13)
    { TFT_string(15,25,  Green,Black,"통신 OK !");
      Beep();
    }
  else
    { TFT_string(14,25,Magenta,Black,"통신 에러 !");
      Beep_3times();
    }

  Delay_ms(2000);
}

/* ---------------------------------------------------------------------------- */

void Test7(void)                                  /* Test 7 */
{
  unsigned int key;

  LCD_string(0xC0,"     Test 7     ");

  TFT_clear_screen();                             // clear screen
  TFT_landscape_mode();                           // landscape mode

  Rectangle(0,0,  319,239, Green);                // display title
  Rectangle(1,1,  318,238, Green);

  TFT_string( 5, 4,White,Magenta," DS3234를 이용한  디지털 시계 ");
  TFT_string(10,12,White,  Black,"2015년 11월 01일 (일)");
  TFT_string_large(7,15,White,Black,"오전 12:00:00");

  DS3234_initialize();                            // initialize DS3234 RTC

  TFT_cursor(Red);                                // display cursor
  Xcursor = 38;
  Ycursor = 16;

  while(1)
    { Digital_display_time();                     // display clock

      key = Key_input();                          // key input
      if((key == KEY4) && (Xcursor == 38) && (Ycursor == 16))
        { TFT_cursor(Transparent);
          return;
        }

      switch(key)
        { case KEY1 : Digital_cursor_left();      // if KEY1, go cursor left
                      break;
          case KEY2 : Digital_cursor_right();     // if KEY2, go cursor right
                      break;
          case KEY3 : Digital_increment();        // if KEY3, increment time
                      break;
          case KEY4 : Digital_decrement();        // if KEY4, decrement time
                      break;
          default   : break;
        }
    }
}
```

```
unsigned char year, month, date, weekday, hour, minute, second;
unsigned char time_flag = 0;

void DS3234_initialize(void)                    /* initialize DS3234 RTC */
{
  SIM_SCGC4 |= 0x00400000;                      // enable clock for SPI0
  SIM_SCGC5 |= 0x00000200;                      // enable clock for PORTA

  PORTA_PCR14 = 0x00000100;                     // PTA14 = -RTC_CS
  GPIOA_PDDR |= 0x00004000;                     // PTA14 = output = 1
  GPIOA_PSOR = 0x00004000;
  PORTA_PCR15 = 0x00000200;                     // PTA15 = SPI0_SCK
  PORTA_PCR16 = 0x00000200;                     // PTA16 = SPI0_MOSI
  PORTA_PCR17 = 0x00000200;                     // PTA17 = SPI0_MISO

  SPI0_C1 = 0x5C;                               // master mode, CPOL = CPHA = 1, MSB first
  SPI0_C2 = 0x00;
  SPI0_BR = 0x31;                               // 20.97152MHz/(3+1)/4 = 1.31072MHz (Max 4MHz)

  second =  DS3234_read(0x00);                  // if not second, initialize
  minute =  DS3234_read(0x01);                  // if not minute, initialize
  hour =  DS3234_read(0x02);                    // if not 12 hour system, initialize
  weekday =  DS3234_read(0x03);                 // if not weekday, initialize
  date =  DS3234_read(0x04);                    // if not date, initialize
  month =  DS3234_read(0x05);                   // if not month, initialize
  year =  DS3234_read(0x06);                    // if not year, initialize

  if((second > 0x59) || (minute > 0x59) || (hour < 0x40) || (weekday > 0x07) || (date > 0x31) || (month > 0x12) || (year > 0x99))
    { DS3234_write(0x00, 0x00);                 // second = 0x00
      DS3234_write(0x01, 0x00);                 // minute = 0x00
      DS3234_write(0x02, 0x12 + 0x40);          // hour = 0x12 AM
      DS3234_write(0x03, 0x03);                 // weekday = 0x03(Tuesday)
      DS3234_write(0x04, 0x01);                 // date = 0x01
      DS3234_write(0x05, 0x03);                 // month = 0x03
      DS3234_write(0x06, 0x16);                 // year = 0x2016
      DS3234_write(0x0E, 0x00);                 // control register
      DS3234_write(0x0F, 0x00);                 // control and status register
    }
}

unsigned char DS3234_read(U08 address)          /* read DS3234 */
{
  unsigned char byte;

  byte = SPI0_D;                                // clear SPRF flag

  GPIOA_PCOR = 0x00004000;                      // -RTC_CS = 0
  while(!(SPI0_S & 0x20));
  SPI0_D = address;
  while(!(SPI0_S & 0x80));
  byte = SPI0_D;

  while(!(SPI0_S & 0x20));
  SPI0_D = 0x00;
  while(!(SPI0_S & 0x80));
  byte = SPI0_D;
  GPIOA_PSOR = 0x00004000;                      // -RTS_CS = 1

  return byte;
}

void DS3234_write(U08 address, U08 value)       /* write DS3234 */
{
  unsigned char byte;

  byte = SPI0_D;                                // clear SPRF flag

  GPIOA_PCOR = 0x00004000;                      // -RTC_CS = 0
  while(!(SPI0_S & 0x20));
  SPI0_D = address + 0x80;
  while(!(SPI0_S & 0x80));
  byte = SPI0_D;

  while(!(SPI0_S & 0x20));
```

```
  SPI0_D = value;
  while(!(SPI0_S & 0x80));
  byte = SPI0_D;
  GPIOA_PSOR = 0x00004000;                       // -RTS_CS = 1
}

void Digital_display_time(void)                  /* display DS3234 time */
{
  TFT_xy(10,12); TFT_color(Cyan,Black);          // display year
  TFT_hexadecimal(0x20, 2);
  year = DS3234_read(0x06);
  TFT_hexadecimal(year,2);
  TFT_xy(17,12); TFT_color(Cyan,Black);          // display month
  month = DS3234_read(0x05);
  TFT_hexadecimal(month,2);
  TFT_xy(22,12); TFT_color(Cyan,Black);          // display date
  date = DS3234_read(0x04);
  TFT_hexadecimal(date,2);
  weekday = DS3234_read(0x03);                   // display weekday
  if(weekday == 0x01)      TFT_string(28,12,Cyan,Black,"일");
  else if(weekday == 0x02) TFT_string(28,12,Cyan,Black,"월");
  else if(weekday == 0x03) TFT_string(28,12,Cyan,Black,"화");
  else if(weekday == 0x04) TFT_string(28,12,Cyan,Black,"수");
  else if(weekday == 0x05) TFT_string(28,12,Cyan,Black,"목");
  else if(weekday == 0x06) TFT_string(28,12,Cyan,Black,"금");
  else if(weekday == 0x07) TFT_string(28,12,Cyan,Black,"토");
  TFT_xy(12,15); TFT_color(Green,Black);         // display hour
  hour = DS3234_read(0x02);
  TFT_hexadecimal_large(hour & 0x1F,2);
  if((hour & 0x20) == 0x00) TFT_string_large(7,15,White,Black,"오전");
  else                      TFT_string_large(7,15,White,Black,"오후");
  TFT_xy(15,15); TFT_color(Green,Black);         // display minute
  minute = DS3234_read(0x01);
  TFT_hexadecimal_large(minute,2);
  TFT_xy(18,15); TFT_color(Green,Black);         // display second
  second = DS3234_read(0x00);
  TFT_hexadecimal_large(second & 0x7F,2);
  TFT_xy(38,16); TFT_color(Green,Black);         // display home
  TFT_English('^');

  TFT_string( 1,25,White,Blue," KEY1 ");
  TFT_string(11,25,White,Blue," KEY2 ");
  TFT_string(23,25,White,Blue," KEY3 ");
  TFT_string(33,25,White,Blue," KEY4 ");
  if((Xcursor == 38) && (Ycursor == 16))
    TFT_string(2,27,Red,  Black,"좌측      우측                  종료");
  else
    TFT_string(2,27,Red,  Black,"좌측      우측        증가      감소");

  if((minute == 0x00) && (second == 0x00) && (time_flag == 0))
    { time_flag = 1;
      Beep();
    }
  else if(second != 0x00)
    time_flag = 0;
}

unsigned char BCD_increment(U08 number)          /* BCD increment */
{ unsigned char i;

  i = (number >> 4)*10 + (number & 0x0F);        // convert BCD to binary
  i++;                                           // incrment
  i = ((i/10) << 4) + (i % 10);                  // convert binary to BCD
  return i;
}

unsigned char BCD_decrement(U08 number)          /* BCD decrement */
{ unsigned char i;

  i = (number >> 4)*10 + (number & 0x0F);        // convert BCD to binary
  i--;                                           // decrement
  i = ((i/10) << 4) + (i % 10);                  // convert binary to BCD
  return i;
}
```

```
void Digital_cursor_left(void)                      /* go cursor left */
{
  if     ((Xcursor == 38) && (Ycursor == 16)) { Xcursor = 19; Ycursor = 15; }
  else if((Xcursor == 19) && (Ycursor == 15)) { Xcursor = 16; Ycursor = 15; }
  else if((Xcursor == 16) && (Ycursor == 15)) { Xcursor = 13; Ycursor = 15; }
  else if((Xcursor == 13) && (Ycursor == 15)) { Xcursor =  9; Ycursor = 15; }
  else if((Xcursor ==  9) && (Ycursor == 15)) { Xcursor = 28; Ycursor = 12; }
  else if((Xcursor == 28) && (Ycursor == 12)) { Xcursor = 23; Ycursor = 12; }
  else if((Xcursor == 23) && (Ycursor == 12)) { Xcursor = 18; Ycursor = 12; }
  else if((Xcursor == 18) && (Ycursor == 12)) { Xcursor = 13; Ycursor = 12; }
  else if((Xcursor == 13) && (Ycursor == 12)) { Xcursor = 38; Ycursor = 16; }
}

void Digital_cursor_right(void)                     /* go cursor right */
{
  if     ((Xcursor == 38) && (Ycursor == 16)) { Xcursor = 13; Ycursor = 12; }
  else if((Xcursor == 13) && (Ycursor == 12)) { Xcursor = 18; Ycursor = 12; }
  else if((Xcursor == 18) && (Ycursor == 12)) { Xcursor = 23; Ycursor = 12; }
  else if((Xcursor == 23) && (Ycursor == 12)) { Xcursor = 28; Ycursor = 12; }
  else if((Xcursor == 28) && (Ycursor == 12)) { Xcursor =  9; Ycursor = 15; }
  else if((Xcursor ==  9) && (Ycursor == 15)) { Xcursor = 13; Ycursor = 15; }
  else if((Xcursor == 13) && (Ycursor == 15)) { Xcursor = 16; Ycursor = 15; }
  else if((Xcursor == 16) && (Ycursor == 15)) { Xcursor = 19; Ycursor = 15; }
  else if((Xcursor == 19) && (Ycursor == 15)) { Xcursor = 38; Ycursor = 16; }
}

void Digital_increment(void)                        /* increment time */
{
  if((Xcursor == 13) && (Ycursor == 12))            // in case of year
    { year = DS3234_read(0x06);
      if(year == 0x99)        year = 0x00;
      else                    year = BCD_increment(year);
      DS3234_write(0x06,year);
    }
  else if((Xcursor == 18) && (Ycursor == 12))       // in case of month
    { month = DS3234_read(0x05);
      if(month == 0x12)       month = 0x01;
      else                    month = BCD_increment(month);
      DS3234_write(0x05,month);
    }
  else if((Xcursor == 23) && (Ycursor == 12))       // in case of date
    { date = DS3234_read(0x04);
      if(date == 0x31)        date = 0x01;
      else                    date = BCD_increment(date);
      DS3234_write(0x04,date);
    }
  else if((Xcursor == 28) && (Ycursor == 12))       // in case of weekday
    { weekday = DS3234_read(0x03);
      if(weekday == 0x07)     weekday = 0x01;
      else                    weekday++;
      DS3234_write(0x03,weekday);
    }
  else if((Xcursor == 9) && (Ycursor == 15))        // in case of AM/PM
    { hour = DS3234_read(0x02);
      if((hour & 0x20) == 0x00) hour |= 0x20;
      else                      hour &= 0xDF;
      DS3234_write(0x02,hour);
    }
  else if((Xcursor == 13) && (Ycursor == 15))       // in case of hour
    { hour = DS3234_read(0x02);
      if((hour & 0x1F) == 0x12) hour = (hour & 0xE0) + 0x01;
      else                      hour = BCD_increment(hour);
      DS3234_write(0x02,hour + 0x40);
    }
  else if((Xcursor == 16) && (Ycursor == 15))       // in case of minute
    { minute = DS3234_read(0x01);
      if(minute == 0x59)      minute = 0x00;
      else                    minute = BCD_increment(minute);
      DS3234_write(0x01,minute);
    }
  else if((Xcursor == 19) && (Ycursor == 15))       // in case of second
    { second = DS3234_read(0x00);
      if(second == 0x59)      second = 0x00;
```

```
      else                    second = BCD_increment(second);
      DS3234_write(0x00,second);
    }
}

void Digital_decrement(void)                        /* decrement time */
{
  if((Xcursor == 13) && (Ycursor == 12))            // in case of year
    { year = DS3234_read(0x06);
      if(year == 0x00)        year = 0x99;
      else                    year = BCD_decrement(year);
      DS3234_write(0x06,year);
    }
  else if((Xcursor == 18) && (Ycursor == 12))       // in case of month
    { month = DS3234_read(0x05);
      if(month == 0x01)       month = 0x12;
      else                    month = BCD_decrement(month);
      DS3234_write(0x05,month);
    }
  else if((Xcursor == 23) && (Ycursor == 12))       // in case of date
    { date = DS3234_read(0x04);
      if(date == 0x01)        date = 0x31;
      else                    date = BCD_decrement(date);
      DS3234_write(0x04,date);
    }
  else if((Xcursor == 28) && (Ycursor == 12))       // in case of weekday
    { weekday = DS3234_read(0x03);
      if(weekday == 0x01)     weekday = 0x07;
      else                    weekday--;
      DS3234_write(0x03,weekday);
    }
  else if((Xcursor == 9) && (Ycursor == 15))        // in case of AM/PM
    { hour = DS3234_read(0x02);
      if((hour & 0x20) == 0x00) hour |= 0x20;
      else                      hour &= 0xDF;
      DS3234_write(0x02,hour);
    }
  else if((Xcursor == 13) && (Ycursor == 15))       // in case of hour
    { hour = DS3234_read(0x02);
      if((hour & 0x1F) == 0x01) hour = (hour & 0xE0) + 0x12;
      else                      hour = BCD_decrement(hour);
      DS3234_write(0x02,hour + 0x40);
    }
  else if((Xcursor == 16) && (Ycursor == 15))       // in case of minute
    { minute = DS3234_read(0x01);
      if(minute == 0x00)      minute = 0x59;
      else                    minute = BCD_decrement(minute);
      DS3234_write(0x01,minute);
    }
  else if((Xcursor == 19) && (Ycursor == 15))       // in case of second
    { second = DS3234_read(0x00);
      if(second == 0x00)      second = 0x59;
      else                    second = BCD_decrement(second);
      DS3234_write(0x00,second);
    }
}

/* ------------------------------------------------------------------------ */

unsigned char second_old, start_flag;

void Test8(void)                                    /* Test 8 */
{
  unsigned char key = no_key;

  LCD_string(0xC0,"     Test 8     ");

  TFT_clear_screen();                               // clear screen
  TFT_portrait_mode();                              // portrait mode

  DS3234_initialize();                              // initialize DS3234 RTC

  TFT_cursor(Magenta);                              // display cursor by Magenta color
  Xcursor = 28;
```

```
  Ycursor = 37;

  start_flag = 0;

  TFT_string(0,1, White,Magenta," DS3234에 의한  아날로그 시계 "); // display title
  Draw_analog_clock();                              // draw analog clock
  TFT_string( 8,37, Cyan,  Black, "오전");          // display digital clock
  TFT_string(13,37, Silver,Black, "00:00:00");

  while(1)
    { key = Key_input();                            // key input
      if((key == KEY4) && (Xcursor == 28) && (Ycursor == 37))
        { TFT_cursor(Transparent);
          return;
        }

        switch(key)
        { case KEY1 : Analog_cursor_left();         // if KEY1, go cursor left
                      break;
          case KEY2 : Analog_cursor_right();        // if KEY2, go cursor right
                      break;
          case KEY3 : Analog_increment();           // if KEY3, increment time
                      break;
          case KEY4 : Analog_decrement();           // if KEY4, decrement time
                      break;
          default   : Analog_display_time();        // display time
                      break;
        }
    }
}

void Analog_cursor_left(void)                       /* go cursor left */
{
  if     ((Xcursor == 28) && (Ycursor == 37)) { Xcursor = 20; Ycursor = 37; }
  else if((Xcursor == 20) && (Ycursor == 37)) { Xcursor = 17; Ycursor = 37; }
  else if((Xcursor == 17) && (Ycursor == 37)) { Xcursor = 14; Ycursor = 37; }
  else if((Xcursor == 14) && (Ycursor == 37)) { Xcursor = 10; Ycursor = 37; }
  else if((Xcursor == 10) && (Ycursor == 37)) { Xcursor = 19; Ycursor = 25; }

  else if((Xcursor == 19) && (Ycursor == 25)) { Xcursor = 17; Ycursor = 25; }
  else if((Xcursor == 17) && (Ycursor == 25)) { Xcursor = 14; Ycursor = 25; }
  else if((Xcursor == 14) && (Ycursor == 25)) { Xcursor = 11; Ycursor = 25; }
  else if((Xcursor == 11) && (Ycursor == 25)) { Xcursor = 28; Ycursor = 37; }
}

void Analog_cursor_right(void)                      /* go cursor right */
{
  if     ((Xcursor == 28) && (Ycursor == 37)) { Xcursor = 11; Ycursor = 25; }
  else if((Xcursor == 11) && (Ycursor == 25)) { Xcursor = 14; Ycursor = 25; }
  else if((Xcursor == 14) && (Ycursor == 25)) { Xcursor = 17; Ycursor = 25; }
  else if((Xcursor == 17) && (Ycursor == 25)) { Xcursor = 19; Ycursor = 25; }
  else if((Xcursor == 19) && (Ycursor == 25)) { Xcursor = 10; Ycursor = 37; }

  else if((Xcursor == 10) && (Ycursor == 37)) { Xcursor = 14; Ycursor = 37; }
  else if((Xcursor == 14) && (Ycursor == 37)) { Xcursor = 17; Ycursor = 37; }
  else if((Xcursor == 17) && (Ycursor == 37)) { Xcursor = 20; Ycursor = 37; }
  else if((Xcursor == 20) && (Ycursor == 37)) { Xcursor = 28; Ycursor = 37; }
}

void Analog_increment(void)                         /* increment time */
{
  if((Xcursor == 10) && (Ycursor == 37))            // in case of AM/PM
    { hour = DS3234_read(0x02);
      if((hour & 0x20) == 0x00) hour |= 0x20;
      else                      hour &= 0xDF;
      DS3234_write(0x02,hour);
    }
  else if((Xcursor == 14) && (Ycursor == 37))       // in case of hour
    { hour = DS3234_read(0x02);
      if((hour & 0x1F) == 0x12) hour = (hour & 0xE0) + 0x01;
      else                      hour = BCD_increment(hour);
      DS3234_write(0x02,hour);
    }
  else if((Xcursor == 17) && (Ycursor == 37))       // in case of minute
```

```
    { minute = DS3234_read(0x01);
      if(minute == 0x59)      minute = 0x00;
      else                    minute = BCD_increment(minute);
      DS3234_write(0x01,minute);
    }
  else if((Xcursor == 20) && (Ycursor == 37))    // in case of second
    { second = DS3234_read(0x00);
      if(second == 0x59)      second = 0x00;
      else                    second = BCD_increment(second);
      DS3234_write(0x00,second);
    }
  else if((Xcursor == 11) && (Ycursor == 25))    // in case of year
    { year = DS3234_read(0x06);
      if(year == 0x99)        year = 0x00;
      else                    year = BCD_increment(year);
      DS3234_write(0x06,year);
    }
  else if((Xcursor == 14) && (Ycursor == 25))    // in case of month
    { month = DS3234_read(0x05);
      if(month == 0x12)       month = 0x01;
      else                    month = BCD_increment(month);
      DS3234_write(0x05,month);
    }
  else if((Xcursor == 17) && (Ycursor == 25))    // in case of date
    { date = DS3234_read(0x04);
      if(date == 0x31)        date = 0x01;
      else                    date = BCD_increment(date);
      DS3234_write(0x04,date);
    }
  else if((Xcursor == 19) && (Ycursor == 25))    // in case of weekday
    { weekday = DS3234_read(0x03);
      if(weekday == 0x07)     weekday = 0x01;
      else                    weekday++;
      DS3234_write(0x03,weekday);
    }
}

void Analog_decrement(void)                       /* decrement time */
{
  if ((Xcursor == 10) && (Ycursor == 37))         // in case of AM/PM
    { hour = DS3234_read(0x02);
      if((hour & 0x20) == 0x00) hour |= 0x20;
      else                      hour &= 0xDF;
      DS3234_write(0x02,hour);
    }
  else if((Xcursor == 14) && (Ycursor == 37))    // in case of hour
    { hour = DS3234_read(0x02);
      if((hour & 0x1F) == 0x01) hour = (hour & 0xE0) + 0x12;
      else                      hour = BCD_decrement(hour);
      DS3234_write(0x02,hour);
    }
  else if((Xcursor == 17) && (Ycursor == 37))    // in case of minute
    { minute = DS3234_read(0x01);
      if(minute == 0x00)      minute = 0x59;
      else                    minute = BCD_decrement(minute);
      DS3234_write(0x01,minute);
    }
  else if((Xcursor == 20) && (Ycursor == 37))    // in case of second
    { second = DS3234_read(0x00);
      if(second == 0x00)      second = 0x59;
      else                    second = BCD_decrement(second);
      DS3234_write(0x00,second);
    }
  else if((Xcursor == 11) && (Ycursor == 25))    // in case of year
    { year = DS3234_read(0x06);
      if(year == 0x00)        year = 0x99;
      else                    year = BCD_decrement(year);
      DS3234_write(0x06,year);
    }
  else if((Xcursor == 14) && (Ycursor == 25))    // in case of month
    { month = DS3234_read(0x05);
      if(month == 0x01)       month = 0x12;
      else                    month = BCD_decrement(month);
      DS3234_write(0x05,month);
```

```
    }
  else if((Xcursor == 17) && (Ycursor == 25))     // in case of date
    { date = DS3234_read(0x04);
      if(date == 0x01)        date = 0x31;
      else                    date = BCD_decrement(date);
      DS3234_write(0x04,date);
    }
  else if((Xcursor == 19) && (Ycursor == 25))     // in case of weekday
    { weekday = DS3234_read(0x03);
      if(weekday == 0x01)    weekday = 0x07;
      else                   weekday--;
      DS3234_write(0x03,weekday);
    }
}

unsigned short Xcenter = 120;                     // center x,y of analog clock
unsigned short Ycenter = 160;

void Draw_analog_clock(void)                      /* draw analog clock */
{
 unsigned short i;
 unsigned short scale_out = 118;
 unsigned short scale_in1 = 112;
 unsigned short scale_in2 = 106;
 signed short Xstart, Ystart, Xend, Yend;

 for(i = 0; i < 60 ; i++)                         // draw clock scale
   if((i % 5) != 0)
     { Xstart = Xcenter + (signed short)(scale_in1*sin(3.141592/180*(i*6)));
       Ystart = Ycenter - (signed short)(scale_in1*cos(3.141592/180*(i*6)));
       Xend   = Xcenter + (signed short)(scale_out*sin(3.141592/180*(i*6)));
       Yend   = Ycenter - (signed short)(scale_out*cos(3.141592/180*(i*6)));

       Line_soft(Xstart,Ystart, Xend,Yend, LightGrey);
     }
 for(i = 0; i < 12 ; i++)
   { Xstart = Xcenter + (signed short)(scale_in2*sin(3.141592/180*(i*30)));
     Ystart = Ycenter - (signed short)(scale_in2*cos(3.141592/180*(i*30)));
     Xend   = Xcenter + (signed short)(scale_out*sin(3.141592/180*(i*30)));
     Yend   = Ycenter - (signed short)(scale_out*cos(3.141592/180*(i*30)));

     Line_soft(Xstart,Ystart, Xend,Yend, White);
   }

  Circle(Xcenter,Ycenter, 119, Cyan);             // draw outline
  Circle(Xcenter,Ycenter, 118, Cyan);

  for(i = 4; i > 0; i--)                          // draw center
    Circle(Xcenter,Ycenter, i, Yellow);
}

void Analog_display_time(void)                    /* display analog and digital time */
{
  second = DS3234_read(0x00);                     // new second ?
  if(second == second_old)
    return;
  else
    second_old = second;

  minute = DS3234_read(0x01);
  hour = DS3234_read(0x02);
  weekday = DS3234_read(0x03);
  date = DS3234_read(0x04);
  month = DS3234_read(0x05);
  year = DS3234_read(0x06);

  TFT_xy(13,37);                                  // display hour
  TFT_color(Green,Black);
  TFT_hexadecimal(hour & 0x1F,2);
  if((hour & 0x20) == 0x00) TFT_string(8,37, Cyan,Black, "오전");
  else                      TFT_string(8,37, Cyan,Black, "오후");
  TFT_xy(16,37);                                  // display minute
  TFT_color(Green,Black);
  TFT_hexadecimal(minute,2);
```

```
  TFT_xy(19,37);                                    // display second
  TFT_color(Green,Black);
  TFT_hexadecimal(second,2);

  TFT_xy(28,37); TFT_color(Green,Black);            // display home
  TFT_English(' ');

  Draw_pin();                                       // draw hour, minute, second pin
  Circle(Xcenter,Ycenter, 5, Green);

  if((minute == 0x00) && (second == 0x00) && (time_flag == 0))
    { time_flag = 1;
      Beep();
    }
  else if((minute != 0x00) || (second != 0x00))
    { time_flag = 0;
      GPIOD_PSOR = 0x00000020;                      // buzzer on
      Delay_us(100);                                // delay 100 us
      GPIOD_PCOR = 0x00000020;                      // buzzer off
    }
}

signed short Xstart1_hour_old, Ystart1_hour_old, Xstart2_hour_old, Ystart2_hour_old, Xend_hour_old, Yend_hour_old;
signed short Xstart1_minute_old, Ystart1_minute_old, Xstart2_minute_old, Ystart2_minute_old, Xend_minute_old, Yend_minute_old;

signed short Xstart_second_old, Ystart_second_old, Xend_second_old, Yend_second_old;
signed short Xcircle_second_old, Ycircle_second_old;

void Draw_pin(void)                                 /* draw hour, minute, second pin */
{
  unsigned short i;
  unsigned short pin_hour, length_hour = 65;
  signed short Xstart1_hour, Ystart1_hour, Xstart2_hour, Ystart2_hour, Xend_hour, Yend_hour;

  unsigned short pin_minute, length_minute = 80;
  signed short Xstart1_minute, Ystart1_minute, Xstart2_minute, Ystart2_minute, Xend_minute, Yend_minute;

  unsigned short pin_second, length_second = 100, center_second = 80 ;
  signed short Xstart_second, Ystart_second, Xend_second, Yend_second;
  signed short Xcircle_second, Ycircle_second;

  pin_hour = ((hour & 0x10) >> 4)*10 + (hour & 0x0F);   // convert hour to binary
  pin_minute = (minute >> 4)*10 + (minute & 0x0F);      // convert minute to binary
  pin_second = (second >> 4)*10 + (second & 0x0F);      // convert second to binary

                                                    // calculate hour variables
  Xstart1_hour = Xcenter + (signed short)(6*sin((pin_hour*30 + pin_minute/2. - 30)*3.141592/180.)+0.5);
  Ystart1_hour = Ycenter - (signed short)(6*cos((pin_hour*30 + pin_minute/2. - 30)*3.141592/180.)+0.5);

  Xstart2_hour = Xcenter + (signed short)(6*sin((pin_hour*30 + pin_minute/2. + 30)*3.141592/180.)+0.5);
  Ystart2_hour = Ycenter - (signed short)(6*cos((pin_hour*30 + pin_minute/2. + 30)*3.141592/180.)+0.5);

  Xend_hour = Xcenter + (signed short)(length_hour*sin((pin_hour*30 + pin_minute/2.)*3.141592/180.)+0.5);
  Yend_hour = Ycenter - (signed short)(length_hour*cos((pin_hour*30 + pin_minute/2.)*3.141592/180.)+0.5);

                                                    // calculate minute variables
  Xstart1_minute = Xcenter + (signed short)(6*sin((pin_minute*6 + pin_second/10. - 15)*3.141592/180.)+0.5);
  Ystart1_minute = Ycenter - (signed short)(6*cos((pin_minute*6 + pin_second/10. - 15)*3.141592/180.)+0.5);

  Xstart2_minute = Xcenter + (signed short)(6*sin((pin_minute*6 + pin_second/10. + 15)*3.141592/180.)+0.5);
  Ystart2_minute = Ycenter - (signed short)(6*cos((pin_minute*6 + pin_second/10. + 15)*3.141592/180.)+0.5);

  Xend_minute = Xcenter + (signed short)(length_minute*sin((pin_minute*6 + pin_second/10.)*3.141592/180.)+0.5);
  Yend_minute = Ycenter - (signed short)(length_minute*cos((pin_minute*6 + pin_second/10.)*3.141592/180.)+0.5);

                                                    // calculate second variables
  Xstart_second = Xcenter + (signed short)(6*sin(3.141592/180.*(pin_second*6))+0.5);
  Ystart_second = Ycenter - (signed short)(6*cos(3.141592/180.*(pin_second*6))+0.5);

  Xend_second = Xcenter + (signed short)(length_second*sin(3.141592/180.*(pin_second*6))+0.5);
  Yend_second = Ycenter - (signed short)(length_second*cos(3.141592/180.*(pin_second*6))+0.5);

  Xcircle_second = Xcenter + (signed short)(center_second*sin(3.141592/180.*(pin_second*6))+0.5);
  Ycircle_second = Ycenter - (signed short)(center_second*cos(3.141592/180.*(pin_second*6))+0.5);
```

```
if(start_flag == 0)                              // initialize old value
  { start_flag = 1;
    Xstart1_hour_old = Xstart1_hour;
    Ystart1_hour_old = Ystart1_hour;
    Xstart2_hour_old = Xstart2_hour;
    Ystart2_hour_old = Ystart2_hour;
    Xend_hour_old = Xend_hour;
    Yend_hour_old = Yend_hour;

    Xstart1_minute_old = Xstart1_minute;
    Ystart1_minute_old = Ystart1_minute;
    Xstart2_minute_old = Xstart2_minute;
    Ystart2_minute_old = Ystart2_minute;
    Xend_minute_old = Xend_minute;
    Yend_minute_old = Yend_minute;

    Xstart_second_old = Xstart_second;
    Ystart_second_old = Ystart_second;
    Xend_second_old = Xend_second;
    Yend_second_old = Yend_second;
    Xcircle_second_old = Xcircle_second;
    Ycircle_second_old = Ycircle_second;
  }

                                                 // delete old hour and minute pin
if((Xend_hour != Xend_hour_old) || (Yend_hour != Yend_hour_old) || (Xend_minute != Xend_minute_old) || (Yend_minute != Yend_minute_old))
  { Line_soft(Xstart1_hour_old,Ystart1_hour_old, Xend_hour_old,Yend_hour_old, Black);
    Line_soft(Xstart2_hour_old,Ystart2_hour_old, Xend_hour_old,Yend_hour_old, Black);

    Line_soft(Xstart1_hour_old+1,Ystart1_hour_old, Xend_hour_old,Yend_hour_old, Black);
    Line_soft(Xstart1_hour_old-1,Ystart1_hour_old, Xend_hour_old,Yend_hour_old, Black);
    Line_soft(Xstart2_hour_old+1,Ystart2_hour_old, Xend_hour_old,Yend_hour_old, Black);
    Line_soft(Xstart2_hour_old-1,Ystart2_hour_old, Xend_hour_old,Yend_hour_old, Black);

    Line_soft(Xstart1_hour_old,Ystart1_hour_old+1, Xend_hour_old,Yend_hour_old, Black);
    Line_soft(Xstart1_hour_old,Ystart1_hour_old-1, Xend_hour_old,Yend_hour_old, Black);
    Line_soft(Xstart2_hour_old,Ystart2_hour_old+1, Xend_hour_old,Yend_hour_old, Black);
    Line_soft(Xstart2_hour_old,Ystart2_hour_old-1, Xend_hour_old,Yend_hour_old, Black);

    Line_soft(Xstart1_minute_old,Ystart1_minute_old, Xend_minute_old,Yend_minute_old, Black);
    Line_soft(Xstart2_minute_old,Ystart2_minute_old, Xend_minute_old,Yend_minute_old, Black);

    Line_soft(Xstart1_minute_old+1,Ystart1_minute_old, Xend_minute_old,Yend_minute_old, Black);
    Line_soft(Xstart1_minute_old-1,Ystart1_minute_old, Xend_minute_old,Yend_minute_old, Black);
    Line_soft(Xstart2_minute_old+1,Ystart2_minute_old, Xend_minute_old,Yend_minute_old, Black);
    Line_soft(Xstart2_minute_old-1,Ystart2_minute_old, Xend_minute_old,Yend_minute_old, Black);

    Line_soft(Xstart1_minute_old,Ystart1_minute_old+1, Xend_minute_old,Yend_minute_old, Black);
    Line_soft(Xstart1_minute_old,Ystart1_minute_old-1, Xend_minute_old,Yend_minute_old, Black);
    Line_soft(Xstart2_minute_old,Ystart2_minute_old+1, Xend_minute_old,Yend_minute_old, Black);
    Line_soft(Xstart2_minute_old,Ystart2_minute_old-1, Xend_minute_old,Yend_minute_old, Black);
  }

for(i = 3; i > 0; i--)                           // delete old second pin
  Circle(Xcircle_second_old,Ycircle_second_old, i, Black);
Line_soft(Xstart_second_old,Ystart_second_old, Xend_second_old,Yend_second_old, Black);

TFT_color(Green,Black);                          // display hour number
TFT_English_pixel(112,54, '1'); TFT_English_pixel(120,54, '2');
TFT_English_pixel(62,68, '1'); TFT_English_pixel(70,68, '1');
TFT_English_pixel(164,68, '1');
TFT_English_pixel(28,104, '1'); TFT_English_pixel(36,104, '0');
TFT_English_pixel(202,104, '2');
TFT_English_pixel(18,152, '9');
TFT_English_pixel(216,152, '3');
TFT_English_pixel(32,202, '8');
TFT_English_pixel(202,202, '4');
TFT_English_pixel(68,238, '7');
TFT_English_pixel(164,238, '5');
TFT_English_pixel(117,252, '6');

TFT_color(Silver,Black);                         // display slash and ()
```

```
  TFT_xy(12,25);
  TFT_English('/');
  TFT_xy(15,25);
  TFT_English('/');
  TFT_xy(18,25);
  TFT_English('(');
  TFT_xy(21,25);
  TFT_English(')');
  TFT_string(8,25, Green,Black, "20");            // display year
  TFT_hexadecimal(year,2);
  TFT_xy(13,25);                                  // display month
  TFT_hexadecimal(month,2);
  TFT_xy(16,25);                                  // display date
  TFT_hexadecimal(date,2);
  if(weekday == 0x01)  TFT_string(19,25, Red,Black, "일");  // display weekday
  else if(weekday == 0x02) TFT_string(19,25, Red,Black, "월");
  else if(weekday == 0x03) TFT_string(19,25, Red,Black, "화");
  else if(weekday== 0x04)  TFT_string(19,25, Red,Black, "수");
  else if(weekday == 0x05) TFT_string(19,25, Red,Black, "목");
  else if(weekday == 0x06) TFT_string(19,25, Red,Black, "금");
  else if(weekday == 0x07) TFT_string(19,25, Red,Black, "토");

  Rectangle(59,197, 179,217, Green);
  Rectangle(60,198, 178,216, Silver);

  Line_soft(Xstart1_hour,Ystart1_hour, Xend_hour, Yend_hour, Magenta); // draw new hour pin
  Line_soft(Xstart2_hour,Ystart2_hour, Xend_hour, Yend_hour, Magenta);

  Line_soft(Xstart1_minute,Ystart1_minute, Xend_minute,Yend_minute, Cyan); // draw new minute pin
  Line_soft(Xstart2_minute,Ystart2_minute, Xend_minute,Yend_minute, Cyan);

  for(i = 3; i > 0; i--)                          // draw new second pin
    Circle(Xcircle_second,Ycircle_second, i, Yellow);
  Line_soft (Xstart_second,Ystart_second, Xend_second,Yend_second, Yellow);

  Xstart1_hour_old = Xstart1_hour;                // store old value
  Ystart1_hour_old = Ystart1_hour;
  Xstart2_hour_old = Xstart2_hour;
  Ystart2_hour_old = Ystart2_hour;
  Xend_hour_old = Xend_hour;
  Yend_hour_old = Yend_hour;

  Xstart1_minute_old = Xstart1_minute;
  Ystart1_minute_old = Ystart1_minute;
  Xstart2_minute_old = Xstart2_minute;
  Ystart2_minute_old = Ystart2_minute;
  Xend_minute_old = Xend_minute;
  Yend_minute_old = Yend_minute;

  Xstart_second_old = Xstart_second;
  Ystart_second_old = Ystart_second;
  Xend_second_old = Xend_second;
  Yend_second_old = Yend_second;
  Xcircle_second_old = Xcircle_second;
  Ycircle_second_old = Ycircle_second;
}
void Line_soft(S16 x1,S16 y1, S16 x2,S16 y2, U16 color) /* draw a soft line */
{
  int x, y;

  if(y1 != y2)                                    // if y1 != y2, y is variable
    { if(y1 < y2)                                 //               x is function
        for(y = y1; y <= y2; y++)
          { x = x1 + (y - y1)*(x2 - x1)/(y2 - y1);
            TFT_pixel(x, y, color);
          }
      else
        for(y = y1; y >= y2; y--)
          { x = x1 + (y - y1)*(x2 - x1)/(y2 - y1);
            TFT_pixel(x, y, color);
          }
    }
  if(x1 != x2)                                    // if x1 != x2, x is variable
```

```
  { if(x1 < x2)                              //              y is function
      for(x = x1; x <= x2; x++)
        { y = y1 + (x - x1)*(y2 - y1)/(x2 - x1);
          TFT_pixel(x, y, color);
        }
    else
      for(x = x1; x >= x2; x--)
        { y = y1 + (x - x1)*(y2 - y1)/(x2 - x1);
          TFT_pixel(x, y, color);
        }
  }
}
```

3.5 RS-232C 통신 케이블의 제작

OK-MKL25Z 키트에서는 컨넥터 CN5를 통하여 외부와 RS-232C 직렬통신을 수행할 수 있다. 이에 사용되는 통신 케이블은 시중에서 구입할 수도 있지만, 만약 필요하다면 <그림 3.7>을 보면서 사용자가 이를 직접 만들 수도 있다.

RS-232C의 컨넥터는 컴퓨터와 같은 DTE(Data Terminal Equipment, 데이터 단말장치)측에 D형 컨넥터의 수컷을 사용하고, 모뎀과 같은 DCE(Data Communication Equipment 또는 Data Circuit-Terminating Equipment, 회선 종단장치)측에 D형 컨넥터의 암컷을 사용하도록 되어 있다. 그러나, *OK-MKL25Z* 키트는 DTE로서 퍼스널컴퓨터와 직접 즉, DTE끼리 직접 통신을 수행하므로 RS-232C 통신 케이블의 양쪽에는 모두 암컷 컨넥터를 사용해야 한다. 그러므로 키트의 컨넥터 CN5는 당연히 수컷으로 되어 있다. 종종 마이크로프로세서 트레이닝 키트의 직렬통신 포트에 암컷 컨넥터를 사용하는 경우가 있으나 이는 잘못된 것이다.

일부의 통신 프로그램에서는 RS-232C 통신 케이블에서 TxD 및 RxD 신호는 물론이고 $\overline{\text{RTS}}$, $\overline{\text{CTS}}$, $\overline{\text{DTR}}$, $\overline{\text{DSR}}$과 같은 모뎀제어 신호를 사용하여 핸드세이킹 제어를 수행하는 경우도 있지만 대부분의 마이크로컨트롤러에서는 TxD 및 RxD 신호만을 사용하여 간단히 RS-232C 규격의 비동기 직렬통신을 수행한다.

RS-232C 통신 케이블의 길이는 규격상 최대 15m까지 사용할 수 있다. 그러나, 우리의 경우처럼 가까운 거리에서 퍼스널컴퓨터와 *OK-MKL25Z* 키트 사이에 통신할 것이라면 1m 정도의 길이로 만들면 충분하다.

◀**참고**▶ 시중에서 상업용으로 판매하는 RS-232C 직렬통신 케이블을 구입할 경우에는 이를 직렬포트 연장 케이블과 혼동하면 안된다. RS-232C 직렬통신 케이블은 양쪽 모두 9핀 암컷 컨넥터로 되어 있지만, 직렬포트 연장 케이블은 한쪽이 9핀 암컷 컨넥터로 되어 있고 다른 한쪽은 9핀 수컷 컨넥터로 되어 있다.

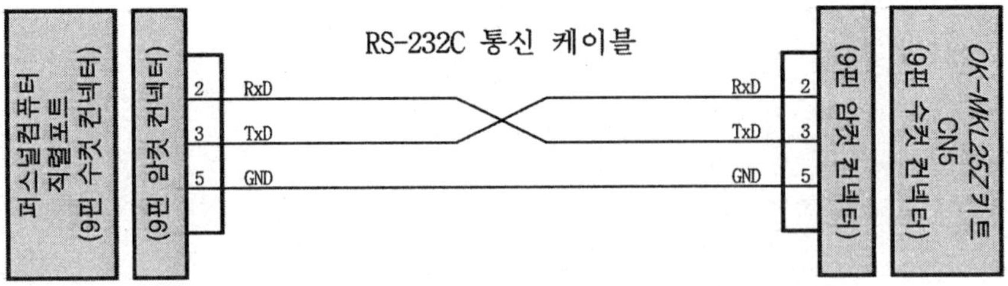

〈그림 3.7〉 RS-232C 직렬통신용 케이블의 결선도

제11장에서처럼 나중에 *OK-MKL25Z* 키트에서 USART 포트의 동작을 확인하기 위한 루프백 테스트(loopback test)를 실시할 경우에는 RS-232C 직렬통신 케이블을 <그림 3.8>과 같이 결선하면 된다.

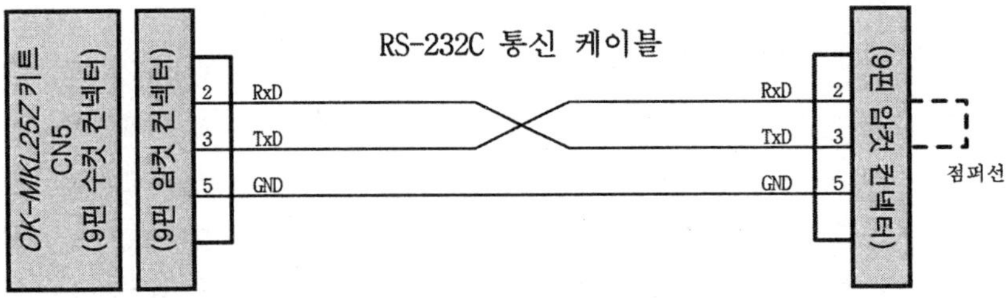

〈그림 3.8〉 RS-232C 직렬통신의 루프백 테스트 결선도

제4장
MKL25Z128VLK4의 개발 툴

4.1 하드웨어 및 소프트웨어 개발 툴

사용자가 마이크로컨트롤러를 사용하여 응용 시스템을 개발할 때 꼭 필요한 것이 하드웨어 및 소프트웨어 개발 툴(development tool)이다. 최근까지도 ARM 마이크로프로세서를 사용하려면 고가의 하드웨어 장비와 소프트웨어를 구입하는 것이 거의 필수적인 것으로 인식되어 왔다. 그러나, 최근에는 ARM이 Cortex-M 시리즈 모델을 통하여 마이크로컨트롤러 시장에 진출하고 이것의 구조가 사용자 편의 위주로 상당히 개선되었으며, 이와 더불어 매우 저렴하거나 심지어는 무료용의 개발 툴까지 널리 보급됨으로써 이제는 아마추어 사용자들도 그다지 많은 비용을 들이지 않고 부담 없이 ARM 소자를 사용할 수 있게 되었다.

(1) 소프트웨어 개발 툴

ARM의 소프트웨어 개발 툴은 어셈블러, C컴파일러, IDE 소프트웨어, 디버거, IAP 다운로드 프로그램 등으로 나눌 수 있다.

▣ 어셈블러

오늘날 대부분의 마이크로컨트롤러에서는 어셈블리 언어 또는 C언어를 사용하여 사용자의 응용 프로그램을 개발하고 있다. 따라서, 이들 마이크로컨트롤러에 대하여는 해당 반도체 회사 또는 다른 소프트웨어 회사에서 크로스 어셈블러(cross assembler)와 크로스 C컴파일러(cross C compiler)를 제공하고 있다.

그러나, ARM Cortex-M 시리즈의 마이크로컨트롤러는 상당히 C언어 지향적으로 개발된 소자이므로 여기서는 어셈블리 언어를 사용하여 응용 프로그램을 개발하는 일이 매우 드물며 거의 대부분의 경우에 C언어를 사용하고 있다. 종래의 ARM 마이크로프로세서 모델에서는 적어도 사용자 프로그램의 스타트업(startup) 코드를 작성하는데 어셈블리 언어가 필요하였으나, Cortex-M0 마이크로컨트롤러에서는 이러한 스타트업 파일조차 기본적으로 제공되므로 사용자가 이를 직접 작성할 필요가 없는 경우가 대부분이다. 물론 소프트웨어도 ARM용의 어셈블러가 따로 판매되는 경우는 드물고 대부분 C컴파일러에 포함되어 판매되고 있으며, 평가용 버전에 포함된 어셈블러도 기능의 제한이 없는 경우가 많다.

▣ C 컴파일러

ARM용의 C컴파일러는 ARM사의 제품이 가장 널리 사용되고 있기 때문에 이것 이외의 제품들은 불과 몇가지 정도가 있을 뿐이다. 현재 비교적 많이 사용되는 ARM용의 C컴파일러를 요약하면 <표 4.1>과 같다.

ARM사의 C컴파일러는 처음에 SDT가 사용되다가 단종되었고, 현재는 ADS와 RVDS를 거쳐 DS-5가 사용되고 있다. 이미 예전부터 8051 컴파일러로 유명하였던 Keil사는 2005년에 ARM사에 흡수 합병되었지만, 이후에도 독자적인 ARM용 C컴파일러인 PK-ARM을 MDK-ARM으로 바꾸어 계속 유지시켜 나가고 있다.

그밖의 ARM용 C컴파일러로는 IAR사의 EWARM과 Atollic사의 TrueSTUDIO 또는 Freescale사의 CodeWarrior 등이 널리 사용되고 있다.

초창기의 ARM용 C컴파일러는 수백만원이 넘는 고가였으나 현재는 GCC 계열의 무료용 소프트웨어도 몇가지가 사용되고 있다. 그리고, 이제 많은 반도체 회사에서 Cortex-M 계열의 마이크로컨트롤러를 가지고 동일한 시장에서 경쟁하려다 보니 자사 제품의 사용 촉진을 위하여 완전한 기능을 갖는 정품 C컴파일러를 무료로 제공하는 회사도 나타났는데 Freescale사의 KDS와 Atollic사의 TrueSTUDIO Lite 버전이 그러한 예이다. 이 책에서는 Freescale사의 KDS를 기본으로 사용한다.

〈표 4.1〉 ARM용 C컴파일러의 종류

개발 회사	소프트웨어명	최신 버전	비 고
ARM	SDT(Software Development Toolkit)		현재는 단종되었음
	ADS(ARM Developer Suite)		현재는 단종되었음
	RVDS(RealView Development Suite)		현재는 단종되었음
	DS-5(Development Studio)	v5.23.1	
Keil	PK-ARM(Professional Developer's Kit for ARM)		현재는 단종되었음
	MDK-ARM(Microcontroller Development Kit for ARM)	V5.17	2005년 ARM사에 합병됨
IAR	EWARM(Embedded Workbench for ARM)	V7.50.3	
Atollic	TrueSTUDIO	V5.4.1	Lite 버전은 무료용
Freescale	CodeWarrior	V10.5	
	Kinetis Design Studio (자사 Cortex-M 모델 전용의 소프트웨어 개발 툴)	V3.1.0	GCC 계열의 무료용(★)
Embest Technology	CooCox	V2.0.3	GCC 계열의 무료용
	Em:: Blocks(최근에 EmBitz로 이름이 바뀜)	V0.42	GCC 계열의 무료용

▣ IDE 및 디버거 소프트웨어

IDE(Integrated Development Environment)는 에디터, 어셈블러, C컴파일러, 링커, 다운로더, 디버거 등 사용자가 프로그램 개발에 필요한 모든 소프트웨어를 종합적으로 사용할 수 있는 통합 관리 프로그램이라고 할 수 있다. IDE는 에디터와 디버거를 포함하는 경우가 많으며, 독립적인 제품으로 판매되기도 하지만 대부분의 경우에는 기본적으로 매크로 어셈블러, C컴파일러와 함께 패키지로 제공된다. 위의 <표 4.1>에서 열거한 소프트웨어 제품들에는 C컴파일러는 물론이고 IDE를 포함하고 있다.

디버거(debugger) 소프트웨어는 에뮬레이터를 그림자처럼 따라다니며 함께 사용된다. 디버거와 에뮬레이터를 사용하면 어셈블리 언어 또는 C언어 레벨에서 프로그램을 실행하면서 실시간으로 디버깅을 수행할 수 있다. 이러한 디버깅을 위한 기능에는 사용자 프로그램의 다운로드 및 실행, 싱글 스텝 트레이스(single-step trace), 브레이크 포인트, 메모리 액세스, 레지스터 및 변수값의 실시간 워치(watch) 등이 있다.

▣ 다운로드 프로그램

ARM 마이크로프로세서 중에서 내부에 플래시 메모리와 SRAM을 가지고 있어 MCU화된 모델에는 이 플래시 메모리 또는 SRAM에 사용자 프로그램을 다운로드하는 ISP(In-System Programming) 또는 IAP(In-Application Programming) 기능을 가지는 경우가 많다. 그러나, 이러한 다운로드 동작은 제조사마다 특성있게 수행되므로 다운로드 프로그램이나 다운로드 케이블도 각 제조사마다 천차만별로 다르다.

다운로드를 위해서 ARM 소자 내부에는 ROM으로 부트 프로그램이 들어있다. 이 부트 프로그램은 퍼스널컴퓨터와 RS-232C, USB, CAN 등의 직렬통신으로 통신하면서 사용자 프로그램을 소자 내부의 플래시 메모리 또는 SRAM에 다운로드한다. 이를 위해서는 물론 퍼스널컴퓨터에도 다운로더(downloader) 프로그램을 가지고 있어야 하는데, 이는 대부분의 경우 ARM 마이크로컨트롤러의 제조사에서 제공한다.

다운로드 프로그램과 다운로드 케이블을 사용할 때는 에뮬레이터를 사용하는 경우처럼 실시간 디버깅 기능은 없지만, 간편하고 저렴한 가격으로 사용자 프로그램을 다운로드하여 실행할 수 있으므로 특히 아마추어 사용자들에게 인기가 있다.

(2) 하드웨어 개발 툴

ARM의 하드웨어 개발 툴은 에뮬레이터, 평가용 보드, 다운로드 케이블, 그리고 이것들에 관련된 소프트웨어 등으로 나눌 수 있다.

▣ 에뮬레이터

사용자가 작성한 프로그램을 타겟 보드(target board)로 다운로드하여 실시간으로 실행하면서 하드웨어나 소프트웨어의 오류를 쉽게 디버깅(debugging)할 수 있도록 도와주는 하드웨어 장비를 에뮬레이터(emulator)라고 한다. 일반적으로 에뮬레이터에는 타겟 보드에 사용자 프로그램을 다운로드(In-Circuit Programming)할 수 있고, 다운로드한 프로그램을 1개의 명령어씩 실행하는 싱글 스텝(single step) 또는 트레이스(trace) 기능, 사용자가 원하는 위치까지 프로그램을 실행한 후에 정지시키는 브레이크 포인트(break point) 기능, 프로그램의 실행 상황을 실시간으로 화면에 보여주는 윈도우 워치(window watch) 기능 등을 가지고 있다.

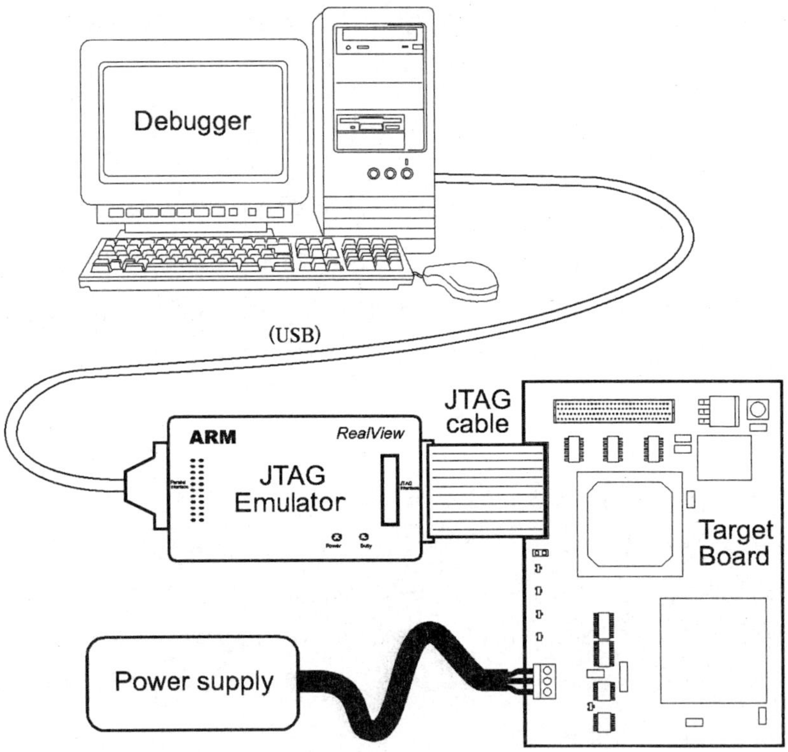

<그림 4.1> JTAG 에뮬레이터와 디버거를 사용한 ARM 개발 시스템의 구성

전통적으로 마이크로프로세서의 에뮬레이터에는 CPU 소켓에 직접 포드(pod)를 접속하여 사용하는 ICE(In-Circuit Emulator) 형태가 많았으나 요즈음에는 IEEE 1149.1 표준의 JTAG(Joint Test Access Group) 인터페이스를 사용하는 방식이 널리 사용되고 있다. ARM 소자에 사용할 수 있는 에뮬레이터로는 ARM사의 Multi-ICE, Keil사의

ULINK, Segger사 및 IAR사의 J-link, Lauterbach사의 TRACE32, 아이지 시스템사의 OPENice-A1000 등이 있으며, Macraigor Systems사의 Wiggler 케이블과 같이 병렬포트에 접속하여 사용하는 간이형 JTAG 인터페이스도 있다.

그러나, ARM Cortex-M0+ 시리즈의 마이크로컨트롤러에서는 JTAG보다 좀더 간단한 구조의 SWD(Serial-Wire Debug) 방식으로 에뮬레이터를 인터페이스하고 있으며, 이 책에서는 P&E Microcomputer Systems사의 USB Multilink Universal 에뮬레이터를 사용한다.

이러한 에뮬레이터는 디버거(debugger)라는 호스트컴퓨터 프로그램과 함께 사용되는데, 에뮬레이터를 사용하는 개발 시스템의 구성도를 <그림 4.1>에 보였다. 과거에는 JTAG 에뮬레이터와 호스트 컴퓨터의 접속에 전용의 확장 카드와 접속 케이블을 사용하는 경우가 많았으나, 점차로 퍼스널컴퓨터의 병렬포트와 직렬포트를 사용하는 추세를 지나서 오늘날에는 USB 직렬통신으로 접속하는 경우가 대부분이다.

▣ 평가용 보드

평가용 보드(evaluation board)는 마이크로컨트롤러를 사용하여 기본적인 하드웨어 설계 기술을 배우고 이를 사용해 봄으로써 마이크로컨트롤러의 하드웨어 또는 소프트웨어 실행 성능이나 응용분야를 평가해 볼 수 있도록 해당 마이크로컨트롤러의 제조회사 또는 협력사에서 개발 판매하는 간단한 트레이닝 보드이다. 이 마이크로컨트롤러를 처음 익히는 사람은 평가용 보드를 사용하여 짧은 시간에 저렴한 비용으로 많은 경험을 쌓을 수 있으므로 이를 스타터 키트(starter kit)라고 부르는 경우도 있다.

MKL25Z128VLK4를 공부할 수 있도록 Freescale에서 제공하는 평가용 보드에는 타워 모듈 TWR-KL25Z와 프리덤 개발보드 FRDM-KL25Z가 있다.

그러나, 해당 마이크로컨트롤러 모델이 출시된지 얼마 되지 않아서 이를 이용한 응용설계 기술이 널리 소개되지 않았거나 또는 개발 툴을 구하기 어려운 경우라면 모르지만, 오늘날처럼 관련 정보의 획득이 용이하고 ARM을 사용하기가 쉬워진 환경에서는 평가용 보드나 스타터 키트의 필요성이 상당히 적어졌다.

▣ 다운로드 케이블

일반적으로 ARM의 내부에는 JTAG 인터페이스 기능을 포함하고 있어서 JTAG 에뮬레이터를 사용하여 타겟 보드의 메모리에 사용자 프로그램을 다운로드(In-Circuit Programming)하는 것이 보통이다. 그러나, 오늘날의 MCU화된 ARM 모델들은 대부분 내부에 플래시 메모리와 SRAM을 가지고 있고 여기에 사용자 프로그램을 다운로드할 수 있는 간편한 방법을 추가적으로 제공하고 있다. 즉, ARM 소자의 내부 ROM에 부트로더 프로그램을 가지고 있어서 이것이 RS-232C, USB, CAN 등의 직렬통신으로 외부와 통신하면서 사용자 프로그램을 다운로드(In-Application Programming)할 수 있는 것이다. 이와 같이 다운로드 케이블을 사용하면 에뮬레이터에 비하여 저렴한 비용으로 사용자 프로그램을 개발할 수 있다.

4.2 USB Multilink Universal 에뮬레이터

USB Multilink Universal 에뮬레이터는 P&E Microcomputer Systems사에서 제공하는 비교적 저렴한 모델의 USB 포트형 에뮬레이터로서 Freescale의 마이크로컨트롤러에 대해서만 디버거와 프로그래머의 기능을 갖는다. 이보다 속도가 빠른 상위 모델로는 USB Multilink Universal FX가 있다.

이것은 퍼스널컴퓨터와 USB 포트로 연결되어 여기서 공급되는 +5V 전원으로 동작하며, 타겟 보드(target board)와는 JTAG(Joint Test Action Group), SWD(Serial Wire Debug), BDM(Background Debug Mode interface) 등의 방식으로 접속될 수 있다. 그러나, Freescale의 Cortex-M0+ 마이크로컨트롤러에서는 SWD 방식만을 사용할 수 있으며, 1.71~3.6V 범위의 로직 신호 레벨을 지원한다.

이 장비는 CodeWarror나 KDS와 같이 Freescale에서 제공하는 IDE 소프트웨어는 물론이고, IAR EWARM, Atollic TrueSTUDIO, Keil MDK-ARM 등에서도 원활하게 사용할 수 있다.

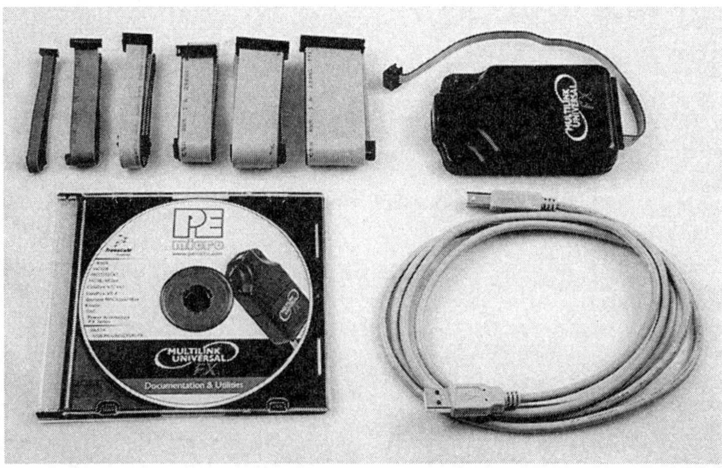

<그림 4.2> USB Multilink Universal 에뮬레이터의 구성품

USB Multilink Universal은 <그림 4.2>에 보인 것처럼 에뮬레이터 본체, A/B형의 USB 케이블, 여러 가지의 타겟 보드 접속용 플랫 케이블, CD 등으로 구성된다. 플랫 케이블은 여러 가지가 제공되는데, 타겟 보드에서 사용하는 마이크로컨트롤러의 종류에 따라 적합한 인터페이스의 플랫 케이블을 선택하여 사용해야 한다.

USB Multilink Universal 에뮬레이터는 퍼스널컴퓨터와 A/B형의 USB 케이블로 접속하며, 타겟 보드와는 6핀, 10핀, 14핀, 20핀, 26핀의 플랫 케이블로 접속한다. 각종 플랫 케이블과 함께 사용되는 컨넥터의 모양과 핀 번호는 <그림 4.3>에 보였다. 이들 컨넥터는 에뮬레이터의 위쪽 커버를 열면 볼 수 있다. 이러한 각 컨넥터에 맞는 플랫 케이블을 선정하여 사용할 때는 <그림 4.4>에 보인 것처럼 반드시 1번 핀이 플랫 케이블의 적색선으로 연결되도록 컨넥터에 꽂아야 한다. 만약, 실수로 플랫 케이블을 잘못 접속하면 에뮬레이터나 타겟 보드가 하드웨어적으로 손상될 수 있으니 주의해야 한다.

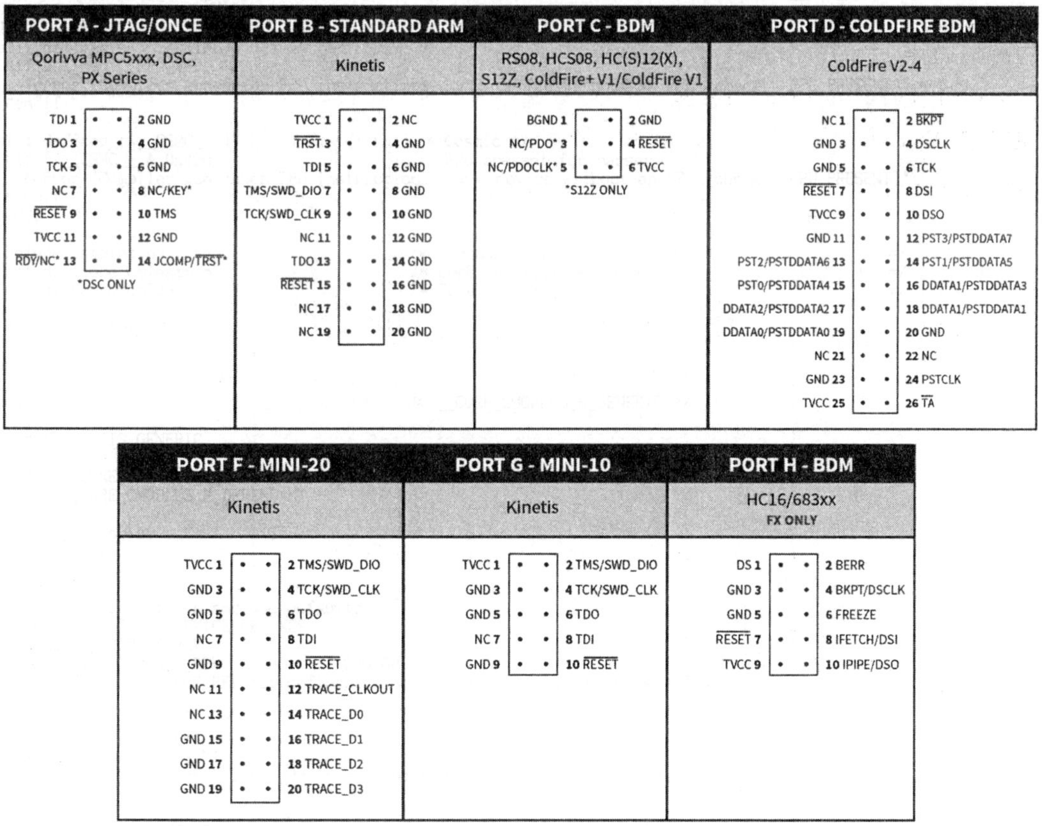

<그림 4.3> USB Multilink Universal 에뮬레이터의 플랫 케이블 종류

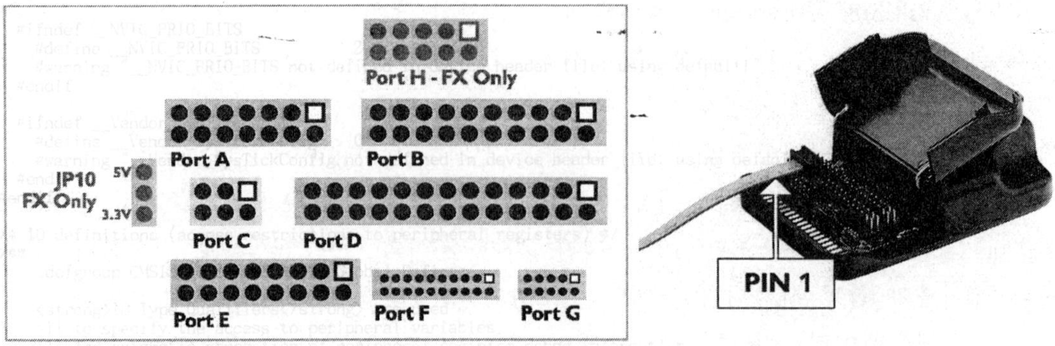

<그림 4.4> USB Multilink Universal 에뮬레이터에 플랫 케이블을 접속하는 방법

Cortex-M0+ 모델인 MKL25Z128VLK4에서는 포트B, 포트F, 포트G를 사용할 수 있는데, 이 책의 *OK-MKL25Z* 키트에서는 포트B의 20핀 표준 ARM 케이블을 사용하여 SWD 인터페이스로 접속한다. USB Multilink Universal 에뮬레이터의 포트B에서 사용하는 20핀 표준 ARM 컨넥터의 핀 이름을 JTAG 인터페이스를 사용하는 경우와 SWD 인터페이스를 사용하는 경우로 나누어 요약하면 <표 4.2>와 같다.

여기서 TVCC 단자는 타겟보드가 에뮬레이터에게 +3.3V의 전원을 공급하는 핀이며, -RESET 단자에는 타겟보드의 마이크로컨트롤러에서 사용하는 외부 리셋 신호를 연결하여 에뮬레이터가 필요할 때 마이크로컨트롤러를 리셋시킬 수 있도록 한다.

<표 4.2> USB Multilink Universal 에뮬레이터의 포트B 핀 배열

핀 번호	JTAG용의 기능	SWD용의 기능
1	TVCC	TVCC
2	Not connected	Not connected
3	-TRST	Not connected
4	GND	GND
5	TDI	Not connected
6	GND	GND
7	TMS	SWD_DIO
8	GND	GND
9	TCK	SWD_CLK
10	GND	GND
11	Not connected	Not connected
12	GND	GND
13	TDO	Not connected
14	GND	GND
15	-RESET	-RESET
16	GND	GND
17	Not connected	Not connected
18	GND	GND
19	Not connected	Not connected
20	GND	GND

4.3 Kinetis Design Studio

이 책에서는 Freescale의 KDS(Kinetis Design Studio) 소프트웨어를 기본으로 사용하여 모든 사용자 예제 프로그램을 작성한다. 이 KDS는 Freescale에서 무료로 제공하는 자사의 Cortex-M 계열 모델 마이크로컨트롤러를 위한 전용의 IDE 소프트웨어 및 C컴파일러이다. 여기서 사용하는 C컴파일러는 GCC(GNU Compiler Collection)를 기반으로 하고 있다. 원래 Freescale에서는 오래 전부터 유료용 C언어 개발툴인 CodeWarrior를 제공하여왔으나 2014년부터 새로 자사의 Cortex-M 계열의 마이크로컨트롤러만을 지원하는 KDS 소프트웨어를 만들어서 무료로 제공하고 있다. 현재 KDS 소프트웨어의 최신 버전은 V3.1.0인데 이 책에서는 이를 사용한다.

(1) KDS 소프트웨어의 설치

KDS의 원본 파일(Kinetis Design Studio installer for Microsoft Windows 3.0.0.exe)은 현재 NXP사의 홈페이지에서 누구나 무료로 다운로드받을 수 있다. 이를 설치하는 방법은 다음과 같다.

① KDS의 원본 파일을 더블 클릭하여 실행하면 <그림 4.5>의 화면이 나타나는데, 여기서 Next 버튼을 누른다.

<그림 4.5> KDS를 설치할 때의 첫 화면

② <그림 4.6>처럼 바탕 화면에 바로가기 아이콘이 만들어지도록 Desktop 항목을 체크하고 Next 버튼을 누른다.

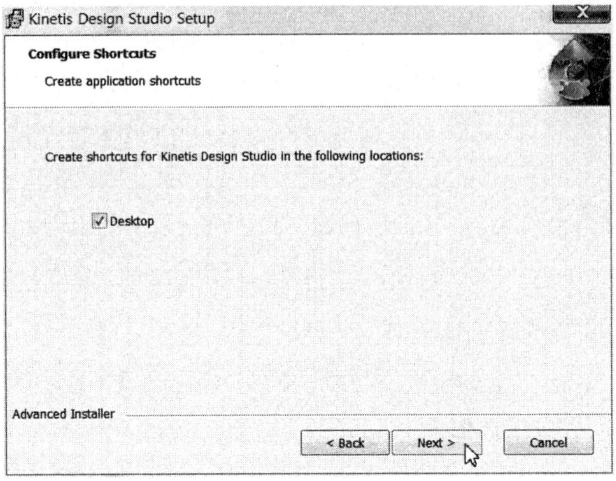

<그림 4.6> 바로가기 아이콘을 만들 것인지 확인하는 화면

③ <그림 4.7>과 같이 KDS 소프트웨어를 설치할 내용과 설치할 폴더를 확인하는 화면이 나타나면 그냥 Next 버튼을 누른다. 이렇게 하면 KDS의 모든 소프트웨어가 설치되며, 설치 폴더는 C:\Freescale\KDS_3.0.0\ 으로 된다. 절대로 이 폴더명을 변경하지 말고 그대로 사용하기를 권한다.

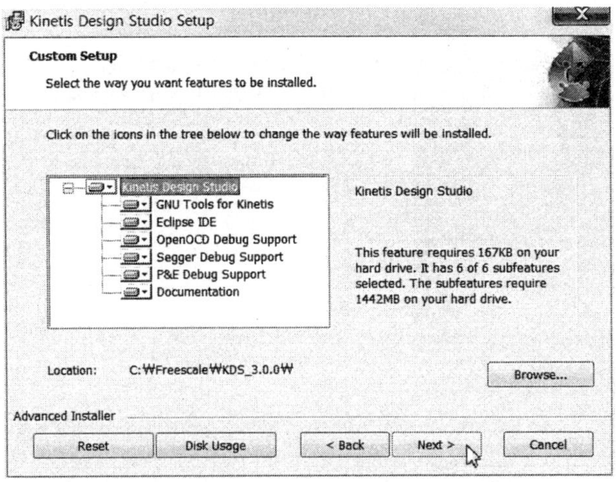

<그림 4.7> 설치할 프로그램과 폴더를 지정하는 화면

④ <그림 4.8>의 화면이 나타나면 모든 설치 준비가 끝난 것이므로 Install 버튼을 눌러서 설치를 시작한다.

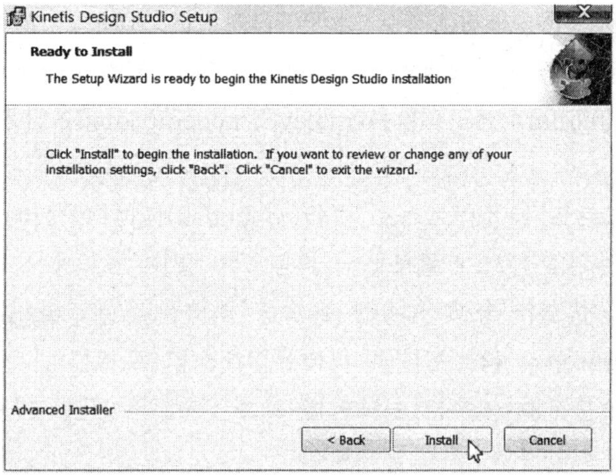

<그림 4.8> 모든 준비를 마치고 소프트웨어 설치를 시작하는 화면

⑤ 그러면 <그림 4.9>처럼 설치가 진행되며, 설치 완료 화면이 나타나면 Finish 버튼을 눌러서 설치를 종료한다.

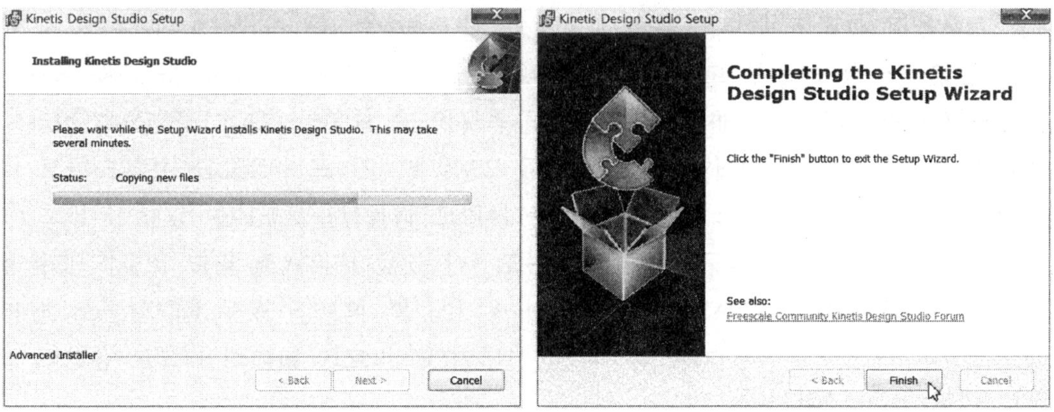

<그림 4.9> KDS의 설치가 진행되고 종료하는 화면

⑥ 설치를 종료하면 바탕화면에 Kinetis Design Studio 3.0.0 IDE라는 바로가기 아이콘이 만들어지는데, 이 이름은 길어서 불편하므로 KDS V3.1.0 이라고 수정하면 좋다. (현재 설치된 소프트웨어는 V3.0.0이지만 이를 미리 V3.1.0이라고 수정한 것이다.)

(2) KDS 소프트웨어의 업데이트

KDS의 원본 파일은 V3.0.0이지만 현재 이 소프트웨어의 가장 최신 버전은 V3.1.0이므로 온라인에서 이를 업데이트하는 것이 좋다. KDS 소프트웨어를 최신 버전으로 업데이트하는 방법은 다음과 같다.

① 바탕화면에 있는 KDS V3.1.0이라는 이름의 바로가기 아이콘을 눌러서 KDS를 실행한다. 그러면, 아직 사용자가 작업할 workspace를 만들지 않았으므로 이것을 어디에 어떤 이름으로 만들지 물어보는 화면이 <그림 4.10>처럼 나타난다.

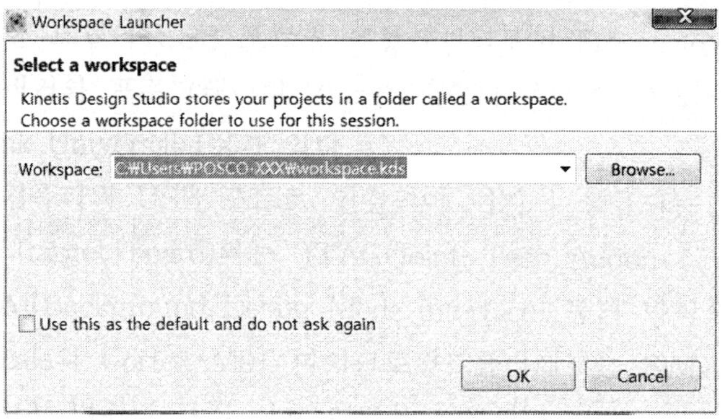

<그림 4.10> 사용자가 작업할 workspace를 묻는 화면

② 그러면 <그림 4.11>처럼 workspace의 이름과 위치를 C:\Freescale\workspace라고 입력하며, Use this as the default and do not ask again 항목을 체크하여 앞으로 KDS 소프트웨어를 실행할 때마다 이를 다시 묻지 않도록 하고 OK 버튼을 누른다.

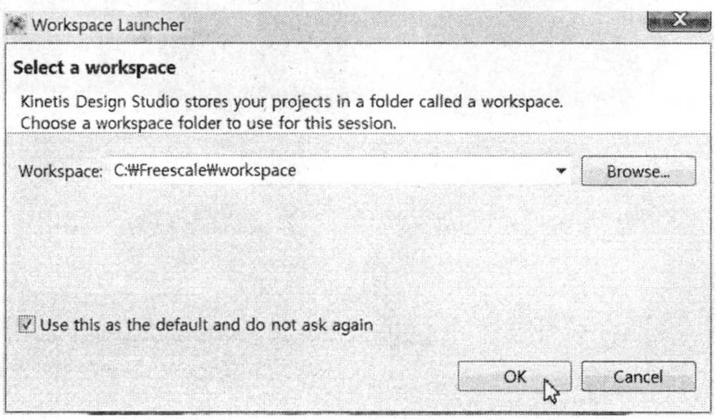

<그림 4.11> 사용자가 작업할 workspace를 지정하는 화면

③ 이와 같이 KDS를 실행하였을 때의 화면은 <그림 4.12>와 같다. 그러면 이제 이 소프트웨어를 업데이트하기 위하여 <그림 4.13>처럼 Help → About Kinetis Design Studio 메뉴를 선택한다.

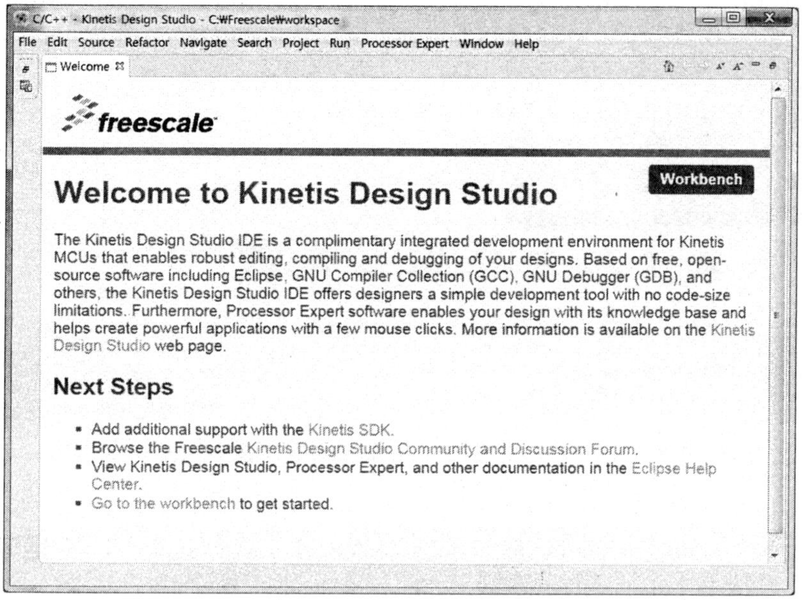

<그림 4.12> KDS 소프트웨어로 들어온 첫 화면

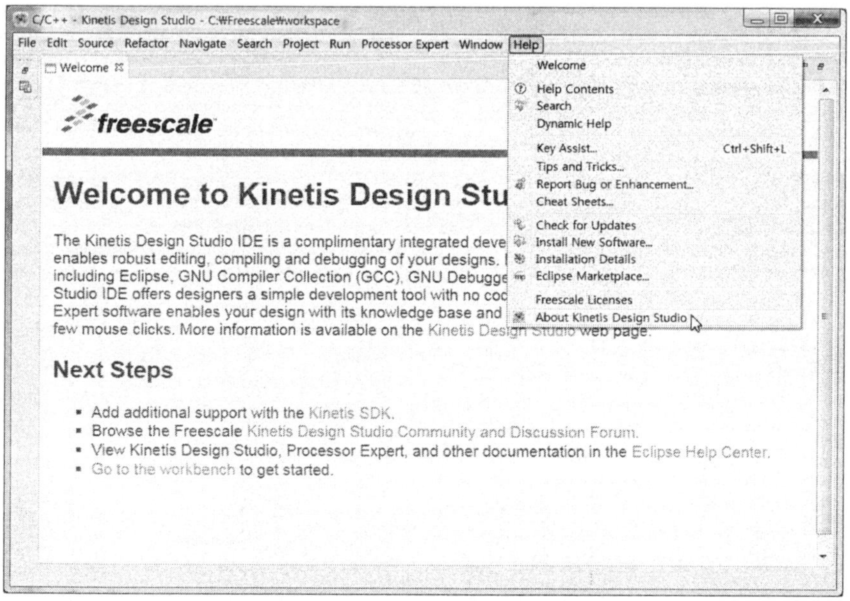

<그림 4.13> KDS 소프트웨어를 업데이트하기 위하여 Help로 들어가는 화면

④ 그러면 <그림 4.14>와 같은 화면이 나타나는데, 여기서 Installation Details 버튼을 누르면 <그림 4.15>와 같이 현재의 KDS 소프트웨어가 설치된 내용이 표시된다. 여기서 보면 현재 KDS는 V3.0.0이 설치되어 있음을 알 수 있다.

<그림 4.14> 현재의 KDS 소프트웨어 설치 내용을 보러 들어가기

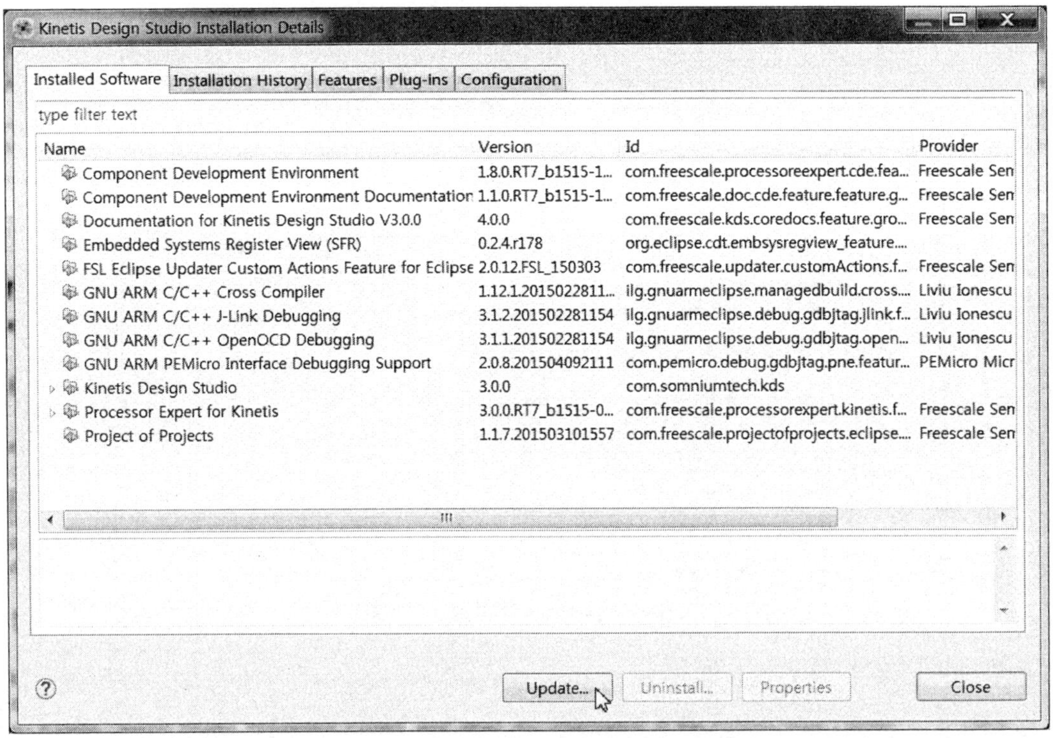

<그림 4.15> 현재의 KDS 소프트웨어 설치 내용을 보여주는 화면

⑤ 여기서 Update... 버튼을 누르면 KDS 소프트웨어의 최신 버전 업데이트를 수행할 수 있다. 먼저 <그림 4.16>의 화면이 나타나면 Run in Background 버튼을 눌러서 다른 작업을 처리하면서 업데이트를 수행할 수 있도록 설정한다. 그러면 이 소프트웨어가 본사의 홈페이지를 검색하고 업데이트할 사항이 있는지를 찾아서 <그림 4.17>의 화면처럼 새로 업데이트할 내용을 보여주게 되는데, 여기서 Next 버튼을 누른다.

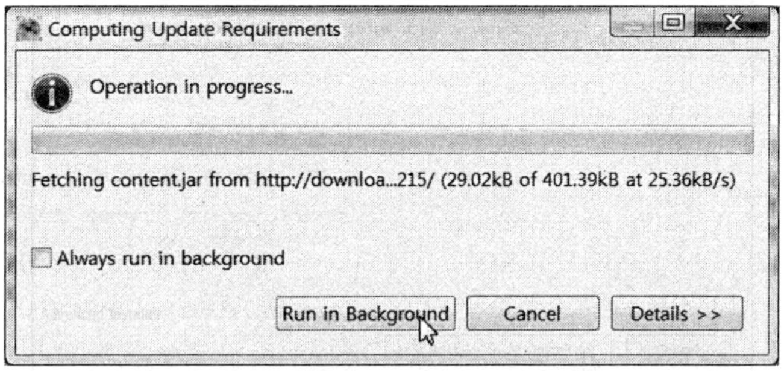

<그림 4.16> 소프트웨어 업데이트를 준비하는 화면

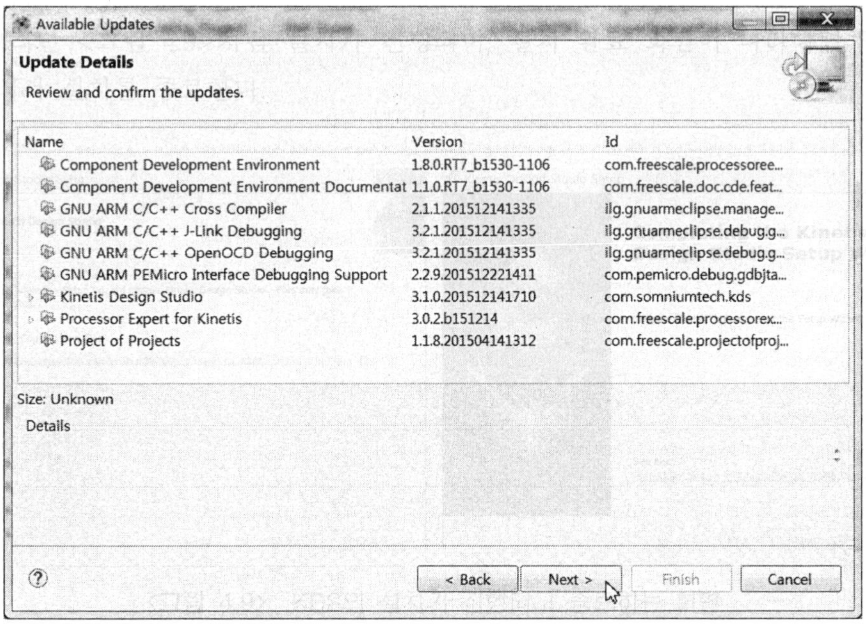

<그림 4.17> 새로 업데이트할 내용을 보여주는 화면

⑥ <그림 4.18>과 같은 화면이 나타나면 이제 모든 업데이트 준비가 완료된 것이므로 Finish 버튼을 눌러서 업데이트를 진행한다. 그러면 <그림 4.19>처럼 소프트웨어

업데이트 과정이 표시된다. 만약, 업데이트 도중에 <그림 4.20>과 같은 경고 화면이 나타나면 OK 버튼을 눌러서 지나간다.

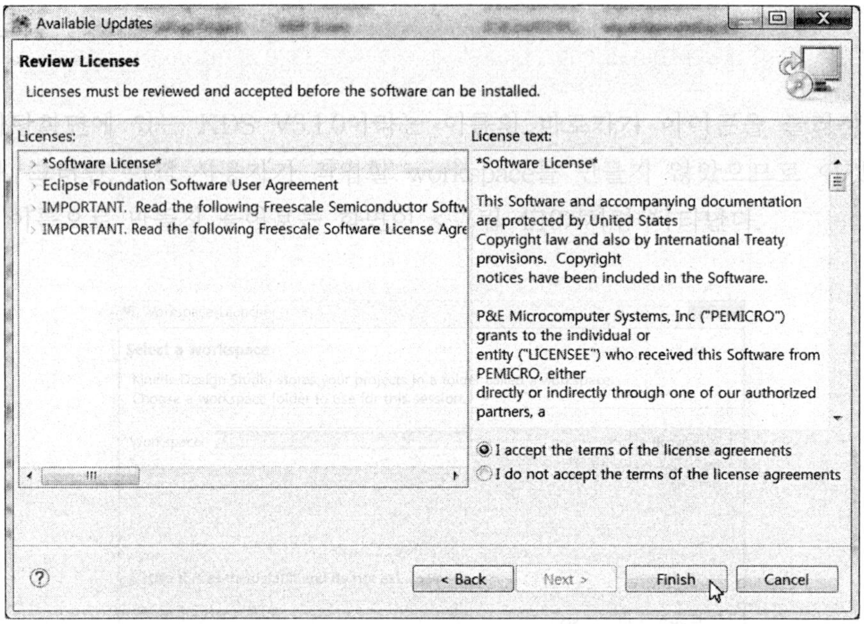

〈그림 4.18〉 업데이트 준비를 마치고 업데이트를 시작하는 화면

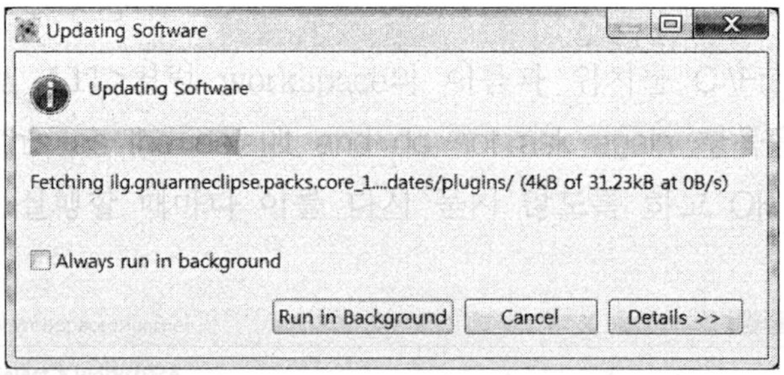

〈그림 4.19〉 업데이트의 진행 상황을 보여주는 화면

〈그림 4.20〉 업데이트 도중에 나타나는 경고 화면

⑦ 업데이트가 끝나면 <그림 4.21>처럼 KDS 소프트웨어를 다시 시작하라는 화면이 나타나므로 Yes 버튼을 누른다.

<그림 4.21> 업데이트가 끝나고 KDS를 다시 시작하라는 화면

⑧ 이와 같이 KDS를 다시 실행한 후에 Help → About Kinetis Design Studio → Installation Details 메뉴로 확인하여 보면 <그림 4.22>에 보인 것처럼 KDS 소프트웨어가 V3.1.0으로 업데이트되었다는 것을 알 수 있다.

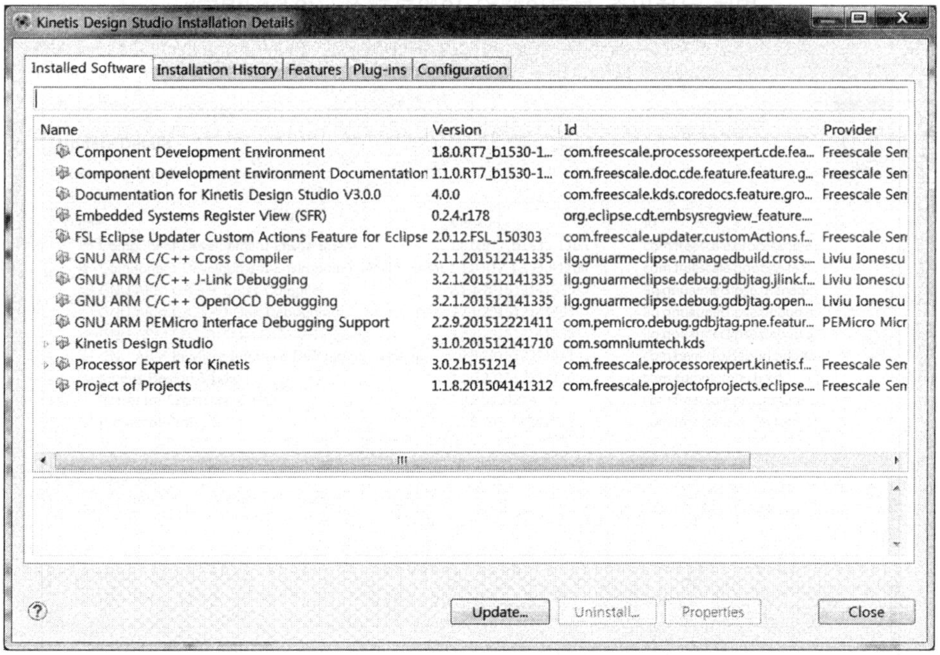

<그림 4.22> KDS V3.1.0으로 업데이트된 것을 확인하는 화면

⑨ KDS 소프트웨어의 설치와 최신 버전의 업데이트가 완료되었으면 C:\Freescale 폴더에는 <그림 4.23>과 같은 내용이 들어있게 된다. 여기서 우리가 사용할 프로젝트 폴더 MKL25Z128VLK4는 아직 만들지 않았으며 이제부터 만들어야 한다.

```
C:\─┬─ ...
    ├─ ...
    ├─Windows ...
    ├─ ...
    └─Freescale─┬─KDS_3.0.0─┬─bin
                │           ├─doc─┬─images
                │           │     ├─info
                │           │     └─man
                │           ├─eclipse─┬─configuration
                │           │         ├─dropins
                │           │         ├─ ...
                │           │         ├─ProcessorExpert
                │           │         └─readme
                │           ├─licenses
                │           ├─openocd─┬─bin
                │           │         └─scripts
                │           ├─pemicro
                │           ├─segger
                │           └─toolchain─┬─arm-non-eabi─┬─bin
                │                       │              ├─include
                │                       │              ├─lib
                │                       │              └─share
                │                       ├─bin
                │                       ├─lib
                │                       └─share
                └─workspace─┬─.metadata
                            ├─MKL25Z128VLK4─┬─.settings
                            │               ├─Debug
                            │               ├─Includes
                            │               ├─Project_Settings─┬─Debugger
                            │               │                  ├─Linker Files
                            │               │                  └─Startup_Code
                            │               ├─Sources
                            │               ├─.cproject
                            │               ├─.cwGeneratedFileSetLog
                            │               └─.project
                            └─RemoteSystemTempFiles
```

<그림 4.23> KDS V3.1.0을 설치한 후의 파일 디렉토리 구조

(3) 프로젝트 생성 및 예제 프로그램의 설치

이제 KDS의 workspace에 <그림 4.23>처럼 사용자의 작업 폴더 MKL25Z128VLK4를 만들고 이 마이크로컨트롤러에 대하여 이 책에서 제공하는 예제 프로그램을 설치하기로 한다. 만약, 필요하다면 이 workspace에 몇 개의 작업 폴더라도 만들어 놓을 수 있으며, 수시로 이 작업 폴더들을 옮겨 다니면서 프로그램을 개발할 수 있다. 이 책의 모든 예제 프로그램은 C:\Freescale\workspace\MKL25Z128VLK4\Sources 폴더에 놓이게 된다.

① 바탕화면에 <그림 4.24>와 같이 만들어놓은 KDS V3.1.0 소프트웨어의 바로가기 아이콘을 클릭하여 이 소프트웨어를 실행한다.

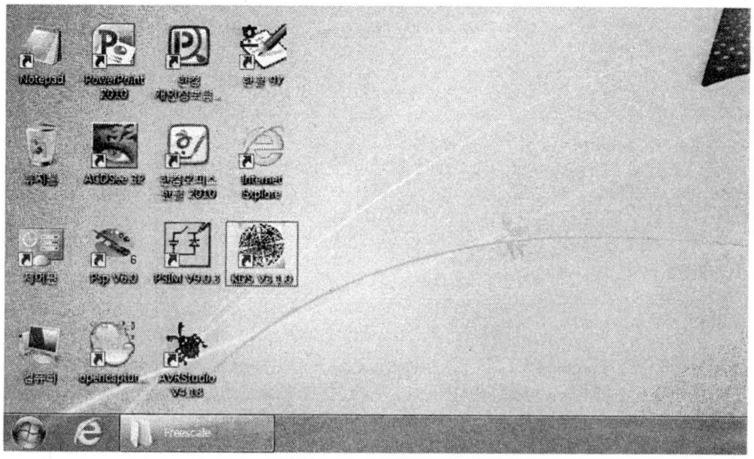

<그림 4.24> KDS V3.1.0의 바로가기 아이콘

② KDS 소프트웨어 안으로 들어가면 <그림 4.25>와 같은 화면이 나타나는데, 여기서 화면 상단의 Welcome X 부분을 클릭하여 환영 메시지를 없앤다.

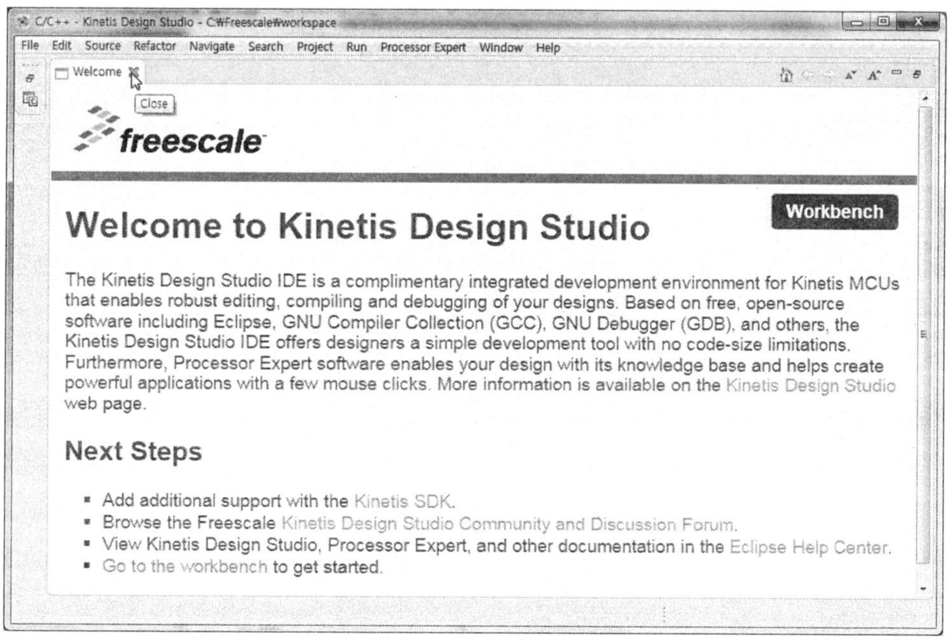

<그림 4.25> KDS V3.1.0으로 들어갔을 때의 첫 화면

③ 그러면 <그림 4.26>과 같이 KDS 소프트웨어의 기본 화면이 나타나는데, 이제 사용자 프로젝트 MKL25Z128VLK4를 만들어야 한다.

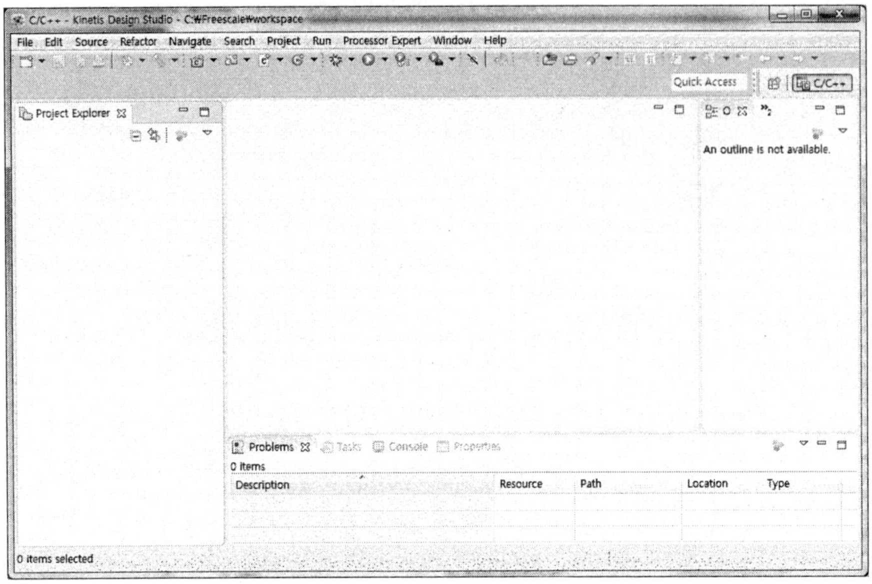

〈그림 4.26〉 KDS V3.1.0의 기본 화면

④ <그림 4.27>에서처럼 File → New → Kinetis SDK 1.x Project 메뉴를 선택하여 새 프로젝트를 만드는 화면으로 들어간다.

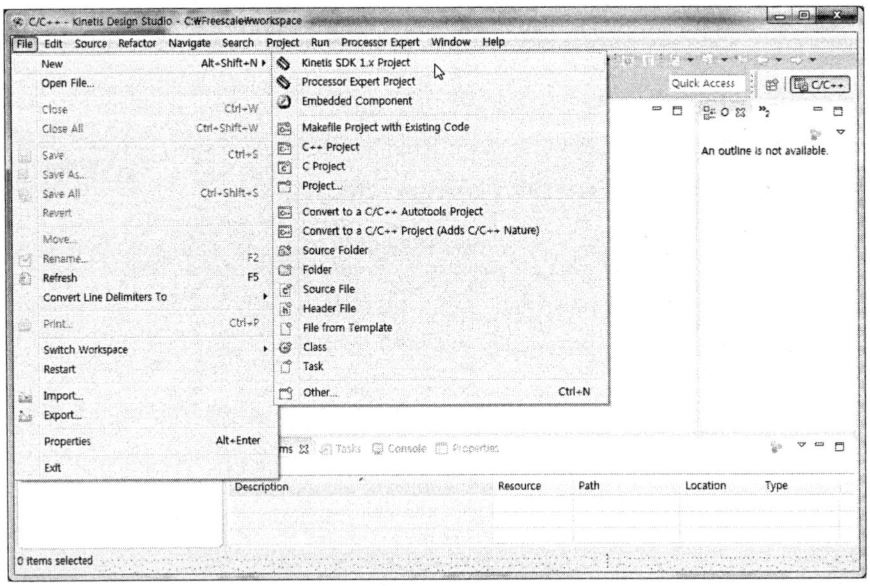

〈그림 4.27〉 새 프로젝트 만들기

⑤ 그러면 <그림 4.28>과 같이 프로젝트 이름을 입력하는 화면이 나타나는데, 여기서 프로젝트 이름을 MKL25Z128VLK4로 입력하고 Next 버튼을 누른다.

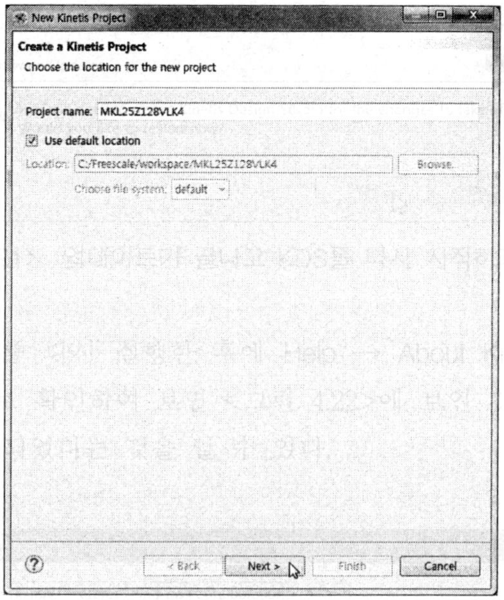

〈그림 4.28〉 새로 만들 프로젝트 이름을 입력

⑥ <그림 4.29>와 같은 화면이 나타나면 Processors 항목을 선택하여 최종적으로 MKL25Z128xxx4 모델을 지정하고 Finish 버튼을 누른다.

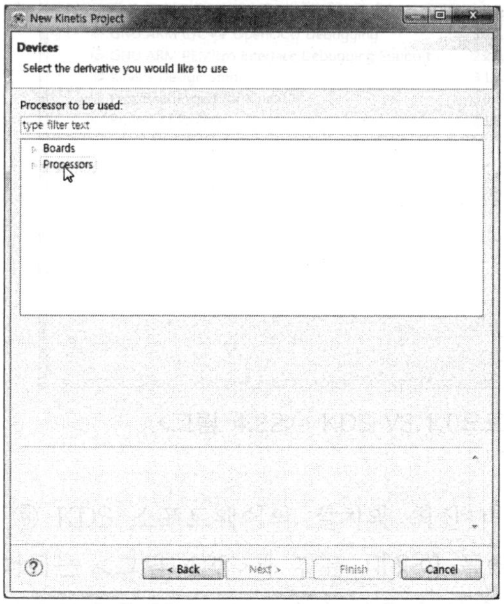

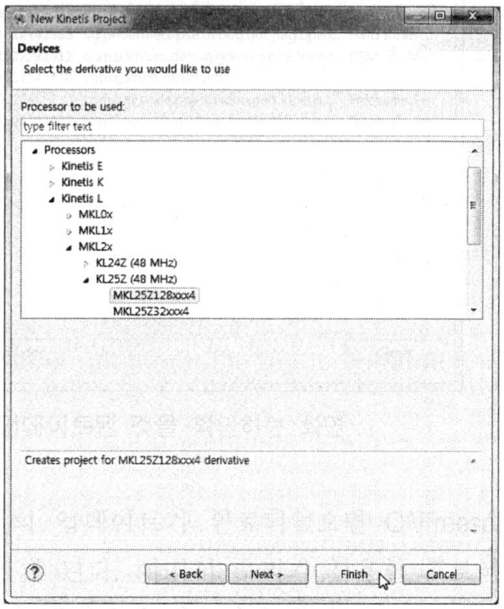

〈그림 4.29〉 마이크로프로세서 모델을 지정하고 프로젝트 만들기를 종료

⑦ 이제 <그림 4.30>과 같이 새 프로젝트 MKL25Z128VLK4가 생성된 화면이 나타난다.

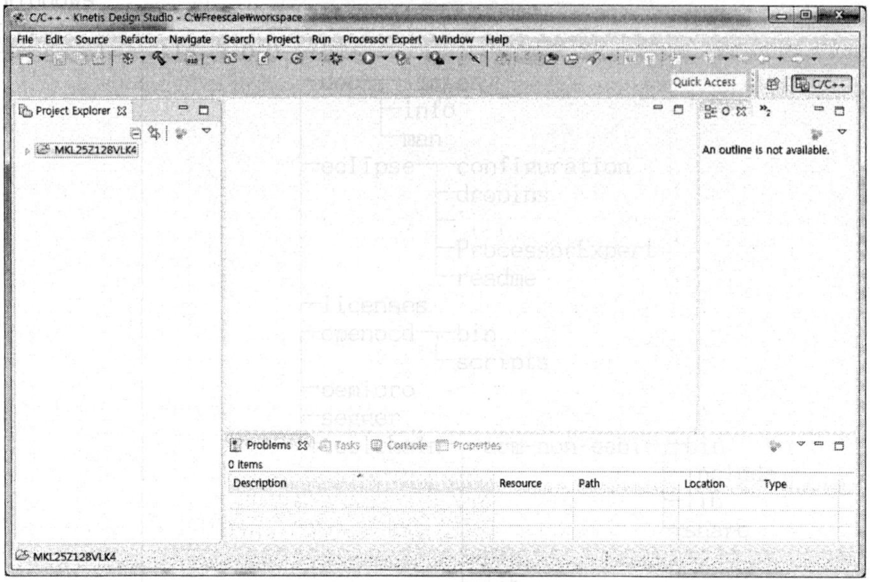

〈그림 4.30〉 새 프로젝트 MKL25Z128VLK4가 생성된 화면

⑧ 화면 좌측 상단의 프로젝트를 클릭하여 펼쳐보면 <그림 4.31>과 같이 Sources 항목에 main.c 파일이 만들어져 있는데, 이를 클릭하면 편집창에 그 내용이 나타난다.

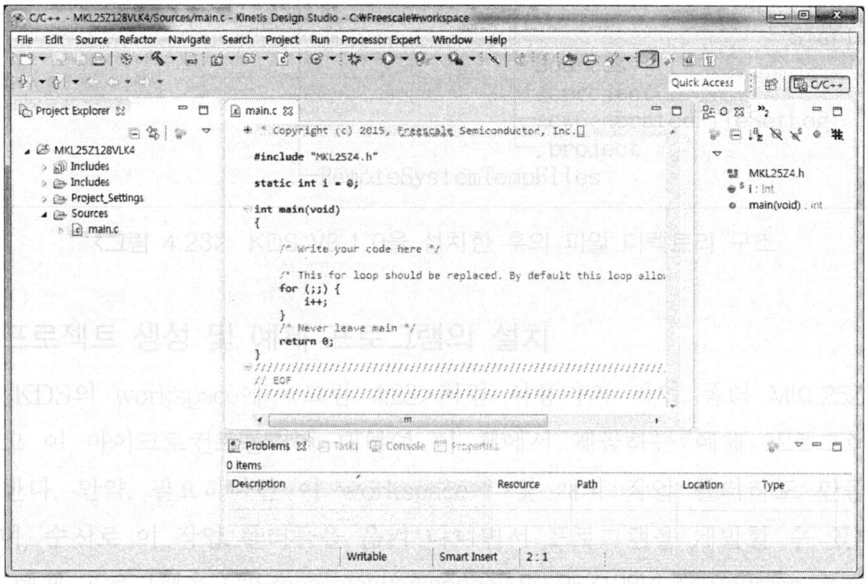

〈그림 4.31〉 프로젝트 안에 자동으로 만들어진 main.c 파일을 편집창으로 불러내기

⑨ 이 main.c 파일은 C:\Freescale\workspace\MKL25Z128VLK4\Sources 폴더에 있는데 프로젝트를 생성하면서 그냥 더미(dummy)로 만들어진 파일이므로 삭제하고, 이 책에서 제공하는 예제 프로그램을 모두 이 폴더에 복사하여 놓는다.

이와 같이 C:\Freescale\workspace\MKL25Z128VLK4\Sources 폴더에 모든 예제 파일을 복사하여 놓더라도 화면의 프로젝트 창에는 이것이 보이지 않는다. 이때는 화면의 프로젝트 창에서 Sources 폴더에 커서를 두고 마우스의 오른쪽 버튼을 누르면 팝업창이 나타나는데, 여기서 Refresh 메뉴를 클릭하면 <그림 4.32>와 같이 이 폴더에 새로 복사된 파일들이 나타나고, 여기서 Exp05_8_1_LED.c 파일을 클릭하면 그 내용이 편집창에 나타난다.

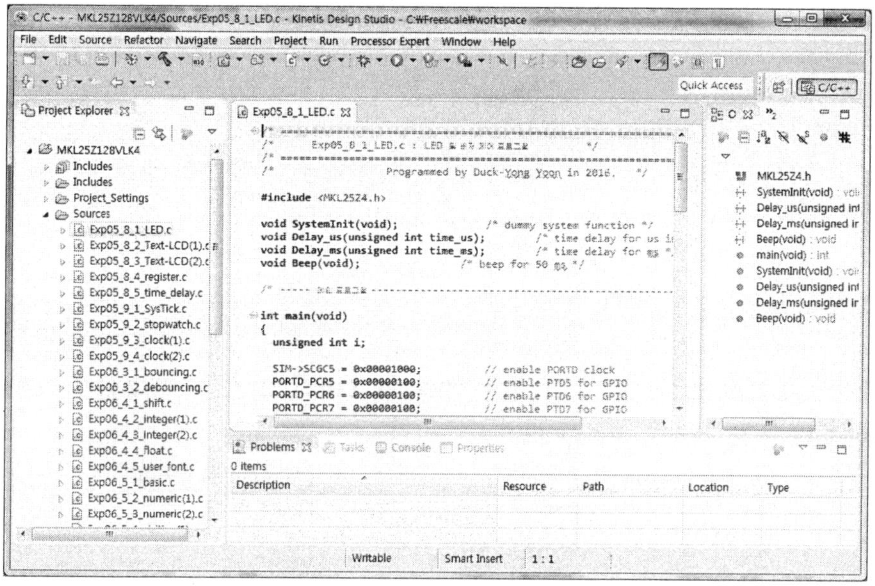

<그림 4.32> 새 프로젝트 MKL25Z128VLK4에 예제 파일을 복사한 화면

(4) KDS 소프트웨어의 환경 설정

이번에는 프로젝트 MKL25Z128VLK4에서 사용자가 마음대로 C언어 프로그램을 작성할 수 있도록 이에 필요한 소프트웨어 환경을 설정하여 보기로 한다. 이러한 환경 설정은 1번만 수행하면 그 내용이 시스템에 저장되므로 다시 설정할 필요가 없다.

① 앞의 <그림 4.32>에서 보듯이 기본 상태에서는 편집창에 표시되는 예제 소스 프로그램의 한글과 영문 글씨체의 크기가 서로 조화되지 않아 보기가 싫다. 먼저 이 문제를 해결하여 보기로 한다.

편집창 안의 임의의 위치에 커서를 두고 마우스의 오른쪽 버튼을 누르면 팝업창이 나타나는데, 여기서 References... 메뉴를 선택하면 <그림 4.33>과 같은 환경설정 화면이 나타난다.

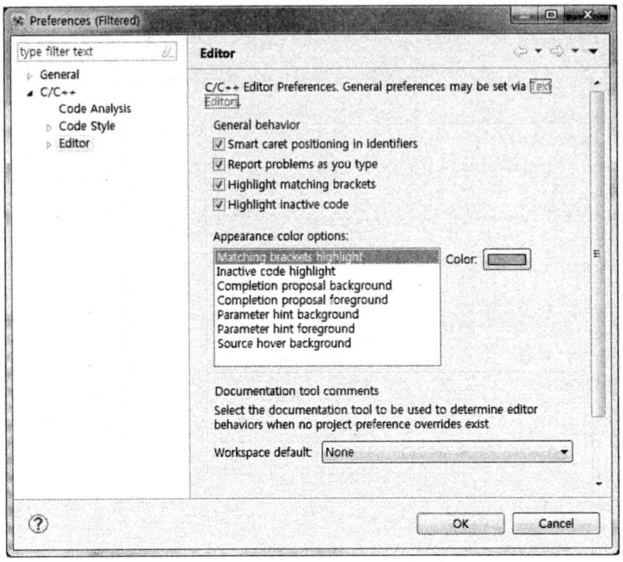

〈그림 4.33〉 프로젝트의 환경설정 화면

② 여기서 <그림 4.34>와 같이 Formatter 항목에서 소스 프로그램의 표시 형식을 GNU [built-in]으로 선택하고 Apply 버튼을 누른다.

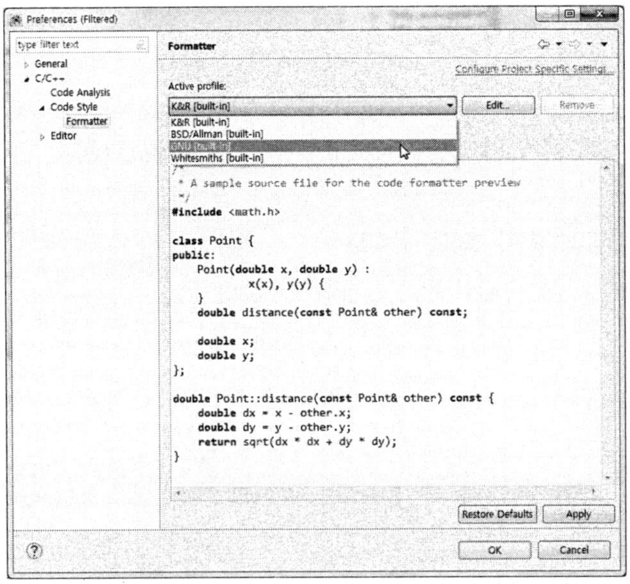

〈그림 4.34〉 편집창에서 소스 프로그램의 내용을 표시하는 형식을 지정

③ 다음에는 <그림 4.35>에서처럼 Text Editors 항목에서 Colors and Fonts를 클릭하여 편집창의 글씨체를 지정하는 화면으로 들어간다.

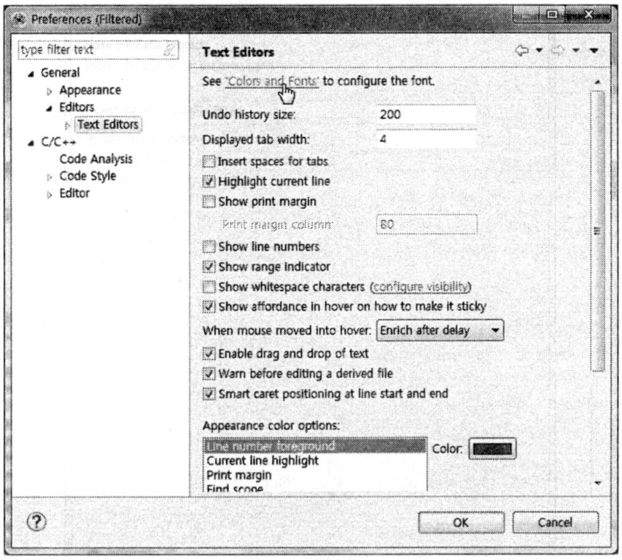

<그림 4.35> 편집창의 글씨체를 설정하는 화면으로 들어가기

④ 이제 <그림 4.36>과 같이 Text Editor Block Selection Font 항목을 선택하여 글꼴을 Consolas, 글꼴 스타일을 보통, 크기를 10 또는 11로 설정한 후에 확인 버튼을 누른다.

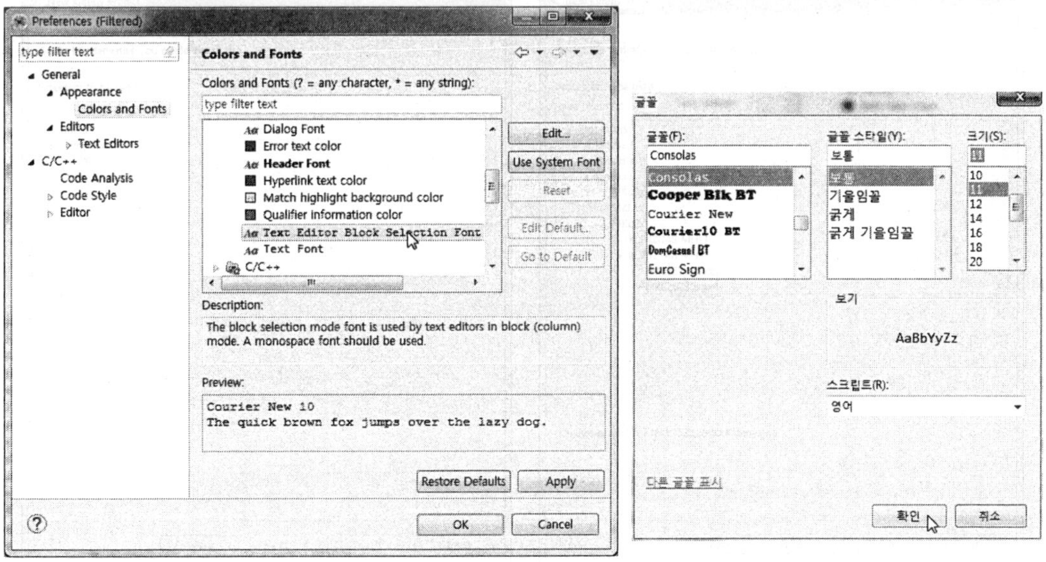

<그림 4.36> 편집창의 글씨체 설정(1)

⑤ 다음에는 <그림 4.37>과 같이 Text Font 항목을 선택하여 글꼴을 Consolas, 글꼴 스타일을 보통, 크기를 10 또는 11로 설정한 후에 확인 버튼을 누른다.

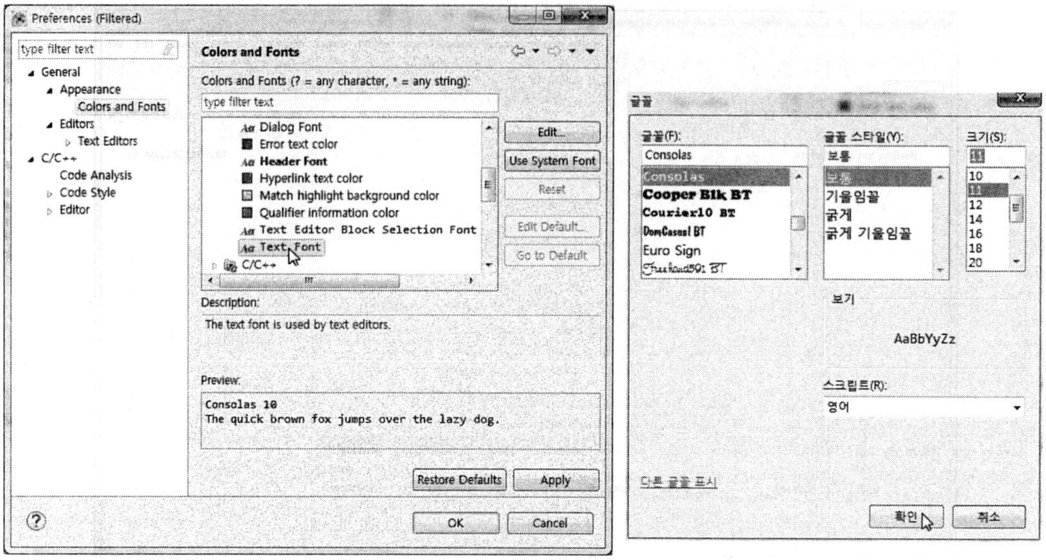

<그림 4.37> 편집창의 글씨체 설정(2)

⑥ <그림 4.38>처럼 OK 버튼을 눌러서 글씨체 설정을 완료하면 이제는 편집창의 한글과 영문 글씨체가 잘 조화를 이루어 보기에 좋은 것을 확인할 수 있다.

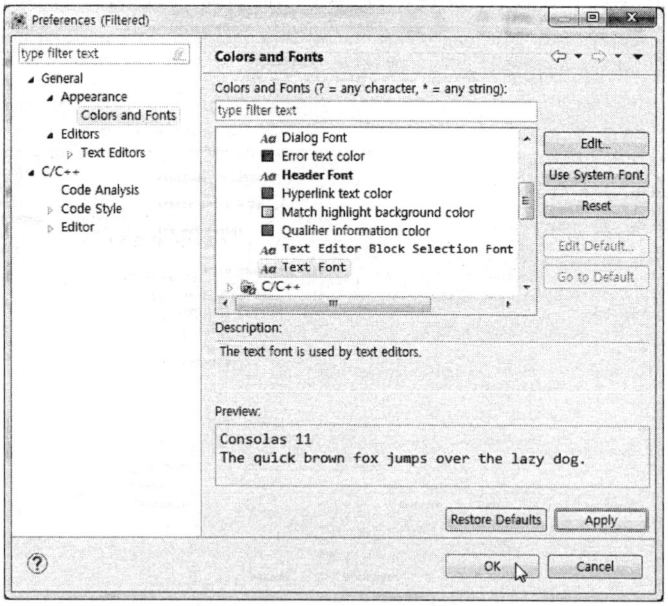

<그림 4.38> 편집창의 글씨체 설정을 완료하기

⑦ 이번에는 컴파일할 때 사용되는 최적화 옵션을 -Os로 지정하여 프로그램 사이즈 기준으로 최적화하도록 할 것인데, 이를 위하여 먼저 프로젝트 창에서 프로젝트 이름 MKL25Z128VLK4의 위에 커서를 놓고 마우스의 오른쪽 버튼을 누르면 <그림 4.39>처럼 팝업 메뉴가 나타난다. 여기서 Properties 메뉴를 누르면 프로젝트 환경을 설정하는 화면으로 들어간다.

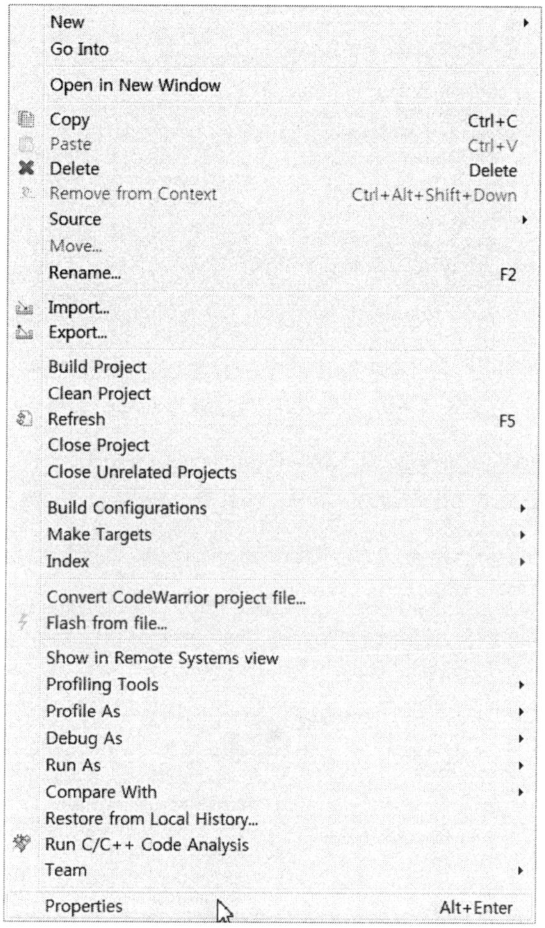

<그림 4.39> 최적화 옵션을 지정하러 들어가기

⑧ <그림 4.40>처럼 환경설정 화면이 나타나면 C/C++ Build → Settings 메뉴를 선택하고, 다시 이 화면의 안에서 Tools Settings → Optimization 메뉴를 선택하며, 최적화 옵션 선택 창에서 Optimize (-Os)를 선택한다.

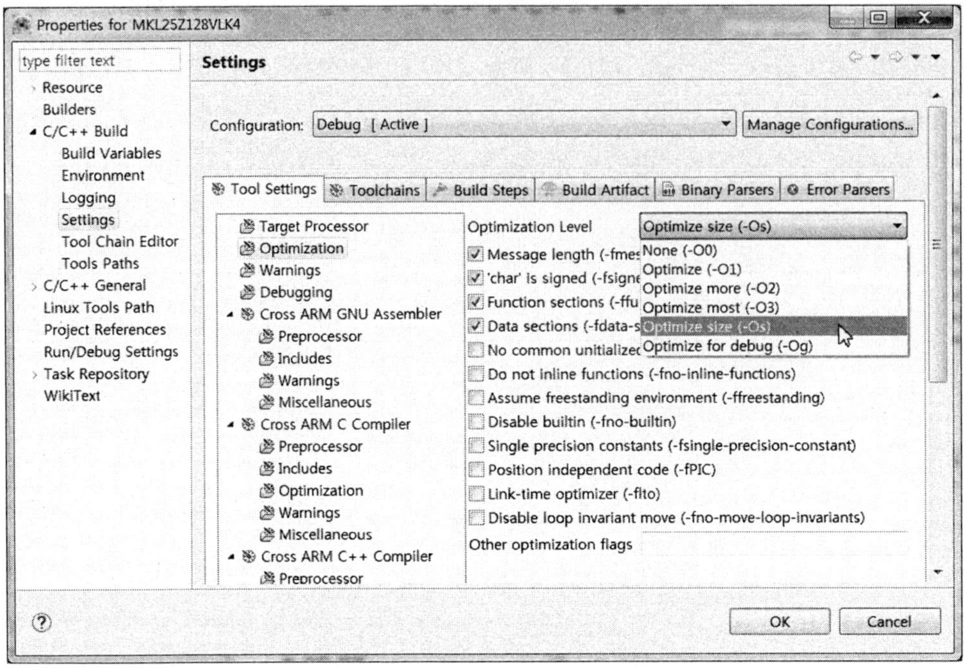

<그림 4.40> 최적화 옵션을 -Os로 선택

⑨ <그림 4.41>처럼 OK 버튼을 눌러서 최적화 옵션의 설정을 완료한다.

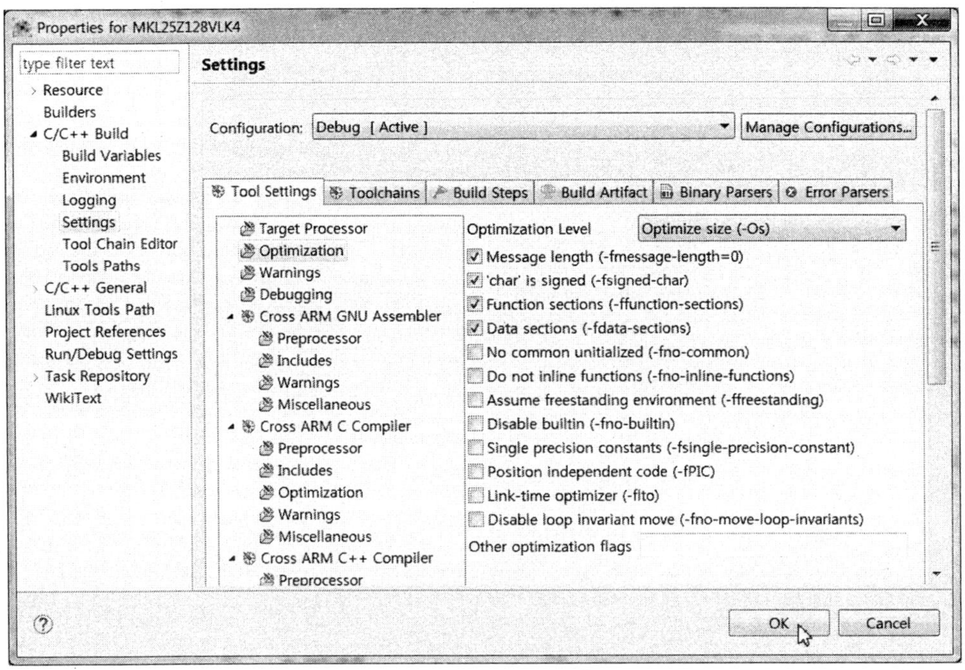

<그림 4.41> 최적화 옵션 설정을 종료하기

(5) 예제 프로그램을 컴파일하기

이제 이 책의 사용자 예제 프로그램을 프로젝트 MKL25Z128VLK4에 등록하고 컴파일하는 방법을 설명한다.

① 앞의 <그림 4.32>에서 보듯이 이 프로젝트 창에 보이는 예제 파일들은 모두 현재 프로젝트에 등록되어 있는 상태이므로 컴파일을 수행하면 이것들이 모두 컴파일되어 에러가 된다. 따라서, 이제 컴파일하려는 예제 파일 1개를 제외한 모든 프로그램 파일들을 프로젝트에서 등록 해제하여야 한다.

프로젝트로부터 어느 예제 프로그램의 등록을 해제하려면 프로젝트 창에서 해당 파일 위에 커서를 놓고 마우스의 오른쪽 버튼을 누르면 팝업창이 나타나는데, 여기서 Resource Configurations → Exclude from Build... 메뉴를 차례로 선택하면 <그림 4.42> 처럼 해당 파일을 등록 해제하거나 반대로 새로 등록할 수 있는 화면이 나타난다. 이 화면에서 Select All 버튼을 누르고 나서 OK 버튼을 누르면 프로젝트로부터 해당 파일의 등록이 해제되고, Deselect All 버튼을 누르고 나서 OK 버튼을 누르면 해당 파일이 프로젝트에 등록된다.

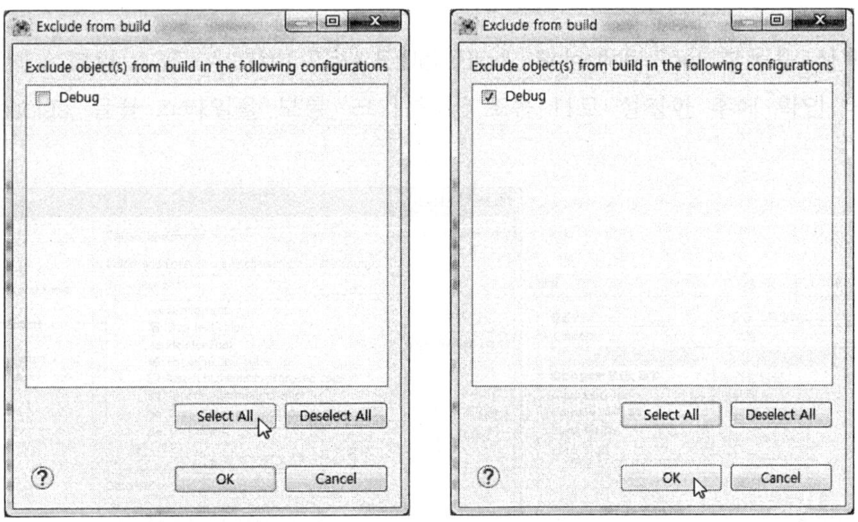

<그림 4.42> 프로젝트에서서 컴파일하지 않을 예제 프로그램의 등록을 해제하기

② 이와 같이 하여 이제 컴파일하려는 예제 소스 프로그램 Exp05_8_1_LED.c와 헤더 파일만을 남기고 모두 프로젝트에서 등록 해제한 화면은 <그림 4.43>과 같다. 그리고, 이때 Startup_Code 폴더에 있는 system_MKL25Z4.c 파일도 사용하지 않으므로 같은 방법으로 등록을 해제해야 한다.

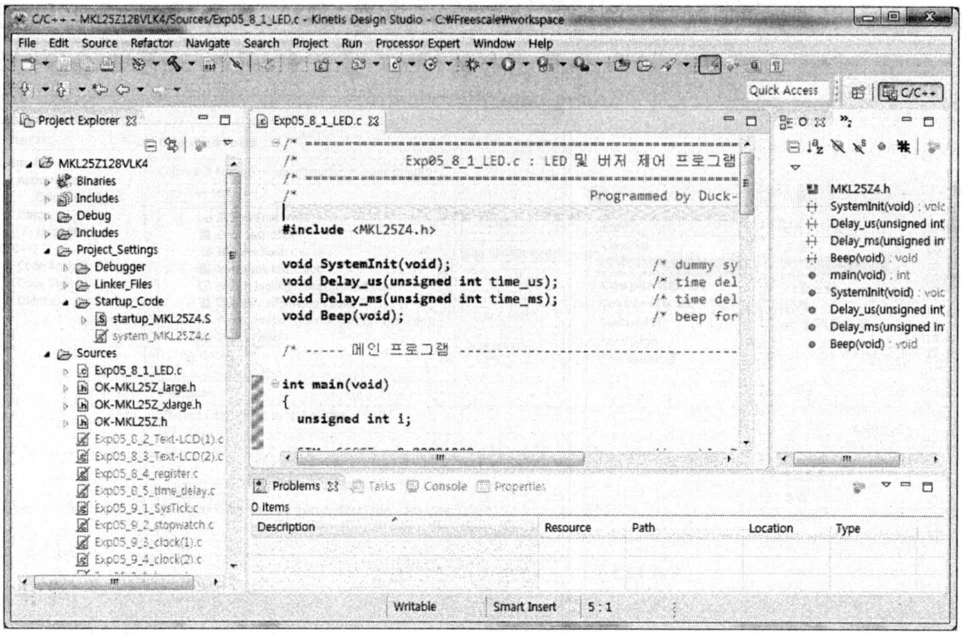

<그림 4.43> 프로젝트에 1개의 예제 파일만 남기고 모조리 등록을 해제한 화면

③ 이제 프로젝트에 등록되어 있는 이 1개의 예제 프로그램을 컴파일하려면 <그림 4.44>에서처럼 Project → Build All 메뉴를 누르면 된다.

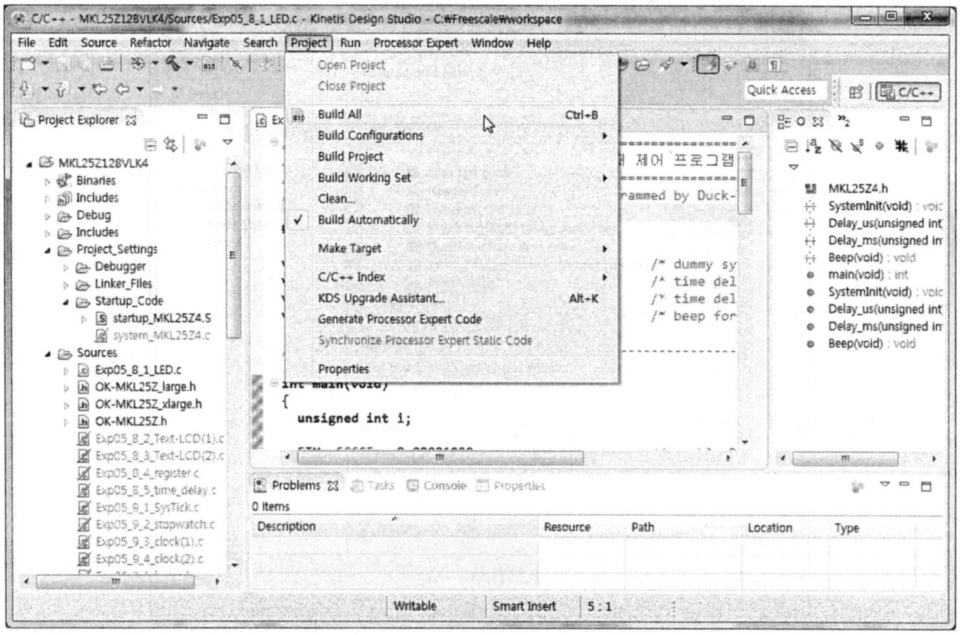

<그림 4.44> 예제 프로그램을 컴파일하기(1)

④ <그림 4.45>에서처럼 단축 버튼을 누르거나 단축키 Ctrl+B를 눌러도 컴파일이 수행된다. 컴파일을 수행하면 화면 하단의 상태 표시창에 컴파일 결과가 표시된다.

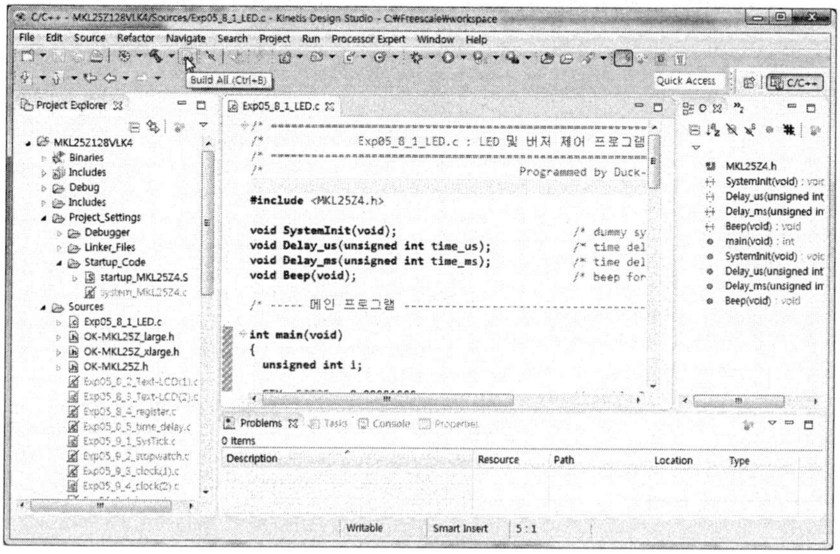

<그림 4.45> 예제 프로그램을 컴파일하기(2)

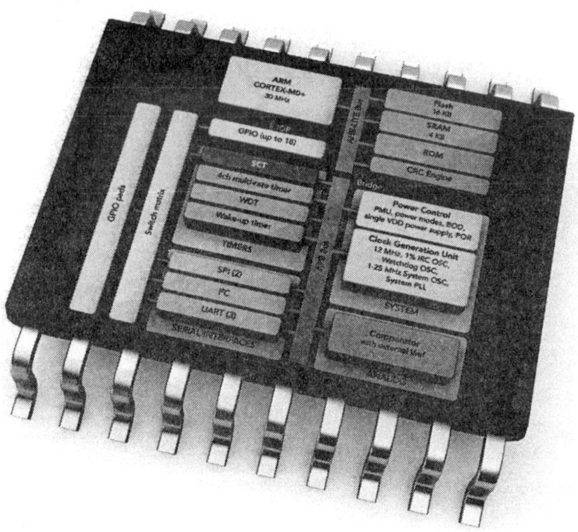

(6) 에뮬레이터를 설치하고 사용자 프로그램을 다운로드하는 방법

이제 USB Multilink Universal 에뮬레이터를 설치하고 앞에서 컴파일하여 둔 사용자 예제 프로그램을 *OK-MKL25Z* 키트에 다운로드하여 실행하는 방법을 설명한다.

① USB Multilink Universal 에뮬레이터를 설정하려면 <그림 4.46>에서처럼 Run → Debug Configurations... 메뉴를 선택한다.

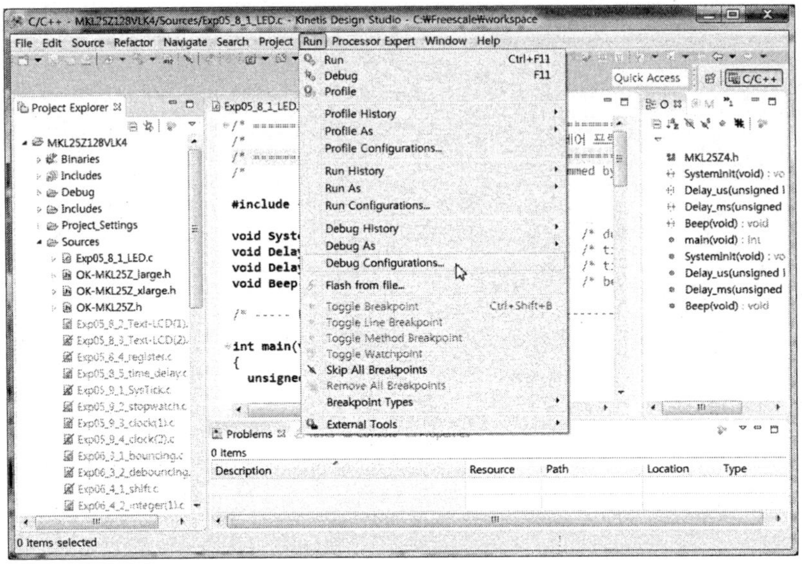

<그림 4.46> 에뮬레이터를 설정하러 들어가는 화면

② 그러면 <그림 4.47>과 같이 디버그 설정 화면으로 들어가는데, 만약 여기서 좌측의 메뉴에 GDB PEMicro Interface Debugging이라는 항목이 없으면 이를 등록하기 위하여 그림에서처럼 Filter launch configuration... 버튼을 누른다. 그러나, 이 항목이 이미 등록되어 있다면 ②~③의 과정은 생략된다.

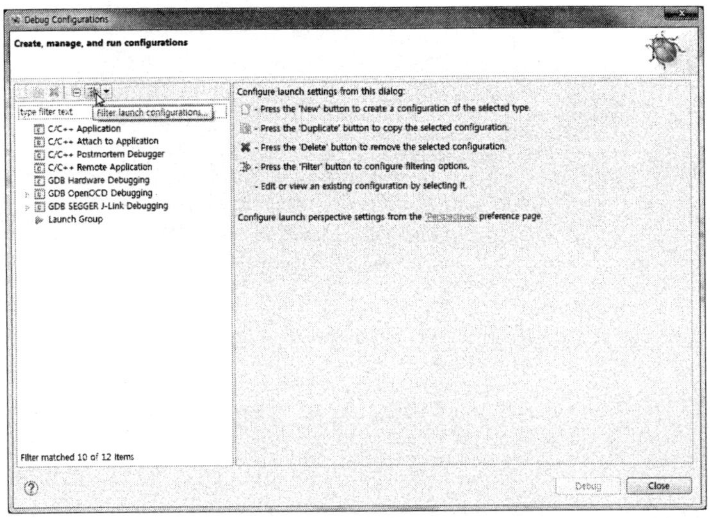

<그림 4.47> USB Multilink Universal 에뮬레이터를 등록하러 들어가기

③ <그림 4.48>의 화면이 나타나면 Launch Configuration Filters의 모든 항목에서 체크를 해제하여 GDB PEMicro Interface Debugging이 디버그 메뉴 리스트에 표시될 수 있도록 필터링을 풀고 OK 버튼을 누른다.

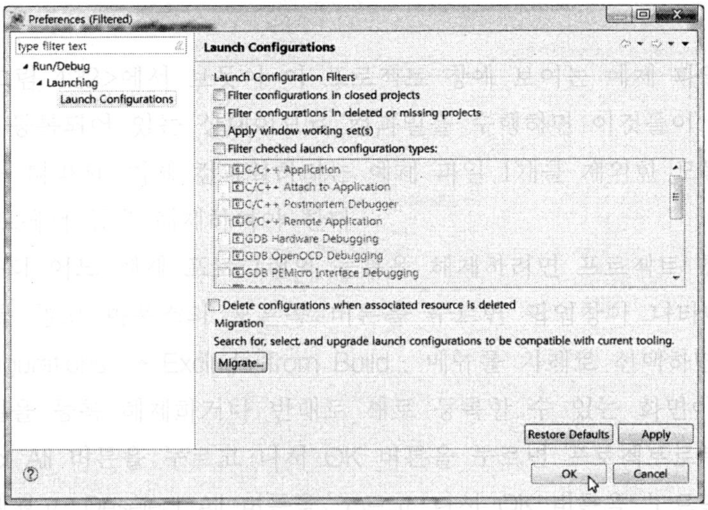

〈그림 4.48〉 USB Multilink Universal 에뮬레이터를 등록하도록 필터링을 푸는 화면

④ 이제 <그림 4.49>처럼 USB Multilink Universal 에뮬레이터에 해당하는 GDB PEMicro Interface Debugging 항목이 추가되었다. 이제 이 에뮬레이터의 사용 조건을 설정하기 위하여 화면 좌측 상단의 New launch configuration 버튼을 누른다.

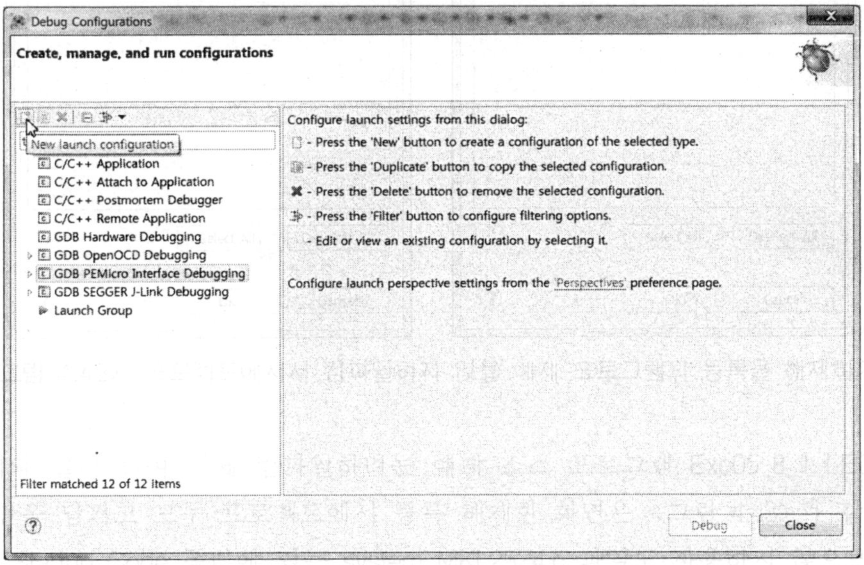

〈그림 4.49〉 USB Multilink Universal 에뮬레이터가 등록된 화면

⑤ 에뮬레이터 설정 화면이 <그림 4.50>처럼 나타나면 에뮬레이터 모델을 USB Multilink로 지정하고, Select Device 버튼을 눌러서 이제 우리가 사용할 마이크로컨트롤러 모델을 지정하러 들어간다.

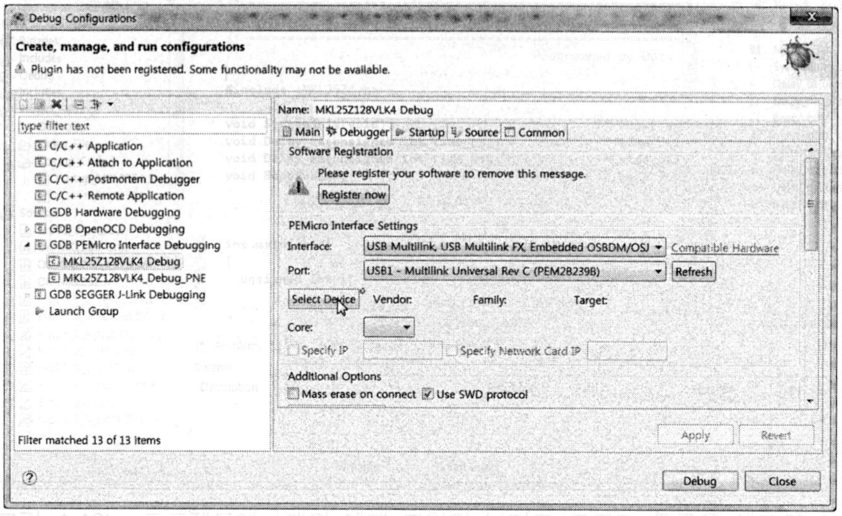

<그림 4.50> 에뮬레이터 모델 및 마이크로컨트롤러 모델을 지정하는 화면

⑥ <그림 4.51>에서처럼 이제 우리가 앞으로 사용할 마이크로컨트롤러 모델을 KL25Z128M4로 지정한다.

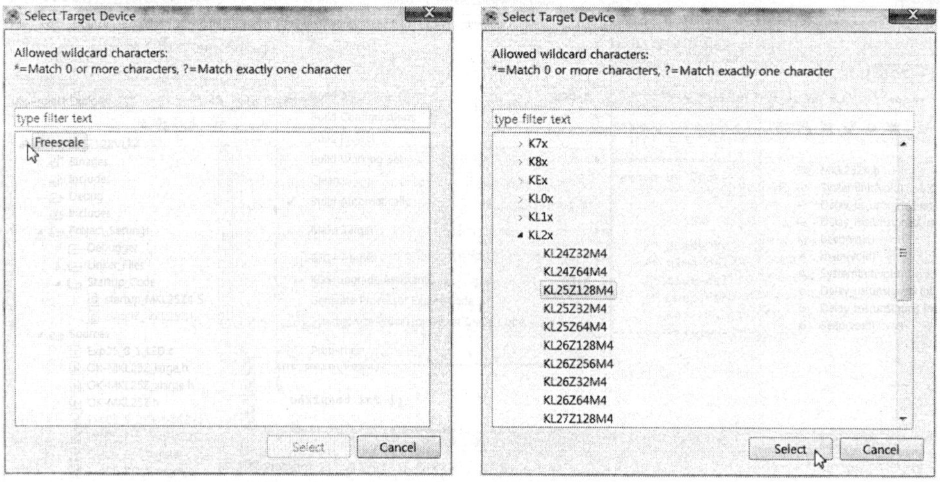

<그림 4.51> 마이크로컨트롤러 모델을 지정하는 화면

⑦ 그러면 <그림 4.52>처럼 에뮬레이터 모델과 마이크로컨트롤러 모델이 올바르게 지정된 것을 확인할 수 있는데, 여기서 Apply 버튼을 한번 눌러준다.

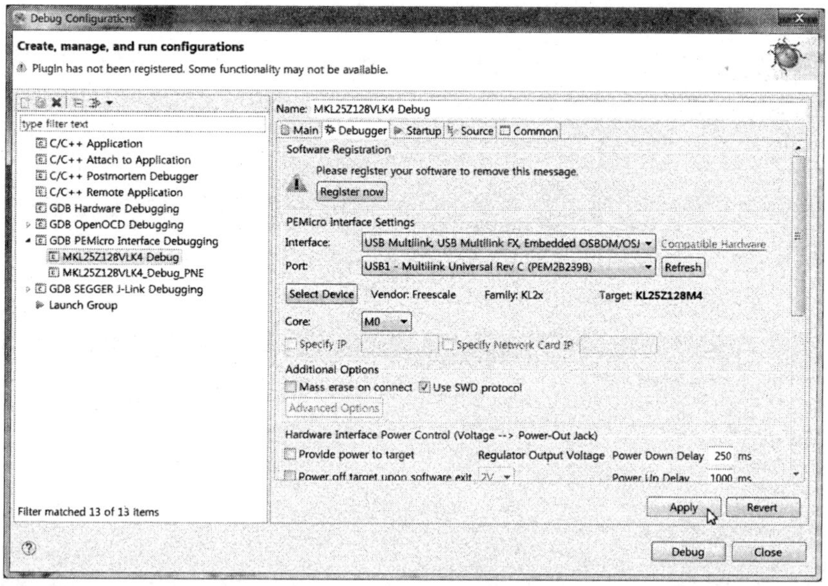

<그림 4.52> 에뮬레이터 모델 및 마이크로컨트롤러 모델 지정을 확인하는 화면

⑧ 다음에는 <그림 4.53>에서처럼 Startup 화면에서 Set breakpoint at: main 항목의 체크를 해제한다.(이렇게 하지 않으면 프로그램을 실행할 때마다 이 부분에서 브레이크 포인트가 걸려서 프로그램의 실행이 중단된다.) 이제 에뮬레이터의 설정이 끝났으면 Apply 버튼을 누르고 Close 버튼을 눌러서 이를 종료한다.

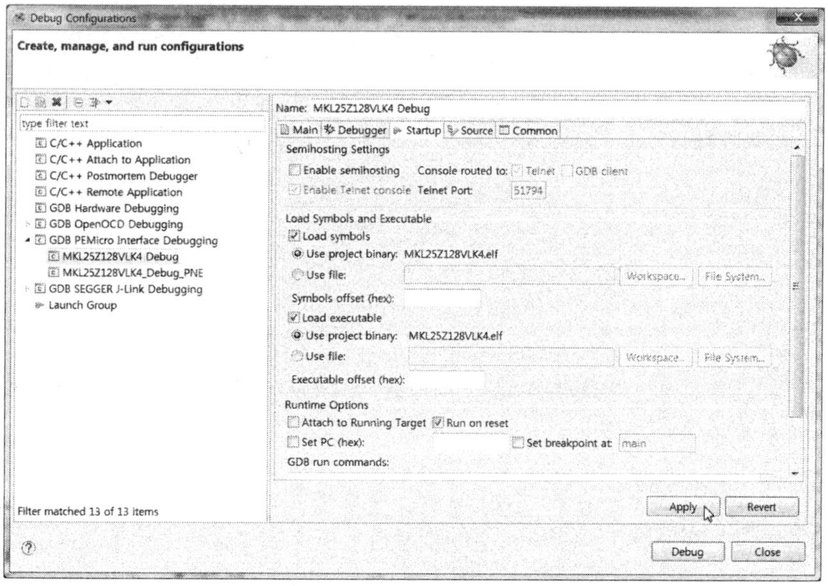

<그림 4.53> 브레이크 포인트를 해제하는 화면

⑨ 이제 <그림 4.54>처럼 사용하지 않는 디버그 메뉴를 선택하고 Delete selected launch configurations 버튼을 눌러서 이를 삭제한다. <그림 4.55>처럼 삭제를 확인하는 화면이 나타나면 Yes 버튼을 누른다.

이렇게 필요 없는 디버그 메뉴를 삭제하지 않으면 나중에 프로그램을 다운로드할 때마다 사용할 에뮬레이터 메뉴를 선택하라는 창이 나타나기 때문에 불편하다. 그러나, 우리가 사용할 디버그 메뉴 1개만을 남겨두고 나머지를 삭제하면 곧바로 프로그램이 다운로드되고 실행되어 편리하다.

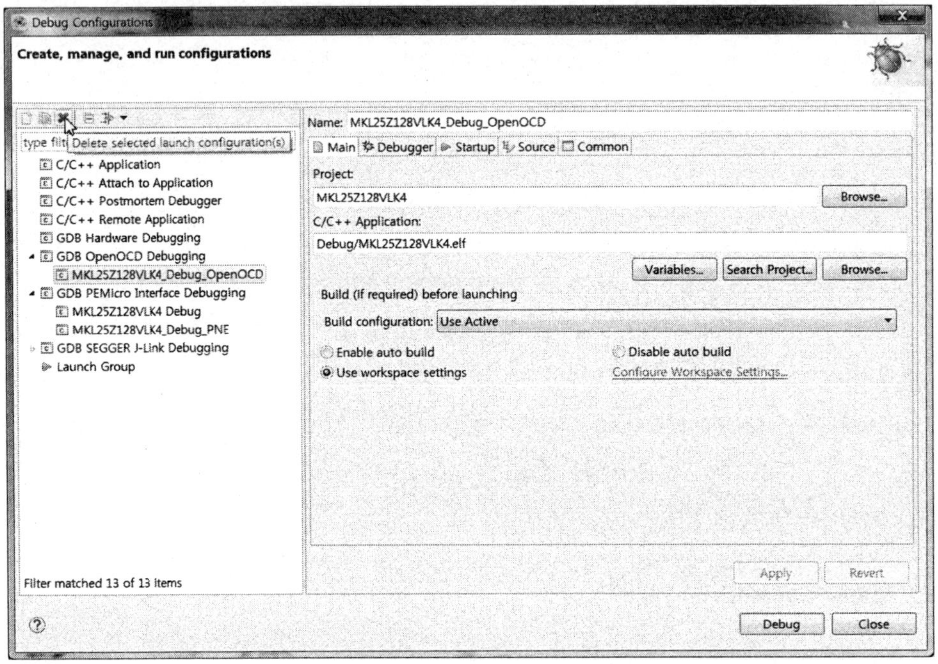

<그림 4.54> 사용하지 않을 디버그 메뉴를 삭제하는 화면(1)

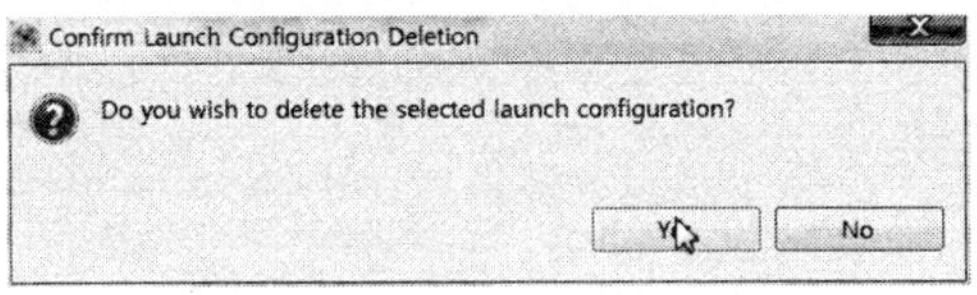

<그림 4.55> 삭제를 확인하는 화면

⑩ 마찬가지 방법으로 <그림 4.56>에서처럼 사용하지 않는 디버그 메뉴를 선택하고 Delete selected launch configurations 버튼을 눌러서 이를 삭제한다. 이때도 <그림 4.55>처럼 삭제를 확인하는 화면이 나타나면 Yes 버튼을 누른다.

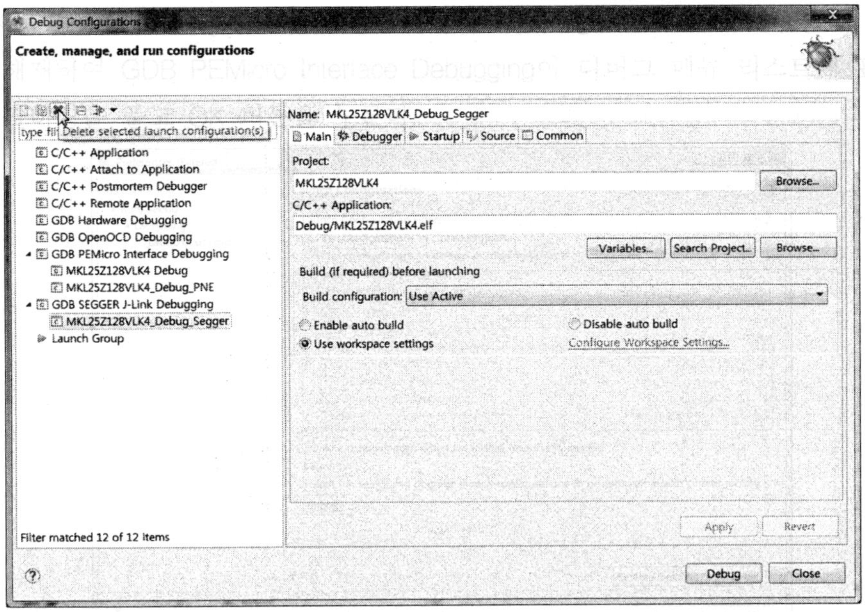

<그림 4.56> 사용하지 않을 디버그 메뉴를 삭제하는 화면(2)

또 마찬가지 방법으로 <그림 4.57>에서처럼 GDB PEMicro Interface Debugging 메뉴의 사용하지 않는 나머지 항목을 삭제한다. 이때도 <그림 4.55>처럼 삭제를 확인하는 화면이 나타나면 Yes 버튼을 누른다.

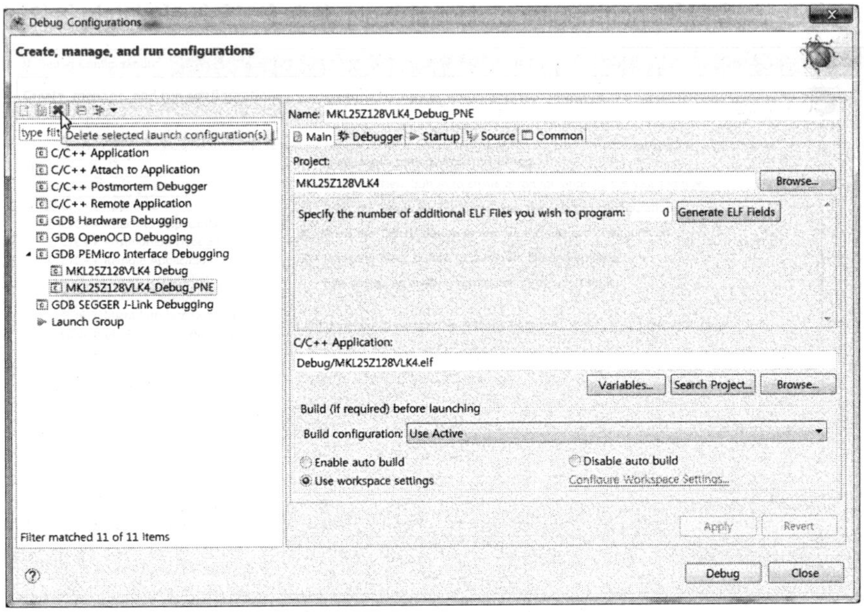

<그림 4.57> 사용하지 않을 디버그 메뉴를 삭제하는 화면(3)

⑪ 이제 에뮬레이터 설치가 끝났으므로 컴파일하여 두었던 사용자 프로그램을 다운로드하여 실행하여 보기로 한다. 이와 같은 작업을 처음 수행할 때는 <그림 4.58>에서처럼 에뮬레이터를 선택한 화면에서 Debug 버튼을 누른다.

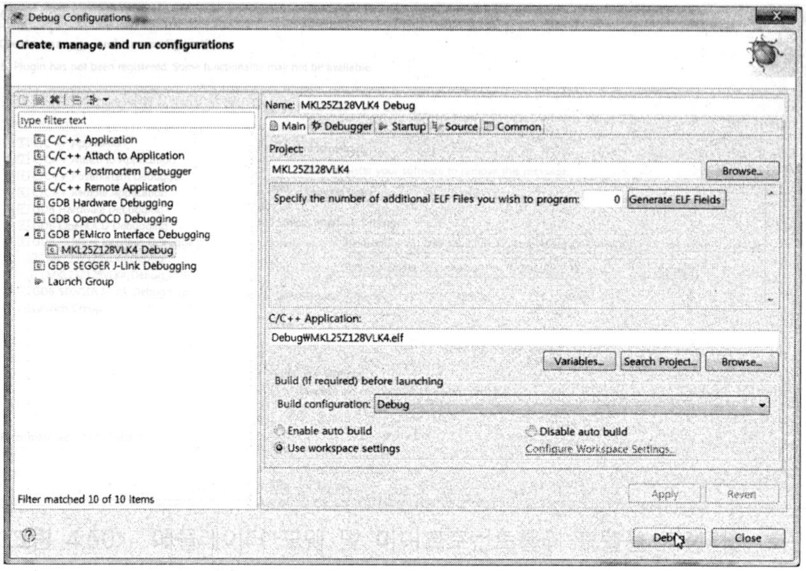

<그림 4.58> 프로그램을 다운로드하는 작업을 처음 수행하는 화면

⑫ 그러면 화면이 <그림 4.59>처럼 디버그 화면으로 바뀌면서 사용자 프로그램이 다운로드되고 곧바로 실행된다. 물론 이때 퍼스널컴퓨터와 *OK-MKL25Z* 키트는 에뮬레이터로 연결되어 있어야 하며 키트의 전원은 켜져 있어야 한다.

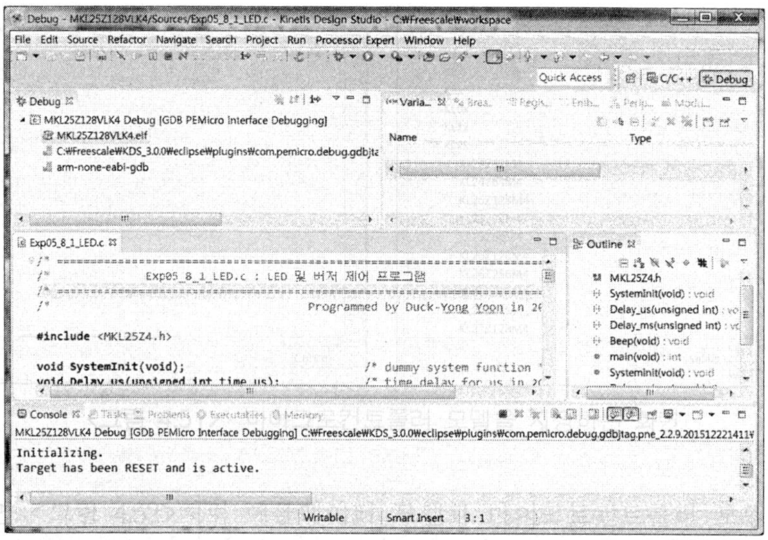

<그림 4.59> 디버그 화면에서 사용자 프로그램이 실행되고 있는 상태

⑬ 만약 키트에서 사용자 프로그램의 실행을 종료시키려면 <그림 4.60>에서처럼 적색의 Terminate 버튼을 누른다.

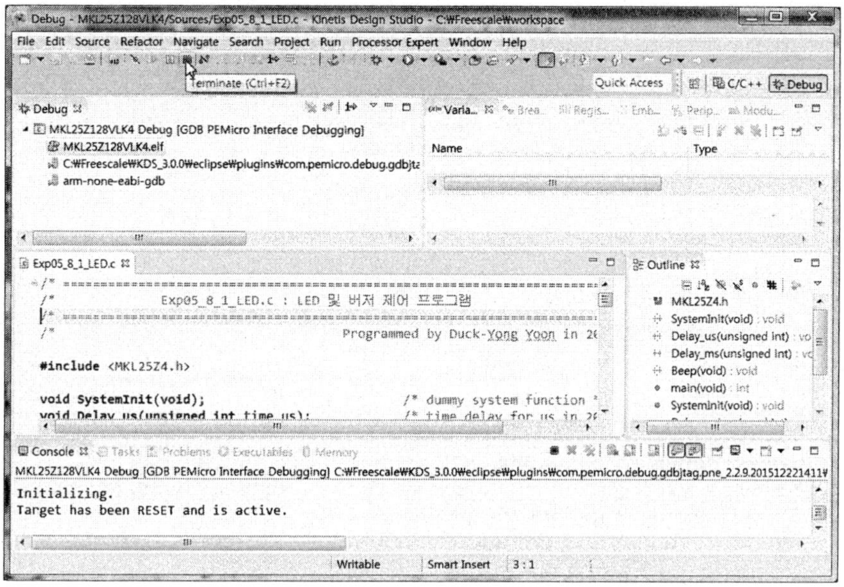

<그림 4.60> 키트에서 사용자 프로그램의 실행을 종료하기

⑭ 이제 사용자의 소스 프로그램을 작성하고 컴파일하는 기본 화면으로 되돌아가려면 <그림 4.61>처럼 화면 우측 상단의 C/C++ 버튼을 누른다.

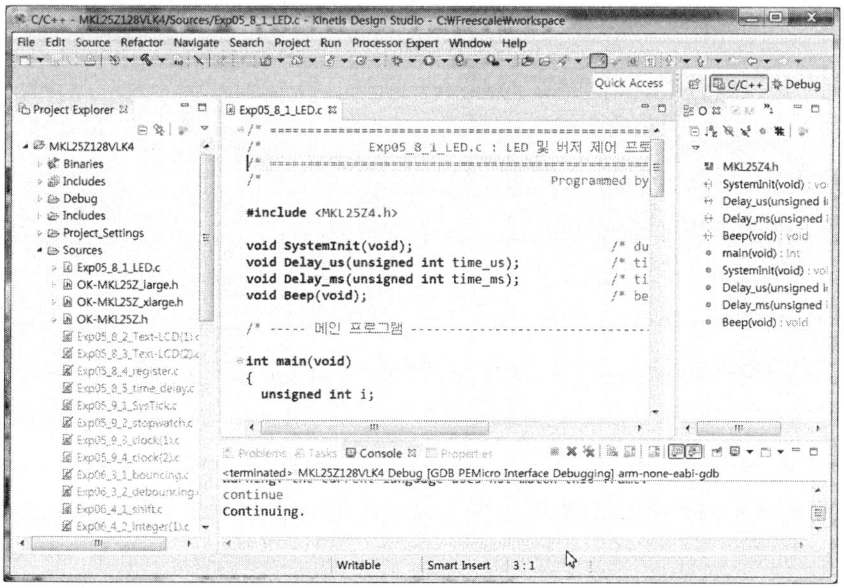

<그림 4.61> 사용자 작업 기본 화면으로 되돌아온 상태

⑮ 이제부터 사용자 프로그램을 다운로드하여 실행할 때는 <그림 4.62>에서처럼 화면 우측의 Debug 버튼을 눌러서 디버그 화면으로 넘어간 다음에 디버그를 실행하는 벌레 모양의 버튼을 누르면 된다.

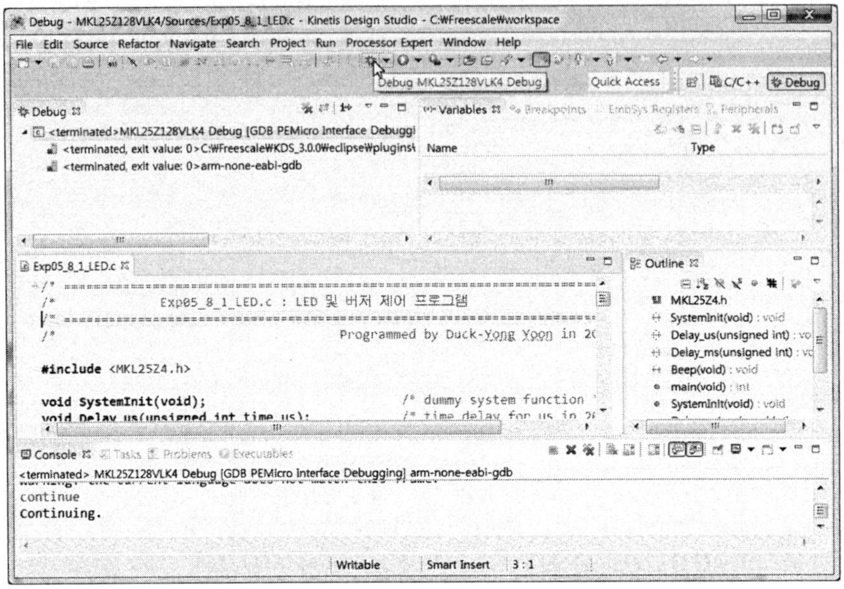

〈그림 4.62〉 사용자 프로그램을 다운로드하고 실행하는 방법

(7) KDS에서 MCU의 I/O 제어 레지스터를 액세스하는 방법

KDS 소프트웨어에서는 GCC 컴파일러를 사용하므로 대부분 ANSI 표준의 C 및 C++ 컴파일러 문법을 따르고 있다. 그러나, 마이크로컨트롤러마다 다른 세부 기능을 구현하기 위하여 많은 부분에서는 독자적인 문법을 만들어 사용하고 있는데, I/O 제어 레지스터를 액세스하는 방법이 그러한 예에 해당한다.

KDS 소프트웨어에서 사용하는 I/O 제어 레지스터 액세스 방법은 다음과 같다. 이 책의 모든 예제 프로그램에서는 주변장치의 I/O 제어 레지스터(MKL25Z4.h 파일에서 정의)를 액세스할 때 3번째 방법을 사용한다. 그러나, CPU 코어에 해당하는 I/O 제어 레지스터(core_cm0plus.h 파일에서 정의)는 2번째 방법을 사용한다.

▣ 방법1 - 사용자가 절대번지를 포인터로 정의하여 사용하는 방법

다른 마이크로컨트롤러의 C컴파일러에서도 오래전부터 널리 사용했던 것처럼 사용자가 MKL25Z128VLK4 마이크로컨트롤러의 I/O 제어 레지스터의 절대 번지를 포인터로 정의하여 두고 그 정의에 따라 레지스터 이름을 사용하는 방식이다. 즉,

```
#define   GPIOA_PDOR        (*(__IO uint32_t *) 0x400FF000)
#define   GPIOA_PSOR        (*(__IO uint32_t *) 0x400FF004)
#define   GPIOA_PCOR        (*(__IO uint32_t *) 0x400FF008)
#define   GPIOA_PTOR        (*(__IO uint32_t *) 0x400FF00C)
#define   GPIOA_PDIR        (*(__IO uint32_t *) 0x400FF010)
#define   GPIOA_PDDR        (*(__IO uint32_t *) 0x400FF014)
#define   SPI0_C1           (*(__IO uint8_t *) 0x40076000)
#define   SPI0_C2           (*(__IO uint8_t *) 0x40076001)
#define   SPI0_BR           (*(__IO uint8_t *) 0x40076002)
#define   SPI0_S            (*(__IO uint8_t *) 0x40076003)
#define   SPI0_D            (*(__IO uint8_t *) 0x40076005)

GPIOA_PDDR = 0x00001234;
GPIOA_PDOR = 0x0000F0F0;
SPI0_C1 = 0x28;
SPI0_D  = 0x41;
a = GPIOA_PDIR;
```

와 같이 사용한다.

이것은 다른 마이크로컨트롤러에서도 널리 사용하는 일반적인 방법이기는 하지만, 이를 사용하려면 사용자가 미리 모든 I/O 제어 레지스터를 포인터로 정의해 놓아야 하는 불편이 있다. 그러나, 이 방법에서는 I/O 제어 레지스터의 절대번지를 이와 같이 사용자가 직접 정의하므로 레지스터의 이름을 레퍼런스 매뉴얼과 동일하게 할 수 있는 장점이 있으며, 필요하면 다음과 같이 한번에 I/O 제어 레지스터의 일부만을 액세스할 수도 있다.

```
#define   GPIOA_PDOR_B0     (*(__IO uint8_t *) 0x400FF000)
#define   GPIOA_PDOR_B1     (*(__IO uint8_t *) 0x400FF001)
#define   GPIOA_PDOR_B2     (*(__IO uint8_t *) 0x400FF002)
#define   GPIOA_PDOR_B3     (*(__IO uint8_t *) 0x400FF003)

GPIOA_PDOR_B0 = 0x41;
GPIOA_PDOR_B1 = 0x61;
```

▣ 방법2 - 헤더파일에서 제공하는 구조체 포인터를 사용하는 방법

ARM사에서는 사용자가 Cortex-M 시리즈의 마이크로컨트롤러를 사용하여 C언어로 프로그램할 때 소프트웨어의 호환성을 높여서 사용자의 편의성을 제고하기 위하여 CMSIS(Cortex Microcontroller Software Interface Standard)라는 라이브러리를 사용하도록 하였다. 이것은 흔히 라이브러리(library)라고 불리기는 하지만 라이브러리 형식의 파일이 아니라 라이브러리 함수가 소스로 제공되는 헤더파일이다.

당연히 Cortex-M 마이크로컨트롤러의 CPU 코어에 해당하는 부분의 CMSIS 파일은 ARM사에서 제공하고, 각 주변장치에 해당하는 부분의 CMSIS 파일은 각 반도체 제조사가 제공한다. Cortex-M0+의 MKL25Z128VLK4 소자에 관한 CMSIS 파일은 코어 부분의 경우 core_cm0plus.h 파일에서 라이브러리 함수를 제공하며, 나머지 주변장치 부분의 경우 NXP사의 MKL25Z4.h 파일에서 라이브러리 함수를 제공한다.

MKL25Z128VLK4 소자에서 C언어를 사용하여 프로그래밍할 때 I/O 제어 레지스터를 액세스하는 방법은 이처럼 core_cm0plus.h 파일 및 MKL25Z4.h 파일에 제공되는 구조체 포인터를 사용하는 것이다. 오늘날 많은 Cortex-M 마이크로컨트롤러 사용자들은 이러한 구조체 포인터와 라이브러리 함수들을 사용하여 자신의 프로그램을 작성하고 있다. 본 저자의 경우에는 이 라이브러리 함수들이 개인적인 취향에 맞지 않으므로 잘 사용하지 않지만, I/O 제어 레지스터 액세스 방법은 core_cm0plus.h 파일에서 제공하는 이 방법을 사용한다.

예를 들어 병렬 I/O 포트 GPIO의 경우 헤더파일 MKL25Z4.h에서는 이를 구조체 포인터로서 다음과 같이 정의하고 있다.

```
typedef struct {
  __IO uint32_t PDOR;                    /**< Port Data Output Register, offset: 0x0 */
  __O  uint32_t PSOR;                    /**< Port Set Output Register, offset: 0x4 */
  __O  uint32_t PCOR;                    /**< Port Clear Output Register, offset: 0x8 */
  __O  uint32_t PTOR;                    /**< Port Toggle Output Register, offset: 0xC */
  __I  uint32_t PDIR;                    /**< Port Data Input Register, offset: 0x10 */
  __IO uint32_t PDDR;                    /**< Port Data Direction Register, offset: 0x14 */
} GPIO_Type, *GPIO_MemMapPtr;

#define GPIOA_BASE                       (0x400FF000u)
#define GPIOA                            ((GPIO_Type *)GPIOA_BASE)
#define GPIOA_BASE_PTR                   (GPIOA)
#define GPIOB_BASE                       (0x400FF040u)
#define GPIOB                            ((GPIO_Type *)GPIOB_BASE)
#define GPIOB_BASE_PTR                   (GPIOB)
#define GPIOC_BASE                       (0x400FF080u)
#define GPIOC                            ((GPIO_Type *)GPIOC_BASE)
#define GPIOC_BASE_PTR                   (GPIOC)
#define GPIOD_BASE                       (0x400FF0C0u)
#define GPIOD                            ((GPIO_Type *)GPIOD_BASE)
#define GPIOD_BASE_PTR                   (GPIOD)
#define GPIOE_BASE                       (0x400FF100u)
#define GPIOE                            ((GPIO_Type *)GPIOE_BASE)
#define GPIOE_BASE_PTR                   (GPIOE)
```

이를 이용하여 GPIO의 I/O 제어 레지스터를 액세스하려면 다음과 같이 프로그래밍한다.

```
#include <MKL25Z4.h>

GPIOA->PDDR = 0x00001234;
GPIOA->PDOR = 0x0000F0F0;
SPI0->C1 = 0x28;
SPI0->D  = 0x41;
a = GPIOA->PDIR;
```

이 방법은 사용자가 각 I/O 제어 레지스터의 절대번지를 알 필요가 없이 주변장치의 이름과 레지스터의 이름만으로 쉽게 액세스할 수 있어서 편리하다. 그러나, 이 방법에서는 간혹 레지스터의 이름을 레퍼런스 매뉴얼에서와 다르게 정의하여 사용하는 경우가 있으므로 세심한 주의가 필요하다.

또한, 왜 그런지 모르지만 KDS 소프트웨어에서 제공하는 MKL25Z4.h 헤더파일에서는 이렇게 구조체로 정의하여 놓지 않는 I/O 제어 레지스터가 가끔 있어서 이런 경우에는 이 방식을 사용할 수 없다. 이처럼 모든 I/O 제어 레지스터에 적용할 수 없다는 단점 때문에 이 책에서는 구조체 방식을 사용하지 않는다. 모든 I/O 제어 레지스터에 적용할 수 없으니 일관성이라는 측면에서 다소 불편하기 때문이다.

▣ 방법3 - 레퍼런스 매뉴얼에서 부르는 레지스터 이름으로 사용하는 방법

NXP사의 Cortex-M0+ 마이크로컨트롤러 MKL25Z128VLK4의 레퍼런스 매뉴얼에서는 이 소자의 모든 주변장치에 대하여 설명하고 있으며, 모든 I/O 제어 레지스터에 대하여 정확한 명칭을 부여하고 있다. 따라서, 가능하다면 사용자도 이 레지스터 이름을 사용하는 것이 표준적이므로 좋다.

KDS 소프트웨어에서 제공하는 MKL25Z4.h 헤더파일에서도 이러한 I/O 제어 레지스터의 표준 이름을 사용할 수 있도록 정의하여 놓았으며, 이 방식은 모든 I/O 제어 레지스터에 대하여 예외없이 사용할 수 있다는 점에서 더욱 좋다. 따라서, 이 책의 모든 예제 프로그램에서는 일관성도 있고 표준적인 I/O 제어 레지스터 이름으로 표기하는 이 방식을 사용한다. 이렇게 사용하는 방식의 예는 다음과 같다.

```
GPIOA_PDDR = 0x00001234;
GPIOA_PDOR = 0x0000F0F0;
SPI0_C1 = 0x28;
SPI0_D  = 0x41;
a = GPIOA_PDIR;
```

(8) KDS 소프트웨어의 스타트업 파일 및 헤더 파일

여기서는 KDS 소프트웨어에서 제공하는 MKL25Z128VLK4 마이크로컨트롤러용의 스타트업(startup) 파일이나 이를 사용하여 사용자 프로그램을 작성할 때 필요한 헤더 파일(header file)의 내용을 소개한다. 이것들은 사용자 프로그램을 작성할 때 꼭 필요한 파일들이니 그 내용을 충분히 파악해두는 것이 좋다.

▣ MKL25Z128VLK4 마이크로컨트롤러용의 스타트업 파일

KDS 소프트웨어에서 제공하는 MKL25Z128VLK4 마이크로컨트롤러용의 스타트업 파일 startup_MKL25Z4.S의 내용을 보이면 다음과 같다.

<파일 startup_MKL25Z4.S> KDS에서 제공하는 MKL25Z128VLK4용의 스타트업 파일

```
/* ---------------------------------------------------------------------------------------*/
/*  @file:      startup_MKL25Z4.s                                                         */
/*  @purpose: CMSIS Cortex-M0P Core Device Startup File                                   */
/*            MKL25Z4                                                                     */
/*  @version: 2.5                                                                         */
/*  @date:    2015-2-19                                                                   */
/*  @build:     b150220                                                                   */
/* ---------------------------------------------------------------------------------------*/
/*                                                                                        */
/* Copyright (c) 1997 - 2015 , Freescale Semiconductor, Inc.                              */
/* All rights reserved.                                                                   */
/*                                                                                        */
/* Redistribution and use in source and binary forms, with or without modification, are  */
/* permitted provided that the following conditions are met:                              */
/*                                                                                        */
/* o Redistributions of source code must retain the above copyright notice, this list of  */
/*   conditions and the following disclaimer.                                             */
/*                                                                                        */
/* o Redistributions in binary form must reproduce the above copyright notice, this other */
/*   of conditions and the following disclaimer in the documentation and/or other         */
/*   materials provided with the distribution.                                            */
/*                                                                                        */
/* o Neither the name of Freescale Semiconductor, Inc. nor the names of its contributors  */
/*   may be used to endorse or promote products derived from this software without        */
/*   specific prior written permission.                                                   */
/*                                                                                        */
/* THIS SOFTWARE IS PROVIDED BY THE COPYRIGHT HOLDERS AND CONTRIBUTORS "AS IS" AND ANY    */
/* EXPRESS OR IMPLIED WARRANTIES, INCLUDING, BUT NOT LIMITED TO,THE IMPLIED WARRANTIES    */
/* OF MERCHANTABILITY AND FITNESS FOR A PARTICULAR PURPOSE ARE DISCLAIMED. IN NO EVENT    */
/* SHALL THE COPYRIGHT HOLDER OR CONTRIBUTORS BE LIABLE FOR ANY DIRECT, INDIRECT,         */
/* INCIDENTAL, SPECIAL, EXEMPLARY, OR CONSEQUENTIAL DAMAGES (INCLUDING, BUT NOT LIMITED   */
/* TO, PROCUREMENT OF SUBSTITUTE GOODS OR SERVICES; LOSS OF USE, DATA, OR PROFITS; OR     */
/* BUSINESS INTERRUPTION) HOWEVER CAUSED AND ON ANY THEORY OF LIABILITY, WHETHER IN       */
/* CONTRACT, STRICT LIABILITY, OR TORT (INCLUDING NEGLIGENCE OR OTHERWISE) ARISING IN     */
/* ANY WAY OUT OF THE USE OF THIS SOFTWARE, EVEN IF ADVISED OF THE POSSIBILITY OF SUCH    */
/* DAMAGE.                                                                                */
/*****************************************************************************************/
/* Version: GCC for ARM Embedded Processors                                             */
/*****************************************************************************************/
    .syntax unified
    .arch armv6-m

    .section .isr_vector, "a"
    .align 2
    .globl __isr_vector
```

```
__isr_vector:
    .long   __StackTop                      /* Top of Stack */
    .long   Reset_Handler                   /* Reset Handler */
    .long   NMI_Handler                     /* NMI Handler */
    .long   HardFault_Handler               /* Hard Fault Handler */
    .long   0                               /* Reserved */
    .long   0                               /* Reserved */
    .long   0                               /* Reserved */
    .long   0                               /* Reserved */
    .long   0                               /* Reserved */
    .long   0                               /* Reserved */
    .long   0                               /* Reserved */
    .long   SVC_Handler                     /* SVCall Handler */
    .long   0                               /* Reserved */
    .long   0                               /* Reserved */
    .long   PendSV_Handler                  /* PendSV Handler */
    .long   SysTick_Handler                 /* SysTick Handler */

                                            /* External Interrupts */
    .long   DMA0_IRQHandler                 /* DMA channel 0 transfer complete */
    .long   DMA1_IRQHandler                 /* DMA channel 1 transfer complete */
    .long   DMA2_IRQHandler                 /* DMA channel 2 transfer complete */
    .long   DMA3_IRQHandler                 /* DMA channel 3 transfer complete */
    .long   Reserved20_IRQHandler           /* Reserved interrupt */
    .long   FTFA_IRQHandler                 /* Command complete and read collision */
    .long   LVD_LVW_IRQHandler              /* Low-voltage detect, low-voltage warning */
    .long   LLWU_IRQHandler                 /* Low leakage wakeup Unit */
    .long   I2C0_IRQHandler                 /* I2C0 interrupt */
    .long   I2C1_IRQHandler                 /* I2C1 interrupt */
    .long   SPI0_IRQHandler                 /* SPI0 single interrupt vector for all sources */
    .long   SPI1_IRQHandler                 /* SPI1 single interrupt vector for all sources */
    .long   UART0_IRQHandler                /* UART0 status and error */
    .long   UART1_IRQHandler                /* UART1 status and error */
    .long   UART2_IRQHandler                /* UART2 status and error */
    .long   ADC0_IRQHandler                 /* ADC0 interrupt */
    .long   CMP0_IRQHandler                 /* CMP0 interrupt */
    .long   TPM0_IRQHandler                 /* TPM0 single interrupt vector for all sources */
    .long   TPM1_IRQHandler                 /* TPM1 single interrupt vector for all sources */
    .long   TPM2_IRQHandler                 /* TPM2 single interrupt vector for all sources */
    .long   RTC_IRQHandler                  /* RTC alarm */
    .long   RTC_Seconds_IRQHandler          /* RTC seconds */
    .long   PIT_IRQHandler                  /* PIT interrupt */
    .long   Reserved39_IRQHandler           /* Reserved interrupt */
    .long   USB0_IRQHandler                 /* USB0 interrupt */
    .long   DAC0_IRQHandler                 /* DAC0 interrupt */
    .long   TSI0_IRQHandler                 /* TSI0 interrupt */
    .long   MCG_IRQHandler                  /* MCG interrupt */
    .long   LPTMR0_IRQHandler               /* LPTMR0 interrupt */
    .long   Reserved45_IRQHandler           /* Reserved interrupt */
    .long   PORTA_IRQHandler                /* PORTA Pin detect */
    .long   PORTD_IRQHandler                /* PORTD Pin detect */

    .size    __isr_vector, . - __isr_vector

/* Flash Configuration */
    .section .FlashConfig, "a"
    .long 0xFFFFFFFF
    .long 0xFFFFFFFF
    .long 0xFFFFFFFF
    .long 0xFFFFFFFE

    .text
    .thumb

/* Reset Handler */

    .thumb_func
    .align  2
    .globl  Reset_Handler
    .weak   Reset_Handler
    .type   Reset_Handler, %function
```

```
Reset_Handler:
    cpsid  i                                  /* Mask interrupts */
#ifndef __NO_SYSTEM_INIT
    bl      SystemInit
#endif
    cpsie  i                                  /* Unmask interrupts */
/*  Loop to copy data from read only memory to RAM. The ranges of copy
 *  from/to are specified by following symbols evaluated in linker script.
 *   __etext: End of code section, i.e., begin of data sections to copy from.
 *   __data_start__/__data_end__: RAM address range that data should be copied to.
 *   Both must be aligned to 4 bytes boundary.  */

    ldr    r1, =__etext
    ldr    r2, =__data_start__
    ldr    r3, =__data_end__

    subs   r3, r2
    ble    .LC0

.LC1:
    subs   r3, 4
    ldr    r0, [r1,r3]
    str    r0, [r2,r3]
    bgt    .LC1
.LC0:

#ifdef __STARTUP_CLEAR_BSS
/*  This part of work usually is done in C library startup code. Otherwise, define
 *  this macro to enable it in this startup.
 *
 *   Loop to zero out BSS section, which uses following symbols in linker script:
 *    __bss_start__: start of BSS section. Must align to 4
 *    __bss_end__: end of BSS section. Must align to 4
 */
    ldr    r1, =__bss_start__
    ldr    r2, =__bss_end__

    subs   r2, r1
    ble    .LC3

    movs   r0, 0
.LC2:
    str    r0, [r1, r2]
    subs   r2, 4
    bge    .LC2
.LC3:
#endif
#ifndef __START
#define __START _start
#endif
    bl      __START
    .pool
    .size  Reset_Handler, . - Reset_Handler

    .align  1
    .thumb_func
    .weak   DefaultISR
    .type   DefaultISR, %function
DefaultISR:
    ldr     r0, =DefaultISR
    bx      r0
    .size   DefaultISR, . - DefaultISR

/*  Macro to define default handlers. Default handler will be weak symbol and just dead loops.
 *  They can be overwritten by other handlers */
    .macro def_irq_handler   handler_name
    .weak  \handler_name
    .set    \handler_name, DefaultISR
    .endm

/* Exception Handlers */
```

```
def_irq_handler     NMI_Handler
def_irq_handler     HardFault_Handler
def_irq_handler     SVC_Handler
def_irq_handler     PendSV_Handler
def_irq_handler     SysTick_Handler
def_irq_handler     DMA0_IRQHandler
def_irq_handler     DMA1_IRQHandler
def_irq_handler     DMA2_IRQHandler
def_irq_handler     DMA3_IRQHandler
def_irq_handler     Reserved20_IRQHandler
def_irq_handler     FTFA_IRQHandler
def_irq_handler     LVD_LVW_IRQHandler
def_irq_handler     LLWU_IRQHandler
def_irq_handler     I2C0_IRQHandler
def_irq_handler     I2C1_IRQHandler
def_irq_handler     SPI0_IRQHandler
def_irq_handler     SPI1_IRQHandler
def_irq_handler     UART0_IRQHandler
def_irq_handler     UART1_IRQHandler
def_irq_handler     UART2_IRQHandler
def_irq_handler     ADC0_IRQHandler
def_irq_handler     CMP0_IRQHandler
def_irq_handler     TPM0_IRQHandler
def_irq_handler     TPM1_IRQHandler
def_irq_handler     TPM2_IRQHandler
def_irq_handler     RTC_IRQHandler
def_irq_handler     RTC_Seconds_IRQHandler
def_irq_handler     PIT_IRQHandler
def_irq_handler     Reserved39_IRQHandler
def_irq_handler     USB0_IRQHandler
def_irq_handler     DAC0_IRQHandler
def_irq_handler     TSI0_IRQHandler
def_irq_handler     MCG_IRQHandler
def_irq_handler     LPTMR0_IRQHandler
def_irq_handler     Reserved45_IRQHandler
def_irq_handler     PORTA_IRQHandler
def_irq_handler     PORTD_IRQHandler
```

▣ Cortex-M0+ 코어용의 헤더 파일

KDS 소프트웨어에서 함께 제공하는 Cortex-M0+ 코어용의 C언어 기본 헤더파일 core_cm0plus.h는 다음과 같다. 여기에는 Cortex-M0+ 소자를 사용할 때 필요한 여러 가지 사항들을 정의하고 있으며, Cortex-M0+ 코어의 기본 레지스터, NVIC 관련 레지스터, SCB 관련 레지스터, SysTick 관련 레지스터 등도 여기에 정의되어 있다.

<파일 core_m0plus.h> KDS에서 제공하는 Cortex-M0+용 헤더파일

```
/**************************************************************************//**
 * @file     core_cm0plus.h
 * @brief    CMSIS Cortex-M0+ Core Peripheral Access Layer Header File
 * @version  V4.10
 * @date     18. March 2015
 ******************************************************************************/
/* Copyright (c) 2009 - 2015 ARM LIMITED

   All rights reserved.
   Redistribution and use in source and binary forms, with or without
   modification, are permitted provided that the following conditions are met:
   - Redistributions of source code must retain the above copyright
     notice, this list of conditions and the following disclaimer.
   - Redistributions in binary form must reproduce the above copyright
     notice, this list of conditions and the following disclaimer in the
```

```
     documentation and/or other materials provided with the distribution.
   - Neither the name of ARM nor the names of its contributors may be used
     to endorse or promote products derived from this software without
     specific prior written permission.
   *
   THIS SOFTWARE IS PROVIDED BY THE COPYRIGHT HOLDERS AND CONTRIBUTORS "AS IS"
   AND ANY EXPRESS OR IMPLIED WARRANTIES, INCLUDING, BUT NOT LIMITED TO, THE
   IMPLIED WARRANTIES OF MERCHANTABILITY AND FITNESS FOR A PARTICULAR PURPOSE
   ARE DISCLAIMED. IN NO EVENT SHALL COPYRIGHT HOLDERS AND CONTRIBUTORS BE
   LIABLE FOR ANY DIRECT, INDIRECT, INCIDENTAL, SPECIAL, EXEMPLARY, OR
   CONSEQUENTIAL DAMAGES (INCLUDING, BUT NOT LIMITED TO, PROCUREMENT OF
   SUBSTITUTE GOODS OR SERVICES; LOSS OF USE, DATA, OR PROFITS; OR BUSINESS
   INTERRUPTION) HOWEVER CAUSED AND ON ANY THEORY OF LIABILITY, WHETHER IN
   CONTRACT, STRICT LIABILITY, OR TORT (INCLUDING NEGLIGENCE OR OTHERWISE)
   ARISING IN ANY WAY OUT OF THE USE OF THIS SOFTWARE, EVEN IF ADVISED OF THE
   POSSIBILITY OF SUCH DAMAGE.
   ---------------------------------------------------------------------------*/

#if defined ( __ICCARM__ )
 #pragma system_include  /* treat file as system include file for MISRA check */
#endif

#ifndef __CORE_CMOPLUS_H_GENERIC
#define __CORE_CMOPLUS_H_GENERIC

#ifdef __cplusplus
 extern "C" {
#endif

/** \page CMSIS_MISRA_Exceptions  MISRA-C:2004 Compliance Exceptions
  CMSIS violates the following MISRA-C:2004 rules:

   \li Required Rule 8.5, object/function definition in header file.<br>
     Function definitions in header files are used to allow 'inlining'.

   \li Required Rule 18.4, declaration of union type or object of union type: '{...}'.<br>
     Unions are used for effective representation of core registers.

   \li Advisory Rule 19.7, Function-like macro defined.<br>
     Function-like macros are used to allow more efficient code.
 */

/*******************************************************************************
 *                 CMSIS definitions
 ******************************************************************************/
/** \ingroup Cortex-M0+
  @{
 */

/*  CMSIS CM0P definitions */
#define __CM0PLUS_CMSIS_VERSION_MAIN (0x04)                          /*!< [31:16] CMSIS HAL main version   */
#define __CM0PLUS_CMSIS_VERSION_SUB  (0x00)                          /*!< [15:0]  CMSIS HAL sub version    */
#define __CM0PLUS_CMSIS_VERSION      ((__CM0PLUS_CMSIS_VERSION_MAIN << 16) | \
                                       __CM0PLUS_CMSIS_VERSION_SUB)   /*!< CMSIS HAL version number         */

#define __CORTEX_M          (0x00)                                   /*!< Cortex-M Core                    */


#if   defined ( __CC_ARM )
  #define __ASM            __asm                                     /*!< asm keyword for ARM Compiler          */
  #define __INLINE         __inline                                  /*!< inline keyword for ARM Compiler       */
  #define __STATIC_INLINE  static __inline

#elif defined ( __GNUC__ )
  #define __ASM            __asm                                     /*!< asm keyword for GNU Compiler          */
  #define __INLINE         inline                                    /*!< inline keyword for GNU Compiler       */
  #define __STATIC_INLINE  static inline

#elif defined ( __ICCARM__ )
  #define __ASM            __asm                                     /*!< asm keyword for IAR Compiler          */
  #define __INLINE         inline                                   /*!< inline keyword for IAR Compiler.      */
                                                                    /*! Only available in High optimization mode! */
  #define __STATIC_INLINE  static inline

#elif defined ( __TMS470__ )
  #define __ASM            __asm                                     /*!< asm keyword for TI CCS Compiler       */
  #define __STATIC_INLINE  static inline

#elif defined ( __TASKING__ )
  #define __ASM            __asm                                     /*!< asm keyword for TASKING Compiler      */
  #define __INLINE         inline                                    /*!< inline keyword for TASKING Compiler   */
```

```
  #define __STATIC_INLINE  static inline

#elif defined ( __CSMC__ )
  #define __packed
  #define __ASM            _asm                                        /*!< asm keyword for COSMIC Compiler      */
  #define __INLINE         inline        /*use -pc99 on compile line !< inline keyword for COSMIC Compiler  */
  #define __STATIC_INLINE  static inline

#endif

/** __FPU_USED indicates whether an FPU is used or not.
    This core does not support an FPU at all
*/
#define __FPU_USED       0

#if defined ( __CC_ARM )
  #if defined __TARGET_FPU_VFP
    #warning "Compiler generates FPU instructions for a device without an FPU (check __FPU_PRESENT)"
  #endif

#elif defined ( __GNUC__ )
  #if defined (__VFP_FP__) && !defined(__SOFTFP__)
    #warning "Compiler generates FPU instructions for a device without an FPU (check __FPU_PRESENT)"
  #endif

#elif defined ( __ICCARM__ )
  #if defined __ARMVFP__
    #warning "Compiler generates FPU instructions for a device without an FPU (check __FPU_PRESENT)"
  #endif

#elif defined ( __TMS470__ )
  #if defined __TI__VFP_SUPPORT____
    #warning "Compiler generates FPU instructions for a device without an FPU (check __FPU_PRESENT)"
  #endif

#elif defined ( __TASKING__ )
  #if defined __FPU_VFP__
    #error "Compiler generates FPU instructions for a device without an FPU (check __FPU_PRESENT)"
  #endif

#elif defined ( __CSMC__ )                         /* Cosmic */
  #if ( __CSMC__ & 0x400)                          // FPU present for parser
    #error "Compiler generates FPU instructions for a device without an FPU (check __FPU_PRESENT)"
  #endif
#endif

#include <stdint.h>                               /* standard types definitions                      */
#include <core_cmInstr.h>                         /* Core Instruction Access                         */
#include <core_cmFunc.h>                          /* Core Function Access                            */

#ifdef __cplusplus
}
#endif

#endif                                            /* __CORE_CM0PLUS_H_GENERIC */

#ifndef __CMSIS_GENERIC

#ifndef __CORE_CM0PLUS_H_DEPENDANT
#define __CORE_CM0PLUS_H_DEPENDANT

#ifdef __cplusplus
 extern "C" {
#endif

/* check device defines and use defaults */
#if defined __CHECK_DEVICE_DEFINES
  #ifndef __CM0PLUS_REV
    #define __CM0PLUS_REV             0x0000
    #warning "__CM0PLUS_REV not defined in device header file; using default!"
  #endif

  #ifndef __MPU_PRESENT
    #define __MPU_PRESENT             0
    #warning "__MPU_PRESENT not defined in device header file; using default!"
  #endif

  #ifndef __VTOR_PRESENT
    #define __VTOR_PRESENT            0
    #warning "__VTOR_PRESENT not defined in device header file; using default!"
  #endif
```

```
  #ifndef __NVIC_PRIO_BITS
    #define __NVIC_PRIO_BITS          2
    #warning "__NVIC_PRIO_BITS not defined in device header file; using default!"
  #endif

  #ifndef __Vendor_SysTickConfig
    #define __Vendor_SysTickConfig    0
    #warning "__Vendor_SysTickConfig not defined in device header file; using default!"
  #endif
#endif

/* IO definitions (access restrictions to peripheral registers) */
/**
    \defgroup CMSIS_glob_defs CMSIS Global Defines

    <strong>IO Type Qualifiers</strong> are used
    \li to specify the access to peripheral variables.
    \li for automatic generation of peripheral register debug information.
*/
#ifdef __cplusplus
  #define   __I     volatile             /*!< Defines 'read only' permissions                 */
#else
  #define   __I     volatile const       /*!< Defines 'read only' permissions                 */
#endif
#define     __O     volatile             /*!< Defines 'write only' permissions                */
#define     __IO    volatile             /*!< Defines 'read / write' permissions              */

/*@} end of group Cortex-M0+ */
/*******************************************************************************
 *                 Register Abstraction
  Core Register contain:
  - Core Register
  - Core NVIC Register
  - Core SCB Register
  - Core SysTick Register
  - Core MPU Register
 ******************************************************************************/
/** \defgroup CMSIS_core_register Defines and Type Definitions
    \brief Type definitions and defines for Cortex-M processor based devices.
*/

/** \ingroup    CMSIS_core_register
    \defgroup   CMSIS_CORE  Status and Control Registers
    \brief  Core Register type definitions.
  @{
 */

/** \brief  Union type to access the Application Program Status Register (APSR).
 */
typedef union
{
  struct
  {
    uint32_t _reserved0:28;              /*!< bit:  0..27  Reserved                           */
    uint32_t V:1;                        /*!< bit:     28  Overflow condition code flag       */
    uint32_t C:1;                        /*!< bit:     29  Carry condition code flag          */
    uint32_t Z:1;                        /*!< bit:     30  Zero condition code flag           */
    uint32_t N:1;                        /*!< bit:     31  Negative condition code flag       */
  } b;                                   /*!< Structure used for bit  access                  */
  uint32_t w;                            /*!< Type      used for word access                  */
} APSR_Type;

/* APSR Register Definitions */
#define APSR_N_Pos                         31                                  /*!< APSR: N Position */
#define APSR_N_Msk                         (1UL << APSR_N_Pos)                 /*!< APSR: N Mask */

#define APSR_Z_Pos                         30                                  /*!< APSR: Z Position */
#define APSR_Z_Msk                         (1UL << APSR_Z_Pos)                 /*!< APSR: Z Mask */

#define APSR_C_Pos                         29                                  /*!< APSR: C Position */
#define APSR_C_Msk                         (1UL << APSR_C_Pos)                 /*!< APSR: C Mask */

#define APSR_V_Pos                         28                                  /*!< APSR: V Position */
#define APSR_V_Msk                         (1UL << APSR_V_Pos                  /*!< APSR: V Mask */

/** \brief  Union type to access the Interrupt Program Status Register (IPSR).
 */
typedef union
{
```

```
  struct
  {
    uint32_t ISR:9;                /*!< bit:  0.. 8  Exception number                  */
    uint32_t _reserved0:23;        /*!< bit:  9..31  Reserved                          */
  } b;                             /*!< Structure used for bit  access                 */
  uint32_t w;                      /*!< Type      used for word access                 */
} IPSR_Type;

/* IPSR Register Definitions */
#define IPSR_ISR_Pos                 0                          /*!< IPSR: ISR Position */
#define IPSR_ISR_Msk                (0x1FFUL /*<< IPSR_ISR_Pos*/)    /*!< IPSR: ISR Mask */

/** \brief  Union type to access the Special-Purpose Program Status Registers (xPSR).
 */
typedef union
{
  struct
  {
    uint32_t ISR:9;                /*!< bit:  0.. 8  Exception number                  */
    uint32_t _reserved0:15;        /*!< bit:  9..23  Reserved                          */
    uint32_t T:1;                  /*!< bit:     24  Thumb bit        (read 0)         */
    uint32_t _reserved1:3;         /*!< bit: 25..27  Reserved                          */
    uint32_t V:1;                  /*!< bit:     28  Overflow condition code flag      */
    uint32_t C:1;                  /*!< bit:     29  Carry condition code flag         */
    uint32_t Z:1;                  /*!< bit:     30  Zero condition code flag          */
    uint32_t N:1;                  /*!< bit:     31  Negative condition code flag      */
  } b;                             /*!< Structure used for bit  access                 */
  uint32_t w;                      /*!< Type      used for word access                 */
} xPSR_Type;

/* xPSR Register Definitions */
#define xPSR_N_Pos                  31                          /*!< xPSR: N Position */
#define xPSR_N_Msk                  (1UL << xPSR_N_Pos)         /*!< xPSR: N Mask */

#define xPSR_Z_Pos                  30                          /*!< xPSR: Z Position */
#define xPSR_Z_Msk                  (1UL << xPSR_Z_Pos)         /*!< xPSR: Z Mask */

#define xPSR_C_Pos                  29                          /*!< xPSR: C Position */
#define xPSR_C_Msk                  (1UL << xPSR_C_Pos)         /*!< xPSR: C Mask */

#define xPSR_V_Pos                  28                          /*!< xPSR: V Position */
#define xPSR_V_Msk                  (1UL << xPSR_V_Pos)         /*!< xPSR: V Mask */

#define xPSR_T_Pos                  24                          /*!< xPSR: T Position */
#define xPSR_T_Msk                  (1UL << xPSR_T_Pos)         /*!< xPSR: T Mask */

#define xPSR_ISR_Pos                 0                          /*!< xPSR: ISR Position */
#define xPSR_ISR_Msk                (0x1FFUL /*<< xPSR_ISR_Pos*/)    /*!< xPSR: ISR Mask */

/** \brief  Union type to access the Control Registers (CONTROL).
 */
typedef union
{
  struct
  {
    uint32_t nPRIV:1;              /*!< bit:      0  Execution privilege in Thread mode */
    uint32_t SPSEL:1;              /*!< bit:      1  Stack to be used                   */
    uint32_t _reserved1:30;        /*!< bit:  2..31  Reserved                           */
  } b;                             /*!< Structure used for bit  access                  */
  uint32_t w;                      /*!< Type      used for word access                  */
} CONTROL_Type;

/* CONTROL Register Definitions */
#define CONTROL_SPSEL_Pos            1                          /*!< CONTROL: SPSEL Position */
#define CONTROL_SPSEL_Msk           (1UL << CONTROL_SPSEL_Pos)  /*!< CONTROL: SPSEL Mask */

#define CONTROL_nPRIV_Pos            0                          /*!< CONTROL: nPRIV Position */
#define CONTROL_nPRIV_Msk           (1UL /*<< CONTROL_nPRIV_Pos*/)   /*!< CONTROL: nPRIV Mask */

/*@} end of group CMSIS_CORE */

/** \ingroup    CMSIS_core_register
    \defgroup   CMSIS_NVIC  Nested Vectored Interrupt Controller (NVIC)
    \brief      Type definitions for the NVIC Registers
  @{
 */

/** \brief  Structure type to access the Nested Vectored Interrupt Controller (NVIC).
 */
typedef struct
{
```

```
  __IO uint32_t ISER[1];                 /*!< Offset: 0x000 (R/W)  Interrupt Set Enable Register          */
       uint32_t RESERVED0[31];
  __IO uint32_t ICER[1];                 /*!< Offset: 0x080 (R/W)  Interrupt Clear Enable Register        */
       uint32_t RSERVED1[31];
  __IO uint32_t ISPR[1];                 /*!< Offset: 0x100 (R/W)  Interrupt Set Pending Register         */
       uint32_t RESERVED2[31];
  __IO uint32_t ICPR[1];                 /*!< Offset: 0x180 (R/W)  Interrupt Clear Pending Register       */
       uint32_t RESERVED3[31];
       uint32_t RESERVED4[64];
  __IO uint32_t IP[8];                   /*!< Offset: 0x300 (R/W)  Interrupt Priority Register            */
}  NVIC_Type;

/*@} end of group CMSIS_NVIC */

/** \ingroup  CMSIS_core_register
    \defgroup CMSIS_SCB     System Control Block (SCB)
    \brief      Type definitions for the System Control Block Registers
  @{
 */

/** \brief  Structure type to access the System Control Block (SCB).
 */
typedef struct
{
  __I  uint32_t CPUID;            /*!< Offset: 0x000 (R/ )  CPUID Base Register                                   */
  __IO uint32_t ICSR;             /*!< Offset: 0x004 (R/W)  Interrupt Control and State Register                  */
#if (__VTOR_PRESENT == 1)
  __IO uint32_t VTOR;             /*!< Offset: 0x008 (R/W)  Vector Table Offset Register                          */
#else
       uint32_t RESERVED0;
#endif
  __IO uint32_t AIRCR;            /*!< Offset: 0x00C (R/W)  Application Interrupt and Reset Control Register      */
  __IO uint32_t SCR;              /*!< Offset: 0x010 (R/W)  System Control Register                               */
  __IO uint32_t CCR;              /*!< Offset: 0x014 (R/W)  Configuration Control Register                        */
       uint32_t RESERVED1;
  __IO uint32_t SHP[2];           /*!< Offset: 0x01C (R/W)  System Handlers Priority Registers. [0] is RESERVED */
  __IO uint32_t SHCSR;            /*!< Offset: 0x024 (R/W)  System Handler Control and State Register             */
} SCB_Type;

/* SCB CPUID Register Definitions */
#define SCB_CPUID_IMPLEMENTER_Pos    24                                         /*!< SCB CPUID: IMPLEMENTER Position */
#define SCB_CPUID_IMPLEMENTER_Msk    (0xFFUL << SCB_CPUID_IMPLEMENTER_Pos) /*!< SCB CPUID: IMPLEMENTER Mask */

#define SCB_CPUID_VARIANT_Pos        20                                        /*!< SCB CPUID: VARIANT Position */
#define SCB_CPUID_VARIANT_Msk        (0xFUL << SCB_CPUID_VARIANT_Pos)          /*!< SCB CPUID: VARIANT Mask */

#define SCB_CPUID_ARCHITECTURE_Pos   16                                       /*!< SCB CPUID: ARCHITECTURE Position */
#define SCB_CPUID_ARCHITECTURE_Msk   (0xFUL << SCB_CPUID_ARCHITECTURE_Pos) /*!< SCB CPUID: ARCHITECTURE Mask */

#define SCB_CPUID_PARTNO_Pos         4                                         /*!< SCB CPUID: PARTNO Position */
#define SCB_CPUID_PARTNO_Msk         (0xFFFUL << SCB_CPUID_PARTNO_Pos)         /*!< SCB CPUID: PARTNO Mask */

#define SCB_CPUID_REVISION_Pos       0                                         /*!< SCB CPUID: REVISION Position */
#define SCB_CPUID_REVISION_Msk       (0xFUL /*<< SCB_CPUID_REVISION_Pos*/)     /*!< SCB CPUID: REVISION Mask */

/* SCB Interrupt Control State Register Definitions */
#define SCB_ICSR_NMIPENDSET_Pos      31                                        /*!< SCB ICSR: NMIPENDSET Position */
#define SCB_ICSR_NMIPENDSET_Msk      (1UL << SCB_ICSR_NMIPENDSET_Pos)          /*!< SCB ICSR: NMIPENDSET Mask */

#define SCB_ICSR_PENDSVSET_Pos       28                                        /*!< SCB ICSR: PENDSVSET Position */
#define SCB_ICSR_PENDSVSET_Msk       (1UL << SCB_ICSR_PENDSVSET_Pos)           /*!< SCB ICSR: PENDSVSET Mask */

#define SCB_ICSR_PENDSVCLR_Pos       27                                        /*!< SCB ICSR: PENDSVCLR Position */
#define SCB_ICSR_PENDSVCLR_Msk       (1UL << SCB_ICSR_PENDSVCLR_Pos)           /*!< SCB ICSR: PENDSVCLR Mask */

#define SCB_ICSR_PENDSTSET_Pos       26                                        /*!< SCB ICSR: PENDSTSET Position */
#define SCB_ICSR_PENDSTSET_Msk       (1UL << SCB_ICSR_PENDSTSET_Pos)           /*!< SCB ICSR: PENDSTSET Mask */

#define SCB_ICSR_PENDSTCLR_Pos       25                                        /*!< SCB ICSR: PENDSTCLR Position */
#define SCB_ICSR_PENDSTCLR_Msk       (1UL << SCB_ICSR_PENDSTCLR_Pos)           /*!< SCB ICSR: PENDSTCLR Mask */

#define SCB_ICSR_ISRPREEMPT_Pos      23                                       /*!< SCB ICSR: ISRPREEMPT Position */
#define SCB_ICSR_ISRPREEMPT_Msk      (1UL << SCB_ICSR_ISRPREEMPT_Pos)         /*!< SCB ICSR: ISRPREEMPT Mask */

#define SCB_ICSR_ISRPENDING_Pos      22                                       /*!< SCB ICSR: ISRPENDING Position */
#define SCB_ICSR_ISRPENDING_Msk      (1UL << SCB_ICSR_ISRPENDING_Pos)         /*!< SCB ICSR: ISRPENDING Mask */

#define SCB_ICSR_VECTPENDING_Pos     12                                       /*!< SCB ICSR: VECTPENDING Position */
#define SCB_ICSR_VECTPENDING_Msk     (0x1FFUL << SCB_ICSR_VECTPENDING_Pos)    /*!< SCB ICSR: VECTPENDING Mask */

#define SCB_ICSR_VECTACTIVE_Pos      0                                        /*!< SCB ICSR: VECTACTIVE Position */
```

```
#define SCB_ICSR_VECTACTIVE_Msk     (0x1FFUL /*<< SCB_ICSR_VECTACTIVE_Pos*/) /*!< SCB ICSR: VECTACTIVE Mask */

#if (__VTOR_PRESENT == 1)
/* SCB Interrupt Control State Register Definitions */
#define SCB_VTOR_TBLOFF_Pos         8                                       /*!< SCB VTOR: TBLOFF Position */
#define SCB_VTOR_TBLOFF_Msk         (0xFFFFFFUL << SCB_VTOR_TBLOFF_Pos)     /*!< SCB VTOR: TBLOFF Mask */
#endif

/* SCB Application Interrupt and Reset Control Register Definitions */
#define SCB_AIRCR_VECTKEY_Pos       16                                      /*!< SCB AIRCR: VECTKEY Position */
#define SCB_AIRCR_VECTKEY_Msk       (0xFFFFUL << SCB_AIRCR_VECTKEY_Pos)     /*!< SCB AIRCR: VECTKEY Mask */

#define SCB_AIRCR_VECTKEYSTAT_Pos   16                                      /*!< SCB AIRCR: VECTKEYSTAT Position */
#define SCB_AIRCR_VECTKEYSTAT_Msk   (0xFFFFUL << SCB_AIRCR_VECTKEYSTAT_Pos) /*!< SCB AIRCR: VECTKEYSTAT Mask */

#define SCB_AIRCR_ENDIANESS_Pos     15                                      /*!< SCB AIRCR: ENDIANESS Position */
#define SCB_AIRCR_ENDIANESS_Msk     (1UL << SCB_AIRCR_ENDIANESS_Pos)        /*!< SCB AIRCR: ENDIANESS Mask */

#define SCB_AIRCR_SYSRESETREQ_Pos   2                                       /*!< SCB AIRCR: SYSRESETREQ Position */
#define SCB_AIRCR_SYSRESETREQ_Msk   (1UL << SCB_AIRCR_SYSRESETREQ_Pos)      /*!< SCB AIRCR: SYSRESETREQ Mask */

#define SCB_AIRCR_VECTCLRACTIVE_Pos 1                                       /*!< SCB AIRCR: VECTCLRACTIVE Position */
#define SCB_AIRCR_VECTCLRACTIVE_Msk (1UL << SCB_AIRCR_VECTCLRACTIVE_Pos)    /*!< SCB AIRCR: VECTCLRACTIVE Mask */

/* SCB System Control Register Definitions */
#define SCB_SCR_SEVONPEND_Pos       4                                       /*!< SCB SCR: SEVONPEND Position */
#define SCB_SCR_SEVONPEND_Msk       (1UL << SCB_SCR_SEVONPEND_Pos)          /*!< SCB SCR: SEVONPEND Mask */

#define SCB_SCR_SLEEPDEEP_Pos       2                                       /*!< SCB SCR: SLEEPDEEP Position */
#define SCB_SCR_SLEEPDEEP_Msk       (1UL << SCB_SCR_SLEEPDEEP_Pos)          /*!< SCB SCR: SLEEPDEEP Mask */

#define SCB_SCR_SLEEPONEXIT_Pos     1                                       /*!< SCB SCR: SLEEPONEXIT Position */
#define SCB_SCR_SLEEPONEXIT_Msk     (1UL << SCB_SCR_SLEEPONEXIT_Pos)        /*!< SCB SCR: SLEEPONEXIT Mask */

/* SCB Configuration Control Register Definitions */
#define SCB_CCR_STKALIGN_Pos        9                                       /*!< SCB CCR: STKALIGN Position */
#define SCB_CCR_STKALIGN_Msk        (1UL << SCB_CCR_STKALIGN_Pos)           /*!< SCB CCR: STKALIGN Mask */

#define SCB_CCR_UNALIGN_TRP_Pos     3                                       /*!< SCB CCR: UNALIGN_TRP
Position */
#define SCB_CCR_UNALIGN_TRP_Msk     (1UL << SCB_CCR_UNALIGN_TRP_Pos)        /*!< SCB CCR: UNALIGN_TRP Mask */

/* SCB System Handler Control and State Register Definitions */
#define SCB_SHCSR_SVCALLPENDED_Pos  15                                      /*!< SCB SHCSR: SVCALLPENDED Position */
#define SCB_SHCSR_SVCALLPENDED_Msk  (1UL << SCB_SHCSR_SVCALLPENDED_Pos)     /*!< SCB SHCSR: SVCALLPENDED Mask */

/*@} end of group CMSIS_SCB */

/** \ingroup  CMSIS_core_register
    \defgroup CMSIS_SysTick     System Tick Timer (SysTick)
    \brief      Type definitions for the System Timer Registers.
  @{
 */

/** \brief  Structure type to access the System Timer (SysTick).
 */
typedef struct
{
  __IO uint32_t CTRL;                    /*!< Offset: 0x000 (R/W)  SysTick Control and Status Register */
  __IO uint32_t LOAD;                    /*!< Offset: 0x004 (R/W)  SysTick Reload Value Register       */
  __IO uint32_t VAL;                     /*!< Offset: 0x008 (R/W)  SysTick Current Value Register      */
  __I  uint32_t CALIB;                   /*!< Offset: 0x00C (R/ )  SysTick Calibration Register        */
} SysTick_Type;

/* SysTick Control / Status Register Definitions */
#define SysTick_CTRL_COUNTFLAG_Pos  16                                      /*!< SysTick CTRL: COUNTFLAG Position */
#define SysTick_CTRL_COUNTFLAG_Msk  (1UL << SysTick_CTRL_COUNTFLAG_Pos)     /*!< SysTick CTRL: COUNTFLAG Mask */

#define SysTick_CTRL_CLKSOURCE_Pos  2                                       /*!< SysTick CTRL: CLKSOURCE Position */
#define SysTick_CTRL_CLKSOURCE_Msk  (1UL << SysTick_CTRL_CLKSOURCE_Pos)     /*!< SysTick CTRL: CLKSOURCE Mask */

#define SysTick_CTRL_TICKINT_Pos    1                                       /*!< SysTick CTRL: TICKINT Position */
#define SysTick_CTRL_TICKINT_Msk    (1UL << SysTick_CTRL_TICKINT_Pos)       /*!< SysTick CTRL: TICKINT Mask */

#define SysTick_CTRL_ENABLE_Pos     0                                       /*!< SysTick CTRL: ENABLE Position */
#define SysTick_CTRL_ENABLE_Msk     (1UL /*<< SysTick_CTRL_ENABLE_Pos*/)    /*!< SysTick CTRL: ENABLE Mask */

/* SysTick Reload Register Definitions */
#define SysTick_LOAD_RELOAD_Pos     0                                       /*!< SysTick LOAD: RELOAD Position */
#define SysTick_LOAD_RELOAD_Msk     (0xFFFFFFUL /*<< SysTick_LOAD_RELOAD_Pos*/) /*!< SysTick LOAD: RELOAD Mask */
```

```
/* SysTick Current Register Definitions */
#define SysTick_VAL_CURRENT_Pos        0                                             /*!< SysTick VAL: CURRENT Position */
#define SysTick_VAL_CURRENT_Msk       (0xFFFFFFUL /*<< SysTick_VAL_CURRENT_Pos*/) /*!< SysTick VAL: CURRENT Mask */

/* SysTick Calibration Register Definitions */
#define SysTick_CALIB_NOREF_Pos       31                                             /*!< SysTick CALIB: NOREF Position */
#define SysTick_CALIB_NOREF_Msk       (1UL << SysTick_CALIB_NOREF_Pos)               /*!< SysTick CALIB: NOREF Mask */

#define SysTick_CALIB_SKEW_Pos        30                                             /*!< SysTick CALIB: SKEW Position */
#define SysTick_CALIB_SKEW_Msk        (1UL << SysTick_CALIB_SKEW_Pos)                /*!< SysTick CALIB: SKEW Mask */

#define SysTick_CALIB_TENMS_Pos       0                                              /*!< SysTick CALIB: TENMS Position */
#define SysTick_CALIB_TENMS_Msk       (0xFFFFFFUL /*<< SysTick_CALIB_TENMS_Pos*/) /*!< SysTick CALIB: TENMS Mask */

/*@} end of group CMSIS_SysTick */

#if (__MPU_PRESENT == 1)
/** \ingroup  CMSIS_core_register
    \defgroup CMSIS_MPU     Memory Protection Unit (MPU)
    \brief    Type definitions for the Memory Protection Unit (MPU)
  @{
 */

/** \brief  Structure type to access the Memory Protection Unit (MPU).
 */
typedef struct
{
  __I  uint32_t TYPE;                  /*!< Offset: 0x000 (R/ )  MPU Type Register                              */
  __IO uint32_t CTRL;                  /*!< Offset: 0x004 (R/W)  MPU Control Register                           */
  __IO uint32_t RNR;                   /*!< Offset: 0x008 (R/W)  MPU Region RNRber Register                     */
  __IO uint32_t RBAR;                  /*!< Offset: 0x00C (R/W)  MPU Region Base Address Register               */
  __IO uint32_t RASR;                  /*!< Offset: 0x010 (R/W)  MPU Region Attribute and Size Register         */
} MPU_Type;

/* MPU Type Register */
#define MPU_TYPE_IREGION_Pos       16                                    /*!< MPU TYPE: IREGION Position */
#define MPU_TYPE_IREGION_Msk       (0xFFUL << MPU_TYPE_IREGION_Pos)      /*!< MPU TYPE: IREGION Mask */

#define MPU_TYPE_DREGION_Pos       8                                     /*!< MPU TYPE: DREGION Position */
#define MPU_TYPE_DREGION_Msk       (0xFFUL << MPU_TYPE_DREGION_Pos)      /*!< MPU TYPE: DREGION Mask */

#define MPU_TYPE_SEPARATE_Pos      0                                     /*!< MPU TYPE: SEPARATE Position */
#define MPU_TYPE_SEPARATE_Msk      (1UL /*<< MPU_TYPE_SEPARATE_Pos*/)    /*!< MPU TYPE: SEPARATE Mask */

/* MPU Control Register */
#define MPU_CTRL_PRIVDEFENA_Pos    2                                     /*!< MPU CTRL: PRIVDEFENA Position */
#define MPU_CTRL_PRIVDEFENA_Msk    (1UL << MPU_CTRL_PRIVDEFENA_Pos)      /*!< MPU CTRL: PRIVDEFENA Mask */

#define MPU_CTRL_HFNMIENA_Pos      1                                     /*!< MPU CTRL: HFNMIENA Position */
#define MPU_CTRL_HFNMIENA_Msk      (1UL << MPU_CTRL_HFNMIENA_Pos)        /*!< MPU CTRL: HFNMIENA Mask */

#define MPU_CTRL_ENABLE_Pos        0                                     /*!< MPU CTRL: ENABLE Position */
#define MPU_CTRL_ENABLE_Msk        (1UL /*<< MPU_CTRL_ENABLE_Pos*/)      /*!< MPU CTRL: ENABLE Mask */

/* MPU Region Number Register */
#define MPU_RNR_REGION_Pos         0                                     /*!< MPU RNR: REGION Position */
#define MPU_RNR_REGION_Msk         (0xFFUL /*<< MPU_RNR_REGION_Pos*/)    /*!< MPU RNR: REGION Mask */

/* MPU Region Base Address Register */
#define MPU_RBAR_ADDR_Pos          8                                     /*!< MPU RBAR: ADDR Position */
#define MPU_RBAR_ADDR_Msk          (0xFFFFFFUL << MPU_RBAR_ADDR_Pos)     /*!< MPU RBAR: ADDR Mask */

#define MPU_RBAR_VALID_Pos         4                                     /*!< MPU RBAR: VALID Position */
#define MPU_RBAR_VALID_Msk         (1UL << MPU_RBAR_VALID_Pos)           /*!< MPU RBAR: VALID Mask */

#define MPU_RBAR_REGION_Pos        0                                     /*!< MPU RBAR: REGION Position */
#define MPU_RBAR_REGION_Msk        (0xFUL /*<< MPU_RBAR_REGION_Pos*/)    /*!< MPU RBAR: REGION Mask */

/* MPU Region Attribute and Size Register */
#define MPU_RASR_ATTRS_Pos       16                              /*!< MPU RASR: MPU Region Attribute field Position */
#define MPU_RASR_ATTRS_Msk      (0xFFFFUL << MPU_RASR_ATTRS_Pos) /*!< MPU RASR: MPU Region Attribute field Mask */

#define MPU_RASR_XN_Pos            28                                    /*!< MPU RASR: ATTRS.XN Position */
#define MPU_RASR_XN_Msk            (1UL << MPU_RASR_XN_Pos)              /*!< MPU RASR: ATTRS.XN Mask */

#define MPU_RASR_AP_Pos            24                                    /*!< MPU RASR: ATTRS.AP Position */
#define MPU_RASR_AP_Msk            (0x7UL << MPU_RASR_AP_Pos)            /*!< MPU RASR: ATTRS.AP Mask */

#define MPU_RASR_TEX_Pos           19                                    /*!< MPU RASR: ATTRS.TEX Position */
#define MPU_RASR_TEX_Msk           (0x7UL << MPU_RASR_TEX_Pos)           /*!< MPU RASR: ATTRS.TEX Mask */
```

```
#define MPU_RASR_S_Pos              18                                /*!< MPU RASR: ATTRS.S Position */
#define MPU_RASR_S_Msk              (1UL << MPU_RASR_S_Pos)           /*!< MPU RASR: ATTRS.S Mask */

#define MPU_RASR_C_Pos              17                                /*!< MPU RASR: ATTRS.C Position */
#define MPU_RASR_C_Msk              (1UL << MPU_RASR_C_Pos)           /*!< MPU RASR: ATTRS.C Mask */

#define MPU_RASR_B_Pos              16                                /*!< MPU RASR: ATTRS.B Position */
#define MPU_RASR_B_Msk              (1UL << MPU_RASR_B_Pos)           /*!< MPU RASR: ATTRS.B Mask */

#define MPU_RASR_SRD_Pos            8                           /*!< MPU RASR: Sub-Region Disable Position */
#define MPU_RASR_SRD_Msk            (0xFFUL << MPU_RASR_SRD_Pos)  /*!< MPU RASR: Sub-Region Disable Mask */

#define MPU_RASR_SIZE_Pos           1                           /*!< MPU RASR: Region Size Field Position */
#define MPU_RASR_SIZE_Msk           (0x1FUL << MPU_RASR_SIZE_Pos)  /*!< MPU RASR: Region Size Field Mask */

#define MPU_RASR_ENABLE_Pos         0                           /*!< MPU RASR: Region enable bit Position */
#define MPU_RASR_ENABLE_Msk         (1UL /*<< MPU_RASR_ENABLE_Pos*/) /*!< MPU RASR: Region enable bit Disable Mask */

/*@} end of group CMSIS_MPU */
#endif

/** \ingroup  CMSIS_core_register
    \defgroup CMSIS_CoreDebug       Core Debug Registers (CoreDebug)
    \brief      Cortex-M0+ Core Debug Registers (DCB registers, SHCSR, and DFSR)
                are only accessible over DAP and not via processor. Therefore
                they are not covered by the Cortex-M0 header file.
  @{
 */
/*@} end of group CMSIS_CoreDebug */

/** \ingroup    CMSIS_core_register
    \defgroup   CMSIS_core_base     Core Definitions
    \brief      Definitions for base addresses, unions, and structures.
  @{
 */

/* Memory mapping of Cortex-M0+ Hardware */
#define SCS_BASE            (0xE000E000UL)                     /*!< System Control Space Base Address */
#define SysTick_BASE        (SCS_BASE + 0x0010UL)              /*!< SysTick Base Address              */
#define NVIC_BASE           (SCS_BASE + 0x0100UL)              /*!< NVIC Base Address                 */
#define SCB_BASE            (SCS_BASE + 0x0D00UL)              /*!< System Control Block Base Address */

#define SCB                 ((SCB_Type     *) SCB_BASE      )   /*!< SCB configuration struct          */
#define SysTick             ((SysTick_Type *) SysTick_BASE  )   /*!< SysTick configuration struct      */
#define NVIC                ((NVIC_Type    *) NVIC_BASE     )   /*!< NVIC configuration struct         */

#if (__MPU_PRESENT == 1)
  #define MPU_BASE          (SCS_BASE + 0x0D90UL)              /*!< Memory Protection Unit            */
  #define MPU               ((MPU_Type     *) MPU_BASE      )   /*!< Memory Protection Unit            */
#endif

/*@} */

/*******************************************************************************
 *                Hardware Abstraction Layer
  Core Function Interface contains:
  - Core NVIC Functions
  - Core SysTick Functions
  - Core Register Access Functions
 ******************************************************************************/
/** \defgroup CMSIS_Core_FunctionInterface Functions and Instructions Reference
*/

/* ##########################   NVIC functions  #################################### */
/** \ingroup  CMSIS_Core_FunctionInterface
    \defgroup CMSIS_Core_NVICFunctions NVIC Functions
    \brief      Functions that manage interrupts and exceptions via the NVIC.
    @{
 */

/* Interrupt Priorities are WORD accessible only under ARMv6M                   */
/* The following MACROS handle generation of the register offset and byte masks */
#define _BIT_SHIFT(IRQn)         (  ((((uint32_t)(int32_t)(IRQn))         )      &  0x03UL) * 8UL)
#define _SHP_IDX(IRQn)           ( (((((uint32_t)(int32_t)(IRQn)) & 0x0FUL)-8UL) >>    2UL)      )
#define _IP_IDX(IRQn)            (   (((uint32_t)(int32_t)(IRQn))                >>    2UL)      )

/** \brief  Enable External Interrupt

    The function enables a device-specific interrupt in the NVIC interrupt controller.

    \param [in]      IRQn  External interrupt number. Value cannot be negative.
```

```
 */
__STATIC_INLINE void NVIC_EnableIRQ(IRQn_Type IRQn)
{
  NVIC->ISER[0] = (uint32_t)(1UL << (((uint32_t)(int32_t)IRQn) & 0x1FUL));
}

/** \brief  Disable External Interrupt

    The function disables a device-specific interrupt in the NVIC interrupt controller.

    \param [in]      IRQn  External interrupt number. Value cannot be negative.
 */
__STATIC_INLINE void NVIC_DisableIRQ(IRQn_Type IRQn)
{
  NVIC->ICER[0] = (uint32_t)(1UL << (((uint32_t)(int32_t)IRQn) & 0x1FUL));
}

/** \brief  Get Pending Interrupt

    The function reads the pending register in the NVIC and returns the pending bit
    for the specified interrupt.

    \param [in]      IRQn  Interrupt number.

    \return             0  Interrupt status is not pending.
    \return             1  Interrupt status is pending.
 */
__STATIC_INLINE uint32_t NVIC_GetPendingIRQ(IRQn_Type IRQn)
{
  return((uint32_t)(((NVIC->ISPR[0] & (1UL << (((uint32_t)(int32_t)IRQn) & 0x1FUL))) != 0UL) ? 1UL : 0UL));
}

/** \brief  Set Pending Interrupt

    The function sets the pending bit of an external interrupt.

    \param [in]      IRQn  Interrupt number. Value cannot be negative.
 */
__STATIC_INLINE void NVIC_SetPendingIRQ(IRQn_Type IRQn)
{
  NVIC->ISPR[0] = (uint32_t)(1UL << (((uint32_t)(int32_t)IRQn) & 0x1FUL));
}

/** \brief  Clear Pending Interrupt

    The function clears the pending bit of an external interrupt.

    \param [in]      IRQn  External interrupt number. Value cannot be negative.
 */
__STATIC_INLINE void NVIC_ClearPendingIRQ(IRQn_Type IRQn)
{
  NVIC->ICPR[0] = (uint32_t)(1UL << (((uint32_t)(int32_t)IRQn) & 0x1FUL));
}

/** \brief  Set Interrupt Priority

    The function sets the priority of an interrupt.

    \note The priority cannot be set for every core interrupt.

    \param [in]      IRQn  Interrupt number.
    \param [in]  priority  Priority to set.
 */
__STATIC_INLINE void NVIC_SetPriority(IRQn_Type IRQn, uint32_t priority)
{
  if((int32_t)(IRQn) < 0) {
    SCB->SHP[_SHP_IDX(IRQn)] = ((uint32_t)(SCB->SHP[_SHP_IDX(IRQn)] & ~(0xFFUL << _BIT_SHIFT(IRQn))) |
       (((priority << (8 - __NVIC_PRIO_BITS)) & (uint32_t)0xFFUL) << _BIT_SHIFT(IRQn)));
  }
  else {
    NVIC->IP[_IP_IDX(IRQn)]  = ((uint32_t)(NVIC->IP[_IP_IDX(IRQn)]  & ~(0xFFUL << _BIT_SHIFT(IRQn))) |
       (((priority << (8 - __NVIC_PRIO_BITS)) & (uint32_t)0xFFUL) << _BIT_SHIFT(IRQn)));
  }
}

/** \brief  Get Interrupt Priority

    The function reads the priority of an interrupt. The interrupt
    number can be positive to specify an external (device specific)
    interrupt, or negative to specify an internal (core) interrupt.
```

```
    \param [in]    IRQn  Interrupt number.
    \return              Interrupt Priority. Value is aligned automatically to the implemented
                         priority bits of the microcontroller.
 */
__STATIC_INLINE uint32_t NVIC_GetPriority(IRQn_Type IRQn)
{

  if((int32_t)(IRQn) < 0) {
    return((uint32_t)(((SCB->SHP[_SHP_IDX(IRQn)] >> _BIT_SHIFT(IRQn) ) & (uint32_t)0xFFUL) >> (8 - __NVIC_PRIO_BITS)));
  }
  else {
    return((uint32_t)(((NVIC->IP[ _IP_IDX(IRQn)] >> _BIT_SHIFT(IRQn) ) & (uint32_t)0xFFUL) >> (8 - __NVIC_PRIO_BITS)));
  }
}

/** \brief  System Reset

    The function initiates a system reset request to reset the MCU.
 */
__STATIC_INLINE void NVIC_SystemReset(void)
{
  __DSB();                                                     /* Ensure all outstanding memory accesses included
                                                                  buffered write are completed before reset */
  SCB->AIRCR  = ((0x5FAUL << SCB_AIRCR_VECTKEY_Pos) |
                 SCB_AIRCR_SYSRESETREQ_Msk);
  __DSB();                                                     /* Ensure completion of memory access */
  while(1) { __NOP(); }                                        /* wait until reset */
}

/*@} end of CMSIS_Core_NVICFunctions */

/* ##################################    SysTick function  ############################################ */
/** \ingroup  CMSIS_Core_FunctionInterface
    \defgroup CMSIS_Core_SysTickFunctions SysTick Functions
    \brief      Functions that configure the System.
  @{
 */

#if (__Vendor_SysTickConfig == 0)

/** \brief  System Tick Configuration

    The function initializes the System Timer and its interrupt, and starts the System Tick Timer.
    Counter is in free running mode to generate periodic interrupts.

    \param [in]  ticks  Number of ticks between two interrupts.

    \return          0  Function succeeded.
    \return          1  Function failed.

    \note     When the variable <b>__Vendor_SysTickConfig</b> is set to 1, then the
    function <b>SysTick_Config</b> is not included. In this case, the file <b><i>device</i>.h</b>
    must contain a vendor-specific implementation of this function.

 */
__STATIC_INLINE uint32_t SysTick_Config(uint32_t ticks)
{
  if ((ticks - 1UL) > SysTick_LOAD_RELOAD_Msk) {return (1UL);}      /* Reload value impossible */

  SysTick->LOAD  = (uint32_t)(ticks - 1UL);                         /* set reload register */
  NVIC_SetPriority (SysTick_IRQn, (1UL << __NVIC_PRIO_BITS) - 1UL); /* set Priority for Systick Interrupt */
  SysTick->VAL   = 0UL;                                             /* Load the SysTick Counter Value */
  SysTick->CTRL  = SysTick_CTRL_CLKSOURCE_Msk |
                   SysTick_CTRL_TICKINT_Msk   |
                   SysTick_CTRL_ENABLE_Msk;                         /* Enable SysTick IRQ and SysTick Timer */
  return (0UL);                                                     /* Function successful */
}

#endif            /*@} end of CMSIS_Core_SysTickFunctions */

#ifdef __cplusplus
}
#endif

#endif /* __CORE_CM0PLUS_H_DEPENDANT */

#endif /* __CMSIS_GENERIC */
```

■ MKL25Z128VLK4 마이크로컨트롤러용의 헤더파일

KDS 소프트웨어에서 제공하는 MKL25Z128VLK4 마이크로컨트롤러용의 C언어 기본 헤더파일 MKL25Z4.h는 다음과 같다. 여기에는 MKL25Z128VLK4 소자를 사용할 때 필요한 I/O 제어 레지스터의 이름을 비롯한 여러가지 사항들을 정의하고 있다.

<파일 MKL25Z4.h> KDS에서 제공하는 MKL25Z128VLK4용 헤더파일

```
/*
** ###################################################################
**     Processors:          MKL25Z128FM4
**                          MKL25Z128FT4
**                          MKL25Z128LH4
**                          MKL25Z128VLK4
**
**     Compilers:           Keil ARM C/C++ Compiler
**                          Freescale C/C++ for Embedded ARM
**                          GNU C Compiler
**                          GNU C Compiler - CodeSourcery Sourcery G++
**                          IAR ANSI C/C++ Compiler for ARM
**
**     Reference manual:    KL25P80M48SF0RM, Rev.3, Sep 2012
**     Version:             rev. 2.5, 2015-02-19
**     Build:               b150220
**
**     Abstract:
**         CMSIS Peripheral Access Layer for MKL25Z4
**
**     Copyright (c) 1997 - 2015 Freescale Semiconductor, Inc.
**     All rights reserved.
**
**     Redistribution and use in source and binary forms, with or without modification,
**     are permitted provided that the following conditions are met:
**
**     o Redistributions of source code must retain the above copyright notice, this list
**       of conditions and the following disclaimer.
**
**     o Redistributions in binary form must reproduce the above copyright notice, this
**       list of conditions and the following disclaimer in the documentation and/or
**       other materials provided with the distribution.
**
**     o Neither the name of Freescale Semiconductor, Inc. nor the names of its
**       contributors may be used to endorse or promote products derived from this
**       software without specific prior written permission.
**
**     THIS SOFTWARE IS PROVIDED BY THE COPYRIGHT HOLDERS AND CONTRIBUTORS "AS IS" AND
**     ANY EXPRESS OR IMPLIED WARRANTIES, INCLUDING, BUT NOT LIMITED TO, THE IMPLIED
**     WARRANTIES OF MERCHANTABILITY AND FITNESS FOR A PARTICULAR PURPOSE ARE
**     DISCLAIMED. IN NO EVENT SHALL THE COPYRIGHT HOLDER OR CONTRIBUTORS BE LIABLE FOR
**     ANY DIRECT, INDIRECT, INCIDENTAL, SPECIAL, EXEMPLARY, OR CONSEQUENTIAL DAMAGES
**     (INCLUDING, BUT NOT LIMITED TO, PROCUREMENT OF SUBSTITUTE GOODS OR SERVICES;
**     LOSS OF USE, DATA, OR PROFITS; OR BUSINESS INTERRUPTION) HOWEVER CAUSED AND ON
**     ANY THEORY OF LIABILITY, WHETHER IN CONTRACT, STRICT LIABILITY, OR TORT
**     (INCLUDING NEGLIGENCE OR OTHERWISE) ARISING IN ANY WAY OUT OF THE USE OF THIS
**     SOFTWARE, EVEN IF ADVISED OF THE POSSIBILITY OF SUCH DAMAGE.
**
**     http:                 www.freescale.com
**     mail:                 support@freescale.com
**
**     Revisions:
**     - rev. 1.0 (2012-06-13)
**         Initial version.
**     - rev. 1.1 (2012-06-21)
**         Update according to reference manual rev. 1.
**     - rev. 1.2 (2012-08-01)
**         Device type UARTLP changed to UART0.
**     - rev. 1.3 (2012-10-04)
**         Update according to reference manual rev. 3.
**     - rev. 1.4 (2012-11-22)
**         MCG module - bit LOLS in MCG_S register renamed to LOLS0.
**         NV registers - bit EZPORT_DIS in NV_FOPT register removed.
**     - rev. 1.5 (2013-04-05)
**         Changed start of doxygen comment.
```

```
**     - rev. 2.0 (2013-10-29)
**         Register accessor macros added to the memory map.
**         Symbols for Processor Expert memory map compatibility added to the memory map.
**         Startup file for gcc has been updated according to CMSIS 3.2.
**         System initialization updated.
**     - rev. 2.1 (2014-07-16)
**         Module access macro module_BASES replaced by module_BASE_PTRS.
**         System initialization and startup updated.
**     - rev. 2.2 (2014-08-22)
**         System initialization updated - default clock config changed.
**     - rev. 2.3 (2014-08-28)
**         Update of startup files - possibility to override DefaultISR added.
**     - rev. 2.4 (2014-10-14)
**         Interrupt INT_LPTimer renamed to INT_LPTMR0.
**     - rev. 2.5 (2015-02-19)
**         Renamed interrupt vector LLW to LLWU.
**
** ###################################################################
*/

/*!
 * @file MKL25Z4.h
 * @version 2.5
 * @date 2015-02-19
 * @brief CMSIS Peripheral Access Layer for MKL25Z4
 *
 * CMSIS Peripheral Access Layer for MKL25Z4
 */

/* ----------------------------------------------------------------------------
   -- MCU activation
   ---------------------------------------------------------------------------- */

/* Prevention from multiple including the same memory map */
#if !defined(MKL25Z4_H_)  /* Check if memory map has not been already included */
#define MKL25Z4_H_
#define MCU_MKL25Z4

/* Check if another memory map has not been also included */
#if (defined(MCU_ACTIVE))
  #error MKL25Z4 memory map: There is already included another memory map. Only one memory map can be included.
#endif /* (defined(MCU_ACTIVE)) */
#define MCU_ACTIVE

#include <stdint.h>

/** Memory map major version (memory maps with equal major version number are
 * compatible) */
#define MCU_MEM_MAP_VERSION 0x0200u
/** Memory map minor version */
#define MCU_MEM_MAP_VERSION_MINOR 0x0005u

/* ----------------------------------------------------------------------------
   -- Interrupt vector numbers
   ---------------------------------------------------------------------------- */

/** Interrupt Number Definitions */
#define NUMBER_OF_INT_VECTORS 48                 /**< Number of interrupts in the Vector table */

typedef enum IRQn {
  /* Core interrupts */
  NonMaskableInt_IRQn          = -14,             /**< Non Maskable Interrupt */
  HardFault_IRQn               = -13,             /**< Cortex-M0 SV Hard Fault Interrupt */
  SVCall_IRQn                  = -5,              /**< Cortex-M0 SV Call Interrupt */
  PendSV_IRQn                  = -2,              /**< Cortex-M0 Pend SV Interrupt */
  SysTick_IRQn                 = -1,              /**< Cortex-M0 System Tick Interrupt */

  /* Device specific interrupts */
  DMA0_IRQn                    = 0,               /**< DMA channel 0 transfer complete */
  DMA1_IRQn                    = 1,               /**< DMA channel 1 transfer complete */
  DMA2_IRQn                    = 2,               /**< DMA channel 2 transfer complete */
  DMA3_IRQn                    = 3,               /**< DMA channel 3 transfer complete */
  Reserved20_IRQn              = 4,               /**< Reserved interrupt */
  FTFA_IRQn                    = 5,               /**< Command complete and read collision */
  LVD_LVW_IRQn                 = 6,               /**< Low-voltage detect, low-voltage warning */
  LLWU_IRQn                    = 7,               /**< Low leakage wakeup Unit */
  I2C0_IRQn                    = 8,               /**< I2C0 interrupt */
  I2C1_IRQn                    = 9,               /**< I2C1 interrupt */
  SPI0_IRQn                    = 10,              /**< SPI0 single interrupt vector for all sources */
  SPI1_IRQn                    = 11,              /**< SPI1 single interrupt vector for all sources */
  UART0_IRQn                   = 12,              /**< UART0 status and error */
  UART1_IRQn                   = 13,              /**< UART1 status and error */
```

```
  UART2_IRQn                   = 14,              /**< UART2 status and error */
  ADC0_IRQn                    = 15,              /**< ADC0 interrupt */
  CMP0_IRQn                    = 16,              /**< CMP0 interrupt */
  TPM0_IRQn                    = 17,              /**< TPM0 single interrupt vector for all sources */
  TPM1_IRQn                    = 18,              /**< TPM1 single interrupt vector for all sources */
  TPM2_IRQn                    = 19,              /**< TPM2 single interrupt vector for all sources */
  RTC_IRQn                     = 20,              /**< RTC alarm */
  RTC_Seconds_IRQn             = 21,              /**< RTC seconds */
  PIT_IRQn                     = 22,              /**< PIT interrupt */
  Reserved39_IRQn              = 23,              /**< Reserved interrupt */
  USB0_IRQn                    = 24,              /**< USB0 interrupt */
  DAC0_IRQn                    = 25,              /**< DAC0 interrupt */
  TSI0_IRQn                    = 26,              /**< TSI0 interrupt */
  MCG_IRQn                     = 27,              /**< MCG interrupt */
  LPTMR0_IRQn                  = 28,              /**< LPTMR0 interrupt */
  Reserved45_IRQn              = 29,              /**< Reserved interrupt */
  PORTA_IRQn                   = 30,              /**< PORTA Pin detect */
  PORTD_IRQn                   = 31               /**< PORTD Pin detect */
} IRQn_Type;

/* ----------------------------------------------------------------------------
   -- Cortex M0 Core Configuration
   ---------------------------------------------------------------------------- */

#define __CM0PLUS_REV              0x0000    /**< Core revision r0p0 */
#define __MPU_PRESENT              0         /**< Defines if an MPU is present or not */
#define __VTOR_PRESENT             1         /**< Defines if an MPU is present or not */
#define __NVIC_PRIO_BITS           2         /**< Number of priority bits implemented in the NVIC */
#define __Vendor_SysTickConfig     0         /**< Vendor specific implementation of SysTickConfig is defined */

#include "core_cm0plus.h"               /* Core Peripheral Access Layer */
#include "system_MKL25Z4.h"             /* Device specific configuration file */

/* ----------------------------------------------------------------------------
   -- Device Peripheral Access Layer
   ---------------------------------------------------------------------------- */

/*
** Start of section using anonymous unions
*/

#if defined(__ARMCC_VERSION)
  #pragma push
  #pragma anon_unions
#elif defined(__CWCC__)
  #pragma push
  #pragma cpp_extensions on
#elif defined(__GNUC__)
  /* anonymous unions are enabled by default */
#elif defined(__IAR_SYSTEMS_ICC__)
  #pragma language=extended
#else
  #error Not supported compiler type
#endif

/* ----------------------------------------------------------------------------
   -- ADC Peripheral Access Layer
   ---------------------------------------------------------------------------- */

/** ADC - Register Layout Typedef */
typedef struct {
  __IO uint32_t SC1[2];             /**< ADC Status and Control Registers 1, array offset: 0x0, array step: 0x4 */
  __IO uint32_t CFG1;               /**< ADC Configuration Register 1, offset: 0x8 */
  __IO uint32_t CFG2;               /**< ADC Configuration Register 2, offset: 0xC */
  __I  uint32_t R[2];               /**< ADC Data Result Register, array offset: 0x10, array step: 0x4 */
  __IO uint32_t CV1;                /**< Compare Value Registers, offset: 0x18 */
  __IO uint32_t CV2;                /**< Compare Value Registers, offset: 0x1C */
  __IO uint32_t SC2;                /**< Status and Control Register 2, offset: 0x20 */
  __IO uint32_t SC3;                /**< Status and Control Register 3, offset: 0x24 */
  __IO uint32_t OFS;                /**< ADC Offset Correction Register, offset: 0x28 */
  __IO uint32_t PG;                 /**< ADC Plus-Side Gain Register, offset: 0x2C */
  __IO uint32_t MG;                 /**< ADC Minus-Side Gain Register, offset: 0x30 */
  __IO uint32_t CLPD;               /**< ADC Plus-Side General Calibration Value Register, offset: 0x34 */
  __IO uint32_t CLPS;               /**< ADC Plus-Side General Calibration Value Register, offset: 0x38 */
  __IO uint32_t CLP4;               /**< ADC Plus-Side General Calibration Value Register, offset: 0x3C */
  __IO uint32_t CLP3;               /**< ADC Plus-Side General Calibration Value Register, offset: 0x40 */
  __IO uint32_t CLP2;               /**< ADC Plus-Side General Calibration Value Register, offset: 0x44 */
  __IO uint32_t CLP1;               /**< ADC Plus-Side General Calibration Value Register, offset: 0x48 */
  __IO uint32_t CLP0;               /**< ADC Plus-Side General Calibration Value Register, offset: 0x4C */
       uint8_t RESERVED_0[4];
  __IO uint32_t CLMD;               /**< ADC Minus-Side General Calibration Value Register, offset: 0x54 */
  __IO uint32_t CLMS;               /**< ADC Minus-Side General Calibration Value Register, offset: 0x58 */
```

```
  __IO uint32_t CLM4;              /**< ADC Minus-Side General Calibration Value Register, offset: 0x5C */
  __IO uint32_t CLM3;              /**< ADC Minus-Side General Calibration Value Register, offset: 0x60 */
  __IO uint32_t CLM2;              /**< ADC Minus-Side General Calibration Value Register, offset: 0x64 */
  __IO uint32_t CLM1;              /**< ADC Minus-Side General Calibration Value Register, offset: 0x68 */
  __IO uint32_t CLM0;              /**< ADC Minus-Side General Calibration Value Register, offset: 0x6C */
} ADC_Type, *ADC_MemMapPtr;

/* ----------------------------------------------------------------------------
   -- ADC - Register accessor macros
   ---------------------------------------------------------------------------- */

/* ADC - Register accessors */
#define ADC_SC1_REG(base,index)                  ((base)->SC1[index])
#define ADC_SC1_COUNT                            2
#define ADC_CFG1_REG(base)                       ((base)->CFG1)
#define ADC_CFG2_REG(base)                       ((base)->CFG2)
#define ADC_R_REG(base,index)                    ((base)->R[index])
#define ADC_R_COUNT                              2
#define ADC_CV1_REG(base)                        ((base)->CV1)
#define ADC_CV2_REG(base)                        ((base)->CV2)
#define ADC_SC2_REG(base)                        ((base)->SC2)
#define ADC_SC3_REG(base)                        ((base)->SC3)
#define ADC_OFS_REG(base)                        ((base)->OFS)
#define ADC_PG_REG(base)                         ((base)->PG)
#define ADC_MG_REG(base)                         ((base)->MG)
#define ADC_CLPD_REG(base)                       ((base)->CLPD)
#define ADC_CLPS_REG(base)                       ((base)->CLPS)
#define ADC_CLP4_REG(base)                       ((base)->CLP4)
#define ADC_CLP3_REG(base)                       ((base)->CLP3)
#define ADC_CLP2_REG(base)                       ((base)->CLP2)
#define ADC_CLP1_REG(base)                       ((base)->CLP1)
#define ADC_CLP0_REG(base)                       ((base)->CLP0)
#define ADC_CLMD_REG(base)                       ((base)->CLMD)
#define ADC_CLMS_REG(base)                       ((base)->CLMS)
#define ADC_CLM4_REG(base)                       ((base)->CLM4)
#define ADC_CLM3_REG(base)                       ((base)->CLM3)
#define ADC_CLM2_REG(base)                       ((base)->CLM2)
#define ADC_CLM1_REG(base)                       ((base)->CLM1)
#define ADC_CLM0_REG(base)                       ((base)->CLM0)

/* ----------------------------------------------------------------------------
   -- ADC Register Masks
   ---------------------------------------------------------------------------- */

/* SC1 Bit Fields */
#define ADC_SC1_ADCH_MASK                0x1Fu
#define ADC_SC1_ADCH_SHIFT               0
#define ADC_SC1_ADCH_WIDTH               5
#define ADC_SC1_ADCH(x)                  (((uint32_t)(((uint32_t)(x))<<ADC_SC1_ADCH_SHIFT))&ADC_SC1_ADCH_MASK)
#define ADC_SC1_DIFF_MASK                0x20u
#define ADC_SC1_DIFF_SHIFT               5
#define ADC_SC1_DIFF_WIDTH               1
#define ADC_SC1_DIFF(x)                  (((uint32_t)(((uint32_t)(x))<<ADC_SC1_DIFF_SHIFT))&ADC_SC1_DIFF_MASK)
#define ADC_SC1_AIEN_MASK                0x40u
#define ADC_SC1_AIEN_SHIFT               6
#define ADC_SC1_AIEN_WIDTH               1
#define ADC_SC1_AIEN(x)                  (((uint32_t)(((uint32_t)(x))<<ADC_SC1_AIEN_SHIFT))&ADC_SC1_AIEN_MASK)
#define ADC_SC1_COCO_MASK                0x80u
#define ADC_SC1_COCO_SHIFT               7
#define ADC_SC1_COCO_WIDTH               1
#define ADC_SC1_COCO(x)                  (((uint32_t)(((uint32_t)(x))<<ADC_SC1_COCO_SHIFT))&ADC_SC1_COCO_MASK)
/* CFG1 Bit Fields */
#define ADC_CFG1_ADICLK_MASK             0x3u
#define ADC_CFG1_ADICLK_SHIFT            0
#define ADC_CFG1_ADICLK_WIDTH            2
#define ADC_CFG1_ADICLK(x)               (((uint32_t)(((uint32_t)(x))<<ADC_CFG1_ADICLK_SHIFT))&ADC_CFG1_ADICLK_MASK)
#define ADC_CFG1_MODE_MASK               0xCu
#define ADC_CFG1_MODE_SHIFT              2
#define ADC_CFG1_MODE_WIDTH              2
#define ADC_CFG1_MODE(x)                 (((uint32_t)(((uint32_t)(x))<<ADC_CFG1_MODE_SHIFT))&ADC_CFG1_MODE_MASK)
#define ADC_CFG1_ADLSMP_MASK             0x10u
#define ADC_CFG1_ADLSMP_SHIFT            4
#define ADC_CFG1_ADLSMP_WIDTH            1
#define ADC_CFG1_ADLSMP(x)               (((uint32_t)(((uint32_t)(x))<<ADC_CFG1_ADLSMP_SHIFT))&ADC_CFG1_ADLSMP_MASK)
#define ADC_CFG1_ADIV_MASK               0x60u
#define ADC_CFG1_ADIV_SHIFT              5
#define ADC_CFG1_ADIV_WIDTH              2
#define ADC_CFG1_ADIV(x)                 (((uint32_t)(((uint32_t)(x))<<ADC_CFG1_ADIV_SHIFT))&ADC_CFG1_ADIV_MASK)
#define ADC_CFG1_ADLPC_MASK              0x80u
#define ADC_CFG1_ADLPC_SHIFT             7
#define ADC_CFG1_ADLPC_WIDTH             1
#define ADC_CFG1_ADLPC(x)                (((uint32_t)(((uint32_t)(x))<<ADC_CFG1_ADLPC_SHIFT))&ADC_CFG1_ADLPC_MASK)
```

```
/* CFG2 Bit Fields */
#define ADC_CFG2_ADLSTS_MASK         0x3u
#define ADC_CFG2_ADLSTS_SHIFT        0
#define ADC_CFG2_ADLSTS_WIDTH        2
#define ADC_CFG2_ADLSTS(x)           (((uint32_t)(((uint32_t)(x))<<ADC_CFG2_ADLSTS_SHIFT))&ADC_CFG2_ADLSTS_MASK)
#define ADC_CFG2_ADHSC_MASK          0x4u
#define ADC_CFG2_ADHSC_SHIFT         2
#define ADC_CFG2_ADHSC_WIDTH         1
#define ADC_CFG2_ADHSC(x)            (((uint32_t)(((uint32_t)(x))<<ADC_CFG2_ADHSC_SHIFT))&ADC_CFG2_ADHSC_MASK)
#define ADC_CFG2_ADACKEN_MASK        0x8u
#define ADC_CFG2_ADACKEN_SHIFT       3
#define ADC_CFG2_ADACKEN_WIDTH       1
#define ADC_CFG2_ADACKEN(x)          (((uint32_t)(((uint32_t)(x))<<ADC_CFG2_ADACKEN_SHIFT))&ADC_CFG2_ADACKEN_MASK)
#define ADC_CFG2_MUXSEL_MASK         0x10u
#define ADC_CFG2_MUXSEL_SHIFT        4
#define ADC_CFG2_MUXSEL_WIDTH        1
#define ADC_CFG2_MUXSEL(x)           (((uint32_t)(((uint32_t)(x))<<ADC_CFG2_MUXSEL_SHIFT))&ADC_CFG2_MUXSEL_MASK)
/* R Bit Fields */
#define ADC_R_D_MASK                 0xFFFFu
#define ADC_R_D_SHIFT                0
#define ADC_R_D_WIDTH                16
#define ADC_R_D(x)                   (((uint32_t)(((uint32_t)(x))<<ADC_R_D_SHIFT))&ADC_R_D_MASK)
/* CV1 Bit Fields */
#define ADC_CV1_CV_MASK              0xFFFFu
#define ADC_CV1_CV_SHIFT             0
#define ADC_CV1_CV_WIDTH             16
#define ADC_CV1_CV(x)                (((uint32_t)(((uint32_t)(x))<<ADC_CV1_CV_SHIFT))&ADC_CV1_CV_MASK)
/* CV2 Bit Fields */
#define ADC_CV2_CV_MASK              0xFFFFu
#define ADC_CV2_CV_SHIFT             0
#define ADC_CV2_CV_WIDTH             16
#define ADC_CV2_CV(x)                (((uint32_t)(((uint32_t)(x))<<ADC_CV2_CV_SHIFT))&ADC_CV2_CV_MASK)
/* SC2 Bit Fields */
#define ADC_SC2_REFSEL_MASK          0x3u
#define ADC_SC2_REFSEL_SHIFT         0
#define ADC_SC2_REFSEL_WIDTH         2
#define ADC_SC2_REFSEL(x)            (((uint32_t)(((uint32_t)(x))<<ADC_SC2_REFSEL_SHIFT))&ADC_SC2_REFSEL_MASK)
#define ADC_SC2_DMAEN_MASK           0x4u
#define ADC_SC2_DMAEN_SHIFT          2
#define ADC_SC2_DMAEN_WIDTH          1
#define ADC_SC2_DMAEN(x)             (((uint32_t)(((uint32_t)(x))<<ADC_SC2_DMAEN_SHIFT))&ADC_SC2_DMAEN_MASK)
#define ADC_SC2_ACREN_MASK           0x8u
#define ADC_SC2_ACREN_SHIFT          3
#define ADC_SC2_ACREN_WIDTH          1
#define ADC_SC2_ACREN(x)             (((uint32_t)(((uint32_t)(x))<<ADC_SC2_ACREN_SHIFT))&ADC_SC2_ACREN_MASK)
#define ADC_SC2_ACFGT_MASK           0x10u
#define ADC_SC2_ACFGT_SHIFT          4
#define ADC_SC2_ACFGT_WIDTH          1
#define ADC_SC2_ACFGT(x)             (((uint32_t)(((uint32_t)(x))<<ADC_SC2_ACFGT_SHIFT))&ADC_SC2_ACFGT_MASK)
#define ADC_SC2_ACFE_MASK            0x20u
#define ADC_SC2_ACFE_SHIFT           5
#define ADC_SC2_ACFE_WIDTH           1
#define ADC_SC2_ACFE(x)              (((uint32_t)(((uint32_t)(x))<<ADC_SC2_ACFE_SHIFT))&ADC_SC2_ACFE_MASK)
#define ADC_SC2_ADTRG_MASK           0x40u
#define ADC_SC2_ADTRG_SHIFT          6
#define ADC_SC2_ADTRG_WIDTH          1
#define ADC_SC2_ADTRG(x)             (((uint32_t)(((uint32_t)(x))<<ADC_SC2_ADTRG_SHIFT))&ADC_SC2_ADTRG_MASK)
#define ADC_SC2_ADACT_MASK           0x80u
#define ADC_SC2_ADACT_SHIFT          7
#define ADC_SC2_ADACT_WIDTH          1
#define ADC_SC2_ADACT(x)             (((uint32_t)(((uint32_t)(x))<<ADC_SC2_ADACT_SHIFT))&ADC_SC2_ADACT_MASK)
/* SC3 Bit Fields */
#define ADC_SC3_AVGS_MASK            0x3u
#define ADC_SC3_AVGS_SHIFT           0
#define ADC_SC3_AVGS_WIDTH           2
#define ADC_SC3_AVGS(x)              (((uint32_t)(((uint32_t)(x))<<ADC_SC3_AVGS_SHIFT))&ADC_SC3_AVGS_MASK)
#define ADC_SC3_AVGE_MASK            0x4u
#define ADC_SC3_AVGE_SHIFT           2
#define ADC_SC3_AVGE_WIDTH           1
#define ADC_SC3_AVGE(x)              (((uint32_t)(((uint32_t)(x))<<ADC_SC3_AVGE_SHIFT))&ADC_SC3_AVGE_MASK)
#define ADC_SC3_ADCO_MASK            0x8u
#define ADC_SC3_ADCO_SHIFT           3
#define ADC_SC3_ADCO_WIDTH           1
#define ADC_SC3_ADCO(x)              (((uint32_t)(((uint32_t)(x))<<ADC_SC3_ADCO_SHIFT))&ADC_SC3_ADCO_MASK)
#define ADC_SC3_CALF_MASK            0x40u
#define ADC_SC3_CALF_SHIFT           6
#define ADC_SC3_CALF_WIDTH           1
#define ADC_SC3_CALF(x)              (((uint32_t)(((uint32_t)(x))<<ADC_SC3_CALF_SHIFT))&ADC_SC3_CALF_MASK)
#define ADC_SC3_CAL_MASK             0x80u
#define ADC_SC3_CAL_SHIFT            7
#define ADC_SC3_CAL_WIDTH            1
#define ADC_SC3_CAL(x)               (((uint32_t)(((uint32_t)(x))<<ADC_SC3_CAL_SHIFT))&ADC_SC3_CAL_MASK)
```

```
/* OFS Bit Fields */
#define ADC_OFS_OFS_MASK                0xFFFFu
#define ADC_OFS_OFS_SHIFT               0
#define ADC_OFS_OFS_WIDTH               16
#define ADC_OFS_OFS(x)                  (((uint32_t)(((uint32_t)(x))<<ADC_OFS_OFS_SHIFT))&ADC_OFS_OFS_MASK)
/* PG Bit Fields */
#define ADC_PG_PG_MASK                  0xFFFFu
#define ADC_PG_PG_SHIFT                 0
#define ADC_PG_PG_WIDTH                 16
#define ADC_PG_PG(x)                    (((uint32_t)(((uint32_t)(x))<<ADC_PG_PG_SHIFT))&ADC_PG_PG_MASK)
/* MG Bit Fields */
#define ADC_MG_MG_MASK                  0xFFFFu
#define ADC_MG_MG_SHIFT                 0
#define ADC_MG_MG_WIDTH                 16
#define ADC_MG_MG(x)                    (((uint32_t)(((uint32_t)(x))<<ADC_MG_MG_SHIFT))&ADC_MG_MG_MASK)
/* CLPD Bit Fields */
#define ADC_CLPD_CLPD_MASK              0x3Fu
#define ADC_CLPD_CLPD_SHIFT             0
#define ADC_CLPD_CLPD_WIDTH             6
#define ADC_CLPD_CLPD(x)                (((uint32_t)(((uint32_t)(x))<<ADC_CLPD_CLPD_SHIFT))&ADC_CLPD_CLPD_MASK)
/* CLPS Bit Fields */
#define ADC_CLPS_CLPS_MASK              0x3Fu
#define ADC_CLPS_CLPS_SHIFT             0
#define ADC_CLPS_CLPS_WIDTH             6
#define ADC_CLPS_CLPS(x)                (((uint32_t)(((uint32_t)(x))<<ADC_CLPS_CLPS_SHIFT))&ADC_CLPS_CLPS_MASK)
/* CLP4 Bit Fields */
#define ADC_CLP4_CLP4_MASK              0x3FFu
#define ADC_CLP4_CLP4_SHIFT             0
#define ADC_CLP4_CLP4_WIDTH             10
#define ADC_CLP4_CLP4(x)                (((uint32_t)(((uint32_t)(x))<<ADC_CLP4_CLP4_SHIFT))&ADC_CLP4_CLP4_MASK)
/* CLP3 Bit Fields */
#define ADC_CLP3_CLP3_MASK              0x1FFu
#define ADC_CLP3_CLP3_SHIFT             0
#define ADC_CLP3_CLP3_WIDTH             9
#define ADC_CLP3_CLP3(x)                (((uint32_t)(((uint32_t)(x))<<ADC_CLP3_CLP3_SHIFT))&ADC_CLP3_CLP3_MASK)
/* CLP2 Bit Fields */
#define ADC_CLP2_CLP2_MASK              0xFFu
#define ADC_CLP2_CLP2_SHIFT             0
#define ADC_CLP2_CLP2_WIDTH             8
#define ADC_CLP2_CLP2(x)                (((uint32_t)(((uint32_t)(x))<<ADC_CLP2_CLP2_SHIFT))&ADC_CLP2_CLP2_MASK)
/* CLP1 Bit Fields */
#define ADC_CLP1_CLP1_MASK              0x7Fu
#define ADC_CLP1_CLP1_SHIFT             0
#define ADC_CLP1_CLP1_WIDTH             7
#define ADC_CLP1_CLP1(x)                (((uint32_t)(((uint32_t)(x))<<ADC_CLP1_CLP1_SHIFT))&ADC_CLP1_CLP1_MASK)
/* CLP0 Bit Fields */
#define ADC_CLP0_CLP0_MASK              0x3Fu
#define ADC_CLP0_CLP0_SHIFT             0
#define ADC_CLP0_CLP0_WIDTH             6
#define ADC_CLP0_CLP0(x)                (((uint32_t)(((uint32_t)(x))<<ADC_CLP0_CLP0_SHIFT))&ADC_CLP0_CLP0_MASK)
/* CLMD Bit Fields */
#define ADC_CLMD_CLMD_MASK              0x3Fu
#define ADC_CLMD_CLMD_SHIFT             0
#define ADC_CLMD_CLMD_WIDTH             6
#define ADC_CLMD_CLMD(x)                (((uint32_t)(((uint32_t)(x))<<ADC_CLMD_CLMD_SHIFT))&ADC_CLMD_CLMD_MASK)
/* CLMS Bit Fields */
#define ADC_CLMS_CLMS_MASK              0x3Fu
#define ADC_CLMS_CLMS_SHIFT             0
#define ADC_CLMS_CLMS_WIDTH             6
#define ADC_CLMS_CLMS(x)                (((uint32_t)(((uint32_t)(x))<<ADC_CLMS_CLMS_SHIFT))&ADC_CLMS_CLMS_MASK)
/* CLM4 Bit Fields */
#define ADC_CLM4_CLM4_MASK              0x3FFu
#define ADC_CLM4_CLM4_SHIFT             0
#define ADC_CLM4_CLM4_WIDTH             10
#define ADC_CLM4_CLM4(x)                (((uint32_t)(((uint32_t)(x))<<ADC_CLM4_CLM4_SHIFT))&ADC_CLM4_CLM4_MASK)
/* CLM3 Bit Fields */
#define ADC_CLM3_CLM3_MASK              0x1FFu
#define ADC_CLM3_CLM3_SHIFT             0
#define ADC_CLM3_CLM3_WIDTH             9
#define ADC_CLM3_CLM3(x)                (((uint32_t)(((uint32_t)(x))<<ADC_CLM3_CLM3_SHIFT))&ADC_CLM3_CLM3_MASK)
/* CLM2 Bit Fields */
#define ADC_CLM2_CLM2_MASK              0xFFu
#define ADC_CLM2_CLM2_SHIFT             0
#define ADC_CLM2_CLM2_WIDTH             8
#define ADC_CLM2_CLM2(x)                (((uint32_t)(((uint32_t)(x))<<ADC_CLM2_CLM2_SHIFT))&ADC_CLM2_CLM2_MASK)
/* CLM1 Bit Fields */
#define ADC_CLM1_CLM1_MASK              0x7Fu
#define ADC_CLM1_CLM1_SHIFT             0
#define ADC_CLM1_CLM1_WIDTH             7
#define ADC_CLM1_CLM1(x)                (((uint32_t)(((uint32_t)(x))<<ADC_CLM1_CLM1_SHIFT))&ADC_CLM1_CLM1_MASK)
/* CLM0 Bit Fields */
#define ADC_CLM0_CLM0_MASK              0x3Fu
```

```
#define ADC_CLM0_CLM0_SHIFT          0
#define ADC_CLM0_CLM0_WIDTH          6
#define ADC_CLM0_CLM0(x)             (((uint32_t)(((uint32_t)(x))<<ADC_CLM0_CLM0_SHIFT))&ADC_CLM0_CLM0_MASK)

/* ADC - Peripheral instance base addresses */
/** Peripheral ADC0 base address */
#define ADC0_BASE                                (0x4003B000u)
/** Peripheral ADC0 base pointer */
#define ADC0                                     ((ADC_Type *)ADC0_BASE)
#define ADC0_BASE_PTR                            (ADC0)
/** Array initializer of ADC peripheral base addresses */
#define ADC_BASE_ADDRS                           { ADC0_BASE }
/** Array initializer of ADC peripheral base pointers */
#define ADC_BASE_PTRS                            { ADC0 }

/* ----------------------------------------------------------------------------
   -- ADC - Register accessor macros
   ---------------------------------------------------------------------------- */

/* ADC - Register instance definitions */
/* ADC0 */
#define ADC0_SC1A                                ADC_SC1_REG(ADC0,0)
#define ADC0_SC1B                                ADC_SC1_REG(ADC0,1)
#define ADC0_CFG1                                ADC_CFG1_REG(ADC0)
#define ADC0_CFG2                                ADC_CFG2_REG(ADC0)
#define ADC0_RA                                  ADC_R_REG(ADC0,0)
#define ADC0_RB                                  ADC_R_REG(ADC0,1)
#define ADC0_CV1                                 ADC_CV1_REG(ADC0)
#define ADC0_CV2                                 ADC_CV2_REG(ADC0)
#define ADC0_SC2                                 ADC_SC2_REG(ADC0)
#define ADC0_SC3                                 ADC_SC3_REG(ADC0)
#define ADC0_OFS                                 ADC_OFS_REG(ADC0)
#define ADC0_PG                                  ADC_PG_REG(ADC0)
#define ADC0_MG                                  ADC_MG_REG(ADC0)
#define ADC0_CLPD                                ADC_CLPD_REG(ADC0)
#define ADC0_CLPS                                ADC_CLPS_REG(ADC0)
#define ADC0_CLP4                                ADC_CLP4_REG(ADC0)
#define ADC0_CLP3                                ADC_CLP3_REG(ADC0)
#define ADC0_CLP2                                ADC_CLP2_REG(ADC0)
#define ADC0_CLP1                                ADC_CLP1_REG(ADC0)
#define ADC0_CLP0                                ADC_CLP0_REG(ADC0)
#define ADC0_CLMD                                ADC_CLMD_REG(ADC0)
#define ADC0_CLMS                                ADC_CLMS_REG(ADC0)
#define ADC0_CLM4                                ADC_CLM4_REG(ADC0)
#define ADC0_CLM3                                ADC_CLM3_REG(ADC0)
#define ADC0_CLM2                                ADC_CLM2_REG(ADC0)
#define ADC0_CLM1                                ADC_CLM1_REG(ADC0)
#define ADC0_CLM0                                ADC_CLM0_REG(ADC0)

/* ADC - Register array accessors */
#define ADC0_SC1(index)                          ADC_SC1_REG(ADC0,index)
#define ADC0_R(index)                            ADC_R_REG(ADC0,index)

/* ----------------------------------------------------------------------------
   -- CMP Peripheral Access Layer
   ---------------------------------------------------------------------------- */

/** CMP - Register Layout Typedef */
typedef struct {
  __IO uint8_t CR0;                              /**< CMP Control Register 0, offset: 0x0 */
  __IO uint8_t CR1;                              /**< CMP Control Register 1, offset: 0x1 */
  __IO uint8_t FPR;                              /**< CMP Filter Period Register, offset: 0x2 */
  __IO uint8_t SCR;                              /**< CMP Status and Control Register, offset: 0x3 */
  __IO uint8_t DACCR;                            /**< DAC Control Register, offset: 0x4 */
  __IO uint8_t MUXCR;                            /**< MUX Control Register, offset: 0x5 */
} CMP_Type, *CMP_MemMapPtr;

/* ----------------------------------------------------------------------------
   -- CMP - Register accessor macros
   ---------------------------------------------------------------------------- */

/* CMP - Register accessors */
#define CMP_CR0_REG(base)                        ((base)->CR0)
#define CMP_CR1_REG(base)                        ((base)->CR1)
#define CMP_FPR_REG(base)                        ((base)->FPR)
#define CMP_SCR_REG(base)                        ((base)->SCR)
#define CMP_DACCR_REG(base)                      ((base)->DACCR)
#define CMP_MUXCR_REG(base)                      ((base)->MUXCR)

/* ----------------------------------------------------------------------------
   -- CMP Register Masks
   ---------------------------------------------------------------------------- */
```

```
/* CR0 Bit Fields */
#define CMP_CR0_HYSTCTR_MASK            0x3u
#define CMP_CR0_HYSTCTR_SHIFT           0
#define CMP_CR0_HYSTCTR_WIDTH           2
#define CMP_CR0_HYSTCTR(x)              (((uint8_t)(((uint8_t)(x))<<CMP_CR0_HYSTCTR_SHIFT))&CMP_CR0_HYSTCTR_MASK)
#define CMP_CR0_FILTER_CNT_MASK         0x70u
#define CMP_CR0_FILTER_CNT_SHIFT        4
#define CMP_CR0_FILTER_CNT_WIDTH        3
#define CMP_CR0_FILTER_CNT(x)    (((uint8_t)(((uint8_t)(x))<<CMP_CR0_FILTER_CNT_SHIFT))&CMP_CR0_FILTER_CNT_MASK)
/* CR1 Bit Fields */
#define CMP_CR1_EN_MASK                 0x1u
#define CMP_CR1_EN_SHIFT                0
#define CMP_CR1_EN_WIDTH                1
#define CMP_CR1_EN(x)                   (((uint8_t)(((uint8_t)(x))<<CMP_CR1_EN_SHIFT))&CMP_CR1_EN_MASK)
#define CMP_CR1_OPE_MASK                0x2u
#define CMP_CR1_OPE_SHIFT               1
#define CMP_CR1_OPE_WIDTH               1
#define CMP_CR1_OPE(x)                  (((uint8_t)(((uint8_t)(x))<<CMP_CR1_OPE_SHIFT))&CMP_CR1_OPE_MASK)
#define CMP_CR1_COS_MASK                0x4u
#define CMP_CR1_COS_SHIFT               2
#define CMP_CR1_COS_WIDTH               1
#define CMP_CR1_COS(x)                  (((uint8_t)(((uint8_t)(x))<<CMP_CR1_COS_SHIFT))&CMP_CR1_COS_MASK)
#define CMP_CR1_INV_MASK                0x8u
#define CMP_CR1_INV_SHIFT               3
#define CMP_CR1_INV_WIDTH               1
#define CMP_CR1_INV(x)                  (((uint8_t)(((uint8_t)(x))<<CMP_CR1_INV_SHIFT))&CMP_CR1_INV_MASK)
#define CMP_CR1_PMODE_MASK              0x10u
#define CMP_CR1_PMODE_SHIFT             4
#define CMP_CR1_PMODE_WIDTH             1
#define CMP_CR1_PMODE(x)                (((uint8_t)(((uint8_t)(x))<<CMP_CR1_PMODE_SHIFT))&CMP_CR1_PMODE_MASK)
#define CMP_CR1_TRIGM_MASK              0x20u
#define CMP_CR1_TRIGM_SHIFT             5
#define CMP_CR1_TRIGM_WIDTH             1
#define CMP_CR1_TRIGM(x)                (((uint8_t)(((uint8_t)(x))<<CMP_CR1_TRIGM_SHIFT))&CMP_CR1_TRIGM_MASK)
#define CMP_CR1_WE_MASK                 0x40u
#define CMP_CR1_WE_SHIFT                6
#define CMP_CR1_WE_WIDTH                1
#define CMP_CR1_WE(x)                   (((uint8_t)(((uint8_t)(x))<<CMP_CR1_WE_SHIFT))&CMP_CR1_WE_MASK)
#define CMP_CR1_SE_MASK                 0x80u
#define CMP_CR1_SE_SHIFT                7
#define CMP_CR1_SE_WIDTH                1
#define CMP_CR1_SE(x)                   (((uint8_t)(((uint8_t)(x))<<CMP_CR1_SE_SHIFT))&CMP_CR1_SE_MASK)
/* FPR Bit Fields */
#define CMP_FPR_FILT_PER_MASK           0xFFu
#define CMP_FPR_FILT_PER_SHIFT          0
#define CMP_FPR_FILT_PER_WIDTH          8
#define CMP_FPR_FILT_PER(x)       (((uint8_t)(((uint8_t)(x))<<CMP_FPR_FILT_PER_SHIFT))&CMP_FPR_FILT_PER_MASK)
/* SCR Bit Fields */
#define CMP_SCR_COUT_MASK               0x1u
#define CMP_SCR_COUT_SHIFT              0
#define CMP_SCR_COUT_WIDTH              1
#define CMP_SCR_COUT(x)                 (((uint8_t)(((uint8_t)(x))<<CMP_SCR_COUT_SHIFT))&CMP_SCR_COUT_MASK)
#define CMP_SCR_CFF_MASK                0x2u
#define CMP_SCR_CFF_SHIFT               1
#define CMP_SCR_CFF_WIDTH               1
#define CMP_SCR_CFF(x)                  (((uint8_t)(((uint8_t)(x))<<CMP_SCR_CFF_SHIFT))&CMP_SCR_CFF_MASK)
#define CMP_SCR_CFR_MASK                0x4u
#define CMP_SCR_CFR_SHIFT               2
#define CMP_SCR_CFR_WIDTH               1
#define CMP_SCR_CFR(x)                  (((uint8_t)(((uint8_t)(x))<<CMP_SCR_CFR_SHIFT))&CMP_SCR_CFR_MASK)
#define CMP_SCR_IEF_MASK                0x8u
#define CMP_SCR_IEF_SHIFT               3
#define CMP_SCR_IEF_WIDTH               1
#define CMP_SCR_IEF(x)                  (((uint8_t)(((uint8_t)(x))<<CMP_SCR_IEF_SHIFT))&CMP_SCR_IEF_MASK)
#define CMP_SCR_IER_MASK                0x10u
#define CMP_SCR_IER_SHIFT               4
#define CMP_SCR_IER_WIDTH               1
#define CMP_SCR_IER(x)                  (((uint8_t)(((uint8_t)(x))<<CMP_SCR_IER_SHIFT))&CMP_SCR_IER_MASK)
#define CMP_SCR_DMAEN_MASK              0x40u
#define CMP_SCR_DMAEN_SHIFT             6
#define CMP_SCR_DMAEN_WIDTH             1
#define CMP_SCR_DMAEN(x)                (((uint8_t)(((uint8_t)(x))<<CMP_SCR_DMAEN_SHIFT))&CMP_SCR_DMAEN_MASK)
/* DACCR Bit Fields */
#define CMP_DACCR_VOSEL_MASK            0x3Fu
#define CMP_DACCR_VOSEL_SHIFT           0
#define CMP_DACCR_VOSEL_WIDTH           6
#define CMP_DACCR_VOSEL(x)              (((uint8_t)(((uint8_t)(x))<<CMP_DACCR_VOSEL_SHIFT))&CMP_DACCR_VOSEL_MASK)
#define CMP_DACCR_VRSEL_MASK            0x40u
#define CMP_DACCR_VRSEL_SHIFT           6
#define CMP_DACCR_VRSEL_WIDTH           1
#define CMP_DACCR_VRSEL(x)              (((uint8_t)(((uint8_t)(x))<<CMP_DACCR_VRSEL_SHIFT))&CMP_DACCR_VRSEL_MASK)
```

```
#define CMP_DACCR_DACEN_MASK            0x80u
#define CMP_DACCR_DACEN_SHIFT           7
#define CMP_DACCR_DACEN_WIDTH           1
#define CMP_DACCR_DACEN(x)              (((uint8_t)(((uint8_t)(x))<<CMP_DACCR_DACEN_SHIFT))&CMP_DACCR_DACEN_MASK)
/* MUXCR Bit Fields */
#define CMP_MUXCR_MSEL_MASK             0x7u
#define CMP_MUXCR_MSEL_SHIFT            0
#define CMP_MUXCR_MSEL_WIDTH            3
#define CMP_MUXCR_MSEL(x)               (((uint8_t)(((uint8_t)(x))<<CMP_MUXCR_MSEL_SHIFT))&CMP_MUXCR_MSEL_MASK)
#define CMP_MUXCR_PSEL_MASK             0x38u
#define CMP_MUXCR_PSEL_SHIFT            3
#define CMP_MUXCR_PSEL_WIDTH            3
#define CMP_MUXCR_PSEL(x)               (((uint8_t)(((uint8_t)(x))<<CMP_MUXCR_PSEL_SHIFT))&CMP_MUXCR_PSEL_MASK)
#define CMP_MUXCR_PSTM_MASK             0x80u
#define CMP_MUXCR_PSTM_SHIFT            7
#define CMP_MUXCR_PSTM_WIDTH            1
#define CMP_MUXCR_PSTM(x)               (((uint8_t)(((uint8_t)(x))<<CMP_MUXCR_PSTM_SHIFT))&CMP_MUXCR_PSTM_MASK)
/* CMP - Peripheral instance base addresses */
/** Peripheral CMP0 base address */
#define CMP0_BASE                                (0x40073000u)
/** Peripheral CMP0 base pointer */
#define CMP0                                     ((CMP_Type *)CMP0_BASE)
#define CMP0_BASE_PTR                            (CMP0)
/** Array initializer of CMP peripheral base addresses */
#define CMP_BASE_ADDRS                           { CMP0_BASE }
/** Array initializer of CMP peripheral base pointers */
#define CMP_BASE_PTRS                            { CMP0 }

/* ----------------------------------------------------------------------------
   -- CMP - Register accessor macros
   ---------------------------------------------------------------------------- */

/* CMP - Register instance definitions */
/* CMP0 */
#define CMP0_CR0                                 CMP_CR0_REG(CMP0)
#define CMP0_CR1                                 CMP_CR1_REG(CMP0)
#define CMP0_FPR                                 CMP_FPR_REG(CMP0)
#define CMP0_SCR                                 CMP_SCR_REG(CMP0)
#define CMP0_DACCR                               CMP_DACCR_REG(CMP0)
#define CMP0_MUXCR                               CMP_MUXCR_REG(CMP0)

/* ----------------------------------------------------------------------------
   -- DAC Peripheral Access Layer
   ---------------------------------------------------------------------------- */

/** DAC - Register Layout Typedef */
typedef struct {
  struct {                                       /* offset: 0x0, array step: 0x2 */
    __IO uint8_t DATL;                           /**< DAC Data Low Register, array offset: 0x0, array step: 0x2 */
    __IO uint8_t DATH;                           /**< DAC Data High Register, array offset: 0x1, array step: 0x2 */
  } DAT[2];
       uint8_t RESERVED_0[28];
  __IO uint8_t SR;                               /**< DAC Status Register, offset: 0x20 */
  __IO uint8_t C0;                               /**< DAC Control Register, offset: 0x21 */
  __IO uint8_t C1;                               /**< DAC Control Register 1, offset: 0x22 */
  __IO uint8_t C2;                               /**< DAC Control Register 2, offset: 0x23 */
} DAC_Type, *DAC_MemMapPtr;

/* ----------------------------------------------------------------------------
   -- DAC - Register accessor macros
   ---------------------------------------------------------------------------- */

/* DAC - Register accessors */
#define DAC_DATL_REG(base,index)                 ((base)->DAT[index].DATL)
#define DAC_DATL_COUNT                           2
#define DAC_DATH_REG(base,index)                 ((base)->DAT[index].DATH)
#define DAC_DATH_COUNT                           2
#define DAC_SR_REG(base)                         ((base)->SR)
#define DAC_C0_REG(base)                         ((base)->C0)
#define DAC_C1_REG(base)                         ((base)->C1)
#define DAC_C2_REG(base)                         ((base)->C2)

/* ----------------------------------------------------------------------------
   -- DAC Register Masks
   ---------------------------------------------------------------------------- */

/* DATL Bit Fields */
#define DAC_DATL_DATA0_MASK             0xFFu
#define DAC_DATL_DATA0_SHIFT            0
#define DAC_DATL_DATA0_WIDTH            8
#define DAC_DATL_DATA0(x)               (((uint8_t)(((uint8_t)(x))<<DAC_DATL_DATA0_SHIFT))&DAC_DATL_DATA0_MASK)
```

```
/* DATH Bit Fields */
#define DAC_DATH_DATA1_MASK          0xFu
#define DAC_DATH_DATA1_SHIFT         0
#define DAC_DATH_DATA1_WIDTH         4
#define DAC_DATH_DATA1(x)            (((uint8_t)(((uint8_t)(x))<<DAC_DATH_DATA1_SHIFT))&DAC_DATH_DATA1_MASK)
/* SR Bit Fields */
#define DAC_SR_DACBFRPBF_MASK        0x1u
#define DAC_SR_DACBFRPBF_SHIFT       0
#define DAC_SR_DACBFRPBF_WIDTH       1
#define DAC_SR_DACBFRPBF(x)          (((uint8_t)(((uint8_t)(x))<<DAC_SR_DACBFRPBF_SHIFT))&DAC_SR_DACBFRPBF_MASK)
#define DAC_SR_DACBFRPTF_MASK        0x2u
#define DAC_SR_DACBFRPTF_SHIFT       1
#define DAC_SR_DACBFRPTF_WIDTH       1
#define DAC_SR_DACBFRPTF(x)          (((uint8_t)(((uint8_t)(x))<<DAC_SR_DACBFRPTF_SHIFT))&DAC_SR_DACBFRPTF_MASK)
/* C0 Bit Fields */
#define DAC_C0_DACBBIEN_MASK         0x1u
#define DAC_C0_DACBBIEN_SHIFT        0
#define DAC_C0_DACBBIEN_WIDTH        1
#define DAC_C0_DACBBIEN(x)           (((uint8_t)(((uint8_t)(x))<<DAC_C0_DACBBIEN_SHIFT))&DAC_C0_DACBBIEN_MASK)
#define DAC_C0_DACBTIEN_MASK         0x2u
#define DAC_C0_DACBTIEN_SHIFT        1
#define DAC_C0_DACBTIEN_WIDTH        1
#define DAC_C0_DACBTIEN(x)           (((uint8_t)(((uint8_t)(x))<<DAC_C0_DACBTIEN_SHIFT))&DAC_C0_DACBTIEN_MASK)
#define DAC_C0_LPEN_MASK             0x8u
#define DAC_C0_LPEN_SHIFT            3
#define DAC_C0_LPEN_WIDTH            1
#define DAC_C0_LPEN(x)               (((uint8_t)(((uint8_t)(x))<<DAC_C0_LPEN_SHIFT))&DAC_C0_LPEN_MASK)
#define DAC_C0_DACSWTRG_MASK         0x10u
#define DAC_C0_DACSWTRG_SHIFT        4
#define DAC_C0_DACSWTRG_WIDTH        1
#define DAC_C0_DACSWTRG(x)           (((uint8_t)(((uint8_t)(x))<<DAC_C0_DACSWTRG_SHIFT))&DAC_C0_DACSWTRG_MASK)
#define DAC_C0_DACTRGSEL_MASK        0x20u
#define DAC_C0_DACTRGSEL_SHIFT       5
#define DAC_C0_DACTRGSEL_WIDTH       1
#define DAC_C0_DACTRGSEL(x)          (((uint8_t)(((uint8_t)(x))<<DAC_C0_DACTRGSEL_SHIFT))&DAC_C0_DACTRGSEL_MASK)
#define DAC_C0_DACRFS_MASK           0x40u
#define DAC_C0_DACRFS_SHIFT          6
#define DAC_C0_DACRFS_WIDTH          1
#define DAC_C0_DACRFS(x)             (((uint8_t)(((uint8_t)(x))<<DAC_C0_DACRFS_SHIFT))&DAC_C0_DACRFS_MASK)
#define DAC_C0_DACEN_MASK            0x80u
#define DAC_C0_DACEN_SHIFT           7
#define DAC_C0_DACEN_WIDTH           1
#define DAC_C0_DACEN(x)              (((uint8_t)(((uint8_t)(x))<<DAC_C0_DACEN_SHIFT))&DAC_C0_DACEN_MASK)
/* C1 Bit Fields */
#define DAC_C1_DACBFEN_MASK          0x1u
#define DAC_C1_DACBFEN_SHIFT         0
#define DAC_C1_DACBFEN_WIDTH         1
#define DAC_C1_DACBFEN(x)            (((uint8_t)(((uint8_t)(x))<<DAC_C1_DACBFEN_SHIFT))&DAC_C1_DACBFEN_MASK)
#define DAC_C1_DACBFMD_MASK          0x4u
#define DAC_C1_DACBFMD_SHIFT         2
#define DAC_C1_DACBFMD_WIDTH         1
#define DAC_C1_DACBFMD(x)            (((uint8_t)(((uint8_t)(x))<<DAC_C1_DACBFMD_SHIFT))&DAC_C1_DACBFMD_MASK)
#define DAC_C1_DMAEN_MASK            0x80u
#define DAC_C1_DMAEN_SHIFT           7
#define DAC_C1_DMAEN_WIDTH           1
#define DAC_C1_DMAEN(x)              (((uint8_t)(((uint8_t)(x))<<DAC_C1_DMAEN_SHIFT))&DAC_C1_DMAEN_MASK)
/* C2 Bit Fields */
#define DAC_C2_DACBFUP_MASK          0x1u
#define DAC_C2_DACBFUP_SHIFT         0
#define DAC_C2_DACBFUP_WIDTH         1
#define DAC_C2_DACBFUP(x)            (((uint8_t)(((uint8_t)(x))<<DAC_C2_DACBFUP_SHIFT))&DAC_C2_DACBFUP_MASK)
#define DAC_C2_DACBFRP_MASK          0x10u
#define DAC_C2_DACBFRP_SHIFT         4
#define DAC_C2_DACBFRP_WIDTH         1
#define DAC_C2_DACBFRP(x)            (((uint8_t)(((uint8_t)(x))<<DAC_C2_DACBFRP_SHIFT))&DAC_C2_DACBFRP_MASK)

/* DAC - Peripheral instance base addresses */
/** Peripheral DAC0 base address */
#define DAC0_BASE                    (0x4003F000u)
/** Peripheral DAC0 base pointer */
#define DAC0                         ((DAC_Type *)DAC0_BASE)
#define DAC0_BASE_PTR                (DAC0)
/** Array initializer of DAC peripheral base addresses */
#define DAC_BASE_ADDRS               { DAC0_BASE }
/** Array initializer of DAC peripheral base pointers */
#define DAC_BASE_PTRS                { DAC0 }

/* ----------------------------------------------------------------------------
   -- DAC - Register accessor macros
   ---------------------------------------------------------------------------- */

/* DAC - Register instance definitions */
```

```
/* DAC0 */
#define DAC0_DAT0L                            DAC_DATL_REG(DAC0,0)
#define DAC0_DAT0H                            DAC_DATH_REG(DAC0,0)
#define DAC0_DAT1L                            DAC_DATL_REG(DAC0,1)
#define DAC0_DAT1H                            DAC_DATH_REG(DAC0,1)
#define DAC0_SR                               DAC_SR_REG(DAC0)
#define DAC0_C0                               DAC_C0_REG(DAC0)
#define DAC0_C1                               DAC_C1_REG(DAC0)
#define DAC0_C2                               DAC_C2_REG(DAC0)
/* DAC - Register array accessors */
#define DAC0_DATL(index)                      DAC_DATL_REG(DAC0,index)
#define DAC0_DATH(index)                      DAC_DATH_REG(DAC0,index)
/* ----------------------------------------------------------------------------
   -- DMA Peripheral Access Layer
   ---------------------------------------------------------------------------- */

/** DMA - Register Layout Typedef */
typedef struct {
      uint8_t RESERVED_0[256];
  struct {                              /* offset: 0x100, array step: 0x10 */
    __IO uint32_t SAR;                  /**< Source Address Register, array offset: 0x100, array step: 0x10 */
    __IO uint32_t DAR;                  /**< Destination Address Register, array offset: 0x104, array step: 0x10 */
    union {                             /* offset: 0x108, array step: 0x10 */
      __IO uint32_t DSR_BCR;            /**< DMA Status Register / Byte Count Register, array offset: 0x108, array step: 0x10 */
      struct {                          /* offset: 0x108, array step: 0x10 */
             uint8_t RESERVED_0[3];
        __IO uint8_t DSR;               /**< DMA_DSR0 register...DMA_DSR3 register., array offset: 0x10B, array step: 0x10 */
      } DMA_DSR_ACCESS8BIT;
    };
    __IO uint32_t DCR;                  /**< DMA Control Register, array offset: 0x10C, array step: 0x10 */
  } DMA[4];
} DMA_Type, *DMA_MemMapPtr;
/* ----------------------------------------------------------------------------
   -- DMA - Register accessor macros
   ---------------------------------------------------------------------------- */

/* DMA - Register accessors */
#define DMA_SAR_REG(base,index)               ((base)->DMA[index].SAR)
#define DMA_SAR_COUNT                         4
#define DMA_DAR_REG(base,index)               ((base)->DMA[index].DAR)
#define DMA_DAR_COUNT                         4
#define DMA_DSR_BCR_REG(base,index)           ((base)->DMA[index].DSR_BCR)
#define DMA_DSR_BCR_COUNT                     4
#define DMA_DSR_REG(base,index)               ((base)->DMA[index].DMA_DSR_ACCESS8BIT.DSR)
#define DMA_DSR_COUNT                         4
#define DMA_DCR_REG(base,index)               ((base)->DMA[index].DCR)
#define DMA_DCR_COUNT                         4
/* ----------------------------------------------------------------------------
   -- DMA Register Masks
   ---------------------------------------------------------------------------- */

/* SAR Bit Fields */
#define DMA_SAR_SAR_MASK              0xFFFFFFFFu
#define DMA_SAR_SAR_SHIFT             0
#define DMA_SAR_SAR_WIDTH             32
#define DMA_SAR_SAR(x)                (((uint32_t)(((uint32_t)(x))<<DMA_SAR_SAR_SHIFT))&DMA_SAR_SAR_MASK)
/* DAR Bit Fields */
#define DMA_DAR_DAR_MASK              0xFFFFFFFFu
#define DMA_DAR_DAR_SHIFT             0
#define DMA_DAR_DAR_WIDTH             32
#define DMA_DAR_DAR(x)                (((uint32_t)(((uint32_t)(x))<<DMA_DAR_DAR_SHIFT))&DMA_DAR_DAR_MASK)
/* DSR_BCR Bit Fields */
#define DMA_DSR_BCR_BCR_MASK          0xFFFFFFu
#define DMA_DSR_BCR_BCR_SHIFT         0
#define DMA_DSR_BCR_BCR_WIDTH         24
#define DMA_DSR_BCR_BCR(x)            (((uint32_t)(((uint32_t)(x))<<DMA_DSR_BCR_BCR_SHIFT))&DMA_DSR_BCR_BCR_MASK)
#define DMA_DSR_BCR_DONE_MASK         0x1000000u
#define DMA_DSR_BCR_DONE_SHIFT        24
#define DMA_DSR_BCR_DONE_WIDTH        1
#define DMA_DSR_BCR_DONE(x)           (((uint32_t)(((uint32_t)(x))<<DMA_DSR_BCR_DONE_SHIFT))&DMA_DSR_BCR_DONE_MASK)
#define DMA_DSR_BCR_BSY_MASK          0x2000000u
#define DMA_DSR_BCR_BSY_SHIFT         25
#define DMA_DSR_BCR_BSY_WIDTH         1
#define DMA_DSR_BCR_BSY(x)            (((uint32_t)(((uint32_t)(x))<<DMA_DSR_BCR_BSY_SHIFT))&DMA_DSR_BCR_BSY_MASK)
#define DMA_DSR_BCR_REQ_MASK          0x4000000u
#define DMA_DSR_BCR_REQ_SHIFT         26
#define DMA_DSR_BCR_REQ_WIDTH         1
#define DMA_DSR_BCR_REQ(x)            (((uint32_t)(((uint32_t)(x))<<DMA_DSR_BCR_REQ_SHIFT))&DMA_DSR_BCR_REQ_MASK)
```

```
#define DMA_DSR_BCR_BED_MASK          0x10000000u
#define DMA_DSR_BCR_BED_SHIFT         28
#define DMA_DSR_BCR_BED_WIDTH         1
#define DMA_DSR_BCR_BED(x)           (((uint32_t)(((uint32_t)(x))<<DMA_DSR_BCR_BED_SHIFT))&DMA_DSR_BCR_BED_MASK)
#define DMA_DSR_BCR_BES_MASK          0x20000000u
#define DMA_DSR_BCR_BES_SHIFT         29
#define DMA_DSR_BCR_BES_WIDTH         1
#define DMA_DSR_BCR_BES(x)           (((uint32_t)(((uint32_t)(x))<<DMA_DSR_BCR_BES_SHIFT))&DMA_DSR_BCR_BES_MASK)
#define DMA_DSR_BCR_CE_MASK           0x40000000u
#define DMA_DSR_BCR_CE_SHIFT          30
#define DMA_DSR_BCR_CE_WIDTH          1
#define DMA_DSR_BCR_CE(x)             (((uint32_t)(((uint32_t)(x))<<DMA_DSR_BCR_CE_SHIFT))&DMA_DSR_BCR_CE_MASK)
/* DCR Bit Fields */
#define DMA_DCR_LCH2_MASK             0x3u
#define DMA_DCR_LCH2_SHIFT            0
#define DMA_DCR_LCH2_WIDTH            2
#define DMA_DCR_LCH2(x)               (((uint32_t)(((uint32_t)(x))<<DMA_DCR_LCH2_SHIFT))&DMA_DCR_LCH2_MASK)
#define DMA_DCR_LCH1_MASK             0xCu
#define DMA_DCR_LCH1_SHIFT            2
#define DMA_DCR_LCH1_WIDTH            2
#define DMA_DCR_LCH1(x)               (((uint32_t)(((uint32_t)(x))<<DMA_DCR_LCH1_SHIFT))&DMA_DCR_LCH1_MASK)
#define DMA_DCR_LINKCC_MASK           0x30u
#define DMA_DCR_LINKCC_SHIFT          4
#define DMA_DCR_LINKCC_WIDTH          2
#define DMA_DCR_LINKCC(x)             (((uint32_t)(((uint32_t)(x))<<DMA_DCR_LINKCC_SHIFT))&DMA_DCR_LINKCC_MASK)
#define DMA_DCR_D_REQ_MASK            0x80u
#define DMA_DCR_D_REQ_SHIFT           7
#define DMA_DCR_D_REQ_WIDTH           1
#define DMA_DCR_D_REQ(x)              (((uint32_t)(((uint32_t)(x))<<DMA_DCR_D_REQ_SHIFT))&DMA_DCR_D_REQ_MASK)
#define DMA_DCR_DMOD_MASK             0xF00u
#define DMA_DCR_DMOD_SHIFT            8
#define DMA_DCR_DMOD_WIDTH            4
#define DMA_DCR_DMOD(x)               (((uint32_t)(((uint32_t)(x))<<DMA_DCR_DMOD_SHIFT))&DMA_DCR_DMOD_MASK)
#define DMA_DCR_SMOD_MASK             0xF000u
#define DMA_DCR_SMOD_SHIFT            12
#define DMA_DCR_SMOD_WIDTH            4
#define DMA_DCR_SMOD(x)               (((uint32_t)(((uint32_t)(x))<<DMA_DCR_SMOD_SHIFT))&DMA_DCR_SMOD_MASK)
#define DMA_DCR_START_MASK            0x10000u
#define DMA_DCR_START_SHIFT           16
#define DMA_DCR_START_WIDTH           1
#define DMA_DCR_START(x)              (((uint32_t)(((uint32_t)(x))<<DMA_DCR_START_SHIFT))&DMA_DCR_START_MASK)
#define DMA_DCR_DSIZE_MASK            0x60000u
#define DMA_DCR_DSIZE_SHIFT           17
#define DMA_DCR_DSIZE_WIDTH           2
#define DMA_DCR_DSIZE(x)              (((uint32_t)(((uint32_t)(x))<<DMA_DCR_DSIZE_SHIFT))&DMA_DCR_DSIZE_MASK)
#define DMA_DCR_DINC_MASK             0x80000u
#define DMA_DCR_DINC_SHIFT            19
#define DMA_DCR_DINC_WIDTH            1
#define DMA_DCR_DINC(x)               (((uint32_t)(((uint32_t)(x))<<DMA_DCR_DINC_SHIFT))&DMA_DCR_DINC_MASK)
#define DMA_DCR_SSIZE_MASK            0x300000u
#define DMA_DCR_SSIZE_SHIFT           20
#define DMA_DCR_SSIZE_WIDTH           2
#define DMA_DCR_SSIZE(x)              (((uint32_t)(((uint32_t)(x))<<DMA_DCR_SSIZE_SHIFT))&DMA_DCR_SSIZE_MASK)
#define DMA_DCR_SINC_MASK             0x400000u
#define DMA_DCR_SINC_SHIFT            22
#define DMA_DCR_SINC_WIDTH            1
#define DMA_DCR_SINC(x)               (((uint32_t)(((uint32_t)(x))<<DMA_DCR_SINC_SHIFT))&DMA_DCR_SINC_MASK)
#define DMA_DCR_EADREQ_MASK           0x800000u
#define DMA_DCR_EADREQ_SHIFT          23
#define DMA_DCR_EADREQ_WIDTH          1
#define DMA_DCR_EADREQ(x)             (((uint32_t)(((uint32_t)(x))<<DMA_DCR_EADREQ_SHIFT))&DMA_DCR_EADREQ_MASK)
#define DMA_DCR_AA_MASK               0x10000000u
#define DMA_DCR_AA_SHIFT              28
#define DMA_DCR_AA_WIDTH              1
#define DMA_DCR_AA(x)                 (((uint32_t)(((uint32_t)(x))<<DMA_DCR_AA_SHIFT))&DMA_DCR_AA_MASK)
#define DMA_DCR_CS_MASK               0x20000000u
#define DMA_DCR_CS_SHIFT              29
#define DMA_DCR_CS_WIDTH              1
#define DMA_DCR_CS(x)                 (((uint32_t)(((uint32_t)(x))<<DMA_DCR_CS_SHIFT))&DMA_DCR_CS_MASK)
#define DMA_DCR_ERQ_MASK              0x40000000u
#define DMA_DCR_ERQ_SHIFT             30
#define DMA_DCR_ERQ_WIDTH             1
#define DMA_DCR_ERQ(x)                (((uint32_t)(((uint32_t)(x))<<DMA_DCR_ERQ_SHIFT))&DMA_DCR_ERQ_MASK)
#define DMA_DCR_EINT_MASK             0x80000000u
#define DMA_DCR_EINT_SHIFT            31
#define DMA_DCR_EINT_WIDTH            1
#define DMA_DCR_EINT(x)               (((uint32_t)(((uint32_t)(x))<<DMA_DCR_EINT_SHIFT))&DMA_DCR_EINT_MASK)

/* DMA - Peripheral instance base addresses */
/** Peripheral DMA base address */
#define DMA_BASE                                 (0x40008000u)
/** Peripheral DMA base pointer */
```

```
#define DMA0                                    ((DMA_Type *)DMA_BASE)
#define DMA_BASE_PTR                            (DMA0)
/** Array initializer of DMA peripheral base addresses */
#define DMA_BASE_ADDRS                          { DMA_BASE }
/** Array initializer of DMA peripheral base pointers */
#define DMA_BASE_PTRS                           { DMA0 }

/* ----------------------------------------------------------------------------
   -- DMA - Register accessor macros
   ---------------------------------------------------------------------------- */

/* DMA - Register instance definitions */
/* DMA */
#define DMA_SAR0                                DMA_SAR_REG(DMA0,0)
#define DMA_DAR0                                DMA_DAR_REG(DMA0,0)
#define DMA_DSR_BCR0                            DMA_DSR_BCR_REG(DMA0,0)
#define DMA_DSR0                                DMA_DSR_REG(DMA0,0)
#define DMA_DCR0                                DMA_DCR_REG(DMA0,0)
#define DMA_SAR1                                DMA_SAR_REG(DMA0,1)
#define DMA_DAR1                                DMA_DAR_REG(DMA0,1)
#define DMA_DSR_BCR1                            DMA_DSR_BCR_REG(DMA0,1)
#define DMA_DSR1                                DMA_DSR_REG(DMA0,1)
#define DMA_DCR1                                DMA_DCR_REG(DMA0,1)
#define DMA_SAR2                                DMA_SAR_REG(DMA0,2)
#define DMA_DAR2                                DMA_DAR_REG(DMA0,2)
#define DMA_DSR_BCR2                            DMA_DSR_BCR_REG(DMA0,2)
#define DMA_DSR2                                DMA_DSR_REG(DMA0,2)
#define DMA_DCR2                                DMA_DCR_REG(DMA0,2)
#define DMA_SAR3                                DMA_SAR_REG(DMA0,3)
#define DMA_DAR3                                DMA_DAR_REG(DMA0,3)
#define DMA_DSR_BCR3                            DMA_DSR_BCR_REG(DMA0,3)
#define DMA_DSR3                                DMA_DSR_REG(DMA0,3)
#define DMA_DCR3                                DMA_DCR_REG(DMA0,3)

/* DMA - Register array accessors */
#define DMA_SAR(index)                          DMA_SAR_REG(DMA0,index)
#define DMA_DAR(index)                          DMA_DAR_REG(DMA0,index)
#define DMA_DSR_BCR(index)                      DMA_DSR_BCR_REG(DMA0,index)
#define DMA_DSR(index)                          DMA_DSR_REG(DMA0,index)
#define DMA_DCR(index)                          DMA_DCR_REG(DMA0,index)

/* ----------------------------------------------------------------------------
   -- DMAMUX Peripheral Access Layer
   ---------------------------------------------------------------------------- */

/** DMAMUX - Register Layout Typedef */
typedef struct {
  __IO uint8_t CHCFG[4];               /**< Channel Configuration register, array offset: 0x0, array step: 0x1 */
} DMAMUX_Type, *DMAMUX_MemMapPtr;

/* ----------------------------------------------------------------------------
   -- DMAMUX - Register accessor macros
   ---------------------------------------------------------------------------- */

/* DMAMUX - Register accessors */
#define DMAMUX_CHCFG_REG(base,index)            ((base)->CHCFG[index])
#define DMAMUX_CHCFG_COUNT                      4

/* ----------------------------------------------------------------------------
   -- DMAMUX Register Masks
   ---------------------------------------------------------------------------- */

/* CHCFG Bit Fields */
#define DMAMUX_CHCFG_SOURCE_MASK                0x3Fu
#define DMAMUX_CHCFG_SOURCE_SHIFT               0
#define DMAMUX_CHCFG_SOURCE_WIDTH               6
#define DMAMUX_CHCFG_SOURCE(x)     (((uint8_t)(((uint8_t)(x))<<DMAMUX_CHCFG_SOURCE_SHIFT))&DMAMUX_CHCFG_SOURCE_MASK)
#define DMAMUX_CHCFG_TRIG_MASK                  0x40u
#define DMAMUX_CHCFG_TRIG_SHIFT                 6
#define DMAMUX_CHCFG_TRIG_WIDTH                 1
#define DMAMUX_CHCFG_TRIG(x)       (((uint8_t)(((uint8_t)(x))<<DMAMUX_CHCFG_TRIG_SHIFT))&DMAMUX_CHCFG_TRIG_MASK)
#define DMAMUX_CHCFG_ENBL_MASK                  0x80u
#define DMAMUX_CHCFG_ENBL_SHIFT                 7
#define DMAMUX_CHCFG_ENBL_WIDTH                 1
#define DMAMUX_CHCFG_ENBL(x)       (((uint8_t)(((uint8_t)(x))<<DMAMUX_CHCFG_ENBL_SHIFT))&DMAMUX_CHCFG_ENBL_MASK)

/* DMAMUX - Peripheral instance base addresses */
/** Peripheral DMAMUX0 base address */
#define DMAMUX0_BASE                            (0x40021000u)
/** Peripheral DMAMUX0 base pointer */
#define DMAMUX0                                 ((DMAMUX_Type *)DMAMUX0_BASE)
#define DMAMUX0_BASE_PTR                        (DMAMUX0)
```

```
/** Array initializer of DMAMUX peripheral base addresses */
#define DMAMUX_BASE_ADDRS                        { DMAMUX0_BASE }
/** Array initializer of DMAMUX peripheral base pointers */
#define DMAMUX_BASE_PTRS                         { DMAMUX0 }

/* ----------------------------------------------------------------------------
   -- DMAMUX - Register accessor macros
   ---------------------------------------------------------------------------- */

/* DMAMUX - Register instance definitions */
/* DMAMUX0 */
#define DMAMUX0_CHCFG0                           DMAMUX_CHCFG_REG(DMAMUX0,0)
#define DMAMUX0_CHCFG1                           DMAMUX_CHCFG_REG(DMAMUX0,1)
#define DMAMUX0_CHCFG2                           DMAMUX_CHCFG_REG(DMAMUX0,2)
#define DMAMUX0_CHCFG3                           DMAMUX_CHCFG_REG(DMAMUX0,3)

/* DMAMUX - Register array accessors */
#define DMAMUX0_CHCFG(index)                     DMAMUX_CHCFG_REG(DMAMUX0,index)

/* ----------------------------------------------------------------------------
   -- FGPIO Peripheral Access Layer
   ---------------------------------------------------------------------------- */

/** FGPIO - Register Layout Typedef */
typedef struct {
  __IO uint32_t PDOR;                              /**< Port Data Output Register, offset: 0x0 */
  __O  uint32_t PSOR;                              /**< Port Set Output Register, offset: 0x4 */
  __O  uint32_t PCOR;                              /**< Port Clear Output Register, offset: 0x8 */
  __O  uint32_t PTOR;                              /**< Port Toggle Output Register, offset: 0xC */
  __I  uint32_t PDIR;                              /**< Port Data Input Register, offset: 0x10 */
  __IO uint32_t PDDR;                              /**< Port Data Direction Register, offset: 0x14 */
} FGPIO_Type, *FGPIO_MemMapPtr;

/* ----------------------------------------------------------------------------
   -- FGPIO - Register accessor macros
   ---------------------------------------------------------------------------- */

/* FGPIO - Register accessors */
#define FGPIO_PDOR_REG(base)                     ((base)->PDOR)
#define FGPIO_PSOR_REG(base)                     ((base)->PSOR)
#define FGPIO_PCOR_REG(base)                     ((base)->PCOR)
#define FGPIO_PTOR_REG(base)                     ((base)->PTOR)
#define FGPIO_PDIR_REG(base)                     ((base)->PDIR)
#define FGPIO_PDDR_REG(base)                     ((base)->PDDR)

/* ----------------------------------------------------------------------------
   -- FGPIO Register Masks
   ---------------------------------------------------------------------------- */

/* PDOR Bit Fields */
#define FGPIO_PDOR_PDO_MASK                      0xFFFFFFFFu
#define FGPIO_PDOR_PDO_SHIFT                     0
#define FGPIO_PDOR_PDO_WIDTH                     32
#define FGPIO_PDOR_PDO(x)                        (((uint32_t)(((uint32_t)(x))<<FGPIO_PDOR_PDO_SHIFT))&FGPIO_PDOR_PDO_MASK)
/* PSOR Bit Fields */
#define FGPIO_PSOR_PTSO_MASK                     0xFFFFFFFFu
#define FGPIO_PSOR_PTSO_SHIFT                    0
#define FGPIO_PSOR_PTSO_WIDTH                    32
#define FGPIO_PSOR_PTSO(x)                       (((uint32_t)(((uint32_t)(x))<<FGPIO_PSOR_PTSO_SHIFT))&FGPIO_PSOR_PTSO_MASK)
/* PCOR Bit Fields */
#define FGPIO_PCOR_PTCO_MASK                     0xFFFFFFFFu
#define FGPIO_PCOR_PTCO_SHIFT                    0
#define FGPIO_PCOR_PTCO_WIDTH                    32
#define FGPIO_PCOR_PTCO(x)                       (((uint32_t)(((uint32_t)(x))<<FGPIO_PCOR_PTCO_SHIFT))&FGPIO_PCOR_PTCO_MASK)
/* PTOR Bit Fields */
#define FGPIO_PTOR_PTTO_MASK                     0xFFFFFFFFu
#define FGPIO_PTOR_PTTO_SHIFT                    0
#define FGPIO_PTOR_PTTO_WIDTH                    32
#define FGPIO_PTOR_PTTO(x)                       (((uint32_t)(((uint32_t)(x))<<FGPIO_PTOR_PTTO_SHIFT))&FGPIO_PTOR_PTTO_MASK)
/* PDIR Bit Fields */
#define FGPIO_PDIR_PDI_MASK                      0xFFFFFFFFu
#define FGPIO_PDIR_PDI_SHIFT                     0
#define FGPIO_PDIR_PDI_WIDTH                     32
#define FGPIO_PDIR_PDI(x)                        (((uint32_t)(((uint32_t)(x))<<FGPIO_PDIR_PDI_SHIFT))&FGPIO_PDIR_PDI_MASK)
/* PDDR Bit Fields */
#define FGPIO_PDDR_PDD_MASK                      0xFFFFFFFFu
#define FGPIO_PDDR_PDD_SHIFT                     0
#define FGPIO_PDDR_PDD_WIDTH                     32
#define FGPIO_PDDR_PDD(x)                        (((uint32_t)(((uint32_t)(x))<<FGPIO_PDDR_PDD_SHIFT))&FGPIO_PDDR_PDD_MASK)

/* FGPIO - Peripheral instance base addresses */
/** Peripheral FGPIOA base address */
```

```
#define FGPIOA_BASE                              (0xF80FF000u)
/** Peripheral FGPIOA base pointer */
#define FGPIOA                                   ((FGPIO_Type *)FGPIOA_BASE)
#define FGPIOA_BASE_PTR                          (FGPIOA)
/** Peripheral FGPIOB base address */
#define FGPIOB_BASE                              (0xF80FF040u)
/** Peripheral FGPIOB base pointer */
#define FGPIOB                                   ((FGPIO_Type *)FGPIOB_BASE)
#define FGPIOB_BASE_PTR                          (FGPIOB)
/** Peripheral FGPIOC base address */
#define FGPIOC_BASE                              (0xF80FF080u)
/** Peripheral FGPIOC base pointer */
#define FGPIOC                                   ((FGPIO_Type *)FGPIOC_BASE)
#define FGPIOC_BASE_PTR                          (FGPIOC)
/** Peripheral FGPIOD base address */
#define FGPIOD_BASE                              (0xF80FF0C0u)
/** Peripheral FGPIOD base pointer */
#define FGPIOD                                   ((FGPIO_Type *)FGPIOD_BASE)
#define FGPIOD_BASE_PTR                          (FGPIOD)
/** Peripheral FGPIOE base address */
#define FGPIOE_BASE                              (0xF80FF100u)
/** Peripheral FGPIOE base pointer */
#define FGPIOE                                   ((FGPIO_Type *)FGPIOE_BASE)
#define FGPIOE_BASE_PTR                          (FGPIOE)
/** Array initializer of FGPIO peripheral base addresses */
#define FGPIO_BASE_ADDRS                         { FGPIOA_BASE, FGPIOB_BASE, FGPIOC_BASE, FGPIOD_BASE, FGPIOE_BASE }
/** Array initializer of FGPIO peripheral base pointers */
#define FGPIO_BASE_PTRS                          { FGPIOA, FGPIOB, FGPIOC, FGPIOD, FGPIOE }

/* ----------------------------------------------------------------------------
   -- FGPIO - Register accessor macros
   ---------------------------------------------------------------------------- */

/* FGPIO - Register instance definitions */
/* FGPIOA */
#define FGPIOA_PDOR                              FGPIO_PDOR_REG(FGPIOA)
#define FGPIOA_PSOR                              FGPIO_PSOR_REG(FGPIOA)
#define FGPIOA_PCOR                              FGPIO_PCOR_REG(FGPIOA)
#define FGPIOA_PTOR                              FGPIO_PTOR_REG(FGPIOA)
#define FGPIOA_PDIR                              FGPIO_PDIR_REG(FGPIOA)
#define FGPIOA_PDDR                              FGPIO_PDDR_REG(FGPIOA)
/* FGPIOB */
#define FGPIOB_PDOR                              FGPIO_PDOR_REG(FGPIOB)
#define FGPIOB_PSOR                              FGPIO_PSOR_REG(FGPIOB)
#define FGPIOB_PCOR                              FGPIO_PCOR_REG(FGPIOB)
#define FGPIOB_PTOR                              FGPIO_PTOR_REG(FGPIOB)
#define FGPIOB_PDIR                              FGPIO_PDIR_REG(FGPIOB)
#define FGPIOB_PDDR                              FGPIO_PDDR_REG(FGPIOB)
/* FGPIOC */
#define FGPIOC_PDOR                              FGPIO_PDOR_REG(FGPIOC)
#define FGPIOC_PSOR                              FGPIO_PSOR_REG(FGPIOC)
#define FGPIOC_PCOR                              FGPIO_PCOR_REG(FGPIOC)
#define FGPIOC_PTOR                              FGPIO_PTOR_REG(FGPIOC)
#define FGPIOC_PDIR                              FGPIO_PDIR_REG(FGPIOC)
#define FGPIOC_PDDR                              FGPIO_PDDR_REG(FGPIOC)
/* FGPIOD */
#define FGPIOD_PDOR                              FGPIO_PDOR_REG(FGPIOD)
#define FGPIOD_PSOR                              FGPIO_PSOR_REG(FGPIOD)
#define FGPIOD_PCOR                              FGPIO_PCOR_REG(FGPIOD)
#define FGPIOD_PTOR                              FGPIO_PTOR_REG(FGPIOD)
#define FGPIOD_PDIR                              FGPIO_PDIR_REG(FGPIOD)
#define FGPIOD_PDDR                              FGPIO_PDDR_REG(FGPIOD)
/* FGPIOE */
#define FGPIOE_PDOR                              FGPIO_PDOR_REG(FGPIOE)
#define FGPIOE_PSOR                              FGPIO_PSOR_REG(FGPIOE)
#define FGPIOE_PCOR                              FGPIO_PCOR_REG(FGPIOE)
#define FGPIOE_PTOR                              FGPIO_PTOR_REG(FGPIOE)
#define FGPIOE_PDIR                              FGPIO_PDIR_REG(FGPIOE)
#define FGPIOE_PDDR                              FGPIO_PDDR_REG(FGPIOE)

/* ----------------------------------------------------------------------------
   -- FTFA Peripheral Access Layer
   ---------------------------------------------------------------------------- */

/** FTFA - Register Layout Typedef */
typedef struct {
  __IO uint8_t FSTAT;                            /**< Flash Status Register, offset: 0x0 */
  __IO uint8_t FCNFG;                            /**< Flash Configuration Register, offset: 0x1 */
  __I  uint8_t FSEC;                             /**< Flash Security Register, offset: 0x2 */
  __I  uint8_t FOPT;                             /**< Flash Option Register, offset: 0x3 */
  __IO uint8_t FCCOB3;                           /**< Flash Common Command Object Registers, offset: 0x4 */
  __IO uint8_t FCCOB2;                           /**< Flash Common Command Object Registers, offset: 0x5 */
```

```
  __IO uint8_t FCCOB1;                    /**< Flash Common Command Object Registers, offset: 0x6 */
  __IO uint8_t FCCOB0;                    /**< Flash Common Command Object Registers, offset: 0x7 */
  __IO uint8_t FCCOB7;                    /**< Flash Common Command Object Registers, offset: 0x8 */
  __IO uint8_t FCCOB6;                    /**< Flash Common Command Object Registers, offset: 0x9 */
  __IO uint8_t FCCOB5;                    /**< Flash Common Command Object Registers, offset: 0xA */
  __IO uint8_t FCCOB4;                    /**< Flash Common Command Object Registers, offset: 0xB */
  __IO uint8_t FCCOBB;                    /**< Flash Common Command Object Registers, offset: 0xC */
  __IO uint8_t FCCOBA;                    /**< Flash Common Command Object Registers, offset: 0xD */
  __IO uint8_t FCCOB9;                    /**< Flash Common Command Object Registers, offset: 0xE */
  __IO uint8_t FCCOB8;                    /**< Flash Common Command Object Registers, offset: 0xF */
  __IO uint8_t FPROT3;                    /**< Program Flash Protection Registers, offset: 0x10 */
  __IO uint8_t FPROT2;                    /**< Program Flash Protection Registers, offset: 0x11 */
  __IO uint8_t FPROT1;                    /**< Program Flash Protection Registers, offset: 0x12 */
  __IO uint8_t FPROT0;                    /**< Program Flash Protection Registers, offset: 0x13 */
} FTFA_Type, *FTFA_MemMapPtr;

/* ----------------------------------------------------------------------------
   -- FTFA - Register accessor macros
   ---------------------------------------------------------------------------- */

/* FTFA - Register accessors */
#define FTFA_FSTAT_REG(base)                 ((base)->FSTAT)
#define FTFA_FCNFG_REG(base)                 ((base)->FCNFG)
#define FTFA_FSEC_REG(base)                  ((base)->FSEC)
#define FTFA_FOPT_REG(base)                  ((base)->FOPT)
#define FTFA_FCCOB3_REG(base)                ((base)->FCCOB3)
#define FTFA_FCCOB2_REG(base)                ((base)->FCCOB2)
#define FTFA_FCCOB1_REG(base)                ((base)->FCCOB1)
#define FTFA_FCCOB0_REG(base)                ((base)->FCCOB0)
#define FTFA_FCCOB7_REG(base)                ((base)->FCCOB7)
#define FTFA_FCCOB6_REG(base)                ((base)->FCCOB6)
#define FTFA_FCCOB5_REG(base)                ((base)->FCCOB5)
#define FTFA_FCCOB4_REG(base)                ((base)->FCCOB4)
#define FTFA_FCCOBB_REG(base)                ((base)->FCCOBB)
#define FTFA_FCCOBA_REG(base)                ((base)->FCCOBA)
#define FTFA_FCCOB9_REG(base)                ((base)->FCCOB9)
#define FTFA_FCCOB8_REG(base)                ((base)->FCCOB8)
#define FTFA_FPROT3_REG(base)                ((base)->FPROT3)
#define FTFA_FPROT2_REG(base)                ((base)->FPROT2)
#define FTFA_FPROT1_REG(base)                ((base)->FPROT1)
#define FTFA_FPROT0_REG(base)                ((base)->FPROT0)

/* ----------------------------------------------------------------------------
   -- FTFA Register Masks
   ---------------------------------------------------------------------------- */

/* FSTAT Bit Fields */
#define FTFA_FSTAT_MGSTAT0_MASK      0x1u
#define FTFA_FSTAT_MGSTAT0_SHIFT     0
#define FTFA_FSTAT_MGSTAT0_WIDTH     1
#define FTFA_FSTAT_MGSTAT0(x)        (((uint8_t)(((uint8_t)(x))<<FTFA_FSTAT_MGSTAT0_SHIFT))&FTFA_FSTAT_MGSTAT0_MASK)
#define FTFA_FSTAT_FPVIOL_MASK       0x10u
#define FTFA_FSTAT_FPVIOL_SHIFT      4
#define FTFA_FSTAT_FPVIOL_WIDTH      1
#define FTFA_FSTAT_FPVIOL(x)         (((uint8_t)(((uint8_t)(x))<<FTFA_FSTAT_FPVIOL_SHIFT))&FTFA_FSTAT_FPVIOL_MASK)
#define FTFA_FSTAT_ACCERR_MASK       0x20u
#define FTFA_FSTAT_ACCERR_SHIFT      5
#define FTFA_FSTAT_ACCERR_WIDTH      1
#define FTFA_FSTAT_ACCERR(x)         (((uint8_t)(((uint8_t)(x))<<FTFA_FSTAT_ACCERR_SHIFT))&FTFA_FSTAT_ACCERR_MASK)
#define FTFA_FSTAT_RDCOLERR_MASK     0x40u
#define FTFA_FSTAT_RDCOLERR_SHIFT    6
#define FTFA_FSTAT_RDCOLERR_WIDTH    1
#define FTFA_FSTAT_RDCOLERR(x)       (((uint8_t)(((uint8_t)(x))<<FTFA_FSTAT_RDCOLERR_SHIFT))&FTFA_FSTAT_RDCOLERR_MASK)
#define FTFA_FSTAT_CCIF_MASK         0x80u
#define FTFA_FSTAT_CCIF_SHIFT        7
#define FTFA_FSTAT_CCIF_WIDTH        1
#define FTFA_FSTAT_CCIF(x)           (((uint8_t)(((uint8_t)(x))<<FTFA_FSTAT_CCIF_SHIFT))&FTFA_FSTAT_CCIF_MASK)
/* FCNFG Bit Fields */
#define FTFA_FCNFG_ERSSUSP_MASK      0x10u
#define FTFA_FCNFG_ERSSUSP_SHIFT     4
#define FTFA_FCNFG_ERSSUSP_WIDTH     1
#define FTFA_FCNFG_ERSSUSP(x)        (((uint8_t)(((uint8_t)(x))<<FTFA_FCNFG_ERSSUSP_SHIFT))&FTFA_FCNFG_ERSSUSP_MASK)
#define FTFA_FCNFG_ERSAREQ_MASK      0x20u
#define FTFA_FCNFG_ERSAREQ_SHIFT     5
#define FTFA_FCNFG_ERSAREQ_WIDTH     1
#define FTFA_FCNFG_ERSAREQ(x)        (((uint8_t)(((uint8_t)(x))<<FTFA_FCNFG_ERSAREQ_SHIFT))&FTFA_FCNFG_ERSAREQ_MASK)
#define FTFA_FCNFG_RDCOLLIE_MASK     0x40u
#define FTFA_FCNFG_RDCOLLIE_SHIFT    6
#define FTFA_FCNFG_RDCOLLIE_WIDTH    1
#define FTFA_FCNFG_RDCOLLIE(x)       (((uint8_t)(((uint8_t)(x))<<FTFA_FCNFG_RDCOLLIE_SHIFT))&FTFA_FCNFG_RDCOLLIE_MASK)
#define FTFA_FCNFG_CCIE_MASK         0x80u
#define FTFA_FCNFG_CCIE_SHIFT        7
```

```
#define FTFA_FCNFG_CCIE_WIDTH          1
#define FTFA_FCNFG_CCIE(x)             (((uint8_t)(((uint8_t)(x))<<FTFA_FCNFG_CCIE_SHIFT))&FTFA_FCNFG_CCIE_MASK)
/* FSEC Bit Fields */
#define FTFA_FSEC_SEC_MASK             0x3u
#define FTFA_FSEC_SEC_SHIFT            0
#define FTFA_FSEC_SEC_WIDTH            2
#define FTFA_FSEC_SEC(x)               (((uint8_t)(((uint8_t)(x))<<FTFA_FSEC_SEC_SHIFT))&FTFA_FSEC_SEC_MASK)
#define FTFA_FSEC_FSLACC_MASK          0xCu
#define FTFA_FSEC_FSLACC_SHIFT         2
#define FTFA_FSEC_FSLACC_WIDTH         2
#define FTFA_FSEC_FSLACC(x)            (((uint8_t)(((uint8_t)(x))<<FTFA_FSEC_FSLACC_SHIFT))&FTFA_FSEC_FSLACC_MASK)
#define FTFA_FSEC_MEEN_MASK            0x30u
#define FTFA_FSEC_MEEN_SHIFT           4
#define FTFA_FSEC_MEEN_WIDTH           2
#define FTFA_FSEC_MEEN(x)              (((uint8_t)(((uint8_t)(x))<<FTFA_FSEC_MEEN_SHIFT))&FTFA_FSEC_MEEN_MASK)
#define FTFA_FSEC_KEYEN_MASK           0xC0u
#define FTFA_FSEC_KEYEN_SHIFT          6
#define FTFA_FSEC_KEYEN_WIDTH          2
#define FTFA_FSEC_KEYEN(x)             (((uint8_t)(((uint8_t)(x))<<FTFA_FSEC_KEYEN_SHIFT))&FTFA_FSEC_KEYEN_MASK)
/* FOPT Bit Fields */
#define FTFA_FOPT_OPT_MASK             0xFFu
#define FTFA_FOPT_OPT_SHIFT            0
#define FTFA_FOPT_OPT_WIDTH            8
#define FTFA_FOPT_OPT(x)               (((uint8_t)(((uint8_t)(x))<<FTFA_FOPT_OPT_SHIFT))&FTFA_FOPT_OPT_MASK)
/* FCCOB3 Bit Fields */
#define FTFA_FCCOB3_CCOBn_MASK         0xFFu
#define FTFA_FCCOB3_CCOBn_SHIFT        0
#define FTFA_FCCOB3_CCOBn_WIDTH        8
#define FTFA_FCCOB3_CCOBn(x)           (((uint8_t)(((uint8_t)(x))<<FTFA_FCCOB3_CCOBn_SHIFT))&FTFA_FCCOB3_CCOBn_MASK)
/* FCCOB2 Bit Fields */
#define FTFA_FCCOB2_CCOBn_MASK         0xFFu
#define FTFA_FCCOB2_CCOBn_SHIFT        0
#define FTFA_FCCOB2_CCOBn_WIDTH        8
#define FTFA_FCCOB2_CCOBn(x)           (((uint8_t)(((uint8_t)(x))<<FTFA_FCCOB2_CCOBn_SHIFT))&FTFA_FCCOB2_CCOBn_MASK)
/* FCCOB1 Bit Fields */
#define FTFA_FCCOB1_CCOBn_MASK         0xFFu
#define FTFA_FCCOB1_CCOBn_SHIFT        0
#define FTFA_FCCOB1_CCOBn_WIDTH        8
#define FTFA_FCCOB1_CCOBn(x)           (((uint8_t)(((uint8_t)(x))<<FTFA_FCCOB1_CCOBn_SHIFT))&FTFA_FCCOB1_CCOBn_MASK)
/* FCCOB0 Bit Fields */
#define FTFA_FCCOB0_CCOBn_MASK         0xFFu
#define FTFA_FCCOB0_CCOBn_SHIFT        0
#define FTFA_FCCOB0_CCOBn_WIDTH        8
#define FTFA_FCCOB0_CCOBn(x)           (((uint8_t)(((uint8_t)(x))<<FTFA_FCCOB0_CCOBn_SHIFT))&FTFA_FCCOB0_CCOBn_MASK)
/* FCCOB7 Bit Fields */
#define FTFA_FCCOB7_CCOBn_MASK         0xFFu
#define FTFA_FCCOB7_CCOBn_SHIFT        0
#define FTFA_FCCOB7_CCOBn_WIDTH        8
#define FTFA_FCCOB7_CCOBn(x)           (((uint8_t)(((uint8_t)(x))<<FTFA_FCCOB7_CCOBn_SHIFT))&FTFA_FCCOB7_CCOBn_MASK)
/* FCCOB6 Bit Fields */
#define FTFA_FCCOB6_CCOBn_MASK         0xFFu
#define FTFA_FCCOB6_CCOBn_SHIFT        0
#define FTFA_FCCOB6_CCOBn_WIDTH        8
#define FTFA_FCCOB6_CCOBn(x)           (((uint8_t)(((uint8_t)(x))<<FTFA_FCCOB6_CCOBn_SHIFT))&FTFA_FCCOB6_CCOBn_MASK)
/* FCCOB5 Bit Fields */
#define FTFA_FCCOB5_CCOBn_MASK         0xFFu
#define FTFA_FCCOB5_CCOBn_SHIFT        0
#define FTFA_FCCOB5_CCOBn_WIDTH        8
#define FTFA_FCCOB5_CCOBn(x)           (((uint8_t)(((uint8_t)(x))<<FTFA_FCCOB5_CCOBn_SHIFT))&FTFA_FCCOB5_CCOBn_MASK)
/* FCCOB4 Bit Fields */
#define FTFA_FCCOB4_CCOBn_MASK         0xFFu
#define FTFA_FCCOB4_CCOBn_SHIFT        0
#define FTFA_FCCOB4_CCOBn_WIDTH        8
#define FTFA_FCCOB4_CCOBn(x)           (((uint8_t)(((uint8_t)(x))<<FTFA_FCCOB4_CCOBn_SHIFT))&FTFA_FCCOB4_CCOBn_MASK)
/* FCCOBB Bit Fields */
#define FTFA_FCCOBB_CCOBn_MASK         0xFFu
#define FTFA_FCCOBB_CCOBn_SHIFT        0
#define FTFA_FCCOBB_CCOBn_WIDTH        8
#define FTFA_FCCOBB_CCOBn(x)           (((uint8_t)(((uint8_t)(x))<<FTFA_FCCOBB_CCOBn_SHIFT))&FTFA_FCCOBB_CCOBn_MASK)
/* FCCOBA Bit Fields */
#define FTFA_FCCOBA_CCOBn_MASK         0xFFu
#define FTFA_FCCOBA_CCOBn_SHIFT        0
#define FTFA_FCCOBA_CCOBn_WIDTH        8
#define FTFA_FCCOBA_CCOBn(x)           (((uint8_t)(((uint8_t)(x))<<FTFA_FCCOBA_CCOBn_SHIFT))&FTFA_FCCOBA_CCOBn_MASK)
/* FCCOB9 Bit Fields */
#define FTFA_FCCOB9_CCOBn_MASK         0xFFu
#define FTFA_FCCOB9_CCOBn_SHIFT        0
#define FTFA_FCCOB9_CCOBn_WIDTH        8
#define FTFA_FCCOB9_CCOBn(x)           (((uint8_t)(((uint8_t)(x))<<FTFA_FCCOB9_CCOBn_SHIFT))&FTFA_FCCOB9_CCOBn_MASK)
/* FCCOB8 Bit Fields */
#define FTFA_FCCOB8_CCOBn_MASK         0xFFu
#define FTFA_FCCOB8_CCOBn_SHIFT        0
```

```
#define FTFA_FCCOB8_CCOBn_WIDTH       8
#define FTFA_FCCOB8_CCOBn(x)          (((uint8_t)(((uint8_t)(x))<<FTFA_FCCOB8_CCOBn_SHIFT))&FTFA_FCCOB8_CCOBn_MASK)
/* FPROT3 Bit Fields */
#define FTFA_FPROT3_PROT_MASK         0xFFu
#define FTFA_FPROT3_PROT_SHIFT        0
#define FTFA_FPROT3_PROT_WIDTH        8
#define FTFA_FPROT3_PROT(x)           (((uint8_t)(((uint8_t)(x))<<FTFA_FPROT3_PROT_SHIFT))&FTFA_FPROT3_PROT_MASK)
/* FPROT2 Bit Fields */
#define FTFA_FPROT2_PROT_MASK         0xFFu
#define FTFA_FPROT2_PROT_SHIFT        0
#define FTFA_FPROT2_PROT_WIDTH        8
#define FTFA_FPROT2_PROT(x)           (((uint8_t)(((uint8_t)(x))<<FTFA_FPROT2_PROT_SHIFT))&FTFA_FPROT2_PROT_MASK)
/* FPROT1 Bit Fields */
#define FTFA_FPROT1_PROT_MASK         0xFFu
#define FTFA_FPROT1_PROT_SHIFT        0
#define FTFA_FPROT1_PROT_WIDTH        8
#define FTFA_FPROT1_PROT(x)           (((uint8_t)(((uint8_t)(x))<<FTFA_FPROT1_PROT_SHIFT))&FTFA_FPROT1_PROT_MASK)
/* FPROT0 Bit Fields */
#define FTFA_FPROT0_PROT_MASK         0xFFu
#define FTFA_FPROT0_PROT_SHIFT        0
#define FTFA_FPROT0_PROT_WIDTH        8
#define FTFA_FPROT0_PROT(x)           (((uint8_t)(((uint8_t)(x))<<FTFA_FPROT0_PROT_SHIFT))&FTFA_FPROT0_PROT_MASK)

/* FTFA - Peripheral instance base addresses */
/** Peripheral FTFA base address */
#define FTFA_BASE                                (0x40020000u)
/** Peripheral FTFA base pointer */
#define FTFA                                     ((FTFA_Type *)FTFA_BASE)
#define FTFA_BASE_PTR                            (FTFA)
/** Array initializer of FTFA peripheral base addresses */
#define FTFA_BASE_ADDRS                          { FTFA_BASE }
/** Array initializer of FTFA peripheral base pointers */
#define FTFA_BASE_PTRS                           { FTFA }

/* ----------------------------------------------------------------------------
   -- FTFA - Register accessor macros
   ---------------------------------------------------------------------------- */

/* FTFA - Register instance definitions */
/* FTFA */
#define FTFA_FSTAT                               FTFA_FSTAT_REG(FTFA)
#define FTFA_FCNFG                               FTFA_FCNFG_REG(FTFA)
#define FTFA_FSEC                                FTFA_FSEC_REG(FTFA)
#define FTFA_FOPT                                FTFA_FOPT_REG(FTFA)
#define FTFA_FCCOB3                              FTFA_FCCOB3_REG(FTFA)
#define FTFA_FCCOB2                              FTFA_FCCOB2_REG(FTFA)
#define FTFA_FCCOB1                              FTFA_FCCOB1_REG(FTFA)
#define FTFA_FCCOB0                              FTFA_FCCOB0_REG(FTFA)
#define FTFA_FCCOB7                              FTFA_FCCOB7_REG(FTFA)
#define FTFA_FCCOB6                              FTFA_FCCOB6_REG(FTFA)
#define FTFA_FCCOB5                              FTFA_FCCOB5_REG(FTFA)
#define FTFA_FCCOB4                              FTFA_FCCOB4_REG(FTFA)
#define FTFA_FCCOBB                              FTFA_FCCOBB_REG(FTFA)
#define FTFA_FCCOBA                              FTFA_FCCOBA_REG(FTFA)
#define FTFA_FCCOB9                              FTFA_FCCOB9_REG(FTFA)
#define FTFA_FCCOB8                              FTFA_FCCOB8_REG(FTFA)
#define FTFA_FPROT3                              FTFA_FPROT3_REG(FTFA)
#define FTFA_FPROT2                              FTFA_FPROT2_REG(FTFA)
#define FTFA_FPROT1                              FTFA_FPROT1_REG(FTFA)
#define FTFA_FPROT0                              FTFA_FPROT0_REG(FTFA)

/* ----------------------------------------------------------------------------
   -- GPIO Peripheral Access Layer
   ---------------------------------------------------------------------------- */

/** GPIO - Register Layout Typedef */
typedef struct {
  __IO uint32_t PDOR;                              /**< Port Data Output Register, offset: 0x0 */
  __O  uint32_t PSOR;                              /**< Port Set Output Register, offset: 0x4 */
  __O  uint32_t PCOR;                              /**< Port Clear Output Register, offset: 0x8 */
  __O  uint32_t PTOR;                              /**< Port Toggle Output Register, offset: 0xC */
  __I  uint32_t PDIR;                              /**< Port Data Input Register, offset: 0x10 */
  __IO uint32_t PDDR;                              /**< Port Data Direction Register, offset: 0x14 */
} GPIO_Type, *GPIO_MemMapPtr;

/* ----------------------------------------------------------------------------
   -- GPIO - Register accessor macros
   ---------------------------------------------------------------------------- */

/* GPIO - Register accessors */
#define GPIO_PDOR_REG(base)                      ((base)->PDOR)
#define GPIO_PSOR_REG(base)                      ((base)->PSOR)
```

```
#define GPIO_PCOR_REG(base)                    ((base)->PCOR)
#define GPIO_PTOR_REG(base)                    ((base)->PTOR)
#define GPIO_PDIR_REG(base)                    ((base)->PDIR)
#define GPIO_PDDR_REG(base)                    ((base)->PDDR)

/* ----------------------------------------------------------------------------
   -- GPIO Register Masks
   ---------------------------------------------------------------------------- */

/* PDOR Bit Fields */
#define GPIO_PDOR_PDO_MASK            0xFFFFFFFFu
#define GPIO_PDOR_PDO_SHIFT           0
#define GPIO_PDOR_PDO_WIDTH           32
#define GPIO_PDOR_PDO(x)              (((uint32_t)(((uint32_t)(x))<<GPIO_PDOR_PDO_SHIFT))&GPIO_PDOR_PDO_MASK)
/* PSOR Bit Fields */
#define GPIO_PSOR_PTSO_MASK           0xFFFFFFFFu
#define GPIO_PSOR_PTSO_SHIFT          0
#define GPIO_PSOR_PTSO_WIDTH          32
#define GPIO_PSOR_PTSO(x)             (((uint32_t)(((uint32_t)(x))<<GPIO_PSOR_PTSO_SHIFT))&GPIO_PSOR_PTSO_MASK)
/* PCOR Bit Fields */
#define GPIO_PCOR_PTCO_MASK           0xFFFFFFFFu
#define GPIO_PCOR_PTCO_SHIFT          0
#define GPIO_PCOR_PTCO_WIDTH          32
#define GPIO_PCOR_PTCO(x)             (((uint32_t)(((uint32_t)(x))<<GPIO_PCOR_PTCO_SHIFT))&GPIO_PCOR_PTCO_MASK)
/* PTOR Bit Fields */
#define GPIO_PTOR_PTTO_MASK           0xFFFFFFFFu
#define GPIO_PTOR_PTTO_SHIFT          0
#define GPIO_PTOR_PTTO_WIDTH          32
#define GPIO_PTOR_PTTO(x)             (((uint32_t)(((uint32_t)(x))<<GPIO_PTOR_PTTO_SHIFT))&GPIO_PTOR_PTTO_MASK)
/* PDIR Bit Fields */
#define GPIO_PDIR_PDI_MASK            0xFFFFFFFFu
#define GPIO_PDIR_PDI_SHIFT           0
#define GPIO_PDIR_PDI_WIDTH           32
#define GPIO_PDIR_PDI(x)              (((uint32_t)(((uint32_t)(x))<<GPIO_PDIR_PDI_SHIFT))&GPIO_PDIR_PDI_MASK)
/* PDDR Bit Fields */
#define GPIO_PDDR_PDD_MASK            0xFFFFFFFFu
#define GPIO_PDDR_PDD_SHIFT           0
#define GPIO_PDDR_PDD_WIDTH           32
#define GPIO_PDDR_PDD(x)              (((uint32_t)(((uint32_t)(x))<<GPIO_PDDR_PDD_SHIFT))&GPIO_PDDR_PDD_MASK)

/* GPIO - Peripheral instance base addresses */
/** Peripheral GPIOA base address */
#define GPIOA_BASE                             (0x400FF000u)
/** Peripheral GPIOA base pointer */
#define GPIOA                                  ((GPIO_Type *)GPIOA_BASE)
#define GPIOA_BASE_PTR                         (GPIOA)
/** Peripheral GPIOB base address */
#define GPIOB_BASE                             (0x400FF040u)
/** Peripheral GPIOB base pointer */
#define GPIOB                                  ((GPIO_Type *)GPIOB_BASE)
#define GPIOB_BASE_PTR                         (GPIOB)
/** Peripheral GPIOC base address */
#define GPIOC_BASE                             (0x400FF080u)
/** Peripheral GPIOC base pointer */
#define GPIOC                                  ((GPIO_Type *)GPIOC_BASE)
#define GPIOC_BASE_PTR                         (GPIOC)
/** Peripheral GPIOD base address */
#define GPIOD_BASE                             (0x400FF0C0u)
/** Peripheral GPIOD base pointer */
#define GPIOD                                  ((GPIO_Type *)GPIOD_BASE)
#define GPIOD_BASE_PTR                         (GPIOD)
/** Peripheral GPIOE base address */
#define GPIOE_BASE                             (0x400FF100u)
/** Peripheral GPIOE base pointer */
#define GPIOE                                  ((GPIO_Type *)GPIOE_BASE)
#define GPIOE_BASE_PTR                         (GPIOE)
/** Array initializer of GPIO peripheral base addresses */
#define GPIO_BASE_ADDRS                        { GPIOA_BASE, GPIOB_BASE, GPIOC_BASE, GPIOD_BASE, GPIOE_BASE }
/** Array initializer of GPIO peripheral base pointers */
#define GPIO_BASE_PTRS                         { GPIOA, GPIOB, GPIOC, GPIOD, GPIOE }

/* ----------------------------------------------------------------------------
   -- GPIO - Register accessor macros
   ---------------------------------------------------------------------------- */

/* GPIO - Register instance definitions */
/* GPIOA */
#define GPIOA_PDOR                             GPIO_PDOR_REG(GPIOA)
#define GPIOA_PSOR                             GPIO_PSOR_REG(GPIOA)
#define GPIOA_PCOR                             GPIO_PCOR_REG(GPIOA)
#define GPIOA_PTOR                             GPIO_PTOR_REG(GPIOA)
#define GPIOA_PDIR                             GPIO_PDIR_REG(GPIOA)
```

```
#define GPIOA_PDDR                           GPIO_PDDR_REG(GPIOA)
/* GPIOB */
#define GPIOB_PDOR                           GPIO_PDOR_REG(GPIOB)
#define GPIOB_PSOR                           GPIO_PSOR_REG(GPIOB)
#define GPIOB_PCOR                           GPIO_PCOR_REG(GPIOB)
#define GPIOB_PTOR                           GPIO_PTOR_REG(GPIOB)
#define GPIOB_PDIR                           GPIO_PDIR_REG(GPIOB)
#define GPIOB_PDDR                           GPIO_PDDR_REG(GPIOB)
/* GPIOC */
#define GPIOC_PDOR                           GPIO_PDOR_REG(GPIOC)
#define GPIOC_PSOR                           GPIO_PSOR_REG(GPIOC)
#define GPIOC_PCOR                           GPIO_PCOR_REG(GPIOC)
#define GPIOC_PTOR                           GPIO_PTOR_REG(GPIOC)
#define GPIOC_PDIR                           GPIO_PDIR_REG(GPIOC)
#define GPIOC_PDDR                           GPIO_PDDR_REG(GPIOC)
/* GPIOD */
#define GPIOD_PDOR                           GPIO_PDOR_REG(GPIOD)
#define GPIOD_PSOR                           GPIO_PSOR_REG(GPIOD)
#define GPIOD_PCOR                           GPIO_PCOR_REG(GPIOD)
#define GPIOD_PTOR                           GPIO_PTOR_REG(GPIOD)
#define GPIOD_PDIR                           GPIO_PDIR_REG(GPIOD)
#define GPIOD_PDDR                           GPIO_PDDR_REG(GPIOD)
/* GPIOE */
#define GPIOE_PDOR                           GPIO_PDOR_REG(GPIOE)
#define GPIOE_PSOR                           GPIO_PSOR_REG(GPIOE)
#define GPIOE_PCOR                           GPIO_PCOR_REG(GPIOE)
#define GPIOE_PTOR                           GPIO_PTOR_REG(GPIOE)
#define GPIOE_PDIR                           GPIO_PDIR_REG(GPIOE)
#define GPIOE_PDDR                           GPIO_PDDR_REG(GPIOE)

/* ----------------------------------------------------------------------------
   -- I2C Peripheral Access Layer
   ---------------------------------------------------------------------------- */

/** I2C - Register Layout Typedef */
typedef struct {
  __IO uint8_t A1;                      /**< I2C Address Register 1, offset: 0x0 */
  __IO uint8_t F;                       /**< I2C Frequency Divider register, offset: 0x1 */
  __IO uint8_t C1;                      /**< I2C Control Register 1, offset: 0x2 */
  __IO uint8_t S;                       /**< I2C Status register, offset: 0x3 */
  __IO uint8_t D;                       /**< I2C Data I/O register, offset: 0x4 */
  __IO uint8_t C2;                      /**< I2C Control Register 2, offset: 0x5 */
  __IO uint8_t FLT;                     /**< I2C Programmable Input Glitch Filter register, offset: 0x6 */
  __IO uint8_t RA;                      /**< I2C Range Address register, offset: 0x7 */
  __IO uint8_t SMB;                     /**< I2C SMBus Control and Status register, offset: 0x8 */
  __IO uint8_t A2;                      /**< I2C Address Register 2, offset: 0x9 */
  __IO uint8_t SLTH;                    /**< I2C SCL Low Timeout Register High, offset: 0xA */
  __IO uint8_t SLTL;                    /**< I2C SCL Low Timeout Register Low, offset: 0xB */
} I2C_Type, *I2C_MemMapPtr;

/* ----------------------------------------------------------------------------
   -- I2C - Register accessor macros
   ---------------------------------------------------------------------------- */

/* I2C - Register accessors */
#define I2C_A1_REG(base)                     ((base)->A1)
#define I2C_F_REG(base)                      ((base)->F)
#define I2C_C1_REG(base)                     ((base)->C1)
#define I2C_S_REG(base)                      ((base)->S)
#define I2C_D_REG(base)                      ((base)->D)
#define I2C_C2_REG(base)                     ((base)->C2)
#define I2C_FLT_REG(base)                    ((base)->FLT)
#define I2C_RA_REG(base)                     ((base)->RA)
#define I2C_SMB_REG(base)                    ((base)->SMB)
#define I2C_A2_REG(base)                     ((base)->A2)
#define I2C_SLTH_REG(base)                   ((base)->SLTH)
#define I2C_SLTL_REG(base)                   ((base)->SLTL)

/* ----------------------------------------------------------------------------
   -- I2C Register Masks
   ---------------------------------------------------------------------------- */

/* A1 Bit Fields */
#define I2C_A1_AD_MASK                  0xFEu
#define I2C_A1_AD_SHIFT                 1
#define I2C_A1_AD_WIDTH                 7
#define I2C_A1_AD(x)                    (((uint8_t)(((uint8_t)(x))<<I2C_A1_AD_SHIFT))&I2C_A1_AD_MASK)
/* F Bit Fields */
#define I2C_F_ICR_MASK                  0x3Fu
#define I2C_F_ICR_SHIFT                 0
#define I2C_F_ICR_WIDTH                 6
#define I2C_F_ICR(x)                    (((uint8_t)(((uint8_t)(x))<<I2C_F_ICR_SHIFT))&I2C_F_ICR_MASK)
```

```
#define I2C_F_MULT_MASK                0xC0u
#define I2C_F_MULT_SHIFT               6
#define I2C_F_MULT_WIDTH               2
#define I2C_F_MULT(x)                  (((uint8_t)(((uint8_t)(x))<<I2C_F_MULT_SHIFT))&I2C_F_MULT_MASK)
/* C1 Bit Fields */
#define I2C_C1_DMAEN_MASK              0x1u
#define I2C_C1_DMAEN_SHIFT             0
#define I2C_C1_DMAEN_WIDTH             1
#define I2C_C1_DMAEN(x)                (((uint8_t)(((uint8_t)(x))<<I2C_C1_DMAEN_SHIFT))&I2C_C1_DMAEN_MASK)
#define I2C_C1_WUEN_MASK               0x2u
#define I2C_C1_WUEN_SHIFT              1
#define I2C_C1_WUEN_WIDTH              1
#define I2C_C1_WUEN(x)                 (((uint8_t)(((uint8_t)(x))<<I2C_C1_WUEN_SHIFT))&I2C_C1_WUEN_MASK)
#define I2C_C1_RSTA_MASK               0x4u
#define I2C_C1_RSTA_SHIFT              2
#define I2C_C1_RSTA_WIDTH              1
#define I2C_C1_RSTA(x)                 (((uint8_t)(((uint8_t)(x))<<I2C_C1_RSTA_SHIFT))&I2C_C1_RSTA_MASK)
#define I2C_C1_TXAK_MASK               0x8u
#define I2C_C1_TXAK_SHIFT              3
#define I2C_C1_TXAK_WIDTH              1
#define I2C_C1_TXAK(x)                 (((uint8_t)(((uint8_t)(x))<<I2C_C1_TXAK_SHIFT))&I2C_C1_TXAK_MASK)
#define I2C_C1_TX_MASK                 0x10u
#define I2C_C1_TX_SHIFT                4
#define I2C_C1_TX_WIDTH                1
#define I2C_C1_TX(x)                   (((uint8_t)(((uint8_t)(x))<<I2C_C1_TX_SHIFT))&I2C_C1_TX_MASK)
#define I2C_C1_MST_MASK                0x20u
#define I2C_C1_MST_SHIFT               5
#define I2C_C1_MST_WIDTH               1
#define I2C_C1_MST(x)                  (((uint8_t)(((uint8_t)(x))<<I2C_C1_MST_SHIFT))&I2C_C1_MST_MASK)
#define I2C_C1_IICIE_MASK              0x40u
#define I2C_C1_IICIE_SHIFT             6
#define I2C_C1_IICIE_WIDTH             1
#define I2C_C1_IICIE(x)                (((uint8_t)(((uint8_t)(x))<<I2C_C1_IICIE_SHIFT))&I2C_C1_IICIE_MASK)
#define I2C_C1_IICEN_MASK              0x80u
#define I2C_C1_IICEN_SHIFT             7
#define I2C_C1_IICEN_WIDTH             1
#define I2C_C1_IICEN(x)                (((uint8_t)(((uint8_t)(x))<<I2C_C1_IICEN_SHIFT))&I2C_C1_IICEN_MASK)
/* S Bit Fields */
#define I2C_S_RXAK_MASK                0x1u
#define I2C_S_RXAK_SHIFT               0
#define I2C_S_RXAK_WIDTH               1
#define I2C_S_RXAK(x)                  (((uint8_t)(((uint8_t)(x))<<I2C_S_RXAK_SHIFT))&I2C_S_RXAK_MASK)
#define I2C_S_IICIF_MASK               0x2u
#define I2C_S_IICIF_SHIFT              1
#define I2C_S_IICIF_WIDTH              1
#define I2C_S_IICIF(x)                 (((uint8_t)(((uint8_t)(x))<<I2C_S_IICIF_SHIFT))&I2C_S_IICIF_MASK)
#define I2C_S_SRW_MASK                 0x4u
#define I2C_S_SRW_SHIFT                2
#define I2C_S_SRW_WIDTH                1
#define I2C_S_SRW(x)                   (((uint8_t)(((uint8_t)(x))<<I2C_S_SRW_SHIFT))&I2C_S_SRW_MASK)
#define I2C_S_RAM_MASK                 0x8u
#define I2C_S_RAM_SHIFT                3
#define I2C_S_RAM_WIDTH                1
#define I2C_S_RAM(x)                   (((uint8_t)(((uint8_t)(x))<<I2C_S_RAM_SHIFT))&I2C_S_RAM_MASK)
#define I2C_S_ARBL_MASK                0x10u
#define I2C_S_ARBL_SHIFT               4
#define I2C_S_ARBL_WIDTH               1
#define I2C_S_ARBL(x)                  (((uint8_t)(((uint8_t)(x))<<I2C_S_ARBL_SHIFT))&I2C_S_ARBL_MASK)
#define I2C_S_BUSY_MASK                0x20u
#define I2C_S_BUSY_SHIFT               5
#define I2C_S_BUSY_WIDTH               1
#define I2C_S_BUSY(x)                  (((uint8_t)(((uint8_t)(x))<<I2C_S_BUSY_SHIFT))&I2C_S_BUSY_MASK)
#define I2C_S_IAAS_MASK                0x40u
#define I2C_S_IAAS_SHIFT               6
#define I2C_S_IAAS_WIDTH               1
#define I2C_S_IAAS(x)                  (((uint8_t)(((uint8_t)(x))<<I2C_S_IAAS_SHIFT))&I2C_S_IAAS_MASK)
#define I2C_S_TCF_MASK                 0x80u
#define I2C_S_TCF_SHIFT                7
#define I2C_S_TCF_WIDTH                1
#define I2C_S_TCF(x)                   (((uint8_t)(((uint8_t)(x))<<I2C_S_TCF_SHIFT))&I2C_S_TCF_MASK)
/* D Bit Fields */
#define I2C_D_DATA_MASK                0xFFu
#define I2C_D_DATA_SHIFT               0
#define I2C_D_DATA_WIDTH               8
#define I2C_D_DATA(x)                  (((uint8_t)(((uint8_t)(x))<<I2C_D_DATA_SHIFT))&I2C_D_DATA_MASK)
/* C2 Bit Fields */
#define I2C_C2_AD_MASK                 0x7u
#define I2C_C2_AD_SHIFT                0
#define I2C_C2_AD_WIDTH                3
#define I2C_C2_AD(x)                   (((uint8_t)(((uint8_t)(x))<<I2C_C2_AD_SHIFT))&I2C_C2_AD_MASK)
#define I2C_C2_RMEN_MASK               0x8u
#define I2C_C2_RMEN_SHIFT              3
```

```
#define I2C_C2_RMEN_WIDTH          1
#define I2C_C2_RMEN(x)             (((uint8_t)(((uint8_t)(x))<<I2C_C2_RMEN_SHIFT))&I2C_C2_RMEN_MASK)
#define I2C_C2_SBRC_MASK           0x10u
#define I2C_C2_SBRC_SHIFT          4
#define I2C_C2_SBRC_WIDTH          1
#define I2C_C2_SBRC(x)             (((uint8_t)(((uint8_t)(x))<<I2C_C2_SBRC_SHIFT))&I2C_C2_SBRC_MASK)
#define I2C_C2_HDRS_MASK           0x20u
#define I2C_C2_HDRS_SHIFT          5
#define I2C_C2_HDRS_WIDTH          1
#define I2C_C2_HDRS(x)             (((uint8_t)(((uint8_t)(x))<<I2C_C2_HDRS_SHIFT))&I2C_C2_HDRS_MASK)
#define I2C_C2_ADEXT_MASK          0x40u
#define I2C_C2_ADEXT_SHIFT         6
#define I2C_C2_ADEXT_WIDTH         1
#define I2C_C2_ADEXT(x)            (((uint8_t)(((uint8_t)(x))<<I2C_C2_ADEXT_SHIFT))&I2C_C2_ADEXT_MASK)
#define I2C_C2_GCAEN_MASK          0x80u
#define I2C_C2_GCAEN_SHIFT         7
#define I2C_C2_GCAEN_WIDTH         1
#define I2C_C2_GCAEN(x)            (((uint8_t)(((uint8_t)(x))<<I2C_C2_GCAEN_SHIFT))&I2C_C2_GCAEN_MASK)
/* FLT Bit Fields */
#define I2C_FLT_FLT_MASK           0x1Fu
#define I2C_FLT_FLT_SHIFT          0
#define I2C_FLT_FLT_WIDTH          5
#define I2C_FLT_FLT(x)             (((uint8_t)(((uint8_t)(x))<<I2C_FLT_FLT_SHIFT))&I2C_FLT_FLT_MASK)
#define I2C_FLT_STOPIE_MASK        0x20u
#define I2C_FLT_STOPIE_SHIFT       5
#define I2C_FLT_STOPIE_WIDTH       1
#define I2C_FLT_STOPIE(x)          (((uint8_t)(((uint8_t)(x))<<I2C_FLT_STOPIE_SHIFT))&I2C_FLT_STOPIE_MASK)
#define I2C_FLT_STOPF_MASK         0x40u
#define I2C_FLT_STOPF_SHIFT        6
#define I2C_FLT_STOPF_WIDTH        1
#define I2C_FLT_STOPF(x)           (((uint8_t)(((uint8_t)(x))<<I2C_FLT_STOPF_SHIFT))&I2C_FLT_STOPF_MASK)
#define I2C_FLT_SHEN_MASK          0x80u
#define I2C_FLT_SHEN_SHIFT         7
#define I2C_FLT_SHEN_WIDTH         1
#define I2C_FLT_SHEN(x)            (((uint8_t)(((uint8_t)(x))<<I2C_FLT_SHEN_SHIFT))&I2C_FLT_SHEN_MASK)
/* RA Bit Fields */
#define I2C_RA_RAD_MASK            0xFEu
#define I2C_RA_RAD_SHIFT           1
#define I2C_RA_RAD_WIDTH           7
#define I2C_RA_RAD(x)              (((uint8_t)(((uint8_t)(x))<<I2C_RA_RAD_SHIFT))&I2C_RA_RAD_MASK)
/* SMB Bit Fields */
#define I2C_SMB_SHTF2IE_MASK       0x1u
#define I2C_SMB_SHTF2IE_SHIFT      0
#define I2C_SMB_SHTF2IE_WIDTH      1
#define I2C_SMB_SHTF2IE(x)         (((uint8_t)(((uint8_t)(x))<<I2C_SMB_SHTF2IE_SHIFT))&I2C_SMB_SHTF2IE_MASK)
#define I2C_SMB_SHTF2_MASK         0x2u
#define I2C_SMB_SHTF2_SHIFT        1
#define I2C_SMB_SHTF2_WIDTH        1
#define I2C_SMB_SHTF2(x)           (((uint8_t)(((uint8_t)(x))<<I2C_SMB_SHTF2_SHIFT))&I2C_SMB_SHTF2_MASK)
#define I2C_SMB_SHTF1_MASK         0x4u
#define I2C_SMB_SHTF1_SHIFT        2
#define I2C_SMB_SHTF1_WIDTH        1
#define I2C_SMB_SHTF1(x)           (((uint8_t)(((uint8_t)(x))<<I2C_SMB_SHTF1_SHIFT))&I2C_SMB_SHTF1_MASK)
#define I2C_SMB_SLTF_MASK          0x8u
#define I2C_SMB_SLTF_SHIFT         3
#define I2C_SMB_SLTF_WIDTH         1
#define I2C_SMB_SLTF(x)            (((uint8_t)(((uint8_t)(x))<<I2C_SMB_SLTF_SHIFT))&I2C_SMB_SLTF_MASK)
#define I2C_SMB_TCKSEL_MASK        0x10u
#define I2C_SMB_TCKSEL_SHIFT       4
#define I2C_SMB_TCKSEL_WIDTH       1
#define I2C_SMB_TCKSEL(x)          (((uint8_t)(((uint8_t)(x))<<I2C_SMB_TCKSEL_SHIFT))&I2C_SMB_TCKSEL_MASK)
#define I2C_SMB_SIICAEN_MASK       0x20u
#define I2C_SMB_SIICAEN_SHIFT      5
#define I2C_SMB_SIICAEN_WIDTH      1
#define I2C_SMB_SIICAEN(x)         (((uint8_t)(((uint8_t)(x))<<I2C_SMB_SIICAEN_SHIFT))&I2C_SMB_SIICAEN_MASK)
#define I2C_SMB_ALERTEN_MASK       0x40u
#define I2C_SMB_ALERTEN_SHIFT      6
#define I2C_SMB_ALERTEN_WIDTH      1
#define I2C_SMB_ALERTEN(x)         (((uint8_t)(((uint8_t)(x))<<I2C_SMB_ALERTEN_SHIFT))&I2C_SMB_ALERTEN_MASK)
#define I2C_SMB_FACK_MASK          0x80u
#define I2C_SMB_FACK_SHIFT         7
#define I2C_SMB_FACK_WIDTH         1
#define I2C_SMB_FACK(x)            (((uint8_t)(((uint8_t)(x))<<I2C_SMB_FACK_SHIFT))&I2C_SMB_FACK_MASK)
/* A2 Bit Fields */
#define I2C_A2_SAD_MASK            0xFEu
#define I2C_A2_SAD_SHIFT           1
#define I2C_A2_SAD_WIDTH           7
#define I2C_A2_SAD(x)              (((uint8_t)(((uint8_t)(x))<<I2C_A2_SAD_SHIFT))&I2C_A2_SAD_MASK)
/* SLTH Bit Fields */
#define I2C_SLTH_SSLT_MASK         0xFFu
#define I2C_SLTH_SSLT_SHIFT        0
#define I2C_SLTH_SSLT_WIDTH        8
```

```
#define I2C_SLTH_SSLT(x)                     (((uint8_t)(((uint8_t)(x))<<I2C_SLTH_SSLT_SHIFT))&I2C_SLTH_SSLT_MASK)
/* SLTL Bit Fields */
#define I2C_SLTL_SSLT_MASK                   0xFFu
#define I2C_SLTL_SSLT_SHIFT                  0
#define I2C_SLTL_SSLT_WIDTH                  8
#define I2C_SLTL_SSLT(x)                     (((uint8_t)(((uint8_t)(x))<<I2C_SLTL_SSLT_SHIFT))&I2C_SLTL_SSLT_MASK)

/* I2C - Peripheral instance base addresses */
/** Peripheral I2C0 base address */
#define I2C0_BASE                                (0x40066000u)
/** Peripheral I2C0 base pointer */
#define I2C0                                     ((I2C_Type *)I2C0_BASE)
#define I2C0_BASE_PTR                            (I2C0)
/** Peripheral I2C1 base address */
#define I2C1_BASE                                (0x40067000u)
/** Peripheral I2C1 base pointer */
#define I2C1                                     ((I2C_Type *)I2C1_BASE)
#define I2C1_BASE_PTR                            (I2C1)
/** Array initializer of I2C peripheral base addresses */
#define I2C_BASE_ADDRS                           { I2C0_BASE, I2C1_BASE }
/** Array initializer of I2C peripheral base pointers */
#define I2C_BASE_PTRS                            { I2C0, I2C1 }

/* ----------------------------------------------------------------------------
   -- I2C - Register accessor macros
   ---------------------------------------------------------------------------- */

/* I2C - Register instance definitions */
/* I2C0 */
#define I2C0_A1                                  I2C_A1_REG(I2C0)
#define I2C0_F                                   I2C_F_REG(I2C0)
#define I2C0_C1                                  I2C_C1_REG(I2C0)
#define I2C0_S                                   I2C_S_REG(I2C0)
#define I2C0_D                                   I2C_D_REG(I2C0)
#define I2C0_C2                                  I2C_C2_REG(I2C0)
#define I2C0_FLT                                 I2C_FLT_REG(I2C0)
#define I2C0_RA                                  I2C_RA_REG(I2C0)
#define I2C0_SMB                                 I2C_SMB_REG(I2C0)
#define I2C0_A2                                  I2C_A2_REG(I2C0)
#define I2C0_SLTH                                I2C_SLTH_REG(I2C0)
#define I2C0_SLTL                                I2C_SLTL_REG(I2C0)
/* I2C1 */
#define I2C1_A1                                  I2C_A1_REG(I2C1)
#define I2C1_F                                   I2C_F_REG(I2C1)
#define I2C1_C1                                  I2C_C1_REG(I2C1)
#define I2C1_S                                   I2C_S_REG(I2C1)
#define I2C1_D                                   I2C_D_REG(I2C1)
#define I2C1_C2                                  I2C_C2_REG(I2C1)
#define I2C1_FLT                                 I2C_FLT_REG(I2C1)
#define I2C1_RA                                  I2C_RA_REG(I2C1)
#define I2C1_SMB                                 I2C_SMB_REG(I2C1)
#define I2C1_A2                                  I2C_A2_REG(I2C1)
#define I2C1_SLTH                                I2C_SLTH_REG(I2C1)
#define I2C1_SLTL                                I2C_SLTL_REG(I2C1)

/* ----------------------------------------------------------------------------
   -- LLWU Peripheral Access Layer
   ---------------------------------------------------------------------------- */

/** LLWU - Register Layout Typedef */
typedef struct {
  __IO uint8_t PE1;                              /**< LLWU Pin Enable 1 register, offset: 0x0 */
  __IO uint8_t PE2;                              /**< LLWU Pin Enable 2 register, offset: 0x1 */
  __IO uint8_t PE3;                              /**< LLWU Pin Enable 3 register, offset: 0x2 */
  __IO uint8_t PE4;                              /**< LLWU Pin Enable 4 register, offset: 0x3 */
  __IO uint8_t ME;                               /**< LLWU Module Enable register, offset: 0x4 */
  __IO uint8_t F1;                               /**< LLWU Flag 1 register, offset: 0x5 */
  __IO uint8_t F2;                               /**< LLWU Flag 2 register, offset: 0x6 */
  __I  uint8_t F3;                               /**< LLWU Flag 3 register, offset: 0x7 */
  __IO uint8_t FILT1;                            /**< LLWU Pin Filter 1 register, offset: 0x8 */
  __IO uint8_t FILT2;                            /**< LLWU Pin Filter 2 register, offset: 0x9 */
} LLWU_Type, *LLWU_MemMapPtr;

/* ----------------------------------------------------------------------------
   -- LLWU - Register accessor macros
   ---------------------------------------------------------------------------- */

/* LLWU - Register accessors */
#define LLWU_PE1_REG(base)                       ((base)->PE1)
#define LLWU_PE2_REG(base)                       ((base)->PE2)
#define LLWU_PE3_REG(base)                       ((base)->PE3)
#define LLWU_PE4_REG(base)                       ((base)->PE4)
```

```
#define LLWU_ME_REG(base)                  ((base)->ME)
#define LLWU_F1_REG(base)                  ((base)->F1)
#define LLWU_F2_REG(base)                  ((base)->F2)
#define LLWU_F3_REG(base)                  ((base)->F3)
#define LLWU_FILT1_REG(base)               ((base)->FILT1)
#define LLWU_FILT2_REG(base)               ((base)->FILT2)

/* ----------------------------------------------------------------------------
   -- LLWU Register Masks
   ---------------------------------------------------------------------------- */

/* PE1 Bit Fields */
#define LLWU_PE1_WUPE0_MASK         0x3u
#define LLWU_PE1_WUPE0_SHIFT        0
#define LLWU_PE1_WUPE0_WIDTH        2
#define LLWU_PE1_WUPE0(x)           (((uint8_t)(((uint8_t)(x))<<LLWU_PE1_WUPE0_SHIFT))&LLWU_PE1_WUPE0_MASK)
#define LLWU_PE1_WUPE1_MASK         0xCu
#define LLWU_PE1_WUPE1_SHIFT        2
#define LLWU_PE1_WUPE1_WIDTH        2
#define LLWU_PE1_WUPE1(x)           (((uint8_t)(((uint8_t)(x))<<LLWU_PE1_WUPE1_SHIFT))&LLWU_PE1_WUPE1_MASK)
#define LLWU_PE1_WUPE2_MASK         0x30u
#define LLWU_PE1_WUPE2_SHIFT        4
#define LLWU_PE1_WUPE2_WIDTH        2
#define LLWU_PE1_WUPE2(x)           (((uint8_t)(((uint8_t)(x))<<LLWU_PE1_WUPE2_SHIFT))&LLWU_PE1_WUPE2_MASK)
#define LLWU_PE1_WUPE3_MASK         0xC0u
#define LLWU_PE1_WUPE3_SHIFT        6
#define LLWU_PE1_WUPE3_WIDTH        2
#define LLWU_PE1_WUPE3(x)           (((uint8_t)(((uint8_t)(x))<<LLWU_PE1_WUPE3_SHIFT))&LLWU_PE1_WUPE3_MASK)
/* PE2 Bit Fields */
#define LLWU_PE2_WUPE4_MASK         0x3u
#define LLWU_PE2_WUPE4_SHIFT        0
#define LLWU_PE2_WUPE4_WIDTH        2
#define LLWU_PE2_WUPE4(x)           (((uint8_t)(((uint8_t)(x))<<LLWU_PE2_WUPE4_SHIFT))&LLWU_PE2_WUPE4_MASK)
#define LLWU_PE2_WUPE5_MASK         0xCu
#define LLWU_PE2_WUPE5_SHIFT        2
#define LLWU_PE2_WUPE5_WIDTH        2
#define LLWU_PE2_WUPE5(x)           (((uint8_t)(((uint8_t)(x))<<LLWU_PE2_WUPE5_SHIFT))&LLWU_PE2_WUPE5_MASK)
#define LLWU_PE2_WUPE6_MASK         0x30u
#define LLWU_PE2_WUPE6_SHIFT        4
#define LLWU_PE2_WUPE6_WIDTH        2
#define LLWU_PE2_WUPE6(x)           (((uint8_t)(((uint8_t)(x))<<LLWU_PE2_WUPE6_SHIFT))&LLWU_PE2_WUPE6_MASK)
#define LLWU_PE2_WUPE7_MASK         0xC0u
#define LLWU_PE2_WUPE7_SHIFT        6
#define LLWU_PE2_WUPE7_WIDTH        2
#define LLWU_PE2_WUPE7(x)           (((uint8_t)(((uint8_t)(x))<<LLWU_PE2_WUPE7_SHIFT))&LLWU_PE2_WUPE7_MASK)
/* PE3 Bit Fields */
#define LLWU_PE3_WUPE8_MASK         0x3u
#define LLWU_PE3_WUPE8_SHIFT        0
#define LLWU_PE3_WUPE8_WIDTH        2
#define LLWU_PE3_WUPE8(x)           (((uint8_t)(((uint8_t)(x))<<LLWU_PE3_WUPE8_SHIFT))&LLWU_PE3_WUPE8_MASK)
#define LLWU_PE3_WUPE9_MASK         0xCu
#define LLWU_PE3_WUPE9_SHIFT        2
#define LLWU_PE3_WUPE9_WIDTH        2
#define LLWU_PE3_WUPE9(x)           (((uint8_t)(((uint8_t)(x))<<LLWU_PE3_WUPE9_SHIFT))&LLWU_PE3_WUPE9_MASK)
#define LLWU_PE3_WUPE10_MASK        0x30u
#define LLWU_PE3_WUPE10_SHIFT       4
#define LLWU_PE3_WUPE10_WIDTH       2
#define LLWU_PE3_WUPE10(x)          (((uint8_t)(((uint8_t)(x))<<LLWU_PE3_WUPE10_SHIFT))&LLWU_PE3_WUPE10_MASK)
#define LLWU_PE3_WUPE11_MASK        0xC0u
#define LLWU_PE3_WUPE11_SHIFT       6
#define LLWU_PE3_WUPE11_WIDTH       2
#define LLWU_PE3_WUPE11(x)          (((uint8_t)(((uint8_t)(x))<<LLWU_PE3_WUPE11_SHIFT))&LLWU_PE3_WUPE11_MASK)
/* PE4 Bit Fields */
#define LLWU_PE4_WUPE12_MASK        0x3u
#define LLWU_PE4_WUPE12_SHIFT       0
#define LLWU_PE4_WUPE12_WIDTH       2
#define LLWU_PE4_WUPE12(x)          (((uint8_t)(((uint8_t)(x))<<LLWU_PE4_WUPE12_SHIFT))&LLWU_PE4_WUPE12_MASK)
#define LLWU_PE4_WUPE13_MASK        0xCu
#define LLWU_PE4_WUPE13_SHIFT       2
#define LLWU_PE4_WUPE13_WIDTH       2
#define LLWU_PE4_WUPE13(x)          (((uint8_t)(((uint8_t)(x))<<LLWU_PE4_WUPE13_SHIFT))&LLWU_PE4_WUPE13_MASK)
#define LLWU_PE4_WUPE14_MASK        0x30u
#define LLWU_PE4_WUPE14_SHIFT       4
#define LLWU_PE4_WUPE14_WIDTH       2
#define LLWU_PE4_WUPE14(x)          (((uint8_t)(((uint8_t)(x))<<LLWU_PE4_WUPE14_SHIFT))&LLWU_PE4_WUPE14_MASK)
#define LLWU_PE4_WUPE15_MASK        0xC0u
#define LLWU_PE4_WUPE15_SHIFT       6
#define LLWU_PE4_WUPE15_WIDTH       2
#define LLWU_PE4_WUPE15(x)          (((uint8_t)(((uint8_t)(x))<<LLWU_PE4_WUPE15_SHIFT))&LLWU_PE4_WUPE15_MASK)
/* ME Bit Fields */
#define LLWU_ME_WUME0_MASK          0x1u
#define LLWU_ME_WUME0_SHIFT         0
```

```
#define LLWU_ME_WUME0_WIDTH          1
#define LLWU_ME_WUME0(x)             (((uint8_t)(((uint8_t)(x))<<LLWU_ME_WUME0_SHIFT))&LLWU_ME_WUME0_MASK)
#define LLWU_ME_WUME1_MASK           0x2u
#define LLWU_ME_WUME1_SHIFT          1
#define LLWU_ME_WUME1_WIDTH          1
#define LLWU_ME_WUME1(x)             (((uint8_t)(((uint8_t)(x))<<LLWU_ME_WUME1_SHIFT))&LLWU_ME_WUME1_MASK)
#define LLWU_ME_WUME2_MASK           0x4u
#define LLWU_ME_WUME2_SHIFT          2
#define LLWU_ME_WUME2_WIDTH          1
#define LLWU_ME_WUME2(x)             (((uint8_t)(((uint8_t)(x))<<LLWU_ME_WUME2_SHIFT))&LLWU_ME_WUME2_MASK)
#define LLWU_ME_WUME3_MASK           0x8u
#define LLWU_ME_WUME3_SHIFT          3
#define LLWU_ME_WUME3_WIDTH          1
#define LLWU_ME_WUME3(x)             (((uint8_t)(((uint8_t)(x))<<LLWU_ME_WUME3_SHIFT))&LLWU_ME_WUME3_MASK)
#define LLWU_ME_WUME4_MASK           0x10u
#define LLWU_ME_WUME4_SHIFT          4
#define LLWU_ME_WUME4_WIDTH          1
#define LLWU_ME_WUME4(x)             (((uint8_t)(((uint8_t)(x))<<LLWU_ME_WUME4_SHIFT))&LLWU_ME_WUME4_MASK)
#define LLWU_ME_WUME5_MASK           0x20u
#define LLWU_ME_WUME5_SHIFT          5
#define LLWU_ME_WUME5_WIDTH          1
#define LLWU_ME_WUME5(x)             (((uint8_t)(((uint8_t)(x))<<LLWU_ME_WUME5_SHIFT))&LLWU_ME_WUME5_MASK)
#define LLWU_ME_WUME6_MASK           0x40u
#define LLWU_ME_WUME6_SHIFT          6
#define LLWU_ME_WUME6_WIDTH          1
#define LLWU_ME_WUME6(x)             (((uint8_t)(((uint8_t)(x))<<LLWU_ME_WUME6_SHIFT))&LLWU_ME_WUME6_MASK)
#define LLWU_ME_WUME7_MASK           0x80u
#define LLWU_ME_WUME7_SHIFT          7
#define LLWU_ME_WUME7_WIDTH          1
#define LLWU_ME_WUME7(x)             (((uint8_t)(((uint8_t)(x))<<LLWU_ME_WUME7_SHIFT))&LLWU_ME_WUME7_MASK)
/* F1 Bit Fields */
#define LLWU_F1_WUF0_MASK            0x1u
#define LLWU_F1_WUF0_SHIFT           0
#define LLWU_F1_WUF0_WIDTH           1
#define LLWU_F1_WUF0(x)              (((uint8_t)(((uint8_t)(x))<<LLWU_F1_WUF0_SHIFT))&LLWU_F1_WUF0_MASK)
#define LLWU_F1_WUF1_MASK            0x2u
#define LLWU_F1_WUF1_SHIFT           1
#define LLWU_F1_WUF1_WIDTH           1
#define LLWU_F1_WUF1(x)              (((uint8_t)(((uint8_t)(x))<<LLWU_F1_WUF1_SHIFT))&LLWU_F1_WUF1_MASK)
#define LLWU_F1_WUF2_MASK            0x4u
#define LLWU_F1_WUF2_SHIFT           2
#define LLWU_F1_WUF2_WIDTH           1
#define LLWU_F1_WUF2(x)              (((uint8_t)(((uint8_t)(x))<<LLWU_F1_WUF2_SHIFT))&LLWU_F1_WUF2_MASK)
#define LLWU_F1_WUF3_MASK            0x8u
#define LLWU_F1_WUF3_SHIFT           3
#define LLWU_F1_WUF3_WIDTH           1
#define LLWU_F1_WUF3(x)              (((uint8_t)(((uint8_t)(x))<<LLWU_F1_WUF3_SHIFT))&LLWU_F1_WUF3_MASK)
#define LLWU_F1_WUF4_MASK            0x10u
#define LLWU_F1_WUF4_SHIFT           4
#define LLWU_F1_WUF4_WIDTH           1
#define LLWU_F1_WUF4(x)              (((uint8_t)(((uint8_t)(x))<<LLWU_F1_WUF4_SHIFT))&LLWU_F1_WUF4_MASK)
#define LLWU_F1_WUF5_MASK            0x20u
#define LLWU_F1_WUF5_SHIFT           5
#define LLWU_F1_WUF5_WIDTH           1
#define LLWU_F1_WUF5(x)              (((uint8_t)(((uint8_t)(x))<<LLWU_F1_WUF5_SHIFT))&LLWU_F1_WUF5_MASK)
#define LLWU_F1_WUF6_MASK            0x40u
#define LLWU_F1_WUF6_SHIFT           6
#define LLWU_F1_WUF6_WIDTH           1
#define LLWU_F1_WUF6(x)              (((uint8_t)(((uint8_t)(x))<<LLWU_F1_WUF6_SHIFT))&LLWU_F1_WUF6_MASK)
#define LLWU_F1_WUF7_MASK            0x80u
#define LLWU_F1_WUF7_SHIFT           7
#define LLWU_F1_WUF7_WIDTH           1
#define LLWU_F1_WUF7(x)              (((uint8_t)(((uint8_t)(x))<<LLWU_F1_WUF7_SHIFT))&LLWU_F1_WUF7_MASK)
/* F2 Bit Fields */
#define LLWU_F2_WUF8_MASK            0x1u
#define LLWU_F2_WUF8_SHIFT           0
#define LLWU_F2_WUF8_WIDTH           1
#define LLWU_F2_WUF8(x)              (((uint8_t)(((uint8_t)(x))<<LLWU_F2_WUF8_SHIFT))&LLWU_F2_WUF8_MASK)
#define LLWU_F2_WUF9_MASK            0x2u
#define LLWU_F2_WUF9_SHIFT           1
#define LLWU_F2_WUF9_WIDTH           1
#define LLWU_F2_WUF9(x)              (((uint8_t)(((uint8_t)(x))<<LLWU_F2_WUF9_SHIFT))&LLWU_F2_WUF9_MASK)
#define LLWU_F2_WUF10_MASK           0x4u
#define LLWU_F2_WUF10_SHIFT          2
#define LLWU_F2_WUF10_WIDTH          1
#define LLWU_F2_WUF10(x)             (((uint8_t)(((uint8_t)(x))<<LLWU_F2_WUF10_SHIFT))&LLWU_F2_WUF10_MASK)
#define LLWU_F2_WUF11_MASK           0x8u
#define LLWU_F2_WUF11_SHIFT          3
#define LLWU_F2_WUF11_WIDTH          1
#define LLWU_F2_WUF11(x)             (((uint8_t)(((uint8_t)(x))<<LLWU_F2_WUF11_SHIFT))&LLWU_F2_WUF11_MASK)
#define LLWU_F2_WUF12_MASK           0x10u
#define LLWU_F2_WUF12_SHIFT          4
```

```
#define LLWU_F2_WUF12_WIDTH              1
#define LLWU_F2_WUF12(x)                 (((uint8_t)(((uint8_t)(x))<<LLWU_F2_WUF12_SHIFT))&LLWU_F2_WUF12_MASK)
#define LLWU_F2_WUF13_MASK               0x20u
#define LLWU_F2_WUF13_SHIFT              5
#define LLWU_F2_WUF13_WIDTH              1
#define LLWU_F2_WUF13(x)                 (((uint8_t)(((uint8_t)(x))<<LLWU_F2_WUF13_SHIFT))&LLWU_F2_WUF13_MASK)
#define LLWU_F2_WUF14_MASK               0x40u
#define LLWU_F2_WUF14_SHIFT              6
#define LLWU_F2_WUF14_WIDTH              1
#define LLWU_F2_WUF14(x)                 (((uint8_t)(((uint8_t)(x))<<LLWU_F2_WUF14_SHIFT))&LLWU_F2_WUF14_MASK)
#define LLWU_F2_WUF15_MASK               0x80u
#define LLWU_F2_WUF15_SHIFT              7
#define LLWU_F2_WUF15_WIDTH              1
#define LLWU_F2_WUF15(x)                 (((uint8_t)(((uint8_t)(x))<<LLWU_F2_WUF15_SHIFT))&LLWU_F2_WUF15_MASK)
/* F3 Bit Fields */
#define LLWU_F3_MWUF0_MASK               0x1u
#define LLWU_F3_MWUF0_SHIFT              0
#define LLWU_F3_MWUF0_WIDTH              1
#define LLWU_F3_MWUF0(x)                 (((uint8_t)(((uint8_t)(x))<<LLWU_F3_MWUF0_SHIFT))&LLWU_F3_MWUF0_MASK)
#define LLWU_F3_MWUF1_MASK               0x2u
#define LLWU_F3_MWUF1_SHIFT              1
#define LLWU_F3_MWUF1_WIDTH              1
#define LLWU_F3_MWUF1(x)                 (((uint8_t)(((uint8_t)(x))<<LLWU_F3_MWUF1_SHIFT))&LLWU_F3_MWUF1_MASK)
#define LLWU_F3_MWUF2_MASK               0x4u
#define LLWU_F3_MWUF2_SHIFT              2
#define LLWU_F3_MWUF2_WIDTH              1
#define LLWU_F3_MWUF2(x)                 (((uint8_t)(((uint8_t)(x))<<LLWU_F3_MWUF2_SHIFT))&LLWU_F3_MWUF2_MASK)
#define LLWU_F3_MWUF3_MASK               0x8u
#define LLWU_F3_MWUF3_SHIFT              3
#define LLWU_F3_MWUF3_WIDTH              1
#define LLWU_F3_MWUF3(x)                 (((uint8_t)(((uint8_t)(x))<<LLWU_F3_MWUF3_SHIFT))&LLWU_F3_MWUF3_MASK)
#define LLWU_F3_MWUF4_MASK               0x10u
#define LLWU_F3_MWUF4_SHIFT              4
#define LLWU_F3_MWUF4_WIDTH              1
#define LLWU_F3_MWUF4(x)                 (((uint8_t)(((uint8_t)(x))<<LLWU_F3_MWUF4_SHIFT))&LLWU_F3_MWUF4_MASK)
#define LLWU_F3_MWUF5_MASK               0x20u
#define LLWU_F3_MWUF5_SHIFT              5
#define LLWU_F3_MWUF5_WIDTH              1
#define LLWU_F3_MWUF5(x)                 (((uint8_t)(((uint8_t)(x))<<LLWU_F3_MWUF5_SHIFT))&LLWU_F3_MWUF5_MASK)
#define LLWU_F3_MWUF6_MASK               0x40u
#define LLWU_F3_MWUF6_SHIFT              6
#define LLWU_F3_MWUF6_WIDTH              1
#define LLWU_F3_MWUF6(x)                 (((uint8_t)(((uint8_t)(x))<<LLWU_F3_MWUF6_SHIFT))&LLWU_F3_MWUF6_MASK)
#define LLWU_F3_MWUF7_MASK               0x80u
#define LLWU_F3_MWUF7_SHIFT              7
#define LLWU_F3_MWUF7_WIDTH              1
#define LLWU_F3_MWUF7(x)                 (((uint8_t)(((uint8_t)(x))<<LLWU_F3_MWUF7_SHIFT))&LLWU_F3_MWUF7_MASK)
/* FILT1 Bit Fields */
#define LLWU_FILT1_FILTSEL_MASK          0xFu
#define LLWU_FILT1_FILTSEL_SHIFT         0
#define LLWU_FILT1_FILTSEL_WIDTH         4
#define LLWU_FILT1_FILTSEL(x)   (((uint8_t)(((uint8_t)(x))<<LLWU_FILT1_FILTSEL_SHIFT))&LLWU_FILT1_FILTSEL_MASK)
#define LLWU_FILT1_FILTE_MASK            0x60u
#define LLWU_FILT1_FILTE_SHIFT           5
#define LLWU_FILT1_FILTE_WIDTH           2
#define LLWU_FILT1_FILTE(x)              (((uint8_t)(((uint8_t)(x))<<LLWU_FILT1_FILTE_SHIFT))&LLWU_FILT1_FILTE_MASK)
#define LLWU_FILT1_FILTF_MASK            0x80u
#define LLWU_FILT1_FILTF_SHIFT           7
#define LLWU_FILT1_FILTF_WIDTH           1
#define LLWU_FILT1_FILTF(x)              (((uint8_t)(((uint8_t)(x))<<LLWU_FILT1_FILTF_SHIFT))&LLWU_FILT1_FILTF_MASK)
/* FILT2 Bit Fields */
#define LLWU_FILT2_FILTSEL_MASK          0xFu
#define LLWU_FILT2_FILTSEL_SHIFT         0
#define LLWU_FILT2_FILTSEL_WIDTH         4
#define LLWU_FILT2_FILTSEL(x)   (((uint8_t)(((uint8_t)(x))<<LLWU_FILT2_FILTSEL_SHIFT))&LLWU_FILT2_FILTSEL_MASK)
#define LLWU_FILT2_FILTE_MASK            0x60u
#define LLWU_FILT2_FILTE_SHIFT           5
#define LLWU_FILT2_FILTE_WIDTH           2
#define LLWU_FILT2_FILTE(x)              (((uint8_t)(((uint8_t)(x))<<LLWU_FILT2_FILTE_SHIFT))&LLWU_FILT2_FILTE_MASK)
#define LLWU_FILT2_FILTF_MASK            0x80u
#define LLWU_FILT2_FILTF_SHIFT           7
#define LLWU_FILT2_FILTF_WIDTH           1
#define LLWU_FILT2_FILTF(x)              (((uint8_t)(((uint8_t)(x))<<LLWU_FILT2_FILTF_SHIFT))&LLWU_FILT2_FILTF_MASK)

/* LLWU - Peripheral instance base addresses */
/** Peripheral LLWU base address */
#define LLWU_BASE                                 (0x4007C000u)
/** Peripheral LLWU base pointer */
#define LLWU                                      ((LLWU_Type *)LLWU_BASE)
#define LLWU_BASE_PTR                             (LLWU)
/** Array initializer of LLWU peripheral base addresses */
#define LLWU_BASE_ADDRS                           { LLWU_BASE }
```

```
/** Array initializer of LLWU peripheral base pointers */
#define LLWU_BASE_PTRS                           { LLWU }

/* ----------------------------------------------------------------------------
   -- LLWU - Register accessor macros
   ---------------------------------------------------------------------------- */

/* LLWU - Register instance definitions */
/* LLWU */
#define LLWU_PE1                                 LLWU_PE1_REG(LLWU)
#define LLWU_PE2                                 LLWU_PE2_REG(LLWU)
#define LLWU_PE3                                 LLWU_PE3_REG(LLWU)
#define LLWU_PE4                                 LLWU_PE4_REG(LLWU)
#define LLWU_ME                                  LLWU_ME_REG(LLWU)
#define LLWU_F1                                  LLWU_F1_REG(LLWU)
#define LLWU_F2                                  LLWU_F2_REG(LLWU)
#define LLWU_F3                                  LLWU_F3_REG(LLWU)
#define LLWU_FILT1                               LLWU_FILT1_REG(LLWU)
#define LLWU_FILT2                               LLWU_FILT2_REG(LLWU)

/* ----------------------------------------------------------------------------
   -- LPTMR Peripheral Access Layer
   ---------------------------------------------------------------------------- */

/** LPTMR - Register Layout Typedef */
typedef struct {
  __IO uint32_t CSR;                              /**< Low Power Timer Control Status Register, offset: 0x0 */
  __IO uint32_t PSR;                              /**< Low Power Timer Prescale Register, offset: 0x4 */
  __IO uint32_t CMR;                              /**< Low Power Timer Compare Register, offset: 0x8 */
  __IO uint32_t CNR;                              /**< Low Power Timer Counter Register, offset: 0xC */
} LPTMR_Type, *LPTMR_MemMapPtr;

/* ----------------------------------------------------------------------------
   -- LPTMR - Register accessor macros
   ---------------------------------------------------------------------------- */

/* LPTMR - Register accessors */
#define LPTMR_CSR_REG(base)                      ((base)->CSR)
#define LPTMR_PSR_REG(base)                      ((base)->PSR)
#define LPTMR_CMR_REG(base)                      ((base)->CMR)
#define LPTMR_CNR_REG(base)                      ((base)->CNR)

/* ----------------------------------------------------------------------------
   -- LPTMR Register Masks
   ---------------------------------------------------------------------------- */

/* CSR Bit Fields */
#define LPTMR_CSR_TEN_MASK                       0x1u
#define LPTMR_CSR_TEN_SHIFT                      0
#define LPTMR_CSR_TEN_WIDTH                      1
#define LPTMR_CSR_TEN(x)                         (((uint32_t)(((uint32_t)(x))<<LPTMR_CSR_TEN_SHIFT))&LPTMR_CSR_TEN_MASK)
#define LPTMR_CSR_TMS_MASK                       0x2u
#define LPTMR_CSR_TMS_SHIFT                      1
#define LPTMR_CSR_TMS_WIDTH                      1
#define LPTMR_CSR_TMS(x)                         (((uint32_t)(((uint32_t)(x))<<LPTMR_CSR_TMS_SHIFT))&LPTMR_CSR_TMS_MASK)
#define LPTMR_CSR_TFC_MASK                       0x4u
#define LPTMR_CSR_TFC_SHIFT                      2
#define LPTMR_CSR_TFC_WIDTH                      1
#define LPTMR_CSR_TFC(x)                         (((uint32_t)(((uint32_t)(x))<<LPTMR_CSR_TFC_SHIFT))&LPTMR_CSR_TFC_MASK)
#define LPTMR_CSR_TPP_MASK                       0x8u
#define LPTMR_CSR_TPP_SHIFT                      3
#define LPTMR_CSR_TPP_WIDTH                      1
#define LPTMR_CSR_TPP(x)                         (((uint32_t)(((uint32_t)(x))<<LPTMR_CSR_TPP_SHIFT))&LPTMR_CSR_TPP_MASK)
#define LPTMR_CSR_TPS_MASK                       0x30u
#define LPTMR_CSR_TPS_SHIFT                      4
#define LPTMR_CSR_TPS_WIDTH                      2
#define LPTMR_CSR_TPS(x)                         (((uint32_t)(((uint32_t)(x))<<LPTMR_CSR_TPS_SHIFT))&LPTMR_CSR_TPS_MASK)
#define LPTMR_CSR_TIE_MASK                       0x40u
#define LPTMR_CSR_TIE_SHIFT                      6
#define LPTMR_CSR_TIE_WIDTH                      1
#define LPTMR_CSR_TIE(x)                         (((uint32_t)(((uint32_t)(x))<<LPTMR_CSR_TIE_SHIFT))&LPTMR_CSR_TIE_MASK)
#define LPTMR_CSR_TCF_MASK                       0x80u
#define LPTMR_CSR_TCF_SHIFT                      7
#define LPTMR_CSR_TCF_WIDTH                      1
#define LPTMR_CSR_TCF(x)                         (((uint32_t)(((uint32_t)(x))<<LPTMR_CSR_TCF_SHIFT))&LPTMR_CSR_TCF_MASK)
/* PSR Bit Fields */
#define LPTMR_PSR_PCS_MASK                       0x3u
#define LPTMR_PSR_PCS_SHIFT                      0
#define LPTMR_PSR_PCS_WIDTH                      2
#define LPTMR_PSR_PCS(x)                         (((uint32_t)(((uint32_t)(x))<<LPTMR_PSR_PCS_SHIFT))&LPTMR_PSR_PCS_MASK)
#define LPTMR_PSR_PBYP_MASK                      0x4u
#define LPTMR_PSR_PBYP_SHIFT                     2
```

```
#define LPTMR_PSR_PBYP_WIDTH           1
#define LPTMR_PSR_PBYP(x)              (((uint32_t)(((uint32_t)(x))<<LPTMR_PSR_PBYP_SHIFT))&LPTMR_PSR_PBYP_MASK)
#define LPTMR_PSR_PRESCALE_MASK        0x78u
#define LPTMR_PSR_PRESCALE_SHIFT       3
#define LPTMR_PSR_PRESCALE_WIDTH       4
#define LPTMR_PSR_PRESCALE(x) (((uint32_t)(((uint32_t)(x))<<LPTMR_PSR_PRESCALE_SHIFT))&LPTMR_PSR_PRESCALE_MASK)
/* CMR Bit Fields */
#define LPTMR_CMR_COMPARE_MASK         0xFFFFu
#define LPTMR_CMR_COMPARE_SHIFT        0
#define LPTMR_CMR_COMPARE_WIDTH        16
#define LPTMR_CMR_COMPARE(x)     (((uint32_t)(((uint32_t)(x))<<LPTMR_CMR_COMPARE_SHIFT))&LPTMR_CMR_COMPARE_MASK)
/* CNR Bit Fields */
#define LPTMR_CNR_COUNTER_MASK         0xFFFFu
#define LPTMR_CNR_COUNTER_SHIFT        0
#define LPTMR_CNR_COUNTER_WIDTH        16
#define LPTMR_CNR_COUNTER(x)     (((uint32_t)(((uint32_t)(x))<<LPTMR_CNR_COUNTER_SHIFT))&LPTMR_CNR_COUNTER_MASK)

/* LPTMR - Peripheral instance base addresses */
/** Peripheral LPTMR0 base address */
#define LPTMR0_BASE                              (0x40040000u)
/** Peripheral LPTMR0 base pointer */
#define LPTMR0                                   ((LPTMR_Type *)LPTMR0_BASE)
#define LPTMR0_BASE_PTR                          (LPTMR0)
/** Array initializer of LPTMR peripheral base addresses */
#define LPTMR_BASE_ADDRS                         { LPTMR0_BASE }
/** Array initializer of LPTMR peripheral base pointers */
#define LPTMR_BASE_PTRS                          { LPTMR0 }

/* ----------------------------------------------------------------------------
   -- LPTMR - Register accessor macros
   ---------------------------------------------------------------------------- */

/* LPTMR - Register instance definitions */
/* LPTMR0 */
#define LPTMR0_CSR                               LPTMR_CSR_REG(LPTMR0)
#define LPTMR0_PSR                               LPTMR_PSR_REG(LPTMR0)
#define LPTMR0_CMR                               LPTMR_CMR_REG(LPTMR0)
#define LPTMR0_CNR                               LPTMR_CNR_REG(LPTMR0)

/* ----------------------------------------------------------------------------
   -- MCG Peripheral Access Layer
   ---------------------------------------------------------------------------- */

/** MCG - Register Layout Typedef */
typedef struct {
  __IO uint8_t C1;                               /**< MCG Control 1 Register, offset: 0x0 */
  __IO uint8_t C2;                               /**< MCG Control 2 Register, offset: 0x1 */
  __IO uint8_t C3;                               /**< MCG Control 3 Register, offset: 0x2 */
  __IO uint8_t C4;                               /**< MCG Control 4 Register, offset: 0x3 */
  __IO uint8_t C5;                               /**< MCG Control 5 Register, offset: 0x4 */
  __IO uint8_t C6;                               /**< MCG Control 6 Register, offset: 0x5 */
  __IO uint8_t S;                                /**< MCG Status Register, offset: 0x6 */
       uint8_t RESERVED_0[1];
  __IO uint8_t SC;                               /**< MCG Status and Control Register, offset: 0x8 */
       uint8_t RESERVED_1[1];
  __IO uint8_t ATCVH;                            /**< MCG Auto Trim Compare Value High Register, offset: 0xA */
  __IO uint8_t ATCVL;                            /**< MCG Auto Trim Compare Value Low Register, offset: 0xB */
  __I  uint8_t C7;                               /**< MCG Control 7 Register, offset: 0xC */
  __IO uint8_t C8;                               /**< MCG Control 8 Register, offset: 0xD */
  __I  uint8_t C9;                               /**< MCG Control 9 Register, offset: 0xE */
  __I  uint8_t C10;                              /**< MCG Control 10 Register, offset: 0xF */
} MCG_Type, *MCG_MemMapPtr;

/* ----------------------------------------------------------------------------
   -- MCG - Register accessor macros
   ---------------------------------------------------------------------------- */

/* MCG - Register accessors */
#define MCG_C1_REG(base)                         ((base)->C1)
#define MCG_C2_REG(base)                         ((base)->C2)
#define MCG_C3_REG(base)                         ((base)->C3)
#define MCG_C4_REG(base)                         ((base)->C4)
#define MCG_C5_REG(base)                         ((base)->C5)
#define MCG_C6_REG(base)                         ((base)->C6)
#define MCG_S_REG(base)                          ((base)->S)
#define MCG_SC_REG(base)                         ((base)->SC)
#define MCG_ATCVH_REG(base)                      ((base)->ATCVH)
#define MCG_ATCVL_REG(base)                      ((base)->ATCVL)
#define MCG_C7_REG(base)                         ((base)->C7)
#define MCG_C8_REG(base)                         ((base)->C8)
#define MCG_C9_REG(base)                         ((base)->C9)
#define MCG_C10_REG(base)                        ((base)->C10)
```

```
/* ----------------------------------------------------------------------------
   -- MCG Register Masks
   ---------------------------------------------------------------------------- */

/* C1 Bit Fields */
#define MCG_C1_IREFSTEN_MASK          0x1u
#define MCG_C1_IREFSTEN_SHIFT         0
#define MCG_C1_IREFSTEN_WIDTH         1
#define MCG_C1_IREFSTEN(x)            (((uint8_t)(((uint8_t)(x))<<MCG_C1_IREFSTEN_SHIFT))&MCG_C1_IREFSTEN_MASK)
#define MCG_C1_IRCLKEN_MASK           0x2u
#define MCG_C1_IRCLKEN_SHIFT          1
#define MCG_C1_IRCLKEN_WIDTH          1
#define MCG_C1_IRCLKEN(x)             (((uint8_t)(((uint8_t)(x))<<MCG_C1_IRCLKEN_SHIFT))&MCG_C1_IRCLKEN_MASK)
#define MCG_C1_IREFS_MASK             0x4u
#define MCG_C1_IREFS_SHIFT            2
#define MCG_C1_IREFS_WIDTH            1
#define MCG_C1_IREFS(x)               (((uint8_t)(((uint8_t)(x))<<MCG_C1_IREFS_SHIFT))&MCG_C1_IREFS_MASK)
#define MCG_C1_FRDIV_MASK             0x38u
#define MCG_C1_FRDIV_SHIFT            3
#define MCG_C1_FRDIV_WIDTH            3
#define MCG_C1_FRDIV(x)               (((uint8_t)(((uint8_t)(x))<<MCG_C1_FRDIV_SHIFT))&MCG_C1_FRDIV_MASK)
#define MCG_C1_CLKS_MASK              0xC0u
#define MCG_C1_CLKS_SHIFT             6
#define MCG_C1_CLKS_WIDTH             2
#define MCG_C1_CLKS(x)                (((uint8_t)(((uint8_t)(x))<<MCG_C1_CLKS_SHIFT))&MCG_C1_CLKS_MASK)
/* C2 Bit Fields */
#define MCG_C2_IRCS_MASK              0x1u
#define MCG_C2_IRCS_SHIFT             0
#define MCG_C2_IRCS_WIDTH             1
#define MCG_C2_IRCS(x)                (((uint8_t)(((uint8_t)(x))<<MCG_C2_IRCS_SHIFT))&MCG_C2_IRCS_MASK)
#define MCG_C2_LP_MASK                0x2u
#define MCG_C2_LP_SHIFT               1
#define MCG_C2_LP_WIDTH               1
#define MCG_C2_LP(x)                  (((uint8_t)(((uint8_t)(x))<<MCG_C2_LP_SHIFT))&MCG_C2_LP_MASK)
#define MCG_C2_EREFS0_MASK            0x4u
#define MCG_C2_EREFS0_SHIFT           2
#define MCG_C2_EREFS0_WIDTH           1
#define MCG_C2_EREFS0(x)              (((uint8_t)(((uint8_t)(x))<<MCG_C2_EREFS0_SHIFT))&MCG_C2_EREFS0_MASK)
#define MCG_C2_HGO0_MASK              0x8u
#define MCG_C2_HGO0_SHIFT             3
#define MCG_C2_HGO0_WIDTH             1
#define MCG_C2_HGO0(x)                (((uint8_t)(((uint8_t)(x))<<MCG_C2_HGO0_SHIFT))&MCG_C2_HGO0_MASK)
#define MCG_C2_RANGE0_MASK            0x30u
#define MCG_C2_RANGE0_SHIFT           4
#define MCG_C2_RANGE0_WIDTH           2
#define MCG_C2_RANGE0(x)              (((uint8_t)(((uint8_t)(x))<<MCG_C2_RANGE0_SHIFT))&MCG_C2_RANGE0_MASK)
#define MCG_C2_LOCRE0_MASK            0x80u
#define MCG_C2_LOCRE0_SHIFT           7
#define MCG_C2_LOCRE0_WIDTH           1
#define MCG_C2_LOCRE0(x)              (((uint8_t)(((uint8_t)(x))<<MCG_C2_LOCRE0_SHIFT))&MCG_C2_LOCRE0_MASK)
/* C3 Bit Fields */
#define MCG_C3_SCTRIM_MASK            0xFFu
#define MCG_C3_SCTRIM_SHIFT           0
#define MCG_C3_SCTRIM_WIDTH           8
#define MCG_C3_SCTRIM(x)              (((uint8_t)(((uint8_t)(x))<<MCG_C3_SCTRIM_SHIFT))&MCG_C3_SCTRIM_MASK)
/* C4 Bit Fields */
#define MCG_C4_SCFTRIM_MASK           0x1u
#define MCG_C4_SCFTRIM_SHIFT          0
#define MCG_C4_SCFTRIM_WIDTH          1
#define MCG_C4_SCFTRIM(x)             (((uint8_t)(((uint8_t)(x))<<MCG_C4_SCFTRIM_SHIFT))&MCG_C4_SCFTRIM_MASK)
#define MCG_C4_FCTRIM_MASK            0x1Eu
#define MCG_C4_FCTRIM_SHIFT           1
#define MCG_C4_FCTRIM_WIDTH           4
#define MCG_C4_FCTRIM(x)              (((uint8_t)(((uint8_t)(x))<<MCG_C4_FCTRIM_SHIFT))&MCG_C4_FCTRIM_MASK)
#define MCG_C4_DRST_DRS_MASK          0x60u
#define MCG_C4_DRST_DRS_SHIFT         5
#define MCG_C4_DRST_DRS_WIDTH         2
#define MCG_C4_DRST_DRS(x)            (((uint8_t)(((uint8_t)(x))<<MCG_C4_DRST_DRS_SHIFT))&MCG_C4_DRST_DRS_MASK)
#define MCG_C4_DMX32_MASK             0x80u
#define MCG_C4_DMX32_SHIFT            7
#define MCG_C4_DMX32_WIDTH            1
#define MCG_C4_DMX32(x)               (((uint8_t)(((uint8_t)(x))<<MCG_C4_DMX32_SHIFT))&MCG_C4_DMX32_MASK)
/* C5 Bit Fields */
#define MCG_C5_PRDIV0_MASK            0x1Fu
#define MCG_C5_PRDIV0_SHIFT           0
#define MCG_C5_PRDIV0_WIDTH           5
#define MCG_C5_PRDIV0(x)              (((uint8_t)(((uint8_t)(x))<<MCG_C5_PRDIV0_SHIFT))&MCG_C5_PRDIV0_MASK)
#define MCG_C5_PLLSTEN0_MASK          0x20u
#define MCG_C5_PLLSTEN0_SHIFT         5
#define MCG_C5_PLLSTEN0_WIDTH         1
#define MCG_C5_PLLSTEN0(x)            (((uint8_t)(((uint8_t)(x))<<MCG_C5_PLLSTEN0_SHIFT))&MCG_C5_PLLSTEN0_MASK)
```

```
#define MCG_C5_PLLCLKEN0_MASK          0x40u
#define MCG_C5_PLLCLKEN0_SHIFT         6
#define MCG_C5_PLLCLKEN0_WIDTH         1
#define MCG_C5_PLLCLKEN0(x)            (((uint8_t)(((uint8_t)(x))<<MCG_C5_PLLCLKEN0_SHIFT))&MCG_C5_PLLCLKEN0_MASK)
/* C6 Bit Fields */
#define MCG_C6_VDIV0_MASK              0x1Fu
#define MCG_C6_VDIV0_SHIFT             0
#define MCG_C6_VDIV0_WIDTH             5
#define MCG_C6_VDIV0(x)                (((uint8_t)(((uint8_t)(x))<<MCG_C6_VDIV0_SHIFT))&MCG_C6_VDIV0_MASK)
#define MCG_C6_CME0_MASK               0x20u
#define MCG_C6_CME0_SHIFT              5
#define MCG_C6_CME0_WIDTH              1
#define MCG_C6_CME0(x)                 (((uint8_t)(((uint8_t)(x))<<MCG_C6_CME0_SHIFT))&MCG_C6_CME0_MASK)
#define MCG_C6_PLLS_MASK               0x40u
#define MCG_C6_PLLS_SHIFT              6
#define MCG_C6_PLLS_WIDTH              1
#define MCG_C6_PLLS(x)                 (((uint8_t)(((uint8_t)(x))<<MCG_C6_PLLS_SHIFT))&MCG_C6_PLLS_MASK)
#define MCG_C6_LOLIE0_MASK             0x80u
#define MCG_C6_LOLIE0_SHIFT            7
#define MCG_C6_LOLIE0_WIDTH            1
#define MCG_C6_LOLIE0(x)               (((uint8_t)(((uint8_t)(x))<<MCG_C6_LOLIE0_SHIFT))&MCG_C6_LOLIE0_MASK)
/* S Bit Fields */
#define MCG_S_IRCST_MASK               0x1u
#define MCG_S_IRCST_SHIFT              0
#define MCG_S_IRCST_WIDTH              1
#define MCG_S_IRCST(x)                 (((uint8_t)(((uint8_t)(x))<<MCG_S_IRCST_SHIFT))&MCG_S_IRCST_MASK)
#define MCG_S_OSCINIT0_MASK            0x2u
#define MCG_S_OSCINIT0_SHIFT           1
#define MCG_S_OSCINIT0_WIDTH           1
#define MCG_S_OSCINIT0(x)              (((uint8_t)(((uint8_t)(x))<<MCG_S_OSCINIT0_SHIFT))&MCG_S_OSCINIT0_MASK)
#define MCG_S_CLKST_MASK               0xCu
#define MCG_S_CLKST_SHIFT              2
#define MCG_S_CLKST_WIDTH              2
#define MCG_S_CLKST(x)                 (((uint8_t)(((uint8_t)(x))<<MCG_S_CLKST_SHIFT))&MCG_S_CLKST_MASK)
#define MCG_S_IREFST_MASK              0x10u
#define MCG_S_IREFST_SHIFT             4
#define MCG_S_IREFST_WIDTH             1
#define MCG_S_IREFST(x)                (((uint8_t)(((uint8_t)(x))<<MCG_S_IREFST_SHIFT))&MCG_S_IREFST_MASK)
#define MCG_S_PLLST_MASK               0x20u
#define MCG_S_PLLST_SHIFT              5
#define MCG_S_PLLST_WIDTH              1
#define MCG_S_PLLST(x)                 (((uint8_t)(((uint8_t)(x))<<MCG_S_PLLST_SHIFT))&MCG_S_PLLST_MASK)
#define MCG_S_LOCK0_MASK               0x40u
#define MCG_S_LOCK0_SHIFT              6
#define MCG_S_LOCK0_WIDTH              1
#define MCG_S_LOCK0(x)                 (((uint8_t)(((uint8_t)(x))<<MCG_S_LOCK0_SHIFT))&MCG_S_LOCK0_MASK)
#define MCG_S_LOLS0_MASK               0x80u
#define MCG_S_LOLS0_SHIFT              7
#define MCG_S_LOLS0_WIDTH              1
#define MCG_S_LOLS0(x)                 (((uint8_t)(((uint8_t)(x))<<MCG_S_LOLS0_SHIFT))&MCG_S_LOLS0_MASK)
/* SC Bit Fields */
#define MCG_SC_LOCS0_MASK              0x1u
#define MCG_SC_LOCS0_SHIFT             0
#define MCG_SC_LOCS0_WIDTH             1
#define MCG_SC_LOCS0(x)                (((uint8_t)(((uint8_t)(x))<<MCG_SC_LOCS0_SHIFT))&MCG_SC_LOCS0_MASK)
#define MCG_SC_FCRDIV_MASK             0xEu
#define MCG_SC_FCRDIV_SHIFT            1
#define MCG_SC_FCRDIV_WIDTH            3
#define MCG_SC_FCRDIV(x)               (((uint8_t)(((uint8_t)(x))<<MCG_SC_FCRDIV_SHIFT))&MCG_SC_FCRDIV_MASK)
#define MCG_SC_FLTPRSRV_MASK           0x10u
#define MCG_SC_FLTPRSRV_SHIFT          4
#define MCG_SC_FLTPRSRV_WIDTH          1
#define MCG_SC_FLTPRSRV(x)             (((uint8_t)(((uint8_t)(x))<<MCG_SC_FLTPRSRV_SHIFT))&MCG_SC_FLTPRSRV_MASK)
#define MCG_SC_ATMF_MASK               0x20u
#define MCG_SC_ATMF_SHIFT              5
#define MCG_SC_ATMF_WIDTH              1
#define MCG_SC_ATMF(x)                 (((uint8_t)(((uint8_t)(x))<<MCG_SC_ATMF_SHIFT))&MCG_SC_ATMF_MASK)
#define MCG_SC_ATMS_MASK               0x40u
#define MCG_SC_ATMS_SHIFT              6
#define MCG_SC_ATMS_WIDTH              1
#define MCG_SC_ATMS(x)                 (((uint8_t)(((uint8_t)(x))<<MCG_SC_ATMS_SHIFT))&MCG_SC_ATMS_MASK)
#define MCG_SC_ATME_MASK               0x80u
#define MCG_SC_ATME_SHIFT              7
#define MCG_SC_ATME_WIDTH              1
#define MCG_SC_ATME(x)                 (((uint8_t)(((uint8_t)(x))<<MCG_SC_ATME_SHIFT))&MCG_SC_ATME_MASK)
/* ATCVH Bit Fields */
#define MCG_ATCVH_ATCVH_MASK           0xFFu
#define MCG_ATCVH_ATCVH_SHIFT          0
#define MCG_ATCVH_ATCVH_WIDTH          8
#define MCG_ATCVH_ATCVH(x)             (((uint8_t)(((uint8_t)(x))<<MCG_ATCVH_ATCVH_SHIFT))&MCG_ATCVH_ATCVH_MASK)
/* ATCVL Bit Fields */
#define MCG_ATCVL_ATCVL_MASK           0xFFu
```

```
#define MCG_ATCVL_ATCVL_SHIFT           0
#define MCG_ATCVL_ATCVL_WIDTH           8
#define MCG_ATCVL_ATCVL(x)              (((uint8_t)(((uint8_t)(x))<<MCG_ATCVL_ATCVL_SHIFT))&MCG_ATCVL_ATCVL_MASK)
/* C8 Bit Fields */
#define MCG_C8_LOLRE_MASK               0x40u
#define MCG_C8_LOLRE_SHIFT              6
#define MCG_C8_LOLRE_WIDTH              1
#define MCG_C8_LOLRE(x)                 (((uint8_t)(((uint8_t)(x))<<MCG_C8_LOLRE_SHIFT))&MCG_C8_LOLRE_MASK)

/* MCG - Peripheral instance base addresses */
/** Peripheral MCG base address */
#define MCG_BASE                                 (0x40064000u)
/** Peripheral MCG base pointer */
#define MCG                                      ((MCG_Type *)MCG_BASE)
#define MCG_BASE_PTR                             (MCG)
/** Array initializer of MCG peripheral base addresses */
#define MCG_BASE_ADDRS                           { MCG_BASE }
/** Array initializer of MCG peripheral base pointers */
#define MCG_BASE_PTRS                            { MCG }

/* ----------------------------------------------------------------------------
   -- MCG - Register accessor macros
   ---------------------------------------------------------------------------- */

/* MCG - Register instance definitions */
/* MCG */
#define MCG_C1                                   MCG_C1_REG(MCG)
#define MCG_C2                                   MCG_C2_REG(MCG)
#define MCG_C3                                   MCG_C3_REG(MCG)
#define MCG_C4                                   MCG_C4_REG(MCG)
#define MCG_C5                                   MCG_C5_REG(MCG)
#define MCG_C6                                   MCG_C6_REG(MCG)
#define MCG_S                                    MCG_S_REG(MCG)
#define MCG_SC                                   MCG_SC_REG(MCG)
#define MCG_ATCVH                                MCG_ATCVH_REG(MCG)
#define MCG_ATCVL                                MCG_ATCVL_REG(MCG)
#define MCG_C7                                   MCG_C7_REG(MCG)
#define MCG_C8                                   MCG_C8_REG(MCG)
#define MCG_C9                                   MCG_C9_REG(MCG)
#define MCG_C10                                  MCG_C10_REG(MCG)

/* MCG C2[EREFS] backward compatibility */
#define MCG_C2_EREFS_MASK            (MCG_C2_EREFS0_MASK)
#define MCG_C2_EREFS_SHIFT           (MCG_C2_EREFS0_SHIFT)
#define MCG_C2_EREFS_WIDTH           (MCG_C2_EREFS0_WIDTH)
#define MCG_C2_EREFS(x)              (MCG_C2_EREFS0(x))

/* MCG C2[HGO] backward compatibility */
#define MCG_C2_HGO_MASK              (MCG_C2_HGO0_MASK)
#define MCG_C2_HGO_SHIFT             (MCG_C2_HGO0_SHIFT)
#define MCG_C2_HGO_WIDTH             (MCG_C2_HGO0_WIDTH)
#define MCG_C2_HGO(x)                (MCG_C2_HGO0(x))

/* MCG C2[RANGE] backward compatibility */
#define MCG_C2_RANGE_MASK            (MCG_C2_RANGE0_MASK)
#define MCG_C2_RANGE_SHIFT           (MCG_C2_RANGE0_SHIFT)
#define MCG_C2_RANGE_WIDTH           (MCG_C2_RANGE0_WIDTH)
#define MCG_C2_RANGE(x)              (MCG_C2_RANGE0(x))

/* ----------------------------------------------------------------------------
   -- MCM Peripheral Access Layer
   ---------------------------------------------------------------------------- */

/** MCM - Register Layout Typedef */
typedef struct {
       uint8_t RESERVED_0[8];
  __I  uint16_t PLASC;                 /**< Crossbar Switch (AXBS) Slave Configuration, offset: 0x8 */
  __I  uint16_t PLAMC;                 /**< Crossbar Switch (AXBS) Master Configuration, offset: 0xA */
  __IO uint32_t PLACR;                 /**< Platform Control Register, offset: 0xC */
       uint8_t RESERVED_1[48];
  __IO uint32_t CPO;                   /**< Compute Operation Control Register, offset: 0x40 */
} MCM_Type, *MCM_MemMapPtr;

/* ----------------------------------------------------------------------------
   -- MCM - Register accessor macros
   ---------------------------------------------------------------------------- */

/* MCM - Register accessors */
#define MCM_PLASC_REG(base)                      ((base)->PLASC)
#define MCM_PLAMC_REG(base)                      ((base)->PLAMC)
#define MCM_PLACR_REG(base)                      ((base)->PLACR)
#define MCM_CPO_REG(base)                        ((base)->CPO)
```

```
/* ----------------------------------------------------------------------------
   -- MCM Register Masks
   ---------------------------------------------------------------------------- */

/* PLASC Bit Fields */
#define MCM_PLASC_ASC_MASK              0xFFu
#define MCM_PLASC_ASC_SHIFT             0
#define MCM_PLASC_ASC_WIDTH             8
#define MCM_PLASC_ASC(x)                (((uint16_t)(((uint16_t)(x))<<MCM_PLASC_ASC_SHIFT))&MCM_PLASC_ASC_MASK)
/* PLAMC Bit Fields */
#define MCM_PLAMC_AMC_MASK              0xFFu
#define MCM_PLAMC_AMC_SHIFT             0
#define MCM_PLAMC_AMC_WIDTH             8
#define MCM_PLAMC_AMC(x)                (((uint16_t)(((uint16_t)(x))<<MCM_PLAMC_AMC_SHIFT))&MCM_PLAMC_AMC_MASK)
/* PLACR Bit Fields */
#define MCM_PLACR_ARB_MASK              0x200u
#define MCM_PLACR_ARB_SHIFT             9
#define MCM_PLACR_ARB_WIDTH             1
#define MCM_PLACR_ARB(x)                (((uint32_t)(((uint32_t)(x))<<MCM_PLACR_ARB_SHIFT))&MCM_PLACR_ARB_MASK)
#define MCM_PLACR_CFCC_MASK             0x400u
#define MCM_PLACR_CFCC_SHIFT            10
#define MCM_PLACR_CFCC_WIDTH            1
#define MCM_PLACR_CFCC(x)               (((uint32_t)(((uint32_t)(x))<<MCM_PLACR_CFCC_SHIFT))&MCM_PLACR_CFCC_MASK)
#define MCM_PLACR_DFCDA_MASK            0x800u
#define MCM_PLACR_DFCDA_SHIFT           11
#define MCM_PLACR_DFCDA_WIDTH           1
#define MCM_PLACR_DFCDA(x)              (((uint32_t)(((uint32_t)(x))<<MCM_PLACR_DFCDA_SHIFT))&MCM_PLACR_DFCDA_MASK)
#define MCM_PLACR_DFCIC_MASK            0x1000u
#define MCM_PLACR_DFCIC_SHIFT           12
#define MCM_PLACR_DFCIC_WIDTH           1
#define MCM_PLACR_DFCIC(x)              (((uint32_t)(((uint32_t)(x))<<MCM_PLACR_DFCIC_SHIFT))&MCM_PLACR_DFCIC_MASK)
#define MCM_PLACR_DFCC_MASK             0x2000u
#define MCM_PLACR_DFCC_SHIFT            13
#define MCM_PLACR_DFCC_WIDTH            1
#define MCM_PLACR_DFCC(x)               (((uint32_t)(((uint32_t)(x))<<MCM_PLACR_DFCC_SHIFT))&MCM_PLACR_DFCC_MASK)
#define MCM_PLACR_EFDS_MASK             0x4000u
#define MCM_PLACR_EFDS_SHIFT            14
#define MCM_PLACR_EFDS_WIDTH            1
#define MCM_PLACR_EFDS(x)               (((uint32_t)(((uint32_t)(x))<<MCM_PLACR_EFDS_SHIFT))&MCM_PLACR_EFDS_MASK)
#define MCM_PLACR_DFCS_MASK             0x8000u
#define MCM_PLACR_DFCS_SHIFT            15
#define MCM_PLACR_DFCS_WIDTH            1
#define MCM_PLACR_DFCS(x)               (((uint32_t)(((uint32_t)(x))<<MCM_PLACR_DFCS_SHIFT))&MCM_PLACR_DFCS_MASK)
#define MCM_PLACR_ESFC_MASK             0x10000u
#define MCM_PLACR_ESFC_SHIFT            16
#define MCM_PLACR_ESFC_WIDTH            1
#define MCM_PLACR_ESFC(x)               (((uint32_t)(((uint32_t)(x))<<MCM_PLACR_ESFC_SHIFT))&MCM_PLACR_ESFC_MASK)
/* CPO Bit Fields */
#define MCM_CPO_CPOREQ_MASK             0x1u
#define MCM_CPO_CPOREQ_SHIFT            0
#define MCM_CPO_CPOREQ_WIDTH            1
#define MCM_CPO_CPOREQ(x)               (((uint32_t)(((uint32_t)(x))<<MCM_CPO_CPOREQ_SHIFT))&MCM_CPO_CPOREQ_MASK)
#define MCM_CPO_CPOACK_MASK             0x2u
#define MCM_CPO_CPOACK_SHIFT            1
#define MCM_CPO_CPOACK_WIDTH            1
#define MCM_CPO_CPOACK(x)               (((uint32_t)(((uint32_t)(x))<<MCM_CPO_CPOACK_SHIFT))&MCM_CPO_CPOACK_MASK)
#define MCM_CPO_CPOWOI_MASK             0x4u
#define MCM_CPO_CPOWOI_SHIFT            2
#define MCM_CPO_CPOWOI_WIDTH            1
#define MCM_CPO_CPOWOI(x)               (((uint32_t)(((uint32_t)(x))<<MCM_CPO_CPOWOI_SHIFT))&MCM_CPO_CPOWOI_MASK)

/* MCM - Peripheral instance base addresses */
/** Peripheral MCM base address */
#define MCM_BASE                                 (0xF0003000u)
/** Peripheral MCM base pointer */
#define MCM                                      ((MCM_Type *)MCM_BASE)
#define MCM_BASE_PTR                             (MCM)
/** Array initializer of MCM peripheral base addresses */
#define MCM_BASE_ADDRS                           { MCM_BASE }
/** Array initializer of MCM peripheral base pointers */
#define MCM_BASE_PTRS                            { MCM }

/* ----------------------------------------------------------------------------
   -- MCM - Register accessor macros
   ---------------------------------------------------------------------------- */

/* MCM - Register instance definitions */
/* MCM */
#define MCM_PLASC                                MCM_PLASC_REG(MCM)
#define MCM_PLAMC                                MCM_PLAMC_REG(MCM)
#define MCM_PLACR                                MCM_PLACR_REG(MCM)
```

```
#define MCM_CPO                                  MCM_CPO_REG(MCM)

/* ----------------------------------------------------------------------------
   -- MTB Peripheral Access Layer
   ---------------------------------------------------------------------------- */

/** MTB - Register Layout Typedef */
typedef struct {
  __IO uint32_t POSITION;                  /**< MTB Position Register, offset: 0x0 */
  __IO uint32_t MASTER;                    /**< MTB Master Register, offset: 0x4 */
  __IO uint32_t FLOW;                      /**< MTB Flow Register, offset: 0x8 */
  __I  uint32_t BASE;                      /**< MTB Base Register, offset: 0xC */
       uint8_t RESERVED_0[3824];
  __I  uint32_t MODECTRL;                  /**< Integration Mode Control Register, offset: 0xF00 */
       uint8_t RESERVED_1[156];
  __I  uint32_t TAGSET;                    /**< Claim TAG Set Register, offset: 0xFA0 */
  __I  uint32_t TAGCLEAR;                  /**< Claim TAG Clear Register, offset: 0xFA4 */
       uint8_t RESERVED_2[8];
  __I  uint32_t LOCKACCESS;                /**< Lock Access Register, offset: 0xFB0 */
  __I  uint32_t LOCKSTAT;                  /**< Lock Status Register, offset: 0xFB4 */
  __I  uint32_t AUTHSTAT;                  /**< Authentication Status Register, offset: 0xFB8 */
  __I  uint32_t DEVICEARCH;                /**< Device Architecture Register, offset: 0xFBC */
       uint8_t RESERVED_3[8];
  __I  uint32_t DEVICECFG;                 /**< Device Configuration Register, offset: 0xFC8 */
  __I  uint32_t DEVICETYPID;               /**< Device Type Identifier Register, offset: 0xFCC */
  __I  uint32_t PERIPHID[8];               /**< Peripheral ID Register, array offset: 0xFD0, array step: 0x4 */
  __I  uint32_t COMPID[4];                 /**< Component ID Register, array offset: 0xFF0, array step: 0x4 */
} MTB_Type, *MTB_MemMapPtr;

/* ----------------------------------------------------------------------------
   -- MTB - Register accessor macros
   ---------------------------------------------------------------------------- */

/* MTB - Register accessors */
#define MTB_POSITION_REG(base)                   ((base)->POSITION)
#define MTB_MASTER_REG(base)                     ((base)->MASTER)
#define MTB_FLOW_REG(base)                       ((base)->FLOW)
#define MTB_BASE_REG(base)                       ((base)->BASE)
#define MTB_MODECTRL_REG(base)                   ((base)->MODECTRL)
#define MTB_TAGSET_REG(base)                     ((base)->TAGSET)
#define MTB_TAGCLEAR_REG(base)                   ((base)->TAGCLEAR)
#define MTB_LOCKACCESS_REG(base)                 ((base)->LOCKACCESS)
#define MTB_LOCKSTAT_REG(base)                   ((base)->LOCKSTAT)
#define MTB_AUTHSTAT_REG(base)                   ((base)->AUTHSTAT)
#define MTB_DEVICEARCH_REG(base)                 ((base)->DEVICEARCH)
#define MTB_DEVICECFG_REG(base)                  ((base)->DEVICECFG)
#define MTB_DEVICETYPID_REG(base)                ((base)->DEVICETYPID)
#define MTB_PERIPHID_REG(base,index)             ((base)->PERIPHID[index])
#define MTB_PERIPHID_COUNT                       8
#define MTB_COMPID_REG(base,index)               ((base)->COMPID[index])
#define MTB_COMPID_COUNT                         4

/* ----------------------------------------------------------------------------
   -- MTB Register Masks
   ---------------------------------------------------------------------------- */

/* POSITION Bit Fields */
#define MTB_POSITION_WRAP_MASK                   0x4u
#define MTB_POSITION_WRAP_SHIFT                  2
#define MTB_POSITION_WRAP_WIDTH                  1
#define MTB_POSITION_WRAP(x)     (((uint32_t)(((uint32_t)(x))<<MTB_POSITION_WRAP_SHIFT))&MTB_POSITION_WRAP_MASK)
#define MTB_POSITION_POINTER_MASK                0xFFFFFFF8u
#define MTB_POSITION_POINTER_SHIFT               3
#define MTB_POSITION_POINTER_WIDTH               29
#define MTB_POSITION_POINTER(x) (((uint32_t)(((uint32_t)(x))<<MTB_POSITION_POINTER_SHIFT))&MTB_POSITION_POINTER_MASK)
/* MASTER Bit Fields */
#define MTB_MASTER_MASK_MASK                     0x1Fu
#define MTB_MASTER_MASK_SHIFT                    0
#define MTB_MASTER_MASK_WIDTH                    5
#define MTB_MASTER_MASK(x)         (((uint32_t)(((uint32_t)(x))<<MTB_MASTER_MASK_SHIFT))&MTB_MASTER_MASK_MASK)
#define MTB_MASTER_TSTARTEN_MASK                 0x20u
#define MTB_MASTER_TSTARTEN_SHIFT                5
#define MTB_MASTER_TSTARTEN_WIDTH                1
#define MTB_MASTER_TSTARTEN(x)  (((uint32_t)(((uint32_t)(x))<<MTB_MASTER_TSTARTEN_SHIFT))&MTB_MASTER_TSTARTEN_MASK)
#define MTB_MASTER_TSTOPEN_MASK                  0x40u
#define MTB_MASTER_TSTOPEN_SHIFT                 6
#define MTB_MASTER_TSTOPEN_WIDTH                 1
#define MTB_MASTER_TSTOPEN(x) (((uint32_t)(((uint32_t)(x))<<MTB_MASTER_TSTOPEN_SHIFT))&MTB_MASTER_TSTOPEN_MASK)
#define MTB_MASTER_SFRWPRIV_MASK                 0x80u
#define MTB_MASTER_SFRWPRIV_SHIFT                7
#define MTB_MASTER_SFRWPRIV_WIDTH                1
#define MTB_MASTER_SFRWPRIV(x)  (((uint32_t)(((uint32_t)(x))<<MTB_MASTER_SFRWPRIV_SHIFT))&MTB_MASTER_SFRWPRIV_MASK)
```

```
#define MTB_MASTER_RAMPRIV_MASK                  0x100u
#define MTB_MASTER_RAMPRIV_SHIFT                 8
#define MTB_MASTER_RAMPRIV_WIDTH                 1
#define MTB_MASTER_RAMPRIV(x) (((uint32_t)(((uint32_t)(x))<<MTB_MASTER_RAMPRIV_SHIFT))&MTB_MASTER_RAMPRIV_MASK)
#define MTB_MASTER_HALTREQ_MASK                  0x200u
#define MTB_MASTER_HALTREQ_SHIFT                 9
#define MTB_MASTER_HALTREQ_WIDTH                 1
#define MTB_MASTER_HALTREQ(x) (((uint32_t)(((uint32_t)(x))<<MTB_MASTER_HALTREQ_SHIFT))&MTB_MASTER_HALTREQ_MASK)
#define MTB_MASTER_EN_MASK                       0x80000000u
#define MTB_MASTER_EN_SHIFT                      31
#define MTB_MASTER_EN_WIDTH                      1
#define MTB_MASTER_EN(x)          (((uint32_t)(((uint32_t)(x))<<MTB_MASTER_EN_SHIFT))&MTB_MASTER_EN_MASK)
/* FLOW Bit Fields */
#define MTB_FLOW_AUTOSTOP_MASK                   0x1u
#define MTB_FLOW_AUTOSTOP_SHIFT                  0
#define MTB_FLOW_AUTOSTOP_WIDTH                  1
#define MTB_FLOW_AUTOSTOP(x)     (((uint32_t)(((uint32_t)(x))<<MTB_FLOW_AUTOSTOP_SHIFT))&MTB_FLOW_AUTOSTOP_MASK)
#define MTB_FLOW_AUTOHALT_MASK                   0x2u
#define MTB_FLOW_AUTOHALT_SHIFT                  1
#define MTB_FLOW_AUTOHALT_WIDTH                  1
#define MTB_FLOW_AUTOHALT(x)     (((uint32_t)(((uint32_t)(x))<<MTB_FLOW_AUTOHALT_SHIFT))&MTB_FLOW_AUTOHALT_MASK)
#define MTB_FLOW_WATERMARK_MASK                  0xFFFFFFF8u
#define MTB_FLOW_WATERMARK_SHIFT                 3
#define MTB_FLOW_WATERMARK_WIDTH                 29
#define MTB_FLOW_WATERMARK(x) (((uint32_t)(((uint32_t)(x))<<MTB_FLOW_WATERMARK_SHIFT))&MTB_FLOW_WATERMARK_MASK)
/* BASE Bit Fields */
#define MTB_BASE_BASEADDR_MASK                   0xFFFFFFFFu
#define MTB_BASE_BASEADDR_SHIFT                  0
#define MTB_BASE_BASEADDR_WIDTH                  32
#define MTB_BASE_BASEADDR(x)     (((uint32_t)(((uint32_t)(x))<<MTB_BASE_BASEADDR_SHIFT))&MTB_BASE_BASEADDR_MASK)
/* MODECTRL Bit Fields */
#define MTB_MODECTRL_MODECTRL_MASK               0xFFFFFFFFu
#define MTB_MODECTRL_MODECTRL_SHIFT              0
#define MTB_MODECTRL_MODECTRL_WIDTH              32
#define MTB_MODECTRL_MODECTRL(x) (((uint32_t)(((uint32_t)(x))<<MTB_MODECTRL_MODECTRL_SHIFT))&MTB_MODECTRL_MODECTRL_MASK)
/* TAGSET Bit Fields */
#define MTB_TAGSET_TAGSET_MASK                   0xFFFFFFFFu
#define MTB_TAGSET_TAGSET_SHIFT                  0
#define MTB_TAGSET_TAGSET_WIDTH                  32
#define MTB_TAGSET_TAGSET(x)     (((uint32_t)(((uint32_t)(x))<<MTB_TAGSET_TAGSET_SHIFT))&MTB_TAGSET_TAGSET_MASK)
/* TAGCLEAR Bit Fields */
#define MTB_TAGCLEAR_TAGCLEAR_MASK               0xFFFFFFFFu
#define MTB_TAGCLEAR_TAGCLEAR_SHIFT              0
#define MTB_TAGCLEAR_TAGCLEAR_WIDTH              32
#define MTB_TAGCLEAR_TAGCLEAR(x) (((uint32_t)(((uint32_t)(x))<<MTB_TAGCLEAR_TAGCLEAR_SHIFT))&MTB_TAGCLEAR_TAGCLEAR_MASK)
/* LOCKACCESS Bit Fields */
#define MTB_LOCKACCESS_LOCKACCESS_MASK           0xFFFFFFFFu
#define MTB_LOCKACCESS_LOCKACCESS_SHIFT          0
#define MTB_LOCKACCESS_LOCKACCESS_WIDTH          32
#define MTB_LOCKACCESS_LOCKACCESS(x)   (((uint32_t)(((uint32_t)(x))<<MTB_LOCKACCESS_LOCKACCESS_SHIFT))&MTB_LOCKACCESS_LOCKACCESS_MASK)
/* LOCKSTAT Bit Fields */
#define MTB_LOCKSTAT_LOCKSTAT_MASK               0xFFFFFFFFu
#define MTB_LOCKSTAT_LOCKSTAT_SHIFT              0
#define MTB_LOCKSTAT_LOCKSTAT_WIDTH              32
#define MTB_LOCKSTAT_LOCKSTAT(x)  (((uint32_t)(((uint32_t)(x))<<MTB_LOCKSTAT_LOCKSTAT_SHIFT))&MTB_LOCKSTAT_LOCKSTAT_MASK)
/* AUTHSTAT Bit Fields */
#define MTB_AUTHSTAT_BIT0_MASK                   0x1u
#define MTB_AUTHSTAT_BIT0_SHIFT                  0
#define MTB_AUTHSTAT_BIT0_WIDTH                  1
#define MTB_AUTHSTAT_BIT0(x)     (((uint32_t)(((uint32_t)(x))<<MTB_AUTHSTAT_BIT0_SHIFT))&MTB_AUTHSTAT_BIT0_MASK)
#define MTB_AUTHSTAT_BIT1_MASK                   0x2u
#define MTB_AUTHSTAT_BIT1_SHIFT                  1
#define MTB_AUTHSTAT_BIT1_WIDTH                  1
#define MTB_AUTHSTAT_BIT1(x)     (((uint32_t)(((uint32_t)(x))<<MTB_AUTHSTAT_BIT1_SHIFT))&MTB_AUTHSTAT_BIT1_MASK)
#define MTB_AUTHSTAT_BIT2_MASK                   0x4u
#define MTB_AUTHSTAT_BIT2_SHIFT                  2
#define MTB_AUTHSTAT_BIT2_WIDTH                  1
#define MTB_AUTHSTAT_BIT2(x)     (((uint32_t)(((uint32_t)(x))<<MTB_AUTHSTAT_BIT2_SHIFT))&MTB_AUTHSTAT_BIT2_MASK)
#define MTB_AUTHSTAT_BIT3_MASK                   0x8u
#define MTB_AUTHSTAT_BIT3_SHIFT                  3
#define MTB_AUTHSTAT_BIT3_WIDTH                  1
#define MTB_AUTHSTAT_BIT3(x)     (((uint32_t)(((uint32_t)(x))<<MTB_AUTHSTAT_BIT3_SHIFT))&MTB_AUTHSTAT_BIT3_MASK)
/* DEVICEARCH Bit Fields */
#define MTB_DEVICEARCH_DEVICEARCH_MASK           0xFFFFFFFFu
#define MTB_DEVICEARCH_DEVICEARCH_SHIFT          0
#define MTB_DEVICEARCH_DEVICEARCH_WIDTH          32
#define MTB_DEVICEARCH_DEVICEARCH(x) (((uint32_t)(((uint32_t)(x))<<MTB_DEVICEARCH_DEVICEARCH_SHIFT))&MTB_DEVICEARCH_DEVICEARCH_MASK)
/* DEVICECFG Bit Fields */
#define MTB_DEVICECFG_DEVICECFG_MASK             0xFFFFFFFFu
#define MTB_DEVICECFG_DEVICECFG_SHIFT            0
#define MTB_DEVICECFG_DEVICECFG_WIDTH            32
#define MTB_DEVICECFG_DEVICECFG(x)   (((uint32_t)(((uint32_t)(x))<<MTB_DEVICECFG_DEVICECFG_SHIFT))&MTB_DEVICECFG_DEVICECFG_MASK)
```

```
/* DEVICETYPID Bit Fields */
#define MTB_DEVICETYPID_DEVICETYPID_MASK          0xFFFFFFFFu
#define MTB_DEVICETYPID_DEVICETYPID_SHIFT         0
#define MTB_DEVICETYPID_DEVICETYPID_WIDTH         32
#define MTB_DEVICETYPID_DEVICETYPID(x)  (((uint32_t)(((uint32_t)(x))<<MTB_DEVICETYPID_DEVICETYPID_SHIFT))&MTB_DEVICETYPID_DEVICETYPID_MASK)
/* PERIPHID Bit Fields */
#define MTB_PERIPHID_PERIPHID_MASK                0xFFFFFFFFu
#define MTB_PERIPHID_PERIPHID_SHIFT               0
#define MTB_PERIPHID_PERIPHID_WIDTH               32
#define MTB_PERIPHID_PERIPHID(x)  (((uint32_t)(((uint32_t)(x))<<MTB_PERIPHID_PERIPHID_SHIFT))&MTB_PERIPHID_PERIPHID_MASK)
/* COMPID Bit Fields */
#define MTB_COMPID_COMPID_MASK                    0xFFFFFFFFu
#define MTB_COMPID_COMPID_SHIFT                   0
#define MTB_COMPID_COMPID_WIDTH                   32
#define MTB_COMPID_COMPID(x)    (((uint32_t)(((uint32_t)(x))<<MTB_COMPID_COMPID_SHIFT))&MTB_COMPID_COMPID_MASK)

/* MTB - Peripheral instance base addresses */
/** Peripheral MTB base address */
#define MTB_BASE                                  (0xF0000000u)
/** Peripheral MTB base pointer */
#define MTB                                       ((MTB_Type *)MTB_BASE)
#define MTB_BASE_PTR                              (MTB)
/** Array initializer of MTB peripheral base addresses */
#define MTB_BASE_ADDRS                            { MTB_BASE }
/** Array initializer of MTB peripheral base pointers */
#define MTB_BASE_PTRS                             { MTB }

/* ----------------------------------------------------------------------------
   -- MTB - Register accessor macros
   ---------------------------------------------------------------------------- */

/* MTB - Register instance definitions */
/* MTB */
#define MTB_POSITION                              MTB_POSITION_REG(MTB)
#define MTB_MASTER                                MTB_MASTER_REG(MTB)
#define MTB_FLOW                                  MTB_FLOW_REG(MTB)
#define MTB_BASEr                                 MTB_BASE_REG(MTB)
#define MTB_MODECTRL                              MTB_MODECTRL_REG(MTB)
#define MTB_TAGSET                                MTB_TAGSET_REG(MTB)
#define MTB_TAGCLEAR                              MTB_TAGCLEAR_REG(MTB)
#define MTB_LOCKACCESS                            MTB_LOCKACCESS_REG(MTB)
#define MTB_LOCKSTAT                              MTB_LOCKSTAT_REG(MTB)
#define MTB_AUTHSTAT                              MTB_AUTHSTAT_REG(MTB)
#define MTB_DEVICEARCH                            MTB_DEVICEARCH_REG(MTB)
#define MTB_DEVICECFG                             MTB_DEVICECFG_REG(MTB)
#define MTB_DEVICETYPID                           MTB_DEVICETYPID_REG(MTB)
#define MTB_PERIPHID4                             MTB_PERIPHID_REG(MTB,0)
#define MTB_PERIPHID5                             MTB_PERIPHID_REG(MTB,1)
#define MTB_PERIPHID6                             MTB_PERIPHID_REG(MTB,2)
#define MTB_PERIPHID7                             MTB_PERIPHID_REG(MTB,3)
#define MTB_PERIPHID0                             MTB_PERIPHID_REG(MTB,4)
#define MTB_PERIPHID1                             MTB_PERIPHID_REG(MTB,5)
#define MTB_PERIPHID2                             MTB_PERIPHID_REG(MTB,6)
#define MTB_PERIPHID3                             MTB_PERIPHID_REG(MTB,7)
#define MTB_COMPID0                               MTB_COMPID_REG(MTB,0)
#define MTB_COMPID1                               MTB_COMPID_REG(MTB,1)
#define MTB_COMPID2                               MTB_COMPID_REG(MTB,2)
#define MTB_COMPID3                               MTB_COMPID_REG(MTB,3)

/* MTB - Register array accessors */
#define MTB_PERIPHID(index)                       MTB_PERIPHID_REG(MTB,index)
#define MTB_COMPID(index)                         MTB_COMPID_REG(MTB,index)

/* ----------------------------------------------------------------------------
   -- MTBDWT Peripheral Access Layer
   ---------------------------------------------------------------------------- */

/** MTBDWT - Register Layout Typedef */
typedef struct {
  __I  uint32_t CTRL;                /**< MTB DWT Control Register, offset: 0x0 */
       uint8_t RESERVED_0[28];
  struct {                           /* offset: 0x20, array step: 0x10 */
    __IO uint32_t COMP;              /**< MTB_DWT Comparator Register, array offset: 0x20, array step: 0x10 */
    __IO uint32_t MASK;              /**< MTB_DWT Comparator Mask Register, array offset: 0x24, array step: 0x10 */
    __IO uint32_t FCT;               /**< MTB_DWT Comparator Function Register 0..MTB_DWT Comparator Function
                                          Register 1, array offset: 0x28, array step: 0x10 */
         uint8_t RESERVED_0[4];
  } COMPARATOR[2];
       uint8_t RESERVED_1[448];
  __IO uint32_t TBCTRL;              /**< MTB_DWT Trace Buffer Control Register, offset: 0x200 */
       uint8_t RESERVED_2[3524];
  __I  uint32_t DEVICECFG;           /**< Device Configuration Register, offset: 0xFC8 */
```

```
  __I  uint32_t DEVICETYPID;        /**< Device Type Identifier Register, offset: 0xFCC */
  __I  uint32_t PERIPHID[8];        /**< Peripheral ID Register, array offset: 0xFD0, array step: 0x4 */
  __I  uint32_t COMPID[4];          /**< Component ID Register, array offset: 0xFF0, array step: 0x4 */
} MTBDWT_Type, *MTBDWT_MemMapPtr;

/* ----------------------------------------------------------------------------
   -- MTBDWT - Register accessor macros
   ---------------------------------------------------------------------------- */

/* MTBDWT - Register accessors */
#define MTBDWT_CTRL_REG(base)                    ((base)->CTRL)
#define MTBDWT_COMP_REG(base,index)              ((base)->COMPARATOR[index].COMP)
#define MTBDWT_COMP_COUNT                        2
#define MTBDWT_MASK_REG(base,index)              ((base)->COMPARATOR[index].MASK)
#define MTBDWT_MASK_COUNT                        2
#define MTBDWT_FCT_REG(base,index)               ((base)->COMPARATOR[index].FCT)
#define MTBDWT_FCT_COUNT                         2
#define MTBDWT_TBCTRL_REG(base)                  ((base)->TBCTRL)
#define MTBDWT_DEVICECFG_REG(base)               ((base)->DEVICECFG)
#define MTBDWT_DEVICETYPID_REG(base)             ((base)->DEVICETYPID)
#define MTBDWT_PERIPHID_REG(base,index)          ((base)->PERIPHID[index])
#define MTBDWT_PERIPHID_COUNT                    8
#define MTBDWT_COMPID_REG(base,index)            ((base)->COMPID[index])
#define MTBDWT_COMPID_COUNT                      4

/* ----------------------------------------------------------------------------
   -- MTBDWT Register Masks
   ---------------------------------------------------------------------------- */

/* CTRL Bit Fields */
#define MTBDWT_CTRL_DWTCFGCTRL_MASK              0xFFFFFFFu
#define MTBDWT_CTRL_DWTCFGCTRL_SHIFT             0
#define MTBDWT_CTRL_DWTCFGCTRL_WIDTH             28
#define MTBDWT_CTRL_DWTCFGCTRL(x)    (((uint32_t)(((uint32_t)(x))<<MTBDWT_CTRL_DWTCFGCTRL_SHIFT))&MTBDWT_CTRL_DWTCFGCTRL_MASK)
#define MTBDWT_CTRL_NUMCMP_MASK                  0xF0000000u
#define MTBDWT_CTRL_NUMCMP_SHIFT                 28
#define MTBDWT_CTRL_NUMCMP_WIDTH                 4
#define MTBDWT_CTRL_NUMCMP(x)        (((uint32_t)(((uint32_t)(x))<<MTBDWT_CTRL_NUMCMP_SHIFT))&MTBDWT_CTRL_NUMCMP_MASK)
/* COMP Bit Fields */
#define MTBDWT_COMP_COMP_MASK                    0xFFFFFFFFu
#define MTBDWT_COMP_COMP_SHIFT                   0
#define MTBDWT_COMP_COMP_WIDTH                   32
#define MTBDWT_COMP_COMP(x)          (((uint32_t)(((uint32_t)(x))<<MTBDWT_COMP_COMP_SHIFT))&MTBDWT_COMP_COMP_MASK)
/* MASK Bit Fields */
#define MTBDWT_MASK_MASK_MASK                    0x1Fu
#define MTBDWT_MASK_MASK_SHIFT                   0
#define MTBDWT_MASK_MASK_WIDTH                   5
#define MTBDWT_MASK_MASK(x)          (((uint32_t)(((uint32_t)(x))<<MTBDWT_MASK_MASK_SHIFT))&MTBDWT_MASK_MASK_MASK)
/* FCT Bit Fields */
#define MTBDWT_FCT_FUNCTION_MASK                 0xFu
#define MTBDWT_FCT_FUNCTION_SHIFT                0
#define MTBDWT_FCT_FUNCTION_WIDTH                4
#define MTBDWT_FCT_FUNCTION(x)  (((uint32_t)(((uint32_t)(x))<<MTBDWT_FCT_FUNCTION_SHIFT))&MTBDWT_FCT_FUNCTION_MASK)
#define MTBDWT_FCT_DATAVMATCH_MASK               0x100u
#define MTBDWT_FCT_DATAVMATCH_SHIFT              8
#define MTBDWT_FCT_DATAVMATCH_WIDTH              1
#define MTBDWT_FCT_DATAVMATCH(x)  (((uint32_t)(((uint32_t)(x))<<MTBDWT_FCT_DATAVMATCH_SHIFT))&MTBDWT_FCT_DATAVMATCH_MASK)
#define MTBDWT_FCT_DATAVSIZE_MASK                0xC00u
#define MTBDWT_FCT_DATAVSIZE_SHIFT               10
#define MTBDWT_FCT_DATAVSIZE_WIDTH               2
#define MTBDWT_FCT_DATAVSIZE(x)  (((uint32_t)(((uint32_t)(x))<<MTBDWT_FCT_DATAVSIZE_SHIFT))&MTBDWT_FCT_DATAVSIZE_MASK)
#define MTBDWT_FCT_DATAVADDR0_MASK               0xF000u
#define MTBDWT_FCT_DATAVADDR0_SHIFT              12
#define MTBDWT_FCT_DATAVADDR0_WIDTH              4
#define MTBDWT_FCT_DATAVADDR0(x)  (((uint32_t)(((uint32_t)(x))<<MTBDWT_FCT_DATAVADDR0_SHIFT))&MTBDWT_FCT_DATAVADDR0_MASK)
#define MTBDWT_FCT_MATCHED_MASK                  0x1000000u
#define MTBDWT_FCT_MATCHED_SHIFT                 24
#define MTBDWT_FCT_MATCHED_WIDTH                 1
#define MTBDWT_FCT_MATCHED(x)        (((uint32_t)(((uint32_t)(x))<<MTBDWT_FCT_MATCHED_SHIFT))&MTBDWT_FCT_MATCHED_MASK)
/* TBCTRL Bit Fields */
#define MTBDWT_TBCTRL_ACOMP0_MASK                0x1u
#define MTBDWT_TBCTRL_ACOMP0_SHIFT               0
#define MTBDWT_TBCTRL_ACOMP0_WIDTH               1
#define MTBDWT_TBCTRL_ACOMP0(x)      (((uint32_t)(((uint32_t)(x))<<MTBDWT_TBCTRL_ACOMP0_SHIFT))&MTBDWT_TBCTRL_ACOMP0_MASK)
#define MTBDWT_TBCTRL_ACOMP1_MASK                0x2u
#define MTBDWT_TBCTRL_ACOMP1_SHIFT               1
#define MTBDWT_TBCTRL_ACOMP1_WIDTH               1
#define MTBDWT_TBCTRL_ACOMP1(x)      (((uint32_t)(((uint32_t)(x))<<MTBDWT_TBCTRL_ACOMP1_SHIFT))&MTBDWT_TBCTRL_ACOMP1_MASK)
#define MTBDWT_TBCTRL_NUMCOMP_MASK               0xF0000000u
#define MTBDWT_TBCTRL_NUMCOMP_SHIFT              28
#define MTBDWT_TBCTRL_NUMCOMP_WIDTH              4
#define MTBDWT_TBCTRL_NUMCOMP(x)  (((uint32_t)(((uint32_t)(x))<<MTBDWT_TBCTRL_NUMCOMP_SHIFT))&MTBDWT_TBCTRL_NUMCOMP_MASK)
```

```
/* DEVICECFG Bit Fields */
#define MTBDWT_DEVICECFG_DEVICECFG_MASK          0xFFFFFFFFu
#define MTBDWT_DEVICECFG_DEVICECFG_SHIFT         0
#define MTBDWT_DEVICECFG_DEVICECFG_WIDTH         32
#define MTBDWT_DEVICECFG_DEVICECFG(x)  (((uint32_t)(((uint32_t)(x))<<MTBDWT_DEVICECFG_DEVICECFG_SHIFT))&MTBDWT_DEVICECFG_DEVICECFG_MASK)
/* DEVICETYPID Bit Fields */
#define MTBDWT_DEVICETYPID_DEVICETYPID_MASK      0xFFFFFFFFu
#define MTBDWT_DEVICETYPID_DEVICETYPID_SHIFT     0
#define MTBDWT_DEVICETYPID_DEVICETYPID_WIDTH     32
#define MTBDWT_DEVICETYPID_DEVICETYPID(x)  (((uint32_t)(((uint32_t)(x))<<MTBDWT_DEVICETYPID_DEVICETYPID_SHIFT))&MTBDWT_DEVICETYPID_DEVICETYPID_MASK)
/* PERIPHID Bit Fields */
#define MTBDWT_PERIPHID_PERIPHID_MASK            0xFFFFFFFFu
#define MTBDWT_PERIPHID_PERIPHID_SHIFT           0
#define MTBDWT_PERIPHID_PERIPHID_WIDTH           32
#define MTBDWT_PERIPHID_PERIPHID(x)  (((uint32_t)(((uint32_t)(x))<<MTBDWT_PERIPHID_PERIPHID_SHIFT))&MTBDWT_PERIPHID_PERIPHID_MASK)
/* COMPID Bit Fields */
#define MTBDWT_COMPID_COMPID_MASK                0xFFFFFFFFu
#define MTBDWT_COMPID_COMPID_SHIFT               0
#define MTBDWT_COMPID_COMPID_WIDTH               32
#define MTBDWT_COMPID_COMPID(x)  (((uint32_t)(((uint32_t)(x))<<MTBDWT_COMPID_COMPID_SHIFT))&MTBDWT_COMPID_COMPID_MASK)

/* MTBDWT - Peripheral instance base addresses */
/** Peripheral MTBDWT base address */
#define MTBDWT_BASE                              (0xF0001000u)
/** Peripheral MTBDWT base pointer */
#define MTBDWT                                   ((MTBDWT_Type *)MTBDWT_BASE)
#define MTBDWT_BASE_PTR                          (MTBDWT)
/** Array initializer of MTBDWT peripheral base addresses */
#define MTBDWT_BASE_ADDRS                        { MTBDWT_BASE }
/** Array initializer of MTBDWT peripheral base pointers */
#define MTBDWT_BASE_PTRS                         { MTBDWT }

/* ----------------------------------------------------------------------------
   -- MTBDWT - Register accessor macros
   ---------------------------------------------------------------------------- */

/* MTBDWT - Register instance definitions */
/* MTBDWT */
#define MTBDWT_CTRL                              MTBDWT_CTRL_REG(MTBDWT)
#define MTBDWT_COMP0                             MTBDWT_COMP_REG(MTBDWT,0)
#define MTBDWT_MASK0                             MTBDWT_MASK_REG(MTBDWT,0)
#define MTBDWT_FCT0                              MTBDWT_FCT_REG(MTBDWT,0)
#define MTBDWT_COMP1                             MTBDWT_COMP_REG(MTBDWT,1)
#define MTBDWT_MASK1                             MTBDWT_MASK_REG(MTBDWT,1)
#define MTBDWT_FCT1                              MTBDWT_FCT_REG(MTBDWT,1)
#define MTBDWT_TBCTRL                            MTBDWT_TBCTRL_REG(MTBDWT)
#define MTBDWT_DEVICECFG                         MTBDWT_DEVICECFG_REG(MTBDWT)
#define MTBDWT_DEVICETYPID                       MTBDWT_DEVICETYPID_REG(MTBDWT)
#define MTBDWT_PERIPHID4                         MTBDWT_PERIPHID_REG(MTBDWT,0)
#define MTBDWT_PERIPHID5                         MTBDWT_PERIPHID_REG(MTBDWT,1)
#define MTBDWT_PERIPHID6                         MTBDWT_PERIPHID_REG(MTBDWT,2)
#define MTBDWT_PERIPHID7                         MTBDWT_PERIPHID_REG(MTBDWT,3)
#define MTBDWT_PERIPHID0                         MTBDWT_PERIPHID_REG(MTBDWT,4)
#define MTBDWT_PERIPHID1                         MTBDWT_PERIPHID_REG(MTBDWT,5)
#define MTBDWT_PERIPHID2                         MTBDWT_PERIPHID_REG(MTBDWT,6)
#define MTBDWT_PERIPHID3                         MTBDWT_PERIPHID_REG(MTBDWT,7)
#define MTBDWT_COMPID0                           MTBDWT_COMPID_REG(MTBDWT,0)
#define MTBDWT_COMPID1                           MTBDWT_COMPID_REG(MTBDWT,1)
#define MTBDWT_COMPID2                           MTBDWT_COMPID_REG(MTBDWT,2)
#define MTBDWT_COMPID3                           MTBDWT_COMPID_REG(MTBDWT,3)

/* MTBDWT - Register array accessors */
#define MTBDWT_COMP(index)                       MTBDWT_COMP_REG(MTBDWT,index)
#define MTBDWT_MASK(index)                       MTBDWT_MASK_REG(MTBDWT,index)
#define MTBDWT_FCT(index)                        MTBDWT_FCT_REG(MTBDWT,index)
#define MTBDWT_PERIPHID(index)                   MTBDWT_PERIPHID_REG(MTBDWT,index)
#define MTBDWT_COMPID(index)                     MTBDWT_COMPID_REG(MTBDWT,index)

/* ----------------------------------------------------------------------------
   -- NV Peripheral Access Layer
   ---------------------------------------------------------------------------- */

/** NV - Register Layout Typedef */
typedef struct {
  __I  uint8_t BACKKEY3;                 /**< Backdoor Comparison Key 3., offset: 0x0 */
  __I  uint8_t BACKKEY2;                 /**< Backdoor Comparison Key 2., offset: 0x1 */
  __I  uint8_t BACKKEY1;                 /**< Backdoor Comparison Key 1., offset: 0x2 */
  __I  uint8_t BACKKEY0;                 /**< Backdoor Comparison Key 0., offset: 0x3 */
  __I  uint8_t BACKKEY7;                 /**< Backdoor Comparison Key 7., offset: 0x4 */
  __I  uint8_t BACKKEY6;                 /**< Backdoor Comparison Key 6., offset: 0x5 */
  __I  uint8_t BACKKEY5;                 /**< Backdoor Comparison Key 5., offset: 0x6 */
  __I  uint8_t BACKKEY4;                 /**< Backdoor Comparison Key 4., offset: 0x7 */
```

```
  __I  uint8_t FPROT3;                    /**< Non-volatile P-Flash Protection 1 - Low Register, offset: 0x8 */
  __I  uint8_t FPROT2;                    /**< Non-volatile P-Flash Protection 1 - High Register, offset: 0x9 */
  __I  uint8_t FPROT1;                    /**< Non-volatile P-Flash Protection 0 - Low Register, offset: 0xA */
  __I  uint8_t FPROT0;                    /**< Non-volatile P-Flash Protection 0 - High Register, offset: 0xB */
  __I  uint8_t FSEC;                      /**< Non-volatile Flash Security Register, offset: 0xC */
  __I  uint8_t FOPT;                      /**< Non-volatile Flash Option Register, offset: 0xD */
} NV_Type, *NV_MemMapPtr;

/* ----------------------------------------------------------------------------
   -- NV - Register accessor macros
   ---------------------------------------------------------------------------- */

/* NV - Register accessors */
#define NV_BACKKEY3_REG(base)                    ((base)->BACKKEY3)
#define NV_BACKKEY2_REG(base)                    ((base)->BACKKEY2)
#define NV_BACKKEY1_REG(base)                    ((base)->BACKKEY1)
#define NV_BACKKEY0_REG(base)                    ((base)->BACKKEY0)
#define NV_BACKKEY7_REG(base)                    ((base)->BACKKEY7)
#define NV_BACKKEY6_REG(base)                    ((base)->BACKKEY6)
#define NV_BACKKEY5_REG(base)                    ((base)->BACKKEY5)
#define NV_BACKKEY4_REG(base)                    ((base)->BACKKEY4)
#define NV_FPROT3_REG(base)                      ((base)->FPROT3)
#define NV_FPROT2_REG(base)                      ((base)->FPROT2)
#define NV_FPROT1_REG(base)                      ((base)->FPROT1)
#define NV_FPROT0_REG(base)                      ((base)->FPROT0)
#define NV_FSEC_REG(base)                        ((base)->FSEC)
#define NV_FOPT_REG(base)                        ((base)->FOPT)

/* ----------------------------------------------------------------------------
   -- NV Register Masks
   ---------------------------------------------------------------------------- */

/* BACKKEY3 Bit Fields */
#define NV_BACKKEY3_KEY_MASK                     0xFFu
#define NV_BACKKEY3_KEY_SHIFT                    0
#define NV_BACKKEY3_KEY_WIDTH                    8
#define NV_BACKKEY3_KEY(x)                  (((uint8_t)(((uint8_t)(x))<<NV_BACKKEY3_KEY_SHIFT))&NV_BACKKEY3_KEY_MASK)
/* BACKKEY2 Bit Fields */
#define NV_BACKKEY2_KEY_MASK                     0xFFu
#define NV_BACKKEY2_KEY_SHIFT                    0
#define NV_BACKKEY2_KEY_WIDTH                    8
#define NV_BACKKEY2_KEY(x)                  (((uint8_t)(((uint8_t)(x))<<NV_BACKKEY2_KEY_SHIFT))&NV_BACKKEY2_KEY_MASK)
/* BACKKEY1 Bit Fields */
#define NV_BACKKEY1_KEY_MASK                     0xFFu
#define NV_BACKKEY1_KEY_SHIFT                    0
#define NV_BACKKEY1_KEY_WIDTH                    8
#define NV_BACKKEY1_KEY(x)                  (((uint8_t)(((uint8_t)(x))<<NV_BACKKEY1_KEY_SHIFT))&NV_BACKKEY1_KEY_MASK)
/* BACKKEY0 Bit Fields */
#define NV_BACKKEY0_KEY_MASK                     0xFFu
#define NV_BACKKEY0_KEY_SHIFT                    0
#define NV_BACKKEY0_KEY_WIDTH                    8
#define NV_BACKKEY0_KEY(x)                  (((uint8_t)(((uint8_t)(x))<<NV_BACKKEY0_KEY_SHIFT))&NV_BACKKEY0_KEY_MASK)
/* BACKKEY7 Bit Fields */
#define NV_BACKKEY7_KEY_MASK                     0xFFu
#define NV_BACKKEY7_KEY_SHIFT                    0
#define NV_BACKKEY7_KEY_WIDTH                    8
#define NV_BACKKEY7_KEY(x)                  (((uint8_t)(((uint8_t)(x))<<NV_BACKKEY7_KEY_SHIFT))&NV_BACKKEY7_KEY_MASK)
/* BACKKEY6 Bit Fields */
#define NV_BACKKEY6_KEY_MASK                     0xFFu
#define NV_BACKKEY6_KEY_SHIFT                    0
#define NV_BACKKEY6_KEY_WIDTH                    8
#define NV_BACKKEY6_KEY(x)                  (((uint8_t)(((uint8_t)(x))<<NV_BACKKEY6_KEY_SHIFT))&NV_BACKKEY6_KEY_MASK)
/* BACKKEY5 Bit Fields */
#define NV_BACKKEY5_KEY_MASK                     0xFFu
#define NV_BACKKEY5_KEY_SHIFT                    0
#define NV_BACKKEY5_KEY_WIDTH                    8
#define NV_BACKKEY5_KEY(x)                  (((uint8_t)(((uint8_t)(x))<<NV_BACKKEY5_KEY_SHIFT))&NV_BACKKEY5_KEY_MASK)
/* BACKKEY4 Bit Fields */
#define NV_BACKKEY4_KEY_MASK                     0xFFu
#define NV_BACKKEY4_KEY_SHIFT                    0
#define NV_BACKKEY4_KEY_WIDTH                    8
#define NV_BACKKEY4_KEY(x)                  (((uint8_t)(((uint8_t)(x))<<NV_BACKKEY4_KEY_SHIFT))&NV_BACKKEY4_KEY_MASK)
/* FPROT3 Bit Fields */
#define NV_FPROT3_PROT_MASK                      0xFFu
#define NV_FPROT3_PROT_SHIFT                     0
#define NV_FPROT3_PROT_WIDTH                     8
#define NV_FPROT3_PROT(x)                   (((uint8_t)(((uint8_t)(x))<<NV_FPROT3_PROT_SHIFT))&NV_FPROT3_PROT_MASK)
/* FPROT2 Bit Fields */
#define NV_FPROT2_PROT_MASK                      0xFFu
#define NV_FPROT2_PROT_SHIFT                     0
#define NV_FPROT2_PROT_WIDTH                     8
#define NV_FPROT2_PROT(x)                   (((uint8_t)(((uint8_t)(x))<<NV_FPROT2_PROT_SHIFT))&NV_FPROT2_PROT_MASK)
```

```
/* FPROT1 Bit Fields */
#define NV_FPROT1_PROT_MASK                      0xFFu
#define NV_FPROT1_PROT_SHIFT                     0
#define NV_FPROT1_PROT_WIDTH                     8
#define NV_FPROT1_PROT(x)              (((uint8_t)(((uint8_t)(x))<<NV_FPROT1_PROT_SHIFT))&NV_FPROT1_PROT_MASK)
/* FPROT0 Bit Fields */
#define NV_FPROT0_PROT_MASK                      0xFFu
#define NV_FPROT0_PROT_SHIFT                     0
#define NV_FPROT0_PROT_WIDTH                     8
#define NV_FPROT0_PROT(x)              (((uint8_t)(((uint8_t)(x))<<NV_FPROT0_PROT_SHIFT))&NV_FPROT0_PROT_MASK)
/* FSEC Bit Fields */
#define NV_FSEC_SEC_MASK                         0x3u
#define NV_FSEC_SEC_SHIFT                        0
#define NV_FSEC_SEC_WIDTH                        2
#define NV_FSEC_SEC(x)                 (((uint8_t)(((uint8_t)(x))<<NV_FSEC_SEC_SHIFT))&NV_FSEC_SEC_MASK)
#define NV_FSEC_FSLACC_MASK                      0xCu
#define NV_FSEC_FSLACC_SHIFT                     2
#define NV_FSEC_FSLACC_WIDTH                     2
#define NV_FSEC_FSLACC(x)              (((uint8_t)(((uint8_t)(x))<<NV_FSEC_FSLACC_SHIFT))&NV_FSEC_FSLACC_MASK)
#define NV_FSEC_MEEN_MASK                        0x30u
#define NV_FSEC_MEEN_SHIFT                       4
#define NV_FSEC_MEEN_WIDTH                       2
#define NV_FSEC_MEEN(x)                (((uint8_t)(((uint8_t)(x))<<NV_FSEC_MEEN_SHIFT))&NV_FSEC_MEEN_MASK)
#define NV_FSEC_KEYEN_MASK                       0xC0u
#define NV_FSEC_KEYEN_SHIFT                      6
#define NV_FSEC_KEYEN_WIDTH                      2
#define NV_FSEC_KEYEN(x)               (((uint8_t)(((uint8_t)(x))<<NV_FSEC_KEYEN_SHIFT))&NV_FSEC_KEYEN_MASK)
/* FOPT Bit Fields */
#define NV_FOPT_LPBOOT0_MASK                     0x1u
#define NV_FOPT_LPBOOT0_SHIFT                    0
#define NV_FOPT_LPBOOT0_WIDTH                    1
#define NV_FOPT_LPBOOT0(x)             (((uint8_t)(((uint8_t)(x))<<NV_FOPT_LPBOOT0_SHIFT))&NV_FOPT_LPBOOT0_MASK)
#define NV_FOPT_NMI_DIS_MASK                     0x4u
#define NV_FOPT_NMI_DIS_SHIFT                    2
#define NV_FOPT_NMI_DIS_WIDTH                    1
#define NV_FOPT_NMI_DIS(x)             (((uint8_t)(((uint8_t)(x))<<NV_FOPT_NMI_DIS_SHIFT))&NV_FOPT_NMI_DIS_MASK)
#define NV_FOPT_RESET_PIN_CFG_MASK               0x8u
#define NV_FOPT_RESET_PIN_CFG_SHIFT              3
#define NV_FOPT_RESET_PIN_CFG_WIDTH              1
#define NV_FOPT_RESET_PIN_CFG(x) (((uint8_t)(((uint8_t)(x))<<NV_FOPT_RESET_PIN_CFG_SHIFT))&NV_FOPT_RESET_PIN_CFG_MASK)
#define NV_FOPT_LPBOOT1_MASK                     0x10u
#define NV_FOPT_LPBOOT1_SHIFT                    4
#define NV_FOPT_LPBOOT1_WIDTH                    1
#define NV_FOPT_LPBOOT1(x)             (((uint8_t)(((uint8_t)(x))<<NV_FOPT_LPBOOT1_SHIFT))&NV_FOPT_LPBOOT1_MASK)
#define NV_FOPT_FAST_INIT_MASK                   0x20u
#define NV_FOPT_FAST_INIT_SHIFT                  5
#define NV_FOPT_FAST_INIT_WIDTH                  1
#define NV_FOPT_FAST_INIT(x)       (((uint8_t)(((uint8_t)(x))<<NV_FOPT_FAST_INIT_SHIFT))&NV_FOPT_FAST_INIT_MASK)

/* NV - Peripheral instance base addresses */
/** Peripheral FTFA_FlashConfig base address */
#define FTFA_FlashConfig_BASE                    (0x400u)
/** Peripheral FTFA_FlashConfig base pointer */
#define FTFA_FlashConfig                         ((NV_Type *)FTFA_FlashConfig_BASE)
#define FTFA_FlashConfig_BASE_PTR                (FTFA_FlashConfig)
/** Array initializer of NV peripheral base addresses */
#define NV_BASE_ADDRS                            { FTFA_FlashConfig_BASE }
/** Array initializer of NV peripheral base pointers */
#define NV_BASE_PTRS                             { FTFA_FlashConfig }

/* ----------------------------------------------------------------------------
   -- NV - Register accessor macros
   ---------------------------------------------------------------------------- */

/* NV - Register instance definitions */
/* FTFA_FlashConfig */
#define NV_BACKKEY3                              NV_BACKKEY3_REG(FTFA_FlashConfig)
#define NV_BACKKEY2                              NV_BACKKEY2_REG(FTFA_FlashConfig)
#define NV_BACKKEY1                              NV_BACKKEY1_REG(FTFA_FlashConfig)
#define NV_BACKKEY0                              NV_BACKKEY0_REG(FTFA_FlashConfig)
#define NV_BACKKEY7                              NV_BACKKEY7_REG(FTFA_FlashConfig)
#define NV_BACKKEY6                              NV_BACKKEY6_REG(FTFA_FlashConfig)
#define NV_BACKKEY5                              NV_BACKKEY5_REG(FTFA_FlashConfig)
#define NV_BACKKEY4                              NV_BACKKEY4_REG(FTFA_FlashConfig)
#define NV_FPROT3                                NV_FPROT3_REG(FTFA_FlashConfig)
#define NV_FPROT2                                NV_FPROT2_REG(FTFA_FlashConfig)
#define NV_FPROT1                                NV_FPROT1_REG(FTFA_FlashConfig)
#define NV_FPROT0                                NV_FPROT0_REG(FTFA_FlashConfig)
#define NV_FSEC                                  NV_FSEC_REG(FTFA_FlashConfig)
#define NV_FOPT                                  NV_FOPT_REG(FTFA_FlashConfig)

/* ----------------------------------------------------------------------------
```

```
   -- OSC Peripheral Access Layer
   ---------------------------------------------------------------------------- */

/** OSC - Register Layout Typedef */
typedef struct {
  __IO uint8_t CR;                           /**< OSC Control Register, offset: 0x0 */
} OSC_Type, *OSC_MemMapPtr;

/* ----------------------------------------------------------------------------
   -- OSC - Register accessor macros
   ---------------------------------------------------------------------------- */

/* OSC - Register accessors */
#define OSC_CR_REG(base)                         ((base)->CR)

/* ----------------------------------------------------------------------------
   -- OSC Register Masks
   ---------------------------------------------------------------------------- */

/* CR Bit Fields */
#define OSC_CR_SC16P_MASK                        0x1u
#define OSC_CR_SC16P_SHIFT                       0
#define OSC_CR_SC16P_WIDTH                       1
#define OSC_CR_SC16P(x)                     (((uint8_t)(((uint8_t)(x))<<OSC_CR_SC16P_SHIFT))&OSC_CR_SC16P_MASK)
#define OSC_CR_SC8P_MASK                         0x2u
#define OSC_CR_SC8P_SHIFT                        1
#define OSC_CR_SC8P_WIDTH                        1
#define OSC_CR_SC8P(x)                      (((uint8_t)(((uint8_t)(x))<<OSC_CR_SC8P_SHIFT))&OSC_CR_SC8P_MASK)
#define OSC_CR_SC4P_MASK                         0x4u
#define OSC_CR_SC4P_SHIFT                        2
#define OSC_CR_SC4P_WIDTH                        1
#define OSC_CR_SC4P(x)                      (((uint8_t)(((uint8_t)(x))<<OSC_CR_SC4P_SHIFT))&OSC_CR_SC4P_MASK)
#define OSC_CR_SC2P_MASK                         0x8u
#define OSC_CR_SC2P_SHIFT                        3
#define OSC_CR_SC2P_WIDTH                        1
#define OSC_CR_SC2P(x)                      (((uint8_t)(((uint8_t)(x))<<OSC_CR_SC2P_SHIFT))&OSC_CR_SC2P_MASK)
#define OSC_CR_EREFSTEN_MASK                     0x20u
#define OSC_CR_EREFSTEN_SHIFT                    5
#define OSC_CR_EREFSTEN_WIDTH                    1
#define OSC_CR_EREFSTEN(x)              (((uint8_t)(((uint8_t)(x))<<OSC_CR_EREFSTEN_SHIFT))&OSC_CR_EREFSTEN_MASK)
#define OSC_CR_ERCLKEN_MASK                      0x80u
#define OSC_CR_ERCLKEN_SHIFT                     7
#define OSC_CR_ERCLKEN_WIDTH                     1
#define OSC_CR_ERCLKEN(x)                 (((uint8_t)(((uint8_t)(x))<<OSC_CR_ERCLKEN_SHIFT))&OSC_CR_ERCLKEN_MASK)

/* OSC - Peripheral instance base addresses */
/** Peripheral OSC0 base address */
#define OSC0_BASE                                (0x40065000u)
/** Peripheral OSC0 base pointer */
#define OSC0                                     ((OSC_Type *)OSC0_BASE)
#define OSC0_BASE_PTR                            (OSC0)
/** Array initializer of OSC peripheral base addresses */
#define OSC_BASE_ADDRS                           { OSC0_BASE }
/** Array initializer of OSC peripheral base pointers */
#define OSC_BASE_PTRS                            { OSC0 }

/* ----------------------------------------------------------------------------
   -- OSC - Register accessor macros
   ---------------------------------------------------------------------------- */

/* OSC - Register instance definitions */
/* OSC0 */
#define OSC0_CR                                  OSC_CR_REG(OSC0)

/* ----------------------------------------------------------------------------
   -- PIT Peripheral Access Layer
   ---------------------------------------------------------------------------- */

/** PIT - Register Layout Typedef */
typedef struct {
  __IO uint32_t MCR;                     /**< PIT Module Control Register, offset: 0x0 */
       uint8_t RESERVED_0[220];
  __I  uint32_t LTMR64H;                 /**< PIT Upper Lifetime Timer Register, offset: 0xE0 */
  __I  uint32_t LTMR64L;                 /**< PIT Lower Lifetime Timer Register, offset: 0xE4 */
       uint8_t RESERVED_1[24];
  struct {                               /* offset: 0x100, array step: 0x10 */
    __IO uint32_t LDVAL;                 /**< Timer Load Value Register, array offset: 0x100, array step: 0x10 */
    __I  uint32_t CVAL;                  /**< Current Timer Value Register, array offset: 0x104, array step: 0x10 */
    __IO uint32_t TCTRL;                 /**< Timer Control Register, array offset: 0x108, array step: 0x10 */
    __IO uint32_t TFLG;                  /**< Timer Flag Register, array offset: 0x10C, array step: 0x10 */
  } CHANNEL[2];
} PIT_Type, *PIT_MemMapPtr;
```

```
/* ----------------------------------------------------------------------------
   -- PIT - Register accessor macros
   ---------------------------------------------------------------------------- */

/* PIT - Register accessors */
#define PIT_MCR_REG(base)                        ((base)->MCR)
#define PIT_LTMR64H_REG(base)                    ((base)->LTMR64H)
#define PIT_LTMR64L_REG(base)                    ((base)->LTMR64L)
#define PIT_LDVAL_REG(base,index)                ((base)->CHANNEL[index].LDVAL)
#define PIT_LDVAL_COUNT                          2
#define PIT_CVAL_REG(base,index)                 ((base)->CHANNEL[index].CVAL)
#define PIT_CVAL_COUNT                           2
#define PIT_TCTRL_REG(base,index)                ((base)->CHANNEL[index].TCTRL)
#define PIT_TCTRL_COUNT                          2
#define PIT_TFLG_REG(base,index)                 ((base)->CHANNEL[index].TFLG)
#define PIT_TFLG_COUNT                           2

/* ----------------------------------------------------------------------------
   -- PIT Register Masks
   ---------------------------------------------------------------------------- */

/* MCR Bit Fields */
#define PIT_MCR_FRZ_MASK                         0x1u
#define PIT_MCR_FRZ_SHIFT                        0
#define PIT_MCR_FRZ_WIDTH                        1
#define PIT_MCR_FRZ(x)                           (((uint32_t)(((uint32_t)(x))<<PIT_MCR_FRZ_SHIFT))&PIT_MCR_FRZ_MASK)
#define PIT_MCR_MDIS_MASK                        0x2u
#define PIT_MCR_MDIS_SHIFT                       1
#define PIT_MCR_MDIS_WIDTH                       1
#define PIT_MCR_MDIS(x)                          (((uint32_t)(((uint32_t)(x))<<PIT_MCR_MDIS_SHIFT))&PIT_MCR_MDIS_MASK)
/* LTMR64H Bit Fields */
#define PIT_LTMR64H_LTH_MASK                     0xFFFFFFFFu
#define PIT_LTMR64H_LTH_SHIFT                    0
#define PIT_LTMR64H_LTH_WIDTH                    32
#define PIT_LTMR64H_LTH(x)                       (((uint32_t)(((uint32_t)(x))<<PIT_LTMR64H_LTH_SHIFT))&PIT_LTMR64H_LTH_MASK)
/* LTMR64L Bit Fields */
#define PIT_LTMR64L_LTL_MASK                     0xFFFFFFFFu
#define PIT_LTMR64L_LTL_SHIFT                    0
#define PIT_LTMR64L_LTL_WIDTH                    32
#define PIT_LTMR64L_LTL(x)                       (((uint32_t)(((uint32_t)(x))<<PIT_LTMR64L_LTL_SHIFT))&PIT_LTMR64L_LTL_MASK)
/* LDVAL Bit Fields */
#define PIT_LDVAL_TSV_MASK                       0xFFFFFFFFu
#define PIT_LDVAL_TSV_SHIFT                      0
#define PIT_LDVAL_TSV_WIDTH                      32
#define PIT_LDVAL_TSV(x)                         (((uint32_t)(((uint32_t)(x))<<PIT_LDVAL_TSV_SHIFT))&PIT_LDVAL_TSV_MASK)
/* CVAL Bit Fields */
#define PIT_CVAL_TVL_MASK                        0xFFFFFFFFu
#define PIT_CVAL_TVL_SHIFT                       0
#define PIT_CVAL_TVL_WIDTH                       32
#define PIT_CVAL_TVL(x)                          (((uint32_t)(((uint32_t)(x))<<PIT_CVAL_TVL_SHIFT))&PIT_CVAL_TVL_MASK)
/* TCTRL Bit Fields */
#define PIT_TCTRL_TEN_MASK                       0x1u
#define PIT_TCTRL_TEN_SHIFT                      0
#define PIT_TCTRL_TEN_WIDTH                      1
#define PIT_TCTRL_TEN(x)                         (((uint32_t)(((uint32_t)(x))<<PIT_TCTRL_TEN_SHIFT))&PIT_TCTRL_TEN_MASK)
#define PIT_TCTRL_TIE_MASK                       0x2u
#define PIT_TCTRL_TIE_SHIFT                      1
#define PIT_TCTRL_TIE_WIDTH                      1
#define PIT_TCTRL_TIE(x)                         (((uint32_t)(((uint32_t)(x))<<PIT_TCTRL_TIE_SHIFT))&PIT_TCTRL_TIE_MASK)
#define PIT_TCTRL_CHN_MASK                       0x4u
#define PIT_TCTRL_CHN_SHIFT                      2
#define PIT_TCTRL_CHN_WIDTH                      1
#define PIT_TCTRL_CHN(x)                         (((uint32_t)(((uint32_t)(x))<<PIT_TCTRL_CHN_SHIFT))&PIT_TCTRL_CHN_MASK)
/* TFLG Bit Fields */
#define PIT_TFLG_TIF_MASK                        0x1u
#define PIT_TFLG_TIF_SHIFT                       0
#define PIT_TFLG_TIF_WIDTH                       1
#define PIT_TFLG_TIF(x)                          (((uint32_t)(((uint32_t)(x))<<PIT_TFLG_TIF_SHIFT))&PIT_TFLG_TIF_MASK)

/* PIT - Peripheral instance base addresses */
/** Peripheral PIT base address */
#define PIT_BASE                                 (0x40037000u)
/** Peripheral PIT base pointer */
#define PIT                                      ((PIT_Type *)PIT_BASE)
#define PIT_BASE_PTR                             (PIT)
/** Array initializer of PIT peripheral base addresses */
#define PIT_BASE_ADDRS                           { PIT_BASE }
/** Array initializer of PIT peripheral base pointers */
#define PIT_BASE_PTRS                            { PIT }

/* ----------------------------------------------------------------------------
```

```
   -- PIT - Register accessor macros
   ---------------------------------------------------------------------------- */

/* PIT - Register instance definitions */
/* PIT */
#define PIT_MCR                              PIT_MCR_REG(PIT)
#define PIT_LTMR64H                          PIT_LTMR64H_REG(PIT)
#define PIT_LTMR64L                          PIT_LTMR64L_REG(PIT)
#define PIT_LDVAL0                           PIT_LDVAL_REG(PIT,0)
#define PIT_CVAL0                            PIT_CVAL_REG(PIT,0)
#define PIT_TCTRL0                           PIT_TCTRL_REG(PIT,0)
#define PIT_TFLG0                            PIT_TFLG_REG(PIT,0)
#define PIT_LDVAL1                           PIT_LDVAL_REG(PIT,1)
#define PIT_CVAL1                            PIT_CVAL_REG(PIT,1)
#define PIT_TCTRL1                           PIT_TCTRL_REG(PIT,1)
#define PIT_TFLG1                            PIT_TFLG_REG(PIT,1)

/* PIT - Register array accessors */
#define PIT_LDVAL(index)                     PIT_LDVAL_REG(PIT,index)
#define PIT_CVAL(index)                      PIT_CVAL_REG(PIT,index)
#define PIT_TCTRL(index)                     PIT_TCTRL_REG(PIT,index)
#define PIT_TFLG(index)                      PIT_TFLG_REG(PIT,index)

/* ----------------------------------------------------------------------------
   -- PMC Peripheral Access Layer
   ---------------------------------------------------------------------------- */

/** PMC - Register Layout Typedef */
typedef struct {
  __IO uint8_t LVDSC1;                       /**< Low Voltage Detect Status And Control 1 register, offset: 0x0 */
  __IO uint8_t LVDSC2;                       /**< Low Voltage Detect Status And Control 2 register, offset: 0x1 */
  __IO uint8_t REGSC;                        /**< Regulator Status And Control register, offset: 0x2 */
} PMC_Type, *PMC_MemMapPtr;

/* ----------------------------------------------------------------------------
   -- PMC - Register accessor macros
   ---------------------------------------------------------------------------- */

/* PMC - Register accessors */
#define PMC_LVDSC1_REG(base)                 ((base)->LVDSC1)
#define PMC_LVDSC2_REG(base)                 ((base)->LVDSC2)
#define PMC_REGSC_REG(base)                  ((base)->REGSC)

/* ----------------------------------------------------------------------------
   -- PMC Register Masks
   ---------------------------------------------------------------------------- */

/* LVDSC1 Bit Fields */
#define PMC_LVDSC1_LVDV_MASK                 0x3u
#define PMC_LVDSC1_LVDV_SHIFT                0
#define PMC_LVDSC1_LVDV_WIDTH                2
#define PMC_LVDSC1_LVDV(x)                   (((uint8_t)(((uint8_t)(x))<<PMC_LVDSC1_LVDV_SHIFT))&PMC_LVDSC1_LVDV_MASK)
#define PMC_LVDSC1_LVDRE_MASK                0x10u
#define PMC_LVDSC1_LVDRE_SHIFT               4
#define PMC_LVDSC1_LVDRE_WIDTH               1
#define PMC_LVDSC1_LVDRE(x)                  (((uint8_t)(((uint8_t)(x))<<PMC_LVDSC1_LVDRE_SHIFT))&PMC_LVDSC1_LVDRE_MASK)
#define PMC_LVDSC1_LVDIE_MASK                0x20u
#define PMC_LVDSC1_LVDIE_SHIFT               5
#define PMC_LVDSC1_LVDIE_WIDTH               1
#define PMC_LVDSC1_LVDIE(x)                  (((uint8_t)(((uint8_t)(x))<<PMC_LVDSC1_LVDIE_SHIFT))&PMC_LVDSC1_LVDIE_MASK)
#define PMC_LVDSC1_LVDACK_MASK               0x40u
#define PMC_LVDSC1_LVDACK_SHIFT              6
#define PMC_LVDSC1_LVDACK_WIDTH              1
#define PMC_LVDSC1_LVDACK(x)                 (((uint8_t)(((uint8_t)(x))<<PMC_LVDSC1_LVDACK_SHIFT))&PMC_LVDSC1_LVDACK_MASK)
#define PMC_LVDSC1_LVDF_MASK                 0x80u
#define PMC_LVDSC1_LVDF_SHIFT                7
#define PMC_LVDSC1_LVDF_WIDTH                1
#define PMC_LVDSC1_LVDF(x)                   (((uint8_t)(((uint8_t)(x))<<PMC_LVDSC1_LVDF_SHIFT))&PMC_LVDSC1_LVDF_MASK)
/* LVDSC2 Bit Fields */
#define PMC_LVDSC2_LVWV_MASK                 0x3u
#define PMC_LVDSC2_LVWV_SHIFT                0
#define PMC_LVDSC2_LVWV_WIDTH                2
#define PMC_LVDSC2_LVWV(x)                   (((uint8_t)(((uint8_t)(x))<<PMC_LVDSC2_LVWV_SHIFT))&PMC_LVDSC2_LVWV_MASK)
#define PMC_LVDSC2_LVWIE_MASK                0x20u
#define PMC_LVDSC2_LVWIE_SHIFT               5
#define PMC_LVDSC2_LVWIE_WIDTH               1
#define PMC_LVDSC2_LVWIE(x)                  (((uint8_t)(((uint8_t)(x))<<PMC_LVDSC2_LVWIE_SHIFT))&PMC_LVDSC2_LVWIE_MASK)
#define PMC_LVDSC2_LVWACK_MASK               0x40u
#define PMC_LVDSC2_LVWACK_SHIFT              6
#define PMC_LVDSC2_LVWACK_WIDTH              1
#define PMC_LVDSC2_LVWACK(x)                 (((uint8_t)(((uint8_t)(x))<<PMC_LVDSC2_LVWACK_SHIFT))&PMC_LVDSC2_LVWACK_MASK)
#define PMC_LVDSC2_LVWF_MASK                 0x80u
```

```
#define PMC_LVDSC2_LVWF_SHIFT                    7
#define PMC_LVDSC2_LVWF_WIDTH                    1
#define PMC_LVDSC2_LVWF(x)               (((uint8_t)(((uint8_t)(x))<<PMC_LVDSC2_LVWF_SHIFT))&PMC_LVDSC2_LVWF_MASK)
/* REGSC Bit Fields */
#define PMC_REGSC_BGBE_MASK                      0x1u
#define PMC_REGSC_BGBE_SHIFT                     0
#define PMC_REGSC_BGBE_WIDTH                     1
#define PMC_REGSC_BGBE(x)                (((uint8_t)(((uint8_t)(x))<<PMC_REGSC_BGBE_SHIFT))&PMC_REGSC_BGBE_MASK)
#define PMC_REGSC_REGONS_MASK                    0x4u
#define PMC_REGSC_REGONS_SHIFT                   2
#define PMC_REGSC_REGONS_WIDTH                   1
#define PMC_REGSC_REGONS(x)              (((uint8_t)(((uint8_t)(x))<<PMC_REGSC_REGONS_SHIFT))&PMC_REGSC_REGONS_MASK)
#define PMC_REGSC_ACKISO_MASK                    0x8u
#define PMC_REGSC_ACKISO_SHIFT                   3
#define PMC_REGSC_ACKISO_WIDTH                   1
#define PMC_REGSC_ACKISO(x)              (((uint8_t)(((uint8_t)(x))<<PMC_REGSC_ACKISO_SHIFT))&PMC_REGSC_ACKISO_MASK)
#define PMC_REGSC_BGEN_MASK                      0x10u
#define PMC_REGSC_BGEN_SHIFT                     4
#define PMC_REGSC_BGEN_WIDTH                     1
#define PMC_REGSC_BGEN(x)                (((uint8_t)(((uint8_t)(x))<<PMC_REGSC_BGEN_SHIFT))&PMC_REGSC_BGEN_MASK)

/* PMC - Peripheral instance base addresses */
/** Peripheral PMC base address */
#define PMC_BASE                                 (0x4007D000u)
/** Peripheral PMC base pointer */
#define PMC                                      ((PMC_Type *)PMC_BASE)
#define PMC_BASE_PTR                             (PMC)
/** Array initializer of PMC peripheral base addresses */
#define PMC_BASE_ADDRS                           { PMC_BASE }
/** Array initializer of PMC peripheral base pointers */
#define PMC_BASE_PTRS                            { PMC }

/* ----------------------------------------------------------------------------
   -- PMC - Register accessor macros
   ---------------------------------------------------------------------------- */

/* PMC - Register instance definitions */
/* PMC */
#define PMC_LVDSC1                               PMC_LVDSC1_REG(PMC)
#define PMC_LVDSC2                               PMC_LVDSC2_REG(PMC)
#define PMC_REGSC                                PMC_REGSC_REG(PMC)

/* ----------------------------------------------------------------------------
   -- PORT Peripheral Access Layer
   ---------------------------------------------------------------------------- */

/** PORT - Register Layout Typedef */
typedef struct {
  __IO uint32_t PCR[32];                     /**< Pin Control Register n, array offset: 0x0, array step: 0x4 */
  __O  uint32_t GPCLR;                       /**< Global Pin Control Low Register, offset: 0x80 */
  __O  uint32_t GPCHR;                       /**< Global Pin Control High Register, offset: 0x84 */
       uint8_t RESERVED_0[24];
  __IO uint32_t ISFR;                        /**< Interrupt Status Flag Register, offset: 0xA0 */
} PORT_Type, *PORT_MemMapPtr;

/* ----------------------------------------------------------------------------
   -- PORT - Register accessor macros
   ---------------------------------------------------------------------------- */

/* PORT - Register accessors */
#define PORT_PCR_REG(base,index)                 ((base)->PCR[index])
#define PORT_PCR_COUNT                           32
#define PORT_GPCLR_REG(base)                     ((base)->GPCLR)
#define PORT_GPCHR_REG(base)                     ((base)->GPCHR)
#define PORT_ISFR_REG(base)                      ((base)->ISFR)

/* ----------------------------------------------------------------------------
   -- PORT Register Masks
   ---------------------------------------------------------------------------- */

/* PCR Bit Fields */
#define PORT_PCR_PS_MASK                         0x1u
#define PORT_PCR_PS_SHIFT                        0
#define PORT_PCR_PS_WIDTH                        1
#define PORT_PCR_PS(x)                   (((uint32_t)(((uint32_t)(x))<<PORT_PCR_PS_SHIFT))&PORT_PCR_PS_MASK)
#define PORT_PCR_PE_MASK                         0x2u
#define PORT_PCR_PE_SHIFT                        1
#define PORT_PCR_PE_WIDTH                        1
#define PORT_PCR_PE(x)                   (((uint32_t)(((uint32_t)(x))<<PORT_PCR_PE_SHIFT))&PORT_PCR_PE_MASK)
#define PORT_PCR_SRE_MASK                        0x4u
#define PORT_PCR_SRE_SHIFT                       2
#define PORT_PCR_SRE_WIDTH                       1
```

```
#define PORT_PCR_SRE(x)                  (((uint32_t)(((uint32_t)(x))<<PORT_PCR_SRE_SHIFT))&PORT_PCR_SRE_MASK)
#define PORT_PCR_PFE_MASK                0x10u
#define PORT_PCR_PFE_SHIFT               4
#define PORT_PCR_PFE_WIDTH               1
#define PORT_PCR_PFE(x)                  (((uint32_t)(((uint32_t)(x))<<PORT_PCR_PFE_SHIFT))&PORT_PCR_PFE_MASK)
#define PORT_PCR_DSE_MASK                0x40u
#define PORT_PCR_DSE_SHIFT               6
#define PORT_PCR_DSE_WIDTH               1
#define PORT_PCR_DSE(x)                  (((uint32_t)(((uint32_t)(x))<<PORT_PCR_DSE_SHIFT))&PORT_PCR_DSE_MASK)
#define PORT_PCR_MUX_MASK                0x700u
#define PORT_PCR_MUX_SHIFT               8
#define PORT_PCR_MUX_WIDTH               3
#define PORT_PCR_MUX(x)                  (((uint32_t)(((uint32_t)(x))<<PORT_PCR_MUX_SHIFT))&PORT_PCR_MUX_MASK)
#define PORT_PCR_IRQC_MASK               0xF0000u
#define PORT_PCR_IRQC_SHIFT              16
#define PORT_PCR_IRQC_WIDTH              4
#define PORT_PCR_IRQC(x)                 (((uint32_t)(((uint32_t)(x))<<PORT_PCR_IRQC_SHIFT))&PORT_PCR_IRQC_MASK)
#define PORT_PCR_ISF_MASK                0x1000000u
#define PORT_PCR_ISF_SHIFT               24
#define PORT_PCR_ISF_WIDTH               1
#define PORT_PCR_ISF(x)                  (((uint32_t)(((uint32_t)(x))<<PORT_PCR_ISF_SHIFT))&PORT_PCR_ISF_MASK)
/* GPCLR Bit Fields */
#define PORT_GPCLR_GPWD_MASK             0xFFFFu
#define PORT_GPCLR_GPWD_SHIFT            0
#define PORT_GPCLR_GPWD_WIDTH            16
#define PORT_GPCLR_GPWD(x)               (((uint32_t)(((uint32_t)(x))<<PORT_GPCLR_GPWD_SHIFT))&PORT_GPCLR_GPWD_MASK)
#define PORT_GPCLR_GPWE_MASK             0xFFFF0000u
#define PORT_GPCLR_GPWE_SHIFT            16
#define PORT_GPCLR_GPWE_WIDTH            16
#define PORT_GPCLR_GPWE(x)               (((uint32_t)(((uint32_t)(x))<<PORT_GPCLR_GPWE_SHIFT))&PORT_GPCLR_GPWE_MASK)
/* GPCHR Bit Fields */
#define PORT_GPCHR_GPWD_MASK             0xFFFFu
#define PORT_GPCHR_GPWD_SHIFT            0
#define PORT_GPCHR_GPWD_WIDTH            16
#define PORT_GPCHR_GPWD(x)               (((uint32_t)(((uint32_t)(x))<<PORT_GPCHR_GPWD_SHIFT))&PORT_GPCHR_GPWD_MASK)
#define PORT_GPCHR_GPWE_MASK             0xFFFF0000u
#define PORT_GPCHR_GPWE_SHIFT            16
#define PORT_GPCHR_GPWE_WIDTH            16
#define PORT_GPCHR_GPWE(x)               (((uint32_t)(((uint32_t)(x))<<PORT_GPCHR_GPWE_SHIFT))&PORT_GPCHR_GPWE_MASK)
/* ISFR Bit Fields */
#define PORT_ISFR_ISF_MASK               0xFFFFFFFFu
#define PORT_ISFR_ISF_SHIFT              0
#define PORT_ISFR_ISF_WIDTH              32
#define PORT_ISFR_ISF(x)                 (((uint32_t)(((uint32_t)(x))<<PORT_ISFR_ISF_SHIFT))&PORT_ISFR_ISF_MASK)

/* PORT - Peripheral instance base addresses */
/** Peripheral PORTA base address */
#define PORTA_BASE                       (0x40049000u)
/** Peripheral PORTA base pointer */
#define PORTA                            ((PORT_Type *)PORTA_BASE)
#define PORTA_BASE_PTR                   (PORTA)
/** Peripheral PORTB base address */
#define PORTB_BASE                       (0x4004A000u)
/** Peripheral PORTB base pointer */
#define PORTB                            ((PORT_Type *)PORTB_BASE)
#define PORTB_BASE_PTR                   (PORTB)
/** Peripheral PORTC base address */
#define PORTC_BASE                       (0x4004B000u)
/** Peripheral PORTC base pointer */
#define PORTC                            ((PORT_Type *)PORTC_BASE)
#define PORTC_BASE_PTR                   (PORTC)
/** Peripheral PORTD base address */
#define PORTD_BASE                       (0x4004C000u)
/** Peripheral PORTD base pointer */
#define PORTD                            ((PORT_Type *)PORTD_BASE)
#define PORTD_BASE_PTR                   (PORTD)
/** Peripheral PORTE base address */
#define PORTE_BASE                       (0x4004D000u)
/** Peripheral PORTE base pointer */
#define PORTE                            ((PORT_Type *)PORTE_BASE)
#define PORTE_BASE_PTR                   (PORTE)
/** Array initializer of PORT peripheral base addresses */
#define PORT_BASE_ADDRS                  { PORTA_BASE, PORTB_BASE, PORTC_BASE, PORTD_BASE, PORTE_BASE }
/** Array initializer of PORT peripheral base pointers */
#define PORT_BASE_PTRS                   { PORTA, PORTB, PORTC, PORTD, PORTE }

/* ----------------------------------------------------------------------------
   -- PORT - Register accessor macros
   ---------------------------------------------------------------------------- */

/* PORT - Register instance definitions */
/* PORTA */
```

```
#define PORTA_PCR0                    PORT_PCR_REG(PORTA,0)
#define PORTA_PCR1                    PORT_PCR_REG(PORTA,1)
#define PORTA_PCR2                    PORT_PCR_REG(PORTA,2)
#define PORTA_PCR3                    PORT_PCR_REG(PORTA,3)
#define PORTA_PCR4                    PORT_PCR_REG(PORTA,4)
#define PORTA_PCR5                    PORT_PCR_REG(PORTA,5)
#define PORTA_PCR6                    PORT_PCR_REG(PORTA,6)
#define PORTA_PCR7                    PORT_PCR_REG(PORTA,7)
#define PORTA_PCR8                    PORT_PCR_REG(PORTA,8)
#define PORTA_PCR9                    PORT_PCR_REG(PORTA,9)
#define PORTA_PCR10                   PORT_PCR_REG(PORTA,10)
#define PORTA_PCR11                   PORT_PCR_REG(PORTA,11)
#define PORTA_PCR12                   PORT_PCR_REG(PORTA,12)
#define PORTA_PCR13                   PORT_PCR_REG(PORTA,13)
#define PORTA_PCR14                   PORT_PCR_REG(PORTA,14)
#define PORTA_PCR15                   PORT_PCR_REG(PORTA,15)
#define PORTA_PCR16                   PORT_PCR_REG(PORTA,16)
#define PORTA_PCR17                   PORT_PCR_REG(PORTA,17)
#define PORTA_PCR18                   PORT_PCR_REG(PORTA,18)
#define PORTA_PCR19                   PORT_PCR_REG(PORTA,19)
#define PORTA_PCR20                   PORT_PCR_REG(PORTA,20)
#define PORTA_PCR21                   PORT_PCR_REG(PORTA,21)
#define PORTA_PCR22                   PORT_PCR_REG(PORTA,22)
#define PORTA_PCR23                   PORT_PCR_REG(PORTA,23)
#define PORTA_PCR24                   PORT_PCR_REG(PORTA,24)
#define PORTA_PCR25                   PORT_PCR_REG(PORTA,25)
#define PORTA_PCR26                   PORT_PCR_REG(PORTA,26)
#define PORTA_PCR27                   PORT_PCR_REG(PORTA,27)
#define PORTA_PCR28                   PORT_PCR_REG(PORTA,28)
#define PORTA_PCR29                   PORT_PCR_REG(PORTA,29)
#define PORTA_PCR30                   PORT_PCR_REG(PORTA,30)
#define PORTA_PCR31                   PORT_PCR_REG(PORTA,31)
#define PORTA_GPCLR                   PORT_GPCLR_REG(PORTA)
#define PORTA_GPCHR                   PORT_GPCHR_REG(PORTA)
#define PORTA_ISFR                    PORT_ISFR_REG(PORTA)
/* PORTB */
#define PORTB_PCR0                    PORT_PCR_REG(PORTB,0)
#define PORTB_PCR1                    PORT_PCR_REG(PORTB,1)
#define PORTB_PCR2                    PORT_PCR_REG(PORTB,2)
#define PORTB_PCR3                    PORT_PCR_REG(PORTB,3)
#define PORTB_PCR4                    PORT_PCR_REG(PORTB,4)
#define PORTB_PCR5                    PORT_PCR_REG(PORTB,5)
#define PORTB_PCR6                    PORT_PCR_REG(PORTB,6)
#define PORTB_PCR7                    PORT_PCR_REG(PORTB,7)
#define PORTB_PCR8                    PORT_PCR_REG(PORTB,8)
#define PORTB_PCR9                    PORT_PCR_REG(PORTB,9)
#define PORTB_PCR10                   PORT_PCR_REG(PORTB,10)
#define PORTB_PCR11                   PORT_PCR_REG(PORTB,11)
#define PORTB_PCR12                   PORT_PCR_REG(PORTB,12)
#define PORTB_PCR13                   PORT_PCR_REG(PORTB,13)
#define PORTB_PCR14                   PORT_PCR_REG(PORTB,14)
#define PORTB_PCR15                   PORT_PCR_REG(PORTB,15)
#define PORTB_PCR16                   PORT_PCR_REG(PORTB,16)
#define PORTB_PCR17                   PORT_PCR_REG(PORTB,17)
#define PORTB_PCR18                   PORT_PCR_REG(PORTB,18)
#define PORTB_PCR19                   PORT_PCR_REG(PORTB,19)
#define PORTB_PCR20                   PORT_PCR_REG(PORTB,20)
#define PORTB_PCR21                   PORT_PCR_REG(PORTB,21)
#define PORTB_PCR22                   PORT_PCR_REG(PORTB,22)
#define PORTB_PCR23                   PORT_PCR_REG(PORTB,23)
#define PORTB_PCR24                   PORT_PCR_REG(PORTB,24)
#define PORTB_PCR25                   PORT_PCR_REG(PORTB,25)
#define PORTB_PCR26                   PORT_PCR_REG(PORTB,26)
#define PORTB_PCR27                   PORT_PCR_REG(PORTB,27)
#define PORTB_PCR28                   PORT_PCR_REG(PORTB,28)
#define PORTB_PCR29                   PORT_PCR_REG(PORTB,29)
#define PORTB_PCR30                   PORT_PCR_REG(PORTB,30)
#define PORTB_PCR31                   PORT_PCR_REG(PORTB,31)
#define PORTB_GPCLR                   PORT_GPCLR_REG(PORTB)
#define PORTB_GPCHR                   PORT_GPCHR_REG(PORTB)
#define PORTB_ISFR                    PORT_ISFR_REG(PORTB)
/* PORTC */
#define PORTC_PCR0                    PORT_PCR_REG(PORTC,0)
#define PORTC_PCR1                    PORT_PCR_REG(PORTC,1)
#define PORTC_PCR2                    PORT_PCR_REG(PORTC,2)
#define PORTC_PCR3                    PORT_PCR_REG(PORTC,3)
#define PORTC_PCR4                    PORT_PCR_REG(PORTC,4)
#define PORTC_PCR5                    PORT_PCR_REG(PORTC,5)
#define PORTC_PCR6                    PORT_PCR_REG(PORTC,6)
#define PORTC_PCR7                    PORT_PCR_REG(PORTC,7)
#define PORTC_PCR8                    PORT_PCR_REG(PORTC,8)
#define PORTC_PCR9                    PORT_PCR_REG(PORTC,9)
```

```
#define PORTC_PCR10                          PORT_PCR_REG(PORTC,10)
#define PORTC_PCR11                          PORT_PCR_REG(PORTC,11)
#define PORTC_PCR12                          PORT_PCR_REG(PORTC,12)
#define PORTC_PCR13                          PORT_PCR_REG(PORTC,13)
#define PORTC_PCR14                          PORT_PCR_REG(PORTC,14)
#define PORTC_PCR15                          PORT_PCR_REG(PORTC,15)
#define PORTC_PCR16                          PORT_PCR_REG(PORTC,16)
#define PORTC_PCR17                          PORT_PCR_REG(PORTC,17)
#define PORTC_PCR18                          PORT_PCR_REG(PORTC,18)
#define PORTC_PCR19                          PORT_PCR_REG(PORTC,19)
#define PORTC_PCR20                          PORT_PCR_REG(PORTC,20)
#define PORTC_PCR21                          PORT_PCR_REG(PORTC,21)
#define PORTC_PCR22                          PORT_PCR_REG(PORTC,22)
#define PORTC_PCR23                          PORT_PCR_REG(PORTC,23)
#define PORTC_PCR24                          PORT_PCR_REG(PORTC,24)
#define PORTC_PCR25                          PORT_PCR_REG(PORTC,25)
#define PORTC_PCR26                          PORT_PCR_REG(PORTC,26)
#define PORTC_PCR27                          PORT_PCR_REG(PORTC,27)
#define PORTC_PCR28                          PORT_PCR_REG(PORTC,28)
#define PORTC_PCR29                          PORT_PCR_REG(PORTC,29)
#define PORTC_PCR30                          PORT_PCR_REG(PORTC,30)
#define PORTC_PCR31                          PORT_PCR_REG(PORTC,31)
#define PORTC_GPCLR                          PORT_GPCLR_REG(PORTC)
#define PORTC_GPCHR                          PORT_GPCHR_REG(PORTC)
#define PORTC_ISFR                           PORT_ISFR_REG(PORTC)
/* PORTD */
#define PORTD_PCR0                           PORT_PCR_REG(PORTD,0)
#define PORTD_PCR1                           PORT_PCR_REG(PORTD,1)
#define PORTD_PCR2                           PORT_PCR_REG(PORTD,2)
#define PORTD_PCR3                           PORT_PCR_REG(PORTD,3)
#define PORTD_PCR4                           PORT_PCR_REG(PORTD,4)
#define PORTD_PCR5                           PORT_PCR_REG(PORTD,5)
#define PORTD_PCR6                           PORT_PCR_REG(PORTD,6)
#define PORTD_PCR7                           PORT_PCR_REG(PORTD,7)
#define PORTD_PCR8                           PORT_PCR_REG(PORTD,8)
#define PORTD_PCR9                           PORT_PCR_REG(PORTD,9)
#define PORTD_PCR10                          PORT_PCR_REG(PORTD,10)
#define PORTD_PCR11                          PORT_PCR_REG(PORTD,11)
#define PORTD_PCR12                          PORT_PCR_REG(PORTD,12)
#define PORTD_PCR13                          PORT_PCR_REG(PORTD,13)
#define PORTD_PCR14                          PORT_PCR_REG(PORTD,14)
#define PORTD_PCR15                          PORT_PCR_REG(PORTD,15)
#define PORTD_PCR16                          PORT_PCR_REG(PORTD,16)
#define PORTD_PCR17                          PORT_PCR_REG(PORTD,17)
#define PORTD_PCR18                          PORT_PCR_REG(PORTD,18)
#define PORTD_PCR19                          PORT_PCR_REG(PORTD,19)
#define PORTD_PCR20                          PORT_PCR_REG(PORTD,20)
#define PORTD_PCR21                          PORT_PCR_REG(PORTD,21)
#define PORTD_PCR22                          PORT_PCR_REG(PORTD,22)
#define PORTD_PCR23                          PORT_PCR_REG(PORTD,23)
#define PORTD_PCR24                          PORT_PCR_REG(PORTD,24)
#define PORTD_PCR25                          PORT_PCR_REG(PORTD,25)
#define PORTD_PCR26                          PORT_PCR_REG(PORTD,26)
#define PORTD_PCR27                          PORT_PCR_REG(PORTD,27)
#define PORTD_PCR28                          PORT_PCR_REG(PORTD,28)
#define PORTD_PCR29                          PORT_PCR_REG(PORTD,29)
#define PORTD_PCR30                          PORT_PCR_REG(PORTD,30)
#define PORTD_PCR31                          PORT_PCR_REG(PORTD,31)
#define PORTD_GPCLR                          PORT_GPCLR_REG(PORTD)
#define PORTD_GPCHR                          PORT_GPCHR_REG(PORTD)
#define PORTD_ISFR                           PORT_ISFR_REG(PORTD)
/* PORTE */
#define PORTE_PCR0                           PORT_PCR_REG(PORTE,0)
#define PORTE_PCR1                           PORT_PCR_REG(PORTE,1)
#define PORTE_PCR2                           PORT_PCR_REG(PORTE,2)
#define PORTE_PCR3                           PORT_PCR_REG(PORTE,3)
#define PORTE_PCR4                           PORT_PCR_REG(PORTE,4)
#define PORTE_PCR5                           PORT_PCR_REG(PORTE,5)
#define PORTE_PCR6                           PORT_PCR_REG(PORTE,6)
#define PORTE_PCR7                           PORT_PCR_REG(PORTE,7)
#define PORTE_PCR8                           PORT_PCR_REG(PORTE,8)
#define PORTE_PCR9                           PORT_PCR_REG(PORTE,9)
#define PORTE_PCR10                          PORT_PCR_REG(PORTE,10)
#define PORTE_PCR11                          PORT_PCR_REG(PORTE,11)
#define PORTE_PCR12                          PORT_PCR_REG(PORTE,12)
#define PORTE_PCR13                          PORT_PCR_REG(PORTE,13)
#define PORTE_PCR14                          PORT_PCR_REG(PORTE,14)
#define PORTE_PCR15                          PORT_PCR_REG(PORTE,15)
#define PORTE_PCR16                          PORT_PCR_REG(PORTE,16)
#define PORTE_PCR17                          PORT_PCR_REG(PORTE,17)
#define PORTE_PCR18                          PORT_PCR_REG(PORTE,18)
#define PORTE_PCR19                          PORT_PCR_REG(PORTE,19)
```

```
#define PORTE_PCR20                         PORT_PCR_REG(PORTE,20)
#define PORTE_PCR21                         PORT_PCR_REG(PORTE,21)
#define PORTE_PCR22                         PORT_PCR_REG(PORTE,22)
#define PORTE_PCR23                         PORT_PCR_REG(PORTE,23)
#define PORTE_PCR24                         PORT_PCR_REG(PORTE,24)
#define PORTE_PCR25                         PORT_PCR_REG(PORTE,25)
#define PORTE_PCR26                         PORT_PCR_REG(PORTE,26)
#define PORTE_PCR27                         PORT_PCR_REG(PORTE,27)
#define PORTE_PCR28                         PORT_PCR_REG(PORTE,28)
#define PORTE_PCR29                         PORT_PCR_REG(PORTE,29)
#define PORTE_PCR30                         PORT_PCR_REG(PORTE,30)
#define PORTE_PCR31                         PORT_PCR_REG(PORTE,31)
#define PORTE_GPCLR                         PORT_GPCLR_REG(PORTE)
#define PORTE_GPCHR                         PORT_GPCHR_REG(PORTE)
#define PORTE_ISFR                          PORT_ISFR_REG(PORTE)

/* PORT - Register array accessors */
#define PORTA_PCR(index)                    PORT_PCR_REG(PORTA,index)
#define PORTB_PCR(index)                    PORT_PCR_REG(PORTB,index)
#define PORTC_PCR(index)                    PORT_PCR_REG(PORTC,index)
#define PORTD_PCR(index)                    PORT_PCR_REG(PORTD,index)
#define PORTE_PCR(index)                    PORT_PCR_REG(PORTE,index)

/* ----------------------------------------------------------------------------
   -- RCM Peripheral Access Layer
   ---------------------------------------------------------------------------- */

/** RCM - Register Layout Typedef */
typedef struct {
  __I  uint8_t SRS0;                          /**< System Reset Status Register 0, offset: 0x0 */
  __I  uint8_t SRS1;                          /**< System Reset Status Register 1, offset: 0x1 */
       uint8_t RESERVED_0[2];
  __IO uint8_t RPFC;                          /**< Reset Pin Filter Control register, offset: 0x4 */
  __IO uint8_t RPFW;                          /**< Reset Pin Filter Width register, offset: 0x5 */
} RCM_Type, *RCM_MemMapPtr;

/* ----------------------------------------------------------------------------
   -- RCM - Register accessor macros
   ---------------------------------------------------------------------------- */

/* RCM - Register accessors */
#define RCM_SRS0_REG(base)                   ((base)->SRS0)
#define RCM_SRS1_REG(base)                   ((base)->SRS1)
#define RCM_RPFC_REG(base)                   ((base)->RPFC)
#define RCM_RPFW_REG(base)                   ((base)->RPFW)

/* ----------------------------------------------------------------------------
   -- RCM Register Masks
   ---------------------------------------------------------------------------- */

/* SRS0 Bit Fields */
#define RCM_SRS0_WAKEUP_MASK                0x1u
#define RCM_SRS0_WAKEUP_SHIFT               0
#define RCM_SRS0_WAKEUP_WIDTH               1
#define RCM_SRS0_WAKEUP(x)              (((uint8_t)(((uint8_t)(x))<<RCM_SRS0_WAKEUP_SHIFT))&RCM_SRS0_WAKEUP_MASK)
#define RCM_SRS0_LVD_MASK                   0x2u
#define RCM_SRS0_LVD_SHIFT                  1
#define RCM_SRS0_LVD_WIDTH                  1
#define RCM_SRS0_LVD(x)                 (((uint8_t)(((uint8_t)(x))<<RCM_SRS0_LVD_SHIFT))&RCM_SRS0_LVD_MASK)
#define RCM_SRS0_LOC_MASK                   0x4u
#define RCM_SRS0_LOC_SHIFT                  2
#define RCM_SRS0_LOC_WIDTH                  1
#define RCM_SRS0_LOC(x)                 (((uint8_t)(((uint8_t)(x))<<RCM_SRS0_LOC_SHIFT))&RCM_SRS0_LOC_MASK)
#define RCM_SRS0_LOL_MASK                   0x8u
#define RCM_SRS0_LOL_SHIFT                  3
#define RCM_SRS0_LOL_WIDTH                  1
#define RCM_SRS0_LOL(x)                 (((uint8_t)(((uint8_t)(x))<<RCM_SRS0_LOL_SHIFT))&RCM_SRS0_LOL_MASK)
#define RCM_SRS0_WDOG_MASK                  0x20u
#define RCM_SRS0_WDOG_SHIFT                 5
#define RCM_SRS0_WDOG_WIDTH                 1
#define RCM_SRS0_WDOG(x)                (((uint8_t)(((uint8_t)(x))<<RCM_SRS0_WDOG_SHIFT))&RCM_SRS0_WDOG_MASK)
#define RCM_SRS0_PIN_MASK                   0x40u
#define RCM_SRS0_PIN_SHIFT                  6
#define RCM_SRS0_PIN_WIDTH                  1
#define RCM_SRS0_PIN(x)                 (((uint8_t)(((uint8_t)(x))<<RCM_SRS0_PIN_SHIFT))&RCM_SRS0_PIN_MASK)
#define RCM_SRS0_POR_MASK                   0x80u
#define RCM_SRS0_POR_SHIFT                  7
#define RCM_SRS0_POR_WIDTH                  1
#define RCM_SRS0_POR(x)                 (((uint8_t)(((uint8_t)(x))<<RCM_SRS0_POR_SHIFT))&RCM_SRS0_POR_MASK)
/* SRS1 Bit Fields */
#define RCM_SRS1_LOCKUP_MASK                0x2u
#define RCM_SRS1_LOCKUP_SHIFT               1
```

```
#define RCM_SRS1_LOCKUP_WIDTH                    1
#define RCM_SRS1_LOCKUP(x)                (((uint8_t)(((uint8_t)(x))<<RCM_SRS1_LOCKUP_SHIFT))&RCM_SRS1_LOCKUP_MASK)
#define RCM_SRS1_SW_MASK                         0x4u
#define RCM_SRS1_SW_SHIFT                        2
#define RCM_SRS1_SW_WIDTH                        1
#define RCM_SRS1_SW(x)                    (((uint8_t)(((uint8_t)(x))<<RCM_SRS1_SW_SHIFT))&RCM_SRS1_SW_MASK)
#define RCM_SRS1_MDM_AP_MASK                     0x8u
#define RCM_SRS1_MDM_AP_SHIFT                    3
#define RCM_SRS1_MDM_AP_WIDTH                    1
#define RCM_SRS1_MDM_AP(x)                (((uint8_t)(((uint8_t)(x))<<RCM_SRS1_MDM_AP_SHIFT))&RCM_SRS1_MDM_AP_MASK)
#define RCM_SRS1_SACKERR_MASK                    0x20u
#define RCM_SRS1_SACKERR_SHIFT                   5
#define RCM_SRS1_SACKERR_WIDTH                   1
#define RCM_SRS1_SACKERR(x)              (((uint8_t)(((uint8_t)(x))<<RCM_SRS1_SACKERR_SHIFT))&RCM_SRS1_SACKERR_MASK)
/* RPFC Bit Fields */
#define RCM_RPFC_RSTFLTSRW_MASK                  0x3u
#define RCM_RPFC_RSTFLTSRW_SHIFT                 0
#define RCM_RPFC_RSTFLTSRW_WIDTH                 2
#define RCM_RPFC_RSTFLTSRW(x)    (((uint8_t)(((uint8_t)(x))<<RCM_RPFC_RSTFLTSRW_SHIFT))&RCM_RPFC_RSTFLTSRW_MASK)
#define RCM_RPFC_RSTFLTSS_MASK                   0x4u
#define RCM_RPFC_RSTFLTSS_SHIFT                  2
#define RCM_RPFC_RSTFLTSS_WIDTH                  1
#define RCM_RPFC_RSTFLTSS(x)     (((uint8_t)(((uint8_t)(x))<<RCM_RPFC_RSTFLTSS_SHIFT))&RCM_RPFC_RSTFLTSS_MASK)
/* RPFW Bit Fields */
#define RCM_RPFW_RSTFLTSEL_MASK                  0x1Fu
#define RCM_RPFW_RSTFLTSEL_SHIFT                 0
#define RCM_RPFW_RSTFLTSEL_WIDTH                 5
#define RCM_RPFW_RSTFLTSEL(x)    (((uint8_t)(((uint8_t)(x))<<RCM_RPFW_RSTFLTSEL_SHIFT))&RCM_RPFW_RSTFLTSEL_MASK)

/* RCM - Peripheral instance base addresses */
/** Peripheral RCM base address */
#define RCM_BASE                                 (0x4007F000u)
/** Peripheral RCM base pointer */
#define RCM                                      ((RCM_Type *)RCM_BASE)
#define RCM_BASE_PTR                             (RCM)
/** Array initializer of RCM peripheral base addresses */
#define RCM_BASE_ADDRS                           { RCM_BASE }
/** Array initializer of RCM peripheral base pointers */
#define RCM_BASE_PTRS                            { RCM }

/* ----------------------------------------------------------------------------
   -- RCM - Register accessor macros
   ---------------------------------------------------------------------------- */

/* RCM - Register instance definitions */
/* RCM */
#define RCM_SRS0                                 RCM_SRS0_REG(RCM)
#define RCM_SRS1                                 RCM_SRS1_REG(RCM)
#define RCM_RPFC                                 RCM_RPFC_REG(RCM)
#define RCM_RPFW                                 RCM_RPFW_REG(RCM)

/* ----------------------------------------------------------------------------
   -- ROM Peripheral Access Layer
   ---------------------------------------------------------------------------- */

/** ROM - Register Layout Typedef */
typedef struct {
  __I  uint32_t ENTRY[3];                  /**< Entry, array offset: 0x0, array step: 0x4 */
  __I  uint32_t TABLEMARK;                 /**< End of Table Marker Register, offset: 0xC */
       uint8_t RESERVED_0[4028];
  __I  uint32_t SYSACCESS;                 /**< System Access Register, offset: 0xFCC */
  __I  uint32_t PERIPHID4;                 /**< Peripheral ID Register, offset: 0xFD0 */
  __I  uint32_t PERIPHID5;                 /**< Peripheral ID Register, offset: 0xFD4 */
  __I  uint32_t PERIPHID6;                 /**< Peripheral ID Register, offset: 0xFD8 */
  __I  uint32_t PERIPHID7;                 /**< Peripheral ID Register, offset: 0xFDC */
  __I  uint32_t PERIPHID0;                 /**< Peripheral ID Register, offset: 0xFE0 */
  __I  uint32_t PERIPHID1;                 /**< Peripheral ID Register, offset: 0xFE4 */
  __I  uint32_t PERIPHID2;                 /**< Peripheral ID Register, offset: 0xFE8 */
  __I  uint32_t PERIPHID3;                 /**< Peripheral ID Register, offset: 0xFEC */
  __I  uint32_t COMPID[4];                 /**< Component ID Register, array offset: 0xFF0, array step: 0x4 */
} ROM_Type, *ROM_MemMapPtr;

/* ----------------------------------------------------------------------------
   -- ROM - Register accessor macros
   ---------------------------------------------------------------------------- */

/* ROM - Register accessors */
#define ROM_ENTRY_REG(base,index)                ((base)->ENTRY[index])
#define ROM_ENTRY_COUNT                          3
#define ROM_TABLEMARK_REG(base)                  ((base)->TABLEMARK)
#define ROM_SYSACCESS_REG(base)                  ((base)->SYSACCESS)
#define ROM_PERIPHID4_REG(base)                  ((base)->PERIPHID4)
```

```
#define ROM_PERIPHID5_REG(base)                    ((base)->PERIPHID5)
#define ROM_PERIPHID6_REG(base)                    ((base)->PERIPHID6)
#define ROM_PERIPHID7_REG(base)                    ((base)->PERIPHID7)
#define ROM_PERIPHID0_REG(base)                    ((base)->PERIPHID0)
#define ROM_PERIPHID1_REG(base)                    ((base)->PERIPHID1)
#define ROM_PERIPHID2_REG(base)                    ((base)->PERIPHID2)
#define ROM_PERIPHID3_REG(base)                    ((base)->PERIPHID3)
#define ROM_COMPID_REG(base,index)                 ((base)->COMPID[index])
#define ROM_COMPID_COUNT                           4

/* ----------------------------------------------------------------------------
   -- ROM Register Masks
   ---------------------------------------------------------------------------- */

/* ENTRY Bit Fields */
#define ROM_ENTRY_ENTRY_MASK                       0xFFFFFFFFu
#define ROM_ENTRY_ENTRY_SHIFT                      0
#define ROM_ENTRY_ENTRY_WIDTH                      32
#define ROM_ENTRY_ENTRY(x)          (((uint32_t)(((uint32_t)(x))<<ROM_ENTRY_ENTRY_SHIFT))&ROM_ENTRY_ENTRY_MASK)
/* TABLEMARK Bit Fields */
#define ROM_TABLEMARK_MARK_MASK                    0xFFFFFFFFu
#define ROM_TABLEMARK_MARK_SHIFT                   0
#define ROM_TABLEMARK_MARK_WIDTH                   32
#define ROM_TABLEMARK_MARK(x) (((uint32_t)(((uint32_t)(x))<<ROM_TABLEMARK_MARK_SHIFT))&ROM_TABLEMARK_MARK_MASK)
/* SYSACCESS Bit Fields */
#define ROM_SYSACCESS_SYSACCESS_MASK               0xFFFFFFFFu
#define ROM_SYSACCESS_SYSACCESS_SHIFT              0
#define ROM_SYSACCESS_SYSACCESS_WIDTH              32
#define ROM_SYSACCESS_SYSACCESS(x) (((uint32_t)(((uint32_t)(x))<<ROM_SYSACCESS_SYSACCESS_SHIFT))&ROM_SYSACCESS_SYSACCESS_MASK)
/* PERIPHID4 Bit Fields */
#define ROM_PERIPHID4_PERIPHID_MASK                0xFFFFFFFFu
#define ROM_PERIPHID4_PERIPHID_SHIFT               0
#define ROM_PERIPHID4_PERIPHID_WIDTH               32
#define ROM_PERIPHID4_PERIPHID(x)   (((uint32_t)(((uint32_t)(x))<<ROM_PERIPHID4_PERIPHID_SHIFT))&ROM_PERIPHID4_PERIPHID_MASK)
/* PERIPHID5 Bit Fields */
#define ROM_PERIPHID5_PERIPHID_MASK                0xFFFFFFFFu
#define ROM_PERIPHID5_PERIPHID_SHIFT               0
#define ROM_PERIPHID5_PERIPHID_WIDTH               32
#define ROM_PERIPHID5_PERIPHID(x)   (((uint32_t)(((uint32_t)(x))<<ROM_PERIPHID5_PERIPHID_SHIFT))&ROM_PERIPHID5_PERIPHID_MASK)
/* PERIPHID6 Bit Fields */
#define ROM_PERIPHID6_PERIPHID_MASK                0xFFFFFFFFu
#define ROM_PERIPHID6_PERIPHID_SHIFT               0
#define ROM_PERIPHID6_PERIPHID_WIDTH               32
#define ROM_PERIPHID6_PERIPHID(x)   (((uint32_t)(((uint32_t)(x))<<ROM_PERIPHID6_PERIPHID_SHIFT))&ROM_PERIPHID6_PERIPHID_MASK)
/* PERIPHID7 Bit Fields */
#define ROM_PERIPHID7_PERIPHID_MASK                0xFFFFFFFFu
#define ROM_PERIPHID7_PERIPHID_SHIFT               0
#define ROM_PERIPHID7_PERIPHID_WIDTH               32
#define ROM_PERIPHID7_PERIPHID(x)   (((uint32_t)(((uint32_t)(x))<<ROM_PERIPHID7_PERIPHID_SHIFT))&ROM_PERIPHID7_PERIPHID_MASK)
/* PERIPHID0 Bit Fields */
#define ROM_PERIPHID0_PERIPHID_MASK                0xFFFFFFFFu
#define ROM_PERIPHID0_PERIPHID_SHIFT               0
#define ROM_PERIPHID0_PERIPHID_WIDTH               32
#define ROM_PERIPHID0_PERIPHID(x)   (((uint32_t)(((uint32_t)(x))<<ROM_PERIPHID0_PERIPHID_SHIFT))&ROM_PERIPHID0_PERIPHID_MASK)
/* PERIPHID1 Bit Fields */
#define ROM_PERIPHID1_PERIPHID_MASK                0xFFFFFFFFu
#define ROM_PERIPHID1_PERIPHID_SHIFT               0
#define ROM_PERIPHID1_PERIPHID_WIDTH               32
#define ROM_PERIPHID1_PERIPHID(x)   (((uint32_t)(((uint32_t)(x))<<ROM_PERIPHID1_PERIPHID_SHIFT))&ROM_PERIPHID1_PERIPHID_MASK)
/* PERIPHID2 Bit Fields */
#define ROM_PERIPHID2_PERIPHID_MASK                0xFFFFFFFFu
#define ROM_PERIPHID2_PERIPHID_SHIFT               0
#define ROM_PERIPHID2_PERIPHID_WIDTH               32
#define ROM_PERIPHID2_PERIPHID(x)   (((uint32_t)(((uint32_t)(x))<<ROM_PERIPHID2_PERIPHID_SHIFT))&ROM_PERIPHID2_PERIPHID_MASK)
/* PERIPHID3 Bit Fields */
#define ROM_PERIPHID3_PERIPHID_MASK                0xFFFFFFFFu
#define ROM_PERIPHID3_PERIPHID_SHIFT               0
#define ROM_PERIPHID3_PERIPHID_WIDTH               32
#define ROM_PERIPHID3_PERIPHID(x)   (((uint32_t)(((uint32_t)(x))<<ROM_PERIPHID3_PERIPHID_SHIFT))&ROM_PERIPHID3_PERIPHID_MASK)
/* COMPID Bit Fields */
#define ROM_COMPID_COMPID_MASK                     0xFFFFFFFFu
#define ROM_COMPID_COMPID_SHIFT                    0
#define ROM_COMPID_COMPID_WIDTH                    32
#define ROM_COMPID_COMPID(x)     (((uint32_t)(((uint32_t)(x))<<ROM_COMPID_COMPID_SHIFT))&ROM_COMPID_COMPID_MASK)

/* ROM - Peripheral instance base addresses */
/** Peripheral ROM base address */
#define ROM_BASE                                   (0xF0002000u)
/** Peripheral ROM base pointer */
#define ROM                                        ((ROM_Type *)ROM_BASE)
#define ROM_BASE_PTR                               (ROM)
/** Array initializer of ROM peripheral base addresses */
```

```
#define ROM_BASE_ADDRS                          { ROM_BASE }
/** Array initializer of ROM peripheral base pointers */
#define ROM_BASE_PTRS                           { ROM }

/* ----------------------------------------------------------------------------
   -- ROM - Register accessor macros
   ---------------------------------------------------------------------------- */

/* ROM - Register instance definitions */
/* ROM */
#define ROM_ENTRY0                              ROM_ENTRY_REG(ROM,0)
#define ROM_ENTRY1                              ROM_ENTRY_REG(ROM,1)
#define ROM_ENTRY2                              ROM_ENTRY_REG(ROM,2)
#define ROM_TABLEMARK                           ROM_TABLEMARK_REG(ROM)
#define ROM_SYSACCESS                           ROM_SYSACCESS_REG(ROM)
#define ROM_PERIPHID4                           ROM_PERIPHID4_REG(ROM)
#define ROM_PERIPHID5                           ROM_PERIPHID5_REG(ROM)
#define ROM_PERIPHID6                           ROM_PERIPHID6_REG(ROM)
#define ROM_PERIPHID7                           ROM_PERIPHID7_REG(ROM)
#define ROM_PERIPHID0                           ROM_PERIPHID0_REG(ROM)
#define ROM_PERIPHID1                           ROM_PERIPHID1_REG(ROM)
#define ROM_PERIPHID2                           ROM_PERIPHID2_REG(ROM)
#define ROM_PERIPHID3                           ROM_PERIPHID3_REG(ROM)
#define ROM_COMPID0                             ROM_COMPID_REG(ROM,0)
#define ROM_COMPID1                             ROM_COMPID_REG(ROM,1)
#define ROM_COMPID2                             ROM_COMPID_REG(ROM,2)
#define ROM_COMPID3                             ROM_COMPID_REG(ROM,3)

/* ROM - Register array accessors */
#define ROM_ENTRY(index)                        ROM_ENTRY_REG(ROM,index)
#define ROM_COMPID(index)                       ROM_COMPID_REG(ROM,index)

/* ----------------------------------------------------------------------------
   -- RTC Peripheral Access Layer
   ---------------------------------------------------------------------------- */

/** RTC - Register Layout Typedef */
typedef struct {
  __IO uint32_t TSR;                     /**< RTC Time Seconds Register, offset: 0x0 */
  __IO uint32_t TPR;                     /**< RTC Time Prescaler Register, offset: 0x4 */
  __IO uint32_t TAR;                     /**< RTC Time Alarm Register, offset: 0x8 */
  __IO uint32_t TCR;                     /**< RTC Time Compensation Register, offset: 0xC */
  __IO uint32_t CR;                      /**< RTC Control Register, offset: 0x10 */
  __IO uint32_t SR;                      /**< RTC Status Register, offset: 0x14 */
  __IO uint32_t LR;                      /**< RTC Lock Register, offset: 0x18 */
  __IO uint32_t IER;                     /**< RTC Interrupt Enable Register, offset: 0x1C */
} RTC_Type, *RTC_MemMapPtr;

/* ----------------------------------------------------------------------------
   -- RTC - Register accessor macros
   ---------------------------------------------------------------------------- */

/* RTC - Register accessors */
#define RTC_TSR_REG(base)                       ((base)->TSR)
#define RTC_TPR_REG(base)                       ((base)->TPR)
#define RTC_TAR_REG(base)                       ((base)->TAR)
#define RTC_TCR_REG(base)                       ((base)->TCR)
#define RTC_CR_REG(base)                        ((base)->CR)
#define RTC_SR_REG(base)                        ((base)->SR)
#define RTC_LR_REG(base)                        ((base)->LR)
#define RTC_IER_REG(base)                       ((base)->IER)

/* ----------------------------------------------------------------------------
   -- RTC Register Masks
   ---------------------------------------------------------------------------- */

/* TSR Bit Fields */
#define RTC_TSR_TSR_MASK                        0xFFFFFFFFu
#define RTC_TSR_TSR_SHIFT                       0
#define RTC_TSR_TSR_WIDTH                       32
#define RTC_TSR_TSR(x)                      (((uint32_t)(((uint32_t)(x))<<RTC_TSR_TSR_SHIFT))&RTC_TSR_TSR_MASK)
/* TPR Bit Fields */
#define RTC_TPR_TPR_MASK                        0xFFFFu
#define RTC_TPR_TPR_SHIFT                       0
#define RTC_TPR_TPR_WIDTH                       16
#define RTC_TPR_TPR(x)                      (((uint32_t)(((uint32_t)(x))<<RTC_TPR_TPR_SHIFT))&RTC_TPR_TPR_MASK)
/* TAR Bit Fields */
#define RTC_TAR_TAR_MASK                        0xFFFFFFFFu
#define RTC_TAR_TAR_SHIFT                       0
#define RTC_TAR_TAR_WIDTH                       32
#define RTC_TAR_TAR(x)                      (((uint32_t)(((uint32_t)(x))<<RTC_TAR_TAR_SHIFT))&RTC_TAR_TAR_MASK)
/* TCR Bit Fields */
```

```
#define RTC_TCR_TCR_MASK                         0xFFu
#define RTC_TCR_TCR_SHIFT                        0
#define RTC_TCR_TCR_WIDTH                        8
#define RTC_TCR_TCR(x)                           (((uint32_t)(((uint32_t)(x))<<RTC_TCR_TCR_SHIFT))&RTC_TCR_TCR_MASK)
#define RTC_TCR_CIR_MASK                         0xFF00u
#define RTC_TCR_CIR_SHIFT                        8
#define RTC_TCR_CIR_WIDTH                        8
#define RTC_TCR_CIR(x)                           (((uint32_t)(((uint32_t)(x))<<RTC_TCR_CIR_SHIFT))&RTC_TCR_CIR_MASK)
#define RTC_TCR_TCV_MASK                         0xFF0000u
#define RTC_TCR_TCV_SHIFT                        16
#define RTC_TCR_TCV_WIDTH                        8
#define RTC_TCR_TCV(x)                           (((uint32_t)(((uint32_t)(x))<<RTC_TCR_TCV_SHIFT))&RTC_TCR_TCV_MASK)
#define RTC_TCR_CIC_MASK                         0xFF000000u
#define RTC_TCR_CIC_SHIFT                        24
#define RTC_TCR_CIC_WIDTH                        8
#define RTC_TCR_CIC(x)                           (((uint32_t)(((uint32_t)(x))<<RTC_TCR_CIC_SHIFT))&RTC_TCR_CIC_MASK)
/* CR Bit Fields */
#define RTC_CR_SWR_MASK                          0x1u
#define RTC_CR_SWR_SHIFT                         0
#define RTC_CR_SWR_WIDTH                         1
#define RTC_CR_SWR(x)                            (((uint32_t)(((uint32_t)(x))<<RTC_CR_SWR_SHIFT))&RTC_CR_SWR_MASK)
#define RTC_CR_WPE_MASK                          0x2u
#define RTC_CR_WPE_SHIFT                         1
#define RTC_CR_WPE_WIDTH                         1
#define RTC_CR_WPE(x)                            (((uint32_t)(((uint32_t)(x))<<RTC_CR_WPE_SHIFT))&RTC_CR_WPE_MASK)
#define RTC_CR_SUP_MASK                          0x4u
#define RTC_CR_SUP_SHIFT                         2
#define RTC_CR_SUP_WIDTH                         1
#define RTC_CR_SUP(x)                            (((uint32_t)(((uint32_t)(x))<<RTC_CR_SUP_SHIFT))&RTC_CR_SUP_MASK)
#define RTC_CR_UM_MASK                           0x8u
#define RTC_CR_UM_SHIFT                          3
#define RTC_CR_UM_WIDTH                          1
#define RTC_CR_UM(x)                             (((uint32_t)(((uint32_t)(x))<<RTC_CR_UM_SHIFT))&RTC_CR_UM_MASK)
#define RTC_CR_OSCE_MASK                         0x100u
#define RTC_CR_OSCE_SHIFT                        8
#define RTC_CR_OSCE_WIDTH                        1
#define RTC_CR_OSCE(x)                           (((uint32_t)(((uint32_t)(x))<<RTC_CR_OSCE_SHIFT))&RTC_CR_OSCE_MASK)
#define RTC_CR_CLKO_MASK                         0x200u
#define RTC_CR_CLKO_SHIFT                        9
#define RTC_CR_CLKO_WIDTH                        1
#define RTC_CR_CLKO(x)                           (((uint32_t)(((uint32_t)(x))<<RTC_CR_CLKO_SHIFT))&RTC_CR_CLKO_MASK)
#define RTC_CR_SC16P_MASK                        0x400u
#define RTC_CR_SC16P_SHIFT                       10
#define RTC_CR_SC16P_WIDTH                       1
#define RTC_CR_SC16P(x)                          (((uint32_t)(((uint32_t)(x))<<RTC_CR_SC16P_SHIFT))&RTC_CR_SC16P_MASK)
#define RTC_CR_SC8P_MASK                         0x800u
#define RTC_CR_SC8P_SHIFT                        11
#define RTC_CR_SC8P_WIDTH                        1
#define RTC_CR_SC8P(x)                           (((uint32_t)(((uint32_t)(x))<<RTC_CR_SC8P_SHIFT))&RTC_CR_SC8P_MASK)
#define RTC_CR_SC4P_MASK                         0x1000u
#define RTC_CR_SC4P_SHIFT                        12
#define RTC_CR_SC4P_WIDTH                        1
#define RTC_CR_SC4P(x)                           (((uint32_t)(((uint32_t)(x))<<RTC_CR_SC4P_SHIFT))&RTC_CR_SC4P_MASK)
#define RTC_CR_SC2P_MASK                         0x2000u
#define RTC_CR_SC2P_SHIFT                        13
#define RTC_CR_SC2P_WIDTH                        1
#define RTC_CR_SC2P(x)                           (((uint32_t)(((uint32_t)(x))<<RTC_CR_SC2P_SHIFT))&RTC_CR_SC2P_MASK)
/* SR Bit Fields */
#define RTC_SR_TIF_MASK                          0x1u
#define RTC_SR_TIF_SHIFT                         0
#define RTC_SR_TIF_WIDTH                         1
#define RTC_SR_TIF(x)                            (((uint32_t)(((uint32_t)(x))<<RTC_SR_TIF_SHIFT))&RTC_SR_TIF_MASK)
#define RTC_SR_TOF_MASK                          0x2u
#define RTC_SR_TOF_SHIFT                         1
#define RTC_SR_TOF_WIDTH                         1
#define RTC_SR_TOF(x)                            (((uint32_t)(((uint32_t)(x))<<RTC_SR_TOF_SHIFT))&RTC_SR_TOF_MASK)
#define RTC_SR_TAF_MASK                          0x4u
#define RTC_SR_TAF_SHIFT                         2
#define RTC_SR_TAF_WIDTH                         1
#define RTC_SR_TAF(x)                            (((uint32_t)(((uint32_t)(x))<<RTC_SR_TAF_SHIFT))&RTC_SR_TAF_MASK)
#define RTC_SR_TCE_MASK                          0x10u
#define RTC_SR_TCE_SHIFT                         4
#define RTC_SR_TCE_WIDTH                         1
#define RTC_SR_TCE(x)                            (((uint32_t)(((uint32_t)(x))<<RTC_SR_TCE_SHIFT))&RTC_SR_TCE_MASK)
/* LR Bit Fields */
#define RTC_LR_TCL_MASK                          0x8u
#define RTC_LR_TCL_SHIFT                         3
#define RTC_LR_TCL_WIDTH                         1
#define RTC_LR_TCL(x)                            (((uint32_t)(((uint32_t)(x))<<RTC_LR_TCL_SHIFT))&RTC_LR_TCL_MASK)
#define RTC_LR_CRL_MASK                          0x10u
#define RTC_LR_CRL_SHIFT                         4
#define RTC_LR_CRL_WIDTH                         1
```

```
#define RTC_LR_CRL(x)                         (((uint32_t)(((uint32_t)(x))<<RTC_LR_CRL_SHIFT))&RTC_LR_CRL_MASK)
#define RTC_LR_SRL_MASK                            0x20u
#define RTC_LR_SRL_SHIFT                           5
#define RTC_LR_SRL_WIDTH                           1
#define RTC_LR_SRL(x)                         (((uint32_t)(((uint32_t)(x))<<RTC_LR_SRL_SHIFT))&RTC_LR_SRL_MASK)
#define RTC_LR_LRL_MASK                            0x40u
#define RTC_LR_LRL_SHIFT                           6
#define RTC_LR_LRL_WIDTH                           1
#define RTC_LR_LRL(x)                         (((uint32_t)(((uint32_t)(x))<<RTC_LR_LRL_SHIFT))&RTC_LR_LRL_MASK)
/* IER Bit Fields */
#define RTC_IER_TIIE_MASK                          0x1u
#define RTC_IER_TIIE_SHIFT                         0
#define RTC_IER_TIIE_WIDTH                         1
#define RTC_IER_TIIE(x)                       (((uint32_t)(((uint32_t)(x))<<RTC_IER_TIIE_SHIFT))&RTC_IER_TIIE_MASK)
#define RTC_IER_TOIE_MASK                          0x2u
#define RTC_IER_TOIE_SHIFT                         1
#define RTC_IER_TOIE_WIDTH                         1
#define RTC_IER_TOIE(x)                       (((uint32_t)(((uint32_t)(x))<<RTC_IER_TOIE_SHIFT))&RTC_IER_TOIE_MASK)
#define RTC_IER_TAIE_MASK                          0x4u
#define RTC_IER_TAIE_SHIFT                         2
#define RTC_IER_TAIE_WIDTH                         1
#define RTC_IER_TAIE(x)                       (((uint32_t)(((uint32_t)(x))<<RTC_IER_TAIE_SHIFT))&RTC_IER_TAIE_MASK)
#define RTC_IER_TSIE_MASK                          0x10u
#define RTC_IER_TSIE_SHIFT                         4
#define RTC_IER_TSIE_WIDTH                         1
#define RTC_IER_TSIE(x)                       (((uint32_t)(((uint32_t)(x))<<RTC_IER_TSIE_SHIFT))&RTC_IER_TSIE_MASK)
#define RTC_IER_WPON_MASK                          0x80u
#define RTC_IER_WPON_SHIFT                         7
#define RTC_IER_WPON_WIDTH                         1
#define RTC_IER_WPON(x)                       (((uint32_t)(((uint32_t)(x))<<RTC_IER_WPON_SHIFT))&RTC_IER_WPON_MASK)

/* RTC - Peripheral instance base addresses */
/** Peripheral RTC base address */
#define RTC_BASE                                 (0x4003D000u)
/** Peripheral RTC base pointer */
#define RTC                                      ((RTC_Type *)RTC_BASE)
#define RTC_BASE_PTR                             (RTC)
/** Array initializer of RTC peripheral base addresses */
#define RTC_BASE_ADDRS                           { RTC_BASE }
/** Array initializer of RTC peripheral base pointers */
#define RTC_BASE_PTRS                            { RTC }

/* ----------------------------------------------------------------------------
   -- RTC - Register accessor macros
   ---------------------------------------------------------------------------- */

/* RTC - Register instance definitions */
/* RTC */
#define RTC_TSR                                  RTC_TSR_REG(RTC)
#define RTC_TPR                                  RTC_TPR_REG(RTC)
#define RTC_TAR                                  RTC_TAR_REG(RTC)
#define RTC_TCR                                  RTC_TCR_REG(RTC)
#define RTC_CR                                   RTC_CR_REG(RTC)
#define RTC_SR                                   RTC_SR_REG(RTC)
#define RTC_LR                                   RTC_LR_REG(RTC)
#define RTC_IER                                  RTC_IER_REG(RTC)

/* ----------------------------------------------------------------------------
   -- SIM Peripheral Access Layer
   ---------------------------------------------------------------------------- */

/** SIM - Register Layout Typedef */
typedef struct {
  __IO uint32_t SOPT1;                           /**< System Options Register 1, offset: 0x0 */
  __IO uint32_t SOPT1CFG;                        /**< SOPT1 Configuration Register, offset: 0x4 */
       uint8_t RESERVED_0[4092];
  __IO uint32_t SOPT2;                           /**< System Options Register 2, offset: 0x1004 */
       uint8_t RESERVED_1[4];
  __IO uint32_t SOPT4;                           /**< System Options Register 4, offset: 0x100C */
  __IO uint32_t SOPT5;                           /**< System Options Register 5, offset: 0x1010 */
       uint8_t RESERVED_2[4];
  __IO uint32_t SOPT7;                           /**< System Options Register 7, offset: 0x1018 */
       uint8_t RESERVED_3[8];
  __I  uint32_t SDID;                            /**< System Device Identification Register, offset: 0x1024 */
       uint8_t RESERVED_4[12];
  __IO uint32_t SCGC4;                           /**< System Clock Gating Control Register 4, offset: 0x1034 */
  __IO uint32_t SCGC5;                           /**< System Clock Gating Control Register 5, offset: 0x1038 */
  __IO uint32_t SCGC6;                           /**< System Clock Gating Control Register 6, offset: 0x103C */
  __IO uint32_t SCGC7;                           /**< System Clock Gating Control Register 7, offset: 0x1040 */
  __IO uint32_t CLKDIV1;                         /**< System Clock Divider Register 1, offset: 0x1044 */
       uint8_t RESERVED_5[4];
  __IO uint32_t FCFG1;                           /**< Flash Configuration Register 1, offset: 0x104C */
```

```
  __I  uint32_t FCFG2;                    /**< Flash Configuration Register 2, offset: 0x1050 */
       uint8_t RESERVED_6[4];
  __I  uint32_t UIDMH;                    /**< Unique Identification Register Mid-High, offset: 0x1058 */
  __I  uint32_t UIDML;                    /**< Unique Identification Register Mid Low, offset: 0x105C */
  __I  uint32_t UIDL;                     /**< Unique Identification Register Low, offset: 0x1060 */
       uint8_t RESERVED_7[156];
  __IO uint32_t COPC;                     /**< COP Control Register, offset: 0x1100 */
  __O  uint32_t SRVCOP;                   /**< Service COP Register, offset: 0x1104 */
} SIM_Type, *SIM_MemMapPtr;

/* ----------------------------------------------------------------------------
   -- SIM - Register accessor macros
   ---------------------------------------------------------------------------- */

/* SIM - Register accessors */
#define SIM_SOPT1_REG(base)                      ((base)->SOPT1)
#define SIM_SOPT1CFG_REG(base)                   ((base)->SOPT1CFG)
#define SIM_SOPT2_REG(base)                      ((base)->SOPT2)
#define SIM_SOPT4_REG(base)                      ((base)->SOPT4)
#define SIM_SOPT5_REG(base)                      ((base)->SOPT5)
#define SIM_SOPT7_REG(base)                      ((base)->SOPT7)
#define SIM_SDID_REG(base)                       ((base)->SDID)
#define SIM_SCGC4_REG(base)                      ((base)->SCGC4)
#define SIM_SCGC5_REG(base)                      ((base)->SCGC5)
#define SIM_SCGC6_REG(base)                      ((base)->SCGC6)
#define SIM_SCGC7_REG(base)                      ((base)->SCGC7)
#define SIM_CLKDIV1_REG(base)                    ((base)->CLKDIV1)
#define SIM_FCFG1_REG(base)                      ((base)->FCFG1)
#define SIM_FCFG2_REG(base)                      ((base)->FCFG2)
#define SIM_UIDMH_REG(base)                      ((base)->UIDMH)
#define SIM_UIDML_REG(base)                      ((base)->UIDML)
#define SIM_UIDL_REG(base)                       ((base)->UIDL)
#define SIM_COPC_REG(base)                       ((base)->COPC)
#define SIM_SRVCOP_REG(base)                     ((base)->SRVCOP)

/* ----------------------------------------------------------------------------
   -- SIM Register Masks
   ---------------------------------------------------------------------------- */

/* SOPT1 Bit Fields */
#define SIM_SOPT1_OSC32KSEL_MASK                 0xC0000u
#define SIM_SOPT1_OSC32KSEL_SHIFT                18
#define SIM_SOPT1_OSC32KSEL_WIDTH                2
#define SIM_SOPT1_OSC32KSEL(x)    (((uint32_t)(((uint32_t)(x))<<SIM_SOPT1_OSC32KSEL_SHIFT))&SIM_SOPT1_OSC32KSEL_MASK)
#define SIM_SOPT1_USBVSTBY_MASK                  0x20000000u
#define SIM_SOPT1_USBVSTBY_SHIFT                 29
#define SIM_SOPT1_USBVSTBY_WIDTH                 1
#define SIM_SOPT1_USBVSTBY(x)     (((uint32_t)(((uint32_t)(x))<<SIM_SOPT1_USBVSTBY_SHIFT))&SIM_SOPT1_USBVSTBY_MASK)
#define SIM_SOPT1_USBSSTBY_MASK                  0x40000000u
#define SIM_SOPT1_USBSSTBY_SHIFT                 30
#define SIM_SOPT1_USBSSTBY_WIDTH                 1
#define SIM_SOPT1_USBSSTBY(x)     (((uint32_t)(((uint32_t)(x))<<SIM_SOPT1_USBSSTBY_SHIFT))&SIM_SOPT1_USBSSTBY_MASK)
#define SIM_SOPT1_USBREGEN_MASK                  0x80000000u
#define SIM_SOPT1_USBREGEN_SHIFT                 31
#define SIM_SOPT1_USBREGEN_WIDTH                 1
#define SIM_SOPT1_USBREGEN(x)     (((uint32_t)(((uint32_t)(x))<<SIM_SOPT1_USBREGEN_SHIFT))&SIM_SOPT1_USBREGEN_MASK)
/* SOPT1CFG Bit Fields */
#define SIM_SOPT1CFG_URWE_MASK                   0x1000000u
#define SIM_SOPT1CFG_URWE_SHIFT                  24
#define SIM_SOPT1CFG_URWE_WIDTH                  1
#define SIM_SOPT1CFG_URWE(x)      (((uint32_t)(((uint32_t)(x))<<SIM_SOPT1CFG_URWE_SHIFT))&SIM_SOPT1CFG_URWE_MASK)
#define SIM_SOPT1CFG_UVSWE_MASK                  0x2000000u
#define SIM_SOPT1CFG_UVSWE_SHIFT                 25
#define SIM_SOPT1CFG_UVSWE_WIDTH                 1
#define SIM_SOPT1CFG_UVSWE(x)     (((uint32_t)(((uint32_t)(x))<<SIM_SOPT1CFG_UVSWE_SHIFT))&SIM_SOPT1CFG_UVSWE_MASK)
#define SIM_SOPT1CFG_USSWE_MASK                  0x4000000u
#define SIM_SOPT1CFG_USSWE_SHIFT                 26
#define SIM_SOPT1CFG_USSWE_WIDTH                 1
#define SIM_SOPT1CFG_USSWE(x)     (((uint32_t)(((uint32_t)(x))<<SIM_SOPT1CFG_USSWE_SHIFT))&SIM_SOPT1CFG_USSWE_MASK)
/* SOPT2 Bit Fields */
#define SIM_SOPT2_RTCCLKOUTSEL_MASK              0x10u
#define SIM_SOPT2_RTCCLKOUTSEL_SHIFT             4
#define SIM_SOPT2_RTCCLKOUTSEL_WIDTH             1
#define SIM_SOPT2_RTCCLKOUTSEL(x) (((uint32_t)(((uint32_t)(x))<<SIM_SOPT2_RTCCLKOUTSEL_SHIFT))&SIM_SOPT2_RTCCLKOUTSEL_MASK)
#define SIM_SOPT2_CLKOUTSEL_MASK                 0xE0u
#define SIM_SOPT2_CLKOUTSEL_SHIFT                5
#define SIM_SOPT2_CLKOUTSEL_WIDTH                3
#define SIM_SOPT2_CLKOUTSEL(x)    (((uint32_t)(((uint32_t)(x))<<SIM_SOPT2_CLKOUTSEL_SHIFT))&SIM_SOPT2_CLKOUTSEL_MASK)
#define SIM_SOPT2_PLLFLLSEL_MASK                 0x10000u
#define SIM_SOPT2_PLLFLLSEL_SHIFT                16
#define SIM_SOPT2_PLLFLLSEL_WIDTH                1
#define SIM_SOPT2_PLLFLLSEL(x)    (((uint32_t)(((uint32_t)(x))<<SIM_SOPT2_PLLFLLSEL_SHIFT))&SIM_SOPT2_PLLFLLSEL_MASK)
```

```
#define SIM_SOPT2_USBSRC_MASK                  0x40000u
#define SIM_SOPT2_USBSRC_SHIFT                 18
#define SIM_SOPT2_USBSRC_WIDTH                 1
#define SIM_SOPT2_USBSRC(x)          (((uint32_t)(((uint32_t)(x))<<SIM_SOPT2_USBSRC_SHIFT))&SIM_SOPT2_USBSRC_MASK)
#define SIM_SOPT2_TPMSRC_MASK                  0x3000000u
#define SIM_SOPT2_TPMSRC_SHIFT                 24
#define SIM_SOPT2_TPMSRC_WIDTH                 2
#define SIM_SOPT2_TPMSRC(x)          (((uint32_t)(((uint32_t)(x))<<SIM_SOPT2_TPMSRC_SHIFT))&SIM_SOPT2_TPMSRC_MASK)
#define SIM_SOPT2_UART0SRC_MASK                0xC000000u
#define SIM_SOPT2_UART0SRC_SHIFT               26
#define SIM_SOPT2_UART0SRC_WIDTH               2
#define SIM_SOPT2_UART0SRC(x) (((uint32_t)(((uint32_t)(x))<<SIM_SOPT2_UART0SRC_SHIFT))&SIM_SOPT2_UART0SRC_MASK)
/* SOPT4 Bit Fields */
#define SIM_SOPT4_TPM1CH0SRC_MASK              0x40000u
#define SIM_SOPT4_TPM1CH0SRC_SHIFT             18
#define SIM_SOPT4_TPM1CH0SRC_WIDTH             1
#define SIM_SOPT4_TPM1CH0SRC(x)      (((uint32_t)(((uint32_t)(x))<<SIM_SOPT4_TPM1CH0SRC_SHIFT))&SIM_SOPT4_TPM1CH0SRC_MASK)
#define SIM_SOPT4_TPM2CH0SRC_MASK              0x100000u
#define SIM_SOPT4_TPM2CH0SRC_SHIFT             20
#define SIM_SOPT4_TPM2CH0SRC_WIDTH             1
#define SIM_SOPT4_TPM2CH0SRC(x)      (((uint32_t)(((uint32_t)(x))<<SIM_SOPT4_TPM2CH0SRC_SHIFT))&SIM_SOPT4_TPM2CH0SRC_MASK)
#define SIM_SOPT4_TPM0CLKSEL_MASK              0x1000000u
#define SIM_SOPT4_TPM0CLKSEL_SHIFT             24
#define SIM_SOPT4_TPM0CLKSEL_WIDTH             1
#define SIM_SOPT4_TPM0CLKSEL(x)      (((uint32_t)(((uint32_t)(x))<<SIM_SOPT4_TPM0CLKSEL_SHIFT))&SIM_SOPT4_TPM0CLKSEL_MASK)
#define SIM_SOPT4_TPM1CLKSEL_MASK              0x2000000u
#define SIM_SOPT4_TPM1CLKSEL_SHIFT             25
#define SIM_SOPT4_TPM1CLKSEL_WIDTH             1
#define SIM_SOPT4_TPM1CLKSEL(x)      (((uint32_t)(((uint32_t)(x))<<SIM_SOPT4_TPM1CLKSEL_SHIFT))&SIM_SOPT4_TPM1CLKSEL_MASK)
#define SIM_SOPT4_TPM2CLKSEL_MASK              0x4000000u
#define SIM_SOPT4_TPM2CLKSEL_SHIFT             26
#define SIM_SOPT4_TPM2CLKSEL_WIDTH             1
#define SIM_SOPT4_TPM2CLKSEL(x)      (((uint32_t)(((uint32_t)(x))<<SIM_SOPT4_TPM2CLKSEL_SHIFT))&SIM_SOPT4_TPM2CLKSEL_MASK)
/* SOPT5 Bit Fields */
#define SIM_SOPT5_UART0TXSRC_MASK              0x3u
#define SIM_SOPT5_UART0TXSRC_SHIFT             0
#define SIM_SOPT5_UART0TXSRC_WIDTH             2
#define SIM_SOPT5_UART0TXSRC(x)      (((uint32_t)(((uint32_t)(x))<<SIM_SOPT5_UART0TXSRC_SHIFT))&SIM_SOPT5_UART0TXSRC_MASK)
#define SIM_SOPT5_UART0RXSRC_MASK              0x4u
#define SIM_SOPT5_UART0RXSRC_SHIFT             2
#define SIM_SOPT5_UART0RXSRC_WIDTH             1
#define SIM_SOPT5_UART0RXSRC(x)      (((uint32_t)(((uint32_t)(x))<<SIM_SOPT5_UART0RXSRC_SHIFT))&SIM_SOPT5_UART0RXSRC_MASK)
#define SIM_SOPT5_UART1TXSRC_MASK              0x30u
#define SIM_SOPT5_UART1TXSRC_SHIFT             4
#define SIM_SOPT5_UART1TXSRC_WIDTH             2
#define SIM_SOPT5_UART1TXSRC(x)      (((uint32_t)(((uint32_t)(x))<<SIM_SOPT5_UART1TXSRC_SHIFT))&SIM_SOPT5_UART1TXSRC_MASK)
#define SIM_SOPT5_UART1RXSRC_MASK              0x40u
#define SIM_SOPT5_UART1RXSRC_SHIFT             6
#define SIM_SOPT5_UART1RXSRC_WIDTH             1
#define SIM_SOPT5_UART1RXSRC(x)      (((uint32_t)(((uint32_t)(x))<<SIM_SOPT5_UART1RXSRC_SHIFT))&SIM_SOPT5_UART1RXSRC_MASK)
#define SIM_SOPT5_UART0ODE_MASK                0x10000u
#define SIM_SOPT5_UART0ODE_SHIFT               16
#define SIM_SOPT5_UART0ODE_WIDTH               1
#define SIM_SOPT5_UART0ODE(x)        (((uint32_t)(((uint32_t)(x))<<SIM_SOPT5_UART0ODE_SHIFT))&SIM_SOPT5_UART0ODE_MASK)
#define SIM_SOPT5_UART1ODE_MASK                0x20000u
#define SIM_SOPT5_UART1ODE_SHIFT               17
#define SIM_SOPT5_UART1ODE_WIDTH               1
#define SIM_SOPT5_UART1ODE(x)        (((uint32_t)(((uint32_t)(x))<<SIM_SOPT5_UART1ODE_SHIFT))&SIM_SOPT5_UART1ODE_MASK)
#define SIM_SOPT5_UART2ODE_MASK                0x40000u
#define SIM_SOPT5_UART2ODE_SHIFT               18
#define SIM_SOPT5_UART2ODE_WIDTH               1
#define SIM_SOPT5_UART2ODE(x)        (((uint32_t)(((uint32_t)(x))<<SIM_SOPT5_UART2ODE_SHIFT))&SIM_SOPT5_UART2ODE_MASK)
/* SOPT7 Bit Fields */
#define SIM_SOPT7_ADC0TRGSEL_MASK              0xFu
#define SIM_SOPT7_ADC0TRGSEL_SHIFT             0
#define SIM_SOPT7_ADC0TRGSEL_WIDTH             4
#define SIM_SOPT7_ADC0TRGSEL(x)    (((uint32_t)(((uint32_t)(x))<<SIM_SOPT7_ADC0TRGSEL_SHIFT))&SIM_SOPT7_ADC0TRGSEL_MASK)
#define SIM_SOPT7_ADC0PRETRGSEL_MASK           0x10u
#define SIM_SOPT7_ADC0PRETRGSEL_SHIFT          4
#define SIM_SOPT7_ADC0PRETRGSEL_WIDTH          1
#define SIM_SOPT7_ADC0PRETRGSEL(x) (((uint32_t)(((uint32_t)(x))<<SIM_SOPT7_ADC0PRETRGSEL_SHIFT))&SIM_SOPT7_ADC0PRETRGSEL_MASK)
#define SIM_SOPT7_ADC0ALTTRGEN_MASK            0x80u
#define SIM_SOPT7_ADC0ALTTRGEN_SHIFT           7
#define SIM_SOPT7_ADC0ALTTRGEN_WIDTH           1
#define SIM_SOPT7_ADC0ALTTRGEN(x) (((uint32_t)(((uint32_t)(x))<<SIM_SOPT7_ADC0ALTTRGEN_SHIFT))&SIM_SOPT7_ADC0ALTTRGEN_MASK)
/* SDID Bit Fields */
#define SIM_SDID_PINID_MASK                    0xFu
#define SIM_SDID_PINID_SHIFT                   0
#define SIM_SDID_PINID_WIDTH                   4
#define SIM_SDID_PINID(x)            (((uint32_t)(((uint32_t)(x))<<SIM_SDID_PINID_SHIFT))&SIM_SDID_PINID_MASK)
#define SIM_SDID_DIEID_MASK                    0xF80u
#define SIM_SDID_DIEID_SHIFT                   7
```

```
#define SIM_SDID_DIEID_WIDTH                5
#define SIM_SDID_DIEID(x)                   (((uint32_t)(((uint32_t)(x))<<SIM_SDID_DIEID_SHIFT))&SIM_SDID_DIEID_MASK)
#define SIM_SDID_REVID_MASK                 0xF000u
#define SIM_SDID_REVID_SHIFT                12
#define SIM_SDID_REVID_WIDTH                4
#define SIM_SDID_REVID(x)                   (((uint32_t)(((uint32_t)(x))<<SIM_SDID_REVID_SHIFT))&SIM_SDID_REVID_MASK)
#define SIM_SDID_SRAMSIZE_MASK              0xF0000u
#define SIM_SDID_SRAMSIZE_SHIFT             16
#define SIM_SDID_SRAMSIZE_WIDTH             4
#define SIM_SDID_SRAMSIZE(x)                (((uint32_t)(((uint32_t)(x))<<SIM_SDID_SRAMSIZE_SHIFT))&SIM_SDID_SRAMSIZE_MASK)
#define SIM_SDID_SERIESID_MASK              0xF00000u
#define SIM_SDID_SERIESID_SHIFT             20
#define SIM_SDID_SERIESID_WIDTH             4
#define SIM_SDID_SERIESID(x)                (((uint32_t)(((uint32_t)(x))<<SIM_SDID_SERIESID_SHIFT))&SIM_SDID_SERIESID_MASK)
#define SIM_SDID_SUBFAMID_MASK              0xF000000u
#define SIM_SDID_SUBFAMID_SHIFT             24
#define SIM_SDID_SUBFAMID_WIDTH             4
#define SIM_SDID_SUBFAMID(x)                (((uint32_t)(((uint32_t)(x))<<SIM_SDID_SUBFAMID_SHIFT))&SIM_SDID_SUBFAMID_MASK)
#define SIM_SDID_FAMID_MASK                 0xF0000000u
#define SIM_SDID_FAMID_SHIFT                28
#define SIM_SDID_FAMID_WIDTH                4
#define SIM_SDID_FAMID(x)                   (((uint32_t)(((uint32_t)(x))<<SIM_SDID_FAMID_SHIFT))&SIM_SDID_FAMID_MASK)
/* SCGC4 Bit Fields */
#define SIM_SCGC4_I2C0_MASK                 0x40u
#define SIM_SCGC4_I2C0_SHIFT                6
#define SIM_SCGC4_I2C0_WIDTH                1
#define SIM_SCGC4_I2C0(x)                   (((uint32_t)(((uint32_t)(x))<<SIM_SCGC4_I2C0_SHIFT))&SIM_SCGC4_I2C0_MASK)
#define SIM_SCGC4_I2C1_MASK                 0x80u
#define SIM_SCGC4_I2C1_SHIFT                7
#define SIM_SCGC4_I2C1_WIDTH                1
#define SIM_SCGC4_I2C1(x)                   (((uint32_t)(((uint32_t)(x))<<SIM_SCGC4_I2C1_SHIFT))&SIM_SCGC4_I2C1_MASK)
#define SIM_SCGC4_UART0_MASK                0x400u
#define SIM_SCGC4_UART0_SHIFT               10
#define SIM_SCGC4_UART0_WIDTH               1
#define SIM_SCGC4_UART0(x)                  (((uint32_t)(((uint32_t)(x))<<SIM_SCGC4_UART0_SHIFT))&SIM_SCGC4_UART0_MASK)
#define SIM_SCGC4_UART1_MASK                0x800u
#define SIM_SCGC4_UART1_SHIFT               11
#define SIM_SCGC4_UART1_WIDTH               1
#define SIM_SCGC4_UART1(x)                  (((uint32_t)(((uint32_t)(x))<<SIM_SCGC4_UART1_SHIFT))&SIM_SCGC4_UART1_MASK)
#define SIM_SCGC4_UART2_MASK                0x1000u
#define SIM_SCGC4_UART2_SHIFT               12
#define SIM_SCGC4_UART2_WIDTH               1
#define SIM_SCGC4_UART2(x)                  (((uint32_t)(((uint32_t)(x))<<SIM_SCGC4_UART2_SHIFT))&SIM_SCGC4_UART2_MASK)
#define SIM_SCGC4_USBOTG_MASK               0x40000u
#define SIM_SCGC4_USBOTG_SHIFT              18
#define SIM_SCGC4_USBOTG_WIDTH              1
#define SIM_SCGC4_USBOTG(x)                 (((uint32_t)(((uint32_t)(x))<<SIM_SCGC4_USBOTG_SHIFT))&SIM_SCGC4_USBOTG_MASK)
#define SIM_SCGC4_CMP_MASK                  0x80000u
#define SIM_SCGC4_CMP_SHIFT                 19
#define SIM_SCGC4_CMP_WIDTH                 1
#define SIM_SCGC4_CMP(x)                    (((uint32_t)(((uint32_t)(x))<<SIM_SCGC4_CMP_SHIFT))&SIM_SCGC4_CMP_MASK)
#define SIM_SCGC4_SPI0_MASK                 0x400000u
#define SIM_SCGC4_SPI0_SHIFT                22
#define SIM_SCGC4_SPI0_WIDTH                1
#define SIM_SCGC4_SPI0(x)                   (((uint32_t)(((uint32_t)(x))<<SIM_SCGC4_SPI0_SHIFT))&SIM_SCGC4_SPI0_MASK)
#define SIM_SCGC4_SPI1_MASK                 0x800000u
#define SIM_SCGC4_SPI1_SHIFT                23
#define SIM_SCGC4_SPI1_WIDTH                1
#define SIM_SCGC4_SPI1(x)                   (((uint32_t)(((uint32_t)(x))<<SIM_SCGC4_SPI1_SHIFT))&SIM_SCGC4_SPI1_MASK)
/* SCGC5 Bit Fields */
#define SIM_SCGC5_LPTMR_MASK                0x1u
#define SIM_SCGC5_LPTMR_SHIFT               0
#define SIM_SCGC5_LPTMR_WIDTH               1
#define SIM_SCGC5_LPTMR(x)                  (((uint32_t)(((uint32_t)(x))<<SIM_SCGC5_LPTMR_SHIFT))&SIM_SCGC5_LPTMR_MASK)
#define SIM_SCGC5_TSI_MASK                  0x20u
#define SIM_SCGC5_TSI_SHIFT                 5
#define SIM_SCGC5_TSI_WIDTH                 1
#define SIM_SCGC5_TSI(x)                    (((uint32_t)(((uint32_t)(x))<<SIM_SCGC5_TSI_SHIFT))&SIM_SCGC5_TSI_MASK)
#define SIM_SCGC5_PORTA_MASK                0x200u
#define SIM_SCGC5_PORTA_SHIFT               9
#define SIM_SCGC5_PORTA_WIDTH               1
#define SIM_SCGC5_PORTA(x)                  (((uint32_t)(((uint32_t)(x))<<SIM_SCGC5_PORTA_SHIFT))&SIM_SCGC5_PORTA_MASK)
#define SIM_SCGC5_PORTB_MASK                0x400u
#define SIM_SCGC5_PORTB_SHIFT               10
#define SIM_SCGC5_PORTB_WIDTH               1
#define SIM_SCGC5_PORTB(x)                  (((uint32_t)(((uint32_t)(x))<<SIM_SCGC5_PORTB_SHIFT))&SIM_SCGC5_PORTB_MASK)
#define SIM_SCGC5_PORTC_MASK                0x800u
#define SIM_SCGC5_PORTC_SHIFT               11
#define SIM_SCGC5_PORTC_WIDTH               1
#define SIM_SCGC5_PORTC(x)                  (((uint32_t)(((uint32_t)(x))<<SIM_SCGC5_PORTC_SHIFT))&SIM_SCGC5_PORTC_MASK)
#define SIM_SCGC5_PORTD_MASK                0x1000u
#define SIM_SCGC5_PORTD_SHIFT               12
```

```
#define SIM_SCGC5_PORTD_WIDTH                    1
#define SIM_SCGC5_PORTD(x)                       (((uint32_t)(((uint32_t)(x))<<SIM_SCGC5_PORTD_SHIFT))&SIM_SCGC5_PORTD_MASK)
#define SIM_SCGC5_PORTE_MASK                     0x2000u
#define SIM_SCGC5_PORTE_SHIFT                    13
#define SIM_SCGC5_PORTE_WIDTH                    1
#define SIM_SCGC5_PORTE(x)                       (((uint32_t)(((uint32_t)(x))<<SIM_SCGC5_PORTE_SHIFT))&SIM_SCGC5_PORTE_MASK)
/* SCGC6 Bit Fields */
#define SIM_SCGC6_FTF_MASK                       0x1u
#define SIM_SCGC6_FTF_SHIFT                      0
#define SIM_SCGC6_FTF_WIDTH                      1
#define SIM_SCGC6_FTF(x)                         (((uint32_t)(((uint32_t)(x))<<SIM_SCGC6_FTF_SHIFT))&SIM_SCGC6_FTF_MASK)
#define SIM_SCGC6_DMAMUX_MASK                    0x2u
#define SIM_SCGC6_DMAMUX_SHIFT                   1
#define SIM_SCGC6_DMAMUX_WIDTH                   1
#define SIM_SCGC6_DMAMUX(x)                      (((uint32_t)(((uint32_t)(x))<<SIM_SCGC6_DMAMUX_SHIFT))&SIM_SCGC6_DMAMUX_MASK)
#define SIM_SCGC6_PIT_MASK                       0x800000u
#define SIM_SCGC6_PIT_SHIFT                      23
#define SIM_SCGC6_PIT_WIDTH                      1
#define SIM_SCGC6_PIT(x)                         (((uint32_t)(((uint32_t)(x))<<SIM_SCGC6_PIT_SHIFT))&SIM_SCGC6_PIT_MASK)
#define SIM_SCGC6_TPM0_MASK                      0x1000000u
#define SIM_SCGC6_TPM0_SHIFT                     24
#define SIM_SCGC6_TPM0_WIDTH                     1
#define SIM_SCGC6_TPM0(x)                        (((uint32_t)(((uint32_t)(x))<<SIM_SCGC6_TPM0_SHIFT))&SIM_SCGC6_TPM0_MASK)
#define SIM_SCGC6_TPM1_MASK                      0x2000000u
#define SIM_SCGC6_TPM1_SHIFT                     25
#define SIM_SCGC6_TPM1_WIDTH                     1
#define SIM_SCGC6_TPM1(x)                        (((uint32_t)(((uint32_t)(x))<<SIM_SCGC6_TPM1_SHIFT))&SIM_SCGC6_TPM1_MASK)
#define SIM_SCGC6_TPM2_MASK                      0x4000000u
#define SIM_SCGC6_TPM2_SHIFT                     26
#define SIM_SCGC6_TPM2_WIDTH                     1
#define SIM_SCGC6_TPM2(x)                        (((uint32_t)(((uint32_t)(x))<<SIM_SCGC6_TPM2_SHIFT))&SIM_SCGC6_TPM2_MASK)
#define SIM_SCGC6_ADC0_MASK                      0x8000000u
#define SIM_SCGC6_ADC0_SHIFT                     27
#define SIM_SCGC6_ADC0_WIDTH                     1
#define SIM_SCGC6_ADC0(x)                        (((uint32_t)(((uint32_t)(x))<<SIM_SCGC6_ADC0_SHIFT))&SIM_SCGC6_ADC0_MASK)
#define SIM_SCGC6_RTC_MASK                       0x20000000u
#define SIM_SCGC6_RTC_SHIFT                      29
#define SIM_SCGC6_RTC_WIDTH                      1
#define SIM_SCGC6_RTC(x)                         (((uint32_t)(((uint32_t)(x))<<SIM_SCGC6_RTC_SHIFT))&SIM_SCGC6_RTC_MASK)
#define SIM_SCGC6_DAC0_MASK                      0x80000000u
#define SIM_SCGC6_DAC0_SHIFT                     31
#define SIM_SCGC6_DAC0_WIDTH                     1
#define SIM_SCGC6_DAC0(x)                        (((uint32_t)(((uint32_t)(x))<<SIM_SCGC6_DAC0_SHIFT))&SIM_SCGC6_DAC0_MASK)
/* SCGC7 Bit Fields */
#define SIM_SCGC7_DMA_MASK                       0x100u
#define SIM_SCGC7_DMA_SHIFT                      8
#define SIM_SCGC7_DMA_WIDTH                      1
#define SIM_SCGC7_DMA(x)                         (((uint32_t)(((uint32_t)(x))<<SIM_SCGC7_DMA_SHIFT))&SIM_SCGC7_DMA_MASK)
/* CLKDIV1 Bit Fields */
#define SIM_CLKDIV1_OUTDIV4_MASK                 0x70000u
#define SIM_CLKDIV1_OUTDIV4_SHIFT                16
#define SIM_CLKDIV1_OUTDIV4_WIDTH                3
#define SIM_CLKDIV1_OUTDIV4(x)                   (((uint32_t)(((uint32_t)(x))<<SIM_CLKDIV1_OUTDIV4_SHIFT))&SIM_CLKDIV1_OUTDIV4_MASK)
#define SIM_CLKDIV1_OUTDIV1_MASK                 0xF0000000u
#define SIM_CLKDIV1_OUTDIV1_SHIFT                28
#define SIM_CLKDIV1_OUTDIV1_WIDTH                4
#define SIM_CLKDIV1_OUTDIV1(x)                   (((uint32_t)(((uint32_t)(x))<<SIM_CLKDIV1_OUTDIV1_SHIFT))&SIM_CLKDIV1_OUTDIV1_MASK)
/* FCFG1 Bit Fields */
#define SIM_FCFG1_FLASHDIS_MASK                  0x1u
#define SIM_FCFG1_FLASHDIS_SHIFT                 0
#define SIM_FCFG1_FLASHDIS_WIDTH                 1
#define SIM_FCFG1_FLASHDIS(x)                    (((uint32_t)(((uint32_t)(x))<<SIM_FCFG1_FLASHDIS_SHIFT))&SIM_FCFG1_FLASHDIS_MASK)
#define SIM_FCFG1_FLASHDOZE_MASK                 0x2u
#define SIM_FCFG1_FLASHDOZE_SHIFT                1
#define SIM_FCFG1_FLASHDOZE_WIDTH                1
#define SIM_FCFG1_FLASHDOZE(x)                   (((uint32_t)(((uint32_t)(x))<<SIM_FCFG1_FLASHDOZE_SHIFT))&SIM_FCFG1_FLASHDOZE_MASK)
#define SIM_FCFG1_PFSIZE_MASK                    0xF000000u
#define SIM_FCFG1_PFSIZE_SHIFT                   24
#define SIM_FCFG1_PFSIZE_WIDTH                   4
#define SIM_FCFG1_PFSIZE(x)                      (((uint32_t)(((uint32_t)(x))<<SIM_FCFG1_PFSIZE_SHIFT))&SIM_FCFG1_PFSIZE_MASK)
/* FCFG2 Bit Fields */
#define SIM_FCFG2_MAXADDR0_MASK                  0x7F000000u
#define SIM_FCFG2_MAXADDR0_SHIFT                 24
#define SIM_FCFG2_MAXADDR0_WIDTH                 7
#define SIM_FCFG2_MAXADDR0(x)                    (((uint32_t)(((uint32_t)(x))<<SIM_FCFG2_MAXADDR0_SHIFT))&SIM_FCFG2_MAXADDR0_MASK)
/* UIDMH Bit Fields */
#define SIM_UIDMH_UID_MASK                       0xFFFFu
#define SIM_UIDMH_UID_SHIFT                      0
#define SIM_UIDMH_UID_WIDTH                      16
#define SIM_UIDMH_UID(x)                         (((uint32_t)(((uint32_t)(x))<<SIM_UIDMH_UID_SHIFT))&SIM_UIDMH_UID_MASK)
/* UIDML Bit Fields */
#define SIM_UIDML_UID_MASK                       0xFFFFFFFFu
```

```
#define SIM_UIDML_UID_SHIFT                     0
#define SIM_UIDML_UID_WIDTH                     32
#define SIM_UIDML_UID(x)              (((uint32_t)(((uint32_t)(x))<<SIM_UIDML_UID_SHIFT))&SIM_UIDML_UID_MASK)
/* UIDL Bit Fields */
#define SIM_UIDL_UID_MASK                       0xFFFFFFFFu
#define SIM_UIDL_UID_SHIFT                      0
#define SIM_UIDL_UID_WIDTH                      32
#define SIM_UIDL_UID(x)               (((uint32_t)(((uint32_t)(x))<<SIM_UIDL_UID_SHIFT))&SIM_UIDL_UID_MASK)
/* COPC Bit Fields */
#define SIM_COPC_COPW_MASK                      0x1u
#define SIM_COPC_COPW_SHIFT                     0
#define SIM_COPC_COPW_WIDTH                     1
#define SIM_COPC_COPW(x)              (((uint32_t)(((uint32_t)(x))<<SIM_COPC_COPW_SHIFT))&SIM_COPC_COPW_MASK)
#define SIM_COPC_COPCLKS_MASK                   0x2u
#define SIM_COPC_COPCLKS_SHIFT                  1
#define SIM_COPC_COPCLKS_WIDTH                  1
#define SIM_COPC_COPCLKS(x)           (((uint32_t)(((uint32_t)(x))<<SIM_COPC_COPCLKS_SHIFT))&SIM_COPC_COPCLKS_MASK)
#define SIM_COPC_COPT_MASK                      0xCu
#define SIM_COPC_COPT_SHIFT                     2
#define SIM_COPC_COPT_WIDTH                     2
#define SIM_COPC_COPT(x)              (((uint32_t)(((uint32_t)(x))<<SIM_COPC_COPT_SHIFT))&SIM_COPC_COPT_MASK)
/* SRVCOP Bit Fields */
#define SIM_SRVCOP_SRVCOP_MASK                  0xFFu
#define SIM_SRVCOP_SRVCOP_SHIFT                 0
#define SIM_SRVCOP_SRVCOP_WIDTH                 8
#define SIM_SRVCOP_SRVCOP(x)          (((uint32_t)(((uint32_t)(x))<<SIM_SRVCOP_SRVCOP_SHIFT))&SIM_SRVCOP_SRVCOP_MASK)

/* SIM - Peripheral instance base addresses */
/** Peripheral SIM base address */
#define SIM_BASE                                (0x40047000u)
/** Peripheral SIM base pointer */
#define SIM                                     ((SIM_Type *)SIM_BASE)
#define SIM_BASE_PTR                            (SIM)
/** Array initializer of SIM peripheral base addresses */
#define SIM_BASE_ADDRS                          { SIM_BASE }
/** Array initializer of SIM peripheral base pointers */
#define SIM_BASE_PTRS                           { SIM }

/* ----------------------------------------------------------------------------
   -- SIM - Register accessor macros
   ---------------------------------------------------------------------------- */

/* SIM - Register instance definitions */
/* SIM */
#define SIM_SOPT1                               SIM_SOPT1_REG(SIM)
#define SIM_SOPT1CFG                            SIM_SOPT1CFG_REG(SIM)
#define SIM_SOPT2                               SIM_SOPT2_REG(SIM)
#define SIM_SOPT4                               SIM_SOPT4_REG(SIM)
#define SIM_SOPT5                               SIM_SOPT5_REG(SIM)
#define SIM_SOPT7                               SIM_SOPT7_REG(SIM)
#define SIM_SDID                                SIM_SDID_REG(SIM)
#define SIM_SCGC4                               SIM_SCGC4_REG(SIM)
#define SIM_SCGC5                               SIM_SCGC5_REG(SIM)
#define SIM_SCGC6                               SIM_SCGC6_REG(SIM)
#define SIM_SCGC7                               SIM_SCGC7_REG(SIM)
#define SIM_CLKDIV1                             SIM_CLKDIV1_REG(SIM)
#define SIM_FCFG1                               SIM_FCFG1_REG(SIM)
#define SIM_FCFG2                               SIM_FCFG2_REG(SIM)
#define SIM_UIDMH                               SIM_UIDMH_REG(SIM)
#define SIM_UIDML                               SIM_UIDML_REG(SIM)
#define SIM_UIDL                                SIM_UIDL_REG(SIM)
#define SIM_COPC                                SIM_COPC_REG(SIM)
#define SIM_SRVCOP                              SIM_SRVCOP_REG(SIM)

/* ----------------------------------------------------------------------------
   -- SMC Peripheral Access Layer
   ---------------------------------------------------------------------------- */

/** SMC - Register Layout Typedef */
typedef struct {
  __IO uint8_t PMPROT;                          /**< Power Mode Protection register, offset: 0x0 */
  __IO uint8_t PMCTRL;                          /**< Power Mode Control register, offset: 0x1 */
  __IO uint8_t STOPCTRL;                        /**< Stop Control Register, offset: 0x2 */
  __I  uint8_t PMSTAT;                          /**< Power Mode Status register, offset: 0x3 */
} SMC_Type, *SMC_MemMapPtr;

/* ----------------------------------------------------------------------------
   -- SMC - Register accessor macros
   ---------------------------------------------------------------------------- */

/* SMC - Register accessors */
#define SMC_PMPROT_REG(base)                    ((base)->PMPROT)
```

```
#define SMC_PMCTRL_REG(base)                    ((base)->PMCTRL)
#define SMC_STOPCTRL_REG(base)                  ((base)->STOPCTRL)
#define SMC_PMSTAT_REG(base)                    ((base)->PMSTAT)

/* ----------------------------------------------------------------------------
   -- SMC Register Masks
   ---------------------------------------------------------------------------- */

/* PMPROT Bit Fields */
#define SMC_PMPROT_AVLLS_MASK                   0x2u
#define SMC_PMPROT_AVLLS_SHIFT                  1
#define SMC_PMPROT_AVLLS_WIDTH                  1
#define SMC_PMPROT_AVLLS(x)          (((uint8_t)(((uint8_t)(x))<<SMC_PMPROT_AVLLS_SHIFT))&SMC_PMPROT_AVLLS_MASK)
#define SMC_PMPROT_ALLS_MASK                    0x8u
#define SMC_PMPROT_ALLS_SHIFT                   3
#define SMC_PMPROT_ALLS_WIDTH                   1
#define SMC_PMPROT_ALLS(x)           (((uint8_t)(((uint8_t)(x))<<SMC_PMPROT_ALLS_SHIFT))&SMC_PMPROT_ALLS_MASK)
#define SMC_PMPROT_AVLP_MASK                    0x20u
#define SMC_PMPROT_AVLP_SHIFT                   5
#define SMC_PMPROT_AVLP_WIDTH                   1
#define SMC_PMPROT_AVLP(x)           (((uint8_t)(((uint8_t)(x))<<SMC_PMPROT_AVLP_SHIFT))&SMC_PMPROT_AVLP_MASK)
/* PMCTRL Bit Fields */
#define SMC_PMCTRL_STOPM_MASK                   0x7u
#define SMC_PMCTRL_STOPM_SHIFT                  0
#define SMC_PMCTRL_STOPM_WIDTH                  3
#define SMC_PMCTRL_STOPM(x)          (((uint8_t)(((uint8_t)(x))<<SMC_PMCTRL_STOPM_SHIFT))&SMC_PMCTRL_STOPM_MASK)
#define SMC_PMCTRL_STOPA_MASK                   0x8u
#define SMC_PMCTRL_STOPA_SHIFT                  3
#define SMC_PMCTRL_STOPA_WIDTH                  1
#define SMC_PMCTRL_STOPA(x)          (((uint8_t)(((uint8_t)(x))<<SMC_PMCTRL_STOPA_SHIFT))&SMC_PMCTRL_STOPA_MASK)
#define SMC_PMCTRL_RUNM_MASK                    0x60u
#define SMC_PMCTRL_RUNM_SHIFT                   5
#define SMC_PMCTRL_RUNM_WIDTH                   2
#define SMC_PMCTRL_RUNM(x)           (((uint8_t)(((uint8_t)(x))<<SMC_PMCTRL_RUNM_SHIFT))&SMC_PMCTRL_RUNM_MASK)
/* STOPCTRL Bit Fields */
#define SMC_STOPCTRL_VLLSM_MASK                 0x7u
#define SMC_STOPCTRL_VLLSM_SHIFT                0
#define SMC_STOPCTRL_VLLSM_WIDTH                3
#define SMC_STOPCTRL_VLLSM(x)        (((uint8_t)(((uint8_t)(x))<<SMC_STOPCTRL_VLLSM_SHIFT))&SMC_STOPCTRL_VLLSM_MASK)
#define SMC_STOPCTRL_PORPO_MASK                 0x20u
#define SMC_STOPCTRL_PORPO_SHIFT                5
#define SMC_STOPCTRL_PORPO_WIDTH                1
#define SMC_STOPCTRL_PORPO(x)        (((uint8_t)(((uint8_t)(x))<<SMC_STOPCTRL_PORPO_SHIFT))&SMC_STOPCTRL_PORPO_MASK)
#define SMC_STOPCTRL_PSTOPO_MASK                0xC0u
#define SMC_STOPCTRL_PSTOPO_SHIFT               6
#define SMC_STOPCTRL_PSTOPO_WIDTH               2
#define SMC_STOPCTRL_PSTOPO(x)       (((uint8_t)(((uint8_t)(x))<<SMC_STOPCTRL_PSTOPO_SHIFT))&SMC_STOPCTRL_PSTOPO_MASK)
/* PMSTAT Bit Fields */
#define SMC_PMSTAT_PMSTAT_MASK                  0x7Fu
#define SMC_PMSTAT_PMSTAT_SHIFT                 0
#define SMC_PMSTAT_PMSTAT_WIDTH                 7
#define SMC_PMSTAT_PMSTAT(x)      (((uint8_t)(((uint8_t)(x))<<SMC_PMSTAT_PMSTAT_SHIFT))&SMC_PMSTAT_PMSTAT_MASK)

/* SMC - Peripheral instance base addresses */
/** Peripheral SMC base address */
#define SMC_BASE                                (0x4007E000u)
/** Peripheral SMC base pointer */
#define SMC                                     ((SMC_Type *)SMC_BASE)
#define SMC_BASE_PTR                            (SMC)
/** Array initializer of SMC peripheral base addresses */
#define SMC_BASE_ADDRS                          { SMC_BASE }
/** Array initializer of SMC peripheral base pointers */
#define SMC_BASE_PTRS                           { SMC }

/* ----------------------------------------------------------------------------
   -- SMC - Register accessor macros
   ---------------------------------------------------------------------------- */

/* SMC - Register instance definitions */
/* SMC */
#define SMC_PMPROT                              SMC_PMPROT_REG(SMC)
#define SMC_PMCTRL                              SMC_PMCTRL_REG(SMC)
#define SMC_STOPCTRL                            SMC_STOPCTRL_REG(SMC)
#define SMC_PMSTAT                              SMC_PMSTAT_REG(SMC)

/* ----------------------------------------------------------------------------
   -- SPI Peripheral Access Layer
   ---------------------------------------------------------------------------- */

/** SPI - Register Layout Typedef */
typedef struct {
  __IO uint8_t C1;                              /**< SPI control register 1, offset: 0x0 */
```

```
  __IO uint8_t C2;                          /**< SPI control register 2, offset: 0x1 */
  __IO uint8_t BR;                          /**< SPI baud rate register, offset: 0x2 */
  __IO uint8_t S;                           /**< SPI status register, offset: 0x3 */
       uint8_t RESERVED_0[1];
  __IO uint8_t D;                           /**< SPI data register, offset: 0x5 */
       uint8_t RESERVED_1[1];
  __IO uint8_t M;                           /**< SPI match register, offset: 0x7 */
} SPI_Type, *SPI_MemMapPtr;

/* ----------------------------------------------------------------------------
   -- SPI - Register accessor macros
   ---------------------------------------------------------------------------- */

/* SPI - Register accessors */
#define SPI_C1_REG(base)                    ((base)->C1)
#define SPI_C2_REG(base)                    ((base)->C2)
#define SPI_BR_REG(base)                    ((base)->BR)
#define SPI_S_REG(base)                     ((base)->S)
#define SPI_D_REG(base)                     ((base)->D)
#define SPI_M_REG(base)                     ((base)->M)

/* ----------------------------------------------------------------------------
   -- SPI Register Masks
   ---------------------------------------------------------------------------- */

/* C1 Bit Fields */
#define SPI_C1_LSBFE_MASK                   0x1u
#define SPI_C1_LSBFE_SHIFT                  0
#define SPI_C1_LSBFE_WIDTH                  1
#define SPI_C1_LSBFE(x)                     (((uint8_t)(((uint8_t)(x))<<SPI_C1_LSBFE_SHIFT))&SPI_C1_LSBFE_MASK)
#define SPI_C1_SSOE_MASK                    0x2u
#define SPI_C1_SSOE_SHIFT                   1
#define SPI_C1_SSOE_WIDTH                   1
#define SPI_C1_SSOE(x)                      (((uint8_t)(((uint8_t)(x))<<SPI_C1_SSOE_SHIFT))&SPI_C1_SSOE_MASK)
#define SPI_C1_CPHA_MASK                    0x4u
#define SPI_C1_CPHA_SHIFT                   2
#define SPI_C1_CPHA_WIDTH                   1
#define SPI_C1_CPHA(x)                      (((uint8_t)(((uint8_t)(x))<<SPI_C1_CPHA_SHIFT))&SPI_C1_CPHA_MASK)
#define SPI_C1_CPOL_MASK                    0x8u
#define SPI_C1_CPOL_SHIFT                   3
#define SPI_C1_CPOL_WIDTH                   1
#define SPI_C1_CPOL(x)                      (((uint8_t)(((uint8_t)(x))<<SPI_C1_CPOL_SHIFT))&SPI_C1_CPOL_MASK)
#define SPI_C1_MSTR_MASK                    0x10u
#define SPI_C1_MSTR_SHIFT                   4
#define SPI_C1_MSTR_WIDTH                   1
#define SPI_C1_MSTR(x)                      (((uint8_t)(((uint8_t)(x))<<SPI_C1_MSTR_SHIFT))&SPI_C1_MSTR_MASK)
#define SPI_C1_SPTIE_MASK                   0x20u
#define SPI_C1_SPTIE_SHIFT                  5
#define SPI_C1_SPTIE_WIDTH                  1
#define SPI_C1_SPTIE(x)                     (((uint8_t)(((uint8_t)(x))<<SPI_C1_SPTIE_SHIFT))&SPI_C1_SPTIE_MASK)
#define SPI_C1_SPE_MASK                     0x40u
#define SPI_C1_SPE_SHIFT                    6
#define SPI_C1_SPE_WIDTH                    1
#define SPI_C1_SPE(x)                       (((uint8_t)(((uint8_t)(x))<<SPI_C1_SPE_SHIFT))&SPI_C1_SPE_MASK)
#define SPI_C1_SPIE_MASK                    0x80u
#define SPI_C1_SPIE_SHIFT                   7
#define SPI_C1_SPIE_WIDTH                   1
#define SPI_C1_SPIE(x)                      (((uint8_t)(((uint8_t)(x))<<SPI_C1_SPIE_SHIFT))&SPI_C1_SPIE_MASK)
/* C2 Bit Fields */
#define SPI_C2_SPC0_MASK                    0x1u
#define SPI_C2_SPC0_SHIFT                   0
#define SPI_C2_SPC0_WIDTH                   1
#define SPI_C2_SPC0(x)                      (((uint8_t)(((uint8_t)(x))<<SPI_C2_SPC0_SHIFT))&SPI_C2_SPC0_MASK)
#define SPI_C2_SPISWAI_MASK                 0x2u
#define SPI_C2_SPISWAI_SHIFT                1
#define SPI_C2_SPISWAI_WIDTH                1
#define SPI_C2_SPISWAI(x)                   (((uint8_t)(((uint8_t)(x))<<SPI_C2_SPISWAI_SHIFT))&SPI_C2_SPISWAI_MASK)
#define SPI_C2_RXDMAE_MASK                  0x4u
#define SPI_C2_RXDMAE_SHIFT                 2
#define SPI_C2_RXDMAE_WIDTH                 1
#define SPI_C2_RXDMAE(x)                    (((uint8_t)(((uint8_t)(x))<<SPI_C2_RXDMAE_SHIFT))&SPI_C2_RXDMAE_MASK)
#define SPI_C2_BIDIROE_MASK                 0x8u
#define SPI_C2_BIDIROE_SHIFT                3
#define SPI_C2_BIDIROE_WIDTH                1
#define SPI_C2_BIDIROE(x)                   (((uint8_t)(((uint8_t)(x))<<SPI_C2_BIDIROE_SHIFT))&SPI_C2_BIDIROE_MASK)
#define SPI_C2_MODFEN_MASK                  0x10u
#define SPI_C2_MODFEN_SHIFT                 4
#define SPI_C2_MODFEN_WIDTH                 1
#define SPI_C2_MODFEN(x)                    (((uint8_t)(((uint8_t)(x))<<SPI_C2_MODFEN_SHIFT))&SPI_C2_MODFEN_MASK)
#define SPI_C2_TXDMAE_MASK                  0x20u
#define SPI_C2_TXDMAE_SHIFT                 5
#define SPI_C2_TXDMAE_WIDTH                 1
```

```
#define SPI_C2_TXDMAE(x)                 (((uint8_t)(((uint8_t)(x))<<SPI_C2_TXDMAE_SHIFT))&SPI_C2_TXDMAE_MASK)
#define SPI_C2_SPMIE_MASK                0x80u
#define SPI_C2_SPMIE_SHIFT               7
#define SPI_C2_SPMIE_WIDTH               1
#define SPI_C2_SPMIE(x)                  (((uint8_t)(((uint8_t)(x))<<SPI_C2_SPMIE_SHIFT))&SPI_C2_SPMIE_MASK)
/* BR Bit Fields */
#define SPI_BR_SPR_MASK                  0xFu
#define SPI_BR_SPR_SHIFT                 0
#define SPI_BR_SPR_WIDTH                 4
#define SPI_BR_SPR(x)                    (((uint8_t)(((uint8_t)(x))<<SPI_BR_SPR_SHIFT))&SPI_BR_SPR_MASK)
#define SPI_BR_SPPR_MASK                 0x70u
#define SPI_BR_SPPR_SHIFT                4
#define SPI_BR_SPPR_WIDTH                3
#define SPI_BR_SPPR(x)                   (((uint8_t)(((uint8_t)(x))<<SPI_BR_SPPR_SHIFT))&SPI_BR_SPPR_MASK)
/* S Bit Fields */
#define SPI_S_MODF_MASK                  0x10u
#define SPI_S_MODF_SHIFT                 4
#define SPI_S_MODF_WIDTH                 1
#define SPI_S_MODF(x)                    (((uint8_t)(((uint8_t)(x))<<SPI_S_MODF_SHIFT))&SPI_S_MODF_MASK)
#define SPI_S_SPTEF_MASK                 0x20u
#define SPI_S_SPTEF_SHIFT                5
#define SPI_S_SPTEF_WIDTH                1
#define SPI_S_SPTEF(x)                   (((uint8_t)(((uint8_t)(x))<<SPI_S_SPTEF_SHIFT))&SPI_S_SPTEF_MASK)
#define SPI_S_SPMF_MASK                  0x40u
#define SPI_S_SPMF_SHIFT                 6
#define SPI_S_SPMF_WIDTH                 1
#define SPI_S_SPMF(x)                    (((uint8_t)(((uint8_t)(x))<<SPI_S_SPMF_SHIFT))&SPI_S_SPMF_MASK)
#define SPI_S_SPRF_MASK                  0x80u
#define SPI_S_SPRF_SHIFT                 7
#define SPI_S_SPRF_WIDTH                 1
#define SPI_S_SPRF(x)                    (((uint8_t)(((uint8_t)(x))<<SPI_S_SPRF_SHIFT))&SPI_S_SPRF_MASK)
/* D Bit Fields */
#define SPI_D_Bits_MASK                  0xFFu
#define SPI_D_Bits_SHIFT                 0
#define SPI_D_Bits_WIDTH                 8
#define SPI_D_Bits(x)                    (((uint8_t)(((uint8_t)(x))<<SPI_D_Bits_SHIFT))&SPI_D_Bits_MASK)
/* M Bit Fields */
#define SPI_M_Bits_MASK                  0xFFu
#define SPI_M_Bits_SHIFT                 0
#define SPI_M_Bits_WIDTH                 8
#define SPI_M_Bits(x)                    (((uint8_t)(((uint8_t)(x))<<SPI_M_Bits_SHIFT))&SPI_M_Bits_MASK)

/* SPI - Peripheral instance base addresses */
/** Peripheral SPI0 base address */
#define SPI0_BASE                        (0x40076000u)
/** Peripheral SPI0 base pointer */
#define SPI0                             ((SPI_Type *)SPI0_BASE)
#define SPI0_BASE_PTR                    (SPI0)
/** Peripheral SPI1 base address */
#define SPI1_BASE                        (0x40077000u)
/** Peripheral SPI1 base pointer */
#define SPI1                             ((SPI_Type *)SPI1_BASE)
#define SPI1_BASE_PTR                    (SPI1)
/** Array initializer of SPI peripheral base addresses */
#define SPI_BASE_ADDRS                   { SPI0_BASE, SPI1_BASE }
/** Array initializer of SPI peripheral base pointers */
#define SPI_BASE_PTRS                    { SPI0, SPI1 }

/* ----------------------------------------------------------------------------
   -- SPI - Register accessor macros
   ---------------------------------------------------------------------------- */

/* SPI - Register instance definitions */
/* SPI0 */
#define SPI0_C1                          SPI_C1_REG(SPI0)
#define SPI0_C2                          SPI_C2_REG(SPI0)
#define SPI0_BR                          SPI_BR_REG(SPI0)
#define SPI0_S                           SPI_S_REG(SPI0)
#define SPI0_D                           SPI_D_REG(SPI0)
#define SPI0_M                           SPI_M_REG(SPI0)
/* SPI1 */
#define SPI1_C1                          SPI_C1_REG(SPI1)
#define SPI1_C2                          SPI_C2_REG(SPI1)
#define SPI1_BR                          SPI_BR_REG(SPI1)
#define SPI1_S                           SPI_S_REG(SPI1)
#define SPI1_D                           SPI_D_REG(SPI1)
#define SPI1_M                           SPI_M_REG(SPI1)

/* ----------------------------------------------------------------------------
   -- TPM Peripheral Access Layer
   ---------------------------------------------------------------------------- */
```

```
/** TPM - Register Layout Typedef */
typedef struct {
  __IO uint32_t SC;                        /**< Status and Control, offset: 0x0 */
  __IO uint32_t CNT;                       /**< Counter, offset: 0x4 */
  __IO uint32_t MOD;                       /**< Modulo, offset: 0x8 */
  struct {                                 /* offset: 0xC, array step: 0x8 */
    __IO uint32_t CnSC;                    /**< Channel (n) Status and Control, array offset: 0xC, array step: 0x8 */
    __IO uint32_t CnV;                     /**< Channel (n) Value, array offset: 0x10, array step: 0x8 */
  } CONTROLS[6];
       uint8_t RESERVED_0[20];
  __IO uint32_t STATUS;                    /**< Capture and Compare Status, offset: 0x50 */
       uint8_t RESERVED_1[48];
  __IO uint32_t CONF;                      /**< Configuration, offset: 0x84 */
} TPM_Type, *TPM_MemMapPtr;

/* ----------------------------------------------------------------------------
   -- TPM - Register accessor macros
   ---------------------------------------------------------------------------- */

/* TPM - Register accessors */
#define TPM_SC_REG(base)                         ((base)->SC)
#define TPM_CNT_REG(base)                        ((base)->CNT)
#define TPM_MOD_REG(base)                        ((base)->MOD)
#define TPM_CnSC_REG(base,index)                 ((base)->CONTROLS[index].CnSC)
#define TPM_CnSC_COUNT                           6
#define TPM_CnV_REG(base,index)                  ((base)->CONTROLS[index].CnV)
#define TPM_CnV_COUNT                            6
#define TPM_STATUS_REG(base)                     ((base)->STATUS)
#define TPM_CONF_REG(base)                       ((base)->CONF)

/* ----------------------------------------------------------------------------
   -- TPM Register Masks
   ---------------------------------------------------------------------------- */

/* SC Bit Fields */
#define TPM_SC_PS_MASK                           0x7u
#define TPM_SC_PS_SHIFT                          0
#define TPM_SC_PS_WIDTH                          3
#define TPM_SC_PS(x)                             (((uint32_t)(((uint32_t)(x))<<TPM_SC_PS_SHIFT))&TPM_SC_PS_MASK)
#define TPM_SC_CMOD_MASK                         0x18u
#define TPM_SC_CMOD_SHIFT                        3
#define TPM_SC_CMOD_WIDTH                        2
#define TPM_SC_CMOD(x)                           (((uint32_t)(((uint32_t)(x))<<TPM_SC_CMOD_SHIFT))&TPM_SC_CMOD_MASK)
#define TPM_SC_CPWMS_MASK                        0x20u
#define TPM_SC_CPWMS_SHIFT                       5
#define TPM_SC_CPWMS_WIDTH                       1
#define TPM_SC_CPWMS(x)                          (((uint32_t)(((uint32_t)(x))<<TPM_SC_CPWMS_SHIFT))&TPM_SC_CPWMS_MASK)
#define TPM_SC_TOIE_MASK                         0x40u
#define TPM_SC_TOIE_SHIFT                        6
#define TPM_SC_TOIE_WIDTH                        1
#define TPM_SC_TOIE(x)                           (((uint32_t)(((uint32_t)(x))<<TPM_SC_TOIE_SHIFT))&TPM_SC_TOIE_MASK)
#define TPM_SC_TOF_MASK                          0x80u
#define TPM_SC_TOF_SHIFT                         7
#define TPM_SC_TOF_WIDTH                         1
#define TPM_SC_TOF(x)                            (((uint32_t)(((uint32_t)(x))<<TPM_SC_TOF_SHIFT))&TPM_SC_TOF_MASK)
#define TPM_SC_DMA_MASK                          0x100u
#define TPM_SC_DMA_SHIFT                         8
#define TPM_SC_DMA_WIDTH                         1
#define TPM_SC_DMA(x)                            (((uint32_t)(((uint32_t)(x))<<TPM_SC_DMA_SHIFT))&TPM_SC_DMA_MASK)
/* CNT Bit Fields */
#define TPM_CNT_COUNT_MASK                       0xFFFFu
#define TPM_CNT_COUNT_SHIFT                      0
#define TPM_CNT_COUNT_WIDTH                      16
#define TPM_CNT_COUNT(x)                         (((uint32_t)(((uint32_t)(x))<<TPM_CNT_COUNT_SHIFT))&TPM_CNT_COUNT_MASK)
/* MOD Bit Fields */
#define TPM_MOD_MOD_MASK                         0xFFFFu
#define TPM_MOD_MOD_SHIFT                        0
#define TPM_MOD_MOD_WIDTH                        16
#define TPM_MOD_MOD(x)                           (((uint32_t)(((uint32_t)(x))<<TPM_MOD_MOD_SHIFT))&TPM_MOD_MOD_MASK)
/* CnSC Bit Fields */
#define TPM_CnSC_DMA_MASK                        0x1u
#define TPM_CnSC_DMA_SHIFT                       0
#define TPM_CnSC_DMA_WIDTH                       1
#define TPM_CnSC_DMA(x)                          (((uint32_t)(((uint32_t)(x))<<TPM_CnSC_DMA_SHIFT))&TPM_CnSC_DMA_MASK)
#define TPM_CnSC_ELSA_MASK                       0x4u
#define TPM_CnSC_ELSA_SHIFT                      2
#define TPM_CnSC_ELSA_WIDTH                      1
#define TPM_CnSC_ELSA(x)                         (((uint32_t)(((uint32_t)(x))<<TPM_CnSC_ELSA_SHIFT))&TPM_CnSC_ELSA_MASK)
#define TPM_CnSC_ELSB_MASK                       0x8u
#define TPM_CnSC_ELSB_SHIFT                      3
#define TPM_CnSC_ELSB_WIDTH                      1
#define TPM_CnSC_ELSB(x)                         (((uint32_t)(((uint32_t)(x))<<TPM_CnSC_ELSB_SHIFT))&TPM_CnSC_ELSB_MASK)
```

```
#define TPM_CnSC_MSA_MASK                        0x10u
#define TPM_CnSC_MSA_SHIFT                       4
#define TPM_CnSC_MSA_WIDTH                       1
#define TPM_CnSC_MSA(x)                          (((uint32_t)(((uint32_t)(x))<<TPM_CnSC_MSA_SHIFT))&TPM_CnSC_MSA_MASK)
#define TPM_CnSC_MSB_MASK                        0x20u
#define TPM_CnSC_MSB_SHIFT                       5
#define TPM_CnSC_MSB_WIDTH                       1
#define TPM_CnSC_MSB(x)                          (((uint32_t)(((uint32_t)(x))<<TPM_CnSC_MSB_SHIFT))&TPM_CnSC_MSB_MASK)
#define TPM_CnSC_CHIE_MASK                       0x40u
#define TPM_CnSC_CHIE_SHIFT                      6
#define TPM_CnSC_CHIE_WIDTH                      1
#define TPM_CnSC_CHIE(x)                         (((uint32_t)(((uint32_t)(x))<<TPM_CnSC_CHIE_SHIFT))&TPM_CnSC_CHIE_MASK)
#define TPM_CnSC_CHF_MASK                        0x80u
#define TPM_CnSC_CHF_SHIFT                       7
#define TPM_CnSC_CHF_WIDTH                       1
#define TPM_CnSC_CHF(x)                          (((uint32_t)(((uint32_t)(x))<<TPM_CnSC_CHF_SHIFT))&TPM_CnSC_CHF_MASK)
/* CnV Bit Fields */
#define TPM_CnV_VAL_MASK                         0xFFFFu
#define TPM_CnV_VAL_SHIFT                        0
#define TPM_CnV_VAL_WIDTH                        16
#define TPM_CnV_VAL(x)                           (((uint32_t)(((uint32_t)(x))<<TPM_CnV_VAL_SHIFT))&TPM_CnV_VAL_MASK)
/* STATUS Bit Fields */
#define TPM_STATUS_CH0F_MASK                     0x1u
#define TPM_STATUS_CH0F_SHIFT                    0
#define TPM_STATUS_CH0F_WIDTH                    1
#define TPM_STATUS_CH0F(x)                       (((uint32_t)(((uint32_t)(x))<<TPM_STATUS_CH0F_SHIFT))&TPM_STATUS_CH0F_MASK)
#define TPM_STATUS_CH1F_MASK                     0x2u
#define TPM_STATUS_CH1F_SHIFT                    1
#define TPM_STATUS_CH1F_WIDTH                    1
#define TPM_STATUS_CH1F(x)                       (((uint32_t)(((uint32_t)(x))<<TPM_STATUS_CH1F_SHIFT))&TPM_STATUS_CH1F_MASK)
#define TPM_STATUS_CH2F_MASK                     0x4u
#define TPM_STATUS_CH2F_SHIFT                    2
#define TPM_STATUS_CH2F_WIDTH                    1
#define TPM_STATUS_CH2F(x)                       (((uint32_t)(((uint32_t)(x))<<TPM_STATUS_CH2F_SHIFT))&TPM_STATUS_CH2F_MASK)
#define TPM_STATUS_CH3F_MASK                     0x8u
#define TPM_STATUS_CH3F_SHIFT                    3
#define TPM_STATUS_CH3F_WIDTH                    1
#define TPM_STATUS_CH3F(x)                       (((uint32_t)(((uint32_t)(x))<<TPM_STATUS_CH3F_SHIFT))&TPM_STATUS_CH3F_MASK)
#define TPM_STATUS_CH4F_MASK                     0x10u
#define TPM_STATUS_CH4F_SHIFT                    4
#define TPM_STATUS_CH4F_WIDTH                    1
#define TPM_STATUS_CH4F(x)                       (((uint32_t)(((uint32_t)(x))<<TPM_STATUS_CH4F_SHIFT))&TPM_STATUS_CH4F_MASK)
#define TPM_STATUS_CH5F_MASK                     0x20u
#define TPM_STATUS_CH5F_SHIFT                    5
#define TPM_STATUS_CH5F_WIDTH                    1
#define TPM_STATUS_CH5F(x)                       (((uint32_t)(((uint32_t)(x))<<TPM_STATUS_CH5F_SHIFT))&TPM_STATUS_CH5F_MASK)
#define TPM_STATUS_TOF_MASK                      0x100u
#define TPM_STATUS_TOF_SHIFT                     8
#define TPM_STATUS_TOF_WIDTH                     1
#define TPM_STATUS_TOF(x)                        (((uint32_t)(((uint32_t)(x))<<TPM_STATUS_TOF_SHIFT))&TPM_STATUS_TOF_MASK)
/* CONF Bit Fields */
#define TPM_CONF_DOZEEN_MASK                     0x20u
#define TPM_CONF_DOZEEN_SHIFT                    5
#define TPM_CONF_DOZEEN_WIDTH                    1
#define TPM_CONF_DOZEEN(x)                       (((uint32_t)(((uint32_t)(x))<<TPM_CONF_DOZEEN_SHIFT))&TPM_CONF_DOZEEN_MASK)
#define TPM_CONF_DBGMODE_MASK                    0xC0u
#define TPM_CONF_DBGMODE_SHIFT                   6
#define TPM_CONF_DBGMODE_WIDTH                   2
#define TPM_CONF_DBGMODE(x)                      (((uint32_t)(((uint32_t)(x))<<TPM_CONF_DBGMODE_SHIFT))&TPM_CONF_DBGMODE_MASK)
#define TPM_CONF_GTBEEN_MASK                     0x200u
#define TPM_CONF_GTBEEN_SHIFT                    9
#define TPM_CONF_GTBEEN_WIDTH                    1
#define TPM_CONF_GTBEEN(x)                       (((uint32_t)(((uint32_t)(x))<<TPM_CONF_GTBEEN_SHIFT))&TPM_CONF_GTBEEN_MASK)
#define TPM_CONF_CSOT_MASK                       0x10000u
#define TPM_CONF_CSOT_SHIFT                      16
#define TPM_CONF_CSOT_WIDTH                      1
#define TPM_CONF_CSOT(x)                         (((uint32_t)(((uint32_t)(x))<<TPM_CONF_CSOT_SHIFT))&TPM_CONF_CSOT_MASK)
#define TPM_CONF_CSOO_MASK                       0x20000u
#define TPM_CONF_CSOO_SHIFT                      17
#define TPM_CONF_CSOO_WIDTH                      1
#define TPM_CONF_CSOO(x)                         (((uint32_t)(((uint32_t)(x))<<TPM_CONF_CSOO_SHIFT))&TPM_CONF_CSOO_MASK)
#define TPM_CONF_CROT_MASK                       0x40000u
#define TPM_CONF_CROT_SHIFT                      18
#define TPM_CONF_CROT_WIDTH                      1
#define TPM_CONF_CROT(x)                         (((uint32_t)(((uint32_t)(x))<<TPM_CONF_CROT_SHIFT))&TPM_CONF_CROT_MASK)
#define TPM_CONF_TRGSEL_MASK                     0xF000000u
#define TPM_CONF_TRGSEL_SHIFT                    24
#define TPM_CONF_TRGSEL_WIDTH                    4
#define TPM_CONF_TRGSEL(x)                       (((uint32_t)(((uint32_t)(x))<<TPM_CONF_TRGSEL_SHIFT))&TPM_CONF_TRGSEL_MASK)

/* TPM - Peripheral instance base addresses */
/** Peripheral TPM0 base address */
```

```
#define TPM0_BASE                                (0x40038000u)
/** Peripheral TPM0 base pointer */
#define TPM0                                     ((TPM_Type *)TPM0_BASE)
#define TPM0_BASE_PTR                            (TPM0)
/** Peripheral TPM1 base address */
#define TPM1_BASE                                (0x40039000u)
/** Peripheral TPM1 base pointer */
#define TPM1                                     ((TPM_Type *)TPM1_BASE)
#define TPM1_BASE_PTR                            (TPM1)
/** Peripheral TPM2 base address */
#define TPM2_BASE                                (0x4003A000u)
/** Peripheral TPM2 base pointer */
#define TPM2                                     ((TPM_Type *)TPM2_BASE)
#define TPM2_BASE_PTR                            (TPM2)
/** Array initializer of TPM peripheral base addresses */
#define TPM_BASE_ADDRS                           { TPM0_BASE, TPM1_BASE, TPM2_BASE }
/** Array initializer of TPM peripheral base pointers */
#define TPM_BASE_PTRS                            { TPM0, TPM1, TPM2 }

/* ----------------------------------------------------------------------------
   -- TPM - Register accessor macros
   ---------------------------------------------------------------------------- */

/* TPM - Register instance definitions */
/* TPM0 */
#define TPM0_SC                                  TPM_SC_REG(TPM0)
#define TPM0_CNT                                 TPM_CNT_REG(TPM0)
#define TPM0_MOD                                 TPM_MOD_REG(TPM0)
#define TPM0_C0SC                                TPM_CnSC_REG(TPM0,0)
#define TPM0_C0V                                 TPM_CnV_REG(TPM0,0)
#define TPM0_C1SC                                TPM_CnSC_REG(TPM0,1)
#define TPM0_C1V                                 TPM_CnV_REG(TPM0,1)
#define TPM0_C2SC                                TPM_CnSC_REG(TPM0,2)
#define TPM0_C2V                                 TPM_CnV_REG(TPM0,2)
#define TPM0_C3SC                                TPM_CnSC_REG(TPM0,3)
#define TPM0_C3V                                 TPM_CnV_REG(TPM0,3)
#define TPM0_C4SC                                TPM_CnSC_REG(TPM0,4)
#define TPM0_C4V                                 TPM_CnV_REG(TPM0,4)
#define TPM0_C5SC                                TPM_CnSC_REG(TPM0,5)
#define TPM0_C5V                                 TPM_CnV_REG(TPM0,5)
#define TPM0_STATUS                              TPM_STATUS_REG(TPM0)
#define TPM0_CONF                                TPM_CONF_REG(TPM0)
/* TPM1 */
#define TPM1_SC                                  TPM_SC_REG(TPM1)
#define TPM1_CNT                                 TPM_CNT_REG(TPM1)
#define TPM1_MOD                                 TPM_MOD_REG(TPM1)
#define TPM1_C0SC                                TPM_CnSC_REG(TPM1,0)
#define TPM1_C0V                                 TPM_CnV_REG(TPM1,0)
#define TPM1_C1SC                                TPM_CnSC_REG(TPM1,1)
#define TPM1_C1V                                 TPM_CnV_REG(TPM1,1)
#define TPM1_STATUS                              TPM_STATUS_REG(TPM1)
#define TPM1_CONF                                TPM_CONF_REG(TPM1)
/* TPM2 */
#define TPM2_SC                                  TPM_SC_REG(TPM2)
#define TPM2_CNT                                 TPM_CNT_REG(TPM2)
#define TPM2_MOD                                 TPM_MOD_REG(TPM2)
#define TPM2_C0SC                                TPM_CnSC_REG(TPM2,0)
#define TPM2_C0V                                 TPM_CnV_REG(TPM2,0)
#define TPM2_C1SC                                TPM_CnSC_REG(TPM2,1)
#define TPM2_C1V                                 TPM_CnV_REG(TPM2,1)
#define TPM2_STATUS                              TPM_STATUS_REG(TPM2)
#define TPM2_CONF                                TPM_CONF_REG(TPM2)

/* TPM - Register array accessors */
#define TPM0_CnSC(index)                         TPM_CnSC_REG(TPM0,index)
#define TPM1_CnSC(index)                         TPM_CnSC_REG(TPM1,index)
#define TPM2_CnSC(index)                         TPM_CnSC_REG(TPM2,index)
#define TPM0_CnV(index)                          TPM_CnV_REG(TPM0,index)
#define TPM1_CnV(index)                          TPM_CnV_REG(TPM1,index)
#define TPM2_CnV(index)                          TPM_CnV_REG(TPM2,index)

/* ----------------------------------------------------------------------------
   -- TSI Peripheral Access Layer
   ---------------------------------------------------------------------------- */

/** TSI - Register Layout Typedef */
typedef struct {
  __IO uint32_t GENCS;                   /**< TSI General Control and Status Register, offset: 0x0 */
  __IO uint32_t DATA;                    /**< TSI DATA Register, offset: 0x4 */
  __IO uint32_t TSHD;                    /**< TSI Threshold Register, offset: 0x8 */
} TSI_Type, *TSI_MemMapPtr;
```

```
/* ----------------------------------------------------------------------------
   -- TSI - Register accessor macros
   ---------------------------------------------------------------------------- */

/* TSI - Register accessors */
#define TSI_GENCS_REG(base)                  ((base)->GENCS)
#define TSI_DATA_REG(base)                   ((base)->DATA)
#define TSI_TSHD_REG(base)                   ((base)->TSHD)

/* ----------------------------------------------------------------------------
   -- TSI Register Masks
   ---------------------------------------------------------------------------- */

/* GENCS Bit Fields */
#define TSI_GENCS_CURSW_MASK                 0x2u
#define TSI_GENCS_CURSW_SHIFT                1
#define TSI_GENCS_CURSW_WIDTH                1
#define TSI_GENCS_CURSW(x)          (((uint32_t)(((uint32_t)(x))<<TSI_GENCS_CURSW_SHIFT))&TSI_GENCS_CURSW_MASK)
#define TSI_GENCS_EOSF_MASK                  0x4u
#define TSI_GENCS_EOSF_SHIFT                 2
#define TSI_GENCS_EOSF_WIDTH                 1
#define TSI_GENCS_EOSF(x)           (((uint32_t)(((uint32_t)(x))<<TSI_GENCS_EOSF_SHIFT))&TSI_GENCS_EOSF_MASK)
#define TSI_GENCS_SCNIP_MASK                 0x8u
#define TSI_GENCS_SCNIP_SHIFT                3
#define TSI_GENCS_SCNIP_WIDTH                1
#define TSI_GENCS_SCNIP(x)          (((uint32_t)(((uint32_t)(x))<<TSI_GENCS_SCNIP_SHIFT))&TSI_GENCS_SCNIP_MASK)
#define TSI_GENCS_STM_MASK                   0x10u
#define TSI_GENCS_STM_SHIFT                  4
#define TSI_GENCS_STM_WIDTH                  1
#define TSI_GENCS_STM(x)            (((uint32_t)(((uint32_t)(x))<<TSI_GENCS_STM_SHIFT))&TSI_GENCS_STM_MASK)
#define TSI_GENCS_STPE_MASK                  0x20u
#define TSI_GENCS_STPE_SHIFT                 5
#define TSI_GENCS_STPE_WIDTH                 1
#define TSI_GENCS_STPE(x)           (((uint32_t)(((uint32_t)(x))<<TSI_GENCS_STPE_SHIFT))&TSI_GENCS_STPE_MASK)
#define TSI_GENCS_TSIIEN_MASK                0x40u
#define TSI_GENCS_TSIIEN_SHIFT               6
#define TSI_GENCS_TSIIEN_WIDTH               1
#define TSI_GENCS_TSIIEN(x)         (((uint32_t)(((uint32_t)(x))<<TSI_GENCS_TSIIEN_SHIFT))&TSI_GENCS_TSIIEN_MASK)
#define TSI_GENCS_TSIEN_MASK                 0x80u
#define TSI_GENCS_TSIEN_SHIFT                7
#define TSI_GENCS_TSIEN_WIDTH                1
#define TSI_GENCS_TSIEN(x)          (((uint32_t)(((uint32_t)(x))<<TSI_GENCS_TSIEN_SHIFT))&TSI_GENCS_TSIEN_MASK)
#define TSI_GENCS_NSCN_MASK                  0x1F00u
#define TSI_GENCS_NSCN_SHIFT                 8
#define TSI_GENCS_NSCN_WIDTH                 5
#define TSI_GENCS_NSCN(x)           (((uint32_t)(((uint32_t)(x))<<TSI_GENCS_NSCN_SHIFT))&TSI_GENCS_NSCN_MASK)
#define TSI_GENCS_PS_MASK                    0xE000u
#define TSI_GENCS_PS_SHIFT                   13
#define TSI_GENCS_PS_WIDTH                   3
#define TSI_GENCS_PS(x)             (((uint32_t)(((uint32_t)(x))<<TSI_GENCS_PS_SHIFT))&TSI_GENCS_PS_MASK)
#define TSI_GENCS_EXTCHRG_MASK               0x70000u
#define TSI_GENCS_EXTCHRG_SHIFT              16
#define TSI_GENCS_EXTCHRG_WIDTH              3
#define TSI_GENCS_EXTCHRG(x)        (((uint32_t)(((uint32_t)(x))<<TSI_GENCS_EXTCHRG_SHIFT))&TSI_GENCS_EXTCHRG_MASK)
#define TSI_GENCS_DVOLT_MASK                 0x180000u
#define TSI_GENCS_DVOLT_SHIFT                19
#define TSI_GENCS_DVOLT_WIDTH                2
#define TSI_GENCS_DVOLT(x)          (((uint32_t)(((uint32_t)(x))<<TSI_GENCS_DVOLT_SHIFT))&TSI_GENCS_DVOLT_MASK)
#define TSI_GENCS_REFCHRG_MASK               0xE00000u
#define TSI_GENCS_REFCHRG_SHIFT              21
#define TSI_GENCS_REFCHRG_WIDTH              3
#define TSI_GENCS_REFCHRG(x)        (((uint32_t)(((uint32_t)(x))<<TSI_GENCS_REFCHRG_SHIFT))&TSI_GENCS_REFCHRG_MASK)
#define TSI_GENCS_MODE_MASK                  0xF000000u
#define TSI_GENCS_MODE_SHIFT                 24
#define TSI_GENCS_MODE_WIDTH                 4
#define TSI_GENCS_MODE(x)           (((uint32_t)(((uint32_t)(x))<<TSI_GENCS_MODE_SHIFT))&TSI_GENCS_MODE_MASK)
#define TSI_GENCS_ESOR_MASK                  0x10000000u
#define TSI_GENCS_ESOR_SHIFT                 28
#define TSI_GENCS_ESOR_WIDTH                 1
#define TSI_GENCS_ESOR(x)           (((uint32_t)(((uint32_t)(x))<<TSI_GENCS_ESOR_SHIFT))&TSI_GENCS_ESOR_MASK)
#define TSI_GENCS_OUTRGF_MASK                0x80000000u
#define TSI_GENCS_OUTRGF_SHIFT               31
#define TSI_GENCS_OUTRGF_WIDTH               1
#define TSI_GENCS_OUTRGF(x)         (((uint32_t)(((uint32_t)(x))<<TSI_GENCS_OUTRGF_SHIFT))&TSI_GENCS_OUTRGF_MASK)
/* DATA Bit Fields */
#define TSI_DATA_TSICNT_MASK                 0xFFFFu
#define TSI_DATA_TSICNT_SHIFT                0
#define TSI_DATA_TSICNT_WIDTH                16
#define TSI_DATA_TSICNT(x)          (((uint32_t)(((uint32_t)(x))<<TSI_DATA_TSICNT_SHIFT))&TSI_DATA_TSICNT_MASK)
#define TSI_DATA_SWTS_MASK                   0x400000u
#define TSI_DATA_SWTS_SHIFT                  22
#define TSI_DATA_SWTS_WIDTH                  1
```

```
#define TSI_DATA_SWTS(x)          (((uint32_t)(((uint32_t)(x))<<TSI_DATA_SWTS_SHIFT))&TSI_DATA_SWTS_MASK)
#define TSI_DATA_DMAEN_MASK                 0x800000u
#define TSI_DATA_DMAEN_SHIFT                23
#define TSI_DATA_DMAEN_WIDTH                1
#define TSI_DATA_DMAEN(x)         (((uint32_t)(((uint32_t)(x))<<TSI_DATA_DMAEN_SHIFT))&TSI_DATA_DMAEN_MASK)
#define TSI_DATA_TSICH_MASK                 0xF0000000u
#define TSI_DATA_TSICH_SHIFT                28
#define TSI_DATA_TSICH_WIDTH                4
#define TSI_DATA_TSICH(x)         (((uint32_t)(((uint32_t)(x))<<TSI_DATA_TSICH_SHIFT))&TSI_DATA_TSICH_MASK)
/* TSHD Bit Fields */
#define TSI_TSHD_THRESL_MASK                0xFFFFu
#define TSI_TSHD_THRESL_SHIFT               0
#define TSI_TSHD_THRESL_WIDTH               16
#define TSI_TSHD_THRESL(x)        (((uint32_t)(((uint32_t)(x))<<TSI_TSHD_THRESL_SHIFT))&TSI_TSHD_THRESL_MASK)
#define TSI_TSHD_THRESH_MASK                0xFFFF0000u
#define TSI_TSHD_THRESH_SHIFT               16
#define TSI_TSHD_THRESH_WIDTH               16
#define TSI_TSHD_THRESH(x)        (((uint32_t)(((uint32_t)(x))<<TSI_TSHD_THRESH_SHIFT))&TSI_TSHD_THRESH_MASK)

/* TSI - Peripheral instance base addresses */
/** Peripheral TSI0 base address */
#define TSI0_BASE                           (0x40045000u)
/** Peripheral TSI0 base pointer */
#define TSI0                                ((TSI_Type *)TSI0_BASE)
#define TSI0_BASE_PTR                       (TSI0)
/** Array initializer of TSI peripheral base addresses */
#define TSI_BASE_ADDRS                      { TSI0_BASE }
/** Array initializer of TSI peripheral base pointers */
#define TSI_BASE_PTRS                       { TSI0 }

/* ----------------------------------------------------------------------------
   -- TSI - Register accessor macros
   ---------------------------------------------------------------------------- */

/* TSI - Register instance definitions */
/* TSI0 */
#define TSI0_GENCS                          TSI_GENCS_REG(TSI0)
#define TSI0_DATA                           TSI_DATA_REG(TSI0)
#define TSI0_TSHD                           TSI_TSHD_REG(TSI0)

/* ----------------------------------------------------------------------------
   -- UART Peripheral Access Layer
   ---------------------------------------------------------------------------- */

/** UART - Register Layout Typedef */
typedef struct {
  __IO uint8_t BDH;                         /**< UART Baud Rate Register: High, offset: 0x0 */
  __IO uint8_t BDL;                         /**< UART Baud Rate Register: Low, offset: 0x1 */
  __IO uint8_t C1;                          /**< UART Control Register 1, offset: 0x2 */
  __IO uint8_t C2;                          /**< UART Control Register 2, offset: 0x3 */
  __I  uint8_t S1;                          /**< UART Status Register 1, offset: 0x4 */
  __IO uint8_t S2;                          /**< UART Status Register 2, offset: 0x5 */
  __IO uint8_t C3;                          /**< UART Control Register 3, offset: 0x6 */
  __IO uint8_t D;                           /**< UART Data Register, offset: 0x7 */
  __IO uint8_t C4;                          /**< UART Control Register 4, offset: 0x8 */
} UART_Type, *UART_MemMapPtr;

/* ----------------------------------------------------------------------------
   -- UART - Register accessor macros
   ---------------------------------------------------------------------------- */

/* UART - Register accessors */
#define UART_BDH_REG(base)                  ((base)->BDH)
#define UART_BDL_REG(base)                  ((base)->BDL)
#define UART_C1_REG(base)                   ((base)->C1)
#define UART_C2_REG(base)                   ((base)->C2)
#define UART_S1_REG(base)                   ((base)->S1)
#define UART_S2_REG(base)                   ((base)->S2)
#define UART_C3_REG(base)                   ((base)->C3)
#define UART_D_REG(base)                    ((base)->D)
#define UART_C4_REG(base)                   ((base)->C4)

/* ----------------------------------------------------------------------------
   -- UART Register Masks
   ---------------------------------------------------------------------------- */

/* BDH Bit Fields */
#define UART_BDH_SBR_MASK                   0x1Fu
#define UART_BDH_SBR_SHIFT                  0
#define UART_BDH_SBR_WIDTH                  5
#define UART_BDH_SBR(x)           (((uint8_t)(((uint8_t)(x))<<UART_BDH_SBR_SHIFT))&UART_BDH_SBR_MASK)
#define UART_BDH_SBNS_MASK                  0x20u
```

```
#define UART_BDH_SBNS_SHIFT                5
#define UART_BDH_SBNS_WIDTH                1
#define UART_BDH_SBNS(x)                   (((uint8_t)(((uint8_t)(x))<<UART_BDH_SBNS_SHIFT))&UART_BDH_SBNS_MASK)
#define UART_BDH_RXEDGIE_MASK              0x40u
#define UART_BDH_RXEDGIE_SHIFT             6
#define UART_BDH_RXEDGIE_WIDTH             1
#define UART_BDH_RXEDGIE(x)                (((uint8_t)(((uint8_t)(x))<<UART_BDH_RXEDGIE_SHIFT))&UART_BDH_RXEDGIE_MASK)
#define UART_BDH_LBKDIE_MASK               0x80u
#define UART_BDH_LBKDIE_SHIFT              7
#define UART_BDH_LBKDIE_WIDTH              1
#define UART_BDH_LBKDIE(x)                 (((uint8_t)(((uint8_t)(x))<<UART_BDH_LBKDIE_SHIFT))&UART_BDH_LBKDIE_MASK)
/* BDL Bit Fields */
#define UART_BDL_SBR_MASK                  0xFFu
#define UART_BDL_SBR_SHIFT                 0
#define UART_BDL_SBR_WIDTH                 8
#define UART_BDL_SBR(x)                    (((uint8_t)(((uint8_t)(x))<<UART_BDL_SBR_SHIFT))&UART_BDL_SBR_MASK)
/* C1 Bit Fields */
#define UART_C1_PT_MASK                    0x1u
#define UART_C1_PT_SHIFT                   0
#define UART_C1_PT_WIDTH                   1
#define UART_C1_PT(x)                      (((uint8_t)(((uint8_t)(x))<<UART_C1_PT_SHIFT))&UART_C1_PT_MASK)
#define UART_C1_PE_MASK                    0x2u
#define UART_C1_PE_SHIFT                   1
#define UART_C1_PE_WIDTH                   1
#define UART_C1_PE(x)                      (((uint8_t)(((uint8_t)(x))<<UART_C1_PE_SHIFT))&UART_C1_PE_MASK)
#define UART_C1_ILT_MASK                   0x4u
#define UART_C1_ILT_SHIFT                  2
#define UART_C1_ILT_WIDTH                  1
#define UART_C1_ILT(x)                     (((uint8_t)(((uint8_t)(x))<<UART_C1_ILT_SHIFT))&UART_C1_ILT_MASK)
#define UART_C1_WAKE_MASK                  0x8u
#define UART_C1_WAKE_SHIFT                 3
#define UART_C1_WAKE_WIDTH                 1
#define UART_C1_WAKE(x)                    (((uint8_t)(((uint8_t)(x))<<UART_C1_WAKE_SHIFT))&UART_C1_WAKE_MASK)
#define UART_C1_M_MASK                     0x10u
#define UART_C1_M_SHIFT                    4
#define UART_C1_M_WIDTH                    1
#define UART_C1_M(x)                       (((uint8_t)(((uint8_t)(x))<<UART_C1_M_SHIFT))&UART_C1_M_MASK)
#define UART_C1_RSRC_MASK                  0x20u
#define UART_C1_RSRC_SHIFT                 5
#define UART_C1_RSRC_WIDTH                 1
#define UART_C1_RSRC(x)                    (((uint8_t)(((uint8_t)(x))<<UART_C1_RSRC_SHIFT))&UART_C1_RSRC_MASK)
#define UART_C1_UARTSWAI_MASK              0x40u
#define UART_C1_UARTSWAI_SHIFT             6
#define UART_C1_UARTSWAI_WIDTH             1
#define UART_C1_UARTSWAI(x)                (((uint8_t)(((uint8_t)(x))<<UART_C1_UARTSWAI_SHIFT))&UART_C1_UARTSWAI_MASK)
#define UART_C1_LOOPS_MASK                 0x80u
#define UART_C1_LOOPS_SHIFT                7
#define UART_C1_LOOPS_WIDTH                1
#define UART_C1_LOOPS(x)                   (((uint8_t)(((uint8_t)(x))<<UART_C1_LOOPS_SHIFT))&UART_C1_LOOPS_MASK)
/* C2 Bit Fields */
#define UART_C2_SBK_MASK                   0x1u
#define UART_C2_SBK_SHIFT                  0
#define UART_C2_SBK_WIDTH                  1
#define UART_C2_SBK(x)                     (((uint8_t)(((uint8_t)(x))<<UART_C2_SBK_SHIFT))&UART_C2_SBK_MASK)
#define UART_C2_RWU_MASK                   0x2u
#define UART_C2_RWU_SHIFT                  1
#define UART_C2_RWU_WIDTH                  1
#define UART_C2_RWU(x)                     (((uint8_t)(((uint8_t)(x))<<UART_C2_RWU_SHIFT))&UART_C2_RWU_MASK)
#define UART_C2_RE_MASK                    0x4u
#define UART_C2_RE_SHIFT                   2
#define UART_C2_RE_WIDTH                   1
#define UART_C2_RE(x)                      (((uint8_t)(((uint8_t)(x))<<UART_C2_RE_SHIFT))&UART_C2_RE_MASK)
#define UART_C2_TE_MASK                    0x8u
#define UART_C2_TE_SHIFT                   3
#define UART_C2_TE_WIDTH                   1
#define UART_C2_TE(x)                      (((uint8_t)(((uint8_t)(x))<<UART_C2_TE_SHIFT))&UART_C2_TE_MASK)
#define UART_C2_ILIE_MASK                  0x10u
#define UART_C2_ILIE_SHIFT                 4
#define UART_C2_ILIE_WIDTH                 1
#define UART_C2_ILIE(x)                    (((uint8_t)(((uint8_t)(x))<<UART_C2_ILIE_SHIFT))&UART_C2_ILIE_MASK)
#define UART_C2_RIE_MASK                   0x20u
#define UART_C2_RIE_SHIFT                  5
#define UART_C2_RIE_WIDTH                  1
#define UART_C2_RIE(x)                     (((uint8_t)(((uint8_t)(x))<<UART_C2_RIE_SHIFT))&UART_C2_RIE_MASK)
#define UART_C2_TCIE_MASK                  0x40u
#define UART_C2_TCIE_SHIFT                 6
#define UART_C2_TCIE_WIDTH                 1
#define UART_C2_TCIE(x)                    (((uint8_t)(((uint8_t)(x))<<UART_C2_TCIE_SHIFT))&UART_C2_TCIE_MASK)
#define UART_C2_TIE_MASK                   0x80u
#define UART_C2_TIE_SHIFT                  7
#define UART_C2_TIE_WIDTH                  1
#define UART_C2_TIE(x)                     (((uint8_t)(((uint8_t)(x))<<UART_C2_TIE_SHIFT))&UART_C2_TIE_MASK)
```

```
/* S1 Bit Fields */
#define UART_S1_PF_MASK                0x1u
#define UART_S1_PF_SHIFT               0
#define UART_S1_PF_WIDTH               1
#define UART_S1_PF(x)                  (((uint8_t)(((uint8_t)(x))<<UART_S1_PF_SHIFT))&UART_S1_PF_MASK)
#define UART_S1_FE_MASK                0x2u
#define UART_S1_FE_SHIFT               1
#define UART_S1_FE_WIDTH               1
#define UART_S1_FE(x)                  (((uint8_t)(((uint8_t)(x))<<UART_S1_FE_SHIFT))&UART_S1_FE_MASK)
#define UART_S1_NF_MASK                0x4u
#define UART_S1_NF_SHIFT               2
#define UART_S1_NF_WIDTH               1
#define UART_S1_NF(x)                  (((uint8_t)(((uint8_t)(x))<<UART_S1_NF_SHIFT))&UART_S1_NF_MASK)
#define UART_S1_OR_MASK                0x8u
#define UART_S1_OR_SHIFT               3
#define UART_S1_OR_WIDTH               1
#define UART_S1_OR(x)                  (((uint8_t)(((uint8_t)(x))<<UART_S1_OR_SHIFT))&UART_S1_OR_MASK)
#define UART_S1_IDLE_MASK              0x10u
#define UART_S1_IDLE_SHIFT             4
#define UART_S1_IDLE_WIDTH             1
#define UART_S1_IDLE(x)                (((uint8_t)(((uint8_t)(x))<<UART_S1_IDLE_SHIFT))&UART_S1_IDLE_MASK)
#define UART_S1_RDRF_MASK              0x20u
#define UART_S1_RDRF_SHIFT             5
#define UART_S1_RDRF_WIDTH             1
#define UART_S1_RDRF(x)                (((uint8_t)(((uint8_t)(x))<<UART_S1_RDRF_SHIFT))&UART_S1_RDRF_MASK)
#define UART_S1_TC_MASK                0x40u
#define UART_S1_TC_SHIFT               6
#define UART_S1_TC_WIDTH               1
#define UART_S1_TC(x)                  (((uint8_t)(((uint8_t)(x))<<UART_S1_TC_SHIFT))&UART_S1_TC_MASK)
#define UART_S1_TDRE_MASK              0x80u
#define UART_S1_TDRE_SHIFT             7
#define UART_S1_TDRE_WIDTH             1
#define UART_S1_TDRE(x)                (((uint8_t)(((uint8_t)(x))<<UART_S1_TDRE_SHIFT))&UART_S1_TDRE_MASK)
/* S2 Bit Fields */
#define UART_S2_RAF_MASK               0x1u
#define UART_S2_RAF_SHIFT              0
#define UART_S2_RAF_WIDTH              1
#define UART_S2_RAF(x)                 (((uint8_t)(((uint8_t)(x))<<UART_S2_RAF_SHIFT))&UART_S2_RAF_MASK)
#define UART_S2_LBKDE_MASK             0x2u
#define UART_S2_LBKDE_SHIFT            1
#define UART_S2_LBKDE_WIDTH            1
#define UART_S2_LBKDE(x)               (((uint8_t)(((uint8_t)(x))<<UART_S2_LBKDE_SHIFT))&UART_S2_LBKDE_MASK)
#define UART_S2_BRK13_MASK             0x4u
#define UART_S2_BRK13_SHIFT            2
#define UART_S2_BRK13_WIDTH            1
#define UART_S2_BRK13(x)               (((uint8_t)(((uint8_t)(x))<<UART_S2_BRK13_SHIFT))&UART_S2_BRK13_MASK)
#define UART_S2_RWUID_MASK             0x8u
#define UART_S2_RWUID_SHIFT            3
#define UART_S2_RWUID_WIDTH            1
#define UART_S2_RWUID(x)               (((uint8_t)(((uint8_t)(x))<<UART_S2_RWUID_SHIFT))&UART_S2_RWUID_MASK)
#define UART_S2_RXINV_MASK             0x10u
#define UART_S2_RXINV_SHIFT            4
#define UART_S2_RXINV_WIDTH            1
#define UART_S2_RXINV(x)               (((uint8_t)(((uint8_t)(x))<<UART_S2_RXINV_SHIFT))&UART_S2_RXINV_MASK)
#define UART_S2_RXEDGIF_MASK           0x40u
#define UART_S2_RXEDGIF_SHIFT          6
#define UART_S2_RXEDGIF_WIDTH          1
#define UART_S2_RXEDGIF(x)             (((uint8_t)(((uint8_t)(x))<<UART_S2_RXEDGIF_SHIFT))&UART_S2_RXEDGIF_MASK)
#define UART_S2_LBKDIF_MASK            0x80u
#define UART_S2_LBKDIF_SHIFT           7
#define UART_S2_LBKDIF_WIDTH           1
#define UART_S2_LBKDIF(x)              (((uint8_t)(((uint8_t)(x))<<UART_S2_LBKDIF_SHIFT))&UART_S2_LBKDIF_MASK)
/* C3 Bit Fields */
#define UART_C3_PEIE_MASK              0x1u
#define UART_C3_PEIE_SHIFT             0
#define UART_C3_PEIE_WIDTH             1
#define UART_C3_PEIE(x)                (((uint8_t)(((uint8_t)(x))<<UART_C3_PEIE_SHIFT))&UART_C3_PEIE_MASK)
#define UART_C3_FEIE_MASK              0x2u
#define UART_C3_FEIE_SHIFT             1
#define UART_C3_FEIE_WIDTH             1
#define UART_C3_FEIE(x)                (((uint8_t)(((uint8_t)(x))<<UART_C3_FEIE_SHIFT))&UART_C3_FEIE_MASK)
#define UART_C3_NEIE_MASK              0x4u
#define UART_C3_NEIE_SHIFT             2
#define UART_C3_NEIE_WIDTH             1
#define UART_C3_NEIE(x)                (((uint8_t)(((uint8_t)(x))<<UART_C3_NEIE_SHIFT))&UART_C3_NEIE_MASK)
#define UART_C3_ORIE_MASK              0x8u
#define UART_C3_ORIE_SHIFT             3
#define UART_C3_ORIE_WIDTH             1
#define UART_C3_ORIE(x)                (((uint8_t)(((uint8_t)(x))<<UART_C3_ORIE_SHIFT))&UART_C3_ORIE_MASK)
#define UART_C3_TXINV_MASK             0x10u
#define UART_C3_TXINV_SHIFT            4
#define UART_C3_TXINV_WIDTH            1
```

```
#define UART_C3_TXINV(x)            (((uint8_t)(((uint8_t)(x))<<UART_C3_TXINV_SHIFT))&UART_C3_TXINV_MASK)
#define UART_C3_TXDIR_MASK                   0x20u
#define UART_C3_TXDIR_SHIFT                  5
#define UART_C3_TXDIR_WIDTH                  1
#define UART_C3_TXDIR(x)            (((uint8_t)(((uint8_t)(x))<<UART_C3_TXDIR_SHIFT))&UART_C3_TXDIR_MASK)
#define UART_C3_T8_MASK                      0x40u
#define UART_C3_T8_SHIFT                     6
#define UART_C3_T8_WIDTH                     1
#define UART_C3_T8(x)               (((uint8_t)(((uint8_t)(x))<<UART_C3_T8_SHIFT))&UART_C3_T8_MASK)
#define UART_C3_R8_MASK                      0x80u
#define UART_C3_R8_SHIFT                     7
#define UART_C3_R8_WIDTH                     1
#define UART_C3_R8(x)               (((uint8_t)(((uint8_t)(x))<<UART_C3_R8_SHIFT))&UART_C3_R8_MASK)
/* D Bit Fields */
#define UART_D_R0T0_MASK                     0x1u
#define UART_D_R0T0_SHIFT                    0
#define UART_D_R0T0_WIDTH                    1
#define UART_D_R0T0(x)              (((uint8_t)(((uint8_t)(x))<<UART_D_R0T0_SHIFT))&UART_D_R0T0_MASK)
#define UART_D_R1T1_MASK                     0x2u
#define UART_D_R1T1_SHIFT                    1
#define UART_D_R1T1_WIDTH                    1
#define UART_D_R1T1(x)              (((uint8_t)(((uint8_t)(x))<<UART_D_R1T1_SHIFT))&UART_D_R1T1_MASK)
#define UART_D_R2T2_MASK                     0x4u
#define UART_D_R2T2_SHIFT                    2
#define UART_D_R2T2_WIDTH                    1
#define UART_D_R2T2(x)              (((uint8_t)(((uint8_t)(x))<<UART_D_R2T2_SHIFT))&UART_D_R2T2_MASK)
#define UART_D_R3T3_MASK                     0x8u
#define UART_D_R3T3_SHIFT                    3
#define UART_D_R3T3_WIDTH                    1
#define UART_D_R3T3(x)              (((uint8_t)(((uint8_t)(x))<<UART_D_R3T3_SHIFT))&UART_D_R3T3_MASK)
#define UART_D_R4T4_MASK                     0x10u
#define UART_D_R4T4_SHIFT                    4
#define UART_D_R4T4_WIDTH                    1
#define UART_D_R4T4(x)              (((uint8_t)(((uint8_t)(x))<<UART_D_R4T4_SHIFT))&UART_D_R4T4_MASK)
#define UART_D_R5T5_MASK                     0x20u
#define UART_D_R5T5_SHIFT                    5
#define UART_D_R5T5_WIDTH                    1
#define UART_D_R5T5(x)              (((uint8_t)(((uint8_t)(x))<<UART_D_R5T5_SHIFT))&UART_D_R5T5_MASK)
#define UART_D_R6T6_MASK                     0x40u
#define UART_D_R6T6_SHIFT                    6
#define UART_D_R6T6_WIDTH                    1
#define UART_D_R6T6(x)              (((uint8_t)(((uint8_t)(x))<<UART_D_R6T6_SHIFT))&UART_D_R6T6_MASK)
#define UART_D_R7T7_MASK                     0x80u
#define UART_D_R7T7_SHIFT                    7
#define UART_D_R7T7_WIDTH                    1
#define UART_D_R7T7(x)              (((uint8_t)(((uint8_t)(x))<<UART_D_R7T7_SHIFT))&UART_D_R7T7_MASK)
/* C4 Bit Fields */
#define UART_C4_RDMAS_MASK                   0x20u
#define UART_C4_RDMAS_SHIFT                  5
#define UART_C4_RDMAS_WIDTH                  1
#define UART_C4_RDMAS(x)            (((uint8_t)(((uint8_t)(x))<<UART_C4_RDMAS_SHIFT))&UART_C4_RDMAS_MASK)
#define UART_C4_TDMAS_MASK                   0x80u
#define UART_C4_TDMAS_SHIFT                  7
#define UART_C4_TDMAS_WIDTH                  1
#define UART_C4_TDMAS(x)            (((uint8_t)(((uint8_t)(x))<<UART_C4_TDMAS_SHIFT))&UART_C4_TDMAS_MASK)

/* UART - Peripheral instance base addresses */
/** Peripheral UART1 base address */
#define UART1_BASE                           (0x4006B000u)
/** Peripheral UART1 base pointer */
#define UART1                                ((UART_Type *)UART1_BASE)
#define UART1_BASE_PTR                       (UART1)
/** Peripheral UART2 base address */
#define UART2_BASE                           (0x4006C000u)
/** Peripheral UART2 base pointer */
#define UART2                                ((UART_Type *)UART2_BASE)
#define UART2_BASE_PTR                       (UART2)
/** Array initializer of UART peripheral base addresses */
#define UART_BASE_ADDRS                      { UART1_BASE, UART2_BASE }
/** Array initializer of UART peripheral base pointers */
#define UART_BASE_PTRS                       { UART1, UART2 }

/* ----------------------------------------------------------------------------
   -- UART - Register accessor macros
   ---------------------------------------------------------------------------- */

/* UART - Register instance definitions */
/* UART1 */
#define UART1_BDH                            UART_BDH_REG(UART1)
#define UART1_BDL                            UART_BDL_REG(UART1)
#define UART1_C1                             UART_C1_REG(UART1)
#define UART1_C2                             UART_C2_REG(UART1)
```

```
#define UART1_S1                        UART_S1_REG(UART1)
#define UART1_S2                        UART_S2_REG(UART1)
#define UART1_C3                        UART_C3_REG(UART1)
#define UART1_D                         UART_D_REG(UART1)
#define UART1_C4                        UART_C4_REG(UART1)
/* UART2 */
#define UART2_BDH                       UART_BDH_REG(UART2)
#define UART2_BDL                       UART_BDL_REG(UART2)
#define UART2_C1                        UART_C1_REG(UART2)
#define UART2_C2                        UART_C2_REG(UART2)
#define UART2_S1                        UART_S1_REG(UART2)
#define UART2_S2                        UART_S2_REG(UART2)
#define UART2_C3                        UART_C3_REG(UART2)
#define UART2_D                         UART_D_REG(UART2)
#define UART2_C4                        UART_C4_REG(UART2)

/* ----------------------------------------------------------------------------
   -- UART0 Peripheral Access Layer
   ---------------------------------------------------------------------------- */

/** UART0 - Register Layout Typedef */
typedef struct {
  __IO uint8_t BDH;                      /**< UART Baud Rate Register High, offset: 0x0 */
  __IO uint8_t BDL;                      /**< UART Baud Rate Register Low, offset: 0x1 */
  __IO uint8_t C1;                       /**< UART Control Register 1, offset: 0x2 */
  __IO uint8_t C2;                       /**< UART Control Register 2, offset: 0x3 */
  __IO uint8_t S1;                       /**< UART Status Register 1, offset: 0x4 */
  __IO uint8_t S2;                       /**< UART Status Register 2, offset: 0x5 */
  __IO uint8_t C3;                       /**< UART Control Register 3, offset: 0x6 */
  __IO uint8_t D;                        /**< UART Data Register, offset: 0x7 */
  __IO uint8_t MA1;                      /**< UART Match Address Registers 1, offset: 0x8 */
  __IO uint8_t MA2;                      /**< UART Match Address Registers 2, offset: 0x9 */
  __IO uint8_t C4;                       /**< UART Control Register 4, offset: 0xA */
  __IO uint8_t C5;                       /**< UART Control Register 5, offset: 0xB */
} UART0_Type, *UART0_MemMapPtr;

/* ----------------------------------------------------------------------------
   -- UART0 - Register accessor macros
   ---------------------------------------------------------------------------- */

/* UART0 - Register accessors */
#define UART0_BDH_REG(base)             ((base)->BDH)
#define UART0_BDL_REG(base)             ((base)->BDL)
#define UART0_C1_REG(base)              ((base)->C1)
#define UART0_C2_REG(base)              ((base)->C2)
#define UART0_S1_REG(base)              ((base)->S1)
#define UART0_S2_REG(base)              ((base)->S2)
#define UART0_C3_REG(base)              ((base)->C3)
#define UART0_D_REG(base)               ((base)->D)
#define UART0_MA1_REG(base)             ((base)->MA1)
#define UART0_MA2_REG(base)             ((base)->MA2)
#define UART0_C4_REG(base)              ((base)->C4)
#define UART0_C5_REG(base)              ((base)->C5)

/* ----------------------------------------------------------------------------
   -- UART0 Register Masks
   ---------------------------------------------------------------------------- */

/* BDH Bit Fields */
#define UART0_BDH_SBR_MASK              0x1Fu
#define UART0_BDH_SBR_SHIFT             0
#define UART0_BDH_SBR_WIDTH             5
#define UART0_BDH_SBR(x)            (((uint8_t)(((uint8_t)(x))<<UART0_BDH_SBR_SHIFT))&UART0_BDH_SBR_MASK)
#define UART0_BDH_SBNS_MASK             0x20u
#define UART0_BDH_SBNS_SHIFT            5
#define UART0_BDH_SBNS_WIDTH            1
#define UART0_BDH_SBNS(x)           (((uint8_t)(((uint8_t)(x))<<UART0_BDH_SBNS_SHIFT))&UART0_BDH_SBNS_MASK)
#define UART0_BDH_RXEDGIE_MASK          0x40u
#define UART0_BDH_RXEDGIE_SHIFT         6
#define UART0_BDH_RXEDGIE_WIDTH         1
#define UART0_BDH_RXEDGIE(x)        (((uint8_t)(((uint8_t)(x))<<UART0_BDH_RXEDGIE_SHIFT))&UART0_BDH_RXEDGIE_MASK)
#define UART0_BDH_LBKDIE_MASK           0x80u
#define UART0_BDH_LBKDIE_SHIFT          7
#define UART0_BDH_LBKDIE_WIDTH          1
#define UART0_BDH_LBKDIE(x)         (((uint8_t)(((uint8_t)(x))<<UART0_BDH_LBKDIE_SHIFT))&UART0_BDH_LBKDIE_MASK)
/* BDL Bit Fields */
#define UART0_BDL_SBR_MASK              0xFFu
#define UART0_BDL_SBR_SHIFT             0
#define UART0_BDL_SBR_WIDTH             8
#define UART0_BDL_SBR(x)            (((uint8_t)(((uint8_t)(x))<<UART0_BDL_SBR_SHIFT))&UART0_BDL_SBR_MASK)
/* C1 Bit Fields */
#define UART0_C1_PT_MASK                0x1u
```

```
#define UART0_C1_PT_SHIFT                    0
#define UART0_C1_PT_WIDTH                    1
#define UART0_C1_PT(x)                       (((uint8_t)(((uint8_t)(x))<<UART0_C1_PT_SHIFT))&UART0_C1_PT_MASK)
#define UART0_C1_PE_MASK                     0x2u
#define UART0_C1_PE_SHIFT                    1
#define UART0_C1_PE_WIDTH                    1
#define UART0_C1_PE(x)                       (((uint8_t)(((uint8_t)(x))<<UART0_C1_PE_SHIFT))&UART0_C1_PE_MASK)
#define UART0_C1_ILT_MASK                    0x4u
#define UART0_C1_ILT_SHIFT                   2
#define UART0_C1_ILT_WIDTH                   1
#define UART0_C1_ILT(x)                      (((uint8_t)(((uint8_t)(x))<<UART0_C1_ILT_SHIFT))&UART0_C1_ILT_MASK)
#define UART0_C1_WAKE_MASK                   0x8u
#define UART0_C1_WAKE_SHIFT                  3
#define UART0_C1_WAKE_WIDTH                  1
#define UART0_C1_WAKE(x)                     (((uint8_t)(((uint8_t)(x))<<UART0_C1_WAKE_SHIFT))&UART0_C1_WAKE_MASK)
#define UART0_C1_M_MASK                      0x10u
#define UART0_C1_M_SHIFT                     4
#define UART0_C1_M_WIDTH                     1
#define UART0_C1_M(x)                        (((uint8_t)(((uint8_t)(x))<<UART0_C1_M_SHIFT))&UART0_C1_M_MASK)
#define UART0_C1_RSRC_MASK                   0x20u
#define UART0_C1_RSRC_SHIFT                  5
#define UART0_C1_RSRC_WIDTH                  1
#define UART0_C1_RSRC(x)                     (((uint8_t)(((uint8_t)(x))<<UART0_C1_RSRC_SHIFT))&UART0_C1_RSRC_MASK)
#define UART0_C1_DOZEEN_MASK                 0x40u
#define UART0_C1_DOZEEN_SHIFT                6
#define UART0_C1_DOZEEN_WIDTH                1
#define UART0_C1_DOZEEN(x)                   (((uint8_t)(((uint8_t)(x))<<UART0_C1_DOZEEN_SHIFT))&UART0_C1_DOZEEN_MASK)
#define UART0_C1_LOOPS_MASK                  0x80u
#define UART0_C1_LOOPS_SHIFT                 7
#define UART0_C1_LOOPS_WIDTH                 1
#define UART0_C1_LOOPS(x)                    (((uint8_t)(((uint8_t)(x))<<UART0_C1_LOOPS_SHIFT))&UART0_C1_LOOPS_MASK)
/* C2 Bit Fields */
#define UART0_C2_SBK_MASK                    0x1u
#define UART0_C2_SBK_SHIFT                   0
#define UART0_C2_SBK_WIDTH                   1
#define UART0_C2_SBK(x)                      (((uint8_t)(((uint8_t)(x))<<UART0_C2_SBK_SHIFT))&UART0_C2_SBK_MASK)
#define UART0_C2_RWU_MASK                    0x2u
#define UART0_C2_RWU_SHIFT                   1
#define UART0_C2_RWU_WIDTH                   1
#define UART0_C2_RWU(x)                      (((uint8_t)(((uint8_t)(x))<<UART0_C2_RWU_SHIFT))&UART0_C2_RWU_MASK)
#define UART0_C2_RE_MASK                     0x4u
#define UART0_C2_RE_SHIFT                    2
#define UART0_C2_RE_WIDTH                    1
#define UART0_C2_RE(x)                       (((uint8_t)(((uint8_t)(x))<<UART0_C2_RE_SHIFT))&UART0_C2_RE_MASK)
#define UART0_C2_TE_MASK                     0x8u
#define UART0_C2_TE_SHIFT                    3
#define UART0_C2_TE_WIDTH                    1
#define UART0_C2_TE(x)                       (((uint8_t)(((uint8_t)(x))<<UART0_C2_TE_SHIFT))&UART0_C2_TE_MASK)
#define UART0_C2_ILIE_MASK                   0x10u
#define UART0_C2_ILIE_SHIFT                  4
#define UART0_C2_ILIE_WIDTH                  1
#define UART0_C2_ILIE(x)                     (((uint8_t)(((uint8_t)(x))<<UART0_C2_ILIE_SHIFT))&UART0_C2_ILIE_MASK)
#define UART0_C2_RIE_MASK                    0x20u
#define UART0_C2_RIE_SHIFT                   5
#define UART0_C2_RIE_WIDTH                   1
#define UART0_C2_RIE(x)                      (((uint8_t)(((uint8_t)(x))<<UART0_C2_RIE_SHIFT))&UART0_C2_RIE_MASK)
#define UART0_C2_TCIE_MASK                   0x40u
#define UART0_C2_TCIE_SHIFT                  6
#define UART0_C2_TCIE_WIDTH                  1
#define UART0_C2_TCIE(x)                     (((uint8_t)(((uint8_t)(x))<<UART0_C2_TCIE_SHIFT))&UART0_C2_TCIE_MASK)
#define UART0_C2_TIE_MASK                    0x80u
#define UART0_C2_TIE_SHIFT                   7
#define UART0_C2_TIE_WIDTH                   1
#define UART0_C2_TIE(x)                      (((uint8_t)(((uint8_t)(x))<<UART0_C2_TIE_SHIFT))&UART0_C2_TIE_MASK)
/* S1 Bit Fields */
#define UART0_S1_PF_MASK                     0x1u
#define UART0_S1_PF_SHIFT                    0
#define UART0_S1_PF_WIDTH                    1
#define UART0_S1_PF(x)                       (((uint8_t)(((uint8_t)(x))<<UART0_S1_PF_SHIFT))&UART0_S1_PF_MASK)
#define UART0_S1_FE_MASK                     0x2u
#define UART0_S1_FE_SHIFT                    1
#define UART0_S1_FE_WIDTH                    1
#define UART0_S1_FE(x)                       (((uint8_t)(((uint8_t)(x))<<UART0_S1_FE_SHIFT))&UART0_S1_FE_MASK)
#define UART0_S1_NF_MASK                     0x4u
#define UART0_S1_NF_SHIFT                    2
#define UART0_S1_NF_WIDTH                    1
#define UART0_S1_NF(x)                       (((uint8_t)(((uint8_t)(x))<<UART0_S1_NF_SHIFT))&UART0_S1_NF_MASK)
#define UART0_S1_OR_MASK                     0x8u
#define UART0_S1_OR_SHIFT                    3
#define UART0_S1_OR_WIDTH                    1
#define UART0_S1_OR(x)                       (((uint8_t)(((uint8_t)(x))<<UART0_S1_OR_SHIFT))&UART0_S1_OR_MASK)
#define UART0_S1_IDLE_MASK                   0x10u
```

```
#define UART0_S1_IDLE_SHIFT                     4
#define UART0_S1_IDLE_WIDTH                     1
#define UART0_S1_IDLE(x)                        (((uint8_t)(((uint8_t)(x))<<UART0_S1_IDLE_SHIFT))&UART0_S1_IDLE_MASK)
#define UART0_S1_RDRF_MASK                      0x20u
#define UART0_S1_RDRF_SHIFT                     5
#define UART0_S1_RDRF_WIDTH                     1
#define UART0_S1_RDRF(x)                        (((uint8_t)(((uint8_t)(x))<<UART0_S1_RDRF_SHIFT))&UART0_S1_RDRF_MASK)
#define UART0_S1_TC_MASK                        0x40u
#define UART0_S1_TC_SHIFT                       6
#define UART0_S1_TC_WIDTH                       1
#define UART0_S1_TC(x)                          (((uint8_t)(((uint8_t)(x))<<UART0_S1_TC_SHIFT))&UART0_S1_TC_MASK)
#define UART0_S1_TDRE_MASK                      0x80u
#define UART0_S1_TDRE_SHIFT                     7
#define UART0_S1_TDRE_WIDTH                     1
#define UART0_S1_TDRE(x)                        (((uint8_t)(((uint8_t)(x))<<UART0_S1_TDRE_SHIFT))&UART0_S1_TDRE_MASK)
/* S2 Bit Fields */
#define UART0_S2_RAF_MASK                       0x1u
#define UART0_S2_RAF_SHIFT                      0
#define UART0_S2_RAF_WIDTH                      1
#define UART0_S2_RAF(x)                         (((uint8_t)(((uint8_t)(x))<<UART0_S2_RAF_SHIFT))&UART0_S2_RAF_MASK)
#define UART0_S2_LBKDE_MASK                     0x2u
#define UART0_S2_LBKDE_SHIFT                    1
#define UART0_S2_LBKDE_WIDTH                    1
#define UART0_S2_LBKDE(x)                       (((uint8_t)(((uint8_t)(x))<<UART0_S2_LBKDE_SHIFT))&UART0_S2_LBKDE_MASK)
#define UART0_S2_BRK13_MASK                     0x4u
#define UART0_S2_BRK13_SHIFT                    2
#define UART0_S2_BRK13_WIDTH                    1
#define UART0_S2_BRK13(x)                       (((uint8_t)(((uint8_t)(x))<<UART0_S2_BRK13_SHIFT))&UART0_S2_BRK13_MASK)
#define UART0_S2_RWUID_MASK                     0x8u
#define UART0_S2_RWUID_SHIFT                    3
#define UART0_S2_RWUID_WIDTH                    1
#define UART0_S2_RWUID(x)                       (((uint8_t)(((uint8_t)(x))<<UART0_S2_RWUID_SHIFT))&UART0_S2_RWUID_MASK)
#define UART0_S2_RXINV_MASK                     0x10u
#define UART0_S2_RXINV_SHIFT                    4
#define UART0_S2_RXINV_WIDTH                    1
#define UART0_S2_RXINV(x)                       (((uint8_t)(((uint8_t)(x))<<UART0_S2_RXINV_SHIFT))&UART0_S2_RXINV_MASK)
#define UART0_S2_MSBF_MASK                      0x20u
#define UART0_S2_MSBF_SHIFT                     5
#define UART0_S2_MSBF_WIDTH                     1
#define UART0_S2_MSBF(x)                        (((uint8_t)(((uint8_t)(x))<<UART0_S2_MSBF_SHIFT))&UART0_S2_MSBF_MASK)
#define UART0_S2_RXEDGIF_MASK                   0x40u
#define UART0_S2_RXEDGIF_SHIFT                  6
#define UART0_S2_RXEDGIF_WIDTH                  1
#define UART0_S2_RXEDGIF(x)                     (((uint8_t)(((uint8_t)(x))<<UART0_S2_RXEDGIF_SHIFT))&UART0_S2_RXEDGIF_MASK)
#define UART0_S2_LBKDIF_MASK                    0x80u
#define UART0_S2_LBKDIF_SHIFT                   7
#define UART0_S2_LBKDIF_WIDTH                   1
#define UART0_S2_LBKDIF(x)                      (((uint8_t)(((uint8_t)(x))<<UART0_S2_LBKDIF_SHIFT))&UART0_S2_LBKDIF_MASK)
/* C3 Bit Fields */
#define UART0_C3_PEIE_MASK                      0x1u
#define UART0_C3_PEIE_SHIFT                     0
#define UART0_C3_PEIE_WIDTH                     1
#define UART0_C3_PEIE(x)                        (((uint8_t)(((uint8_t)(x))<<UART0_C3_PEIE_SHIFT))&UART0_C3_PEIE_MASK)
#define UART0_C3_FEIE_MASK                      0x2u
#define UART0_C3_FEIE_SHIFT                     1
#define UART0_C3_FEIE_WIDTH                     1
#define UART0_C3_FEIE(x)                        (((uint8_t)(((uint8_t)(x))<<UART0_C3_FEIE_SHIFT))&UART0_C3_FEIE_MASK)
#define UART0_C3_NEIE_MASK                      0x4u
#define UART0_C3_NEIE_SHIFT                     2
#define UART0_C3_NEIE_WIDTH                     1
#define UART0_C3_NEIE(x)                        (((uint8_t)(((uint8_t)(x))<<UART0_C3_NEIE_SHIFT))&UART0_C3_NEIE_MASK)
#define UART0_C3_ORIE_MASK                      0x8u
#define UART0_C3_ORIE_SHIFT                     3
#define UART0_C3_ORIE_WIDTH                     1
#define UART0_C3_ORIE(x)                        (((uint8_t)(((uint8_t)(x))<<UART0_C3_ORIE_SHIFT))&UART0_C3_ORIE_MASK)
#define UART0_C3_TXINV_MASK                     0x10u
#define UART0_C3_TXINV_SHIFT                    4
#define UART0_C3_TXINV_WIDTH                    1
#define UART0_C3_TXINV(x)                       (((uint8_t)(((uint8_t)(x))<<UART0_C3_TXINV_SHIFT))&UART0_C3_TXINV_MASK)
#define UART0_C3_TXDIR_MASK                     0x20u
#define UART0_C3_TXDIR_SHIFT                    5
#define UART0_C3_TXDIR_WIDTH                    1
#define UART0_C3_TXDIR(x)                       (((uint8_t)(((uint8_t)(x))<<UART0_C3_TXDIR_SHIFT))&UART0_C3_TXDIR_MASK)
#define UART0_C3_R9T8_MASK                      0x40u
#define UART0_C3_R9T8_SHIFT                     6
#define UART0_C3_R9T8_WIDTH                     1
#define UART0_C3_R9T8(x)                        (((uint8_t)(((uint8_t)(x))<<UART0_C3_R9T8_SHIFT))&UART0_C3_R9T8_MASK)
#define UART0_C3_R8T9_MASK                      0x80u
#define UART0_C3_R8T9_SHIFT                     7
#define UART0_C3_R8T9_WIDTH                     1
#define UART0_C3_R8T9(x)                        (((uint8_t)(((uint8_t)(x))<<UART0_C3_R8T9_SHIFT))&UART0_C3_R8T9_MASK)
/* D Bit Fields */
```

```
#define UART0_D_R0T0_MASK                  0x1u
#define UART0_D_R0T0_SHIFT                 0
#define UART0_D_R0T0_WIDTH                 1
#define UART0_D_R0T0(x)                    (((uint8_t)(((uint8_t)(x))<<UART0_D_R0T0_SHIFT))&UART0_D_R0T0_MASK)
#define UART0_D_R1T1_MASK                  0x2u
#define UART0_D_R1T1_SHIFT                 1
#define UART0_D_R1T1_WIDTH                 1
#define UART0_D_R1T1(x)                    (((uint8_t)(((uint8_t)(x))<<UART0_D_R1T1_SHIFT))&UART0_D_R1T1_MASK)
#define UART0_D_R2T2_MASK                  0x4u
#define UART0_D_R2T2_SHIFT                 2
#define UART0_D_R2T2_WIDTH                 1
#define UART0_D_R2T2(x)                    (((uint8_t)(((uint8_t)(x))<<UART0_D_R2T2_SHIFT))&UART0_D_R2T2_MASK)
#define UART0_D_R3T3_MASK                  0x8u
#define UART0_D_R3T3_SHIFT                 3
#define UART0_D_R3T3_WIDTH                 1
#define UART0_D_R3T3(x)                    (((uint8_t)(((uint8_t)(x))<<UART0_D_R3T3_SHIFT))&UART0_D_R3T3_MASK)
#define UART0_D_R4T4_MASK                  0x10u
#define UART0_D_R4T4_SHIFT                 4
#define UART0_D_R4T4_WIDTH                 1
#define UART0_D_R4T4(x)                    (((uint8_t)(((uint8_t)(x))<<UART0_D_R4T4_SHIFT))&UART0_D_R4T4_MASK)
#define UART0_D_R5T5_MASK                  0x20u
#define UART0_D_R5T5_SHIFT                 5
#define UART0_D_R5T5_WIDTH                 1
#define UART0_D_R5T5(x)                    (((uint8_t)(((uint8_t)(x))<<UART0_D_R5T5_SHIFT))&UART0_D_R5T5_MASK)
#define UART0_D_R6T6_MASK                  0x40u
#define UART0_D_R6T6_SHIFT                 6
#define UART0_D_R6T6_WIDTH                 1
#define UART0_D_R6T6(x)                    (((uint8_t)(((uint8_t)(x))<<UART0_D_R6T6_SHIFT))&UART0_D_R6T6_MASK)
#define UART0_D_R7T7_MASK                  0x80u
#define UART0_D_R7T7_SHIFT                 7
#define UART0_D_R7T7_WIDTH                 1
#define UART0_D_R7T7(x)                    (((uint8_t)(((uint8_t)(x))<<UART0_D_R7T7_SHIFT))&UART0_D_R7T7_MASK)
/* MA1 Bit Fields */
#define UART0_MA1_MA_MASK                  0xFFu
#define UART0_MA1_MA_SHIFT                 0
#define UART0_MA1_MA_WIDTH                 8
#define UART0_MA1_MA(x)                    (((uint8_t)(((uint8_t)(x))<<UART0_MA1_MA_SHIFT))&UART0_MA1_MA_MASK)
/* MA2 Bit Fields */
#define UART0_MA2_MA_MASK                  0xFFu
#define UART0_MA2_MA_SHIFT                 0
#define UART0_MA2_MA_WIDTH                 8
#define UART0_MA2_MA(x)                    (((uint8_t)(((uint8_t)(x))<<UART0_MA2_MA_SHIFT))&UART0_MA2_MA_MASK)
/* C4 Bit Fields */
#define UART0_C4_OSR_MASK                  0x1Fu
#define UART0_C4_OSR_SHIFT                 0
#define UART0_C4_OSR_WIDTH                 5
#define UART0_C4_OSR(x)                    (((uint8_t)(((uint8_t)(x))<<UART0_C4_OSR_SHIFT))&UART0_C4_OSR_MASK)
#define UART0_C4_M10_MASK                  0x20u
#define UART0_C4_M10_SHIFT                 5
#define UART0_C4_M10_WIDTH                 1
#define UART0_C4_M10(x)                    (((uint8_t)(((uint8_t)(x))<<UART0_C4_M10_SHIFT))&UART0_C4_M10_MASK)
#define UART0_C4_MAEN2_MASK                0x40u
#define UART0_C4_MAEN2_SHIFT               6
#define UART0_C4_MAEN2_WIDTH               1
#define UART0_C4_MAEN2(x)                  (((uint8_t)(((uint8_t)(x))<<UART0_C4_MAEN2_SHIFT))&UART0_C4_MAEN2_MASK)
#define UART0_C4_MAEN1_MASK                0x80u
#define UART0_C4_MAEN1_SHIFT               7
#define UART0_C4_MAEN1_WIDTH               1
#define UART0_C4_MAEN1(x)                  (((uint8_t)(((uint8_t)(x))<<UART0_C4_MAEN1_SHIFT))&UART0_C4_MAEN1_MASK)
/* C5 Bit Fields */
#define UART0_C5_RESYNCDIS_MASK            0x1u
#define UART0_C5_RESYNCDIS_SHIFT           0
#define UART0_C5_RESYNCDIS_WIDTH           1
#define UART0_C5_RESYNCDIS(x)              (((uint8_t)(((uint8_t)(x))<<UART0_C5_RESYNCDIS_SHIFT))&UART0_C5_RESYNCDIS_MASK)
#define UART0_C5_BOTHEDGE_MASK             0x2u
#define UART0_C5_BOTHEDGE_SHIFT            1
#define UART0_C5_BOTHEDGE_WIDTH            1
#define UART0_C5_BOTHEDGE(x)               (((uint8_t)(((uint8_t)(x))<<UART0_C5_BOTHEDGE_SHIFT))&UART0_C5_BOTHEDGE_MASK)
#define UART0_C5_RDMAE_MASK                0x20u
#define UART0_C5_RDMAE_SHIFT               5
#define UART0_C5_RDMAE_WIDTH               1
#define UART0_C5_RDMAE(x)                  (((uint8_t)(((uint8_t)(x))<<UART0_C5_RDMAE_SHIFT))&UART0_C5_RDMAE_MASK)
#define UART0_C5_TDMAE_MASK                0x80u
#define UART0_C5_TDMAE_SHIFT               7
#define UART0_C5_TDMAE_WIDTH               1
#define UART0_C5_TDMAE(x)                  (((uint8_t)(((uint8_t)(x))<<UART0_C5_TDMAE_SHIFT))&UART0_C5_TDMAE_MASK)

/* UART0 - Peripheral instance base addresses */
/** Peripheral UART0 base address */
#define UART0_BASE                         (0x4006A000u)
/** Peripheral UART0 base pointer */
#define UART0                              ((UART0_Type *)UART0_BASE)
```

```
#define UART0_BASE_PTR                           (UART0)
/** Array initializer of UART0 peripheral base addresses */
#define UART0_BASE_ADDRS                         { UART0_BASE }
/** Array initializer of UART0 peripheral base pointers */
#define UART0_BASE_PTRS                          { UART0 }
/* ----------------------------------------------------------------------------
   -- UART0 - Register accessor macros
   ---------------------------------------------------------------------------- */

/* UART0 - Register instance definitions */
/* UART0 */
#define UART0_BDH                                UART0_BDH_REG(UART0)
#define UART0_BDL                                UART0_BDL_REG(UART0)
#define UART0_C1                                 UART0_C1_REG(UART0)
#define UART0_C2                                 UART0_C2_REG(UART0)
#define UART0_S1                                 UART0_S1_REG(UART0)
#define UART0_S2                                 UART0_S2_REG(UART0)
#define UART0_C3                                 UART0_C3_REG(UART0)
#define UART0_D                                  UART0_D_REG(UART0)
#define UART0_MA1                                UART0_MA1_REG(UART0)
#define UART0_MA2                                UART0_MA2_REG(UART0)
#define UART0_C4                                 UART0_C4_REG(UART0)
#define UART0_C5                                 UART0_C5_REG(UART0)
/* ----------------------------------------------------------------------------
   -- USB Peripheral Access Layer
   ---------------------------------------------------------------------------- */
         ( USB 관련 부분 생략 )
#else /* #if !defined(MKL25Z4_H_) */
  /* There is already included the same memory map. Check if it is compatible (has the same major version) */
  #if (MCU_MEM_MAP_VERSION != 0x0200u)
    #if (!defined(MCU_MEM_MAP_SUPPRESS_VERSION_WARNING))
      #warning There are included two not compatible versions of memory maps. Please check possible differences.
    #endif /* (!defined(MCU_MEM_MAP_SUPPRESS_VERSION_WARNING)) */
  #endif /* (MCU_MEM_MAP_VERSION != 0x0200u) */
#endif  /* #if !defined(MKL25Z4_H_) */

/* MKL25Z4.h, eof. */
```

제5장
MKL25Z128VLK4의 시스템 제어기

MKL25Z128VLK4는 Cortex-M0+ 코어를 가지는 MCU로서 내부에 많은 시스템 제어 기능을 가지고 있다. 이중에서 일반 주변장치로 분류할 수 있는 부분들은 제6장부터 취급하고, 이 절에서는 기본적인 시스템 또는 I/O 제어 시스템을 구성하는 시스템 제어기(system controller)의 성격을 가지는 부분들을 정리하여 설명한다.

5.1 시스템 모드 제어기(SMC)

MKL25Z128VLK4의 시스템 모드 제어기(System Mode Controller ; SMC)는 저전력을 위하여 시스템을 실행 모드(Run Mode)와 대기 모드(Wait Mode), 정지 모드(Stop Mode)를 제어하는 기능을 수행한다. 그러나, 이 MCU에서 소비전력을 절감하기 위한 방법은 클록과 메모리까지 밀접하게 관련되어 있으며, 이를 위해서 내부의 여러 모듈들이 상호 작용하는 관계를 도시하면 <그림 5.1>과 같다.

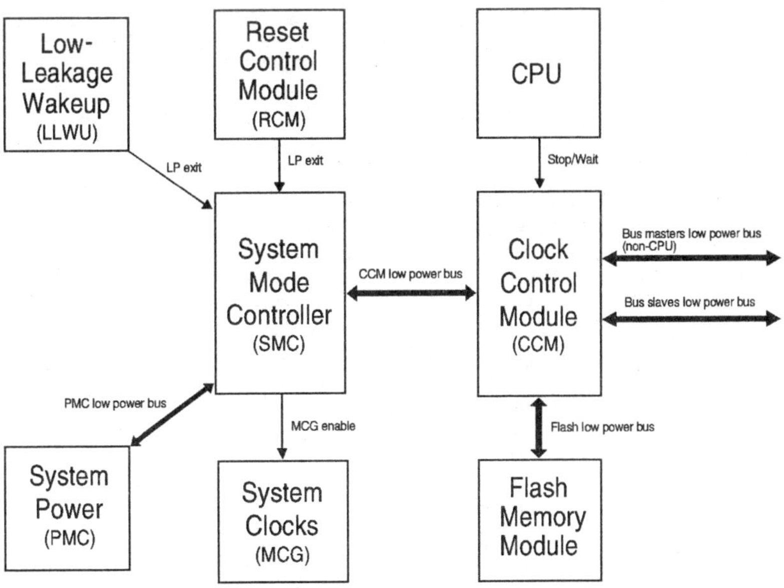

<그림 5.1> MKL25Z128VLK4의 저전력 시스템 구성

원래 Cortex-M0+ CPU에서는 소비전력과 관련하여 크게 Run 모드, Sleep 모드, Deep Sleep 모드의 3가지가 있으며, 이중에서 저전력 모드에 해당하는 뒤의 2가지를 사용하려면 WFI나 WFE 명령을 실행한다. 그러나, MKL25Z128VLK4에서는 Sleep 모드를 대기(Wait) 모드라고 부르며, Deep Sleep 모드를 정지(Stop) 모드라고 부르는데, 결국 이 MCU에서의 파워 모드는 <표 5.1>과 같이 1가지의 정상 실행 모드와 9가지의 저전력 모드가 있다. CPU 코어는 2가지의 Run 모드에서만 동작한다.

<표 5.1> MKL25Z128VLK4에서 10가지 파워 모드의 요약

MCU 모드	Cortex-M0+ 모드	기능 설명	해제 방법
Normal Run	Run	소자의 최대 성능을 발휘하는 모드로서, MCU는 리셋 후에 디폴트로 이 모드에 있게 되며 내부의 전압 레귤레이터가 정상적으로 동작한다.	-
Normal Wait via WFI	Sleep	CPU 코어는 슬립 모드 상태가 되어 실행이 정지되지만 모든 주변장치들은 정상적으로 동작하는 모드이다. 모든 주변장치에는 계속 클록이 공급되며, NVIC는 정상적으로 인터럽트를 처리한다.	Interrupt
Normal Stop via WFI	Sleep Deep	시스템 클록이 차단되어 소자 전체가 정지 상태로 있는 모드로서, LVD 보호 기능과 이 모드를 해제하기 위하여 인터럽트를 검출하는 AWIC 기능은 정상적으로 동작한다.	Interrupt
VLPR (Very Low Power Run)	Run	소자가 낮은 주파수로 동작하는데 필요한 만큼의 전력을 공급하도록 내부 전압 레귤레이터가 저전력 모드로 동작하는 모드이다. 이 모드에서는 LVD도 정지하며, BLPI 클록 모드에서는 4MHz의 내부 클록이 사용될 수 있고, BLPE 클록 모드에서는 외부 클록이나 크리스털 오실레이터가 사용될 수 있다.	-
VLPW (Very Low Power Wait) via WFI	Sleep	VLPR 모드와 같으나 CPU 코어가 슬립 모드로 있어서 실행이 정지되는 모드이다.	Interrupt
VLPS (Very Low Power Stop) via WFI	Sleep Deep	LVD를 포함하여 소자 전체가 정지 상태로 있는 모드로서, 이 모드를 해제하기 위하여 인터럽트를 검출하는 AWIC 기능은 정상적으로 동작한다. 단, OSC, LPTMR, RTC, CMP, TSI에는 클록이 공급되어 정상 동작하며, TPM과 UART에도 클록을 공급하여 주면 동작한다.	Interrupt
LLS (Low Leakage Stop)	Sleep Deep	모든 주변장치에 전원은 공급되지만 클록이 차단되어 동작하지 않는 모드로서, NVIC도 동작하지 않는다. 그러나, OSC, LPTMR, RTC, CMP, TSI, LLWU에는 클록이 공급되어 정상 동작하며, LLWU는 이 모드를 해제하는데 사용된다. 모든 SRAM은 정상적으로 동작한다.	Wakeup, Interrupt
VLLS3 (Very Low Leakage Stop 3)	Sleep Deep	모든 주변장치에 전원은 공급되지만 클록이 차단되어 동작하지 않는 모드로서, NVIC도 동작하지 않는다. 그러나, OSC, LPTMR, RTC, CMP, TSI, LLWU에는 클록이 공급되어 정상 동작하며, LLWU는 이 모드를 해제하는데 사용된다. SRAM_U와 SRAM_L에는 전원이 공급된다.	Wakeup, Reset
VLLS1 (Very Low Leakage Stop 1)	Sleep Deep	모든 주변장치에 전원은 공급되지만 클록이 차단되어 동작하지 않는 모드로서, NVIC도 동작하지 않는다. 그러나, OSC, LPTMR, RTC, CMP, TSI, LLWU에는 클록이 공급되어 정상 동작하며, LLWU는 이 모드를 해제하는데 사용된다. SRAM_U와 SRAM_L에는 전원이 차단된다.	Wakeup, Reset
VLLS0 (Very Low Leakage Stop 0)	Sleep Deep	모든 주변장치에 전원은 공급되지만 클록이 차단되어 동작하지 않는 모드로서, NVIC도 동작하지 않는다. 그러나, OSC, LPTMR, RTC, CMP, TSI, LLWU에는 클록이 공급되어 정상 동작하며, LLWU는 이 모드를 해제하는데 사용된다. SRAM_U와 SRAM_L에는 전원이 차단되며, LPO도 금지된다.	Wakeup, Reset

<표 5.2> MKL25Z128VLK4의 각 파워 모드에서 시스템 및 주변장치의 동작 요약

주변 장치	Stop	VLPR	VLPW	VLPS	LLS	VLLSx
System Module						
NVIC	static	정상	정상	static	static	금지
SMC	정상	정상	정상	정상	정상	정상
LLWU	static	static	static	static	정상	정상
Voltage Regulator	정상	low power	low power	low power	low power	VLLS3에서 low power VLLS0/1에서 금지
LVD	정상	금지	금지	금지	금지	금지
Brown-Out Detection	정상	정상	정상	정상	정상	VLLS1/3에서 정상 VLLS0에서 금지 가능
DMA	정상 가능	정상	정상	정상 가능	static	금지
Watchdog timer	static	정상	정상	static	static	금지
Clock						
1kHz LPO	정상	정상	정상	정상	정상	VLLS1/3에서 정상 VLLS0에서 금지
OSC	OSCERCLK optional	OSCERCLK 16MHz max X-tal	OSCERCLK 16MHz max X-tal	OSCERCLK 16MHz max X-tal	제한 (저주파/저전력)	VLLS1/3에서 제한 VLLS0에서 금지
MCG	MCGIRCLK 또는 PLL	4MHz IRC	4MHz IRC	MCGIRCLK	static	금지
Core Clock	금지	4MHz max	금지	금지	금지	금지
Platform Clock	금지	4MHz max	4MHz max	금지	금지	금지
System Clock	금지	4MHz max	4MHz max	금지	금지	금지
Bus Clock	금지	1MHz max	1MHz max	금지	금지	금지
Memory						
Flash Memory	low power	1MHz max	low power	low power	금지	금지
SRAM	low power	low power	low power	low power	low power	VLLS3에서 low power VLLS0/1에서 금지
Analog						
ADC	내부클럭 사용	정상	정상	내부클럭 사용	static	금지
CMP	HS 또는 LS	정상	정상	HS 또는 LS	LS	VLLS1/3에서 LS VLLS0에서 금지
6-bit DAC	static	정상	정상	static	static	VLLS1/3에서 static VLLS0에서 금지
12-bit DAC	static	정상	정상	static	static	static
Timer						
TPM	정상 가능	정상	정상	정상 가능	static	금지
PIT	static	정상	정상	static	static	금지
LPTMR	정상 가능	정상	정상	정상 가능	정상 가능	정상 가능
RTC	정상 가능	정상	정상	정상 가능	정상 가능	정상 가능
Communication Interface						
USB FS/LS	static	static	static	static	static	금지
USB Regulator	optional	optional	optional	optional	optional	optional
UART0	정상 가능	1Mbps	1Mbps	정상 가능	static	금지
UART1,UART2	static, wakeup	62.5kbps	62.5kbps	static, wakeup	static	금지
SPI0	static, 슬레이브 가능	master 500kbps slave 250kbps	master 500kbps slave 250kbps	static, 슬레이브 가능	static	금지
SPI1	static, 슬레이브 가능	master 2Mbps slave 1Mbps	master 2Mbps slave 1Mbps	static, 슬레이브 가능	static	금지
I2C0	static, wakeup	static 50kbps, wakeup	50kbps	static, wakeup	static	금지
I2C1	static, wakeup	static 50kbps, wakeup	50kbps	static, wakeup	static	금지
Human-Machine Interface						
GPIO	static output, wakeup input	정상	정상	static output, wakeup input	static, pins latched	금지, pins latched
TSI	정상 가능	정상	정상 가능	정산 가능	정상 가능	정상 가능

※ static = 동작은 하지 않고 레지스터와 메모리가 값을 유지하는 상태.

※ low power = 메모리에 전원이 인가되어 저전력으로 메모리가 값을 유지하는 상태.

각 파워 모드에서 시스템 및 주변장치들의 동작을 정리하면 <표 5.2>와 같다. 또한, 시스템 모드 제어기에서 이들 파워 모드를 전환시키는 방법을 도시하면 <그림 5.2>와 같다.

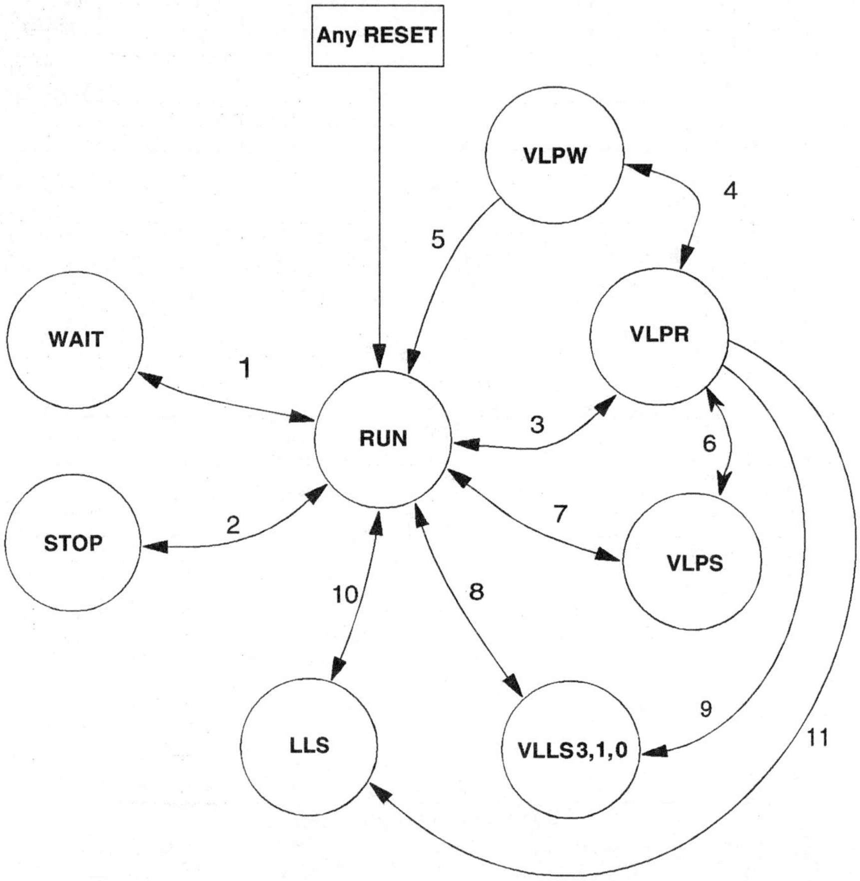

<그림 5.2> MKL25Z128VLK4에 여러가지 파워 모드의 상태 전환

시스템 모드 제어기의 I/O 제어 레지스터는 <표 5.3>과 같이 4개가 있는데, 이 레지스터들의 기능을 정리하면 아래와 같다.

<표 5.3> MKL25Z128VLK4 시스템 모드 제어기의 I/O 제어 레지스터 요약

어드레스	레지스터 이름	레지스터의 풀어 쓴 이름	리셋 후 초기값
0x4007_E000	SMC_PMPROT	SMC Power Mode Protection Register	0x00
0x4007_E001	SMC_PMCTRL	SMC Power Mode Control Register	0x00
0x4007_E002	SMC_STOPCTRL	SMC Stop Control Register	0x03
0x4007_E003	SMC_PMSTAT	SMC Power Mode Status Register	0x01

▣ SMC 파워 모드 보호 레지스터 SMC_PMPROT (리셋 직후 디폴트값 : 0x00)

b7	b6	b5	b4	b3	b2	b1	b0
-	-	AVLP	-	ALLS	-	AVLLS	-
-	-	rw	-	rw	-	rw	-

- AVLP : Allow Very-Low-Power Mode
  MCU가 VLPR, VLPW, VLPS 모드로 들어가는 것을 허용할지 설정한다.
  0 = VLPR, VLPW, VLPS 모드로 들어가는 것을 허용하지 않는다.
  1 = VLPR, VLPW, VLPS 모드로 들어가는 것을 허용한다.
- ALLS : Allow Low-Leakage Stop Mode
  MCU가 LLS 모드로 들어가는 것을 허용할지 설정한다.
  0 = LLS 모드로 들어가는 것을 허용하지 않는다.
  1 = LLS 모드로 들어가는 것을 허용한다.
- AVLLS : Allow Very-Low-Leakage Stop Mode
  MCU가 VLLS 모드로 들어가는 것을 허용할지 설정한다.
  0 = VLLS 모드로 들어가는 것을 허용하지 않는다.
  1 = VLLS 모드로 들어가는 것을 허용한다.

▣ SMC 파워 모드 제어 레지스터 SMC_PMCTRL (리셋 직후 디폴트값 : 0x00)

b7	b6	b5	b4	b3	b2	b1	b0
-	RUNM		-	STOPA	STOPM		
-	rw	rw	-	r	rw	rw	rw

- RUNM : Run Mode Control
  SMC_PMPROT 레지스터로 보호되어 있지 않다면 MCU가 지정된 실행 모드로 들어가도록 설정한다.
  00 = RUN(Normal Run Mode)로 들어간다.
  01 = (reserved)
  10 = VLPR(Very-Low-Power Run Mode)로 들어간다.
  11 = (reserved)
- STOPA : Stop Averted
  MCU가 정지 모드에 진입을 시도한 결과를 표시한다.
  0 = 앞의 정지 모드 진입 시도가 성공하였다.
  1 = 앞의 정지 모드 진입 시도가 실패하여 무효로 되었다.
- STOPM : Stop Mode Control
  SMC_PMPROT 레지스터로 보호되어 있지 않다면 MCU가 지정된 정지 모드로 들어가도록 설정한다.
  000 = STOP(Normal Stop Mode)로 들어간다.
  001 = (reserved)
  010 = VLPS(Very-Low-Power Stop Mode)로 들어간다.
  011 = LLS(Low-Leakage Stop Mode)로 들어간다.
  100 = VLLSx(Very-Low-Leakage Stop Mode)로 들어간다.
  101~111 = (reserved)

▣ SMC 정지 제어 레지스터 SMC_STOPCTRL (리셋 직후 디폴트값 : 0x03)

b7	b6	b5	b4	b3	b2	b1	b0
PSTOPO		PORPO	-	-	VLLSM		
rw	rw	rw	-	-	rw	rw	rw

- PSTOPO : Partial Stop Option
  SMC_PMCTRL 레지스터에서 STOPM 비트를 STOP으로 설정할 때 어떤 종류의 정지 모드로 들어갈지를 설정한다.
  00 = STOP. Normal Stop 모드로 지정한다.
  01 = PSTOP1. 시스템 클록과 버스 클록을 금지하는 부분 정지 모드로 지정한다.
  10 = PSTOP2. 시스템 클록은 금지하고 버스 클록은 허용하는 부분 정지 모드로 지정한다.
  11 = (reserved)

- PORPO : POR Power Option
  VLLS0 모드에서 POR 검출회로의 동작을 허용할 것인지를 설정한다.
  0 = VLLS0 모드에서 POR 검출회로의 동작을 허용한다.
  1 = VLLS0 모드에서 POR 검출회로의 동작을 금지한다.
- VLLSM : VLLS Mode Control
  SMC_PMCTRL 레지스터에서 STOPM 비트를 VLLSx로 설정할 때 어떤 종류의 VLLS 모드로 들어갈지를 설정한다.
  000 = VLLS0 모드로 지정한다.
  001 = VLLS1 모드로 지정한다.
  010 = (reserved)
  011 = VLLS3 모드로 지정한다.(default)
  100~111 = (reserved)

▣ SMC 파워 모드 상태 레지스터 SMC_PMSTAT (리셋 직후 디폴트값 : 0x01)

b7	b6	b5	b4	b3	b2	b1	b0
–	PMSTAT						
–	r	r	r	r	r	r	r

- PMSTAT : Power Mode Status
  현재의 파워 모드를 표시한다.
  000_0001 = 현재의 파워 모드는 RUN.(default)
  000_0010 = 현재의 파워 모드는 STOP.
  000_0100 = 현재의 파워 모드는 VLPR.
  000_1000 = 현재의 파워 모드는 VLPW.
  001_0000 = 현재의 파워 모드는 VLPS.
  010_0000 = 현재의 파워 모드는 LLS.
  100_0000 = 현재의 파워 모드는 VLLS.

5.2 전력관리 제어기(PMC, SIM)

(1) 전력관리 제어기(PMC)

MKL25Z128VLK4의 전력관리 제어기(Power Management Controller ; PMC)에서는 내부의 전압 레귤레이터, 전원 투입 리셋, 정전 및 저전압 검출 등의 기능을 수행한다.

저전압 검출기(Low-Voltage Detect System ; LVD)는 실행 모드와 정지 모드에서 저전압 조건을 검출하여 메모리 내용을 보호하거나 CPU의 상태를 제어한다. 그러나, VLPx, LLS, VLLSx 모드에서는 모두 LVD의 기능이 정지되어 동작하지 않는다.

이것은 POR과 연계하여 동작하며, 사용자가 지정한 트립 전압 V_{LVD}에 따라 동작한다. 즉, 전원전압이 트립 전압 V_{LVD}보다 낮아지면 PMC_LVDSC1 레지스터에서 저전압 검출 플랙 LVDF 비트가 세트되면서 LVD 저전압 검출 리셋 또는 PMC 인터럽트를 발생할 수 있으며, 이 비트는 LVDACK 비트에 1을 써주면 0으로 클리어된다. LVD 리셋이 발생한 이후에 저전압 상태가 계속되면 MCU의 리셋 상태도 계속된다.

또한, 전원전압이 트립 전압 V_{LVW}보다 낮아지면 PMC_LVDSC2 레지스터에서 저전압 경고 플랙 LVWF 비트가 세트되면서 PMC 인터럽트를 발생할 수 있으며, 이 비트는 LVWACK 비트에 1을 써주면 클리어된다.

전력관리 제어기의 I/O 제어 레지스터는 <표 5.4>와 같이 3개가 있는데, 이 레지스터들의 기능을 정리하면 아래와 같다.

<표 5.4> MKL25Z128VLK4 전력관리 제어기의 I/O 제어 레지스터 요약

어드레스	레지스터 이름	레지스터의 풀어 쓴 이름	리셋 후 초기값
0x4007_D000	PMC_LVDSC1	PMC Low Voltage Detect Status and Control 1 Register	0x10
0x4007_D001	PMC_LVDSC2	PMC Low Voltage Detect Status and Control 2 Register	0x00
0x4007_D002	PMC_REGSC	PMC Regulator Status and Control Register	0x00

▣ PMC 저전압 검출 상태 및 제어 레지스터 1 PMC_LVDSC1 (디폴트값 : 0x10)

b7	b6	b5	b4	b3	b2	b1	b0
LVDF	LVDACK	LVDIE	LVDRE	-	-	LVDV	
r	w	rw	rw	-	-	rw	rw

- LVDF : Low-Voltage Detect Flag
  저전압이 검출되었음을 나타내는 비트이다.
  0 = 저전압이 검출되지 않았다.
  1 = 저전압이 검출되었다.
- LVDACK : Low-Voltage Detect Acknowledge
  저전압 검출 에러에 대한 응답으로 사용하는 비트이다. 이 비트에 1을 써주면 LVDF 비트가 0으로 클리어되며, 이 비트는 항상 0으로 읽혀진다.
- LVDIE : Low-Voltage Detect Interrupt Enable
  저전압이 검출되어 LVDF=1로 되었을 때 인터럽트를 발생할지 여부를 설정한다.
  0 = 저전압 검출시 PMC 인터럽트를 발생하지 않는다.
  1 = 저전압 검출시 PMC 인터럽트를 발생한다.
- LVDRE : Low-Voltage Detect Reset Enable
  저전압이 검출되어 LVDF=1로 되었을 때 시스템 리셋을 발생할지 여부를 설정한다.
  0 = 저전압 검출시 시스템 리셋을 발생하지 않는다.
  1 = 저전압 검출시 시스템 리셋을 발생한다.(default)
- LVDV : Low-Voltage Detect Voltage Select
  저전압 검출 트립 전압 V_{LVD}를 선택한다.
  00 = V_{LVD}를 낮은 트립 전압 V_{LVDL}(= 1.60V)로 선택한다.
  01 = V_{LVD}를 높은 트립 전압 V_{LVDH}(= 2.56V)로 선택한다.
  1x = (reserved)

▣ PMC 저전압 검출 상태 및 제어 레지스터 2 PMC_LVDSC2 (디폴트값 : 0x00)

b7	b6	b5	b4	b3	b2	b1	b0
LVWF	LVWACK	LVWIE	-	-	-	LVWV	
r	w	rw	-	-	-	rw	rw

- LVWF : Low-Voltage Warning Flag
  저전압 경고 전압이 검출되었음을 나타내는 비트이다.
  0 = 저전압 경고 전압이 검출되지 않았다.
  1 = 저전압 경고 전압이 검출되었다.
- LVWACK : Low-Voltage Warning Acknowledge
  저전압 경고 전압 검출 에러에 대한 응답으로 사용하는 비트이다. 이 비트에 1을 써주면 LVWF 비트가 0으로 클리어되며, 이 비트는 항상 0으로 읽혀진다.

- LVWIE : Low-Voltage Warning Interrupt Enable
  저전압 경고 전압이 검출되어 LVWF=1로 되었을 때 인터럽트를 발생할지 여부를 설정한다.
  0 = 저전압 경고 전압 검출시 PMC 인터럽트를 발생하지 않는다.
  1 = 저전압 경고 전압 검출시 PMC 인터럽트를 발생한다.
- LVWV : Low-Voltage Warning Voltage Select
  저전압 경고 전압 검출 트립 전압 V_{LVW}를 선택한다.
  00 = V_{LVW}를 레벨1(V_{LVW1L} = 1.80V, V_{LVW1H} = 2.70V)로 선택한다.
  01 = V_{LVW}를 레벨2(V_{LVW2L} = 1.90V, V_{LVW2H} = 2.80V)로 선택한다.
  10 = V_{LVW}를 레벨3(V_{LVW3L} = 2.00V, V_{LVW3H} = 2.90V)으로 선택한다.
  11 = V_{LVW}를 레벨4(V_{LVW4L} = 2.10V, V_{LVW4H} = 3.00V)로 선택한다.

▣ PMC 레귤레이터 상태 및 제어 레지스터 PMC_REGSC (디폴트값 : 0x00)

b7	b6	b5	b4	b3	b2	b1	b0
–	–	–	BGEN	ACKISO	REGONS	–	BGBE
–	–	–	rw	rw1c	r	–	rw

- BGEN : Bandgap Enable in Low Power Operation
  저전력 모드 VLPx, LLS, VLLSx에서 밴드갭 기준전압(=1.00V)이 사용될 수 있도록 허용할지를 설정하는 비트이다.
  0 = 저전력 모드 VLPx, LLS, VLLSx에서 밴드갭 기준전압을 금지한다.
  1 = 저전력 모드 VLPx, LLS, VLLSx에서 밴드갭 기준전압을 허용한다.
- ACKISO : Acknowledge Isolation
  VLLSx 모드에 있다가 실행 모드로 돌아왔을 경우 주변장치 및 I/O 핀이 어떤 상태에 있는지를 나타낸다. 이 비트에 1을 써주면 0으로 클리어되면서 주변장치 및 I/O 핀이 Normal Run 모드로 된다.
  0 = 주변장치와 I/O 핀이 Normal Run 모드에 있다.
  1 = 주변장치와 I/O 핀이 isolated and latched 상태에 있다.
- REGONS : Regulator in Run Regulation Status
  내부 전압 레귤레이터의 현재 상태를 나타낸다.
  0 = 전압 레귤레이터가 정지되어 있다.
  1 = 전압 레귤레이터가 정상적으로 동작하고 있다.
- BGBE : Bandgap Buffer Enable
  밴드갭 버퍼의 사용 여부를 설정한다.
  0 = 밴드갭 버퍼를 금지한다.
  1 = 밴드갭 버퍼를 허용한다.

(2) 시스템 통합 모듈(SIM)

MKL25Z128VLK4의 시스템 통합 모듈(System Integration Module ; SIM)은 각 주변장치에 클록을 공급할지 여부를 제어함으로써 시스템 전력제어 기능을 수행하는 것이 기본 기능이며, 이밖에도 플래시나 SRAM의 메모리 용량 설정, USB 전압 레귤레이터의 사용 여부, TPM의 클록 및 캡쳐 트리거 신호 선택, CLKOUT 단자로 출력할 클록 신호의 선택, UART의 기능 설정 등과 같은 기능을 수행한다. 또한, 이 모듈의 SIM_SDID 레지스터에는 이 소자의 종류를 나타내는 ID 데이터들이 저장되어 있어서 이 소자가 무슨 MCU 소자인지를 소프트웨어적으로 확인할 수 있다.

시스템 통합 모듈의 I/O 제어 레지스터는 <표 5.5>와 같이 19개가 있는데, 이 레지스터들의 기능을 정리하면 아래와 같다.

<표 5.5> MKL25Z128VLK4 시스템 통합 모듈의 I/O 제어 레지스터 요약

어드레스	레지스터 이름	레지스터의 풀어 쓴 이름	리셋 후 초기값
0x4004_7000	SIM_SOPT1	SIM System Options Register 1	0x8000_00XX
0x4004_7004	SIM_SOPT1CFG	SIM SOPT1 Configuration Register	0x0000_0000
0x4004_8004	SIM_SOPT2	SIM System Options Register 2	0x0000_0000
0x4004_800C	SIM_SOPT4	SIM System Options Register 4	0x0000_0000
0x4004_8010	SIM_SOPT5	SIM System Options Register 5	0x0000_0000
0x4004_8018	SIM_SOPT7	SIM System Options Register 7	0x0000_0000
0x4004_8024	SIM_SDID	SIM System Device Identification Register	0x2515_X486
0x4004_8034	SIM_SCGC4	SIM System Clock Gating Control Register 4	0xF000_0030
0x4004_8038	SIM_SCGC5	SIM System Clock Gating Control Register 5	0x0000_0180
0x4004_803C	SIM_SCGC6	SIM System Clock Gating Control Register 6	0x0000_0001
0x4004_8040	SIM_SCGC7	SIM System Clock Gating Control Register 7	0x0000_0100
0x4004_8044	SIM_CLKDIV1	SIM System Clock Divider Register 1	0x0001_0000
0x4004_804C	SIM_FCFG1	SIM Flash Configuration Register 1	0x0700_0000
0x4004_8050	SIM_FCFG2	SIM Flash Configuration Register 2	0x1080_0000
0x4004_8058	SIM_UIDMH	Unique Identification Register Mid-High	0x0000_XXXX
0x4004_805C	SIM_UIDML	Unique Identification Register Mid-Low	0xXXXX_XXXX
0x4004_8060	SIM_UIDL	Unique Identification Register Low	0xXXXX_XXXX
0x4004_8100	SIM_COPC	COP Control Register	0x0000_000C
0x4004_8104	SIM_SRVCOP	Service COP Register	0x0000_0000

▣ SIM 시스템 옵션 레지스터 1 SIM_SOPT1 (리셋 직후 디폴트값 : 0x8000_00XX)

b31	b30	b29	b28	b27	b26	b25	b24	b23	b22	b21	b20	b19	b18	b17	b16
USB REGEN	USB SSTBY	USB VSTBY	-	-	-	-	-	-	-	-	-	OSC32KSEL		-	-
rw	rw	rw	-	-	-	-	-	-	-	-	-	rw	rw	-	-

b15	b14	b13	b12	b11	b10	b9	b8	b7	b6	b5	b4	b3	b2	b1	b0
-	-	-	-	-	-	-	-	-	-	-	-	-	-	-	-
-	-	-	-	-	-	-	-	-	-	-	-	-	-	-	-

- USBREGEN : USB Voltage Regulator Enable
  USB 전압 레귤레이터를 사용할지 여부를 설정한다.
  0 = USB 전압 레귤레이터를 금지한다.
  1 = USB 전압 레귤레이터를 허용한다.(default)
- USBSSTBY : USB Voltage Regulator in Standby Mode(Stop, VLPS, LLS, VLLS)
  스탠바이 모드 Stop, VLPS, LLS, VLLS에서 USB 전압 레귤레이터를 사용할지 여부를 설정한다.
  0 = 스탠바이 모드 Stop, VLPS, LLS, VLLS에서 USB 전압 레귤레이터를 금지한다.
  1 = 스탠바이 모드 Stop, VLPS, LLS, VLLS에서 USB 전압 레귤레이터를 허용한다.
- USBVSTBY : USB Voltage Regulator in Standby Mode(VLPR, VLPW)
  스탠바이 모드 VLPR, VLPW에서 USB 전압 레귤레이터를 사용할지 여부를 설정한다.
  0 = 스탠바이 모드 VLPR, VLPW에서 USB 전압 레귤레이터를 금지한다.
  1 = 스탠바이 모드 VLPR, VLPW에서 USB 전압 레귤레이터를 허용한다.
- OSC32KSEL : 32K Oscillator Clock Select
  RTC와 LPTMR에서 32kHz 클록 소스(ERCLK32K)로서 무엇을 사용할지 선택한다.
  00 = OSC32KCLK를 사용한다.
  01 = (reserved)
  10 = RTC_CLKIN을 사용한다.
  11 = LPO 1kHz를 사용한다.

▣ SIM SOPT1 설정 레지스터 SIM_SOPT1CFG (리셋 직후 디폴트값 : 0x0000_0000)

b31	b30	b29	b28	b27	b26	b25	b24	b23	b22	b21	b20	b19	b18	b17	b16
-	-	-	-	-	USSWE	UVSWE	URWE	-	-	-	-	-	-	-	-
-	-	-	-	-	rw	rw	rw	-	-	-	-	-	-	-	-

b15	b14	b13	b12	b11	b10	b9	b8	b7	b6	b5	b4	b3	b2	b1	b0
-	-	-	-	-	-	-	-	-	-	-	-	-	-	-	-
-	-	-	-	-	-	-	-	-	-	-	-	-	-	-	-

- USSWE : USB Voltage Regulator Stop Standby Write Enable
  SIM_SOPT1 레지스터의 USBSSTBY 비트에 쓰기 기능을 허용할지 여부를 설정한다.
  0 = SIM_SOPT1 레지스터의 USBSSTBY 비트에 쓰기 기능을 금지한다.
  1 = SIM_SOPT1 레지스터의 USBSSTBY 비트에 쓰기 기능을 허용한다.
- USVWE : USB Voltage Regulator VLP Standby Write Enable
  SIM_SOPT1 레지스터의 USBVSTBY 비트에 쓰기 기능을 허용할지 여부를 설정한다.
  0 = SIM_SOPT1 레지스터의 USBVSTBY 비트에 쓰기 기능을 금지한다.
  1 = SIM_SOPT1 레지스터의 USBVSTBY 비트에 쓰기 기능을 허용한다.
- URWE : USB Voltage Regulator Enable Write Enable
  SIM_SOPT1 레지스터의 USBREGEN 비트에 쓰기 기능을 허용할지 여부를 설정한다.
  0 = SIM_SOPT1 레지스터의 USBREGEN 비트에 쓰기 기능을 금지한다.
  1 = SIM_SOPT1 레지스터의 USBREGEN 비트에 쓰기 기능을 허용한다.

▣ SIM 시스템 옵션 레지스터 2 SIM_SOPT2 (리셋 직후 디폴트값 : 0x0000_0000)

b31	b30	b29	b28	b27	b26	b25	b24	b23	b22	b21	b20	b19	b18	b17	b16
-	-	-	-	UART0SRC		TPMSRC		-	-	-	-	-	USBSRC	-	PLLFLLSEL
-	-	-	-	rw	rw	rw	rw	-	-	-	-	-	rw	-	rw

b15	b14	b13	b12	b11	b10	b9	b8	b7	b6	b5	b4	b3	b2	b1	b0
-	-	-	-	-	-	-	-	CLKOUTSEL			RTCCLKOUTSEL	-	-	-	-
-	-	-	-	-	-	-	-	rw	rw	rw	rw	-	-	-	-

- UART0SRC : UART0 Clock Source Select
  UART0의 송수신 클록을 위한 클록 소스를 선택한다.
  00 = 클록 차단.
  01 = MCGFLLCLK 또는 MCGPLLCLK/2
  10 = OSCERCLK
  11 = MCGIRCLK
- TPMSRC : TPM Clock Source Select
  TPM 카운터를 위한 클록 소스를 선택한다.
  00 = 클록 차단.
  01 = MCGFLLCLK 또는 MCGPLLCLK/2
  10 = OSCERCLK
  11 = MCGIRCLK
- USBSRC : USB Clock Source Select
  USB 48MHz 클록을 위한 클록 소스를 선택한다.
  0 = 외부의 USB_CLKIN
  1 = MCGFLLCLK 또는 MCGPLLCLK/2
- PLLFLLSEL : PLL/FLL Clock Source Select
  다양한 주변장치 클록을 위한 클록 소스를 선택한다.
  0 = MCGFLLCLK
  1 = MCGPLLCLK/2
- CLKOUTSEL : CLKOUT Select
  CLKOUT 단자에 출력할 클록 소스를 선택한다.
  000~001 = (reserved)
  010 = 버스 클록
  011 = LPO 클록(1kHz)
  100 = MCGIRCLK
  101 = (reserved)
  110 = OSCERCLK
  111 = (reserved)
- RTCCLKOUTSEL : RTC Clock Out Select
  RTC_CLKOUT 단자에 출력할 클록 소스를 선택한다.
  0 = RTC 1Hz 클록
  1 = OSCERCLK

▣ SIM 시스템 옵션 레지스터 4 SIM_SOPT4 (리셋 직후 디폴트값 : 0x0000_0000)

b31	b30	b29	b28	b27	b26	b25	b24	b23	b22	b21	b20	b19	b18	b17	b16
-	-	-	-	-	TPM2 CLKSEL	TPM1 CLKSEL	TPM0 CLKSEL	-	-	-	TPM2 CH0SRC	-	TPM1 CH0SRC	-	-
-	-	-	-	-	rw	rw	rw	-	-	-	rw	-	rw	-	-

b15	b14	b13	b12	b11	b10	b9	b8	b7	b6	b5	b4	b3	b2	b1	b0
-	-	-	-	-	-	-	-	-	-	-	-	-	-	-	-
-	-	-	-	-	-	-	-	-	-	-	-	-	-	-	-

- TPM2CLKSEL : TPM2 External Clock Pin Select
  타이머 TPM2에 외부 클록을 공급하는 입력 핀을 선택한다.(이렇게 지정된 핀은 핀 제어 레지스터에서 해당 부수적인 기능을 수행하도록 설정되어야 한다.)
  0 = TPM_CLKIN0 핀을 통하여 TPM2에 외부 클록을 공급한다.
  1 = TPM_CLKIN1 핀을 통하여 TPM2에 외부 클록을 공급한다.
- TPM1CLKSEL : TPM1 External Clock Pin Select
  타이머 TPM1에 외부 클록을 공급하는 입력 핀을 선택한다.
  0 = TPM_CLKIN0 핀을 통하여 TPM1에 외부 클록을 공급한다.
  1 = TPM_CLKIN1 핀을 통하여 TPM1에 외부 클록을 공급한다.
- TPM0CLKSEL : TPM0 External Clock Pin Select
  타이머 TPM0에 외부 클록을 공급하는 입력 핀을 선택한다.
  0 = TPM_CLKIN0 핀을 통하여 TPM0에 외부 클록을 공급한다.
  1 = TPM_CLKIN1 핀을 통하여 TPM0에 외부 클록을 공급한다.
- TPM2CH0SRC : TPM2 Channel 0 Input Capture Source Select
  타이머 TPM2의 채널0 입력 캡쳐를 위한 트리거 소스를 선택한다.
  0 = TPM2_CH0 신호
  1 = CMP0 출력 신호
- TPM1CH0SRC : TPM1 Channel 0 Input Capture Source Select
  타이머 TPM1의 채널0 입력 캡쳐를 위한 트리거 소스를 선택한다.
  0 = TPM1_CH0 신호
  1 = CMP0 출력 신호

▣ SIM 시스템 옵션 레지스터 5 SIM_SOPT5 (리셋 직후 디폴트값 : 0x0000_0000)

b31	b30	b29	b28	b27	b26	b25	b24	b23	b22	b21	b20	b19	b18	b17	b16
-	-	-	-	-	-	-	-	-	-	-	-	-	UART2 ODE	UART1 ODE	UART0 ODE
-	-	-	-	-	-	-	-	-	-	-	-	-	rw	rw	rw

b15	b14	b13	b12	b11	b10	b9	b8	b7	b6	b5	b4	b3	b2	b1	b0
-	-	-	-	-	-	-	-	-	UART1 RXSRC	UART1TXSRC		-	UART0 RXSRC	UART0TXSRC	
-	-	-	-	-	-	-	-	-	rw	rw	rw	-	rw	rw	rw

- UART2ODE : UART2 Open Drain Enable
  UART2에서 사용하는 핀들을 오픈 드레인형으로 사용하도록 설정한다.
  0 = UART2 핀들을 오픈 드레인형으로 사용하지 않는다.
  1 = UART2 핀들을 오픈 드레인형으로 사용한다.
- UART1ODE : UART1 Open Drain Enable
  UART1에서 사용하는 핀들을 오픈 드레인형으로 사용하도록 설정한다.
  0 = UART1 핀들을 오픈 드레인형으로 사용하지 않는다.
  1 = UART1 핀들을 오픈 드레인형으로 사용한다.
- UART0ODE : UART0 Open Drain Enable
  UART0에서 사용하는 핀들을 오픈 드레인형으로 사용하도록 설정한다.
  0 = UART0 핀들을 오픈 드레인형으로 사용하지 않는다.
  1 = UART0 핀들을 오픈 드레인형으로 사용한다.
- UART1RXSRC : UART1 Receive Data Source Select
  UART1에서 RXD 데이터 신호로 사용되는 소스를 선택한다.
  0 = UART1_RX 핀
  1 = CMP0 출력 신호

- UART1TXSRC : UART1 Transmit Data Source Select
  UART1에서 TXD 데이터 신호로 사용되는 소스를 선택한다.
  00 = UART1_TX 핀
  01 = TPM1 채널0의 출력 신호로 변조된 UART1_TX 핀
  10 = TPM2 채널0의 출력 신호로 변조된 UART1_TX 핀
  11 = (reserved)
- UART0RXSRC : UART0 Receive Data Source Select
  UART0에서 RXD 데이터 신호로 사용되는 소스를 선택한다.
  0 = UART0_RX 핀
  1 = CMP0 출력 신호
- UART0TXSRC : UART0 Transmit Data Source Select
  UART0에서 TXD 데이터 신호로 사용되는 소스를 선택한다.
  00 = UART0_TX 핀
  01 = TPM1 채널0의 출력 신호로 변조된 UART0_TX 핀
  10 = TPM2 채널0의 출력 신호로 변조된 UART0_TX 핀
  11 = (reserved)

▣ SIM 시스템 옵션 레지스터 7 SIM_SOPT7 (리셋 직후 디폴트값 : 0x0000_0000)

b31	b30	b29	b28	b27	b26	b25	b24	b23	b22	b21	b20	b19	b18	b17	b16
-	-	-	-	-	-	-	-	-	-	-	-	-	-	-	-
-	-	-	-	-	-	-	-	-	-	-	-	-	-	-	-

b15	b14	b13	b12	b11	b10	b9	b8	b7	b6	b5	b4	b3	b2	b1	b0
-	-	-	-	-	-	-	-	ADC0ALTTRGEN	-	-	ADC0PRETRGSEL	ADC0TRGSEL			
-	-	-	-	-	-	-	-	rw	-	-	rw	rw	rw	rw	rw

- ADC0ALTTRGEN : ADC0 Alternate Trigger Enable
  ADC0에서 A/D 변환 트리거 방법을 설정한다.
  0 = TPM1 채널0(A)과 채널1(B)을 ADC0의 트리거 신호로 사용한다.
  1 = ADC0PRETRGSEL 비트에 의하여 Alternate Trigger를 사용한다.
- ADC0PRETRGSEL : ADC0 Pretrigger Select
  ADC0ALTTRGSEL 비트에서 Alternate Trigger를 사용하도록 지정된 경우 트리거 소스를 선택한다.
  0 = Pre-trigger A
  1 = Pre-trigger B
- ADC0TRGSEL : ADC0 Trigger Select in Stop and VLPS Modes
  Stop 모드 및 VLPS 모드에서 ADC0의 A/D 변환 트리거 신호를 선택한다.

0000 = EXTRG_IN 핀	1000 = TPM0 오버플로우
0001 = CMP0 출력 신호	1001 = TPM1 오버플로우
0010 = (reserved)	1010 = TPM2 오버플로우
0011 = (reserved)	1011 = (reserved)
0100 = PIT 트리거0	1100 = RTC 알람
0101 = PIT 트리거1	1101 = RTC 초
0110 = (reserved)	1110 = LPTMR 트리거
0111 = (reserved)	1111 = (reserved)

▣ SIM 시스템 디바이스 확인 레지스터 SIM_SDID (리셋 후 디폴트값 : 0x2515_X486)

b31	b30	b29	b28	b27	b26	b25	b24	b23	b22	b21	b20	b19	b18	b17	b16
FAMID				SUBFAMID				SERIESID				SRAMSIZE			
r	r	r	r	r	r	r	r	r	r	r	r	r	r	r	r

b15	b14	b13	b12	b11	b10	b9	b8	b7	b6	b5	b4	b3	b2	b1	b0
REVID				DIEID					-	-	-	PINID			
r	r	r	r	r	r	r	r	r	-	-	-	r	r	r	r

- FAMID : Kinetis Family ID
  이 소자가 Kinetis의 어느 패밀리에 속하는지를 나타낸다.

0000 = KL0x 패밀리(low end)
0001 = KL1x 패밀리(basic)
0010 = KL2x 패밀리(USB)
0011 = KL3x 패밀리(segment LCD)
0100 = KL4x 패밀리(USB and segment LCD)

- SUBFAMID : Kinetis Sub-Family ID
이 소자가 Kinetis의 어느 서브 패밀리에 속하는지를 나타낸다.
0010 = KLx2 서브 패밀리(low end)
0100 = KLx4 서브 패밀리(basic analog)
0101 = KLx5 서브 패밀리(advanced analog)
0110 = KLx6 서브 패밀리(advanced analog with I2S)
- SERIESID : Kinetis Series ID
이 소자가 Kinetis 계열의 MCU라는 것을 나타내며, 무조건 0001의 값을 갖는다.
- RAMSIZE : System SRAM Size
이 소자에 내장된 시스템 SRAM의 용량을 나타낸다.
0000 = 0.5KB
0001 = 1KB
0010 = 2KB
0011 = 4KB
0100 = 8KB
0101 = 16KB
0110 = 32KB
0111 = 64KB
- REVID : Device Revision Number
이 소자의 하드웨어 수정 번호를 나타낸다.
- DIEID : Device Die Number
이 소자의 반도체 관련 번호를 나타내며, 무조건 01001의 값을 갖는다.
- PINID : Pincount Identification
이 소자의 핀 수를 나타낸다.
0000 = 16핀
0001 = 24핀
0010 = 32핀
0011 = (reserved)
0100 = 48핀
0101 = 64핀
0110 = 80핀
0111 = (reserved)
1000 = 100핀
1001～1111 = (reserved)

▣ SIM 시스템 클록 공급 제어 레지스터 4 SIM_SCGC4 (디폴트값 : 0xF000_0030)

b31	b30	b29	b28	b27	b26	b25	b24	b23	b22	b21	b20	b19	b18	b17	b16
–	–	–	–	–	–	–	–	SPI1	SPI0	–	–	CMP	USBOTG	–	–
–	–	–	–	–	–	–	–	rw	rw	–	–	rw	rw	–	–

b15	b14	b13	b12	b11	b10	b9	b8	b7	b6	b5	b4	b3	b2	b1	b0
–	–	–	UART2	UART1	UART0	–	–	I2C1	I2C0	–	–	–	–	–	–
–	–	–	rw	rw	rw	–	–	rw	rw	–	–	–	–	–	–

- SPI1 : SPI1 Clock Gate Control
SPI1 모듈에 클록을 공급할지 여부를 설정한다.
0 = 클록을 금지한다.
1 = 클록을 허용한다.
- SPI0 : SPI0 Clock Gate Control
SPI0 모듈에 클록을 공급할지 여부를 설정한다.
0 = 클록을 금지한다.
1 = 클록을 허용한다.
- CMP : CMP Clock Gate Control
CMP 모듈에 클록을 공급할지 여부를 설정한다.
0 = 클록을 금지한다.
1 = 클록을 허용한다.
- USBOTG : USB Clock Gate Control
USB 모듈에 클록을 공급할지 여부를 설정한다.
0 = 클록을 금지한다.
1 = 클록을 허용한다.
- UART2 : UART2 Clock Gate Control
UART2 모듈에 클록을 공급할지 여부를 설정한다.

0 = 클록을 금지한다.
1 = 클록을 허용한다.

- UART1 : UART1 Clock Gate Control
  UART1 모듈에 클록을 공급할지 여부를 설정한다.
  0 = 클록을 금지한다.
  1 = 클록을 허용한다.
- UART0 : UART0 Clock Gate Control
  UART0 모듈에 클록을 공급할지 여부를 설정한다.
  0 = 클록을 금지한다.
  1 = 클록을 허용한다.
- I2C1 : I2C1 Clock Gate Control
  I2C1 모듈에 클록을 공급할지 여부를 설정한다.
  0 = 클록을 금지한다.
  1 = 클록을 허용한다.
- I2C0 : I2C0 Clock Gate Control
  I2C0 모듈에 클록을 공급할지 여부를 설정한다.
  0 = 클록을 금지한다.
  1 = 클록을 허용한다.

▣ SIM 시스템 클록 공급 제어 레지스터 5 SIM_SCGC5 (디폴트값 : 0x0000_0180)

b31	b30	b29	b28	b27	b26	b25	b24	b23	b22	b21	b20	b19	b18	b17	b16
-	-	-	-	-	-	-	-	-	-	-	-	-	-	-	-
-	-	-	-	-	-	-	-	-	-	-	-	-	-	-	-

b15	b14	b13	b12	b11	b10	b9	b8	b7	b6	b5	b4	b3	b2	b1	b0
-	-	PORTE	PORTD	PORTC	PORTB	PORTA	-	-	-	TSI	-	-	-	-	LPTMR
-	-	rw	rw	rw	rw	rw	-	-	-	rw	-	-	-	-	rw

- PORTE : Port E Clock Gate Control
  GPIO의 Port E 모듈에 클록을 공급할지 여부를 설정한다.
  0 = 클록을 금지한다.
  1 = 클록을 허용한다.
- PORTD : Port D Clock Gate Control
  GPIO의 Port D 모듈에 클록을 공급할지 여부를 설정한다.
  0 = 클록을 금지한다.
  1 = 클록을 허용한다.
- PORTC : Port C Clock Gate Control
  GPIO의 Port C 모듈에 클록을 공급할지 여부를 설정한다.
  0 = 클록을 금지한다.
  1 = 클록을 허용한다.
- PORTB : Port B Clock Gate Control
  GPIO의 Port B 모듈에 클록을 공급할지 여부를 설정한다.
  0 = 클록을 금지한다.
  1 = 클록을 허용한다.
- PORTA : Port A Clock Gate Control
  GPIO의 Port A 모듈에 클록을 공급할지 여부를 설정한다.
  0 = 클록을 금지한다.
  1 = 클록을 허용한다.
- TSI : TSI Access Control
  TSI 모듈을 소프트웨어적으로 액세스하는 것이 가능하도록 할지 여부를 설정한다.
  0 = 액세스를 금지한다.
  1 = 액세스를 허용한다.
- LPTMR : LPTMR Access Control
  LPTMR 모듈을 소프트웨어적으로 액세스하는 것이 가능하도록 할지 여부를 설정한다.
  0 = 액세스를 금지한다.
  1 = 액세스를 허용한다.

▣ SIM 시스템 클록 공급 제어 레지스터 6 SIM_SCGC6 (디폴트값 : 0x0000_0001)

b31	b30	b29	b28	b27	b26	b25	b24	b23	b22	b21	b20	b19	b18	b17	b16
DAC0	–	RTC	–	ADC0	TPM2	TPM1	TPM0	PIT	–	–	–	–	–	–	–
rw	–	rw	–	rw	rw	rw	rw	rw	–	–	–	–	–	–	–

b15	b14	b13	b12	b11	b10	b9	b8	b7	b6	b5	b4	b3	b2	b1	b0
–	–	–	–	–	–	–	–	–	–	–	–	–	–	DMAMUX	FTF
–	–	–	–	–	–	–	–	–	–	–	–	–	–	rw	rw

- DAC0 : DAC0 Clock Gate Control
  DAC0 모듈에 클록을 공급할지 여부를 설정한다.
  0 = 클록을 금지한다.
  1 = 클록을 허용한다.
- RTC : RTC Access Control
  RTC 모듈을 소프트웨어적으로 액세스하고 인터럽트를 사용하도록 할지 여부를 설정한다.
  0 = 액세스와 인터럽트를 금지한다.
  1 = 액세스와 인터럽트를 허용한다.
- ADC0 : ADC0 Clock Gate Control
  ADC0 모듈에 클록을 공급할지 여부를 설정한다.
  0 = 클록을 금지한다.
  1 = 클록을 허용한다.
- TPM2 : TPM2 Clock Gate Control
  TPM2 모듈에 클록을 공급할지 여부를 설정한다.
  0 = 클록을 금지한다.
  1 = 클록을 허용한다.
- TPM1 : TPM1 Clock Gate Control
  TPM1 모듈에 클록을 공급할지 여부를 설정한다.
  0 = 클록을 금지한다.
  1 = 클록을 허용한다.
- TPM0 : TPM0 Clock Gate Control
  TPM0 모듈에 클록을 공급할지 여부를 설정한다.
  0 = 클록을 금지한다.
  1 = 클록을 허용한다.
- PIT : PIT Clock Gate Control
  PIT 모듈에 클록을 공급할지 여부를 설정한다.
  0 = 클록을 금지한다.
  1 = 클록을 허용한다.
- DMAMUX : DMA Mux Clock Gate Control
  DMA Mux 모듈에 클록을 공급할지 여부를 설정한다.
  0 = 클록을 금지한다.
  1 = 클록을 허용한다.
- FTF : Flash Memory Clock Gate Control
  플래시 메모리에 클록을 공급할지 여부를 설정한다. 플래시 메모리에 클록을 차단하더라도 읽기 동작은 가능하며, 저전력 모드에서는 플래시 메모리 액세스가 수행되지 않는다.
  0 = 클록을 금지한다.
  1 = 클록을 허용한다.(default)

▣ SIM 시스템 클록 공급 제어 레지스터 7 SIM_SCGC7 (디폴트값 : 0x0000_0100)

b31	b30	b29	b28	b27	b26	b25	b24	b23	b22	b21	b20	b19	b18	b17	b16
–	–	–	–	–	–	–	–	–	–	–	–	–	–	–	–
–	–	–	–	–	–	–	–	–	–	–	–	–	–	–	–

b15	b14	b13	b12	b11	b10	b9	b8	b7	b6	b5	b4	b3	b2	b1	b0
–	–	–	–	–	–	–	DMA	–	–	–	–	–	–	–	–
–	–	–	–	–	–	–	rw	–	–	–	–	–	–	–	–

- DMA : DMA Clock Gate Control

DMA 모듈에 클록을 공급할지 여부를 설정한다.
0 = 클록을 금지한다.
1 = 클록을 허용한다.(default)

▣ SIM 시스템 클록 분주 레지스터 1 SIM_CLKDIV1 (디폴트값 : 0x0001_0000)

b31	b30	b29	b28	b27	b26	b25	b24	b23	b22	b21	b20	b19	b18	b17	b16
OUTDIV1				-	-	-	-	-	-	-	-	-	OUTDIV4		
rw	rw	rw	rw	-	-	-	-	-	-	-	-	-	rw	rw	rw

b15	b14	b13	b12	b11	b10	b9	b8	b7	b6	b5	b4	b3	b2	b1	b0
-	-	-	-	-	-	-	-	-	-	-	-	-	-	-	-
-	-	-	-	-	-	-	-	-	-	-	-	-	-	-	-

• OUTDIV1 : Clock 1 Output Divider Value
코어/시스템 클록을 발생시키기 위하여 MCGOUTCLK을 나누는 주파수 분주비를 설정한다. 리셋 후에는 FTFA_FOPT 레지스터의 LPBOOT 비트에 설정된 값에 따라 분주비가 1, 2, 4, 8중의 하나로 설정된다.

0000 = 분주비 1.(default) 1000 = 분주비 9.
0001 = 분주비 2. 1001 = 분주비 10.
0010 = 분주비 3. 1010 = 분주비 11.
0011 = 분주비 4. 1011 = 분주비 12.
0100 = 분주비 5. 1100 = 분주비 13.
0101 = 분주비 6. 1101 = 분주비 14.
0110 = 분주비 7. 1110 = 분주비 15.
0111 = 분주비 8. 1111 = 분주비 16.

• OUTDIV4 : Clock 4 Output Divider Value
버스/플래시 클록을 발생시키기 위하여 코어/버스 클록을 나누는 주파수 분주비를 설정한다. 리셋 후에는 이 값이 001로 설정되어 분주비가 2로 동작한다.

000 = 분주비 1. 100 = 분주비 5.
001 = 분주비 2.(default) 101 = 분주비 6.
010 = 분주비 3. 110 = 분주비 7.
011 = 분주비 4. 111 = 분주비 8.

▣ SIM 플래시 설정 레지스터 1 SIM_FCFG1 (리셋 직후 디폴트값 : 0x0700_0000)

b31	b30	b29	b28	b27	b26	b25	b24	b23	b22	b21	b20	b19	b18	b17	b16
-	-	-	-	PFSIZE				-	-	-	-	-	-	-	-
-	-	-	-	r	r	r	r	-	-	-	-	-	-	-	-

b15	b14	b13	b12	b11	b10	b9	b8	b7	b6	b5	b4	b3	b2	b1	b0
-	-	-	-	-	-	-	-	-	-	-	-	-	-	FLASH DOZE	FLASH DIS
-	-	-	-	-	-	-	-	-	-	-	-	-	-	rw	rw

• PFSIZE : Program Flash Size
소자의 프로그램용 플래시 메모리 용량을 나타낸다.
0000 = 프로그램용 플래시 메모리 8KB, 보호 영역 0.25KB
0001 = 프로그램용 플래시 메모리 16KB, 보호 영역 0.5KB
0011 = 프로그램용 플래시 메모리 32KB, 보호 영역 1KB
0101 = 프로그램용 플래시 메모리 64KB, 보호 영역 2KB
0111 = 프로그램용 플래시 메모리 128KB, 보호 영역 4KB (for MKL25Z128VLK4)
1001 = 프로그램용 플래시 메모리 256KB, 보호 영역 8KB
1111 = 프로그램용 플래시 메모리 128KB, 보호 영역 4KB

• FLASHDOZE : Flash Doze
플래시 메모리가 Doze 모드에 있을 때 이것을 사용할 수 있는지 여부를 설정한다. 이것을 사용할 수 없도록 설정한 상태에서 액세스를 시도하면 버스 에러가 발생한다.
0 = Doze 모드에서 플래시 메모리의 사용을 허용한다.
1 = Doze 모드에서 플래시 메모리의 사용을 금지한다.

- FLASHDIS : Flash Disable
  플래시 메모리의 사용을 금지하여 저전력 상태로 둘지 여부를 설정한다.
  0 = 플래시 메모리의 사용을 허용한다.
  1 = 플래시 메모리의 사용을 금지한다.

▣ SIM 플래시 설정 레지스터 2 SIM_FCFG2 (리셋 직후 디폴트값 : 0x1080_0000)

b31	b30	b29	b28	b27	b26	b25	b24	b23	b22	b21	b20	b19	b18	b17	b16
–	MAXADDR0							–	–	–	–	–	–	–	–
–	r	r	r	r	r	r	r	–	–	–	–	–	–	–	–

b15	b14	b13	b12	b11	b10	b9	b8	b7	b6	b5	b4	b3	b2	b1	b0
–	–	–	–	–	–	–	–	–	–	–	–	–	–	–	–
–	–	–	–	–	–	–	–	–	–	–	–	–	–	–	–

- MAXADDR0 : Max Address Block
  프로그램용 플래시 메모리의 용량을 넘어 첫번째로 나타나는 무효번지를 나타내는 필드로서 이 번지가 0x0002_0000인 MKL25Z128VLK4는 0x10이다.

▣ SIM 고유 ID 레지스터 Mid-High SIM_UIDMH (리셋 직후 디폴트값 : 0x0000_XXXX)

b31	b30	b29	b28	b27	b26	b25	b24	b23	b22	b21	b20	b19	b18	b17	b16
–	–	–	–	–	–	–	–	–	–	–	–	–	–	–	–
–	–	–	–	–	–	–	–	–	–	–	–	–	–	–	–

b15	b14	b13	b12	b11	b10	b9	b8	b7	b6	b5	b4	b3	b2	b1	b0
UID															
r	r	r	r	r	r	r	r	r	r	r	r	r	r	r	r

- UID : Unique Identification
  소자의 고유 ID를 나타낸다.

▣ SIM 고유 ID 레지스터 Mid-Low SIM_UIDML (리셋 직후 디폴트값 : 0xXXXX_XXXX)

b31	b30	b29	b28	b27	b26	b25	b24	b23	b22	b21	b20	b19	b18	b17	b16
UID															
r	r	r	r	r	r	r	r	r	r	r	r	r	r	r	r

b15	b14	b13	b12	b11	b10	b9	b8	b7	b6	b5	b4	b3	b2	b1	b0
UID															
r	r	r	r	r	r	r	r	r	r	r	r	r	r	r	r

- UID : Unique Identification
  소자의 고유 ID를 나타낸다.

▣ SIM 고유 ID 레지스터 Low SIM_UIDL (리셋 직후 디폴트값 : 0xXXXX_XXXX)

b31	b30	b29	b28	b27	b26	b25	b24	b23	b22	b21	b20	b19	b18	b17	b16
UID															
r	r	r	r	r	r	r	r	r	r	r	r	r	r	r	r

b15	b14	b13	b12	b11	b10	b9	b8	b7	b6	b5	b4	b3	b2	b1	b0
UID															
r	r	r	r	r	r	r	r	r	r	r	r	r	r	r	r

- UID : Unique Identification
  소자의 고유 ID를 나타낸다.

■ SIM COP 제어 레지스터 SIM_COPC (디폴트값 : 0x0000_000C)

b31	b30	b29	b28	b27	b26	b25	b24	b23	b22	b21	b20	b19	b18	b17	b16
-	-	-	-	-	-	-	-	-	-	-	-	-	-	-	-
-	-	-	-	-	-	-	-	-	-	-	-	-	-	-	-

b15	b14	b13	b12	b11	b10	b9	b8	b7	b6	b5	b4	b3	b2	b1	b0
-	-	-	-	-	-	-	-	-	-	-	-	COPT		COP CLKS	COPW
-	-	-	-	-	-	-	-	-	-	-	-	rw	rw	rw	rw

- COPT : COMP Watchdog Timeout
  COP(Computer Operating Properly) 타임아웃 주기를 설정한다. 이때 사용되는 클록은 COPCLKS 비트로 지정한다.
  00 = COP를 금지한다.
  01 = 2^5개의 LPO 사이클 또는 2^{13}개의 버스 클록 사이클 후에 COP 타임아웃이 발생한다.
  10 = 2^8개의 LPO 사이클 또는 2^{16}개의 버스 클록 사이클 후에 COP 타임아웃이 발생한다.
  11 = 2^{10}개의 LPO 사이클 또는 2^{18}개의 버스 클록 사이클 후에 COP 타임아웃이 발생한다.(default)
- COPCLKS : COP Clock Select
  COP 워치독 타이머의 클록 소스를 선택한다.
  0 = LPO 1kHz 클록을 사용한다.
  1 = 버스 클록을 사용한다.
- COPW : COP Windowed Mode
  COP 윈도우 모드의 사용 여부를 설정한다.
  0 = Normal mode
  1 = Windowed mode(클록 소스로 버스 클록을 선택하였을 경우에만 사용 가능)

■ SIM 서비스 COP 레지스터 SIM_SRVCOP (디폴트값 : 0x0000_0000)

b31	b30	b29	b28	b27	b26	b25	b24	b23	b22	b21	b20	b19	b18	b17	b16
-	-	-	-	-	-	-	-	-	-	-	-	-	-	-	-
-	-	-	-	-	-	-	-	-	-	-	-	-	-	-	-

b15	b14	b13	b12	b11	b10	b9	b8	b7	b6	b5	b4	b3	b2	b1	b0
-	-	-	-	-	-	-	-	SRVCOP							
-	-	-	-	-	-	-	-	w	w	w	w	w	w	w	w

- SRVCOP : Service COP Register
  여기에 0x55와 0xAA를 차례로 써주면 COP 타임아웃 카운터를 클리어시킬 수 있다.

5.3 리셋 제어 모듈(RCM)

MKL25Z128VLK4의 리셋 제어 모듈(Reset Control Module ; RCM)은 이 소자의 리셋 및 부팅 동작을 제어한다.

(1) 리셋의 종류

MKL25Z128VLK4에서 리셋의 종류는 다음과 같이 크게 전원 투입 리셋, 시스템 리셋, 디버그 리셋의 3가지로 나누어진다. 리셋이 발생하여 시스템이 부팅한 후에는 리셋의 소스가 시스템 리셋 상태 레지스터의 해당 비트에 표시된다.

① 전원 투입 리셋(POR ; Power-On Reset)
② 시스템 리셋
- 외부 핀 리셋(PIN ; External Pin Reset)
- 저전압 검출 리셋(LVD ; Low-Voltage Detect Reset)
- 워치독 타이머 리셋(COP ; Computer Operating Properly Watchdog Reset)
- LLWU 리셋(Low Leakage Wakeup Reset)
- MCG 클록 실패 리셋(LOC ; MCG Loss-of-Clock Reset)
- MCG 클록 록 실패 리셋(LOL ; MCG Loss-of-Lock Reset)
- 정지 모드 확인 에러 리셋(SACKERR ; Stop Mode Acknowledge Error)
- 소프트웨어 리셋(SW ; Software Reset)
- 시스템 잠금 리셋(LOCKUP ; Lockup Reset)
- 디버그 시스템에 의한 리셋(MDM DAP Reset)
③ 디버그 리셋

MKL25Z128VLK4에 전원을 투입하면 전원 투입 리셋이 발생하며, 정상 동작 중에 전원 전압이 POR 하강 검출전압(V_{POR}) 1.1V 이하로 떨어지면 다시 전원 투입 리셋이 발생한다. 또한, 저전압 검출기(LVD)를 사용하면 정상 동작중에 전원전압이 하강하여 소프트웨어로 설정 가능한 상위 문턱전압(V_{LVDH}) 이하로 낮아질 경우 저전압 검출 인터럽트 또는 리셋이 발생하도록 할 수 있다.

MKL25Z128VLK4의 $\overline{\text{RESET}}$ 단자는 오픈 드레인(open drain)의 구조를 가지며 내부에서 20~50kΩ의 저항으로 풀업되어 있는데, 이를 외부에서 0상태로 구동하면 외부 핀 리셋 PIN이 발생한다. 만약, 플래시 메모리 모듈의 FTFA_FOPT 레지스터에서 RESET_PIN_CFG 비트를 0으로 설정하면 이 리셋 핀의 기능을 금지시킬 수 있다. 또한, 리셋 제어 모듈의 RCM_RPFC 레지스터와 RCM_RPFW 레지스터를 사용하여 리셋 입력신호에 필터링 기능을 설정할 수 있다.

저전압 검출 리셋은 MCU 소자의 올바른 동작을 보장하고 메모리 내용을 보호하기 위한 것으로 이 기능의 사용 여부와 저전압 검출 문턱전압은 전력관리 컨트롤러에서 PMC_LVDSC1 레지스터로 설정한다.

워치독 타이머 리셋은 이 MCU 소자가 정상적으로 동작하고 있는지(Computer Operating Properly)를 감시하여 이상이 감지되면 시스템을 리셋시키는 기능이다.

LLWU 리셋은 소자가 low leakage power mode에 있을 때만 동작하는 것으로서, 지정된 외부 핀이나 내부 주변장치의 신호를 받아서 리셋이 수행된다.

MCG 클록 실패 리셋이나 MCG 클록 록 실패 리셋은 각각 MCG에서 외부 클록 발생에 실패하거나 PLL에서 록 실패가 되면 발생한다. 이것들은 저전력 모드나 정지 모드에서는 동작하지 않는다.

정지 모드 확인 에러 리셋은 정지 모드에 들어가는 것을 시도하였으나 에러 등에 의하여 정지 모드의 진입이 확인되지 않으면 발생한다.

소프트웨어 리셋은 Cortex-M0+ 코어의 시스템 컨트롤 블록에서 AIRCR 레지스터의 SYSRESETREQ 비트에 1을 써주면 발생하는 리셋으로서, 이는 필요할 경우 소프트웨어적으로 MCU와 전체 시스템을 리셋시키는데 유용하다.

시스템 잠금 리셋은 소프트웨어의 심각한 결함으로 CPU 코어가 회복 불능의 예외처리 상태에 빠지면 발생하는 리셋이다.

디버그 리셋은 SWD 디버그 유닛에 의하여 발생하는 리셋으로서, 이것은 디버그 포트 제어 및 상태 레지스터에서 CDBGRSTREQ 비트를 어떻게 설정하느냐에 따라 디버그 유닛의 레지스터들을 리셋시킨다.

(2) 리셋 동작

MCU를 리셋한다는 것은 MCU의 모든 동작을 중지하고 초기의 디폴트(default) 상태로 바꾸며, 온칩 레귤레이터와 시스템 클록 발생기를 새로 출발시키는 동작이다. MCU에 내장된 모든 주변장치는 클록이 차단되어 동작이 금지되며, 아날로그 핀을 제외한 모든 핀들의 기능도 금지 상태로 된다. 리셋이 발생하면 디버그 유닛에서 내부적으로 풀다운된 SWD_CLK 신호와 풀업된 SWD_DIO 신호는 즉시 동작을 개시한다.

MKL25Z128VLK4가 리셋 상태에서 해제되면 플래시 메모리의 0x0000_0000 번지에서 초기 SP 레지스터의 값을 읽고, 0x0000_0004 번지에서 초기 PC 레지스터의 값을 읽으며, LR 레지스터에는 0xFFFF_FFFF의 초기값을 저장하여 시스템의 부팅 동작을 시작한다.

부팅 동작시에는 플래시 메모리 모듈의 0x4002_0003 번지에 있는 FTFA_FOPT 레지스터를 사용하여 부팅 동작의 조건을 설정할 수 있다. 그런데, 이 레지스터의 모든 비트값은 read-only이며, 부팅시 flash configuration field에 있는 0x0000_040D 번지의 내용이 복사되어 저장된다. 따라서, 해당 번지의 플래시 메모리의 값을 설정하지 않고 디폴트값으로 두면 0xFF이므로 이 레지스터의 초기값도 0xFF가 된다.

시스템 리셋이 발생하여 부팅이 수행되는 과정은 다음과 같다.

① 내부에서 시스템 리셋이 발생하면서 외부 리셋 단자 $\overline{\text{RESET}}$을 0으로 출력하고, MCG가 디폴트 클록 모드에서 저속 내부 클록(32.768kHz)으로 동작한다.

② 시스템 클록(≒21MHz), 플래시 클록, 각종 버스 클록(≒10.5MHz)이 동작한다.

③ 내부에서 시스템 리셋이 계속되고 외부 리셋 단자 $\overline{\text{RESET}}$에 0이 출력되는 상태에서 플래시 컨트롤러는 리셋에서 해제되어 초기화를 시작한다.

④ NVM 옵션 바이트에서 설정값을 읽어서 FTFA_OPT 레지스터에 저장한다. 이때 만약 LPBOOT 값이 클록 주파수를 분주하도록 설정되어 있다면 낮은 클록 주파수를 사용하게 되며, FAST_INIT 비트가 0으로 설정되어 있다면 플래시 초기화는 느린 속도로 수행된다.

⑤ 플래시 초기화가 완료되면 외부 리셋 단자 $\overline{\text{RESET}}$에 1이 출력된다. 그러나, 이때 만약 외부에서 리셋 단자 $\overline{\text{RESET}}$을 계속하여 0으로 구동한다면 리셋이 지속된다. $\overline{\text{RESET}}$ 핀에서 1이 검출되면 코어 클록이 허용되면서 시스템 리셋이 해제된다.

⑥ 시스템 리셋이 해제되면 스택 포인터 SP와 프로그램 카운터 PC의 값이 각각 플래시 메모리의 0x0000_0000 및 0x0000_0004 번지에서 읽혀 초기화되고, 링크 레지스터 LR의 값은 0xFFFF_FFFF로 최기화되어 프로그램의 실행이 시작된다.

<표 5.6> FTFA_FOPT 레지스터의 비트 구성(초기값 0xFF)

비트 번호	필드 이름	기 능
7~6	(reserved)	(reserved)
5	FAST_INIT	시스템 리셋이 발생하였을 때 초기화 속도를 설정한다. 0 = Slower Initialization. 사용 전류가 감소하는 대신에 플래시 초기화의 속도는 낮아진다. 1 = Fast Initialization. 플래시의 초기화 속도가 빠르며, 그만큼 사용 전류가 커진다.(default)
3	RESET_PIN_CFG	부팅 후에 외부 $\overline{\text{RESET}}$ 핀 기능의 허용/금지 여부를 설정한다. 0 = Disable $\overline{\text{RESET}}$ Pin. 부팅 후에 $\overline{\text{RESET}}$ 핀의 기능을 금지한다. 1 = Enable $\overline{\text{RESET}}$ Pin. 부팅 후에 $\overline{\text{RESET}}$ 핀의 기능을 허용한다.(default)
2	NMI_DIS	부팅 후에 외부 $\overline{\text{NMI}}$ 핀 기능의 허용/금지 여부를 설정한다. 0 = Disable $\overline{\text{NMI}}$ Pin. 부팅 후에 $\overline{\text{NMI}}$ 핀의 기능을 금지한다. 1 = Enable $\overline{\text{NMI}}$ Pin. 부팅 후에 $\overline{\text{NMI}}$ 핀의 기능을 허용한다.(default)
1	(reserved)	(reserved)
4, 0	LPBOOT	SIM_CLKDIV1 레지스터에서 OUTDIV1의 디폴트값을 설정한다. 이 값을 크게 하면 리셋 및 그 이후에 소비전력이 작아지며, FAST_INIT 비트를 1로 설정하지 않았다면 초기화 속도도 낮아진다. 00 = OUTDIV1을 7로 설정하여 코어 및 시스템 클록을 8분주한다. 01 = OUTDIV1을 3으로 설정하여 코어 및 시스템 클록을 4분주한다. 10 = OUTDIV1을 1로 설정하여 코어 및 시스템 클록을 2분주한다. 11 = OUTDIV1을 0으로 설정하여 코어 및 시스템 클록을 1분주한다.(default)

(3) 리셋 제어 모듈의 I/O 제어 레지스터

리셋 제어 모듈의 I/O 제어 레지스터는 <표 5.7>과 같이 4개가 있는데, 이 레지스터들의 기능을 정리하면 아래와 같다.

<표 5.7> MKL25Z128VLK4 리셋 제어 모듈의 I/O 제어 레지스터 요약

어드레스	레지스터 이름	레지스터의 풀어 쓴 이름	리셋 후 초기값
0x4007_F000	RCM_SRS0	RCM System Reset Status Register 0	0x82
0x4007_F001	RCM_SRS1	RCM System Reset Status Register 1	0x00
0x4007_F002	RCM_RPFC	RCM Reset Pin Filter Control Register	0x00
0x4007_F003	RCM_RPFW	RCM Reset Pin Filter Width Register	0x00

▣ RCM 시스템 리셋 상태 레지스터 0 RCM_SRS0 (리셋 직후 디폴트값 : 0x82)

b7	b6	b5	b4	b3	b2	b1	b0
POR	PIN	WDOG	-	LOL	LOC	LVD	WAKEUP
r	r	r	-	r	r	r	r

- POR : Power-On Reset
  전원 투입 검출 회로에 의하여 리셋이 발생하였음을 나타낸다.
  0 = 리셋이 전원 투입 검출 회로에 의하여 발생하지 않았다.
  1 = 리셋이 전원 투입 검출 회로에 의하여 발생하였다.
- PIN : External Pin Reset
  외부 리셋 핀 $\overline{\text{RESET}}$에 의하여 리셋이 발생하였음을 나타낸다.
  0 = 리셋이 외부 리셋 핀에 의하여 발생하지 않았다.
  1 = 리셋이 외부 리셋 핀에 의하여 발생하였다.
- WDOG : Watchdog Reset
  워치독 타이머의 타임아웃에 의하여 리셋이 발생하였음을 나타낸다.
  0 = 리셋이 워치독 타이머의 타임아웃에 의하여 발생하지 않았다.
  1 = 리셋이 워치독 타이머의 타임아웃에 의하여 발생하였다.
- LOL : Loss-of-Lock Reset
  MCG의 PLL 회로에서 록 실패에 의하여 리셋이 발생하였음을 나타낸다.
  0 = 리셋이 PLL의 록 실패에 의하여 발생하지 않았다.
  1 = 리셋이 PLL의 록 실패에 의하여 발생하였다.
- LOC : Loss-of-Clock Reset
  MCG에서 외부 클록 발생의 실패에 의하여 리셋이 발생하였음을 나타낸다.
  0 = 리셋이 MCG의 외부 클록 발생 실패에 의하여 발생하지 않았다.
  1 = 리셋이 MCG의 외부 클록 발생 실패에 의하여 발생하였다.
- LVD : Low-Voltage Detect Reset
  LVD에서 저전압을 검출하여 PMC_LVDSC1 레지스터의 LVDRE 비트가 1로 세트된 것에 의하여 리셋이 발생하였음을 나타낸다. POR 리셋이 발생하면 이 비트도 함께 세트된다.
  0 = 리셋이 LVD의 저전압 검출 또는 POR에 의하여 발생하지 않았다.
  1 = 리셋이 LVD의 저전압 검출 또는 POR에 의하여 발생하였다.
- WAKEUP : Low Leakage Wakeup Reset
  low leakage mode에서 wakeup을 요청하는 신호에 의하여 리셋이 발생하였음을 나타낸다. LLS 모드에서는 $\overline{\text{RESET}}$ 신호만이 wakeup이 가능하며, VLLSx 모드에서는 모든 wakeup 신호가 리셋을 발생시킨다.
  0 = 리셋이 LLWU의 wakeup 소스에 의하여 발생하지 않았다.
  1 = 리셋이 LLWU의 wakeup 소스에 의하여 발생하였다.

▣ RCM 시스템 리셋 상태 레지스터 1 RCM_SRS1 (리셋 직후 디폴트값 : 0x00)

b7	b6	b5	b4	b3	b2	b1	b0
-	-	SACKERR	-	MDM_AP	SW	LOCKUP	-
-	-	r	-	r	r	r	-

- SACKERR : Stop Mode Acknowledge Error Reset
  정지 모드에 들어가려고 시도하였으나 약 1초 이내에 확인 신호가 없어서 정지 모드에 들어가는데 실패하고 리셋이 발생하였음을 나타낸다.
  0 = 리셋이 정지 모드 진입 실패에 의하여 발생하지 않았다.
  1 = 리셋이 정지 모드 진입 실패에 의하여 발생하였다.

- MDM-AP : MDM-AP System Reset
  디버그 유닛의 MDM-AP 제어 레지스터에서 시스템 리셋 요청 비트에 의하여 리셋이 발생하였음을 나타낸다.
  0 = 리셋이 디버그 유닛의 MDM-AP 제어 레지스터에 의하여 발생하지 않았다.
  1 = 리셋이 디버그 유닛의 MDM-AP 제어 레지스터에 의하여 발생하였다.
- SW : Software Reset
  Cortex-M0+ 코어의 AIRCR 레지스터에 있는 SYSRESETREQ 비트에 의하여 리셋이 발생하였음을 나타낸다.
  0 = 리셋이 AIRCR 레지스터에 있는 SYSRESETREQ 비트에 의하여 발생하지 않았다.
  1 = 리셋이 AIRCR 레지스터에 있는 SYSRESETREQ 비트에 의하여 발생하였다.
- LOCKUP : Core Lockup Reset
  Cortex-M0+ 코어의 LOCKUP 이벤트에 의하여 리셋이 발생하였음을 나타낸다.
  0 = 리셋이 코어의 LOCKUP 이벤트에 의하여 발생하지 않았다.
  1 = 리셋이 코어의 LOCKUP 이벤트에 의하여 발생하였다.

▣ RCM 리셋 핀 필터 제어 레지스터 RCM_RPFC (리셋 직후 디폴트값 : 0x00)

b7	b6	b5	b4	b3	b2	b1	b0
-	-	-	-	-	RSTFLTSS	RSTFLTSRW	
-	-	-	-	-	rw	rw	rw

이 레지스터의 동작은 전원 투입 리셋의 경우에만 유효하다.

- RSTFLTSS : Reset Pin Filter Select in Stop Mode
  정지 모드 또는 VLPS, LLS, VLLS 모드에서 리셋 핀 필터를 허용할지를 설정한다. VLLS 모드를 벗어나면 PMC에서 ACKISO 비트를 클리어하기 전에 이 비트를 다시 설정해야 한다.
  0 = 리셋 핀 필터의 사용을 금지한다.
  1 = 리셋 핀에 1kHz의 LPO 클록을 이용한 필터를 사용한다.
- RSTFLTSRW : Reset Pin Filter Select in Run and Wait Modes
  실행 모드나 대기 모드에서 리셋 핀 필터를 허용할지를 설정한다.
  00 = 리셋 핀 필터의 사용을 금지한다.
  01 = 리셋 핀에 버스 클록을 이용한 필터를 사용한다.
  10 = 리셋 핀에 1kHz의 LPO 클록을 이용한 필터를 사용한다.
  11 = (reserved)

▣ RCM 리셋 핀 필터 폭 레지스터 RCM_RPFW (리셋 직후 디폴트값 : 0x00)

b7	b6	b5	b4	b3	b2	b1	b0
-	-	-	RSTFLTSEL				
-	-	-	rw	rw	rw	rw	rw

이 레지스터의 동작은 전원 투입 리셋의 경우에만 유효하다.

- RSTFLTSEL : Reset Pin Filter Bus Clock Select
  리셋 핀 필터에 사용할 클록의 수를 설정한다.
  00000 = 리셋 핀 필터의 클록수는 1이다.
  00001 = 리셋 핀 필터의 클록수는 2이다.
  …
  11111 = 리셋 핀 필터의 클록수는 32이다.

5.4 클록 발생 모듈(OSC, MCG)

MKL25Z128VLK4의 클록 발생 관련 주변장치 모듈에는 OSC(System Oscillator)와 MCG(Multipurpose Clock Generator)의 2가지가 있다. OSC는 크리스털 소자를 사용한

외부 클록 발생 기능만 수행하며, MCG는 여러 가지의 클록을 발생하거나, FLL 또는 PLL을 사용하여 이들 주파수를 변경하거나, 각종 클록 신호를 출력하여 해당 내부 회로에 공급하는 역할을 수행한다.

MKL25Z128VLK4 마이크로컨트롤러에서 사용하는 클록 신호의 종류와 기능을 모두 정리하면 <표 5.8>과 같다. 이 소자의 코어 클록은 최대 48MHz이며, 주변장치가 사용하는 버스 클록은 최대 24MHz라는 것에 주목해야 한다.

또한, 이러한 각 클록 신호와 이들 클록 신호의 발생에 관련이 있는 OSC, MCG, RTC, PMC, SIM 모듈의 관계를 도시하면 <그림 5.3>과 같다.

〈표 5.8〉 MKL25Z128VLK4에서 사용하는 클록 신호의 종류와 기능 요약

클록 이름	설 명	Run 모드	VLPR 모드	사용 금지되는 경우
MCGOUTCLK	IRC, MCGFLLCLK, MCGPLLCLK, OSCCLK 등으로 만들어지는 클록	최고 100MHz 까지	최고 4MHz 까지	Stop 모드, MCGPLLCLK을 사용하는데 PLL 록인 경우
MCGIRCLK	32kHz의 저속 또는 4MHz의 고속 내부 클록(internal reference clock).	slow IRC = 32kHz fast IRC = 4MHz	slow IRC = 금지 fast IRC = 4MHz	Stop/VLPS 모드, LLS/VLLS 모드
OSCCLK	외부 접속 크리스털에 의하여 발생된 클록(external reference clock).	bypass=최대 48MHz crystal=**3~32MHz**	bypass=최대 16MHz crystal=3~16MHz	Stop 모드, VLLS0 모드
OSCERCLK	OSCCLK이 클록 게이트를 거쳐서 나온 클록 신호. TPM, UART0와 같은 일부 주변장치에서 사용.			
MCGFLLCLK	OSCCLK이나 slow IRC가 FLL을 거쳐서 만들어진 클록 신호.	최고 48MHz 까지	-	모든 Stop 모드
MCGPLLCLK	OSCCLK이 PLL을 거쳐서 만들어진 클록 신호.	최고 100MHz 까지	-	Stop 모드, VLPS/LLS/VLLS 모드
Core clock	Cortex-M0+ 코어에 공급되는 클록. MCGOUTCLK/OUTDIV1으로 생성됨.	최고 **48MHz** 까지	최고 4MHz 까지	모든 Wait 및 Stop 모드
Platform clock	크로스바 스위치 및 NVIC에 공급되는 클록. Core clock과 같은 것임.	최고 48MHz 까지	최고 4MHz 까지	모든 Stop 모드
System clock	버스 마스터에 직접 공급되는 클록. Core clock과 같은 것임.	최고 48MHz 까지	최고 4MHz 까지	모든 Stop 모드
Bus clock	버스 슬레이브와 주변장치에 공급되는 클록. MCGOUTCLK/OUTDIV1/OUTDIV4로 생성됨.	최고 **24MHz** 까지	최고 1MHz 까지 (단, BLPI에서 Flash clock은 최고 800kHz 까지)	모든 Stop 모드
Flash clock	플래시 메모리에 공급되는 클록. Bus clock과 동일한 클록 신호임.			
SWD clock	SWD에 공급되는 클록.	최고 24MHz 까지	최고 1MHz 까지	모든 Stop 모드
OSC32KCLK	OSC에서 32.768kHz의 크리스털에 의해 발생된 클록.	30~40kHz	30~40kHz	VLLS0 모드
ERCLK32K	OSC32KCLK, RTC_CLKIN 등으로 만들어지는 클록.			
RTC_CLKOUT	OSCERCLK, LPO 1Hz 등으로 만들어지는 클록.	RTC 1Hz, OSCERCLK	RTC 1Hz, OSCERCLK	LLS/VLLS 모드
LPO	PMC에서 발생한 1kHz 클록.	1kHz	1kHz	VLLS0 모드
TPM clock	TPM 모듈에 공급되는 클록. MCGIRCLK, MCGPLLCLK/2, MCGPLLCLK, OSCERCLK 등으로 생성됨.	최고 48MHz 까지	최고 4MHz 까지	클록 차단
UART0 clock	UART0 모듈에 공급되는 클록. MCGIRCLK, MCGPLLCLK/2, MCGPLLCLK, OSCERCLK 등으로 생성됨.	최고 48MHz 까지	최고 4MHz 까지	클록 차단
USB FS clock	USB 모듈에 공급되는 클록. MCGPLLCLK/2, MCGPLLCLK, USB_CLKIN 등으로 생성됨.	48MHz	-	USB FS OTG 금지

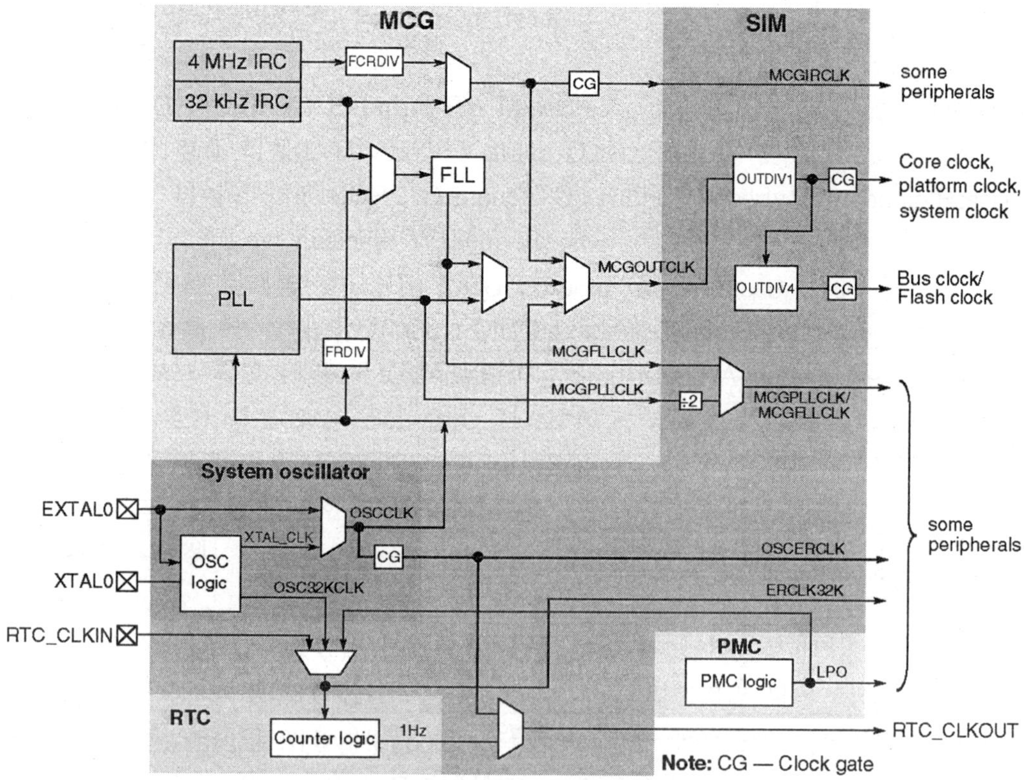

<그림 5.3> MKL25Z128VLK4의 클록 발생에 관련된 상호 관계도

◀참고▶ MKL25Z128VLK4는 리셋 후에 20.97152MHz(≒21MHz)의 코어 클록으로 동작하며, 주변장치의 버스 클록에는 이것의 1/2에 해당하는 10.48576MHz(≒10.5MHz)가 공급된다. 이러한 클록은 32.768kHz의 저속 내부 클록을 클록 소스로 사용하고 FLL에서 이 주파수를 640배로 체배하여 만들어진다. 저속의 내부 클록 32kHz IRC는 정확히 말하면 32.768kHz의 주파수를 발생하고 있다.
OK-MKL25Z 키트에서는 코어 클록과 버스 클록을 모두 20.97152MHz로 설정하여 동작한다.

MKL25Z128VLK4에서 각 주변장치 모듈에 클록을 공급할지 여부는 시스템 통합 모듈 SIM의 SIM_SCGCx 레지스터를 사용하여 개별적으로 제어할 수 있는데, 이는 소자의 소비전력을 절감하기 위함이다. 이 레지스터의 각 비트들은 리셋 후에 디폴트로 0으로 되어 해당 모듈에 클록 공급을 차단하고 있으므로, 이 모듈을 초기화하여 사용하려면 먼저 SIM_SCGCx 레지스터의 해당 비트를 1로 설정하여 클록 공급을 허용해야 한다. 만약, 클록이 공급되지 않은 주변장치를 액세스하면 버스 에러가 된다.

시스템이나 각 주변장치에 공급되는 클록 신호들을 요약하면 <표 5.9>와 같다. 정상 실행 모드에서 코어 클록, 플랫폼 클록, 시스템 클록은 최고 48MHz까지 사용 가능하고, 주변장치의 버스 클록은 최고 24MHz까지 사용 가능하다. 그러나, 플래시 컨트롤러와 GPIO에는 좀더 고속으로 동작할 수 있도록 특별히 플랫폼 클록이 공급되고, USB 모듈에는 이 통신에 필요한 전용의 클록이 공급되며, LPTMR, RTC, UART0 모듈에는 저전력 모드에서도 사용할 수 있도록 특별한 클록을 공급하고 있다는 점에 유의해야 한다.

<표 5.9> MKL25Z128VLK4에서 각 모듈에 관련 있는 클록 신호의 요약

시스템 또는 주변장치 모듈	버스 인터페이스 클록	내부 사용 클록	I/O 인터페이스 클록
Core Module			
Cortex-M0+ core	Platform clock	Core clock	-
NVIC	Platform clock	-	-
DAP	Platform clock	-	SWD_CLK
System Module			
DMA	System clock	-	-
DMA Mux	Bus clock	-	-
Port Control	Bus clock	-	-
Crossbar Switch(AXBS-Lite)	Platform clock	-	-
Peripheral Bridge(AIPS-Lite)	System clock	Bus clock	-
LLWU, PMC, SIM, RCM	Bus clock	LPO	-
SMC	Bus clock	-	-
MCM	Platform clock	-	-
Watchdog Timer	Bus clock	LPO	-
Clock			
OSC	Bus clock	MCGOUTCLK, MCGPLLCLK, MCGFLLCLK, MCGIRCLK, OSCERCLK	-
MCG	Bus clock	OSCERCLK	-
Memory			
Flash Controller	Platform clock	Flash clock	-
Flash Memory	Flash clock	-	-
Analog			
ADC	Bus clock	OSCERCLK	-
CMP	Bus clock	-	-
DAC	Bus clock	-	-
Timer			
TPM	Bus clock	TPM clock	TPM_CLKIN0, TPM_CLKIN1
PIT	Bus clock	-	-
LPTMR	Bus clock	LPO, MCGIRCLK, ERCLK32K, OSCERCLK	-
RTC	Bus clock	ERCLK32K	RTC_CLKOUT
Communication Interface			
USB FS OTG	System clock	USB FS clock	-
UART0	Bus clock	UART0 clock	-
UART1,UART2	Bus clock	-	-
SPI0	Bus clock	-	SPI0_SCK
SPI1	System clock	-	SPI1_SCK
I2C0	Bus clock	-	I2C0_SCL
I2C1	Bus clock	-	I2C1_SCL
Human-Machine Interface			
GPIO	Platform clock	-	-
TSI	Bus clock	-	-

(1) 오실레이터(OSC)

시스템 오실레이터(System Oscillator ; OSC)는 외부에 크리스털을 접속하여 원하는 클록 주파수 신호를 발생하는 모듈이다. 저속 모드(low frequency mode)의 경우에는 EXTAL0 및 XTAL0 단자에 32.768kHz의 크리스털을 접속할 수 있고, 고속 모드(low frequency mode)의 경우에는 3~32MHz의 크리스털을 접속할 수 있다. 또한, 바이패스 모드(bypass mode)에서는 EXTAL0 단자에 최고 48MHz 까지의 구형파 클록 신호를 인가할 수 있다. 이 OSC 모듈은 MCU 시스템을 위한 클록 OSCCLK과 Stop 모드에서도 사용할 수 있는 주변장치용 클록 OSCERCLK 및 OSC32KCLK을 출력한다. OSC 모듈의 내부 구성 블록도는 <그림 5.4>와 같다.

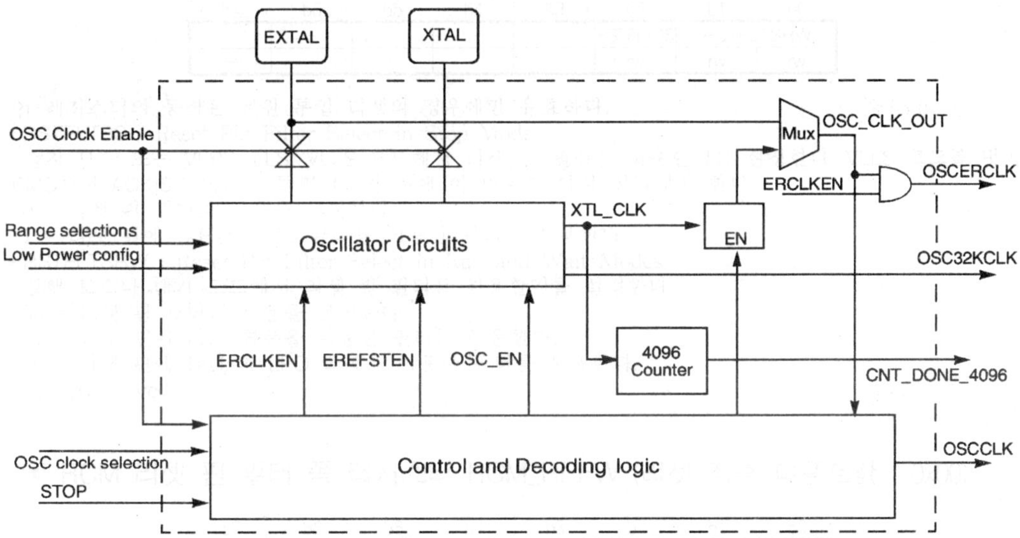

<그림 5.4> MKL25Z128VLK4에서 OSC 모듈의 내부 구성

OSC 모듈의 외부 단자 EXTAL0 및 XTAL0에 크리스털(crystal) 또는 레조네이터(resonator)를 접속하여 사용할 때는 MCG_C2 레지스터의 RANGE0 비트를 사용하여 low-frequency 모드 또는 high-frequency 모드를 선택할 수 있고, 또한 MCG_C2 레지스터의 HGO0 비트를 사용하여 low-power 모드 또는 high-gain 모드를 선택할 수 있다.

만약 low-frequency/low-power 모드로 지정된 경우에는 32.768kHz의 크리스털을 사용하여 <그림 5.5>의 (a)처럼 회로를 구성해야 한다. 이때는 피드백 저항 R_F가 내부에서 사용되므로 사용자가 외부에 이를 접속할 필요가 없다.

low-frequency/high-gain 모드로 지정된 경우에는 32.768kHz의 크리스털을 사용하여 <그림 5.5>의 (b)처럼 회로를 구성해야 한다. 이때는 10MΩ 정도의 피드백 저항 R_F를 외부에 접속해주어야 한다.

high-frequency/low-power 모드로 지정된 경우에는 3~32MHz의 크리스털을 사용하여<그림 5.5>의 (c)처럼 회로를 구성하되 피드백 저항 R_F는 사용하지 않는다. 부하 커패시터(load capacitor) Cx, Cy에는 18~22pF의 세라믹 커패시터를 사용한다.

high-frequency/high-gain 모드로 지정된 경우에는 <그림 5.5>의 (c)처럼 회로를 구성하고, 1MΩ 정도의 피드백 저항 R_F를 외부에 접속해주어야 한다. 이때 만약 MCG_C2 레지스터의 HGO0 비트를 01로 설정하였다면 크리스털은 3~8MHz의 낮은 범위에서 사용하고, HGO0 비트를 1x로 설정하였다면 크리스털은 8~32MHz의 높은 범위에서 사용해야 한다. 역시 커패시터 Cx, Cy에는 18~22pF의 세라믹 커패시터를 사용한다.

만약 바이패스 모드로 하여 외부에서 클록 신호를 인가하려면 <그림 5.5>의 (d)처럼 EXTAL0 단자에 최고 48MHz까지의 클록 신호를 연결하며, 이때 XTAL0 단자는 GPIO로 사용할 수 있다.

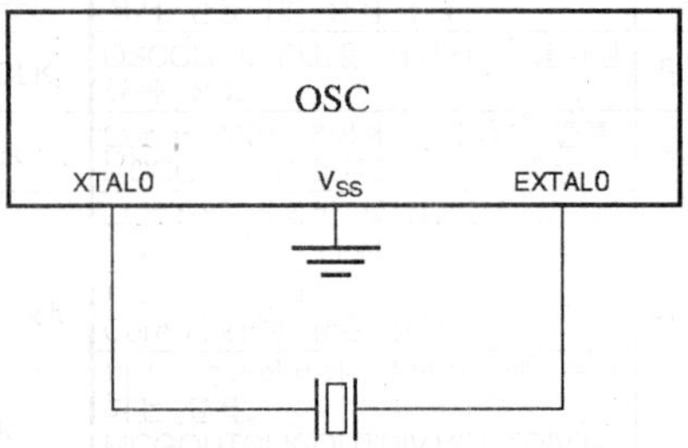

(a) Connection 1

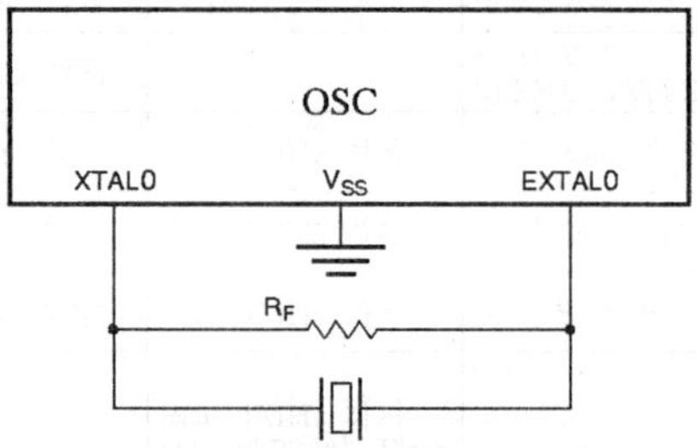

(b) Connection 2

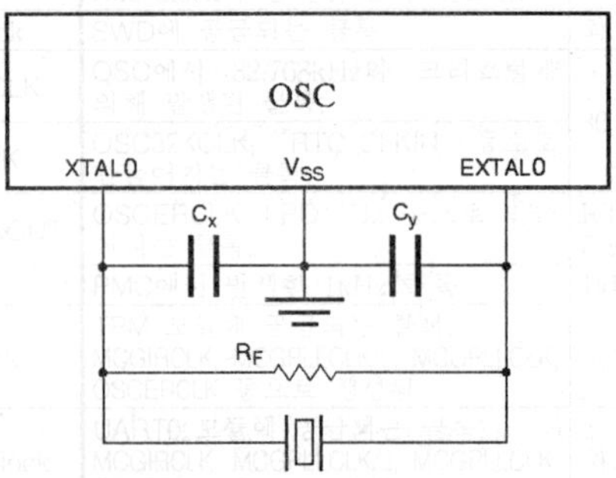

(c) Connection 3

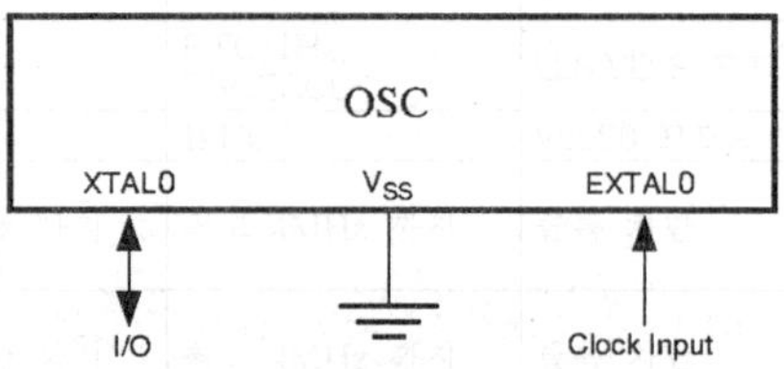

(d) Connection 4

<그림 5.5> MKL25Z128VLK4의 OSC 모듈에서 외부 클록을 발생하는 방법

시스템 오실레이터 모듈의 I/O 제어 레지스터는 <표 5.10>과 같이 1개가 있는데, 이 레지스터들의 기능을 정리하면 아래와 같다. OSC의 일부 기능은 이 모듈이 아니라 MCG나 SIM 모듈에서 설정된다.

<표 5.10> MKL25Z128VLK4 시스템 오실레이터 모듈의 I/O 제어 레지스터 요약

어드레스	레지스터 이름	레지스터의 풀어 쓴 이름	리셋 후 초기값
0x4006_5000	OSC0_CR	OSC Control Register	0x00

▣ OSC 제어 레지스터 OSC0_CR (리셋 직후 디폴트값 : 0x00)

b7	b6	b5	b4	b3	b2	b1	b0
ERCLKEN	-	EREFSTEN	-	SC2P	SC4P	SC8P	SC16P
rw	-	rw	-	rw	rw	rw	rw

- ERCLKEN : External Reference Clock
  외부 기준 클록 신호 OSCERCLK을 사용할지 여부를 설정한다.
  0 = 외부 기준 클록 신호 OSCERCLK을 사용하지 않는다.
  1 = 외부 기준 클록 신호 OSCERCLK을 허용하여 사용한다.
- EREFSTEN : External Reference Stop Enable
  MCU가 Stop 모드로 들어갈 때 외부 기준 클록 신호 OSCERCLK을 사용할지 여부를 설정한다.
  0 = Stop 모드에서 외부 기준 클록 신호 OSCERCLK을 사용하지 않는다.
  1 = Stop 모드로 들어가기 전에 ERCLKEN = 1로 설정되어 있었다면 외부 기준 클록 신호 OSCERCLK을 허용하여 사용한다.
- SC2P : Oscillator 2pF Capacitor Load Configure
  오실레이터의 부하 커패시터 2pF를 내부에 추가하여 사용할지 여부를 설정한다.
  0 = 부하 커패시터를 추가하지 않는다.
  1 = 2pF를 부하 커패시터에 추가한다.
- SC4P : Oscillator 4pF Capacitor Load Configure
  오실레이터의 부하 커패시터 4pF를 내부에 추가하여 사용할지 여부를 설정한다.
  0 = 부하 커패시터를 추가하지 않는다.
  1 = 4pF를 부하 커패시터에 추가한다.
- SC8P : Oscillator 8pF Capacitor Load Configure
  오실레이터의 부하 커패시터 8pF를 내부에 추가하여 사용할지 여부를 설정한다.
  0 = 부하 커패시터를 추가하지 않는다.
  1 = 8pF를 부하 커패시터에 추가한다.
- SC16P : Oscillator 16pF Capacitor Load Configure
  오실레이터의 부하 커패시터 16pF를 내부에 추가하여 사용할지 여부를 설정한다.
  0 = 부하 커패시터를 추가하지 않는다.
  1 = 16pF를 부하 커패시터에 추가한다.

(2) 다목적 클록 발생기(MCG)

다목적 클록 발생기(Multipurpose Clock Generator ; MCG)는 OSC 모듈과 함께 여러 가지의 클록 신호를 발생하여 MCU의 각 부분에 공급하는 클록 신호 발생 모듈이다. 여기에는 내부 클록 또는 외부 클록 신호를 선택하여 주파수를 체배할 수 있는 FLL(Frequency-Locked Loop) 회로와 외부 클록 신호만을 받아서 주파수를 체배하는 PLL(Phase-Locked Loop) 회로가 포함된다.

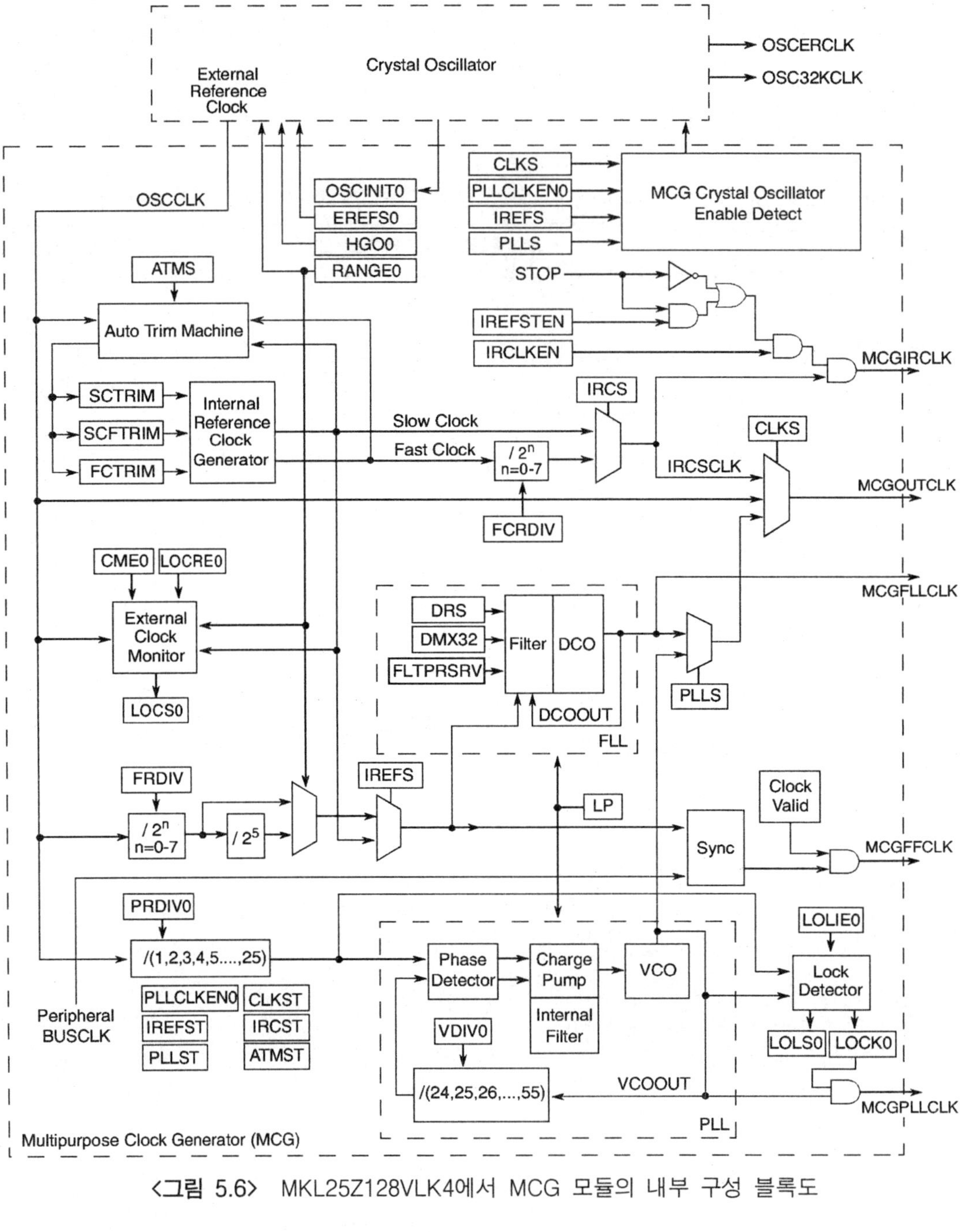

<그림 5.6> MKL25Z128VLK4에서 MCG 모듈의 내부 구성 블록도

MCG 모듈의 내부 구성을 블록도로 보이면 <그림 5.6>과 같다. 그리고, 이 모듈의 특징이나 기능을 요약하면 다음과 같다.

- FLL에는 4가지의 주파수 영역에 따라 팩터(factor)를 프로그램할 수 있는 DCO (Digitally- Controlled Oscillator)를 가지고 있다.
- 클록 모드를 변경할 때 FLL이 현재 록(locked)되어 있는 주파수를 리셋하지 않도록 보호하는 기능을 가지고 있다.
- FLL의 클록 소스로는 32.768kHz의 내부 클록 또는 외부 클록을 선택할 수 있다.
- PLL에는 위상 검출기(phase detector), 루프 필터(loop filter), VCO(Voltage-Controlled Oscillator) 등을 가지고 있다.
- PLL의 클록 소스로는 OSC 모듈에서 발생한 외부 클록만을 사용할 수 있다.
- PLL에는 2~4MHz의 주파수를 입력해야 하는데, 이를 위해 외부 클록의 주파수를 낮추는 주파수 분주기(PRDIV0)를 사용한다.
- PLL에는 록 검출기를 가지고 있어서 록 실패 검출시 인터럽트를 발생할 수 있다.
- 내부 클록 발생기에서는 32.768kHz의 저속 클록(slow clock)과 4MHz의 고속 클록(fast clock)을 발생한다.
- 저속 클록은 주파수 정밀도를 높이기 위하여 9비트의 트림(trim) 비트를 가지며, 고속 클록은 4비트의 트림 비트를 가지고 있다.
- 내부 클록은 MCU나 일부 주변장치에서 사용할 수 있고, FLL의 클록 소스로 사용할 수도 있다.
- 내부 클록 발생기에는 외부 클록을 기준으로 사용하여 주파수를 자동으로 조정하는 ATM(Auto Trim Machine)을 가지고 있다.
- OSC 모듈에서 발생된 외부 클록은 MCU에 사용되며, FLL이나 PLL의 클록 소스로 사용될 수도 있다.
- OSC 모듈에는 클록 발생을 제어하기 위하여 MCG_C2 레지스터에 HGC0, RANGE0, EREFS0와 같은 제어 비트를 가지고 있다.
- 외부 클록 모니터에서는 클록 실패(clock failure, loss-of-clock)를 감시하며, 클록 실패의 경우 시스템 리셋이나 MCG 인터럽트를 발생할 수 있다.
- MCGOUTCLK을 발생하고 분주하여 코어 클록과 시스템 클록으로 사용할 수 있도록 하고, 이를 다시 분주하여 버스 클록과 플래시 클록으로 사용할 수 있도록 한다.
- MCGFLLCLK, MCGPLLCLK, MCGIRCLK, MCGFFCLK을 발생하여 일부 주변장치에서 사용할 수 있도록 한다.

MCG 모듈은 <표 5.11>과 같은 9가지 동작 모드 중의 하나로 동작하며, 이 동작 모드들 사이의 전환 관계는 <그림 5.7>과 같다.

<표 5.11> MKL25Z128VLK4에서 MCG 모듈의 9가지 동작 모드 요약

동작 모드	설 명
FEI (FLL Engaged Internal)	FEI 모드는 리셋 후에 디폴트로 동작하는 모드이며, 다음과 같은 조건이 발생하는 경우에도 FEI 모드로 동작한다. - MCG_C1 레지스터에서 CLKS=00 (☞ FLL 클록 또는 PLL 클록을 사용) - MCG_C1 레지스터에서 IREFS=1 (☞ FLL의 입력으로 내부 클록을 선택) - MCG_C6 레지스터에서 PLLS=0 (☞ FLL 클록을 선택) FEI 모드에서는 MCGOUTCLK이 32.768kHz의 내부 클록을 기반으로 하는 FLL 출력으로 동작한다. 이때 FLL 출력은 MCG_C4 레지스터의 DRST_DRS 비트와 DMX32 비트의 설정에 따라 선택된 FLL 팩터에 의해 동작한다. FEI 모드에서는 MCG_C5 레지스터의 PLLCLKEN0 비트를 1로 설정하지 않으면 저전력 상태일 때 PLL이 동작하지 않는다.
FEE (FLL Engaged External)	FEE 모드는 다음과 같은 조건이 발생하는 경우에 동작한다. - MCG_C1 레지스터에서 CLKS=00 (☞ FLL 클록 또는 PLL 클록을 사용) - MCG_C1 레지스터에서 IREFS=0 (☞ FLL의 입력으로 외부 클록을 선택) - MCG_C1 레지스터에서 FRDIV를 외부 클록이 31.25kHz~39.0625kHz 범위가 되도록 설정 - MCG_C6 레지스터에서 PLLS=0 (☞ FLL 클록을 선택) FEE 모드에서는 MCGOUTCLK이 외부 클록을 기반으로 하는 FLL 출력으로 동작한다. 이때 FLL 출력은 MCG_C4 레지스터의 DRST_DRS 비트와 DMX32 비트의 설정에 따라 선택된 FLL 팩터에 의해 동작한다. FLL에 입력되는 외부 클록은 MCG_C1 레지스터의 FRDIV 비트와 MCG_C2 레지스터의 RANGE0 비트에 의하여 결정된다. FEE 모드에서는 MCG_C5 레지스터의 PLLCLKEN0 비트를 1로 설정하지 않으면 저전력 상태일 때 PLL이 동작하지 않는다.
FBI (FLL Bypassed Internal)	FBI 모드는 다음과 같은 조건이 발생하는 경우에 동작한다. - MCG_C1 레지스터에서 CLKS=01 (☞ 내부 클록 사용) - MCG_C1 레지스터에서 IREFS=1 (☞ FLL의 입력으로 내부 클록을 선택) - MCG_C2 레지스터에서 LP=0 (☞ FLL이나 PLL을 금지시키지 않음) - MCG_C6 레지스터에서 PLLS=0 (☞ FLL 클록을 선택) FBI 모드에서는 MCGOUTCLK이 32.768kHz 또는 4MHz의 내부 클록을 직접 받아서 동작한다. 이때 FLL은 동작하지만 이 출력이 사용되지는 않는다. FBI 모드에서는 MCG_C5 레지스터의 PLLCLKEN0 비트를 1로 설정하지 않으면 저전력 상태일 때 PLL이 동작하지 않는다.
FBE (FLL Bypassed External)	FBE 모드는 다음과 같은 조건이 발생하는 경우에 동작한다. - MCG_C1 레지스터에서 CLKS=10 (☞ 외부 클록 사용) - MCG_C1 레지스터에서 IREFS=0 (☞ FLL의 입력으로 외부 클록을 선택) - MCG_C1 레지스터에서 FRDIV를 외부 클록이 31.25kHz~39.0625kHz 범위가 되도록 설정 - MCG_C2 레지스터에서 LP=0 (☞ FLL이나 PLL을 금지시키지 않음) - MCG_C6 레지스터에서 PLLS=0 (☞ FLL 클록을 선택) FBE 모드에서는 MCGOUTCLK이 외부 클록을 직접 받아서 동작한다. 이때 FLL은 동작하지만 이 출력이 사용되지는 않는다. FBE 모드에서는 MCG_C5 레지스터의 PLLCLKEN0 비트를 1로 설정하지 않으면 저전력 상태일 때 PLL이 동작하지 않는다.
PEE (PLL Engaged External)	PEE 모드는 다음과 같은 조건이 발생하는 경우에 동작한다. - MCG_C1 레지스터에서 CLKS=00 (☞ FLL 클록 또는 PLL 클록을 사용) - MCG_C1 레지스터에서 IREFS=0 (☞ FLL의 입력으로 외부 클록을 선택) - MCG_C6 레지스터에서 PLLS=1 (☞ PLL 클록을 선택) PEE 모드에서는 MCGOUTCLK이 외부 클록을 기반으로 하는 PLL 출력으로 동작한다. 이때 PLL 입력은 외부 클록이 MCG_C5 레지스터의 PRDIV0 비트로 분주되며, PLL 출력은 MCG_C6 레지스터의 VDIV0 비트에 따라 결정된다. PEE 모드에서는 저전력 상태일 때 FLL이 동작하지 않는다.

동작 모드	설 명
PBE (PLL Bypassed External)	PBE 모드는 다음과 같은 조건이 발생하는 경우에 동작한다. - MCG_C1 레지스터에서 CLKS=10 (☞ 외부 클록 사용) - MCG_C1 레지스터에서 IREFS=0 (☞ FLL의 입력으로 외부 클록을 선택) - MCG_C2 레지스터에서 LP=0 (☞ FLL이나 PLL을 금지시키지 않음) - MCG_C6 레지스터에서 PLLS=1 (☞ PLL 클록을 선택) PBE 모드에서는 MCGOUTCLK이 외부 클록을 직접 받아서 동작한다. 이때 PLL은 동작하지만 이 출력이 사용되지는 않는다. PBE 모드에서는 저전력 상태일 때 FLL이 동작하지 않는다.
BLPI (Bypassed Low Power Internal)	BLPI 모드는 다음과 같은 조건이 발생하는 경우에 동작한다. - MCG_C1 레지스터에서 CLKS=01 (☞ 내부 클록 사용) - MCG_C1 레지스터에서 IREFS=1 (☞ FLL의 입력으로 내부 클록을 선택) - MCG_C2 레지스터에서 LP=1 (☞ FLL이나 PLL을 금지시킴) BLPI 모드에서는 MCGOUTCLK이 32.768kHz 또는 4MHz의 내부 클록을 직접 받아서 동작한다. 이때 FLL은 금지되며, MCG_C5 레지스터의 PLLCLKEN0 비트를 1로 설정하더라도 PLL이 금지된다.
BLPE (Bypassed Low Power External)	BLPE 모드는 다음과 같은 조건이 발생하는 경우에 동작한다. - MCG_C1 레지스터에서 CLKS=10 (☞ 외부 클록 사용) - MCG_C1 레지스터에서 IREFS=0 (☞ FLL의 입력으로 외부 클록을 선택) - MCG_C2 레지스터에서 LP=1 (☞ FLL이나 PLL을 금지시킴) BLPE 모드에서는 MCGOUTCLK이 외부 클록을 직접 받아서 동작한다. 이때 FLL은 금지되며, MCG_C5 레지스터의 PLLCLKEN0 비트를 1로 설정하더라도 PLL이 금지된다.
Stop	MCU가 현재 어느 동작 모드에 있든지 Stop 모드로 들어갈 수 있다. Stop 모드에서 FLL은 동작이 금지되지만 PLL은 동작을 유지할 수 있다. 시스템 리셋을 제외한 방법으로 Stop 모드를 종료하면 이전의 모드로 되돌아간다.

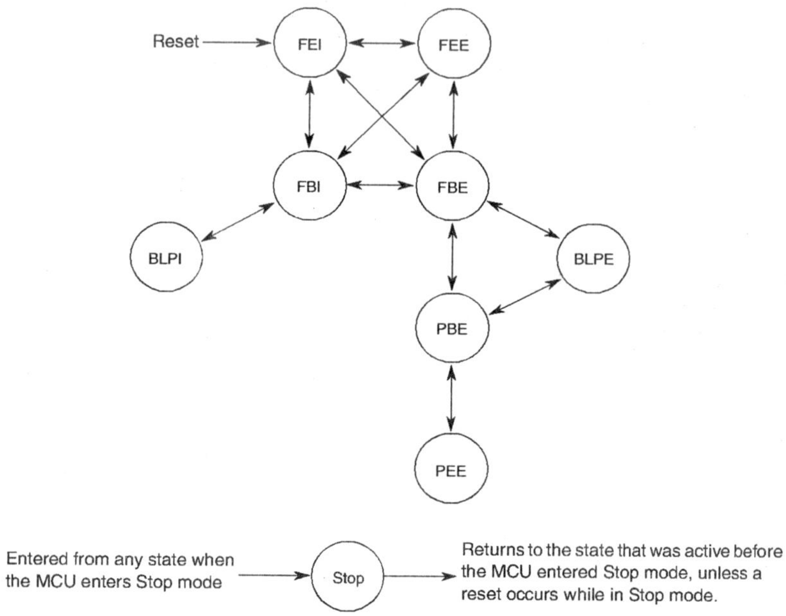

<그림 5.7> MKL25Z128VLK4에서 MCG 모듈의 동작 모드 전환

다목적 클록 발생기 모듈과 관련된 I/O 제어 레지스터는 <표 5.12>와 같이 14개가 있는데, 이 레지스터들의 기능을 정리하면 아래와 같다.

〈표 5.12〉 MKL25Z128VLK4의 MCG 모듈과 관련된 I/O 제어 레지스터 요약

어드레스	레지스터 이름	레지스터의 풀어 쓴 이름	리셋 후 초기값
0x4006_4000	MCG_C1	MCG Control 1 Register	0x04
0x4006_4001	MCG_C2	MCG Control 2 Register	0x80
0x4006_4002	MCG_C3	MCG Control 3 Register	0xXX
0x4006_4003	MCG_C4	MCG Control 4 Register	0xXX
0x4006_4004	MCG_C5	MCG Control 5 Register	0x00
0x4006_4005	MCG_C6	MCG Control 6 Register	0x00
0x4006_4006	MCG_S	MCG Status Register	0x10
0x4006_4008	MCG_SC	MCG Status and Control Register	0x02
0x4006_400A	MCG_ATCVH	MCG Auto Trim Compare Value High Register	0x00
0x4006_400B	MCG_ATCVL	MCG Auto Trim Compare Value Low Register	0x00
0x4006_400C	MCG_C7	MCG Control 7 Register	0x00
0x4006_400D	MCG_C8	MCG Control 8 Register	0x80
0x4006_400E	MCG_C9	MCG Control 9 Register	0x00
0x4006_400F	MCG_C10	MCG Control 10 Register	0x00

▣ MCG 제어 레지스터 1 MCG_C1 (리셋 직후 디폴트값 : 0x04)

b7	b6	b5	b4	b3	b2	b1	b0
CLKS		FRDIV			IREFS	IRCLKEN	IREFSTEN
rw	rw	rw	rw	rw	rw	rw	rw

- CLKS : Clock Source Select
  MCGOUTCLK을 생성하기 위한 클록 소스를 선택한다.
  00 = FLL 또는 PLL의 출력 주파수를 선택한다.(MCG_C6 레지스터의 PLLS 비트로 1가지를 선택한다.)
  01 = 내부 클록을 선택한다.
  10 = 외부 클록을 선택한다.
  11 = (reserved)
- FRDIV : FLL External Reference Divider
  FLL로 들어가는 외부 클록 주파수를 31.25kHz~39.0625kHz의 범위로 낮추기 위한 분주비를 선택한다.
  000 = 만약 MCG_C2에서 RANGE0가 0이면 FRDIV=1이고, 그밖의 경우에는 FRDIV=32이다.
  001 = 만약 MCG_C2에서 RANGE0가 0이면 FRDIV=2이고, 그밖의 경우에는 FRDIV=64이다.
  010 = 만약 MCG_C2에서 RANGE0가 0이면 FRDIV=4이고, 그밖의 경우에는 FRDIV=128이다.
  011 = 만약 MCG_C2에서 RANGE0가 0이면 FRDIV=8이고, 그밖의 경우에는 FRDIV=256이다.
  100 = 만약 MCG_C2에서 RANGE0가 0이면 FRDIV=16이고, 그밖의 경우에는 FRDIV=512이다.
  101 = 만약 MCG_C2에서 RANGE0가 0이면 FRDIV=32이고, 그밖의 경우에는 FRDIV=1024이다.
  110 = 만약 MCG_C2에서 RANGE0가 0이면 FRDIV=64이고, 그밖의 경우에는 FRDIV=1280이다.
  111 = 만약 MCG_C2에서 RANGE0가 0이면 FRDIV=128이고, 그밖의 경우에는 FRDIV=1536이다.
- IREFS : Internal Reference Select
  FLL에 인가할 클록 소스를 선택한다.
  0 = FLL의 클록 소스로 외부 클록을 선택한다.
  1 = FLL의 클록 소스로 내부 클록을 선택한다.
- IRCLKEN : Internal Reference Clock Enable
  내부 클록의 발생을 허용할지 여부를 설정한다.
  0 = 내부 클록 MCGIRCLK의 발생을 허용하지 않는다.
  1 = 내부 클록 MCGIRCLK의 발생을 허용한다.
- IREFSTEN : Internal Reference Stop Enable
  Stop 모드에서 내부 클록을 허용상태로 유지할지 여부를 설정한다.
  0 = Stop 모드에서 내부 클록을 허용하지 않는다.
  1 = 현재 IRCLKEN=1이고 MCG가 FEI, FBI, BLPI 모드에 있다면 Stop 모드에 들어가더라도 내부 클록을 허용한다.

▣ MCG 제어 레지스터 2 MCG_C2 (리셋 직후 디폴트값 : 0x80)

b7	b6	b5	b4	b3	b2	b1	b0
LOCRE0	-	RANGE0		HGO0	EREFS0	LP	IRCS
rw	-	rw	rw	rw	rw	rw	rw

- LOCRE0 : Loss-of-Clock Reset Enable
  OSC 모듈에서 외부 클록의 발생이 실패하였을 때 인터럽트를 발생할 것인지 시스템 리셋이 걸리도록 할 것인지를 설정한다. 이 비트는 MCG_C6 레지스터에서 CME0 비트를 1로 설정한 경우에만 유효하다.
  0 = 외부 클록의 발생이 실패하면 MCG 인터럽트를 발생시킨다.
  1 = 외부 클록의 발생이 실패하면 시스템 리셋을 발생시킨다.(default)
- RANGE0 : Frequency Range Select
  OSC 모듈에서 외부 클록의 소스로 사용되는 크리스털의 주파수 범위를 선택한다.
  00 = low frequency range를 선택한다.(32~40kHz)
  01 = high frequency range를 선택한다.(3~8MHz)
  1x = very high frequency range를 선택한다.(8~32MHz)
- HGO0 : High Gain Oscillator Select
  OSC 모듈에서 크리스털 오실레이터의 동작을 지정한다.
  0 = 크리스털 오실레이터를 low-power 동작 모드로 설정한다.
  1 = 크리스털 오실레이터를 high-gain 동작 모드로 설정한다.
- EREFS0 : External Reference Select
  OSC 모듈에서 외부 클록의 소스를 선택한다.
  0 = EXTAL0 단자로 입력되는 구형파 클록 신호(최고 48MHz)를 외부 클록으로 선택한다.
  1 = 크리스털 오실레이터의 출력 주파수(32~40kHz 또는 3~32MHz)를 외부 클록으로 선택한다.
- LP : Low Power Select
  BLPI 및 BLPE 모드에서 FLL이나 PLL을 금지시킬지 여부를 설정한다.
  0 = 바이패스 모드에서 FLL이나 PLL을 금지시키지 않는다.
  1 = 바이패스 모드에서 FLL이나 PLL을 금지시켜 저전력 상태로 동작한다.
- IRCS : Internal Reference Clock Select
  내부 클록의 소스로 저속이나 고속 오실레이터를 선택한다.
  0 = 내부 클록의 소스로 32.768kHz의 저속 클록을 선택한다.
  1 = 내부 클록의 소스로 4MHz의 고속 클록을 선택한다.

▣ MCG 제어 레지스터 3 MCG_C3 (리셋 직후 디폴트값 : 0xXX)

b7	b6	b5	b4	b3	b2	b1	b0
SCTRIM							
rw	rw	rw	rw	rw	rw	rw	rw

- SCTRIM : Slow Internal Reference Clock Trim Setting
  저속 내부 클록의 주기를 제어함으로써 내부 클록이 정확한 32.768kHz의 주파수를 발생할 수 있도록 조정한다. 이 값을 증가시키면 저속 내부 클록의 주기도 증가하고, 이 값을 감소시키면 저속 내부 클록의 주기도 감소한다. 이 값은 플래시 메모리의 0x0000_03FF 번지에 설정해야 하며, 이것이 리셋 직후에 이 레지스터로 복사된다.
  저속 내부 클록의 주파수를 조정하는 비트는 MCG_C4 레지스터의 SCFTRIM 비트까지 총 9비트이다.

▣ MCG 제어 레지스터 4 MCG_C4 (리셋 직후 디폴트값 : 0xXX)

b7	b6	b5	b4	b3	b2	b1	b0
DMX32	DRST_DRS		FCTRIM				SCFTRIM
rw	rw	rw	rw	rw	rw	rw	rw

- DMX32 : DCO Maximum Frequency with 32.768kHz Reference
  FLL에 입력되는 주파수의 정확성에 따라 최대 주파수를 발생시키기 위한 FLL 팩터를 선택한다.
  0 = FLL의 입력 주파수가 32.768kHz에서 최대 25%까지 벗어날 수 있다.
  1 = FLL의 입력 주파수가 정확히 32.768kHz이다.

DMX3 비트와 DRST_DRS 비트의 설정값에 따라 동작하는 FLL 팩터와 DCOOUT 클록의 주파수는 다음과 같다.

DRST_DRS	DMX32	FLL 입력 주파수	FLL 팩터	DCOOUT 출력 주파수
00	0	31.25~39.0625kHz	640	20~25MHz
	1	32.768kHz	732	24MHz
01	0	31.25~39.0625kHz	1280	40~50MHz
	1	32.768kHz	1464	48MHz
10	0	31.25~39.0625kHz	1920	60~75MHz
	1	32.768kHz	2197	72MHz
11	0	31.25~39.0625kHz	2560	80~100MHz
	1	32.768kHz	2929	96MHz

• DRST_DRS : DCO Range Select
FLL 출력 신호 DCOOUT의 주파수 영역을 선택한다. LP 비트가 1인 경우에는 이 비트의 설정 값들이 무효로 된다.
00 = low range(default)
01 = mid range
10 = mid-high range
11 = high range

• FCTRIM : Fast Internal Reference Clock Trim Setting
고속 내부 클록의 주기를 제어함으로써 내부 클록이 정확한 4MHz의 주파수를 발생할 수 있도록 조정한다. 이 값을 증가시키면 고속 내부 클록의 주기도 증가하고, 이 값을 감소시키면 고속 내부 클록의 주기도 감소한다. 이 값은 플래시 메모리의 0x0000_03FE 번지의 비트4~1에 설정해야 하며, 이것이 리셋 직후에 이 레지스터로 복사된다.

• SCFTRIM : Slow Internal Reference Clock Fine Trim Setting
저속 내부 클록의 주기를 제어함으로써 내부 클록이 정확한 32.768kHz의 주파수를 발생할 수 있도록 미세 조정한다. 이 값을 1로 설정하면 저속 내부 클록의 주기를 약간 증가시키며, 이 값을 0으로 클리어하면 저속 내부 클록의 주기를 약간 감소시킨다. 이 값은 플래시 메모리의 0x0000_03FE 번지의 비트0에 설정해야 하며, 이것이 리셋 직후에 이 레지스터로 복사된다.
저속 내부 클록의 주파수를 조정하는 비트는 MCG_C3 레지스터의 SCTRIM 비트까지 총 9비트이다.

▣ MCG 제어 레지스터 5 MCG_C5 (리셋 직후 디폴트값 : 0x00)

b7	b6	b5	b4	b3	b2	b1	b0
-	PLLCLKEN0	PLLSTEN0	PRDIV0				
-	rw	rw	rw	rw	rw	rw	rw

• PLLCLKEN0 : PLL Clock Enable
MCG_C6 레지스터의 PLLS 비트의 설정에 관계없이 PLL을 허용상태로 하여 MCGPLLCLK 출력이 동작하도록 한다. 이 비트를 1로 세트하기 전에 먼저 PLL에 2~4MHz의 클록이 입력될 수 있도록 PRDIV0 비트를 설정해놓아야 한다.
0 = MCGPLLCLK 출력이 금지된다.
1 = MCGPLLCLK 출력이 허용한다.

• PLLSTEN0 : PLL Stop Enable
Stop 모드에서 PLL 클록을 허용한다. Low Power Stop 모드에서는 이 비트를 1로 설정하더라도 PLL 클록을 금지시킬 수 있으며, 그 나머지 모드에서는 모두 PLL이 금지된다.
0 = Stop 모드에서 MCGPLLCLK 출력이 금지된다.
1 = Stop 모드에서 MCGPLLCLK 출력이 허용한다.

• PRDIV0 : PLL External Clock Divider
PLL에 2~4MHz의 클록을 입력하기 위하여 외부 클록 주파수를 낮추기 위한 분주비를 선택한다.

00000 = /1	01000 = /9	10000 = /17	11000 = /25
00001 = /2	01001 = /10	10001 = /18	11001 = (reserved)
00010 = /3	01010 = /11	10010 = /19	11010 = (reserved)
00011 = /4	01011 = /12	10011 = /20	11011 = (reserved)
00100 = /5	01100 = /13	10100 = /21	11100 = (reserved)
00101 = /6	01101 = /14	10101 = /22	11101 = (reserved)
00110 = /7	01110 = /15	10110 = /23	11110 = (reserved)
00111 = /8	01111 = /16	10111 = /24	11111 = (reserved)

▣ MCG 제어 레지스터 6 MCG_C6 (리셋 직후 디폴트값 : 0x00)

b7	b6	b5	b4	b3	b2	b1	b0
LOLIE0	PLLS	CME0	VDIV0				
rw	rw	rw	rw	rw	rw	rw	rw

- LOLIE0 : Loss-of-Lock Interrupt Enable
  PLL의 록 실패에 의한 MCG 인터럽트를 발생할지 여부를 설정한다.
  0 = PLL 록 실패의 경우 MCG 인터럽트를 발생하지 않는다.
  1 = PLL 록 실패의 경우 MCG 인터럽트를 발생한다.
- PLLS : PLL Select
  MCG_C1 레지스터에서 CLKS=00으로 설정된 경우 FLL 클록 또는 PLL 클록 중에서 하나를 선택한다.
  0 = FLL 클록을 선택한다.
  1 = PLL 클록을 선택한다.
- CME0 : Clock Monitor Enable
  OSC 모듈에서 외부 클록을 발생하는지를 감시하는 모니터를 사용하도록 한다. MCG_C2 레지스터의 LOCRE0 비트 설정에 따라 외부 클록 발생 실패의 경우 MCG 인터럽트 또는 시스템 리셋이 발생한다.
  0 = 외부 클록 감시 모니터를 금지한다.
  1 = 외부 클록 감시 모니터를 허용한다.
- VDIV0 : VCO0 Divider
  PLL의 VCO 출력 주파수를 분주하기 위한 분주비를 선택한다.

00000 = /24	01000 = /32	10000 = /40	11000 = /48
00001 = /25	01001 = /33	10001 = /41	11001 = /49
00010 = /26	01010 = /34	10010 = /42	11010 = /50
00011 = /27	01011 = /35	10011 = /43	11011 = /51
00100 = /28	01100 = /36	10100 = /44	11100 = /52
00101 = /29	01101 = /37	10101 = /45	11101 = /53
00110 = /30	01110 = /38	10110 = /46	11110 = /54
00111 = /31	01111 = /39	10111 = /47	11111 = /55

▣ MCG 상태 레지스터 MCG_S (리셋 직후 디폴트값 : 0x10)

b7	b6	b5	b4	b3	b2	b1	b0
LOLS	LOCK0	PLLST	IREFST	CLKST		OSCINIT0	IRCST
r	r	r	r	r	r	r	r

- LOLS : Loss-of-Lock Status
  PLL의 록 실패가 발생하였음을 나타낸다.
  0 = LOLS 비트를 클리어한 이후로 PLL의 록 실패가 발생하지 않았다.
  1 = LOLS 비트를 클리어한 이후로 PLL의 록 실패가 발생하였다.
- LOCK0 : Lock Status
  PLL의 록 상태를 나타낸다.
  0 = PLL이 현재 록 되지 않았다.
  1 = PLL이 현재 록 되어 있다.
- PLLST : PLL Select Status
  MCG_C6 레지스터의 PLLS 비트에 의하여 MCGOUTCLK의 소스로 들어가는 신호가 FLL 출력신호와 PLL 출력신호 중에서 어느 것이 선택되었는지를 나타낸다.
  0 = PLLS 비트에 의하여 FLL 출력신호가 선택되었다.
  1 = PLLS 비트에 의하여 PLL 출력신호가 선택되었다.
- IREFST : Internal Reference Status
  MCG_C1 레지스터의 IREFS 비트에 의하여 FLL의 입력 소스로 외부 클록과 내부 클록 중에서 어느 것이 선택되었는지를 나타낸다.
  0 = IREFS 비트에 의하여 FLL의 입력으로 외부 클록이 선택되었다.
  1 = IREFS 비트에 의하여 FLL의 입력으로 내부 클록이 선택되었다.(default)
- CLKST : Clock Mode Status
  MCG_C1 레지스터의 CLKS 비트에 의하여 MCGOUTCLK으로 무슨 클록이 선택되었는지를 나타낸다.
  00 = MCGOUTCLK으로 FLL의 출력이 선택되었다.
  01 = MCGOUTCLK으로 내부 클록이 선택되었다.

10 = MCGOUTCLK으로 외부 출력이 선택되었다.
11 = MCGOUTCLK으로 PLL의 출력이 선택되었다.

- OSCINIT0 : OSC Initialization

크리스털 오실레이터의 초기화가 완료되면 이 비트는 1로 세트되고, OSC 모듈이 금지되면 이 비트는 0으로 클리어된다.

- IRCST : Internal Reference Clock Status

MCG_C2 레지스터의 IRCS 비트에 의하여 MCGOUTCLK의 소스로 들어가는 신호가 저속 클록과 고속 클록 중에서 어느 것이 선택되었는지를 나타낸다.
0 = IRCS 비트에 의하여 저속 클록(32.768kHz)이 선택되었다.
1 = IRCS 비트에 의하여 고속 클록(4MHz)이 선택되었다.

▣ MCG 상태 및 제어 레지스터 MCG_SC (리셋 직후 디폴트값 : 0x02)

b7	b6	b5	b4	b3	b2	b1	b0
ATME	ATMS	ATMF	FLTPRSRV	FCRDIV			LOCS0
rw	rw	r	rw	rw	rw	rw	r

- ATME : Automatic Trim Machine Enable

선택된 내부 클록의 발진 주파수를 자동으로 조정하기 위하여 ATM을 사용할지 여부를 설정한다. 만약 MCG_C1, MCG_C3, MCG_C4, MCG_SC 레지스터에 값을 써넣거나 Stop 모드에 들어가면 이 비트는 클리어된다.
0 = ATM을 금지한다.
1 = ATM을 허용한다.

- ATMS : Automatic Trim Machine Select

ATM에서 사용할 내부 클록을 선택한다.
0 = 저속 내부 클록(32.768kHz)을 선택한다.
1 = 고속 내부 클록(4MHz)을 선택한다.

- ATMF : Automatic Trim Machine Fail Flag

ATM의 동작 상태를 나타낸다. 만약 MCG_C1, MCG_C3, MCG_C4, MCG_SC 레지스터에 값을 써넣거나 Stop 모드에 들어가면 이 비트는 클리어된다.
0 = ATM이 정상적으로 수행되었다.
1 = ATM이 실패하였다.

- FLTPRSRV : FLL Filter Preserve Enable

클록 모드를 변경할 때 FLL 필터와 FLL 출력 주파수를 변경할지 여부를 설정한다.
0 = 클록 모드가 변경되면 FLL 필터와 FLL 출력 주파수를 변경한다.
1 = 클록 모드가 변경되더라도 FLL 필터와 FLL 출력 주파수를 그대로 유지한다.

- FCRDIV : Fast Clock Internal Reference Divider

고속 내부 클록을 분주하는 분주비를 설정한다.

000 = /1	100 = /16
001 = /2(default)	101 = /32
010 = /4	110 = /64
011 = /8	111 = /128

- LOCS0 : OSC Loss-of-Clock Status

OSC 모듈에서 클록 실패가 발생하였는지를 나타낸다.
0 = OSC 모듈에서 클록 실패가 발생하지 않았다.
1 = OSC 모듈에서 클록 실패가 발생하였다.

▣ MCG 자동 조정 비교값 상위 레지스터 MCG_ATCVH (리셋 직후 디폴트값 : 0x00)

b7	b6	b5	b4	b3	b2	b1	b0
ATCVH							
rw	rw	rw	rw	rw	rw	rw	rw

- ATCVH : ATM Compare Value High

ATM이 내부 클록을 조정하기 위하여 사용하는 값의 상위 바이트이다.

■ MCG 자동 조정 비교값 하위 레지스터 MCG_ATCVL (리셋 직후 디폴트값 : 0x00)

b7	b6	b5	b4	b3	b2	b1	b0
ATCVL							
rw	rw	rw	rw	rw	rw	rw	rw

- ATCVH : ATM Compare Value Low
  ATM이 내부 클록을 조정하기 위하여 사용하는 값의 하위 바이트이다.

■ MCG 제어 레지스터 7 MCG_C7 (리셋 직후 디폴트값 : 0x00)

b7	b6	b5	b4	b3	b2	b1	b0
–	–	–	–	–	–	–	–
–	–	–	–	–	–	–	–

이 레지스터의 모든 비트는 현재 사용하지 않는다.

■ MCG 제어 레지스터 8 MCG_C8 (리셋 직후 디폴트값 : 0x80)

b7	b6	b5	b4	b3	b2	b1	b0
–	LOLRE	–	–	–	–	–	–
–	rw	–	–	–	–	–	–

- LOLRE : PLL Loss-of-Lock Reset Enable
  PLL에서 록 실패의 경우 MCG 인터럽트를 발생할지 시스템 리셋을 발생할지 선택한다.
  0 = PLL 록 실패의 경우 MCG 인터럽트를 발생한다.
  1 = PLL 록 실패의 경우 시스템 리셋을 발생한다.

■ MCG 제어 레지스터 9 MCG_C9 (리셋 직후 디폴트값 : 0x00)

b7	b6	b5	b4	b3	b2	b1	b0
–	–	–	–	–	–	–	–
–	–	–	–	–	–	–	–

이 레지스터의 모든 비트는 현재 사용하지 않는다.

■ MCG 제어 레지스터 10 MCG_C10 (리셋 직후 디폴트값 : 0x00)

b7	b6	b5	b4	b3	b2	b1	b0
–	–	–	–	–	–	–	–
–	–	–	–	–	–	–	–

이 레지스터의 모든 비트는 현재 사용하지 않는다.

5.5 시스템 제어 블록(SCB)

시스템 제어 블록(System Control Block ; SCB)은 Cortex-M0+의 코어에 기본적으로 내장된 부분으로서 시스템의 구성 정보를 제공한다.

시스템 제어 블록과 관련된 I/O 제어 레지스터는 <표 5.13>과 같이 8개가 있는데,

이 레지스터들의 기능을 정리하면 아래와 같다.

〈표 5.13〉 MKL25Z128VLK4의 시스템 제어 블록과 관련된 I/O 제어 레지스터 요약

어드레스	레지스터 이름	레지스터의 풀어 쓴 이름	리셋 후 초기값
0xE000_ED00	SCB_CPUID	SCB CPUID Base Register	0x410C_C601
0xE000_ED04	SCB_ICSR	SCB Interrupt Control and State Register	0x0000_0000
0xE000_ED08	SCB_VTOR	SCB Vector Table Offset Register	0x0000_0000
0xE000_ED0C	SCB_AIRCR	SCB Application Interrupt and Reset Control Register	0xFA05_0000
0xE000_ED10	SCB_SCR	SCB System Control Register	0x0000_0000
0xE000_ED14	SCB_CCR	SCB Configuration and Control Register	0x0000_0204
0xE000_ED1C	SCB_SHPR2	SCB System Handler Priority Register 2	0x0000_0000
0xE000_ED20	SCB_SHPR3	SCB System Handler Priority Register 3	0x0000_0000

▣ SCB CPUID 베이스 레지스터 SCB_CPUID (리셋 직후 디폴트값 : 0x410C_C601)

b31	b30	b29	b28	b27	b26	b25	b24	b23	b22	b21	b20	b19	b18	b17	b16
Implementer								Variant				Constant			
r	r	r	r	r	r	r	r	r	r	r	r	r	r	r	r

b15	b14	b13	b12	b11	b10	b9	b8	b7	b6	b5	b4	b3	b2	b1	b0
PartNo												Revision			
r	r	r	r	r	r	r	r	r	r	r	r	r	r	r	r

- Implementer : Implementer Code
  0x41 = ARM
- Variant : Major Revision Number *n* in the *rn.m* Revision Status
  rn.m 형식의 개정 번호 중에서 앞쪽의 정수부 *n*을 나타낸다. 따라서, 이 값은 실제 제품마다 달라질 수 있다.
  0x0 = revision 0
- Constant : Constant That Defines the Architecture of the Processor
  0xC = ARMv6-M architecture
- PartNo : Part Number of the Processor
  0xC60 = Cortex-M0+
- Revision : Minor Revision Number *m* in the *rn.m* Revision Status
  rn.m 형식의 개정 번호 중에서 뒤쪽의 소수부 *m*을 나타낸다. 따라서, 이 값은 실제 제품마다 달라질 수 있다.
  0x1 = patch 1

▣ SCB 인터럽트 제어 및 상태 레지스터 SCB_ICSR (디폴트값 : 0x0000_0000)

b31	b30	b29	b28	b27	b26	b25	b24	b23	b22	b21	b20	b19	b18	b17	b16
NMIPEND SET	–	–	PEND SVSET	PEND SVCLR	PEND STSET	PEND STCLR	–	–	–	–	–	–	–	VECTPENDING	
rw	–	–	rw	w	rw	w	–	–	–	–	–	–	–	r	r

b15	b14	b13	b12	b11	b10	b9	b8	b7	b6	b5	b4	b3	b2	b1	b0
VECTPENDING				–	–	–	–	–	–	–	–	–	–	–	–
r	r	r	r	–	–	–	–	–	–	–	–	–	–	–	–

- NMIPENDSET : NMI Interrupt Set-Pending Bit
  Write : 0 = 아무 동작도 하지 않음.
  1 = NMI 인터럽트가 요청되고 있는(pending) 것처럼 설정한다.
  Read : 0 = 현재 NMI 인터럽트가 요청되고 있지 않다.
  1 = 현재 NMI 인터럽트가 요청되어 있다.(NMI 처리 루틴이 시작되면 이 비트는 0으로 된다.)
- PENDSVSET : PendSV Interrupt Set-Pending Bit

Write : 0 = 아무 동작도 하지 않음.
1 = PendSV 인터럽트가 요청되고 있는(pending) 것처럼 설정한다.
Read : 0 = 현재 PendSV 인터럽트가 요청되고 있지 않다.
1 = 현재 PendSV 인터럽트가 요청되어 있다.

- PENDSVCLR : PendSV Interrupt Clear-Pending Bit
0 = 아무 동작도 하지 않음.
1 = PendSV 인터럽트가 요청되고 있는(pending) 것을 해제한다.
- PENDSTSET : SysTick Interrupt Set-Pending Bit
Write : 0 = 아무 동작도 하지 않음.
1 = SysTick 인터럽트가 요청되고 있는(pending) 것처럼 설정한다.
Read : 0 = 현재 SysTick 인터럽트가 요청되고 있지 않다.
1 = 현재 SysTick 인터럽트가 요청되어 있다.
- PENDSTCLR : SysTick Interrupt Clear-Pending Bit
0 = 아무 동작도 하지 않음.
1 = SysTick 인터럽트가 요청되고 있는(pending) 것을 해제한다.
- VECTPEDING : Interrupt Pending Vector
000000 = 현재 아무 인터럽트도 요청되어 있지 않다.
XXXXXX = 현재 요청되고 허용된 인터럽트 중에서 가장 우선순위가 높은 인터럽트의 번호를 나타낸다.

▣ SCB 인터럽트 벡터 테이블 오프셋 레지스터 SCB_VTOR (디폴트값 : 0x0000_0000)

b31	b30	b29	b28	b27	b26	b25	b24	b23	b22	b21	b20	b19	b18	b17	b16
TBLOFF															
rw	rw	rw	rw	rw	rw	rw	rw	rw	rw	rw	rw	rw	rw	rw	rw

b15	b14	b13	b12	b11	b10	b9	b8	b7	b6	b5	b4	b3	b2	b1	b0
TBLOFF									-	-	-	-	-	-	-
rw	rw	rw	rw	rw	rw	rw	rw	rw	-	-	-	-	-	-	-

- TBLOFF : Vector Table Base Offset
이 소자 메모리 맵의 첫번째 번지부터 인터럽트 벡터 테이블까지의 어드레스 오프셋에서 비트31~7을 나타낸다.

▣ SCB 응용 인터럽트 및 리셋 제어 레지스터 SCB_AIRCR (디폴트값 : 0xFA05_0000)

b31	b30	b29	b28	b27	b26	b25	b24	b23	b22	b21	b20	b19	b18	b17	b16
VECTKEY															
rw	rw	rw	rw	rw	rw	rw	rw	rw	rw	rw	rw	rw	rw	rw	rw

b15	b14	b13	b12	b11	b10	b9	b8	b7	b6	b5	b4	b3	b2	b1	b0
ENDIANESS	-	-	-	-	-	-	-	-	-	-	-	-	SYSRESETREQ	VECTCLRACTIVE	-
r	-	-	-	-	-	-	-	-	-	-	-	-	w	w	-

- VECTKEY : Register Key
이 비트는 뜻하지 않은 레지스터값 변경을 방지하기 위한 키로서 무조건 0x05FA를 라이트해야 한다. 이 비트를 읽으면 의미없는 임의의 값이 읽힌다.
- ENDIANESS : Data Endianess Bit
이 비트는 little-endian 방식을 사용한다는 의미로 항상 0으로 읽힌다.
- SYSRESETREQ : System Reset Request
이 비트는 항상 0으로 읽히며, 라이트할 때는 다음과 같은 의미가 있다.
0 = 어떤 시스템 리셋도 요청하지 않는다.
1 = 시스템 리셋을 요청하는 소프트웨어 리셋 신호를 발생한다.
- VECTCLRACTIVE : Reserved for Debug Use
이것은 디버그 모드에서만 사용하는 비트이다. 이 비트를 읽으면 0으로 읽히며, 이 레지스터에 어떤 값을 쓸 때는 항상 이 비트를 0으로 써야 한다.

▣ SCB 시스템 제어 레지스터 SCB_SCR (리셋 직후 디폴트값 : 0x0000_0000)

b31	b30	b29	b28	b27	b26	b25	b24	b23	b22	b21	b20	b19	b18	b17	b16
-	-	-	-	-	-	-	-	-	-	-	-	-	-	-	-
-	-	-	-	-	-	-	-	-	-	-	-	-	-	-	-

b15	b14	b13	b12	b11	b10	b9	b8	b7	b6	b5	b4	b3	b2	b1	b0
-	-	-	-	-	-	-	-	-	-	-	SEVONPEND	-	SLEEPDEEP	SLEEPONEXIT	-
-	-	-	-	-	-	-	-	-	-	-	rw	-	rw	rw	-

- SEVONPEND : Send Event on Pending Bit
  0 = 허용된 인터럽트나 모든 이벤트 신호가 프로세서를 깨어나도록 한다.
  1 = 허용된 이벤트나 모든 인터럽트가 프로세서를 깨어나도록 한다.
- SLEEPDEEP : Sleep or Deep Sleep Selection
  0 = 저전력 모드에서 sleep 모드를 사용한다.
  1 = 저전력 모드에서 deep sleep 모드를 사용한다.
- SLEEPONEXIT
  0 = 인터럽트 Handler mode에서 Thread mode로 되돌아갈 때 sleep 상태로 들어가지 않는다.
  1 = 인터럽트 Handler mode에서 Thread mode로 되돌아갈 때 sleep 또는 deep sleep 상태로 들어간다.

▣ SCB 설정 및 제어 레지스터 SCB_CCR (리셋 직후 디폴트값 : 0x0000_0204)

b31	b30	b29	b28	b27	b26	b25	b24	b23	b22	b21	b20	b19	b18	b17	b16
-	-	-	-	-	-	-	-	-	-	-	-	-	-	-	-
-	-	-	-	-	-	-	-	-	-	-	-	-	-	-	-

b15	b14	b13	b12	b11	b10	b9	b8	b7	b6	b5	b4	b3	b2	b1	b0
-	-	-	-	-	-	STKALIGN	-	-	-	-	-	UNALIGN_TRP	-	-	-
-	-	-	-	-	-	r	-	-	-	-	-	r	-	-	-

- STKALIGN : Stack Alignment on Exception Entry
  인터럽트 처리 루틴에서 8바이트의 스택 정렬을 나타내는 비트로서 항상 1로 읽힌다.
- UNALIGN_TRP
  정렬되지 않은 액세스가 HardFault를 발생하였다는 것을 나타내는 비트로서 항상 1로 읽힌다.

▣ SCB 시스템 핸들러 우선순위 레지스터2 SCB_SHPR2 (디폴트값 : 0x0000_0000)

b31	b30	b29	b28	b27	b26	b25	b24	b23	b22	b21	b20	b19	b18	b17	b16
PRI_11								-	-	-	-	-	-	-	-
rw	rw	r	r	r	r	r	r	-	-	-	-	-	-	-	-

b15	b14	b13	b12	b11	b10	b9	b8	b7	b6	b5	b4	b3	b2	b1	b0
-	-	-	-	-	-	-	-	-	-	-	-	-	-	-	-
-	-	-	-	-	-	-	-	-	-	-	-	-	-	-	-

- PRI_11 : Priority of System Handler 11, SVCall
  SVCall 인터럽트의 우선순위를 레벨 0~192의 범위에서 설정한다. 이 값은 8비트로 구성되지만, 프로세서는 이중에서 b7~b6만을 사용하며, 나머지 6비트는 무시되고 읽으면 0으로 읽힌다.

▣ SCB 시스템 핸들러 우선순위 레지스터3 SCB_SHPR3 (디폴트값 : 0x0000_0000)

b31	b30	b29	b28	b27	b26	b25	b24	b23	b22	b21	b20	b19	b18	b17	b16
PRI_15								PRI_14							
rw	rw	r	r	r	r	r	r	rw	rw	r	r	r	r	r	r

b15	b14	b13	b12	b11	b10	b9	b8	b7	b6	b5	b4	b3	b2	b1	b0
-	-	-	-	-	-	-	-	-	-	-	-	-	-	-	-
-	-	-	-	-	-	-	-	-	-	-	-	-	-	-	-

- PRI_15 : Priority of System Handler 15, SysTick
  SysTick 인터럽트의 우선순위를 레벨 0~192의 범위에서 설정한다. 이 값은 8비트로 구성되지만, 프로세서는 이중에서 b7~b6만을 사용하며, 나머지 6비트는 무시되고 읽으면 0으로 읽힌다.
- PRI_14 : Priority of System Handler 14, PendSV
  PendSV 인터럽트의 우선순위를 레벨 0~192의 범위에서 설정한다. 이 값은 8비트로 구성되지만, 프로세서는 이중에서 b7~b6만을 사용하며, 나머지 6비트는 무시되고 읽으면 0으로 읽힌다.

5.6 시스틱 타이머(SysTick)

시스틱 타이머(SysTick timer) SysTick은 특정한 MKL25Z128VLK4 마이크로컨트롤러 모델이 아니라 Cortex-M0+의 코어에 기본적으로 내장된 24비트 타이머로서, 주로 운영체제나 시스템 프로그램이 사용하도록 만들어 놓은 것이다.

이것은 클록 입력에 따라 SYST_RVR 레지스터에 설정된 자동 재저장 값(reload value)으로부터 0까지 다운 카운터(down counter)로 동작하며, 카운터 값이 0으로 되면 바로 그 다음의 클록에서 SYST_CSR 레지스터의 COUNTFLAG이 1로 셋트되면서 SysTick 인터럽트를 발생하고 카운터는 다시 SYST_RVR 레지스터 값으로 재저장된다. 만약 SYST_RVR 레지스터에 0을 설정하면 이 카운터의 동작이 금지된다.

사용자 프로그램에서 SYST_CSR 레지스터를 읽으면 COUNTFLAG이 0으로 클리어된다. 또한, SYST_CVR 레지스터에 임의의 값을 라이트하면 이 레지스터가 0으로 클리어되고 COUNTFLAG도 0으로 클리어된다. 언제든지 SYST_CVR 레지스터의 값을 읽으면 현재의 시스틱 타이머 값이 읽혀진다. 마이크로컨트롤러가 디버깅을 위하여 정지(halt)하면 시스틱 타이머도 동작하지 않고 멈추게 된다.

시스틱 타이머 SysTick을 초기화하고 값을 설정하는 순서는 다음과 같다.

① SYST_RVR 레지스터에 자동 재저장 값을 설정한다.
② SYST_CVR 레지스터에 임의의 값을 라이트하여 이 레지스터를 클리어한다.
③ SYST_CSR 레지스터를 초기화한다.

시스틱 타이머와 관련된 I/O 제어 레지스터는 <표 5.14>와 같이 4개가 있는데, 이 레지스터들의 기능을 정리하면 아래와 같다.

〈표 5.14〉 MKL25Z128VLK4의 시스틱 타이머와 관련된 I/O 제어 레지스터 요약

어드레스	레지스터 이름	레지스터의 풀어 쓴 이름	리셋 후 초기값
0xE000_E010	SYST_CSR	SysTick Control and Status Register (SysTick_CTRL)	0x0000_0000
0xE000_E014	SYST_RVR	SysTick Reload Value Register (SysTick_LOAD)	0xXXXX_XXXX
0xE000_E018	SYST_CVR	SysTick Current Value Register (SysTick_VAL)	0xXXXX_XXXX
0xE000_E01C	SYST_CALIB	SysTick Calibration Value Register (SysTick_CALIB)	0x4000_0000

▣ SysTick 제어 및 상태 레지스터 SYST_CSR (디폴트값 : 0x0000_0000)

b31	b30	b29	b28	b27	b26	b25	b24	b23	b22	b21	b20	b19	b18	b17	b16
-	-	-	-	-	-	-	-	-	-	-	-	-	-	-	COUNT FLAG
-	-	-	-	-	-	-	-	-	-	-	-	-	-	-	rw

b15	b14	b13	b12	b11	b10	b9	b8	b7	b6	b5	b4	b3	b2	b1	b0
-	-	-	-	-	-	-	-	-	-	-	-	-	CLK SOURCE	TICK INT	ENABLE
-	-	-	-	-	-	-	-	-	-	-	-	-	rw	rw	rw

- COUNTFLAG : Count Flag
  이 비트는 시스틱 타이머의 카운터가 0으로 되었음을 나타낸다. SysTick_CSR 레지스터를 읽으면 이 비트는 0으로 클리어된다.
- CLKSOURCE : SysTick Clock Source Selection
  0 = 시스틱 타이머의 클록 소스로 프로세서 클록(Core clock)을 16분주하여 사용한다. *OK-MKL25Z* 키트에서는 이 클록이 20.97152/16 = 1.31072MHz이다.
  1 = 시스틱 타이머의 클록 소스로 프로세서 클록(Core clock)을 사용한다. *OK-MKL25Z* 키트에서는 이 클록이 20.97152MHz이다.
- TICKINT : SysTick Exception Request Enable
  0 = 시스틱 타이머의 카운터가 0으로 되었을 때 SysTick 인터럽트를 발생하지 않는다.
  1 = 시스틱 타이머의 카운터가 0으로 되었을 때 SysTick 인터럽트를 발생한다.
- ENABLE : SysTick Counter Enable
  0 = SysTick 타이머의 동작을 금지한다.
  1 = SysTick 타이머의 동작을 허용한다.

▣ SysTick 재저장 값 레지스터 SYST_RVR (디폴트값 : 0xXXXX_XXXX)

b31	b30	b29	b28	b27	b26	b25	b24	b23	b22	b21	b20	b19	b18	b17	b16
-	-	-	-	-	-	-	-	RELOAD							
-	-	-	-	-	-	-	-	rw	rw	rw	rw	rw	rw	rw	rw

b15	b14	b13	b12	b11	b10	b9	b8	b7	b6	b5	b4	b3	b2	b1	b0
RELOAD															
rw	rw	rw	rw	rw	rw	rw	rw	rw	rw	rw	rw	rw	rw	rw	rw

- RELOAD : SysTick Counter Reload Value
  시스틱 카운터가 다운 카운터로 동작하다가 0에 이르면 그 다음 클록 사이클에 이 값이 SYST_CVR 레지스터에 재저장된다. 시스틱 카운터가 24비트 구조이므로 이 값은 0x0000 0000에서 0x00FF FFFF까지 설정할 수 있으며, 0x0000 0000으로 설정하면 시스틱 카운터가 정지한다. 시스틱 타이머를 사용하여 N개의 펄스가 입력될 때마다 주기적으로 인터럽트를 발생하고 싶으면 이 값을 N-1로 설정한다.

▣ SysTick 현재 값 레지스터 SYST_CVR (리셋 직후 디폴트값 : 0xXXXX_XXXX)

b31	b30	b29	b28	b27	b26	b25	b24	b23	b22	b21	b20	b19	b18	b17	b16
-	-	-	-	-	-	-	-	CURRENT							
-	-	-	-	-	-	-	-	rw	rw	rw	rw	rw	rw	rw	rw

b15	b14	b13	b12	b11	b10	b9	b8	b7	b6	b5	b4	b3	b2	b1	b0
CURRENT															
rw	rw	rw	rw	rw	rw	rw	rw	rw	rw	rw	rw	rw	rw	rw	rw

- CURRENT : SysTick Counter Current Value
  이 레지스터를 읽으면 시스틱 카운터의 24비트 현재값이 읽혀진다. 그러나, 이 레지스터에 임의의 값을 라이트 하면 이 레지스터가 0으로 클리어되며, SYST_CSR 레지스터의 COUNTFLAG 비트도 클리어된다.

■ SysTick 캘리브레이션 값 레지스터 SYST_CALIB (디폴트값 : 0x4000_0000)

b31	b30	b29	b28	b27	b26	b25	b24	b23	b22	b21	b20	b19	b18	b17	b16
NOREF	SKEW	–	–	–	–	–	–	TENMS							
r	r	–	–	–	–	–	–	r	r	r	r	r	r	r	r

b15	b14	b13	b12	b11	b10	b9	b8	b7	b6	b5	b4	b3	b2	b1	b0
TENMS															
r	r	r	r	r	r	r	r	r	r	r	r	r	r	r	r

- NOREF : No Reference Flag
  이 플랙 비트는 외부 레퍼런스 클록이 공급되고 있는지 여부를 나타낸다.
  0 = 외부 레퍼런스 클록을 사용하고 있다.
  1 = 프로세서 클록을 사용하고 있다.
- SKEW : SKEW Flag
  이 플랙 비트는 캘리브레이션 동작에 관련되는 플랙으로서 TENMS 값이 실수로 나타난 것을 정수화하였는지(rounded from a non-integer) 여부를 나타낸다.
- TENMS : Calibration Value
  SysTick 타이머가 NOREF 비트에 표시된 클록을 사용하여 10ms의 시간 주기를 발생하기 위한 재저장값을 나타낸다. 기준 클록을 알 수 없거나 클록 주파수가 변동되면 이 값은 0으로 된다. MKL25Z128VLK4에서는 이 비트가 항상 0으로 된다.

5.7 인터럽트 제어기(NVIC)

(1) 인터럽트 제어기(NVIC)의 구조와 기능

중첩 및 벡터형 인터럽트 제어기(Nested Vectored Interrupt Controller ; NVIC)는 특정한 MKL25Z128VLK4 마이크로컨트롤러 모델이 아니라 Cortex-M0+의 코어에 기본적으로 내장된 인터럽트 제어기이다.

MKL25Z128VLK4 마이크로컨트롤러에는 Cortex-M0+의 코어에서 발생하는 시스템 인터럽트 16개(실제로는 7개만 사용)와 주변장치가 발생하는 IRQ 인터럽트 32개(실제로는 29개만 사용)가 있다. 주변장치의 IRQ 인터럽트 32개는 모두 차단 가능하며, 이것들은 NVIC_IPR0~NVIC_IPR7 레지스터를 사용하여 0, 64, 128, 192중의 하나에 해당하는 인터럽트 우선순위 레벨을 설정할 수 있다. 이 레벨 값이 작으면 인터럽트 우선순위가 높고, 레벨 값이 크면 인터럽트 우선순위가 낮다. 그러나, 시스템 인터럽트에 해당하는 SVCall, PendSV, SysTick의 인터럽트 우선순위는 시스템 제어 블록의 SCB_SHPR2와 SCB_SHPR3 레지스터로 설정한다.

CPU가 인터럽트 핸들러(handler)가 있는 예외처리 모드(exception mode)로 들어갈 때는 현재의 상태를 스택에 자동으로 저장하고, 다시 예외처리 모드에서 정상 모드(Thread mode)로 돌아올 때는 이 상태를 스택에서 자동으로 꺼내오도록 되어 있기 때문에 Cortex-M0+의 NVIC 인터럽트 처리는 명령 실행에 의한 오버헤드(overhead)가 없이 적은 지연시간(latency)으로 매우 빠르게 수행된다.

MKL25Z128VLK4에서 사용하는 전체 인터럽트를 요약하면 <표 5.15>와 같다. 이 중에서 IRQ 인터럽트 0~31번은 차단 가능 인터럽트이며, 그 앞쪽의 시스템 인터럽트들은 차단 가능하지 않다. C언어에서 이들 각 인터럽트를 처리하는 함수의 이름은 140~143페이지에 보인 같이 스타트업 파일 startup_MKL25Z4.S에 정의되어 있다.

<표 5.15> MKL25Z128VLK4의 인터럽트 요약

인터럽트 처리 시작 어드레스	인터럽트 벡터	IRQ 번호	우선순위 제어 레지스터	인터럽트 소스	인터럽트 소스 설명
0x0000_0000	0	–	–	ARM core	Initial Stack Pointer (☞ 인터럽트가 아님)
0x0000_0004	1	–	–	ARM core	Initial Program Counter(Reset vector)
0x0000_0008	2	–	–	ARM core	NMI(Non-Maskable Interrupt)
0x0000_000C	3	–	–	ARM core	Hard Fault
0x0000_0010	4	–	–	–	–
0x0000_0014	5	–	–	–	–
0x0000_0018	6	–	–	–	–
0x0000_001C	7	–	–	–	–
0x0000_0020	8	–	–	–	–
0x0000_0024	9	–	–	–	–
0x0000_0028	10	–	–	–	–
0x0000_002C	11	–	SCB_SHPR2	ARM core	SVCall(Supervisor Call)
0x0000_0030	12	–	–	–	–
0x0000_0034	13	–	–	–	–
0x0000_0038	14	–	SCB_SHPR3	ARM core	PendSV(Pendable request for system service)
0x0000_003C	15	–	SCB_SHPR3	ARM core	SysTick(System tick timer)
0x0000_0040	16	0	NVIC_IPR0	DMA	DMA channel 0 transfer complete and error
0x0000_0044	17	1	NVIC_IPR0	DMA	DMA channel 1 transfer complete and error
0x0000_0048	18	2	NVIC_IPR0	DMA	DMA channel 2 transfer complete and error
0x0000_004C	19	3	NVIC_IPR0	DMA	DMA channel 3 transfer complete and error
0x0000_0050	20	4	NVIC_IPR1	–	–
0x0000_0054	21	5	NVIC_IPR1	FTFA	Command complete and read collision
0x0000_0058	22	6	NVIC_IPR1	PMC	Low voltage detect, low voltage warning
0x0000_005C	23	7	NVIC_IPR1	LLWU	Low Leakage Wakeup
0x0000_0060	24	8	NVIC_IPR2	I2C0	Status and error
0x0000_0064	25	9	NVIC_IPR2	I2C1	Status and error
0x0000_0068	26	10	NVIC_IPR2	SPI0	Status and error
0x0000_006C	27	11	NVIC_IPR2	SPI1	Status and error
0x0000_0070	28	12	NVIC_IPR3	UART0	Status and error
0x0000_0074	29	13	NVIC_IPR3	UART1	Status and error
0x0000_0078	30	14	NVIC_IPR3	UART2	Status and error
0x0000_007C	31	15	NVIC_IPR3	ADC0	Conversion complete
0x0000_0080	32	16	NVIC_IPR4	CMP0	Compare output transition
0x0000_0084	33	17	NVIC_IPR4	TPM0	Status and error
0x0000_0088	34	18	NVIC_IPR4	TPM1	Status and error
0x0000_008C	35	19	NVIC_IPR4	TPM2	Status and error
0x0000_0090	36	20	NVIC_IPR5	RTC	Alarm interrupt
0x0000_0094	37	21	NVIC_IPR5	RTC	Seconds interrupt
0x0000_0098	38	22	NVIC_IPR5	PIT	Status and error
0x0000_009C	39	23	NVIC_IPR5	–	–
0x0000_00A0	40	24	NVIC_IPR6	USB OTG	Status and error
0x0000_00A4	41	25	NVIC_IPR6	DAC0	Conversion complete
0x0000_00A8	42	26	NVIC_IPR6	TSI0	Status and error
0x0000_00AC	43	27	NVIC_IPR6	MCG	Status and error
0x0000_00B0	44	28	NVIC_IPR7	LPTMR0	Status and error
0x0000_00B4	45	29	NVIC_IPR7	–	–
0x0000_00B8	46	30	NVIC_IPR7	Port A	Pin detect in Port A
0x0000_00BC	47	31	NVIC_IPR7	Port D	Pin detect in Port D

NVIC가 인터럽트 신호를 검출하거나 NVIC_ISPR 레지스터에서 해당 비트를 1로 라이트하면 인터럽트가 요청되어 대기 상태(pending state)로 되면서 NVIC_ISPR 레지스터의 해당 비트가 1로 된다. 만약, 이 인터럽트가 허용 상태로 설정되어 있으면 CPU가 인터럽트 처리를 시작하는데, 예외처리 모드(Exception mode)의 인터럽트 서비스 루틴으로 들어가면 인터럽트 대기 상태는 해제되고 인터럽트 처리 상태(active state)가 된다. 인터럽트 처리가 종료되고 인터럽트 처리 상태도 해제되면 CPU가 정상 모드(Thread mode)로 되돌아온다. 그러나, 인터럽트가 금지 상태로 설정되어 있으면 요청된 인터럽트는 계속하여 대기 상태에 머무르게 된다.

이와 같이 인터럽트가 발생되어 NVIC가 인터럽트 처리 루틴을 실행하기 시작하면 인터럽트 펜딩 비트는 자동으로 0으로 클리어되므로 사용자가 이를 클리어할 필요는 없다. 그러나, 이 인터럽트를 요청한 주변장치의 상태 레지스터에 있는 인터럽트 플랙 비트는 자동으로 클리어되지 않는다는데 유의해야 한다. 이를 그냥 두면 이 플랙 비트 때문에 빠르게 반복적으로 인터럽트가 걸리되므로 인터럽트 처리 루틴에서 사용자가 이 비트를 클리어시켜야 하는데, 대부분의 인터럽트 플랙 비트는 1을 써주어야만 0으로 클리어되는 구조로 되어 있다.

MKL25Z128VLK4의 인터럽트 신호에는 레벨 인식형(level-sensitive)과 에지 트리거형(edge-trigger)이 있다. 레벨 인식형에서는 인터럽트 처리를 종료하였을 때 아직도 인터럽트 신호가 입력되고 있으면 또다시 인터럽트가 처리되므로 만약 1번만 인터럽트를 발생시키려면 인터럽트 신호의 길이를 정확히 입력해야 한다. 이에 비하여 에지 트리거형에서는 1클록 주기 이상의 인터럽트 펄스가 입력되면 정확히 1번만 인터럽트가 인식되어 처리되는 장점이 있으나, 이 신호는 잡음에 취약한 특징이 있다.

MKL25Z128VLK4의 소자 외부에서 인터럽트를 요청하는 것은 GPIO의 Port A와 Port D만 가능하다. 이를 위해서는 포트 제어 및 인터럽트 모듈(Port Control and Interrupt Module ; PORT)에서 해당 포트의 핀을 인터럽트 단자로 설정해 주어야 한다. 이러한 외부 인터럽트 단자의 기능은 레벨 인식형(low, high level)이나 에지 트리거형(rising, falling, both edge)으로 설정할 수 있다.

(2) 인터럽트 제어기와 관련된 I/O 제어 레지스터

인터럽트 제어기와 관련된 I/O 제어 레지스터는 <표 5.16>과 같이 12개가 있는데, 이 레지스터들의 기능을 정리하면 아래와 같다.

<표 5.16> MKL25Z128VLK4의 인터럽트 제어기와 관련된 I/O 제어 레지스터 요약

어드레스	레지스터 이름	레지스터의 풀어 쓴 이름	리셋 후 초기값
0xE000_E100	NVIC_ISER	NVIC Interrupt Set-Enable Register	0x0000_0000
0xE000_E180	NVIC_ICER	NVIC Interrupt Clear-Enable Register	0x0000_0000
0xE000_E200	NVIC_ISPR	NVIC Interrupt Set-Pending Register	0x0000_0000
0xE000_E280	NVIC_ICPR	NVIC Interrupt Clear-Pending Register	0x0000_0000
0xE000_E400	NVIC_IPR0	NVIC Interrupt Priority Register 0	0x0000_0000
0xE000_E404	NVIC_IPR1	NVIC Interrupt Priority Register 1	0x0000_0000
0xE000_E408	NVIC_IPR2	NVIC Interrupt Priority Register 2	0x0000_0000
0xE000_E40C	NVIC_IPR3	NVIC Interrupt Priority Register 3	0x0000_0000
0xE000_E410	NVIC_IPR4	NVIC Interrupt Priority Register 4	0x0000_0000
0xE000_E414	NVIC_IPR5	NVIC Interrupt Priority Register 5	0x0000_0000
0xE000_E418	NVIC_IPR6	NVIC Interrupt Priority Register 6	0x0000_0000
0xE000_E41C	NVIC_IPR7	NVIC Interrupt Priority Register 7	0x0000_0000

▣ NVIC 인터럽트 허용 설정 레지스터 NVIC_ISER (디폴트값 : 0x0000_0000)

b31	b30	b29	b28	b27	b26	b25	b24	b23	b22	b21	b20	b19	b18	b17	b16
SETENA[31:16]															
rw1s	rw1s	rw1s	rw1s	rw1s	rw1s	rw1s	rw1s	rw1s	rw1s	rw1s	rw1s	rw1s	rw1s	rw1s	rw1s
b15	**b14**	**b13**	**b12**	**b11**	**b10**	**b9**	**b8**	**b7**	**b6**	**b5**	**b4**	**b3**	**b2**	**b1**	**b0**
SETENA[15:0]															
rw1s	rw1s	rw1s	rw1s	rw1s	rw1s	rw1s	rw1s	rw1s	rw1s	rw1s	rw1s	rw1s	rw1s	rw1s	rw1s

- SETENA[31:0] : Interrupt Set-Enable Bit
  Write : 0 = 아무 동작도 하지 않음.
  1 = 해당 IRQ 인터럽트를 허용하도록 설정한다.
  Read : 0 = 현재 해당 IRQ 인터럽트가 금지되어 있다.
  1 = 현재 해당 IRQ 인터럽트가 허용되어 있다.

▣ NVIC 인터럽트 금지 설정 레지스터 NVIC_ICER (디폴트값 : 0x0000_0000)

b31	b30	b29	b28	b27	b26	b25	b24	b23	b22	b21	b20	b19	b18	b17	b16
CLRENA[31:16]															
rw1c	rw1c	rw1c	rw1c	rw1c	rw1c	rw1c	rw1c	rw1c	rw1c	rw1c	rw1c	rw1c	rw1c	rw1c	rw1c
b15	**b14**	**b13**	**b12**	**b11**	**b10**	**b9**	**b8**	**b7**	**b6**	**b5**	**b4**	**b3**	**b2**	**b1**	**b0**
CLRENA[15:0]															
rw1c	rw1c	rw1c	rw1c	rw1c	rw1c	rw1c	rw1c	rw1c	rw1c	rw1c	rw1c	rw1c	rw1c	rw1c	rw1c

- CLRENA[31:0] : Interrupt Clear-Enable Bit
  Write : 0 = 아무 동작도 하지 않음.
  1 = 해당 IRQ 인터럽트를 금지하도록 설정한다.
  Read : 0 = 현재 해당 IRQ 인터럽트가 금지되어 있다.
  1 = 현재 해당 IRQ 인터럽트가 허용되어 있다.

▣ NVIC 인터럽트 대기 설정 및 상태 레지스터 NVIC_ISPR (디폴트값 : 0x0000_0000)

b31	b30	b29	b28	b27	b26	b25	b24	b23	b22	b21	b20	b19	b18	b17	b16
SETPEND[31:16]															
rw1s	rw1s	rw1s	rw1s	rw1s	rw1s	rw1s	rw1s	rw1s	rw1s	rw1s	rw1s	rw1s	rw1s	rw1s	rw1s
b15	**b14**	**b13**	**b12**	**b11**	**b10**	**b9**	**b8**	**b7**	**b6**	**b5**	**b4**	**b3**	**b2**	**b1**	**b0**
SETPEND[15:0]															
rw1s	rw1s	rw1s	rw1s	rw1s	rw1s	rw1s	rw1s	rw1s	rw1s	rw1s	rw1s	rw1s	rw1s	rw1s	rw1s

- SETPEND[31:0] : Interrupt Set-Pending Bit
  Write : 0 = 아무 동작도 하지 않음.
  1 = 해당 IRQ 인터럽트가 요청되고 있는 것으로 설정한다.
  Read : 0 = 현재 해당 IRQ 인터럽트가 요청되고 있지 않다.
  1 = 현재 해당 IRQ 인터럽트가 요청되고 있다.

▣ NVIC 인터럽트 대기 해제 레지스터 NVIC_ICPR (디폴트값 : 0x0000_0000)

b31	b30	b29	b28	b27	b26	b25	b24	b23	b22	b21	b20	b19	b18	b17	b16
CLRPEND[31:16]															
rw1c	rw1c	rw1c	rw1c	rw1c	rw1c	rw1c	rw1c	rw1c	rw1c	rw1c	rw1c	rw1c	rw1c	rw1c	rw1c
b15	b14	b13	b12	b11	b10	b9	b8	b7	b6	b5	b4	b3	b2	b1	b0
CLRPEND[15:0]															
rw1c	rw1c	rw1c	rw1c	rw1c	rw1c	rw1c	rw1c	rw1c	rw1c	rw1c	rw1c	rw1c	rw1c	rw1c	rw1c

- CLRPEND[31:0] : Interrupt Clear-Pending Bit
  Write : 0 = 아무 동작도 하지 않음.
  1 = 해당 IRQ 인터럽트가 요청되고 있는 것을 해제한다.
  Read : 0 = 현재 해당 IRQ 인터럽트가 요청되고 있지 않다.
  1 = 현재 해당 IRQ 인터럽트가 요청되고 있다.

▣ NVIC 인터럽트 우선순위 레지스터 NVIC_IPRx (디폴트값 : 0x0000_0000)

b31	b30	b29	b28	b27	b26	b25	b24	b23	b22	b21	b20	b19	b18	b17	b16
PRI_3[7:0]								PRI_2[7:0]							
rw	rw	r	r	r	r	r	r	rw	rw	r	r	r	r	r	r
b15	b14	b13	b12	b11	b10	b9	b8	b7	b6	b5	b4	b3	b2	b1	b0
PRI_1[7:0]								PRI_0[7:0]							
rw	rw	r	r	r	r	r	r	rw	rw	r	r	r	r	r	r

⋮

b31	b30	b29	b28	b27	b26	b25	b24	b23	b22	b21	b20	b19	b18	b17	b16
PRI_31[7:0]								PRI_30[7:0]							
rw	rw	r	r	r	r	r	r	rw	rw	r	r	r	r	r	r
b15	b14	b13	b12	b11	b10	b9	b8	b7	b6	b5	b4	b3	b2	b1	b0
PRI_29[7:0]								PRI_28[7:0]							
rw	rw	r	r	r	r	r	r	rw	rw	r	r	r	r	r	r

- PRI_m[7:0] : Interrupt Priority Field Bit(m = 0~31)
  인터럽트 우선순위 레벨을 8비트값으로 설정하는 비트인데 하위 6비트는 무조건 0으로 처리된다. 따라서, 0~255의 값을 라이트하면 우선순위 레벨은 0, 64, 128, 192중의 1가지로 저장된다.

5.8 기초적인 C언어 프로그램

이제부터 여러분이 MKL25Z128VLK4 마이크로컨트롤러를 위한 C언어 프로그램을 작성하려면 앞의 제4.3절의 설명에 따라서 KDS 소프트웨어와 이 책에서 제공하는 C언어 예제 프로그램이 퍼스널컴퓨터에 설치되어 있어야 하며, 올바른 동작이 확인된 *OK-MKL25Z* 키트와 USB Multilink Universal 에뮬레이터를 가지고 있어야 한다.

KDS 소프트웨어에서는 모든 프로그램 작성을 프로젝트 단위로 관리하므로 모든 예제 프로그램마다 이를 관리하는 별도의 프로젝트를 만들어야 한다. 그러나, 많은 예제 프로그램을 다루는 경우에는 그렇게 하면 프로젝트의 수가 너무 많아서 취급하기에 불편하므로 이 책에서는 하나의 프로젝트만을 만들어 놓고 필요할 때마다 여기에 다른 예제 프로그램을 교체하여 등록시키는 방법을 사용하기로 한다. 이제부터 이 책의 모든 C언어 예제 프로그램은 프로젝트 MKL25Z128VLK4에서 사용한다.

(1) 비능률적인 C언어 프로그래밍

먼저 일반적인 방법으로 *OK-MKL25Z* 키트에서 실행하기 위한 예제 프로그램을 작성하여 보기로 한다. 그러나, 이러한 방법은 모든 예제에서 필요할 때마다 상당히 많은 분량의 동일한 함수들을 반복하여 사용해야 하므로 매우 불편하고 비능률적인 프로그래밍 방법이라는 것을 곧 알게 된다.

▣ LED 점등 및 비프음 발생 예제

첫번째 예제는 *OK-MKL25Z* 키트에서 LED1과 LED2를 500ms의 시간 간격으로 교대 점멸하고 이것이 5차례 반복될 때마다 1번씩 비프음을 울리는 프로그램이다.

<프로그램 Exp05_8_1.c> LED를 점등하고 비프음을 울리는 예제

```
/* ========================================================================== */
/*              Exp05_8_1_LED.c : LED 및 버저 제어 프로그램                    */
/* ========================================================================== */
/*                                    Programmed by Duck-Yong Yoon in 2016.   */

#include <MKL25Z4.h>

void SystemInit(void);                           /* dummy system function */
void Delay_us(unsigned int time_us);             /* time delay for us in 20.97152MHz */
void Delay_ms(unsigned int time_ms);             /* time delay for ms */
void Beep(void);                                 /* beep for 50 ms */

/* ----- 메인 프로그램 ------------------------------------------------------ */

int main(void)
{
  unsigned int i;

  SIM_SCGC5 = 0x00001000;                        // enable PORTD clock
  PORTD_PCR5 = 0x00000100;                       // enable PTD5 for GPIO
  PORTD_PCR6 = 0x00000100;                       // enable PTD6 for GPIO
  PORTD_PCR7 = 0x00000100;                       // enable PTD7 for GPIO
  GPIOD_PDDR = 0x000000E0;                       // output buzzer, LED1, LED2 pin

  while(1)
    { for(i = 0; i < 5; i++)
        { GPIOD_PDOR = 0x00000040;               // LED1 on
          Delay_ms(500);
          GPIOD_PDOR = 0x00000080;               // LED2 on
```

```
            Delay_ms(500);
          }
        Beep();                                       // beep
      }
}

/* ----- 사용자 함수 ---------------------------------------------------------- */

void SystemInit(void)                                 /* dummy system function */
{
  SIM_COPC = 0x00000000;                              // disable watchdog timer
}

void Delay_us(unsigned int time_us)                   /* time delay for us in 20.97152MHz */
{
  register unsigned int i;

  for(i = 0; i < time_us; i++)                        // 5 cycle
    { __asm volatile("NOP");
      __asm volatile("NOP");
      __asm volatile("NOP");
      __asm volatile("NOP");
      __asm volatile("NOP");                          // 5
      __asm volatile("NOP");
      __asm volatile("NOP");
      __asm volatile("NOP");
      __asm volatile("NOP");
      __asm volatile("NOP");                          // 10
      __asm volatile("NOP");
      __asm volatile("NOP");
      __asm volatile("NOP");
      __asm volatile("NOP");
      __asm volatile("NOP");                          // 15
      __asm volatile("NOP");                          // 16
    }
}

void Delay_ms(unsigned int time_ms)                   /* time delay for ms */
{
  register unsigned int i;

  for(i = 0; i < time_ms; i++)
    Delay_us(1000);
}

void Beep(void)                                       /* beep for 50 ms */
{
  GPIOD_PSOR = 0x00000020;                            // buzzer on
  Delay_ms(50);                                       // delay 50 ms
  GPIOD_PCOR = 0x00000020;                            // buzzer off
}
```

☞ 프로그램의 서두에서 항상 헤더파일 MKL25Z4.h를 인클루드시켜 주어야 한다. 이것은 이제부터 우리가 사용하는 MKL25Z128VLK4 마이크로컨트롤러의 I/O 레지스터 이름이나 주소 등 이 소자를 사용하는데 필요한 기술적인 정보를 제공한다. 이 헤더파일의 내용은 제4.3절에 보였다.

마이크로컨트롤러에서 사용자가 프로그램을 작성하다 보면 거의 대부분의 경우 시간지연 함수를 필요로 한다. 이 시간지연 함수는 간단해 보이지만 상당히 어렵고 중요한 루틴이므로 이를 작성하는 방법은 나중에 자세히 공부한다. 리셋 후에 MKL25Z128VLK4 마이크로컨트롤러는 20.97152MHz의 시스템 클록으로 동작하므로 이 예제에서는 이 시스템 클록을 기준으로 시간지연 함수를 만들어 사용하였다.

KDS 소프트웨어에서 사용자 프로그램을 작성할 때 SystemInit() 함수는 반드시 사용하도록 되어 있다. 보통 여기에는 시스템 클록을 설정하는 루틴을 넣는데, 이 예제에서는 워치독 타이머를 금지하는 기능을 넣었다. MKL25Z128VLK4 마이크로컨트롤러에서는 디폴트로 워치독 타이머를 사용하는 상태로 설정되므로 사용자가 이를 금지시키지 않으면 주기적으로 MCU가 리셋되기 때문이다.

이 예제 프로그램을 현재의 프로젝트 MKL25Z128VLK4에 등록하고 컴파일하라. 만약, 컴파일 과정에서 어떤 에러가 발생하였다면 프로그램 소스에서 오류가 있는 것이므로 화면 하단의 Messages 창에 나타나는 에러 메시지를 보고 소스의 해당 부분을 수정하여 다시 컴파일하라. 정상적으로 컴파일이 수행되었으면 MKL25Z128VLK4.elf 파일이 생성되었을 것이므로 Debug 화면으로 넘어가서 이를 *OK-MKL25Z* 키트에 다운로드하여 실행하라.

▣ 텍스트 LCD 모듈 출력 예제

두번째 예제는 *OK-MKL25Z* 키트에 내장된 텍스트 LCD 모듈에 간단한 메시지를 출력하면서 LED를 점등하는 프로그램 Exp05_8_2.c이다.

<프로그램 Exp05_8_2.c> 텍스트 LCD 모듈에 메시지를 출력하는 예제

```
/* ========================================================================== */
/*              Exp05_8_2_Text-LCD(1).c : 텍스트 LCD 출력 프로그램               */
/* ========================================================================== */
/*                                     Programmed by Duck-Yong Yoon in 2016.   */

#include <MKL25Z4.h>

void SystemInit(void);                          /* system function */
void Initialize_MCU(void);                      /* initialize MKL25Z128VLK4 MCU */
void Delay_us(unsigned int time_us);            /* time delay for us in 20.97152MHz */
void Delay_ms(unsigned int time_ms);            /* time delay for ms */
void Beep(void);                                /* beep for 50 ms */
void Initialize_LCD(void);                      /* initialize text LCD module */
void LCD_command(unsigned char command);        /* write a command(instruction) to text LCD */
void LCD_data(unsigned char data);              /* display a character on text LCD */
void LCD_string(unsigned char command, char *string);   /* display a string on LCD */

/* ----- 메인 프로그램 ------------------------------------------------------- */

int main(void)
{
  unsigned int i;

  Initialize_MCU();                             // initialize MKL25Z128VLK4 MCU
  Delay_ms(50);                                 // wait for system stabilization
  Initialize_LCD();                             // initialize text LCD module

  LCD_string(0x80," OK-MKL25Z V1.0 ");          // display title

  while(1)
    { LCD_string(0xC0,"     200 ms      ");
      Beep();
      for(i = 0; i < 12; i++)
        { GPIOD_PSOR = 0x00000040;              // LED1 on
          GPIOD_PCOR = 0x00000080;
          Delay_ms(200);
          GPIOD_PSOR = 0x00000080;              // LED2 on
```

```
        GPIOD_PCOR = 0x00000040;
        Delay_ms(200);
      }

    LCD_string(0xC0,"    400 ms     ");
    Beep();
    for(i = 0; i < 6; i++)
      { GPIOD_PSOR = 0x00000040;                  // LED1 on
        GPIOD_PCOR = 0x00000080;
        Delay_ms(400);
        GPIOD_PSOR = 0x00000080;                  // LED2 on
        GPIOD_PCOR = 0x00000040;
        Delay_ms(400);
      }

    LCD_string(0xC0,"    600 ms     ");
    Beep();
    for(i = 0; i < 4; i++)
      { GPIOD_PSOR = 0x00000040;                  // LED1 on
        GPIOD_PCOR = 0x00000080;
        Delay_ms(600);
        GPIOD_PSOR = 0x00000080;                  // LED2 on
        GPIOD_PCOR = 0x00000040;
        Delay_ms(600);
      }
  }
}
/* ----- 사용자 함수 ---------------------------------------------------------- */

void SystemInit(void)                          /* system function */
{
  SIM_COPC = 0x00000000;                       // disable watchdog timer
}

void Initialize_MCU(void)                      /* initialize MKL25Z128VLK4 MCU */
{
  SIM_SCGC5 = 0x00001800;                      // enable clock for PORTC, PORTD

  PORTC_GPCLR = 0x00FF0100;                    // enable PTC7~0 for GPIO
  GPIOC_PDDR = 0x000000FF;                     // PTC7~0 = output
  GPIOC_PDOR = 0x00000000;

  PORTD_GPCLR = 0x00F20100;                    // enable PTD7~4,1 for GPIO
  GPIOD_PDDR = 0x000000F2;                     // PTD7~4,1 = output
  GPIOD_PDOR = 0x00000000;                     // LED2 = LED1 = BUZZER = LCD_E = 0
}

void Delay_us(unsigned int time_us)            /* time delay for us in 20.97152MHz */
{
  register unsigned int i;

  for(i = 0; i < time_us; i++)                 // 5 cycle
    { __asm volatile("NOP");
      __asm volatile("NOP");
      __asm volatile("NOP");
      __asm volatile("NOP");
      __asm volatile("NOP");                   // 5
      __asm volatile("NOP");
      __asm volatile("NOP");
      __asm volatile("NOP");
      __asm volatile("NOP");
      __asm volatile("NOP");                   // 10
      __asm volatile("NOP");
      __asm volatile("NOP");
      __asm volatile("NOP");
      __asm volatile("NOP");
      __asm volatile("NOP");                   // 15
      __asm volatile("NOP");                   // 16
    }
}
```

```
void Delay_ms(unsigned int time_ms)            /* time delay for ms */
{
  register unsigned int i;

  for(i = 0; i < time_ms; i++)
    Delay_us(1000);
}

void Beep(void)                                /* beep for 50 ms */
{
  GPIOD_PSOR = 0x00000020;                     // buzzer on
  Delay_ms(50);                                // delay 50 ms
  GPIOD_PCOR = 0x00000020;                     // buzzer off
}

void Initialize_LCD(void)                      /* initialize text LCD module */
{
  LCD_command(0x38);                           // function set(8 bit, 2 line, 5x7 dot)
  LCD_command(0x0C);                           // display control(display ON, cursor OFF)
  LCD_command(0x06);                           // entry mode set(increment, not shift)
  LCD_command(0x01);                           // clear display
  Delay_ms(2);
}

void LCD_command(unsigned char command)        /* write a command(instruction) to text LCD */
{
  GPIOD_PCOR = 0x00000012;                     // E = 0, Rs = 0
  GPIOC_PDOR = command;                        // output command
  GPIOD_PSOR = 0x00000010;                     // E = 1
  __asm volatile("NOP");
  __asm volatile("NOP");
  __asm volatile("NOP");
  __asm volatile("NOP");
  __asm volatile("NOP");
  GPIOD_PCOR = 0x00000010;                     // E = 0
  Delay_us(50);
}

void LCD_data(unsigned char data)              /* display a character on text LCD */
{
  GPIOD_PCOR = 0x00000010;                     // E = 0
  GPIOD_PSOR = 0x00000002;                     // Rs = 1
  GPIOC_PDOR = data;                           // output data
  GPIOD_PSOR = 0x00000010;                     // E = 1
  __asm volatile("NOP");
  __asm volatile("NOP");
  __asm volatile("NOP");
  __asm volatile("NOP");
  __asm volatile("NOP");
  GPIOD_PCOR = 0x00000010;                     // E = 0
  Delay_us(50);
}

void LCD_string(unsigned char command, char *string)   /* display a string on LCD */
{
  LCD_command(command);                        // start position of string
  while(*string != '\0')                       // display string
    { LCD_data(*string);
       string++;
    }
}
```

☞ 이 C언어 예제 프로그램을 살펴보면 텍스트 LCD 모듈에 메시지를 출력하는 메인 프로그램은 몇 줄 정도에 불과하지만, 이를 위하여 많은 부수적인 사용자 정의 함수들이 추가된다. 텍스트 LCD 모듈을 동작시키려면 먼저 이 텍스트 LCD 모듈을 초기화하는 과정이 필요하며, 여기에 명령이나 데이터를 출력하는 함수 또는 문자열을 출력하는 함수들은 상당히 복잡하므로 미리 사용자 정의 함수로 만들어 둔다.

그밖에도 텍스트 LCD 모듈의 구동에는 몇가지의 시간지연 함수들이 필요하다. 하지만, 시간지연 함수나 텍스트 LCD 모듈 관련 함수, 키입력 함수 등은 앞으로 거의 모든 예제에서 공통적으로 사용하는 것들인데 매번 이렇게 각 사용자 예제 프로그램에서 이를 입력해주는 것은 상당히 불편하다. 그래서 나중에 보면 알지만 이러한 기본적인 정의나 공통 사용자 함수들은 미리 헤더파일 OK-MKL25Z.h로 만들어 놓고 필요할 때 이를 인클루드하는 편리한 방법을 사용한다.

이 프로그램을 컴파일하고 올바르게 컴파일이 수행되었으면 MKL25Z128VLK4.elf 파일이 생성되었을 것이니 이를 *OK-MKL25Z* 키트에 다운로드하여 실행하라.

(2) 능률적인 C언어 프로그래밍

앞에서 공부한 2개의 예제는 아주 간단한 기능을 수행하는 프로그램이지만 소스가 상당히 길다. 이 프로그램에는 핵심적인 기능을 수행하는 메인 함수 이외에 마이크로컨트롤러 또는 주변장치들에 대한 기본 설정 부분이나 여러 가지의 사용자 정의 함수들이 사용되기 때문이다.

그러나, 이러한 기본적인 설정 부분이나 사용자 정의 함수들은 단지 이 예제 프로그램 뿐만 아니라 앞으로 대부분의 예제 프로그램에서도 마찬가지로 필요하다. 그때마다 프로그램에 이러한 사용자 정의 함수를 포함하도록 직접 입력하는 것은 상당히 힘들고 비능률적인 작업이 될 수 있다. 이를 쉽게 해결하려면 항상 기본적으로 사용되는 공통적인 사용자 정의 함수들을 모아서 별도의 헤더파일로 만들어놓고 이를 필요할 때마다 인클루드하여 주면 된다. 여기서는 이러한 공통적인 사용자 정의 함수들을 사용하여 앞의 예제 프로그램들을 간단하게 다시 작성하여 보기로 한다.

다음은 예제 프로그램 Exp05_8_2.c에서 기본적인 정의 부분과 공통 사용자 정의 함수들을 헤더파일 OK-MKL25Z.h로 처리하여 다시 작성한 것이다. 이들 2개의 프로그램 Exp05_8_2.c와 Exp05_8_3.c의 내용을 서로 비교하여 보라. 프로그램을 작성하고 입력하는 시간이 크게 단축된다는 것을 느낄 수 있을 것이다.

<프로그램 Exp05_8_3.c> 텍스트 LCD 모듈에 메시지를 출력하는 예제

```
/* ======================================================================== */
/*    Exp05_8_3_Text-LCD(2).c : 텍스트 LCD 출력 프로그램(기본 헤더파일 사용)    */
/* ======================================================================== */
/*                                  Programmed by Duck-Yong Yoon in 2016.   */

#include <MKL25Z4.h>
#include "OK-MKL25Z.h"

/* ----- 메인 프로그램 ------------------------------------------------------ */

int main(void)
```

```
{
  unsigned int i;

  Initialize_MCU();                                     // initialize MKL25Z128VLK4 MCU
  Delay_ms(50);                                         // wait for system stabilization
  Initialize_LCD();                                     // initialize text LCD module

  LCD_string(0x80," OK-MKL25Z V1.0 ");                  // display title

  while(1)
    { LCD_string(0xC0,"    (200 ms)    ");
      Beep();
      for(i = 0; i < 12; i++)
        { GPIOD_PSOR = 0x00000040;                      // LED1 on
          GPIOD_PCOR = 0x00000080;
          Delay_ms(200);
          GPIOD_PSOR = 0x00000080;                      // LED2 on
          GPIOD_PCOR = 0x00000040;
          Delay_ms(200);
        }
      LCD_string(0xC0,"    (400 ms)    ");
      Beep();
      for(i = 0; i < 6; i++)
        { GPIOD_PSOR = 0x00000040;                      // LED1 on
          GPIOD_PCOR = 0x00000080;
          Delay_ms(400);
          GPIOD_PSOR = 0x00000080;                      // LED2 on
          GPIOD_PCOR = 0x00000040;
          Delay_ms(400);
        }
      LCD_string(0xC0,"    (600 ms)    ");
      Beep();
      for(i = 0; i < 4; i++)
        { GPIOD_PSOR = 0x00000040;                      // LED1 on
          GPIOD_PCOR = 0x00000080;
          Delay_ms(600);
          GPIOD_PSOR = 0x00000080;                      // LED2 on
          GPIOD_PCOR = 0x00000040;
          Delay_ms(600);
        }
    }
}
```

이를 컴파일하고 *OK-MKL25Z* 키트에 다운로드하여 실행하여 보라. 앞의 예제 프로그램 Exp05_8_2.c와 동일한 실행 결과를 볼 수 있는가?

이제부터 우리가 항상 기본으로 사용할 헤더파일 OK-MKL25Z.h의 내용을 보이면 다음과 같다. 여기서는 TFT-LCD 출력과 터치 스크린 입력 부분을 제외하였는데, 그 부분의 함수들은 나중에 제6.5절, 제6.6절, 제12.2절에서 살펴보기로 한다.

<헤더파일 OK-MKL25Z.h> 기본적인 시스템 정의 및 사용자 정의 함수

```
/* ============================================================================ */
/*              OK-MKL25Z V1.0 키트용(MKL25Z128VLK4) 기본 헤더 파일              */
/* ============================================================================ */
/*                                   Programmed by Duck-Yong Yoon in 2016.      */
```

```
// ----------------------------------------------------------------------------
//   이 헤더파일은 OK-MKL25Z 키트 V1.0을 위한 것입니다. 이것은 아래의 조건에서만
//  올바른 동작을 보장합니다.
// ----------------------------------------------------------------------------
//      (1) 시스템 클록  : 20.97152MHz
//      (2) C 컴파일러   : KDS V3.1.0
//      (3) 최적화 옵션  : High/Size
//      (4) CSTACK 크기  : 0x0400
//      (5) TFT-LCD 모듈 : Ohm사 FL320QVC18-A0(HX8347A)
// ----------------------------------------------------------------------------

#include <math.h>

/* ------------------------------------------------------------------------ */

typedef unsigned char  U08;                     // data type definition
typedef   signed char  S08;
typedef unsigned short U16;
typedef   signed short S16;
typedef unsigned int   U32;
typedef   signed int   S32;

/* ------------------------------------------------------------------------ */
/*              사용자 정의 함수 선언                                        */
/* ------------------------------------------------------------------------ */

void SystemInit(void);                          // system function
void Initialize_MCU(void);                      // initialize MKL25Z128VLK4 MCU
void Delay_us(U32 time_us);                     // time delay for us in 20.97152MHz
void Delay_ms(U32 time_ms);                     // time delay for ms
void Beep(void);                                // beep for 50 ms
void Beep_3times(void);                         // beep 3 times

unsigned char Key_input(void);                  // input key KEY1~KEY4
unsigned char Key_input_silent(void);           // input key KEY1~KEY4 without beep sound

void Initialize_LCD(void);                      // initialize text LCD module
void LCD_command(U08 command);                  // write a command(instruction) to text LCD
void LCD_data(U08 data);                        // display a character on text LCD
void LCD_string(U08 command, U08 *string);      // display a string on LCD

void LCD_binary(U16 number, U08 digit);         // display 8 or 16 bit binary number
void LCD_unsigned_decimal(U32 number, U08 zerofill, U08 digit); // display unsigned decimal number
void LCD_signed_decimal(S32 number, U08 zerofill, U08 digit);   // display signed decimal number
void LCD_hexadecimal(U32 number, U08 digit);    // display hexadecimal number
void LCD_0x_hexadecimal(U32 number, U08 digit); // display hexadecimal number with 0x
void LCD_unsigned_float(float number, U08 integral, U08 fractional); // display unsigned floating-point number
void LCD_signed_float(float number, U08 integral, U08 fractional);   // display signed floating-point number

/* ------------------------------------------------------------------------ */
/*              OK-MKL25Z 키트 기본 함수                                     */
/* ------------------------------------------------------------------------ */

void SystemInit(void)                           /* system function */
{
  SIM_COPC = 0x00000000;                        // disable watchdog timer
  SIM_CLKDIV1 = 0x00000000;                     // system clock = bus clock = 20.97152MHz
}

void Initialize_MCU(void)                       /* initialize MKL25Z128VLK4 MCU */
{
  SIM_SCGC4 |= 0x00400400;                      // enable clock for SPI0, UART0
  SIM_SCGC5 |= 0x00003E00;                      // enable clock for PORTA~PORTE
  SIM_SCGC6 |= 0x8A800001;                      // enable clock for DAC0, ADC0, TPM1, PIT, flash memory

  PORTA_PCR1 = 0x00000200;                      // PTA1 = UART0_RXD
  PORTA_PCR2 = 0x00000200;                      // PTA2 = UART0_TXD
  PORTA_PCR4 = 0x000A0100;                      // PTA4 = REMOCON(falling-edged interrupt)
  GPIOA_PDDR &= 0xFFFFFFEF;                     // PTA4 = input
  PORTA_PCR12 = 0x00000100;                     // PTA12 = -TS_INT
  GPIOA_PDDR &= 0xFFFFEFFF;                     // PTA12 = input
  PORTA_PCR13 = 0x00000100;                     // PTA13 = -TS_CS
  PORTA_PCR14 = 0x00000100;                     // PTA14 = -RTC_CS
  GPIOA_PDDR |= 0x00006000;                     // PTA14~13 = output = 1
  GPIOA_PSOR = 0x00006000;
```

```
  PORTA_PCR15 = 0x00000200;                        // PTA15 = SPI0_SCK
  PORTA_PCR16 = 0x00000200;                        // PTA16 = SPI0_MOSI
  PORTA_PCR17 = 0x00000200;                        // PTA17 = SPI0_MISO

  PORTB_PCR0 = 0x00000000;                         // PTB0 = ADC0_SE8(=ADC1)
  PORTB_PCR1 = 0x00000000;                         // PTB1 = ADC0_SE9(=ADC2)
  PORTB_PCR2 = 0x00000000;                         // PTB2 = ADC0_SE12(=ADC3)
  PORTB_PCR3 = 0x00000000;                         // PTB3 = ADC0_SE13(=ADC4)
  PORTB_PCR8 = 0x00000100;                         // PTB8 = KEY1
  PORTB_PCR9 = 0x00000100;                         // PTB9 = KEY2
  PORTB_PCR10 = 0x00000100;                        // PTB10 = KEY3
  PORTB_PCR11 = 0x00000100;                        // PTB11 = KEY4
  GPIOB_PDDR &= 0xFFFFF0FF;                        // PTB11~8 = input
  PORTB_PCR16 = 0x00000000;                        // PTB16 = TSI0_CH9(=TSI1)
  PORTB_PCR17 = 0x00000000;                        // PTB17 = TSI0_CH10(=TSI2)
  PORTB_PCR18 = 0x00000000;                        // PTB18 = TSI0_CH11(=TSI3)
  PORTB_PCR19 = 0x00000000;                        // PTB19 = TSI0_CH12(=TSI4)

  PORTC_GPCLR = 0x3FFF0100;                        // enable PTC13~0 for GPIO
  PORTC_GPCHR = 0x00030100;                        // enable PTC17~16 for GPIO
  GPIOC_PDDR = 0x00033FFF;                         // PTC17,16,13~0 = output

  PORTD_GPCLR = 0x00FF0100;                        // enable PTD7~0 for GPIO
  GPIOD_PDDR = 0x000000FF;                         // PTD7~0 = output
  GPIOD_PDOR = 0x0000000F;                         // LED2 = LED1 = BUZZER = LCD_E = 0
                                                   // -TFT_RESET = -TFT_CS = -TFT_WR = 1

  PORTE_PCR1 = 0x00000200;                         // PTE1 = SPI1_MOSI
  PORTE_PCR2 = 0x00000200;                         // PTE2 = SPI1_SCK
  PORTE_PCR3 = 0x00000200;                         // PTE3 = SPI1_MISO
  PORTE_PCR4 = 0x00000100;                         // PTE4 = -SD_CS
  GPIOE_PDDR |= 0x00000010;                        // PTE4 = output = 1
  GPIOE_PSOR = 0x00000010;
  PORTE_PCR5 = 0x00000100;                         // PTE5 = -SD_OK
  GPIOE_PDDR &= 0xFFFFFFDF;                        // PTE5 = input
  PORTE_PCR20 = 0x00000300;                        // PTE20 = TPM1_CH0
  PORTE_PCR21 = 0x00000300;                        // PTE21 = TPM1_CH1
  PORTE_PCR30 = 0x00000000;                        // PTE30 = DAC0_OUT
}

void Delay_us(U32 time_us)                         /* time delay for us in 20.97152MHz */
{
  register unsigned int i;

  for(i = 0; i < time_us; i++)                     // 5 cycle
    { __asm volatile("NOP");
      __asm volatile("NOP");
      __asm volatile("NOP");
      __asm volatile("NOP");
      __asm volatile("NOP");                       // 5
      __asm volatile("NOP");
      __asm volatile("NOP");
      __asm volatile("NOP");
      __asm volatile("NOP");
      __asm volatile("NOP");                       // 10
      __asm volatile("NOP");
      __asm volatile("NOP");
      __asm volatile("NOP");
      __asm volatile("NOP");
      __asm volatile("NOP");                       // 15
      __asm volatile("NOP");                       // 16
    }
}

void Delay_ms(U32 time_ms)                         /* time delay for ms */
{
  register unsigned int i;

  for(i = 0; i < time_ms; i++)
    Delay_us(1000);
}

void Beep(void)                                    /* beep for 50 ms */
{
  GPIOD_PSOR = 0x00000020;                         // buzzer on
```

```
    Delay_ms(50);                                   // delay 50 ms
    GPIOD_PCOR = 0x00000020;                        // buzzer off
  }

void Beep_3times(void)                              /* beep 3 times */
{
    Beep();                                         // beep for 50 ms
    Delay_ms(100);
    Beep();                                         // beep for 50 ms
    Delay_ms(100);
    Beep();                                         // beep for 50 ms
}

#define KEY1            0x0E                        // KEY1 value
#define KEY2            0x0D                        // KEY2 value
#define KEY3            0x0B                        // KEY3 value
#define KEY4            0x07                        // KEY4 value
#define no_key          0x0F                        // no key input

unsigned char key_flag = 0;

unsigned char Key_input(void)                       /* input key KEY1~KEY4 */
{
  unsigned char key;

  key = (GPIOB_PDIR >> 8) & 0x0000000F;             // any key pressed ?
  if(key == 0x0F)                                   // if no key, check key off
    { if(key_flag == 0)
        return key;
      else
        { Delay_ms(20);
          key_flag = 0;
          return key;
        }
    }
  else                                              // if key input, check continuous key
    { if(key_flag != 0)                             // if continuous key, treat as no key input
        return 0x0F;
      else                                          // if new key, beep and delay for debounce
        { Beep();
          key_flag = 1;
          return key;
        }
    }
}

unsigned char Key_input_silent(void)                /* input key KEY1~KEY4 without beep sound */
{
  unsigned char key;

  key = (GPIOB_PDIR >> 8) & 0x0000000F;             // any key pressed ?
  if(key == 0x0F)                                   // if no key, check key off
    { if(key_flag == 0)
        return key;
      else
        { Delay_ms(20);
          key_flag = 0;
          return key;
        }
    }
  else                                              // if key input, check continuous key
    { if(key_flag != 0)                             // if continuous key, treat as no key input
        return 0x0F;
      else                                          // if new key, delay for debounce
        { Delay_ms(20);
          key_flag = 1;
          return key;
        }
    }
}

/* ---------------------------------------------------------------------------- */
/*                    텍스트 LCD 기본 함수                                      */
/* ---------------------------------------------------------------------------- */
```

```
void Initialize_LCD(void)                       /* initialize text LCD module */
{
  SIM_SCGC5 |= 0x00001800;                      // enable clock for PORTC, PORTD

  PORTC_GPCLR = 0x00FF0100;                     // enable PTC7~0 for GPIO
  GPIOC_PDDR = 0x000000FF;                      // PTC7~0 = output

  PORTD_PCR1 = 0x00000100;                      // enable PTD1 for GPIO
  PORTD_PCR4 = 0x00000100;                      // enable PTD4 for GPIO
  GPIOD_PDDR |= 0x00000012;                     // PTD4,1 = output
  GPIOD_PCOR = 0x00000010;                      // LCD_E = 0

  LCD_command(0x38);                            // function set(8 bit, 2 line, 5x7 dot)
  LCD_command(0x0C);                            // display control(display ON, cursor OFF)
  LCD_command(0x06);                            // entry mode set(increment, not shift)
  LCD_command(0x01);                            // clear display
  Delay_ms(2);
}

void LCD_command(U08 command)                   /* write a command(instruction) to text LCD */
{
  GPIOD_PCOR = 0x00000012;                      // E = 0, Rs = 0
  GPIOC_PDOR = command;                         // output command
  GPIOD_PSOR = 0x00000010;                      // E = 1
  __asm volatile("NOP");
  __asm volatile("NOP");
  __asm volatile("NOP");
  __asm volatile("NOP");
  __asm volatile("NOP");
  GPIOD_PCOR = 0x00000010;                      // E = 0
  Delay_us(50);
}

void LCD_data(U08 data)                         /* display a character on text LCD */
{
  GPIOD_PCOR = 0x00000010;                      // E = 0
  GPIOD_PSOR = 0x00000002;                      // Rs = 1
  GPIOC_PDOR = data;                            // output data
  GPIOD_PSOR = 0x00000010;                      // E = 1
  __asm volatile("NOP");
  __asm volatile("NOP");
  __asm volatile("NOP");
  __asm volatile("NOP");
  __asm volatile("NOP");
  GPIOD_PCOR = 0x00000010;                      // E = 0
  Delay_us(50);
}

void LCD_string(U08 command, U08 *string)       /* display a string on LCD */
{
  LCD_command(command);                         // start position of string
  while(*string != '\0')                        // display string
    { LCD_data(*string);
       string++;
    }
}

/* ---------------------------------------------------------------------- */
/*              텍스트 LCD 모듈의 수치 데이터 출력 함수                    */
/* ---------------------------------------------------------------------- */

void LCD_binary(U16 number, U08 digit)          /* display 8 or 16 bit binary number */
{
  unsigned char i, shift;

  if((digit == 0) || (digit > 16)) return;

  shift = digit - 1;
  for(i = 0; i < digit; i++ )
    { LCD_data(((number >> shift) & 0x01) + '0');
      shift--;
    }
}

void LCD_unsigned_decimal(U32 number, U08 zerofill, U08 digit) /* display unsigned decimal number */
```

```
{
  unsigned char zero_flag, character;
  unsigned long div;

  if((digit == 0) || (digit > 9)) return;

  div = 1;
  while(--digit) div *= 10;

  zero_flag = zerofill;
  while(div > 0)                               // display number
    { character = number / div;
      if((character == 0) && (zero_flag == 0) && (div != 1))
        LCD_data(character + ' ');
      else
        { zero_flag = 1;
          LCD_data(character + '0');
        }
      number %= div;
      div /= 10;
    }
}

void LCD_signed_decimal(S32 number, U08 zerofill, U08 digit)    /* display signed decimal number */
{
  unsigned char zero_flag, character;
  unsigned long div;

  if((digit == 0) || (digit > 9)) return;

  if(number >= 0)                              // display sign
    LCD_data('+');
  else
    { LCD_data('-');
      number = -number;
    }

  div = 1;
  while(--digit) div *= 10;

  zero_flag = zerofill;
  while(div > 0)                               // display number
    { character = number / div;
      if((character == 0) && (zero_flag == 0) && (div != 1))
        LCD_data(character + ' ');
      else
        { zero_flag = 1;
          LCD_data(character + '0');
        }
      number %= div;
      div /= 10;
    }
}

void LCD_hexadecimal(U32 number, U08 digit)      /* display hexadecimal number */
{
  unsigned char i, character;

  if((digit == 0) || (digit > 8)) return;

  for(i = digit; i > 0; i--)
    { character = (number >> 4*(i-1)) & 0x0F;
      if(character < 10) LCD_data(character + '0');
      else               LCD_data(character - 10 + 'A');
    }
}

void LCD_0x_hexadecimal(U32 number, U08 digit)  /* display hexadecimal number with 0x */
{
  unsigned char i, character;

  if((digit == 0) || (digit > 8)) return;

  LCD_data('0');
  LCD_data('x');
```

```
  for(i = digit; i > 0; i--)
    { character = (number >> 4*(i-1)) & 0x0F;
      if(character < 10) LCD_data(character + '0');
      else               LCD_data(character - 10 + 'A');
    }
}

void LCD_unsigned_float(float number, U08 integral, U08 fractional) /* display unsigned floating-point number */
{
  unsigned char zero_flag, digit, character;     // integral = digits of integral part
  unsigned long div, integer;                    // fractional = digits of fractional part

  digit = integral + fractional;
  if((integral == 0) || (fractional == 0) || (digit > 9)) return;

  div = 1;
  while(--digit) div *= 10;

  while(fractional--) number *= 10.;
  integer = (U32)(number + 0.5);

  zero_flag = 0;
  digit = 1;
  while(div > 0)                                 // display number
    { character = integer / div;
      if((character == 0) && (zero_flag == 0) && (digit != integral))
        LCD_data(character + ' ');
      else
        { zero_flag = 1;
          LCD_data(character + '0');
        }
      integer %= div;
      div /= 10;

      if(digit == integral)
        LCD_data('.');
      digit++;
    }
}

void LCD_signed_float(float number, U08 integral, U08 fractional) /* display signed floating-point number */
{
  unsigned char zero_flag, digit, character;
  unsigned long div, integer;

  digit = integral + fractional;
  if((integral == 0) || (fractional == 0) || (digit > 9)) return;

  if(number >= 0)                                // display sign
    LCD_data('+');
  else
    { LCD_data('-');
      number = -number;
    }

  div = 1;
  while(--digit) div *= 10;

  while(fractional--) number *= 10.;
  integer = (U32)(number + 0.5);

  zero_flag = 0;
  digit = 1;
  while(div > 0)                                 // display number
    { character = integer / div;
      if((character == 0) && (zero_flag == 0) && (digit != integral))
        LCD_data(character + ' ');
      else
        { zero_flag = 1;
          LCD_data(character + '0');
        }
      integer %= div;
      div /= 10;
```

```
      if(digit == integral)
        LCD_data('.');
      digit++;
    }
}
        (이하 생략)
```

이 헤더파일 OK-MKL25Z.h에 포함되어 있는 *OK-MKL25Z* 키트의 기본적인 사용자 정의 함수들을 요약 정리하면 <표 5.17>과 같다. 이 사용자 정의 함수들은 앞으로 여러분이 *OK-MKL25Z* 키트에서 C언어로 프로그램을 작성할 때 유용하게 사용할 것이므로 잘 알아두어야 하며, 가급적이면 이 함수들의 내용까지 정확히 이해하도록 노력할 것을 권한다.

〈표 5.17〉 헤더파일 OK-MKL25Z.h에 포함된 기본 사용자 정의 함수들의 요약

사용자 함수	기 능	입력 파라미터	리턴 값
Initialize_MCU()	MKL25Z128VLK4 마이크로컨트롤러를 *OK-MKL25Z* 키트의 사양에 맞도록 초기화한다.	-	-
Delay_us() Delay_ms()	1~(2^{32}-1)μs 범위의 시간 지연을 수행한다. 1~(2^{32}-1)ms 범위의 시간 지연을 수행한다.	U32 time_us U32 time_ms	-
Beep() Beep_3times()	버저를 50ms 길이로 1차례 울린다. 버저를 50ms 길이, 100ms 간격으로 3차례 울린다.	-	-
Key_input() Key_input_silent()	키 KEY1~KEY4를 읽어온다. (디바운싱○, 비프○) 키 KEY1~KEY4를 읽어온다. (디바운싱○, 비프×)	-	unsigned char unsigned char
Initialize_LCD() LCD_command() LCD_data() LCD_string()	텍스트 LCD 모듈을 초기화한다. 텍스트 LCD 모듈에 1개의 제어명령을 출력한다. 텍스트 LCD 모듈에서 현재의 커서 위치에 1문자를 표시한다. 텍스트 LCD 모듈에서 커서 위치를 지정하고 그 위치부터 문자열을 출력한다.	- U08 command U08 data U08 command, char *string	- - - -
LCD_binary()	텍스트 LCD 모듈에서 현재의 커서 위치부터 8비트 또는 16비트의 2진수를 표시한다.	U16 number, U08 digit	-
LCD_unsigned_decimal() LCD_signed_decimal()	텍스트 LCD 모듈에서 현재의 커서 위치부터 부호없는 10진수 또는 부호있는 10진수를 표시한다. (zerofill=1이면 선두의 무효 자리를 0으로 채운다.)	U32 number, U08 zerofill, digit	-
LCD_hexadecimal() LCD_0x_hexadecimal()	텍스트 LCD 모듈에서 현재의 커서 위치부터 16진수 또는 0x를 앞세운 16진수를 표시한다.	U32 number, U08 digit	-
LCD_unsigned_float() LCD_signed_float()	텍스트 LCD 모듈에서 현재의 커서 위치부터 부호없는 실수 또는 부호있는 실수를 표시한다. (integral=실수부 자리수, fractional=소수부 자리수)	U32 number, U08 integral, fractional	-

C언어에서는 대문자와 소문자를 구분하여 다르게 사용한다. C언어 고유의 모든 지시어나 내장함수들은 항상 소문자로 시작한다. 그러나, 이 책의 C언어 예제에서는 모든 사용자 정의 함수를 대문자로 시작하는데 유의하라.

그리고, C언어 프로그램을 작성하는 동안 컴파일러의 기능이나 문법에 관한 문제를 만나면 항상 C언어 전문서적을 찾아보고 공부해야 한다. C언어를 알고 마이크로컨트롤러를 사용해야지, 마이크로컨트롤러를 통하여 C언어를 공부하려고 하면 안된다. 이 책은 C언어를 사용하여 MKL25Z128VLK4 마이크로컨트롤러의 프로그래밍 기술을 공부하고자 하는 책이지 기본적인 C언어를 익히자는 책이 아니다.

(3) MCU 레지스터 값을 확인하는 프로그램

이번에는 MKL25Z128VLK4 마이크로컨트롤러의 코어와 주변장치에 가지고 있는 몇가지의 주요 레지스터 값을 실시간으로 읽어서 TFT-LCD 화면에 표시하는 프로그램을 작성하여 보기로 한다. TFT-LCD에 문자나 숫자를 출력하는 프로그램은 나중에 자세히 공부한다.

<프로그램 Exp05_8_4.c> MCU 레지스터 값을 확인하는 예제

```
/* ============================================================================ */
/*    Exp05_8_4_register.c : 몇가지 시스템 레지스터 및 I/O 레지스터 값의 확인    */
/* ============================================================================ */
/*                                     Programmed by Duck-Yong Yoon in 2016.    */

#include <MKL25Z4.h>
#include "OK-MKL25Z.h"

int main(void)
{
  unsigned int x;

  Initialize_MCU();                              // initialize MCU and kit
  Delay_ms(50);                                  // wait for system stabilization
  Initialize_LCD();                              // initialize text LCD module
  Initialize_TFT_LCD();                          // initialize TFT-LCD module
  Beep();                                        // beep

  LCD_string(0x80," OK-MKL25Z V1.0 ");           // display title
  LCD_string(0xC0,"  Exp05_8_4.c   ");

  TFT_string(0, 0, White,Magenta,"             시스템 레지스터 값             ");
  TFT_string(5, 3, White,  Black,"   SCB_CPUID = 0x00000000    ");
  TFT_string(5, 6, White,  Black," SysTick_CTRL = 0x00000000    ");
  TFT_string(0,10, White,   Blue,"             I/O 제어 레지스터 값             ");
  TFT_string(5,13,Yellow,  Black,"  SMC_PMSTAT =       0x00    ");
  TFT_string(5,15,Yellow,  Black,"   PMC_REGSC =       0x00    ");
  TFT_string(5,18,Yellow,  Black,"    SIM_SDID = 0x00000000    ");
  TFT_string(5,20,Yellow,  Black,"   SIM_SCGC5 = 0x00000000    ");
  TFT_string(5,22,Yellow,  Black," SIM_CLKDIV1 = 0x00000000    ");
  TFT_string(5,25,Yellow,  Black,"  RCM_SRS1,0 =  0x00,0x00    ");
  TFT_string(5,28,Yellow,  Black,"   GPIOB_IDR =     0x0000    ");

  GPIOD_PSOR = 0x00000040;                       // turn on LED1

  while(1)
    { GPIOD_PTOR = 0x000000C0;                   // blink LED1, LED2

      x = SCB->CPUID;                            // SCB_CPUID
      TFT_xy(23,3);
      TFT_color(Cyan,Black);
```

```
    TFT_hexadecimal(x,8);

    x = SysTick->CTRL;                   // SysTick_CTRL
    TFT_xy(23,6);
    TFT_hexadecimal(x,8);

    x = SMC_PMSTAT;                      // SMC_PMSTAT
    TFT_xy(29,13);
    TFT_hexadecimal(x,2);

    x = PMC_REGSC;                       // PMC_REGSC
    TFT_xy(29,15);
    TFT_hexadecimal(x,2);

    x = SIM_SDID;                        // SIM_SDID
    TFT_xy(23,18);
    TFT_hexadecimal(x,8);

    x = SIM_SCGC5;                       // SIM_SCGC5
    TFT_xy(23,20);
    TFT_hexadecimal(x,8);

    x = SIM_CLKDIV1;                     // SIM_CLKDIV1
    TFT_xy(23,22);
    TFT_hexadecimal(x,8);

    x = RCM_SRS1;                        // RCM_SRS1 and RCM_SRS0
    TFT_xy(24,25);
    TFT_hexadecimal(x,2);
    x = RCM_SRS0;
    TFT_xy(29,25);
    TFT_hexadecimal(x,2);

    x = GPIOB_PDIR;                      // GPIOB_PDIR
    TFT_xy(27,28);
    TFT_hexadecimal(x,4);

    Delay_ms(200);
  }
}
```

☞ 이 책에서는 MKL25Z128VLK4 마이크로컨트롤러의 I/O 제어 레지스터를 표기할 때 제4.3절의 (7)에서 설명한 3번째 방법을 사용한다. 이 레지스터들은 MKL25Z4.h 헤더파일에 정의되어 있다. 그러나, MCU 코어가 가지고 있는 레지스터는 core_cm0plus.h 헤더파일에 정의되어 있는데, 여기서는 3번째 방법을 지원하지 않으므로 2번째 방법을 사용해야 한다.

이를 컴파일하고 *OK-MKL25Z* 키트에 다운로드하여 실행하여 보라. TFT-LCD에 표시되는 각 레지스터의 값이 가지는 의미를 확인하여 보라. 그리고, KEY1~KEY4를 차례로 누르면서 GPIOB_IDR 레지스터로 읽어들인 레지스터 값이 변하는 것을 확인하여 보라.

(4) 시간 지연 프로그램

마이크로컨트롤러 응용 프로그램을 작성할 때는 시간 지연 함수가 자주 사용되는데, 이것은 보통 어셈블리 명령의 실행시간을 계산하여 작성한다. 그러나, ARM처럼 파이프라인 처리 기능을 가지고 있거나 캐시 메모리를 사용하는 MCU에서는 어셈블리 명령을 실행하는 시간이 일정하게 정해져 있지 않으므로 이러한 방법을 사용하기가 어렵다.

그러나, 이러한 고성능 마이크로컨트롤러는 대부분의 어셈블리 명령을 1클록에 실행하므로 대략적인 프로그램 처리시간을 짐작할 수 있다. 여기에 추가적으로 타이머를 이용하여 실행시간을 측정하면서 시간지연 루틴을 조정하면 상당히 정확한 시간지연 함수를 만들 수 있다.

<프로그램 Exp05_8_5.c> 시간지연 함수의 정확성을 측정하는 예제

```
/* ========================================================================== */
/*              Exp05_8_5_time_delay.c : Test Time Delay Function              */
/* ========================================================================== */
/*                                   Programmed by Duck-Yong Yoon in 2016.    */

#include <MKL25Z4.h>
#include "OK-MKL25Z.h"

int main(void)
{
  unsigned int count;

  Initialize_MCU();                             // initialize MCU and kit
  Delay_ms(50);                                 // wait for system stabilization
  Initialize_LCD();                             // initialize text LCD module
  Initialize_TFT_LCD();                         // initialize TFT-LCD module

  LCD_string(0x80," OK-MKL25Z V1.0 ");          // display title
  LCD_string(0xC0,"  Exp05_8_5.c   ");
  Beep();

  TFT_string(0, 2,White,Magenta,"   시간지연 사용자 함수의 정확성 측정   ");
  TFT_string(5, 5,Cyan,   Black,"    Delay_us(), Delay_ms()    ");
  TFT_string(5, 7,Cyan,   Black," for 20.97152MHz System Clock ");
  TFT_string(2,11,White,  Black,"Delay_us(1)   = 0000000 = 000.000 us");
  TFT_string(2,13,White,  Black,"Delay_us(10)  = 0000000 = 000.000 us");
  TFT_string(2,15,White,  Black,"Delay_us(100) = 0000000 = 000.000 us");
  TFT_string(2,19,White,  Black,"Delay_ms(1)   = 0000000 = 000.000 ms");
  TFT_string(2,21,White,  Black,"Delay_ms(10)  = 0000000 = 000.000 ms");
  TFT_string(2,23,White,  Black,"Delay_ms(100) = 0000000 = 000.000 ms");
  Rectangle(5,80, 314,208, White);
  Line(5,144, 314,144, White);

  SysTick->LOAD = 0x00FFFFFF;                   // maximum value
  SysTick->CTRL = 0x00000005;                   // SysTick enable and interrupt no request
  SysTick->VAL = 0;                             // clear SysTick Counter

  GPIOD_PSOR = 0x00000040;                      // turn on LED1

  while(1)
    { GPIOD_PTOR = 0x000000C0;                  // blink LED1, LED2

      SysTick->CTRL = 0x00000005;               // SysTick enable and clock = 20.97152MHz
      SysTick->VAL = 0;                         // Delay_us(1)
      Delay_us(1);
      count = SysTick->VAL;
      count = 0x00FFFFFF + 1 - count;
      TFT_color(Green,Black);
      TFT_xy(18,11);
      TFT_unsigned_decimal(count,0,7);
```

```
        TFT_xy(28,11);
        TFT_unsigned_float((float)count/20.97152,3,3);

        SysTick->VAL = 0;                           // Delay_us(10)
        Delay_us(10);
        count = SysTick->VAL;
        count = 0x00FFFFFF + 1 - count;
        TFT_xy(18,13);
        TFT_unsigned_decimal(count,0,7);
        TFT_xy(28,13);
        TFT_unsigned_float((float)count/20.97152,3,3);

        SysTick->VAL = 0;                           // Delay_us(100)
        Delay_us(100);
        count = SysTick->VAL;
        count = 0x00FFFFFF + 1 - count;
        TFT_xy(18,15);
        TFT_unsigned_decimal(count,0,7);
        TFT_xy(28,15);
        TFT_unsigned_float((float)count/20.97152,3,3);

        SysTick->CTRL = 0x00000001;                 // SysTick enable and clock = 20.97152MHz/16
        SysTick->VAL = 0;                           // Delay_ms(1)
        Delay_ms(1);
        count = SysTick->VAL;
        count = 0x00FFFFFF + 1 - count;
        TFT_color(Cyan,Black);
        TFT_xy(18,19);
        TFT_unsigned_decimal(count,0,7);
        TFT_xy(28,19);
        TFT_unsigned_float((float)count/1310.72,3,3);

        SysTick->VAL = 0;                           // Delay_ms(10)
        Delay_ms(10);
        count = SysTick->VAL;
        count = 0x00FFFFFF + 1 - count;
        TFT_xy(18,21);
        TFT_unsigned_decimal(count,0,7);
        TFT_xy(28,21);
        TFT_unsigned_float((float)count/1310.72,3,3);

        SysTick->VAL = 0;                           // Delay_ms(100)
        Delay_ms(100);
        count = SysTick->VAL;
        count = 0x00FFFFFF + 1 - count;
        TFT_xy(18,23);
        TFT_unsigned_decimal(count,0,7);
        TFT_xy(28,23);
        TFT_unsigned_float((float)count/1310.72,3,3);

        Delay_ms(500);
    }
}
```

☞ 시간지연 함수는 기본적으로 어셈블리 명령의 실행시간에 의하여 시간 지연이 이루어지므로 C컴파일러가 프로그램을 컴파일할 때 최적화 옵션을 어떻게 지정하였는지가 매우 중요하다. 이 책의 모든 예제 프로그램은 KDS 소프트웨어에서 최적화 옵션을 -Os로 설정하여 프로그램 사이즈 기준으로 최적화하는 것을 전제로 작성되었다.

이 프로그램을 실행하여 보면 시간 지연이 1μs에 가까울수록 오차가 크지만, 시간지연 값이 커질수록 오차가 작아져서 ms 단위의 시간지연 함수에서는 오차가 1% 미만으로 상당히 정확해진다는 것을 알 수 있다. 이것은 최소 단위인 1μs의 시간지연 루틴을 만들 때 기본적으로 포함되는 오버헤드(overhead) 때문이다.

만약 시간지연 값을 조정하려면 헤더파일 OK-MKL25Z.h의 Delay_us() 함수에서 어셈블리 명령 “NOP”를 1개씩 추가하거나 삭제하면 된다. 이 책의 시간지연 함수는 최적화 옵션이 -Os로 설정되어 있는 경우에 알맞도록 만들어져 있으므로 사용자가 이를 건드리지 않는 것이 좋다.

이를 컴파일하고 *OK-MKL25Z* 키트에 다운로드하여 실행하여 보라. TFT-LCD에 표시되는 시간지연 함수의 정확성을 확인하여 보라.

5.9 SysTick을 사용한 인터럽트 처리 프로그램

SysTick 타이머는 Cortex-M0+의 CPU 코어 부분에 포함되는 24비트의 기본 타이머로서 모든 Cortex-M0+ 마이크로컨트롤러 소자에 공통적으로 들어있으므로 동일한 방법, 동일한 기능으로 사용할 수 있는 유용한 주변장치이다. 이를 사용하면 주변장치에 해당하는 일반 타이머의 경우보다 훨씬 더 간편하게 정확한 주기의 타이머 인터럽트를 발생할 수 있다.

마이크로컨트롤러에서 타이머를 이용하여 일정한 주기로 인터럽트를 발생시키는 일은 매우 많다. 주기적인 인터럽트를 발생하여 디지털 시계를 구현하는 것도 이러한 예이며, 자동제어에서 일정한 샘플링 주기로 제어를 수행하는 경우도 이에 해당한다. 이런 경우 인터럽트의 발생 주기를 사용자가 임의로 결정할 수 있어야 하고 또한 그 주기가 매우 정확해야 하는데, 이는 마이크로컨트롤러에 내장된 타이머의 기능을 이용하는 것이 좋다. 특히 이처럼 정확한 주기의 인터럽트를 발생시켜야 하는 경우에는 타이머의 인터럽트 주기가 하드웨어적으로 자동 처리되는 기능을 가져야 한다.

마이크로컨트롤러의 전형적인 타이머에서 주기가 소프트웨어적으로 처리되는 타이머 오버플로우 인터럽트의 동작을 그림으로 설명하면 <그림 5.8>과 같다. 즉, 타이머 오버플로우 인터럽트가 발생하면 오버플로우 동작에 의하여 타이머의 값이 최대값에서 0으로 클리어되므로 인터럽트 서비스 루틴에서 이를 소프트웨어적으로 다시 원하는 주기를 만들기 위한 값으로 초기화해 주어야 한다. 그러나, 이 경우에는 인터럽트가 발생되어 처리를 시작하기까지의 지연시간과 타이머를 초기화하는 소프트웨어의 처리시간이 인터럽트 설정 주기에 추가되므로 실제로 발생하는 인터럽트 주기가 이론적인 설정값에 비하여 더 길어지게 된다. 그런데, 이러한 오차가 일정하다면 인터럽트 설정 주기를 그만큼 줄이는 방법으로 보완할 수도 있겠지만, 인터럽트 지연시간은 상황에 조금씩 따라 달라지므로 이러한 보완도 사실상 불가능하다.

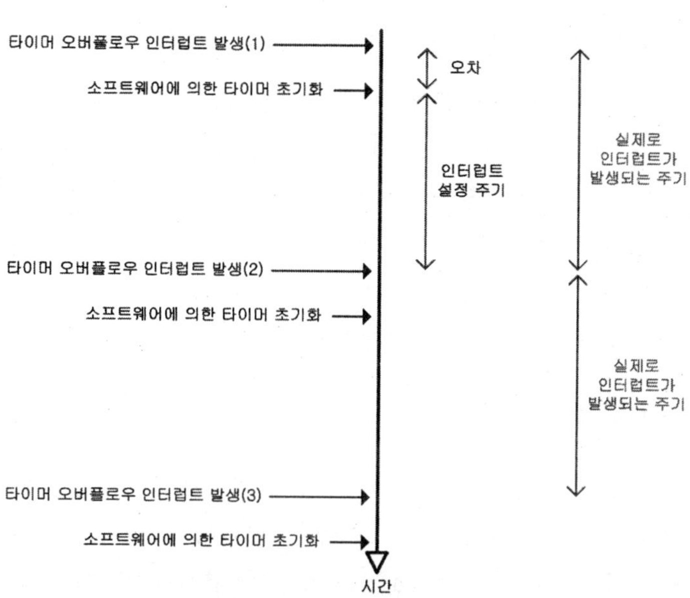

<그림 5.8> 타이머 오버플로우 인터럽트를 이용한 주기적인 인터럽트

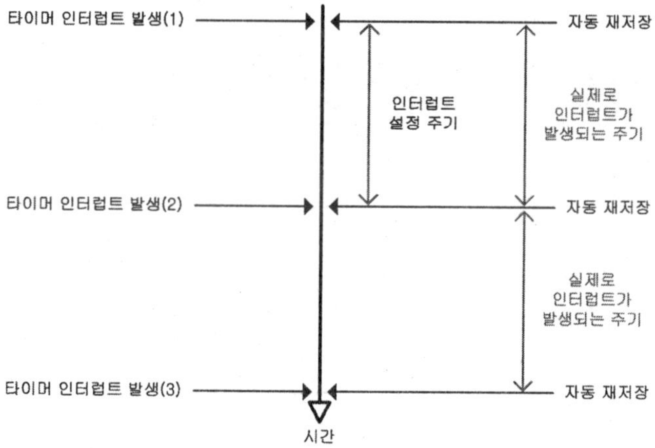

<그림 5.9> 자동 재저장 기능이 있는 타이머에서 주기적인 인터럽트

이에 비하여 <그림 5.9>와 같이 SysTick 타이머처럼 주기 레지스터를 이용한 자동 재저장(auto reload) 기능이 있는 타이머 인터럽트를 사용하면 원천적으로 이런 문제가 발생하지 않는다. 즉, 타이머 인터럽트가 발생하면 하드웨어에 의하여 자동으로 주기 레지스터의 값을 타이머에 재저장하여 초기화해주므로 소프트웨어에 의한 처리 부분이 없어서 이후부터 정확히 인터럽트 설정 주기만큼의 시간이 경과하면 또다시 이 인터럽트를 발생하게 되어 인터럽트 발생 주기에 오차가 포함되지 않는다.

(1) SysTick 타이머를 사용한 인터럽트 프로그램

SysTick 타이머는 24비트의 타이머이며, 클록 소스로서 프로세서 클록이나 이를 16분주한 주파수를 선택하여 사용할 수 있다. 주기 레지스터로 사용되는 SysTick_LOAD 레지스터의 값은 인터럽트가 발생할 때마다 타이머의 현재값 레지스터 SysTick_VAL에 재저장되어 0까지 감소하는 동작을 수행한다.

OK-MKL25Z 키트에서는 프로세서 클록이 20.97152MHz이므로 이를 16분주한 클록을 소스로 사용하면 SysTick 타이머가 발생하는 인터럽트의 주파수는 다음과 같다.

$$f_{INT} = 20.97152\text{MHz}/16/(\text{SysTick\_LOAD} + 1)$$

이제 SysTick 타이머를 사용하여 주기적인 인터럽트를 발생하고, 인터럽트가 발생될 때마다 LED1과 LED2를 점멸하는 프로그램을 C언어로 작성하면 다음과 같다. 인터럽트를 발생하는 주기는 KEY1~KEY4를 사용하여 변경할 수 있다.

<프로그램 Exp05_9_1.c> SysTick 타이머를 이용한 주기적인 인터럽트의 발생

```
/* ========================================================================== */
/*                Exp05_9_1_SysTick.c : SysTick 타이머 인터럽트                */
/* ========================================================================== */
/*                                    Programmed by Duck-Yong Yoon in 2016.   */

#include <MKL25Z4.h>
#include "OK-MKL25Z.h"

void SysTick_Handler(void);                         /* SysTick interrupt function */

/* ----- 인터럽트 처리 프로그램 -------------------------------------------- */

void SysTick_Handler(void)                          /* SysTick interrupt function */
{
  GPIOD_PTOR = 0x000000C0;                          // blink LED1, LED2
}

/* ----- 메인 프로그램 ------------------------------------------------------ */

int main(void)
{
  unsigned char key;

  Initialize_MCU();                                 // initialize MCU and kit
  Delay_ms(50);                                     // wait for system stabilization
  Initialize_LCD();                                 // initialize text LCD module
  Initialize_TFT_LCD();                             // initialize TFT-LCD module

  LCD_string(0x80," OK-MKL25Z V1.0 ");              // display title
  LCD_string(0xC0,"  Exp05_9_1.c   ");
  Beep();

  TFT_string( 1, 4, White,Magenta, " SysTick 타이머 인터럽트 이용 LED 점멸 ");
  TFT_string(10,10, Green,  Black, "100ms ON / 100ms OFF");
  TFT_string( 7,18, White,  Black, "KEY1 - 100ms 주기 인터럽트");
  TFT_string( 7,20, White,  Black, "KEY2 - 200ms 주기 인터럽트");
  TFT_string( 7,22, White,  Black, "KEY3 - 400ms 주기 인터럽트");
  TFT_string( 7,24, White,  Black, "KEY4 - 800ms 주기 인터럽트");
```

```
    SysTick->LOAD  = 131071;                       // 1.31072MHz/(131071+1) = 10Hz
    SysTick->VAL   = 0;                            // clear SysTick Counter
    SysTick->CTRL  = 0x00000003;                   // 20.97152MHz/16 = 1.31072MHz

    GPIOD_PSOR = 0x00000040;                       // turn on LED1

    while(1)
      { key = Key_input();                         // key input
        switch(key)
          { case KEY1 : SysTick->LOAD  = 131071;   // 1.37072MHz/(131071+1) = 10Hz
                        TFT_string(10,10, Green,   Black, "100ms ON / 100ms OFF");
                        break;
            case KEY2 : SysTick->LOAD  = 262143;   // 1.37072MHz/(262143+1) = 5Hz
                        TFT_string(10,10, Green,   Black, "200ms ON / 200ms OFF");
                        break;
            case KEY3 : SysTick->LOAD  = 524287;   // 1.31072MHz/(524287+1) = 2.5Hz
                        TFT_string(10,10, Green,   Black, "400ms ON / 400ms OFF");
                        break;
            case KEY4 : SysTick->LOAD  = 1048575;  // 1.31072MHz/(1048575+1) = 1.25Hz
                        TFT_string(10,10, Green,   Black, "800ms ON / 800ms OFF");
                        break;
          }
      }
}
```

☞ 앞에서도 설명한 바 있듯이 CPU 코어에 있는 I/O 제어 레지스터에 대하여는 예외적으로 구조체를 이용한 액세스 방법을 사용한다. 그리고, NXP사의 MKL25Z128VLK4 마이크로컨트롤러에서는 SysTick 타이머의 I/O 제어 레지스터들을 좀 독특한 이름으로 부르지만 이것들의 원래의 이름은 좀 다른데, 이 관계를 비교하여 보이면 다음과 같다.

SYST_CSR = SysTick_CTRL = SysTick->CTRL
SYST_RVR = SysTick_LOAD = SysTick->LOAD
SYST_CVR = SysTick_VAL = SysTick->VAL

이 프로그램에서는 KEY1~KEY4에 따라 SysTick 타이머의 주기 레지스터에 해당하는 SysTick_LOAD 레지스터의 값을 변경함으로써 인터럽트 발생 주기를 변화시킨다.

(2) SysTick 타이머를 이용한 스톱워치 프로그램

이번에는 SysTick 타이머를 이용하여 전자 스톱워치(stop watch)를 구현해보기로 한다. 스톱워치의 시간을 1/100초까지 표시하기 위하여 SysTick 타이머로 100Hz의 인터럽트를 발생시켜야 한다.

이 프로그램에서 스톱워치의 스타트 버튼은 KEY1, 스톱 버튼은 KEY4, 리셋 버튼은 KEY3을 사용하기로 한다. SysTick 타이머를 이용하여 전자 스톱워치를 C언어로 구현한 프로그램은 다음과 같다.

<프로그램 Exp05_9_2.c> SysTick 타이머를 이용한 스톱워치 프로그램

```
/* ========================================================================== */
/*      Exp05_9_2_stopwatch.c : SysTick 타이머를 이용한 전자 스톱워치            */
```

```
/* ========================================================================== */
/*                                  Programmed by Duck-Yong Yoon in 2016.     */

#include <MKL25Z4.h>
#include "OK-MKL25Z.h"

void SysTick_Handler(void);                    /* SysTick interrupt function */
void Clear_time(void);                         /* clear time */
void Display_key(U08 key);                     /* display key input */

volatile unsigned int second, minute, hour;
volatile unsigned char run_flag;

/* ----- 인터럽트 처리 프로그램 -------------------------------------------- */

void SysTick_Handler(void)                     /* SysTick interrupt function */
{
  second++;                                    // increment 1/100 second
  if(second == 6000)                           // second = 60 ?
    { second = 0;                              // if yes, second = 0 and minute++
      minute++;
      if(minute == 60)                         // minute = 60 ?
        { minute = 0;                          // if yes, minute = 0 and hour++
          hour++;
          if(hour == 100)                      // hour = 100 ?
            hour = 0;                          // if yes, hour = 0
        }
    }

  TFT_color(Magenta,Black);                    // display time
  TFT_xy(12,10);
  TFT_unsigned_decimal(hour,1,2);
  TFT_xy(17,10);
  TFT_unsigned_decimal(minute,1,2);
  TFT_xy(22,10);
  TFT_unsigned_decimal(second/100,1,2);
  TFT_xy(25,10);
  TFT_unsigned_decimal(second%100,1,2);
}

/* ----- 메인 프로그램 ---------------------------------------------------- */

int main(void)
{
  unsigned char key;

  Initialize_MCU();                            // initialize MCU and kit
  Delay_ms(50);                                // wait for system stabilization
  Initialize_LCD();                            // initialize text LCD module
  Initialize_TFT_LCD();                        // initialize TFT-LCD module

  LCD_string(0x80," OK-MKL25Z V1.0 ");         // display title
  LCD_string(0xC0,"  Exp05_9_2.c   ");
  Beep();

  TFT_string( 4, 4, White,Magenta, " 마이크로컨트롤러 전자 스톱워치 ");
  TFT_string(10,18, White,Black, "KEY1 - 스타트(start)");
  TFT_string(10,20, White,Black, "KEY2 -");
  TFT_string(10,22, White,Black, "KEY3 - 리셋(reset)");
  TFT_string(10,24, White,Black, "KEY4 - 스톱(stop)");
  Clear_time();                                /* clear time */

  SysTick->LOAD  = 13106;                      // 1.31072MHz/(13106+1) = 100Hz
  SysTick->VAL   = 0;                          // clear SysTick Counter
  SysTick->CTRL  = 0x00000001;                 // 20.97152MHz/16 = 1.31072MHz, interrupt disable

  run_flag = 0;                                // initial status

  while(1)
    { key = Key_input();                       // key input
      switch(key)
        { case KEY1 : if(run_flag == 1) break; // if run_flag=1, ignore KEY1
                      run_flag =  1;
```

```
                        Display_key(key);
                        SysTick->CTRL  = 0x00000003;// interrupt enable
                        break;
            case KEY3 : if(run_flag == 1) break;  // if run_flag=1, ignore KEY3
                        SysTick->CTRL  = 0x00000001;// interrupt disable
                        Clear_time();
                        Display_key(key);
                        break;
            case KEY4 : if(run_flag == 0) break;  // if run_flag=0, ignore KEY4
                        run_flag = 0;
                        SysTick->CTRL  = 0x00000001;// interrupt disable
                        Display_key(key);
                        break;
            default:    break;
          }
      }
}
/* ----- 사용자 정의 함수 -------------------------------------------------- */

void Clear_time(void)                                    /* clear time */
{
  second = 0;                                            // clear time
  minute = 0;
  hour = 0;

  TFT_string(12,10, Magenta,Black, "00 : 00 : 00.00"); // clear display
  TFT_string(15,10, Green,  Black, ":");
  TFT_string(20,10, Green,  Black, ":");
  TFT_string(24,10, Green,  Black, ".");
}

void Display_key(U08 key)                                /* display key input */
{
  TFT_string(10,18, White,Black, "KEY1");
  TFT_string(10,22, White,Black, "KEY3");
  TFT_string(10,24, White,Black, "KEY4");

  if(key == KEY1)       TFT_string(10,18, Magenta,Black, "KEY1");
  else if(key == KEY3)  TFT_string(10,22, Magenta,Black, "KEY3");
  else if(key == KEY4)  TFT_string(10,24, Magenta,Black, "KEY4");
}
```

☞ 이 예제에서는 전체 프로그램의 구조를 파악하는 것이 중요하다. 메인 프로그램에서는 키입력을 검출하여 그에 따른 동작을 지시하는 것만을 수행하며, 스톱워치의 동작은 모두 인터럽트 서비스 루틴에서 처리된다. 이 때문에 스톱워치를 TFT-LCD에 표시하는 루틴은 약간 길지만 인터럽트 서비스 루틴내에서 처리하였다.

스톱워치에서 시간을 측정하는 중에는 KEY3의 리셋 기능이 동작하지 않음에 유의하라. 이는 KEY4에 의하여 스톱워치가 정지되었을 경우에만 동작한다. 물론 스톱워치가 정지된 상태에서 리셋하지 않고 KEY1을 누르면 스톱워치는 정지되었던 값에서부터 계속하여 다시 시간을 측정한다.

(3) SysTick 타이머를 이용한 디지털 시계 프로그램

마이크로컨트롤러에 내장된 타이머를 이용하여 디지털 시계를 구현하려면 기본적으로 정확한 1Hz 속도의 주기적인 인터럽트 발생이 필요하다. 즉, 1초에 한번씩 발생하는 인터럽트를 이용하여 초(秒)를 증가시키고, 이것이 60번 반복되면 분(分)을 증가시키며, 그 결과 60분에 도달하면 다시 시(時)를 증가시키고, 이때 만약 12시제를 사용하는 경우라면 오전/오후를 함께 처리하는 방식으로 프로그래밍하면 된다. 그러나, 디지털 시계에서 시/분/초 사이에 있는 콜론(:)을 점멸시키려면 이는 0.5초 간격으로 ON/OFF가 수행되어야 하므로 1Hz가 아니라 2Hz의 주기적인 인터럽트를 발생시켜 처리하는 것이 바람직하다.

이러한 디지털 시계를 실용성 있게 구현하려면, 첫째는 표시되는 시각을 언제라도 수정할 수 있어야 하며, 둘째는 전원을 껐다가 다시 켜더라도 항상 표시되는 값이 현재 시각과 맞아야 한다. 이중에서 후자의 기능을 위해서는 최소한 클록에 관련되는 회로들을 배터리로 백업해야 하는데 이러한 기능을 가지는 소자를 특별히 RTC(Real Time Clock)라고 한다. *OK-MKL25Z* 키트에는 배터리 백업 기능을 포함하는 RTC 소자인 DS3234를 내장하여 아주 쉽게 정확한 시계를 구현할 수 있다. 이 소자를 사용하면 배터리 백업 기능 이외에도 캘린더나 알람 기능을 용이하게 처리할 수 있다. 오늘날 이러한 RTC의 기능들은 퍼스널컴퓨터나 많은 산업용 제어기에서도 사용하고 있다. RTC를 사용한 디지털 시계 프로그램에 대하여는 제12.3절에서 따로 취급한다.

▣ 기본적인 디지털 시계

SysTick 타이머를 이용하여 TFT-LCD에 C언어로 기본적인 시계를 구현한 프로그램은 다음과 같다.

<프로그램 Exp05_9_3.c> SysTick 타이머를 이용한 기본적인 디지털 시계 프로그램

```
/* ========================================================================== */
/*      Exp05_9_3_clock(1).c : SysTick 타이머를 이용한 디지털 시계(1)           */
/* ========================================================================== */
/*                                    Programmed by Duck-Yong Yoon in 2016.   */

#include <MKL25Z4.h>
#include "OK-MKL25Z.h"

void SysTick_Handler(void);                      /* SysTick interrupt function */

volatile unsigned char ampm = 'A', hour = 12, minute = 0, second = 0;

/* ----- 인터럽트 처리 프로그램 ------------------------------------------------ */

void SysTick_Handler(void)                       /* SysTick interrupt function */
{
  second++;                                      // increment second
  if(second == 60)                               // if second = 60, second = 0
    { second = 0;
      minute++;                                  // increment minute
      if(minute == 60)                           // if minute = 60, minute = 0
        { minute = 0;
          hour++;                                // increment hour
          if(hour == 13)                         // if hour = 13, hour = 1
            hour = 1;
          if(hour == 12)                         // if hour = 12, adjust AM/PM
            { if(ampm == 'A') ampm = 'P';
              else            ampm = 'A';
```

```
          }
        }
      }
    if(ampm == 'A') TFT_string(13,14,White,Black,"오전"); // display AM/PM
    else            TFT_string(13,14,White,Black,"오후");

    TFT_color(Green,Black);
    TFT_xy(18,14);                              // display hour
    TFT_unsigned_decimal(hour,1,2);
    TFT_xy(21,14);                              // display minute
    TFT_unsigned_decimal(minute,1,2);
    TFT_xy(24,14);                              // display second
    TFT_unsigned_decimal(second,1,2);

    if((minute == 0x00) && (second == 0x00))    // beep on every hour
      Beep();
}
/* ----- 메인 프로그램 ---------------------------------------------------------- */
int main(void)
{
    Initialize_MCU();                           // initialize MCU and kit
    Delay_ms(50);                               // wait for system stabilization
    Initialize_LCD();                           // initialize text LCD module
    Initialize_TFT_LCD();                       // initialize TFT-LCD module
    LCD_string(0x80," OK-MKL25Z V1.0 ");        // display title
    LCD_string(0xC0,"  Exp05_9_3.c    ");
    Beep();

    Rectangle(0,0, 319,239, Green);             // display clock title
    Rectangle(1,1, 318,238, Green);
    TFT_string( 1, 4,White,Magenta," SysTick 인터럽트에 의한  디지털 시계 ");
    TFT_string(13,14,White, Black,"오전 12:00:00");

    SysTick->LOAD  = 1310719;                   // 1.31072MHz/(1310719+1) = 1Hz
    SysTick->VAL   = 0;                         // clear SysTick Counter
    SysTick->CTRL  = 0x00000003;                // 20.97152MHz/16 = 1.31072MHz, interrupt enable

    while(1);
}
```

☞ 여기서는 12시제를 사용하여 디지털 시계를 구현하였으므로 시간은 01:00:00부터 12:59:59까지 표현되며 오전/오후를 한글로 표시하였다. 시계를 설정하여 스타트하고 나면 메인 루틴은 특별히 할 일이 없으므로 무한 루프로 처리하였다.

이 프로그램에는 시간을 수정하는 기능이 없으므로 만약 시계를 현재 시각으로 맞추려면 프로그램 소스에서 초기값 부분을 수정해야 한다.

▣ 현재 시각을 수정하는 기능을 갖는 디지털 시계

앞의 Exp05_9_3.c에서 구현한 디지털 시계는 프로그램 내부에서 초기값을 설정해 놓은대로 시계가 동작하므로 현재 시각과 맞는 시계를 구현하려면 실행할 때마다 프로그램의 소스를 수정하여야 하는 불편함이 있다. 이 문제를 개선하려면 프로그램의 실행중에 화면에 표시되는 시간값을 수정할 수 있도록 해야만 한다. 이는 4개의 키입력 스위치 KEY1~KEY4로 쉽게 구현할 수 있다.

그러나, 이렇게 현재 시각에 맞도록 시계를 수정하더라도 이는 *OK-MKL25Z* 키트의 전원을 끄면 모두 소실되므로, 이 프로그램은 매번 실행할 때마다 현재 시각을 다시 맞춰야만 한다. 전원을 껐다가 다시 켜더라도 언제나 현재 시각과 정확히 맞는 시계를 만들려면 배터리 백업형 RTC로 구현해야 한다.

앞의 Exp05_9_3.c에서 구현한 디지털 시계에 현재 시각을 수정하는 기능을 추가한 프로그램은 다음과 같다.

<프로그램 Exp05_9_4.c> 현재 시각을 수정할 수 있는 디지털 시계 프로그램

```
/* ========================================================================== */
/*    Exp05_9_4_clock(2).c : SysTick 타이머를 이용한 디지털 시계(2)             */
/* ========================================================================== */
/*                               Programmed by Duck-Yong Yoon in 2016.        */

#include <MKL25Z4.h>
#include "OK-MKL25Z.h"

void SysTick_Handler(void);                     /* SysTick interrupt function */
void Display_time(void);                        /* display current time */
void Time_increment(void);                      /* increment time */
void Time_decrement(void);                      /* decrement time */
void Cursor_left(void);                         /* go cursor left */
void Cursor_right(void);                        /* go cursor right */

volatile unsigned char ampm = 'A', hour = 12, minute = 0, second = 0;

/* ----- 인터럽트 처리 프로그램 ------------------------------------------------ */

void SysTick_Handler(void)                      /* SysTick interrupt function */
{
  second++;                                     // increment second
  if(second == 60)                              // if second = 60, second = 0
    { second = 0;
      minute++;                                 // increment minute
      if(minute == 60)                          // if minute = 60, minute = 0
        { minute = 0;
          hour++;                               // increment hour
          if(hour == 13)                        // if hour = 13, hour = 1
            hour = 1;
          if(hour == 12)                        // if hour = 12, adjust AM/PM
            { if(ampm == 'A') ampm = 'P';
              else            ampm = 'A';
            }
        }
    }

  if((minute == 0x00) && (second == 0x00))      // beep on every hour
    Beep();
}

/* ----- 메인 프로그램 ------------------------------------------------------- */

int main(void)
{
  unsigned char key;

  Initialize_MCU();                             // initialize MCU and kit
  Delay_ms(50);                                 // wait for system stabilization
  Initialize_LCD();                             // initialize text LCD module
  Initialize_TFT_LCD();                         // initialize TFT-LCD module

  LCD_string(0x80," OK-MKL25Z V1.0 ");          // display title
```

```
    LCD_string(0xC0,"  Exp05_9_4.c    ");
    Beep();

    Rectangle(0,0, 319,239, Green);                 // display clock title
    Rectangle(1,1, 318,238, Green);
    TFT_string( 1, 4,White,Magenta," SysTick 인터럽트에 의한  디지털 시계 ");
    TFT_string(13,14,White,  Black,"오전 12:00:00");
    TFT_string( 2,25,White,Blue,"KEY1");             // display icon
    TFT_string(12,25,White,Blue,"KEY2");
    TFT_string(24,25,White,Blue,"KEY3");
    TFT_string(34,25,White,Blue,"KEY4");
    TFT_string( 2,27,Red, Black,"좌측");
    TFT_string(12,27,Red, Black,"우측");
    TFT_string(24,27,Red, Black,"증가");
    TFT_string(34,27,Red, Black,"감소");
    Rectangle( 10,196,  53,234, Cyan);
    Rectangle( 90,196, 133,234, Cyan);
    Rectangle(186,196, 229,234, Cyan);
    Rectangle(266,196, 309,234, Cyan);

    TFT_cursor(Red);                                // display cursor
    Xcursor = 38;
    Ycursor = 14;

    SysTick->LOAD  = 1310719;                       // 1.31072MHz/(1310719+1) = 1Hz
    SysTick->VAL   = 0;                             // clear SysTick Counter
    SysTick->CTRL  = 0x00000003;                    // 20.97152MHz/16 = 1.31072MHz, interrupt enable

    while(1)
      { key = Key_input();                          // key input
        switch(key)
          { case KEY1  : Cursor_left();             // if KEY1, go cursor left
                         break;
            case KEY2  : Cursor_right();            // if KEY2, go cursor right
                         break;
            case KEY3  : Time_increment();          // if KEY3, increment time
                         break;
            case KEY4  : Time_decrement();          // if KEY4, decrement time
                         break;
            default    : Display_time();            // display time
                         break;
          }
      }
}

/* ----- 사용자 정의 함수 ----------------------------------------------------- */

void Display_time(void)                             /* display current time */
{
  if(ampm == 'A') TFT_string(13,14,White,Black,"오전"); // display AM/PM
  else            TFT_string(13,14,White,Black,"오후");

  TFT_color(Green,Black);
  TFT_xy(18,14);                                    // display hour
  TFT_unsigned_decimal(hour,1,2);
  TFT_xy(21,14);                                    // display minute
  TFT_unsigned_decimal(minute,1,2);
  TFT_xy(24,14);                                    // display second
  TFT_unsigned_decimal(second,1,2);

  TFT_xy(38,14);                                    // display home
  TFT_English(' ');
}

void Cursor_left(void)                              /* go cursor left */
{
  if     ((Xcursor == 38) && (Ycursor == 14)) { Xcursor = 25; Ycursor = 14; }
  else if((Xcursor == 25) && (Ycursor == 14)) { Xcursor = 22; Ycursor = 14; }
  else if((Xcursor == 22) && (Ycursor == 14)) { Xcursor = 19; Ycursor = 14; }
  else if((Xcursor == 19) && (Ycursor == 14)) { Xcursor = 15; Ycursor = 14; }
  else if((Xcursor == 15) && (Ycursor == 14)) { Xcursor = 38; Ycursor = 14; }
}
```

```
void Cursor_right(void)                                /* go cursor right */
{
  if     ((Xcursor == 38) && (Ycursor == 14)) { Xcursor = 15; Ycursor = 14; }
  else if((Xcursor == 15) && (Ycursor == 14)) { Xcursor = 19; Ycursor = 14; }
  else if((Xcursor == 19) && (Ycursor == 14)) { Xcursor = 22; Ycursor = 14; }
  else if((Xcursor == 22) && (Ycursor == 14)) { Xcursor = 25; Ycursor = 14; }
  else if((Xcursor == 25) && (Ycursor == 14)) { Xcursor = 38; Ycursor = 14; }
}

void Time_increment(void)                              /* increment time */
{
  if((Xcursor == 15) && (Ycursor == 14))               // in case of AM/PM
    { if(ampm == 'A') ampm = 'P';
      else            ampm = 'A';
    }
  else if((Xcursor == 19) && (Ycursor == 14))          // in case of hour
    { if(hour == 12) hour = 1;
      else           hour++;
    }
  else if((Xcursor == 22) && (Ycursor == 14))          // in case of minute
    { if(minute == 59) minute = 0;
      else             minute++;
    }
  else if((Xcursor == 25) && (Ycursor == 14))          // in case of second
    { if(second == 59) second = 0;
      else             second++;
    }
}

void Time_decrement(void)                              /* decrement time */
{
  if((Xcursor == 15) && (Ycursor == 14))               // in case of AM/PM
    { if(ampm == 'A') ampm = 'P';
      else            ampm = 'A';
    }
  else if((Xcursor == 19) && (Ycursor == 14))          // in case of hour
    { if(hour == 1) hour = 12;
      else          hour--;
    }
  else if((Xcursor == 22) && (Ycursor == 14))          // in case of minute
    { if(minute == 0) minute = 59;
      else            minute--;
    }
  else if((Xcursor == 25) && (Ycursor == 14))          // in case of second
    { if(second == 0) second = 59;
      else            second--;
    }
}
```

☞ 이 프로그램에서는 1초에 한번씩 SysTick 타이머의 인터럽트가 발생하여 시간값을 변화시키고 있으며, 메인 프로그램에서는 항상 화면에 현재 시각을 표시하거나 키입력을 검출하여 현재 시각을 수정하는 일을 수행하고 있다.

현재 시각 중에서 오전/오후, 시, 분, 초를 눈으로 보면서 수정할 수 있으려면 TFT-LCD 화면에서 커서가 보이도록 설정해야 한다. 이 프로그램에서 각 키의 기능은 화면 하단에 표시되는대로 KEY1은 커서 좌측 이동, KEY2는 커서 우측 이동, KEY3은 시간값 증가, KEY4는 시간값 감소의 기능을 수행한다.

제6장
병렬 I/O 포트(GPIO)의 활용

이 장에서는 MKL25Z128VLK4의 병렬 I/O 포트(GPIO)와 포트 및 인터럽트 제어기(PORT)를 설명한다. 그리고, 병렬 I/O 포트 응용 및 주변장치 인터럽트와 관련된 예제 프로그램 작성 기술을 공부하여 보기로 한다.

6.1 병렬 I/O 포트(GPIO)

MKL25Z128VLK4의 병렬 I/O 포트(General-Purpose Input and Output Module ; GPIO)는 CPU 코어가 외부 핀을 통하여 가장 빠른 속도로 외부 장치와 병렬로 데이터를 전송할 수 있는 장치로서 8비트, 16비트, 32비트 단위의 액세스가 가능하다. 여기에는 주변장치 클록이 아니라 시스템 클록이 공급되어 제로 웨이트로 빠른 동작이 가능하도록 되어 있다.

MKL25Z128VLK4의 GPIO에는 포트A, 포트B, 포트C, 포트D, 포트E가 있으나, 아래의 <표 6.1>에 보인 것처럼 이 소자의 GPIO 비트 배열은 연속적이지 않고 중간에 비어 있는 비트가 종종 있어서 사용에 불편할 때가 많다. 이러한 경우에 병렬 I/O 포트를 통하여 TFT-LCD와 같은 주변장치에 연속적인 비트 데이터를 출력하려면 소프트웨어적으로 데이터를 비트 이동시켜야 하므로 적잖이 번거롭고 처리 속도가 늦어진다. 왜 이렇게 설계하여 놓았는지 이해하기 힘든 부분이다.

GPIO의 기능을 요약하면 다음과 같다.

- 데이터 방향 레지스터(PDDR)를 사용하여 입력 또는 출력 동작을 설정한다.
- 출력 데이터 레지스터(PDOR)를 사용하여 병렬로 동시에 데이터를 출력한다.
- 출력 데이터 세트, 클리어, 토글 레지스터(PSOR, PCOR, PTOR)를 사용하여 각각 출력 핀에 대하여 특정 비트의 데이터를 세트(set), 클리어(clear), 토글(toggle)하는 비트 액세스가 가능하다.
- 데이터 입력 레지스터(PDIR)를 사용하여 병렬로 동시에 데이터를 입력한다.

그런데, 이러한 병렬 I/O 포트는 0x4000_F000~0x4000_FFFF 번지 영역에서 GPIO로 액세스하는 방법이 있고, 0xF800_F000~0xF800_FFFF 번지 영역에서 FGPIO로 더욱 빠르게 액세스하는 방법도 있다.

<표 6.1> MKL25Z128VLK4에서 GPIO의 비트 구성

비트 번호	포트A	포트B	포트C	포트D	포트E
0	PTA0	PTB0	PTC0	PTD0	PTE0
1	PTA1	PTB1	PTC1	PTD1	PTE1
2	PTA2	PTB2	PTC2	PTD2	PTE2
3	PTA3	PTB3	PTC3	PTD3	PTE3
4	PTA4		PTC4	PTD4	PTE4
5	PTA5		PTC5	PTD5	PTE5
6			PTC6	PTD6	
7			PTC7	PTD7	
8		PTB8	PTC8		
9		PTB9	PTC9		
10		PTB10	PTC10		
11		PTB11	PTC11		
12	PTA12		PTC12		
13	PTA13		PTC13		
14	PTA14				
15	PTA15				
16	PTA16	PTB16	PTC16		
17	PTA17	PTB17	PTC17		
18	PTA18	PTB18			
19	PTA19	PTB19			
20	PTA20				PTE20
21					PTE21
22					PTE22
23					PTE23
24					PTE24
25					PTE25
26					
27					
28					
29					PTE29
30					PTE30
31					PTE31

(1) 병렬 I/O 포트 GPIO와 관련된 I/O 제어 레지스터

병렬 I/O 포트를 GPIO로 액세스할 때 사용하는 I/O 제어 레지스터는 <표 6.2>와 같이 각 포트에 대하여 6개씩 총 30개가 있는데, 이 레지스터들의 기능을 정리하면 아래와 같다.

<표 6.2> MKL25Z128VLK4의 GPIO와 관련된 I/O 제어 레지스터 요약

어드레스	레지스터 이름	레지스터의 풀어 쓴 이름	리셋 후 초기값
0x400F_F000	GPIOA_PDOR	Port A Data Output Register	0x0000_0000
0x400F_F004	GPIOA_PSOR	Port A Set Output Register	0x0000_0000
0x400F_F008	GPIOA_PCOR	Port A Clear Output Register	0x0000_0000
0x400F_F00C	GPIOA_PTOR	Port A Toggle Output Register	0x0000_0000
0x400F_F010	GPIOA_PDIR	Port A Data Input Register	0x0000_0000
0x400F_F014	GPIOA_PDDR	Port A Data Direction Register	0x0000_0000
0x400F_F040	GPIOB_PDOR	Port B Data Output Register	0x0000_0000
0x400F_F044	GPIOB_PSOR	Port B Set Output Register	0x0000_0000
0x400F_F048	GPIOB_PCOR	Port B Clear Output Register	0x0000_0000
0x400F_F04C	GPIOB_PTOR	Port B Toggle Output Register	0x0000_0000
0x400F_F050	GPIOB_PDIR	Port B Data Input Register	0x0000_0000
0x400F_F054	GPIOB_PDDR	Port B Data Direction Register	0x0000_0000
0x400F_F080	GPIOC_PDOR	Port C Data Output Register	0x0000_0000
0x400F_F084	GPIOC_PSOR	Port C Set Output Register	0x0000_0000
0x400F_F088	GPIOC_PCOR	Port C Clear Output Register	0x0000_0000
0x400F_F08C	GPIOC_PTOR	Port C Toggle Output Register	0x0000_0000
0x400F_F090	GPIOC_PDIR	Port C Data Input Register	0x0000_0000
0x400F_F094	GPIOC_PDDR	Port C Data Direction Register	0x0000_0000
0x400F_F0C0	GPIOD_PDOR	Port D Data Output Register	0x0000_0000
0x400F_F0C4	GPIOD_PSOR	Port D Set Output Register	0x0000_0000
0x400F_F0C8	GPIOD_PCOR	Port D Clear Output Register	0x0000_0000
0x400F_F0CC	GPIOD_PTOR	Port D Toggle Output Register	0x0000_0000
0x400F_F0D0	GPIOD_PDIR	Port D Data Input Register	0x0000_0000
0x400F_F0D4	GPIOD_PDDR	Port D Data Direction Register	0x0000_0000
0x400F_F100	GPIOE_PDOR	Port E Data Output Register	0x0000_0000
0x400F_F104	GPIOE_PSOR	Port E Set Output Register	0x0000_0000
0x400F_F108	GPIOE_PCOR	Port E Clear Output Register	0x0000_0000
0x400F_F10C	GPIOE_PTOR	Port E Toggle Output Register	0x0000_0000
0x400F_F110	GPIOE_PDIR	Port E Data Input Register	0x0000_0000
0x400F_F114	GPIOE_PDDR	Port E Data Direction Register	0x0000_0000

▣ 포트x 데이터 출력 레지스터 GPIOx_PDOR (디폴트값 : 0x0000_0000)

b31	b30	b29	b28	b27	b26	b25	b24	b23	b22	b21	b20	b19	b18	b17	b16
PDO[31:16]															
rw	rw	rw	rw	rw	rw	rw	rw	rw	rw	rw	rw	rw	rw	rw	rw

b15	b14	b13	b12	b11	b10	b9	b8	b7	b6	b5	b4	b3	b2	b1	b0
PDO[15:0]															
rw	rw	rw	rw	rw	rw	rw	rw	rw	rw	rw	rw	rw	rw	rw	rw

- PDO[31:0] : Port Data Output Bit(x는 A, B, C, D, E)
  0 = 해당 비트의 병렬 I/O 포트 핀에 0을 출력한다.
  1 = 해당 비트의 병렬 I/O 포트 핀에 1을 출력한다.

▣ 포트x 세트 출력 레지스터 GPIOx_PSOR (디폴트값 : 0x0000_0000)

b31	b30	b29	b28	b27	b26	b25	b24	b23	b22	b21	b20	b19	b18	b17	b16
PTSO[31:16]															
w	w	w	w	w	w	w	w	w	w	w	w	w	w	w	w

b15	b14	b13	b12	b11	b10	b9	b8	b7	b6	b5	b4	b3	b2	b1	b0
PTSO[15:0]															
w	w	w	w	w	w	w	w	w	w	w	w	w	w	w	w

- PTSO[31:0] : Port Set Output Bit(x는 A, B, C, D, E)
  0 = 해당 비트의 병렬 I/O 포트 핀 출력에 영향이 없다.
  1 = 해당 비트의 병렬 I/O 포트 핀 출력을 1로 세트시킨다.

▣ 포트x 클리어 출력 레지스터 GPIOx_PCOR (디폴트값 : 0x0000_0000)

b31	b30	b29	b28	b27	b26	b25	b24	b23	b22	b21	b20	b19	b18	b17	b16
PTCO[31:16]															
w	w	w	w	w	w	w	w	w	w	w	w	w	w	w	w
b15	**b14**	**b13**	**b12**	**b11**	**b10**	**b9**	**b8**	**b7**	**b6**	**b5**	**b4**	**b3**	**b2**	**b1**	**b0**
PTCO[15:0]															
w	w	w	w	w	w	w	w	w	w	w	w	w	w	w	w

- PTCO[31:0] : Port Clear Output Bit(x는 A, B, C, D, E)
  0 = 해당 비트의 병렬 I/O 포트 핀 출력에 영향이 없다.
  1 = 해당 비트의 병렬 I/O 포트 핀 출력을 0으로 클리어시킨다.

▣ 포트x 토글 출력 레지스터 GPIOx_PTOR (디폴트값 : 0x0000_0000)

b31	b30	b29	b28	b27	b26	b25	b24	b23	b22	b21	b20	b19	b18	b17	b16
PTTO[31:16]															
w	w	w	w	w	w	w	w	w	w	w	w	w	w	w	w
b15	**b14**	**b13**	**b12**	**b11**	**b10**	**b9**	**b8**	**b7**	**b6**	**b5**	**b4**	**b3**	**b2**	**b1**	**b0**
PTTO[15:0]															
w	w	w	w	w	w	w	w	w	w	w	w	w	w	w	w

- PTTO[31:0] : Port Toggle Output Bit(x는 A, B, C, D, E)
  0 = 해당 비트의 병렬 I/O 포트 핀 출력에 영향이 없다.
  1 = 해당 비트의 병렬 I/O 포트 핀 출력을 토글하여 반전시킨다.

▣ 포트x 데이터 입력 레지스터 GPIOx_PDIR (디폴트값 : 0x0000_0000)

b31	b30	b29	b28	b27	b26	b25	b24	b23	b22	b21	b20	b19	b18	b17	b16
PDI[31:16]															
r	r	r	r	r	r	r	r	r	r	r	r	r	r	r	r
b15	**b14**	**b13**	**b12**	**b11**	**b10**	**b9**	**b8**	**b7**	**b6**	**b5**	**b4**	**b3**	**b2**	**b1**	**b0**
PDI[15:0]															
r	r	r	r	r	r	r	r	r	r	r	r	r	r	r	r

- PDI[31:0] : Port Data Input Bit(x는 A, B, C, D, E)
  0 = 해당 비트의 병렬 I/O 포트 핀에서 0이 입력되었다.
  1 = 해당 비트의 병렬 I/O 포트 핀에서 1이 입력되었다.

▣ 포트x 데이터 방향 레지스터 GPIOx_PDDR (디폴트값 : 0x0000_0000)

b31	b30	b29	b28	b27	b26	b25	b24	b23	b22	b21	b20	b19	b18	b17	b16
PDD[31:16]															
rw	rw	rw	rw	rw	rw	rw	rw	rw	rw	rw	rw	rw	rw	rw	rw
b15	**b14**	**b13**	**b12**	**b11**	**b10**	**b9**	**b8**	**b7**	**b6**	**b5**	**b4**	**b3**	**b2**	**b1**	**b0**
PDD[15:0]															
rw	rw	rw	rw	rw	rw	rw	rw	rw	rw	rw	rw	rw	rw	rw	rw

- PDD[31:0] : Port Data Direction Bit(x는 A, B, C, D, E)
  0 = 해당 비트의 병렬 I/O 포트 핀을 입력단자로 설정한다.
  1 = 해당 비트의 병렬 I/O 포트 핀을 출력단자로 설정한다.

(2) 병렬 I/O 포트 FGPIO와 관련된 I/O 제어 레지스터

병렬 I/O 포트를 FGPIO로 액세스할 때 사용하는 I/O 제어 레지스터도 <표 6.3>과 같이 각 포트에 대하여 6개씩 총 30개가 있는데, 이 레지스터들의 기능을 정리하면 아래와 같다.

〈표 6.3〉 MKL25Z128VLK4의 FGPIO와 관련된 I/O 제어 레지스터 요약

어드레스	레지스터 이름	레지스터의 풀어 쓴 이름	리셋 후 초기값
0xF80F_F000	FGPIOA_PDOR	Port A Data Output Register	0x0000_0000
0xF80F_F004	FGPIOA_PSOR	Port A Set Output Register	0x0000_0000
0xF80F_F008	FGPIOA_PCOR	Port A Clear Output Register	0x0000_0000
0xF80F_F00C	FGPIOA_PTOR	Port A Toggle Output Register	0x0000_0000
0xF80F_F010	FGPIOA_PDIR	Port A Data Input Register	0x0000_0000
0xF80F_F014	FGPIOA_PDDR	Port A Data Direction Register	0x0000_0000
0xF80F_F040	FGPIOB_PDOR	Port B Data Output Register	0x0000_0000
0xF80F_F044	FGPIOB_PSOR	Port B Set Output Register	0x0000_0000
0xF80F_F048	FGPIOB_PCOR	Port B Clear Output Register	0x0000_0000
0xF80F_F04C	FGPIOB_PTOR	Port B Toggle Output Register	0x0000_0000
0xF80F_F050	FGPIOB_PDIR	Port B Data Input Register	0x0000_0000
0xF80F_F054	FGPIOB_PDDR	Port B Data Direction Register	0x0000_0000
0xF80F_F080	FGPIOC_PDOR	Port C Data Output Register	0x0000_0000
0xF80F_F084	FGPIOC_PSOR	Port C Set Output Register	0x0000_0000
0xF80F_F088	FGPIOC_PCOR	Port C Clear Output Register	0x0000_0000
0xF80F_F08C	FGPIOC_PTOR	Port C Toggle Output Register	0x0000_0000
0xF80F_F090	FGPIOC_PDIR	Port C Data Input Register	0x0000_0000
0xF80F_F094	FGPIOC_PDDR	Port C Data Direction Register	0x0000_0000
0xF80F_F0C0	FGPIOD_PDOR	Port D Data Output Register	0x0000_0000
0xF80F_F0C4	FGPIOD_PSOR	Port D Set Output Register	0x0000_0000
0xF80F_F0C8	FGPIOD_PCOR	Port D Clear Output Register	0x0000_0000
0xF80F_F0CC	FGPIOD_PTOR	Port D Toggle Output Register	0x0000_0000
0xF80F_F0D0	FGPIOD_PDIR	Port D Data Input Register	0x0000_0000
0xF80F_F0D4	FGPIOD_PDDR	Port D Data Direction Register	0x0000_0000
0xF80F_F100	FGPIOE_PDOR	Port E Data Output Register	0x0000_0000
0xF80F_F104	FGPIOE_PSOR	Port E Set Output Register	0x0000_0000
0xF80F_F108	FGPIOE_PCOR	Port E Clear Output Register	0x0000_0000
0xF80F_F10C	FGPIOE_PTOR	Port E Toggle Output Register	0x0000_0000
0xF80F_F110	FGPIOE_PDIR	Port E Data Input Register	0x0000_0000
0xF80F_F114	FGPIOE_PDDR	Port E Data Direction Register	0x0000_0000

▣ 포트x 데이터 출력 레지스터 FGPIOx_PDOR (디폴트값 : 0x0000_0000)

b31	b30	b29	b28	b27	b26	b25	b24	b23	b22	b21	b20	b19	b18	b17	b16
PDO[31:16]															
rw	rw	rw	rw	rw	rw	rw	rw	rw	rw	rw	rw	rw	rw	rw	rw

b15	b14	b13	b12	b11	b10	b9	b8	b7	b6	b5	b4	b3	b2	b1	b0
PDO[15:0]															
rw	rw	rw	rw	rw	rw	rw	rw	rw	rw	rw	rw	rw	rw	rw	rw

- PDO[31:0] : Port Data Output Bit(x는 A, B, C, D, E)
  0 = 해당 비트의 병렬 I/O 포트 핀에 0을 출력한다.
  1 = 해당 비트의 병렬 I/O 포트 핀에 1을 출력한다.

▣ 포트x 세트 출력 레지스터 FGPIOx_PSOR (디폴트값 : 0x0000_0000)

b31	b30	b29	b28	b27	b26	b25	b24	b23	b22	b21	b20	b19	b18	b17	b16
PTSO[31:16]															
w	w	w	w	w	w	w	w	w	w	w	w	w	w	w	w

b15	b14	b13	b12	b11	b10	b9	b8	b7	b6	b5	b4	b3	b2	b1	b0
PTSO[15:0]															
w	w	w	w	w	w	w	w	w	w	w	w	w	w	w	w

- PTSO[31:0] : Port Set Output Bit(x는 A, B, C, D, E)
  0 = 해당 비트의 병렬 I/O 포트 핀 출력에 영향이 없다.
  1 = 해당 비트의 병렬 I/O 포트 핀 출력을 1로 세트시킨다.

▣ 포트x 클리어 출력 레지스터 FGPIOx_PCOR (디폴트값 : 0x0000_0000)

b31	b30	b29	b28	b27	b26	b25	b24	b23	b22	b21	b20	b19	b18	b17	b16
PTCO[31:16]															
w	w	w	w	w	w	w	w	w	w	w	w	w	w	w	w

b15	b14	b13	b12	b11	b10	b9	b8	b7	b6	b5	b4	b3	b2	b1	b0
PTCO[15:0]															
w	w	w	w	w	w	w	w	w	w	w	w	w	w	w	w

- PTCO[31:0] : Port Clear Output Bit(x는 A, B, C, D, E)
  0 = 해당 비트의 병렬 I/O 포트 핀 출력에 영향이 없다.
  1 = 해당 비트의 병렬 I/O 포트 핀 출력을 0으로 클리어시킨다.

▣ 포트x 토글 출력 레지스터 FGPIOx_PTOR (디폴트값 : 0x0000_0000)

b31	b30	b29	b28	b27	b26	b25	b24	b23	b22	b21	b20	b19	b18	b17	b16
PTTO[31:16]															
w	w	w	w	w	w	w	w	w	w	w	w	w	w	w	w

b15	b14	b13	b12	b11	b10	b9	b8	b7	b6	b5	b4	b3	b2	b1	b0
PTTO[15:0]															
w	w	w	w	w	w	w	w	w	w	w	w	w	w	w	w

- PTTO[31:0] : Port Toggle Output Bit(x는 A, B, C, D, E)
  0 = 해당 비트의 병렬 I/O 포트 핀 출력에 영향이 없다.
  1 = 해당 비트의 병렬 I/O 포트 핀 출력을 토글하여 반전시킨다.

▣ 포트x 데이터 입력 레지스터 FGPIOx_PDIR (디폴트값 : 0x0000_0000)

b31	b30	b29	b28	b27	b26	b25	b24	b23	b22	b21	b20	b19	b18	b17	b16
PDI[31:16]															
r	r	r	r	r	r	r	r	r	r	r	r	r	r	r	r

b15	b14	b13	b12	b11	b10	b9	b8	b7	b6	b5	b4	b3	b2	b1	b0
PDI[15:0]															
r	r	r	r	r	r	r	r	r	r	r	r	r	r	r	r

- PDI[31:0] : Port Data Input Bit(x는 A, B, C, D, E)
  0 = 해당 비트의 병렬 I/O 포트 핀에서 0이 입력되었다.
  1 = 해당 비트의 병렬 I/O 포트 핀에서 1이 입력되었다.

■ 포트x 데이터 방향 레지스터 FGPIOx_PDDR (디폴트값 : 0x0000_0000)

b31	b30	b29	b28	b27	b26	b25	b24	b23	b22	b21	b20	b19	b18	b17	b16
PDD[31:16]															
rw	rw	rw	rw	rw	rw	rw	rw	rw	rw	rw	rw	rw	rw	rw	rw
b15	**b14**	**b13**	**b12**	**b11**	**b10**	**b9**	**b8**	**b7**	**b6**	**b5**	**b4**	**b3**	**b2**	**b1**	**b0**
PDD[15:0]															
rw	rw	rw	rw	rw	rw	rw	rw	rw	rw	rw	rw	rw	rw	rw	rw

• PDD[31:0] : Port Data Direction Bit(x는 A, B, C, D, E)
0 = 해당 비트의 병렬 I/O 포트 핀을 입력단자로 설정한다.
1 = 해당 비트의 병렬 I/O 포트 핀을 출력단자로 설정한다.

6.2 포트 제어 및 인터럽트 모듈(PORT)

포트 제어 및 인터럽트 모듈(Port Control and Interrupt Module ; PORT)은 병렬 I/O 포트의 핀의 부수적인 기능을 설정하거나, 병렬 I/O 포트의 핀이 인터럽트 또는 DMA 요청 단자로 사용되는데 관련된 기능을 제어한다. 이것의 기능을 요약하면 다음과 같다.

- 병렬 I/O 포트의 핀의 부수적인 기능을 <표 2.2>와 같이 설정한다. ALT1은 GPIO로 동작하는 기능이며, 그 나머지 7가지는 모두 부수적인 기능이다.
- 병렬 I/O 포트의 핀을 인터럽트 또는 DMA 요청 단자로 사용할지를 설정한다.
- 인터럽트 요청 신호로서 레벨 트리거 방식과 에지 트리거 방식을 설정한다.
- 인터럽트 요청 신호로서 상승 에지 트리거와 하강 에지 트리거 방식을 설정한다.
- DMA 요청 신호로서 상승 에지 트리거와 하강 에지 트리거 방식을 설정한다.
- 병렬 I/O 포트 핀의 입력 신호에 수동 필터(passive filter)를 사용할지 설정한다.
- 병렬 I/O 포트 핀의 출력 신호에 대하여 고속 또는 저속 슬루 레이트를 설정한다.
- 병렬 I/O 포트의 핀에 풀업 또는 풀다운 저항을 설정한다.
- 병렬 I/O 포트의 핀에 디지털 핀 MUX 모드를 사용하지 설정한다.

포트 제어 및 인터럽트 모듈 PORT에 관련된 I/O 제어 레지스터는 <표 6.4>와 같이 각 포트에 대하여 35개씩 총 175개가 있는데, 이 레지스터들의 기능을 정리하면 아래와 같다.

<표 6.4> MKL25Z128VLK4의 PORT와 관련된 I/O 제어 레지스터 요약

어드레스	레지스터 이름	레지스터의 풀어 쓴 이름	리셋 후 초기값
0x4004_9000	PORTA_PCR0	Port A Pin Control Register 0	0x0000_0XXX
0x4004_9004	PORTA_PCR1	Port A Pin Control Register 1	0x0000_0XXX
0x4004_9008	PORTA_PCR2	Port A Pin Control Register 2	0x0000_0XXX
0x4004_900C	PORTA_PCR3	Port A Pin Control Register 3	0x0000_0XXX
0x4004_9010	PORTA_PCR4	Port A Pin Control Register 4	0x0000_0XXX
0x4004_9014	PORTA_PCR5	Port A Pin Control Register 5	0x0000_0XXX
0x4004_9018	PORTA_PCR6	Port A Pin Control Register 6	0x0000_0XXX
0x4004_901C	PORTA_PCR7	Port A Pin Control Register 7	0x0000_0XXX
0x4004_9020	PORTA_PCR8	Port A Pin Control Register 8	0x0000_0XXX
0x4004_9024	PORTA_PCR9	Port A Pin Control Register 9	0x0000_0XXX
0x4004_9028	PORTA_PCR10	Port A Pin Control Register 10	0x0000_0XXX
0x4004_902C	PORTA_PCR11	Port A Pin Control Register 11	0x0000_0XXX
0x4004_9030	PORTA_PCR12	Port A Pin Control Register 12	0x0000_0XXX
0x4004_9034	PORTA_PCR13	Port A Pin Control Register 13	0x0000_0XXX
0x4004_9038	PORTA_PCR14	Port A Pin Control Register 14	0x0000_0XXX
0x4004_903C	PORTA_PCR15	Port A Pin Control Register 15	0x0000_0XXX
0x4004_9040	PORTA_PCR16	Port A Pin Control Register 16	0x0000_0XXX
0x4004_9044	PORTA_PCR17	Port A Pin Control Register 17	0x0000_0XXX
0x4004_9048	PORTA_PCR18	Port A Pin Control Register 18	0x0000_0XXX
0x4004_904C	PORTA_PCR19	Port A Pin Control Register 19	0x0000_0XXX
0x4004_9050	PORTA_PCR20	Port A Pin Control Register 20	0x0000_0XXX
0x4004_9054	PORTA_PCR21	Port A Pin Control Register 21	0x0000_0XXX
0x4004_9058	PORTA_PCR22	Port A Pin Control Register 22	0x0000_0XXX
0x4004_905C	PORTA_PCR23	Port A Pin Control Register 23	0x0000_0XXX
0x4004_9060	PORTA_PCR24	Port A Pin Control Register 24	0x0000_0XXX
0x4004_9064	PORTA_PCR25	Port A Pin Control Register 25	0x0000_0XXX
0x4004_9068	PORTA_PCR26	Port A Pin Control Register 26	0x0000_0XXX
0x4004_906C	PORTA_PCR27	Port A Pin Control Register 27	0x0000_0XXX
0x4004_9070	PORTA_PCR28	Port A Pin Control Register 28	0x0000_0XXX
0x4004_9074	PORTA_PCR29	Port A Pin Control Register 29	0x0000_0XXX
0x4004_9078	PORTA_PCR30	Port A Pin Control Register 30	0x0000_0XXX
0x4004_907C	PORTA_PCR31	Port A Pin Control Register 31	0x0000_0XXX
0x4004_9080	PORTA_GPCLR	Port A Global Pin Control Low Register	0x0000_0000
0x4004_9084	PORTA_GPCHR	Port A Global Pin Control High Register	0x0000_0000
0x4004_90A0	PORTA_ISFR	Port A Interrupt Staus Flag Register	0x0000_0000
0x4004_A000	PORTB_PCR0	Port B Pin Control Register 0	0x0000_0XXX
0x4004_A004	PORTB_PCR1	Port B Pin Control Register 1	0x0000_0XXX
· · ·	· · ·	· · ·	· · ·
0x4004_A078	PORTB_PCR30	Port B Pin Control Register 30	0x0000_0XXX
0x4004_A07C	PORTB_PCR31	Port B Pin Control Register 31	0x0000_0XXX
0x4004_A080	PORTB_GPCLR	Port B Global Pin Control Low Register	0x0000_0000
0x4004_A084	PORTB_GPCHR	Port B Global Pin Control High Register	0x0000_0000
0x4004_A0A0	PORTB_ISFR	Port B Interrupt Staus Flag Register	0x0000_0000
0x4004_B000	PORTC_PCR0	Port C Pin Control Register 0	0x0000_0XXX
0x4004_B004	PORTC_PCR1	Port C Pin Control Register 1	0x0000_0XXX
· · ·	· · ·	· · ·	· · ·
0x4004_B078	PORTC_PCR30	Port C Pin Control Register 30	0x0000_0XXX
0x4004_B07C	PORTC_PCR31	Port C Pin Control Register 31	0x0000_0XXX
0x4004_B080	PORTC_GPCLR	Port C Global Pin Control Low Register	0x0000_0000
0x4004_B084	PORTC_GPCHR	Port C Global Pin Control High Register	0x0000_0000
0x4004_B0A0	PORTC_ISFR	Port C Interrupt Staus Flag Register	0x0000_0000
0x4004_C000	PORTD_PCR0	Port D Pin Control Register 0	0x0000_0XXX
0x4004_C004	PORTD_PCR1	Port D Pin Control Register 1	0x0000_0XXX
· · ·	· · ·	· · ·	· · ·
0x4004_C078	PORTD_PCR30	Port D Pin Control Register 30	0x0000_0XXX
0x4004_C07C	PORTD_PCR31	Port D Pin Control Register 31	0x0000_0XXX
0x4004_C080	PORTD_GPCLR	Port D Global Pin Control Low Register	0x0000_0000
0x4004_C084	PORTD_GPCHR	Port D Global Pin Control High Register	0x0000_0000
0x4004_C0A0	PORTD_ISFR	Port D Interrupt Staus Flag Register	0x0000_0000
0x4004_D000	PORTE_PCR0	Port E Pin Control Register 0	0x0000_0XXX
0x4004_D004	PORTE_PCR1	Port E Pin Control Register 1	0x0000_0XXX
· · ·	· · ·	· · ·	· · ·
0x4004_D078	PORTE_PCR30	Port E Pin Control Register 30	0x0000_0XXX
0x4004_D07C	PORTE_PCR31	Port E Pin Control Register 31	0x0000_0XXX
0x4004_D080	PORTE_GPCLR	Port E Global Pin Control Low Register	0x0000_0000
0x4004_D084	PORTE_GPCHR	Port E Global Pin Control High Register	0x0000_0000
0x4004_D0A0	PORTE_ISFR	Port E Interrupt Staus Flag Register	0x0000_0000

▣ 포트x 핀n 제어 레지스터 PORTx_PCRn (디폴트값 : 0x0000_0XXX)

b31	b30	b29	b28	b27	b26	b25	b24	b23	b22	b21	b20	b19	b18	b17	b16
-	-	-	-	-	-	-	ISF	-	-	-	-	IRQC			
-	-	-	-	-	-	-	w1c	-	-	-	-	rw	rw	rw	rw

b15	b14	b13	b12	b11	b10	b9	b8	b7	b6	b5	b4	b3	b2	b1	b0
-	-	-	-	-	MUX			-	DSE	-	PFE	-	SRE	PE	PS
-	-	-	-	-	rw	rw	rw	-	rw	-	rw	-	rw	rw	rw

- ISF : Interrupt Status Flag
  0 = 인터럽트가 검출되지 않았다.
  1 = 인터럽트가 검출되었다. 이 비트를 클리어하려면 1을 써주어야 한다. 그러나, 레벨 트리거 인터럽트인 경우에는 인터럽트가 신호가 들어오는 동안에 이 비트는 클리어되지 않는다.
- IRQC : Interrupt Configuration
  0000 = 인터럽트나 DMA 요청이 금지된다.
  0001 = 입력 신호의 상승 에지에서 DMA가 요청된다.
  0010 = 입력 신호의 하강 에지에서 DMA가 요청된다.
  0011 = 입력 신호의 상승 에지와 하강 에지에서 모두 DMA가 요청된다.
  1000 = 로직 0인 입력 신호에서 인터럽트가 요청된다.
  1001 = 입력 신호의 상승 에지에서 인터럽트가 요청된다.
  1010 = 입력 신호의 하강 에지에서 인터럽트가 요청된다.
  1011 = 입력 신호의 상승 에지와 하강 에지에서 모두 인터럽트가 요청된다.
  1100 = 로직 1인 입력 신호에서 인터럽트가 요청된다.
- MUX : Pin MUX Control
  000 = 부수적인 기능 ALT0(analog)
  001 = 부수적인 기능 ALT1(GPIO)
  010 = 부수적인 기능 ALT2
  011 = 부수적인 기능 ALT3
  100 = 부수적인 기능 ALT4
  101 = 부수적인 기능 ALT5
  110 = 부수적인 기능 ALT6
  111 = 부수적인 기능 ALT7
- DSE : Drive Strength Enable
  0 = 디지털 출력 핀으로 사용될 때 출력단을 약하게 구동한다.
  1 = 디지털 출력 핀으로 사용될 때 출력단을 강하게 구동한다.
- PFE : Passive Filter Enable
  0 = 입력 핀으로 사용될 때 수동 필터를 사용하지 않는다.
  1 = 입력 핀으로 사용될 때 수동 필터를 사용한다.
- SRE : Slew Rate Enable
  0 = 디지털 출력 핀으로 사용될 때 빠른 slew rate를 갖도록 한다.
  1 = 디지털 출력 핀으로 사용될 때 느린 slew rate를 갖도록 한다.
- PE : Pull Enable
  0 = 디지털 입력 핀으로 사용될 때 내부 풀업 및 풀다운 저항을 금지한다.
  1 = 디지털 입력 핀으로 사용될 때 내부 풀업 또는 풀다운 저항을 허용한다.
- PS : Pull Select
  0 = PE 비트가 1일 때 내부 풀다운 저항을 허용한다.
  1 = PE 비트가 1일 때 내부 풀업 저항을 허용한다.

▣ 포트x 글로벌 핀 제어 하위 레지스터 PORTx_GPCLR (디폴트값 : 0x0000_0000)

b31	b30	b29	b28	b27	b26	b25	b24	b23	b22	b21	b20	b19	b18	b17	b16
GPWE[15:0]															
rw	rw	rw	rw	rw	rw	rw	rw	rw	rw	rw	rw	rw	rw	rw	rw

b15	b14	b13	b12	b11	b10	b9	b8	b7	b6	b5	b4	b3	b2	b1	b0
GPWD[15:0]															
rw	rw	rw	rw	rw	rw	rw	rw	rw	rw	rw	rw	rw	rw	rw	rw

- GPWE[15:0] : Global Pin Write Enable
  한번에 GPWD[15:0] 값을 하위 16비트에 써넣을 핀 제어 레지스터를 지정한다.
  0 = 해당 핀 제어 레지스터에 GPWD[15:0] 값을 써넣지 않는다.
  1 = 해당 핀 제어 레지스터의 하위 16비트에 GPWD[15:0] 값을 써넣지 않는다.
- GPWD[15:0] : Global Pin Write Data
  GPWE[15:0]으로 지정된 여러개의 핀 제어 레지스터의 하위 16비트에 한번에 이 값을 써넣는다.

▣ 포트x 글로벌 핀 제어 상위 레지스터 PORTx_GPCHR (디폴트값 : 0x0000_0000)

b31	b30	b29	b28	b27	b26	b25	b24	b23	b22	b21	b20	b19	b18	b17	b16
GPWE[31:16]															
rw	rw	rw	rw	rw	rw	rw	rw	rw	rw	rw	rw	rw	rw	rw	rw
b15	b14	b13	b12	b11	b10	b9	b8	b7	b6	b5	b4	b3	b2	b1	b0
GPWD[15:0]															
rw	rw	rw	rw	rw	rw	rw	rw	rw	rw	rw	rw	rw	rw	rw	rw

- GPWE[31:16] : Global Pin Write Enable
  한번에 GPWD[15:0] 값을 하위 16비트에 써넣을 핀 제어 레지스터를 지정한다.
  0 = 해당 핀 제어 레지스터에 GPWD[15:0] 값을 써넣지 않는다.
  1 = 해당 핀 제어 레지스터의 하위 16비트에 GPWD[15:0] 값을 써넣지 않는다.
- GPWD[15:0] : Global Pin Write Data
  GPWE[31:16]으로 지정된 여러개의 핀 제어 레지스터의 하위 16비트에 한번에 이 값을 써넣는다.

▣ 포트x 인터럽트 상태 플랙 레지스터 PORTx_ISFR (디폴트값 : 0x0000_0000)

b31	b30	b29	b28	b27	b26	b25	b24	b23	b22	b21	b20	b19	b18	b17	b16
ISF[31:16]															
rw	rw	rw	rw	rw	rw	rw	rw	rw	rw	rw	rw	rw	rw	rw	rw
b15	b14	b13	b12	b11	b10	b9	b8	b7	b6	b5	b4	b3	b2	b1	b0
ISF[15:0]															
rw	rw	rw	rw	rw	rw	rw	rw	rw	rw	rw	rw	rw	rw	rw	rw

- ISF[31:0] : Interrupt Status Flag
  0 = 인터럽트가 검출되지 않았다.
  1 = 인터럽트가 검출되었다. 이 비트를 클리어하려면 1을 써주어야 한다. 그러나, 레벨 트리거 인터럽트인 경우에는 인터럽트가 신호가 들어오는 동안에 이 비트는 클리어되지 않는다.

6.3 키입력 프로그램

OK-MKL25Z 키트에는 외부 데이터 입력을 위하여 4개의 키 KEY1~KEY4를 가지고 있다. 이들 키를 입력하는 것은 매우 단순해 보이지만 여기에 디바운싱 기술을 적용하여 제대로 키를 읽는 기술은 그렇게 쉽지 않다.

(1) 키입력의 원리

키(key)에는 여러 가지 종류가 있는데 마이크로프로세서 응용 시스템에서 사용하는 대부분의 키는 기계적인 방법으로 금속 접점을 ON/OFF시키는 구조로 되어 있으며,

이를 <그림 6.1>의 (a)와 같이 풀업 저항(pull-up resistor)과 함께 사용하여 키를 누르지 않았을 때는 논리적으로 H상태(+5V)의 출력을 발생하고 키를 눌렀을 때는 L상태(0V)의 출력을 발생하도록 하여 마이크로프로세서가 키 입력 여부를 확인할 수 있게 된다.

그러나, 이러한 기계적인 접점 방식으로 되어 있는 키를 누르거나 뗄 때는 접점 부분에서의 기계적인 진동(bouncing)에 의하여 출력 파형이 <그림 6.2>와 같은 형태로 되고, 이를 매우 빠르게 동작하는 마이크로프로세서가 읽어들이게 되면 키를 여러 번 누른 것으로 잘못 인식될 수 있다. 이러한 진동은 대부분 최대 약 20ms 정도 이내에 끝나는 것으로 알려져 있으나, 키 접점 부분이 산화, 부식, 먼지 등으로 청결하지 못한 경우에는 더 길어질 수도 있다.

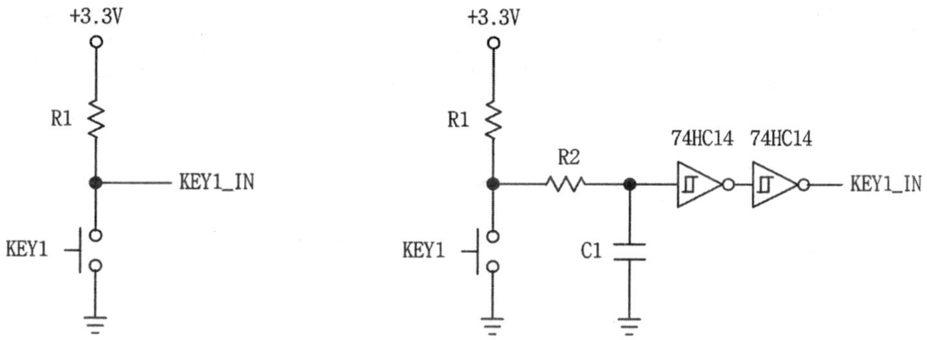

(a) 키입력 기본회로　　(b) 하드웨어 디바운싱 기능을 갖는 키입력 회로

<그림 6.1> 키입력 회로

<그림 6.2> 바운싱 현상이 포함된 키입력 신호

마이크로프로세서가 안정된 키 입력 동작을 수행하기 위해서는 이러한 키 접점에서의 진동을 제거해야 하는데 이를 디바운싱(debouncing)이라고 한다. 키 접점에서의 하드웨어적인 디바운싱 기법으로는 <그림 6.1>의 (b)처럼 저항 및 커패시터를 이용한

저역통과 필터(LPF ; Low-Pass Filter)로 진동 신호를 완만하게 만들고, 여기에 슈미트 트리거(Schmitt Trigger) 회로를 추가하여 정확한 디지털 신호를 얻어내는 방법이 사용된다. 하지만, 이러한 하드웨어적인 디바운싱 방법은 추가적인 회로가 필요하게 되고 따라서 키의 개수가 많을 때는 경제적인 부담과 수용 면적의 증가 때문에 이를 적용하기가 어렵다.

소프트웨어적인 디바운싱 기법에서는 시간지연(time delay) 루틴을 이용한다. 즉, 키가 눌려질 때는 처음 L상태가 검출되면 약 20ms의 시간지연 후에 다시 L상태를 확인하고 나서 키가 눌러진 것으로 인식하고, 반대로 키가 떼어질 때는 처음 H상태가 검출되면 약 20ms의 시간지연 후에 다시 H상태를 확인하고 나서 키가 떼어진 것으로 인식하면 된다. 이렇게 하여 1번 눌러진 동작과 1번 떼어진 동작이 수행되어야만 키가 정확히 1번 입력된 것으로 처리된다. 퍼스널컴퓨터에서는 키가 일정한 시간동안 계속하여 눌러져 있으면 이를 반복키(typematic key)로 처리하지만 마이크로프로세서 응용 시스템에서는 이런 기능을 거의 사용하지 않는다. 소프트웨어적인 디바운싱 방법은 마이크로프로세서의 키 스캔 동작에 따르는 처리시간이 부담되지만 키입력 회로가 간단해지고 시스템에 유연성이 있으므로 널리 사용된다.

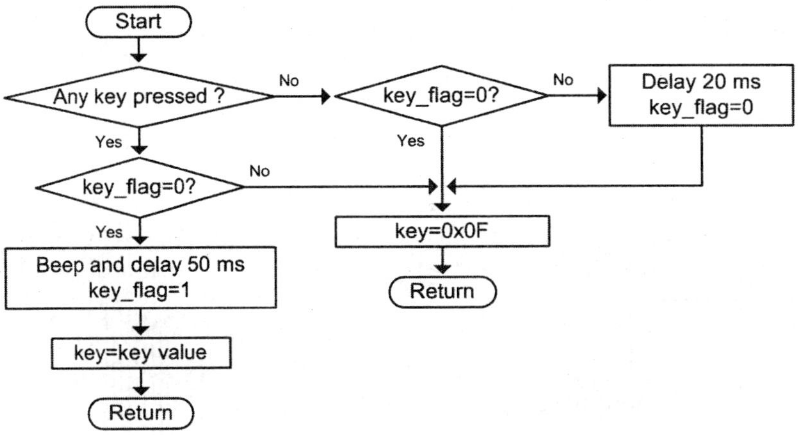

<그림 6.3> 키입력 함수 Key_input()의 순서도

앞에서 설명한 소프트웨어적인 디바운싱 기법을 적용하여 *OK-MKL25Z* 키트에 내장된 4개의 키 KEY1~KEY4를 읽어들이는 루틴은 C언어 프로그램용의 기본 헤더파일 OK-MKL25Z.h에 Key_input()이라는 함수로 작성하여 놓았으므로 사용자는 필요할 때 이를 호출하여 쉽게 키입력을 수행할 수 있다.

C언어 프로그램에서의 키입력 함수인 Key_input()의 동작을 보여주는 플로우차트는

<그림 6.3>과 같으며, 헤더파일 OK-MKL25Z.h에 포함된 키입력 함수 Key_input()을 발췌하여 다시 보이면 다음과 같다. 키입력 함수 Key_input()에는 소프트웨어적인 디바운싱 기능과 키를 누를 때마다 비프음을 울려주는 기능을 갖지만, Key_input_silent() 함수는 비프음을 울리는 기능을 갖지 않는다.

<헤더파일 OK-MKL25Z.h> 이 헤더파일에서 발췌한 Key_input() 함수

```
#define KEY1            0x0E                    // KEY1 value
#define KEY2            0x0D                    // KEY2 value
#define KEY3            0x0B                    // KEY3 value
#define KEY4            0x07                    // KEY4 value
#define no_key          0x0F                    // no key input

unsigned char key_flag = 0;

unsigned char Key_input(void)                   /* input key KEY1~KEY4 */
{
  unsigned char key;

  key = (GPIOB_PDIR >> 8) & 0x0000000F;         // any key pressed ?
  if(key == 0x0F)                               // if no key, check key off
    { if(key_flag == 0)
        return key;
      else
        { Delay_ms(20);
          key_flag = 0;
          return key;
        }
    }
  else                                          // if key input, check continuous key
    { if(key_flag != 0)                         // if continuous key, treat as no key input
        return 0x0F;
      else                                      // if new key, beep and delay for debounce
        { Beep();
          key_flag = 1;
          return key;
        }
    }
}

unsigned char Key_input_silent(void)            /* input key KEY1~KEY4 without beep sound */
{
  unsigned char key;

  key = (GPIOB_PDIR >> 8) & 0x0000000F;         // any key pressed ?
  if(key == 0x0F)                               // if no key, check key off
    { if(key_flag == 0)
        return key;
      else
        { Delay_ms(20);
          key_flag = 0;
          return key;
        }
    }
  else                                          // if key input, check continuous key
    { if(key_flag != 0)                         // if continuous key, treat as no key input
        return 0x0F;
      else                                      // if new key, delay for debounce
        { Delay_ms(20);
          key_flag = 1;
          return key;
        }
```

```
  }
}
```

(2) 디바운싱 기능을 갖는 키입력 프로그램

먼저 *OK-MKL25Z* 키트에 내장된 4개의 키 KEY1~KEY4를 읽어들여 어느 키가 눌러졌는지를 확인하는 예제 프로그램을 살펴보기로 한다. 이 동작은 <그림 3.2>의 *OK-MKL25Z* 키트 회로도와 함께 이해하는 것이 필요하다.

디바운싱 기능을 사용하지 않고 키를 검출하여 그 키입력에 해당하는 PTB 포트의 비트값을 TFT-LCD에 보여주는 프로그램을 작성하여 보면 다음과 같다.

<프로그램 Exp06_3_1.c> 디바운싱 기능을 사용하지 않은 키입력 프로그램

```
/* ============================================================================ */
/*     Exp06_3_1_bouncing.c : 키입력 값 표시(디바운싱 기능 미사용)                */
/* ============================================================================ */
/*                                     Programmed by Duck-Yong Yoon in 2016.    */

#include <MKL25Z4.h>
#include "OK-MKL25Z.h"

int main(void)
{
  unsigned int key;

  Initialize_MCU();                          // initialize MCU and kit
  Delay_ms(50);                              // wait for system stabilization
  Initialize_LCD();                          // initialize text LCD module
  Initialize_TFT_LCD();                      // initialize TFT-LCD module

  LCD_string(0x80," OK-MKL25Z V1.0 ");       // display title
  LCD_string(0xC0,"  Exp06_3_1.c   ");
  Beep();

  TFT_string(14,9,White,Magenta," 키입력 값 ");
  TFT_string(3,15,White,  Black,"GPIOB = 0b000000000000000000000000");
  TFT_string(3,17,White,  Black,"                         ****          ");

  while(1)
    { key = GPIOB_PDIR & 0x00000F00;         // read PTB pin
      TFT_xy(13,15);                         // display value
      TFT_color(Cyan,Black);
      TFT_binary(key,24);
    }
}
```

☞ *OK-MKL25Z* 키트에서 키 KEY1~KEY4는 각각 MKL25Z128VLK4의 PTB8~PTB11 비트에 접속되어 있으며, 회로도를 보면 알 수 있듯이 누르지 않은 키는 논리값 1로 입력되고 누른 키는 논리값 0으로 입력된다. PTB의 나머지 비트들은 키입력 동작에서 무의미하므로 AND 마스킹의 선택적 리셋 기능을 사용하여 제거하였다.

이 프로그램을 컴파일하여 다운로드하고 실행하라. 그리고, 키 KEY1~KEY4를 차례로 누르면서 TFT-LCD의 화면에 나타나는 비트값이 올바른지 관찰하라.

이번에는 디바운싱 기능과 키입력이 1회만 검출되도록 하는 기능을 사용한 키입력 프로그램을 작성하여 보면 다음과 같다.

<프로그램 Exp06_3_2.c> 디바운싱 기능을 사용한 키입력 프로그램

```
/* ============================================================================ */
/*                Exp06_3_2_debouncing.c : 키입력(디바운싱 기능 사용)           */
/* ============================================================================ */
/*                                     Programmed by Duck-Yong Yoon in 2016.    */

#include <MKL25Z4.h>
#include "OK-MKL25Z.h"

int main(void)
{
  unsigned char key;

  Initialize_MCU();                               // initialize MCU and kit
  Delay_ms(50);                                   // wait for system stabilization
  Initialize_LCD();                               // initialize text LCD module
  Initialize_TFT_LCD();                           // initialize TFT-LCD module

  LCD_string(0x80," OK-MKL25Z V1.0 ");            // display title
  LCD_string(0xC0,"  Exp06_3_2.c   ");
  Beep();

  TFT_string(6, 9,White,Magenta," 키 KEY1~KEY4를 누르시오 ! ");

  while(1)
    { key = Key_input();                          // key input
      switch(key)
        { case KEY1 : GPIOD_PSOR = 0x00000080;
                      TFT_string(14,15, Cyan,Black, "KEY1 is OK !");
                      Delay_ms(100);
                      GPIOD_PCOR = 0x00000080;
                      break;
          case KEY2 : GPIOD_PSOR = 0x00000080;
                      TFT_string(14,15, Cyan,Black, "KEY2 is OK !");
                      Delay_ms(100);
                      GPIOD_PCOR = 0x00000080;
                      break;
          case KEY3 : GPIOD_PSOR = 0x00000080;
                      TFT_string(14,15, Cyan,Black, "KEY3 is OK !");
                      Delay_ms(100);
                      GPIOD_PCOR = 0x00000080;
                      break;
          case KEY4 : GPIOD_PSOR = 0x00000080;
                      TFT_string(14,15, Cyan,Black, "KEY4 is OK !");
                      Delay_ms(100);
                      GPIOD_PCOR = 0x00000080;
                      break;
          default:    break;
        }
    }
}
```

이 프로그램을 컴파일하여 다운로드하고 실행하라. 그리고, 키 KEY1~KEY4를 길게 또는 짧게 누르면서 키입력이 정확히 1번만 이루어지는 것을 확인하라.

6.4 텍스트 LCD 모듈 출력 프로그램

종래의 7세그먼트 LED(Light Emitting Diode)가 아라비아 숫자 및 16진수에 필요한 A~F 정도의 문자를 겨우 표현할 수 있는데 비하여, 텍스트 LCD(Liquid Crystal Display) 모듈은 모든 ASCII 문자들을 비교적 미려하게 표현할 수 있으므로 오늘날 전기/전자기기의 간단한 문자표시용 출력장치에 널리 사용된다. 그러나, 이러한 텍스트 LCD 모듈 소자는 LED처럼 스스로 발광하는 능력을 가지고 있지 않아서 주위의 조도가 낮은 곳에서는 사용하기 어렵고, 사람이 이를 보는 각도에 따라 시각적 특성이 달라지며, 일반적으로 5×7 도트로 1개의 문자를 표현하므로 영문 소문자의 g, j, p, q, y와 같은 문자들은 다소 어색하게 표시된다. 이중에서 LCD 모듈이 발광능력이 없는 단점은 표시부의 배경 부분에 LED 등을 사용하여 밝게 조명을 하는 기능을 부착한 백라이트(backlight)형으로 보완되고 있다.

LCD 모듈은 LCD 패널과 LCD 컨트롤러 및 드라이버 IC를 1개의 기판에 모두 장착하여 하나의 일체형 단일 부품으로 만든 소자로서, 지정된 위치에 도트 매트릭스(dot matrix) 방식으로 ASCII 문자를 표시할 수 있는 텍스트형(text 또는 character type) LCD 모듈과 그래픽 방식으로 화면을 표시할 수 있는 그래픽형(graphic type) LCD 모듈 및 TFT-LCD형이 있다. 텍스트형은 표시문자가 ASCII 문자 정도로 제한되는 단점이 있으나, 대부분의 경우에 그 구조가 간단하고 사용 방법이 거의 표준화되어 있어 매우 편리하므로 오래 전부터 현재까지 널리 사용되어 오고 있다. 이에 비하여 TFT-LCD를 포함하는 그래픽형은 영문 ASCII 문자 이외에 한글이나 한자까지 자유롭게 표시할 수 있고 그밖에도 임의의 도형을 표시할 수 있으므로 최근에 들어서 그 사용이 폭발적으로 증가하였다. 그러나, 그래픽 LCD 모듈은 상대적으로 구조가 복잡하고 제조회사나 모델에 따라서 구조와 사용방법이 상당히 다른 경우가 많아서 사용이 불편하고 프로그래밍 과정이 번거롭다는 단점이 있다. 또한, 화면의 해상도가 높은 만큼 외형상 크기도 그래픽 LCD가 상대적으로 크며, 가격도 텍스트 LCD에 비하여 그래픽 LCD가 상당히 비싼 편이다.

<표 6.5>에는 표시문자수에 따른 여러가지 텍스트 LCD 모듈의 종류를 보였으며, 또한 참고로서 <표 6.6>에는 전형적인 텍스트 LCD 모듈의 모델들을 보였다.

텍스트 LCD 모듈은 컨트롤러가 일본에서 처음으로 상용화되었기 때문에 ASCII 문

자는 물론 일본어 문자가 기본 표시문자로 포함되어 있으나, 현재는 이것이 세계 각국에서 기본적으로 사용하는 디스플레이 소자가 되었으므로 모델에 따라서는 일본어 문자 대신에 다른 특수문자의 표시 기능을 가지는 제품도 많이 출시되고 있다.

백라이트 기능을 갖는 모델의 경우에는 어두운 곳에서도 화면을 선명하게 볼 수 있다. 그러나, 이중에서 LED를 사용한 백라이트형 모델은 전체 소비전력이 크며, EL(Electro-Luminescence)이나 CCFL(Cold Cathode Fluorescent Lamp)형의 백라이트는 추가적인 전원장치를 요구하므로 이를 사용하려면 경제적 비용이 증가된다.

<표 6.5> 텍스트 LCD 모듈의 종류

모 델	비 고
8문자×1행, 8문자×2행 16문자×1행, 16문자×2행, 16문자×4행 20문자×1행, 20문자×2행, 20문자×4행 24문자×1행, 24문자×2행, 24문자×4행 32문자×1행, 32문자×2행 40문자×1행, 40문자×2행, 40문자×4행	각 모델별로 백라이트형이 따로 있으며, 백라이트의 색에는 red, orange, amber, yellow, green 등이 있다. 현재 이러한 제품을 생산하는 제조회사에는 현대 LCD, Powertip, Nanya 등이 있다.

<표 6.6> 전형적인 텍스트 LCD 모듈 제품

모 델	문자수 (열×행)	외형 첫수 (W×H×D mm)	표시부 첫수 (W×H mm)	문자 폰트 (W×H dot)	문자 크기 (W×H mm)	백라이트		
						없음	LED	EL
HC08201	8×2	40×35.4×9	30.4×13.9	5×7	2.95×4.15	○		
HC16101	16×1	80×36×10	64.5×13.8	5×10	3.15×7.90	○	○	○
HC16102	16×1	80×36×10	64.5×13.8	5×7	3.20×5.20	○	○	○
HC16201	16×2	84×44×11	61.0×16.0	5×7	2.95×4.85	○	○	○
HC16202	16×2	80×36×10	64.5×13.8	5×7	2.95×3.80	○	○	○
HC16203	16×2	122×44×11	99.0×24.0	5×7	4.84×8.06	○	○	○
HC16204	16×2	100×42×10.5	80.0×20.5	5×7	4.07×6.78	○		○
HC16205	16×2	85×29×10	64.5×13.8	5×7	2.95×3.80	○	○	○
HC16206	16×2	80×36×11	61.0×15.8	5×7	2.95×4.85	○		
HC16208	16×2	85×30×9.5	64.5×16.0	5×7	2.78×4.27	○		○
HC16209	16×2	84×44×11	63.5×15.8	5×7	2.96×4.86	○		○
HC16212	16×2	85×36×10.5	63.5×15.8	5×7	3.20×4.85	○		○
HC16218	16×2	100×47×10.5	80.0×20.5	5×7	4.07×6.78	○		○
HC16401	16×4	87×60×10	61.8×25.2	5×7	2.95×4.15	○	○	○
HC20101	20×1	111×46.5×10	84.0×13.0	5×7	3.20×5.20	○		○
HC20201	20×2	116×37×11	83.0×18.6	5×7	3.20×4.85	○	○	○
HC20202	20×2	116×39×10	83.0×18.8	5×7	3.20×4.85	○		○
HC20203	20×2	114×37×11	83.0×18.6	5×7	3.20×4.85	○	○	○
HC20401	20×4	98×60×10	76.0×25.2	5×7	2.95×4.15	○	○	○
HC24101	24×1	118×36×11	93.5×15.8	5×10	3.20×7.45	○	○	○
HC24102	24×1	126×36×11	100.0×13.8	5×7	3.07×5.76	○		○
HC24103	24×1	126×36×11	100.0×13.8	5×10	3.20×7.90	○		○
HC24201	24×2	118×36×11	93.5×15.8	5×7	3.20×4.85	○	○	○
HC24202	24×2	113×36×11	93.5×15.8	5×7	3.20×4.85	○		○
HC24203	24×2	116×28×8.0	85.0×13.0	5×7	2.95×3.80	○		○
HC24401	24×4	110×62×10	82.0×41.0	5×7	2.80×5.20	○		○
HC40101	40×1	182×33.5×11	152.5×16.5	5×10	3.20×7.45	○	○	○
HC40201	40×2	182×33.5×11	152.5×16.5	5×7	3.20×4.85	○	○	○
HC40401	40×4	190×54×10.5	147.0×29.5	5×7	2.80×4.29	○		○

(1) 텍스트 LCD 모듈의 구조와 기능

▣ 내부 구조

일반적으로 텍스트 LCD 모듈의 내부는 컨트롤러, 드라이버, LCD 패널, 백라이트 유닛 등으로 구성되며, 개략적인 구조를 보이면 <그림 6.4>와 같다. 보통 컨트롤러와 드라이버는 각각 별도의 LSI로 되어 있으나, 요즈음에는 이 기능들을 일체형으로 만든 반도체 소자도 출시되고 있다.

여기서는 모든 기술적인 사양들을 현재 널리 사용되고 있는 삼성전자의 LCD 컨트롤러 S6A0069(옛 모델명 KS0066) 및 드라이버 S6A0065(옛 모델명 KS0065) 모델을 중심으로 설명한다. LCD 컨트롤러/드라이버에는 이와 유사한 기능을 가지는 모델들이 많은데 이것들은 <표 6.7>에 정리하였다. 그러나, 다른 모델들의 경우에도 삼성전자의 모델들과 크게 다르지 않으므로 프로그램할 때는 기능이 같은 것으로 간주하고 사용하더라도 별로 문제가 없다.

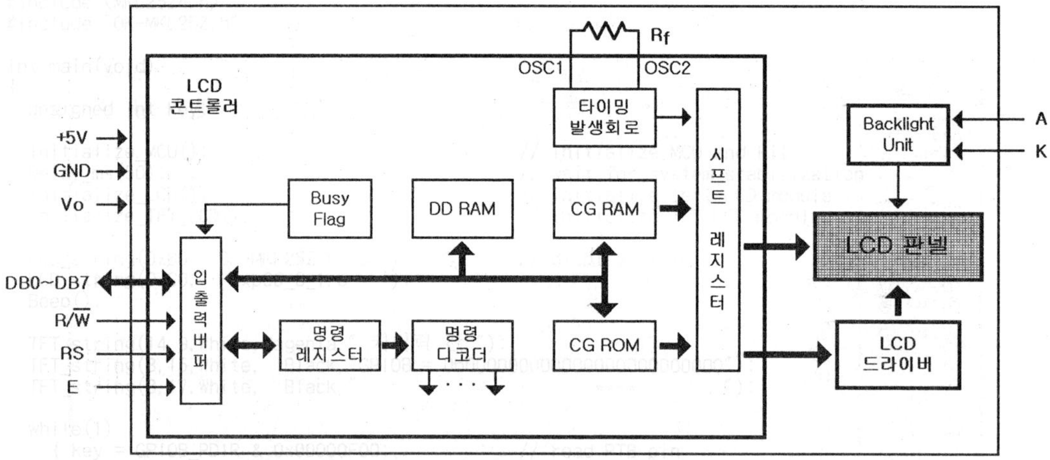

〈그림 6.4〉 텍스트 LCD 모듈의 내부 구조

〈표 6.7〉 텍스트 LCD 모듈의 컨트롤러 및 드라이버 LSI

반도체 회사	LCD 컨트롤러	LCD 드라이버
삼성전자	S6A0069(구 모델 KS0066)	S6A0065(구 모델 KS0065)
Hitachi	HD44780U	HD44100
Epson	SED1278	SED1181
Sitronix	ST7066	ST7065
Novatek	NT3881	NT3882

LCD 컨트롤러의 내부에는 표시할 문자 데이터를 저장하는 DD RAM, 이들 문자 코드를 실제로 표시할 문자 폰트로 변환하는 CG ROM, 사용자 정의 문자를 저장하는 CG RAM 등의 메모리를 내장하고 있다. 또한, LCD 모듈을 초기화하거나 제어하는데 사용되는 명령을 저장하는 명령 레지스터 및 이를 해독하는 명령 해독기가 있으며, 각 문자의 폰트를 시프트 레지스터에 의하여 수평 구동신호와 수직 구동신호로 변환하는 회로를 내장하고 있다.

LCD 모듈의 내부 동작을 위한 클록은 외부에서 OSC1 단자로 공급될 수도 있으나 대부분은 OSC1 및 OSC2 단자에 저항 Rf를 접속함으로써 내장된 클록발생회로에 의하여 만들어진다. +5V 전원을 사용하는 대부분의 LCD 모듈에서는 Rf = 91[kΩ]을 접속하여 발진 주파수를 270[kHz]로 사용한다.

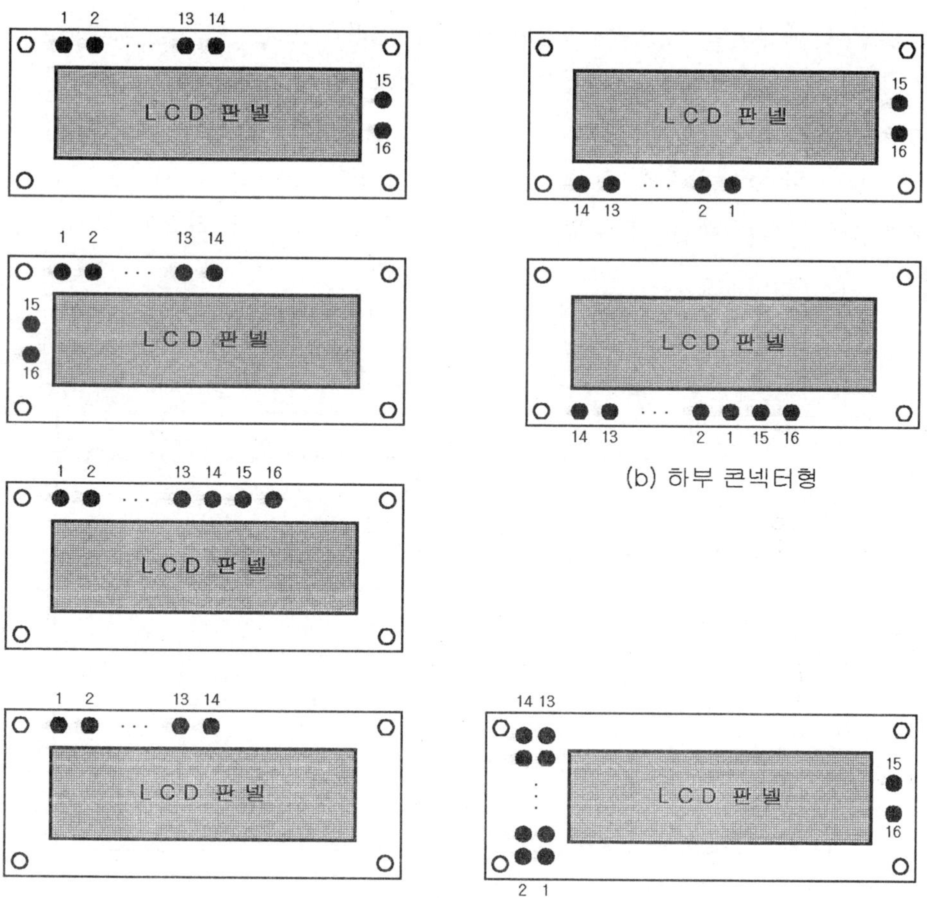

(b) 하부 콘넥터형

(a) 상부 콘넥터형

(c) 좌측 콘넥터형

<그림 6.5> 텍스트 LCD 모듈의 외부 구조

▣ 외부 구조

텍스트 LCD 모듈의 외부 구조에는 여러가지의 형태가 있으나 이것들을 정리하면 대체로 <그림 6.5>와 같은 3가지로 나눌 수 있다. 상부 컨넥터형은 텍스트 LCD 모듈에서 가장 많이 사용되는 형태로서 14핀의 컨넥터가 좌측 상단에 위치하며, 백라이트가 있는 모델의 경우에는 이를 위한 2개의 핀이 LCD 모듈의 우측 또는 좌측편에 위치한다. 그러나, 나중에 백라이트 단자가 14핀 컨넥터에 나란히 이어서 16핀으로 구성되는 형태도 출시되었고, 현재는 별도의 백라이트 단자가 없이 14핀의 컨넥터 중에서 +5V 및 GND 단자를 통하여 LED 백라이트의 전원까지 공급되는 모델도 나오고 있다. *OK-MKL25Z* 키트에서는 상부 컨넥터형을 사용한다.

하부 컨넥터형은 LCD 모듈의 하단에 컨넥터가 위치하며, 대부분의 경우 오른쪽에서부터 1번 핀이 시작되는 것에 유의해야 한다. 요즈음에는 백라이트 단자를 포함한 16핀이 일렬로 배열되어 있으면서도 여기에 다시 좌측 또는 우측에 백라이트 단자인 15번 및 16번 핀이 중복하여 달려있는 모델도 있고, 하나의 모델에서 상부 컨넥터형과 하부 컨넥터형의 핀들을 모두 가지고 있는 편리한 제품도 출시되고 있다. 또한, 이들 중에서 LED 백라이트 단자가 좌측 또는 우측에 있는 경우 15번(A) 및 16번(K) 핀이 이 그림에서와 달리 상하가 서로 반대로 되어있는 모델도 종종 있으니 주의해야 한다.

〈표 6.8〉 텍스트 LCD 모듈 인터페이스 컨넥터 핀의 기능

핀	신호명	기 능	
1	Vss	전원 GND	
2	Vdd	전원 +5V	
3	V_O	화면밝기 제어 동작전압, operating voltage (Vdd−V_O = 4.2~4.6V)	
4	R_S	Register Select (1 = data register, 0 = instruction register)	
5	$R/\overline{W}$	Read/Write (1 = CPU ← LCD, 0 = CPU → LCD)	
6	E	Enable signal for read/write LCD	
7	DB0	(LSB)	
8	DB1		
9	DB2		
10	DB3	데이터 버스	
11	DB4	(4비트 인터페이스 모드에서는 DB7~DB4를 사용)	
12	DB5		
13	DB6		
14	DB7	(MSB)	
15	A/EL1	Anode : +LED(LED backlight용 전원 +3.9~4.4V)	EL 단자 1
16	K/EL2	Cathode : −LED(LED backlight용 전원의 GND)	EL 단자 2

☞ V_O에는 주로 낮은 전압을 인가할수록 화면이 선명하게 표시되며 대체로 GND 레벨이면 무난하다.

☞ 4비트로 인터페이스하는 경우 DB7~DB4에는 상위 니블과 하위 니블의 순서로 데이터를 전송한다.

텍스트 LCD 모듈을 마이크로프로세서와 인터페이스하기 위한 14핀 컨넥터 및 백라이트 기능이 있는 모델의 경우에 추가되는 2개의 백라이트용 전원 단자를 요약하면 <표 6.8>과 같다. 여기서, LED 백라이트형인 경우에는 15번 및 16번 핀이 각각 애노드(A ; Anode) 및 캐소드(K ; Cathode) 단자로 사용되지만, EL 백라이트형인 경우에는 이것들이 백라이트용의 교류전원 단자로 사용된다.

LCD 모듈에 외부에서 전원을 접속하는 방법의 예를 보이면 <그림 6.6>과 같다. 여기서 Vo는 화면의 밝기를 제어하는 단자로서 대부분 부전압(-)을 인가할수록 표시화면이 또렷해지는데, 대체로 Vdd-Vo = 4.2~4.6[V]가 적정한 수준이므로 그림의 (a)보다는 (b)처럼 처리하는 경우가 많으며, V_R=10[kΩ]~20[kΩ] 정도로 사용한다. 이를 더욱 간단히 하려면 Vo 단자를 수백[Ω] 정도의 저항을 통하여 GND에 풀다운시키면 된다. 그러나, 이렇게 하면 LCD 모듈의 모델에 따라 저항값이 다소 달라지는 경우가 있으므로 사용자가 화면을 보면서 시행착오법으로 이 저항값을 선정하여야 한다.

LED 백라이트에서는 전원에 직렬로 저항을 사용하는 방법이 일반적이지만, 백라이트용으로 +5V의 안정된 전원을 사용하는 경우에는 그림의 (c)처럼 직렬로 다이오드를 1개 연결하면 쉽게 백라이트 전원의 사양을 만족시킬 수 있는 좋은 방법이 된다.

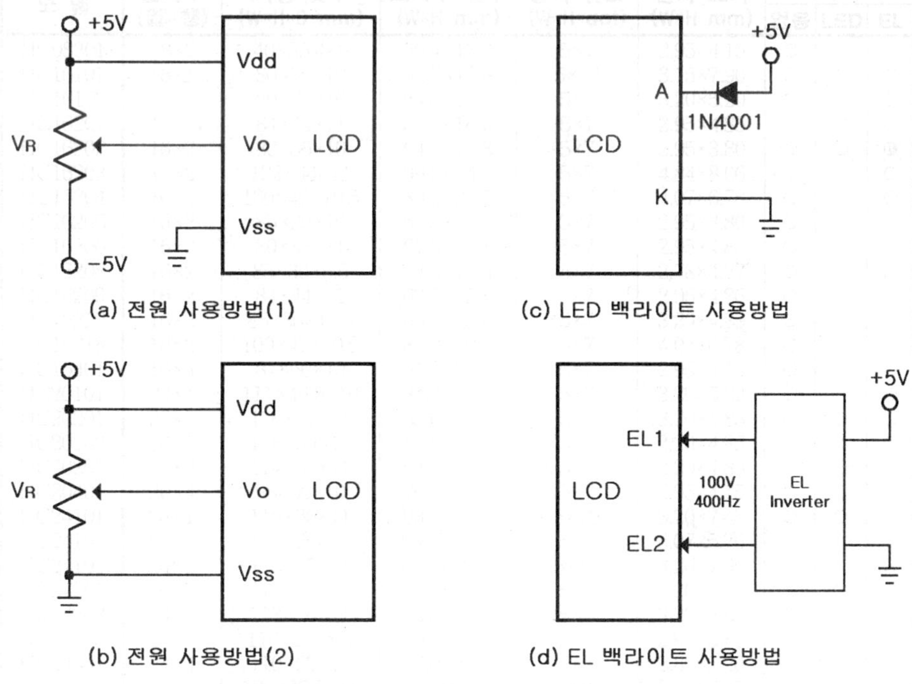

<그림 6.6> 텍스트 LCD 모듈의 전원 접속 방법

그러나, EL 백라이트형 LCD 모듈의 경우에는 약 $100V_{AC}$/400Hz의 교류전원을 필요로 하므로 그림의 (d)에서처럼 EL 백라이트용의 인버터를 추가로 사용해야 한다. 이러한 인버터는 소형으로 +5V 직류 입력에 $100V_{AC}$/400Hz 정도의 교류 출력을 갖는 제품들이 판매되고 있다.

▣ 동작 타이밍

텍스트 LCD 모듈을 마이크로프로세서와 접속할 때는 각 제어신호의 동작 타이밍을 세심하게 고려하여야 한다. 텍스트 LCD 모듈은 일반적인 주변 LSI들에 비하여 제어신호의 동작이 다소 특이하고 동작시간이 상당히 느린 편이므로 이를 마이크로프로세서에 접속할 때는 인터페이스 회로를 주의하여 설계하여야 한다.

텍스트 LCD 모듈의 리드 및 라이트 동작시의 타이밍도를 보이면 <그림 6.7>과 같다. 여기서 표시된 타이밍값은 LCD 컨트롤러로서 Hitachi사의 HD44780U를 사용한 경우지만, 이 값들은 삼성전자의 S6A0069, Epson의 SED1278, Sitronix의 ST7066 등도 거의 유사하다.(단, 매우 오래된 HD44780S 모델은 동작이 이보다 훨씬 느리다.)

특히, 텍스트 LCD 모듈의 타이밍에서 주의할 사항은 액세스 시간이 길어서 최소한 인가해 주어야 하는 $R/\overline{W}$ 신호폭이 상당히 넓으므로 대부분의 마이크로프로세서에서 여러 개의 웨이트 사이클을 주어야 하며, 인에이블 신호 E에는 보통 칩선택 신호를 정논리로 하여 사용하므로 이보다 앞과 뒤로 펄스폭이 길어야 되는 $R/\overline{W}$ 신호에는 CPU의 $\overline{WR}$ 신호를 그대로 사용하면 동작 타이밍이 맞지 않는다는 것이다. 이러한 까다로운 타이밍 조건 때문에 대부분의 마이크로프로세서에서는 어드레스 디코더의 출력과 $\overline{RD}$ 및 $\overline{WR}$ 신호를 모두 조합하여 E 신호를 만들고, LCD 모듈의 Rs 및 $R/\overline{W}$ 신호에는 각각 CPU의 어드레스 신호 A1, A0을 사용하는 것이 좋다. 따라서, 이렇게 하면 텍스트 LCD 모듈의 리드 번지와 라이트 번지가 별도로 정해진다.

그러나, DSP나 Cortex-M0+와 같은 고성능 마이크로프로세서에서는 시스템 클록 주파수가 높고 CPU의 동작이 너무 빨라서 텍스트 LCD 모듈이 요구하는 액세스 시간을 충족시키기 어렵기 때문에 이런 방법을 사용하기 곤란할 경우가 많으며, 이때는 병렬 I/O 포트를 사용하여 인터페이스하는 것이 바람직하다. 그러나, 이렇게 하면 하드웨어의 타이밍 문제는 해결되지만, 텍스트 LCD 모듈의 제어신호를 일일이 병렬 출력 비트로 제어해야 하기 때문에 소프트웨어 작성이 불편해진다. *OK-MKL25Z* 키트에서는 GPIOC와 GPIOD를 사용하여 텍스트 LCD 모듈을 인터페이스하였으며, 여기에 항상 라이트 동작만 수행하므로 $R/\overline{W}$ 신호는 GND에 연결하였다.

동작 모드	타이밍	기호	Min.	Typ.	Max.	단위
Write Operation	Enable cycle time	t_{cycE}	500	-	-	ns
	Enable high level width	PW_{EH}	230	-	-	
	Enable rise/fall time	t_{Er}, t_{Ef}	-	-	20	
	Address setup time(Rs, R/$\overline{W}$, E)	t_{AS}	40	-	-	
	Address hold time (Rs, R/$\overline{W}$, E)	t_{AH}	10	-	-	
	Data setup time	t_{DSW}	80	-	-	
	Data hold time	t_H	10	-	-	
Read Operation	Enable cycle time	t_{cycE}	500	-	-	ns
	Enable high level width	PW_{EH}	230	-	-	
	Enable rise/fall time	t_{Er}, t_{Ef}	-	-	20	
	Address setup time(Rs, R/$\overline{W}$, E)	t_{AS}	40	-	-	
	Address hold time (Rs, R/$\overline{W}$, E)	t_{AH}	10	-	-	
	Data delay time	t_{DDR}	-	-	160	
	Data hold time	t_{DHR}	5	-	-	

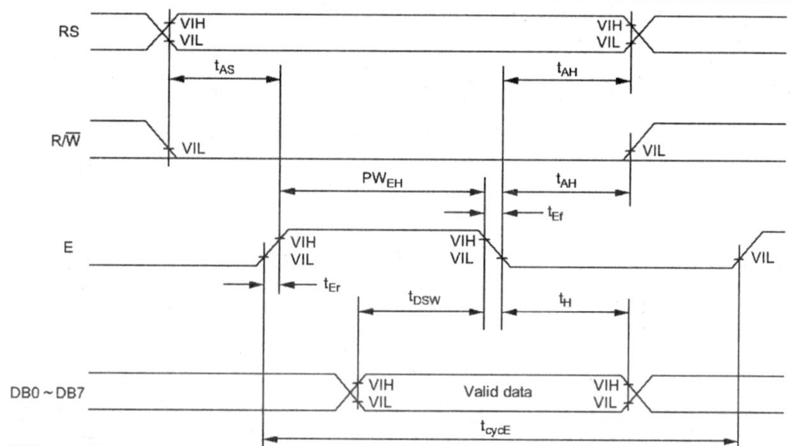

< **Write Operation** >

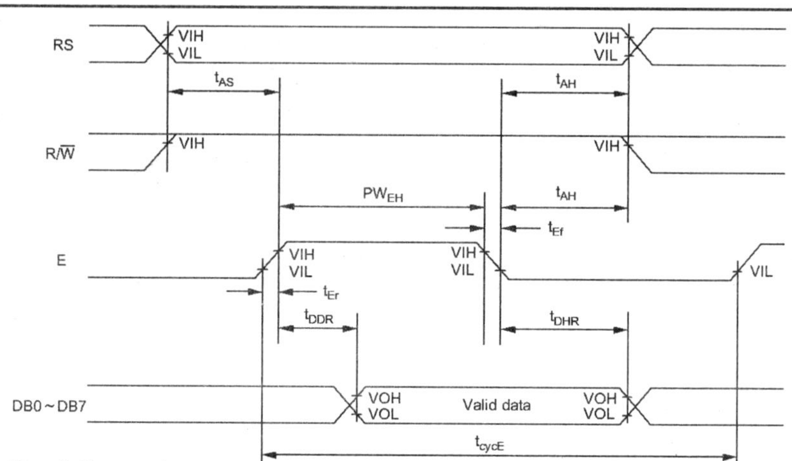

< **Read Operation** >

<그림 6.7> 텍스트 LCD 모듈의 동작 타이밍

▣ 제어 명령

텍스트 LCD 모듈을 사용하기 위한 제어 명령(Instruction 또는 Command)을 정리하면 <표 6.9>와 같다. 이들 명령은 마이크로프로세서가 텍스트 LCD를 초기화하거나 제어하는 프로그램에서 사용되며 데이터 버스 DB0~DB7을 통하여 전송된다.

텍스트 LCD 모듈이 각 명령을 받아 이를 실행하는데는 지정된 길이의 시간이 필요하므로 CPU는 그 다음의 명령이나 데이터를 보내기 전에 충분히 시간지연을 주어 대기하거나, 또는 LCD 모듈의 상태를 읽고 busy flag을 조사하여 앞에서 전송한 제어 명령의 실행이 완료되었는지의 여부를 확인하여야 한다. 이 표에 표시된 실행시간은 LCD 컨트롤러로서 Hitachi사의 HD44780U를 f_{osc}=270kHz에서 사용한 경우지만, 이 값들은 삼성전자의 S6A0069, Epson의 SED1278, Sitronix의 ST7066 등도 거의 유사하다.(이 동작 시간은 매우 오래된 HD44780S 모델에서도 이와 거의 유사하다.)

<표 6.9> 텍스트 LCD 모듈의 제어 명령표

<table>
<tr><th rowspan="2">기 능</th><th colspan="2">제어 신호</th><th colspan="8">제 어 명 령</th><th rowspan="2">실행 시간 (Max.)</th></tr>
<tr><th>Rs</th><th>R/$\overline{W}$</th><th>DB7</th><th>DB6</th><th>DB5</th><th>DB4</th><th>DB3</th><th>DB2</th><th>DB1</th><th>DB0</th></tr>
<tr><td>① Clear display</td><td>0</td><td>0</td><td>0</td><td>0</td><td>0</td><td>0</td><td>0</td><td>0</td><td>0</td><td>1</td><td>1.52 ms</td></tr>
<tr><td>② Return home</td><td>0</td><td>0</td><td>0</td><td>0</td><td>0</td><td>0</td><td>0</td><td>0</td><td>1</td><td>-</td><td>1.52 ms</td></tr>
<tr><td>③ Entry mode set</td><td>0</td><td>0</td><td>0</td><td>0</td><td>0</td><td>0</td><td>0</td><td>1</td><td>I/D</td><td>S</td><td>37 μs</td></tr>
<tr><td>④ Display ON/OFF control</td><td>0</td><td>0</td><td>0</td><td>0</td><td>0</td><td>0</td><td>1</td><td>D</td><td>C</td><td>B</td><td>37 μs</td></tr>
<tr><td>⑤ Cursor or display shift</td><td>0</td><td>0</td><td>0</td><td>0</td><td>0</td><td>1</td><td>S/C</td><td>R/L</td><td>-</td><td>-</td><td>37 μs</td></tr>
<tr><td>⑥ Function set</td><td>0</td><td>0</td><td>0</td><td>0</td><td>1</td><td>DL</td><td>N</td><td>F</td><td>-</td><td>-</td><td>37 μs</td></tr>
<tr><td>⑦ Set CG RAM address</td><td>0</td><td>0</td><td>0</td><td>1</td><td colspan="6">CG RAM address</td><td>37 μs</td></tr>
<tr><td>⑧ Set DD RAM address</td><td>0</td><td>0</td><td>1</td><td colspan="7">DD RAM address</td><td>37 μs</td></tr>
<tr><td>⑨ Read busy flag and address</td><td>0</td><td>1</td><td>BF</td><td colspan="7">Address Counter</td><td>0 μs</td></tr>
<tr><td>Data write to CG RAM or DD RAM</td><td>1</td><td>0</td><td colspan="8">write data</td><td>41 μs</td></tr>
<tr><td>Data read from CG RAM or DD RAM</td><td>1</td><td>1</td><td colspan="8">read data</td><td>41 μs</td></tr>
</table>

☞ -는 Don't care 비트를 나타냄. 여기서 각 명령 동작의 실행시간은 f_{osc}=270kHz일 경우임.

① Clear display

모든 DD RAM 번지에 공백 문자(20H)를 써서 화면 전체를 지우고, 어드레스 카운터(address counter)를 DD RAM 어드레스 00H로 하여 커서를 home 위치로 한다. 또한 이 명령은 엔트리 모드에서 I/D=1로 강제 설정하는 기능을 포함한다.

② Return home

DD RAM의 내용은 변경하지 않고 어드레스 카운터를 00H로 하여 커서만을 home 위치로 보낸다.

③ Entry mode set

CPU가 LCD 모듈에 데이터를 리드하거나 라이트할 경우에 DD RAM 어드레스 즉 커서의 위치를 오른쪽으로 증가시킬 것인가(I/D=1) 왼쪽으로 감소시킬 것인가(I/D=0)를 결정하며, 또 이때 화면을 시프트할 것인지(S=1) 아닌지(S=0)를 지정한다.

④ Display ON/OFF control

현재 DD RAM의 내용이 화면에 표시되도록 ON/OFF하거나(D), 커서를 ON/OFF하거나(C), 커서를 깜박이게 할 것인지(B)의 여부를 지정한다. 커서가 깜빡이는 시간 간격은 f_{osc}=270kHz에서 약 380ms 정도이다.

⑤ Cursor or display shift

화면표시 내용은 변경하지 않는 상태에서 화면(S/C=1) 또는 커서(S/C=0)를 오른쪽(R/L=1) 또는 왼쪽(R/L=0)으로 시프트하도록 지정한다.

⑥ Function set

CPU와의 인터페이스에서 데이터의 길이를 8비트(DL=1) 또는 4비트(DL=0)로 지정하고, 화면표시 행수를 2행(N=1) 또는 1행(N=0)으로 지정하며, 문자의 폰트를 5×11 도트(F=1, 실제 표시는 5×10 도트) 또는 5×8 도트(F=0, 실제 표시는 5×7 도트)로 지정한다.

◀참고▶ CPU와 4비트 방식으로 인터페이스할 경우에는 DB4~DB7을 사용하며, 상위 4비트를 먼저 전송하고 하위 4비트를 나중에 전송해야 한다. 또한, 외형적으로 16문자×1행으로 되어 있는 텍스트 LCD 모듈은 소프트웨어적으로 8문자×2행의 구조를 가지므로 N=1로 설정해야 하는데 유의하라.

⑦ Set CG RAM address

CG RAM의 어드레스를 지정한다. 이후에 송수신하는 데이터는 CG RAM의 데이터이다.

⑧ Set DD RAM address

DD RAM의 어드레스를 지정한다. 이후에 송수신하는 데이터는 DD RAM의 데이터이다.

⑨ Read busy flag & address

텍스트 LCD 모듈이 내부 동작중임을 나타내는 busy flag(BF) 및 어드레스 카운터의 내용을 리드한다. LCD 모듈이 각 제어 코드를 실행하는데는 지정된 시간이 필요하므로 CPU는 다음 제어 코드를 보내기 전에 충분히 시간지연을 주어 대기하는 방법을 사용할 수도 있으며, CPU가 이 BF를 읽어서 이것이 1로 표시되어 있는 경우에는 계속 기다리고 0인 경우에는 다음 제어 코드를 보내는 방법을 사용하면 보다 효율적인 처리가 가능하다.

▣ 초기화 프로그래밍 순서 - 8비트 인터페이스의 경우

CPU와 텍스트 LCD 모듈 사이에 8비트 데이터 버스를 사용하여 인터페이스한 경우에 LCD 모듈에 전원을 투입하고 나서 이를 초기화하여 사용하는 과정을 요약하면 다음과 같다.

① 전원을 투입하거나 리셋 스위치를 누른다.
② 초기화를 수행하기 전에 최소한 30 ms 이상을 기다린다.
③ Function set 명령(0011****B)을 보내고, 4.1ms 이상을 기다린 후에 다시 Function set 명령(0011****B)을 보내며, 100μs 이상을 기다린 후에 다시 한번 Function set 명령(0011****B)을 보낸다. 이상의 3회 라이트 동작에서는 비지 체크를 수행하면 안된다.(*는 don't care)
④ Function set 명령(0011XX00B)을 보낸다.
⑤ Display ON/OFF control 명령(00001XXXB)을 보낸다.
⑥ Entry mode set 명령(000001XXB)을 보낸다.
⑦ DD RAM 어드레스를 보낸다.
⑧ 표시할 문자 데이터를 보낸다.
⑨ 필요할 경우 ⑦~⑧의 과정을 반복한다.

◀참고▶ 텍스트 LCD 모듈이 리셋되고 나서 내부적인 준비를 마치고 동작을 개시하려면 텍스트 LCD 모듈에 따라 약 15~30 ms가 소요되므로 전원 투입후나 리셋 후에 최초의 초기화 명령을 보내기 전에는 충분한 시간 지연을 주어야 한다. 텍스트 LCD 모듈에 따라서는 이것이 40~50 ms정도에 달하는 것도 있다. 이렇게 리셋 후에 약간의 대기시간을 필요로 하는 것은 각 소자들이 리셋신호를 인식하는 전압레벨이 다르거나 리셋후의 동작과정이 소자마다 다른데 기인한다. 이 때문에 시스템 부팅시에는 최소한 50 ms 정도의 충분한 시간 지연을 주는 것이 바람직하다.

◀참고▶ 위에서 ③번의 초기화 처리과정은 HD44780U, SED1278, ST7066 등에서만 해당된다. 그러나, 삼성전자의 S6A0069(또는 KS0066) LCD 컨트롤러에서는 이를 개선하였기 때문에 ③번 항목이 필요 없으므로 생략한다. 이는 아래에서 설명하는 4비트 인터페이스의 경우에도 동일하게 적용된다.

◀참고▶ 텍스트 LCD 모듈에 전원이 인가되었으나 초기화가 올바르게 되지 않은 상태에서는 첫번째 행의 모든 문자들이 검은 색으로 표시된다.

▣ 초기화 프로그래밍 순서 - 4비트 인터페이스의 경우

CPU와 텍스트 LCD 모듈 사이에 4비트 데이터 버스를 사용하여 인터페이스한 경우에 텍스트 LCD 모듈에 전원을 투입하고 나서 이를 초기화하여 사용하는 과정을 요약하면 다음과 같다.

① 전원을 투입하거나 리셋 스위치를 누른다.
② 초기화를 수행하기 전에 최소한 30 ms 이상을 기다린다.
③ Function set 명령(0011****B)을 보내고, 4.1ms 이상을 기다린 후에 다시 Function set 명령(0011****B)을 보내며, 100µs 이상을 기다린 후에 다시 한번 Function set 명령(0011****B)을 보낸다. 이상의 3회 라이트 동작에서는 비지 체크를 수행하면 안된다.(*는 don't care)
④ Function set 명령(0010****B)을 8비트로 보낸다.
⑤ Function set 명령(0010XX00B)을 상위 4비트와 하위 4비트로 나누어 각각 DB7~DB4로 보낸다.
⑥ Display ON/OFF control 명령(00001XXXB)을 상위 4비트와 하위 4비트로 나누어 각각 DB7~DB4로 보낸다.
⑦ Entry mode set 명령(000001XXB)을 상위 4비트와 하위 4비트로 나누어 각각 DB7~DB4로 보낸다.
⑧ DD RAM 어드레스를 상위 4비트와 하위 4비트로 나누어 각각 DB7~DB4로 보낸다.
⑨ 표시할 문자 데이터를 상위 4비트와 하위 4비트로 나누어 각각 DB7~DB4로 보낸다.
⑩ 필요할 경우 ⑧~⑨의 과정을 반복한다.

◀참고▶ 텍스트 LCD 모듈이 리셋되고 나면 이것은 디폴트(default)로 8비트 인터페이스 모드로 동작하므로 ④에서 라이트한 Function set 명령은 텍스트 LCD 모듈이 비록 상위 4비트만을 받았더라도 8비트 모드로 처리된 것이다. 따라서, 텍스트 LCD 모듈이 이 명령의 하위 4비트까지 받도록 하려면 ⑤에서처럼 처음부터 4비트씩 다시 보내야만 한다. 이후의 모든 명령이나 데이터는 1바이트를 상위 4비트와 하위 4비트로 나누어 2차례에 전송해야 한다.

▣ DD RAM 어드레스

텍스트 LCD 모듈의 DD RAM은 표시할 문자들의 ASCII 코드 데이터가 저장되는 내부 메모리이며 모두 80개의 번지가 있는데, 화면의 각 행과 열의 문자 위치에는 고유한 어드레스값이 부여되어 있다.

그런데, 첫번째 행은 DD RAM 어드레스가 00H부터 시작되고 2번째 행은 항상 40H부터 시작되므로, 텍스트 LCD 모듈이 2행 이상으로 구성되는 경우에 각 행과 행 사이에는 어드레스가 연속하여 있지 않게 되어 주의하여야 한다. 또한, 물리적으로 4행으로 되어 있는 텍스트 LCD 모듈은 어드레스가 1행과 3행이 이어져 있고 2행과 4행이 이어져 있어서 논리적으로는 2행으로 동작한다.

텍스트 LCD 모듈의 각 모델에 따라 표시 문자의 위치에 대한 DD RAM의 어드레스를 보이면 <그림 6.8>과 같다.

	1															16
제1행	00	01	02	03	04	05	06	07	08	09	0A	0B	0C	0D	0E	0F

(a) 16문자×1행 (☞ 2행인 것처럼 설정할 것.)

	1															16
제1행	00	01	02	03	04	05	06	07	08	09	0A	0B	0C	0D	0E	0F
제2행	40	41	42	43	44	45	46	47	48	49	4A	4B	4C	4D	4E	4F

(b) 16문자×2행

	1															16
제1행	00	01	02	03	04	05	06	07	08	09	0A	0B	0C	0D	0E	0F
제2행	40	41	42	43	44	45	46	47	48	49	4A	4B	4C	4D	4E	4F
제3행	10	11	12	13	14	15	16	17	18	19	1A	1B	1C	1D	1E	1F
제4행	50	51	52	53	54	55	56	57	58	59	5A	5B	5C	5D	5E	5F

(c) 16문자×4행

	1																			20
제1행	00	01	02	03	04	05	06	07	08	09	0A	0B	0C	0D	0E	0F	10	11	12	13
제2행	40	41	42	43	44	45	46	47	48	49	4A	4B	4C	4D	4E	4F	50	51	52	53

(d) 20문자×2행

	1																			20
제1행	00	01	02	03	04	05	06	07	08	09	0A	0B	0C	0D	0E	0F	10	11	12	13
제2행	40	41	42	43	44	45	46	47	48	49	4A	4B	4C	4D	4E	4F	50	51	52	53
제3행	14	15	16	17	18	19	1A	1B	1C	1D	1E	1F	20	21	22	23	24	25	26	27
제4행	54	55	56	57	58	59	5A	5B	5C	5D	5E	5F	60	61	62	63	64	65	66	67

(e) 20문자×4행

	1																							24
제1행	00	01	02	03	04	05	06	07	08	09	0A	0B	0C	0D	0E	0F	10	11	12	13	14	15	16	17
제2행	40	41	42	43	44	45	46	47	48	49	4A	4B	4C	4D	4E	4F	50	51	52	53	54	55	56	57

(f) 24문자×2행

	1																							40
제1행	00	01	02	03	04	05	06	07	08	09	0A	0B	0C	0D	0E	0F	10	11	12	13	≈	25	26	27
제2행	40	41	42	43	44	45	46	47	48	49	4A	4B	4C	4D	4E	4F	50	51	52	53	≈	65	66	67

(g) 40문자×2행

<그림 6.8> 텍스트 LCD 모듈의 DD RAM 어드레스

<그림 6.9> 텍스트 LCD 모듈의 표시문자 세트

▣ 표시 문자 세트

텍스트 LCD 모듈에서 화면에 표시할 수 있는 문자의 종류와 그 코드값을 보이면 <그림 6.9>와 같다. 표시 가능한 문자들중에는 대부분의 ASCII 도형문자들이 포함되며, 기타 일본어 가나문자와 몇가지의 특수문자들이 포함된다. 그러나, 요즈음에는 대부분의 LCD 컨트롤러에서 일본어가 사용되던 위치에 다른 특수문자 세트를 가지는 여러가지 버전이 판매되고 있으며, 이러한 경우에도 00H~0FH의 사용자 정의문자 영역과 20H~7DH의 ASCII 문자 영역은 항상 동일한 구조를 갖는다.

문자 코드의 00H~0FH의 영역에는 64바이트의 CG RAM이 내장되어 있어서 사용자 정의문자를 저장하여 사용할 수 있다. 여기에는 최대 8문자(5×7 도트의 경우) 또는 4문자(5×10 도트의 경우)까지 사용자가 폰트를 정의할 수 있는데, 이는 당연히 전원이 투입된 후에 사용자에 의하여 새로 정의되어야 유효하므로 전원을 끄고나면 사용자 정의 문자는 모두 소실되어 기억되지 않는다.

◀참고▶ 코드 영역 E0H~FFH는 5×10 도트용의 문자를 정의하는 영역인데, 여기서 g, j, p, q, y는 영문의 알파벳 소문자와 같으나, 원래의 알파벳의 소문자에서는 문자의 폰트를 5×7 도트로 사용하는데 비하여 이 문자들은 5×10 도트를 사용하므로 다른 일반 문자들보다 아래쪽으로 약간 길어진다. 그러나, 이 문자들을 5×7 도트형의 텍스트 LCD 모듈에서 사용하면 아래 부분이 모두 잘려서 보이지 않게 된다.

▣ 헤더파일 OK-MKL25Z.h의 텍스트 LCD 관련 함수

OK-MKL25Z 키트용의 기본 헤더파일 OK-MKL25Z.h에서 제공하는 텍스트 LCD 모듈 관련 함수를 요약하면 <표 6.10>과 같다.

<표 6.10> 헤더파일 OK-MKL25Z.h에 포함된 텍스트 LCD 관련 함수들의 요약

사용자 함수	기 능	입력 파라미터
Initialize_LCD()	텍스트 LCD 모듈을 초기화한다.	-
LCD_command()	텍스트 LCD 모듈에 1개의 제어명령을 출력한다.	U08 command
LCD_data()	텍스트 LCD 모듈에서 현재의 커서 위치에 1문자를 표시한다.	U08 data
LCD_string()	텍스트 LCD 모듈에서 커서 위치를 지정하고 그 위치부터 문자열을 출력한다.	U08 command, char *string
LCD_binary()	텍스트 LCD 모듈에서 현재의 커서 위치부터 8비트 또는 16비트의 2진수를 표시한다.	U16 number, U08 digit
LCD_unsigned_decimal() LCD_signed_decimal()	텍스트 LCD 모듈에서 현재의 커서 위치부터 부호없는 10진수 또는 부호있는 10진수를 표시한다. (zerofill=1이면 선두의 무효 자리를 0으로 채운다.)	U32 number, U08 zerofill, digit
LCD_hexadecimal() LCD_0x_hexadecimal()	텍스트 LCD 모듈에서 현재의 커서 위치부터 16진수 또는 0x를 앞세운 16진수를 표시한다.	U32 number, U08 digit
LCD_unsigned_float() LCD_signed_float()	텍스트 LCD 모듈에서 현재의 커서 위치부터 부호없는 실수 또는 부호있는 실수를 표시한다. (integral=실수부 자리수, fractional=소수부 자리수)	U32 number, U08 integral, fractional

◀휴게실▶ **텍스트 LCD 모듈과 그래픽 LCD 모듈의 차이점**

텍스트형과 그래픽형 LCD 모듈의 근본적인 차이점은 무엇일까? 이것은 아주 간단한 이야기지만, 사용자들이 이를 잘 구분하지 못하는 경우를 자주 보게 된다. 이를 분명히 알아두는 것이 LCD 모듈을 공부하는데 매우 중요한 키포인트가 될 것이므로 여기에서 설명하기로 한다.

텍스트 LCD 모듈에는 아래 <그림 6.10>의 (a)에서 보는 것처럼 1개의 텍스트 문자를 표시할 자리가 각 문자당 5×8 도트씩으로 미리 마련되어 있다. 예를 들어 16자×2행 짜리의 텍스트 LCD 모듈이라면 화면 전체에 이런 자리가 32개 있는 것이다. 이 각 문자 박스는 5×8 도트로 구성되지만 가장 아래의 도트 라인은 사용하지 않고 비워두므로 실제 문자의 크기는 5×7 도트로 되어 있다. 마지막 라인은 예를 들면 커서와 같은 특수한 용도로만 사용된다. 5×8 도트의 문자 박스들 사이에는 약간의 빈 공간이 있다. 문자와 문자 사이에 약간의 거리를 둠으로써 사람이 이를 읽을 때 가독성을 좋게 하기 위함이다. 도트 1개의 크기와 문자 사이의 이격 거리가 얼마인지는 LCD 모듈의 모델마다 다른데, 이는 각 텍스트 LCD 모듈의 데이터 시트에서 dot size, character size, character pitch 등의 사양을 보면 알 수 있다.

텍스트 LCD 모듈의 사용자가 각 문자 박스에 원하는 문자를 표시하려면 제어 명령으로 커서를 해당 위치로 지정하고 나서 그 문자의 **1바이트 ASCII 코드만을 출력**하면 된다. 즉, 사용자는 LCD 화면의 각 도트 하나하나를 직접 구동하지 않고 출력할 문자의 ASCII 코드만을 출력하면 LCD 컨트롤러가 그 문자에 해당하는 폰트를 내장 ROM에서 불러다가 화면에 표시한다. 이 때문에 텍스트 LCD 모듈에는 반드시 문자 발생기(character generator) ROM과 LCD 컨트롤러를 내장하고 있다.

이에 비하여 그래픽 LCD 모듈은 <그림 6.10>의 (b)에서 보는 것처럼 모든 도트들이 바둑판처럼 가로 세로가 일정한 간격의 배열로 되어 있어서 여기에 텍스트 문자든 그래픽이든 자유롭게 나타낼 수 있으며, 물론 화면에서 각 텍스트 문자를 표시할 자리도 따로 정해져 있지 않고 또한 문자의 크기를 일정하게 지정하지도 않는다.

그래픽 LCD 모듈에 텍스트 문자를 출력할 때는 사용자가 일일이 **도트 하나하나에 해당하는 데이터를 전송**하여 그래픽적인 방법으로 문자의 모양을 그려주어야 하며, 따라서 이와 같이 그래픽 LCD 모듈에서는 화면에 영문 ASCII 또는 한글 문자를 디스플레이하는 것만도 상당히 복잡한 프로그램을 필요로 하고 화면처리 시간도 오래 걸리므로 디스플레이 속도가 현저하게 느려진다. 일반적으로 단색 그래픽 LCD 모듈에서는 도트 1개에 1비트의 데이터가 대응되므로 좀 덜하지만 컬러 TFT-LCD 모듈에서는 각 픽셀(TFT-LCD에서는 1개의 화소를 도트가 아니라 픽셀이라고 부른다.)을 여러가지 원하는 색깔로 표시할 수 있어야 하므로 1픽셀당 여러 비트의 데이터가 대응된다. *OK-MKL25Z* 키트에서 사용하는 TFT-LCD 모듈은 65,536가지의 컬러를 표시할 수 있으므로 1픽셀을 표시하기 위하여 16비트(2바이트)의 데이터를 전송해야 하며, 따라서 240×320 픽셀의 화면을 표시하려면 총 240×320×2=153,600 바이트의 엄청난 데이터를 전송해야 한다. 이 때문에 TFT-LCD 모듈을 사용하는 마이크로컨트롤러는 처리속도가 빨라야 하며, 때로는 TFT-LCD 디스플레이를 위한 전용의 LSI를 사용하여 하드웨어적인 방법으로 처리하기도 한다.

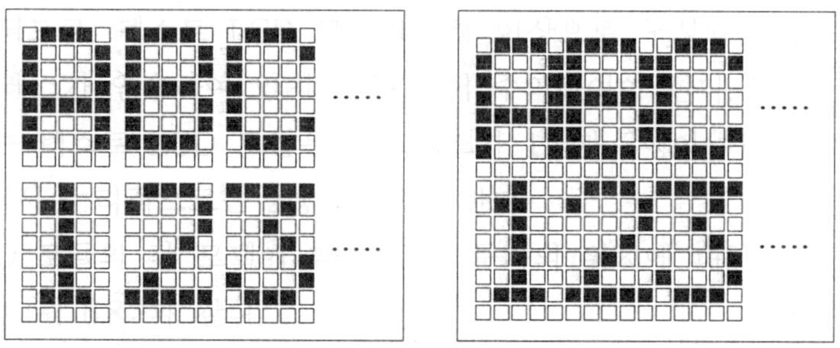

(a) 텍스트 LCD 모듈 (b) 그래픽 LCD 모듈

<그림 6.10> 텍스트 LCD 모듈과 그래픽 LCD 모듈의 차이

(2) 텍스트 LCD 모듈의 기본 출력 프로그램

텍스트 LCD 모듈을 사용하는 프로그램으로 먼저 이를 초기화하고 여기에 문자열을 출력하는 예제를 살펴본다. 이 예제에서는 텍스트 LCD를 초기화하고 여기에 16자 이내의 문자열을 기본 출력하는 방법과 16자 이상의 긴 행을 표시하고 이를 좌우로 시프트하는 방법을 공부한다.

〈프로그램 Exp06_4_1.c〉 텍스트 LCD 모듈 기본 출력 예제

```
/* ============================================================================ */
/*      Exp06_4_1_shift.c : 텍스트 LCD 기본 출력 및 시프트 동작 프로그램         */
/* ============================================================================ */
/*                                  Programmed by Duck-Yong Yoon in 2016.       */

#include <MKL25Z4.h>
#include "OK-MKL25Z.h"

int main(void)
{
  unsigned int i;

  Initialize_MCU();                             // initialize MCU and kit
  Delay_ms(50);                                 // wait for system stabilization
  Initialize_LCD();                             // initialize text LCD module

  while(1)
    { Beep();
      LCD_string(0x80," OK-MKL25Z V1.0 ");      // display logo
      LCD_string(0xC0,"   2016/03/01   ");      // display message 1
      Delay_ms(2000);
      LCD_string(0xC0,"   Cortex-M0+   ");      // display message 2
      Delay_ms(2000);
      LCD_string(0xC0," MKL25Z128VLK4  ");      // display message 3
      Delay_ms(2000);

      Beep();
      LCD_string(0x80,"0123456789ABCDEF0123456789ABCDEF"); // display long line
      LCD_string(0xC0,"Go shift left and right 16 times");
      Delay_ms(1000);

      for(i = 0; i < 16; i++)                   // shift left
        { LCD_command(0x18);
          Delay_ms(300);
        }
      Delay_ms(1000);

      for(i = 0; i < 16; i++)                   // shift right
        { LCD_command(0x1C);
          Delay_ms(300);
        }
      Delay_ms(1000);
    }
}
```

☞ 처음에 마이크로컨트롤러가 리셋 후에 기동되고 나서 텍스트 LCD 모듈을 초기화하기 전에 수십 ms 정도(여기서는 50ms)의 시간지연을 주어야 한다는 것을 기억하라. 이것은 전원을 투입한 후에 동작을 개시하는 시간이 대부분의 경우 마이크로컨트롤러보다 텍스트 LCD 모듈이 상당히 늦기 때문이다.

이 책에서 *OK-MKL25Z* 키트용으로 제공하는 C언어 프로그램용 기본 헤더파일 OK-MKL25Z.h에서 Initialize_LCD(), LCD_command(), LCD_data(), LCD_string() 등의 함수에 대한 동작을 확실하게 이해하라.

(3) 수치 데이터의 출력 프로그램

텍스트 LCD 모듈에 문자 데이터(character)가 아니라 수치 데이터(value)를 디스플레이하려면 먼저 숫자의 각 자리(digit)에 해당하는 값을 하나씩 ASCII 문자로 변환하여 출력해야 한다. 이는 상당히 복잡하며 정수의 경우와 부동소수점수의 경우가 다르고, 정수 중에서도 2진수, 10진수, 16진수의 처리 방식이 모두 다르다.

C언어에서 텍스트 LCD 모듈에 수치 데이터를 출력하는 것은 다음과 같이 3가지의 방법으로 생각할 수 있다. 첫째는 수치 데이터를 출력할 때마다 이를 사용자 정의 함수로 만들어 사용하는 방법이고, 둘째는 *OK-MKL25Z* 키트용의 기본 헤더파일 OK-MKL25Z.h에서 제공하는 함수를 사용하는 방법이며, 셋째는 C컴파일러의 표준 printf() 함수를 사용하는 방법이다. 이중에서 역시 가장 권장할만한 방법은 헤더파일 OK-MKL25Z.h에서 제공하는 함수를 사용하는 것이며, 앞으로 이 책의 예제 프로그램에서는 이 방법을 기본으로 사용한다.

▣ 직접 사용자 함수를 만들어 사용하는 정수 데이터 출력

먼저 사용자가 직접 함수를 만들어 수치 데이터 중에서 정수값을 텍스트 LCD 모듈에 디스플레이하는 프로그래밍 기술을 익혀보기로 한다. 이 방법은 내용적으로 그다지 어렵지는 않지만 정수나 실수에 대하여 표현할 수치 데이터의 크기나 자릿수에 따라 매번 그에 맞는 함수를 만들어 사용해야 하므로 상당히 번거롭다.

이 예제는 첫번째 루틴에서 8비트 수치 데이터를 0~255 범위에서 1씩 증가시키면서 이를 10진수는 물론 16진수와 2진수로까지 텍스트 LCD 모듈에 동시에 표시한다. 두번째 루틴에서는 구구단을 나타내며, 세번째 루틴에서는 좀더 큰 수치값을 취급해보기 위하여 10자리 구구단을 표시한다.

<프로그램 Exp06_4_2.c> 정수 데이터의 출력 예제(1)

```
/* ========================================================================== */
/*              Exp06_4_2_integer(1).c : 정수 데이터 출력 프로그램(1)              */
/* ========================================================================== */
/*                                     Programmed by Duck-Yong Yoon in 2016.  */

#include <MKL25Z4.h>
#include "OK-MKL25Z.h"

void LCD_2d(unsigned int number);              /* display 2-digit decimal number */
void LCD_3d(unsigned int number);              /* display 3-digit decimal number */
```

```
void LCD_4d(unsigned int number);              /* display 4-digit decimal number */
void LCD_2hex(unsigned int number);            /* display 2-digit hex number */
void LCD_8bin(unsigned int number);            /* display 8-bit binary number */

/* ----- 메인 프로그램 ---------------------------------------------------- */

int main(void)
{
  unsigned int i, j;

  Initialize_MCU();                            // initialize MCU and kit
  Delay_ms(50);                                // wait for system stabilization
  Initialize_LCD();                            // initialize text LCD module

  while(1)
    { LCD_string(0x80," INTEGER = 000  ");     // display 8-bit integer
      LCD_string(0xC0,"= 00H = 00000000");
      Beep();

      for(i = 0; i <= 255; i++)                // integer number from 0 to 255
        { LCD_command(0x8B);                   // decimal number
          LCD_3d(i);
          LCD_command(0xC2);                   // hexadecimal number
          LCD_2hex(i);
          LCD_command(0xC8);                   // binary number
          LCD_8bin(i);
          Delay_ms(1000);
        }

      LCD_string(0x80," MULTI TABLE(1) ");     // display multiplication table(1)
      LCD_string(0xC0,"   0 x 0 = 00   ");
      Beep();

      for(i = 2; i <= 9; i++)
        for(j = 1; j <= 9; j++)
          { LCD_command(0xC3);                 // display multiplicand
            LCD_data(i+'0');
            LCD_command(0xC7);                 // display multiplier
            LCD_data(j+'0');
            LCD_command(0xCB);                 // display multiplication
            LCD_2d(i*j);
            Delay_ms(1000);
          }

      LCD_string(0x80," MULTI TABLE(2) ");     // display multiplication table(2)
      LCD_string(0xC0," 00 x 00 = 0000 ");
      Beep();

      for(i = 10; i <= 90; i += 10)
        for(j = 10; j <= 90; j += 10)
          { LCD_command(0xC1);                 // display multiplicand
            LCD_2d(i);
            LCD_command(0xC6);                 // display multiplier
            LCD_2d(j);
            LCD_command(0xCB);                 // display multiplication
            LCD_4d(i*j);
            Delay_ms(1000);
          }
    }
}

/* ----- 사용자 정의 함수 ------------------------------------------------- */

void LCD_2d(unsigned int number)               /* display 2-digit decimal number */
{
  unsigned int i;

  i = number/10;                               // 10^1
  if(i == 0) LCD_data(' ');
  else       LCD_data(i + '0');

  i = number % 10;                             // 10^0
```

```
  LCD_data(i + '0');
}

void LCD_3d(unsigned int number)            /* display 3-digit decimal number */
{
  unsigned int i, flag;

  flag = 0;
  i = number/100;                           // 10^2
  if(i == 0) LCD_data(' ');
  else {     LCD_data(i + '0');
             flag = 1;
       }

  number = number % 100;                    // 10^1
  i = number/10;
  if((i == 0) && (flag == 0))
             LCD_data(' ');
  else {     LCD_data(i + '0');
             flag = 1;
       }

  i = number % 10;                          // 10^0
  LCD_data(i + '0');
}

void LCD_4d(unsigned int number)            /* display 4-digit decimal number */
{
  unsigned int i, flag;

  flag = 0;
  i = number/1000;                          // 10^3
  if(i == 0) LCD_data(' ');
  else {     LCD_data(i + '0');
             flag = 1;
       }

  number = number % 1000;                   // 10^2
  i = number/100;
  if((i == 0) && (flag == 0))
             LCD_data(' ');
  else {     LCD_data(i + '0');
             flag = 1;
       }

  number = number % 100;                    // 10^1
  i = number/10;
  if((i == 0) && (flag == 0))
             LCD_data(' ');
  else {     LCD_data(i + '0');
             flag = 1;
       }

  i = number % 10;                          // 10^0
  LCD_data(i + '0');
}

void LCD_2hex(unsigned int number)          /* display 2-digit hex number */
{
  unsigned int i;

  i = (number >> 4) & 0x0F;                 // 16^1
  if(i <= 9) LCD_data(i + '0');
  else       LCD_data(i - 10 + 'A');

  i = number & 0x0F;                        // 16^0
  if(i <= 9) LCD_data(i + '0');
  else       LCD_data(i - 10 + 'A');
}

void LCD_8bin(unsigned int number)          /* display 8-bit binary number */
{
```

```
    LCD_data(((number >> 7) & 0x01) + '0');          // 2^7
    LCD_data(((number >> 6) & 0x01) + '0');          // 2^6
    LCD_data(((number >> 5) & 0x01) + '0');          // 2^5
    LCD_data(((number >> 4) & 0x01) + '0');          // 2^4
    LCD_data(((number >> 3) & 0x01) + '0');          // 2^3
    LCD_data(((number >> 2) & 0x01) + '0');          // 2^2
    LCD_data(((number >> 1) & 0x01) + '0');          // 2^1
    LCD_data((number & 0x01) + '0');                 // 2^0
}
```

☞ 텍스트 LCD 모듈에 수치 데이터를 출력하려면 위에서와 같이 사용자 정의 함수에서 숫자의 각 자리를 1문자의 ASCII 코드로 변환하여 출력하면 된다. 원리를 알고 이해하면 이러한 루틴이 그다지 어려운 것은 아니기 때문에 필요할 때마다 이렇게 사용자 정의 함수를 만들어 사용할 수 있다.

10진수에서는 각 자리의 수가 0~9로 되지만, 16진수에서는 0~F로 되어야 하며, 2진수에서는 1비트가 1자리가 된다. 10진수는 10의 멱급수로 표시할 수 있으므로 각 자리는 10의 누승 데이터로 나눈 몫으로 구할 수 있으며, 이렇게 구한 각 자리의 수를 ASCII 문자로 변환하면 된다. 예를 들어 234는

$$234 = 2\times10^2 + 3\times10^1 + 4\times10^0$$

으로 표시되므로 100자리의 수는 234를 10^2에 해당하는 100으로 나눈 몫이며, 10자리의 수는 그 나머지를 다시 10^1에 해당하는 10으로 나눈 몫이고, 1자리의 수는 최종적인 나머지가 된다. 그러나, 16진수는 이보다 처리가 훨씬 용이하여 최하위 비트부터 4비트씩 끊어나가면 각 4비트 단위의 수가 그대로 1자리의 16진수로 된다.

10진수에서는 1~9의 숫자가 처음으로 나타나기 전에 왼쪽에 붙는 0은 의미가 없어서 표시하지 않는 것이 일반적이므로 이를 처리하기 위하여 flag이라는 변수를 사용하고 있는 부분에 주목하고, main 함수에서는 for 문이나 while 문을 사용한 반복처리 기법을 확실히 이해하라.

구구단 루틴에서는 다중루프(nested loop)를 사용하고 있으니 프로그램의 흐름을 세심하고 정확하게 파악하여야 한다. 또한, 위의 예제에서 변화하는 숫자들을 빠른 속도로 텍스트 LCD 모듈에 표시하면 사람의 눈으로 읽기가 어려우므로 시간지연 루틴을 사용하여 0.5초나 1초 간격으로 천천히 디스플레이하였다.

▣ 헤더파일 OK-MKL25Z.h에서 제공하는 함수를 사용하는 정수 데이터 출력

OK-MKL25Z 키트용의 기본 헤더파일 OK-MKL25Z.h에는 수치 데이터 표현을 위한 사용자 함수를 만들어 제공한다. 이 출력함수는 표현할 수치 데이터의 자릿수를 파라미터로 지정하게 되어 있으므로 출력할 데이터의 길이에 상관없이 일반적으로 사용할 수 있다는 점에서 편리하며, C컴파일러의 printf() 함수를 사용하는 %서식 지정 방법에 비하여 훨씬 더 간편하고 실행속도가 빠르며 적은 메모리 용량을 차지한다는 점에서 우수하다. 앞으로의 예제 프로그램에서는 대부분 이 방법을 사용할 것이다.

위의 예제 프로그램 Exp06_4_2.c를 OK-MKL25Z.h에서 제공하는 함수를 사용하여 수정하면 다음과 같다. 전체적으로 소스가 훨씬 간단해졌음을 알 수 있다.

<프로그램 Exp06_4_3.c> 정수 데이터의 출력 예제(2)

```
/* ============================================================================ */
/*             Exp06_4_3_integer(2).c : 정수 데이터 출력 프로그램(2)              */
/* ============================================================================ */
/*                                    Programmed by Duck-Yong Yoon in 2016.     */

#include <MKL25Z4.h>
#include "OK-MKL25Z.h"

int main(void)
{
  unsigned int i, j;

  Initialize_MCU();                             // initialize MCU and kit
  Delay_ms(50);                                 // wait for system stabilization
  Initialize_LCD();                             // initialize text LCD module

  while(1)
    { LCD_string(0x80," INTEGER = 000   ");     // display 8-bit integer
      LCD_string(0xC0,"= 00H = 00000000");
      Beep();

      for(i = 0; i <= 255; i++)                 // integer number from 0 to 255
        { LCD_command(0x8B);                    // decimal number
          LCD_unsigned_decimal(i,0,3);
          LCD_command(0xC2);                    // hexadecimal number
          LCD_hexadecimal(i,2);
          LCD_command(0xC8);                    // binary number
          LCD_binary(i,8);
          Delay_ms(1000);
        }

      LCD_string(0x80," MULTI TABLE(1)  ");     // display multiplication table(1)
      LCD_string(0xC0,"    0 x 0 = 00   ");
      Beep();

      for(i = 2; i <= 9; i++)
        for(j = 1; j <= 9; j++)
          { LCD_command(0xC3);                  // display multiplicand
            LCD_data(i+'0');
            LCD_command(0xC7);                  // display multiplier
            LCD_data(j+'0');
            LCD_command(0xCB);                  // display multiplication
            LCD_unsigned_decimal(i*j,0,2);
            Delay_ms(1000);
          }

      LCD_string(0x80," MULTI TABLE(2)  ");     // display multiplication table(2)
      LCD_string(0xC0," 00 x 00 = 0000 ");
      Beep();

      for(i = 10; i <= 90; i += 10)
        for(j = 10; j <= 90; j += 10)
          { LCD_command(0xC1);                  // display multiplicand
            LCD_unsigned_decimal(i,0,2);
            LCD_command(0xC6);                  // display multiplier
            LCD_unsigned_decimal(j,0,2);
            LCD_command(0xCB);                  // display multiplication
            LCD_unsigned_decimal(i*j,0,4);
            Delay_ms(1000);
          }
    }
}
```

■ 헤더파일 OK-MKL25Z.h에서 제공하는 함수를 사용하는 실수 데이터 출력

다음에는 텍스트 LCD 모듈에 수치 데이터 중에서 부동소수점수(floating-point number) 즉 실수(real number)를 디스플레이하는 프로그래밍 기술을 익혀보기로 한다. 일단 여기서는 양의 실수만 예를 든다. 실수의 경우에도 헤더파일 OK-MKL25Z.h에 수치 데이터를 LCD 모듈에 출력하기 위한 사용자 함수를 만들어 놓았다. 이 함수들은 출력할 데이터의 길이에 상관없이 일반적으로 사용할 수 있도록 정수부의 자리수와 소수부의 자리수를 지정할 수 있도록 하였다.

헤더파일 OK-MKL25Z.h에서 제공하는 함수를 사용하여 간편하게 실수의 구구단 프로그램을 C언어를 사용하여 작성하여 보면 다음과 같다.

<프로그램 Exp06_4_4.c> 실수 데이터의 출력

```
/* ========================================================================== */
/*              Exp06_4_4_float.c : 실수 데이터 출력 프로그램                  */
/* ========================================================================== */
/*                                  Programmed by Duck-Yong Yoon in 2016.     */

#include <MKL25Z4.h>
#include "OK-MKL25Z.h"

int main(void)
{
  unsigned int i, j;
  float x, y;

  Initialize_MCU();                             // initialize MCU and kit
  Delay_ms(50);                                 // wait for system stabilization
  Initialize_LCD();                             // initialize text LCD module

  while(1)
    { Beep();
      LCD_string(0x80," FLOAT MULTIPLY ");     // display title
      LCD_string(0xC0,"0.0 x 0.0 =00.00");
      Delay_ms(1000);

      x = 0.0;                                  // initial floating-point number
      for(i = 1; i <= 9; i++)
        { x += 1.1;
          y = 0.0;
          for(j = 1; j <= 9; j++)
            { y += 1.1;
              LCD_command(0xC0);                // display multiplicand
              LCD_unsigned_float(x,1,1);
              LCD_command(0xC6);                // display multiplier
              LCD_unsigned_float(y,1,1);
              LCD_command(0xCB);                // display multiplication
              LCD_unsigned_float(x*y,2,2);
              Delay_ms(1000);
            }
        }
    }
}
```

6.5 TFT-LCD 모듈 영문 ASCII 출력 프로그램

(1) TFT-LCD 컨트롤러 HX8347-A

OK-MKL25Z 키트에서 사용하고 있는 *TFT-32A* 보드의 3.2인치 TFT-LCD 모듈에는 컨트롤러로서 Himax사의 HX8347-A 소자를 사용한다. 이것은 소스 드라이버, 게이트 드라이버, 그래픽 RAM(GRAM)을 모두 포함하고 있는 소형 TFT-LCD 모듈의 컨트롤러로서 최대 240RGB×320의 해상도와 262,144 컬러를 지원한다.

HX8347 소자는 외부와 시스템 인터페이스 방식, RGB 인터페이스 방식, SPI 방식으로 접속할 수 있으며, 픽셀당 18비트를 사용하면 R = G = B = 6비트로 총 262,144 컬러를 표현할 수도 있고, 만약 픽셀당 16비트를 사용하면 R = 5비트, G = 6비트, B = 5비트로 총 65,536 컬러를 표현할 수 있다. 시스템 인터페이스 방식에서 외부와의 데이터 버스는 8비트, 16비트, 18비트 중에 임의로 선택하여 사용할 수 있다.

모든 내부 로직과 I/O 인터페이스는 IOVCC = 1.65V～3.3V의 범위에서 동작하고, 드라이버 회로는 VCI = 2.3V～3.3V의 범위에서 동작하며, 정상적인 동작 온도 범위는 -40～+85℃이다. 따라서, 이 TFT-LCD 컨트롤러나 이를 사용한 TFT-LCD 모듈의 데이터 시트에서는 +2.8V의 전원을 사용하도록 권장하지만 우리의 *OK-MKL25Z* 키트에서처럼 여기에 +3.3V 전원을 사용하더라도 아무 문제가 없다.

▣ CPU 인터페이스 방식

HX8347은 시스템 인터페이스 방식, RGB 인터페이스 방식, SPI 인터페이스 방식을 모두 지원하며, 시스템 인터페이스 방식에서는 인텔 8080형의 동작 파형과 모토롤라 MC6800형의 동작 파형을 선택적으로 사용할 수 있다. 어느 인터페이스 방식을 사용하든지 GRAM에 전송하는 픽셀 데이터는 18비트 또는 16비트를 선택하여 사용할 수 있으며, 시스템 인터페이스 방식에서는 하드웨어적으로 접속하는 병렬 버스를 8비트, 16비트, 18비트 중에서 임의로 선택하여 사용할 수 있다.

이러한 모든 설정은 HX8347의 외부 핀과 내부 제어 레지스터를 사용하여 수행되는데, 우리가 사용하는 TFT-LCD 모듈에서는 이러한 사양을 인텔 8080형의 동작 파형으로 16비트 병렬 버스에 의한 시스템 인터페이스 방식을 사용하도록 하드웨어가 고정되어 있으며, 따라서 총 표시 가능한 컬러도 65,536가지로 제한된다. HX8347에서 16비트 병렬 버스를 사용하는 경우에는 데이터 버스의 D17～D0 중에서 D15～D0을 사용한다.

<그림 6.11>에는 시스템 인터페이스 방식에서 16비트 버스로 인덱스 레지스터를

통하여 제어 레지스터를 설정하거나 또는 GRAM에 픽셀 데이터를 출력하는 동작 타이밍도를 보였다. 이 그림에서 보듯이 HX8347의 어느 제어 레지스터에 값을 쓰려면 먼저 인덱스 레지스터에 목적 레지스터 번호를 지정하고 나서 해당 레지스터에 값을 써주면 된다. 처음에 화면의 픽셀 위치를 지정하고 나서 22번의 데이터 레지스터에 컬러 값을 쓸 경우에는 연속적으로 쓰면 픽셀이 화면의 우측으로 자동으로 이동되면서 써진다.

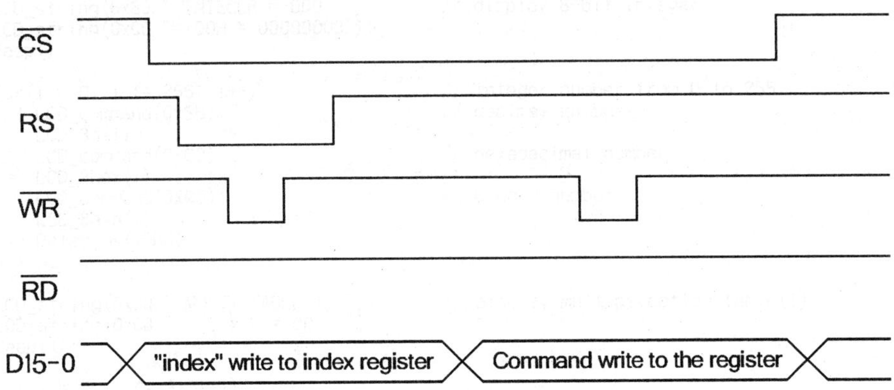

(a) 제어 레지스터값의 설정

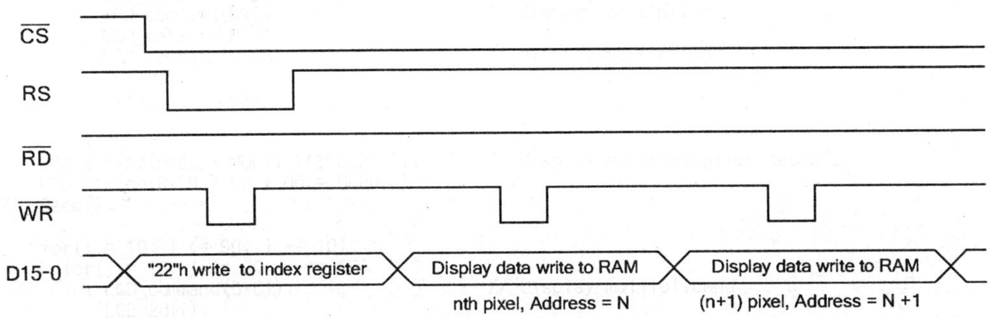

(b) GRAM 데이터 출력

<그림 6.11> HX8347의 시스템 인터페이스 방식에서 데이터 쓰기

HX8347-A가 인텔 8080형의 시스템 인터페이스 동작에서 read/write 동작을 수행하는 정확한 타이밍도는 이미 앞의 <그림 3.6>에서 보인 바가 있다. TFT-LCD 모듈의 화면처리 속도를 빠르게 하려면 이 동작 타이밍도에 명시된 사양의 범위에서 최대한 데이터 액세스 속도를 빠르게 수행하는 것이 필요하다.

▣ 픽셀의 컬러 데이터 포맷

GRAM의 데이터가 각 픽셀에 컬러를 표현하는 포맷에는 <그림 6.12> (a)와 같이 18비트 포맷을 사용할 수도 있고, (b)와 같이 16비트 포맷을 사용할 수도 있다. 이 책의 *OK-MKL25Z* 키트에서 사용하는 TFT-LCD 모듈 소자는 항상 16비트 포맷을 사용하여 65,536 가지의 컬러를 표시할 수 있도록 정해져 있다.

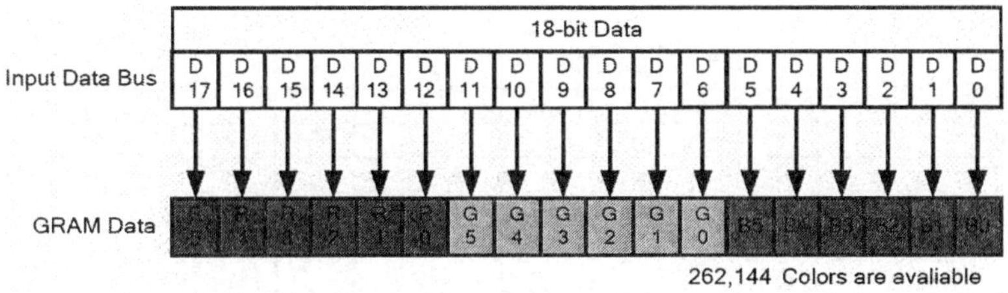

(a) 18비트 데이터 포맷

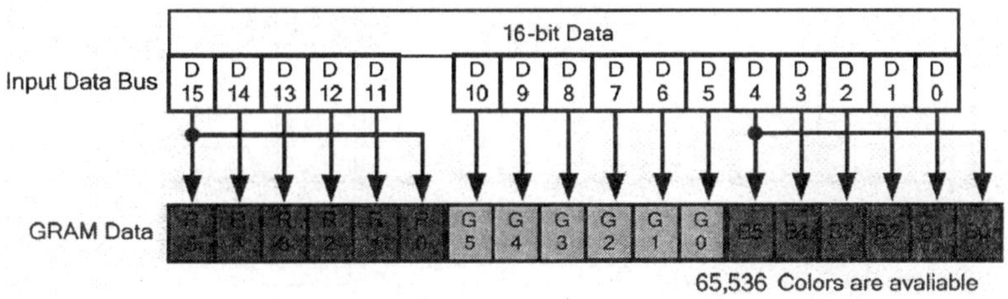

(b) 16비트 데이터 포맷

<그림 6.12> TFT-LCD 모듈의 1픽셀을 표시하는 데이터 포맷

▣ 소스 및 게이트 드라이브

HX8347의 내부에는 5.5MHz의 시스템 클록 발생기를 가지고 있어서 외부의 클록 입력이 없이 이것으로 동작할 수 있다. 수직 방향으로는 240개의 픽셀에 대응하는 RGB 신호선(S1～S720)이 있어서 소스 드라이버 회로는 GRAM에 저장되어 있는 디지털 이미지 데이터를 각 신호선에 해당하는 아날로그 전압으로 변환하여 이를 구동하게 된다. 이러한 그레이 스케일 전압(gray scale voltage) V0～V63을 발생하는데는 D/A 컨버터와 연산 증폭기 회로가 사용되는데, 이에 필요한 +, -전압은 내부의 DC-DC 컨버터에서 자체적으로 만들어 공급한다.

또한, 수평 방향으로는 320개의 게이트 채널 신호선(G1～G320)이 존재하여 각 픽셀 라인을 순차적으로 구동하는데, 여기에는 내부의 DC-DC 컨버터에서 만든 VGH = +9.0V～+16.5V의 전압과 VGL = -6.0V～-13.5V의 전압이 사용된다.

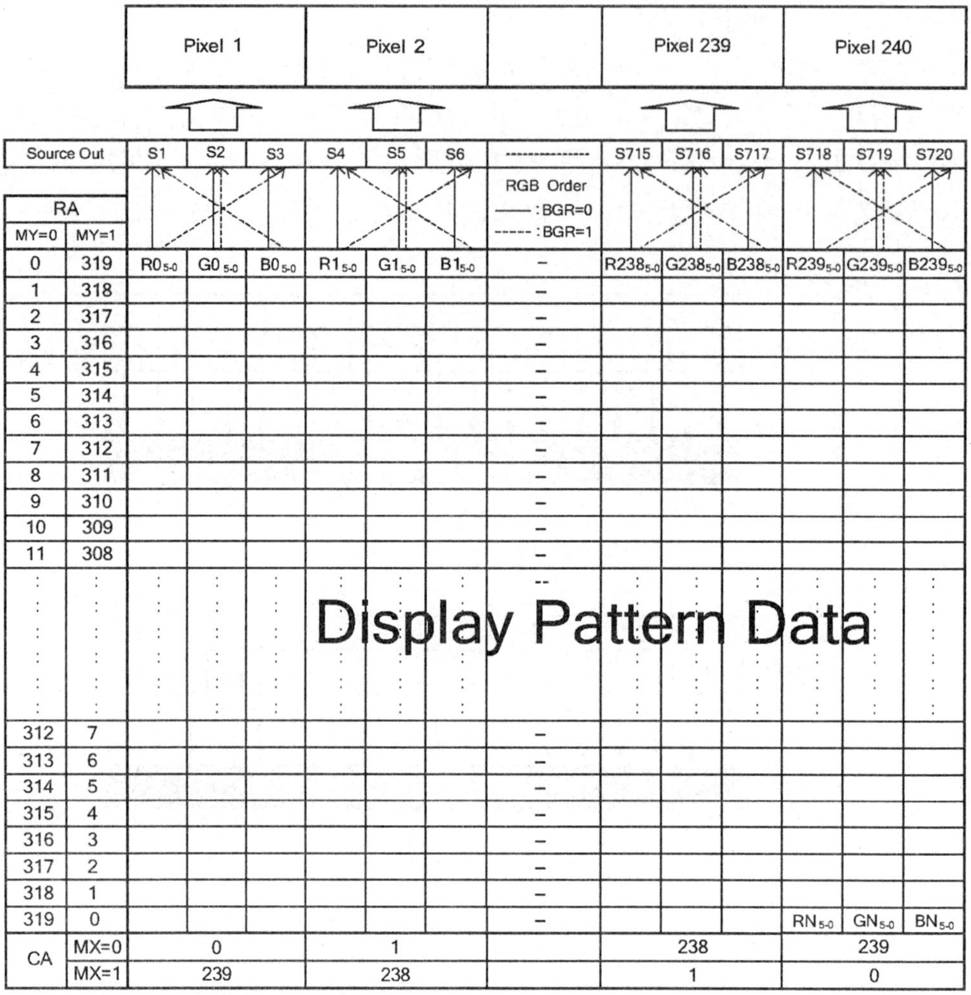

RA = Row Address
CA = Column Address
MX = Mirror X-axis (Column address direction parameter),
D6 parameter of Memory Access Control command
MY = Mirror Y-axis (Row address direction parameter),
D7 parameter of Memory Access Control command
RGB = Red, Green and Blue pixel position change,
D3 parameter of Memory Access Control command

〈그림 6.13〉 HX8347의 GRAM과 소스 드라이버 및 게이트 드라이버의 관계

▣ GRAM 액세스

HX8347의 내부에는 GRAM을 액세스할 때 어드레스를 관리하는 어드레스 카운터(AC ; Address Counter)가 있는데, 이 어드레스 값은 X = 0~239, Y = 0~319의 범위에서 사용된다.

Display Data Direction	MADCTR parameter MV	MX	MY	Image in the Host	Image in the Driver (GRAM)
Normal	0	0	0		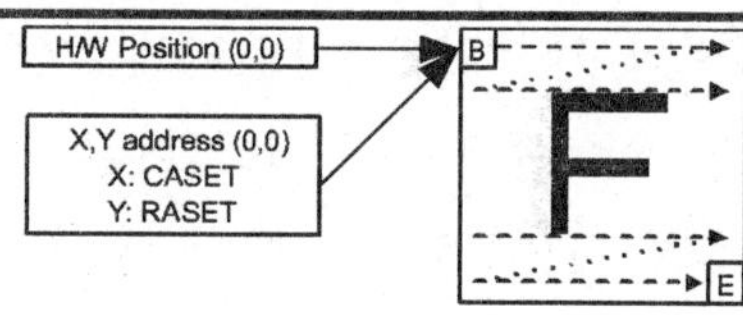
Y-Mirror	0	0	1	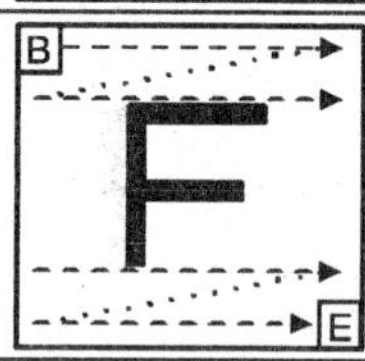	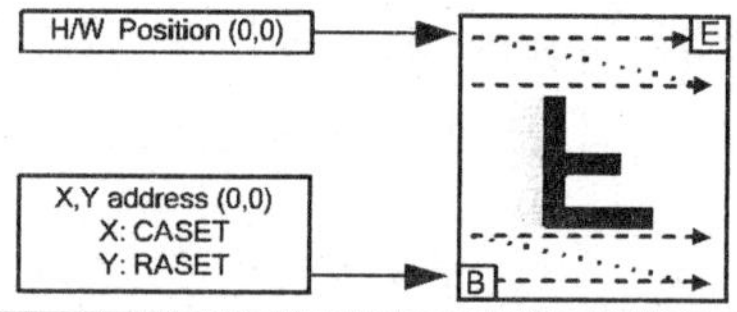
X-Mirror	0	1	0	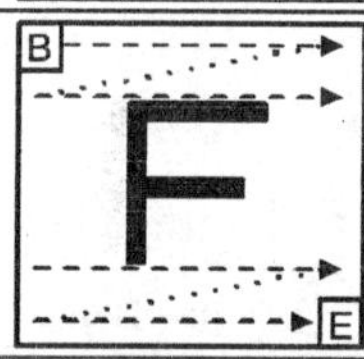	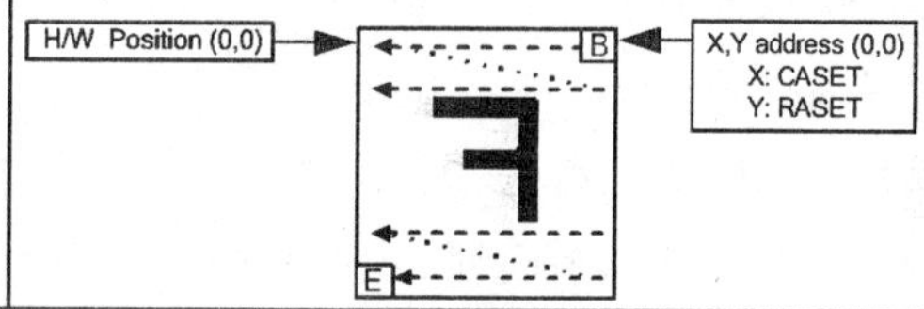
X-Mirror Y-Mirror	0	1	1	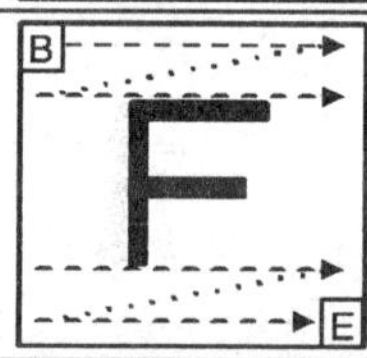	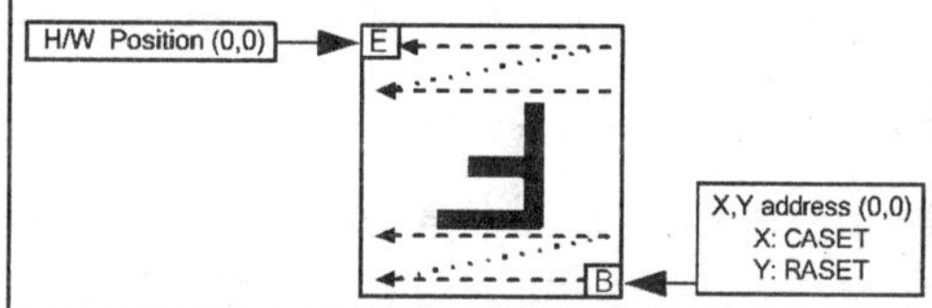
X-Y Exchange	1	0	0	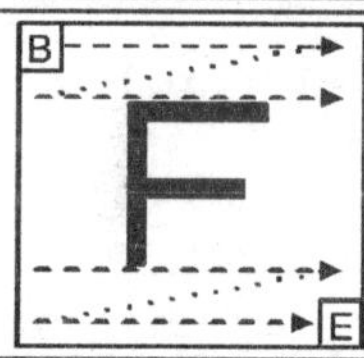	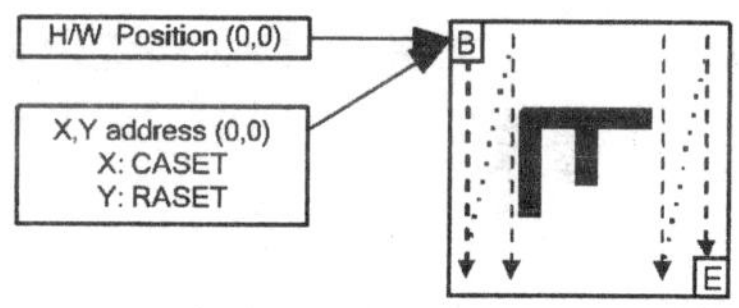
X-Y Exchange Y-Mirror	1	0	1	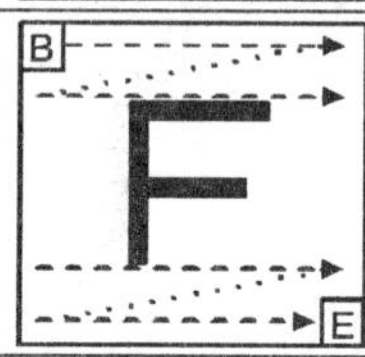	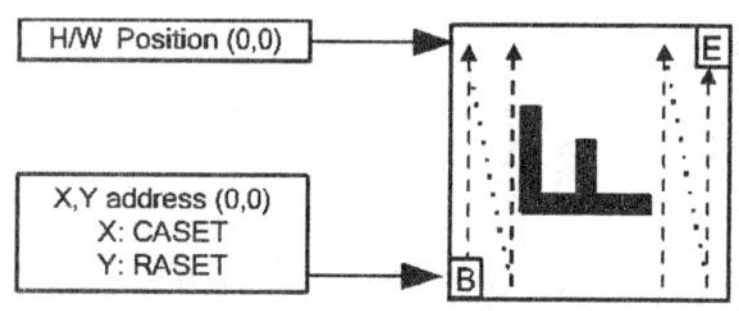
X-Y Exchange X-Mirror	1	1	0	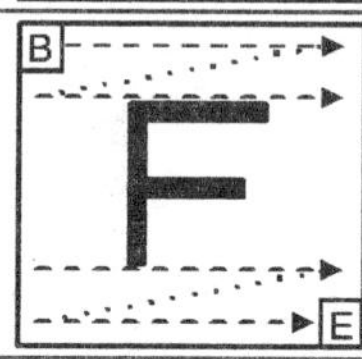	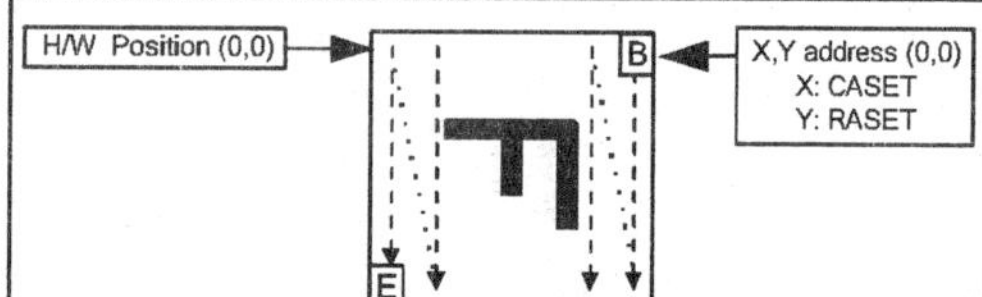
X-Y Exchange X-Mirror Y-Mirror	1	1	1	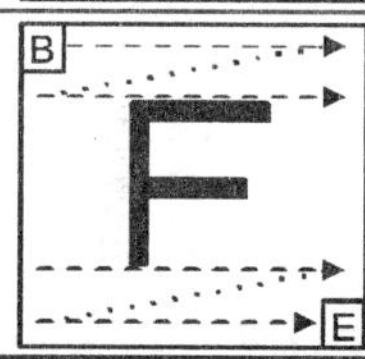	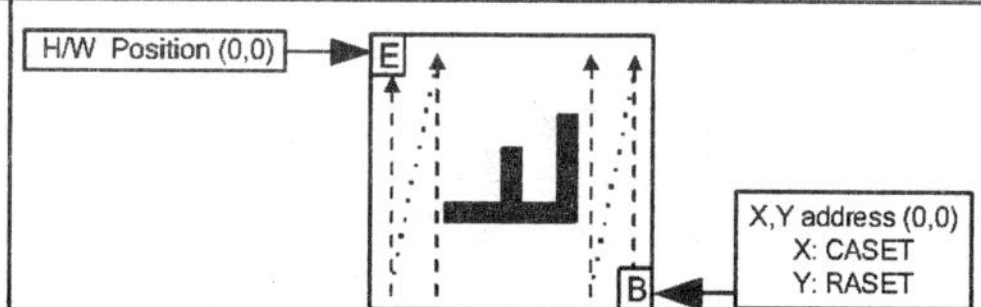

〈그림 6.14〉 HX8347의 GRAM을 액세스하는 어드레스 방향 설정 방법

CPU가 GRAM을 액세스할 때마다 이 어드레스 값은 1씩 증가하거나 감소하는데, 이는 제어 레지스터 R16의 MV, MX, MY 비트 설정에 따라 결정된다. 화면에 출력할 이미지 데이터를 GRAM에 출력할 때나 또는 GRAM을 읽고자 할 때 어드레스의 변화의 시작점을 B로 표시하고 끝점을 E로 표시할 때 제어 레지스터 R16의 MV, MX, MY 비트 설정에 따라 GRAM을 액세스하는 방법을 요약하면 <그림 6.14>와 같다. 화면에 출력하는 이미지는 세로방향으로 긴 초상화(portrait) 모드와 가로방향으로 긴 풍경화(landscape) 모드가 있는데 이들 각각의 경우에 화면이 올바르게 표시되도록 하려면 이러한 설정 방법을 잘 알아두어야 한다.

▣ HX8347의 초기화

HX8347-A를 초기화하는 방법은 이 제품의 응용노트에서 설명하고 있으므로 사용자는 이를 참조하는 것이 좋다. 초기화 함수의 처음에는 일반적으로 HX8347-A의 리셋 기능을 수행하는데, 하드웨어적인 리셋 신호는 10μs 이상의 하강 펄스(low pulse)로 충분하지만 이 신호에 의하여 HX8347-A가 내부적으로 리셋동작을 완료하는데는 최대 120ms까지 소요되므로 CPU가 리셋 신호를 출력한 후에 적어도 120ms 이상동안을 대기하였다가 초기화 동작을 시작하는 것이 바람직하다.

이 책에서는 TFT-LCD 모듈에 대한 C언어 프로그래밍을 위하여 *OK-MKL25Z* 키트의 기본 헤더파일 OK-MKL25Z.h에 HX8347-A의 초기화 함수 및 기타 관련 함수를 제공하고 있다.

◀참고▶ Himax사에서 제공하는 HX8347 제품은 버전이 HX8347-A에서 HX8347-G까지 있는데, 이것들의 기능은 조금씩 다르므로 이들 사이에는 소프트웨어의 호환이 이루어지지 않는다. 당연히 초기화 루틴도 각 제품에 따라 달라진다.

(2) 영문 ASCII 문자의 출력 원리

▣ TFT-LCD 화면의 구성

TFT-32A 보드에서 사용하는 3.2인치 TFT-LCD 모듈의 화면은 <그림 6.15>와 같이 240×320 픽셀의 해상도를 가진다. 그러나, 대부분의 TFT-LCD 컨트롤러는 화면을 여러 방향으로 자유자재로 사용할 수 있도록 제어하는 기능을 가지고 있다. 그림의 (a)처럼 TFT-LCD의 화면을 세로로 길게 사용하는 것을 초상화 모드(portrait mode)라고 하며, 이 때는 화면의 (x, y) 좌표가 그림처럼 좌측 상단이 (0, 0)이고 우측 하단이 (239, 319)로 된다. 또한, 그림의 (b)처럼 TFT-LCD의 화면을 가로로 길게 사용하

는 것을 풍경화 모드(landscape mode)라고 하며, 이 때는 화면의 (x, y) 좌표가 그림처럼 좌측 상단이 (0, 0)이고 우측 하단이 (319, 239)로 된다.

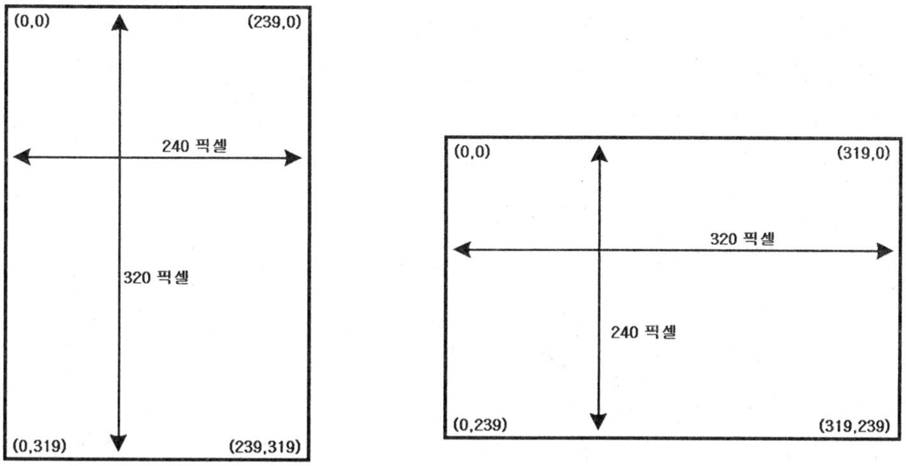

(a) 초상화 모드 (b) 풍경화 모드

<그림 6.15> *TFT-32A* 보드의 TFT-LCD 화면 구조

TFT-LCD 모듈의 화면에 이미지 데이터를 출력할 때는 각 픽셀 좌표 (x, y)의 어드레스를 지정하고 데이터를 출력하면 된다. 그러나, 연속적인 픽셀에 대량의 데이터를 출력할 때는 이처럼 각 픽셀의 주소와 데이터를 반복하여 출력하게 되면 화면처리 속도가 상당히 떨어지게 되므로 처음에 한번 시작주소를 출력하고 나면 그 이후에는 데이터만을 연속적으로 출력하는 것이 바람직하다.

즉, 초상화 모드에서는 y=0인 상태에서 x=0~239의 픽셀에 대하여 연속적으로 데이터를 출력하고, 이후에 계속하여 데이터를 출력하면 자동으로 y=1로 바뀌면서 다시 x=0~239의 픽셀에 대하여 연속적으로 데이터를 출력하게 된다. 이런 동작을 y=319까지 계속 수행하면 1화면 분량의 데이터를 고속으로 출력할 수 있다. 한편, 풍경화 모드에서는 y=0인 상태에서 x=0~319의 픽셀에 대하여 연속적으로 데이터를 출력하고, 이후에 계속하여 데이터를 출력하면 자동으로 y=1로 바뀌면서 다시 x=0~319의 픽셀에 대하여 연속적으로 데이터를 출력하게 된다. 이런 동작을 y=239까지 계속 수행하면 1화면 분량의 데이터를 고속으로 출력할 수 있다.

대부분의 TFT-LCD 컨트롤러는 이와 같은 방법으로 초상화 모드와 풍경화 모드의 화면 출력 기능을 지원한다. 그러나, 그 세부적인 동작은 TFT-LCD 컨트롤러마다 조금씩 다르므로 세심하게 살펴서 사용해야 한다. HX8347은 초상화 모드와 풍경화 모드의 화면 출력 기능을 자유롭게 지원한다.

HX8347-A에서 화면을 초기화 설정할 때는 제어 레지스터 R36에서 SS_PANEL = 1, GS_PANEL = REV_PANEL = BGR_PANEL = 0으로 설정한다. 이 상태에서 초상화 모드를 사용하려면 제어 레지스터 R16에서 MV=0, MX=0, MY=0, BGR=1로 설정하여 TFT-LCD 모듈의 화면을 <그림 6.14>의 첫번째 그림처럼 동작시키면 된다. 이 때는 R04~R05에서 x방향 어드레스(column address)의 끝을 239로 지정하고, R08~R09에서 y방향 어드레스(row address)의 끝을 319로 지정해야 한다.

한편, 풍경화 모드는 제어 레지스터 R16에서 MV=1, MX=1, MY=0, BGR=1로 설정하여 TFT-LCD 모듈의 화면을 <그림 6.14>의 일곱번째 그림처럼 동작시키면 된다. 이때는 x, y의 좌표마저도 그에 따라 변경되므로 R04~R05에서 x방향 어드레스(column address)의 끝을 319로 지정하고, R08~R09에서 y방향 어드레스(row address)의 끝을 239로 지정해야 한다.

OK-MKL25Z 키트에서는 TFT-LCD 모듈의 화면을 기본적으로 풍경화 모드에서 사용하며, 특별한 경우에만 초상화 모드로 바꾸어 사용한다.

▣ 영문 ASCII 문자 화면표시의 기초

영문 ASCII 문자를 화면에 표시하는데는 최소한 가로×세로 = 5×8 픽셀의 문자 박스(character box)에 가로×세로 = 5×7 픽셀의 문자 폰트(character font)를 만들면 된다. 그러나, TFT-LCD 모듈의 화면을 완전히 영문 전용으로만 사용한다면 이렇게 할 수도 있지만, 하나의 화면에 한글과 영문이 혼용되어 표시되는 경우라면 영문 ASCII 글자들의 모양과 크기가 한글 글자들과 균형 및 조화를 이루어야 하므로 이렇게 처리하면 곤란하다.

한글의 표시에는 최소한 가로×세로 = 16×16 픽셀의 문자 박스가 필요하다는 점을 고려하여, 영문 ASCII 문자들이 한글 글자와 높이는 비슷하고 좌우 폭은 한글의 ½이 되도록 가로×세로 = 8×16 픽셀의 문자 박스를 사용하는 것이 가장 바람직하다. 이러한 방식의 한글을 전각 문자라고 하고 영문을 반각 문자라고 한다.

이렇게 하면 이 책에서 사용하는 240×320 픽셀 해상도의 TFT-LCD 모듈 화면에 표시할 수 있는 영문 ASCII 문자는 <그림 6.16>과 같다. 즉, 초상화 모드에서는 그림의 (a)처럼 30열×20행의 영문 ASCII 문자를 표시할 수 있고, 풍경화 모드에서는 그림의 (b)처럼 40열×15행의 영문 ASCII 문자를 표시할 수 있게 된다. 각각의 경우에 세로 방향으로는 1문자가 16픽셀로 구성되지만 문자를 표시하는 위치는 8픽셀 단위로 지정할 수 있게 하면 행 간격을 1문자 또는 ½문자씩 둘 수 있다.

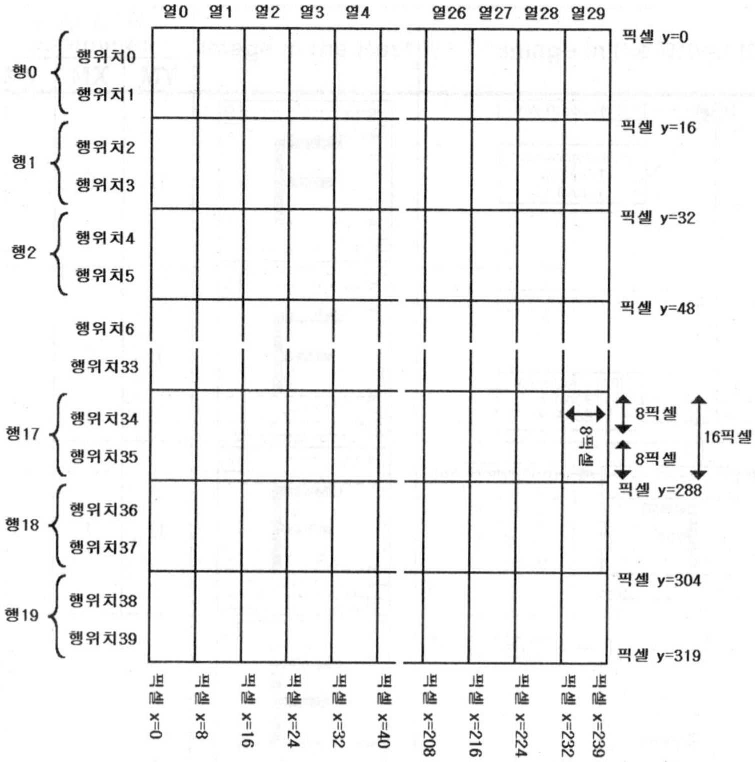

(a) 초상화 모드

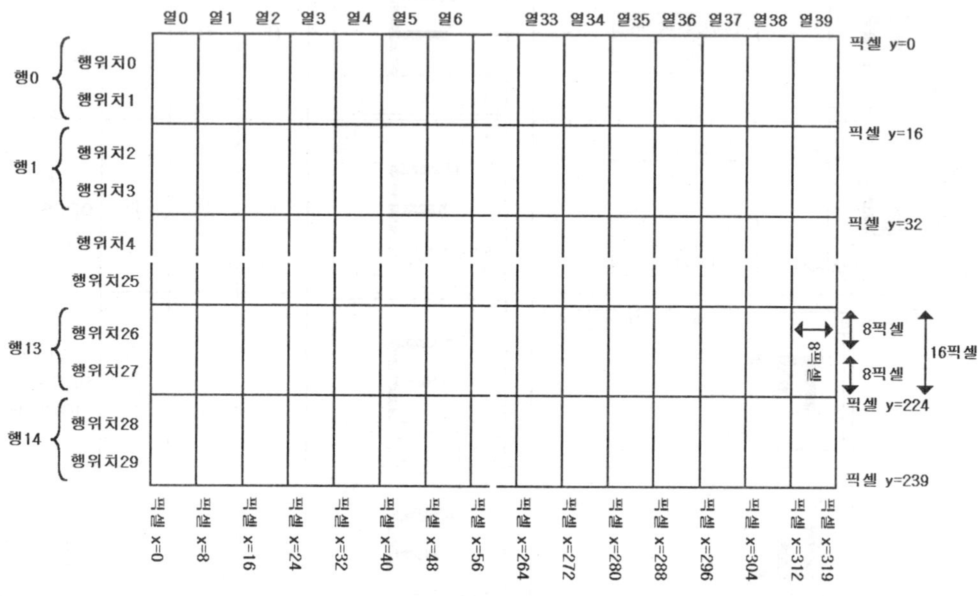

(b) 풍경화 모드

<그림 6.16> TFT-LCD 모듈 화면에 8×16 픽셀의 영문 ASCII 문자를 표시하는 방법

<표 6.11> 표준 ASCII 코드표

코드값	문자	코드값	문자	코드값	문자	코드값	문자
0x00	NUL	0x20	space	0x40	@	0x60	`
0x01	SOH	0x21	!	0x41	A	0x61	a
0x02	STX	0x22	"	0x42	B	0x62	b
0x03	ETX	0x23	#	0x43	C	0x63	c
0x04	EOT	0x24	$	0x44	D	0x64	d
0x05	ENQ	0x25	%	0x45	E	0x65	e
0x06	ACK	0x26	&	0x46	F	0x66	f
0x07	BEL	0x27	'	0x47	G	0x67	g
0x08	BS	0x28	(	0x48	H	0x68	h
0x09	HT	0x29	)	0x49	I	0x69	i
0x0A	LF	0x2A	*	0x4A	J	0x6A	j
0x0B	VT	0x2B	+	0x4B	K	0x6B	k
0x0C	FF	0x2C	,	0x4C	L	0x6C	l
0x0D	CR	0x2D	-	0x4D	M	0x6D	m
0x0E	SO	0x2E	.	0x4E	N	0x6E	n
0x0F	SI	0x2F	/	0x4F	O	0x6F	o
0x10	DLE	0x30	0	0x50	P	0x70	p
0x11	DC1	0x31	1	0x51	Q	0x71	q
0x12	DC2	0x32	2	0x52	R	0x72	r
0x13	DC3	0x33	3	0x53	S	0x73	s
0x14	DC4	0x34	4	0x54	T	0x74	t
0x15	NAK	0x35	5	0x55	U	0x75	u
0x16	SYN	0x36	6	0x56	V	0x76	v
0x17	ETB	0x37	7	0x57	W	0x77	w
0x18	CAN	0x38	8	0x58	X	0x78	x
0x19	EM	0x39	9	0x59	Y	0x79	y
0x1A	SUB	0x3A	:	0x5A	Z	0x7A	z
0x1B	ESC	0x3B	;	0x5B	[	0x7B	{
0x1C	FS	0x3C	<	0x5C	\	0x7C	|
0x1D	GS	0x3D	=	0x5D	]	0x7D	}
0x1E	RS	0x3E	>	0x5E	^	0x7E	~
0x1F	US	0x3F	?	0x5F	_	0x7F	DEL

<표 6.11>에는 표준 ASCII 코드표를 보였다. ASCII 코드란 컴퓨터와 컴퓨터 사이의 정보교환 또는 컴퓨터와 주변장치 사이의 정보교환을 위하여 만든 7비트, 128문자의 국제표준 코드인데, 이 ASCII 코드의 128문자 중에서 0x20~0x7E(총 95자)는 도형문자로서 영문의 대/소문자, 아라비아 숫자, 각종 문장부호 등을 표현하는데 사용되고, 0x00~0x1F 및 0x7F(총 33자)는 기능제어 문자로서 주변장치의 제어, 직렬통신 제어 등에 사용된다. 따라서, 화면에 표시되는 코드는 원칙적으로 95자의 도형문자에만 해당되지만, IBM PC의 모니터에서와 같이 특별한 경우에는 기능제어 문자에 해당하는 33자에 사용자가 임의의 도형문자를 정의하여 사용하기도 한다. 그러나, 우리나라에서는 기본적으로 ASCII 코드를 8비트로 정의하며, 표준 ASCII 문자의 경우에는 최상위 비트를 b7=0으로 하여 128문자를 수용하고, b7=1인 경우에는 이 8비트 코드값과 그 다음에 오는 1바이트를 하나로 연결하여 총 16비트의 한글 및 한자 코드로 사용하고 있다.

▣ 영문 ASCII 문자 화면표시

TFT-LCD 모듈의 화면에 8×16 픽셀 크기의 영문 ASCII 문자를 표시하기 위한 문자의 폰트 구조를 보이면 <그림 6.17>과 같다. 먼저, 각 영문 ASCII 문자의 폰트는 각 픽셀에 대응하는 비트들을 세로 방향으로 모아서 2진수 1바이트 데이터를 구성하는데 위쪽이 LSB, 아래쪽이 MSB가 되도록 1바이트 데이터를 만들어야 한다.

이렇게 만들어진 데이터들을 수평방향으로 8바이트를 연속하여 배열하고, 윗줄이 끝나면 아랫줄에 대하여도 동일한 방식으로 8바이트를 배열한다. 따라서, 영문 ASCII 문자 1개에는 모두 16바이트의 폰트 데이터가 필요하다.

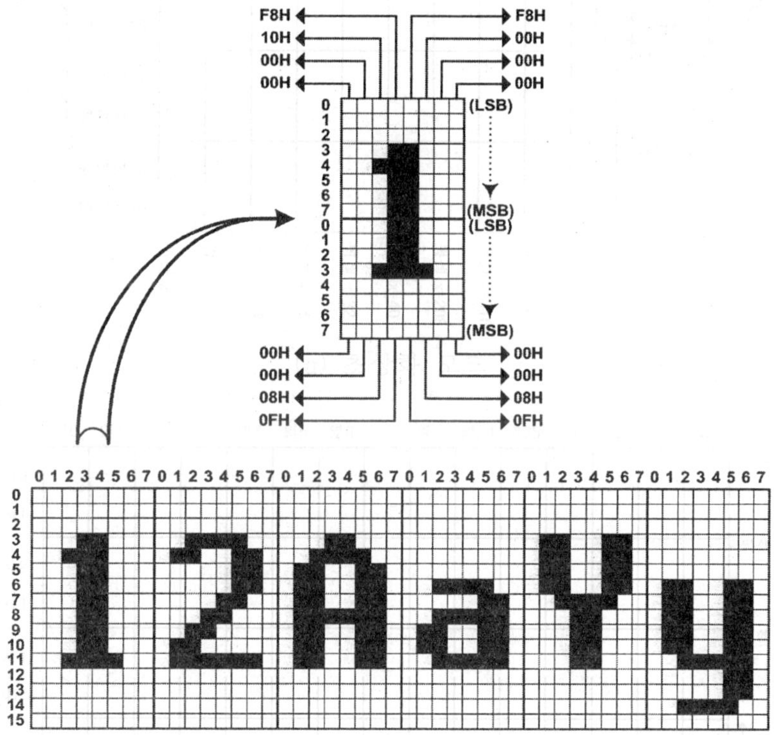

<그림 6.17> 8×16 픽셀의 문자 박스로 표시된 영문 ASCII 문자의 폰트 구조

예를 들어서 ASCII 문자 "1"을 화면의 첫번째 행, 첫번째 열에 표시하고자 한다면 이에 해당하는 ASCII 코드값 0x31이 메인 루틴으로부터 영문 ASCII 문자 디스플레이 서브루틴으로 전달된다. 그러면 이 디스플레이 루틴은 미리 준비되어 있는 폰트 테이블로부터 이 문자 "1"에 해당하는 16바이트의 폰트 데이터를 찾아낸 후에, 먼저 행위치(y)=0, 열위치(x)=0으로 놓고 0x00, 0x00, 0x10, 0xF8, 0xF8, 0x00, 0x00, 0x00의 8

바이트 폰트 데이터를 차례로 픽셀의 컬러 데이터로 변환하여 TFT-LCD 모듈에 출력한다. 이어서 디스플레이 루틴은 다시 행위치(y)=1, 열위치(x)=0으로 놓고 8바이트의 폰트 데이터 0x00, 0x00, 0x08, 0x0F, 0x0F, 0x08, 0x00, 0x00을 차례로 픽셀의 컬러 데이터로 변환하여 TFT-LCD 모듈에 출력한다. 이렇게 16바이트의 폰트 데이터에 대한 값을 컬러 데이터로 변환하여 TFT-LCD 모듈에 출력하면 1개의 영문 ASCII 문자가 모두 완성된다.

컬러 TFT-LCD 모듈에서 폰트 데이터를 각 픽셀의 컬러 데이터로 변환하는 동작은 단색 그래픽 LCD 모듈에서와 전혀 다르다는 것에 유의해야 한다. 즉, 단색 그래픽 LCD 모듈에서는 폰트 데이터의 1비트가 화면의 1도트에 대응하므로 폰트 데이터를 그냥 LCD에 출력하면 되었다. 이렇게 되면 1의 값을 가지는 비트에는 도트가 밝게 출력되고 0의 값을 가지는 비트는 어둡게 되어 도트가 출력되지 않았다. 그러나, 컬러 TFT-LCD 모듈에서는 이 폰트 데이터를 그냥 출력하면 안되며, 폰트 데이터의 각 비트를 이에 대응하는 전경색 16비트 컬러 데이터 또는 배경색 16비트 컬러 데이터로 변환하여 출력해야 한다. 즉, 폰트 데이터 1비트가 화면의 1픽셀에 대응하며 이는 다시 16비트의 컬러 데이터에 대응된다. 현재의 문자를 어느 컬러로 표시할 것인지는 미리 지정되어 있으므로 폰트 데이터의 1로 된 비트는 그 컬러 코드에 해당하는 16비트 데이터로 변환된다. 이렇게 문자를 표시하는 색을 전경색(foreground color)이라고 한다. 한편, 폰트 데이터의 0으로 된 비트는 미리 지정된 배경색(background color)에 해당하는 16비트 데이터로 변환된다. 만약 폰트 데이터의 0으로 된 비트를 출력하지 않고 그냥 건너뛰면 현재 화면의 바탕색이 그냥 유지되며, 이렇게 출력되는 문자를 투명 글씨(transparent character)라고 한다.

OK-MKL25Z 키트에서는 컬러 TFT-LCD 모듈의 영문 ASCII 문자용 폰트를 C언어 프로그램용 헤더파일 OK-MKL25Z.h에 제공한다. 이들 폰트에서 ASCII 코드표의 기능제어 문자에 해당하는 0x00~0x1F 및 0x7F 부분에는 IBM-PC의 모니터에서 사용하는 특수 문자들을 넣었다.

(3) 영문 ASCII 문자의 출력 프로그램

■ 헤더파일 OK-MKL25Z.h의 내용

OK-MKL25Z 키트의 기본 헤더파일 OK-MKL25Z.h에서 TFT-LCD 모듈과 관련된 부분을 발췌하여 보이면 다음과 같다. 이제부터 여러분은 이 헤더파일의 내용을 잘 이해하고 제대로 활용하는 것이 *OK-MKL25Z* 키트의 유능한 C언어 프로그래머가 되는 지름길이 될 것이다.

<헤더파일 OK-MKL25Z.h> TFT-LCD 관련 사용자 함수 및 폰트의 정의

```
/* ========================================================================== */
/*              OK-MKL25Z V1.0 키트용(MKL25Z128VLK4) 기본 헤더 파일            */
/* ========================================================================== */
/*                                  Programmed by Duck-Yong Yoon in 2016.     */

// ---------------------------------------------------------------------------
//   이 헤더파일은 OK-MKL25Z 키트 V1.0을 위한 것입니다. 이것은 아래의 조건에서만
//  올바른 동작을 보장합니다.
// ---------------------------------------------------------------------------
//      (1) 시스템 클록  : 20.97152MHz
//      (2) C 컴파일러   : KDS V3.1.0
//      (3) 최적화 옵션  : High/Size
//      (4) CSTACK 크기  : 0x0400
//      (5) TFT-LCD 모듈 : Ohm사 FL320QVC18-A0(HX8347A)
// ---------------------------------------------------------------------------

#include <math.h>

/* ------------------------------------------------------------------------- */

typedef unsigned char  U08;                    // data type definition
typedef   signed char  S08;
typedef unsigned short U16;
typedef   signed short S16;
typedef unsigned int   U32;
typedef   signed int   S32;

                    (중략)

/* ------------------------------------------------------------------------- */
/*            한글 폰트 처리 테이블                                          */
/* ------------------------------------------------------------------------- */
const unsigned char table_cho[21] =           // 초성 : 자음(14) + 쌍자음(5) = 19 개
        {0,0,1,2,3,4,5,6,7,8,9,10,11,12,13,14,15,16,17,18,19};
const unsigned char table_joong[30] =         // 중성 : 자음(10) + 쌍자음(11) = 21 개
        {0,0,0,1,2,3,4,5,0,0,6,7,8,9,10,11,0,0,12,13,14,15,16,17,0,0,18,19,20,21};
const unsigned char table_jong[30] =          // 종성 : 자음(14) + 쌍자음(11) + 쌍자음(2) = 27 개
        {0,0,1,2,3,4,5,6,7,8,9,10,11,12,13,14,15,16,0,17,18,19,20,21,22,23,24,25,26,27};

const unsigned char bul_cho1[22] = {0,0,0,0,0,0,0,0,0,1,3,3,3,1,2,4,4,4,2,1,3,0}; // 벌수
const unsigned char bul_cho2[22] = {0,5,5,5,5,5,5,5,5,6,7,7,7,6,6,7,7,7,6,6,7,5};
const unsigned char bul_jong[22] = {0,0,2,0,2,1,2,1,2,3,0,2,1,3,3,1,2,1,3,3,1,1};

/* ------------------------------------------------------------------------- */
/*                    16x16 한글 명조체 폰트                                 */
/* ------------------------------------------------------------------------- */
const unsigned char K_font[360][32] = {       /* 16x16 Korean character font */
  {0x00,0x00,0x00,0x00,0x00,0x00,0x00,0x00,0x00,0x00,0x00,0x00,0x00,0x00,0x00,0x00,
   0x00,0x00,0x00,0x00,0x00,0x00,0x00,0x00,0x00,0x00,0x00,0x00,0x00,0x00,0x00,0x00},
  {0x00,0x00,0x08,0x08,0x08,0x88,0xC8,0x78,0x38,0x00,0x00,0x00,0x00,0x00,0x00,0x00,
   0x00,0x00,0x02,0x02,0x01,0x01,0x00,0x00,0x00,0x00,0x00,0x00,0x00,0x00,0x00,0x00},
  {0x00,0x08,0x08,0xC8,0xF8,0x38,0xC8,0xF8,0x38,0x00,0x00,0x00,0x00,0x00,0x00,0x00,
   0x00,0x02,0x01,0x01,0x02,0x01,0x01,0x00,0x00,0x00,0x00,0x00,0x00,0x00,0x00,0x00},
  {0x00,0x08,0xF8,0xF8,0x00,0x00,0x00,0x00,0x00,0x00,0x00,0x00,0x00,0x00,0x00,0x00,
   0x00,0x00,0x01,0x03,0x02,0x02,0x02,0x02,0x02,0x02,0x00,0x00,0x00,0x00,0x00,0x00},
  {0x00,0x08,0xF8,0xF8,0x08,0x08,0x08,0x08,0x00,0x00,0x00,0x00,0x00,0x00,0x00,0x00,
   0x00,0x00,0x01,0x03,0x02,0x02,0x02,0x02,0x02,0x00,0x00,0x00,0x00,0x00,0x00,0x00},

                    (중략)

  {0x00,0x00,0x00,0x00,0x00,0x00,0x00,0x00,0x00,0x00,0x00,0x00,0x00,0x00,0x00,0x00,
   0x00,0x00,0x00,0x48,0x48,0x28,0x38,0x1C,0x1C,0x38,0x28,0x48,0x48,0x00,0x00,0x00},
  {0x00,0x00,0x00,0x00,0x00,0x00,0x00,0x00,0x00,0x00,0x00,0x00,0x00,0x00,0x00,0x00,
   0x00,0x00,0x00,0x14,0x14,0x14,0x14,0x14,0x14,0x14,0x14,0x7C,0x3C,0x00,0x00,0x00},
  {0x00,0x00,0x00,0x00,0x00,0x00,0x00,0x00,0x00,0x00,0x00,0x00,0x00,0x00,0x00,0x00,
   0x00,0x00,0x00,0x04,0x3C,0x7C,0x54,0x54,0x54,0x54,0x54,0x54,0x54,0x00,0x00,0x00},
  {0x00,0x00,0x00,0x00,0x00,0x00,0x00,0x00,0x00,0x00,0x00,0x00,0x00,0x00,0x00,0x00,
   0x00,0x00,0x00,0x44,0x44,0x7C,0x7C,0x44,0x44,0x7C,0x7C,0x44,0x44,0x00,0x00,0x00},
```

```
  {0x00, 0x00, 0x00, 0x00, 0x00, 0x00, 0x00, 0x00, 0x00, 0x00, 0x00, 0x00, 0x00, 0x00, 0x00, 0x00,
   0x00, 0x00, 0x00, 0x08, 0x28, 0x78, 0x5C, 0x5C, 0x5C, 0x5C, 0x78, 0x28, 0x08, 0x00, 0x00, 0x00}};

/* ------------------------------------------------------------------------ */
/*                한글 완성형 -> 조합형 변환 테이블                            */
/* ------------------------------------------------------------------------ */
const unsigned char KS_Table[2350][2] = {
{0x88, 0x61}, {0x88, 0x62}, {0x88, 0x65}, {0x88, 0x68}, {0x88, 0x69}, {0x88, 0x6A}, {0x88, 0x6B},
{0x88, 0x71}, {0x88, 0x73}, {0x88, 0x74}, {0x88, 0x75}, {0x88, 0x76}, {0x88, 0x77}, {0x88, 0x78},
{0x88, 0x79}, {0x88, 0x7B}, {0x88, 0x7C}, {0x88, 0x7D}, {0x88, 0x81}, {0x88, 0x82}, {0x88, 0x85},
{0x88, 0x89}, {0x88, 0x91}, {0x88, 0x93}, {0x88, 0x95}, {0x88, 0x96}, {0x88, 0x97}, {0x88, 0xA1},
{0x88, 0xA2}, {0x88, 0xA5}, {0x88, 0xA9}, {0x88, 0xB5}, {0x88, 0xB7}, {0x88, 0xC1}, {0x88, 0xC5},
{0x88, 0xC9}, {0x88, 0xE1}, {0x88, 0xE2}, {0x88, 0xE5}, {0x88, 0xE8}, {0x88, 0xE9}, {0x88, 0xEB},
{0x88, 0xF1}, {0x88, 0xF3}, {0x88, 0xF5}, {0x88, 0xF6}, {0x88, 0xF7}, {0x88, 0xF8}, {0x88, 0xFB},
{0x88, 0xFC}, {0x88, 0xFD}, {0x89, 0x41}, {0x89, 0x45}, {0x89, 0x49}, {0x89, 0x51}, {0x89, 0x53},
{0x89, 0x55}, {0x89, 0x56}, {0x89, 0x57}, {0x89, 0x61}, {0x89, 0x62}, {0x89, 0x63}, {0x89, 0x65},
{0x89, 0x68}, {0x89, 0x69}, {0x89, 0x71}, {0x89, 0x73}, {0x89, 0x75}, {0x89, 0x76}, {0x89, 0x77},

                              (중략)

{0xD2, 0x49}, {0xD2, 0x53}, {0xD2, 0x55}, {0xD2, 0x57}, {0xD2, 0x61}, {0xD2, 0x65}, {0xD2, 0x69},
{0xD2, 0x73}, {0xD2, 0x75}, {0xD2, 0x81}, {0xD2, 0x82}, {0xD2, 0x85}, {0xD2, 0x89}, {0xD2, 0x8E},
{0xD2, 0x91}, {0xD2, 0x95}, {0xD2, 0x97}, {0xD2, 0xA1}, {0xD2, 0xA5}, {0xD2, 0xA9}, {0xD2, 0xB1},
{0xD2, 0xB7}, {0xD2, 0xC1}, {0xD2, 0xC2}, {0xD2, 0xC5}, {0xD2, 0xC9}, {0xD2, 0xD7}, {0xD2, 0xE1},
{0xD2, 0xE2}, {0xD2, 0xE5}, {0xD2, 0xE9}, {0xD2, 0xF1}, {0xD2, 0xF3}, {0xD2, 0xF5}, {0xD2, 0xF7},
{0xD3, 0x41}, {0xD3, 0x42}, {0xD3, 0x45}, {0xD3, 0x49}, {0xD3, 0x51}, {0xD3, 0x55}, {0xD3, 0x57},
{0xD3, 0x61}, {0xD3, 0x62}, {0xD3, 0x65}, {0xD3, 0x67}, {0xD3, 0x68}, {0xD3, 0x69}, {0xD3, 0x6A},
{0xD3, 0x71}, {0xD3, 0x73}, {0xD3, 0x75}, {0xD3, 0x77}, {0xD3, 0x7B}, {0xD3, 0x81}, {0xD3, 0x85},
{0xD3, 0x89}, {0xD3, 0x91}, {0xD3, 0x93}, {0xD3, 0x97}, {0xD3, 0xA1}, {0xD3, 0xA2}, {0xD3, 0xA5},
{0xD3, 0xA9}, {0xD3, 0xB1}, {0xD3, 0xB3}, {0xD3, 0xB5}, {0xD3, 0xB7} };

/* ------------------------------------------------------------------------ */
/*                8x16 영문 명조체 폰트                                       */
/* ------------------------------------------------------------------------ */
const unsigned char E_font[128][16] = {          /* 8x16 English ASCII character font */
  {0x00, 0x00, 0x00, 0x00, 0x00, 0x00, 0x00, 0x00, 0x00, 0x00, 0x00, 0x00, 0x00, 0x00, 0x00, 0x00},  // 0x00
  {0xF0, 0x08, 0x28, 0x08, 0x08, 0x28, 0x08, 0xF0, 0x07, 0x08, 0x09, 0x0B, 0x0B, 0x09, 0x08, 0x07},  // 0x01
  {0xF0, 0xF8, 0xD8, 0xF8, 0xF8, 0xD8, 0xF8, 0xF0, 0x07, 0x0F, 0x0E, 0x0C, 0x0C, 0x0E, 0x0F, 0x07},  // 0x02
  {0x00, 0xF0, 0xF8, 0xF8, 0xF0, 0xF8, 0xF8, 0xF0, 0x00, 0x00, 0x03, 0x07, 0x0F, 0x07, 0x03, 0x00},  // 0x03
  {0x00, 0x80, 0xC0, 0xE0, 0xF0, 0xE0, 0xC0, 0x80, 0x00, 0x00, 0x01, 0x03, 0x07, 0x03, 0x01, 0x00},  // 0x04
  {0x00, 0xC0, 0xC0, 0xF8, 0xF8, 0xF8, 0xC0, 0xC0, 0x00, 0x03, 0x0B, 0x09, 0x0F, 0x09, 0x0B, 0x03},  // 0x05
  {0x00, 0xC0, 0xE0, 0xF0, 0xF8, 0xF0, 0xE0, 0xC0, 0x00, 0x01, 0x0B, 0x0B, 0x0F, 0x0B, 0x0B, 0x01},  // 0x06
  {0x00, 0x00, 0x80, 0xC0, 0xC0, 0x80, 0x00, 0x00, 0x00, 0x00, 0x01, 0x03, 0x03, 0x01, 0x00, 0x00},  // 0x07
  {0xFE, 0xFE, 0x7E, 0x3E, 0x3E, 0x7E, 0xFE, 0xFE, 0x7F, 0x7F, 0x7E, 0x7C, 0x7C, 0x7E, 0x7F, 0x7F},  // 0x08
  {0x00, 0xC0, 0x60, 0x20, 0x20, 0x60, 0xC0, 0x00, 0x00, 0x03, 0x06, 0x04, 0x04, 0x06, 0x03, 0x00},  // 0x09
  {0xFE, 0x3E, 0x9E, 0xDE, 0xDE, 0x9E, 0x3E, 0xFE, 0x7F, 0x7C, 0x79, 0x7B, 0x7B, 0x79, 0x7C, 0x7F},  // 0x0A
  {0x00, 0x00, 0x80, 0xC0, 0xE8, 0xB8, 0x18, 0x78, 0x00, 0x07, 0x0F, 0x08, 0x08, 0x0F, 0x07, 0x00},  // 0x0B
  {0x00, 0x70, 0xF8, 0x88, 0x88, 0xF8, 0x70, 0x00, 0x00, 0x02, 0x02, 0x0F, 0x0F, 0x02, 0x02, 0x00},  // 0x0C
  {0x00, 0x00, 0x00, 0xF8, 0xF8, 0x30, 0x60, 0xC0, 0x00, 0x06, 0x0F, 0x0F, 0x07, 0x00, 0x00, 0x00},  // 0x0D
  {0x00, 0x00, 0xF8, 0xF8, 0x28, 0x28, 0xF8, 0xF8, 0x00, 0x07, 0x07, 0x03, 0x00, 0x0E, 0x0F, 0x07},  // 0x0E
  {0x00, 0x10, 0xC0, 0xE0, 0x28, 0xE0, 0xC0, 0x10, 0x00, 0x04, 0x01, 0x03, 0x0A, 0x03, 0x01, 0x04},  // 0x0F
  {0x00, 0xF8, 0xF0, 0xE0, 0xC0, 0xC0, 0x80, 0x80, 0x00, 0x0F, 0x07, 0x03, 0x01, 0x01, 0x00, 0x00},  // 0x10
  {0x00, 0x80, 0x80, 0xC0, 0xC0, 0xE0, 0xF0, 0xF8, 0x00, 0x00, 0x00, 0x01, 0x01, 0x03, 0x07, 0x0F},  // 0x11
  {0x00, 0x20, 0x30, 0xF8, 0xF8, 0x30, 0x20, 0x00, 0x00, 0x02, 0x06, 0x0F, 0x0F, 0x06, 0x02, 0x00},  // 0x12
  {0x00, 0x70, 0xF8, 0xF8, 0x00, 0xF8, 0xF8, 0x70, 0x00, 0x00, 0x0D, 0x0D, 0x00, 0x0D, 0x0D, 0x00},  // 0x13
  {0x70, 0xF8, 0x88, 0xF8, 0xF8, 0x08, 0xF8, 0xF8, 0x00, 0x00, 0x00, 0x0F, 0x0F, 0x00, 0x0F, 0x0F},  // 0x14
  {0x00, 0xD8, 0xFC, 0x24, 0x64, 0xCC, 0x88, 0x00, 0x00, 0x08, 0x19, 0x13, 0x12, 0x1F, 0x0D, 0x00},  // 0x15
  {0x00, 0x00, 0x00, 0x00, 0x00, 0x00, 0x00, 0x00, 0x00, 0x0F, 0x0F, 0x0F, 0x0F, 0x0F, 0x0F, 0x0F},  // 0x16
  {0x00, 0x20, 0x30, 0xF8, 0xF8, 0x30, 0x20, 0x00, 0x00, 0x12, 0x16, 0x1F, 0x1F, 0x16, 0x12, 0x00},  // 0x17
  {0x00, 0x20, 0x30, 0xF8, 0xF8, 0x30, 0x20, 0x00, 0x00, 0x00, 0x00, 0x0F, 0x0F, 0x00, 0x00, 0x00},  // 0x18
  {0x00, 0x00, 0x00, 0xF8, 0xF8, 0x00, 0x00, 0x00, 0x00, 0x02, 0x06, 0x0F, 0x0F, 0x06, 0x02, 0x00},  // 0x19
  {0x00, 0x80, 0x80, 0x80, 0x80, 0xE0, 0xC0, 0x80, 0x00, 0x00, 0x00, 0x00, 0x00, 0x03, 0x01, 0x00},  // 0x1A
  {0x00, 0x80, 0xC0, 0xE0, 0x80, 0x80, 0x80, 0x80, 0x00, 0x00, 0x01, 0x03, 0x00, 0x00, 0x00, 0x00},  // 0x1B
  {0x00, 0xC0, 0xC0, 0x00, 0x00, 0x00, 0x00, 0x00, 0x00, 0x03, 0x03, 0x02, 0x02, 0x02, 0x02, 0x02},  // 0x1C
  {0x80, 0xC0, 0xE0, 0x80, 0x80, 0xE0, 0xC0, 0x80, 0x00, 0x01, 0x03, 0x00, 0x00, 0x03, 0x01, 0x00},  // 0x1D
  {0x00, 0x00, 0x00, 0xC0, 0xF8, 0xC0, 0x00, 0x00, 0x00, 0x0C, 0x0F, 0x0F, 0x0F, 0x0F, 0x0F, 0x0C},  // 0x1E
  {0x00, 0x18, 0x78, 0xF8, 0xF8, 0xF8, 0x78, 0x18, 0x00, 0x00, 0x00, 0x01, 0x0F, 0x01, 0x00, 0x00},  // 0x1F
  {0x00, 0x00, 0x00, 0x00, 0x00, 0x00, 0x00, 0x00, 0x00, 0x00, 0x00, 0x00, 0x00, 0x00, 0x00, 0x00},  // space
  {0x00, 0x00, 0x70, 0xF8, 0xF8, 0x70, 0x00, 0x00, 0x00, 0x00, 0x00, 0x0D, 0x0D, 0x00, 0x00, 0x00},  // !
  {0x00, 0x20, 0x38, 0x18, 0x20, 0x38, 0x18, 0x00, 0x00, 0x00, 0x00, 0x00, 0x00, 0x00, 0x00, 0x00},  // "
  {0x00, 0x20, 0xF8, 0xF8, 0x20, 0xF8, 0xF8, 0x20, 0x00, 0x02, 0x0F, 0x0F, 0x02, 0x0F, 0x0F, 0x02},  // #
```

```
{0x00, 0x60, 0xF0, 0x9C, 0x9C, 0xB0, 0x20, 0x00, 0x00, 0x02, 0x06, 0x1C, 0x1C, 0x07, 0x03, 0x00},  // $
{0x00, 0x20, 0x70, 0x70, 0xA0, 0xC0, 0x60, 0x20, 0x00, 0x04, 0x06, 0x03, 0x05, 0x0E, 0x0E, 0x04},  // %
{0x00, 0x00, 0xB0, 0xF8, 0xC8, 0x78, 0xB0, 0x80, 0x00, 0x07, 0x0F, 0x08, 0x09, 0x07, 0x0F, 0x08},  // &
{0x00, 0x00, 0x20, 0x38, 0x18, 0x00, 0x00, 0x00, 0x00, 0x00, 0x00, 0x00, 0x00, 0x00, 0x00, 0x00},  // '
{0x00, 0x00, 0xE0, 0xF0, 0x18, 0x08, 0x00, 0x00, 0x00, 0x00, 0x03, 0x07, 0x0C, 0x08, 0x00, 0x00},  // (
{0x00, 0x00, 0x08, 0x18, 0xF0, 0xE0, 0x00, 0x00, 0x00, 0x00, 0x08, 0x0C, 0x07, 0x03, 0x00, 0x00},  // )
{0x00, 0x80, 0xA0, 0xE0, 0xC0, 0xE0, 0xA0, 0x80, 0x00, 0x00, 0x02, 0x03, 0x01, 0x03, 0x02, 0x00},  // *
{0x00, 0x80, 0x80, 0xE0, 0xE0, 0x80, 0x80, 0x00, 0x00, 0x00, 0x00, 0x03, 0x03, 0x00, 0x00, 0x00},  // +
{0x00, 0x00, 0x00, 0x00, 0x00, 0x00, 0x00, 0x00, 0x00, 0x00, 0x10, 0x1C, 0x0C, 0x00, 0x00, 0x00},  // ,
{0x00, 0x80, 0x80, 0x80, 0x80, 0x80, 0x80, 0x00, 0x00, 0x00, 0x00, 0x00, 0x00, 0x00, 0x00, 0x00},  // -
{0x00, 0x00, 0x00, 0x00, 0x00, 0x00, 0x00, 0x00, 0x00, 0x00, 0x00, 0x0C, 0x0C, 0x00, 0x00, 0x00},  // .
{0x00, 0x00, 0x00, 0x00, 0x80, 0xC0, 0x60, 0x30, 0x00, 0x0C, 0x06, 0x03, 0x01, 0x00, 0x00, 0x00},  // /
{0x00, 0xF0, 0xF8, 0x08, 0x08, 0xF8, 0xF0, 0x00, 0x00, 0x07, 0x0F, 0x08, 0x08, 0x0F, 0x07, 0x00},  // 0
{0x00, 0x00, 0x10, 0xF8, 0xF8, 0x00, 0x00, 0x00, 0x00, 0x00, 0x08, 0x0F, 0x0F, 0x08, 0x00, 0x00},  // 1
{0x00, 0x10, 0x18, 0x08, 0x88, 0xF8, 0x70, 0x00, 0x00, 0x0C, 0x0E, 0x0B, 0x09, 0x08, 0x08, 0x00},  // 2
{0x00, 0x08, 0x08, 0x48, 0xE8, 0xB8, 0x18, 0x00, 0x00, 0x04, 0x0C, 0x08, 0x08, 0x0F, 0x07, 0x00},  // 3
{0x00, 0xC0, 0xE0, 0x30, 0xF8, 0xF8, 0x00, 0x00, 0x00, 0x03, 0x03, 0x02, 0x0F, 0x0F, 0x02, 0x00},  // 4
{0x00, 0x78, 0x78, 0x48, 0x48, 0xC8, 0x88, 0x00, 0x00, 0x04, 0x0C, 0x08, 0x08, 0x0F, 0x07, 0x00},  // 5
{0x00, 0xE0, 0xF0, 0x98, 0x88, 0x88, 0x00, 0x00, 0x00, 0x07, 0x0F, 0x08, 0x08, 0x0F, 0x07, 0x00},  // 6
{0x00, 0x08, 0x08, 0x88, 0xC8, 0x78, 0x38, 0x00, 0x00, 0x00, 0x0F, 0x0F, 0x00, 0x00, 0x00, 0x00},  // 7
{0x00, 0x70, 0xF8, 0x88, 0x88, 0xF8, 0x70, 0x00, 0x00, 0x07, 0x0F, 0x08, 0x08, 0x0F, 0x07, 0x00},  // 8
{0x00, 0x70, 0xF8, 0x88, 0x88, 0xF8, 0xF0, 0x00, 0x00, 0x00, 0x08, 0x08, 0x0C, 0x07, 0x03, 0x00},  // 9
{0x00, 0x00, 0x00, 0x30, 0x30, 0x00, 0x00, 0x00, 0x00, 0x00, 0x00, 0x06, 0x06, 0x00, 0x00, 0x00},  // :
{0x00, 0x00, 0x00, 0x30, 0x30, 0x00, 0x00, 0x00, 0x00, 0x00, 0x08, 0x0E, 0x06, 0x00, 0x00, 0x00},  // ;
{0x00, 0x80, 0xC0, 0x60, 0x30, 0x18, 0x08, 0x00, 0x00, 0x00, 0x01, 0x03, 0x06, 0x0C, 0x08, 0x00},  // <
{0x00, 0x40, 0x40, 0x40, 0x40, 0x40, 0x40, 0x00, 0x00, 0x02, 0x02, 0x02, 0x02, 0x02, 0x02, 0x00},  // =
{0x00, 0x08, 0x18, 0x30, 0x60, 0xC0, 0x80, 0x00, 0x00, 0x08, 0x0C, 0x06, 0x03, 0x01, 0x00, 0x00},  // >
{0x00, 0x10, 0x18, 0x88, 0xC8, 0x78, 0x30, 0x00, 0x00, 0x00, 0x00, 0x0D, 0x0D, 0x00, 0x00, 0x00},  // ?
{0x00, 0xF0, 0xF8, 0x08, 0xC8, 0xF8, 0xF0, 0x00, 0x00, 0x07, 0x0F, 0x08, 0x0B, 0x0B, 0x01, 0x00},  // @
{0x00, 0xE0, 0xF0, 0x18, 0x18, 0xF0, 0xE0, 0x00, 0x00, 0x0F, 0x0F, 0x01, 0x01, 0x0F, 0x0F, 0x00},  // A
{0x00, 0xF8, 0xF8, 0x88, 0x88, 0xF8, 0x70, 0x00, 0x00, 0x0F, 0x0F, 0x08, 0x08, 0x0F, 0x07, 0x00},  // B
{0x00, 0xF0, 0xF8, 0x08, 0x08, 0x18, 0x10, 0x00, 0x00, 0x07, 0x0F, 0x08, 0x08, 0x0C, 0x04, 0x00},  // C
{0x00, 0xF8, 0xF8, 0x08, 0x08, 0xF8, 0xF0, 0x00, 0x00, 0x0F, 0x0F, 0x08, 0x08, 0x0F, 0x07, 0x00},  // D
{0x00, 0xF8, 0xF8, 0x88, 0x88, 0x88, 0x08, 0x00, 0x00, 0x0F, 0x0F, 0x08, 0x08, 0x08, 0x08, 0x00},  // E
{0x00, 0xF8, 0xF8, 0x88, 0x88, 0x88, 0x08, 0x00, 0x00, 0x0F, 0x0F, 0x00, 0x00, 0x00, 0x00, 0x00},  // F
{0x00, 0xF0, 0xF8, 0x08, 0x08, 0x08, 0x08, 0x00, 0x00, 0x07, 0x0F, 0x08, 0x09, 0x0F, 0x0F, 0x00},  // G
{0x00, 0xF8, 0xF8, 0x80, 0x80, 0xF8, 0xF8, 0x00, 0x00, 0x0F, 0x0F, 0x00, 0x00, 0x0F, 0x0F, 0x00},  // H
{0x00, 0x00, 0x08, 0xF8, 0xF8, 0x08, 0x00, 0x00, 0x00, 0x00, 0x08, 0x0F, 0x0F, 0x08, 0x00, 0x00},  // I
{0x00, 0x00, 0x00, 0x00, 0x00, 0xF8, 0xF8, 0x00, 0x00, 0x04, 0x0C, 0x08, 0x08, 0x0F, 0x07, 0x00},  // J
{0x00, 0xF8, 0xF8, 0x80, 0xE0, 0x78, 0x18, 0x00, 0x00, 0x0F, 0x0F, 0x00, 0x03, 0x0F, 0x0C, 0x00},  // K
{0x00, 0xF8, 0xF8, 0x00, 0x00, 0x00, 0x00, 0x00, 0x00, 0x0F, 0x0F, 0x08, 0x08, 0x08, 0x08, 0x00},  // L
{0x00, 0xF8, 0xF8, 0x30, 0xE0, 0x30, 0xF8, 0xF8, 0x00, 0x0F, 0x0F, 0x00, 0x00, 0x00, 0x0F, 0x0F},  // M
{0x00, 0xF8, 0xF8, 0xE0, 0x80, 0xF8, 0xF8, 0x00, 0x00, 0x0F, 0x0F, 0x00, 0x03, 0x0F, 0x0F, 0x00},  // N
{0x00, 0xF0, 0xF8, 0x08, 0x08, 0xF8, 0xF0, 0x00, 0x00, 0x07, 0x0F, 0x08, 0x08, 0x0F, 0x07, 0x00},  // O
{0x00, 0xF8, 0xF8, 0x88, 0x88, 0xF8, 0x70, 0x00, 0x00, 0x0F, 0x0F, 0x00, 0x00, 0x00, 0x00, 0x00},  // P
{0x00, 0xF0, 0xF8, 0x08, 0x08, 0xF8, 0xF0, 0x00, 0x00, 0x07, 0x0F, 0x08, 0x08, 0x1F, 0x17, 0x00},  // Q
{0x00, 0xF8, 0xF8, 0x88, 0x88, 0xF8, 0x70, 0x00, 0x00, 0x0F, 0x0F, 0x01, 0x03, 0x0E, 0x0C, 0x00},  // R
{0x00, 0x70, 0xF8, 0x88, 0x88, 0x98, 0x10, 0x00, 0x00, 0x04, 0x0C, 0x08, 0x08, 0x0F, 0x07, 0x00},  // S
{0x00, 0x08, 0x08, 0xF8, 0xF8, 0x08, 0x08, 0x00, 0x00, 0x00, 0x00, 0x0F, 0x0F, 0x00, 0x00, 0x00},  // T
{0x00, 0xF8, 0xF8, 0x00, 0x00, 0xF8, 0xF8, 0x00, 0x00, 0x07, 0x0F, 0x08, 0x08, 0x0F, 0x07, 0x00},  // U
{0x00, 0xF8, 0xF8, 0x00, 0x00, 0xF8, 0xF8, 0x00, 0x00, 0x03, 0x07, 0x0C, 0x0C, 0x07, 0x03, 0x00},  // V
{0x00, 0xF8, 0xF8, 0x00, 0x80, 0x00, 0xF8, 0xF8, 0x00, 0x0F, 0x0F, 0x06, 0x03, 0x06, 0x0F, 0x0F},  // W
{0x00, 0x38, 0x78, 0xC0, 0xC0, 0x78, 0x38, 0x00, 0x00, 0x0E, 0x0F, 0x01, 0x01, 0x0F, 0x0E, 0x00},  // X
{0x00, 0x78, 0xF8, 0x80, 0x80, 0xF8, 0x78, 0x00, 0x00, 0x00, 0x00, 0x0F, 0x0F, 0x00, 0x00, 0x00},  // Y
{0x00, 0x08, 0x08, 0x88, 0xC8, 0x78, 0x38, 0x00, 0x00, 0x0E, 0x0F, 0x09, 0x08, 0x08, 0x08, 0x00},  // Z
{0x00, 0x00, 0xF8, 0xF8, 0x08, 0x08, 0x00, 0x00, 0x00, 0x00, 0x0F, 0x0F, 0x08, 0x08, 0x00, 0x00},  // [
{0x00, 0x30, 0x60, 0xC0, 0x80, 0x00, 0x00, 0x00, 0x00, 0x00, 0x00, 0x00, 0x01, 0x03, 0x06, 0x0C},  /* \ */
{0x00, 0x00, 0x08, 0x08, 0xF8, 0xF8, 0x00, 0x00, 0x00, 0x00, 0x08, 0x08, 0x0F, 0x0F, 0x00, 0x00},  // ]
{0x00, 0x10, 0x18, 0x0C, 0x0C, 0x18, 0x10, 0x00, 0x00, 0x00, 0x00, 0x00, 0x00, 0x00, 0x00, 0x00},  // ^
{0x00, 0x00, 0x00, 0x00, 0x00, 0x00, 0x00, 0x00, 0x20, 0x20, 0x20, 0x20, 0x20, 0x20, 0x20, 0x20},  // _
{0x00, 0x00, 0x00, 0x18, 0x38, 0x20, 0x00, 0x00, 0x00, 0x00, 0x00, 0x00, 0x00, 0x00, 0x00, 0x00},  // `
{0x00, 0x00, 0x40, 0x40, 0x40, 0xC0, 0x80, 0x00, 0x00, 0x06, 0x0F, 0x09, 0x09, 0x0F, 0x0F, 0x00},  // a
{0x00, 0xF8, 0xF8, 0x40, 0x40, 0xC0, 0x80, 0x00, 0x00, 0x0F, 0x0F, 0x08, 0x08, 0x0F, 0x07, 0x00},  // b
{0x00, 0x80, 0xC0, 0x40, 0x40, 0xC0, 0x80, 0x00, 0x00, 0x07, 0x0F, 0x08, 0x08, 0x0C, 0x04, 0x00},  // c
{0x00, 0x80, 0xC0, 0x40, 0x40, 0xF8, 0xF8, 0x00, 0x00, 0x07, 0x0F, 0x08, 0x08, 0x0F, 0x0F, 0x00},  // d
{0x00, 0x80, 0xC0, 0x40, 0x40, 0xC0, 0x80, 0x00, 0x00, 0x07, 0x0F, 0x0A, 0x0A, 0x0B, 0x0B, 0x00},  // e
{0x00, 0x80, 0xF0, 0xF8, 0x88, 0x98, 0x10, 0x00, 0x00, 0x00, 0x0F, 0x0F, 0x00, 0x00, 0x00, 0x00},  // f
{0x00, 0x80, 0xC0, 0x40, 0x40, 0xC0, 0x80, 0x00, 0x00, 0x07, 0x4F, 0x48, 0x48, 0x7F, 0x3F, 0x00},  // g
{0x00, 0xF8, 0xF8, 0x40, 0x40, 0xC0, 0x80, 0x00, 0x00, 0x0F, 0x0F, 0x00, 0x00, 0x0F, 0x0F, 0x00},  // h
{0x00, 0x00, 0x40, 0xD8, 0xD8, 0x00, 0x00, 0x00, 0x00, 0x00, 0x08, 0x0F, 0x0F, 0x08, 0x00, 0x00},  // i
{0x00, 0x00, 0x00, 0x00, 0x40, 0xD8, 0xD8, 0x00, 0x00, 0x00, 0x10, 0x30, 0x20, 0x3F, 0x1F, 0x00},  // j
```

```
  {0x00,0xF8,0xF8,0x00,0x80,0xC0,0x40,0x00,0x00,0x0F,0x0F,0x03,0x07,0x0C,0x08,0x00}, // k
  {0x00,0x00,0x08,0xF8,0xF8,0x00,0x00,0x00,0x00,0x00,0x08,0x0F,0x0F,0x08,0x00,0x00}, // l
  {0x00,0xC0,0xC0,0xC0,0x80,0xC0,0xC0,0x80,0x00,0x0F,0x0F,0x00,0x07,0x00,0x0F,0x0F}, // m
  {0x00,0xC0,0xC0,0x40,0x40,0xC0,0x80,0x00,0x00,0x0F,0x0F,0x00,0x00,0x0F,0x0F,0x00}, // n
  {0x00,0x80,0xC0,0x40,0x40,0xC0,0x80,0x00,0x00,0x07,0x0F,0x08,0x08,0x0F,0x07,0x00}, // o
  {0x00,0xC0,0xC0,0x40,0x40,0xC0,0x80,0x00,0x00,0x7F,0x7F,0x08,0x08,0x0F,0x07,0x00}, // p
  {0x00,0x80,0xC0,0x40,0x40,0xC0,0xC0,0x00,0x00,0x07,0x0F,0x08,0x08,0x7F,0x7F,0x00}, // q
  {0x00,0xC0,0xC0,0x80,0xC0,0x40,0x40,0x00,0x00,0x0F,0x0F,0x01,0x00,0x00,0x00,0x00}, // r
  {0x00,0x80,0xC0,0x40,0x40,0x40,0x40,0x00,0x00,0x08,0x09,0x09,0x09,0x0F,0x06,0x00}, // s
  {0x00,0x40,0xF8,0xF8,0x40,0x40,0x00,0x00,0x00,0x00,0x07,0x0F,0x08,0x0C,0x04,0x00}, // t
  {0x00,0xC0,0xC0,0x00,0x00,0xC0,0xC0,0x00,0x00,0x07,0x0F,0x08,0x08,0x0F,0x0F,0x00}, // u
  {0x00,0xC0,0xC0,0x00,0x00,0xC0,0xC0,0x00,0x00,0x03,0x07,0x0C,0x0C,0x07,0x03,0x00}, // v
  {0x00,0xC0,0xC0,0x00,0x00,0x00,0xC0,0xC0,0x00,0x07,0x0F,0x0C,0x07,0x0C,0x0F,0x07}, // w
  {0x00,0x40,0xC0,0x80,0x00,0x80,0xC0,0x40,0x00,0x08,0x0C,0x07,0x03,0x07,0x0C,0x08}, // x
  {0x00,0xC0,0xC0,0x00,0x00,0xC0,0xC0,0x00,0x00,0x07,0x4F,0x48,0x48,0x7F,0x3F,0x00}, // y
  {0x00,0x40,0x40,0x40,0xC0,0xC0,0x40,0x00,0x00,0x0C,0x0E,0x0B,0x09,0x08,0x08,0x00}, // z
  {0x00,0x00,0x80,0xF0,0x78,0x08,0x08,0x00,0x00,0x00,0x00,0x07,0x0F,0x08,0x08,0x00}, // {
  {0x00,0x00,0x00,0x78,0x78,0x00,0x00,0x00,0x00,0x00,0x00,0x0F,0x0F,0x00,0x00,0x00}, // |
  {0x00,0x00,0x08,0x08,0x78,0xF0,0x80,0x00,0x00,0x00,0x08,0x08,0x0F,0x07,0x00,0x00}, // }
  {0x00,0x80,0xC0,0x40,0xC0,0x80,0xC0,0x40,0x00,0x00,0x00,0x00,0x00,0x00,0x00,0x00}, // ~
  {0x00,0x00,0x60,0x90,0x90,0x60,0x00,0x00,0x00,0x00,0x00,0x00,0x00,0x00,0x00,0x00}};// 0x7F

/* ------------------------------------------------------------------------ */
/*                  사용자 정의 함수 선언                                        */
/* ------------------------------------------------------------------------ */

void Initialize_TFT_LCD(void);                  // initialize TFT-LCD with HX8347-G
void TFT_command(U16 IR);                       // write IR to TFT-LCD
void TFT_data(U16 data);                        // write data to TFT-LCD
void TFT_write(U16 reg, U16 val);               // write TFT-LCD register
void TFT_clear_screen(void);                    // TFT-LCD clear screen with black color
void TFT_color_screen(U16 color);               // TFT-LCD full screen color
void TFT_GRAM_address(U16 xPos, U16 yPos);      // set GRAM address of TFT-LCD
void TFT_xy(U08 xChar, U08 yChar);              // set character position
void TFT_color(U16 colorfore, U16 colorback);   // set foreground and background color
void TFT_pixel(U16 xPos, U16 yPos, U16 color);  // write a pixel
void TFT_portrait_mode(void);                   // set portrait entry mode
void TFT_landscape_mode(void);                  // set landscape entry mode
void TFT_cursor(U16 cursor_color);              // set cursor and color
void TFT_underscore(U16 underscore_color);      // set underscore and color
void TFT_outline(U16 outline_color);            // set outline and color
void TFT_string(U08 xChar, U08 yChar, U16 colorfore, U16 colorback, U08 *str); // write TFT-LCD string
void TFT_English(U08 code);                     // write a English ASCII character
unsigned short KS_code_conversion(U16 KSSM);    // convert 완성형 to 조합형
void TFT_Korean(U16 code);                      // write a Korean character
void TFT_English_pixel(U16 Xpixel,U16 Ypixel, U08 code); // write a English ASCII character

void TFT_unsigned_decimal(U32 number, U08 zerofill, U08 digit); // display unsigned decimal number
void TFT_signed_decimal(S32 number, U08 zerofill, U08 digit);   // display signed decimal number
void TFT_hexadecimal(U32 number, U08 digit);    // display hexadecimal number
void TFT_0x_hexadecimal(U32 number, U08 digit); // display hexadecimal number with 0x
void TFT_binary(U32 number, U08 digit);         // display binary number
void TFT_unsigned_float(float number, U08 integral, U08 fractional); // display unsigned floating-point number
void TFT_signed_float(float number, U08 integral, U08 fractional);   // display signed floating-point number

void Line(S16 x1,S16 y1, S16 x2,S16 y2, U16 color);      // draw a straight line
void Rectangle(S16 x1,S16 y1, S16 x2,S16 y2, U16 color);// draw a rectangle
void Block(S16 x1,S16 y1, S16 x2,S16 y2, U16 color, U16 fill); // draw a rectangle with filled color
void Circle(S16 x1,S16 y1, S16 r, U16 color);  // draw a circle
void Sine(S16 peak, U08 mode, U16 color);       // draw a sine curve

void Initialize_touch_screen(void);             // initialize touch screen
unsigned short Read_ADS7846(U08 command);       // read X, Y value from ADS7846
void Touch_screen_input(void);               // touch screen input of X, Y average value from ADS7846

/* ------------------------------------------------------------------------ */
/*    TFT-LCD 기본 문자 출력 함수(영문 : 8x16 픽셀, 한글 : 16x16 픽셀)          */
/* ------------------------------------------------------------------------ */

#define Transparent     0x0821                  //   1,   1,   1
#define White           0xFFFF                  // 255, 255, 255
```

```
#define Black          0x0000          //   0,   0,   0
#define Red            0xF800          // 255,   0,   0
#define Green          0x07E0          //   0, 255,   0
#define Blue           0x001F          //   0,   0, 255
#define Yellow         0xFFE0          // 255, 255,   0
#define Cyan           0x07FF          //   0, 255, 255
#define Magenta        0xF81F          // 255,   0, 255
#define Brown          0xA145
#define Khaki          0xF731
#define Orange         0xFD20
#define Pink           0xFB56
#define Silver         0xC618
#define Violet         0xEC1D
#define Olive          0x8400          // 128, 128,   0
#define Purple         0x8010          // 128,   0, 128
#define Maroon         0x7800          // 128,   0,   0
#define Navy           0x000F          //   0,   0, 128
#define DarkGreen      0x03E0          //   0, 128,   0
#define DarkCyan       0x03EF          //   0, 128, 128
#define DarkGrey       0x7BEF          // 128, 128, 128
#define LightGrey      0xC618          // 192, 192, 192

unsigned char  ScreenMode = 'L';       // screen mode(P = portrait, L = landscape)
unsigned char  XcharacterLimit = 40;   // character number of line (30 or 40)
unsigned char  YcharacterLimit = 30;   // line number of screen (40 or 30)
unsigned char  Xcharacter, Ycharacter; // Xcharacter(0-29), Ycharacter(0-39) for portrait
                                       // Xcharacter(0-39), Ycharacter(0-29) for landscape
unsigned char  Xcursor, Ycursor;       // cursor position
unsigned char  cursor_flag = 0;        // 0 = cursor off, 1 = cursor on
unsigned short cursor;                 // cursor color
unsigned char  underscore_flag = 0;    // 0 = underscore off, 1 = underscore on
unsigned short underscore;             // underscore color
unsigned char  outline_flag = 0;       // 0 = outline off, 1 = outline on
unsigned short outline;                // outline color
unsigned short foreground, background; // foreground and background color

void Initialize_TFT_LCD(void)          /* initialize TFT-LCD with HX8347-A */
{
  SIM_SCGC5 |= 0x00001800;             // enable clock for PORTC, PORTD

  PORTC_GPCLR = 0x3FFF0100;            // enable PTC13~0 for GPIO
  PORTC_GPCHR = 0x00030100;            // enable PTC17~16 for GPIO
  GPIOC_PDDR = 0x00033FFF;             // PTC17,16,13~0 = output

  PORTD_PCR0 = 0x00000100;             // enable PTD0 for GPIO
  PORTD_PCR1 = 0x00000100;             // enable PTD1 for GPIO
  PORTD_PCR2 = 0x00000100;             // enable PTD2 for GPIO
  PORTD_PCR3 = 0x00000100;             // enable PTD3 for GPIO
  GPIOD_PDDR |= 0x0000000F;            // PTD7~0 = output
  GPIOD_PSOR = 0x00000001;             // -TFT_WR = 1
  GPIOD_PSOR = 0x00000004;             // -TFT_CS = 1
  GPIOD_PSOR = 0x00000008;             // -TFT_RESET = 1

  GPIOD_PCOR = 0x00000008;             // reset TFT-LCD
  Delay_ms(1);
  GPIOD_PSOR = 0x00000008;
  Delay_ms(120);

  TFT_write(0x02, 0x0000);             // window setting
  TFT_write(0x03, 0x0000);             // x = 0~319
  TFT_write(0x04, 0x0001);
  TFT_write(0x05, 0x003F);
  TFT_write(0x06, 0x0000);             // y = 0~239
  TFT_write(0x07, 0x0000);
  TFT_write(0x08, 0x0000);
  TFT_write(0x09, 0x00EF);

  TFT_write(0x01, 0x0006);             // display setting
  TFT_write(0x16, 0x0068);             // MV=1, MX=1, MY=0, BGR=1
  TFT_write(0x18, 0x0000);             // SM=0
  TFT_write(0x70, 0x0065);             // GS=1, SS=1, 16 bit/pixel
```

```
  TFT_write(0x23, 0x0095);
  TFT_write(0x24, 0x0095);
  TFT_write(0x25, 0x00FF);
  TFT_write(0x27, 0x0002);
  TFT_write(0x28, 0x0002);
  TFT_write(0x29, 0x0002);
  TFT_write(0x2A, 0x0002);
  TFT_write(0x2C, 0x0002);
  TFT_write(0x2D, 0x0002);
  TFT_write(0x3A, 0x0001);
  TFT_write(0x3B, 0x0001);
  TFT_write(0x3C, 0x00F0);
  TFT_write(0x3D, 0x0000);
  Delay_ms(20);
  TFT_write(0x35, 0x0038);
  TFT_write(0x36, 0x0078);
  TFT_write(0x3E, 0x0038);
  TFT_write(0x40, 0x000F);
  TFT_write(0x41, 0x00F0);

  TFT_write(0x19, 0x0049);                    // power setting
  TFT_write(0x93, 0x000F);
  Delay_ms(10);
  TFT_write(0x20, 0x0040);
  TFT_write(0x1D, 0x0007);
  Delay_ms(10);
  TFT_write(0x1E, 0x0000);
  TFT_write(0x1F, 0x0004);
  TFT_write(0x44, 0x0040);                    // VCom control for 3.3V
  TFT_write(0x45, 0x0012);
  Delay_ms(10);
  TFT_write(0x1C, 0x0004);
  Delay_ms(20);
  TFT_write(0x43, 0x0080);
  Delay_ms(5);
  TFT_write(0x1B, 0x0018);
  Delay_ms(40);
  TFT_write(0x1B, 0x0010);
  Delay_ms(40);

  TFT_write(0x46, 0x00A4);                    // gamma setting
  TFT_write(0x47, 0x0053);
  TFT_write(0x48, 0x0010);
  TFT_write(0x49, 0x005F);
  TFT_write(0x4A, 0x0004);
  TFT_write(0x4B, 0x003F);
  TFT_write(0x4C, 0x0002);
  TFT_write(0x4D, 0x00F6);
  TFT_write(0x4E, 0x0012);
  TFT_write(0x4F, 0x004C);
  TFT_write(0x50, 0x0046);
  TFT_write(0x51, 0x0044);

  TFT_write(0x90, 0x007F);                    // display on setting
  TFT_write(0x26, 0x0004);
  Delay_ms(40);
  TFT_write(0x26, 0x0024);
  TFT_write(0x26, 0x002C);
  Delay_ms(40);
  TFT_write(0x26, 0x003C);

  TFT_write(0x57, 0x0002);                    // internal VDDD setting
  TFT_write(0x55, 0x0000);
  TFT_write(0xFE, 0x005A);
  TFT_write(0x57, 0x0000);

  TFT_clear_screen();                         // clear screen
}

void TFT_command(U16 IR)                      /* write IR to TFT-LCD */
{
```

```
  GPIOD_PCOR = 0x00000006;                  // RS = 0, -CS = 0
  GPIOC_PDOR = IR + ((IR << 2) & 0x00030000);
  GPIOD_PCOR = 0x00000001;                  // -WR = 0
  GPIOD_PSOR = 0x00000001;                  // -WR = 1
  GPIOD_PSOR = 0x00000006;                  // RS = 1, -CS = 1
}

void TFT_data(U16 data)                     /* write data to TFT-LCD */
{
  GPIOD_PSOR = 0x00000002;                  // RS = 1
  GPIOD_PCOR = 0x00000004;                  // -CS = 0
  GPIOC_PDOR = data + ((data << 2) & 0x00030000);
  GPIOD_PCOR = 0x00000001;                  // -WR = 0
  GPIOD_PSOR = 0x00000001;                  // -WR = 1
  GPIOD_PSOR = 0x00000006;                  // RS = 1, -CS = 1
}

void TFT_write(U16 reg, U16 val)            /* write TFT-LCD register */
{
  TFT_command(reg);
  TFT_data(val);
}

/* ---------------------------------------------------------------------------- */
/*              TFT 보드 출력제어 함수                                             */
/* ---------------------------------------------------------------------------- */

void TFT_clear_screen(void)                 /* TFT-LCD clear screen with black color */
{
  TFT_color_screen(Black);
}

void TFT_color_screen(U16 color)            /* TFT-LCD full screen color */
{
  unsigned short i, j;

  TFT_GRAM_address(0,0);

  for(i = 0; i < 320; i++)
    for(j = 0; j < 240; j++)
      TFT_data(color);
}

void TFT_GRAM_address(U16 xPos, U16 yPos)   /* set GRAM address of TFT-LCD */
{
  if(ScreenMode == 'P')
    { if((xPos > 239) || (yPos > 319))
        return;
      TFT_write(0x02, 0x0000);              // xPos = 0~239
      TFT_write(0x03, xPos);
      TFT_write(0x06, yPos >> 8);           // yPos = 0~319
      TFT_write(0x07, yPos & 0x00FF);
    }
  else
    { if((xPos > 319) || (yPos > 239))
        return;
      TFT_write(0x02, xPos >> 8);           // xPos = 0~319
      TFT_write(0x03, xPos & 0x00FF);
      TFT_write(0x06, 0x0000);              // yPos = 0~239
      TFT_write(0x07, yPos);
    }

  TFT_command(0x22);
}

void TFT_xy(U08 xChar, U08 yChar)           /* set character position (x,y) */
{
  Xcharacter = xChar;
  Ycharacter = yChar;
}
```

```
void TFT_color(U16 colorfore, U16 colorback)    /* set foreground and background color */
{
  foreground = colorfore;
  background = colorback;
}

void TFT_pixel(U16 xPos, U16 yPos, U16 color)   /* write a pixel */
{
  if(ScreenMode == 'P')
    { if((xPos > 239) || (yPos > 319))
        return;
      TFT_write(0x02, 0x0000);                  // xPos = 0~239
      TFT_write(0x03, xPos);
      TFT_write(0x06, yPos >> 8);               // yPos = 0~319
      TFT_write(0x07, yPos & 0x00FF);
    }
  else
    { if((xPos > 319) || (yPos > 239))
        return;
      TFT_write(0x02, xPos >> 8);               // xPos = 0~319
      TFT_write(0x03, xPos & 0x00FF);
      TFT_write(0x06, 0x0000);                  // yPos = 0~239
      TFT_write(0x07, yPos);
    }

  if(color != Transparent)                      // transparent mode ?
    TFT_write(0x22, color);
}

/* ------------------------------------------------------------------------------ */
/*              TFT-LCD 문자 출력 함수                                            */
/* ------------------------------------------------------------------------------ */

void TFT_portrait_mode(void)                    /* set portrait mode */
{
  TFT_write(0x16, 0x0008);                      // MV=0, MX=0, MY=0, BGR=1

  TFT_write(0x02, 0x0000);                      // x = 0~239
  TFT_write(0x03, 0x0000);
  TFT_write(0x04, 0x0000);
  TFT_write(0x05, 0x00EF);
  TFT_write(0x06, 0x0000);                      // y = 0~319
  TFT_write(0x07, 0x0000);
  TFT_write(0x08, 0x0001);
  TFT_write(0x09, 0x003F);

  XcharacterLimit = 30;                         // 30x40 character unit
  YcharacterLimit = 40;
  ScreenMode = 'P';
}

void TFT_landscape_mode(void)                   /* set landscape mode */
{
  TFT_write(0x16, 0x0068);                      // MV=1, MX=1, MY=0, BGR=1

  TFT_write(0x02, 0x0000);                      // x = 0~319
  TFT_write(0x03, 0x0000);
  TFT_write(0x04, 0x0001);
  TFT_write(0x05, 0x003F);
  TFT_write(0x06, 0x0000);                      // y = 0~239
  TFT_write(0x07, 0x0000);
  TFT_write(0x08, 0x0000);
  TFT_write(0x09, 0x00EF);

  XcharacterLimit = 40;                         // 40x30 character unit
  YcharacterLimit = 30;
  ScreenMode = 'L';
}

void TFT_cursor(U16 cursor_color)               /* set cursor and color */
{
```

```
  if(cursor_color == Transparent)                  // disable cursor
    cursor_flag = 0;
  else                                             // enable cursor
    { cursor_flag = 1;
      cursor = cursor_color;
    }
}

void TFT_underscore(U16 underscore_color)          /* set underscore and color */
{
  if(underscore_color == Transparent)              // disable underscore
    underscore_flag = 0;
  else                                             // enable underscore
    { underscore_flag = 1;
      underscore = underscore_color;
    }
}

void TFT_outline(U16 outline_color)                /* set outline and color */
{
  if(outline_color == Transparent)                 // disable outline
    outline_flag = 0;
  else                                             // enable outline
    { outline_flag = 1;
      outline = outline_color;
    }
}

void TFT_string(U08 xChar, U08 yChar, U16 colorfore, U16 colorback, U08 *str)  /* write TFT-LCD string */
{
  unsigned char ch1, ch2;
  unsigned short hangeul;

  Xcharacter = xChar;
  Ycharacter = yChar;

  foreground = colorfore;
  background = colorback;

  while(*str)
    { ch1 = *str;
      str++;

      if(ch1 < 0x80)                               // English ASCII character
        TFT_English(ch1);
      else                                         // Korean
        { ch2 = *str;
          hangeul = (ch1 << 8) + ch2;
          str++;
          hangeul = KS_code_conversion(hangeul);// convert 완성형 to 조합형
          TFT_Korean(hangeul);
        }
    }
}

void TFT_English(U08 code)                         /* write a English ASCII character */
{
  unsigned char  data, x, y;
  unsigned short pixel[8][16];
  unsigned short xPos, yPos, dot0, dot1, dot2, dot3, dot4;

  for(x = 0; x < 8; x++)                           // read English ASCII font
    { data = E_font[code][x];
      for(y = 0; y < 8; y++)
        { if(data & 0x01) pixel[x][y] = foreground;
          else            pixel[x][y] = background;
          data = data >> 1;
        }
    }

  for(x = 0; x < 8; x++)
```

```
  { data = E_font[code][x+8];
    for(y = 0; y < 8; y++)
      { if(data & 0x01) pixel[x][y+8] = foreground;
        else            pixel[x][y+8] = background;
        data = data >> 1;
      }
  }

if(outline_flag == 1)                              // display outline
  for(x = 0; x < 8; x++)
    { dot0 = E_font[code][x] + E_font[code][x+8]*256;
      dot1 = dot0 >> 1;                            // up side
      dot2 = dot0;                                 // down side
      dot3 = E_font[code][x+1] + E_font[code][x+9]*256;// left side
      dot4 = E_font[code][x-1] + E_font[code][x+7]*256;// right side

      for(y = 0; y < 15; y++)
        { if(!(dot0 & 0x0001))
            { if(dot1 & 0x0001) pixel[x][y] = outline;
              if(dot2 & 0x0001) pixel[x][y] = outline;
              if((dot3 & 0x0001) && (x < 7)) pixel[x][y] = outline;
              if((dot4 & 0x0001) && (x > 0 )) pixel[x][y] = outline;
            }

          dot1 >>= 1;
          dot2 = dot0;
          dot0 >>= 1;
          dot3 >>= 1;
          dot4 >>= 1;
        }
    }
if(Xcharacter >= XcharacterLimit)                  // end of line ?
  { Xcharacter = 0;
    Ycharacter += 2;
    if(Ycharacter >= (YcharacterLimit-1))          // end of screen ?
      Ycharacter = 0;
  }

if(underscore_flag == 1)
  { for(x = 0; x < 8; x++)                         // display underscore
        pixel[x][15] = underscore;
  }

if((cursor_flag == 1) && (Xcharacter == Xcursor) &&(Ycharacter == Ycursor))
  { for(x = 0; x < 8; x++)                         // display cursor
      { pixel[x][14] = cursor;
        pixel[x][15] = cursor;
      }
  }

if(background != Transparent)                      // transparent mode ?
  { xPos = Xcharacter*8;

    for(y = 0; y < 16; y++)                        // if no, write a character in higher speed
      { yPos = Ycharacter*8 + y;

        if(ScreenMode == 'P')
          { TFT_write(0x02, 0x0000);               // xPos = 0~239
            TFT_write(0x03, xPos);
            TFT_write(0x06, yPos >> 8);            // yPos = 0~319
            TFT_write(0x07, yPos & 0x00FF);
          }
        else
          { TFT_write(0x02, xPos >> 8);            // xPos = 0~319
            TFT_write(0x03, xPos & 0x00FF);
            TFT_write(0x06, 0x0000);               // yPos = 0~239
            TFT_write(0x07, yPos);
          }

        TFT_command(0x22);
        TFT_data(pixel[0][y]);
```

```
          TFT_data(pixel[1][y]);
          TFT_data(pixel[2][y]);
          TFT_data(pixel[3][y]);
          TFT_data(pixel[4][y]);
          TFT_data(pixel[5][y]);
          TFT_data(pixel[6][y]);
          TFT_data(pixel[7][y]);
        }
    }
  else
    { for(y = 0; y < 16; y++)                   // if yes, write a character
        for(x = 0; x < 8; x++)
          TFT_pixel(Xcharacter*8 + x, Ycharacter*8 + y, pixel[x][y]);
    }

  Xcharacter += 1;                              // go to next position
}

unsigned short KS_code_conversion(U16 KSSM)     /* convert 완성형 to 조합형 */
{
  unsigned char  HB, LB;
  unsigned short index, KS;

  HB = KSSM >> 8;
  LB = KSSM & 0x00FF;

  if(KSSM >= 0xB0A1 && KSSM <= 0xC8FE)
    { index = (HB - 0xB0)*94 + LB - 0xA1;
      KS  =  KS_Table[index][0] * 256;
      KS |=  KS_Table[index][1];

      return KS;
    }
  else
    return 0;
}

void TFT_Korean(U16 code)                       /* write a Korean character */
{
  unsigned char  cho_5bit, joong_5bit, jong_5bit;
  unsigned char  cho_bul, joong_bul, jong_bul = 0, i, jong_flag;
  unsigned short ch;
  unsigned char  Kbuffer[32] = {0};             // 32 byte Korean font buffer

  cho_5bit   = table_cho[(code >> 10) & 0x001F];  // get 5bit(14-10) of chosung
  joong_5bit = table_joong[(code >> 5) & 0x001F]; // get 5bit(09-05) of joongsung
  jong_5bit  = table_jong[code & 0x001F];         // get 5bit(04-00) of jongsung

  if(jong_5bit == 0)                            // if jongsung not exist
    { jong_flag = 0;
      cho_bul = bul_cho1[joong_5bit];
      if((cho_5bit == 1) || (cho_5bit == 16))
        joong_bul = 0;
      else
        joong_bul = 1;
    }
  else                                          // if jongsung exist
    { jong_flag = 1;
      cho_bul = bul_cho2[joong_5bit];
      if((cho_5bit == 1) || (cho_5bit == 16))
        joong_bul = 2;
      else
        joong_bul = 3;
      jong_bul = bul_jong[joong_5bit];
    }

  ch = cho_bul*20 + cho_5bit;                   // get chosung font
  for(i = 0; i < 32; i++)
    Kbuffer[i] = K_font[ch][i];
  ch = 8*20 + joong_bul*22 + joong_5bit;        // OR joongsung font
  for(i = 0; i < 32; i++)
```

```
    Kbuffer[i] |= K_font[ch][i];
  if(jong_flag)                                 // OR jongsung font
    { ch = 8*20 + 4*22 + jong_bul*28 + jong_5bit;
      for(i = 0; i < 32; i++)
        Kbuffer[i] |= K_font[ch][i];
    }

  unsigned char  data, x, y;
  unsigned short pixel[16][16];
  unsigned short xPos, yPos, dot0, dot1, dot2, dot3, dot4;

  for(x = 0; x < 16; x++)                       // read Korean font
    { data = Kbuffer[x];
      for(y = 0; y < 8; y++)
        { if(data & 0x01) pixel[x][y] = foreground;
          else            pixel[x][y] = background;
          data = data >> 1;
        }
    }

  for(x = 0; x < 16; x++)
    { data = Kbuffer[x+16];
      for(y = 0; y < 8; y++)
        { if(data & 0x01) pixel[x][y+8] = foreground;
          else            pixel[x][y+8] = background;
          data = data >> 1;
        }
    }

  if(outline_flag == 1)                         // display outline
    for(x = 0; x < 16; x++)
      { dot0 = Kbuffer[x] + Kbuffer[x+16]*256;
        dot1 = dot0 >> 1;                        // up side
        dot2 = dot0;                             // down side
        dot3 = Kbuffer[x+1] + Kbuffer[x+17]*256; // left side
        dot4 = Kbuffer[x-1] + Kbuffer[x+15]*256; // right side

        for(y = 0; y < 16; y++)
          { if(!(dot0 & 0x0001))
              { if(dot1 & 0x0001) pixel[x][y] = outline;
                if(dot2 & 0x0001) pixel[x][y] = outline;
                if((dot3 & 0x0001) && (x < 15 )) pixel[x][y] = outline;
                if((dot4 & 0x0001) && (x > 0 ))  pixel[x][y] = outline;
              }

            dot1 >>= 1;
            dot2 = dot0;
            dot0 >>= 1;
            dot3 >>= 1;
            dot4 >>= 1;
          }
      }

  if(Xcharacter >= (XcharacterLimit-1))         // end of line ?
    { Xcharacter = 0;
      Ycharacter += 2;
      if(Ycharacter >= (YcharacterLimit-1))     // end of screen ?
        Ycharacter = 0;
    }
  if(underscore_flag == 1)
    { for(x = 0; x < 16; x++)                   // display underscore
        pixel[x][15] = underscore;
    }

  if((cursor_flag == 1) && (Xcharacter == Xcursor) &&(Ycharacter == Ycursor))
    { for(x = 0; x < 16; x++)                   // display cursor
        { pixel[x][14] = cursor;
          pixel[x][15] = cursor;
        }
    }
```

```
  if(background != Transparent)                   // transparent mode ?
    { xPos = Xcharacter*8;

      for(y = 0; y < 16; y++)                     // if no, write a character in higher speed
        { yPos = Ycharacter*8 + y;

          if(ScreenMode == 'P')
            { TFT_write(0x02, 0x0000);            // xPos = 0~239
              TFT_write(0x03, xPos);
              TFT_write(0x06, yPos >> 8);         // yPos = 0~319
              TFT_write(0x07, yPos & 0x00FF);
            }
          else
            { TFT_write(0x02, xPos >> 8);         // xPos = 0~319
              TFT_write(0x03, xPos & 0x00FF);
              TFT_write(0x06, 0x0000);            // yPos = 0~239
              TFT_write(0x07, yPos);
            }

          TFT_command(0x22);
          TFT_data(pixel[0][y]);
          TFT_data(pixel[1][y]);
          TFT_data(pixel[2][y]);
          TFT_data(pixel[3][y]);
          TFT_data(pixel[4][y]);
          TFT_data(pixel[5][y]);
          TFT_data(pixel[6][y]);
          TFT_data(pixel[7][y]);
          TFT_data(pixel[8][y]);
          TFT_data(pixel[9][y]);
          TFT_data(pixel[10][y]);
          TFT_data(pixel[11][y]);
          TFT_data(pixel[12][y]);
          TFT_data(pixel[13][y]);
          TFT_data(pixel[14][y]);
          TFT_data(pixel[15][y]);
        }
    }
  else
    { for(y = 0; y < 16; y++)                     // if yes, write a character
        for(x = 0; x < 16; x++)
          TFT_pixel(Xcharacter*8 + x, Ycharacter*8 + y, pixel[x][y]);
    }

  Xcharacter += 2;                                // go to next position
}

void TFT_English_pixel(U16 Xpixel,U16 Ypixel, U08 code) /* write a English ASCII character */
{
  unsigned char data, x, y;
  unsigned short pixel[8][16];

  for(x = 0; x < 8; x++)                          // read English ASCII font
    { data = E_font[code][x];
      for(y = 0; y < 8; y++)
        { if(data & 0x01) pixel[x][y] = foreground;
          else            pixel[x][y] = background;
          data = data >> 1;
        }
    }

  for(x = 0; x < 8; x++)
    { data = E_font[code][x+8];
      for(y = 0; y < 8; y++)
        { if(data & 0x01) pixel[x][y+8] = foreground;
          else            pixel[x][y+8] = background;
          data = data >> 1;
        }
    }
```

```
  for(y = 0; y < 16; y++)                           // write character
    for(x = 0; x < 8; x++)
      TFT_pixel(Xpixel + x, Ypixel + y, pixel[x][y]);
}

/* ------------------------------------------------------------------------ */
/*              TFT-LCD 수치 데이터 출력 함수                                */
/* ------------------------------------------------------------------------ */

void TFT_unsigned_decimal(U32 number, U08 zerofill, U08 digit) /* display unsigned decimal number */
{
  unsigned char zero_flag, character;
  unsigned int  div;

  if((digit == 0) || (digit > 9)) return;

  div = 1;
  while(--digit) div *= 10;

  zero_flag = zerofill;
  while(div > 0)                                    // display number
    { character = number / div;
      if((character == 0) && (zero_flag == 0) && (div != 1))
        TFT_English(character + ' ');
      else
        { zero_flag = 1;
          TFT_English(character + '0');
        }
      number %= div;
      div /= 10;
    }
}

void TFT_signed_decimal(S32 number, U08 zerofill, U08 digit)    /* display signed decimal number */
{
  unsigned char zero_flag, character;
  unsigned int  div;

  if((digit == 0) || (digit > 9)) return;

  if(number >= 0)                                   // display sign
    TFT_English('+');
  else
    { TFT_English('-');
      number = -number;
    }

  div = 1;
  while(--digit) div *= 10;

  zero_flag = zerofill;
  while(div > 0)                                    // display number
    { character = number / div;
      if((character == 0) && (zero_flag == 0) && (div != 1))
        TFT_English(character + ' ');
      else
        { zero_flag = 1;
          TFT_English(character + '0');
        }
      number %= div;
      div /= 10;
    }
}

void TFT_hexadecimal(U32 number, U08 digit)         /* display hexadecimal number */
{
  unsigned char i, character;

  if((digit == 0) || (digit > 8)) return;

  for(i = digit; i > 0; i--)
```

```
    { character = (number >> 4*(i-1)) & 0x0F;
      if(character < 10) TFT_English(character + '0');
      else               TFT_English(character - 10 + 'A');
    }
}

void TFT_0x_hexadecimal(U32 number, U08 digit)  /* display hexadecimal number with 0x */
{
  unsigned char i, character;

  if((digit == 0) || (digit > 8)) return;

  TFT_English('0');
  TFT_English('x');

  for(i = digit; i > 0; i--)
    { character = (number >> 4*(i-1)) & 0x0F;
      if(character < 10) TFT_English(character + '0');
      else               TFT_English(character - 10 + 'A');
    }
}

void TFT_binary(U32 number, U08 digit)          /* display binary number */
{
  unsigned char i;

  if((digit == 0) || (digit > 32)) return;

  for(i = digit; i > 0; i--)
    TFT_English(((number >> (i-1)) & 0x01) + '0');
}

void TFT_unsigned_float(float number, U08 integral, U08 fractional) /* display unsigned floating-point number */
{
  unsigned char zero_flag, digit, character;    // integral = digits of integral part
  unsigned int  div, integer;                   // fractional = digits of fractional part

  digit = integral + fractional;
  if((integral == 0) || (fractional == 0) || (digit > 9)) return;

  div = 1;
  while(--digit) div *= 10;

  while(fractional--) number *= 10.;
  integer = (U32)(number + 0.5);

  zero_flag = 0;
  digit = 1;
  while(div > 0)                                // display number
    { character = integer / div;
      if((character == 0) && (zero_flag == 0) && (digit != integral))
        TFT_English(character + ' ');
      else
        { zero_flag = 1;
          TFT_English(character + '0');
        }
      integer %= div;
      div /= 10;

      if(digit == integral)
        TFT_English('.');
      digit++;
    }
}

void TFT_signed_float(float number, U08 integral, U08 fractional) /* display signed floating-point number */
{
  unsigned char zero_flag, digit, character;
  unsigned int  div, integer;

  digit = integral + fractional;
```

```
  if((integral == 0) || (fractional == 0) || (digit > 9)) return;

  if(number >= 0)                                     // display sign
    TFT_English('+');
  else
    { TFT_English('-');
      number = -number;
    }

  div = 1;
  while(--digit) div *= 10;

  while(fractional--) number *= 10.;
  integer = (U32)(number + 0.5);

  zero_flag = 0;
  digit = 1;
  while(div > 0)                                      // display number
    { character = integer / div;
      if((character == 0) && (zero_flag == 0) && (digit != integral))
        TFT_English(character + ' ');
      else
        { zero_flag = 1;
          TFT_English(character + '0');
        }
      integer %= div;
      div /= 10;

      if(digit == integral)
        TFT_English('.');
      digit++;
    }
}

/* ------------------------------------------------------------------------ */
/*              그래픽 함수                                                  */
/* ------------------------------------------------------------------------ */

void Line(S16 x1,S16 y1, S16 x2,S16 y2, U16 color)      /* draw a straight line */
{
  short x, y;

  if((x1 == x2) && (y1 == y2))                        // if x1 == x2 and y1 == y2, it is a dot
    TFT_pixel(x1, y1, color);
  else
    { if(x1 < x2) x = x2 - x1;                        // calculate x length
      else        x = x1 - x2;
      if(y1 < y2) y = y2 - y1;                        // calculate y length
      else        y = y1 - y2;

      if((x >= y) && (x1 <= x2))                      // if x is long and y is short
        for(x = x1; x <= x2; x++)
          { y = y1 + (int)(x - x1)*(int)(y2 - y1)/(x2 - x1);
            TFT_pixel(x, y, color);
          }
      else if((x >= y) && (x1 > x2))
        for(x = x1; x >= x2; x--)
          { y = y1 + (int)(x - x1)*(int)(y2 - y1)/(x2 - x1);
            TFT_pixel(x, y, color);
          }
      else if((x < y) && (y1 <= y2))                  // if x is short and y is long
        for(y = y1; y <= y2; y++)
          { x = x1 + (int)(y - y1)*(int)(x2 - x1)/(y2 - y1);
            TFT_pixel(x, y, color);
          }
      else if((x < y) && (y1 > y2))
        for(y = y1; y >= y2; y--)
          { x = x1 + (int)(y - y1)*(int)(x2 - x1)/(y2 - y1);
            TFT_pixel(x, y, color);
          }
    }
```

```
}

void Rectangle(S16 x1,S16 y1, S16 x2,S16 y2, U16 color) /* draw a rectangle */
{
  Line(x1,y1, x1,y2, color);                        // horizontal line
  Line(x2,y1, x2,y2, color);
  Line(x1,y1, x2,y1, color);                        // vertical line
  Line(x1,y2, x2,y2, color);
}

void Block(S16 x1,S16 y1, S16 x2,S16 y2, U16 color, U16 fill) /* draw a rectangle with filled color */
{
  short i;

  Line(x1,y1, x1,y2, color);                        // horizontal line
  Line(x2,y1, x2,y2, color);
  Line(x1,y1, x2,y1, color);                        // vertical line
  Line(x1,y2, x2,y2, color);

  if((y1 < y2) && (x1 != x2))                       // fill block
    { for(i = y1+1; i <= y2-1; i++)
        Line(x1+1,i, x2-1,i, fill);
    }
  else if((y1 > y2) && (x1 != x2))
    { for(i = y2+1; i <= y1-1; i++)
        Line(x1+1,i, x2-1,i, fill);
    }
}

void Circle(S16 x1,S16 y1, S16 r, U16 color)      /* draw a circle */
{
  short x, y;
  float s;

  for(y = y1 - r*3/4; y <= y1 + r*3/4; y++)       // draw with y variable
    { s = sqrt((int)r*(int)r - (int)(y-y1)*(int)(y-y1)) + 0.5;
      x = x1 + (int)s;
      TFT_pixel(x, y, color);
      x = x1 - (int)s;
      TFT_pixel(x, y, color);
    }

  for(x = x1 - r*3/4; x <= x1 + r*3/4; x++)       // draw with x variable
    { s = sqrt((int)r*(int)r - (int)(x-x1)*(int)(x-x1)) + 0.5;
      y = y1 + (int)s;
      TFT_pixel(x, y, color);
      y = y1 - (int)s;
      TFT_pixel(x, y, color);
    }
}

#define M_PI        3.141592654

void Sine(S16 peak, U08 mode, U16 color)         /* draw a sine curve */
{
  short x, y;

  if(mode == 0)
    for(x = 0; x <= 319; x++)
      { y = 120 - (int)(sin((float)x * 1.6875 * M_PI / 180.) * peak + 0.5);
        TFT_pixel(x, y, color);
      }
  else
    for(x = 0; x <= 319; x++)
      { y = 120 + (int)(sin((float)x * 1.6875 * M_PI / 180.) * peak + 0.5);
        TFT_pixel(x, y, color);
      }
}

/* ------------------------------------------------------------------------ */
/*                    TFT-32A 보드 터치 스크린 컨트롤러 입력 함수                */
```

```
/* -------------------------------------------------------------------------- */

#define x_touch_min   250                     // minimum value of touch screen x-axis
#define x_touch_max   3750                    // maximum value of touch screen x-axis
#define y_touch_min   400                     // minimum value of touch screen y-axis
#define y_touch_max   3830                    // maximum value of touch screen y-axis

#define ADS7846_CMD_X 0xD0                    // 12-bit resolution X position measurement command
#define ADS7846_CMD_Y 0x90                    // 12-bit resolution Y position measurement command

unsigned short x_12bit, y_12bit;              // x_12bit(0-4095), y_12bit(0-4095)
unsigned short x_touch, y_touch;              // x_touch(0-239),  y_touch(0-319)

void Initialize_touch_screen(void)            /* initialize touch screen */
{
  SIM_SCGC4 |= 0x00400000;                    // enable clock for SPI0
  SIM_SCGC5 |= 0x00000200;                    // enable clock for PORTA

  PORTA_PCR12 = 0x00000100;                   // PTA12 = -TS_INT
  GPIOA_PDDR &= 0xFFFFEFFF;                   // PTA12 = input
  PORTA_PCR13 = 0x00000100;                   // PTA13 = -TS_CS
  GPIOA_PDDR |= 0x00002000;                   // PTA13 = output = 1
  GPIOA_PSOR = 0x00002000;
  PORTA_PCR15 = 0x00000200;                   // PTA15 = SPI0_SCK
  PORTA_PCR16 = 0x00000200;                   // PTA16 = SPI0_MOSI
  PORTA_PCR17 = 0x00000200;                   // PTA17 = SPI0_MISO

  SPI0_C1 = 0x50;                             // master mode, CPOL = CPHA = 0, MSB first
  SPI0_C2 = 0x00;
  SPI0_BR = 0x31;                             // 20.97152MHz/(3+1)/4 = 1.31072MHz (Max 2.5MHz)

  Read_ADS7846(ADS7846_CMD_X);                // dummy input for -TS_INT signal
}

unsigned short Read_ADS7846(U08 command)      /* read X, Y value from ADS7846 */
{
  unsigned short axis;

  axis = SPI0_D;                              // clear SPRF flag

  GPIOA_PCOR = 0x00002000;                    // -TS_CS = 0
  while(!(SPI0_S & 0x20));
  SPI0_D = command;
  while(!(SPI0_S & 0x80));
  axis = SPI0_D;

  while(!(SPI0_S & 0x20));
  SPI0_D = 0x00;
  while(!(SPI0_S & 0x80));
  axis = SPI0_D;
  axis <<= 8;

  while(!(SPI0_S & 0x20));
  SPI0_D = 0x00;
  while(!(SPI0_S & 0x80));
  axis += SPI0_D;
  GPIOA_PSOR = 0x00002000;                    // -TS_CS = 1

  axis >>= 3;
  return axis;
}

void Touch_screen_input(void)             /* touch screen input of X, Y average value from ADS7846 */
{
  unsigned char i;
  unsigned short temp;

  x_12bit = 0;                                // initial value
  y_12bit = 0;

  for(i = 0; i < 16; i++)                     // read X, Y value by 16 times if -PENIRQ enable
```

```
    { if((GPIOA_PDIR & 0x00001000) == 0)          // -TS_INT = 0 ?
        x_12bit += Read_ADS7846(ADS7846_CMD_X);  // if yes, measure X position
      else                                        // if not, return with 0
        { x_12bit = 0;
          y_12bit = 0;
          break;
        }
      Delay_us(10);

      if((GPIOA_PDIR & 0x00001000) == 0)          // -TS_INT = 0 ?
        y_12bit += Read_ADS7846(ADS7846_CMD_Y);  // if yes, measure Y position
      else                                        // if not, return with 0
        { x_12bit = 0;
          y_12bit = 0;
          break;
        }
      Delay_us(10);
    }

  x_12bit >>= 4;                                  // calculate average for 16 times
  y_12bit >>= 4;

  if((x_12bit == 0) && (y_12bit == 0))
    { x_touch = 0;
      y_touch = 0;
      return;
    }

  if(x_12bit <= x_touch_min)                      // convert to pixel x-axis value
    x_touch = 0;
  else if(x_12bit >= x_touch_max)
    x_touch = 239;
  else
    x_touch = (unsigned int)((float)(x_12bit - x_touch_min) * 239./(float)(x_touch_max - x_touch_min));

  if(y_12bit <= y_touch_min)                      // convert to pixel y-axis value
    y_touch = 319;
  else if(y_12bit >= y_touch_max)
    y_touch = 0;
  else
    y_touch = 319 - (unsigned int)((float)(y_12bit - y_touch_min) * 319./(float)(y_touch_max - y_touch_min));

  if(ScreenMode == 'L')                           // adjust axis value for landscape mode
    { temp = x_12bit;                             // exchange x_12bit and y_12bit
      x_12bit = y_12bit;
      y_12bit = temp;
      temp = x_touch;                             // exchange x_touch and y_touch
      x_touch = y_touch;
      y_touch = 239 - temp;
    }
}
```

이 헤더파일 OK-MKL25Z.h에 포함되어 있는 TFT-LCD 모듈 관련 사용자 정의 함수들을 모두 요약 정리하면 <표 6.12>와 같다. 여기에 정리한 사용자 정의 함수들은 앞으로 여러분이 *OK-MKL25Z* 키트에서 C언어로 프로그램을 작성할 때 유용하게 사용할 것이므로 잘 알아두어야 하며, 이제 가급적이면 이 함수들의 내용까지 정확히 이해하도록 노력하기 바란다.

<표 6.12> 헤더파일 OK-MKL25Z.h에 포함된 TFT-LCD 관련 함수들의 요약

사용자 정의 함수	기 능	입력 파라미터	리턴 값
Initialize_TFT_LCD()	TFT-LCD 모듈을 초기화한다.	-	-
TFT_command()	TFT-LCD 모듈에 인덱스 레지스터 값을 출력한다.	U16 IR	-
TFT_data()	TFT-LCD 모듈에 제어 레지스터 값 또는 GRAM 데이터를 출력한다.	U16 data	-
TFT_write()	TFT-LCD 모듈의 레지스터에 값을 출력한다.	U16 reg, val	-
TFT_clear_screen()	TFT-LCD 모듈 화면 전체를 검게 하여 클리어한다.	-	-
TFT_color_screen()	TFT-LCD 모듈 화면 전체를 지정된 색으로 표시한다.	U16 color	-
TFT_GRAM_address()	TFT-LCD 모듈의 GRAM 어드레스를 지정하여 화면에 출력할 데이터의 시작 위치를 설정한다.	U16 xPos, yPos	-
TFT_xy()	TFT-LCD 모듈의 문자 출력 좌표를 설정한다.	U08 xChar, yChar	-
TFT_color()	TFT-LCD 모듈에 출력하는 문자의 전경색과 배경색을 설정한다.	U16 colorfore, colorback	-
TFT_pixel()	TFT-LCD 모듈의 픽셀 출력 좌표와 컬러를 설정한다.	U16 xPos, yPos, color	-
TFT_portrait_mode()	TFT-LCD 모듈의 스크린 문자 출력 방향을 초상화 모드(Portrait)로 설정한다.	-	-
TFT_landscape_mode()	TFT-LCD 모듈의 스크린 문자 출력 방향을 풍경화 모드(Landscape)로 설정한다.	-	-
TFT_cursor()	TFT-LCD 모듈의 출력 문자에 지정된 색깔로 커서를 표시하도록 설정하거나 커서 표시를 해제한다.	U16 cursor_color	-
TFT_underscore()	TFT-LCD 모듈의 출력 문자에 지정된 색깔로 밑줄을 표시하도록 설정하거나 밑줄 표시를 해제한다.	U16 underscore_color	-
TFT_outline()	TFT-LCD 모듈의 출력 문자에 지정된 색깔로 외곽선을 표시하도록 설정하거나 외곽선 표시를 해제한다.	U16 outline_color	-
TFT_string()	TFT-LCD 모듈에 시작 위치와 컬러를 지정하고 그 위치부터 문자열을 출력한다.	U08 xChar, yChar U16 colorfore, colorback, char *str	-
TFT_English()	TFT-LCD 모듈에 영문 1글자를 출력한다.	U08 code	-
KS_code_conversion()	완성형 한글 코드를 조합형 한글 코드로 변환한다.	U16 KSSM	unsigned short
TFT_Korean()	TFT-LCD 모듈에 한글 1글자를 출력한다.	U16 code	-
TFT_English_pixel()	TFT-LCD 모듈에 영문 1글자를 픽셀 단위의 위치로 지정하여 출력한다.	U16 Xpixel, U16 Ypixel, U08 code	-
TFT_binary()	TFT-LCD 모듈에 2진수를 출력한다.	U16 number, U08 digit	-
TFT_unsigned_decimal()	TFT-LCD 모듈에 부호 없는 정수를 출력한다. (zerofill = 1이면 선두의 무효 자리를 0으로 채운다.)	U32 number, U08 zerofill, digit	-
TFT_signed_decimal()	TFT-LCD 모듈에 부호 있는 정수를 출력한다. (zerofill = 1이면 선두의 무효 자리를 0으로 채운다.)	S32 number, U08 zerofill, digit	-
TFT_hexadecimal()	TFT-LCD 모듈에 16진수를 출력한다.	U32 number, U08 digit	-
TFT_0x_hexadecimal()	TFT-LCD 모듈에 0x를 포함하는 16진수를 출력한다.	U32 number, U08 digit	-
TFT_unsigned_float()	TFT-LCD 모듈에 부호 없는 실수를 출력한다. (integral = 실수부 자리수, fractional = 소수부 자리수)	float number, U08 integral, fractional	-
TFT_signed_float()	TFT-LCD 모듈에 부호 있는 실수를 출력한다. (integral = 실수부 자리수, fractional = 소수부 자리수)	float number, U08 integral, fractional	-
Line()	TFT-LCD 모듈에 직선을 그린다.	S16 x1, y1, x2, y2, U16 color	
Rectangle()	TFT-LCD 모듈에 사각형을 그린다.	S16 x1, y1, x2, y2, U16 color	
Block()	TFT-LCD 모듈에 지정된 컬러로 채운 사각형을 그린다.	S16 x1, y1, x2, y2, U16 color, fill	-
Circle()	TFT-LCD 모듈에 원을 그린다.	S16 x1, y1, r, U16 color	
Sine()	TFT-LCD 모듈에 정현파(sine 또는 cosine) 곡선을 그린다.	S16 peak, U08 mode, U16 color	
Initialize_touch_screen()	터치 스크린 컨트롤러를 ADS7846으로 사용하기 위하여 SPI 통신포트를 CPOL=CPHA=0에 1.31072MHz의 속도로 초기화한다.	-	-
Touch_screen_input()	터치 스크린 컨트롤러 ADS7846을 사용하여 터치 스크린의 X, Y 좌표값을 입력한다.	-	x_touch y_touch

OK-MKL25Z 키트에서는 TFT-LCD 모듈에서 12×24 픽셀의 영문 ASCII 폰트 및 24×24 픽셀의 한글 폰트를 사용한 큰 글씨도 표시할 수 있는데, 이를 처리하는 여러가지 함수들을 제공하는 헤더파일 OK-MKL25Z_large.h는 제6.6절에서 소개한다.

▣ 영문 ASCII 문자의 출력 프로그램

OK-MKL25Z 키트의 TFT-LCD 모듈을 사용하는 프로그램으로 먼저 이를 초기화하고 여기에 다양한 속성을 갖는 영문 ASCII 문자열을 출력하는 예제를 살펴본다.

<프로그램 Exp06_5_1.c> 영문 ASCII 문자 출력 프로그램

```
/* ========================================================================== */
/*              Exp06_5_1_basic.c : TFT-LCD 영문 ASCII 출력 프로그램          */
/* ========================================================================== */
/*                              Programmed by Duck-Yong Yoon in 2016.   */

#include <MKL25Z4.h>
#include "OK-MKL25Z.h"

int main(void)
{
  unsigned int x, y;
  unsigned char code;

  Initialize_MCU();                             // initialize MCU and kit
  Delay_ms(50);                                 // wait for system stabilization
  Initialize_LCD();                             // initialize text LCD module
  Initialize_TFT_LCD();                         // initialize TFT-LCD module

  LCD_string(0x80," OK-MKL25Z V1.0 ");          // display title
  LCD_string(0xC0,"   Exp06_5_1.c   ");

  while(1)
    { TFT_color_screen(White);                  // display full color(white)
      TFT_landscape_mode();                     // landscape mode
      Beep();

      TFT_string( 6, 2,White, Black," OK-MKL25Z ASCII Character ");

      TFT_string(12, 4,White, Black,       " (White Screen) ");

      TFT_string( 0,10,White,  Blue,"Foreground White Color / Blue Background");

      TFT_string( 1,15,Red,    Cyan, "Foreground Red Color / Cyan Background");

      TFT_outline(Black);
      TFT_string( 1,20,Yellow,Transparent,"Foreground Yellow Color/Black Outline");
      TFT_outline(Transparent);

      TFT_underscore(Red);
      TFT_string( 3,25,Blue,Transparent, "Foreground Blue Color / Transparent");
      TFT_underscore(Transparent);
      Delay_ms(5000);

      TFT_color_screen(White);                  // display full color(white)
      TFT_portrait_mode();                      // portrait mode
      Beep();

      TFT_string( 1, 2,White, Black," OK-MKL25Z ASCII Character ");
      TFT_string( 7, 4,White, Black,       " (White Screen) ");
```

```
        TFT_string( 4,12,White,  Blue,    "Foreground White Color");
        TFT_string( 3,14,White,  Blue,   "on Background Blue Color");

        TFT_string( 5,18,Red,    Cyan,    "Foreground Red Color");
        TFT_string( 3,20,Red,    Cyan,   "on Background Cyan Color");

        TFT_outline(Black);
        TFT_string( 3,24,Yellow,Transparent,  "Foreground Yellow Color");
        TFT_string( 6,26,Yellow,Transparent,     "with Black Outline");
        TFT_outline(Transparent);

        TFT_underscore(Red);
        TFT_string( 4,30,Blue,Transparent,    "Foreground Blue Color");
        TFT_string( 2,32,Blue,Transparent,  "on Transparent Background");
        TFT_underscore(Transparent);
        Delay_ms(5000);

        TFT_clear_screen();                           // clear screen
        TFT_landscape_mode();                         // landscape mode
        Beep();

        TFT_string(11, 5,White,Magenta," ASCII Code Table ");
        code = 0x00;
        for(y = 0; y <= 7; y++)
          { TFT_xy(1,8+y*2); TFT_color(Green,Black);
            TFT_0x_hexadecimal(code,2);
            TFT_English(' '); TFT_English(':');
            TFT_color(Cyan,Black);

            for(x = 0; x <= 15; x++)
              { TFT_English(' ');
                TFT_English(code++);
              }
          }
        Delay_ms(5000);

        TFT_clear_screen();                           // clear screen
        TFT_portrait_mode();                          // portrait mode
        Beep();

        TFT_string( 6, 2,White,Magenta," ASCII Code Table ");
        code = 0x00;
        for(y = 0; y <= 15; y++)
          { TFT_xy(4,6+y*2); TFT_color(Green,Black);
            TFT_0x_hexadecimal(code,2);
            TFT_English(' '); TFT_English(':');
            TFT_color(Cyan,Black);

            for(x = 0; x <= 7; x++)
              { TFT_English(' ');
                TFT_English(code++);
              }
          }
        Delay_ms(5000);
      }
}
```

☞ 처음에 마이크로컨트롤러가 리셋 후에 기동되고 나서 텍스트 LCD 모듈 및 TFT-LCD 모듈을 초기화하기 전에 수십 ms 정도(여기서는 50ms)의 시간지연을 주어야 한다는 것을 기억하라. 이것은 전원을 투입한 후에 동작을 개시하는 시간이 대부분의 경우 마이크로컨트롤러보다 주변장치들이 늦기 때문이다.

이 책에서 *OK-MKL25Z* 키트용으로 제공하는 C언어 프로그램용 기본 헤더파일 OK-MKL25Z.h에서 Initialize_TFT_LCD(), TFT_landscape_mode(), TFT_portrait_mode(), TFT_command(), TFT_data(), TFT_xy(), TFT_color(), TFT_string(), TFT_English(), TFT_Korean() 등의 함수에 대한 동작을 확실하게 이해하라.

(4) 수치 데이터의 출력 프로그램

TFT-LCD 모듈에 문자 데이터(character)가 아니라 수치 데이터(value)를 디스플레이하려면 먼저 숫자의 각 자리(digit)에 해당하는 값을 하나씩 ASCII 문자로 변환하여 출력해야 한다. 이는 상당히 복잡하며 정수의 경우와 부동소수점수의 경우가 다르고, 정수 중에서도 2진수, 10진수, 16진수의 처리 방식이 모두 다르다.

C언어에서 TFT-LCD 모듈에 수치 데이터를 출력하는 것은 다음과 같이 3가지의 방법으로 생각할 수 있다. 첫째는 수치 데이터를 출력할 때마다 이를 사용자 정의 함수로 만들어 사용하는 방법이고, 둘째는 *OK-MKL25Z* 키트용의 기본 헤더파일 OK-MKL25Z.h에서 제공하는 함수를 사용하는 방법이며, 셋째는 C컴파일러의 표준 printf() 함수를 사용하는 방법이다. 이중에서 역시 가장 권장할만한 방법은 헤더파일 OK-MKL25Z.h에서 제공하는 함수를 사용하는 것이며, 앞으로 이 책의 예제 프로그램에서는 이 방법을 기본으로 사용한다.

▣ 직접 사용자 함수를 만들어 사용하는 정수 및 실수 데이터 출력

먼저 사용자가 직접 함수를 만들어 정수 및 실수의 수치 데이터를 TFT-LCD 모듈에 디스플레이하는 프로그래밍 기술을 익혀보기로 한다. 이 방법은 내용적으로 그다지 어렵지는 않지만 정수나 실수에 대하여 표현할 수치 데이터의 크기나 자릿수에 따라 매번 그에 맞는 함수를 만들어 사용해야 하므로 상당히 번거롭다.

다음은 *OK-MKL25Z* 키트의 TFT-LCD 모듈에 단자리 구구단, 10자리 구구단, 실수 구구단을 구현한 프로그램이다.

<프로그램 Exp06_5_2.c> 수치 데이터 출력 프로그램(1)

```
/* ========================================================================== */
/*      Exp06_5_2_numeric(1).c : TFT-LCD 수치 데이터 출력 프로그램(1)         */
/* ========================================================================== */
/*                                     Programmed by Duck-Yong Yoon in 2016.  */

#include <MKL25Z4.h>
#include "OK-MKL25Z.h"

void TFT_2d(unsigned int number);               /* display 2-digit decimal number */
void TFT_4d(unsigned int number);               /* display 4-digit decimal number */
void TFT_1d1(float number);                     /* floating-point number x.x */
void TFT_2d2(float number);                     /* floating-point number xx.xx */

/* ----- 메인 프로그램 ------------------------------------------------------ */

int main(void)
{
  unsigned int x, y;
  float a, b;

  Initialize_MCU();                             // initialize MCU and kit
```

```
 Delay_ms(50);                                   // wait for system stabilization
 Initialize_LCD();                               // initialize text LCD module
 Initialize_TFT_LCD();                           // initialize TFT-LCD module

 LCD_string(0x80," OK-MKL25Z V1.0 ");            // display title
 LCD_string(0xC0,"  Exp06_5_2.c  ");

 while(1)
   { TFT_clear_screen();                          // 정수
     TFT_string(6,0,White, Magenta," Multiplication Table(정수) ");

     for(x = 2; x <= 9; x++)
       { for(y = 1; y <= 9; y++)
           { TFT_color(Green, Black);             // 단자리 구구단
             TFT_xy( 5,3*y); TFT_English(x + '0');
             TFT_xy( 7,3*y); TFT_English('x');
             TFT_xy( 9,3*y); TFT_English(y + '0');
             TFT_xy(11,3*y); TFT_English('=');
             TFT_xy(13,3*y); TFT_2d(x*y);

             TFT_color(Yellow, Black);            // 10자리 구구단
             TFT_xy(21,3*y); TFT_2d(x*10);
             TFT_xy(24,3*y); TFT_English('x');
             TFT_xy(26,3*y); TFT_2d(y*10);
             TFT_xy(29,3*y); TFT_English('=');
             TFT_xy(31,3*y); TFT_4d((x*10)*(y*10));
           }
         Beep();
         Delay_ms(3000);
       }

     TFT_clear_screen();                          // 실수
     TFT_string(6,0,White, Magenta," Multiplication Table(실수) ");

     for(x = 1,a = 1.1; x <= 9; x++, a += 1.1)
       { for(y = 1, b = 1.1; y <= 9; y++, b += 1.1)
           { TFT_color(Green, Black);             // 실수 구구단
             TFT_xy(11,3*y); TFT_1d1(a);
             TFT_xy(15,3*y); TFT_English('x');
             TFT_xy(17,3*y); TFT_1d1(b);
             TFT_xy(21,3*y); TFT_English('=');
             TFT_xy(23,3*y); TFT_2d2(a*b);
           }
         Beep();
         Delay_ms(3000);
       }
   }
}
/* ----- 사용자 정의 함수 ------------------------------------------------------- */

void TFT_2d(unsigned int number)                 /* display 2-digit decimal number */
{
  unsigned int i;

  i = number/10;                                 // 10^1
  if(i == 0) TFT_English(' ');
  else       TFT_English(i + '0');

  i = number % 10;                               // 10^0
  TFT_English(i + '0');
}

void TFT_4d(unsigned int number)                 /* display 4-digit decimal number */
{
  unsigned int i, flag;

  flag = 0;
  i = number/1000;                               // 10^3
  if(i == 0) TFT_English(' ');
  else {     TFT_English(i + '0');
             flag = 1;
       }
```

```
  number = number % 1000;                       // 10^2
  i = number/100;
  if((i == 0) && (flag == 0))
            TFT_English(' ');
  else {    TFT_English(i + '0');
            flag = 1;
       }

  number = number % 100;                        // 10^1
  i = number/10;
  if((i == 0) && (flag == 0))
            TFT_English(' ');
  else {    TFT_English(i + '0');
            flag = 1;
       }

  i = number % 10;                              // 10^0
  TFT_English(i + '0');
}

void TFT_1d1(float number)                      /* floating-point number x.x */
{
  unsigned int i, j;

  j = (int)(number*10. + 0.5);
  i = j / 10;                                   // 10^0
  TFT_English(i + '0');
  TFT_English('.');
  i = j % 10;                                   // 10^-1
  TFT_English(i + '0');
}

void TFT_2d2(float number)                      /* floating-point number xx.xx */
{
  unsigned int i, j;

  j = (int)(number*100. + 0.5);
  i = j / 1000;                                 // 10^1
  if(i == 0) TFT_English(' ');
  else       TFT_English(i + '0');

  j = j % 1000;                                 // 10^0
  i = j / 100;
  TFT_English(i + '0');
  TFT_English('.');

  j = j % 100;                                  // 10^-1
  i = j / 10;
  TFT_English(i + '0');

  i = j % 10;                                   // 10^-2
  TFT_English(i + '0');
}
```

☞ TFT-LCD 모듈에 수치 데이터를 출력하려면 위에서와 같이 사용자 정의 함수에서 숫자의 각 자리를 1문자의 ASCII 코드로 변환하여 출력하면 된다. 원리를 알고 이해하면 이러한 루틴이 그다지 어려운 것은 아니기 때문에 필요할 때마다 이렇게 사용자 정의 함수를 만들어 사용할 수 있다.

10진수에서는 각 자리의 수가 0~9로 되지만, 16진수에서는 0~F로 되어야 하며, 2진수에서는 1비트가 1자리가 된다. 10진수는 10의 멱급수로 표시할 수 있으므로 각 자리는 10의 누승 데이터로 나눈 몫으로 구할 수 있으며, 이렇게 구한 각 자리의 수를 ASCII 문자로 변환하면 된다. 예를 들어 234는

$$234 = 2\times10^2 + 3\times10^1 + 4\times10^0$$

으로 표시되므로 100자리의 수는 234를 10^2에 해당하는 100으로 나눈 몫이며, 10자리의 수는 그 나머지를 다시 10^1에 해당하는 10으로 나눈 몫이고, 1자리의 수는 최종적인 나머지가 된다. 그러나, 16진수는 이보다 처리가 훨씬 용이하여 최하위 비트부터 4비트씩 끊어나가면 각 4비트 단위의 수가 그대로 1자리의 16진수로 된다.

10진수에서는 1~9의 숫자가 처음으로 나타나기 전에 왼쪽에 붙는 0은 의미가 없어서 표시하지 않는 것이 일반적이므로 이를 처리하기 위하여 flag이라는 변수를 사용하고 있는 부분에 주목하라. 위의 예제에서 변화하는 숫자들을 빠른 속도로 TFT-LCD 모듈에 표시하면 사람의 눈으로 읽기가 어려우므로 충분한 시간지연을 사용하여 천천히 디스플레이하였다.

▣ 헤더파일 OK-MKL25Z.h에서 제공하는 함수를 사용하는 수치 데이터 출력

OK-MKL25Z 키트용의 기본 헤더파일 OK-MKL25Z.h에는 수치 데이터 표현을 위한 사용자 함수를 만들어 제공한다. 이 출력함수는 표현할 수치 데이터의 자릿수를 파라미터로 지정하게 되어 있으므로 출력할 데이터의 길이에 상관없이 일반적으로 사용할 수 있다는 점에서 편리하며, C컴파일러의 printf() 함수를 사용하는 %서식 지정 방법에 비하여 훨씬 더 간편하고 실행속도가 빠르며 적은 메모리 용량을 차지한다는 점에서 우수하다. 앞으로의 예제 프로그램에서는 대부분 이 방법을 사용할 것이다.

위의 예제 프로그램 Exp06_5_2.c를 OK-MKL25Z.h에서 제공하는 함수를 사용하여 수정하면 다음과 같다. 전체적으로 소스가 훨씬 간단해졌음을 알 수 있다.

<프로그램 Exp06_5_3.c> 수치 데이터 출력 프로그램(2)

```
/* ========================================================================== */
/*      Exp06_5_3_numeric(2).c : TFT-LCD 수치 데이터 출력 프로그램(2)          */
/* ========================================================================== */
/*                                   Programmed by Duck-Yong Yoon in 2016.    */

#include <MKL25Z4.h>
#include "OK-MKL25Z.h"

int main(void)
{
  unsigned int x, y;
  float a, b;

  Initialize_MCU();                             // initialize MCU and kit
  Delay_ms(50);                                 // wait for system stabilization
  Initialize_LCD();                             // initialize text LCD module
  Initialize_TFT_LCD();                         // initialize TFT-LCD module

  LCD_string(0x80," OK-MKL25Z V1.0 ");          // display title
  LCD_string(0xC0,"  Exp06_5_3.c   ");

  while(1)
    { TFT_clear_screen();                       // 정수
      TFT_string(6,0,White, Magenta," Multiplication Table(정수) ");

      for(x = 2; x <= 9; x++)
        { for(y = 1; y <= 9; y++)
            { TFT_color(Green, Black);          // 단자리 구구단
```

```
            TFT_xy( 5,3*y); TFT_English(x + '0');
            TFT_xy( 7,3*y); TFT_English('x');
            TFT_xy( 9,3*y); TFT_English(y + '0');
            TFT_xy(11,3*y); TFT_English('=');
            TFT_xy(13,3*y); TFT_unsigned_decimal(x*y,0,2);

            TFT_color(Yellow, Black);          // 10자리 구구단
            TFT_xy(21,3*y); TFT_unsigned_decimal(x*10,0,2);
            TFT_xy(24,3*y); TFT_English('x');
            TFT_xy(26,3*y); TFT_unsigned_decimal(y*10,0,2);
            TFT_xy(29,3*y); TFT_English('=');
            TFT_xy(31,3*y); TFT_unsigned_decimal((x*10)*(y*10),0,4);
          }
        Beep();
        Delay_ms(3000);
      }

    TFT_clear_screen();                            // 실수
    TFT_string(6,0,White, Magenta," Multiplication Table(실수) ");

    for(x = 1,a = 1.1; x <= 9; x++, a += 1.1)
      { for(y = 1, b = 1.1; y <= 9; y++, b += 1.1)
          { TFT_color(Green, Black);               // 실수 구구단
            TFT_xy(11,3*y); TFT_unsigned_float(a,1,1);
            TFT_xy(15,3*y); TFT_English('x');
            TFT_xy(17,3*y); TFT_unsigned_float(b,1,1);
            TFT_xy(21,3*y); TFT_English('=');
            TFT_xy(23,3*y); TFT_unsigned_float(a*b,2,2);
          }
        Beep();
        Delay_ms(3000);
      }
  }
}
```

(5) Visiting Count 프로그램

이번에는 *OK-MKL25Z* 키트의 TFT-LCD 모듈에 풍경화 모드로 40자×15행의 영문 ASCII 문자를 출력하는 기능을 이용하여 재미있는 난수 응용 프로그램을 작성해 보기로 한다.

이것은 C언어의 난수(random number) 발생 기능을 이용한 일종의 주사위 프로그램으로서 난수에서 나올 수 있는 값을 4등분으로 나누어 각각 동서남북으로 전진하는 방법으로 진행한다. 즉, 난수 발생함수 rand()로 16비트 0x00000000~0x7FFFFFFF 범위의 난수를 발생시켜서 그 난수값이 0x00000000~0x1FFFFFFF라면 동쪽으로 1글자 이동(x를 1증가)하고, 0x20000000~0x3FFFFFFF라면 서쪽으로 1글자 이동(x를 1감소)하며, 난수값이 0x40000000~0x5FFFFFFF라면 남쪽으로 1글자 이동(y를 1증가)하고, 0x60000000~0x7FFFFFFF라면 북쪽으로 1글자 이동(y를 1감소)한다. 처음에 출발하는 위치도 난수를 사용하여 매번 달라지도록 한다.

그러면서 각 좌표에 해당하는 40×15=600개의 방에는 지나간 횟수(visiting count)를 메모리 배열로 저장한다. 이렇게 각 방을 돌아다니다가 외곽의 벽을 만나면 더 이상

진행하지 못하므로 그대로 그 자리에 머무르고 다시 난수를 발생한다. 이러한 동작을 600개의 방을 단 1번씩이라도 모두 방문하여 남은 빈 방이 없게 될 때까지 계속하고, 10ms의 주기로 한 번씩 난수를 발생할 때마다 각 방의 방문 횟수를 화면에 표시한다.

각 방의 방문 횟수는 1글자만으로 표시해야 하므로 0~9값은 그냥 아라비아 숫자로 표시하고, 10~35값은 대문자 A~Z로 표시하며, 36~61값은 소문자 a~z로 표시한다. 대부분의 경우 이 범위 이상의 값은 잘 나오지 않지만 만약에 62 이상의 방문 횟수가 나오면 그 방은 *로 표시한다.

<프로그램 Exp06_5_4.c> Visiting Count 프로그램(1)

```
/* ============================================================================ */
/*                Exp06_5_4_visiting(1).c : Visiting Count Program(1)            */
/* ============================================================================ */
/*                                  Programmed by Duck-Yong Yoon in 2016.        */

#include <stdlib.h>
#include <MKL25Z4.h>
#include "OK-MKL25Z.h"

int main(void)
{
  unsigned int i, j, random, total = 0, visit_flag, x, y;
  unsigned char key, count, table[40][15];

  Initialize_MCU();                              // initialize MCU and kit
  Delay_ms(50);                                  // wait for system stabilization
  Initialize_LCD();                              // initialize text LCD module
  Initialize_TFT_LCD();                          // initialize TFT-LCD module
  TFT_landscape_mode();                          // landscape mode

  LCD_string(0x80," OK-MKL25Z V1.0 ");           // display title
  LCD_string(0xC0,"  Exp06_5_4.c   ");

  SysTick->LOAD  = 0x00FFFFFF;                   // maximum value
  SysTick->VAL   = 0;                            // clear SysTick Counter
  SysTick->CTRL  = 0x00000001;                   // SysTick enable and no interrupt

START:
  TFT_string(10,10, White,Magenta, " Visiting Count (1) "); // wait KEY1 to start
  TFT_string( 8,15,   Red,  Black, " Press KEY1 to start !! ");
  TFT_string( 3,20, White,  Black, " (Total Visiting Counts = ");
  TFT_unsigned_decimal(total,1,6);
  TFT_English(')');
  TFT_English(' ');
  Beep();

  key = 0;                                       // random starting time
  while(key != KEY1) key = Key_input();
  random = SysTick->VAL;
  srand(random);                                 // initialize random number

  TFT_color(White,Black);
  for(j = 0; j <= 14; j++)                       // clear visiting room
    for(i = 0; i <= 39; i++)
      { table[i][j] = 0;
        TFT_xy(i, 2*j);
        TFT_English('0');
      }
  visit_flag = 0;
  total = 0;
```

```
    x = rand() % 40;                              // starting position
    y = rand() % 15;

    while(visit_flag == 0)
      { random = rand();                          // get random number(0x00000000~0x7FFFFFFF)

        if(random <= 0x1FFFFFFF)                  // 0x00000000 - 0x1FFFFFFF
          { if(x != 39)
              { x++; table[x][y] += 1; } }
        else if(random <= 0x3FFFFFFF)             // 0x20000000 - 0x3FFFFFFF
          { if(x != 0)
              { x--; table[x][y] += 1; } }
        else if(random <= 0x5FFFFFFF)             // 0x40000000 - 0x5FFFFFFF
          { if(y != 14)
              { y++; table[x][y] += 1; } }
        else                                      // 0x60000000 - 0x7FFFFFFF
          { if(y != 0)
              { y--; table[x][y] += 1; } }

        count = table[x][y];                      // display visiting count
        if(count >= 62)
          { count = '*';
            TFT_color(Yellow,Blue);
          }
        else if(count >= 36)
          { count = count - 36 + 'a';
            TFT_color(Cyan,Blue);
          }
        else if(count >= 10)
          { count = count - 10 + 'A';
            TFT_color(Green,Blue);
          }
        else
          { count = count + '0';
            TFT_color(Magenta,Blue);
          }
        TFT_xy(x, 2*y);
        TFT_English(count);

        visit_flag = 1;                           // check end
        for(j = 0; j <= 14; j++)
          for(i = 0; i <= 39; i++)
            if(table[i][j] == 0)
              visit_flag = 0;

        total++;                                  // increment total count
        Delay_ms(10);
      }

    goto START;                                   // if complete, go next stage
}
```

☞ 난수를 발생시키기 시작할 때는 srand() 함수로 난수의 seed를 제공하야 하는데 이 값을 항상 같은 상수값으로 주게 되면 난수를 발생하는 패턴이 늘 일정하여 재미가 없게 된다. 이를 피하기 위하여 여기서는 SysTick 타이머를 설정한 후에 프로그램을 시작할 때 이것에 의한 시간값을 읽어서 seed로 사용함으로써 매번 난수를 발생하는 seed가 달라지도록 처리하였다. 이 타이머의 동작을 설정한 후에 사용자가 KEY1을 눌러서 프로그램의 동작이 시작되기 까지의 시간이 매번 일정하지 않기 때문에 seed가 랜덤하게 달라지는 것이다. 난수 발생과 관련된 srand() 및 rand() 함수는 C컴파일러의 stdlib.h 파일에 정의되어 있다.

위의 프로그램에서는 TFT-LCD 모듈 사방의 끝에 벽이 있다고 가정하고 이 벽을 만나면 거기서 더 이상 진행하지 못하도록 하였으나, 여기서 벽을 없애 동쪽 끝이 서쪽 끝과 연결되었다고 하고, 마찬가지로 남쪽 끝이 북쪽 끝과 연결되었다고 가정하면 동서남북 방향으로 이동이 훨씬 더 수월해질 수 있다. 다음은 위의 예제 프로그램을 이렇게 벽을 없애는 것으로 수정한 것이다.

<프로그램 Exp06_5_5.c> Visiting Count 프로그램(2)

```
/* ========================================================================= */
/*              Exp06_5_5_visiting(2).c : Visiting Count Program(2)          */
/* ========================================================================= */
/*                             Programmed by Duck-Yong Yoon in 2016.         */

#include <stdlib.h>
#include <MKL25Z4.h>
#include "OK-MKL25Z.h"

int main(void)
{
  unsigned int i, j, random, total = 0, visit_flag, x, y;
  unsigned char key, count, table[40][15];

  Initialize_MCU();                             // initialize MCU and kit
  Delay_ms(50);                                 // wait for system stabilization
  Initialize_LCD();                             // initialize text LCD module
  Initialize_TFT_LCD();                         // initialize TFT-LCD module
  TFT_landscape_mode();                         // landscape mode

  LCD_string(0x80," OK-MKL25Z V1.0 ");          // display title
  LCD_string(0xC0,"  Exp06_5_5.c   ");

  SysTick->LOAD  = 0x00FFFFFF;                  // maximum value
  SysTick->VAL   = 0;                           // clear SysTick Counter
  SysTick->CTRL  = 0x00000001;                  // SysTick enable and no interrupt

START:
  TFT_string(10,10, White,Magenta, " Visiting Count (2) "); // wait KEY1 to start
  TFT_string( 8,15,   Red,  Black, " Press KEY1 to start !! ");
  TFT_string( 3,20, White,  Black, " (Total Visiting Counts = ");
  TFT_unsigned_decimal(total,1,6);
  TFT_English(')');
  TFT_English(' ');
  Beep();

  key = 0;                                      // random starting time
  while(key != KEY1) key = Key_input();
  random = SysTick->VAL;
  srand(random);                                // initialize random number

  TFT_color(White,Black);
  for(j = 0; j <= 14; j++)                      // clear visiting room
    for(i = 0; i <= 39; i++)
      { table[i][j] = 0;
        TFT_xy(i, 2*j);
        TFT_English('0');
      }
  visit_flag = 0;
  total = 0;

  x = rand() % 40;                              // starting position
  y = rand() % 15;
```

```
  while(visit_flag == 0)
    { random = rand();                          // get random number(0x00000000~0x7FFFFFFF)

      if(random <= 0x1FFFFFFF)                  // 0x00000000 - 0x1FFFFFFF
        { if(x == 39) x = 0;
          else        x++;
          table[x][y] += 1;
        }
      else if(random <= 0x3FFFFFFF)             // 0x20000000 - 0x3FFFFFFF
        { if(x == 0)  x = 39;
          else        x--;
          table[x][y] += 1;
        }
      else if(random <= 0x5FFFFFFF)             // 0x40000000 - 0x5FFFFFFF
        { if(y == 14) y = 0;
          else        y++;
          table[x][y] += 1;
        }
      else                                      // 0x60000000 - 0x7FFFFFFF
        { if(y == 0)  y = 14;
          else        y--;
          table[x][y] += 1;
        }

      count = table[x][y];                      // display visiting count
      if(count >= 62)
        { count = '*';
          TFT_color(Yellow,Blue);
        }
      else if(count >= 36)
        { count = count - 36 + 'a';
          TFT_color(Cyan,Blue);
        }
      else if(count >= 10)
        { count = count - 10 + 'A';
          TFT_color(Green,Blue);
        }
      else
        { count = count + '0';
          TFT_color(Magenta,Blue);
        }
      TFT_xy(x, 2*y);
      TFT_English(count);

      visit_flag = 1;                           // check end
      for(j = 0; j <= 14; j++)
        for(i = 0; i <= 39; i++)
          if(table[i][j] == 0)
            visit_flag = 0;

      total++;                                  // increment total count
      Delay_ms(10);
    }

  goto START;                                   // if complete, go next stage
}
```

6.6 TFT-LCD 모듈 한글 출력 프로그램

이제 *OK-MKL25Z* 키트에서 사용하는 TFT-LCD 모듈에 16×16 픽셀의 기본 크기를 갖는 조합형 한글을 출력하는 프로그램 기술을 익히기로 하며, 부수적으로 이보다 더 큰 24×24 픽셀의 한글 출력 프로그램도 공부한다. 이 출력 프로그램에서는 플래시 메모리의 용량 제한으로 명조체 1가지의 글씨체만을 지원하지만, 다양한 컬러를 사용하는 것은 물론이고 커서나 투명글씨, 외곽선체와 같은 고급 기능을 사용할 수 있다. 한글 출력 프로그램에서는 당연히 부수적으로 영문 ASCII 문자도 출력할 수 있는데 영문 ASCII 문자는 가로방향으로 항상 한글 크기의 $\frac{1}{2}$로 처리한다.

조합형 한글 표시방식은 완성형 한글 표시방식에 비하여 폰트를 저장하는 메모리를 적게 차지하므로 마이크로컨트롤러에서 널리 사용하고 있다. 그러나, 현재 퍼스널컴퓨터의 모든 Windows 운영체제는 완성형 한글 코드를 사용하고 있으므로 우리가 프로그램을 작성할 때 C언어 소스 파일에 한글 문자를 사용하면 이는 완성형 코드로 저장된다. 따라서, 한글을 출력하는 사용자 함수에서는 먼저 완성형 한글 코드를 조합형 코드로 변환한 후에 이를 조합형 표시 방식으로 디스플레이하게 된다.

(1) 한글의 구조와 화면표시 기술

한글을 TFT-LCD 모듈에 표시하는 프로그램 기술은 앞의 제6.5절에서 설명한 영문 ASCII 문자 표시에 비하여 훨씬 더 복잡하다. 이는 한글이 풀어쓰기 구조를 가지는 영어와 달리 모아쓰기라는 독특한 구조를 가지기 때문이다.

한글은 조선 제4대 임금이신 세종대왕께서 1443년에 창제하고 1446년에 반포하신 우리 고유의 문자로서 세계에서 그 유래를 찾기 어려우리만큼 과학적이고 아름다운 문자라고 평가되고 있다. 그러나, 한글은 이렇게 자랑스러운 우리 민족의 유산이지만, 모아쓰기라는 독특한 특성 때문에 컴퓨터로 이를 처리하기에는 다소 까다로운 점이 있다. 하지만, 한글은 초성, 중성, 종성의 3가지 자소로 조합되는 규칙성을 가지고 있으므로 음절 단위의 완성된 형태만을 가지는 중국의 한자(漢字)에 비하면 훨씬 처리하기에 용이한 것도 사실이다.

다시 말하면 영문 ASCII 문자는 기본적으로 언어 구조가 풀어쓰기로 되어 있으므로 1가지의 폰트를 사용하여 화면에 이를 표시하는 과정이 아주 간단하게 처리되지만, 한글은 모아쓰기 구조를 가지므로 초성의 자음 "ㄱ" 하나만을 놓고 보더라도 중성과 종성에 무엇이 오느냐에 따라 매우 다른 모양의 폰트가 필요하며, 따라서 이를 출력하는 프로그램에는 초성, 중성, 종성에 해당하는 다양한 폰트 데이터를 가지고 있어야 하고, 상황에 따라 이중에서 가장 적합한 폰트를 찾아서 1음절의 문자를 구성해야만 한다는 것이다.

이제 한글을 TFT-LCD 모듈에 표시하려면 먼저 한글의 과학적인 구조를 자세히 살펴볼 필요가 있다.

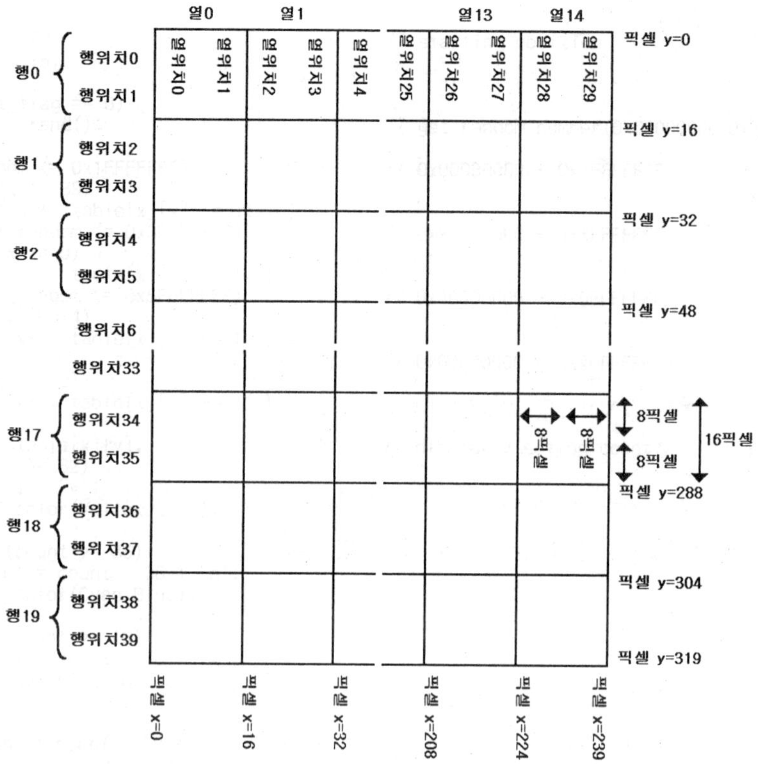

(a) 초상화 모드

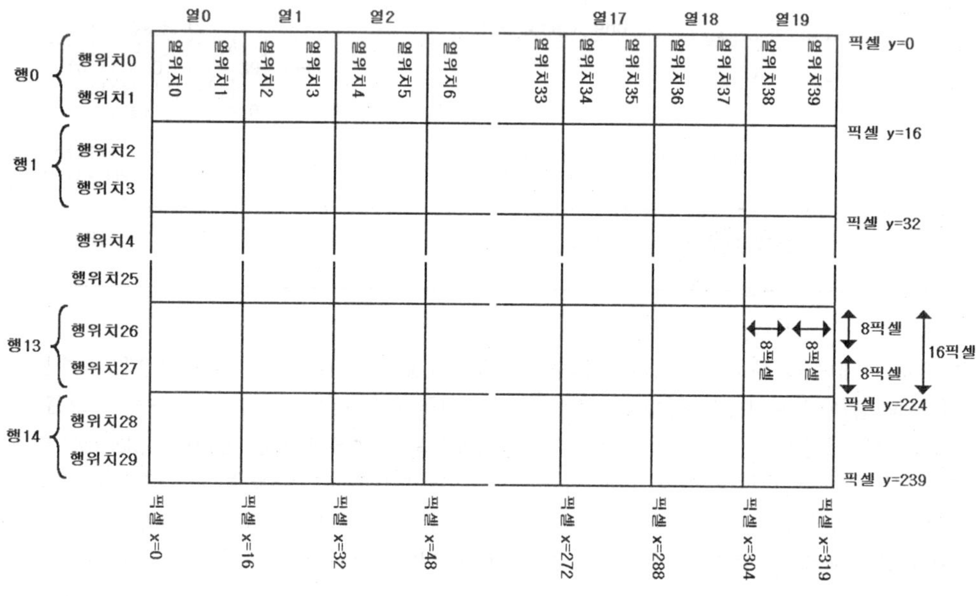

(b) 풍경화 모드

〈그림 6.18〉 TFT-LCD 모듈 화면에 16×16 픽셀의 한글 글자를 표시하는 방법

▣ 한글 표시 화면의 구성

제6.5절에서 영문 ASCII 문자는 가로×세로 = 8×16 픽셀 크기의 반각 문자로 표시하였으나 한글은 가로×세로 = 16×16 픽셀의 문자 박스에 전각 문자로 표시한다. 즉, 반각인 영문 ASCII 문자를 가로 방향으로 2개 합치면 전각인 한글 1글자의 면적이 된다.

이렇게 하면 이 책에서 사용하는 240×320 픽셀 해상도의 TFT-LCD 모듈 화면에 표시할 수 있는 한글 글자는 <그림 6.18>과 같다. 즉, 초상화 모드에서는 그림의 (a)처럼 15열×20행의 한글 글자를 표시할 수 있고, 풍경화 모드에서는 그림의 (b)처럼 20열×15행의 한글 글자를 표시할 수 있게 된다.

각각의 경우에 한글 1글자는 가로 방향과 세로 방향으로 16픽셀로 구성되지만, 문자를 표시하는 위치는 8픽셀 단위로 움직이면서 지정할 수 있게 하면 각 글자 간격과 행 간격을 1문자 또는 ½문자씩 둘 수 있어서 편리하다.

▣ 한글의 구조

한글은 초성, 중성, 종성의 3가지 자소(字素)가 모여서 1음절(音節)의 글자를 구성하는 과학적인 모아쓰기 구조를 갖는 언어이다. 그러나, 글자에 따라서는 종성(받침)이 없고 초성과 중성으로만 만들어지기도 한다.

초성과 종성은 반드시 자음으로 사용되고 중성은 반드시 모음이 사용되는데, 이렇게 한글을 구성하는 자소들과 그것들이 초성, 중성, 종성에 각각 사용되는 내역을 정리하면 <표 6.13>과 같다.

<표 6.13> 한글 글자의 구성

한글 자소	기본 자음(14개)	ㄱ ㄴ ㄷ ㄹ ㅁ ㅂ ㅅ ㅇ ㅈ ㅊ ㅋ ㅌ ㅍ ㅎ
	쌍자음(5개)	ㄲ ㄸ ㅃ ㅆ ㅉ
	복자음(11개)	ㄳ ㄵ ㄶ ㄺ ㄻ ㄼ ㄽ ㄾ ㄿ ㅀ ㅄ
	기본 모음(10개)	ㅏ ㅑ ㅓ ㅕ ㅗ ㅛ ㅜ ㅠ ㅡ ㅣ
	복모음(11개)	ㅐ ㅒ ㅔ ㅖ ㅘ ㅙ ㅚ ㅝ ㅞ ㅟ ㅢ
글자 구성	초성(19개)	기본 자음(14) + 쌍자음(5)
	중성(21개)	기본 모음(10) + 복모음(11)
	종성(27개)	기본 자음(14) + 쌍자음(2 ; ㄲ ㅆ) + 복자음(11)

이렇게 각 자소를 사용하여 한글 글자가 구성되므로 이론적으로 만들 수 있는 총 글자 수는 다음과 같다.

받침이 없는 글자 : 초성(19)×중성(21) = 399자
받침이 있는 글자 : 초성(19)×중성(21)×종성(27) = 10,773자
계 = 11,172자

이와 같이 한글은 자음 14개와 모음 10개를 기본으로 하면서 여기에서 파생된 쌍자음, 복자음 및 복모음들을 과학적으로 결합시켜 글자를 만들게 된다. 이것이 한글의 기본적인 구조이며 특징이다.

▣ 한글 코드

우리나라에 컴퓨터가 처음 소개되면서 영문 ASCII 문자만을 처리하는 컴퓨터에서 이와 충돌이 되지 않으면서 추가로 한글을 표시하고 처리하는 방법이 문제가 되었다. 국내에서 컴퓨터가 사용되기 시작한 이후 상당히 오랜 시간이 지나도록 N바이트 코드나 3바이트 코드와 같은 여러가지 한글처리 방식이 사용되기도 하였고, 각 회사별로 서로 다른 종류의 2바이트(16비트) 조합형 한글 코드를 사용하기도 하였다. 이러한 상황은 당시의 컴퓨터 사용자들에게 컴퓨터 모델 사이에 전혀 소프트웨어의 호환성이 유지되지 않아서 많은 혼란을 주었지만, 각 회사의 영업적 이해관계나 기술적인 차이 등으로 하여 쉽게 해결될 전망이 보이지 않았다.

그러던 중에 1987년에 정부는 많은 논란 끝에 완성형 한글 코드를 KS 표준 규격으로 정하였는데, 그것이 오늘날까지 사용되는 KSC5601-1987 정보 교환용 부호(현재는 이를 1998년에 개정하여 KSX 1001로 되어 있음.)이다. 이는 한글이 초성, 중성, 종성으로 구성되어 모두 11,172자를 표현할 수 있다는 점을 고려하지 않고, 사용빈도가 높은 한글 글자들을 완성된 형태로 2,350자만 정의하고, 여기에 한자 4,888자, 특수문자 1,128자, 사용자 정의문자 188자 등을 지정함으로써 한글의 기본적인 원리와 장점을 훼손한다는 거센 비판을 받았다. 실제로 이를 사용하면 표시할 수 없는 글자가 상당히 많아서 종종 불편을 초래하며, 사용자 정의문자에 이를 정의한다고 하더라도 일반성이 없고 순서대로 정렬(sort)하는데 문제가 생기므로 불편이 전혀 해결되지 않는다. 그러나, 완성형 코드는 국제적 표준코드인 ISO 2022와 비교적 충돌이 적고 글자체를 보다 미려하게 디자인할 수 있는 등의 장점도 가지고 있다.

이러한 완성형 한글 코드의 문제점을 인식하여 정부는 1992년에 기존의 완성형 코드에 보조적으로 조합형 코드를 사용할 수 있도록 KS 표준 규격을 개정하였는데, 그것이 KSC5601-1992 정보 교환용 부호의 보조 부호(현재는 역시 1998년에 개정되어 KSX 1001로 되어 있음.)이다. 이와 같이 현재는 16비트 완성형과 2바이트(16비트) 조합형이 모두 국가 표준규격으로 정해져 있는데, 어쩔 수 없는 현실의 반영으로 볼 수도 있으나 국가 표준이 2가지라는 것은 사리에 맞지 않는 것으로서 아직까지도 적지 않은 혼란을 불러일으키고 있다.

그러나, 이러한 문제들에 관계없이 TFT-LCD 모듈에 한글을 표시해야 하는 우리의 입장에서는 메모리 용량의 한계 때문에 반드시 2바이트 조합형 한글 코드를 사용해야 하므로 여기서는 이것에 대하여 자세히 알아보기로 한다.

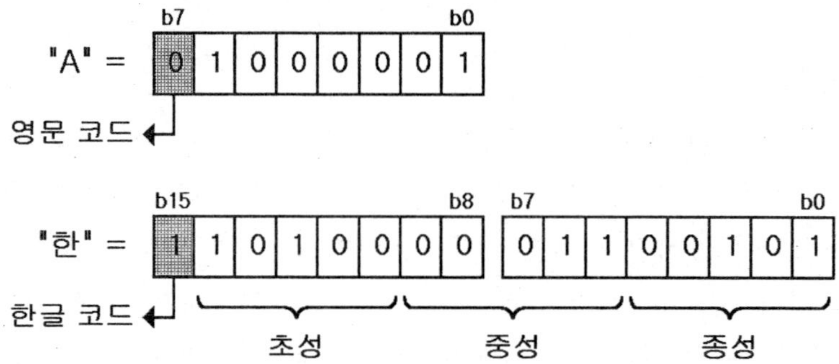

<그림 6.19> 2바이트 조합형 한글 코드의 구조

KS 표준 규격인 2바이트 조합형 한글 코드에서는 <그림 6.19>에 보인 것처럼 초성, 중성, 종성을 각각 5비트의 길이로 나타낸다. 영문 ASCII 코드인 경우에는 8비트로 나타내는데, 여기서 최상위 비트를 b7 = 0으로 하여 영문이라는 것을 나타내고, 나머지 7개의 비트(b6~b0)들로는 이 문자의 ASCII 코드값을 나타낸다. 그러나, 한글 코드는 최상위 비트를 b7 = 1로 표시하고 이 경우에는 이 바이트와 그 다음에 오는 또 하나의 바이트를 연속으로 붙여서 총 2바이트(16비트)를 한글 코드로 사용하게 된다. 이때, 나머지 15개의 비트(b14~b0)들은 차례로 5비트씩 분할하여 각각 초성, 중성, 종성을 표시하게 된다.

이렇게 초성, 중성, 종성의 자소를 각각 5비트로 표시할 수 있는 것은 앞에서도 살펴보았듯이 초성이 19자, 중성이 21자, 종성이 27자이기 때문에 모두 5비트로 표현 가능한 2^5 = 32종류 이하이기 때문이다. 그러나, 실제로는 초성, 중성, 종성에 각각 자리 채움 표시(fill code)를 1개씩 추가하여 20자, 22자, 28자로 된다.

KSC5601-1992 정보 교환용 부호의 보조 부호로 정의된 2바이트 조합형 한글 코드를 보이면 <표 6.14>와 같다. 이중에서 사선으로 표시한 부분은 사용하지 못하도록 되어 있는 빈 자리이며, 그중에서 *표로 표시한 부분은 한글 고어(古語)를 정의하기도 하는 자리이나 우리는 전혀 사용하지 않으므로 그냥 비워두기로 한다. 초성, 중성, 종성의 우측에 있는 각 숫자들은 이들 비트들이 00000에서부터 2진수가 증가하면서 차례로 연속하여 정의되어 있지 않기 때문에 나중에 각 자소들을 인덱싱(indexing)하는 데 편리하게 사용하기 위한 인수들이다.

<표 6.14> KSC5601-1992의 2바이트 조합형 한글코드

비트값		초성(20자)		중성(22자)		종성(28자)	
10진수	2진수	자음	인덱스	모음	인덱스	자음	인덱스
0	00000						
1	00001	fill code	0			fill code	0
2	00010	ㄱ	1	fill code	0	ㄱ	1
3	00011	ㄲ	2	ㅏ	1	ㄲ	2
4	00100	ㄴ	3	ㅐ	2	ㄳ	3
5	00101	ㄷ	4	ㅑ	3	ㄴ	4
6	00110	ㄸ	5	ㅒ	4	ㄵ	5
7	00111	ㄹ	6	ㅓ	5	ㄶ	6
8	01000	ㅁ	7			ㄷ	7
9	01001	ㅂ	8			ㄹ	8
10	01010	ㅃ	9	ㅔ	6	ㄺ	9
11	01011	ㅅ	10	ㅕ	7	ㄻ	10
12	01100	ㅆ	11	ㅖ	8	ㄼ	11
13	01101	ㅇ	12	ㅗ	9	ㄽ	12
14	01110	ㅈ	13	ㅘ	10	ㄾ	13
15	01111	ㅉ	14	ㅙ	11	ㄿ	14
16	10000	ㅊ	15			ㅀ	15
17	10001	ㅋ	16			ㅁ	16
18	10010	ㅌ	17	ㅚ	12	*	
19	10011	ㅍ	18	ㅛ	13	ㅂ	17
20	10100	ㅎ	19	ㅜ	14	ㅄ	18
21	10101	(한자)		ㅝ	15	ㅅ	19
22	10110	(한자)		ㅞ	16	ㅆ	20
23	10111	(한자)		ㅟ	17	ㅇ	21
24	11000	(한자)				ㅈ	22
25	11001	(한자)				ㅊ	23
26	11010	(한자)		ㅠ	18	ㅋ	24
27	11011	(한자)		ㅡ	19	ㅌ	25
28	11100	(한자)		ㅢ	20	ㅍ	26
29	11101	(한자)		ㅣ	21	ㅎ	27
30	11110	(한자)		*		*	
31	11111			*			

키입력 루틴에서 사용하는 한글 오토마타(automata) 프로그램은 키보드에서 입력되는 자소들을 차례로 모아서 <표 6.14>와 같은 2바이트 조합형 한글 코드를 만든다. 한글 1음절은 초성+중성 또는 초성+중성+종성으로 구성되므로 초성에 해당하는 자음과 중성에 해당하는 모음이 입력될 때까지는 비교적 처리가 용이하지만, 그 다음에 자음이 입력되는 경우에는 처리가 복잡해진다. 이 자음은 일단 종성으로 처리되었다가 그 다음에 또다시 자음이 입력되면 그대로 종성으로 확정되지만, 만약 그 다음에 입력된 것이 모음인 경우에는 이 자음이 2번째 음절의 초성으로 바뀌어 처리된다.

여기서, fill code는 1음절을 구성하는 3가지의 자소 중에서 최소한 어느 1가지 또는 2가지가 생략된 경우에 그 생략 부분을 채워서 2바이트의 조합형 한글 코드를 완성해주는 값이다. 즉, 받침이 없는 글자에서는 항상 종성이 fill code로 채워지고, "ㅏㄴ"과 같이 표시하는 경우는 초성이 fill code로 채워지며, "ㅜ"와 같이 표시하는 경우는 초성과 종성이 모두 fill code로 채워진다.

▣ 조합형 한글의 화면표시

TFT-LCD 모듈 화면에 이와 같이 16×16 픽셀 크기의 한글 글자를 표시하기 위한 문자의 폰트 구조를 보이면 <그림 6.20>과 같다. 즉, 한글 각 자소의 폰트는 각 픽셀에 대응하는 비트들을 세로 방향으로 모아서 2진수 1바이트 데이터를 만들고(위쪽이 LSB, 아래쪽이 MSB가 되도록 1바이트 데이터를 만들어야 한다.) 이것들을 수평방향으로 16바이트를 연속하여 배열하며, 윗줄이 끝나면 아랫줄에 대하여도 동일한 방식으로 16바이트를 배열한다. 따라서, 한글 자소 1개에는 모두 32바이트의 폰트 데이터가 필요하다.

앞에서 살펴본 바와 같이 영문 ASCII 문자의 경우에는 각 문자의 코드에 대하여 8×16 도트의 문자 박스에 이 문자를 표시하기 위하여 각 문자당 16바이트씩으로 구성되는 폰트 데이터 테이블을 미리 만들어 저장해 놓았다가 이를 찾아서 화면에 출력하면 되므로 비교적 처리가 단순하고 쉬웠다.

조합형 한글에서는 이렇게 초성, 중성, 종성의 각 자소가 16×16 픽셀에 대응되는 32바이트의 폰트를 가지고 있으며, 1음절의 글자를 완성하려면 <그림 6.20>에 보인 것처럼 이 초성, 중성, 종성의 폰트 데이터를 모두 OR시켜서 32바이트의 최종적인 폰트 데이터로 만들고 이를 TFT-LCD 모듈에 출력하려면 각 비트를 해당 픽셀에 대응되는 16비트 컬러 데이터로 변환하여 출력하게 된다.

더구나, 이들 초성, 중성, 종성은 각각 1가지씩의 폰트만을 가지는 것이 아니라 여러 벌의 폰트를 가지고 있어야 한다. 즉, 초성의 "ㄱ"은 항상 조합형 한글 코드 내에서는 같은 값으로 표시되지만 이를 화면에 표시할 때는 글자에 따라 다른 모양의 폰트가 사용되어야 한다. 예를 들면 "가"에서의 초성과 "강"에서의 초성, 그리고 "고"에서의 초성 및 "공"에서의 초성, "광"에서의 초성은 모두 같은 초성의 "ㄱ"으로 코드가 표시되지만, 이를 화면에 표시할 때는 서로 상당히 다른 모양이 되어야만 전체적인 글자의 모양이 보기 좋도록 균형과 조화를 이루게 되는 것이다. 이것은 "ㄱ"뿐만 아니라 모든 초성에 대하여 마찬가지이며, 나아가 초성뿐만 아니라 중성이나 종성에서도 또한 마찬가지이다.

결국 초성, 중성, 종성을 화면에 표시하기 위한 폰트 데이터에는 여러 개의 벌을 가져야 하며, 이들 각 자소에 대한 벌수가 많을수록 좀더 미려한 글자 모양을 얻을 수 있다. 그러나, 이들 벌수를 지나치게 많게 만들면 화면표시 처리 과정이 복잡해지는 것은 물론이고 폰트 데이터를 저장하는 메모리 용량이 지나치게 커지므로 실용적이지 못하다. 그래서 이들 벌수를 처리하는 방식에는 여러가지가 있지만, 가장 널리 사용되는 것이 8×4×4벌 방식이며 이 책에서도 이를 따르기로 한다. 즉, 초성 폰트 8벌, 중성 폰트 4벌, 종성 폰트 4벌로 사용한다는 것이다.

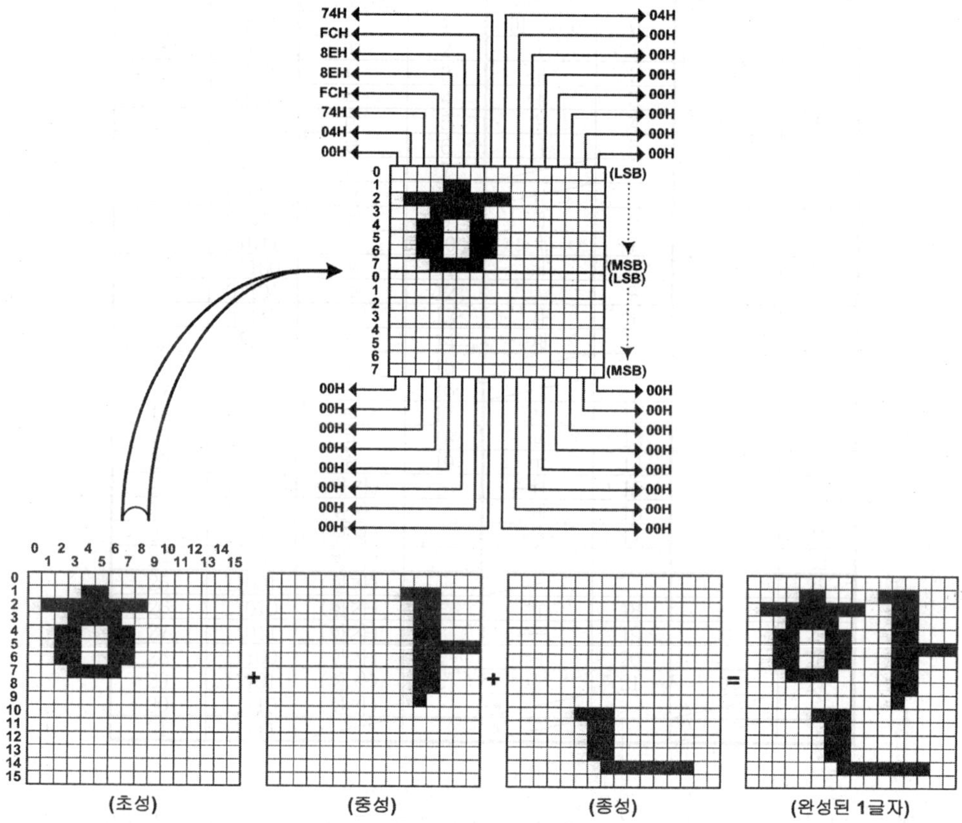

<그림 6.20> 16×16 픽셀의 문자 박스로 된 한글의 폰트 구조

만약 초성, 중성, 종성에 각각 1벌씩의 폰트만을 사용한다면 이들 폰트를 저장하는데 필요한 메모리 용량은

초성(20)×32**바이트** + **중성**(22)×32**바이트** + **종성**(28)×32**바이트** = 2,240**바이트**

가 될 것이다. 하지만, 8×4×4벌 방식을 사용하면 총 폰트 데이터의 용량은 크게 증가하여

초성(20)×8벌×32바이트 + 중성(22)×4벌×32바이트 + 종성(28)×4벌×32바이트 = 11,520바이트

즉, 약 11KB가 된다. 이런 정도의 메모리 용량은 대부분의 마이크로프로세서 응용 시스템에서 충분히 실용적으로 사용할 수 있는 양이다. 그러나, 완성형의 경우는 2,350자를 모두 32바이트의 완성된 문자 폰트로 만들어 저장해야 하므로

2,350자×32바이트 = 75,200바이트

즉, 약 73KB 정도의 엄청난 메모리 용량을 필요로 한다. 이는 대부분의 마이크로컨트롤러 응용 시스템에서 전체 주기억 용량을 초과하는 많은 양의 메모리로서 거의 실용적이지 못하다.

만약 조합형 한글로 만들 수 있는 11,172자의 한글을 모두 이런 식으로 완성형 폰트로 만들어 저장한다면 11,172자×32바이트 = 357,504 바이트라는 메모리 용량이 필요하게 된다. 이와 같이 마이크로컨트롤러 응용 시스템의 TFT-LCD 모듈에서 한글을 표시할 때 대부분 조합형 처리방식을 선호하는 가장 중요한 이유는 폰트 데이터를 저장하는데 메모리 용량을 작게 차지하기 때문이다.

8×4×4벌을 사용하는 조합형 한글의 표시 방식을 요약하면 <표 6.15>와 같다. 이와 같이 한글의 구조에 따라 8×4×4벌로 나누어 처리하는 이유는 각각의 경우에 해당하는 한글 음절의 글자들을 살펴보면서 한글의 과학성과 아름다움을 이해한다면 충분히 알 수 있게 될 것이다.

<표 6.15> 8×4×4벌 방식 조합형 한글의 구성

구분	벌	결합
초성	초성 0벌	받침없는 ㅏㅐㅑㅒㅓㅔㅕㅖㅣ 와 결합
	초성 1벌	받침없는 ㅗㅛㅡ 와 결합
	초성 2벌	받침없는 ㅜㅠ 와 결합
	초성 3벌	받침없는 ㅘㅙㅚㅢ 와 결합
	초성 4벌	받침없는 ㅝㅞㅟ 와 결합
	초성 5벌	받침있는 ㅏㅐㅑㅒㅓㅔㅕㅖㅣ 와 결합
	초성 6벌	받침있는 ㅗㅛㅜㅠㅡ 와 결합
	초성 7벌	받침있는 ㅘㅙㅚㅝㅞㅟㅢ 와 결합
중성	중성 0벌	받침없는 ㄱㅋ 와 결합
	중성 1벌	받침없는 ㄱㅋ 이외의 자음과 결합
	중성 2벌	받침있는 ㄱㅋ 와 결합
	중성 3벌	받침있는 ㄱㅋ 이외의 자음과 결합
종성	종성 0벌	중성 ㅏㅑㅘ 와 결합
	종성 1벌	중성 ㅓㅕㅚㅝㅟㅢㅣ 와 결합
	종성 2벌	중성 ㅐㅒㅔㅖㅙㅞ 와 결합
	종성 3벌	중성 ㅗㅛㅜㅠㅡ 와 결합

이제 2바이트(16비트) 조합형 한글 코드로 표시된 문자 코드를 받아서 이를 화면에 표시하는 알고리즘을 차례로 요약하여 설명하면 다음과 같다.

① 2바이트의 한글 코드로부터 각각 초성, 중성, 종성에 해당하는 5비트의 코드값을 분리한다.

```
void TFT_Korean(unsigned int Kcode)
{ unsigned char cho_5bit;                    // 초성
  unsigned char joong_5bit;                  // 중성
  unsigned char jong_5bit;                   // 종성

  cho_5bit   = (Kcode >> 10) & 0x001F;
  joong_5bit = (Kcode >> 5) & 0x001F;
  jong_5bit  = Kcode & 0x001F;
      .
      .
      .
}
```

② 그런데, 이들 5비트의 코드는 2바이트 조합형 한글 코드표에서 초성, 중성, 종성 모두 각 자소들이 순차적으로 정의되어 있지 않기 때문에, 예를 들어 초성의 경우 "ㄱ, ㄲ, ㄴ, ㄷ, ㄸ, ..."에 순서대로 1, 2, 3, 4, 5, ...의 번호를 매길 수가 없으므로 아래와 같이 인덱스 테이블로 처리하면 편리하다. 이렇게 하여 만들어지는 인덱스 번호는 <표 6.14>에서 표시한 것과 같다.

```
unsigned char table_cho[21]={0,0,1,2,3,4,5,6,7,8,9,10,11,12,13,14,15,16,17,18,19};
unsigned char table_joong[30]={0,0,0,1,2,3,4,5,0,0,6,7,8,9,10,11,0,0,12,13,14,15,16,17,0,0,18,19,20,21};
unsigned char table_jong[30]={0,0,1,2,3,4,5,6,7,8,9,10,11,12,13,14,15,16,0,17,18,19,20,21,22,23,24,25,26,27};

void TFT_Korean(unsigned int Kcode)
{ unsigned char cho_5bit;                    // 초성
  unsigned char joong_5bit;                  // 중성
  unsigned char jong_5bit;                   // 종성

  cho_5bit   = table_cho[(Kcode >> 10) & 0x001F];
  joong_5bit = table_joong[(Kcode >> 5) & 0x001F];
  jong_5bit  = table_jong[Kcode & 0x001F];
      .
      .
      .
}
```

③ 여기서는 초성, 중성, 종성에 8×4×4벌 방식을 사용하는데, 이것들의 조합에 따른 각 자소들의 벌수를 알아내는 것도 상당히 복잡하므로 역시 테이블로 처리하는 것이 편리하다.

```
unsigned char table_cho[21]={0,0,1,2,3,4,5,6,7,8,9,10,11,12,13,14,15,16,17,18,19};
unsigned char table_joong[30]={0,0,0,1,2,3,4,5,0,0,6,7,8,9,10,11,0,0,12,13,14,15,16,17,0,0,18,19,20,21};
unsigned char table_jong[30]={0,0,1,2,3,4,5,6,7,8,9,10,11,12,13,14,15,16,0,17,18,19,20,21,22,23,24,25,26,27};
unsigned char bul_cho1[22]={0,0,0,0,0,0,0,0,0,1,3,3,3,1,2,4,4,4,2,1,3,0};
unsigned char bul_cho2[22]={0,5,5,5,5,5,5,5,5,6,7,7,7,6,6,7,7,7,6,6,7,5};
unsigned char bul_jong[22]={0,0,2,0,2,1,2,1,2,3,0,2,1,3,3,1,2,1,3,3,1,1};

void TFT_Korean(unsigned int Kcode)
{ unsigned char cho_5bit;                    // 초성
  unsigned char joong_5bit;                  // 중성
  unsigned char jong_5bit;                   // 종성
```

```
  unsigned char cho_bul, joong_bul, jong_bul;       // 초성, 중성, 종성의 벌수

  cho_5bit   = table_cho[(Kcode >> 10) & 0x001F];
  joong_5bit = table_joong[(Kcode >> 5) & 0x001F];
  jong_5bit  = table_jong[Kcode & 0x001F];

  if(jong_5bit == 0)                                // 먼저 종성이 있는지 없는지를 조사
    { cho_bul = bul_cho1[joong_5bit];               // 초성
      if(cho_5bit == 1 || cho_5bit == 16)           // 중성
        joong_bul = 0;
      else
        joong_bul = 1;
    }
  else
    { cho_bul = bul_cho2[joong_5bit];               // 초성
      if(cho_5bit == 1 || cho_5bit == 16)           // 중성
        joong_bul = 2;
      else
        joong_bul = 3;
      jong_bul = bul_jong[joong_5bit];              // 종성
    }
      .
      .
      .
}
```

④ 이렇게 하여 cho_bul, joong_bul, jong_bul이 결정되면 이에 따라 각각 초성, 중성, 종성의 문자 폰트 중에서 이 벌수에 해당하는 것을 꺼내어 사용하면 된다. 이와 같이 해당 폰트를 얻기 위해서는 어드레스를 올바르게 계산해야 한다. 각 글자 폰트들은 모두 32바이트씩으로 이루어져 있으므로 초성이나 중성의 각 자소별 코드에 32를 곱하면 해당 자소의 위치를 알 수 있다. 그러나, 벌수의 경우에는 자소 하나를 뛰어 넘는 것이 아니라 한 벌 전체를 건너뛰는 것이므로 각 벌의 크기를 알아야 한다. 예를 들어 초성의 경우 20자(fill code 포함)이니 20×32하면 한 벌의 크기가 된다.

초성 : 20자×32 = 640
중성 : 22자×32 = 704
종성 : 28자×32 = 896
전체 폰트의 메모리 용량 = 640×8 + 704×4 + 896×4 = 5,120+2,816+3,584 = 11,520 바이트

따라서, 초성, 중성, 종성의 자소 및 벌수에 따른 폰트 데이터를 얻기 위한 계산식은 아래와 같이 나타낼 수 있다.

초성의 폰트 = (cho_bul×20 + cho_5bit)×32 에서부터 32바이트
중성의 폰트 = (8×20 + joong_bul×22 + joong_5bit)×32 에서부터 32바이트
종성의 폰트 = (8×20 + 4×22 + jong_bul×28 + jong_5bit)×32 에서부터 32바이트

⑤ 이렇게 하여 원하는 초성, 중성, 종성의 폰트를 얻을 수 있게 되면 이것들을 모두 같은 32바이트 버퍼에서 OR로 합하여 1개의 완성된 문자를 생성한다. 이렇게 만들

어진 32바이트의 버퍼를 <그림 6.20>에서 설명한 방법처럼 차례로 TFT-LCD 모듈에 출력하면 된다.

```
unsigned char table_cho[21]={0,0,1,2,3,4,5,6,7,8,9,10,11,12,13,14,15,16,17,18,19};
unsigned char table_joong[30]={0,0,0,1,2,3,4,5,0,0,6,7,8,9,10,11,0,0,12,13,14,15,16,17,0,0,18,19,20,21};
unsigned char table_jong[30]={0,0,1,2,3,4,5,6,7,8,9,10,11,12,13,14,15,16,0,17,18,19,20,21,22,23,24,25,26,27};
unsigned char bul_cho1[22]={0,0,0,0,0,0,0,0,0,1,3,3,3,1,2,4,4,4,2,1,3,0};
unsigned char bul_cho2[22]={0,5,5,5,5,5,5,5,5,6,7,7,7,6,6,7,7,7,6,6,7,5};
unsigned char bul_jong[22]={0,0,2,0,2,1,2,1,2,3,0,2,1,3,3,1,2,1,3,3,1,1};

unsigned char KoreanBuffer[32];
unsigned char K_font[8*20 + 4*22 + 4*28][32];

void TFT_Korean(unsigned int Kcode)
{ unsigned char cho_5bit;                          // 초성
  unsigned char joong_5bit;                        // 중성
  unsigned char jong_5bit;                         // 종성
  unsigned char cho_bul, joong_bul, jong_bul;      // 초성, 중성, 종성의 벌수
  unsigned char i;
  unsigned int ch;

  cho_5bit   = table_cho[(Kcode >> 10) & 0x001F];
  joong_5bit = table_joong[(Kcode >> 5) & 0x001F];
  jong_5bit  = table_jong[Kcode & 0x001F];

  if(jong_5bit == 0)                               // 먼저 종성이 있는지 없는지를 조사
    { cho_bul = bul_cho1[joong_5bit];              // 초성
      if(cho_5bit == 1 || cho_5bit == 16)          // 중성
        joong_bul = 0;
      else
        joong_bul = 1;
    }
  else
    { cho_bul = bul_cho2[joong_5bit];              // 초성
      if(cho_5bit == 1 || cho_5bit == 16)          // 중성
        joong_bul = 2;
      else
        joong_bul = 3;
      jong_bul = bul_jong[joong_5bit];             // 종성
    }

  ch = cho_bul*20 + cho_5bit;                      // 초성 폰트를 읽어 버퍼로 복사
  for(i = 0; i < 32; i++)
    KoreanBuffer[i] = K_font[ch][i];

  ch = 8*20 + joong_bul*22 + joong_5bit;           // 중성 폰트를 읽어 버퍼에 OR
  for(i = 0; i < 32; i++)
    KoreanBuffer[i] |= K_font[ch][i];

  ch = 8*20 + 4*22 + jong_bul*28 + jong_5bit;      // 종성 폰트를 읽어 버퍼에 OR
  for(i = 0; i < 32; i++)
    KoreanBuffer[i] |= K_font[ch][i];
        .
        .
        .
}
```

이렇게 만들어진 한글 폰트 데이터를 컬러 TFT-LCD 모듈에 출력하기 위하여 각 픽셀의 컬러 데이터로 변환하는 동작은 단색 그래픽 LCD 모듈에서와 전혀 다르다. 즉, 단색 그래픽 LCD 모듈에서는 폰트 데이터의 1비트가 화면의 1도트에 대응하므로 위와 같이 만들어진 버퍼 KoreanBuffer[32]의 폰트 데이터를 그냥 LCD에 출력하면 되었다. 그러면 1의 값을 가지는 비트에는 도트가 밝게 출력되고 0의 값을 가지는 비

트는 어둡게 되어 도트가 출력되지 않았다.

그러나, 컬러 TFT-LCD 모듈에서는 이 폰트 데이터를 그냥 출력하면 안되며, 반드시 폰트 데이터의 각 비트를 이에 대응하는 전경색 16비트 컬러 데이터 또는 배경색 16비트 컬러 데이터로 변환하여 출력해야 한다. 즉, 폰트 데이터 1비트가 화면의 1픽셀에 대응하며 이는 다시 16비트의 컬러 데이터에 대응된다. 현재의 문자를 어느 컬러로 표시할 것인지는 미리 지정되어 있으므로 폰트 데이터의 1로 된 비트는 그 컬러 코드에 해당하는 16비트 데이터로 변환된다. 이렇게 문자를 표시하는 색을 전경색(foreground color)이라고 한다. 한편, 폰트 데이터의 0으로 된 비트는 미리 지정된 배경색(background color)에 해당하는 16비트 데이터로 변환된다. 만약 폰트 데이터의 0으로 된 비트를 출력하지 않고 그냥 건너뛰면 현재 화면의 바탕색이 그냥 유지되므로 이렇게 출력되는 문자를 투명 글씨(transparent character)라고 한다.

OK-MKL25Z 키트에서 사용하는 TFT-LCD 모듈의 16×16픽셀 크기 조합형 한글용 폰트 파일은 C언어용의 기본 헤더파일 OK-MKL25Z.h에 포함되어 제공되는데, 이 파일들의 내용은 앞의 제6.5절에서 이미 살펴보았다.

마이크로컨트롤러의 플래시 메모리 용량이 충분히 크다면 명조체, 고딕체, 필기체 등 다양한 글씨체의 폰트를 지원할 수 있지만, MKL25Z128VLK4의 경우에는 플래시 메모리가 128KB로 비교적 작아서 헤더파일 OK-MKL25Z.h에서는 명조체 1가지의 글씨체만을 사용하도록 하였다.

▣ 화면 표시의 부수적인 기능

TFT-LCD 모듈에 영문 ASCII나 한글로 된 문자열을 표시할 때 고려해야 할 부수적인 기능으로는 줄바꿈 기능이나 밑줄(underscore) 표시 기능, 커서(cursor) 표시 기능, 외곽선(outline) 표시 기능, 투명 글씨 표시 기능 등과 같은 것이 있다.

① 줄바꿈 기능

대부분의 경우는 1행 이내의 길이를 갖는 짧은 문자열을 출력하므로 문제가 없지만 TFT_string() 함수로 한 번에 1행의 길이를 넘는 긴 문자열을 출력하는 경우에는 행의 끝에서 자동으로 줄바꿈 기능을 수행하도록 처리해야 편리하다. 이 경우 1행이 끝나면 줄바꿈 기능을 수행하는 것이 당연하지만, 마지막에 반각 1글자 분량의 공간이 남아있더라도 한글 문자를 표시하는 것은 불가능하므로 이 경우에도 줄바꿈 기능을 수행해야 한다.

헤더파일 OK-MKL25Z.h의 TFT-LCD 모듈 화면 표시 함수에서는 이러한 줄바꿈 기능을 위하여 현재 출력하는 문자의 위치를 Xcharacter와 Ycharacter 전역변수로 관리한다. 반각인 영문 ASCII 문자를 출력할 때마다 Xcharacter를 1씩 증가시키며, 전각인 한글 글자를 출력할 때마다 Xcharacter를 2씩 증가시킨다. 그러다가 행의 마지막 부분에서 줄바꿈 기능이 필요하면 Xcharacter를 0으로 만들고 Ycharacter를 2만큼 증가시키면 된다.

② 밑줄 표시 기능

OK-MKL25Z.h 헤더파일에서는 기본적으로 underscore_flag = 0으로 되어 있어서 밑줄을 표시하지 않는 모드에 있으므로, 화면에 출력하는 문자에 밑줄을 표시하도록 하려면 먼저 TFT_underscore(U16 cursor_color) 함수를 사용하여 underscore_flag = 1로 설정하고 밑줄의 색깔을 지정한다.

다시 밑줄이 보이지 않는 상태로 해제하려면 TFT_underscore(Transparent) 함수를 사용하여 커서의 색깔을 투명하게 지정하면 된다.

③ 커서 표시 기능

텍스트 LCD 모듈에서는 LCD 컨트롤러가 하드웨어적으로 커서 표시 기능을 지원하므로 쉬웠지만, TFT-LCD 모듈에 커서를 표시하려면 이는 사용자 프로그램에서 소프트웨어적으로 처리해야 한다. TFT-LCD 화면에 출력할 문자의 폰트를 사용자가 일일이 픽셀 데이터로 변환하여 디스플레이하는 것처럼 당연히 커서도 사용자 프로그램에서 소프트웨어적으로 처리해야 한다. 그러나, 커서는 항상 필요한 것은 아니므로 커서가 화면에 표시되도록 하고 싶을 경우에만 이를 디스플레이 ON 상태로 설정하도록 처리하는 것이 좋으며, 항상 사용자 프로그램에서 커서의 위치를 기억하여 관리해야 한다.

헤더파일 OK-MKL25Z.h의 TFT-LCD 모듈 화면 표시 함수에서는 이러한 커서 표시 기능을 위하여 현재 커서의 위치를 Xcursor와 Ycursor 전역변수로 관리한다. 영문 ASCII 문자나 한글 글자를 출력할 때마다 현재의 Xcharacter 값이 Xcursor와 같고 Ycharacter 값이 Ycursor와 같은가를 비교하여 이것들이 모두 일치하면 현재의 문자를 출력할 때 커서를 함께 표시한다. 여기서 커서는 문자 박스에서 가장 아랫부분 2줄의 픽셀에 수평으로 직선을 긋는 것으로 표시하며, 반각(8×16 픽셀)인 영문 ASCII 문자와 전각(16×16 픽셀)인 한글 글자의 폭에 각각 맞도록 표시한다.

OK-MKL25Z.h 헤더파일에서는 기본적으로 cursor_flag = 0으로 되어 있어서 커서를 표시하지 않는 모드에 있으므로, TFT-LCD 모듈 화면에 커서가 보이도록 하려면 먼저 TFT_cursor(U16 cursor_color) 함수를 사용하여 cursor_flag = 1로 설정하고 커서의 색깔을 지정한다. 그리고 나서 커서의 위치를 전역변수 Xcursor와 Ycursor로 지정한다. 커서의 위치는 필요할 때마다 사용자 프로그램에서 Xcursor 및 Ycursor 변수의 값을 적절히 수정하는 방법으로 변경할 수 있다. 커서의 위치는 8픽셀 단위로 움직이는 행단위 및 열단위에 해당하므로 전역변수 Xcursor 및 Ycursor의 사용가능 범위는 전역변수 Xcharacter 및 Ycharacter의 사용가능 범위와 같다.

다시 커서를 보이지 않는 상태로 해제하려면 TFT_cursor(Transparent) 함수를 사용하여 커서의 색깔을 투명하게 지정하면 된다.

④ 투명 글씨 표시 기능

TFT-LCD 모듈 화면에 문자를 출력할 때 전경색과 배경색의 종류를 합리적으로 잘 선택하면 화면에서 글씨가 항상 선명하게 잘 보이도록 처리할 수 있다. 그러나, 화면에 이미 정해져 있는 배경색이나 그림이 표시되어 있는 상태에서 이 배경을 망가뜨리지 않고 여기에 추가로 원하는 문자를 디스플레이하려면 배경 부분을 새로 출력하지 말고 글씨 부분만 출력해야 한다. 이러한 방법으로 출력하는 문자를 흔히 투명 글씨(transparent character)라고 한다.

OK-MKL25Z.h 헤더파일에는 모든 문자출력 함수에 투명 글씨를 처리하는 기능을 가지고 있는데, 이렇게 문자를 투명 글씨로 표시하려면 문자를 출력할 때 전경색은 원하는 색을 지정하고 배경색을 Transparent로 지정하면 된다.

⑤ 외곽선체 표시 기능

이미 정해진 배경 위에 투명 글씨를 출력하면서 불가피하게 배경 부분과 투명 글씨 부분의 색을 서로 같거나 비슷하게 지정해야 하는 경우에는 사람의 눈으로 이 글씨를 쉽게 알아보기가 어렵게 된다. 이런 예는 그림 파일을 화면에 먼저 출력하고 그 위에 투명 글씨로 파일명을 표시하거나 메시지를 출력하는 경우에 흔히 볼 수 있다.

이런 문제를 해결하는 좋은 방법은 투명 글씨에 외곽선을 추가하는 것이다. 즉, TFT-LCD 모듈의 화면에 문자를 출력하면서 글씨 부분은 정상적으로 출력하고 이 글씨의 주변에 지정된 색으로 외곽선을 표시하는 것이다. 이렇게 하면 글씨 부분과 배경의 색깔이 비슷하더라도 그 경계선이 또렷해져서 시각적 효과가 크게 향상된다. 이러한 문자의 외곽선 처리는 투명 글씨는 물론이고 정상적으로 전경색과 배경색을 지정하는 문자의 경우에도 사용이 가능하다.

OK-MKL25Z.h 헤더파일에서는 기본적으로 outline_flag = 0으로 되어 있어서 외곽선을 표시하지 않는 상태에 있으므로, 이제부터 출력할 문자에 외곽선이 보이도록 하려면 TFT_outline(U16 outline_color) 함수를 사용하여 outline_flag = 1로 설정하고 외곽선의 색깔을 적절하게 지정한다.

다시 외곽선이 보이지 않는 상태로 해제하려면 TFT_outline(Transparent) 함수를 사용하여 외곽선의 색깔을 투명하게 지정한다.

▣ 완성형 코드를 조합형 코드로 자동 변환하는 기능

이상에서 조합형 한글 코드를 사용하여 TFT-LCD 모듈에 한글 글자를 표시하는 기술에 대하여 설명하였다. 그러나, 현재 퍼스널컴퓨터의 Windows 운영체제에서는 모두 기본적으로 KS 완성형 코드를 사용하여 한글 문자를 처리하며, 따라서 우리가 여기에서 C언어 소스 프로그램을 작성하고 컴파일하면 한글 문자들은 모두 완성형 코드로 저장되므로 TFT-LCD 모듈에 한글 문자들이 모두 깨져서 알 수 없는 모양으로 나타나게 된다. 하지만 앞에서 설명하였듯이 *OK-MKL25Z* 키트에서 직접 완성형 코드 방식으로 한글을 표시하려면 프로그램 메모리의 용량을 너무 많이 차지하므로 사용하기가 어렵다.

이러한 문제를 해결하는 하나의 방법은 완성형 코드로 작성된 사용자 프로그램을 실행할 때 이를 한글 출력 루틴의 내부에서 조합형 코드로 변환하여 출력하는 것이다. 즉, 기본적으로는 조합형 처리방식을 그대로 사용하면서 한글 출력 함수에 코드값을 인수로 넘겨주기 직전에 이 코드값을 완성형에서 조합형으로 변환하는 것이다.

헤더파일 OK-MKL25Z.h에서는 이처럼 KS 완성형 한글 코드를 KS 조합형 한글 코드로 변환하는 KS_code_conversion() 함수를 제공한다. 이들 2가지의 한글 코드에는 서로 규칙성을 갖지 않으므로 코드를 상호 변환하려면 변환 테이블을 사용하는 것이 좋으며, 이 함수에서는 OK-MKL25Z.h 헤더파일에 포함된 코드변환 테이블을 사용하여 KS 완성형 코드를 KS 조합형 코드로 변환한다.

(2) 큰 글씨를 출력하는 기능

앞의 제6.5절에서 설명한 8×16 픽셀의 반각 영문 ASCII 문자나 이번 절에서 설명한 16×16 픽셀의 전각 한글 문자들은 240×320 픽셀의 해상도를 갖는 TFT-LCD 모듈에서 기본적으로 사용된다. 그러나, 응용 시스템에 따라서는 이 정도의 글씨로는 크기가 너무 작아서 사용하기에 불편할 경우도 있다. 이때는 화면에 글씨를 좀더 크게 표시할 필요가 있는데, 그 방법에는 2가지를 생각할 수 있다.

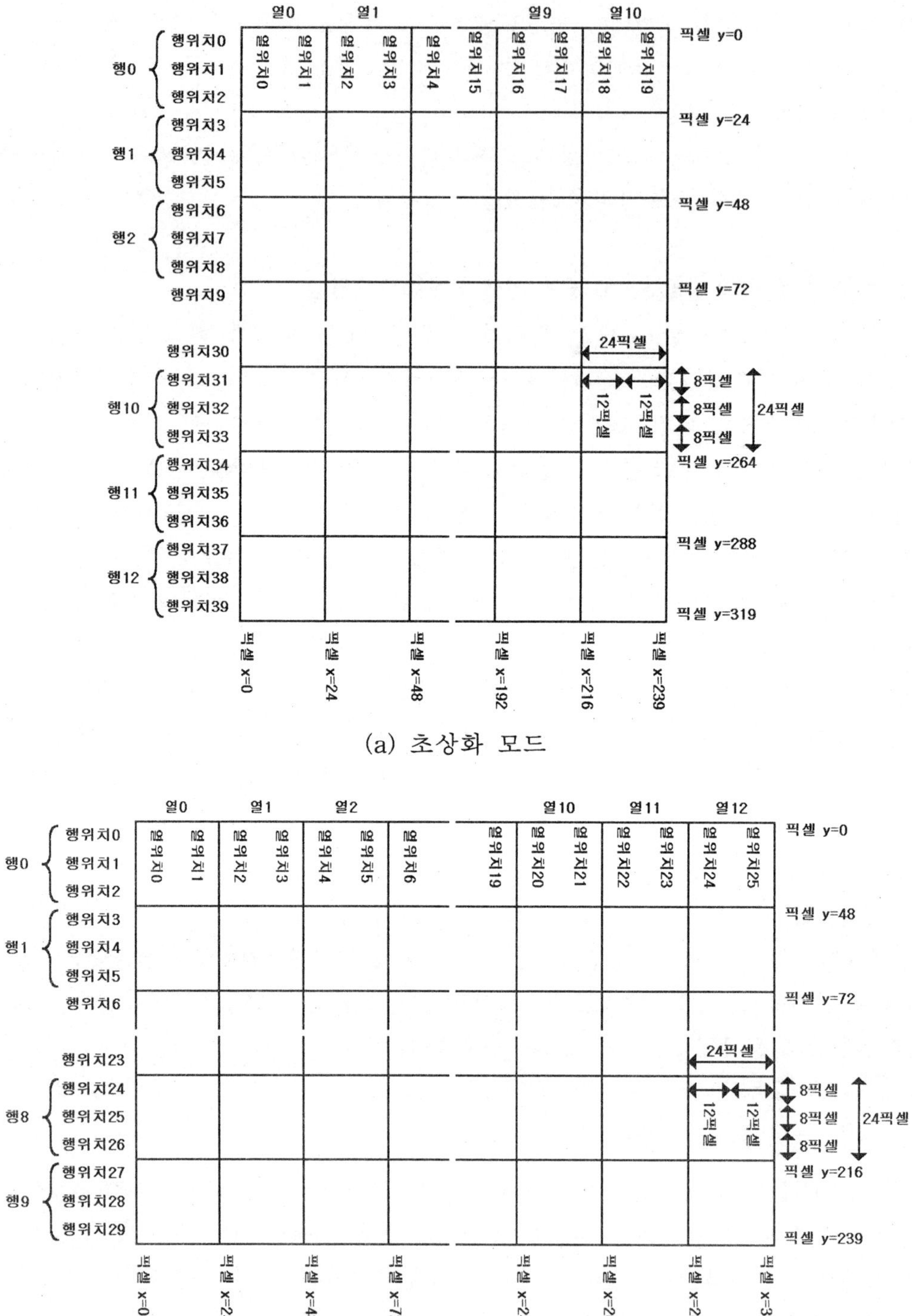

(a) 초상화 모드

(b) 풍경화 모드

<그림 6.21> TFT-LCD 모듈 화면에 24×24 픽셀의 한글 글자를 표시하는 방법

첫번째 방법은 기존의 영문 ASCII 문자나 한글 폰트를 화면에 출력할 때 일정한 비율로 확대하여 출력하는 것이다. 이를테면 가로 및 세로 방향으로 각각 2배를 확대하여 4배 크기의 글씨를 출력한다. 이와 같이 비트맵 방식으로 문자를 확대하면 메모리 용량은 절약되지만 글자의 모양이 그다지 미려하지는 못하다는 단점이 있다.

두번째 방법은 좀더 큰 문자를 표시하기 위한 새로운 폰트 데이터를 사용하는 것이다. 이 방법은 폰트 데이터를 저장하는데 당연히 더 많은 메모리 용량을 필요로 한다. 이 책에서는 12×24 픽셀의 영문 ASCII 문자용 폰트와 24×24 픽셀의 한글용 폰트를 추가로 제공하며, 물론 이것들을 출력하기 위한 함수도 함께 제공한다. 이때 TFT-LCD 모듈의 화면 사용을 정리하면 <그림 6.21>과 같다. 이와 같은 큰 글씨의 출력 방법은 이 책의 C언어 프로그램에서만 사용할 수 있으며, 앞의 8×16 픽셀 영문 ASCII 문자나 16×16 픽셀의 한글 문자에 비하여 훨씬 미려한 글씨체를 자랑한다.

8×16 픽셀의 영문 ASCII 문자용 폰트와 16×16 픽셀의 한글용 폰트 및 이것들을 출력하기 위한 함수를 제공하는 기본 헤더파일 OK-MKL25Z.h는 앞의 제6.5절에서 보였고, 여기서 사용하는 함수들은 <표 6.12>에 정리한 바 있다. 12×24 픽셀의 영문 ASCII 문자용 폰트와 24×24 픽셀의 한글용 폰트는 물론이고 이것들을 출력하기 위한 함수를 제공하는 헤더파일 OK-MKL25Z_large.h의 내용은 다음과 같다.

<헤더파일 OK-MKL25Z_large.h> 영문 ASCII 및 한글의 큰 글씨를 출력하는 함수

```
/* ========================================================================== */
/*            OK-MKL25Z V1.0 키트용(MKL25Z128VLK4) 큰 글씨 헤더 파일            */
/* ========================================================================== */
/*                                      Programmed by Duck-Yong Yoon in 2016.  */

// ----------------------------------------------------------------------------
//  이 헤더파일은 OK-MKL25Z 키트 V1.0을 위한 것입니다. 이것은 아래의 조건에서만
// 올바른 동작을 보장합니다.
// ----------------------------------------------------------------------------
//      (1) 시스템 클록   : 20.97152MHz
//      (2) C 컴파일러    : KDS V3.1.0
//      (3) 최적화 옵션   : High/Size
//      (4) CSTACK 크기   : 0x0400
//      (5) TFT-LCD 모듈 : Ohm사 FL320QVC18-A0(HX8347A)
//      (6) 인클루드      : 기본 헤더 파일 OK-MKL25Z.h의 뒤에 인클루드할 것.
// ----------------------------------------------------------------------------

/* -------------------------------------------------------------------------- */
/*                       24x24 한글 명조체 폰트                                */
/* -------------------------------------------------------------------------- */
const unsigned char K_font_large[360][72] = {   /* 24x24 Korean character font */
  {0x00,0x00,0x00,0x00,0x00,0x00,0x00,0x00,0x00,0x00,0x00,0x00,0x00,0x00,0x00,0x00,0x00,0x00,
   0x00,0x00,0x00,0x00,0x00,0x00,0x00,0x00,0x00,0x00,0x00,0x00,0x00,0x00,0x00,0x00,0x00,0x00,
   0x00,0x00,0x00,0x00,0x00,0x00,0x00,0x00,0x00,0x00,0x00,0x00,0x00,0x00,0x00,0x00,0x00,0x00,
   0x00,0x00,0x00,0x00,0x00,0x00,0x00,0x00,0x00,0x00,0x00,0x00,0x00,0x00,0x00,0x00,0x00,0x00},
  {0x00,0x00,0x40,0xC0,0xC0,0x40,0x40,0x40,0x40,0xC0,0xC0,0xC0,0x00,0x00,0x00,0x00,0x00,0x00,
   0x00,0x00,0x00,0x00,0x00,0x00,0x00,0x00,0x00,0x00,0x00,0x80,0xC0,0x70,0x3C,0x0F,0x07,0x01,
   0x00,0x00,0x00,0x00,0x00,0x00,0x00,0x00,0x00,0x00,0x00,0x00,0x00,0x00,0x04,0x02,0x03,0x01,
   0x00,0x00,0x00,0x00,0x00,0x00,0x00,0x00,0x00,0x00,0x00,0x00,0x00,0x00,0x00,0x00,0x00,0x00},
  {0x00,0x40,0xC0,0xC0,0x40,0x40,0xC0,0xC0,0xC0,0x40,0x40,0xC0,0xC0,0xC0,0x00,0x00,0x00,0x00,
```

```
  0x00, 0x00, 0x00, 0x00, 0x00, 0x00, 0x80, 0x40, 0x60, 0x30, 0x18, 0x0E, 0x87, 0xC3, 0x61, 0x30, 0x1C, 0x0F,
  0x03, 0x01, 0x00, 0x00, 0x00, 0x00, 0x00, 0x00, 0x00, 0x00, 0x00, 0x00, 0x00, 0x00, 0x00, 0x00, 0x00, 0x01,
  0x00, 0x00, 0x00, 0x00, 0x00, 0x00, 0x00, 0x00, 0x00, 0x00, 0x00, 0x00, 0x00, 0x00, 0x00, 0x00, 0x00, 0x00},
 {0x00, 0x40, 0xC0, 0xC0, 0x80, 0x00, 0x00, 0x00, 0x00, 0x00, 0x00, 0x00, 0x00, 0x00, 0x00, 0x00, 0x00, 0x00,
  0x00, 0x00, 0x00, 0x00, 0x00, 0x00, 0x00, 0x00, 0x00, 0xFF, 0xFF, 0x80, 0x80, 0x80, 0x80, 0x80, 0x80, 0x80,
  0x40, 0x40, 0x20, 0x00, 0x00, 0x00, 0x00, 0x00, 0x00, 0x00, 0x00, 0x00, 0x00, 0x00, 0x00, 0x00, 0x01, 0x01,
  0x01, 0x01, 0x00, 0x00, 0x00, 0x00, 0x00, 0x00, 0x00, 0x00, 0x00, 0x00, 0x00, 0x00, 0x00, 0x00, 0x00, 0x00},
 {0x00, 0x40, 0xC0, 0xC0, 0xC0, 0x40, 0x40, 0x40, 0x40, 0x40, 0x60, 0x60, 0x40, 0x00, 0x00, 0x00, 0x00, 0x00,
  0x00, 0x00, 0x00, 0x00, 0x00, 0x00, 0x00, 0x00, 0x00, 0xFF, 0xFF, 0x80, 0x80, 0x80, 0x80, 0x80, 0x80, 0x40,
  0x40, 0x20, 0x00, 0x00, 0x00, 0x00, 0x00, 0x00, 0x00, 0x00, 0x00, 0x00, 0x00, 0x00, 0x00, 0x00, 0x01, 0x01,
  0x01, 0x01, 0x00, 0x00, 0x00, 0x00, 0x00, 0x00, 0x00, 0x00, 0x00, 0x00, 0x00, 0x00, 0x00, 0x00, 0x00, 0x00},

                (중략)

 {0x00, 0x00, 0x00, 0x00, 0x00, 0x00, 0x00, 0x00, 0x00, 0x00, 0x00, 0x00, 0x00, 0x00, 0x00, 0x00, 0x00, 0x00,
  0x00, 0x00, 0x00, 0x00, 0x00, 0x00, 0x00, 0x00, 0x00, 0x00, 0x00, 0x00, 0x00, 0x00, 0x20, 0x20, 0x60, 0x60,
  0x40, 0x40, 0x00, 0x00, 0x00, 0x00, 0x00, 0x00, 0x00, 0x00, 0x00, 0x00, 0x00, 0x00, 0x00, 0x00, 0x00, 0x00,
  0x81, 0x43, 0x43, 0x21, 0x31, 0x19, 0x0D, 0x07, 0x0F, 0x1B, 0x31, 0x71, 0x60, 0x00, 0x00, 0x00, 0x00, 0x00},
 {0x00, 0x00, 0x00, 0x00, 0x00, 0x00, 0x00, 0x00, 0x00, 0x00, 0x00, 0x00, 0x00, 0x00, 0x00, 0x00, 0x00, 0x00,
  0x00, 0x00, 0x00, 0x00, 0x00, 0x00, 0x00, 0x00, 0x00, 0x00, 0x00, 0x00, 0x80, 0x80, 0x80, 0x80, 0x80, 0x80,
  0x80, 0x80, 0x80, 0x80, 0x80, 0x80, 0x80, 0x00, 0x00, 0x00, 0x00, 0x00, 0x00, 0x00, 0x00, 0x00, 0x00, 0x08,
  0x18, 0x19, 0x09, 0x08, 0x08, 0x08, 0x08, 0x04, 0x84, 0x44, 0x3F, 0x1F, 0x03, 0x00, 0x00, 0x00, 0x00, 0x00},
 {0x00, 0x00, 0x00, 0x00, 0x00, 0x00, 0x00, 0x00, 0x00, 0x00, 0x00, 0x00, 0x00, 0x00, 0x00, 0x00, 0x00, 0x00,
  0x00, 0x00, 0x00, 0x00, 0x00, 0x00, 0x00, 0x00, 0x00, 0x00, 0x00, 0x00, 0x00, 0x00, 0x00, 0x00, 0x00, 0x00,
  0x00, 0x00, 0x00, 0x00, 0x80, 0x80, 0x00, 0x00, 0x00, 0x00, 0x00, 0x00, 0x00, 0x00, 0x00, 0x00, 0x00, 0x01,
  0x03, 0x7F, 0xFF, 0x89, 0x89, 0x89, 0x89, 0x89, 0x89, 0x89, 0x89, 0xCD, 0xC9, 0x80, 0x00, 0x00, 0x00, 0x00},
 {0x00, 0x00, 0x00, 0x00, 0x00, 0x00, 0x00, 0x00, 0x00, 0x00, 0x00, 0x00, 0x00, 0x00, 0x00, 0x00, 0x00, 0x00,
  0x00, 0x00, 0x00, 0x00, 0x00, 0x00, 0x00, 0x00, 0x00, 0x00, 0x00, 0x80, 0x80, 0x80, 0x80, 0x80, 0x80, 0x80,
  0x80, 0x80, 0x80, 0x80, 0x80, 0xC0, 0xC0, 0x80, 0x00, 0x00, 0x00, 0x00, 0x00, 0x00, 0x00, 0x00, 0x40, 0xC0,
  0xC1, 0x40, 0x42, 0x7E, 0x5C, 0x40, 0x40, 0x41, 0x7F, 0x5E, 0x40, 0x40, 0x60, 0x60, 0x40, 0x00, 0x00, 0x00},
 {0x00, 0x00, 0x00, 0x00, 0x00, 0x00, 0x00, 0x00, 0x00, 0x00, 0x00, 0x00, 0x00, 0x00, 0x00, 0x00, 0x00, 0x00,
  0x00, 0x00, 0x00, 0x00, 0x00, 0x00, 0x00, 0x00, 0x00, 0x00, 0x80, 0x00, 0x00, 0x00, 0x00, 0x20, 0x20, 0x60,
  0x60, 0x60, 0x40, 0x00, 0x00, 0x80, 0x80, 0x00, 0x00, 0x00, 0x00, 0x00, 0x00, 0x00, 0x00, 0x00, 0x00, 0x01,
  0x03, 0x03, 0x31, 0x79, 0xCD, 0x85, 0x87, 0x87, 0xCD, 0x79, 0x31, 0x01, 0x01, 0x01, 0x00, 0x00, 0x00, 0x00}};

/* ---------------------------------------------------------------------- */
/*                       12x24 영문 명조체 폰트                               */
/* ---------------------------------------------------------------------- */
const unsigned char E_font_large[128][36] = {   /* 12x24 English ASCII character font */
  {0x00,0x00,0x00,0x00,0x00,0x00,0x00,0x00,0x00,0x00,0x00,0x00,0x00,0x00,0x00,0x00,0x00,0x00,  // 0x00
   0x00,0x00,0x00,0x00,0x00,0x00,0x00,0x00,0x00,0x00,0x00,0x00,0x00,0x00,0x00,0x00,0x00,0x00},
  {0x00,0x00,0xC0,0x20,0x20,0x10,0x10,0x10,0x20,0x20,0xC0,0x00,0x00,0xFF,0x00,0x00,0x46,0x86,  // 0x01
   0x80,0x86,0x46,0x00,0x00,0xFF,0x00,0x00,0x03,0x04,0x04,0x08,0x08,0x08,0x04,0x04,0x03,0x00},
  {0x00,0x00,0xC0,0xE0,0xE0,0xF0,0xF0,0xF0,0xE0,0xE0,0xC0,0x00,0x00,0xFF,0xFF,0xFF,0xB9,0x79,  // 0x02
   0x7F,0x79,0xB9,0xFF,0xFF,0xFF,0x00,0x00,0x03,0x07,0x07,0x0F,0x0F,0x0F,0x07,0x07,0x03,0x00},
  {0x00,0x00,0x80,0xC0,0xC0,0x80,0x00,0x80,0xC0,0xC0,0x80,0x00,0x00,0x1E,0x7F,0xFF,0xFF,0xFF,  // 0x03
   0xFF,0xFF,0xFF,0xFF,0x7F,0x1E,0x00,0x00,0x00,0x01,0x03,0x07,0x0F,0x07,0x03,0x01,0x00,0x00},
  {0x00,0x00,0x00,0x00,0x00,0x80,0xE0,0x80,0x00,0x00,0x00,0x00,0x00,0x10,0x38,0x7C,0xFE,0xFF,  // 0x04
   0xFF,0xFF,0xFE,0x7C,0x38,0x10,0x00,0x00,0x00,0x00,0x00,0x03,0x0F,0x03,0x00,0x00,0x00,0x00},
  {0x00,0x00,0x00,0x00,0x00,0x80,0xE0,0x80,0x00,0x00,0x00,0x00,0x00,0xF0,0xF8,0xFC,0xFE,0xFF,  // 0x05
   0xFF,0xFF,0xFE,0xFC,0xF8,0xF0,0x00,0x00,0x01,0x01,0x09,0x0C,0x0F,0x0C,0x09,0x01,0x01,0x00},
  {0x00,0x00,0x00,0x00,0xC0,0xE0,0xE0,0xE0,0xC0,0x00,0x00,0x00,0x00,0xF8,0xFC,0xFC,0xFB,0xFF,  // 0x06
   0xFF,0xFF,0xFB,0xFC,0xFC,0xF8,0x00,0x00,0x01,0x01,0x09,0x0C,0x0F,0x0C,0x09,0x01,0x01,0x00},
  {0x00,0x00,0x00,0x00,0x00,0x00,0x00,0x00,0x00,0x00,0x00,0x00,0x00,0x00,0x00,0x1C,0x3E,0x7F,  // 0x07
   0x7F,0x7F,0x3E,0x1C,0x00,0x00,0x00,0x00,0x00,0x00,0x00,0x00,0x00,0x00,0x00,0x00,0x00,0x00},
  {0x00,0xFF,0xFF,0xFF,0xFF,0xFF,0xFF,0xFF,0xFF,0xFF,0xFF,0xFF,0x00,0xFF,0xFF,0xE3,0xC1,0x80,  // 0x08
   0x80,0x80,0xC1,0xE3,0xFF,0xFF,0x00,0x7F,0x7F,0x7F,0x7F,0x7F,0x7F,0x7F,0x7F,0x7F,0x7F,0x7F},
  {0x00,0x00,0x00,0x00,0x00,0x00,0x00,0x00,0x00,0x00,0x00,0x00,0x00,0x00,0x00,0x3C,0x42,0x81,  // 0x09
   0x81,0x81,0x42,0x3C,0x00,0x00,0x00,0x00,0x00,0x00,0x00,0x00,0x00,0x00,0x00,0x00,0x00,0x00},
  {0x00,0xFF,0xFF,0xFF,0xFF,0xFF,0xFF,0xFF,0xFF,0xFF,0xFF,0xFF,0x00,0xFF,0xFF,0x81,0x3C,0x7E,  // 0x0A
   0x7E,0x7E,0x3C,0x81,0xFF,0xFF,0x00,0x7F,0x7F,0x7F,0x7F,0x7F,0x7F,0x7F,0x7F,0x7F,0x7F,0x7F},
  {0x00,0x00,0x00,0x00,0x00,0x00,0x20,0x60,0xE0,0xE0,0xE0,0x00,0x00,0xC0,0xE0,0x30,0x18,0x1C,  // 0x0B
   0x36,0xE3,0xC1,0x01,0x03,0x00,0x00,0x03,0x07,0x0C,0x08,0x08,0x0C,0x07,0x03,0x00,0x00,0x00},
  {0x00,0x80,0xC0,0x40,0x60,0x20,0x20,0x60,0x40,0xC0,0x80,0x00,0x00,0x07,0x8F,0x88,0x98,0xF0,  // 0x0C
   0xF0,0x98,0x88,0x8F,0x07,0x00,0x00,0x00,0x00,0x00,0x00,0x0F,0x0F,0x00,0x00,0x00,0x00,0x00},
  {0x00,0x00,0x00,0x00,0x00,0x00,0xF0,0x30,0x60,0xC0,0x80,0x00,0x00,0x00,0x00,0x00,0x80,0x80,  // 0x0D
   0xFF,0x00,0x20,0x18,0x0F,0x00,0x00,0x00,0x06,0x0F,0x0F,0x07,0x03,0x00,0x00,0x00,0x00,0x00},
  {0x00,0x00,0x00,0x00,0x00,0xF8,0x98,0x30,0x60,0xC0,0x00,0x00,0x00,0x80,0xC0,0xE0,0xE0,0xFF,  // 0x0E
   0x01,0x03,0x06,0xFF,0x00,0x00,0x00,0x01,0x03,0x03,0x01,0x0C,0x1E,0x1F,0x0F,0x07,0x00,0x00},
  {0x00,0x00,0x00,0x00,0x00,0x00,0xC0,0x00,0x00,0x00,0x00,0x00,0x00,0x10,0x11,0xBA,0x44,0x82,  // 0xFF
   0x83,0x82,0x44,0xBA,0x11,0x10,0x00,0x00,0x01,0x00,0x00,0x00,0x07,0x00,0x00,0x00,0x01,0x00},
```

```
{0x00, 0xE0, 0xC0, 0x80, 0x00, 0x00, 0x00, 0x00, 0x00, 0x00, 0x00, 0x00, 0x00, 0xFF, 0xFF, 0xFF, 0xFF, 0xFF,  // 0x10
 0x7E, 0x7E, 0x3C, 0x3C, 0x18, 0x18, 0x00, 0x07, 0x03, 0x01, 0x00, 0x00, 0x00, 0x00, 0x00, 0x00, 0x00, 0x00},
{0x00, 0x00, 0x00, 0x00, 0x00, 0x00, 0x00, 0x00, 0x00, 0x80, 0xC0, 0xE0, 0x00, 0x18, 0x18, 0x3C, 0x3C, 0x7E,  // 0x11
 0x7E, 0xFF, 0xFF, 0xFF, 0xFF, 0xFF, 0x00, 0x00, 0x00, 0x00, 0x00, 0x00, 0x00, 0x00, 0x00, 0x01, 0x03, 0x07},
{0x00, 0x00, 0x40, 0x60, 0x30, 0xF8, 0xF8, 0x30, 0x60, 0x40, 0x00, 0x00, 0x00, 0x00, 0x00, 0x00, 0x00, 0xFF,  // 0x12
 0xFF, 0x00, 0x00, 0x00, 0x00, 0x00, 0x00, 0x00, 0x01, 0x03, 0x06, 0x0F, 0x0F, 0x06, 0x03, 0x01, 0x00, 0x00},
{0x00, 0x00, 0xF0, 0xF8, 0xF0, 0x00, 0x00, 0xF0, 0xF8, 0xF0, 0x00, 0x00, 0x00, 0x00, 0x07, 0x3F, 0x07, 0x00,  // 0x13
 0x00, 0x07, 0x3F, 0x07, 0x00, 0x00, 0x00, 0x00, 0x06, 0x0F, 0x06, 0x00, 0x00, 0x06, 0x0F, 0x06, 0x00, 0x00},
{0x00, 0xE0, 0xF0, 0x30, 0x10, 0x10, 0xF0, 0xF0, 0x10, 0xF0, 0xF0, 0x10, 0x00, 0x03, 0x07, 0x06, 0x04, 0x04,  // 0x14
 0xFF, 0xFF, 0x00, 0xFF, 0xFF, 0x00, 0x00, 0x00, 0x00, 0x00, 0x00, 0x08, 0x0F, 0x0F, 0x08, 0x0F, 0x0F, 0x08},
{0x00, 0x00, 0xC0, 0xE0, 0x30, 0x10, 0x10, 0x10, 0x30, 0x60, 0xC0, 0x00, 0x00, 0x00, 0x18, 0x3D, 0x67, 0x42,  // 0x15
 0x42, 0x42, 0xE6, 0xBC, 0x18, 0x00, 0x00, 0x00, 0x03, 0x06, 0x0C, 0x08, 0x08, 0x08, 0x0C, 0x07, 0x03, 0x00},
{0x00, 0x00, 0x00, 0x00, 0x00, 0x00, 0x00, 0x00, 0x00, 0x00, 0x00, 0x00, 0x00, 0x80, 0x80, 0x80, 0x80, 0x80,  // 0x16
 0x80, 0x80, 0x80, 0x80, 0x80, 0x00, 0x00, 0x0F, 0x0F, 0x0F, 0x0F, 0x0F, 0x0F, 0x0F, 0x0F, 0x0F, 0x0F, 0x00},
{0x00, 0x00, 0x80, 0xC0, 0x60, 0xF0, 0xF0, 0x60, 0xC0, 0x80, 0x00, 0x00, 0x00, 0x00, 0x80, 0x80, 0x00, 0xFF,  // 0x17
 0xFF, 0x00, 0x80, 0x80, 0x00, 0x00, 0x00, 0x00, 0x18, 0x19, 0x1B, 0x1F, 0x1F, 0x1B, 0x19, 0x18, 0x00, 0x00},
{0x00, 0x00, 0x80, 0xC0, 0xE0, 0xF0, 0xF8, 0xF0, 0xE0, 0xC0, 0x80, 0x00, 0x00, 0x01, 0x01, 0x01, 0xFF, 0xFF,  // 0x18
 0xFF, 0xFF, 0xFF, 0x01, 0x01, 0x01, 0x00, 0x00, 0x00, 0x00, 0x0F, 0x0F, 0x0F, 0x0F, 0x0F, 0x00, 0x00, 0x00},
{0x00, 0x00, 0x00, 0x00, 0xF8, 0xF8, 0xF8, 0xF8, 0xF8, 0x00, 0x00, 0x00, 0x00, 0x40, 0xC0, 0xC0, 0xFF, 0xFF,  // 0x19
 0xFF, 0xFF, 0xFF, 0xC0, 0xC0, 0x40, 0x00, 0x00, 0x00, 0x01, 0x03, 0x07, 0x0F, 0x07, 0x03, 0x01, 0x00, 0x00},
{0x00, 0x00, 0x00, 0x00, 0x80, 0xC0, 0x00, 0x00, 0x00, 0x00, 0x00, 0x00, 0x08, 0x1C, 0x3E, 0x7F, 0xFF, 0xFF,  // 0x1A
 0x3E, 0x3E, 0x3E, 0x3E, 0x3E, 0x3E, 0x00, 0x00, 0x00, 0x00, 0x00, 0x01, 0x00, 0x00, 0x00, 0x00, 0x00, 0x00},
{0x00, 0x00, 0x00, 0x00, 0x00, 0x00, 0xC0, 0x80, 0x00, 0x00, 0x00, 0x00, 0x3E, 0x3E, 0x3E, 0x3E, 0x3E, 0x3E,  // 0x1B
 0xFF, 0xFF, 0x7F, 0x3E, 0x1C, 0x08, 0x00, 0x00, 0x00, 0x00, 0x00, 0x00, 0x01, 0x00, 0x00, 0x00, 0x00, 0x00},
{0x00, 0x00, 0x00, 0x00, 0x00, 0x00, 0x00, 0x00, 0x00, 0x00, 0x00, 0x00, 0x00, 0x00, 0xF8, 0xF8, 0x00, 0x00,  // 0x1C
 0x00, 0x00, 0x00, 0x00, 0x00, 0x00, 0x00, 0x00, 0x01, 0x01, 0x01, 0x01, 0x01, 0x01, 0x01, 0x01, 0x01, 0x00},
{0x00, 0x00, 0x00, 0x00, 0x00, 0x00, 0x00, 0x00, 0x00, 0x00, 0x00, 0x00, 0x00, 0x18, 0x3C, 0x7E, 0xDB, 0x18,  // 0x1D
 0x18, 0x18, 0xDB, 0x7E, 0x3C, 0x18, 0x00, 0x00, 0x00, 0x00, 0x00, 0x00, 0x00, 0x00, 0x00, 0x00, 0x00, 0x00},
{0x00, 0x00, 0x00, 0x00, 0x00, 0x80, 0x80, 0x00, 0x00, 0x00, 0x00, 0x00, 0x00, 0x80, 0xE0, 0xF8, 0xFE, 0xFF,  // 0x1E
 0xFF, 0xFE, 0xF8, 0xE0, 0x80, 0x00, 0x00, 0x01, 0x01, 0x01, 0x01, 0x01, 0x01, 0x01, 0x01, 0x01, 0x01, 0x00},
{0x00, 0x80, 0x80, 0x80, 0x80, 0x80, 0x80, 0x80, 0x80, 0x80, 0x80, 0x00, 0x00, 0x01, 0x07, 0x1F, 0x7F, 0xFF,  // 0x1F
 0xFF, 0x7F, 0x1F, 0x07, 0x01, 0x00, 0x00, 0x00, 0x00, 0x00, 0x00, 0x01, 0x01, 0x00, 0x00, 0x00, 0x00, 0x00},
{0x00, 0x00, 0x00, 0x00, 0x00, 0x00, 0x00, 0x00, 0x00, 0x00, 0x00, 0x00, 0x00, 0x00, 0x00, 0x00, 0x00, 0x00,  // space
 0x00, 0x00, 0x00, 0x00, 0x00, 0x00, 0x00, 0x00, 0x00, 0x00, 0x00, 0x00, 0x00, 0x00, 0x00, 0x00, 0x00, 0x00},
{0x00, 0x00, 0x00, 0x00, 0xF0, 0xF8, 0xF0, 0x00, 0x00, 0x00, 0x00, 0x00, 0x00, 0x00, 0x00, 0x00, 0x07, 0x3F,  // !
 0x07, 0x00, 0x00, 0x00, 0x00, 0x00, 0x00, 0x00, 0x00, 0x00, 0x06, 0x0F, 0x06, 0x00, 0x00, 0x00, 0x00, 0x00},
{0x00, 0x00, 0x10, 0xB8, 0xF8, 0x70, 0x00, 0x10, 0xB8, 0xF8, 0x70, 0x00, 0x00, 0x00, 0x01, 0x01, 0x00, 0x00,  // "
 0x00, 0x01, 0x01, 0x00, 0x00, 0x00, 0x00, 0x00, 0x00, 0x00, 0x00, 0x00, 0x00, 0x00, 0x00, 0x00, 0x00, 0x00},
{0x00, 0x00, 0x00, 0xF8, 0xF8, 0x80, 0x80, 0x80, 0xFC, 0xFC, 0x40, 0x40, 0x00, 0x81, 0x81, 0xFF, 0xFF, 0x40,  // #
 0x40, 0x40, 0xFF, 0xFF, 0x20, 0x20, 0x00, 0x00, 0x00, 0x0F, 0x0F, 0x00, 0x00, 0x00, 0x07, 0x07, 0x00, 0x00},
{0x00, 0xC0, 0xE0, 0x30, 0x10, 0xFC, 0xFC, 0x10, 0x30, 0x60, 0xF0, 0x00, 0x00, 0x83, 0x07, 0x0E, 0x0C, 0xFF,  // $
 0xFF, 0x30, 0x30, 0x60, 0xE1, 0xC0, 0x00, 0x0F, 0x06, 0x0C, 0x08, 0x3F, 0x3F, 0x08, 0x08, 0x0C, 0x07, 0x03},
{0x00, 0xF0, 0xF8, 0x08, 0x08, 0xF8, 0xF0, 0x00, 0xC0, 0x70, 0x1C, 0x04, 0x00, 0x00, 0x01, 0x01, 0xC1, 0x71,  // %
 0x9C, 0xC7, 0x41, 0x40, 0xC0, 0x80, 0x00, 0x10, 0x1C, 0x07, 0x01, 0x00, 0x07, 0x0F, 0x08, 0x08, 0x0F, 0x07},
{0x00, 0x00, 0xF0, 0xF8, 0x98, 0x08, 0x08, 0x98, 0xF0, 0x00, 0x00, 0x00, 0xF0, 0xF8, 0x1C, 0x0F, 0x07, 0x1F,  // &
 0x7B, 0xE1, 0xC8, 0xF8, 0x38, 0x08, 0x01, 0x07, 0x0E, 0x0C, 0x08, 0x0C, 0x06, 0x03, 0x03, 0x07, 0x0E, 0x07},
{0x00, 0x00, 0x00, 0x10, 0xB8, 0xF8, 0x70, 0x00, 0x00, 0x00, 0x00, 0x00, 0x00, 0x00, 0x00, 0x01, 0x01, 0x00,  // %
 0x00, 0x00, 0x00, 0x00, 0x00, 0x00, 0x00, 0x00, 0x00, 0x00, 0x00, 0x00, 0x00, 0x00, 0x00, 0x00, 0x00, 0x00},
{0x00, 0x00, 0x00, 0x00, 0x00, 0x80, 0xE0, 0x30, 0x08, 0x00, 0x00, 0x00, 0x00, 0x00, 0x00, 0x00, 0x7E, 0xFF,  // '
 0x81, 0x00, 0x00, 0x00, 0x00, 0x00, 0x00, 0x00, 0x00, 0x00, 0x00, 0x01, 0x07, 0x0C, 0x10, 0x00, 0x00, 0x00},
{0x00, 0x00, 0x00, 0x08, 0x30, 0xE0, 0x80, 0x00, 0x00, 0x00, 0x00, 0x00, 0x00, 0x00, 0x00, 0x00, 0x00, 0x81,  // (
 0xFF, 0x7E, 0x00, 0x00, 0x00, 0x00, 0x00, 0x00, 0x00, 0x10, 0x0C, 0x07, 0x01, 0x00, 0x00, 0x00, 0x00, 0x00},
{0x00, 0x80, 0x80, 0x00, 0x00, 0xE0, 0xF0, 0xE0, 0x00, 0x00, 0x80, 0x80, 0x00, 0xC1, 0xE3, 0x63, 0x14, 0x88,  // )
 0xFF, 0x88, 0x14, 0x63, 0xE3, 0xC1, 0x00, 0x00, 0x00, 0x00, 0x00, 0x03, 0x07, 0x03, 0x00, 0x00, 0x00, 0x00},
{0x00, 0x00, 0x00, 0x00, 0x00, 0x80, 0x80, 0x00, 0x00, 0x00, 0x00, 0x00, 0x00, 0x18, 0x18, 0x18, 0x18, 0xFF,  // *
 0xFF, 0x18, 0x18, 0x18, 0x18, 0x00, 0x00, 0x00, 0x00, 0x00, 0x00, 0x01, 0x01, 0x00, 0x00, 0x00, 0x00, 0x00},
{0x00, 0x00, 0x00, 0x00, 0x00, 0x00, 0x00, 0x00, 0x00, 0x00, 0x00, 0x00, 0x00, 0x00, 0x00, 0x00, 0x00, 0x00,  // +
 0x00, 0x00, 0x00, 0x00, 0x00, 0x00, 0x00, 0x00, 0x00, 0x46, 0x6F, 0x3F, 0x1E, 0x00, 0x00, 0x00, 0x00, 0x00},
{0x00, 0x00, 0x00, 0x00, 0x00, 0x00, 0x00, 0x00, 0x00, 0x00, 0x00, 0x00, 0x00, 0x18, 0x18, 0x18, 0x18, 0x18,  // ,
 0x18, 0x18, 0x18, 0x18, 0x18, 0x00, 0x00, 0x00, 0x00, 0x00, 0x00, 0x00, 0x00, 0x00, 0x00, 0x00, 0x00, 0x00},
{0x00, 0x00, 0x00, 0x00, 0x00, 0x00, 0x00, 0x00, 0x00, 0x00, 0x00, 0x00, 0x00, 0x00, 0x00, 0x00, 0x00, 0x00,  // .
 0x00, 0x00, 0x00, 0x00, 0x00, 0x00, 0x00, 0x00, 0x00, 0x06, 0x0F, 0x0F, 0x06, 0x00, 0x00, 0x00, 0x00, 0x00},
{0x00, 0x00, 0x00, 0x00, 0x00, 0x00, 0x00, 0x00, 0xC0, 0x70, 0x18, 0x00, 0x00, 0x00, 0x00, 0x00, 0xC0, 0x70,  // /
 0x1C, 0x07, 0x01, 0x00, 0x00, 0x00, 0x00, 0x10, 0x1C, 0x07, 0x01, 0x00, 0x00, 0x00, 0x00, 0x00, 0x00, 0x00},
{0x00, 0x80, 0xE0, 0x70, 0x10, 0x18, 0x08, 0x18, 0x10, 0x70, 0xE0, 0x80, 0x00, 0xFF, 0xFF, 0x00, 0x00, 0x00,  // 0
 0x00, 0x00, 0x00, 0x00, 0xFF, 0xFF, 0x00, 0x00, 0x03, 0x07, 0x04, 0x0C, 0x08, 0x0C, 0x04, 0x07, 0x03, 0x00},
{0x00, 0x00, 0x00, 0x00, 0x40, 0x60, 0xF0, 0xF8, 0x00, 0x00, 0x00, 0x00, 0x00, 0x00, 0x00, 0x00, 0x00, 0x00,  // 1
 0xFF, 0xFF, 0x00, 0x00, 0x00, 0x00, 0x00, 0x00, 0x00, 0x00, 0x08, 0x08, 0x0F, 0x0F, 0x08, 0x08, 0x00, 0x00},
{0x00, 0xE0, 0xF0, 0x18, 0x08, 0x08, 0x08, 0x08, 0x18, 0xF0, 0xE0, 0x00, 0x00, 0x00, 0x00, 0x80, 0xC0, 0x60,  // 2
 0x30, 0x18, 0x0C, 0x07, 0x03, 0x00, 0x00, 0x0E, 0x0F, 0x09, 0x08, 0x08, 0x08, 0x08, 0x08, 0x0E, 0x0E, 0x00},
{0x00, 0x00, 0xE0, 0xF0, 0x18, 0x08, 0x08, 0x08, 0x18, 0xF0, 0xE0, 0x00, 0x00, 0x80, 0x80, 0x00, 0x00, 0x0C,  // 3
```

```
 0x0C, 0x0C, 0x0E, 0x1B, 0xF1, 0xE0, 0x00, 0x01, 0x03, 0x06, 0x0C, 0x08, 0x08, 0x08, 0x0C, 0x06, 0x03, 0x01},
{0x00, 0x00, 0x00, 0x00, 0x00, 0xC0, 0x70, 0xF8, 0xF8, 0x00, 0x00, 0x00, 0x00, 0xC0, 0xF0, 0x9C, 0x87, 0x81,  // 4
 0x80, 0xFF, 0xFF, 0x80, 0x80, 0x80, 0x00, 0x00, 0x00, 0x00, 0x00, 0x08, 0x08, 0x0F, 0x0F, 0x08, 0x08, 0x00},
{0x00, 0x00, 0xF8, 0xF8, 0x08, 0x08, 0x08, 0x08, 0x08, 0x08, 0x08, 0x00, 0x00, 0x80, 0x87, 0x07, 0x03, 0x01,  // 5
 0x01, 0x01, 0x03, 0x0E, 0xFC, 0xF0, 0x00, 0x01, 0x03, 0x06, 0x0C, 0x08, 0x08, 0x08, 0x0C, 0x06, 0x03, 0x01},
{0x00, 0x80, 0xE0, 0x70, 0x18, 0x08, 0x08, 0x08, 0x18, 0x70, 0x60, 0x00, 0x00, 0xFF, 0xFF, 0x0C, 0x06, 0x02,  // 6
 0x02, 0x02, 0x06, 0x0C, 0xF8, 0xF0, 0x00, 0x00, 0x03, 0x07, 0x0C, 0x08, 0x08, 0x08, 0x0C, 0x07, 0x03, 0x00},
{0x00, 0x70, 0x38, 0x18, 0x08, 0x08, 0x08, 0x08, 0x08, 0xC8, 0x78, 0x18, 0x00, 0x00, 0x00, 0x00, 0x00, 0x80,  // 7
 0xF0, 0x7C, 0x0F, 0x01, 0x00, 0x00, 0x00, 0x00, 0x00, 0x00, 0x00, 0x0F, 0x0F, 0x00, 0x00, 0x00, 0x00, 0x00},
{0x00, 0x00, 0xE0, 0xF0, 0x18, 0x08, 0x08, 0x08, 0x18, 0xF0, 0xE0, 0x00, 0x00, 0xC0, 0xE0, 0x31, 0x1B, 0x0E,  // 8
 0x0C, 0x0E, 0x1B, 0x31, 0xE0, 0xC0, 0x00, 0x01, 0x03, 0x06, 0x0C, 0x08, 0x08, 0x08, 0x0C, 0x06, 0x03, 0x01},
{0x00, 0x80, 0xE0, 0x70, 0x18, 0x08, 0x08, 0x08, 0x18, 0x70, 0xE0, 0x80, 0x00, 0x07, 0x0F, 0x18, 0x30, 0x20,  // 9
 0x20, 0x20, 0x30, 0x18, 0xFF, 0xFF, 0x00, 0x00, 0x03, 0x07, 0x0C, 0x08, 0x08, 0x08, 0x0C, 0x07, 0x03, 0x00},
{0x00, 0x00, 0x00, 0x00, 0x80, 0xC0, 0xC0, 0x80, 0x00, 0x00, 0x00, 0x00, 0x00, 0x00, 0x00, 0x00, 0x01, 0x83,  // :
 0x83, 0x01, 0x00, 0x00, 0x00, 0x00, 0x00, 0x00, 0x00, 0x00, 0x03, 0x07, 0x07, 0x03, 0x00, 0x00, 0x00, 0x00},
{0x00, 0x00, 0x00, 0x00, 0x80, 0xC0, 0xC0, 0x80, 0x00, 0x00, 0x00, 0x00, 0x00, 0x00, 0x00, 0x00, 0x01, 0x83,  // ;
 0x83, 0x01, 0x00, 0x00, 0x00, 0x00, 0x00, 0x00, 0x00, 0x00, 0x23, 0x37, 0x1F, 0x0F, 0x00, 0x00, 0x00, 0x00},
{0x00, 0x00, 0x00, 0x00, 0x00, 0x00, 0x80, 0xC0, 0x60, 0x30, 0x00, 0x00, 0x00, 0x10, 0x38, 0x6C, 0xC6, 0x83,  // <
 0x01, 0x00, 0x00, 0x00, 0x00, 0x00, 0x00, 0x00, 0x00, 0x00, 0x00, 0x01, 0x03, 0x06, 0x0C, 0x18, 0x00, 0x00},
{0x00, 0x00, 0x00, 0x00, 0x00, 0x00, 0x00, 0x00, 0x00, 0x00, 0x00, 0x00, 0x00, 0xC3, 0xC3, 0xC3, 0xC3, 0xC3,  // =
 0xC3, 0xC3, 0xC3, 0xC3, 0xC3, 0x00, 0x00, 0x00, 0x00, 0x00, 0x00, 0x00, 0x00, 0x00, 0x00, 0x00, 0x00, 0x00},
{0x00, 0x00, 0x30, 0x60, 0xC0, 0x80, 0x00, 0x00, 0x00, 0x00, 0x00, 0x00, 0x00, 0x00, 0x00, 0x00, 0x00, 0x01,  // >
 0x83, 0xC6, 0x6C, 0x38, 0x10, 0x00, 0x00, 0x00, 0x18, 0x0C, 0x06, 0x03, 0x01, 0x00, 0x00, 0x00, 0x00, 0x00},
{0x00, 0xE0, 0xF0, 0x18, 0x08, 0x08, 0x08, 0x08, 0x18, 0xF0, 0xE0, 0x00, 0x00, 0x00, 0x00, 0x00, 0x00, 0x70,  // ?
 0x78, 0x0C, 0x07, 0x03, 0x00, 0x00, 0x00, 0x00, 0x00, 0x00, 0x06, 0x0F, 0x0F, 0x06, 0x00, 0x00, 0x00, 0x00},
{0x00, 0xE0, 0x30, 0x18, 0x08, 0x88, 0x88, 0x88, 0x08, 0x98, 0x30, 0xE0, 0x00, 0xFF, 0x00, 0xFE, 0xFF, 0x81,  // @
 0x80, 0x81, 0xFF, 0xFF, 0x00, 0xFF, 0x00, 0x07, 0x0C, 0x18, 0x11, 0x11, 0x11, 0x10, 0x10, 0x11, 0x19, 0x08},
{0x00, 0x00, 0x00, 0x00, 0xC0, 0x78, 0xF8, 0xC0, 0x00, 0x00, 0x00, 0x00, 0x00, 0x00, 0xF0, 0x5E, 0x43, 0x40,  // A
 0x41, 0x4F, 0xFE, 0xF0, 0x00, 0x00, 0x08, 0x0F, 0x09, 0x00, 0x00, 0x00, 0x00, 0x00, 0x08, 0x0F, 0x0F, 0x08},
{0x00, 0x08, 0xF8, 0xF8, 0x08, 0x08, 0x08, 0x08, 0x18, 0xF0, 0xE0, 0x00, 0x00, 0x00, 0xFF, 0xFF, 0x08, 0x08,  // B
 0x08, 0x08, 0x0C, 0x1F, 0xF3, 0xE0, 0x00, 0x08, 0x0F, 0x0F, 0x08, 0x08, 0x08, 0x08, 0x08, 0x0C, 0x07, 0x03},
{0x00, 0x80, 0xE0, 0x70, 0x18, 0x08, 0x08, 0x08, 0x08, 0x18, 0x30, 0xF8, 0x00, 0xFF, 0xFF, 0x00, 0x00, 0x00,  // C
 0x00, 0x00, 0x00, 0x00, 0x00, 0x00, 0x00, 0x00, 0x03, 0x07, 0x0C, 0x08, 0x08, 0x08, 0x08, 0x0C, 0x06, 0x03},
{0x00, 0x08, 0xF8, 0xF8, 0x08, 0x08, 0x08, 0x08, 0x18, 0x70, 0xE0, 0x80, 0x00, 0x00, 0xFF, 0xFF, 0x00, 0x00,  // D
 0x00, 0x00, 0x00, 0x00, 0xFF, 0xFF, 0x00, 0x08, 0x0F, 0x0F, 0x08, 0x08, 0x08, 0x08, 0x0C, 0x07, 0x03, 0x00},
{0x00, 0x08, 0xF8, 0xF8, 0x08, 0x08, 0x08, 0x08, 0x08, 0x08, 0x18, 0x78, 0x00, 0x00, 0xFF, 0xFF, 0x08, 0x08,  // E
 0x08, 0x08, 0x1C, 0x3E, 0x00, 0x00, 0x00, 0x08, 0x0F, 0x0F, 0x08, 0x08, 0x08, 0x08, 0x08, 0x08, 0x0C, 0x0F},
{0x00, 0x08, 0xF8, 0xF8, 0x08, 0x08, 0x08, 0x08, 0x08, 0x08, 0x18, 0x78, 0x00, 0x00, 0xFF, 0xFF, 0x08, 0x08,  // F
 0x08, 0x08, 0x1C, 0x3E, 0x00, 0x00, 0x00, 0x08, 0x0F, 0x0F, 0x08, 0x08, 0x00, 0x00, 0x00, 0x00, 0x00, 0x00},
{0x00, 0xC0, 0xE0, 0x70, 0x18, 0x08, 0x08, 0x08, 0x18, 0x30, 0xF8, 0x00, 0x00, 0xFF, 0xFF, 0x00, 0x00, 0x00,  // G
 0x00, 0x10, 0x10, 0xF0, 0xF0, 0x10, 0x00, 0x01, 0x03, 0x07, 0x0C, 0x08, 0x08, 0x08, 0x0C, 0x07, 0x03, 0x00},
{0x00, 0x08, 0xF8, 0xF8, 0x08, 0x00, 0x00, 0x00, 0x08, 0xF8, 0xF8, 0x08, 0x00, 0x00, 0xFF, 0xFF, 0x08, 0x08,  // H
 0x08, 0x08, 0x08, 0xFF, 0xFF, 0x00, 0x00, 0x08, 0x0F, 0x0F, 0x08, 0x00, 0x00, 0x00, 0x08, 0x0F, 0x0F, 0x08},
{0x00, 0x00, 0x00, 0x08, 0x08, 0xF8, 0xF8, 0x08, 0x08, 0x00, 0x00, 0x00, 0x00, 0x00, 0x00, 0x00, 0x00, 0xFF,  // I
 0xFF, 0x00, 0x00, 0x00, 0x00, 0x00, 0x00, 0x00, 0x00, 0x08, 0x08, 0x0F, 0x0F, 0x08, 0x08, 0x00, 0x00, 0x00},
{0x00, 0x00, 0x00, 0x00, 0x00, 0x00, 0x08, 0x08, 0xF8, 0xF8, 0x08, 0x08, 0x00, 0x80, 0xC0, 0x80, 0x00, 0x00,  // J
 0x00, 0x00, 0xFF, 0xFF, 0x00, 0x00, 0x00, 0x03, 0x07, 0x0F, 0x08, 0x08, 0x08, 0x0C, 0x07, 0x03, 0x00, 0x00},
{0x08, 0xF8, 0xF8, 0x08, 0x00, 0x80, 0xC0, 0x68, 0x38, 0x18, 0x08, 0x00, 0x00, 0xFF, 0xFF, 0x3E, 0x7F, 0xE3,  // K
 0xC0, 0x80, 0x00, 0x00, 0x00, 0x00, 0x08, 0x0F, 0x0F, 0x08, 0x00, 0x00, 0x01, 0x0B, 0x0F, 0x0E, 0x0C, 0x08},
{0x00, 0x08, 0xF8, 0xF8, 0x08, 0x08, 0x00, 0x00, 0x00, 0x00, 0x00, 0x00, 0x00, 0x00, 0xFF, 0xFF, 0x00, 0x00,  // L
 0x00, 0x00, 0x00, 0x00, 0x00, 0x00, 0x00, 0x08, 0x0F, 0x0F, 0x08, 0x08, 0x08, 0x08, 0x08, 0x0C, 0x0E, 0x03},
{0x08, 0xF8, 0xF8, 0xE0, 0x80, 0x00, 0x00, 0x00, 0xC0, 0xF8, 0xF8, 0x08, 0x00, 0xFF, 0xFF, 0x07, 0x1F, 0x7E,  // M
 0x1C, 0x07, 0x01, 0xFF, 0xFF, 0x00, 0x08, 0x0F, 0x0F, 0x08, 0x00, 0x00, 0x00, 0x00, 0x08, 0x0F, 0x0F, 0x08},
{0x00, 0x18, 0xF8, 0xF0, 0xC0, 0x00, 0x00, 0x08, 0x08, 0xF8, 0xF8, 0x08, 0x00, 0x00, 0xFF, 0xFF, 0x03, 0x0F,  // N
 0x3C, 0xF0, 0xC0, 0xFF, 0xFF, 0x00, 0x00, 0x08, 0x0F, 0x0F, 0x08, 0x00, 0x00, 0x00, 0x03, 0x0F, 0x0F, 0x00},
{0x00, 0xC0, 0xF0, 0x30, 0x18, 0x08, 0x08, 0x08, 0x18, 0x30, 0xF0, 0xC0, 0x00, 0xFF, 0xFF, 0x00, 0x00, 0x00,  // O
 0x00, 0x00, 0x00, 0x00, 0xFF, 0xFF, 0x00, 0x01, 0x07, 0x06, 0x0C, 0x08, 0x08, 0x08, 0x0C, 0x06, 0x07, 0x01},
{0x00, 0x08, 0xF8, 0xF8, 0x08, 0x08, 0x08, 0x08, 0x18, 0x30, 0xF0, 0xC0, 0x00, 0x00, 0xFF, 0xFF, 0x10, 0x10,  // P
 0x10, 0x10, 0x18, 0x0C, 0x0F, 0x03, 0x00, 0x08, 0x0F, 0x0F, 0x08, 0x08, 0x00, 0x00, 0x00, 0x00, 0x00, 0x00},
{0x00, 0x80, 0xE0, 0x70, 0x10, 0x18, 0x08, 0x18, 0x10, 0x70, 0xE0, 0x80, 0x00, 0xFF, 0xFF, 0x00, 0x00, 0x00,  // Q
 0x00, 0x00, 0x00, 0x00, 0xFF, 0xFF, 0x00, 0x00, 0x03, 0x07, 0x04, 0x0E, 0x0B, 0x0B, 0x0E, 0x0F, 0x1B, 0x10},
{0x00, 0x08, 0xF8, 0xF8, 0x08, 0x08, 0x08, 0x08, 0x18, 0xF0, 0xE0, 0x00, 0x00, 0x00, 0xFF, 0xFF, 0x08, 0x18,  // R
 0x38, 0xF8, 0xEC, 0x87, 0x03, 0x00, 0x00, 0x08, 0x0F, 0x0F, 0x08, 0x00, 0x00, 0x00, 0x03, 0x0F, 0x0E, 0x08},
{0x00, 0x00, 0xE0, 0xF0, 0x18, 0x08, 0x08, 0x08, 0x18, 0x30, 0x78, 0x00, 0x00, 0x80, 0x01, 0x03, 0x07, 0x0E,  // S
 0x0C, 0x1C, 0x38, 0xF0, 0xE0, 0x00, 0x00, 0x03, 0x0F, 0x06, 0x0C, 0x08, 0x08, 0x08, 0x0C, 0x07, 0x03, 0x00},
{0x78, 0x18, 0x08, 0x08, 0x08, 0xF8, 0xF8, 0x08, 0x08, 0x08, 0x18, 0x78, 0x00, 0x00, 0x00, 0x00, 0x00, 0xFF,  // T
 0xFF, 0x00, 0x00, 0x00, 0x00, 0x00, 0x00, 0x00, 0x00, 0x08, 0x0C, 0x0F, 0x0F, 0x0C, 0x08, 0x00, 0x00, 0x00},
{0x00, 0x08, 0xF8, 0xF8, 0x08, 0x00, 0x00, 0x00, 0x08, 0xF8, 0xF8, 0x08, 0x00, 0x00, 0xFF, 0xFF, 0x00, 0x00,  // U
 0x00, 0x00, 0x00, 0xFF, 0xFF, 0x00, 0x00, 0x00, 0x03, 0x07, 0x0C, 0x08, 0x08, 0x08, 0x0C, 0x07, 0x03, 0x00},
{0x00, 0x08, 0x78, 0xF8, 0x88, 0x00, 0x00, 0x00, 0x88, 0xF8, 0x78, 0x08, 0x00, 0x00, 0x00, 0x07, 0x7F, 0xF8,  // V
 0x80, 0xF8, 0x7F, 0x07, 0x00, 0x00, 0x00, 0x00, 0x00, 0x00, 0x00, 0x03, 0x0F, 0x03, 0x00, 0x00, 0x00, 0x00},
```

```
{0x08,0xF8,0xF8,0x08,0x00,0x00,0xF8,0x00,0x08,0xF8,0xF8,0x08,0x00,0x01,0x7F,0xFE,0xC0,0x7E,  // W
 0x7F,0xFE,0xC0,0x7F,0x03,0x00,0x00,0x00,0x00,0x0F,0x0F,0x00,0x00,0x0F,0x0F,0x00,0x00,0x00},
{0x00,0x08,0x38,0xF8,0xE8,0x80,0x00,0x00,0xC8,0xF8,0x38,0x08,0x00,0x00,0x00,0x80,0xE3,0x7F,  // X
 0x3E,0xFF,0xE3,0x80,0x00,0x00,0x00,0x08,0x0E,0x0F,0x09,0x00,0x00,0x00,0x0B,0x0F,0x0E,0x08},
{0x08,0x38,0xF8,0xE8,0x80,0x00,0x00,0x00,0xC8,0xF8,0x38,0x08,0x00,0x00,0x00,0x03,0x0F,0xFE,  // Y
 0xFE,0x0F,0x03,0x00,0x00,0x00,0x00,0x00,0x00,0x08,0x0C,0x0F,0x0F,0x0C,0x08,0x00,0x00,0x00},
{0x00,0x78,0x18,0x08,0x08,0x08,0x08,0x88,0xE8,0xF8,0x38,0x00,0x00,0x00,0x00,0xC0,0xF0,0x78,  // Z
 0x1E,0x0F,0x03,0x00,0x00,0x00,0x00,0x0C,0x0F,0x0F,0x0D,0x0C,0x0C,0x0C,0x0C,0x0C,0x0E,0x0F},
{0x00,0x00,0x00,0x00,0xF8,0xF8,0x08,0x08,0x08,0x08,0x00,0x00,0x00,0x00,0x00,0x00,0xFF,0xFF,  // [
 0x00,0x00,0x00,0x00,0x00,0x00,0x00,0x00,0x00,0x00,0x1F,0x1F,0x10,0x10,0x10,0x10,0x00,0x00},
{0x00,0x04,0x1C,0x70,0xC0,0x00,0x00,0x00,0x00,0x00,0x00,0x00,0x00,0x00,0x00,0x00,0x01,0x07,  /* \ */
 0x1C,0x70,0xC0,0x00,0x00,0x00,0x00,0x00,0x00,0x00,0x00,0x00,0x00,0x00,0x01,0x07,0x1C,0x10},
{0x00,0x00,0x00,0x08,0x08,0x08,0x08,0xF8,0xF8,0x00,0x00,0x00,0x00,0x00,0x00,0x00,0x00,0x00,  // ]
 0x00,0xFF,0xFF,0x00,0x00,0x00,0x00,0x00,0x00,0x10,0x10,0x10,0x10,0x1F,0x1F,0x00,0x00,0x00},
{0x00,0x80,0xC0,0x60,0x30,0x18,0x30,0x60,0xC0,0x80,0x00,0x00,0x00,0x00,0x00,0x00,0x00,0x00,  // ^
 0x00,0x00,0x00,0x00,0x00,0x00,0x00,0x00,0x00,0x00,0x00,0x00,0x00,0x00,0x00,0x00,0x00,0x00},
{0x00,0x00,0x00,0x00,0x00,0x00,0x00,0x00,0x00,0x00,0x00,0x00,0x00,0x00,0x00,0x00,0x00,0x00,  // _
 0x00,0x00,0x00,0x00,0x00,0x00,0x20,0x20,0x20,0x20,0x20,0x20,0x20,0x20,0x20,0x20,0x20,0x20},
{0x00,0x00,0x10,0x18,0x38,0x30,0x60,0x40,0x00,0x00,0x00,0x00,0x00,0x00,0x00,0x00,0x00,0x00,  // `
 0x00,0x00,0x00,0x00,0x00,0x00,0x00,0x00,0x00,0x00,0x00,0x00,0x00,0x00,0x00,0x00,0x00,0x00},
{0x00,0x00,0x00,0x00,0x00,0x00,0x00,0x00,0x00,0x00,0x00,0x00,0x00,0x80,0xCC,0x6E,0x26,0x22,  // a
 0x22,0x26,0xFC,0xF8,0x00,0x00,0x00,0x07,0x0F,0x0C,0x08,0x08,0x08,0x0C,0x07,0x0F,0x08,0x08},
{0x00,0x10,0xF0,0xF0,0x00,0x00,0x00,0x00,0x00,0x00,0x00,0x00,0x00,0x00,0xFF,0xFF,0x08,0x04,  // b
 0x02,0x02,0x06,0x0C,0xFC,0xF0,0x00,0x00,0x0F,0x0F,0x04,0x08,0x08,0x08,0x08,0x0C,0x07,0x03},
{0x00,0x00,0x00,0x00,0x00,0x00,0x00,0x00,0x00,0x00,0x00,0x00,0x00,0xF0,0xFC,0x0C,0x06,0x02,  // c
 0x02,0x02,0x02,0x0E,0x1C,0x18,0x00,0x01,0x07,0x06,0x0C,0x08,0x08,0x08,0x0C,0x04,0x06,0x03},
{0x00,0x00,0x00,0x00,0x00,0x00,0x00,0x00,0x10,0xF0,0xF0,0x00,0x00,0xF0,0xFC,0x0C,0x06,0x02,  // d
 0x02,0x02,0x04,0xFF,0xFF,0x00,0x00,0x03,0x07,0x0C,0x08,0x08,0x08,0x08,0x04,0x07,0x0F,0x08},
{0x00,0x00,0x00,0x00,0x00,0x00,0x00,0x00,0x00,0x00,0x00,0x00,0x00,0xF0,0xFC,0x4C,0x46,0x42,  // e
 0x42,0x42,0x46,0x4C,0x7C,0x70,0x00,0x01,0x07,0x06,0x0C,0x08,0x08,0x08,0x08,0x0C,0x06,0x02},
{0x00,0x00,0x00,0xC0,0xE0,0x30,0x10,0x10,0x30,0xE0,0xC0,0x00,0x00,0x08,0x08,0xFF,0xFF,0x08,  // f
 0x08,0x08,0x08,0x00,0x00,0x00,0x00,0x08,0x08,0x0F,0x0F,0x08,0x08,0x00,0x00,0x00,0x00,0x00},
{0x00,0x00,0x00,0x00,0x00,0x00,0x00,0x00,0x00,0x00,0x00,0x00,0x00,0x00,0x78,0xFC,0xC6,0x82,  // g
 0x82,0xC6,0x7C,0x3C,0x06,0x06,0x00,0x38,0x7D,0xC7,0x86,0x86,0x86,0x86,0x86,0xCE,0x7C,0x38},
{0x00,0x10,0xF0,0xF0,0x00,0x00,0x00,0x00,0x00,0x00,0x00,0x00,0x00,0x00,0xFF,0xFF,0x08,0x04,  // h
 0x02,0x02,0x06,0xFC,0xF8,0x00,0x00,0x08,0x0F,0x0F,0x08,0x00,0x00,0x00,0x08,0x0F,0x0F,0x08},
{0x00,0x00,0x00,0x00,0x30,0x78,0x30,0x00,0x00,0x00,0x00,0x00,0x00,0x00,0x00,0x04,0x04,0xFE,  // i
 0xFE,0x00,0x00,0x00,0x00,0x00,0x00,0x00,0x00,0x08,0x08,0x0F,0x0F,0x08,0x08,0x00,0x00,0x00},
{0x00,0x00,0x00,0x00,0x00,0x00,0x00,0x30,0x78,0x30,0x00,0x00,0x00,0x00,0x00,0x00,0x00,0x00,  // j
 0x04,0x04,0xFE,0xFE,0x00,0x00,0x00,0x30,0x70,0xE0,0x80,0x80,0x80,0xC0,0x7F,0x3F,0x00,0x00},
{0x00,0x10,0xF0,0xF0,0x00,0x00,0x00,0x00,0x00,0x00,0x00,0x00,0x00,0x00,0xFF,0xFF,0x60,0xE0,  // k
 0xF0,0x9A,0x0E,0x06,0x02,0x00,0x00,0x08,0x0F,0x0F,0x08,0x00,0x01,0x03,0x0F,0x0E,0x0C,0x08},
{0x00,0x00,0x00,0x20,0x20,0xF0,0xF0,0x00,0x00,0x00,0x00,0x00,0x00,0x00,0x00,0x00,0x00,0xFF,  // l
 0xFF,0x00,0x00,0x00,0x00,0x00,0x00,0x00,0x00,0x08,0x08,0x0F,0x0F,0x08,0x08,0x00,0x00,0x00},
{0x00,0x00,0x00,0x00,0x00,0x00,0x00,0x00,0x00,0x00,0x00,0x00,0x02,0xFE,0xFE,0x04,0x02,0xFE,  // m
 0xFC,0x04,0x02,0xFE,0xFC,0x00,0x08,0x0F,0x0F,0x00,0x08,0x0F,0x0F,0x00,0x08,0x0F,0x0F,0x08},
{0x00,0x00,0x00,0x00,0x00,0x00,0x00,0x00,0x00,0x00,0x00,0x00,0x00,0x02,0xFE,0xFE,0x08,0x04,  // n
 0x02,0x02,0x06,0xFC,0xF8,0x00,0x00,0x08,0x0F,0x0F,0x08,0x00,0x00,0x00,0x08,0x0F,0x0F,0x08},
{0x00,0x00,0x00,0x00,0x00,0x00,0x00,0x00,0x00,0x00,0x00,0x00,0x00,0xF0,0xFC,0x0C,0x06,0x02,  // o
 0x02,0x02,0x06,0x0C,0xFC,0xF0,0x00,0x01,0x07,0x06,0x0C,0x08,0x08,0x08,0x0C,0x06,0x07,0x01},
{0x00,0x00,0x00,0x00,0x00,0x00,0x00,0x00,0x00,0x00,0x00,0x00,0x00,0x04,0xFE,0xFE,0x04,0x02,  // p
 0x02,0x02,0x06,0x0C,0xFC,0xF0,0x00,0x80,0xFF,0xFF,0x84,0x08,0x08,0x08,0x0C,0x06,0x07,0x01},
{0x00,0x00,0x00,0x00,0x00,0x00,0x00,0x00,0x00,0x00,0x00,0x00,0x00,0xF0,0xFC,0x0C,0x06,0x02,  // q
 0x02,0x02,0x04,0xFE,0xFE,0x00,0x00,0x01,0x07,0x06,0x0C,0x08,0x08,0x88,0x84,0xFF,0xFF,0x80},
{0x00,0x00,0x00,0x00,0x00,0x00,0x00,0x00,0x00,0x00,0x00,0x00,0x00,0x00,0x02,0xFE,0xFE,0x08,  // r
 0x04,0x02,0x06,0x0E,0x0C,0x00,0x00,0x00,0x08,0x0F,0x0F,0x08,0x00,0x00,0x00,0x00,0x00,0x00},
{0x00,0x00,0x00,0x00,0x00,0x00,0x00,0x00,0x00,0x00,0x00,0x00,0x00,0x18,0x3C,0x36,0x62,0x62,  // s
 0xC2,0xC6,0x8C,0x9E,0x00,0x00,0x00,0x0F,0x06,0x0C,0x08,0x08,0x08,0x08,0x0D,0x07,0x03,0x00},
{0x00,0x00,0x00,0xE0,0xF0,0x00,0x00,0x00,0x00,0x00,0x00,0x00,0x00,0x02,0x02,0xFF,0xFF,0x02,  // t
 0x02,0x02,0x00,0x00,0x00,0x00,0x00,0x00,0x00,0x03,0x07,0x0C,0x08,0x0C,0x06,0x02,0x00,0x00},
{0x00,0x00,0x00,0x00,0x00,0x00,0x00,0x00,0x00,0x00,0x00,0x00,0x00,0x02,0xFE,0xFE,0x00,0x00,  // u
 0x00,0x02,0xFE,0xFE,0x00,0x00,0x00,0x00,0x03,0x07,0x0C,0x08,0x08,0x04,0x07,0x0F,0x0C,0x04},
{0x00,0x00,0x00,0x00,0x00,0x00,0x00,0x00,0x00,0x00,0x00,0x00,0x00,0x02,0x0E,0x3E,0xF2,0xC0,  // v
 0x00,0x00,0xC0,0x32,0x0E,0x02,0x00,0x00,0x00,0x00,0x00,0x03,0x0F,0x03,0x00,0x00,0x00,0x00},
{0x00,0x00,0x00,0x00,0x00,0x00,0x00,0x00,0x00,0x00,0x00,0x00,0x02,0x1E,0xFE,0xE2,0x00,0xE0,  // w
 0xFE,0xE0,0x00,0xE2,0x3E,0x02,0x00,0x00,0x01,0x0F,0x0F,0x01,0x01,0x0F,0x0F,0x01,0x00,0x00},
{0x00,0x00,0x00,0x00,0x00,0x00,0x00,0x00,0x00,0x00,0x00,0x00,0x00,0x02,0x06,0x0E,0x1A,0xF0,  // x
 0xE0,0xF0,0x1A,0x0E,0x06,0x02,0x00,0x08,0x0C,0x0E,0x0B,0x01,0x00,0x01,0x0B,0x0E,0x0C,0x08},
{0x00,0x00,0x00,0x00,0x00,0x00,0x00,0x00,0x00,0x00,0x00,0x00,0x00,0x00,0x02,0x0E,0x3E,0xF2,  // y
 0xC0,0x80,0xC0,0x72,0x1E,0x02,0x00,0x80,0xC0,0xC0,0x60,0x38,0x0F,0x03,0x01,0x00,0x00,0x00},
{0x00,0x00,0x00,0x00,0x00,0x00,0x00,0x00,0x00,0x00,0x00,0x00,0x00,0x0E,0x06,0x02,0x82,0xC2,  // z
```

```
   0x62,0x32,0x1A,0x0E,0x06,0x00,0x00,0x0C,0x0E,0x0B,0x09,0x08,0x08,0x08,0x08,0x0C,0x0E,0x00},
  {0x00,0x00,0x00,0x00,0x00,0xE0,0xF0,0x18,0x08,0x08,0x08,0x00,0x00,0x00,0x08,0x08,0x1C,0xF7,  // {
   0xE3,0x00,0x00,0x00,0x00,0x00,0x00,0x00,0x00,0x00,0x00,0x07,0x0F,0x18,0x10,0x10,0x10,0x00},
  {0x00,0x00,0x00,0x00,0x00,0xFC,0xFC,0x00,0x00,0x00,0x00,0x00,0x00,0x00,0x00,0x00,0x00,0xE7,  // |
   0xE7,0x00,0x00,0x00,0x00,0x00,0x00,0x00,0x00,0x00,0x00,0x3F,0x3F,0x00,0x00,0x00,0x00,0x00},
  {0x00,0x08,0x08,0x08,0x18,0xF0,0xE0,0x00,0x00,0x00,0x00,0x00,0x00,0x00,0x00,0x00,0x00,0xE3,  // }
   0xF7,0x1C,0x08,0x08,0x00,0x00,0x00,0x10,0x10,0x10,0x18,0x0F,0x07,0x00,0x00,0x00,0x00,0x00},
  {0x00,0x00,0x00,0x00,0x00,0x00,0x00,0x00,0x00,0x00,0x00,0x00,0x00,0x10,0x18,0x0C,0x04,0x0C,  // ~
   0x08,0x18,0x10,0x18,0x0C,0x04,0x00,0x00,0x00,0x00,0x00,0x00,0x00,0x00,0x00,0x00,0x00,0x00},
  {0x00,0x00,0x00,0xF0,0x98,0x08,0x08,0x98,0xF0,0x00,0x00,0x00,0x00,0x00,0x00,0x00,0x01,0x01,  // 0xFF
   0x01,0x01,0x00,0x00,0x00,0x00,0x00,0x00,0x00,0x00,0x00,0x00,0x00,0x00,0x00,0x00,0x00,0x00}};

/* ------------------------------------------------------------------------------ */
/*              사용자 정의 함수 선언                                             */
/* ------------------------------------------------------------------------------ */

void TFT_portrait_mode_large(void);            // set portrait entry mode
void TFT_landscape_mode_large(void);           // set landscape entry mode
void TFT_string_large(U08 xChar, U08 yChar, U16 colorfore, U16 colorback, U08 *str); // write TFT-LCD string
void TFT_English_large(U08 code);              // write a English ASCII character
void TFT_Korean_large(U16 code);               // write a Korean character
void TFT_English_pixel_large(U16 Xpixel,U16 Ypixel, U08 code); // write a English ASCII character

void TFT_unsigned_decimal_large(U32 number, U08 zerofill, U08 digit); // display unsigned decimal number
void TFT_signed_decimal_large(S32 number, U08 zerofill, U08 digit);   // display signed decimal number
void TFT_hexadecimal_large(U32 number, U08 digit);      // display hexadecimal number
void TFT_0x_hexadecimal_large(U32 number, U08 digit);   // display hexadecimal number with 0x
void TFT_binary_large(U32 number, U08 digit);           // display binary number
void TFT_unsigned_float_large(float number, U08 integral, U08 fractional); // display unsigned floating-point number
void TFT_signed_float_large(float number, U08 integral, U08 fractional);   // display signed floating-point number

/* ------------------------------------------------------------------------------ */
/*      TFT-LCD 큰 문자 출력 함수(영문 : 12x24 픽셀, 한글 : 24x24 픽셀)           */
/* ------------------------------------------------------------------------------ */

void TFT_portrait_mode_large(void)             /* set portrait mode */
{
  TFT_write(0x16, 0x0008);                     // MV=0, MX=0, MY=0, BGR=1

  TFT_write(0x02, 0x0000);                     // x = 0~239
  TFT_write(0x03, 0x0000);
  TFT_write(0x04, 0x0000);
  TFT_write(0x05, 0x00EF);
  TFT_write(0x06, 0x0000);                     // y = 0~319
  TFT_write(0x07, 0x0000);
  TFT_write(0x08, 0x0001);
  TFT_write(0x09, 0x003F);

  XcharacterLimit = 20;                        // 30x40 character unit
  YcharacterLimit = 40;
  ScreenMode = 'P';
}

void TFT_landscape_mode_large(void)            /* set landscape mode */
{
  TFT_write(0x16, 0x0068);                     // MV=1, MX=1, MY=0, BGR=1

  TFT_write(0x02, 0x0000);                     // x = 0~319
  TFT_write(0x03, 0x0000);
  TFT_write(0x04, 0x0001);
  TFT_write(0x05, 0x003F);
  TFT_write(0x06, 0x0000);                     // y = 0~239
  TFT_write(0x07, 0x0000);
  TFT_write(0x08, 0x0000);
  TFT_write(0x09, 0x00EF);

  XcharacterLimit = 26;                        // 40x30 character unit
  YcharacterLimit = 30;
  ScreenMode = 'L';
}
```

```
void TFT_string_large(U08 xChar, U08 yChar, U16 colorfore, U16 colorback, U08 *str) /* write TFT-LCD string */
{
  unsigned char ch1, ch2;
  unsigned short hangeul;

  Xcharacter = xChar;
  Ycharacter = yChar;

  foreground = colorfore;
  background = colorback;

  while(*str)
    { ch1 = *str;
      str++;

      if(ch1 < 0x80)                              // English ASCII character
        TFT_English_large(ch1);
      else                                        // Korean
        { ch2 = *str;
          hangeul = (ch1 << 8) + ch2;
          str++;
          hangeul = KS_code_conversion(hangeul);// convert 완성형 to 조합형
          TFT_Korean_large(hangeul);
        }
    }
}

void TFT_English_large(U08 code)                  /* write a English ASCII character(12x24 pixel) */
{
  unsigned char  data, x, y;
  unsigned short pixel[12][24];
  unsigned short xPos, yPos, dot0, dot1, dot2, dot3, dot4;

  for(x = 0; x < 12; x++)                         // read English ASCII font
    { data = E_font_large[code][x];
      for(y = 0; y < 8; y++)
        { if(data & 0x01) pixel[x][y] = foreground;
          else            pixel[x][y] = background;
          data = data >> 1;
        }
    }

  for(x = 0; x < 12; x++)
    { data = E_font_large[code][x+12];
      for(y = 0; y < 8; y++)
        { if(data & 0x01) pixel[x][y+8] = foreground;
          else            pixel[x][y+8] = background;
          data = data >> 1;
        }
    }

  for(x = 0; x < 12; x++)
    { data = E_font_large[code][x+24];
      for(y = 0; y < 8; y++)
        { if(data & 0x01) pixel[x][y+16] = foreground;
          else            pixel[x][y+16] = background;
          data = data >> 1;
        }
    }

  if(outline_flag == 1)                           // display outline
    { for(x = 0; x < 12; x++)
        { dot0 = E_font_large[code][x] + E_font_large[code][x+12]*256;
          dot1 = dot0 >> 1;                                         // up side
          dot2 = dot0;                                              // down side
          dot3 = E_font_large[code][x+1] + E_font_large[code][x+13]*256;// left side
          dot4 = E_font_large[code][x-1] + E_font_large[code][x+11]*256;// right side

          for(y = 0; y < 15; y++)
            { if(!(dot0 & 0x0001))
                { if(dot1 & 0x0001) pixel[x][y] = outline;
```

```
                if(dot2 & 0x0001) pixel[x][y] = outline;
                if((dot3 & 0x0001) && (x < 11 )) pixel[x][y] = outline;
                if((dot4 & 0x0001) && (x > 0 ))  pixel[x][y] = outline;
              }

            dot1 >>= 1;
            dot2 = dot0;
            dot0 >>= 1;
            dot3 >>= 1;
            dot4 >>= 1;
          }
      }
      for(x = 0; x < 12; x++)
        { dot0 = E_font_large[code][x+12] + E_font_large[code][x+24]*256;
          dot1 = dot0 >> 1;                                           // up side
          dot2 = dot0;                                                // down side
          dot3 = E_font_large[code][x+13] + E_font_large[code][x+25]*256;// left side
          dot4 = E_font_large[code][x+11] + E_font_large[code][x+23]*256;// right side

          for(y = 0; y < 16; y++)
            { if(!(dot0 & 0x0001))
                { if(dot1 & 0x0001) pixel[x][y+8] = outline;
                  if(dot2 & 0x0001) pixel[x][y+8] = outline;
                  if((dot3 & 0x0001) && (x < 11 )) pixel[x][y+8] = outline;
                  if((dot4 & 0x0001) && (x > 0 ))  pixel[x][y+8] = outline;
                }

              dot1 >>= 1;
              dot2 = dot0;
              dot0 >>= 1;
              dot3 >>= 1;
              dot4 >>= 1;
            }
        }
  }

if(Xcharacter >= XcharacterLimit)              // end of line ?
  { Xcharacter = 0;
    Ycharacter += 3;
    if(Ycharacter >= (YcharacterLimit-2))      // end of screen ?
      Ycharacter = 0;
  }

if(underscore_flag == 1)
  { for(x = 0; x < 12; x++)                    // display underscore
        pixel[x][23] = underscore;
  }

if((cursor_flag == 1) && (Xcharacter == Xcursor) &&(Ycharacter == Ycursor))
  { for(x = 0; x < 12; x++)                    // display cursor
      { pixel[x][22] = cursor;
        pixel[x][23] = cursor;
      }
  }

if(background != Transparent)                  // transparent mode ?
  { xPos = Xcharacter*12;

    for(y = 0; y < 24; y++)                    // if no, write a character in higher speed
      { yPos = Ycharacter*8 + y;

        if(ScreenMode == 'P')
          { TFT_write(0x02, 0x0000);           // xPos = 0~239
            TFT_write(0x03, xPos);
            TFT_write(0x06, yPos >> 8);        // yPos = 0~319
            TFT_write(0x07, yPos & 0x00FF);
          }
        else
          { TFT_write(0x02, xPos >> 8);        // xPos = 0~319
            TFT_write(0x03, xPos & 0x00FF);
            TFT_write(0x06, 0x0000);           // yPos = 0~239
```

```
            TFT_write(0x07, yPos);
          }

        TFT_command(0x22);
        TFT_data(pixel[0][y]);
        TFT_data(pixel[1][y]);
        TFT_data(pixel[2][y]);
        TFT_data(pixel[3][y]);
        TFT_data(pixel[4][y]);
        TFT_data(pixel[5][y]);
        TFT_data(pixel[6][y]);
        TFT_data(pixel[7][y]);
        TFT_data(pixel[8][y]);
        TFT_data(pixel[9][y]);
        TFT_data(pixel[10][y]);
        TFT_data(pixel[11][y]);
      }
    }
  else
    { for(y = 0; y < 24; y++)                        // if yes, write a character
        for(x = 0; x < 12; x++)
          TFT_pixel(Xcharacter*12 + x, Ycharacter*8 + y, pixel[x][y]);
    }

  Xcharacter += 1;                                   // go to next position
}

void TFT_Korean_large(U16 code)                      /* write a Korean character(24x24 pixel) */
{
  unsigned char  cho_5bit, joong_5bit, jong_5bit;
  unsigned char  cho_bul, joong_bul, jong_bul = 0, i, jong_flag;
  unsigned short ch;
  unsigned char  Kbuffer[72] = {0};                  // 72 byte Korean font buffer

  if(Xcharacter == (XcharacterLimit-1))              // last character of line ?
    TFT_English(' ');                                // display space and go to next line

  cho_5bit   = table_cho[(code >> 10) & 0x001F];   // get 5bit(14-10) of chosung
  joong_5bit = table_joong[(code >> 5) & 0x001F];  // get 5bit(09-05) of joongsung
  jong_5bit  = table_jong[code & 0x001F];           // get 5bit(04-00) of jongsung

  if(jong_5bit == 0)                                 // if jongsung not exist
    { jong_flag = 0;
      cho_bul = bul_cho1[joong_5bit];
      if((cho_5bit == 1) || (cho_5bit == 16))
        joong_bul = 0;
      else
        joong_bul = 1;
    }
  else                                               // if jongsung exist
    { jong_flag = 1;
      cho_bul = bul_cho2[joong_5bit];
      if((cho_5bit == 1) || (cho_5bit == 16))
        joong_bul = 2;
      else
        joong_bul = 3;
      jong_bul = bul_jong[joong_5bit];
    }

  ch = cho_bul*20 + cho_5bit;                        // get chosung font
  for(i = 0; i < 72; i++)
    Kbuffer[i] = K_font_large[ch][i];
  ch = 8*20 + joong_bul*22 + joong_5bit;             // OR joongsung font
  for(i = 0; i < 72; i++)
    Kbuffer[i] |= K_font_large[ch][i];
  if(jong_flag)                                      // OR jongsung font
    { ch = 8*20 + 4*22 + jong_bul*28 + jong_5bit;
      for(i = 0; i < 72; i++)
        Kbuffer[i] |= K_font_large[ch][i];
    }
```

```
unsigned char  data, x, y;
unsigned short pixel[24][24];
unsigned short xPos, yPos, dot0, dot1, dot2, dot3, dot4;

for(x = 0; x < 24; x++)                         // read Korean font
  { data = Kbuffer[x];
    for(y = 0; y < 8; y++)
      { if(data & 0x01) pixel[x][y] = foreground;
        else            pixel[x][y] = background;
        data = data >> 1;
      }
  }

for(x = 0; x < 24; x++)
  { data = Kbuffer[x+24];
    for(y = 0; y < 8; y++)
      { if(data & 0x01) pixel[x][y+8] = foreground;
        else            pixel[x][y+8] = background;
        data = data >> 1;
      }
  }

for(x = 0; x < 24; x++)
  { data = Kbuffer[x+48];
    for(y = 0; y < 8; y++)
      { if(data & 0x01) pixel[x][y+16] = foreground;
        else            pixel[x][y+16] = background;
        data = data >> 1;
      }
  }

if(outline_flag == 1)                           // display outline
  { for(x = 0; x < 24; x++)
      { dot0 = Kbuffer[x] + Kbuffer[x+24]*256;
        dot1 = dot0 >> 1;                               // up side
        dot2 = dot0;                                    // down side
        dot3 = Kbuffer[x+1] + Kbuffer[x+25]*256;        // left side
        dot4 = Kbuffer[x-1] + Kbuffer[x+23]*256;        // right side

        for(y = 0; y < 16; y++)
          { if(!(dot0 & 0x0001))
              { if(dot1 & 0x0001) pixel[x][y] = outline;
                if(dot2 & 0x0001) pixel[x][y] = outline;
                if((dot3 & 0x0001) && (x < 23 )) pixel[x][y] = outline;
                if((dot4 & 0x0001) && (x > 1 ))  pixel[x][y] = outline;
              }
            dot1 >>= 1;
            dot2 = dot0;
            dot0 >>= 1;
            dot3 >>= 1;
            dot4 >>= 1;
          }
      }

    for(x = 0; x < 24; x++)
      { dot0 = Kbuffer[x+24] + Kbuffer[x+48]*256;
        dot1 = dot0 >> 1;                               // up side
        dot2 = dot0;                                    // down side
        dot3 = Kbuffer[x+25] + Kbuffer[x+49]*256;       // left side
        dot4 = Kbuffer[x+23] + Kbuffer[x+47]*256;       // right side

        for(y = 0; y < 16; y++)
          { if(!(dot0 & 0x0001))
              { if(dot1 & 0x0001) pixel[x][y+8] = outline;
                if(dot2 & 0x0001) pixel[x][y+8] = outline;
                if((dot3 & 0x0001) && (x < 23 )) pixel[x][y+8] = outline;
                if((dot4 & 0x0001) && (x > 1 ))  pixel[x][y+8] = outline;
              }
            dot1 >>= 1;
```

```
            dot2 = dot0;
            dot0 >>= 1;
            dot3 >>= 1;
            dot4 >>= 1;
          }
      }
  }

if(Xcharacter >= (XcharacterLimit-1))         // end of line ?
  { Xcharacter = 0;
    Ycharacter += 3;
    if(Ycharacter >= (YcharacterLimit-2))     // end of screen ?
      Ycharacter = 0;
  }

if(underscore_flag == 1)
  { for(x = 0; x < 24; x++)                   // display underscore
        pixel[x][23] = underscore;
  }

if((cursor_flag == 1) && (Xcharacter == Xcursor) &&(Ycharacter == Ycursor))
  { for(x = 0; x < 24; x++)                   // display cursor
      { pixel[x][22] = cursor;
        pixel[x][23] = cursor;
      }
  }

if(background != Transparent)                 // transparent mode ?
  { xPos = Xcharacter*12;

    for(y = 0; y < 24; y++)                   // if no, write a character in higher speed
      { yPos = Ycharacter*8 + y;

        if(ScreenMode == 'P')
          { TFT_write(0x02, 0x0000);          // xPos = 0~239
            TFT_write(0x03, xPos);
            TFT_write(0x06, yPos >> 8);       // yPos = 0~319
            TFT_write(0x07, yPos & 0x00FF);
          }
        else
          { TFT_write(0x02, xPos >> 8);       // xPos = 0~319
            TFT_write(0x03, xPos & 0x00FF);
            TFT_write(0x06, 0x0000);          // yPos = 0~239
            TFT_write(0x07, yPos);
          }

        TFT_command(0x22);
        TFT_data(pixel[0][y]);
        TFT_data(pixel[1][y]);
        TFT_data(pixel[2][y]);
        TFT_data(pixel[3][y]);
        TFT_data(pixel[4][y]);
        TFT_data(pixel[5][y]);
        TFT_data(pixel[6][y]);
        TFT_data(pixel[7][y]);
        TFT_data(pixel[8][y]);
        TFT_data(pixel[9][y]);
        TFT_data(pixel[10][y]);
        TFT_data(pixel[11][y]);
        TFT_data(pixel[12][y]);
        TFT_data(pixel[13][y]);
        TFT_data(pixel[14][y]);
        TFT_data(pixel[15][y]);
        TFT_data(pixel[16][y]);
        TFT_data(pixel[17][y]);
        TFT_data(pixel[18][y]);
        TFT_data(pixel[19][y]);
        TFT_data(pixel[20][y]);
        TFT_data(pixel[21][y]);
        TFT_data(pixel[22][y]);
        TFT_data(pixel[23][y]);
```

```
      }
    }
  else
    { for(y = 0; y < 24; y++)                          // if yes, write a character
        for(x = 0; x < 24; x++)
          TFT_pixel(Xcharacter*12 + x, Ycharacter*8 + y, pixel[x][y]);
    }

  Xcharacter += 2;                                     // go to next position
}

void TFT_English_pixel_large(U16 Xpixel,U16 Ypixel, U08 code)    /* write a English ASCII character */
{
  unsigned char data, x, y;
  unsigned short pixel[12][24];

  for(x = 0; x < 12; x++)                              // read English ASCII font
    { data = E_font_large[code][x];
      for(y = 0; y < 8; y++)
        { if(data & 0x01) pixel[x][y] = foreground;
          else            pixel[x][y] = background;
          data = data >> 1;
        }
    }

  for(x = 0; x < 12; x++)
    { data = E_font_large[code][x+12];
      for(y = 0; y < 8; y++)
        { if(data & 0x01) pixel[x][y+8] = foreground;
          else            pixel[x][y+8] = background;
          data = data >> 1;
        }
    }

  for(x = 0; x < 12; x++)
    { data = E_font_large[code][x+24];
      for(y = 0; y < 8; y++)
        { if(data & 0x01) pixel[x][y+16] = foreground;
          else            pixel[x][y+16] = background;
          data = data >> 1;
        }
    }

  for(y = 0; y < 24; y++)                              // write character
    for(x = 0; x < 12; x++)
      TFT_pixel(Xpixel + x, Ypixel + y, pixel[x][y]);
}

/* ------------------------------------------------------------------------------------------ */
/*      TFT-LCD 수치 데이터 큰 문자(12x24, 24x24 픽셀) 출력 함수                                */
/* ------------------------------------------------------------------------------------------ */

void TFT_unsigned_decimal_large(U32 number, U08 zerofill, U08 digit) /* display unsigned decimal number */
{
  unsigned char zero_flag, character;
  unsigned int div;

  if((digit == 0) || (digit > 9)) return;

  div = 1;
  while(--digit) div *= 10;

  zero_flag = zerofill;
  while(div > 0)                                       // display number
    { character = number / div;
      if((character == 0) && (zero_flag == 0) && (div != 1))
        TFT_English_large(character + ' ');
      else
        { zero_flag = 1;
          TFT_English_large(character + '0');
        }
```

```
      number %= div;
      div /= 10;
    }
}

void TFT_signed_decimal_large(S32 number, U08 zerofill, U08 digit)      /* display signed decimal number */
{
  unsigned char zero_flag, character;
  unsigned int  div;

  if((digit == 0) || (digit > 9)) return;

  if(number >= 0)                                      // display sign
    TFT_English_large('+');
  else
    { TFT_English_large('-');
      number = -number;
    }

  div = 1;
  while(--digit) div *= 10;

  zero_flag = zerofill;
  while(div > 0)                                       // display number
    { character = number / div;
      if((character == 0) && (zero_flag == 0) && (div != 1))
        TFT_English_large(character + ' ');
      else
        { zero_flag = 1;
          TFT_English_large(character + '0');
        }
      number %= div;
      div /= 10;
    }
}

void TFT_hexadecimal_large(U32 number, U08 digit)       /* display hexadecimal number */
{
  unsigned char i, character;

  if((digit == 0) || (digit > 8)) return;

  for(i = digit; i > 0; i--)
    { character = (number >> 4*(i-1)) & 0x0F;
      if(character < 10) TFT_English_large(character + '0');
      else               TFT_English_large(character - 10 + 'A');
    }
}

void TFT_0x_hexadecimal_large(U32 number, U08 digit)    /* display hexadecimal number with 0x */
{
  unsigned char i, character;

  if((digit == 0) || (digit > 8)) return;

  TFT_English_large('0');
  TFT_English_large('x');

  for(i = digit; i > 0; i--)
    { character = (number >> 4*(i-1)) & 0x0F;
      if(character < 10) TFT_English_large(character + '0');
      else               TFT_English_large(character - 10 + 'A');
    }
}

void TFT_binary_large(U32 number, U08 digit)            /* display binary number */
{
  unsigned char i;

  if((digit == 0) || (digit > 32)) return;
```

```
  for(i = digit; i > 0; i--)
    TFT_English_large(((number >> (i-1)) & 0x01) + '0');
}

void TFT_unsigned_float_large(float number, U08 integral, U08 fractional) /* display unsigned floating-point number */
{
  unsigned char zero_flag, digit, character;     // integral = digits of integral part
  unsigned int  div, integer;                    // fractional = digits of fractional part

  digit = integral + fractional;
  if((integral == 0) || (fractional == 0) || (digit > 9)) return;

  div = 1;
  while(--digit) div *= 10;

  while(fractional--) number *= 10.;
  integer = (U32)(number + 0.5);

  zero_flag = 0;
  digit = 1;
  while(div > 0)                                 // display number
    { character = integer / div;
      if((character == 0) && (zero_flag == 0) && (digit != integral))
        TFT_English_large(character + ' ');
      else
        { zero_flag = 1;
          TFT_English_large(character + '0');
        }
      integer %= div;
      div /= 10;

      if(digit == integral)
        TFT_English_large('.');
      digit++;
    }
}

void TFT_signed_float_large(float number, U08 integral, U08 fractional) /* display signed floating-point number */
{
  unsigned char zero_flag, digit, character;
  unsigned int  div, integer;

  digit = integral + fractional;
  if((integral == 0) || (fractional == 0) || (digit > 9)) return;

  if(number >= 0)                                // display sign
    TFT_English_large('+');
  else
    { TFT_English_large('-');
      number = -number;
    }

  div = 1;
  while(--digit) div *= 10;

  while(fractional--) number *= 10.;
  integer = (U32)(number + 0.5);

  zero_flag = 0;
  digit = 1;
  while(div > 0)                                 // display number
    { character = integer / div;
      if((character == 0) && (zero_flag == 0) && (digit != integral))
        TFT_English_large(character + ' ');
      else
        { zero_flag = 1;
          TFT_English_large(character + '0');
        }
      integer %= div;
      div /= 10;
```

```
        if(digit == integral)
          TFT_English_large('.');
        digit++;
      }
}
```

이 헤더파일 OK-MKL25Z_large.h에 포함되어 있는 TFT-LCD 모듈의 큰 글씨 출력 관련 사용자 정의 함수들을 모두 요약 정리하면 <표 6.16>과 같다. 8×16 픽셀의 영문 ASCII나 16×16 픽셀의 한글과 같은 보통 글씨 출력함수와 구분하기 위하여 이들 큰 글씨 출력함수의 이름 끝에는 모두 _large가 추가된다는 점에 유의해야 한다. 큰 글씨를 출력하는 함수에서도 앞에서 설명한 줄바꿈 기능이나 밑줄 표시 기능, 커서 표시 기능, 외곽선 표시 기능, 투명 글씨 표시 기능 등을 모두 지원한다.

<표 6.16> TFT-LCD 모듈 큰 글씨 표시용 사용자 정의 함수들의 요약

사용자 정의 함수	기 능	입력 파라미터
TFT_portrait_mode_large()	TFT-LCD 모듈의 스크린 문자출력 방향을 큰 글씨 출력의 초상화 모드(Portrait)로 설정한다.	-
TFT_landscape_mode_large()	TFT-LCD 모듈의 스크린 문자출력 방향을 큰 글씨 출력의 풍경화 모드(Landscape)로 설정한다.	-
TFT_string_large()	TFT-LCD 모듈에 시작 위치와 컬러를 지정하고 그 위치부터 큰 글씨의 문자열을 출력한다.	U08 xChar, yChar, U16 colorfore, colorback, char *str
TFT_English_large()	TFT-LCD 모듈에 큰 글씨의 영문 1글자를 출력한다.	U08 code
TFT_Korean_large()	TFT-LCD 모듈에 큰 글씨의 한글 1글자를 출력한다.	U16 code
TFT_binary_large()	TFT-LCD 모듈에 2진수를 큰 글씨로 출력한다.	U16 number, U08 digit
TFT_unsigned_decimal_large()	TFT-LCD 모듈에 부호 없는 정수를 큰 글씨로 출력한다. (zerofill = 1이면 선두의 무효 자리를 0으로 채운다.)	U32 number, U08 zerofill, digit
TFT_signed_decimal_large()	TFT-LCD 모듈에 부호 있는 정수를 큰 글씨로 출력한다. (zerofill = 1이면 선두의 무효 자리를 0으로 채운다.)	S32 number, U08 zerofill, digit
TFT_hexadecimal_large()	TFT-LCD 모듈에 16진수를 큰 글씨로 출력한다.	U32 number, U08 digit
TFT_0x_hexadecimal_large()	TFT-LCD 모듈에 0x를 포함하는 16진수를 큰 글씨로 출력한다.	U32 number, U08 digit
TFT_unsigned_float_large()	TFT-LCD 모듈에 부호 없는 실수를 출력한다. (integral = 실수부 자리수, fractional = 소수부 자리수)	float number, U08 integral, fractional
TFT_signed_float_large()	TFT-LCD 모듈에 부호 있는 실수를 큰 글씨로 출력한다. (integral = 실수부 자리수, fractional = 소수부 자리수)	float number, U08 integral, fractional

(3) 매우 큰 글씨를 출력하는 기능

앞에서 큰 글씨로서 12×24 픽셀의 반각 영문 ASCII 문자와 24×24 픽셀의 한글 문자들을 TFT-LCD 모듈에 표시하는 기술에 대해 설명하였지만, 마이크로컨트롤러를 사용한 응용 시스템을 설계하다보면 이보다 훨씬 더 큰 글씨가 필요한 경우도 종종 있다. 사람이 좀더 먼 거리에서도 쉽게 화면을 알아볼 수 있도록 하기 위함이다.

그런데, 이런 경우는 대부분 제어 변수값이나 실시간 측정 데이터를 표시하는 경우가 대부분이므로 모든 문자를 표시할 필요는 없고 0~9의 숫자나 단위를 나타내는 몇

가지 정도의 문자 또는 기호 정도만 표시하면 된다. 따라서, 이에 필요한 폰트는 사용자가 필요한대로 쉽게 만들어 사용할 수 있다.

이 책에서는 이러한 응용 목적으로 사용할 수 있도록 32×48 픽셀의 **매우 큰 글씨**와 40×56 픽셀의 **가장 큰 글씨**를 위한 폰트 및 이것들을 출력하기 위한 함수를 헤더파일 OK-MKL25Z_xlarge.h에 제공한다. 나중에 이를 이용하여 TFT-LCD에 디지털 시계 등을 구현하는 예제를 소개할 것이다.

<헤더파일 OK-MKL25Z_xlarge.h> 매우 큰 글씨와 가장 큰 글씨를 출력하는 함수

```
/* ========================================================================== */
/*      OK-MKL25Z V1.0 키트용(MKL25Z128VLK4) 매우/가장 큰 글씨 헤더 파일        */
/* ========================================================================== */
/*                                        Programmed by Duck-Yong Yoon in 2016.  */

// ----------------------------------------------------------------------------
//  이 헤더파일은 OK-MKL25Z 키트 V1.0을 위한 것입니다. 이것은 아래의 조건에서만
//  올바른 동작을 보장합니다.
// ----------------------------------------------------------------------------
//      (1) 시스템 클록   : 20.97152MHz
//      (2) C 컴파일러    : KDS V3.1.0
//      (3) 최적화 옵션   : High/Size
//      (4) CSTACK 크기   : 0x0400
//      (5) TFT-LCD 모듈  : Ohm사 FL320QVC18-A0(HX8347A)
//      (6) 인클루드      : 기본 헤더 파일 OK-MKL25Z.h의 뒤에 인클루드할 것.
// ----------------------------------------------------------------------------

/* -------------------------------------------------------------------------- */
/*                 32x48 픽셀의 매우 큰 글씨 폰트(명조체)                       */
/* -------------------------------------------------------------------------- */
const unsigned char font_32x48[17][192] = {               /* 32x48 character font */
 {0x00,0x00,0x00,0x00,0x00,0x00,0x00,0x00,0x00,0x0f,0xf0,0x00,0x00,0x3f,0xfc,0x00,  // '0'
  0x00,0xff,0xff,0x00,0x01,0xfe,0x7f,0x80,0x01,0xfc,0x1f,0xc0,0x03,0xf8,0x1f,0xc0,
  0x07,0xf0,0x0f,0xe0,0x07,0xf0,0x0f,0xe0,0x0f,0xe0,0x07,0xf0,0x0f,0xe0,0x07,0xf0,
  0x0f,0xe0,0x07,0xf8,0x1f,0xe0,0x07,0xf8,0x1f,0xc0,0x03,0xf8,0x1f,0xc0,0x03,0xf8,
  0x1f,0xc0,0x03,0xfc,0x1f,0xc0,0x03,0xfc,0x3f,0xc0,0x03,0xfc,0x3f,0xc0,0x03,0xfc,
  0x3f,0xc0,0x03,0xfc,0x3f,0xc0,0x03,0xfc,0x3f,0xc0,0x03,0xfc,0x3f,0xc0,0x03,0xfc,
  0x3f,0xc0,0x03,0xfc,0x3f,0xc0,0x03,0xfc,0x3f,0xc0,0x03,0xfc,0x1f,0xc0,0x03,0xfc,
  0x1f,0xc0,0x03,0xfc,0x1f,0xc0,0x03,0xf8,0x1f,0xc0,0x03,0xf8,0x1f,0xe0,0x07,0xf8,
  0x0f,0xe0,0x07,0xf8,0x0f,0xe0,0x07,0xf0,0x0f,0xe0,0x07,0xf0,0x07,0xf0,0x0f,0xe0,
  0x07,0xf0,0x0f,0xe0,0x03,0xf8,0x1f,0xc0,0x01,0xfc,0x1f,0xc0,0x01,0xfe,0x7f,0x80,
  0x00,0xff,0xff,0x00,0x00,0x3f,0xfc,0x00,0x00,0x0f,0xf0,0x00,0x00,0x00,0x00,0x00,
  0x00,0x00,0x00,0x00,0x00,0x00,0x00,0x00,0x00,0x00,0x00,0x00,0x00,0x00,0x00,0x00},
 {0x00,0x00,0x00,0x00,0x00,0x00,0x00,0x00,0x00,0x00,0x70,0x00,0x00,0x01,0xf0,0x00,  // '1'
  0x00,0x0f,0xf0,0x00,0x00,0xff,0xf0,0x00,0x03,0xff,0xf0,0x00,0x03,0xff,0xf0,0x00,
  0x00,0x0f,0xf0,0x00,0x00,0x07,0xf0,0x00,0x00,0x07,0xf0,0x00,0x00,0x07,0xf0,0x00,
  0x00,0x07,0xf0,0x00,0x00,0x07,0xf0,0x00,0x00,0x07,0xf0,0x00,0x00,0x07,0xf0,0x00,
  0x00,0x07,0xf0,0x00,0x00,0x07,0xf0,0x00,0x00,0x07,0xf0,0x00,0x00,0x07,0xf0,0x00,
  0x00,0x07,0xf0,0x00,0x00,0x07,0xf0,0x00,0x00,0x07,0xf0,0x00,0x00,0x07,0xf0,0x00,
  0x00,0x07,0xf0,0x00,0x00,0x07,0xf0,0x00,0x00,0x07,0xf0,0x00,0x00,0x07,0xf0,0x00,
  0x00,0x07,0xf0,0x00,0x00,0x07,0xf0,0x00,0x00,0x07,0xf0,0x00,0x00,0x07,0xf0,0x00,
  0x00,0x07,0xf0,0x00,0x00,0x07,0xf0,0x00,0x00,0x07,0xf0,0x00,0x00,0x07,0xf0,0x00,
  0x00,0x07,0xf0,0x00,0x00,0x07,0xf8,0x00,0x00,0x0f,0xfc,0x00,0x07,0xff,0xff,0xe0,
  0x07,0xff,0xff,0xf0,0x07,0xff,0xff,0xf0,0x00,0x00,0x00,0x00,0x00,0x00,0x00,0x00,
  0x00,0x00,0x00,0x00,0x00,0x00,0x00,0x00,0x00,0x00,0x00,0x00,0x00,0x00,0x00,0x00},
 {0x00,0x00,0x00,0x00,0x00,0x00,0x00,0x00,0x00,0x1f,0xf8,0x00,0x00,0xff,0xff,0x00,  // '2'
  0x01,0xff,0xff,0xc0,0x07,0xf8,0x3f,0xe0,0x0f,0xe0,0x1f,0xe0,0x1f,0xc0,0x0f,0xf0,
  0x1f,0xe0,0x0f,0xf0,0x1f,0xe0,0x07,0xf8,0x1f,0xf0,0x07,0xf8,0x1f,0xf8,0x07,0xf8,
  0x1f,0xf8,0x07,0xf8,0x1f,0xf0,0x07,0xf8,0x1f,0xf0,0x07,0xf8,0x0f,0xe0,0x0f,0xf8,
  0x00,0x00,0x0f,0xf8,0x00,0x00,0x0f,0xf8,0x00,0x00,0x1f,0xf0,0x00,0x00,0x3f,0xf0,
  0x00,0x00,0x7f,0xe0,0x00,0x00,0x7f,0xc0,0x00,0x00,0xff,0x80,0x00,0x01,0xff,0x00,
  0x00,0x03,0xfe,0x00,0x00,0x07,0xfc,0x00,0x00,0x0f,0xf8,0x00,0x00,0x1f,0xe0,0x00,
```

```
    0x00, 0x3f, 0xc0, 0x00, 0x00, 0x7f, 0x80, 0x00, 0x00, 0xfe, 0x00, 0x00, 0x01, 0xfc, 0x00, 0x3c,
    0x03, 0xf8, 0x00, 0x3c, 0x03, 0xe0, 0x00, 0x78, 0x07, 0xc0, 0x00, 0x78, 0x0f, 0xc0, 0x00, 0xf8,
    0x0f, 0x80, 0x01, 0xf8, 0x1f, 0xff, 0xff, 0xf0, 0x1f, 0xff, 0xff, 0xf0, 0x1f, 0xff, 0xff, 0xf0,
    0x1f, 0xff, 0xff, 0xf0, 0x1f, 0xff, 0xff, 0xe0, 0x00, 0x00, 0x00, 0x00, 0x00, 0x00, 0x00, 0x00,
    0x00, 0x00, 0x00, 0x00, 0x00, 0x00, 0x00, 0x00, 0x00, 0x00, 0x00, 0x00, 0x00, 0x00, 0x00, 0x00},
   {0x00, 0x00, 0x00, 0x00, 0x00, 0x00, 0x00, 0x00, 0x00, 0x1f, 0xfc, 0x00, 0x00, 0xff, 0xff, 0x80,  // '3'
    0x01, 0xff, 0xff, 0xc0, 0x07, 0xfc, 0x3f, 0xe0, 0x07, 0xf8, 0x1f, 0xf0, 0x0f, 0xf0, 0x0f, 0xf0,
    0x0f, 0xf0, 0x0f, 0xf0, 0x0f, 0xf0, 0x07, 0xf8, 0x0f, 0xf0, 0x07, 0xf8, 0x0f, 0xf0, 0x07, 0xf8,
    0x0f, 0xf0, 0x07, 0xf8, 0x07, 0xe0, 0x07, 0xf8, 0x00, 0x00, 0x07, 0xf0, 0x00, 0x00, 0x0f, 0xf0,
    0x00, 0x00, 0x0f, 0xf0, 0x00, 0x00, 0x1f, 0xe0, 0x00, 0x00, 0x3f, 0xc0, 0x00, 0x01, 0xff, 0x80,
    0x00, 0x3f, 0xfe, 0x00, 0x00, 0x3f, 0xfe, 0x00, 0x00, 0x3f, 0xff, 0x80, 0x00, 0x00, 0x7f, 0xc0,
    0x00, 0x00, 0x1f, 0xe0, 0x00, 0x00, 0x0f, 0xf0, 0x00, 0x00, 0x07, 0xf8, 0x00, 0x00, 0x07, 0xf8,
    0x00, 0x00, 0x03, 0xfc, 0x00, 0x00, 0x03, 0xfc, 0x0f, 0xc0, 0x03, 0xfc, 0x1f, 0xe0, 0x03, 0xfc,
    0x3f, 0xe0, 0x03, 0xfc, 0x3f, 0xe0, 0x03, 0xfc, 0x3f, 0xe0, 0x03, 0xfc, 0x3f, 0xe0, 0x07, 0xf8,
    0x3f, 0xe0, 0x07, 0xf8, 0x1f, 0xe0, 0x0f, 0xf0, 0x1f, 0xe0, 0x1f, 0xf0, 0x0f, 0xf0, 0x7f, 0xe0,
    0x07, 0xff, 0xff, 0x80, 0x01, 0xff, 0xfe, 0x00, 0x00, 0x7f, 0xf0, 0x00, 0x00, 0x00, 0x00, 0x00,
    0x00, 0x00, 0x00, 0x00, 0x00, 0x00, 0x00, 0x00, 0x00, 0x00, 0x00, 0x00, 0x00, 0x00, 0x00, 0x00},
   {0x00, 0x00, 0x00, 0x00, 0x00, 0x00, 0x00, 0x00, 0x00, 0x00, 0x0f, 0x80, 0x00, 0x00, 0x1f, 0x80,  // '4'
    0x00, 0x00, 0x3f, 0x80, 0x00, 0x00, 0x3f, 0x80, 0x00, 0x00, 0x7f, 0x80, 0x00, 0x00, 0xff, 0x80,
    0x00, 0x00, 0xff, 0x80, 0x00, 0x01, 0xff, 0x80, 0x00, 0x03, 0xff, 0x80, 0x00, 0x03, 0xff, 0x80,
    0x00, 0x07, 0xff, 0x80, 0x00, 0x0f, 0xff, 0x80, 0x00, 0x1f, 0x3f, 0x80, 0x00, 0x1f, 0x3f, 0x80,
    0x00, 0x3e, 0x3f, 0x80, 0x00, 0x7c, 0x3f, 0x80, 0x00, 0x7c, 0x3f, 0x80, 0x00, 0xf8, 0x3f, 0x80,
    0x01, 0xf0, 0x3f, 0x80, 0x01, 0xe0, 0x3f, 0x80, 0x03, 0xe0, 0x3f, 0x80, 0x07, 0xc0, 0x3f, 0x80,
    0x0f, 0x80, 0x3f, 0x80, 0x0f, 0x80, 0x3f, 0x80, 0x1f, 0x00, 0x3f, 0x80, 0x3e, 0x00, 0x3f, 0x80,
    0x3e, 0x00, 0x3f, 0x80, 0x7f, 0xff, 0xff, 0xfc, 0x7f, 0xff, 0xff, 0xfc, 0x7f, 0xff, 0xff, 0xfc,
    0x7f, 0xff, 0xff, 0xfc, 0x00, 0x00, 0x3f, 0x80, 0x00, 0x00, 0x3f, 0x80, 0x00, 0x00, 0x3f, 0x80,
    0x00, 0x00, 0x3f, 0x80, 0x00, 0x00, 0x3f, 0x80, 0x00, 0x00, 0x7f, 0xc0, 0x00, 0x07, 0xff, 0xf8,
    0x00, 0x07, 0xff, 0xf8, 0x00, 0x07, 0xff, 0xf8, 0x00, 0x00, 0x00, 0x00, 0x00, 0x00, 0x00, 0x00,
    0x00, 0x00, 0x00, 0x00, 0x00, 0x00, 0x00, 0x00, 0x00, 0x00, 0x00, 0x00, 0x00, 0x00, 0x00, 0x00},
   {0x00, 0x00, 0x00, 0x00, 0x00, 0x00, 0x00, 0x00, 0x00, 0x00, 0x00, 0x38, 0x07, 0xff, 0xff, 0xf8,  // '5'
    0x07, 0xff, 0xff, 0xf8, 0x07, 0xff, 0xff, 0xf8, 0x07, 0xff, 0xff, 0xf0, 0x07, 0xff, 0xff, 0xf0,
    0x07, 0xff, 0xff, 0xc0, 0x07, 0x80, 0x00, 0x00, 0x07, 0x80, 0x00, 0x00, 0x07, 0x80, 0x00, 0x00,
    0x07, 0x00, 0x00, 0x00, 0x0f, 0x00, 0x00, 0x00, 0x0f, 0x00, 0x00, 0x00, 0x0f, 0x00, 0x00, 0x00,
    0x0f, 0x00, 0x00, 0x00, 0x0f, 0x1f, 0xf0, 0x00, 0x0f, 0xff, 0xfe, 0x00, 0x0f, 0xff, 0xff, 0x80,
    0x0f, 0xf0, 0xff, 0xc0, 0x0f, 0xc0, 0x3f, 0xe0, 0x0f, 0x00, 0x1f, 0xf0, 0x0e, 0x00, 0x0f, 0xf0,
    0x00, 0x00, 0x07, 0xf8, 0x00, 0x00, 0x07, 0xf8, 0x00, 0x00, 0x03, 0xfc, 0x00, 0x00, 0x03, 0xfc,
    0x00, 0x00, 0x03, 0xfc, 0x0f, 0x80, 0x03, 0xfc, 0x1f, 0xe0, 0x03, 0xfc, 0x3f, 0xe0, 0x03, 0xfc,
    0x3f, 0xe0, 0x03, 0xfc, 0x3f, 0xe0, 0x03, 0xfc, 0x3f, 0xe0, 0x07, 0xf8, 0x3f, 0xe0, 0x07, 0xf8,
    0x3f, 0xe0, 0x0f, 0xf0, 0x1f, 0xe0, 0x1f, 0xf0, 0x1f, 0xc0, 0x3f, 0xe0, 0x0f, 0xe0, 0xff, 0xc0,
    0x07, 0xff, 0xff, 0x80, 0x03, 0xff, 0xfe, 0x00, 0x00, 0x7f, 0xf0, 0x00, 0x00, 0x00, 0x00, 0x00,
    0x00, 0x00, 0x00, 0x00, 0x00, 0x00, 0x00, 0x00, 0x00, 0x00, 0x00, 0x00, 0x00, 0x00, 0x00, 0x00},
   {0x00, 0x00, 0x00, 0x00, 0x00, 0x00, 0x00, 0x00, 0x00, 0x03, 0xfe, 0x00, 0x00, 0x1f, 0xff, 0xc0,  // '6'
    0x00, 0x7f, 0xff, 0xe0, 0x00, 0xff, 0x0f, 0xf0, 0x01, 0xfc, 0x0f, 0xf8, 0x03, 0xf8, 0x0f, 0xf8,
    0x07, 0xf8, 0x0f, 0xf8, 0x07, 0xf0, 0x0f, 0xf8, 0x0f, 0xf0, 0x07, 0xf8, 0x0f, 0xe0, 0x07, 0xf0,
    0x0f, 0xe0, 0x03, 0xe0, 0x1f, 0xe0, 0x00, 0x00, 0x1f, 0xc0, 0x00, 0x00, 0x1f, 0xc0, 0x00, 0x00,
    0x1f, 0xc0, 0x00, 0x00, 0x3f, 0xc3, 0xff, 0x00, 0x3f, 0xdf, 0xff, 0xc0, 0x3f, 0xff, 0xff, 0xe0,
    0x3f, 0xfe, 0x1f, 0xf0, 0x3f, 0xf8, 0x0f, 0xf0, 0x3f, 0xf0, 0x07, 0xf8, 0x3f, 0xe0, 0x03, 0xf8,
    0x3f, 0xc0, 0x03, 0xfc, 0x3f, 0xc0, 0x03, 0xfc, 0x3f, 0xc0, 0x03, 0xfc, 0x3f, 0xc0, 0x03, 0xfc,
    0x3f, 0xc0, 0x03, 0xfc, 0x3f, 0xc0, 0x03, 0xfc, 0x3f, 0xc0, 0x03, 0xfc, 0x1f, 0xc0, 0x03, 0xfc,
    0x1f, 0xc0, 0x03, 0xfc, 0x1f, 0xe0, 0x03, 0xfc, 0x1f, 0xe0, 0x03, 0xf8, 0x0f, 0xe0, 0x07, 0xf8,
    0x0f, 0xf0, 0x07, 0xf8, 0x07, 0xf0, 0x0f, 0xf0, 0x07, 0xf8, 0x0f, 0xe0, 0x03, 0xfe, 0x3f, 0xe0,
    0x01, 0xff, 0xff, 0x80, 0x00, 0x7f, 0xff, 0x00, 0x00, 0x1f, 0xf8, 0x00, 0x00, 0x00, 0x00, 0x00,
    0x00, 0x00, 0x00, 0x00, 0x00, 0x00, 0x00, 0x00, 0x00, 0x00, 0x00, 0x00, 0x00, 0x00, 0x00, 0x00},
   {0x00, 0x00, 0x00, 0x00, 0x00, 0x00, 0x00, 0x00, 0x00, 0x00, 0x00, 0x00, 0x0f, 0xff, 0xff, 0xfc,  // '7'
    0x0f, 0xff, 0xff, 0xfc, 0x0f, 0xff, 0xff, 0xfc, 0x0f, 0xff, 0xff, 0xfc, 0x0f, 0xff, 0xff, 0xfc,
    0x0f, 0xff, 0xff, 0xf8, 0x1f, 0x80, 0x01, 0xf8, 0x1f, 0x00, 0x03, 0xf0, 0x1e, 0x00, 0x03, 0xe0,
    0x1e, 0x00, 0x07, 0xe0, 0x1c, 0x00, 0x0f, 0xc0, 0x1c, 0x00, 0x0f, 0x80, 0x1c, 0x00, 0x1f, 0x80,
    0x00, 0x00, 0x1f, 0x00, 0x00, 0x00, 0x3f, 0x00, 0x00, 0x00, 0x7e, 0x00, 0x00, 0x00, 0x7e, 0x00,
    0x00, 0x00, 0xfc, 0x00, 0x00, 0x00, 0xfc, 0x00, 0x00, 0x01, 0xf8, 0x00, 0x00, 0x03, 0xf8, 0x00,
    0x00, 0x03, 0xf8, 0x00, 0x00, 0x07, 0xf0, 0x00, 0x00, 0x07, 0xf0, 0x00, 0x00, 0x07, 0xf0, 0x00,
    0x00, 0x0f, 0xf0, 0x00, 0x00, 0x0f, 0xe0, 0x00, 0x00, 0x1f, 0xe0, 0x00, 0x00, 0x1f, 0xe0, 0x00,
    0x00, 0x1f, 0xe0, 0x00, 0x00, 0x1f, 0xe0, 0x00, 0x00, 0x3f, 0xe0, 0x00, 0x00, 0x3f, 0xe0, 0x00,
    0x00, 0x3f, 0xe0, 0x00, 0x00, 0x3f, 0xe0, 0x00, 0x00, 0x3f, 0xe0, 0x00, 0x00, 0x3f, 0xe0, 0x00,
    0x00, 0x3f, 0xe0, 0x00, 0x00, 0x1f, 0xc0, 0x00, 0x00, 0x0f, 0x80, 0x00, 0x00, 0x00, 0x00, 0x00,
    0x00, 0x00, 0x00, 0x00, 0x00, 0x00, 0x00, 0x00, 0x00, 0x00, 0x00, 0x00, 0x00, 0x00, 0x00, 0x00},
   {0x00, 0x00, 0x00, 0x00, 0x00, 0x00, 0x00, 0x00, 0x00, 0x3f, 0xf8, 0x00, 0x01, 0xff, 0xff, 0x00,  // '8'
    0x03, 0xff, 0xff, 0x80, 0x07, 0xf8, 0x7f, 0xc0, 0x0f, 0xe0, 0x1f, 0xe0, 0x0f, 0xe0, 0x0f, 0xf0,
    0x1f, 0xc0, 0x07, 0xf0, 0x1f, 0xc0, 0x07, 0xf0, 0x1f, 0xc0, 0x07, 0xf0, 0x1f, 0xc0, 0x07, 0xf0,
    0x1f, 0xc0, 0x07, 0xf0, 0x1f, 0xc0, 0x07, 0xf0, 0x1f, 0xe0, 0x07, 0xf0, 0x1f, 0xf0, 0x0f, 0xe0,
    0x0f, 0xfc, 0x0f, 0xe0, 0x0f, 0xfe, 0x1f, 0xc0, 0x07, 0xff, 0xff, 0x80, 0x03, 0xff, 0xfe, 0x00,
    0x00, 0xff, 0xf8, 0x00, 0x00, 0x7f, 0xfe, 0x00, 0x00, 0xff, 0xff, 0x80, 0x03, 0xff, 0xff, 0xc0,
```

```
 0x07, 0xf1, 0xff, 0xe0, 0x0f, 0xe0, 0xff, 0xf0, 0x1f, 0xe0, 0x3f, 0xf8, 0x1f, 0xc0, 0x1f, 0xf8,
 0x3f, 0xc0, 0x0f, 0xf8, 0x3f, 0x80, 0x07, 0xfc, 0x3f, 0x80, 0x03, 0xfc, 0x7f, 0x80, 0x03, 0xfc,
 0x7f, 0x80, 0x01, 0xfc, 0x7f, 0x80, 0x01, 0xfc, 0x7f, 0x80, 0x03, 0xfc, 0x3f, 0xc0, 0x03, 0xf8,
 0x3f, 0xc0, 0x07, 0xf8, 0x3f, 0xe0, 0x07, 0xf0, 0x1f, 0xf0, 0x1f, 0xf0, 0x0f, 0xf8, 0x7f, 0xe0,
 0x07, 0xff, 0xff, 0x80, 0x03, 0xff, 0xff, 0x00, 0x00, 0x7f, 0xf8, 0x00, 0x00, 0x00, 0x00, 0x00,
 0x00, 0x00, 0x00, 0x00, 0x00, 0x00, 0x00, 0x00, 0x00, 0x00, 0x00, 0x00, 0x00, 0x00, 0x00, 0x00},
{0x00, 0x00, 0x00, 0x00, 0x00, 0x00, 0x00, 0x00, 0x00, 0x3f, 0xf0, 0x00, 0x00, 0xff, 0xfc, 0x00,  // '9'
 0x03, 0xff, 0xff, 0x00, 0x07, 0xf8, 0xff, 0x80, 0x0f, 0xf0, 0x3f, 0xc0, 0x0f, 0xe0, 0x1f, 0xc0,
 0x1f, 0xe0, 0x1f, 0xe0, 0x1f, 0xc0, 0x0f, 0xe0, 0x3f, 0xc0, 0x0f, 0xf0, 0x3f, 0xc0, 0x0f, 0xf0,
 0x3f, 0xc0, 0x07, 0xf0, 0x3f, 0xc0, 0x07, 0xf0, 0x3f, 0xc0, 0x07, 0xf8, 0x3f, 0xc0, 0x07, 0xf8,
 0x3f, 0xc0, 0x07, 0xf8, 0x3f, 0xc0, 0x07, 0xf8, 0x3f, 0xc0, 0x07, 0xf8, 0x3f, 0xc0, 0x07, 0xf8,
 0x1f, 0xe0, 0x0f, 0xf8, 0x1f, 0xe0, 0x0f, 0xf8, 0x0f, 0xf0, 0x3f, 0xf8, 0x07, 0xf8, 0xff, 0xf8,
 0x07, 0xff, 0xff, 0xf8, 0x01, 0xff, 0xf7, 0xf8, 0x00, 0x7f, 0x87, 0xf8, 0x00, 0x00, 0x07, 0xf8,
 0x00, 0x00, 0x07, 0xf8, 0x00, 0x00, 0x07, 0xf8, 0x00, 0x00, 0x07, 0xf0, 0x00, 0x00, 0x0f, 0xf0,
 0x07, 0xe0, 0x0f, 0xf0, 0x0f, 0xf0, 0x0f, 0xf0, 0x1f, 0xf8, 0x0f, 0xe0, 0x1f, 0xf8, 0x1f, 0xe0,
 0x1f, 0xf8, 0x1f, 0xc0, 0x1f, 0xf8, 0x3f, 0x80, 0x1f, 0xf0, 0x7f, 0x00, 0x0f, 0xf8, 0xfe, 0x00,
 0x07, 0xff, 0xfc, 0x00, 0x03, 0xff, 0xf8, 0x00, 0x00, 0xff, 0xc0, 0x00, 0x00, 0x00, 0x00, 0x00,
 0x00, 0x00, 0x00, 0x00, 0x00, 0x00, 0x00, 0x00, 0x00, 0x00, 0x00, 0x00, 0x00, 0x00, 0x00, 0x00},
{0x00, 0x00, 0x00, 0x00, 0x00, 0x00, 0x00, 0x00, 0x00, 0x00, 0x00, 0x00, 0x00, 0x00, 0x00, 0x00,  // ' '(space)
 0x00, 0x00, 0x00, 0x00, 0x00, 0x00, 0x00, 0x00, 0x00, 0x00, 0x00, 0x00, 0x00, 0x00, 0x00, 0x00,
 0x00, 0x00, 0x00, 0x00, 0x00, 0x00, 0x00, 0x00, 0x00, 0x00, 0x00, 0x00, 0x00, 0x00, 0x00, 0x00,
 0x00, 0x00, 0x00, 0x00, 0x00, 0x00, 0x00, 0x00, 0x00, 0x00, 0x00, 0x00, 0x00, 0x00, 0x00, 0x00,
 0x00, 0x00, 0x00, 0x00, 0x00, 0x00, 0x00, 0x00, 0x00, 0x00, 0x00, 0x00, 0x00, 0x00, 0x00, 0x00,
 0x00, 0x00, 0x00, 0x00, 0x00, 0x00, 0x00, 0x00, 0x00, 0x00, 0x00, 0x00, 0x00, 0x00, 0x00, 0x00,
 0x00, 0x00, 0x00, 0x00, 0x00, 0x00, 0x00, 0x00, 0x00, 0x00, 0x00, 0x00, 0x00, 0x00, 0x00, 0x00,
 0x00, 0x00, 0x00, 0x00, 0x00, 0x00, 0x00, 0x00, 0x00, 0x00, 0x00, 0x00, 0x00, 0x00, 0x00, 0x00,
 0x00, 0x00, 0x00, 0x00, 0x00, 0x00, 0x00, 0x00, 0x00, 0x00, 0x00, 0x00, 0x00, 0x00, 0x00, 0x00,
 0x00, 0x00, 0x00, 0x00, 0x00, 0x00, 0x00, 0x00, 0x00, 0x00, 0x00, 0x00, 0x00, 0x00, 0x00, 0x00,
 0x00, 0x00, 0x00, 0x00, 0x00, 0x00, 0x00, 0x00, 0x00, 0x00, 0x00, 0x00, 0x00, 0x00, 0x00, 0x00,
 0x00, 0x00, 0x00, 0x00, 0x00, 0x00, 0x00, 0x00, 0x00, 0x00, 0x00, 0x00, 0x00, 0x00, 0x00, 0x00},
{0x00, 0x00, 0x00, 0x00, 0x00, 0x00, 0x00, 0x00, 0x00, 0x00, 0x00, 0x00, 0x00, 0x00, 0x00, 0x00,  // '.'(period)
 0x00, 0x00, 0x00, 0x00, 0x00, 0x00, 0x00, 0x00, 0x00, 0x00, 0x00, 0x00, 0x00, 0x00, 0x00, 0x00,
 0x00, 0x00, 0x00, 0x00, 0x00, 0x00, 0x00, 0x00, 0x00, 0x00, 0x00, 0x00, 0x00, 0x00, 0x00, 0x00,
 0x00, 0x00, 0x00, 0x00, 0x00, 0x00, 0x00, 0x00, 0x00, 0x00, 0x00, 0x00, 0x00, 0x00, 0x00, 0x00,
 0x00, 0x00, 0x00, 0x00, 0x00, 0x00, 0x00, 0x00, 0x00, 0x00, 0x00, 0x00, 0x00, 0x00, 0x00, 0x00,
 0x00, 0x00, 0x00, 0x00, 0x00, 0x00, 0x00, 0x00, 0x00, 0x00, 0x00, 0x00, 0x00, 0x00, 0x00, 0x00,
 0x00, 0x00, 0x00, 0x00, 0x00, 0x00, 0x00, 0x00, 0x00, 0x00, 0x00, 0x00, 0x00, 0x00, 0x00, 0x00,
 0x00, 0x00, 0x00, 0x00, 0x00, 0x07, 0xe0, 0x00, 0x00, 0x0f, 0xf0, 0x00, 0x00, 0x1f, 0xf8, 0x00,
 0x00, 0x1f, 0xf8, 0x00, 0x00, 0x1f, 0xf8, 0x00, 0x00, 0x1f, 0xf8, 0x00, 0x00, 0x1f, 0xf8, 0x00,
 0x00, 0x1f, 0xf8, 0x00, 0x00, 0x0f, 0xf0, 0x00, 0x00, 0x07, 0xe0, 0x00, 0x00, 0x00, 0x00, 0x00,
 0x00, 0x00, 0x00, 0x00, 0x00, 0x00, 0x00, 0x00, 0x00, 0x00, 0x00, 0x00, 0x00, 0x00, 0x00, 0x00,
 0x00, 0x00, 0x00, 0x00, 0x00, 0x00, 0x00, 0x00, 0x00, 0x00, 0x00, 0x00, 0x00, 0x00, 0x00, 0x00},
{0x00, 0x00, 0x00, 0x00, 0x00, 0x00, 0x00, 0x00, 0x00, 0x00, 0x00, 0x00, 0x00, 0x00, 0x00, 0x00,  // ','(comma)
 0x00, 0x00, 0x00, 0x00, 0x00, 0x00, 0x00, 0x00, 0x00, 0x00, 0x00, 0x00, 0x00, 0x00, 0x00, 0x00,
 0x00, 0x00, 0x00, 0x00, 0x00, 0x00, 0x00, 0x00, 0x00, 0x00, 0x00, 0x00, 0x00, 0x00, 0x00, 0x00,
 0x00, 0x00, 0x00, 0x00, 0x00, 0x00, 0x00, 0x00, 0x00, 0x00, 0x00, 0x00, 0x00, 0x00, 0x00, 0x00,
 0x00, 0x00, 0x00, 0x00, 0x00, 0x00, 0x00, 0x00, 0x00, 0x00, 0x00, 0x00, 0x00, 0x00, 0x00, 0x00,
 0x00, 0x00, 0x00, 0x00, 0x00, 0x00, 0x00, 0x00, 0x00, 0x00, 0x00, 0x00, 0x00, 0x00, 0x00, 0x00,
 0x00, 0x00, 0x00, 0x00, 0x00, 0x00, 0x00, 0x00, 0x00, 0x07, 0xe0, 0x00, 0x00, 0x0f, 0xf0, 0x00,
 0x00, 0x1f, 0xf8, 0x00, 0x00, 0x1f, 0xf8, 0x00, 0x00, 0x1f, 0xf8, 0x00, 0x00, 0x1f, 0xf8, 0x00,
 0x00, 0x1f, 0xf8, 0x00, 0x00, 0x1f, 0xf8, 0x00, 0x00, 0x0f, 0xf8, 0x00, 0x00, 0x03, 0xf8, 0x00,
 0x00, 0x01, 0xf8, 0x00, 0x00, 0x01, 0xf0, 0x00, 0x00, 0x01, 0xf0, 0x00, 0x00, 0x03, 0xe0, 0x00,
 0x00, 0x07, 0xe0, 0x00, 0x00, 0x0f, 0xc0, 0x00, 0x00, 0x1f, 0x00, 0x00, 0x00, 0x1e, 0x00, 0x00,
 0x00, 0x00, 0x00, 0x00, 0x00, 0x00, 0x00, 0x00, 0x00, 0x00, 0x00, 0x00, 0x00, 0x00, 0x00, 0x00},
{0x00, 0x00, 0x00, 0x00, 0x00, 0x00, 0x00, 0x00, 0x00, 0x00, 0x00, 0x00, 0x00, 0x00, 0x00, 0x00,  // '+'(plus)
 0x00, 0x00, 0x00, 0x00, 0x00, 0x00, 0x00, 0x00, 0x00, 0x00, 0x00, 0x00, 0x00, 0x00, 0x00, 0x00,
 0x00, 0x00, 0x00, 0x00, 0x00, 0x00, 0x00, 0x00, 0x00, 0x03, 0xe0, 0x00, 0x00, 0x03, 0xe0, 0x00,
 0x00, 0x03, 0xe0, 0x00, 0x00, 0x03, 0xe0, 0x00, 0x00, 0x03, 0xe0, 0x00, 0x00, 0x03, 0xe0, 0x00,
 0x00, 0x03, 0xe0, 0x00, 0x00, 0x03, 0xe0, 0x00, 0x00, 0x03, 0xe0, 0x00, 0x00, 0x03, 0xe0, 0x00,
 0x0f, 0xff, 0xff, 0xf8, 0x0f, 0xff, 0xff, 0xf8, 0x0f, 0xff, 0xff, 0xf8, 0x0f, 0xff, 0xff, 0xf8,
 0x00, 0x03, 0xe0, 0x00, 0x00, 0x03, 0xe0, 0x00, 0x00, 0x03, 0xe0, 0x00, 0x00, 0x03, 0xe0, 0x00,
 0x00, 0x03, 0xe0, 0x00, 0x00, 0x03, 0xe0, 0x00, 0x00, 0x03, 0xe0, 0x00, 0x00, 0x03, 0xe0, 0x00,
 0x00, 0x03, 0xe0, 0x00, 0x00, 0x03, 0xe0, 0x00, 0x00, 0x00, 0x00, 0x00, 0x00, 0x00, 0x00, 0x00,
 0x00, 0x00, 0x00, 0x00, 0x00, 0x00, 0x00, 0x00, 0x00, 0x00, 0x00, 0x00, 0x00, 0x00, 0x00, 0x00,
 0x00, 0x00, 0x00, 0x00, 0x00, 0x00, 0x00, 0x00, 0x00, 0x00, 0x00, 0x00, 0x00, 0x00, 0x00, 0x00,
 0x00, 0x00, 0x00, 0x00, 0x00, 0x00, 0x00, 0x00, 0x00, 0x00, 0x00, 0x00, 0x00, 0x00, 0x00, 0x00},
{0x00, 0x00, 0x00, 0x00, 0x00, 0x00, 0x00, 0x00, 0x00, 0x00, 0x00, 0x00, 0x00, 0x00, 0x00, 0x00,  // '-'(minus)
 0x00, 0x00, 0x00, 0x00, 0x00, 0x00, 0x00, 0x00, 0x00, 0x00, 0x00, 0x00, 0x00, 0x00, 0x00, 0x00,
 0x00, 0x00, 0x00, 0x00, 0x00, 0x00, 0x00, 0x00, 0x00, 0x00, 0x00, 0x00, 0x00, 0x00, 0x00, 0x00,
 0x00, 0x00, 0x00, 0x00, 0x00, 0x00, 0x00, 0x00, 0x00, 0x00, 0x00, 0x00, 0x00, 0x00, 0x00, 0x00,
 0x00, 0x00, 0x00, 0x00, 0x00, 0x00, 0x00, 0x00, 0x00, 0x00, 0x00, 0x00, 0x00, 0x00, 0x00, 0x00,
```

```
  0x1f,0xff,0xff,0xf8,0x1f,0xff,0xff,0xf8,0x1f,0xff,0xff,0xf8,0x1f,0xff,0xff,0xf8,
  0x00,0x00,0x00,0x00,0x00,0x00,0x00,0x00,0x00,0x00,0x00,0x00,0x00,0x00,0x00,0x00,
  0x00,0x00,0x00,0x00,0x00,0x00,0x00,0x00,0x00,0x00,0x00,0x00,0x00,0x00,0x00,0x00,
  0x00,0x00,0x00,0x00,0x00,0x00,0x00,0x00,0x00,0x00,0x00,0x00,0x00,0x00,0x00,0x00,
  0x00,0x00,0x00,0x00,0x00,0x00,0x00,0x00,0x00,0x00,0x00,0x00,0x00,0x00,0x00,0x00,
  0x00,0x00,0x00,0x00,0x00,0x00,0x00,0x00,0x00,0x00,0x00,0x00,0x00,0x00,0x00,0x00,
  0x00,0x00,0x00,0x00,0x00,0x00,0x00,0x00,0x00,0x00,0x00,0x00,0x00,0x00,0x00,0x00},
 {0x00,0x00,0x00,0x00,0x00,0x00,0x00,0x00,0x00,0x00,0x00,0x00,0x00,0x00,0x00,0x00, // ':'(colon)
  0x00,0x00,0x00,0x00,0x00,0x00,0x00,0x00,0x00,0x00,0x00,0x00,0x00,0x00,0x00,0x00,
  0x00,0x00,0x00,0x00,0x00,0x07,0xe0,0x00,0x00,0x0f,0xf0,0x00,0x00,0x1f,0xf8,0x00,
  0x00,0x1f,0xf8,0x00,0x00,0x1f,0xf8,0x00,0x00,0x1f,0xf8,0x00,0x00,0x1f,0xf8,0x00,
  0x00,0x1f,0xf8,0x00,0x00,0x0f,0xf0,0x00,0x00,0x07,0xe0,0x00,0x00,0x00,0x00,0x00,
  0x00,0x00,0x00,0x00,0x00,0x00,0x00,0x00,0x00,0x00,0x00,0x00,0x00,0x00,0x00,0x00,
  0x00,0x00,0x00,0x00,0x00,0x00,0x00,0x00,0x00,0x07,0xe0,0x00,0x00,0x0f,0xf0,0x00,
  0x00,0x1f,0xf8,0x00,0x00,0x1f,0xf8,0x00,0x00,0x1f,0xf8,0x00,0x00,0x1f,0xf8,0x00,
  0x00,0x1f,0xf8,0x00,0x00,0x1f,0xf8,0x00,0x00,0x0f,0xf0,0x00,0x00,0x07,0xe0,0x00,
  0x00,0x00,0x00,0x00,0x00,0x00,0x00,0x00,0x00,0x00,0x00,0x00,0x00,0x00,0x00,0x00,
  0x00,0x00,0x00,0x00,0x00,0x00,0x00,0x00,0x00,0x00,0x00,0x00,0x00,0x00,0x00,0x00,
  0x00,0x00,0x00,0x00,0x00,0x00,0x00,0x00,0x00,0x00,0x00,0x00,0x00,0x00,0x00,0x00},
 {0x00,0x00,0x00,0x00,0x00,0x00,0x00,0x00,0x00,0x00,0x00,0x00,0x00,0x00,0x00,0x00,       //
';'(semicolon)
  0x00,0x00,0x00,0x00,0x00,0x00,0x00,0x00,0x00,0x00,0x00,0x00,0x00,0x00,0x00,0x00,
  0x00,0x00,0x00,0x00,0x00,0x07,0xe0,0x00,0x00,0x0f,0xf0,0x00,0x00,0x1f,0xf8,0x00,
  0x00,0x1f,0xf8,0x00,0x00,0x1f,0xf8,0x00,0x00,0x1f,0xf8,0x00,0x00,0x1f,0xf8,0x00,
  0x00,0x1f,0xf8,0x00,0x00,0x0f,0xf0,0x00,0x00,0x07,0xe0,0x00,0x00,0x00,0x00,0x00,
  0x00,0x00,0x00,0x00,0x00,0x00,0x00,0x00,0x00,0x00,0x00,0x00,0x00,0x00,0x00,0x00,
  0x00,0x00,0x00,0x00,0x00,0x00,0x00,0x00,0x00,0x07,0xe0,0x00,0x00,0x0f,0xf0,0x00,
  0x00,0x1f,0xf8,0x00,0x00,0x1f,0xf8,0x00,0x00,0x1f,0xf8,0x00,0x00,0x1f,0xf8,0x00,
  0x00,0x1f,0xf8,0x00,0x00,0x1f,0xf8,0x00,0x00,0x0f,0xf8,0x00,0x00,0x03,0xf8,0x00,
  0x00,0x01,0xf8,0x00,0x00,0x01,0xf0,0x00,0x00,0x01,0xf0,0x00,0x00,0x03,0xe0,0x00,
  0x00,0x07,0xe0,0x00,0x00,0x0f,0xc0,0x00,0x00,0x1f,0x00,0x00,0x00,0x1e,0x00,0x00,
  0x00,0x00,0x00,0x00,0x00,0x00,0x00,0x00,0x00,0x00,0x00,0x00,0x00,0x00,0x00,0x00}};

/* ------------------------------------------------------------------------ */
/*              사용자 정의 함수 선언                                        */
/* ------------------------------------------------------------------------ */

void TFT_English_vlarge(U08 code);                // write 32x48 font character
void TFT_unsigned_decimal_vlarge(U32 number, U08 zerofill, U08 digit); // display unsigned decimal number
void TFT_hexadecimal_vlarge(U32 number, U08 digit); // display hexadecimal number
void TFT_unsigned_float_vlarge(float number, U08 integral, U08 fractional); // display unsigned floating-point number

/* ------------------------------------------------------------------------ */
/*              TFT-LCD 매우 큰 글씨(32x48 픽셀) 출력 함수                   */
/* ------------------------------------------------------------------------ */

void TFT_English_vlarge(U08 code)                 /* write 32x48 font character */
{
  unsigned char data, x, y;
  unsigned short i, xPos, yPos;

  if(code == ' ')       code = 10;                // code conversion
  else if(code == '.') code = 11;
  else if(code == ',') code = 12;
  else if(code == '+') code = 13;
  else if(code == '-') code = 14;
  else if(code == ':') code = 15;
  else if(code == ';') code = 16;
  else                  code -= '0';

  i = 0;
  xPos = Xcharacter*8;
  yPos = Ycharacter*8;
  for(y = 0; y < 48; y++)                         // repeat 48 pixel line
    { if(ScreenMode == 'L')
        { TFT_write(0x02, xPos >> 8);             // xPos = 0~319
          TFT_write(0x03, xPos & 0x00FF);
          TFT_write(0x06, 0x0000);                // yPos = 0~239
          TFT_write(0x07, yPos + y);
        }
      else
```

```
        { TFT_write(0x02, 0x0000);              // xPos = 0~239
          TFT_write(0x03, xPos);
          TFT_write(0x06, (yPos + y) >> 8);     // yPos = 0~319
          TFT_write(0x07, (yPos + y) & 0x00FF);
        }

      TFT_command(0x22);

      if((cursor_flag == 1) && (Xcharacter == Xcursor) && (Ycharacter == Ycursor) && (y == 45))
        { for(x = 0; x < 32; x++)               // display cursor
            TFT_data(cursor);
        }
      else if((cursor_flag == 1) && (Xcharacter == Xcursor) && (Ycharacter == Ycursor) && (y == 46))
        { for(x = 0; x < 32; x++)
            TFT_data(cursor);
        }
      else                                      // display 1 pixel line(8 x 4 = 32 pixel)
        { data = font_32x48[code][i++];
          for(x = 0; x < 8; x++)
            { if(data & 0x80) TFT_data(foreground);
              else            TFT_data(background);
              data = data << 1;
            }

          data = font_32x48[code][i++];
          for(x = 0; x < 8; x++)
            { if(data & 0x80) TFT_data(foreground);
              else            TFT_data(background);
              data = data << 1;
            }

          data = font_32x48[code][i++];
          for(x = 0; x < 8; x++)
            { if(data & 0x80) TFT_data(foreground);
              else            TFT_data(background);
              data = data << 1;
            }

          data = font_32x48[code][i++];
          for(x = 0; x < 8; x++)
            { if(data & 0x80) TFT_data(foreground);
              else            TFT_data(background);
              data = data << 1;
            }
        }
    }

  Xcharacter += 4;
  if(Xcharacter >= XcharacterLimit)             // end of line ?
    { Xcharacter = 0;
      Ycharacter += 6;
    }
}

void TFT_unsigned_decimal_vlarge(U32 number, U08 zerofill, U08 digit) /* display unsigned decimal number */
{
  unsigned char zero_flag, character;
  unsigned int  div;

  if((digit == 0) || (digit > 9)) return;

  div = 1;
  while(--digit) div *= 10;

  zero_flag = zerofill;
  while(div > 0)                                // display number
    { character = number / div;
      if((character == 0) && (zero_flag == 0) && (div != 1))
        TFT_English_vlarge(character + ' ');
      else
        { zero_flag = 1;
```

```
        TFT_English_vlarge(character + '0');
      }
    number %= div;
    div /= 10;
  }
}

void TFT_hexadecimal_vlarge(U32 number, U08 digit)        /* display hexadecimal number */
{
  unsigned char i, character;

  if((digit == 0) || (digit > 8)) return;

  for(i = digit; i > 0; i--)
    { character = (number >> 4*(i-1)) & 0x0F;
      if(character < 10) TFT_English_vlarge(character + '0');
      else                TFT_English_vlarge(character - 10 + 'A');
    }
}

void TFT_unsigned_float_vlarge(float number, U08 integral, U08 fractional) /* display unsigned floating-point number */
{
  unsigned char zero_flag, digit, character;      // integral = digits of integral part
  unsigned int  div, integer;                     // fractional = digits of fractional part

  digit = integral + fractional;
  if((integral == 0) || (fractional == 0) || (digit > 9)) return;

  div = 1;
  while(--digit) div *= 10;

  while(fractional--) number *= 10.;
  integer = (U32)(number + 0.5);

  zero_flag = 0;
  digit = 1;
  while(div > 0)                                  // display number
    { character = integer / div;
      if((character == 0) && (zero_flag == 0) && (digit != integral))
        TFT_English_vlarge(character + ' ');
      else
        { zero_flag = 1;
          TFT_English_vlarge(character + '0');
        }
      integer %= div;
      div /= 10;

      if(digit == integral)
        TFT_English_vlarge('.');
      digit++;
    }
}

/* ------------------------------------------------------------------------------- */
/*                  40x56 픽셀의 가장 큰 글씨 폰트(명조체)                               */
/* ------------------------------------------------------------------------------- */
const unsigned char font_40x56[13][280] = {              /* 40x56 character font */
{0x00,0x00,0x00,0x00,0x00,0x00,0x00,0x00,0x00,0x00,0x00,0x01,0xff,0x80,0x00,0x00,  // '0'
 0x0f,0xff,0xf0,0x00,0x00,0x1f,0xff,0xf8,0x00,0x00,0x3f,0xe7,0xfc,0x00,0x00,0x7f,
 0xc3,0xfe,0x00,0x00,0xff,0x81,0xff,0x00,0x01,0xff,0x00,0xff,0x80,0x03,0xff,0x00,
 0xff,0xc0,0x03,0xfe,0x00,0x7f,0xc0,0x07,0xfe,0x00,0x7f,0xe0,0x07,0xfe,0x00,0x7f,
 0xe0,0x07,0xfc,0x00,0x3f,0xe0,0x0f,0xfc,0x00,0x3f,0xf0,0x0f,0xfc,0x00,0x3f,0xf0,
 0x0f,0xfc,0x00,0x3f,0xf0,0x1f,0xfc,0x00,0x3f,0xf0,0x1f,0xfc,0x00,0x3f,0xf8,0x1f,
 0xf8,0x00,0x3f,0xf8,0x1f,0xf8,0x00,0x1f,0xf8,0x1f,0xf8,0x00,0x1f,0xf8,0x1f,0xf8,
 0x00,0x1f,0xf8,0x1f,0xf8,0x00,0x1f,0xf8,0x1f,0xf8,0x00,0x1f,0xf8,0x1f,0xf8,0x00,
 0x1f,0xf8,0x1f,0xf8,0x00,0x1f,0xf8,0x1f,0xf8,0x00,0x1f,0xf8,0x1f,0xf8,0x00,0x1f,
 0xf8,0x1f,0xf8,0x00,0x1f,0xf8,0x1f,0xf8,0x00,0x1f,0xf8,0x1f,0xf8,0x00,0x1f,0xf8,
 0x1f,0xf8,0x00,0x1f,0xf8,0x1f,0xf8,0x00,0x3f,0xf8,0x1f,0xfc,0x00,0x3f,0xf8,0x1f,
 0xfc,0x00,0x3f,0xf8,0x0f,0xfc,0x00,0x3f,0xf0,0x0f,0xfc,0x00,0x3f,0xf0,0x0f,0xfc,
 0x00,0x3f,0xf0,0x07,0xfc,0x00,0x3f,0xe0,0x07,0xfe,0x00,0x7f,0xe0,0x07,0xfe,0x00,
 0x7f,0xe0,0x03,0xfe,0x00,0x7f,0xc0,0x03,0xff,0x00,0xff,0xc0,0x01,0xff,0x00,0xff,
```

```
 0x80, 0x00, 0xff, 0x81, 0xff, 0x00, 0x00, 0x7f, 0xc3, 0xfe, 0x00, 0x00, 0x7f, 0xe7, 0xfc, 0x00,
 0x00, 0x1f, 0xff, 0xf8, 0x00, 0x00, 0x0f, 0xff, 0xf0, 0x00, 0x00, 0x01, 0xff, 0x80, 0x00, 0x00,
 0x00, 0x00, 0x00, 0x00, 0x00, 0x00, 0x00, 0x00, 0x00, 0x00, 0x00, 0x00, 0x00, 0x00, 0x00, 0x00,
 0x00, 0x00, 0x00, 0x00, 0x00, 0x00, 0x00, 0x00 },
{0x00, 0x00, 0x00, 0x00, 0x00, 0x00, 0x00, 0x00, 0x00, 0x00, 0x00, 0x00, 0x0f, 0x80, 0x00, 0x00,  // '1'
 0x00, 0x3f, 0x80, 0x00, 0x00, 0x00, 0xff, 0x80, 0x00, 0x00, 0x03, 0xff, 0x80, 0x00, 0x00, 0x1f,
 0xff, 0x80, 0x00, 0x00, 0xff, 0xff, 0x80, 0x00, 0x00, 0xff, 0xff, 0x80, 0x00, 0x00, 0xff, 0xff,
 0x80, 0x00, 0x00, 0x03, 0xff, 0x80, 0x00, 0x00, 0x01, 0xff, 0x80, 0x00, 0x00, 0x01, 0xff, 0x80,
 0x00, 0x00, 0x01, 0xff, 0x80, 0x00, 0x00, 0x01, 0xff, 0x80, 0x00, 0x00, 0x01, 0xff, 0x80, 0x00,
 0x00, 0x01, 0xff, 0x80, 0x00, 0x00, 0x01, 0xff, 0x80, 0x00, 0x00, 0x01, 0xff, 0x80, 0x00, 0x00,
 0x01, 0xff, 0x80, 0x00, 0x00, 0x01, 0xff, 0x80, 0x00, 0x00, 0x01, 0xff, 0x80, 0x00, 0x00, 0x01,
 0xff, 0x80, 0x00, 0x00, 0x01, 0xff, 0x80, 0x00, 0x00, 0x01, 0xff, 0x80, 0x00, 0x00, 0x01, 0xff,
 0x80, 0x00, 0x00, 0x01, 0xff, 0x80, 0x00, 0x00, 0x01, 0xff, 0x80, 0x00, 0x00, 0x01, 0xff, 0x80,
 0x00, 0x00, 0x01, 0xff, 0x80, 0x00, 0x00, 0x01, 0xff, 0x80, 0x00, 0x00, 0x01, 0xff, 0x80, 0x00,
 0x00, 0x01, 0xff, 0x80, 0x00, 0x00, 0x01, 0xff, 0x80, 0x00, 0x00, 0x01, 0xff, 0x80, 0x00, 0x00,
 0x01, 0xff, 0x80, 0x00, 0x00, 0x01, 0xff, 0x80, 0x00, 0x00, 0x01, 0xff, 0x80, 0x00, 0x00, 0x01,
 0xff, 0x80, 0x00, 0x00, 0x01, 0xff, 0x80, 0x00, 0x00, 0x01, 0xff, 0x80, 0x00, 0x00, 0x01, 0xff,
 0x80, 0x00, 0x00, 0x01, 0xff, 0x80, 0x00, 0x00, 0x01, 0xff, 0x80, 0x00, 0x00, 0x01, 0xff, 0x80,
 0x00, 0x00, 0x01, 0xff, 0xc0, 0x00, 0x00, 0x03, 0xff, 0xc0, 0x00, 0x00, 0x0f, 0xff, 0xf0, 0x00,
 0x03, 0xff, 0xff, 0xff, 0xc0, 0x03, 0xff, 0xff, 0xff, 0xc0, 0x03, 0xff, 0xff, 0xff, 0xc0, 0x00,
 0x00, 0x00, 0x00, 0x00, 0x00, 0x00, 0x00, 0x00, 0x00, 0x00, 0x00, 0x00, 0x00, 0x00, 0x00, 0x00,
 0x00, 0x00, 0x00, 0x00, 0x00, 0x00, 0x00, 0x00},
{0x00, 0x00, 0x00, 0x00, 0x00, 0x00, 0x00, 0x00, 0x00, 0x00, 0x00, 0x00, 0xff, 0x80, 0x00, 0x00,  // '2'
 0x07, 0xff, 0xf0, 0x00, 0x00, 0x1f, 0xff, 0xfc, 0x00, 0x00, 0x7f, 0xff, 0xff, 0x00, 0x01, 0xff,
 0xc3, 0xff, 0x80, 0x03, 0xff, 0x01, 0xff, 0xc0, 0x07, 0xfe, 0x00, 0xff, 0xe0, 0x07, 0xfc, 0x00,
 0x7f, 0xf0, 0x0f, 0xfe, 0x00, 0x7f, 0xf0, 0x0f, 0xfe, 0x00, 0x3f, 0xf0, 0x0f, 0xff, 0x00, 0x3f,
 0xf8, 0x0f, 0xff, 0x80, 0x3f, 0xf8, 0x0f, 0xff, 0x80, 0x3f, 0xf8, 0x0f, 0xff, 0x80, 0x3f, 0xf8,
 0x0f, 0xff, 0x80, 0x3f, 0xf8, 0x0f, 0xff, 0x00, 0x3f, 0xf8, 0x07, 0xff, 0x00, 0x7f, 0xf8, 0x03,
 0xfc, 0x00, 0x7f, 0xf8, 0x00, 0x00, 0x00, 0x7f, 0xf8, 0x00, 0x00, 0x00, 0xff, 0xf0, 0x00, 0x00,
 0x00, 0xff, 0xf0, 0x00, 0x00, 0x01, 0xff, 0xe0, 0x00, 0x00, 0x03, 0xff, 0xe0, 0x00, 0x00, 0x07,
 0xff, 0xc0, 0x00, 0x00, 0x0f, 0xff, 0x80, 0x00, 0x00, 0x1f, 0xff, 0x00, 0x00, 0x00, 0x1f, 0xfe,
 0x00, 0x00, 0x00, 0x3f, 0xfc, 0x00, 0x00, 0x00, 0x7f, 0xf8, 0x00, 0x00, 0x00, 0xff, 0xf0, 0x00,
 0x00, 0x01, 0xff, 0xc0, 0x00, 0x00, 0x03, 0xff, 0x80, 0x00, 0x00, 0x07, 0xff, 0x00, 0x00, 0x00,
 0x0f, 0xfc, 0x00, 0x00, 0x00, 0x1f, 0xf8, 0x00, 0x00, 0x00, 0x3f, 0xf0, 0x00, 0x7c, 0x00, 0x7f,
 0xc0, 0x00, 0xfc, 0x00, 0xff, 0x80, 0x00, 0xfc, 0x00, 0xff, 0x00, 0x01, 0xf8, 0x01, 0xfe, 0x00,
 0x01, 0xf8, 0x03, 0xfc, 0x00, 0x03, 0xf8, 0x03, 0xf8, 0x00, 0x07, 0xf8, 0x07, 0xf0, 0x00, 0x0f,
 0xf0, 0x07, 0xff, 0xff, 0xff, 0xf0, 0x0f, 0xff, 0xff, 0xff, 0xf0, 0x0f, 0xff, 0xff, 0xff, 0xf0,
 0x0f, 0xff, 0xff, 0xff, 0xe0, 0x0f, 0xff, 0xff, 0xff, 0xe0, 0x0f, 0xff, 0xff, 0xff, 0xe0, 0x00,
 0x00, 0x00, 0x00, 0x00, 0x00, 0x00, 0x00, 0x00, 0x00, 0x00, 0x00, 0x00, 0x00, 0x00, 0x00, 0x00,
 0x00, 0x00, 0x00, 0x00, 0x00, 0x00, 0x00, 0x00},
{0x00, 0x00, 0x00, 0x00, 0x00, 0x00, 0x00, 0x00, 0x00, 0x00, 0x00, 0x03, 0xff, 0xf0, 0x00, 0x00,  // '3'
 0x1f, 0xff, 0xfe, 0x00, 0x00, 0x7f, 0xff, 0xff, 0x80, 0x01, 0xff, 0xf3, 0xff, 0xc0, 0x01, 0xff,
 0xc0, 0xff, 0xe0, 0x03, 0xff, 0x00, 0xff, 0xe0, 0x03, 0xfe, 0x00, 0x7f, 0xf0, 0x07, 0xfe, 0x00,
 0x7f, 0xf0, 0x07, 0xfe, 0x00, 0x3f, 0xf0, 0x07, 0xff, 0x00, 0x3f, 0xf8, 0x07, 0xff, 0x00, 0x3f,
 0xf8, 0x07, 0xff, 0x00, 0x3f, 0xf8, 0x03, 0xff, 0x00, 0x3f, 0xf8, 0x01, 0xfe, 0x00, 0x3f, 0xf8,
 0x00, 0x00, 0x00, 0x3f, 0xf0, 0x00, 0x00, 0x00, 0x7f, 0xf0, 0x00, 0x00, 0x00, 0x7f, 0xf0, 0x00,
 0x00, 0x00, 0x7f, 0xe0, 0x00, 0x00, 0x00, 0xff, 0xc0, 0x00, 0x00, 0x01, 0xff, 0x80, 0x00, 0x00,
 0x07, 0xff, 0x00, 0x00, 0x07, 0xff, 0xfe, 0x00, 0x00, 0x07, 0xff, 0xf8, 0x00, 0x00, 0x07, 0xff,
 0xfc, 0x00, 0x00, 0x03, 0xff, 0xff, 0x00, 0x00, 0x00, 0x07, 0xff, 0xc0, 0x00, 0x00, 0x01, 0xff,
 0xe0, 0x00, 0x00, 0x00, 0xff, 0xf0, 0x00, 0x00, 0x00, 0x7f, 0xf0, 0x00, 0x00, 0x00, 0x3f, 0xf8,
 0x00, 0x00, 0x00, 0x3f, 0xf8, 0x00, 0x00, 0x00, 0x1f, 0xfc, 0x00, 0x00, 0x00, 0x1f, 0xfc, 0x00,
 0x00, 0x00, 0x1f, 0xfc, 0x07, 0xf8, 0x00, 0x1f, 0xfc, 0x0f, 0xfe, 0x00, 0x1f, 0xfc, 0x0f, 0xfe,
 0x00, 0x1f, 0xfc, 0x1f, 0xff, 0x00, 0x1f, 0xfc, 0x1f, 0xff, 0x00, 0x1f, 0xfc, 0x1f, 0xff, 0x00,
 0x1f, 0xfc, 0x1f, 0xff, 0x00, 0x1f, 0xf8, 0x0f, 0xfe, 0x00, 0x3f, 0xf8, 0x0f, 0xfe, 0x00, 0x7f,
 0xf0, 0x07, 0xfe, 0x00, 0x7f, 0xf0, 0x07, 0xff, 0x01, 0xff, 0xe0, 0x03, 0xff, 0x8f, 0xff, 0x80,
 0x01, 0xff, 0xff, 0xff, 0x00, 0x00, 0x7f, 0xff, 0xfc, 0x00, 0x00, 0x0f, 0xff, 0xc0, 0x00, 0x00,
 0x00, 0x00, 0x00, 0x00, 0x00, 0x00, 0x00, 0x00, 0x00, 0x00, 0x00, 0x00, 0x00, 0x00, 0x00, 0x00,
 0x00, 0x00, 0x00, 0x00, 0x00, 0x00, 0x00, 0x00},
{0x00, 0x00, 0x00, 0x00, 0x00, 0x00, 0x00, 0x00, 0x00, 0x00, 0x00, 0x00, 0x00, 0x7f, 0x00, 0x00,  // '4'
 0x00, 0x00, 0x7f, 0x00, 0x00, 0x00, 0x00, 0xff, 0x00, 0x00, 0x00, 0x01, 0xff, 0x00, 0x00, 0x00,
 0x01, 0xff, 0x00, 0x00, 0x00, 0x03, 0xff, 0x00, 0x00, 0x00, 0x07, 0xff, 0x00, 0x00, 0x00, 0x07,
 0xff, 0x00, 0x00, 0x00, 0x0f, 0xff, 0x00, 0x00, 0x00, 0x1f, 0xff, 0x00, 0x00, 0x00, 0x1f, 0xff,
 0x00, 0x00, 0x00, 0x3f, 0xff, 0x00, 0x00, 0x00, 0x7f, 0xff, 0x00, 0x00, 0x00, 0xff, 0xff, 0x00,
 0x00, 0x00, 0xff, 0xff, 0x00, 0x00, 0x01, 0xff, 0xff, 0x00, 0x00, 0x03, 0xfb, 0xff, 0x00, 0x00,
 0x03, 0xfb, 0xff, 0x00, 0x00, 0x07, 0xf3, 0xff, 0x00, 0x00, 0x0f, 0xe3, 0xff, 0x00, 0x00, 0x0f,
 0xe3, 0xff, 0x00, 0x00, 0x1f, 0xc3, 0xff, 0x00, 0x00, 0x3f, 0x83, 0xff, 0x00, 0x00, 0x7f, 0x83,
 0xff, 0x00, 0x00, 0x7f, 0x03, 0xff, 0x00, 0x00, 0xfe, 0x03, 0xff, 0x00, 0x01, 0xfc, 0x03, 0xff,
 0x00, 0x01, 0xfc, 0x03, 0xff, 0x00, 0x03, 0xf8, 0x03, 0xff, 0x00, 0x07, 0xf0, 0x03, 0xff, 0x00,
 0x07, 0xf0, 0x03, 0xff, 0x00, 0x0f, 0xe0, 0x03, 0xff, 0x00, 0x1f, 0xc0, 0x03, 0xff, 0x00, 0x1f,
 0xc0, 0x03, 0xff, 0x00, 0x3f, 0xff, 0xff, 0xff, 0xfc, 0x3f, 0xff, 0xff, 0xff, 0xfc, 0x3f, 0xff,
 0xff, 0xff, 0xfc, 0x3f, 0xff, 0xff, 0xff, 0xfc, 0x00, 0x00, 0x03, 0xff, 0x00, 0x00, 0x00, 0x03,
```

```
 0xff, 0x00, 0x00, 0x00, 0x03, 0xff, 0x00, 0x00, 0x00, 0x03, 0xff, 0x00, 0x00, 0x00, 0x03, 0xff,
 0x00, 0x00, 0x00, 0x03, 0xff, 0x00, 0x00, 0x00, 0x07, 0xff, 0x00, 0x00, 0x00, 0x0f, 0xff, 0xc0,
 0x00, 0x00, 0xff, 0xff, 0xf8, 0x00, 0x00, 0xff, 0xff, 0xf8, 0x00, 0x00, 0xff, 0xff, 0xf8, 0x00,
 0x00, 0x00, 0x00, 0x00, 0x00, 0x00, 0x00, 0x00, 0x00, 0x00, 0x00, 0x00, 0x00, 0x00, 0x00, 0x00,
 0x00, 0x00, 0x00, 0x00, 0x00, 0x00, 0x00, 0x00},
{0x00, 0x00, 0x00, 0x00, 0x00, 0x00, 0x00, 0x00, 0x00, 0x00, 0x00, 0x00, 0x00, 0x01, 0xf8, 0x01,  // '5'
 0xff, 0xff, 0xff, 0xf8, 0x01, 0xff, 0xff, 0xff, 0xf8, 0x01, 0xff, 0xff, 0xff, 0xf8, 0x01, 0xff,
 0xff, 0xff, 0xf8, 0x01, 0xff, 0xff, 0xff, 0xf0, 0x01, 0xff, 0xff, 0xff, 0xe0, 0x01, 0xff, 0xff,
 0xff, 0x80, 0x03, 0xf8, 0x00, 0x00, 0x00, 0x03, 0xf8, 0x00, 0x00, 0x00, 0x03, 0xf8, 0x00, 0x00,
 0x00, 0x03, 0xf8, 0x00, 0x00, 0x00, 0x03, 0xf8, 0x00, 0x00, 0x00, 0x03, 0xf0, 0x00, 0x00, 0x00,
 0x03, 0xf0, 0x00, 0x00, 0x00, 0x03, 0xf0, 0x00, 0x00, 0x00, 0x03, 0xf0, 0x00, 0x00, 0x00, 0x03,
 0xf3, 0xff, 0xc0, 0x00, 0x03, 0xff, 0xff, 0xf8, 0x00, 0x03, 0xff, 0xff, 0xfe, 0x00, 0x03, 0xff,
 0x8f, 0xff, 0x80, 0x07, 0xfc, 0x03, 0xff, 0xc0, 0x07, 0xf8, 0x00, 0xff, 0xe0, 0x07, 0xe0, 0x00,
 0x7f, 0xe0, 0x07, 0xe0, 0x00, 0x7f, 0xf0, 0x00, 0x00, 0x00, 0x3f, 0xf8, 0x00, 0x00, 0x00, 0x3f,
 0xf8, 0x00, 0x00, 0x00, 0x1f, 0xfc, 0x00, 0x00, 0x00, 0x1f, 0xfc, 0x00, 0x00, 0x00, 0x1f, 0xfc,
 0x00, 0x00, 0x00, 0x1f, 0xfc, 0x00, 0x00, 0x00, 0x1f, 0xfc, 0x00, 0x00, 0x00, 0x1f, 0xfc, 0x07,
 0xfc, 0x00, 0x1f, 0xfc, 0x0f, 0xfe, 0x00, 0x1f, 0xfc, 0x0f, 0xfe, 0x00, 0x1f, 0xfc, 0x1f, 0xff,
 0x00, 0x1f, 0xfc, 0x1f, 0xff, 0x00, 0x1f, 0xfc, 0x1f, 0xff, 0x00, 0x1f, 0xf8, 0x1f, 0xff, 0x00,
 0x3f, 0xf8, 0x1f, 0xfe, 0x00, 0x3f, 0xf8, 0x1f, 0xfe, 0x00, 0x7f, 0xf0, 0x0f, 0xfe, 0x00, 0x7f,
 0xe0, 0x0f, 0xfe, 0x00, 0xff, 0xe0, 0x07, 0xff, 0x03, 0xff, 0xc0, 0x07, 0xff, 0x8f, 0xff, 0x00,
 0x01, 0xff, 0xff, 0xfe, 0x00, 0x00, 0xff, 0xff, 0xf8, 0x00, 0x00, 0x1f, 0xff, 0xc0, 0x00, 0x00,
 0x00, 0x00, 0x00, 0x00, 0x00, 0x00, 0x00, 0x00, 0x00, 0x00, 0x00, 0x00, 0x00, 0x00, 0x00, 0x00,
 0x00, 0x00, 0x00, 0x00, 0x00, 0x00, 0x00, 0x00},
{0x00, 0x00, 0x00, 0x00, 0x00, 0x00, 0x00, 0x00, 0x00, 0x00, 0x00, 0x00, 0x3f, 0xfe, 0x00, 0x00,  // '6'
 0x01, 0xff, 0xff, 0x80, 0x00, 0x07, 0xff, 0xff, 0xe0, 0x00, 0x1f, 0xfc, 0x7f, 0xf0, 0x00, 0x3f,
 0xf0, 0x3f, 0xf0, 0x00, 0x7f, 0xe0, 0x1f, 0xf8, 0x00, 0xff, 0xc0, 0x1f, 0xf8, 0x00, 0xff, 0x80,
 0x1f, 0xf8, 0x01, 0xff, 0x80, 0x3f, 0xf8, 0x03, 0xff, 0x00, 0x3f, 0xf8, 0x03, 0xff, 0x00, 0x3f,
 0xf8, 0x03, 0xff, 0x00, 0x1f, 0xf0, 0x07, 0xfe, 0x00, 0x07, 0xc0, 0x07, 0xfe, 0x00, 0x00, 0x00,
 0x07, 0xfe, 0x00, 0x00, 0x00, 0x0f, 0xfe, 0x00, 0x00, 0x00, 0x0f, 0xfe, 0x00, 0x00, 0x00, 0x0f,
 0xfc, 0x00, 0x00, 0x00, 0x0f, 0xfc, 0x3f, 0xfe, 0x00, 0x0f, 0xfd, 0xff, 0xff, 0x80, 0x0f, 0xff,
 0xff, 0xff, 0xc0, 0x1f, 0xff, 0xf9, 0xff, 0xe0, 0x1f, 0xff, 0xc0, 0x7f, 0xf0, 0x1f, 0xff, 0x80,
 0x3f, 0xf8, 0x1f, 0xff, 0x00, 0x1f, 0xf8, 0x1f, 0xfe, 0x00, 0x1f, 0xf8, 0x1f, 0xfe, 0x00, 0x1f,
 0xfc, 0x1f, 0xfc, 0x00, 0x1f, 0xfc, 0x1f, 0xfc, 0x00, 0x0f, 0xfc, 0x1f, 0xfc, 0x00, 0x0f, 0xfc,
 0x1f, 0xfc, 0x00, 0x0f, 0xfc, 0x0f, 0xfc, 0x00, 0x0f, 0xfc, 0x0f, 0xfc, 0x00, 0x0f, 0xfc, 0x0f,
 0xfc, 0x00, 0x0f, 0xfc, 0x0f, 0xfc, 0x00, 0x0f, 0xfc, 0x0f, 0xfc, 0x00, 0x0f, 0xfc, 0x0f, 0xfe,
 0x00, 0x0f, 0xfc, 0x07, 0xfe, 0x00, 0x1f, 0xfc, 0x07, 0xfe, 0x00, 0x1f, 0xfc, 0x07, 0xfe, 0x00,
 0x1f, 0xf8, 0x03, 0xff, 0x00, 0x1f, 0xf8, 0x03, 0xff, 0x00, 0x3f, 0xf8, 0x01, 0xff, 0x00, 0x3f,
 0xf0, 0x01, 0xff, 0x80, 0x7f, 0xe0, 0x00, 0xff, 0xc0, 0xff, 0xe0, 0x00, 0x7f, 0xf1, 0xff, 0xc0,
 0x00, 0x3f, 0xff, 0xff, 0x00, 0x00, 0x0f, 0xff, 0xfc, 0x00, 0x00, 0x01, 0xff, 0xe0, 0x00, 0x00,
 0x00, 0x00, 0x00, 0x00, 0x00, 0x00, 0x00, 0x00, 0x00, 0x00, 0x00, 0x00, 0x00, 0x00, 0x00, 0x00,
 0x00, 0x00, 0x00, 0x00, 0x00, 0x00, 0x00, 0x00},
{0x00, 0x00, 0x00, 0x00, 0x00, 0x00, 0x00, 0x00, 0x00, 0x00, 0x00, 0x00, 0x00, 0x00, 0x00, 0x07,  // '7'
 0xff, 0xff, 0xff, 0xf8, 0x07, 0xff, 0xff, 0xff, 0xf8, 0x07, 0xff, 0xff, 0xff, 0xf8, 0x07, 0xff,
 0xff, 0xff, 0xf8, 0x0f, 0xff, 0xff, 0xff, 0xf8, 0x0f, 0xff, 0xff, 0xff, 0xf8, 0x0f, 0xff, 0xff,
 0xff, 0xf0, 0x0f, 0xf0, 0x00, 0x0f, 0xe0, 0x0f, 0xc0, 0x00, 0x1f, 0xe0, 0x0f, 0xc0, 0x00, 0x3f,
 0xc0, 0x1f, 0x80, 0x00, 0x3f, 0xc0, 0x1f, 0x80, 0x00, 0x7f, 0x80, 0x1f, 0x00, 0x00, 0xff, 0x00,
 0x1f, 0x00, 0x00, 0xff, 0x00, 0x1f, 0x00, 0x01, 0xfe, 0x00, 0x00, 0x00, 0x01, 0xfe, 0x00, 0x00,
 0x00, 0x03, 0xfc, 0x00, 0x00, 0x00, 0x07, 0xfc, 0x00, 0x00, 0x00, 0x07, 0xf8, 0x00, 0x00, 0x00,
 0x0f, 0xf8, 0x00, 0x00, 0x00, 0x1f, 0xf0, 0x00, 0x00, 0x00, 0x1f, 0xf0, 0x00, 0x00, 0x00, 0x3f,
 0xe0, 0x00, 0x00, 0x00, 0x3f, 0xe0, 0x00, 0x00, 0x00, 0x7f, 0xc0, 0x00, 0x00, 0x00, 0x7f, 0xc0,
 0x00, 0x00, 0x00, 0xff, 0xc0, 0x00, 0x00, 0x00, 0xff, 0x80, 0x00, 0x00, 0x01, 0xff, 0x80, 0x00,
 0x00, 0x01, 0xff, 0x80, 0x00, 0x00, 0x03, 0xff, 0x80, 0x00, 0x00, 0x03, 0xff, 0x00, 0x00, 0x00,
 0x03, 0xff, 0x00, 0x00, 0x00, 0x07, 0xff, 0x00, 0x00, 0x00, 0x07, 0xff, 0x00, 0x00, 0x00, 0x07,
 0xff, 0x00, 0x00, 0x00, 0x07, 0xff, 0x00, 0x00, 0x00, 0x0f, 0xff, 0x00, 0x00, 0x00, 0x0f, 0xff,
 0x00, 0x00, 0x00, 0x0f, 0xff, 0x00, 0x00, 0x00, 0x0f, 0xff, 0x00, 0x00, 0x00, 0x0f, 0xff, 0x00,
 0x00, 0x00, 0x0f, 0xff, 0x00, 0x00, 0x00, 0x0f, 0xff, 0x00, 0x00, 0x00, 0x0f, 0xff, 0x00, 0x00,
 0x00, 0x0f, 0xff, 0x00, 0x00, 0x00, 0x07, 0xfe, 0x00, 0x00, 0x00, 0x07, 0xfc, 0x00, 0x00, 0x00,
 0x00, 0x00, 0x00, 0x00, 0x00, 0x00, 0x00, 0x00, 0x00, 0x00, 0x00, 0x00, 0x00, 0x00, 0x00, 0x00,
 0x00, 0x00, 0x00, 0x00, 0x00, 0x00, 0x00, 0x00},
{0x00, 0x00, 0x00, 0x00, 0x00, 0x00, 0x00, 0x00, 0x00, 0x00, 0x00, 0x07, 0xff, 0xe0, 0x00, 0x00,  // '8'
 0x3f, 0xff, 0xfc, 0x00, 0x00, 0xff, 0xff, 0xff, 0x00, 0x01, 0xff, 0xc7, 0xff, 0x80, 0x03, 0xff,
 0x01, 0xff, 0xc0, 0x07, 0xfe, 0x00, 0xff, 0xe0, 0x07, 0xfc, 0x00, 0x7f, 0xe0, 0x0f, 0xfc, 0x00,
 0x3f, 0xf0, 0x0f, 0xfc, 0x00, 0x3f, 0xf0, 0x0f, 0xf8, 0x00, 0x1f, 0xf0, 0x0f, 0xf8, 0x00, 0x1f,
 0xf0, 0x0f, 0xf8, 0x00, 0x1f, 0xf0, 0x0f, 0xfc, 0x00, 0x1f, 0xf0, 0x0f, 0xfc, 0x00, 0x3f, 0xf0,
 0x0f, 0xfe, 0x00, 0x3f, 0xf0, 0x0f, 0xff, 0x00, 0x7f, 0xe0, 0x07, 0xff, 0x80, 0x7f, 0xc0, 0x07,
 0xff, 0xe0, 0xff, 0xc0, 0x03, 0xff, 0xf1, 0xff, 0x80, 0x01, 0xff, 0xff, 0xff, 0x00, 0x00, 0xff,
 0xff, 0xfc, 0x00, 0x00, 0x7f, 0xff, 0xf0, 0x00, 0x00, 0x1f, 0xff, 0xf0, 0x00, 0x00, 0x0f, 0xff,
 0xfc, 0x00, 0x00, 0x1f, 0xff, 0xff, 0x00, 0x00, 0x7f, 0xff, 0xff, 0x80, 0x01, 0xff, 0xff, 0xff,
 0xc0, 0x03, 0xff, 0x1f, 0xff, 0xe0, 0x07, 0xfe, 0x07, 0xff, 0xf0, 0x07, 0xfe, 0x03, 0xff, 0xf0,
 0x0f, 0xfc, 0x01, 0xff, 0xf8, 0x1f, 0xfc, 0x00, 0x7f, 0xf8, 0x1f, 0xf8, 0x00, 0x3f, 0xfc, 0x1f,
 0xf8, 0x00, 0x1f, 0xfc, 0x3f, 0xf0, 0x00, 0x1f, 0xfc, 0x3f, 0xf0, 0x00, 0x0f, 0xfc, 0x3f, 0xf0,
```

```
 0x00, 0x0f, 0xfc, 0x3f, 0xf0, 0x00, 0x0f, 0xfc, 0x3f, 0xf0, 0x00, 0x0f, 0xfc, 0x3f, 0xf8, 0x00,
 0x0f, 0xf8, 0x1f, 0xf8, 0x00, 0x1f, 0xf8, 0x1f, 0xfc, 0x00, 0x1f, 0xf8, 0x1f, 0xfc, 0x00, 0x3f,
 0xf0, 0x0f, 0xfe, 0x00, 0x7f, 0xe0, 0x0f, 0xff, 0x01, 0xff, 0xe0, 0x07, 0xff, 0xc7, 0xff, 0x80,
 0x01, 0xff, 0xff, 0xff, 0x00, 0x00, 0x7f, 0xff, 0xfc, 0x00, 0x00, 0x0f, 0xff, 0xc0, 0x00, 0x00,
 0x00, 0x00, 0x00, 0x00, 0x00, 0x00, 0x00, 0x00, 0x00, 0x00, 0x00, 0x00, 0x00, 0x00, 0x00, 0x00,
 0x00, 0x00, 0x00, 0x00, 0x00, 0x00, 0x00, 0x00},
{0x00, 0x00, 0x00, 0x00, 0x00, 0x00, 0x00, 0x00, 0x00, 0x00, 0x00, 0x07, 0xff, 0x80, 0x00, 0x00,  // '9'
 0x3f, 0xff, 0xf0, 0x00, 0x00, 0x7f, 0xff, 0xfc, 0x00, 0x01, 0xff, 0xcf, 0xfe, 0x00, 0x03, 0xff,
 0x87, 0xff, 0x00, 0x03, 0xff, 0x03, 0xff, 0x80, 0x07, 0xfe, 0x01, 0xff, 0x80, 0x0f, 0xfe, 0x00,
 0xff, 0xc0, 0x0f, 0xfc, 0x00, 0xff, 0xc0, 0x1f, 0xfc, 0x00, 0xff, 0xe0, 0x1f, 0xfc, 0x00, 0x7f,
 0xe0, 0x1f, 0xf8, 0x00, 0x7f, 0xe0, 0x1f, 0xf8, 0x00, 0x7f, 0xe0, 0x1f, 0xf8, 0x00, 0x7f, 0xf0,
 0x1f, 0xf8, 0x00, 0x3f, 0xf0, 0x1f, 0xf8, 0x00, 0x3f, 0xf0, 0x1f, 0xf8, 0x00, 0x3f, 0xf0, 0x1f,
 0xf8, 0x00, 0x3f, 0xf0, 0x1f, 0xf8, 0x00, 0x3f, 0xf0, 0x1f, 0xf8, 0x00, 0x3f, 0xf0, 0x1f, 0xfc,
 0x00, 0x3f, 0xf8, 0x1f, 0xfc, 0x00, 0x3f, 0xf8, 0x1f, 0xfc, 0x00, 0x7f, 0xf8, 0x0f, 0xfe, 0x00,
 0xff, 0xf8, 0x0f, 0xfe, 0x01, 0xff, 0xf8, 0x07, 0xff, 0x03, 0xff, 0xf8, 0x03, 0xff, 0xdf, 0xff,
 0xf8, 0x03, 0xff, 0xff, 0xff, 0xf8, 0x00, 0xff, 0xff, 0xff, 0xf8, 0x00, 0x7f, 0xff, 0xbf, 0xf0,
 0x00, 0x1f, 0xfc, 0x3f, 0xf0, 0x00, 0x00, 0x00, 0x3f, 0xf0, 0x00, 0x00, 0x00, 0x3f, 0xf0, 0x00,
 0x00, 0x00, 0x7f, 0xf0, 0x00, 0x00, 0x00, 0x7f, 0xf0, 0x00, 0x00, 0x00, 0x7f, 0xe0, 0x03, 0xfc,
 0x00, 0x7f, 0xe0, 0x07, 0xff, 0x00, 0x7f, 0xe0, 0x0f, 0xff, 0x00, 0xff, 0xc0, 0x0f, 0xff, 0x80,
 0xff, 0xc0, 0x0f, 0xff, 0x81, 0xff, 0x80, 0x0f, 0xff, 0x01, 0xff, 0x80, 0x0f, 0xfe, 0x03, 0xff,
 0x00, 0x0f, 0xfe, 0x03, 0xfe, 0x00, 0x0f, 0xff, 0x07, 0xfc, 0x00, 0x07, 0xff, 0x9f, 0xf8, 0x00,
 0x03, 0xff, 0xff, 0xf0, 0x00, 0x00, 0xff, 0xff, 0xc0, 0x00, 0x00, 0x3f, 0xfe, 0x00, 0x00, 0x00,
 0x00, 0x00, 0x00, 0x00, 0x00, 0x00, 0x00, 0x00, 0x00, 0x00, 0x00, 0x00, 0x00, 0x00, 0x00, 0x00,
 0x00, 0x00, 0x00, 0x00, 0x00, 0x00, 0x00, 0x00},
{0x00, 0x00, 0x00, 0x00, 0x00, 0x00, 0x00, 0x00, 0x00, 0x00, 0x00, 0x00, 0x00, 0x00, 0x00, 0x00,  //  ' '(space)
 0x00, 0x00, 0x00, 0x00, 0x00, 0x00, 0x00, 0x00, 0x00, 0x00, 0x00, 0x00, 0x00, 0x00, 0x00, 0x00,
 0x00, 0x00, 0x00, 0x00, 0x00, 0x00, 0x00, 0x00, 0x00, 0x00, 0x00, 0x00, 0x00, 0x00, 0x00, 0x00,
 0x00, 0x00, 0x00, 0x00, 0x00, 0x00, 0x00, 0x00, 0x00, 0x00, 0x00, 0x00, 0x00, 0x00, 0x00, 0x00,
 0x00, 0x00, 0x00, 0x00, 0x00, 0x00, 0x00, 0x00, 0x00, 0x00, 0x00, 0x00, 0x00, 0x00, 0x00, 0x00,
 0x00, 0x00, 0x00, 0x00, 0x00, 0x00, 0x00, 0x00, 0x00, 0x00, 0x00, 0x00, 0x00, 0x00, 0x00, 0x00,
 0x00, 0x00, 0x00, 0x00, 0x00, 0x00, 0x00, 0x00, 0x00, 0x00, 0x00, 0x00, 0x00, 0x00, 0x00, 0x00,
 0x00, 0x00, 0x00, 0x00, 0x00, 0x00, 0x00, 0x00, 0x00, 0x00, 0x00, 0x00, 0x00, 0x00, 0x00, 0x00,
 0x00, 0x00, 0x00, 0x00, 0x00, 0x00, 0x00, 0x00, 0x00, 0x00, 0x00, 0x00, 0x00, 0x00, 0x00, 0x00,
 0x00, 0x00, 0x00, 0x00, 0x00, 0x00, 0x00, 0x00, 0x00, 0x00, 0x00, 0x00, 0x00, 0x00, 0x00, 0x00,
 0x00, 0x00, 0x00, 0x00, 0x00, 0x00, 0x00, 0x00, 0x00, 0x00, 0x00, 0x00, 0x00, 0x00, 0x00, 0x00,
 0x00, 0x00, 0x00, 0x00, 0x00, 0x00, 0x00, 0x00, 0x00, 0x00, 0x00, 0x00, 0x00, 0x00, 0x00, 0x00,
 0x00, 0x00, 0x00, 0x00, 0x00, 0x00, 0x00, 0x00, 0x00, 0x00, 0x00, 0x00, 0x00, 0x00, 0x00, 0x00,
 0x00, 0x00, 0x00, 0x00, 0x00, 0x00, 0x00, 0x00, 0x00, 0x00, 0x00, 0x00, 0x00, 0x00, 0x00, 0x00,
 0x00, 0x00, 0x00, 0x00, 0x00, 0x00, 0x00, 0x00, 0x00, 0x00, 0x00, 0x00, 0x00, 0x00, 0x00, 0x00,
 0x00, 0x00, 0x00, 0x00, 0x00, 0x00, 0x00, 0x00, 0x00, 0x00, 0x00, 0x00, 0x00, 0x00, 0x00, 0x00,
 0x00, 0x00, 0x00, 0x00, 0x00, 0x00, 0x00, 0x00, 0x00, 0x00, 0x00, 0x00, 0x00, 0x00, 0x00, 0x00,
 0x00, 0x00, 0x00, 0x00, 0x00, 0x00, 0x00, 0x00},
{0x00, 0x00, 0x00, 0x00, 0x00, 0x00, 0x00, 0x00, 0x00, 0x00, 0x00, 0x00, 0x00, 0x00, 0x00, 0x00,  // '+'(plus)
 0x00, 0x00, 0x00, 0x00, 0x00, 0x00, 0x00, 0x00, 0x00, 0x00, 0x00, 0x00, 0x00, 0x00, 0x00, 0x00,
 0x00, 0x00, 0x00, 0x00, 0x00, 0x00, 0x00, 0x00, 0x00, 0x00, 0x00, 0x00, 0x00, 0x00, 0x00, 0x00,
 0x00, 0x00, 0x00, 0x00, 0x00, 0x00, 0x00, 0x00, 0x00, 0x00, 0x00, 0x00, 0x00, 0x00, 0x00, 0x00,
 0x00, 0x00, 0x00, 0x7e, 0x00, 0x00, 0x00, 0x00, 0x7e, 0x00, 0x00, 0x00, 0x00, 0x7e, 0x00, 0x00,
 0x00, 0x00, 0x7e, 0x00, 0x00, 0x00, 0x00, 0x7e, 0x00, 0x00, 0x00, 0x00, 0x7e, 0x00, 0x00, 0x00,
 0x00, 0x7e, 0x00, 0x00, 0x00, 0x00, 0x7e, 0x00, 0x00, 0x00, 0x00, 0x7e, 0x00, 0x00, 0x00, 0x00,
 0x7e, 0x00, 0x00, 0x00, 0x00, 0x7e, 0x00, 0x00, 0x03, 0xff, 0xff, 0xff, 0xc0, 0x03, 0xff, 0xff,
 0xff, 0xc0, 0x03, 0xff, 0xff, 0xff, 0xc0, 0x03, 0xff, 0xff, 0xff, 0xc0, 0x03, 0xff, 0xff, 0xff,
 0xc0, 0x03, 0xff, 0xff, 0xff, 0xc0, 0x00, 0x00, 0x7e, 0x00, 0x00, 0x00, 0x00, 0x7e, 0x00, 0x00,
 0x00, 0x00, 0x7e, 0x00, 0x00, 0x00, 0x00, 0x7e, 0x00, 0x00, 0x00, 0x00, 0x7e, 0x00, 0x00, 0x00,
 0x00, 0x7e, 0x00, 0x00, 0x00, 0x00, 0x7e, 0x00, 0x00, 0x00, 0x00, 0x7e, 0x00, 0x00, 0x00, 0x00,
 0x7e, 0x00, 0x00, 0x00, 0x00, 0x7e, 0x00, 0x00, 0x00, 0x00, 0x7e, 0x00, 0x00, 0x00, 0x00, 0x00,
 0x00, 0x00, 0x00, 0x00, 0x00, 0x00, 0x00, 0x00, 0x00, 0x00, 0x00, 0x00, 0x00, 0x00, 0x00, 0x00,
 0x00, 0x00, 0x00, 0x00, 0x00, 0x00, 0x00, 0x00, 0x00, 0x00, 0x00, 0x00, 0x00, 0x00, 0x00, 0x00,
 0x00, 0x00, 0x00, 0x00, 0x00, 0x00, 0x00, 0x00, 0x00, 0x00, 0x00, 0x00, 0x00, 0x00, 0x00, 0x00,
 0x00, 0x00, 0x00, 0x00, 0x00, 0x00, 0x00, 0x00, 0x00, 0x00, 0x00, 0x00, 0x00, 0x00, 0x00, 0x00,
 0x00, 0x00, 0x00, 0x00, 0x00, 0x00, 0x00, 0x00},
{0x00, 0x00, 0x00, 0x00, 0x00, 0x00, 0x00, 0x00, 0x00, 0x00, 0x00, 0x00, 0x00, 0x00, 0x00, 0x00,  // '-'(minus)
 0x00, 0x00, 0x00, 0x00, 0x00, 0x00, 0x00, 0x00, 0x00, 0x00, 0x00, 0x00, 0x00, 0x00, 0x00, 0x00,
 0x00, 0x00, 0x00, 0x00, 0x00, 0x00, 0x00, 0x00, 0x00, 0x00, 0x00, 0x00, 0x00, 0x00, 0x00, 0x00,
 0x00, 0x00, 0x00, 0x00, 0x00, 0x00, 0x00, 0x00, 0x00, 0x00, 0x00, 0x00, 0x00, 0x00, 0x00, 0x00,
 0x00, 0x00, 0x00, 0x00, 0x00, 0x00, 0x00, 0x00, 0x00, 0x00, 0x00, 0x00, 0x00, 0x00, 0x00, 0x00,
 0x00, 0x00, 0x00, 0x00, 0x00, 0x00, 0x00, 0x00, 0x00, 0x00, 0x00, 0x00, 0x00, 0x00, 0x00, 0x00,
 0x00, 0x00, 0x00, 0x00, 0x00, 0x00, 0x00, 0x00, 0x03, 0xff, 0xff, 0xff, 0xc0, 0x03, 0xff, 0xff,
 0xff, 0xc0, 0x03, 0xff, 0xff, 0xff, 0xc0, 0x03, 0xff, 0xff, 0xff, 0xc0, 0x03, 0xff, 0xff, 0xff,
 0xc0, 0x03, 0xff, 0xff, 0xff, 0xc0, 0x00, 0x00, 0x00, 0x00, 0x00, 0x00, 0x00, 0x00, 0x00, 0x00,
 0x00, 0x00, 0x00, 0x00, 0x00, 0x00, 0x00, 0x00, 0x00, 0x00, 0x00, 0x00, 0x00, 0x00, 0x00, 0x00,
```

```
 0x00, 0x00, 0x00, 0x00, 0x00, 0x00, 0x00, 0x00, 0x00, 0x00, 0x00, 0x00, 0x00, 0x00, 0x00, 0x00,
 0x00, 0x00, 0x00, 0x00, 0x00, 0x00, 0x00, 0x00, 0x00, 0x00, 0x00, 0x00, 0x00, 0x00, 0x00, 0x00,
 0x00, 0x00, 0x00, 0x00, 0x00, 0x00, 0x00, 0x00, 0x00, 0x00, 0x00, 0x00, 0x00, 0x00, 0x00, 0x00,
 0x00, 0x00, 0x00, 0x00, 0x00, 0x00, 0x00, 0x00, 0x00, 0x00, 0x00, 0x00, 0x00, 0x00, 0x00, 0x00,
 0x00, 0x00, 0x00, 0x00, 0x00, 0x00, 0x00, 0x00, 0x00, 0x00, 0x00, 0x00, 0x00, 0x00, 0x00, 0x00,
 0x00, 0x00, 0x00, 0x00, 0x00, 0x00, 0x00, 0x00, 0x00, 0x00, 0x00, 0x00, 0x00, 0x00, 0x00, 0x00,
 0x00, 0x00, 0x00, 0x00, 0x00, 0x00, 0x00, 0x00},
};

const unsigned char font_24x56[3][168] = {                /* 24x56 character font */
{0x00, 0x00, 0x00, 0x00, 0x00, 0x00, 0x00, 0x00, 0x00, 0x00, 0x00, 0x00, 0x00, 0x00,  // ' '(space)
 0x00, 0x00, 0x00, 0x00, 0x00, 0x00, 0x00, 0x00, 0x00, 0x00, 0x00, 0x00, 0x00, 0x00,
 0x00, 0x00, 0x00, 0x00, 0x00, 0x00, 0x00, 0x00, 0x00, 0x00, 0x00, 0x00, 0x00, 0x00,
 0x00, 0x00, 0x00, 0x00, 0x00, 0x00, 0x00, 0x00, 0x00, 0x00, 0x00, 0x00, 0x00, 0x00,
 0x00, 0x00, 0x00, 0x00, 0x00, 0x00, 0x00, 0x00, 0x00, 0x00, 0x00, 0x00, 0x00, 0x00,
 0x00, 0x00, 0x00, 0x00, 0x00, 0x00, 0x00, 0x00, 0x00, 0x00, 0x00, 0x00, 0x00, 0x00,
 0x00, 0x00, 0x00, 0x00, 0x00, 0x00, 0x00, 0x00, 0x00, 0x00, 0x00, 0x00, 0x00, 0x00,
 0x00, 0x00, 0x00, 0x00, 0x00, 0x00, 0x00, 0x00, 0x00, 0x00, 0x00, 0x00, 0x00, 0x00,
 0x00, 0x00, 0x00, 0x00, 0x00, 0x00, 0x00, 0x00, 0x00, 0x00, 0x00, 0x00, 0x00, 0x00,
 0x00, 0x00, 0x00, 0x00, 0x00, 0x00, 0x00, 0x00, 0x00, 0x00, 0x00, 0x00, 0x00, 0x00,
 0x00, 0x00, 0x00, 0x00, 0x00, 0x00, 0x00, 0x00, 0x00, 0x00, 0x00, 0x00, 0x00, 0x00,
 0x00, 0x00, 0x00, 0x00, 0x00, 0x00, 0x00, 0x00, 0x00, 0x00, 0x00, 0x00, 0x00, 0x00},
{0x00, 0x00, 0x00, 0x00, 0x00, 0x00, 0x00, 0x00, 0x00, 0x00, 0x00, 0x00, 0x00, 0x00,  // '.'(period)
 0x00, 0x00, 0x00, 0x00, 0x00, 0x00, 0x00, 0x00, 0x00, 0x00, 0x00, 0x00, 0x00, 0x00,
 0x00, 0x00, 0x00, 0x00, 0x00, 0x00, 0x00, 0x00, 0x00, 0x00, 0x00, 0x00, 0x00, 0x00,
 0x00, 0x00, 0x00, 0x00, 0x00, 0x00, 0x00, 0x00, 0x00, 0x00, 0x00, 0x00, 0x00, 0x00,
 0x00, 0x00, 0x00, 0x00, 0x00, 0x00, 0x00, 0x00, 0x00, 0x00, 0x00, 0x00, 0x00, 0x00,
 0x00, 0x00, 0x00, 0x00, 0x00, 0x00, 0x00, 0x00, 0x00, 0x00, 0x00, 0x00, 0x00, 0x00,
 0x00, 0x00, 0x00, 0x00, 0x00, 0x00, 0x00, 0x00, 0x00, 0x00, 0x00, 0x00, 0x00, 0x00,
 0x00, 0x00, 0x00, 0x00, 0x00, 0x00, 0x00, 0x00, 0x00, 0x00, 0x00, 0x00, 0x00, 0x00,
 0x00, 0x00, 0x00, 0x3c, 0x00, 0x00, 0xff, 0x00, 0x01, 0xff, 0x80, 0x01, 0xff, 0x80,
 0x03, 0xff, 0xc0, 0x03, 0xff, 0xc0, 0x03, 0xff, 0xc0, 0x03, 0xff, 0xc0, 0x01, 0xff,
 0x80, 0x01, 0xff, 0x80, 0x00, 0xff, 0x00, 0x00, 0x3c, 0x00, 0x00, 0x00, 0x00, 0x00,
 0x00, 0x00, 0x00, 0x00, 0x00, 0x00, 0x00, 0x00, 0x00, 0x00, 0x00, 0x00, 0x00, 0x00},
{0x00, 0x00, 0x00, 0x00, 0x00, 0x00, 0x00, 0x00, 0x00, 0x00, 0x00, 0x00, 0x00, 0x00,  // ':'(colon)
 0x00, 0x00, 0x00, 0x00, 0x00, 0x00, 0x00, 0x00, 0x00, 0x00, 0x00, 0x00, 0x00, 0x00,
 0x00, 0x00, 0x00, 0x3c, 0x00, 0x00, 0xff, 0x00, 0x01, 0xff, 0x80, 0x01, 0xff, 0x80,
 0x03, 0xff, 0xc0, 0x03, 0xff, 0xc0, 0x03, 0xff, 0xc0, 0x03, 0xff, 0xc0, 0x01, 0xff,
 0x80, 0x01, 0xff, 0x80, 0x00, 0xff, 0x00, 0x00, 0x3c, 0x00, 0x00, 0x00, 0x00, 0x00,
 0x00, 0x00, 0x00, 0x00, 0x00, 0x00, 0x00, 0x00, 0x00, 0x00, 0x00, 0x00, 0x00, 0x00,
 0x00, 0x00, 0x00, 0x00, 0x00, 0x00, 0x00, 0x00, 0x00, 0x00, 0x00, 0x00, 0x00, 0x00,
 0x00, 0x00, 0x00, 0x00, 0x00, 0x3c, 0x00, 0x00, 0xff, 0x00, 0x01, 0xff, 0x80, 0x01,
 0xff, 0x80, 0x03, 0xff, 0xc0, 0x03, 0xff, 0xc0, 0x03, 0xff, 0xc0, 0x03, 0xff, 0xc0,
 0x01, 0xff, 0x80, 0x01, 0xff, 0x80, 0x00, 0xff, 0x00, 0x00, 0x3c, 0x00, 0x00, 0x00,
 0x00, 0x00, 0x00, 0x00, 0x00, 0x00, 0x00, 0x00, 0x00, 0x00, 0x00, 0x00, 0x00, 0x00,
 0x00, 0x00, 0x00, 0x00, 0x00, 0x00, 0x00, 0x00, 0x00, 0x00, 0x00, 0x00, 0x00, 0x00}};

/* ---------------------------------------------------------------------------- */
/*                 사용자 정의 함수 선언                                         */
/* ---------------------------------------------------------------------------- */

void TFT_English_xlarge(U08 code);                 // write 40x56 font(0~9) character
void TFT_font40x56(U08 code);                      // write 40x56 font character
void TFT_font24x56(U08 code);                      // write 24x56 font character
void TFT_unsigned_decimal_xlarge(U32 number, U08 zerofill, U08 digit); // display unsigned decimal number
void TFT_hexadecimal_xlarge(U32 number, U08 digit);      // display hexadecimal number
void TFT_unsigned_float_xlarge(float number, U08 integral, U08 fractional); // display unsigned floating-point number

/* ---------------------------------------------------------------------------- */
/*      TFT-LCD 가장 큰 글씨(숫자:40x56 픽셀, 기호:24x56 픽셀) 출력 함수        */
/* ---------------------------------------------------------------------------- */

void TFT_English_xlarge(U08 code)                  /* write 40x56 font(0~9) character */
{
  if((code >= '0') && (code <= '9'))               // if '0'~'9', 40x56 font character
    TFT_font40x56(code);
  else if(code == ' ')                             // if space, 40x56 font character
    TFT_font40x56(code);
  else if((code == '+') || (code == '-'))          // if '+' or '-', 40x56 font character
    TFT_font40x56(code);
  else                                             // if not, 24x56 font character
```

```
    TFT_font24x56(code);
}

void TFT_font40x56(U08 code)                    /* write 40x56 font(0~9) character */
{
  unsigned char data, x, y;
  unsigned short i, xPos, yPos;

  if(code == ' ')       code = 10;              // code conversion
  else if(code == '+')  code = 11;
  else if(code == '-')  code = 12;
  else                  code -= '0';

  i = 0;
  xPos = Xcharacter*8;
  yPos = Ycharacter*8;
  for(y = 0; y < 56; y++)                       // repeat 56 pixel line
    { if(ScreenMode == 'L')
        { TFT_write(0x02, xPos >> 8);           // xPos = 0~319
          TFT_write(0x03, xPos & 0x00FF);
          TFT_write(0x06, 0x0000);              // yPos = 0~239
          TFT_write(0x07, yPos + y);
        }
      else
        { TFT_write(0x02, 0x0000);              // xPos = 0~239
          TFT_write(0x03, xPos);
          TFT_write(0x06, (yPos + y) >> 8);     // yPos = 0~319
          TFT_write(0x07, (yPos + y) & 0x00FF);
        }

      TFT_command(0x22);

      data = font_40x56[code][i++];             // display 1 pixel line(8 x 5 = 40 pixel)
      for(x = 0; x < 8; x++)
        { if(data & 0x80) TFT_data(foreground);
          else            TFT_data(background);
          data = data << 1;
        }

      data = font_40x56[code][i++];
      for(x = 0; x < 8; x++)
        { if(data & 0x80) TFT_data(foreground);
          else            TFT_data(background);
          data = data << 1;
        }

      data = font_40x56[code][i++];
      for(x = 0; x < 8; x++)
        { if(data & 0x80) TFT_data(foreground);
          else            TFT_data(background);
          data = data << 1;
        }

      data = font_40x56[code][i++];
      for(x = 0; x < 8; x++)
        { if(data & 0x80) TFT_data(foreground);
          else            TFT_data(background);
          data = data << 1;
        }

      data = font_40x56[code][i++];
      for(x = 0; x < 8; x++)
        { if(data & 0x80) TFT_data(foreground);
          else            TFT_data(background);
          data = data << 1;
        }
    }

  Xcharacter += 5;
  if(Xcharacter >= XcharacterLimit)             // end of line ?
    { Xcharacter = 0;
```

```
      Ycharacter += 7;
    }
}

void TFT_font24x56(U08 code)                          /* write 24x56 font(space,period,colon) character */
{
  unsigned char data, x, y;
  unsigned short i, xPos, yPos;

  if(code == '/')      code = 0;                      // code conversion
  else if(code == '.') code = 1;
  else if(code == ':') code = 2;

  i = 0;
  xPos = Xcharacter*8;
  yPos = Ycharacter*8;
  for(y = 0; y < 56; y++)                             // repeat 56 pixel line
    { if(ScreenMode == 'L')
        { TFT_write(0x02, xPos >> 8);                 // xPos = 0~319
          TFT_write(0x03, xPos & 0x00FF);
          TFT_write(0x06, 0x0000);                    // yPos = 0~239
          TFT_write(0x07, yPos + y);
        }
      else
        { TFT_write(0x02, 0x0000);                    // xPos = 0~239
          TFT_write(0x03, xPos);
          TFT_write(0x06, (yPos + y) >> 8);           // yPos = 0~319
          TFT_write(0x07, (yPos + y) & 0x00FF);
        }

      TFT_command(0x22);

      data = font_24x56[code][i++];                   // display 1 pixel line(8 x 3 = 24 pixel)
      for(x = 0; x < 8; x++)
        { if(data & 0x80) TFT_data(foreground);
          else            TFT_data(background);
          data = data << 1;
        }

      data = font_24x56[code][i++];
      for(x = 0; x < 8; x++)
        { if(data & 0x80) TFT_data(foreground);
          else            TFT_data(background);
          data = data << 1;
        }

      data = font_24x56[code][i++];
      for(x = 0; x < 8; x++)
        { if(data & 0x80) TFT_data(foreground);
          else            TFT_data(background);
          data = data << 1;
        }
    }

  Xcharacter += 3;
  if(Xcharacter >= XcharacterLimit)                   // end of line ?
    { Xcharacter = 0;
      Ycharacter += 7;
    }
}

void TFT_unsigned_decimal_xlarge(U32 number, U08 zerofill, U08 digit) /* display unsigned decimal number */
{
  unsigned char zero_flag, character;
  unsigned int  div;

  if((digit == 0) || (digit > 9)) return;

  div = 1;
  while(--digit) div *= 10;
```

```
  zero_flag = zerofill;
  while(div > 0)                              // display number
    { character = number / div;
      if((character == 0) && (zero_flag == 0) && (div != 1))
        TFT_English_xlarge(character + ' ');
      else
        { zero_flag = 1;
          TFT_English_xlarge(character + '0');
        }
      number %= div;
      div /= 10;
    }
}

void TFT_hexadecimal_xlarge(U32 number, U08 digit)      /* display hexadecimal number */
{
  unsigned char i, character;

  if((digit == 0) || (digit > 8)) return;

  for(i = digit; i > 0; i--)
    { character = (number >> 4*(i-1)) & 0x0F;
      if(character < 10) TFT_English_xlarge(character + '0');
      else               TFT_English_xlarge(character - 10 + 'A');
    }
}

void TFT_unsigned_float_xlarge(float number, U08 integral, U08 fractional) /* display unsigned floating-point number */
{
  unsigned char zero_flag, digit, character;     // integral = digits of integral part
  unsigned int  div, integer;                    // fractional = digits of fractional part

  digit = integral + fractional;
  if((integral == 0) || (fractional == 0) || (digit > 9)) return;

  div = 1;
  while(--digit) div *= 10;

  while(fractional--) number *= 10.;
  integer = (U32)(number + 0.5);

  zero_flag = 0;
  digit = 1;
  while(div > 0)                                 // display number
    { character = integer / div;
      if((character == 0) && (zero_flag == 0) && (digit != integral))
        TFT_English_xlarge(character + ' ');
      else
        { zero_flag = 1;
          TFT_English_xlarge(character + '0');
        }
      integer %= div;
      div /= 10;

      if(digit == integral)
        TFT_English_xlarge('.');
      digit++;
    }
}
```

이 헤더파일 OK-MKL25Z_xlarge.h에 포함되어 있는 TFT-LCD 모듈의 매우 큰 글씨 및 가장 큰 글씨 출력에 관련되는 사용자 정의 함수들을 모두 요약하여 정리하면 <표 6.17>과 같다. 32×48 픽셀의 매우 큰 글씨를 출력하는 함수의 이름에는 _vlarge가

붙고, 40×56 픽셀의 가장 큰 글씨 출력함수 이름에는 _xlarge가 추가된다는 점에 유의해야 한다. 매우 큰 글씨를 출력하는 함수에는 커서 표시 기능이 포함되지만, 가장 큰 글씨의 출력에는 어떤 부수적인 속성도 포함되지 않는다.

<표 6.17> 매우 큰 글씨 및 가장 큰 글씨 표시용 사용자 정의 함수들의 요약

사용자 정의 함수	기 능	입력 파라미터
TFT_English_vlarge()	TFT-LCD 모듈에 매우 큰 글씨의 1글자를 출력한다.	U08 code
TFT_unsigned_decimal_vlarge()	TFT-LCD 모듈에 부호 없는 정수를 매우 큰 글씨로 출력한다. (zerofill = 1이면 선두의 무효 자리를 0으로 채운다.)	U32 number, U08 zerofill, digit
TFT_hexadecimal_vlarge()	TFT-LCD 모듈에 16진수를 매우 큰 글씨로 출력한다.	U32 number, U08 digit
TFT_unsigned_float_vlarge()	TFT-LCD 모듈에 부호 없는 실수를 매우 큰 글씨로 출력한다. (integral = 실수부 자리수, fractional = 소수부 자리수)	float number, U08 integral, fractional
TFT_English_xlarge()	TFT-LCD 모듈에 가장 큰 글씨의 1글자를 출력한다.	U08 code
TFT_unsigned_decimal_xlarge()	TFT-LCD 모듈에 부호 없는 정수를 가장 큰 글씨로 출력한다. (zerofill = 1이면 선두의 무효 자리를 0으로 채운다.)	U32 number, U08 zerofill, digit
TFT_hexadecimal_xlarge()	TFT-LCD 모듈에 16진수를 가장 큰 글씨로 출력한다.	U32 number, U08 digit
TFT_unsigned_float_xlarge()	TFT-LCD 모듈에 부호 없는 실수를 가장 큰 글씨로 출력한다. (integral = 실수부 자리수, fractional = 소수부 자리수)	float number, U08 integral, fractional

(4) 기본적인 한글 출력 프로그램

먼저 *OK-MKL25Z* 키트에서 한글 및 영문 ASCII 문자로 된 문자열 메시지를 출력하는 예제 프로그램을 C언어로 작성하여 보면 다음과 같다.

<프로그램 Exp06_6_1.c> 한글 및 영문 ASCII 문자를 출력하는 기본 프로그램

```
/* ============================================================================ */
/*              Exp06_6_1_TFT-LCD.c : TFT-LCD 출력 프로그램                      */
/* ============================================================================ */
/*                                    Programmed by Duck-Yong Yoon in 2016.     */

#include <MKL25Z4.h>
#include "OK-MKL25Z.h"

void TFT_8color_horizontal(void);              /* display 8-color horizontal */

/* ----- 메인 프로그램 ------------------------------------------------------- */

int main(void)
{
  Initialize_MCU();                            // initialize MCU and kit
  Delay_ms(50);                                // wait for system stabilization
  Initialize_LCD();                            // initialize text LCD module
  Initialize_TFT_LCD();                        // initialize TFT-LCD module

  LCD_string(0x80," OK-MKL25Z V1.0 ");         // display title
  LCD_string(0xC0,"  Exp06_6_1.c   ");

  while(1)
    { TFT_clear_screen();                      // clear screen
```

```
        TFT_landscape_mode();                          // landscape mode

        TFT_string( 0, 0,Green,   Black,"******************************************");
        TFT_string( 0, 2,Magenta,Black,"  Cortex-M0+ 계열  OK-MKL25Z 키트 V1.0   ");
        TFT_string( 0, 4,Cyan,    Black,"         (TFT-32A 보드 V1.0 포함)        ");
        TFT_string( 0, 6,Green,   Black,"******************************************");
        TFT_string( 0, 8,Black,   Black,"                                          ");
        TFT_string( 0,10,Magenta,Black,"      (디스플레이 모드 = Landscape)       ");
        TFT_string( 0,14,Cyan,    Black,"    3.2인치, 320x240 픽셀, 65536 컬러    ");
        TFT_string( 0,16,White,   Black," 컨트롤러/드라이버 HX8347-A(대만 Himax) ");
        TFT_string( 0,20,Red,     Black," 빨강 Red    ");
        TFT_string(13,20,Green,   Black," 녹색 Green  ");
        TFT_string(26,20,Blue,    Black," 파랑 Blue    ");
        TFT_string( 0,22,Yellow,  Black," 노랑 Yellow ");
        TFT_string(13,22,Cyan,    Black," 녹청 Cyan   ");
        TFT_string(26,22,Magenta,Black," 자홍 Magenta ");
        TFT_string( 0,24,Black,   Black,"                                          ");
        TFT_string( 0,26,White,   Blue, "     윤교수의 마이크로프로세서 월드       ");
        TFT_string( 0,28,Green,   Black,"    (http://cafe.naver.com/mcu32bit)      ");
        Beep();
        Delay_ms(5000);

        TFT_clear_screen();                            // clear screen
        TFT_portrait_mode();                           // portrait mode

        TFT_string( 0, 0,Green,   Black,"******************************");
        TFT_string( 0, 2,Magenta,Black,"    OK-MKL25Z 키트  V1.0      ");
        TFT_string( 0, 4,Cyan,    Black,"  (TFT-32A 보드 V1.0 포함)   ");
        TFT_string( 0, 6,Green,   Black,"******************************");
        TFT_string( 0, 8,Black,   Black,"                              ");
        TFT_string( 0,10,Magenta,Black," (디스플레이 모드 = Portrait) ");
        TFT_string( 0,14,Cyan,    Black,"    3.2인치, 240x320 픽셀     ");
        TFT_string( 0,16,Yellow,  Black,"          65536 컬러          ");
        TFT_string( 0,20,Red,     Black,"    16비트 CPU 인터페이스     ");
        TFT_string( 0,24,White,   Black,"  컨트롤러/드라이버 HX8347-A  ");
        TFT_string( 0,26,White,   Black,"         (대만 Himax)         ");
        TFT_string( 0,30,Red,     Black," 빨강 Red ");
        TFT_string(10,30,Green,   Black," 녹색 Gre ");
        TFT_string(20,30,Blue,    Black," 파랑 Blu ");
        TFT_string( 0,32,Yellow,  Black," 노랑 Yel ");
        TFT_string(10,32,Cyan,    Black," 녹청 Cya ");
        TFT_string(20,32,Magenta,Black," 자홍 Mag ");
        TFT_string( 0,36,White,   Blue, "윤교수의 마이크로프로세서 월드");
        TFT_string( 0,38,Green,   Black,"http://cafe.naver.com/mcu32bit");
        Beep();
        Delay_ms(5000);

        TFT_clear_screen();                            // clear screen
        TFT_landscape_mode();                          // landscape mode

        TFT_8color_horizontal();                       // display 8-Color(horizontal)
        TFT_string(18, 1,Black,Transparent,"백색");
        TFT_string(18, 5,White,Transparent,"흑색");
        TFT_string(18, 8,Green,Transparent,"적색");
        TFT_string(18,12,Red,  Transparent,"녹색");
        TFT_string(18,16,Cyan, Transparent,"청색");
        TFT_string(18,20,Black,Transparent,"노랑");
        TFT_string(18,24,Red,  Transparent,"녹청");
        TFT_string(18,27,White,Transparent,"자홍");
        Beep();
        Delay_ms(5000);
      }
}

/* ----- 사용자 정의 함수 --------------------------------------------------- */

unsigned int Color[8] =                                // 8-color data
   { White, Black, Red, Green, Blue, Yellow, Cyan, Magenta };

void TFT_8color_horizontal(void)                       /* display 8-color horizontal */
{
```

```
  unsigned int i, j, k;

  TFT_GRAM_address(0,0);

  for(i = 0; i < 8; i++)
    for(j = 0; j < 30; j++)
      for(k = 0; k < 320; k++)
        TFT_data(Color[i]);
}
```

☞ TFT-LCD의 화면 모드를 지정하지 않으면 디폴트로 풍경화 모드(landscape mode)로 동작한다. 화면을 풍경화 모드 또는 초상화 모드로 설정하려면 각각 TFT_landscape_mode() 및 TFT_portrait_mode() 함수를 사용한다.

▣ 투명 글씨, 외곽선체 및 밑줄을 출력하는 프로그램

TFT-LCD 모듈에 문자를 출력할 때 필요하면 투명 글씨나 외곽선체를 사용할 수 있다. 먼저, 투명 글씨를 사용하려면 해당 문자의 전경색을 사용자가 원하는대로 지정하고 배경색을 Transparent로 지정하면 된다.

외곽선체 출력 기능의 사용 여부와 색깔은 함수로 지정한다. 즉, 기본 헤더파일 OK-MKL25Z.h에서 기본적으로 outline_flag = 0으로 되어 있어서 문자에 외곽선을 표시하지 않는 상태에 있는데, 만약 이제부터 출력할 문자에 외곽선을 표시하도록 설정하려면 TFT_outline(U16 outline_color) 함수를 사용하여 outline_flag = 1로 설정하고 원하는 외곽선의 색깔을 지정한다. 나중에 다시 외곽선이 보이지 않는 상태로 해제하려면 TFT_outline(Transparent) 함수를 사용하여 외곽선의 색깔을 투명하게 지정한다.

다음 예제 프로그램에서는 투명 글씨의 사용 예와 외곽선체를 사용하여 화면에서 글씨를 좀더 또렷하게 볼 수 있는 예를 보여준다.

<프로그램 Exp06_6_2.c> 투명 글씨 및 외곽선체를 사용하는 프로그램

```
/* ============================================================================ */
/*      Exp06_6_2_transparent.c : TFT-LCD 투명 글씨 및 외곽선체 출력              */
/* ============================================================================ */
/*                                     Programmed by Duck-Yong Yoon in 2016.    */

#include <MKL25Z4.h>
#include "OK-MKL25Z.h"

int main(void)
{
  Initialize_MCU();                           // initialize MCU and kit
  Delay_ms(50);                               // wait for system stabilization
  Initialize_LCD();                           // initialize text LCD module
  Initialize_TFT_LCD();                       // initialize TFT-LCD module

  LCD_string(0x80," OK-MKL25Z V1.0 ");        // display title
  LCD_string(0xC0,"  Exp06_6_2.c   ");
```

```
  while(1)
    { TFT_color_screen(White);
      TFT_string(4, 2, White,Magenta," 투명 글씨 및 외곽선체 사용 예 ");
      TFT_string(7, 7, White,Blue,     " (1) 외곽선이 없을 경우 ");
      TFT_string(3,10, Yellow,Transparent,"한글, English, ABCDEF, 0123456789");
      TFT_string(6,13, Yellow,Transparent,"글씨가 잘 보이지 않습니다.");

      TFT_string(7,18, White,Blue,     " (2) 외곽선이 있을 경우 ");
      TFT_outline(Blue);
      TFT_string(3,22, Yellow,Transparent,"한글, English, ABCDEF, 0123456789");
      TFT_string(7,25, Yellow,Transparent,"이제 글씨가 잘 보입니다.");
      TFT_outline(Transparent);
      Beep();
      Delay_ms(5000);

      TFT_color_screen(Yellow);
      TFT_string(4, 2, White,Magenta," 투명 글씨 및 외곽선체 사용 예 ");
      TFT_string(7, 7, White,Blue,     " (1) 외곽선이 없을 경우 ");
      TFT_string(3,10, White,Transparent,"한글, English, ABCDEF, 0123456789");
      TFT_string(6,13, White,Transparent,"글씨가 잘 보이지 않습니다.");

      TFT_string(7,18, White,Blue,     " (2) 외곽선이 있을 경우 ");
      TFT_outline(Blue);
      TFT_string(3,22, White,Transparent,"한글, English, ABCDEF, 0123456789");
      TFT_string(7,25, White,Transparent,"이제 글씨가 잘 보입니다.");
      TFT_outline(Transparent);
      Beep();
      Delay_ms(5000);
    }
}
```

☞ 문자 출력 함수에서 투명 글씨를 사용하려면 TFT_string(), TFT_color() 등의 함수에서 배경색을 Transparent로 지정한다. 외곽선을 표시하는 상태로 설정하려면 TFT_outline() 함수를 사용하여 외곽선의 색깔을 지정하며, 다시 외곽선을 표시하지 않도록 해제하려면 TFT_outline(Transparent) 함수를 사용한다.

이 예제를 실행하여 보면 주변의 배경과 비슷한 색깔을 사용하였기 때문에 흐리게 보이는 문자들이 외곽선을 사용하여 훨씬 선명하게 보이는 것을 확인할 수 있다.

출력하는 문자에 밑줄을 표시하는 방법도 TFT_underscore(U16 outline_color) 함수를 사용하는 것 이외에는 외곽선체 사용 방법과 동일하다. 즉, 헤더파일 OK-MKL25Z.h에서 기본적으로 underscore_flag = 0으로 되어 있어서 문자에 밑줄을 표시하지 않는 상태에 있는데, 만약 이제부터 화면에 출력할 문자에 밑줄을 표시하도록 설정하려면 TFT_underscore(U16 underscore_color) 함수를 사용하여 underscore_flag = 1로 설정하고 원하는 밑줄의 색깔을 지정한다. 나중에 다시 밑줄이 보이지 않는 상태로 해제하려면 TFT_underscore(Transparent) 함수를 사용하면 된다.

다음 예제 프로그램에서는 보통 글씨 및 큰 글씨에서 각각 밑줄과 외곽선체를 사용하여 영문 또는 한글을 출력하는 방법을 보여준다.

<프로그램 Exp06_6_3.c> 밑줄 및 외곽선체를 사용하는 프로그램

```
/* ============================================================================ */
/*       Exp06_6_3_underscore.c : TFT-LCD 밑줄 및 외곽선체 출력 프로그램            */
/* ============================================================================ */
/*                                       Programmed by Duck-Yong Yoon in 2016.   */

#include <MKL25Z4.h>
#include "OK-MKL25Z.h"
#include "OK-MKL25Z_large.h"

int main(void)
{
  Initialize_MCU();                                // initialize MCU and kit
  Delay_ms(50);                                    // wait for system stabilization
  Initialize_LCD();                                // initialize text LCD module
  Initialize_TFT_LCD();                            // initialize TFT-LCD module

  LCD_string(0x80," OK-MKL25Z V1.0 ");             // display title
  LCD_string(0xC0,"  Exp06_6_3.c   ");

  while(1)
    { TFT_clear_screen();
      Beep();

      TFT_landscape_mode();                        // landscape mode for normal font
      TFT_string(6, 7, Green,Black,"한글/English 12345 정상체");
      TFT_underscore(Yellow);
      TFT_string(6,10, Cyan, Black,"한글/English 12345 밑줄");
      TFT_underscore(Transparent);
      TFT_outline(Red);
      TFT_string(6,13, White,Black,"한글/English 12345 외곽선체");
      TFT_outline(Transparent);

      TFT_landscape_mode_large();                  // landscape mode for large font
      TFT_string_large(2, 1, White,Magenta," 밑줄/외곽선체 사용 예 ");
      TFT_string_large(1,18, Green,Black,"한글/English 12345 정상체");
      TFT_underscore(Yellow);
      TFT_string_large(1,22, Cyan, Black,"한글/English 12345 밑줄");
      TFT_underscore(Transparent);
      TFT_outline(Red);
      TFT_string_large(1,26, White,Black,"한글/English 12345 외곽선");
      TFT_outline(Transparent);
      Delay_ms(5000);

      TFT_clear_screen();
      Beep();

      TFT_portrait_mode();                         // portrait mode for normal font
      TFT_string(2,11, Green,Black,"한글/English 12345 정상체");
      TFT_underscore(Yellow);
      TFT_string(2,14, Cyan, Black,"한글/English 12345 밑줄");
      TFT_underscore(Transparent);
      TFT_outline(Red);
      TFT_string(2,17, White,Black,"한글/English 12345 외곽선체");
      TFT_outline(Transparent);

      TFT_portrait_mode_large();                   // portrait mode for large font
      TFT_string_large(0, 3, White,Magenta," 밑줄/외곽선체 사용 ");
      TFT_string_large(1,24, Green,Black,"한글/English 12345");
      TFT_underscore(Yellow);
      TFT_string_large(1,29, Cyan, Black,"한글/English 12345");
      TFT_underscore(Transparent);
      TFT_outline(Red);
      TFT_string_large(1,34, White,Black,"한글/English 12345");
      TFT_outline(Transparent);
      Delay_ms(5000);
    }
}
```

▣ 여러 행이 연속되는 문자열을 출력하는 프로그램

OK-MKL25Z 키트에서 사용하는 한글 및 영문 ASCII 문자로 된 문자열 출력 함수에는 긴 문자열이 여러 행에 걸쳐서 연속으로 표시될 수 있도록 하는 기능이 포함되어 있다. 다음 예제 프로그램에서 이런 기능을 확인할 수 있다. 두번째 화면의 김소월 시(詩) "진달래 꽃"은 모든 행의 길이가 짧으므로 각 행을 별도의 TFT_string() 함수로 출력하였다. 그러나, 첫번째 화면의 "국기에 대한 맹세"는 1개의 문장이 상당히 길어서 여러 행의 차지하는데 이를 하나의 TFT_string() 함수로 출력하더라도 내부에서 알아서 행을 연속시켜 출력하여 준다.

〈프로그램 Exp06_6_4.c〉 긴 문자열을 출력하는 프로그램

```
/* ============================================================================ */
/*      Exp06_6_4_string(1).c : TFT-LCD에 긴 문자열을 출력하는 프로그램          */
/* ============================================================================ */
/*                                  Programmed by Duck-Yong Yoon in 2016.      */

#include <MKL25Z4.h>
#include "OK-MKL25Z.h"

int main(void)
{
  Initialize_MCU();                               // initialize MCU and kit
  Delay_ms(50);                                   // wait for system stabilization
  Initialize_LCD();                               // initialize text LCD module
  Initialize_TFT_LCD();                           // initialize TFT-LCD module

  LCD_string(0x80," OK-MKL25Z V1.0 ");            // display title
  LCD_string(0xC0,"  Exp06_6_4.c   ");

  while(1)
    { TFT_clear_screen();                         // display screen 1
      Beep();

      TFT_landscape_mode();                       // landscape mode
      TFT_string(11, 2,White, Magenta," 국기에 대한 맹세 ");
      Delay_ms(1000);
      TFT_string(17, 6,Red,   Black,"(현행)");
      Delay_ms(1000);
      TFT_string( 0, 9,Green, Black,"  나는 자랑스러운 태극기 앞에 자유롭고 정의로운 대한민국의 
무궁한 영광을 위하여 충성을 다할 것을 굳게 다짐합니다.");
      Delay_ms(1000);
      TFT_string(15,18,Red,   Black,"(옛 버전)");
      Delay_ms(1000);
      TFT_string( 0,21,Yellow,Black,"  나는 자랑스런 태극기 앞에 조국과 민족의 무궁한 영광을 위하
여 몸과 마음을 바쳐 충성을 다할 것을 굳게 다짐합니다.");
      Delay_ms(5000);

      TFT_clear_screen();                         // display screen 2
      Beep();

      TFT_portrait_mode();                        // portrait mode
      TFT_string( 9, 1,White, Magenta," 진달래 꽃 ");
      Delay_ms(1000);
      TFT_string(18, 5,Green, Black,"김소월");
      Delay_ms(1000);
      TFT_string( 0, 9,Cyan,  Black,"나보기가 역겨워");
      Delay_ms(1000);
      TFT_string( 0,11,Cyan,  Black,"가실 때에는");
```

```
      Delay_ms(1000);
      TFT_string( 0,13,Cyan,   Black,"말없이 고이 보내드리오리다.");
      Delay_ms(1000);
      TFT_string( 0,17,Yellow,Black,"영변에 약산");
      Delay_ms(1000);
      TFT_string( 0,19,Yellow,Black,"진달래꽃");
      Delay_ms(1000);
      TFT_string( 0,21,Yellow,Black,"아름따다 가실 길에 뿌리오리다.");
      Delay_ms(1000);
      TFT_string( 0,25,Cyan,   Black,"가시는 걸음 걸음");
      Delay_ms(1000);
      TFT_string( 0,27,Cyan,   Black,"놓인 그 꽃을");
      Delay_ms(1000);
      TFT_string( 0,29,Cyan,   Black,"사뿐히 즈려밟고 가시옵소서.");
      Delay_ms(1000);
      TFT_string( 0,33,Red,    Black,"나보기가 역겨워");
      Delay_ms(1000);
      TFT_string( 0,35,Red,    Black,"가실 때에는");
      Delay_ms(1000);
      TFT_string( 0,37,Red,    Black,"죽어도 아니 눈물 흘리오리다.");
      Delay_ms(3000);
    }
}
```

위의 예제 프로그램에서는 TFT_string() 함수가 각 문자를 실시간으로 출력하므로 너무 빨라서 사람이 보기에 불편할 수 있다. 만약 이를 한 글자씩 좀더 천천히 출력하고자 한다면 다음의 예제에서처럼 TFT_string() 함수를 TFT_string_slow() 함수로 변형하여 사용할 수 있다. 이 TFT_string_slow() 함수에는 글자를 천천히 표시하는 기능과 각 글자를 타이프라이터(typewriter)로 입력하는 것처럼 적절한 기계음을 발생시키는 기능을 갖도록 하였다.

<프로그램 Exp06_6_5.c> 문자열을 천천히 출력하는 프로그램

```
/* ========================================================================== */
/*    Exp06_6_5_string(2).c : TFT-LCD에 긴 문자열을 천천히 출력하는 프로그램      */
/* ========================================================================== */
/*                                   Programmed by Duck-Yong Yoon in 2016.    */

#include <MKL25Z4.h>
#include "OK-MKL25Z.h"

void TFT_string_slow(U08 xChar, U08 yChar, U16 colorfore, U16 colorback, char *str);  /* write TFT-LCD string */

/* ----- 메인 프로그램 -------------------------------------------------------- */

int main(void)
{
  Initialize_MCU();                         // initialize MCU and kit
  Delay_ms(50);                             // wait for system stabilization
  Initialize_LCD();                         // initialize text LCD module
  Initialize_TFT_LCD();                     // initialize TFT-LCD module

  LCD_string(0x80," OK-MKL25Z V1.0 ");      // display title
  LCD_string(0xC0,"  Exp06_6_5.c   ");
  Beep();

  while(1)
```

```
  { TFT_clear_screen();                                // display screen 1
    TFT_landscape_mode();                              // landscape mode

    TFT_string_slow(11, 2,White, Magenta," 국기에 대한 맹세 ");
    Delay_ms(1000);
    TFT_string_slow(17, 6,Red,   Black,"(현행)");
    Delay_ms(1000);
    TFT_string_slow( 0, 9,Green, Black,"  나는 자랑스러운 태극기 앞에 자유롭고 정의로운 대한민
국의 무궁한 영광을 위하여 충성을 다할 것을 굳게 다짐합니다.");
    Delay_ms(1000);
    TFT_string_slow(15,18,Red,   Black,"(옛 버전)");
    Delay_ms(1000);
    TFT_string_slow( 0,21,Yellow,Black,"  나는 자랑스런 태극기 앞에 조국과 민족의 무궁한 영광을
위하여 몸과 마음을 바쳐 충성을 다할 것을 굳게 다짐합니다.");
    Delay_ms(3000);

    TFT_clear_screen();                                // display screen 2
    TFT_portrait_mode();                               // portrait mode

    TFT_string_slow( 9, 1,White, Magenta," 진달래 꽃 ");
    Delay_ms(1000);
    TFT_string_slow(18, 5,Green, Black,"김소월");
    Delay_ms(1000);
    TFT_string_slow( 0, 9,Cyan,  Black,"나보기가 역겨워");
    Delay_ms(1000);
    TFT_string_slow( 0,11,Cyan,  Black,"가실 때에는");
    Delay_ms(1000);
    TFT_string_slow( 0,13,Cyan,  Black,"말없이 고이 보내드리오리다.");
    Delay_ms(1000);
    TFT_string_slow( 0,17,Yellow,Black,"영변에 약산");
    Delay_ms(1000);
    TFT_string_slow( 0,19,Yellow,Black,"진달래꽃");
    Delay_ms(1000);
    TFT_string_slow( 0,21,Yellow,Black,"아름따다 가실 길에 뿌리오리다.");
    Delay_ms(1000);
    TFT_string_slow( 0,25,Cyan,  Black,"가시는 걸음 걸음");
    Delay_ms(1000);
    TFT_string_slow( 0,27,Cyan,  Black,"놓인 그 꽃을");
    Delay_ms(1000);
    TFT_string_slow( 0,29,Cyan,  Black,"사뿐히 즈려밟고 가시옵소서.");
    Delay_ms(1000);
    TFT_string_slow( 0,33,Red,   Black,"나보기가 역겨워");
    Delay_ms(1000);
    TFT_string_slow( 0,35,Red,   Black,"가실 때에는");
    Delay_ms(1000);
    TFT_string_slow( 0,37,Red,   Black,"죽어도 아니 눈물 흘리오리다.");
    Delay_ms(3000);
  }
}
/* ----- 사용자 정의 함수 -------------------------------------------------------- */

void TFT_string_slow(U08 xChar, U08 yChar, U16 colorfore, U16 colorback, char *str)   /* write TFT-LCD string */
{
  unsigned char ch1, ch2;
  unsigned short hangeul;

  Xcharacter = xChar;
  Ycharacter = yChar;

  foreground = colorfore;
  background = colorback;

  while(*str)
    { ch1 = *str;
      str++;

      if(ch1 < 0x80)                                 // English ASCII character
        TFT_English(ch1);
      else                                           // Korean
        { ch2 = *str;
          hangeul = (ch1 << 8) + ch2;
          str++;
```

```
          hangeul = KS_code_conversion(hangeul);// convert 완성형 to 조합형
          TFT_Korean(hangeul);
        }

      if(ch1 != ' ')
        { GPIOD_PSOR = 0x00000020;                // buzzer on
          Delay_ms(1);                            // delay 1 ms
          GPIOD_PCOR = 0x00000020;                // buzzer off
        }

      Delay_ms(200);                              // delay for slow display
    }
}
```

(5) 큰 글씨, 매우 큰 글씨, 가장 큰 글씨 출력 프로그램

다음 예제 프로그램은 큰 글씨, 매우 큰 글씨, 가장 큰 글씨를 혼용하여 출력하는 프로그램이다. 이 글씨들을 출력하려면 먼저 해당 글씨체를 출력하는 함수를 가진 헤더파일을 인클루드해주어야 한다.

<프로그램 Exp06_6_6.c> 큰 글씨, 매우 큰 글씨, 가장 큰 글씨를 출력하는 프로그램

```
/* ============================================================================ */
/*              Exp06_6_6_large.c : TFT-LCD 큰 글씨 출력 프로그램                 */
/* ============================================================================ */
/*                                        Programmed by Duck-Yong Yoon in 2016.   */

#include <MKL25Z4.h>
#include "OK-MKL25Z.h"
#include "OK-MKL25Z_large.h"
#include "OK-MKL25Z_xlarge.h"

int main(void)
{
  unsigned short i;

  Initialize_MCU();                             // initialize MCU and kit
  Delay_ms(50);                                 // wait for system stabilization
  Initialize_LCD();                             // initialize text LCD module
  Initialize_TFT_LCD();                         // initialize TFT-LCD module

  LCD_string(0x80," OK-MKL25Z V1.0 ");          // display title
  LCD_string(0xC0,"  Exp06_6_6.c   ");

  while(1)
    { TFT_clear_screen();                       // clear screen
      TFT_landscape_mode();                     // landscape mode

      TFT_string( 0, 0,Green,  Black,"****************************************");
      TFT_string( 0, 2,Magenta,Black,"  Cortex-M0+ 계열  OK-MKL25Z 키트 V1.0  ");
      TFT_string( 0, 4,Cyan,   Black,"         (TFT-32A 보드 V1.0 포함)        ");
      TFT_string( 0, 6,Green,  Black,"****************************************");
      TFT_string( 0, 9,Magenta,Black,"       (디스플레이 모드 = Landscape)      ");

      TFT_string( 0,13,Cyan,   Black,"        8x16 English ASCII Normal       ");
      TFT_string( 0,15,Yellow, Black,"       16x16 한글 보통 글씨 명조체        ");

      TFT_string_large(1,18, Cyan,  Black, "12x24 English ASCII Large");
      TFT_string_large(1,21, Yellow,Black, "24x24 한글 큰 글씨 명조체");

      TFT_string( 0,26,White,  Blue, "      윤교수의 마이크로프로세서 월드       ");
```

```
    TFT_string( 0,28,Green,  Black,"     (http://cafe.naver.com/mcu32bit)     ");
    Beep();
    Delay_ms(5000);

    TFT_clear_screen();                                  // clear screen

    TFT_string( 0, 0,Green,  Black,"****************************************");
    TFT_string( 0, 2,Magenta,Black,"  Cortex-M0+ 계열  OK-MKL25Z 키트 V1.0  ");
    TFT_string( 0, 4,Cyan,   Black,"         (TFT-32A 보드 V1.0 포함)         ");
    TFT_string( 0, 6,Green,  Black,"****************************************");
    TFT_string( 8, 8,Magenta,Black,"32x48 매우 큰 글씨 숫자");
    TFT_xy(0,10);
    TFT_color(Cyan,Black);
    for(i = 0; i < 10; i++)
      TFT_English_vlarge(i + '0');
    TFT_string( 8,17,Magenta,Black,"40x56 가장 큰 글씨 숫자");
    TFT_xy(0,19);
    TFT_color(Yellow,Black);
    for(i = 0; i < 8; i++)
      TFT_English_xlarge(i + '0');
    TFT_string( 0,26,White,  Blue, "      윤교수의 마이크로프로세서 월드      ");
    TFT_string( 0,28,Green,  Black,"     (http://cafe.naver.com/mcu32bit)     ");
    Beep();
    Delay_ms(5000);

    TFT_clear_screen();                          // clear screen
    TFT_portrait_mode();                         // portrait mode

    TFT_string( 0, 0,Green,  Black,"******************************");
    TFT_string( 0, 2,Magenta,Black,"     OK-MKL25Z 키트  V1.0     ");
    TFT_string( 0, 4,Cyan,   Black,"   (TFT-32A 보드 V1.0 포함)   ");
    TFT_string( 0, 6,Green,  Black,"******************************");
    TFT_string( 0,10,Magenta,Black," (디스플레이 모드 = Portrait) ");

    TFT_string( 0,16,Cyan,   Black,"      8x16 English Normal     ");
    TFT_string( 0,19,Yellow, Black,"      16x16 한글 보통 글씨    ");

    TFT_string_large(1,24, Cyan,   Black, "12x24 English Large");
    TFT_string_large(1,28, Yellow,Black, "24x24 한글 큰 글씨");

    TFT_string( 0,36,White,  Blue, "윤교수의 마이크로프로세서 월드");
    TFT_string( 0,38,Green,  Black,"http://cafe.naver.com/mcu32bit");
    Beep();
    Delay_ms(5000);

    TFT_clear_screen();                          // clear screen

    TFT_string( 0, 0,Green,  Black,"******************************");
    TFT_string( 0, 2,Magenta,Black,"     OK-MKL25Z 키트  V1.0     ");
    TFT_string( 0, 4,Cyan,   Black,"   (TFT-32A 보드 V1.0 포함)   ");
    TFT_string( 0, 6,Green,  Black,"******************************");

    TFT_string( 3,11,Magenta,Black,"32x48 매우 큰 글씨 숫자");
    TFT_xy(0,14);
    TFT_color(Cyan,Black);
    for(i = 0; i < 7; i++)
      TFT_English_vlarge(i + '0');
    TFT_string( 3,23,Magenta,Black,"40x56 가장 큰 글씨 숫자");
    TFT_xy(0,26);
    TFT_color(Yellow,Black);
    for(i = 0; i < 6; i++)
      TFT_English_xlarge(i + '0');

    TFT_string( 0,36,White,  Blue, "윤교수의 마이크로프로세서 월드");
    TFT_string( 0,38,Green,  Black,"http://cafe.naver.com/mcu32bit");
    Beep();
    Delay_ms(5000);
  }
}
```

이 예제 프로그램을 컴파일하여 *OK-MKL25Z* 키트에 다운로드하고 실행한 후에 화면에 보이는 각 글씨체를 세밀하게 관찰하여 보라. 글씨의 크기가 커짐에 따라 명조체의 글씨가 좀더 미려해지는 것을 느낄 수 있는가?

6.7 TFT-LCD 모듈 그래픽 출력 프로그램

여기서는 TFT-LCD 모듈에 문자가 아니라 도형 또는 이미지 그래픽을 출력하는 프로그램 작성 기술에 대하여 공부한다.

(1) 수학함수에 의한 그래픽 디스플레이 프로그램

먼저 TFT-LCD 모듈에 수학함수로 직선이나 사각형, 원 등의 그래픽 도형을 디스플레이하는 예제 프로그램을 작성하여 보기로 한다. TFT-LCD 모듈에서 수학적인 연산으로 이러한 기본 도형을 그리는 사용자 함수는 헤더파일 OK-MKL25Z.h에 만들어 놓았으며 이를 앞의 <표 6.12>에서 정리한 바 있다. 이러한 도형을 그리는 함수 Line(), Rectangle(), Block(), Circle(), Sine() 등의 내용은 초보자들에게는 적잖이 어려울 수 있지만 최대한 본인의 노력으로 이해할 필요가 있으며, 이밖에도 자신이 필요로 하는 도형 그리기 함수가 있으면 이를 프로그램으로 작성할 수 있어야 한다.

수학이나 소프트웨어 공학에서는 아주 다양한 그래픽 알고리즘들이 개발되어 있으나 여기서는 그러한 알고리즘을 공부하는 것이 목적이 아니므로 그냥 단순하고 알기 쉬운 기법들을 적용하여 프로그램하였다.

다음은 기본 헤더파일 OK-MKL25Z.h에 내장된 도형 그리기 함수를 이용하여 여러 가지 그래픽 쇼를 구현한 예제 프로그램이다.

〈프로그램 Exp06_7_1.c〉 수학함수를 이용한 그래픽 프로그램

```
/* ========================================================================== */
/*              Exp06_7_1_function.c : 수학함수를 이용한 그래픽                  */
/* ========================================================================== */
/*                                     Programmed by Duck-Yong Yoon in 2016.  */

#include <MKL25Z4.h>
#include "OK-MKL25Z.h"

int main(void)
{
  unsigned short i, x, y;

  Initialize_MCU();                              // initialize MCU and kit
  Delay_ms(50);                                  // wait for system stabilization
  Initialize_LCD();                              // initialize text LCD module
  Initialize_TFT_LCD();                          // initialize TFT-LCD module
```

```
LCD_string(0x80," OK-MKL25Z V1.0 ");            // display title
LCD_string(0xC0,"  Exp06_7_1.c   ");

while(1)
  { Beep();

    Rectangle(0,0, 319,239, Magenta);           // graphic show of line
    Rectangle(1,1, 318,238, Magenta);
    for(x = 10; x <= 310; x += 10)
      { Line(x,0, x,239, Green);
        Delay_ms(20);
      }
    for(y = 10; y <= 230; y += 10)
      { Line(0,y, 319,y, Green);
        Delay_ms(20);
      }
    Delay_ms(3000);
    TFT_clear_screen();

    Rectangle(0,0, 319,239, Magenta);           // graphic show of ramp
    Rectangle(1,1, 318,238, Magenta);
    for(i = 0,x = 20,y = 12; i <= 34; i++,x += 20,y += 12)
      { Line(x,0, 0,y, Red);
        Line(0,239-y, x,239, Red);
        Delay_ms(20);
      }
    for(i = 0,x = 700,y = 420; i <= 34; i++,x -= 20,y -= 12)
      { Line(x,0, 0,y, Cyan);
        Line(0,239-y, x,239, Cyan);
        Delay_ms(20);
      }
    Delay_ms(3000);
    TFT_clear_screen();

    Rectangle(0,0, 319,239, Magenta);           // graphic show of rectangle
    Rectangle(1,1, 318,238, Magenta);
    for(i = 0,x = 152,y = 114; i <= 18; i++,x -= 8,y -= 6)
      { Rectangle(x,y, 319-x,239-y, Cyan);
        Delay_ms(20);
      }
    Delay_ms(1000);
    for(i = 0,x = 8,y = 6; i <= 18; i++,x += 8,y += 6)
      { Rectangle(x,y, 319-x,239-y, Red);
        Delay_ms(20);
      }
    for(i = 0,x = 152,y = 114; i <= 18; i++,x -= 8,y -= 6)
      { Rectangle(x,y, 319-x,239-y, Green);
        Delay_ms(20);
      }
    Delay_ms(3000);
    TFT_clear_screen();

    Rectangle(0,0, 319,239, Magenta);           // graphic show of circle
    Rectangle(1,1, 318,238, Magenta);
    for(i = 10; i <= 160; i += 10)
      { Circle(160,120,i, Green);
        Delay_ms(20);
      }
    Delay_ms(1000);
    for(i = 160; i >= 10; i -= 10)
      { Circle(160,120,i, Red);
        Delay_ms(20);
      }
    for(i = 10; i <= 160; i += 10)
      { Circle(160,120,i, White);
        Delay_ms(20);
      }
    Delay_ms(3000);
    TFT_clear_screen();

    Rectangle(0,0, 319,239, Magenta);           // graphic show of 2 circles
    Rectangle(1,1, 318,238, Magenta);
```

```
      for(i = 10; i <= 120; i += 10)
        { Circle(80,120,i, Green);
          Circle(240,120,i, Green);
          Delay_ms(20);
        }
      Delay_ms(1000);
      for(i = 120; i >= 10; i -= 10)
        { Circle(80,120,i, Red);
          Circle(240,120,i, Red);
          Delay_ms(20);
        }
      for(i = 10; i <= 120; i += 10)
        { Circle(80,120,i, Yellow);
          Circle(240,120,i, Yellow);
          Delay_ms(20);
        }
      Delay_ms(3000);
      TFT_clear_screen();

      Rectangle(0,0, 319,239, Magenta);          // graphic show of sine curve
      Rectangle(1,1, 318,238, Magenta);
      Line(0,120, 319,120, Magenta);
      for(i = 10; i <= 120; i += 10)
        { Sine(i, 0, Green);
          Delay_ms(20);
        }
      Delay_ms(1000);
      for(i = 10; i <= 120; i += 10)
        { Sine(i, 1, Blue);
          Delay_ms(20);
        }
      Delay_ms(3000);
      TFT_clear_screen();
    }
}
```

☞ 헤더파일 OK-MKL25Z.h에서 제공하는 그래픽 함수 Line(), Rectangle(), Block(), Circle(), Sine() 등의 동작 원리를 이해하고, 그것들이 이 예제 프로그램에서 어떻게 활용되고 있는지 분석하라.

이번에는 난수를 발생시켜 도형의 크기와 색을 랜덤하게 변화시키는 방법으로 여러가지 그래픽 쇼를 구현한 예제 프로그램이다.

<프로그램 Exp06_7_2.c> 수학함수와 난수를 이용한 랜덤 그래픽 프로그램

```
/* ========================================================================== */
/*              Exp06_7_2_random.c : 난수를 이용한 랜덤 그래픽                  */
/* ========================================================================== */
/*                                   Programmed by Duck-Yong Yoon in 2016.    */

#include <stdlib.h>
#include <MKL25Z4.h>
#include "OK-MKL25Z.h"

void Gradation(U16 x1,U16 y1, U16 x2,U16 y2, U16 color); /* gradation for rectangle */

/* ----- 메인 프로그램 ------------------------------------------------------- */

int main(void)
{
  unsigned char i, key;
  unsigned short color, fill, random;
```

```
signed short x1, y1, x2, y2, r;
unsigned short Color[16] = { White, DarkGrey, Red, Green, Blue, Yellow, Cyan, Magenta,
                             Pink, Purple, LightGrey, Violet, Navy, Khaki, DarkGreen, Olive };

Initialize_MCU();                               // initialize MCU and kit
Delay_ms(50);                                   // wait for system stabilization
Initialize_LCD();                               // initialize text LCD module
Initialize_TFT_LCD();                           // initialize TFT-LCD module

LCD_string(0x80," OK-MKL25Z V1.0 ");            // display title
LCD_string(0xC0,"   Exp06_7_2.c  ");
Beep();

TFT_string(6,10, White,Magenta, " 난수를 이용한 랜덤 그래픽 "); // wait KEY1 to start
TFT_string(8,15, Cyan,  Black,  " Press KEY1 to start ! ");

SysTick->LOAD  = 0x00FFFFFF;                    // maximum value
SysTick->VAL   = 0;                             // clear SysTick Counter
SysTick->CTRL  = 0x00000001;                    // SysTick enable and no interrupt

key = 0;                                        // random starting time
while(key != KEY1) key = Key_input();
random = SysTick->VAL;
srand(random);
TFT_clear_screen();                             // clear screen

while(1)
  { Rectangle(0,0, 319,239, Magenta);           // graphic show 1(line 1)
    Rectangle(1,1, 318,238, Magenta);
    for(i = 0; i < 100; i++)
      { x2 = rand() % 320;
        y2 = rand() % 240;

        Line(2,2, x2,y2, White);
        Delay_ms(30);
      }
    Delay_ms(1000);
    TFT_clear_screen();
    Beep();

    Rectangle(0,0, 319,239, Magenta);           // graphic show 2(line 2)
    Rectangle(1,1, 318,238, Magenta);
    for(i = 0; i < 100; i++)
      { x2 = rand() % 320;
        y2 = rand() % 240;

        Line(2,237, x2,y2, Yellow);
        Delay_ms(30);
      }
    Delay_ms(1000);
    TFT_clear_screen();
    Beep();

    Rectangle(0,0, 319,239, Magenta);           // graphic show 3(line 3)
    Rectangle(1,1, 318,238, Magenta);
    for(i = 0; i < 100; i++)
      { x2 = rand() % 320;
        y2 = rand() % 240;

        Line(317,237, x2,y2, Green);
        Delay_ms(30);
      }
    Delay_ms(1000);
    TFT_clear_screen();
    Beep();

    Rectangle(0,0, 319,239, Magenta);           // graphic show 4(line 4)
    Rectangle(1,1, 318,238, Magenta);
    for(i = 0; i < 100; i++)
      { x2 = rand() % 320;
        y2 = rand() % 240;

        Line(317,2, x2,y2, Cyan);
```

```
      Delay_ms(30);
    }
  Delay_ms(3000);
  TFT_clear_screen();
  Beep();

  Rectangle(0,0, 319,239, Magenta);          // graphic show 5(rectangle)
  Rectangle(1,1, 318,238, Magenta);
  for(i = 0; i < 50; i++)
    { x1 = rand() % 320;
      y1 = rand() % 240;
      x2 = rand() % 320;
      y2 = rand() % 240;
      color = rand() % 16;

      Rectangle(x1,y1, x2,y2, Color[color]);
      Delay_ms(50);
    }
  Delay_ms(3000);
  TFT_clear_screen();
  Beep();

  Rectangle(0,0, 319,239, Magenta);          // graphic show 6(block)
  Rectangle(1,1, 318,238, Magenta);
  for(i = 0; i < 30; i++)
    { x1 = rand() % 320;
      y1 = rand() % 240;
      x2 = rand() % 320;
      y2 = rand() % 240;
      color = rand() % 16;
      fill = rand() % 16;

      Block(x1,y1, x2,y2, Color[color], Color[fill]);
      Delay_ms(50);
    }
  Delay_ms(3000);
  TFT_clear_screen();
  Beep();

  Rectangle(0,0, 319,239, Magenta);          // graphic show 7(circle)
  Rectangle(1,1, 318,238, Magenta);
  for(i = 0; i < 50; i++)
    { x1 = rand() % 320;
      y1 = rand() % 240;
      r = rand() % 120;
      color = rand() % 16;

      Circle(x1,y1, r, Color[color]);
      Delay_ms(50);
    }
  Delay_ms(3000);
  TFT_clear_screen();
  Beep();

  Rectangle(0,0, 319,239, Magenta);          // graphic show 8(gradation)
  Rectangle(1,1, 318,238, Magenta);
  for(i = 0; i < 30; i++)
    { x1 = rand() % 320;
      y1 = rand() % 240;
      r = rand() & 0x007F;
      x2 = x1 + r;
      y2 = y1 + r;
      color = (rand() % 32) << 11;
      color |= (rand() % 64) << 5;
      color |= (rand() % 32);

      Gradation(x1,y1, x2,y2, color);
      Delay_ms(50);
    }
  Delay_ms(3000);
  TFT_clear_screen();
  Beep();
}
```

```
}
/* ----- 사용자 정의 함수 ------------------------------------------------------- */

void Gradation(U16 x1,U16 y1, U16 x2,U16 y2, U16 color) /* gradation for rectangle */
{
  unsigned short i, limit, red, green, blue;

  red   = (color >> 11) & 0x001F;
  green = (color >> 5) & 0x003F;
  blue = color & 0x001F;

  limit = abs(x1-x2) / 2;

  for(i = 0; i < limit; i++)
  { Rectangle(x1++,y1++, x2--,y2--, color);

    red   += 1;
    green += 2;
    blue  += 1;

    color  = (red % 32) >> 11;
    color |= (green % 64) << 5;
    color |= (blue % 32);
  }
}
```

☞ 난수를 발생시키기 시작할 때는 srand() 함수로 난수의 seed를 제공하야 하는데 이 값을 항상 같은 상수값으로 주게 되면 리셋 후에 난수를 발생하는 패턴이 늘 일정하게 수행되는 단점이 있다. 이를 피하기 위하여 여기서는 시스틱 타이머 SysTick을 설정한 후에 이것에 의한 카운터 레지스터 값을 seed로 사용함으로써 매번 난수를 발생하는 seed가 달라지도록 처리하였다. 타이머의 동작을 설정한 후에 KEY1을 눌러서 프로그램의 동작이 시작되기 까지의 시간이 매번 일정하지 않기 때문에 seed가 달라지게 되는 것이다.

(2) 이미지 데이터 그래픽 디스플레이 프로그램

퍼스널컴퓨터에서 사용하는 BMP, PCX, JPG, GIF 등의 그림 파일에 있는 이미지 데이터를 사용하여 TFT-LCD 모듈에 이미지 그래픽을 구현할 수 있다. 이를 위해서는 그림 파일의 각 픽셀(pixel) 데이터를 상수로 읽어들여 TFT-LCD 모듈의 해당 위치에 차례로 출력하여야 한다.

그러나, 이런 그림 파일은 데이터의 용량이 매우 크므로 이를 저장하고 읽어들일 때는 기억용량이 충분히 큰 보조기억장치가 필요하다. 여기서는 여러가지 그림의 이미지 데이터를 C언어의 상수 배열로 플래시 메모리에 미리 저장하고 있다가 이를 읽어서 TFT-LCD 모듈에 출력하는데, 이렇게 하면 MKL25Z128VLK4 마이크로컨트롤러의 플래시 메모리 용량이 128KB에 불과하다는 점을 생각할 때 몇 개의 아주 작은 그래픽 이미지 정도를 출력할 수 있다. 320×240 픽셀의 TFT-LCD 모듈에 픽셀당 16비트의 컬러로 1화면 분량의 이미지를 출력하려면 무려 153,600 바이트의 데이터 용량이 필요하게 되기 때문이다.

그림 파일의 이미지 데이터를 읽어서 이를 C언어의 상수 배열로 만드는 것은 상당히 지루하고 힘든 작업이므로 전용의 변환 프로그램을 사용하는 것이 좋다. 인터넷에서 보면 이런 목적으로 BMP 파일에서 이미지 데이터를 추출하여 C언어 소스의 배열로 변환해주는 유틸리티 프로그램을 쉽게 구할 수 있다. 또한 여기에 PCX, JPG, GIF 등의 그림 파일을 BMP 파일 형식으로 변환하거나 또는 그림의 크기를 임의로 확대 및 축소할 수 있는 기능을 갖는 이미지 처리용 유틸리티 프로그램을 함께 사용하면 편리하다.

이제 인터넷에서 쉽게 구할 수 있는 몇가지의 간단한 이미지 그림을 C언어 상수 배열로 저장하였다가 이를 TFT-LCD 모듈에 출력하는 예제 프로그램을 보기로 한다. 여기서 사용하는 그림은 NXP사의 로고와 Kinetis 반도체 소자의 이미지이다.

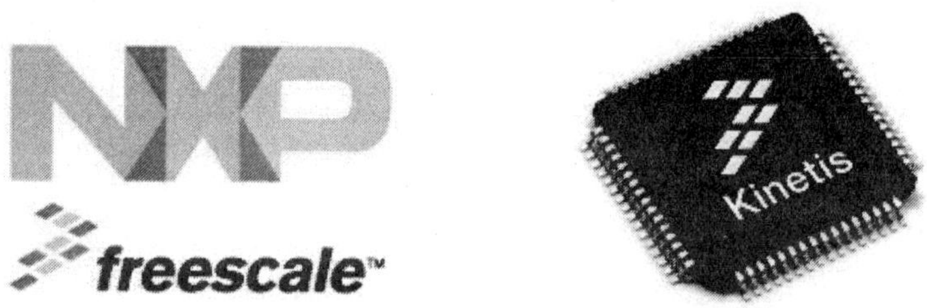

<그림 6.22> TFT-LCD 모듈에 출력할 이미지 그림

<프로그램 Exp06_7_3.c> 상수 배열로 처리한 이미지 그림 출력 프로그램

```
/* ========================================================================== */
/*               Exp06_7_3_image.c : 비트맵 이미지 그래픽(BMP 파일)            */
/* ========================================================================== */
/*                                    Programmed by Duck-Yong Yoon in 2016.   */

#include <MKL25Z4.h>
#include "OK-MKL25Z.h"

const unsigned short NXP_freescale[] = {        // NXP-Freescale logo 188 x 127 pixel
0xFFFF,0xFFFF,0xFFFF,0xFFFF,0xFFFF,0xFFFF,0xFFFF,0xFFFF,0xFFFF,0xFFFF,
0xFFFF,0xFFFF,0xFFFF,0xFFFF,0xFFFF,0xFFFF,0xFFFF,0xFFFF,0xFFFF,0xFFFF,
0xFFFF,0xFFFF,0xFFFF,0xFFFF,0xFFFF,0xFFFF,0xFFFF,0xFFFF,0xFFFF,0xFFFF,
0xFFFF,0xFFFF,0xFFFF,0xFFFF,0xFFFF,0xFFFF,0xFFFF,0xFFFF,0xFFFF,0xFFFF,
0xFFFF,0xFFFF,0xFFFF,0xFFFF,0xFFFF,0xFFFF,0xFFFF,0xFFFF,0xFFFF,0xFFFF,
0xFFFF,0xFFFF,0xFFFF,0xFFFF,0xFFFF,0xFFFF,0xFFFF,0xFFFF,0xFFFF,0xFFFF,
0xFFFF,0xFFFF,0xFFFF,0xFFFF,0xFFFF,0xFFFF,0xFFFF,0xFFFF,0xFFFF,0xFFFF,
0xFFFF,0xFFFF,0xFFFF,0xFFFF,0xFFFF,0xFFFF,0xFFFF,0xFFFF,0xFFFF,0xFFFF,

            (중략)

0xFFFF,0xFFDF,0xFFDF,0xFFDF,0xFFDF,0xFFDF,0xFFDF,0xFFDF,0xFFDF,0xFFDF,
0xFFDF,0xFFDF,0xFFDF,0xFFDF,0xFFDF,0xFFDF,0xFFDF,0xFFDF,0xFFDF,0xFFFF,
0xFFFF,0xFFDF,0xFFDF,0xFFDF,0xFFDF,0xFFDF,0xFFFF,0xFFFF,0xFFFF,0xFFFF,
0xFFDF,0xFFDF,0xFFDF,0xFFDF,0xFFDF,0xFFDF,0xFFDF,0xFFDF,0xFFDF,0xFFDF,
0xFFDF,0xFFDF,0xFFDF,0xFFFF,0xFFFF,0xFFFF,0xFFFF,0xFFDF,0xFFDF,0xFFDF,
0xFFDF,0xFFDF,0xFFDF,0xFFDF,0xFFDF,0xFFDF,0xFFDF,0xFFFF,0xFFFF,0xFFFF,
0xFFFF,0xFFFF,0xFFFF,0xFFFF,0xFFFF,0xFFFF,0xFFFF,0xFFFF,0xFFFF,0xFFFF,
```

```
0xFFFF,0xFFFF,0xFFFF,0xFFFF,0xFFFF,0xFFFF };

const unsigned short Kinetis[] = {               // Kinetis chip 170 x 146 pixel
0xFFFF,0xFFFF,0xFFFF,0xFFFF,0xFFFF,0xFFFF,0xFFFF,0xFFFF,0xFFFF,0xFFFF,
0xFFFF,0xFFFF,0xFFFF,0xFFFF,0xFFFF,0xFFFF,0xFFFF,0xFFFF,0xFFFF,0xFFFF,
0xFFFF,0xFFFF,0xFFFF,0xFFFF,0xFFFF,0xFFFF,0xFFFF,0xFFFF,0xFFFF,0xFFFF,
0xFFFF,0xFFFF,0xFFFF,0xFFFF,0xFFFF,0xFFFF,0xFFFF,0xFFFF,0xFFFF,0xFFFF,
0xFFFF,0xFFFF,0xFFFF,0xFFFF,0xFFFF,0xFFFF,0xFFFF,0xFFFF,0xFFFF,0xFFFF,
0xFFFF,0xFFFF,0xFFFF,0xFFFF,0xFFFF,0xFFFF,0xFFFF,0xFFFF,0xFFFF,0xFFFF,
0xFFFF,0xFFFF,0xFFFF,0xFFFF,0xFFFF,0xFFFF,0xFFFF,0xFFFF,0xFFFF,0xFFFF,
0xFFFF,0xFFFF,0xFFFF,0xFFFF,0xFFFF,0xFFFF,0xFFFF,0xFFFF,0xFFFF,0xFFFF,

          (중략)

0xFFFF,0xFFFF,0xFFFF,0xFFFF,0xFFFF,0xFFFF,0xFFFF,0xFFFF,0xFFFF,0xFFFF,
0xFFFF,0xFFFF,0xFFFF,0xFFFF,0xFFFF,0xFFFF,0xFFFF,0xFFFF,0xFFFF,0xFFFF,
0xFFFF,0xFFFF,0xFFFF,0xFFFF,0xFFFF,0xFFFF,0xFFFF,0xFFFF,0xFFFF,0xFFFF,
0xFFFF,0xFFFF,0xFFFF,0xFFFF,0xFFFF,0xFFFF,0xFFFF,0xFFFF,0xFFFF,0xFFFF,
0xFFFF,0xFFFF,0xFFFF,0xFFFF,0xFFFF,0xFFFF,0xFFFF,0xFFFF,0xFFFF,0xFFFF,
0xFFFF,0xFFFF,0xFFFF,0xFFFF,0xFFFF,0xFFFF,0xFFFF,0xFFFF,0xFFFF,0xFFFF,
0xFFFF,0xFFFF,0xFFFF,0xFFFF,0xFFFF,0xFFFF,0xFFFF,0xFFFF,0xFFFF,0xFFFF,
0xFFFF,0xFFFF,0xFFFF,0xFFFF,0xFFFF,0xFFFF,0xFFFF,0xFFFF,0xFFFF,0xFFFF };

int main(void)
{
  unsigned short i, x, y, color;

  Initialize_MCU();                              // initialize MCU and kit
  Delay_ms(50);                                  // wait for system stabilization
  Initialize_LCD();                              // initialize text LCD module
  Initialize_TFT_LCD();                          // initialize TFT-LCD module

  LCD_string(0x80," OK-MKL25Z V1.0 ");           // display title
  LCD_string(0xC0,"  Exp06_7_3.c   ");

  while(1)
    { TFT_string(14,4, Cyan,Black, "NXP사의 로고"); // NXP-Freescale
      Beep();
      Rectangle(0,0, 319,239, Magenta);
      i = 0;
      for(y = 0; y < 127; y++)
        for(x = 0; x < 188; x++)
          { color = NXP_freescale[i++];
            TFT_pixel(x+66,y+80, color);
          }
      Delay_ms(3000);
      TFT_clear_screen();

      TFT_string(8,4, Cyan,Black, "Kinetis 마이크로컨트롤러"); // Kinetis
      Beep();
      Rectangle(0,0, 319,239, Magenta);
      i = 0;
      for(y = 0; y < 146; y++)
        for(x = 0; x < 170; x++)
          { color = Kinetis[i++];
            TFT_pixel(x+75,y+70, color);
          }
      Delay_ms(3000);
      TFT_clear_screen();
    }
}
```

이번에는 여러 개의 화면 컷(cut)으로 되어있는 이미지 그림을 연속으로 디스플레이하여 간단한 애니메이션 영상을 구현하는 예제 프로그램이다. 이 예제에서는 모두 7

컷으로 구성되는 그림을 C언어 상수 배열로 저장하여 놓고 이를 차례를 출력하여 예쁜 소녀가 고개를 숙여 인사하는 간단한 애니메이션을 구현하였다. 7개의 화면을 순서대로 출력하면 고개를 숙이는 모양이 되고, 이를 역순으로 출력하면 인사를 마치고 다시 고개를 드는 모양의 된다.

이 경우는 그림이 매우 작기 때문에 이를 연속으로 출력하는데 MKL25Z128VLK4 마이크로컨트롤러가 충분한 처리속도를 보이지만, 만약 그림이 이보다 상당히 커지거나 1초당 출력할 화면의 컷 수가 많아지면 TFT-LCD 모듈로 출력할 데이터 전송량이 급증하여 이보다 훨씬 빠른 그래픽 처리가 필요하게 된다. 이런 경우에는 ARM Cortex-M4/M7와 같은 동영상 처리용의 고성능 마이크로컨트롤러와 이에 적합한 기능을 갖는 RGB 인터페이스 방식의 TFT-LCD 모듈을 사용하는 것이 바람직하다.

〈그림 6.23〉 애니메이션으로 구현한 인사하는 소녀 그림

〈프로그램 Exp06_7_4.c〉 연속된 이미지 그림을 출력하여 애니메이션을 구현한 예

```
/* ============================================================================ */
/*                Exp06_7_4_animation.c : 간단한 애니메이션 그래픽               */
/* ============================================================================ */
/*                                   Programmed by Duck-Yong Yoon in 2016.     */

#include <MKL25Z4.h>
#include "OK-MKL25Z.h"

const unsigned short girl[7][32*57] = {          // greeting girl 32 x 57 pixel
{ 0x0104, 0x0104, 0x0104, 0x0104, 0x0104, 0x0104, 0x0104, 0x0104, // cut 1
  0x0104, 0x0104, 0x0104, 0x0104, 0x0104, 0x0104, 0x0104, 0x0104,
  0x0104, 0x0104, 0x0104, 0x0104, 0x0104, 0x0104, 0x0104, 0x0104,
  0x0104, 0x0104, 0x0104, 0x0104, 0x0104, 0x0104, 0x0104, 0x0104,
  0x0104, 0x0104, 0x0104, 0x0104, 0x0104, 0x0104, 0x0104, 0x0104,
  0x0104, 0x0104, 0x0104, 0x0104, 0xDEFB, 0xCCD3, 0x9CCC, 0x8C51,
  0xCCCC, 0x8C51, 0xCCD3, 0x0104, 0x0104, 0x0104, 0x0104, 0x0104,
  0x0104, 0x0104, 0x0104, 0x0104, 0x0104, 0x0104, 0x0104, 0x0104,

            (중략)

  0x0104, 0x0104, 0x0104, 0x0104, 0x0104, 0x0104, 0x0104, 0x0104,
  0x0104, 0x0104, 0x0104, 0x0104, 0x0104, 0x0104, 0xFE73, 0xCB26,
  0xCB2C, 0xFFF9, 0x0104, 0x0104, 0x0104, 0x0104, 0x0104, 0x0104,
  0x0104, 0x0104, 0x0104, 0x0104, 0x0104, 0x0104, 0x0104, 0x0104,
  0x0104, 0x0104, 0x0104, 0x0104, 0x0104, 0x0104, 0x0104, 0x0104,
  0x0104, 0x0104, 0x0104, 0x0104, 0x0104, 0x0104, 0x0104, 0x0104,
  0x0104, 0x0104, 0x0104, 0x0104, 0x0104, 0x0104, 0x0104, 0x0104,
  0x0104, 0x0104, 0x0104, 0x0104, 0x0104, 0x0104, 0x0104, 0x0104 },
{ 0x0104, 0x0104, 0x0104, 0x0104, 0x0104, 0x0104, 0x0104, 0x0104, // cut 7
  0x0104, 0x0104, 0x0104, 0x0104, 0x0104, 0x0104, 0x0104, 0x0104,
  0x0104, 0x0104, 0x0104, 0x0104, 0x0104, 0x0104, 0x0104, 0x0104,
  0x0104, 0x0104, 0x0104, 0x0104, 0x0104, 0x0104, 0x0104, 0x0104,
  0x0104, 0x0104, 0x0104, 0x0104, 0x0104, 0x0104, 0x0104, 0x0104,
  0x0104, 0x0104, 0x0104, 0x0104, 0x0104, 0x0104, 0x0104, 0x0104,
```

```
    0x0104, 0x0104, 0x0104, 0x0104, 0x0104, 0x0104, 0x0104, 0x0104,
    0x0104, 0x0104, 0x0104, 0x0104, 0x0104, 0x0104, 0x0104, 0x0104,

             (중략)

    0x0104, 0x0104, 0x0104, 0x0104, 0x0104, 0x0104, 0x0104, 0x0104,
    0x0104, 0x0104, 0x0104, 0x0104, 0x0104, 0x0104, 0xFE79, 0xCB26,
    0xCB2C, 0xFFF9, 0x0104, 0x0104, 0x0104, 0x0104, 0x0104, 0x0104,
    0x0104, 0x0104, 0x0104, 0x0104, 0x0104, 0x0104, 0x0104, 0x0104,
    0x0104, 0x0104, 0x0104, 0x0104, 0x0104, 0x0104, 0x0104, 0x0104,
    0x0104, 0x0104, 0x0104, 0x0104, 0x0104, 0x0104, 0x0104, 0x0104,
    0x0104, 0x0104, 0x0104, 0x0104, 0x0104, 0x0104, 0x0104, 0x0104,
    0x0104, 0x0104, 0x0104, 0x0104, 0x0104, 0x0104, 0x0104, 0x0104 }};

int main(void)
{
  unsigned short i, cut, x, y, color;

  Initialize_MCU();                              // initialize MCU and kit
  Delay_ms(50);                                  // wait for system stabilization
  Initialize_LCD();                              // initialize text LCD module
  Initialize_TFT_LCD();                          // initialize TFT-LCD module

  LCD_string(0x80," OK-MKL25Z V1.0 ");           // display title
  LCD_string(0xC0,"  Exp06_7_4.c   ");

  while(1)
    { TFT_string(14,22, Cyan,Black, "안녕하세요 ?");
      for(cut = 0; cut <= 6; cut++)              // 머리를 숙이는 동작
        { i = 0;
          for(y = 0; y < 57; y++)
            for(x = 0; x < 32; x++)
              { color = girl[cut][i++];
                TFT_pixel(x+144,y+92, color);
              }
          Delay_ms(100);
        }
      Delay_ms(500);

      for(cut = 7; cut > 0; cut--)               // 다시 되돌아 오는 동작
        { i = 0;
          for(y = 0; y < 57; y++)
            for(x = 0; x < 32; x++)
              { color = girl[cut-1][i++];
                TFT_pixel(x+144,y+92, color);
              }
          Delay_ms(100);
        }
      TFT_string(14,22, Cyan,Black, "            ");
      Delay_ms(2000);
    }
}
```

제7장
A/D 컨버터(ADC)의 활용

이 장에서는 MKL25Z128VLK4 마이크로컨트롤러에 내장된 16비트 분해능 축차비교형 A/D 컨버터(ADC)의 구조 및 기능을 설명하고, 이것을 활용하는 응용 프로그램 예제를 공부한다.

7.1 ADC의 구조와 기능

(1) ADC의 특성

MKL25Z128VLK4의 A/D 컨버터(Analog-to-Digital Converter ; ADC)는 다음과 같은 특징을 가지고 있다.

- 16비트 분해능의 축차비교형(successive approximation) A/D 컨버터이다.
- 14개의 단극성(single-ended) 아날로그 입력과 2개의 차동(differential) 아날로그 입력을 가지고 있다.
- 단극성 모드에서는 16비트, 12비트, 10비트, 8비트의 A/D 변환이 가능하다.
- 차동 모드에서는 16비트, 13비트, 11비트, 9비트의 A/D 변환이 가능하다.
- 단극성 모드에서는 A/D 변환 결과가 우측 정렬된(right-justified) 부호없는 정수로 출력된다.
- 차동 모드에서는 A/D 변환 결과가 16비트로 부호 확장된(sign-extended) 2의 보수로 출력된다.
- 단일 변환(single conversion) 또는 연속 변환(continuous conversion) 동작이 가능하다.
- 샘플링 시간, 변환 시간, 소비전력 등을 설정할 수 있다.
- 입력 클록을 4가지의 소스에서 선택할 수 있다.
- 잡음을 줄이기 위하여 저전력 모드(Low-Power mode)에서 동작시키는 것이 가능하다.
- 아날로그 채널의 선택과 A/D 변환 트리거 동작을 하드웨어적으로 처리할 수 있다.

- A/D 변환 결과를 지정값의 크기와 비교하여 인터럽트를 발생하는 기능을 가지고 있다.
- 온도 센서를 내장하고 있다.
- A/D 변환 결과를 하드웨어적으로 평균 처리하는 기능을 가지고 있다.
- 기준전압을 선택하여 사용할 수 있다.
- 캘리브레이션(calibration) 기능을 가지고 있다.
- 변환 완료와 하드웨어적인 평균처리 완료 등의 경우에 인터럽트를 발생할 수 있다.

(2) ADC의 구조

MKL25Z128VLK4에 내장된 A/D 컨버터의 내부 구조를 블록도로 보이면 <그림 7.1>과 같다.

A/D 컨버터에는 전용의 아날로그 전원 단자 VDDA 및 VSSA를 통하여 1.71~3.6V가 입력되어야 하며, 1μF와 0.01μF 커패시터 또는 여기에 10μH 정도의 인덕터를 추가로 사용하여 필터링 및 디커플링해주는 것이 좋다. 또한 A/D 변환을 위한 기준전압 단자 VREFSH 및 VREFSL에는 1.13V~VDDA 범위의 기준전압을 인가하는데, A/D 컨버터의 기준전압은 이것을 선택하여 사용할 수도 있고, 각각 VDDA와 VSSA에 연결되어 있는 내부 기준전압 VALTH 및 VALTL을 선택하여 사용할 수도 있다.

원래 MKL25Z 시리즈의 마이크로컨트롤러에는 아날로그 입력 채널이 최대 0~23의 24개가 있으며 이중에서 0~3은 단극성 모드로 사용할 수도 있고 차동 모드로 사용할 수도 있지만, MKL25Z128VLK4의 A/D 컨버터에는 아날로그 입력 채널을 14개 가지고 있고 이중에서 2개는 단극성 모드와 차동 모드를 모두 사용할 수 있다. 온도 센서를 읽을 수 있는 채널은 이와 별도의 채널로 되어 있다. 이들 채널의 선택은 ADC0_SC1 레지스터의 ADCH[4:0] 비트 및 DIFF 비트에 의하여 수행되는데 이를 요약하면 <표 7.1>과 같다. 차동 입력 신호는 DADPx와 DADMx 핀으로 구성되며, 이중에서 DADPx는 단극성 모드일 때 단극성 아날로그 입력 신호로 사용되기도 한다.

MKL25Z128VLK4의 A/D 컨버터는 리셋 직후에나, 저전력 정지 모드에 있거나, 또는 ADCH[4:0]=11111로 설정한 경우에는 동작이 금지된다. 2개의 상태 및 제어 레지스터 ADC0_SC1A와 ADC0_SC1B를 사용하여 아날로그 입력 채널을 지정하고 A/D 변환을 수행하면 변환 결과는 각각 ADC0_RA와 ADC0_RB 레지스터에 저장된다. A/D 변환 결과를 ADC0_CV1과 ADC0_CV2 레지스터에 미리 지정되어 있는 값과 비교하는 기능을 가지며, 또한 하드웨어적으로 변환 결과를 평균 처리하는 기능도 가진다.

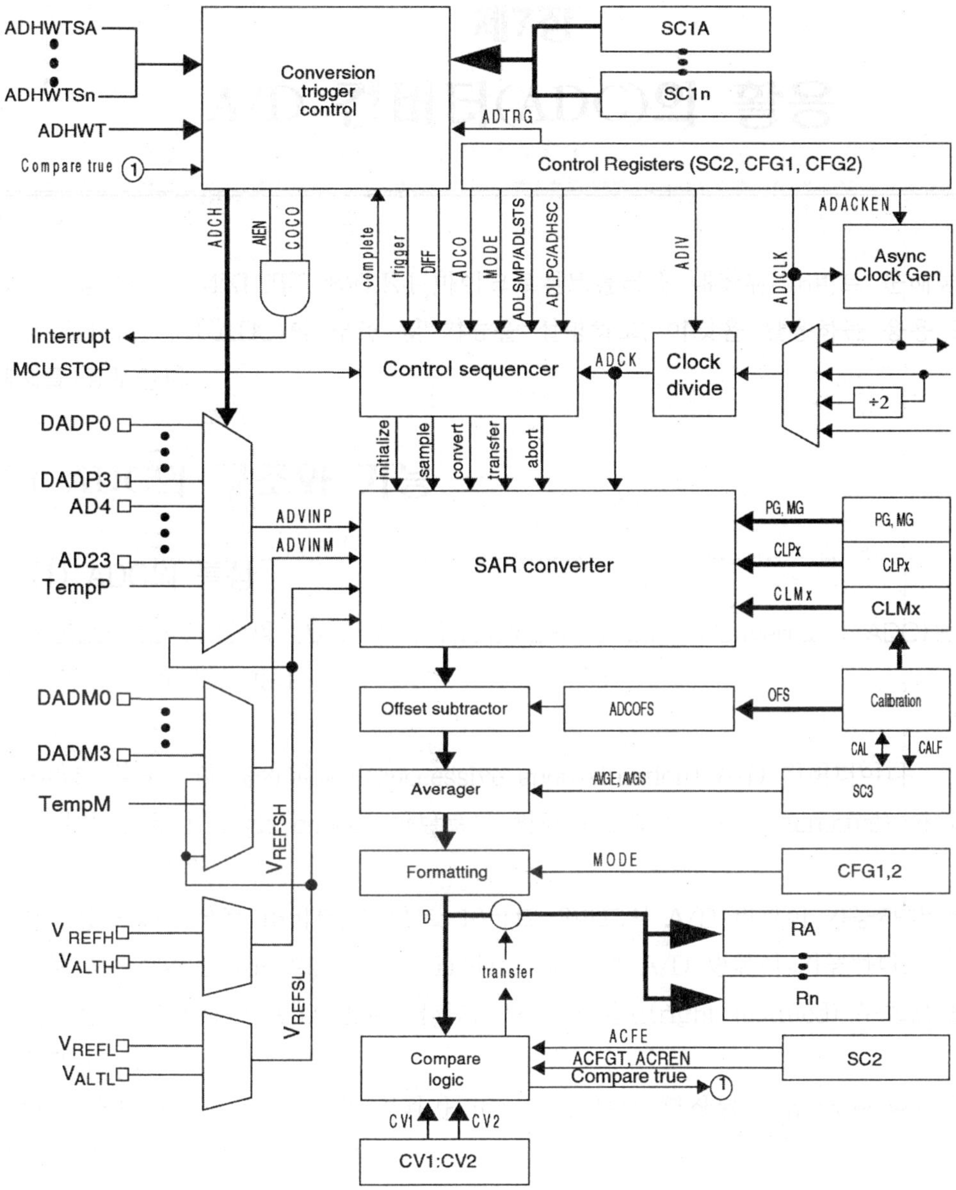

<그림 7.1> MKL25Z128VLK4의 A/D 컨버터 내부 구조

(3) ADC의 클록의 선택

A/D 컨버터의 클록으로는 버스 클록, 버스 클록/2, ALTCLK, ADACK 등 4가지 중에서 하나를 선택하여 사용할 수 있으며, 선택된 클록은 분주기를 사용하여 1, 2, 4, 8로 분주한 후 A/D 컨버터에 ADCK로 공급된다. 16비트 분해능의 경우에는 ADCK으로

2MHz~12MHz 범위의 클록을 사용해야 하며, 13비트 이하 분해능의 경우에는 ADCK으로 1MHz~18MHz 범위의 클록을 사용해야 한다.

<표 7.1> MKL25Z128VLK4의 A/D 컨버터에서 아날로그 입력 채널의 선택

ADCH[4:0] 비트	채널 이름	DIFF = 0 (단극성 모드)	DIFF = 1 (차동 모드)	MKL25Z128VLK4에서 사용 가능 여부
00000	DAD0	ADC0_SE0/ADC0_DP0	ADC0_DP0~ADC0_DM0	○
00001	DAD1	ADC0_SE1/ADC0_DP1	ADC0_DP1~ADC0_DM1	
00010	DAD2	ADC0_SE2/ADC0_DP2	ADC0_DP2~ADC0_DM2	
00011	DAD3	ADC0_SE3/ADC0_DP3	ADC0_DP3~ADC0_DM3	○
00100	AD4a[1)]	ADC0_SE4a/ADC0_DM0	-	○
00101	AD5a[1)]	ADC0_SE5a/ADC0_DM1	-	
00110	AD6a[1)]	ADC0_SE6a/ADC0_DM2	-	
00111	AD7a[1)]	ADC0_SE7a/ADC0_DM3	-	○
00100	AD4b[2)]	ADC0_SE4b	-	○
00101	AD5b[2)]	ADC0_SE5b	-	○
00110	AD6b[2)]	ADC0_SE6b	-	○
00111	AD7b[2)]	ADC0_SE7b	-	○
01000	AD8	ADC0_S8	-	○
01001	AD9	ADC0_S9	-	○
01010	AD10	-	-	
01011	AD11	ADC0_S11	-	○
01100	AD12	ADC0_S12	-	○
01101	AD13	ADC0_S13	-	○
01110	AD14	ADC0_S14	-	○
01111	AD15	ADC0_S15	-	○
10000	AD16	-	-	
10001	AD17	-	-	
10010	AD18	-	-	
10011	AD19	-	-	
10100	AD20	-	-	
10101	AD21	-	-	
10110	AD22	-	-	
10111	AD23	ADC0_S23/DAC0 출력	-	○
11000	AD24	-	-	
11001	AD25	-	-	
11010	AD26	온도 센서	온도 센서	○
11011	AD27	밴드갭 전원 V_{BG}=1.00V	밴드갭 전원 V_{BG}=1.00V	○
11100	AD28	-	-	
11101	AD29	VREFH	-VREFH	○
11110	AD30	VREFL	-	○
11111	AD31	A/D 컨버터 동작 금지	A/D 컨버터 동작 금지	○

1)은 ADC0_CFG2 레지스터에서 MUXSEL=0으로 설정된 경우
2)는 ADC0_CFG2 레지스터에서 MUXSEL=1로 설정된 경우

(4) ADC의 채널 선택 및 트리거

A/D 컨버터의 트리거 방식에는 ADTRG=0으로 설정하여 동작하는 소프트웨어 트리거와 ADTRG=1로 설정하여 사용하는 하드웨어 트리거 방식이 있다. 소프트웨어 트

리거는 ADC0_SC1A 레지스터에만 적용되며 여기에 값을 쓰면 즉시 A/D 변환이 개시된다.

하드웨어 트리거는 ADC0_SC1A 및 ADC0_SC1B 레지스터에 모두 적용되며, 하드웨어 트리거 이벤트 신호 ADHWTSn이 입력되면 A/D 변환이 시작된다.

(5) 샘플링 시간과 변환 시간

A/D 변환을 수행하는 걸리는 전체 시간은 크게 샘플링 시간(sampling time)과 변환시간(conversion time)으로 나눌 수 있다. 샘플링 시간은 기본적으로 ADLSMP 및 ADLSTS 비트로 결정되는데 ADHSC 비트로 고속 모드를 설정하면 클록 주파수는 높아지는데 비하여 샘플링에 소요되는 ADCK 클록수는 2만큼 늘어난다. 샘플링 시간을 설정하는 내용을 요약하면 <표 7.2>와 같다.

<표 7.2> A/D 컨버터에서 샘플링 시간의 설정

<table>
<tr><th colspan="3">설정</th><th colspan="2">샘플링 시간(ADCK 클록수)</th></tr>
<tr><th>ADLSMP</th><th>ADLSTS[1:0]</th><th>ADHSC</th><th>단일 변환 또는 연속 모드의 첫번째 변환</th><th>연속 모드의 2번째 이후 변환</th></tr>
<tr><td>0</td><td>XX</td><td>0</td><td>6</td><td>4</td></tr>
<tr><td>1</td><td>00</td><td>0</td><td colspan="2">24</td></tr>
<tr><td>1</td><td>01</td><td>0</td><td colspan="2">16</td></tr>
<tr><td>1</td><td>10</td><td>0</td><td colspan="2">10</td></tr>
<tr><td>1</td><td>11</td><td>0</td><td colspan="2">6</td></tr>
<tr><td>0</td><td>XX</td><td>1</td><td>8</td><td>6</td></tr>
<tr><td>1</td><td>00</td><td>1</td><td colspan="2">26</td></tr>
<tr><td>1</td><td>01</td><td>1</td><td colspan="2">18</td></tr>
<tr><td>1</td><td>10</td><td>1</td><td colspan="2">12</td></tr>
<tr><td>1</td><td>11</td><td>1</td><td colspan="2">8</td></tr>
</table>

변환시간은 아날로그 입력 신호의 샘플링 완료되고 나서 실제 A/D 변환을 수행하여 결과를 ADC0_Rn 레지스터에 저장하기까지의 시간을 나타내는데, 이것은 다음과 같은 식으로 표현할 수 있다.

$$\text{변환시간} = \text{SFCAdder} + \text{AverageNum} \times (\text{BCT} + \text{LSTAdder} + \text{HSCAdder})$$

여기서 SFCAdder는 단일 변환 또는 연속 모드의 첫번째 변환에 대하여 추가되는 시간으로서 <표 7.3>과 같이 정리할 수 있다.

AverageNum은 하드웨어 평균처리 기능을 사용할 경우에 평균 처리할 A/D 변환 데이터의 개수(4, 8, 16, 32)이며, 하드웨어 평균처리 기능을 사용하지 않는 경우에는 이 값이 1이다.

BCT는 1번의 A/D 변환을 수행하는데 필요한 기본 시간(Base Conversion Time)으로서 8, 10, 12, 16비트의 단극성 모드에 대하여 각각 17, 20, 20, 25개의 ADCK 사이클이며, 9, 11, 13, 16비트의 차동 모드에 대하여 각각 27, 30, 30, 34개의 ADCK 사이클이다.

LSTAdder는 ADLSMP 비트로 긴 변환기간을 설정한 경우에만 해당되는 값으로서 ADLSTS[1:0] 비트를 00, 01, 10, 11로 설정할 때 각각 20, 12, 6, 2 ADCK 사이클이다.

HSCAdder는 ADHSC 비트로 고속 A/D 변환을 경우에만 해당되는 값으로서 2개의 ADCK 사이클이다.

<표 7.3> A/D 컨버터에서 변환시간의 SFCAdder 설정

ADLSMP	ADACKEN	ADICLK[1:0]	SFCAdder
1	X	0X, 10	3 ADCK + 5 bus clock cycles
1	1	11	3 ADCK + 5 bus clock cycles
1	0	11	5μs + 3 ADCK + 5 bus clock cycles
0	X	0X, 10	5 ADCK + 5 bus clock cycles
0	1	11	5 ADCK + 5 bus clock cycles
0	0	11	5μs + 5 ADCK + 5 bus clock cycles

(6) 하드웨어 평균처리 기능

MKL25Z128VLK4의 A/D 컨버터는 여러 차례의 A/D 변환을 수행하여 얻어진 결과를 하드웨어적으로 평균 처리하는 기능도 가지고 있다. 만약 ADC0_SC3 레지스터에서 AVGE=1로 설정하면 AVGS 비트로 설정한 횟수 즉 4, 8, 16, 32번의 A/D 변환을 수행하고 이 값을 평균 처리하여 결과 레지스터에 저장한다. 이 기능이 수행되는 동안에는 ADACT 비트가 1로 유지되며, 평균 처리가 끝난 데이터가 결과 레지스터에 저장되면 상태 및 제어 레지스터1에서 COCO=1로 되고 인터럽트가 요청된다.

(7) 자동 비교 기능

MKL25Z128VLK4의 A/D 컨버터는 A/D 변환을 수행하여 얻어진 결과를 미리 설정하여 놓은 특정값과 비교하는 기능도 가지고 있다. 이러한 비교는 크게 2가지 방식으로 수행할 수 있는데, 첫째는 설정값이 ADC0_CV1 레지스터 1개인 경우로서 A/D 변환 결과가 이 설정값에 비하여 작은지(less than) 아니면 크거나 같은지(greater than or equal)를 비교하는 것이며, 둘째는 설정값이 ADC0_CV1 및 ADC0_CV2 레지스터의 2개인 경우로서 A/D 변환 결과가 이 2개의 설정값 내부에 들어가는지(inside)

또는 밖으로 벗어나는지(outside)를 비교한다. 지정된 비교 동작 조건을 판단하여 A/D 변환 결과가 이 조건을 만족할 경우에는 ADC0_SC1n 레지스터에서 COCO=1로 셋트된다.

이러한 자동 비교 기능은 ADC0_SC2 레지스터에서 ACFE=1로 설정하며, 비교하는 방법을 요약하면 ACREN 및 ACFGT 비트의 설정에 따라 <표 7.4>와 같이 동작한다.

〈표 7.4〉 A/D 컨버터에서 자동 비교 기능의 요약

ACREN	ACFGT	ADC0_CV1과 ADC0_CV2의 크기	기능	비교 동작 조건
0	0	-	less than threshold	ADC0_Rn < ADC0_CV1
0	1	-	greater than or equal to threshold	ADC0_Rn ≥ ADC0_CV1
1	0	ADC0_CV1 ≤ ADC0_CV2	outside range, not inlusive	ADC0_Rn < ADC0_CV1 or ADC0_Rn > ADC0_CV2
1	0	ADC0_CV1 > ADC0_CV2	inside range, not inlusive	ADC0_Rn < ADC0_CV1 and ADC0_Rn > ADC0_CV2
1	1	ADC0_CV1 ≤ ADC0_CV2	inside range, inlusive	ADC0_Rn ≥ ADC0_CV1 and ADC0_Rn ≤ ADC0_CV2
1	1	ADC0_CV1 > ADC0_CV2	outside range, inlusive	ADC0_Rn ≥ ADC0_CV1 or ADC0_Rn ≤ ADC0_CV2

(8) 캘리브레이션 기능

MKL25Z128VLK4의 A/D 컨버터에는 캘리브레이션(calibration) 기능이 있어서 이를 수행하면 A/D 변환의 정밀도를 높일 수 있다. 캘리브레이션을 수행하고 나면 오프셋 캘리브레이션 값, 플러스측 캘리브레이션 값, 마이너스측 캘리브레이션 값 등이 만들어지는데, 이 값들은 약간의 처리 과정을 거쳐서 ADC0_OFS, ADC0_PG, ADC0_MG 레지스터에 저장되어 있다가 향후의 A/D 변환을 수행할 때 결과값을 보정하기 위하여 사용된다.

캘리브레이션을 수행하려면 먼저 A/D 컨버터를 다음과 같이 설정하는 것이 좋다.

- AVGE=1, AVGS[1:0]=11로 설정하여 32번의 하드웨어 평균처리 기능을 수행하도록 한다.
- A/D 컨버터의 클록 ADCK를 4MHz 이하로 느리게 설정한다.
- 기준전압을 VREFH=VDDA로 설정한다.
- 정상적인 전압과 온도 조건에서 캘리브레이션을 실시한다.

캘리브레이션을 수행할 때는 입력 채널, 단극성 모드 또는 차동 모드, 분해능, 비교 기능 등은 모두 무시된다. ADTRG=0에서 CAL=1을 설정하면 캘리브레이션이 시작되며, 캘리브레이션이 종료되면 COCO=1로 되고 캘리브레이션 성공 여부가 CALF 비트에 표시된다.

캘리브레이션을 수행하고 나면 오프셋 캘리브레이션 보정값은 ADC0_OFS 레지스터에 저장되며, 다음과 같이 플러스측과 마이너스측의 이득 보정값을 구해야 한다.

- RAM에 1개의 16비트 signed short 변수를 정의하여 초기값을 0으로 준다.
- 플러스측의 캘리브레이션 결과값 ADC0_CLP0~4, ADC0_CLPS를 이 변수에 차례로 더한다.
- 이 변수를 2로 나눈다.
- 이 변수의 MSB를 1로 세트한다.
- 이 변수를 ADC0_PG 레지스터에 저장한다.
- 이상의 과정을 마이너스측에도 적용하여 ADC0_MG 레지스터 값을 만든다.

캘리브레이션은 필요하면 언제든지 수행할 수 있고, 한번 캘리브레이션을 수행한 적이 있더라도 다시 수행할 수 있다.

(9) 내장 온도센서

MKL25Z128VLK4의 A/D 컨버터에 내장된 온도센서를 사용하면 다음과 같은 공식을 적용하여 이 마이크로프로세서의 온도를 읽을 수 있다.

$$온도 = 25 - (V_{TEMP} - V_{TEMP25}) / m$$

여기서 V_{TEMP}는 A/D 컨버터로 읽어들인 온도센서 채널의 아날로그 전압이고, V_{TEMP25}는 25℃에서 온도센서의 아날로그 전압으로서 716mV이며, m은 온도에 따른 전압의 기울기를 나타내는 계수로서 1.62mV/℃이다.

(10) ADC와 관련된 I/O 제어 레지스터

A/D 컨버터와 관련된 I/O 제어 레지스터는 <표 7.5>와 같이 총 27개가 있는데, 이 레지스터들의 기능을 정리하면 아래와 같다.

〈표 7.5〉 MKL25Z128VLK4의 ADC와 관련된 I/O 제어 레지스터 요약

어드레스	레지스터 이름	레지스터의 풀어 쓴 이름	리셋 후 초기값
0x4003_B000	ADC0_SC1A	ADC0 Status and Control Register 1	0x0000_001F
0x4003_B004	ADC0_SC1B	ADC0 Status and Control Register 1	0x0000_001F
0x4003_B008	ADC0_CFG1	ADC0 Configuration Register 1	0x0000_0000
0x4003_B00C	ADC0_CFG2	ADC0 Configuration Register 2	0x0000_0000
0x4003_B010	ADC0_RA	ADC0 Data Register	0x0000_0000
0x4003_B014	ADC0_RB	ADC0 Data Register	0x0000_0000
0x4003_B018	ADC0_CV1	ADC0 Compare Value Register 1	0x0000_0000
0x4003_B01C	ADC0_CV2	ADC0 Compare Value Register 2	0x0000_0000
0x4003_B020	ADC0_SC2	ADC0 Status and Control Register 2	0x0000_0000
0x4003_B024	ADC0_SC3	ADC0 Status and Control Register 3	0x0000_0000
0x4003_B028	ADC0_OFS	ADC0 Offset Correction Register	0x0000_0004
0x4003_B02C	ADC0_PG	ADC0 Plus-Side Gain Register	0x0000_8200
0x4003_B030	ADC0_MG	ADC0 Minus-Side Gain Register	0x0000_8200
0x4003_B034	ADC0_CLPD	ADC0 Plus-Side General Calibration Value Register	0x0000_000A
0x4003_B038	ADC0_CLPS	ADC0 Plus-Side General Calibration Value Register	0x0000_0020
0x4003_B03C	ADC0_CLP4	ADC0 Plus-Side General Calibration Value Register	0x0000_0200
0x4003_B040	ADC0_CLP3	ADC0 Plus-Side General Calibration Value Register	0x0000_0100
0x4003_B044	ADC0_CLP2	ADC0 Plus-Side General Calibration Value Register	0x0000_0080
0x4003_B048	ADC0_CLP1	ADC0 Plus-Side General Calibration Value Register	0x0000_0040
0x4003_B04C	ADC0_CLP0	ADC0 Plus-Side General Calibration Value Register	0x0000_0020
0x4003_B054	ADC0_CLMD	ADC0 Minus-Side General Calibration Value Register	0x0000_000A
0x4003_B058	ADC0_CLMS	ADC0 Minus-Side General Calibration Value Register	0x0000_0020
0x4003_B05C	ADC0_CLM4	ADC0 Minus-Side General Calibration Value Register	0x0000_0200
0x4003_B060	ADC0_CLM3	ADC0 Minus-Side General Calibration Value Register	0x0000_0100
0x4003_B064	ADC0_CLM2	ADC0 Minus-Side General Calibration Value Register	0x0000_0080
0x4003_B068	ADC0_CLM1	ADC0 Minus-Side General Calibration Value Register	0x0000_0040
0x4003_B06C	ADC0_CLM0	ADC0 Minus-Side General Calibration Value Register	0x0000_0020

▣ ADC0 상태 및 제어 레지스터1 ADC0_SC1n (디폴트값 : 0x0000_001F)

b31	b30	b29	b28	b27	b26	b25	b24	b23	b22	b21	b20	b19	b18	b17	b16
-	-	-	-	-	-	-	-	-	-	-	-	-	-	-	-
-	-	-	-	-	-	-	-	-	-	-	-	-	-	-	-

b15	b14	b13	b12	b11	b10	b9	b8	b7	b6	b5	b4	b3	b2	b1	b0
-	-	-	-	-	-	-	-	COCO	AIEN	DIFF	ADCH[4:0]				
-	-	-	-	-	-	-	-	r	rw	rw	rw	rw	rw	rw	rw

여기서 n은 A 또는 B로 대체되어야 한다. ADC0_SC1A 레지스터는 하드웨어 및 소프트웨어 트리거 동작에 모두 사용되고, ADC0_SC1B 레지스터는 하드웨어 트리거 동작에만 사용될 수 있다.

- COCO : Conversion Complete Flag
  0 = A/D 변환이 완료되지 않았음을 나타낸다.
  1 = 비교 기능과 하드웨어 평균처리 기능을 사용하지 않을 때 A/D 변환이 완료되었음을 나타낸다. 비교 기능을 사용할 경우에는 A/D 변환이 완료되고 비교 결과가 참일 때만 이 비트가 1로 된다. 하드웨어 평균처리 기능을 사용할 경우에는 지정된 횟수만큼 A/D 변환이 완료되면 이 비트가 1로 된다. 캘리브레이션 동작이 완료되었을 때는 ADC0_SC1A 레지스터의 COCO 비트가 1로 된다.
- AIEN : Interrupt Enable
  0 = A/D 변환 완료 인터럽트를 발생하지 않는다.
  1 = A/D 변환 완료 인터럽트를 발생한다.
- DIFF : Differential Mode Enable
  0 = 단극성 모드에 맞도록 아날로그 입력 채널을 선택한다.
  1 = 차동 모드에 맞도록 아날로그 입력 채널을 선택한다.
- ADCH[4:0] : Input Channel Select
  <표 7.1>에 설명한 것처럼 A/D 컨버터의 아날로그 입력 단자를 선택한다.

▣ ADC0 설정 레지스터1 ADC0_CFG1 (디폴트값 : 0x0000_0000)

b31	b30	b29	b28	b27	b26	b25	b24	b23	b22	b21	b20	b19	b18	b17	b16
-	-	-	-	-	-	-	-	-	-	-	-	-	-	-	-
-	-	-	-	-	-	-	-	-	-	-	-	-	-	-	-

b15	b14	b13	b12	b11	b10	b9	b8	b7	b6	b5	b4	b3	b2	b1	b0
-	-	-	-	-	-	-	-	ADLPC	ADIV[1:0]		ADLSMP	MODE[1:0]		ADICLK[1:0]	
-	-	-	-	-	-	-	-	rw	rw	rw	rw	rw	rw	rw	rw

- ADLPC : Low-Power Configuration
  0 = A/D 컨버터가 정상적인 소비전력으로 동작하도록 설정한다.
  1 = A/D 컨버터가 낮은 클록에서 소비전력 절감 방식으로 동작하도록 설정한다.
- ADIV[1:0] : Clock Divide Select
  00 = 입력된 클록을 1로 나누어 A/D 컨버터 클록 ADCK를 만든다.
  01 = 입력된 클록을 2로 나누어 A/D 컨버터 클록 ADCK를 만든다.
  10 = 입력된 클록을 4로 나누어 A/D 컨버터 클록 ADCK를 만든다.
  11 = 입력된 클록을 8로 나누어 A/D 컨버터 클록 ADCK를 만든다.
- ADLSMP : Sample Time Configuration
  0 = 짧은 샘플링 시간을 사용한다.
  1 = 긴 샘플링 시간을 사용한다. 구체적인 샘플링 시간은 ADLSTS[1:0] 비트로 설정한다.
- MODE[1:0] : Conversion Mode Selection
  00 = 8비트의 단극성 모드(DIFF=0) 또는 9비트의 차동 모드(DIFF=1).
  01 = 12비트의 단극성 모드(DIFF=0) 또는 13비트의 차동 모드(DIFF=1).
  10 = 10비트의 단극성 모드(DIFF=0) 또는 11비트의 차동 모드(DIFF=1).
  11 = 16비트의 단극성 모드(DIFF=0) 또는 16비트의 차동 모드(DIFF=1).
- ADICLK[1:0] : Input Clock Select
  00 = 버스 클록.
  01 = 버스 클록/2.
  10 = ALTCLK.
  11 = ADACK.
  ADLPC=1이고 ADHSC=0일 때는 ADACK 클록의 주파수가 2.4MHz이다.
  ADLPC=1이고 ADHSC=1일 때는 ADACK 클록의 주파수가 4.0MHz이다.
  ADLPC=0이고 ADHSC=0일 때는 ADACK 클록의 주파수가 5.2MHz이다.
  ADLPC=0이고 ADHSC=1일 때는 ADACK 클록의 주파수가 6.2MHz이다.

▣ ADC0 설정 레지스터2 ADC0_CFG2 (디폴트값 : 0x0000_0000)

b31	b30	b29	b28	b27	b26	b25	b24	b23	b22	b21	b20	b19	b18	b17	b16
-	-	-	-	-	-	-	-	-	-	-	-	-	-	-	-
-	-	-	-	-	-	-	-	-	-	-	-	-	-	-	-

b15	b14	b13	b12	b11	b10	b9	b8	b7	b6	b5	b4	b3	b2	b1	b0
-	-	-	-	-	-	-	-	-	-	-	MUXSEL	ADACKEN	ADHSC	ADLSTS[1:0]	
-	-	-	-	-	-	-	-	-	-	-	rw	rw	rw	rw	rw

- MUXSEL : ADC Mux Select
  0 = ADxxa 채널을 선택한다.
  1 = ADxxb 채널을 선택한다.
- ADACKEN : Asynchronous Clock Output Enable
  0 = ADACK 클록의 출력을 금지하지만, ADICLK에서 이 클록 소스를 선택하고 A/D 변환을 수행하면 이 클록의 사용이 허용된다.
  1 = ADACK 클록의 출력을 허용한다.
- ADHSC : High-Speed Configuration
  0 = 정상적인 시퀀스의 A/D 변환을 수행한다.
  1 = 고속 A/D 변환을 수행한다. 이때는 전체 변환시간에 2개의 ADCK 클록 사이클이 추가된다.
- ADLSTS[1:0] : Long Sample Time Select
  ADLSMP=1로 설정했을 때 긴 샘플링 시간을 선택한다.
  00 = 20개의 추가 ADCK 클록 사이클을 포함하여 총 24 ADCK 클록 사이클의 샘플링 시간을 갖는다.

01 = 12개의 추가 ADCK 클록 사이클을 포함하여 총 16 ADCK 클록 사이클의 샘플링 시간을 갖는다.
10 = 6개의 추가 ADCK 클록 사이클을 포함하여 총 10 ADCK 클록 사이클의 샘플링 시간을 갖는다.
11 = 2개의 추가 ADCK 클록 사이클을 포함하여 총 6 ADCK 클록 사이클의 샘플링 시간을 갖는다.

▣ ADC0 변환 결과 데이터 레지스터 ADC0_Rn (디폴트값 : 0x0000_0000)

b31	b30	b29	b28	b27	b26	b25	b24	b23	b22	b21	b20	b19	b18	b17	b16
0	0	0	0	0	0	0	0	0	0	0	0	0	0	0	0
r	r	r	r	r	r	r	r	r	r	r	r	r	r	r	r

b15	b14	b13	b12	b11	b10	b9	b8	b7	b6	b5	b4	b3	b2	b1	b0
DATA[15:0]															
r	r	r	r	r	r	r	r	r	r	r	r	r	r	r	r

여기서 n은 A 또는 B로 대체되어야 하며, 이들 각각의 데이터 레지스터는 ADC0_SC1A 및 ADC0_SC1B 레지스터에 대응된다.

- DATA[15:0] : A/D Conversion Result Data
  A/D 변환 결과는 항상 우측으로 정렬되어 저장되며, 사용하지 않는 상위 비트는 0으로 채워진다. 차동 모드에서는 데이터가 항상 16비트 길이로 부호 확장된다. 동작 모드에 따른 변환 결과의 데이터 형식은 다음과 같다. (S=부호 비트, D=데이터 비트)

A/D 변환 모드	D15	D14	D13	D12	D11	D10	D9	D8	D7	D6	D5	D4	D3	D2	D1	D0
16비트 단극성 모드	D	D	D	D	D	D	D	D	D	D	D	D	D	D	D	D
16비트 차동 모드	S	D	D	D	D	D	D	D	D	D	D	D	D	D	D	D
12비트 단극성 모드	0	0	0	0	D	D	D	D	D	D	D	D	D	D	D	D
13비트 차동 모드	S	S	S	S	D	D	D	D	D	D	D	D	D	D	D	D
10비트 단극성 모드	0	0	0	0	0	0	D	D	D	D	D	D	D	D	D	D
11비트 차동 모드	S	S	S	S	S	S	D	D	D	D	D	D	D	D	D	D
8비트 단극성 모드	0	0	0	0	0	0	0	0	D	D	D	D	D	D	D	D
9비트 차동 모드	S	S	S	S	S	S	S	S	D	D	D	D	D	D	D	D

▣ ADC0 비교값 레지스터 ADC0_CVn (디폴트값 : 0x0000_0000)

b31	b30	b29	b28	b27	b26	b25	b24	b23	b22	b21	b20	b19	b18	b17	b16
0	0	0	0	0	0	0	0	0	0	0	0	0	0	0	0
r	r	r	r	r	r	r	r	r	r	r	r	r	r	r	r

b15	b14	b13	b12	b11	b10	b9	b8	b7	b6	b5	b4	b3	b2	b1	b0
CV[15:0]															
rw	rw	rw	rw	rw	rw	rw	rw	rw	rw	rw	rw	rw	rw	rw	rw

- CV[15:0] : Compare Value
  ACFE=1로 설정하여 비교 기능을 사용할 때 A/D 변환 결과 레지스터와 비교하기 위한 값을 저장한다. A/D 변환 모드에 따라 데이터의 길이도 달라지며, 양의 정수일 수도 있고 16비트로 부호 확장된 2의 보수일 수도 있다.

▣ ADC0 상태 및 제어 레지스터2 ADC0_SC2 (디폴트값 : 0x0000_0000)

b31	b30	b29	b28	b27	b26	b25	b24	b23	b22	b21	b20	b19	b18	b17	b16
-	-	-	-	-	-	-	-	-	-	-	-	-	-	-	-
-	-	-	-	-	-	-	-	-	-	-	-	-	-	-	-

b15	b14	b13	b12	b11	b10	b9	b8	b7	b6	b5	b4	b3	b2	b1	b0
-	-	-	-	-	-	-	-	ADACT	ADTRG	ACFE	ACFGT	ACREN	DMAEN	REFSEL[1:0]	
-	-	-	-	-	-	-	-	r	rw	rw	rw	rw	rw	rw	rw

- ADACT : Conversion Active
  0 = 현재 A/D 변환 동작을 수행하고 있지 않다.
  1 = 현재 A/D 변환 동작을 수행하고 있는 중이다.
- ADTRG : Conversion Trigger Select
  0 = 소프트웨어 트리거. ADC0_SC1A 레지스터에 명령을 쓰고 나면 즉시 A/D 변환이 시작된다.
  1 = 하드웨어 트리거. 하드웨어 트리거 신호 ADHWT에 의하여 A/D 변환이 시작된다.
- ADFE : Compare Function Enable
  0 = 비교 기능을 사용하지 않는다.
  1 = 비교 기능을 사용한다.
- ADFGT : Compare Function Greater Than Enable
  0 = 설정값에 대하여 less than 기능을 사용한다.
  1 = 설정값에 대하여 greater than or equal 기능을 사용한다.
- ADREN : Compare Function Range Enable
  0 = 비교 기능에서 범위를 사용하지 않는다. 오직 ADC0_CV1 레지스터 설정값만이 비교된다.
  1 = 비교 기능에서 범위를 사용한다. ADC0_CV1 및 ADC0_CV2 레지스터 설정값이 모두 비교된다.
- DMAEN : DMA Enable
  0 = DMA를 사용하지 않는다.
  1 = DMA를 사용한다. A/D 변환이 완료되고 COCO=1로 되면 DMA를 요청한다.
- REFSEL[1:0] : Voltage Reference Selection
  00 = A/D 컨버터의 기준전압으로 외부 단자 VREFH 및 VREFL을 사용한다.
  01 = A/D 컨버터의 기준전압으로 VALTH 및 VALTL을 사용한다. VALTH는 소자 내부에서 VDDA에 연결되어 있고, VALTL은 소자 내부에서 VSSA에 연결되어 있다.
  10 = (사용하지 않음.)
  11 = (사용하지 않음.).

▣ ADC0 상태 및 제어 레지스터3 ADC0_SC3 (디폴트값 : 0x0000_0000)

b31	b30	b29	b28	b27	b26	b25	b24	b23	b22	b21	b20	b19	b18	b17	b16
-	-	-	-	-	-	-	-	-	-	-	-	-	-	-	-
-	-	-	-	-	-	-	-	-	-	-	-	-	-	-	-

b15	b14	b13	b12	b11	b10	b9	b8	b7	b6	b5	b4	b3	b2	b1	b0
-	-	-	-	-	-	-	-	CAL	CALF	-	-	ADCO	AVGE	AVGS[1:0]	
-	-	-	-	-	-	-	-	rw	r	-	-	rw	rw	rw	rw

- CAL : Calibration
  1 = 이 비트를 1로 설정하면 캘리브레이션 동작을 시작하며, 캘리브레이션을 수행하는 동안에 이 비트가 1로 유지되다가 캘리브레이션이 종료되면 0으로 클리어된다. 캘리브레이션이 정상적으로 수행되었는지의 여부는 CALF 플랙에 표시된다.
- CALF : Calibration Failed Flag
  0 = 캘리브레이션이 정상적으로 완료되었다.
  1 = 캘리브레이션이 실패하였으며, 향후 A/D 변환 결과의 정확성을 보증하기 어렵다. 이 비트를 0으로 클리어하려면 0을 써주어야 한다.
- ADCO : Continuous Conversion Enable
  0 = 단일 변환 사용. 만약 하드웨어 평균처리 기능을 사용하는 경우에는 지정된 횟수만큼의 1세트 변환을 사용한다.
  1 = A/D 변환을 반복적으로 계속 수행한다.
- AVGE : Hardware Average Enable
  0 = 하드웨어 평균처리 기능을 사용하지 않는다.
  1 = 하드웨어 평균처리 기능을 사용한다. 평균처리할 A/D 변환의 횟수는 AVGS[1:0]으로 지정한다.
- AVGS[1:0] : Hardware Average Select
  00 = 4번 A/D 변환한 결과를 하드웨어적으로 평균처리한다.
  01 = 8번 A/D 변환한 결과를 하드웨어적으로 평균처리한다.
  10 = 16번 A/D 변환한 결과를 하드웨어적으로 평균처리한다.
  11 = 32번 A/D 변환한 결과를 하드웨어적으로 평균처리한다.

▣ ADC0 오프셋 보정 레지스터 ADC0_OFS (디폴트값 : 0x0000_0004)

b31	b30	b29	b28	b27	b26	b25	b24	b23	b22	b21	b20	b19	b18	b17	b16
0	0	0	0	0	0	0	0	0	0	0	0	0	0	0	0
r	r	r	r	r	r	r	r	r	r	r	r	r	r	r	r

b15	b14	b13	b12	b11	b10	b9	b8	b7	b6	b5	b4	b3	b2	b1	b0
OFS[15:0]															
r	r	r	r	r	r	r	r	r	r	r	r	r	r	r	r

- OFS[15:0] : Offset Error Correction Value
  이것은 A/D 변환 결과에서 오프셋 오차를 보상하기 위한 좌측 정렬 16비트 2의 보수로 표시되는 숫자이다. A/D 변환이 수행되면 그 결과에서 이 보상값을 뺀 후에 ADC0_Rn 레지스터에 저장한다.

▣ ADC0 플러스측 이득 레지스터 ADC0_PG (디폴트값 : 0x0000_8200)

b31	b30	b29	b28	b27	b26	b25	b24	b23	b22	b21	b20	b19	b18	b17	b16
0	0	0	0	0	0	0	0	0	0	0	0	0	0	0	0
r	r	r	r	r	r	r	r	r	r	r	r	r	r	r	r

b15	b14	b13	b12	b11	b10	b9	b8	b7	b6	b5	b4	b3	b2	b1	b0
PG[15:0]															
r	r	r	r	r	r	r	r	r	r	r	r	r	r	r	r

- PG[15:0] : Plus-Side Gain
  이것은 단극성 모드 또는 차동 모드로 A/D 변환을 수행할 때 플러스측 입력의 이득 오차를 보상하기 위한 2진수 포맷의 실수이다.

▣ ADC0 마이너스측 이득 레지스터 ADC0_MG (디폴트값 : 0x0000_8200)

b31	b30	b29	b28	b27	b26	b25	b24	b23	b22	b21	b20	b19	b18	b17	b16
0	0	0	0	0	0	0	0	0	0	0	0	0	0	0	0
r	r	r	r	r	r	r	r	r	r	r	r	r	r	r	r

b15	b14	b13	b12	b11	b10	b9	b8	b7	b6	b5	b4	b3	b2	b1	b0
MG[15:0]															
r	r	r	r	r	r	r	r	r	r	r	r	r	r	r	r

- MG[15:0] : Minus-Side Gain
  이것은 차동 모드로 A/D 변환을 수행할 때 마이너스측 입력의 이득 오차를 보상하기 위한 2진수 포맷의 실수이다. 단극성 모드에서는 의미가 없다.

▣ ADC0 플러스측 캘리브레이션값 레지스터 ADC0_CLPD (디폴트값 : 0x0000_000A)

b31	b30	b29	b28	b27	b26	b25	b24	b23	b22	b21	b20	b19	b18	b17	b16
0	0	0	0	0	0	0	0	0	0	0	0	0	0	0	0
r	r	r	r	r	r	r	r	r	r	r	r	r	r	r	r

b15	b14	b13	b12	b11	b10	b9	b8	b7	b6	b5	b4	b3	b2	b1	b0
0	0	0	0	0	0	0	0	0	0	CLPD[5:0]					
r	r	r	r	r	r	r	r	r	r	rw	rw	rw	rw	rw	rw

- CLPD[5:0] : Calibration Value
  캘리브레이션을 수행하고 나서 발생되는 캘리브레이션 정보가 저장된다.

▣ ADC0 플러스측 캘리브레이션값 레지스터 ADC0_CLPS (디폴트값 : 0x0000_0020)

b31	b30	b29	b28	b27	b26	b25	b24	b23	b22	b21	b20	b19	b18	b17	b16
0	0	0	0	0	0	0	0	0	0	0	0	0	0	0	0
r	r	r	r	r	r	r	r	r	r	r	r	r	r	r	r

b15	b14	b13	b12	b11	b10	b9	b8	b7	b6	b5	b4	b3	b2	b1	b0
0	0	0	0	0	0	0	0	0	0	CLPS[5:0]					
r	r	r	r	r	r	r	r	r	r	rw	rw	rw	rw	rw	rw

- CLPS[5:0] : Calibration Value
  캘리브레이션을 수행하고 나서 발생되는 캘리브레이션 정보가 저장된다.

▣ ADC0 플러스측 캘리브레이션값 레지스터 ADC0_CLP4 (디폴트값 : 0x0000_0200)

b31	b30	b29	b28	b27	b26	b25	b24	b23	b22	b21	b20	b19	b18	b17	b16
0	0	0	0	0	0	0	0	0	0	0	0	0	0	0	0
r	r	r	r	r	r	r	r	r	r	r	r	r	r	r	r

b15	b14	b13	b12	b11	b10	b9	b8	b7	b6	b5	b4	b3	b2	b1	b0
0	0	0	0	0	0	CLP4[9:0]									
r	r	r	r	r	r	rw	rw	rw	rw	rw	rw	rw	rw	rw	rw

- CLP4[9:0] : Calibration Value
  캘리브레이션을 수행하고 나서 발생되는 캘리브레이션 정보가 저장된다.

▣ ADC0 플러스측 캘리브레이션값 레지스터 ADC0_CLP3 (디폴트값 : 0x0000_0100)

b31	b30	b29	b28	b27	b26	b25	b24	b23	b22	b21	b20	b19	b18	b17	b16
0	0	0	0	0	0	0	0	0	0	0	0	0	0	0	0
r	r	r	r	r	r	r	r	r	r	r	r	r	r	r	r

b15	b14	b13	b12	b11	b10	b9	b8	b7	b6	b5	b4	b3	b2	b1	b0
0	0	0	0	0	0	0	CLP3[8:0]								
r	r	r	r	r	r	r	rw	rw	rw	rw	rw	rw	rw	rw	rw

- CLP3[8:0] : Calibration Value
  캘리브레이션을 수행하고 나서 발생되는 캘리브레이션 정보가 저장된다.

▣ ADC0 플러스측 캘리브레이션값 레지스터 ADC0_CLP2 (디폴트값 : 0x0000_0080)

b31	b30	b29	b28	b27	b26	b25	b24	b23	b22	b21	b20	b19	b18	b17	b16
0	0	0	0	0	0	0	0	0	0	0	0	0	0	0	0
r	r	r	r	r	r	r	r	r	r	r	r	r	r	r	r

b15	b14	b13	b12	b11	b10	b9	b8	b7	b6	b5	b4	b3	b2	b1	b0
0	0	0	0	0	0	0	0	CLP2[7:0]							
r	r	r	r	r	r	r	r	rw	rw	rw	rw	rw	rw	rw	rw

- CLP2[7:0] : Calibration Value
  캘리브레이션을 수행하고 나서 발생되는 캘리브레이션 정보가 저장된다.

▣ ADC0 플러스측 캘리브레이션값 레지스터 ADC0_CLP1 (디폴트값 : 0x0000_0040)

b31	b30	b29	b28	b27	b26	b25	b24	b23	b22	b21	b20	b19	b18	b17	b16
0	0	0	0	0	0	0	0	0	0	0	0	0	0	0	0
r	r	r	r	r	r	r	r	r	r	r	r	r	r	r	r

b15	b14	b13	b12	b11	b10	b9	b8	b7	b6	b5	b4	b3	b2	b1	b0
0	0	0	0	0	0	0	0	0	CLP1[6:0]						
r	r	r	r	r	r	r	r	r	rw	rw	rw	rw	rw	rw	rw

- CLP1[6:0] : Calibration Value
  캘리브레이션을 수행하고 나서 발생되는 캘리브레이션 정보가 저장된다.

▣ ADC0 플러스측 캘리브레이션값 레지스터 ADC0_CLP0 (디폴트값 : 0x0000_0020)

b31	b30	b29	b28	b27	b26	b25	b24	b23	b22	b21	b20	b19	b18	b17	b16
0	0	0	0	0	0	0	0	0	0	0	0	0	0	0	0
r	r	r	r	r	r	r	r	r	r	r	r	r	r	r	r

b15	b14	b13	b12	b11	b10	b9	b8	b7	b6	b5	b4	b3	b2	b1	b0
0	0	0	0	0	0	0	0	0	0	CLP0[5:0]					
r	r	r	r	r	r	r	r	r	r	rw	rw	rw	rw	rw	rw

- CLP0[5:0] : Calibration Value
  캘리브레이션을 수행하고 나서 발생되는 캘리브레이션 정보가 저장된다.

▣ ADC0 플러스측 캘리브레이션값 레지스터 ADC0_CLMD (디폴트값 : 0x0000_000A)

b31	b30	b29	b28	b27	b26	b25	b24	b23	b22	b21	b20	b19	b18	b17	b16
0	0	0	0	0	0	0	0	0	0	0	0	0	0	0	0
r	r	r	r	r	r	r	r	r	r	r	r	r	r	r	r

b15	b14	b13	b12	b11	b10	b9	b8	b7	b6	b5	b4	b3	b2	b1	b0
0	0	0	0	0	0	0	0	0	0	CLMD[5:0]					
r	r	r	r	r	r	r	r	r	r	r	rw	rw	rw	rw	rw

- CLMD[5:0] : Calibration Value
  캘리브레이션을 수행하고 나서 발생되는 캘리브레이션 정보가 저장된다.

▣ ADC0 플러스측 캘리브레이션값 레지스터 ADC0_CLMS (디폴트값 : 0x0000_0020)

b31	b30	b29	b28	b27	b26	b25	b24	b23	b22	b21	b20	b19	b18	b17	b16
0	0	0	0	0	0	0	0	0	0	0	0	0	0	0	0
r	r	r	r	r	r	r	r	r	r	r	r	r	r	r	r

b15	b14	b13	b12	b11	b10	b9	b8	b7	b6	b5	b4	b3	b2	b1	b0
0	0	0	0	0	0	0	0	0	0	CLMS[5:0]					
r	r	r	r	r	r	r	r	r	r	r	rw	rw	rw	rw	rw

- CLMS[5:0] : Calibration Value
  캘리브레이션을 수행하고 나서 발생되는 캘리브레이션 정보가 저장된다.

▣ ADC0 플러스측 캘리브레이션값 레지스터 ADC0_CLM4 (디폴트값 : 0x0000_0200)

b31	b30	b29	b28	b27	b26	b25	b24	b23	b22	b21	b20	b19	b18	b17	b16
0	0	0	0	0	0	0	0	0	0	0	0	0	0	0	0
r	r	r	r	r	r	r	r	r	r	r	r	r	r	r	r

b15	b14	b13	b12	b11	b10	b9	b8	b7	b6	b5	b4	b3	b2	b1	b0
0	0	0	0	0	0	CLM4[9:0]									
r	r	r	r	r	r	rw	rw	rw	rw	rw	rw	rw	rw	rw	rw

- CLM4[9:0] : Calibration Value
  캘리브레이션을 수행하고 나서 발생되는 캘리브레이션 정보가 저장된다.

▣ ADC0 플러스측 캘리브레이션값 레지스터 ADC0_CLM3 (디폴트값 : 0x0000_0100)

b31	b30	b29	b28	b27	b26	b25	b24	b23	b22	b21	b20	b19	b18	b17	b16
0	0	0	0	0	0	0	0	0	0	0	0	0	0	0	0
r	r	r	r	r	r	r	r	r	r	r	r	r	r	r	r

b15	b14	b13	b12	b11	b10	b9	b8	b7	b6	b5	b4	b3	b2	b1	b0
0	0	0	0	0	0	0	CLM3[8:0]								
r	r	r	r	r	r	r	rw	rw	rw	rw	rw	rw	rw	rw	rw

- CLM3[8:0] : Calibration Value
  캘리브레이션을 수행하고 나서 발생되는 캘리브레이션 정보가 저장된다.

▣ ADC0 플러스측 캘리브레이션값 레지스터 ADC0_CLM2 (디폴트값 : 0x0000_0080)

b31	b30	b29	b28	b27	b26	b25	b24	b23	b22	b21	b20	b19	b18	b17	b16
0	0	0	0	0	0	0	0	0	0	0	0	0	0	0	0
r	r	r	r	r	r	r	r	r	r	r	r	r	r	r	r

b15	b14	b13	b12	b11	b10	b9	b8	b7	b6	b5	b4	b3	b2	b1	b0
0	0	0	0	0	0	0	0	CLM2[7:0]							
r	r	r	r	r	r	r	r	rw	rw	rw	rw	rw	rw	rw	rw

- CLM2[7:0] : Calibration Value
  캘리브레이션을 수행하고 나서 발생되는 캘리브레이션 정보가 저장된다.

▣ ADC0 플러스측 캘리브레이션값 레지스터 ADC0_CLM1 (디폴트값 : 0x0000_0040)

b31	b30	b29	b28	b27	b26	b25	b24	b23	b22	b21	b20	b19	b18	b17	b16
0	0	0	0	0	0	0	0	0	0	0	0	0	0	0	0
r	r	r	r	r	r	r	r	r	r	r	r	r	r	r	r

b15	b14	b13	b12	b11	b10	b9	b8	b7	b6	b5	b4	b3	b2	b1	b0
0	0	0	0	0	0	0	0	0	CLM1[6:0]						
r	r	r	r	r	r	r	r	r	rw	rw	rw	rw	rw	rw	rw

- CLM1[6:0] : Calibration Value
  캘리브레이션을 수행하고 나서 발생되는 캘리브레이션 정보가 저장된다.

■ ADC0 플러스측 캘리브레이션값 레지스터 ADC0_CLM0 (디폴트값 : 0x0000_0020)

b31	b30	b29	b28	b27	b26	b25	b24	b23	b22	b21	b20	b19	b18	b17	b16
0	0	0	0	0	0	0	0	0	0	0	0	0	0	0	0
r	r	r	r	r	r	r	r	r	r	r	r	r	r	r	r
b15	**b14**	**b13**	**b12**	**b11**	**b10**	**b9**	**b8**	**b7**	**b6**	**b5**	**b4**	**b3**	**b2**	**b1**	**b0**
0	0	0	0	0	0	0	0	0	0	CLM0[5:0]					
r	r	r	r	r	r	r	r	r	r	rw	rw	rw	rw	rw	rw

- CLM0[5:0] : Calibration Value
  캘리브레이션을 수행하고 나서 발생되는 캘리브레이션 정보가 저장된다.

7.2 A/D 컨버터 응용 프로그램

OK-MKL25Z 키트에서는 <그림 7.2>처럼 외부에서 +5V 전원, +3.3V 전원, VR1 전압, 온도센서 LM25DZ의 출력전압 등을 각각 아날로그 입력신호 ADC1~ADC4로 읽어들일 수 있도록 되어 있다. 이 키트에서는 VDDA 및 VREFH 단자에 안정화된 +3.3V 전압을 인가하고 있으므로 각 채널에 입력될 수 있는 아날로그 신호의 전압 범위는 0~+3.3V이다.

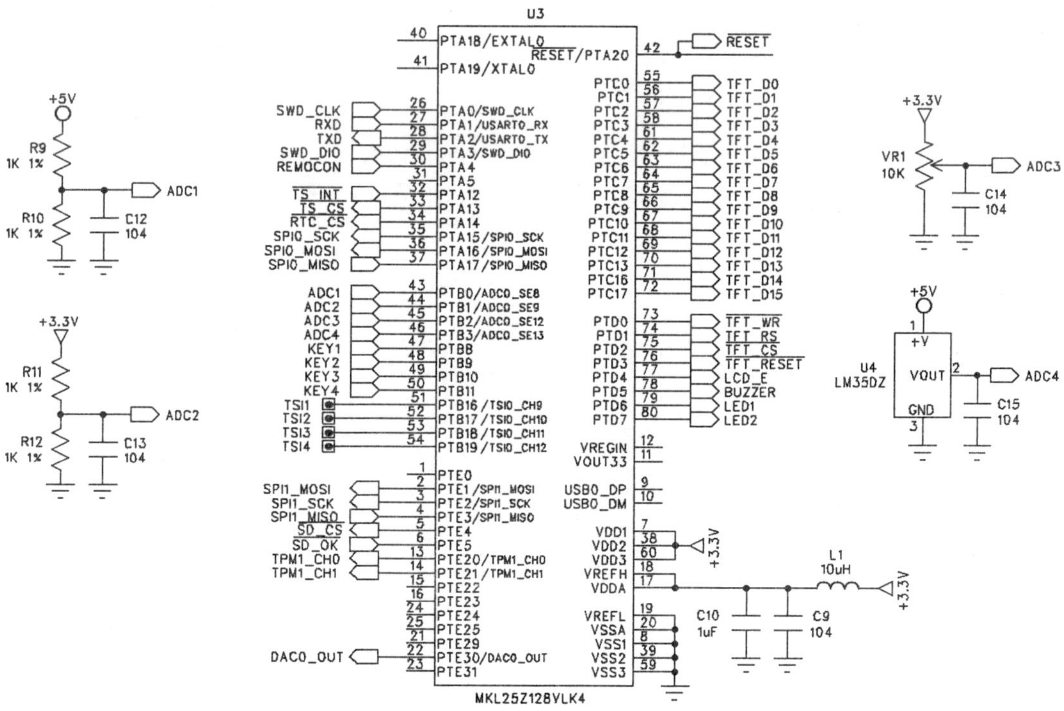

<그림 7.2> *OK-MKL25Z* 키트의 A/D 컨버터 관련 회로

ADC1은 +5V의 전원전압을 검출하기 위한 신호인데 아날로그 전압 범위를 0~+3.3V로 만들기 위하여 저항 R9과 R10으로 분압하였다. ADC2는 +3.3V의 전원전압을 검출하기 위한 신호인데 역시 저항 R11과 R12로 분압하였다. ADC3은 가변저항 VR1을 사용하여 만든 0~+3.3V 범위의 가변 전압 신호이며, ADC4는 온도센서 LM35DZ의 출력 신호이다. LM35DZ는 섭씨 1도에 10mV가 변화하여 0~100℃의 온도변화에 대해 0~1V의 직류전압 신호를 출력한다.

(1) A/D 컨버터의 단일 변환 모드를 사용한 프로그램

여기서는 A/D 컨버터의 단일 변환 모드를 사용하여 ADC1~ADC4 및 내부 채널에서 전압 및 온도를 읽어들이는 프로그램을 작성하여 보기로 한다.

<프로그램 Exp7_2_1.c> 단일 변환 모드를 사용한 A/D 변환

```
/* ========================================================================== */
/*              Exp07_2_1_single.c : A/D 컨버터의 단일변환 모드 사용             */
/* ========================================================================== */
/*                                    Programmed by Duck-Yong Yoon in 2016.   */

#include <MKL25Z4.h>
#include "OK-MKL25Z.h"

int main(void)
{
  unsigned short result;
  float temperature;

  Initialize_MCU();                              // initialize MCU and kit
  Delay_ms(50);                                  // wait for system stabilization
  Initialize_LCD();                              // initialize text LCD module
  Initialize_TFT_LCD();                          // initialize TFT-LCD module

  LCD_string(0x80," OK-MKL25Z V1.0 ");           // display title
  LCD_string(0xC0,"  Exp07_2_1.c   ");
  Beep();

  TFT_string(6, 3,White,Magenta," A/D 컨버터의 단일변환 모드 ");
  TFT_string(9, 7,White,Black,"ADC1  (+5.0V) = +0.00V");
  TFT_string(9,10,White,Black,"ADC2  (+3.3V) = +0.00V");
  TFT_string(9,13,White,Black,"ADC3  ( VR1 ) = +0.00V");
  TFT_string(9,16,White,Black,"ADC4 (LM35DZ) = +00.0 C");
  TFT_xy(30,16);
  TFT_English(0x7F);
  TFT_string(9,19,White,Black,"Intern. Temp. = +00.0 C");
  TFT_xy(30,19);
  TFT_English(0x7F);
  TFT_string(9,22,White,Black,"Vbg   (+1.00V) = +0.00V");
  TFT_string(9,25,White,Black,"VREFH (+3.3V) = +0.00V");

  PORTB_PCR0 = 0x00000000;                       // PTB0 = ADC0_SE8(=ADC1)
  PORTB_PCR1 = 0x00000000;                       // PTB1 = ADC0_SE9(=ADC2)
  PORTB_PCR2 = 0x00000000;                       // PTB2 = ADC0_SE12(=ADC3)
  PORTB_PCR3 = 0x00000000;                       // PTB3 = ADC0_SE13(=ADC4)

  SIM_SCGC6 |= 0x08000000;                       // enable clock for ADC0
  PMC_REGSC |= 0x01;                             // enable bandgap buffer
```

```
  ADC0_CFG1 = 0x0000000F;                        // 16 bit single-ended
  ADC0_CFG2 = 0x0000000B;                        // 5.2MHz clock
  ADC0_SC2 = 0x00000000;                         // software trigger, use VREFH
  ADC0_SC3 = 0x00000000;                         // single conversion

  while(1)
    { ADC0_SC1A = 0x00000008;                    // ADC1 = ADC0_SE8 (+5.0V)
      while(!(ADC0_SC1A & 0x00000080));          // wait for end of conversion
      result = ADC0_RA;
      TFT_xy(25,7);                              // display voltage
      TFT_color(Cyan,Black);
      TFT_signed_float((float)result*2.*3.3/65536., 1, 2);

      ADC0_SC1A = 0x00000009;                    // ADC2 = ADC0_SE9 (+3.3V)
      while(!(ADC0_SC1A & 0x00000080));          // wait for end of conversion
      result = ADC0_RA;
      TFT_xy(25,10);                             // display voltage
      TFT_color(Cyan,Black);
      TFT_signed_float((float)result*2.*3.3/65536., 1, 2);

      ADC0_SC1A = 0x0000000C;                    // ADC3 = ADC0_SE12 (VR1)
      while(!(ADC0_SC1A & 0x00000080));          // wait for end of conversion
      result = ADC0_RA;
      TFT_xy(25,13);                             // display voltage
      TFT_color(Cyan,Black);
      TFT_signed_float((float)result*3.3/65536., 1, 2);

      ADC0_SC1A = 0x0000000D;                    // ADC4 = ADC0_SE13 (LM35DZ)
      while(!(ADC0_SC1A & 0x00000080));          // wait for end of conversion
      result = ADC0_RA;
      TFT_xy(25,16);                             // display temperature
      TFT_color(Magenta,Black);
      TFT_signed_float((float)result*330./65536., 2, 1);

      ADC0_SC1A = 0x0000001A;                    // internal temperature = AD26
      while(!(ADC0_SC1A & 0x00000080));          // wait for end of conversion
      result = ADC0_RA;
      TFT_xy(25,19);                             // display temperature
      TFT_color(Green,Black);
      temperature = 25. - ((float)result*3.3/65536. - 0.716) / 0.00162;
      TFT_signed_float(temperature, 2, 1);

      ADC0_SC1A = 0x0000001B;                    // Vbg = AD27 (+1.00V)
      while(!(ADC0_SC1A & 0x00000080));          // wait for end of conversion
      result = ADC0_RA;
      TFT_xy(25,22);                             // display voltage
      TFT_color(Green,Black);
      TFT_signed_float((float)result*3.3/65536., 1, 2);

      ADC0_SC1A = 0x0000001D;                    // VREFH = AD29 (+3.3V)
      while(!(ADC0_SC1A & 0x00000080));          // wait for end of conversion
      result = ADC0_RA;
      TFT_xy(25,25);                             // display VBAT voltage
      TFT_color(Green,Black);
      TFT_signed_float((float)result*3.3/65536., 1, 2);

      GPIOD_PTOR = 0x00000080;                   // blink LED2
      Delay_ms(250);
    }
}
```

☞ 여기서는 7개의 채널을 차례로 1개씩 지정하고 A/D 변환을 스타트한 후에 상태 레지스터에서 A/D 변환이 완료되었다는 표시로 COCO=1로 되는 것을 확인하여 A/D 변환 결과를 읽는 방법을 사용하였다. 여러 채널을 A/D 변환할 때 효율성은 떨어지지만 가장 단순하여 널리 사용되는 방식이다.

A/D 변환 결과로 읽어들인 값을 원래의 측정하고자 하는 아날로그 물리량으로 환산하고 이를 텍스

트 LCD 모듈 또는 TFT-LCD 모듈에 실수값으로 표시하는 프로그램 작성 기술이 중요하다.

16비트 A/D 변환결과의 0x0000~0xFFFF(0~65535)는 0~+3.3V의 전압에 대응한다. 그러나, 정확히 말하면 0xFFFF+1인 65536이 +3.3V에 대응한다. 따라서, A/D 컨버터로 읽어들인 임의의 값 x가 얼마의 아날로그 입력전압에 대응하는지를 계산하려면 비례식으로부터

$$65536 : 3.3 = x : \text{전압} \qquad \therefore \text{전압} = \frac{3.3x}{65536}\ [\mathrm{V}]$$

와 같이 계산된다. 그러나, ADC1 및 ADC2의 경우에는 아날로그 입력전압이 피측정 전압을 1/2로 분압한 것이므로 최종적으로 피측정 전압을 계산하려면 위의 식에 다시 2를 곱해준다.

한편, 온도센서의 경우에는 16비트 A/D 변환결과의 0x0000~0xFFFF(0~65535)는 0~+3.3V의 전압에 대응하고 이 전압은 다시 0~+330℃의 온도에 대응한다. 따라서, A/D 컨버터로 읽어들인 임의의 값 x가 얼마의 온도에 대응하는지를 계산하려면 비례식으로부터

$$65536 : 330 = x : \text{온도} \qquad \therefore \text{온도} = \frac{330x}{65536}\ [℃]$$

로 계산된다.

A/D 변환 결과를 TFT-LCD에 표시할 때는 A/D 컨버터의 변환속도대로 너무 자주 화면에 디스플레이하면 값이 변동할 경우 그 변동속도가 너무 빨라서 사람의 눈으로 알아보기가 매우 어렵게 된다. 이를 위해 여기서는 250ms의 시간지연을 주어 1초에 약 4회 정도로 천천히 디스플레이하였다.

(2) A/D 컨버터의 하드웨어 평균처리 모드를 사용한 프로그램

아날로그 입력신호를 1번 A/D 변환하는 방법으로 계속하여 아날로그 신호를 읽어들이게 되면 회로의 불안정이나 잡음 등의 영향으로 결과값이 상당히 흔들리는 것을 자주 경험하게 된다. 이를 해결하는 좋은 방법은 하나의 입력을 여러번 A/D 변환하여 평균값으로 처리하는 것이다.

다음은 MKL25Z128VLK4의 A/D 컨버터가 갖는 하드웨어 평균처리 기능을 사용하여 앞의 Exp07_2_1.c 예제 프로그램을 평균 처리하도록 수정한 것이다.

<프로그램 Exp7_2_2.c> 하드웨어 평균처리 모드를 사용한 A/D 변환

```
/* ========================================================================== */
/*      Exp07_2_2_average.c : A/D 컨버터의 하드웨어 평균처리 모드 사용          */
/* ========================================================================== */
/*                                   Programmed by Duck-Yong Yoon in 2016.    */

#include <MKL25Z4.h>
#include "OK-MKL25Z.h"

int main(void)
{
  unsigned short result;
  float temperature;
```

```
Initialize_MCU();                              // initialize MCU and kit
Delay_ms(50);                                  // wait for system stabilization
Initialize_LCD();                              // initialize text LCD module
Initialize_TFT_LCD();                          // initialize TFT-LCD module

LCD_string(0x80," OK-MKL25Z V1.0 ");           // display title
LCD_string(0xC0,"  Exp07_2_2.c   ");
Beep();

TFT_string(1, 3,White,Magenta," A/D 컨버터의 하드웨어 평균처리 모드 ");
TFT_string(9, 7,White,Black,"ADC1  (+5.0V) = +0.00V");
TFT_string(9,10,White,Black,"ADC2  (+3.3V) = +0.00V");
TFT_string(9,13,White,Black,"ADC3  ( VR1 ) = +0.00V");
TFT_string(9,16,White,Black,"ADC4 (LM35DZ) = +00.0 C");
TFT_xy(30,16);
TFT_English(0x7F);
TFT_string(9,19,White,Black,"Intern. Temp. = +00.0 C");
TFT_xy(30,19);
TFT_English(0x7F);
TFT_string(9,22,White,Black,"Vbg  (+1.00V) = +0.00V");
TFT_string(9,25,White,Black,"VREFH (+3.3V) = +0.00V");

PORTB_PCR0 = 0x00000000;                       // PTB0 = ADC0_SE8(=ADC1)
PORTB_PCR1 = 0x00000000;                       // PTB1 = ADC0_SE9(=ADC2)
PORTB_PCR2 = 0x00000000;                       // PTB2 = ADC0_SE12(=ADC3)
PORTB_PCR3 = 0x00000000;                       // PTB3 = ADC0_SE13(=ADC4)

SIM_SCGC6 |= 0x08000000;                       // enable clock for ADC0
PMC_REGSC |= 0x01;                             // enable bandgap buffer

ADC0_CFG1 = 0x0000000F;                        // 16 bit single-ended
ADC0_CFG2 = 0x0000000B;                        // 5.2MHz clock
ADC0_SC2 = 0x00000000;                         // software trigger, use VREFH
ADC0_SC3 = 0x00000007;                         // hardware average by 32 times

while(1)
  { ADC0_SC1A = 0x00000008;                    // ADC1 = ADC0_SE8 (+5.0V)
    while(!(ADC0_SC1A & 0x00000080));          // wait for end of conversion
    result = ADC0_RA;
    TFT_xy(25,7);                              // display voltage
    TFT_color(Cyan,Black);
    TFT_signed_float((float)result*2.*3.3/65536., 1, 2);

    ADC0_SC1A = 0x00000009;                    // ADC2 = ADC0_SE9 (+3.3V)
    while(!(ADC0_SC1A & 0x00000080));          // wait for end of conversion
    result = ADC0_RA;
    TFT_xy(25,10);                             // display voltage
    TFT_color(Cyan,Black);
    TFT_signed_float((float)result*2.*3.3/65536., 1, 2);

    ADC0_SC1A = 0x0000000C;                    // ADC3 = ADC0_SE12 (VR1)
    while(!(ADC0_SC1A & 0x00000080));          // wait for end of conversion
    result = ADC0_RA;
    TFT_xy(25,13);                             // display voltage
    TFT_color(Cyan,Black);
    TFT_signed_float((float)result*3.3/65536., 1, 2);

    ADC0_SC1A = 0x0000000D;                    // ADC4 = ADC0_SE13 (LM35DZ)
    while(!(ADC0_SC1A & 0x00000080));          // wait for end of conversion
    result = ADC0_RA;
    TFT_xy(25,16);                             // display temperature
    TFT_color(Magenta,Black);
    TFT_signed_float((float)result*330./65536., 2, 1);

    ADC0_SC1A = 0x0000001A;                    // internal temperature = AD26
    while(!(ADC0_SC1A & 0x00000080));          // wait for end of conversion
    result = ADC0_RA;
    TFT_xy(25,19);                             // display temperature
    TFT_color(Green,Black);
    temperature = 25. - ((float)result*3.3/65536. - 0.716) / 0.00162;
    TFT_signed_float(temperature, 2, 1);
```

```
      ADC0_SC1A = 0x0000001B;                   // Vbg = AD27 (+1.00V)
      while(!(ADC0_SC1A & 0x00000080));         // wait for end of conversion
      result = ADC0_RA;
      TFT_xy(25,22);                            // display voltage
      TFT_color(Green,Black);
      TFT_signed_float((float)result*3.3/65536., 1, 2);

      ADC0_SC1A = 0x0000001D;                   // VREFH = AD29 (+3.3V)
      while(!(ADC0_SC1A & 0x00000080));         // wait for end of conversion
      result = ADC0_RA;
      TFT_xy(25,25);                            // display VBAT voltage
      TFT_color(Green,Black);
      TFT_signed_float((float)result*3.3/65536., 1, 2);

      GPIOD_PTOR = 0x00000080;                  // blink LED2
      Delay_ms(250);
    }
}
```

☞ 이 프로그램을 실행하여 보면 앞의 예제 Exp07_2_1.c에 비해서는 결과값이 덜 흔들려서 좀더 안정적으로 되는 것을 볼 수 있다. 그러나, 평균처리 방식으로 A/D 변환을 수행하기 위하여 여러번 반복하여 입력 신호를 A/D 변환할 때는 이들 각 변환 동작의 사이에 수십 μs에서 수 ms 정도의 충분한 시간 간격을 두지 않으면 평균처리의 효과를 떨어진다. 그런데, MKL25Z128VLK4의 A/D 컨버터에는 이처럼 하드웨어 평균처리 모드가 있음에도 불구하고 여기서는 각 A/D 변환 동작의 사이에 시간 지연을 줄 수 없기 때문에 차라리 단일변환 모드로 시간 지연을 주면서 여러번 A/D 변환을 수행하여 이를 소프트웨어적으로 평균처리하는 것이 더 바람직할 경우도 있다.

제8장
D/A 컨버터(DAC)의 활용

이 장에서는 MKL25Z128VLK4 마이크로컨트롤러에 내장된 12비트 분해능 D/A 컨버터(DAC)의 구조 및 기능을 설명하고, 이것을 활용하는 응용 프로그램 예제를 공부한다.

8.1 DAC의 구조와 기능

(1) DAC의 특성

MKL25Z128VLK4의 D/A 컨버터(Digital-to-Analog Converter ; DAC)는 다음과 같은 특징을 가지고 있다.

- 12비트 분해능의 1채널 D/A 컨버터이다.
- 2개의 기준전압 DACREF_1(=VREFH), DACREF_2(=VDDA) 중에서 하나를 선택하여 사용한다.
- 몇가지의 동작 모드를 갖는 데이터 버퍼 기능을 지원한다.
- 정지 모드에서는 D/A 컨버터 동작이 정지하지만 아날로그 출력값은 유지한다.
- DMA를 지원한다.

(2) DAC의 구조

MKL25Z128VLK4에 내장된 D/A 컨버터의 내부 구조를 블록도로 보이면 <그림 8.1>과 같다.

(3) DAC의 동작

D/A 컨버터의 동작은 DAC 버퍼를 사용하지 않는 경우와 이를 사용하는 경우의 2가지로 나눌 수 있다. DAC 버퍼를 사용하지 않도록 설정된 경우에는 항상 데이터 레지스터로 출력한 값이 D/A 변환되어 아날로그 출력전압을 만든다.

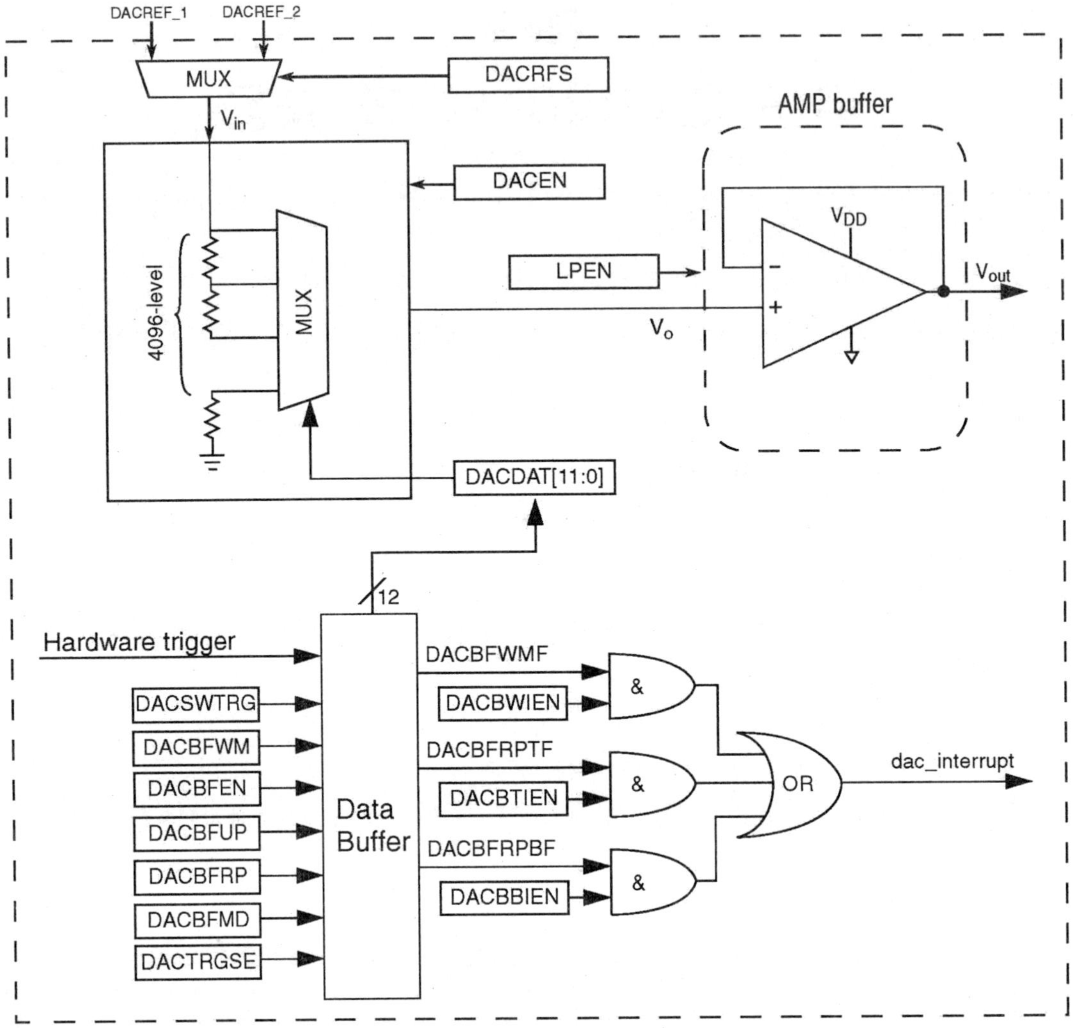

〈그림 8.1〉 MKL25Z128VLK4의 D/A 컨버터 내부 구조

그러나, DAC 버퍼를 사용하도록 설정된 경우에는 데이터 버퍼에 저장된 데이터를 하나씩 읽어서 D/A 변환한다. 이때는 소프트웨어 트리거 또는 하드웨어 트리거가 발생할 때마다 데이터 버퍼를 읽기 위한 포인터가 1씩 증가하여 출력할 데이터를 가리킨다. 데이터 리드 버퍼가 동작하는 방법에는 일반 모드(Normal mode)와 1회 스캔 모드(One-Time Scan mode)가 있다.

일반 모드에서는 DAC 버퍼가 환형 버퍼(circular buffer)로 동작하여 리드 포인터가 차례로 1씩 증가하다가 상위 리미트(upper limit)에 도달하면 다시 0으로 된다. 그러나, 1회 스캔 모드에서는 리드 포인터가 1씩 증가하다가 상위 리미트에 도달하면 거기서 정지한다.

버퍼 리드 포인터의 값은 0에서 상위 리미트까지 변할 수 있다. 버퍼 리드 포인터가 0으로 되면 DACBFRPTF=1이 되면서 인터럽트가 요청되며, 버퍼 리드 포인터가 상위 리미트에 도달하면 DACBFRPBF=1이 되면서 인터럽트가 요청된다. 그러나, DMA를 허용한 경우에는 인터럽트 신호 대신에 DMA 요청 신호가 발생된다.

(4) DAC와 관련된 I/O 제어 레지스터

D/A 컨버터와 관련된 I/O 제어 레지스터는 8비트 구조로 되어 있으며 <표 8.1>과 같이 총 8개가 있는데, 이 레지스터들의 기능을 정리하면 아래와 같다.

<표 8.1> MKL25Z128VLK4의 DAC와 관련된 I/O 제어 레지스터 요약

어드레스	레지스터 이름	레지스터의 풀어 쓴 이름	리셋 후 초기값
0x4003_F000	DAC0_DAT0L	DAC0 Data 0 Low Register	0x00
0x4003_F001	DAC0_DAT0H	DAC0 Data 0 High Register	0x00
0x4003_F002	DAC0_DAT1L	DAC0 Data 1 Low Registe	0x00
0x4003_F003	DAC0_DAT1H	DAC0 Data 1 High Register	0x00
0x4003_F020	DAC0_SR	DAC0 Status Register	0x02
0x4003_F021	DAC0_C0	DAC0 Control Register 0	0x00
0x4003_F022	DAC0_C1	DAC0 Control Register 1	0x00
0x4003_F023	DAC0_C2	DAC0 Control Register 2	0x01

▣ DAC0 데이터n 하위 레지스터 DAC0_DATnL (디폴트값 : 0x00)

b7	b6	b5	b4	b3	b2	b1	b0
DACDAT[7:0]							
rw	rw	rw	rw	rw	rw	rw	rw

- DACDAT[7:0] : DAC Data
  DAC 버퍼를 사용하지 않는 것으로 설정한 경우에는 이 레지스터의 값이 그대로 D/A 변환되어 Vout = Vin×(1+DACDAT[11:0])/4096의 전압이 출력된다. 그러나, DAC 버퍼를 사용하는 경우에는 DATA[11:0]이 16워드의 버퍼에 맵핑된다.

▣ DAC0 데이터n 상위 레지스터 DAC0_DATnH (디폴트값 : 0x00)

b7	b6	b5	b4	b3	b2	b1	b0
–	–	–	–	DACDAT[11:8]			
–	–	–	–	rw	rw	rw	rw

- DACDAT[11:8] : DAC Data
  DAC 버퍼를 사용하지 않는 것으로 설정한 경우에는 이 레지스터의 값이 그대로 D/A 변환되어 Vout = Vin×(1+DACDAT[11:0])/4096의 전압이 출력된다. 그러나, DAC 버퍼를 사용하는 경우에는 DATA[11:0]이 16워드의 버퍼에 맵핑된다.

▣ DAC0 상태 레지스터 DAC0_SR (디폴트값 : 0x02)

b7	b6	b5	b4	b3	b2	b1	b0
-	-	-	-	-	-	DACBFRPTF	DACBFRPBF
-	-	-	-	-	-	rw	rw

- DACBFRPTF : DAC Buffer Read Pointer Top Position Flag
  0 = DAC 버퍼 리드 포인터가 0이 아니다.
  1 = DAC 버퍼 리드 포인터가 0이다.
- DACBFRPBF : DAC Buffer Read Pointer Bottom Position Flag
  0 = DAC 버퍼 리드 포인터가 DACBFUP과 같지 않다.
  1 = DAC 버퍼 리드 포인터가 DACBFUP과 같다.

▣ DAC0 제어 레지스터0 DAC0_C0 (디폴트값 : 0x00)

b7	b6	b5	b4	b3	b2	b1	b0
DACEN	DACRFS	DACTRGSEL	DACSWTRG	LPEN	-	DACBTIEN	DACBBIEN
rw	rw	rw	w	rw	-	rw	rw

- DACEN : DAC Enable
  0 = DAC의 동작을 금지한다.
  1 = DAC의 동작을 허용한다.
- DACRFS : DAC Reference Select
  0 = DAC의 기준전압으로 DACREF_1(=VREFH)을 사용한다.
  1 = DAC의 기준전압으로 DACREF_2(=VDDA)를 사용한다.
- DACTRGSEL : DAC Trigger Select
  0 = DAC를 하드웨어 트리거 방식으로 사용한다.
  1 = DAC를 소프트웨어 트리거 방식으로 사용한다.
- DACSWTRG : DAC Software Trigger
  0 = 아무 의미가 없다. 이 비트를 읽으면 0으로 읽혀진다.
  1 = 소프트웨어 트리거를 수행한다. 데이터 버퍼를 사용하는 경우에는 리드 포인터를 1 증가시킨다.
- LPEN : DAC Low Power Control
  0 = high-power mode
  1 = low-power mode
- DACBTIEN : DAC Buffer Read Pointer Top Flag Interrupt Enable
  0 = DAC 버퍼의 리드 포인터가 top에 있을 때 인터럽트 발생을 금지한다.
  1 = DAC 버퍼의 리드 포인터가 top에 있을 때 인터럽트 발생을 허용한다.
- DACBBIEN : DAC Buffer Read Pointer Bottom Flag Interrupt Enable
  0 = DAC 버퍼의 리드 포인터가 bottom에 있을 때 인터럽트 발생을 금지한다.
  1 = DAC 버퍼의 리드 포인터가 bottom에 있을 때 인터럽트 발생을 허용한다.

▣ DAC0 제어 레지스터1 DAC0_C1 (디폴트값 : 0x00)

b7	b6	b5	b4	b3	b2	b1	b0
DMAEN	-	-	-	-	DACBFMD	-	DACBFEN
rw	-	-	-	-	rw	-	rw

- DMAEN : DMA Enable
  0 = DAC와 관련된 DMA의 동작을 금지한다.
  1 = DAC와 관련된 DMA의 동작을 허용한다. 이것이 허용되면 DAC 인터럽트 발생 조건에서 DMA 요청 신호가 발생된다.
- DACBFMD : DAC Buffer Work Mode Select
  0 = Normal mode.
  1 = One-Time Scan mode.
- DACBFEN : DAC Buffer Enable
  0 = DAC 버퍼의 리드 포인터 사용이 금지된다. 항상 버퍼의 첫번째 워드가 D/A 변환된다.

1 = DAC 버퍼의 리드 포인터 사용이 허용된다. 리드 포인터가 가리키는 워드가 D/A 변환된다. 리드 포인터의 동작은 DACBFMD로 설정된다.

■ DAC0 제어 레지스터2 DAC0_C2 (디폴트값 : 0x01)

b7	b6	b5	b4	b3	b2	b1	b0
-	-	-	DACBFRP	-	-	-	DACBFUP
-	-	-	rw	-	-	-	rw

- DACBFRP : DAC Buffer Read Pointer
  0 = DAC 버퍼 리드 포인터를 정상적으로 사용한다.
  1 = DAC 버퍼 리드 포인터를 현재의 값으로 유지한다.
- DACBFUP : DAC Buffer Upper Limit
  0 = DAC 버퍼 리드 포인터의 상위 리미트를 사용하지 않는다.
  1 = DAC 버퍼 리드 포인터의 상위 리미트를 사용한다. 리드 포인터는 상위 리미트보다 커질 수 없다.

8.2 D/A 컨버터 응용 프로그램

(1) 인터럽트를 사용한 삼각파 출력 프로그램

D/A 컨버터를 사용하여 주기적인 함수 파형을 출력할 때는 출력파형의 주파수를 정확하게 처리하는 것이 중요하다. 이를 위해서는 출력할 데이터를 미리 계산하여 상수 데이터 테이블로 만들어 두고, 타이머로 주기적인 인터럽트를 발생하면서 이 데이터 테이블의 내용을 차례로 D/A 컨버터에 출력하면 된다.

시스틱 타이머 SysTick의 주기적인 인터럽트를 사용하여 데이터 테이블에 미리 만들어 놓은 200개의 데이터를 차례로 1개씩 출력하는 방법으로 1kHz의 주파수를 갖는 삼각파를 발생시키는 프로그램을 작성하면 다음과 같다.

<프로그램 Exp08_2_1.c> 타이머 인터럽트를 이용한 삼각파 발생 프로그램

```
/* ========================================================================== */
/*      Exp08_2_1_triangular(1).c : D/A 컨버터를 사용한 삼각파 출력           */
/* ========================================================================== */
/*                                     Programmed by Duck-Yong Yoon in 2016.   */

#include <MKL25Z4.h>
#include "OK-MKL25Z.h"

void SysTick_Handler(void);                          /* SysTick interrupt function */

volatile unsigned char data_count = 0, DAC_low[200], DAC_high[200];

/* ----- 인터럽트 처리 프로그램 ---------------------------------------------- */

void SysTick_Handler(void)                           /* SysTick interrupt function */
{
  DAC0_DAT0L = DAC_low[data_count];                  // output D/A data
  DAC0_DAT0H = DAC_high[data_count];

  data_count++;
```

```
  if(data_count >= 200) data_count = 0;
}

/* ----- 메인 프로그램 ------------------------------------------------------- */

int main(void)
{
  unsigned char i, x;
  unsigned short value;

  Initialize_MCU();                        // initialize MCU and kit
  Delay_ms(50);                            // wait for system stabilization
  Initialize_LCD();                        // initialize text LCD module
  Initialize_TFT_LCD();                    // initialize TFT-LCD module

  LCD_string(0x80," OK-MKL25Z V1.0 ");     // display title
  LCD_string(0xC0,"  Exp08_2_1.c   ");

  TFT_string(3,5,White,Magenta," D/A 컨버터의 수학함수 파형 출력 ");
  TFT_string(11,15,White,Black,"TP4(DAC0_OUT) 단자");
  TFT_string( 6,18,Green,Black,"1kHz의 삼각파 출력 (0~+3.3V)");
  Beep();

  for(x = 0; x <= 100; x++)                // calculate data of triangular wave
    { value = (unsigned short)((4095./100.) * (float)x);
      DAC_low[x] = value & 0x00FF;
      DAC_high[x] = value >> 8;
    }
  i = 1;
  for(x = 101; x < 200; x++)
    { DAC_low[x] = DAC_low[100-i];
      DAC_high[x] = DAC_high[100-i];
      i++;
    }

  SIM_SCGC6 |= 0x80000000;                 // enable clock for DAC0
  PORTE_PCR30 = 0x00000000;                // PTE30 = DAC0_OUT

  DAC0_C0 = 0xB0;                          // DAC enable, software trigger

  SysTick->LOAD  = 104;                    // 20.97152MHz/(104+1) = 200kHz
  SysTick->VAL   = 0;                      // clear SysTick Counter
  SysTick->CTRL  = 0x00000007;             // 20.97152MHz

  while(1);
}
```

위의 Exp08_2_1.c 예제 프로그램을 실행하고 테스트 단자 TP4에서 DAC0_OUT 파형을 오실로스코프로 관측하여 보면 <그림 8.2>의 (a)와 같다. 여기서 보듯이 삼각파 파형에 군데군데 글리치가 발생하여 파형이 지저분해지는 것을 볼 수 있다. 이것은 MKL25Z128VLK4 마이크로컨트롤러의 D/A 컨버터에서 출력 데이터 레지스터를 8비트로 정의하여 놓았기 때문에 여기에 12비트의 값을 출력하려면 8비트 하위 레지스터와 8비트 상위 레지스터에 2차례에 걸쳐서 데이터를 출력하게 되는데, 이때 각 출력 동작의 사이에 시간 간격이 발생하므로써 D/A 컨버터에 잠시동안 과도적인 값이 출력되기 때문으로 분석된다. MKL25Z128VLK4 마이크로컨트롤러의 D/A 컨버터에서는 왜 출력 데이터 레지스터를 16비트로 정의하지 않고 8비트로 정의하여 이런 문제를 일으키는지 알 수 없는 노릇이다.

이 문제를 해결하려면 데이터 레지스터의 하위 8비트와 상위 8비트에 데이터를 동시에 출력하도록 하면 된다. 이렇게 하려면 헤더파일 MKL25Z4.h에서 정의한 D/A 컨버터의 출력 데이터 레지스터 이름을 사용하지 못하고 다음과 같이 이 레지스터의 절대번지를 16비트 데이터의 포인터로 정의하여 16비트 데이터를 1번에 출력하면 된다. 이 프로그램을 실행하고 테스트 단자 TP4에서 DAC0_OUT 파형을 오실로스코프로 관측하여 보면 <그림 8.2>의 (b)와 같다.

<프로그램 Exp08_2_2.c> D/A 컨버터 출력 방법을 개선한 삼각파 발생 프로그램

```
/* ============================================================================ */
/*      Exp08_2_2_triangular(2).c : D/A 컨버터를 사용한 삼각파 출력(개선)        */
/* ============================================================================ */
/*                                      Programmed by Duck-Yong Yoon in 2016.   */

#include <MKL25Z4.h>
#include "OK-MKL25Z.h"

void SysTick_Handler(void);                     /* SysTick interrupt function */

volatile unsigned char data_count = 0;
volatile unsigned short DAC_data[200];

/* ----- 인터럽트 처리 프로그램 --------------------------------------------- */

void SysTick_Handler(void)                      /* SysTick interrupt function */
{
  *(__IO uint16_t *)0x4003F000 = DAC_data[data_count]; // output D/A data

  data_count++;
  if(data_count >= 200) data_count = 0;
}

/* ----- 메인 프로그램 ------------------------------------------------------- */

int main(void)
{
  unsigned char i, x;

  Initialize_MCU();                             // initialize MCU and kit
  Delay_ms(50);                                 // wait for system stabilization
  Initialize_LCD();                             // initialize text LCD module
  Initialize_TFT_LCD();                         // initialize TFT-LCD module

  LCD_string(0x80," OK-MKL25Z V1.0 ");          // display title
  LCD_string(0xC0,"  Exp08_2_2.c   ");

  TFT_string(3,5,White,Magenta," D/A 컨버터의 수학함수 파형 출력 ");
  TFT_string(11,15,White,Black,"TP4(DAC0_OUT) 단자");
  TFT_string( 6,18,Green,Black,"1kHz의 삼각파 출력 (0~+3.3V)");
  Beep();

  for(x = 0; x <= 100; x++)                     // calculate data of triangular wave
    DAC_data[x] = (unsigned short)((4095./100.) * (float)x);
  i = 1;
  for(x = 101; x < 200; x++)
    { DAC_data[x] = DAC_data[100-i];
      i++;
    }
```

```
  SIM_SCGC6 |= 0x80000000;                      // enable clock for DAC0
  PORTE_PCR30 = 0x00000000;                     // PTE30 = DAC0_OUT

  DAC0_C0 = 0xB0;                               // DAC enable, software trigger

  SysTick->LOAD  = 104;                         // 20.97152MHz/(104+1) = 200kHz
  SysTick->VAL   = 0;                           // clear SysTick Counter
  SysTick->CTRL  = 0x00000007;                  // 20.97152MHz

  while(1);
}
```

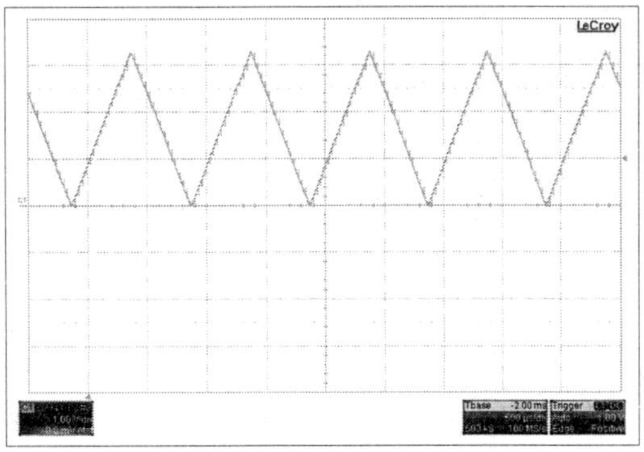

(a) 8비트 단위로 데이터를 출력한 경우

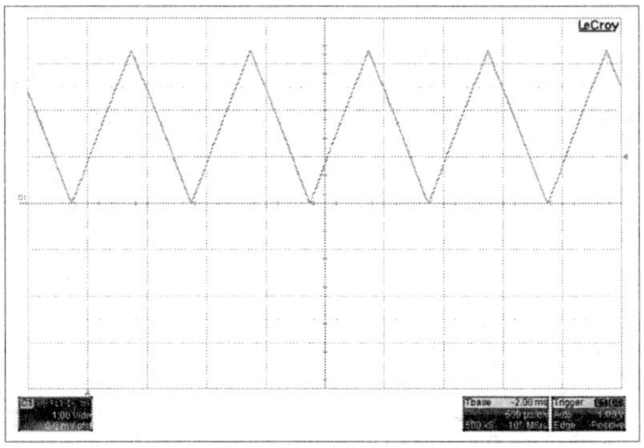

(b) 16비트 단위로 데이터를 출력한 경우

<그림 8.2> D/A 컨버터로 출력한 1kHz의 삼각파 파형

(2) 인터럽트를 사용한 여러가지 파형 출력 프로그램

마찬가지로 시스틱 타이머 SysTick의 주기적인 인터럽트를 사용하여 데이터 테이블에 미리 만들어 놓은 200개의 데이터를 출력하는 방법으로 1kHz의 정확한 주파수를 갖는 삼각파, 톱니파, 정현파를 차례로 발생시키는 프로그램을 작성하면 다음과 같고, 이때 정현파를 출력하는 경우의 파형을 오실로스코프로 관측한 것은 <그림 8.3>과 같다.

<프로그램 Exp08_2_3.c> 타이머 인터럽트를 이용한 여러가지 파형 발생 프로그램

```
/* ========================================================================== */
/*      Exp08_2_3_function3.c : D/A 컨버터를 사용한 3가지 함수 파형 출력        */
/* ========================================================================== */
/*                                   Programmed by Duck-Yong Yoon in 2016.    */

#include <MKL25Z4.h>
#include "OK-MKL25Z.h"

void SysTick_Handler(void);                     /* SysTick interrupt function */
void Waveform_triangular(void);                 /* set triangular waveform */
void Waveform_sawtooth(void);                   /* set sawtooth waveform */
void Waveform_sinusoidal(void);                 /* set sinusoidal waveform */
```

```
volatile unsigned char data_count = 0, wave_flag = 0;
volatile unsigned short DAC_data[200], period = 0;

/* ----- 인터럽트 처리 프로그램 --------------------------------------------- */

void SysTick_Handler(void)                     /* SysTick interrupt function */
{
  *(__IO uint16_t *)0x4003F000 = DAC_data[data_count]; // output D/A data

  data_count++;
  if(data_count >= 200)                        // end period ?
    { data_count = 0;
      period++;
      if(period == 3000)                       // change waveform ?
        wave_flag = 1;
      else if(period == 6000)
        wave_flag = 1;
      else if(period >= 9000)
        { period = 0;
          wave_flag = 1;
        }
    }
}

/* ----- 메인 프로그램 ------------------------------------------------------- */

int main(void)
{
  unsigned char i, x;

  Initialize_MCU();                            // initialize MCU and kit
  Delay_ms(50);                                // wait for system stabilization
  Initialize_LCD();                            // initialize text LCD module
  Initialize_TFT_LCD();                        // initialize TFT-LCD module

  LCD_string(0x80," OK-MKL25Z V1.0 ");         // display title
  LCD_string(0xC0,"  Exp08_2_3.c   ");

  TFT_string(3,5,White,Magenta," D/A 컨버터의 수학함수 파형 출력 ");
  TFT_string(11,15,White,Black,"TP4(DAC0_OUT) 단자");
  TFT_string( 6,18,Green,Black,"1kHz의 삼각파 출력 (0~+3.3V)");
  Beep();

  Waveform_triangular();                       // set triangular waveform

  SIM_SCGC6 |= 0x80000000;                     // enable clock for DAC0
  PORTE_PCR30 = 0x00000000;                    // PTE30 = DAC0_OUT

  DAC0_C0 = 0xB0;                              // DAC enable, software trigger

  SysTick->LOAD  = 104;                        // 20.97152MHz/(104+1) = 200kHz
  SysTick->VAL   = 0;                          // clear SysTick Counter
  SysTick->CTRL  = 0x00000007;                 // 20.97152MHz

  while(1)
    { if((wave_flag == 1)&&(period == 0))      // set triangular waveform
        { SysTick->CTRL &= 0xFFFFFFFD;         // disable SysTick timer interrupt
          Waveform_triangular();
          TFT_string(13,18, Green,Black, "삼각파");
          data_count = 0;
          wave_flag = 0;
          Beep();
          SysTick->CTRL |= 0x00000002;         // enable SysTick timer interrupt
        }
      else if((wave_flag == 1)&&(period == 3000)) // set sawtooth waveform
        { SysTick->CTRL &= 0xFFFFFFFD;         // disable SysTick timer interrupt
          Waveform_sawtooth();
          TFT_string(13,18, Green,Black, "톱니파");
          data_count = 0;
          wave_flag = 0;
```

```
            Beep();
            SysTick->CTRL |= 0x00000002;              // enable SysTick timer interrupt
          }
      else if((wave_flag == 1)&&(period == 6000)) // set sinusoidal waveform
          { SysTick->CTRL &= 0xFFFFFFFD;              // disable SysTick timer interrupt
            Waveform_sinusoidal();
            TFT_string(13,18, Green,Black, "정현파");
            data_count = 0;
            wave_flag = 0;
            Beep();
            SysTick->CTRL |= 0x00000002;              // enable SysTick timer interrupt
          }
      }
}

/* ----- 사용자 정의 함수 ------------------------------------------------------- */

void Waveform_triangular(void)                    /* set triangular waveform */
{
  unsigned char i, x;

  for(x = 0; x <= 100; x++)                       // calculate data of triangular wave
    DAC_data[x] = (unsigned short)((4095./100.) * (float)x);
  i = 1;
  for(x = 101; x < 200; x++)
    { DAC_data[x] = DAC_data[100-i];
      i++;
    }
}
void Waveform_sawtooth(void)                      /* set sawtooth waveform */
{
  unsigned char x;

  for(x = 0; x < 200; x++)                        // calculate data of sawtooth wave
    DAC_data[x] = (unsigned short)((4095./200.) * (float)x);
}

void Waveform_sinusoidal(void)                    /* set sinusoidal waveform */
{
  unsigned char x;

  for(x = 0; x < 200; x++)                        // calculate data of sinusoidal wave
    DAC_data[x] = (signed short)(2047. * sin(x * 1.8 * 3.141592 / 180.)) + 2047;
}
```

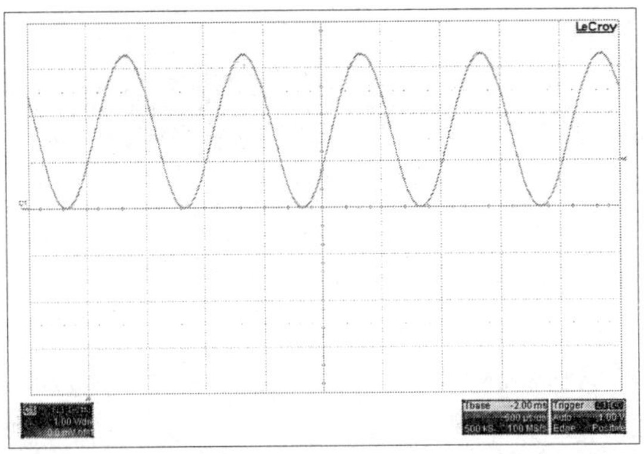

<그림 8.3> D/A 컨버터로 출력한 1kHz의 정현파 파형

제9장
주기적인 인터럽트 타이머(PIT)의 활용

이 장에서는 MKL25Z128VLK4 마이크로컨트롤러에 내장된 32비트의 주기적인 인터럽트 타이머(PIT)의 구조 및 기능을 설명하고, 이것을 활용하는 응용 프로그램 예제를 공부한다.

9.1 PIT의 구조와 기능

(1) PIT의 특성

MKL25Z128VLK4의 주기적인 인터럽트 타이머(Periodic Interrupt Timer ; PIT)는 다음과 같은 특징을 가지고 있다.

- 2개의 timer 0과 1을 내장하고 있는데, 이것들은 각각 32비트 다운 카운터의 구조로 되어 있다.
- 인접한 2개의 timer 0과 1을 체인(chain)으로 묶어서 64비트 다운 카운터로 동작시킬 수도 있다.(※ MKL25Z128VLK4에서는 이 기능을 사용하지 못한다.)
- 주기적인 인터럽트를 발생하는데 사용할 수 있다.
- DMA, TPM, ADC, DAC를 위한 트리거 신호를 발생하는데 사용할 수 있다.
- 타이머의 동작 중에 주기를 변경할 수 있다.

(2) PIT의 구조

MKL25Z128VLK4에 내장된 PIT 모듈의 내부 구조를 블록도로 보이면 <그림 9.1>과 같다.

PIT는 Cortex-M0+ 코어에 내장된 SysTick 타이머와 매우 유사하게 주기적인 인터럽트를 발생하는 사용하기 위한 다운 카운터이다. SysTick 타이머는 24비트인데 비하여, PIT는 2개의 32비트 다운 카운터이며 체인 모드로 설정하면 이를 캐스케이드로 접속하여 64비트 다운 카운터로 사용함으로써 훨씬 긴 시간 주기로 인터럽트를 발생할 수 있다는 점이 다르다.

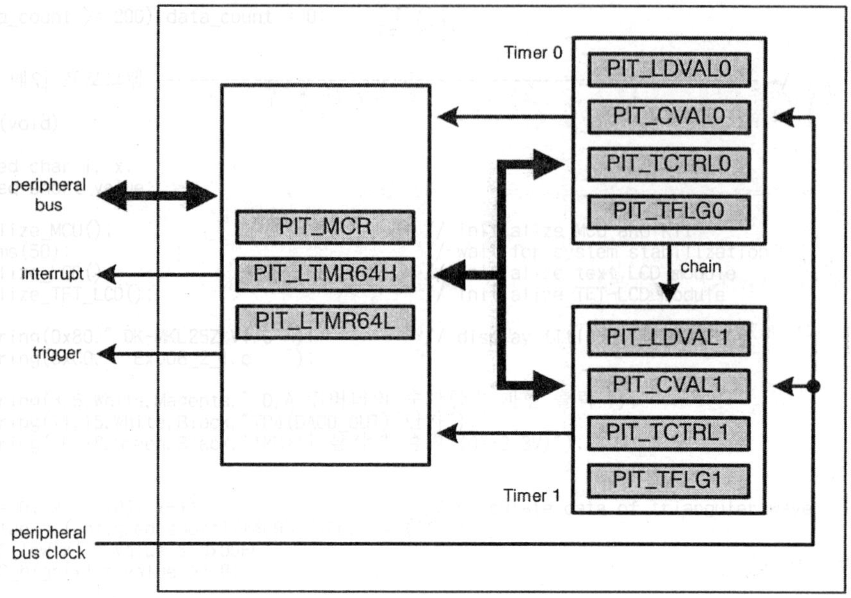

〈그림 9.1〉 MKL25Z128VLK4의 PIT 내부 구조

(3) PIT의 동작

PIT에는 내부에 32비트의 다운 카운터 구조로 된 n개의 타이머를 가지고 있는데, MKL25Z128VLK4의 경우에는 2개의 타이머0과 타이머1을 가지고 있다. 이들 각 타이머의 현재값 레지스터 PIT_CVALn은 주변장치 버스 클록의 입력에 따라 PIT_LDVALn 레지스터에 설정된 자동 저장 값으로부터 시작하여 0이 될 때까지 감소하며, 이 카운터 값이 0으로 되면 바로 그 다음의 클록에서 플랙 레지스터 PIT_TFLGn의 TIF 비트가 1로 셋트되면서 PIT 인터럽트를 발생하고 카운터는 다시 PIT_LDVALn 레지스터 값으로 자동 초기화된다.

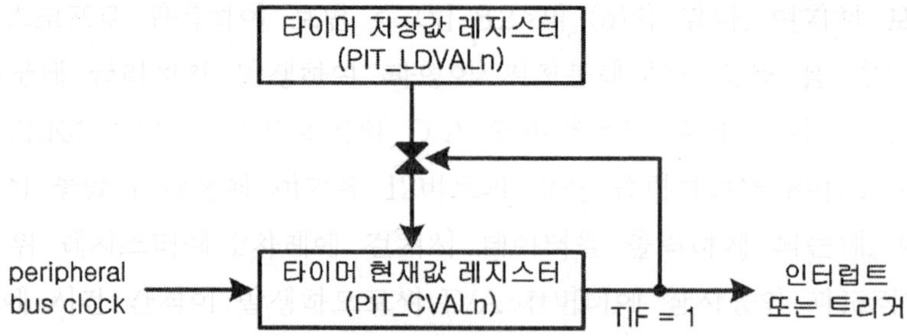

〈그림 9.2〉 MKL25Z128VLK4의 각 타이머 동작

n개의 타이머 중에서 인접한 2개의 타이머를 체인으로 묶으면 64비트 다운 카운터로 동작하는데, 이때 64비트의 현재 카운터 값을 읽어보려면 반드시 PIT_LTMR64H 레지스터를 사용하여 상위 32비트로 동작하는 PIT_CVAL_n 레지스터 값을 먼저 읽고, PIT_LTMR64L 레지스터를 사용하여 하위 32비트로 동작하는 PIT_CVAL_{n-1} 레지스터 값을 나중에 읽어야 한다. 그런데, 가장 낮은 타이머0에는 이러한 체인 모드 기능을 갖지 않으므로 PIT에 2개의 타이머0과 타이머1만을 가지고 있는 MKL25Z128VLK4에서는 사실상 체인 모드를 사용하지 못한다.

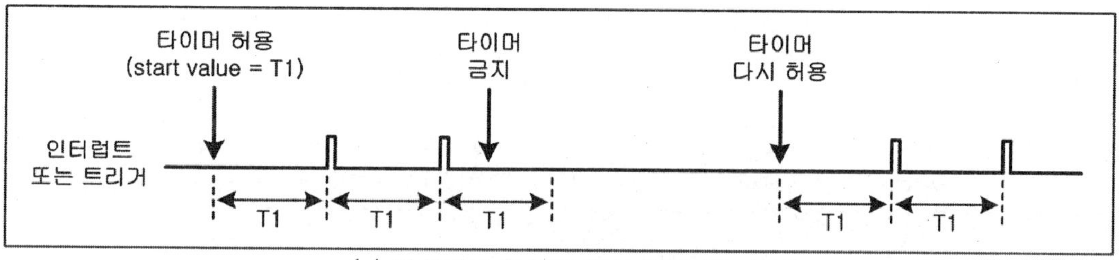

(a) 타이머의 동작을 일시 정지하는 경우

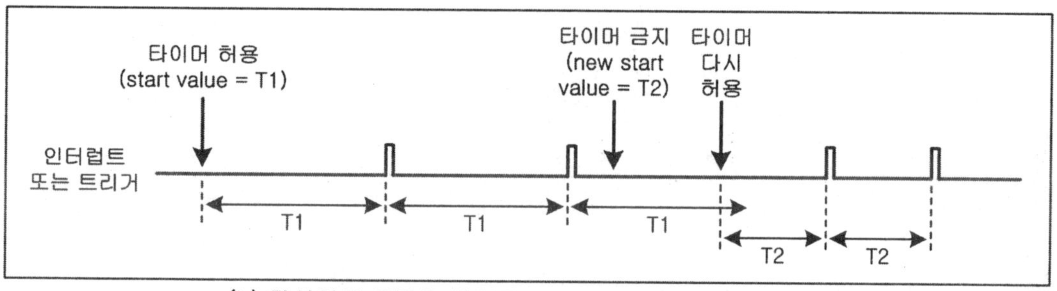

(b) 타이머의 동작을 정지하고 새로운 주기를 설정하는 경우

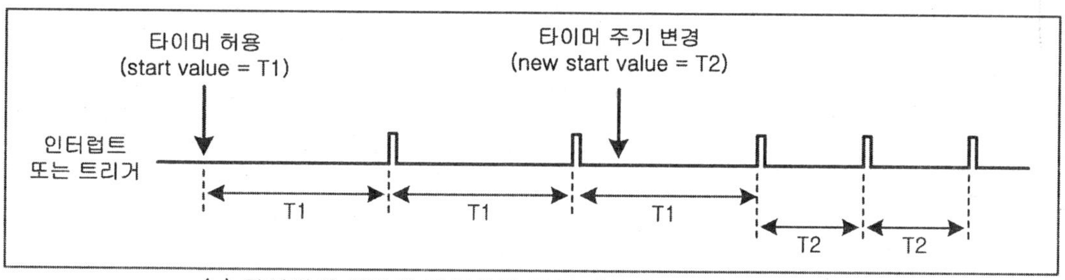

(c) 타이머의 동작을 정지하지 않고 새로운 주기를 설정하는 경우

<그림 9.3> MKL25Z128VLK4의 각 타이머 동작을 변경하는 방법

만약, PIT의 동작 중에 해당 타이머의 동작을 정지시켰다가 허용하면 <그림 9.3>의 (a)처럼 타이머의 주기가 다시 시작된다.

또한, PIT에서 타이머의 동작 중에 인터럽트를 발생하는 주기를 변경하는 방법은 <그림 9.3>의 (b)와 (c)처럼 2가지가 있다. (b)에서는 타이머의 동작을 정지시킨 상태에서 PIT_LDVALn 레지스터를 변경하였지만, (c)에서처럼 타이머의 동작을 정지시키지 않고 이 레지스터를 변경하면 현재의 주기까지는 종전의 PIT_LDVALn 레지스터 값이 적용되고 새로 변경된 PIT_LDVALn 레지스터의 값은 다음 주기부터 적용된다. 이러한 기능을 일반적으로 이중 버퍼링(double buffering)이라고 한다.

(4) PIT와 관련된 I/O 제어 레지스터

PIT와 관련된 I/O 제어 레지스터는 32비트 구조로 되어 있으며 <표 9.1>과 같이 총 11개가 있는데, 이 레지스터들의 기능을 정리하면 아래와 같다.

〈표 9.1〉 MKL25Z128VLK4의 PIT와 관련된 I/O 제어 레지스터 요약

어드레스	레지스터 이름	레지스터의 풀어 쓴 이름	리셋 후 초기값
0x4003_7000	PIT_MCR	PIT Module Control Registe	0x0000_0002
0x4003_70E0	PIT_LTMR64H	PIT Upper Lifetime Timer Register	0x0000_0000
0x4003_70E4	PIT_LTMR64L	PIT Upper Lifetime Timer Register	0x0000_0000
0x4003_7100	PIT_LDVAL0	PIT Timer 0 Load Value Registe	0x0000_0000
0x4003_7104	PIT_CVAL0	PIT Current Timer 0 Value Register	0x0000_0000
0x4003_7108	PIT_TCTRL0	PIT Timer 0 Control Register	0x0000_0000
0x4003_710C	PIT_TFLG0	PIT Timer 0 Flag Register	0x0000_0000
0x4003_7110	PIT_LDVAL1	PIT Timer 1 Load Value Registe	0x0000_0000
0x4003_7114	PIT_CVAL1	PIT Current Timer 1 Value Register	0x0000_0000
0x4003_7118	PIT_TCTRL1	PIT Timer 1 Control Register	0x0000_0000
0x4003_711C	PIT_TFLG1	PIT Timer 1 Flag Register	0x0000_0000

▣ PIT 모듈 제어 레지스터 PIT_MCR (디폴트값 : 0x0000_0002)

b31	b30	b29	b28	b27	b26	b25	b24	b23	b22	b21	b20	b19	b18	b17	b16
-	-	-	-	-	-	-	-	-	-	-	-	-	-	-	-
-	-	-	-	-	-	-	-	-	-	-	-	-	-	-	-

b15	b14	b13	b12	b11	b10	b9	b8	b7	b6	b5	b4	b3	b2	b1	b0
-	-	-	-	-	-	-	-	-	-	-	-	-	-	MDIS	FRZ
-	-	-	-	-	-	-	-	-	-	-	-	-	-	rw	rw

- MDIS : Module Disable
  0 = PIT의 모든 타이머에게 클록 공급을 허용한다.
  1 = PIT의 모든 타이머에게 클록 공급을 금지한다.
- FRZ : Freeze
  0 = 디버그 모드에서 PIT의 모든 타이머를 정상으로 동작시킨다.
  1 = 디버그 모드에서 PIT의 모든 타이머를 정지시킨다.

▣ PIT 64비트 동작의 상위 레지스터 PIT_LTMR64H (디폴트값 : 0x0000_0000)

b31	b30	b29	b28	b27	b26	b25	b24	b23	b22	b21	b20	b19	b18	b17	b16
LTH[31:16]															
r	r	r	r	r	r	r	r	r	r	r	r	r	r	r	r

b15	b14	b13	b12	b11	b10	b9	b8	b7	b6	b5	b4	b3	b2	b1	b0
LTH[15:0]															
r	r	r	r	r	r	r	r	r	r	r	r	r	r	r	r

- LTH[31:0] : Life Timer Higher 32-bit Value
  인접한 2개의 타이머를 체인으로 묶어서 64비트로 동작시킬 때 상위 32비트인 PIT_CVAL$_{n}$ 레지스터의 값을 이 레지스터로 읽는다. 이때 동시에 하위 32비트인 PIT_CVAL$_{n-1}$ 값은 PIT_LTMR64L 레지스터에 저장시켜 둠으로써 64비트의 카운터 값을 동시에 읽는 효과가 있도록 한다. 이렇게 하지 않으면 변동하는 64비트 카운터 값을 32비트씩 2차례에 나누어 읽는 동안의 시차 때문에 문제가 발생할 수 있다.

▣ PIT 64비트 동작의 하위 레지스터 PIT_LTMR64L (디폴트값 : 0x0000_0000)

b31	b30	b29	b28	b27	b26	b25	b24	b23	b22	b21	b20	b19	b18	b17	b16
LTL[31:16]															
r	r	r	r	r	r	r	r	r	r	r	r	r	r	r	r

b15	b14	b13	b12	b11	b10	b9	b8	b7	b6	b5	b4	b3	b2	b1	b0
LTL[15:0]															
r	r	r	r	r	r	r	r	r	r	r	r	r	r	r	r

- LTH[31:0] : Life Timer Lower 32-bit Value
  인접한 2개의 타이머를 체인으로 묶어서 64비트로 동작시킬 때 하위 32비트인 PIT_CVAL$_{n-1}$ 레지스터의 값을 이 레지스터로 읽는다. 이 값은 앞서서 상위 32비트인 PIT_CVAL$_{n}$ 값을 PIT_LTMR64H 레지스터로 읽어들일 때 하위 32비트인 PIT_CVAL$_{n-1}$을 읽어서 저장해두었던 값이다.

▣ PIT 타이머n 저장값 레지스터 PIT_LDVALn (디폴트값 : 0x0000_0000)

b31	b30	b29	b28	b27	b26	b25	b24	b23	b22	b21	b20	b19	b18	b17	b16
TSV[31:16]															
rw	rw	rw	rw	rw	rw	rw	rw	rw	rw	rw	rw	rw	rw	rw	rw

b15	b14	b13	b12	b11	b10	b9	b8	b7	b6	b5	b4	b3	b2	b1	b0
TSV[15:0]															
rw	rw	rw	rw	rw	rw	rw	rw	rw	rw	rw	rw	rw	rw	rw	rw

- TSV[31:0] : Timer n Start Value(n = 0, 1)
  타이머n이 0으로 감소한 이후에 다시 초기화되어 스타트하는 값이다. 주기적인 타이머가 0으로 감소한 이후에 다시 이와 같이 지정된 값으로 초기화되는 기능을 자동 재저장(auto-reload)이라고 한다.

▣ PIT 타이머n 현재값 레지스터 PIT_CVALn (디폴트값 : 0x0000_0000)

b31	b30	b29	b28	b27	b26	b25	b24	b23	b22	b21	b20	b19	b18	b17	b16
TVL[31:16]															
r	r	r	r	r	r	r	r	r	r	r	r	r	r	r	r

b15	b14	b13	b12	b11	b10	b9	b8	b7	b6	b5	b4	b3	b2	b1	b0
TVL[15:0]															
r	r	r	r	r	r	r	r	r	r	r	r	r	r	r	r

- TVL[31:0] : Timer n Current Value(n = 0, 1)
  타이머n의 현재값이다. 이것은 32비트 다운 카운터로 동작한다.

■ PIT 타이머 n 제어 레지스터 PIT_TCTRLn (디폴트값 : 0x0000_0000)

b31	b30	b29	b28	b27	b26	b25	b24	b23	b22	b21	b20	b19	b18	b17	b16
-	-	-	-	-	-	-	-	-	-	-	-	-	-	-	-
-	-	-	-	-	-	-	-	-	-	-	-	-	-	-	-

b15	b14	b13	b12	b11	b10	b9	b8	b7	b6	b5	b4	b3	b2	b1	b0
-	-	-	-	-	-	-	-	-	-	-	-	-	CHN	TIE	TEN
-	-	-	-	-	-	-	-	-	-	-	-	-	rw	rw	rw

• CHN : Chain Mode
0 = 이 타이머를 체인으로 연결하지 않는다.
1 = 이 타이머n과 바로 아래의 타이머n-1을 체인으로 연결하여 64비트로 동작하도록 한다. 단, 타이머 0은 체인 모드를 사용하지 못한다.
• TIE : Timer Interrupt Enable
0 = 이 타이머의 인터럽트 요청을 금지한다.
1 = TIF 플랙이 1로 세트될 때 이 타이머가 인터럽트를 요청한다.
• TEN : Timer Enable
0 = 타이머n의 동작을 금지한다.
1 = 타이머n의 동작을 허용한다.

■ PIT 타이머 n 플랙 레지스터 PIT_TFLGn (디폴트값 : 0x0000_0000)

b31	b30	b29	b28	b27	b26	b25	b24	b23	b22	b21	b20	b19	b18	b17	b16
-	-	-	-	-	-	-	-	-	-	-	-	-	-	-	-
-	-	-	-	-	-	-	-	-	-	-	-	-	-	-	-

b15	b14	b13	b12	b11	b10	b9	b8	b7	b6	b5	b4	b3	b2	b1	b0
-	-	-	-	-	-	-	-	-	-	-	-	-	-	-	TIF
-	-	-	-	-	-	-	-	-	-	-	-	-	-	-	w1c

• TIF : Timer Interrupt Flag
0 = 타이머n의 현재값 레지스터가 0에 이르지 않았다.
1 = 타이머n의 현재값 레지스터가 0에 이르러 주기가 종료되고 타임아웃이 되었다. 이 비트를 0으로 클리어하려면 1을 써주어야 한다.

9.2 PIT를 사용한 인터럽트 처리 프로그램

PIT는 SysTick 타이머와 유사한 점이 많다. 여기서는 PIT를 사용하여 주기적인 인터럽트를 발생하거나 스톱워치를 구현하는 프로그램을 작성하여 보기로 한다.

(1) PIT를 사용한 주기적인 인터럽트 발생 프로그램

PIT는 32비트의 다운 카운터이며, 클록 소스로서 항상 주변장치 버스 클록을 사용한다. *OK-MKL25Z* 키트에서는 시스템 클록과 주변장치 버스 클록을 모두 동일하게 20.97152MHz로 설정하여 사용하고 있으므로 인터럽트 발생 주파수는 다음과 같다.

f_{INT} = 20.97152MHz/(PIT_LDVALn + 1)

이제 PIT 타이머를 사용하여 주기적인 인터럽트를 발생하고, 인터럽트가 발생될 때마다 LED1과 LED2를 점멸하는 프로그램을 C언어로 작성하면 다음과 같다. 인터럽트를 발생하는 주기는 KEY1~KEY4를 사용하여 변경할 수 있다.

<프로그램 Exp09_2_1.c> PIT를 이용한 주기적인 인터럽트의 발생

```
/* ============================================================================ */
/*              Exp09_2_1_PIT.c : PIT를 사용한 주기적인 인터럽트                  */
/* ============================================================================ */
/*                                  Programmed by Duck-Yong Yoon in 2016.       */

#include <MKL25Z4.h>
#include "OK-MKL25Z.h"

void PIT_IRQHandler(void);                          /* PIT interrupt function */

/* ----- 인터럽트 처리 프로그램 ----------------------------------------------- */

void PIT_IRQHandler(void)                           /* PIT interrupt function */
{
  PIT_TFLG0 = 0x00000001;                           // clear PIT interrupt flag

  GPIOD_PTOR = 0x000000C0;                          // blink LED1, LED2
}

/* ----- 메인 프로그램 -------------------------------------------------------- */

int main(void)
{
  unsigned char key;

  Initialize_MCU();                                 // initialize MCU and kit
  Delay_ms(50);                                     // wait for system stabilization
  Initialize_LCD();                                 // initialize text LCD module
  Initialize_TFT_LCD();                             // initialize TFT-LCD module

  LCD_string(0x80," OK-MKL25Z V1.0 ");              // display title
  LCD_string(0xC0,"  Exp09_2_1.c   ");
  Beep();

  TFT_string( 4, 4, White,Magenta, " PIT 인터럽트를 이용한 LED 점멸 ");
  TFT_string(10,10, Green,  Black, "100ms ON / 100ms OFF");
  TFT_string( 7,18, White,  Black, "KEY1 - 100ms 주기 인터럽트");
  TFT_string( 7,20, White,  Black, "KEY2 - 200ms 주기 인터럽트");
  TFT_string( 7,22, White,  Black, "KEY3 - 400ms 주기 인터럽트");
  TFT_string( 7,24, White,  Black, "KEY4 - 800ms 주기 인터럽트");

  PIT_MCR   = 0x00000000;                           // enable PIT
  PIT_LDVAL0 = 2097151;                             // 20.97152MHz/(2097151+1) = 10Hz
  PIT_TCTRL0 = 0x00000003;                          // enable PIT interrupt request

  NVIC->ISER[0] = 0x00400000;                       // enable PIT interrupt

  GPIOD_PSOR = 0x00000040;                          // turn on LED1

  while(1)
    { key = Key_input();                            // key input
      switch(key)
        { case KEY1 : PIT_LDVAL0 = 2097151;         // 20.97152MHz/(2097151+1) = 10Hz
                      TFT_string(10,10, Green,      Black, "100ms ON / 100ms OFF");
                      break;
          case KEY2 : PIT_LDVAL0 = 4194303;         // 20.97152MHz/(4194303+1) = 5Hz
                      TFT_string(10,10, Green,      Black, "200ms ON / 200ms OFF");
                      break;
          case KEY3 : PIT_LDVAL0 = 8388607;         // 20.97152MHz/(8388607+1) = 2.5Hz
```

```
                    TFT_string(10,10, Green,  Black, "400ms ON / 400ms OFF");
                    break;
          case KEY4 : PIT_LDVAL0 = 16761215;     // 20.97152MHz/(16761215+1) = 1.25Hz
                    TFT_string(10,10, Green,  Black, "800ms ON / 800ms OFF");
                    break;
        }
    }
}
```

☞ 이 프로그램을 앞에서 SysTick 타이머를 사용하였던 예제 Exp05_9_1.c와 비교하여 보라. CPU 코어 쪽에 속하는 SysTick 타이머를 사용한 인터럽트와 주변장치에 속하는 PIT를 사용한 인터럽트는 몇가지 점에서 차이가 있다는 것에 주목해야 한다. 주변장치의 인터럽트에서는 먼저 인터럽트 처리함수의 이름이 반드시 _IRQHandler로 끝난다. 그리고, 주변장치의 인터럽트 처리함수에서는 해당 주변장치의 I/O 제어 레지스터에 있는 인터럽트 플랙을 클리어시켜 주어야 한다. 이 플랙이 1로 되면서 인터럽트가 발생되는데, 이것은 자동적으로 0으로 클리어되지 않으므로 인터럽트가 발생한 후에 사용자가 이를 클리어시키지 않으면 인터럽트 처리가 끝난 후에 곧바로 동일한 인터럽트가 다시 걸리게 된다.

(2) PIT를 이용한 스톱워치 프로그램

이번에는 PIT를 이용하여 전자 스톱워치를 구현해보기로 한다. 스톱워치의 시간을 1/100초까지 표시하기 위하여 PIT로 100Hz의 인터럽트를 발생시켜야 한다.

이 프로그램에서 스톱워치의 스타트 버튼은 KEY1, 스톱 버튼은 KEY4, 리셋 버튼은 KEY3을 사용하기로 한다. PIT를 이용하여 전자 스톱워치를 C언어로 구현한 프로그램은 다음과 같다.

<프로그램 Exp09_2_2.c> PIT를 이용한 스톱워치 프로그램

```
/* ========================================================================== */
/*              Exp09_2_2_stopwatch.c : PIT를 이용한 전자 스톱워치              */
/* ========================================================================== */
/*                                Programmed by Duck-Yong Yoon in 2016.      */

#include <MKL25Z4.h>
#include "OK-MKL25Z.h"

void PIT_IRQHandler(void);                      /* PIT interrupt function */
void Clear_time(void);                          /* clear time */
void Display_key(U08 key);                      /* display key input */

volatile unsigned int second, minute, hour;
volatile unsigned char run_flag;

/* ----- 인터럽트 처리 프로그램 --------------------------------------------- */

void PIT_IRQHandler(void)                       /* PIT interrupt function */
{
  PIT_TFLG0 = 0x00000001;                       // clear PIT interrupt flag

  second++;                                     // increment 1/100 second
  if(second == 6000)                            // second = 60 ?
    { second = 0;                               // if yes, second = 0 and minute++
      minute++;
```

```
      if(minute == 60)                          // minute = 60 ?
        { minute = 0;                           // if yes, minute = 0 and hour++
          hour++;
          if(hour == 100)                       // hour = 100 ?
            hour = 0;                           // if yes, hour = 0
        }
    }

  TFT_color(Magenta,Black);                     // display time
  TFT_xy(12,10);
  TFT_unsigned_decimal(hour,1,2);
  TFT_xy(17,10);
  TFT_unsigned_decimal(minute,1,2);
  TFT_xy(22,10);
  TFT_unsigned_decimal(second/100,1,2);
  TFT_xy(25,10);
  TFT_unsigned_decimal(second%100,1,2);
}

/* ----- 메인 프로그램 ---------------------------------------------------------- */

int main(void)
{
  unsigned char key;

  Initialize_MCU();                             // initialize MCU and kit
  Delay_ms(50);                                 // wait for system stabilization
  Initialize_LCD();                             // initialize text LCD module
  Initialize_TFT_LCD();                         // initialize TFT-LCD module

  LCD_string(0x80," OK-MKL25Z V1.0 ");          // display title
  LCD_string(0xC0,"  Exp09_2_2.c   ");
  Beep();

  TFT_string( 4, 4, White,Magenta, " 마이크로컨트롤러 전자 스톱워치 ");
  TFT_string(10,18, White,Black, "KEY1 - 스타트(start)");
  TFT_string(10,20, White,Black, "KEY2 -");
  TFT_string(10,22, White,Black, "KEY3 - 리셋(reset)");
  TFT_string(10,24, White,Black, "KEY4 - 스톱(stop)");
  Clear_time();                                 /* clear time */

  PIT_MCR   = 0x00000000;                       // enable PIT
  PIT_LDVAL0 = 209714;                          // 20.97152MHz/(209714+1) = 100Hz
  PIT_TCTRL0 = 0x00000001;                      // disable PIT interrupt request

  NVIC->ISER[0] = 0x00400000;                   // enable PIT interrupt

  run_flag = 0;                                 // initial status

  while(1)
    { key = Key_input();                        // key input
      switch(key)
        { case KEY1 : if(run_flag == 1) break;  // if run_flag=1, ignore KEY1
                      run_flag =  1;
                      Display_key(key);
                      PIT_TCTRL0 = 0x00000003;  // interrupt enable
                      break;
          case KEY3 : if(run_flag == 1) break;  // if run_flag=1, ignore KEY3
                      PIT_TCTRL0 = 0x00000001;  // interrupt disable
                      Clear_time();
                      Display_key(key);
                      break;
          case KEY4 : if(run_flag == 0) break;  // if run_flag=0, ignore KEY4
                      run_flag = 0;
                      PIT_TCTRL0 = 0x00000001;  // interrupt disable
                      Display_key(key);
                      break;
          default:    break;
        }
    }
}
```

```
/* ----- 사용자 정의 함수 --------------------------------------------------- */

void Clear_time(void)                               /* clear time */
{
  second = 0;                                       // clear time
  minute = 0;
  hour = 0;

  TFT_string(12,10, Magenta,Black, "00 : 00 : 00.00"); // clear display
  TFT_string(15,10, Green,   Black, ":");
  TFT_string(20,10, Green,   Black, ":");
  TFT_string(24,10, Green,   Black, ".");
}

void Display_key(U08 key)                           /* display key input */
{
  TFT_string(10,18, White,Black, "KEY1");
  TFT_string(10,22, White,Black, "KEY3");
  TFT_string(10,24, White,Black, "KEY4");

  if(key == KEY1)      TFT_string(10,18, Magenta,Black, "KEY1");
  else if(key == KEY3) TFT_string(10,22, Magenta,Black, "KEY3");
  else if(key == KEY4) TFT_string(10,24, Magenta,Black, "KEY4");
}
```

☞ 이 프로그램을 앞에서 SysTick 타이머를 사용하였던 예제 Exp05_9_2.c와 비교하여 보라. PIT를 사용하면서 인터럽트 처리 부분에 약간의 차이가 있는 것을 제외하면 프로그램이 거의 같은 구조로 되어 있음을 알 수 있을 것이다.

9.3 TV 리모컨 응용 프로그램

(1) TV 리모컨의 구조와 기능

리모컨(Remote Controller)은 빛이나 전파를 사용하여 원거리의 장치에 신호를 보내는 방법으로 멀리 떨어져 있는 기계를 제어할 수 있는 원격제어장치이다. TV나 에어컨과 같은 가전제품에서 널리 사용하는 적외선(Ir ; Infrared) LED 리모컨은 적외선 LED를 사용하여 변조된 신호를 보내고 포토 트랜지스터로 이를 수신하는 원리로 동작하며, 이는 기본적으로 신호 전송에 LED 불빛을 사용하기 때문에 저가격에 구현이 가능하지만 직사광선이 있는 옥외에서는 사용하기 어렵고 주로 실내에서 사용한다.

이에 비하여 자동차 원격시동이나 무선조종 자동차 등에 널리 사용하는 RF(Radio Frequency) 무선 리모컨은 전자파로 변조된 신호를 전송하므로 옥외에서 사용하는데 적합하고 비교적 먼 거리의 장치까지 사용할 수 있다.

<그림 9.4>에는 삼성전자와 LG전자의 TV용 리모컨 모델을 보였으며, 이 2개 회사의 TV 모델에 겸용으로 사용할 수 있는 만능 리모컨도 함께 보였다.

(a) 삼성전자　　　　(b) LG전자　　　　(c) 삼성/LG 겸용

<그림 9.4> 가정용 TV의 리모컨

▣ TV 리모컨의 데이터 전송 포맷

TV에서 사용하는 적외선 LED 방식의 리모컨은 전등과 같은 외란광의 영향을 받지 않도록 하기 위하여 데이터 신호를 약 30kHz~40kHz(보통 38kHz) 정도의 주파수로 변조시켜 송수신한다.

데이터 전송 포맷에는 여러 가지 방식이 있으나 NEC에서 만든 NEC 포맷을 가장 널리 사용하고 있으며, 우리나라의 LG전자 TV에서도 현재 이 방식을 사용하고 있다. 그러나, NEC 포맷은 1개의 데이터를 전송하는 시간이 좀 길어서 오늘날은 이를 약간 변형하여 만든 도시바(Toshiba) 방식도 많이 사용하고 있는데, 우리나라의 삼성전자 TV에서는 현재 이 방식을 사용하고 있다.

TV 리모컨 신호는 기본적으로 <그림 9.5>에 보인 것과 같이 리더 코드(Leader Code), 2바이트의 커스텀 코드(Custom Code), 2바이트의 데이터 코드(Data Code)의 구조로 되어 있다. 리더 코드는 이제부터 1개의 리모컨 키에 대응하는 정보가 전송되기 시작한다는 것을 의미하며, 커스텀 코드는 TV나 VTR의 제조사를 구분하는 고유 코드이고, 데이터 코드는 리모컨의 각 키에 따라 달라지는 값이다. 초창기의 리모컨에서는 전송 데이터의 에러를 검출하려는 용도로 커스텀 코드와 데이터 코드에 각각 정상값과 반전값을 2바이트씩 연속으로 전송하였으나, 점차로 가전제품의 제조사나 모델 수가 많아져서 8비트 값으로는 이것들을 구분하는 커스텀 코드를 모두 수용할 수 없게 되었으므로 현재는 커스텀 코드를 정상값과 반전값으로 구분하지 않고 연속된 16

비트 값으로 사용하고 있다.

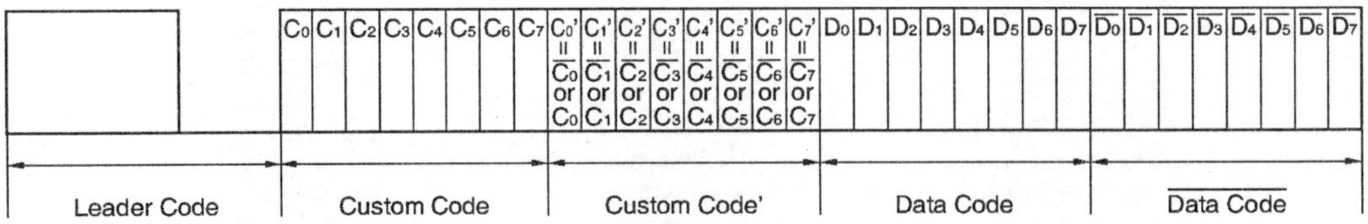

<그림 9.5> TV의 리모컨의 기본적인 데이터 포맷

이와 같이 TV나 VTR용 리모컨의 데이터 전송 포맷은 다소 복잡한 구조로 되어 있기 때문에 이를 하드웨어로 구현하는데는 송신부와 수신부에 각각 전용의 IC를 사용하여 왔다. 그러나, 요즈음은 좀더 다양한 부가 기능을 쉽게 구현할 수 있도록 하기 위하여 전용 IC를 사용하지 않고 마이크로컨트롤러를 사용하는 경우도 많다.

리모컨의 송신용 IC에는 리모컨의 각 키가 눌려진 것을 검출하여 이에 대응하는 디지털 데이터를 인코딩하며, 이 데이터를 송신용 주파수 신호로 변조하고 적외선 LED를 구동하기까지의 모든 기능이 1개의 소자에 내장되어 있다. NEC 포맷 송신용 IC로는 NEC사의 μPD6121/6122 소자를 많이 사용하여 왔기 때문에 여기서 사용하는 데이터 포맷을 μPD6121형 포맷이라고도 부르는데, 이는 LG전자의 TV 및 VTR용 리모컨에서 사용하고 있다. 그러나, 현재 이 μPD6121/6122 소자들은 모두 단종되었다. 수정된 NEC 포맷 송신용 IC로는 도시바사의 TC9012/9243 소자를 많이 사용하였기 때문에 여기서 사용하는 데이터 포맷을 TC9012형 포맷이라고도 부르는데, 이는 삼성전자의 TV 및 VTR용 리모컨에서 사용하고 있다. 현재 TC9012 소자는 단종되었으며 TC9243이 많이 사용되고 있다.

① **NEC 포맷**(μPD6121형 포맷)

NEC 포맷의 TV 리모컨 신호는 <그림 9.6>에 보인 것과 같은 구조로 되어 있다. 그러나, 실제로는 이를 38kHz로 변조시켜 송신하며, 수신측에서는 모든 신호가 반전되어 수신되므로 수신 파형은 이를 논리적으로 반전시켜 생각해야 한다.

NEC 포맷은 리더 코드 + 커스텀 코드1 + 커스텀 코드2 + 데이터 코드1 + 데이터 코드2 + 스톱 비트 + 40ms frame space로 구성되는데 초창기에는 커스텀 코드2가 커스텀 코드1의 반전값이었으나 현재는 커스텀 코드1과 커스텀 코드2를 합쳐서 16비트의 커스텀 코드로 사용한다. 그러나, 데이터 코드2는 데이터 코드1의 반전값을 전송하여 전송 에러 검출용으로 사용한다.

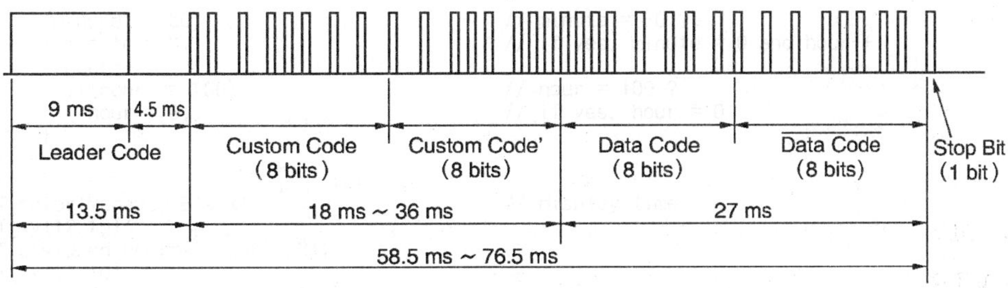

<그림 9.6> TV 리모컨의 NEC 포맷

NEC 포맷에서 리더 코드는 <그림 9.7>에 자세히 보인 것처럼 9ms의 high 구간과 4.5ms의 low 구간을 합하여 13.5ms로 이루어진다. 여기서 리모컨의 기본 시간단위인 0.5625ms를 T라고 하면 high 구간은 16T에 해당하고 low 구간은 8T에 해당하며 전체 리더 코드는 24T에 해당한다.

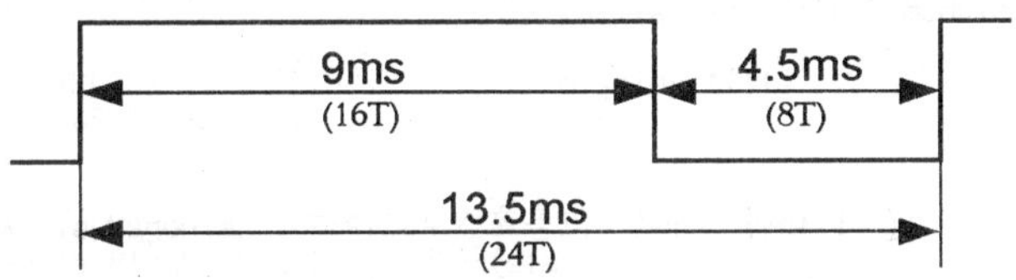

<그림 9.7> NEC 포맷에서 리더 코드의 신호

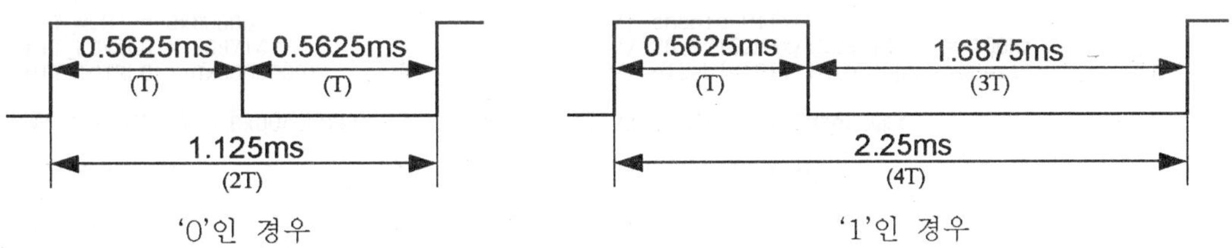

<그림 9.8> NEC 포맷에서 1비트 0과 1의 신호

NEC 포맷에서 커스텀 코드와 데이터 코드는 모두 32비트(4바이트)의 디지털 데이터로 구성되는데, 여기서 사용하는 각 비트 0과 1의 신호를 <그림 9.8>에 자세히 보였다. 즉, 0의 신호는 0.5625ms(T)의 high 구간과 0.5625ms(T)의 low 구간을 합하여 1.125ms(2T)로 되어 있고, 1은 0.5625ms(T)의 high 구간과 1.6875ms(3T)의 low 구간을 합하여 2.25ms(4T)로 이루어진다. 이처럼 0과 1을 전송하는데 필요한 시간이 다르기 때문에 정상값과 반전값을 전송하는 데이터 코드는 8개의 0과 8개의 1로 구성되어 총 1.125×8 + 2.25×8 = 27ms의 시간을 필요로 한다. 그러나, 16비트로 된 커스텀 코드

를 전송하는데 소요되는 시간은 일정하지 않아 최소값이 1.125×16 = 18ms이고, 최대값이 2.25×16 = 36ms로 된다.

결국 NEC 포맷에서는 리더 코드, 커스텀 코드, 데이터 코드를 모두 전송하는데 58.5~76.5ms가 필요하며, 스톱 비트와 40ms frame space에 해당하는 부수적인 시간까지를 고려하면 100ms 이상의 많은 시간이 소요된다. NEC 포맷은 현재 LG전자의 TV나 VTR 제품의 리모컨에서 사용하고 있다.

② **도시바의 수정된 NEC 포맷**(TC9012형 포맷)

도시바에 의하여 수정된 NEC 포맷에서는 나중에 개선된 NEC 포맷처럼 16비트의 커스텀 코드를 사용하고 모두 NEC 포맷과 같은 구조로 되어 있으나, 전체 전송 시간을 줄이기 위하여 리더 코드를 13.5ms에서 9ms로 줄였다. 즉, 수정된 NEC 포맷에서는 <그림 9.9>에 보인 것처럼 리더 코드가 4.5ms(8T)의 high 구간과 4.5ms(8T)의 low 구간을 합하여 9ms(16T)로 이루어진다. 이와 같이 수정된 NEC 포맷은 현재 삼성전자의 TV나 VTR 제품의 리모컨에서 사용하고 있다.

NEC 포맷이나 수정된 NEC 포맷에서는 옵션으로 반복 코드(repeat code) 신호를 사용하기도 한다. 즉, 리모컨에서 동일한 키를 연속하여 누르고 있으면 처음에는 그 키에 해당하는 키 코드가 전송되지만 그 이후부터는 주기적인 시간 간격으로 반복 코드를 전송한다. NEC 포맷에서 반복 코드는 9ms의 high 구간과 2.25ms의 low 구간을 합하여 11.25ms로 이루어지며, 수정된 NEC 포맷에서는 4.5ms와 2.25ms를 합하여 6.75ms로 된다. 그러나 리모컨에 따라서는 동일한 키를 계속 누르고 있더라도 이러한 반복 코드를 사용하지 않고 해당 키 코드를 반복하여 전송하기도 한다.

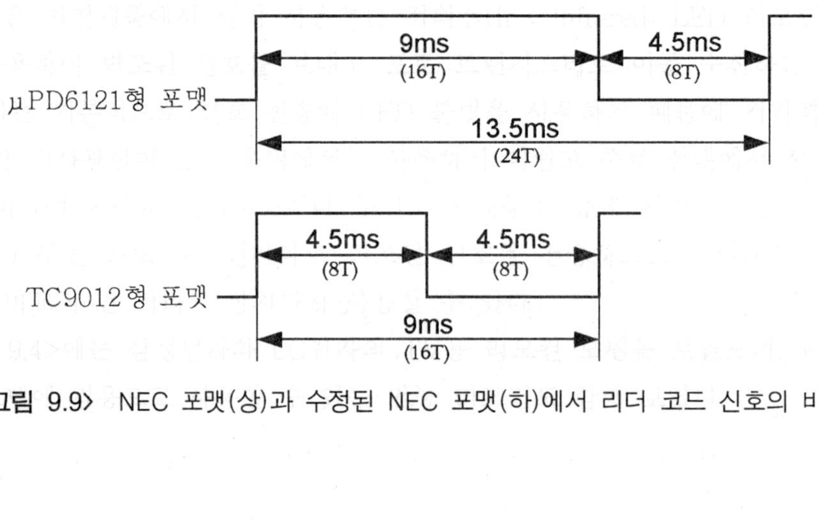

〈그림 9.9〉 NEC 포맷(상)과 수정된 NEC 포맷(하)에서 리더 코드 신호의 비교

▣ TV 리모컨 신호의 수신

리모컨의 신호를 수신할 때는 대역통과 필터(BPF ; band-pass filter)를 사용하여 변조 주파수만을 검출한 후에 여기서 디지털 데이터 신호를 추출하여 원래 송신하였던 지정된 포맷의 직렬 데이터로 출력하는 기능을 수행한다. 이러한 기능을 수행하는 하드웨어는 매우 민감한 아날로그 회로를 포함하고 있으므로 리모컨 수신 전용의 IC를 사용하는데, 현재 널리 사용되는 TV 리모컨 수신 전용의 소자로는 Kodenshi사의 KSM-603LM이나 AUK사의 SRM-354VF 등이 있다. *OK-MKL25Z* 키트에서는 이중에서 KSM-603LM을 사용하는데 이 소자의 외형은 <그림 9.10>에 보였다.

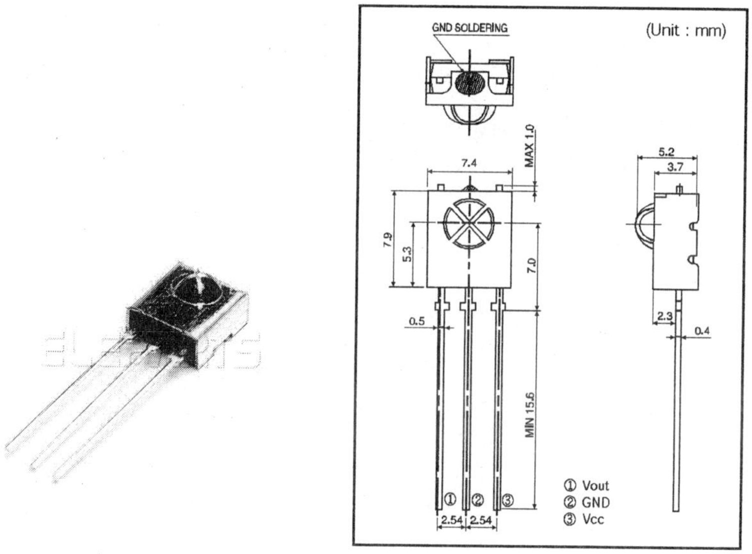

<그림 9.10> TV 리모컨 수신 모듈 KSM-603LM의 외형

TV 리모컨에서는 앞에서 설명한 포맷의 데이터를 38kHz로 변조시켜 출력하므로 송신하려는 데이터와 실제로 송신되는 신호 그리고 수신된 신호를 비교하여 설명하면 <그림 9.11>과 같다. 여기서 파형 ①은 리모컨이 송신하려는 데이터 포맷을 나타내고, 파형 ②는 리모컨 송신부에 의하여 38kHz의 반송파 주파수(carrier frequency)로 변조된 신호이며, 파형 ③은 리모컨 수신용 소자 KSM-603LM에서 수신되어 출력되는 신호를 나타낸다. 파형 ①과 ③은 서로 상태가 반전되어 있음을 알 수 있다.

TV 리모컨 신호의 변조에 사용되는 반송파는 38kHz(±5%, 듀티비 33%)를 사용하는 것이 표준이며, KSM-603LM의 내부에는 37.9kHz의 대역통과 필터를 내장하고 있어서 잡음을 제거하고 리모컨 신호만을 수신한다.

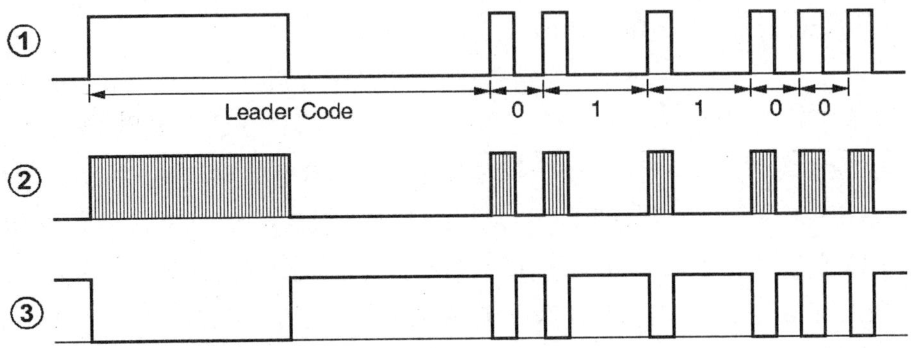

<그림 9.11> TV 리모컨에서 송신 데이터①, 변조된 신호②, 수신 데이터③의 관계

실제로 삼성전자 TV의 리모컨 신호를 KSM-603LM 소자로 수신하여 출력한 신호를 오실로스코프로 관측한 예를 <그림 9.12>에 보였다. 이 파형에서 삼성전자 제품은 수정된 NEC 포맷을 사용하기 때문에 리더 코드가 9ms로 되어 있으며, 모든 데이터 신호들이 논리적으로 반전되어 수신되는 것을 확인할 수 있다.

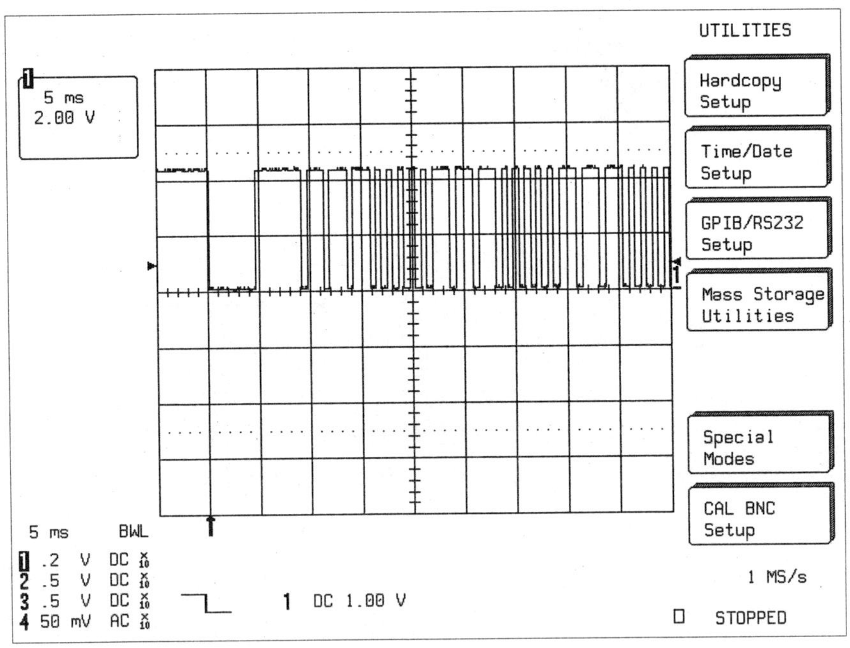

<그림 9.12> 삼성 TV 리모컨의 실제 수신 신호

▣ TV 리모컨의 코드표

현재 삼성전자에서 사용하고 있는 TV/VTR 겸용 리모컨의 코드표를 <표 9.2>에 보였다. 여기서 보듯이 삼성전자 TV 리모컨의 16비트 커스텀 코드는 0x0707이며, 삼성전자 VTR 리모컨의 커스텀 코드는 0x0505이다.

또한, 현재 LG전자에서 사용하고 있는 TV/VTR 겸용 리모컨의 코드표를 <표 9.3>에 보였다. 여기서 보듯이 LG전자 TV 리모컨의 8비트 커스텀 코드는 0x04(반전값은 0xFB)이며, LG전자 VTR 리모컨의 커스텀 코드는 0x6E(반전값은 0x91)이다.

<표 9.2> 삼성전자 TV/VTR 겸용 수정된 NEC 포맷(TC9012형) 리모컨의 코드표

버튼	커스텀 코드1	커스텀 코드2	데이터 코드1	데이터 코드2
전원	0x07	0x07	0x02	0xFD
TV/비디오	0x07	0x07	0x01	0xFE
TV/유선	0x07	0x07	0x27	0xD8
0	0x07	0x07	0x11	0xEE
1	0x07	0x07	0x04	0xFB
2	0x07	0x07	0x05	0xFA
3	0x07	0x07	0x06	0xF9
4	0x07	0x07	0x08	0xF7
5	0x07	0x07	0x09	0xF6
6	0x07	0x07	0x0A	0xF5
7	0x07	0x07	0x0C	0xF3
8	0x07	0x07	0x0D	0xF2
9	0x07	0x07	0x0E	0xF1
메뉴	0x07	0x07	0x1A	0xE5
채널+	0x07	0x07	0x12	0xED
채널-	0x07	0x07	0x10	0xEF
음량+	0x07	0x07	0x07	0xF8
음량-	0x07	0x07	0x0B	0xF4
조정+	0x07	0x07	0x1D	0xE2
조정-	0x07	0x07	0x1C	0xE3
조용히	0x07	0x07	0x0F	0xF0
자동채널	0x07	0x07	0x3A	0xC5
앞채널	0x07	0x07	0x13	0xEC
기억	0x07	0x07	0x19	0xE6
지움	0x07	0x07	0x18	0xE7
화면크기	0x07	0x07	0x3E	0xC1
취침예약	0x07	0x07	0x03	0xFC
비디오 전원	0x05	0x05	0x02	0xFD
비디오/TV	0x05	0x05	0x01	0xFE
재생	0x05	0x05	0x19	0xE6
정지	0x05	0x05	0x15	0xEA
되감기	0x05	0x05	0x18	0xE7
빨리감기	0x05	0x05	0x1A	0xE5
일시정지	0x05	0x05	0x16	0xE9
음량+	0x05	0x05	0x07	0xF8
음량-	0x05	0x05	0x0B	0xF4
채널/트래킹+	0x05	0x05	0x12	0xED
채널/트래킹-	0x05	0x05	0x10	0xEF

<표 9.3> LG전자 TV/VTR 겸용 NEC 포맷(μPD6121형) 리모컨의 코드표

버튼	커스텀 코드1	커스텀 코드2	데이터 코드1	데이터 코드2
전원	0x04	0xFB	0x08	0xF7
TV/비디오	0x04	0xFB	0x0B	0xF4
TV/유선	0x04	0xFB	0x0F	0xF0
0	0x04	0xFB	0x10	0xEF
1	0x04	0xFB	0x11	0xEE
2	0x04	0xFB	0x12	0xED
3	0x04	0xFB	0x13	0xEC
4	0x04	0xFB	0x14	0xEB
5	0x04	0xFB	0x15	0xEA
6	0x04	0xFB	0x16	0xE9
7	0x04	0xFB	0x17	0xE8
8	0x04	0xFB	0x18	0xE7
9	0x04	0xFB	0x19	0xE6
메뉴	0x04	0xFB	0x43	0xBC
채널+	0x04	0xFB	0x00	0xFF
채널-	0x04	0xFB	0x01	0xFE
음량+	0x04	0xFB	0x02	0xFD
음량-	0x04	0xFB	0x03	0xFC
조정+	0x04	0xFB	0x06	0xF9
조정-	0x04	0xFB	0x07	0xF8
조용히	0x04	0xFB	0x09	0xF6
자동채널	0x04	0xFB	0x54	0xAB
앞채널	0x04	0xFB	0x1A	0xE5
기억	0x04	0xFB	0x44	0xBB
지움	0x04	0xFB	0x55	0xAA
취침예약	0x04	0xFB	0x0E	0xF1
비디오 전원	0x6E	0x91	0x14	0xEB
비디오/TV	0x6E	0x91	0x15	0xEA
재생	0x6E	0x91	0x08	0xF7
정지	0x6E	0x91	0x01	0xFE
되감기	0x6E	0x91	0x02	0xFD
빨리감기	0x6E	0x91	0x03	0xFC
일시정지	0x6E	0x91	0x0B	0xF4
음량+	0x6E	0x91	0x58	0xA7
음량-	0x6E	0x91	0x59	0xA6
채널/트래킹+	0x6E	0x91	0x18	0xE7
채널/트래킹-	0x6E	0x91	0x19	0xE6

(2) SysTick 타이머를 이용한 TV 리모컨 수신 프로그램

이제 삼성전자와 LG전자의 TV의 리모컨 신호를 수신하는 프로그램을 작성하여 보기로 한다. *OK-MKL25Z* 키트에서는 앞의 <그림 3.2> 회로도에 보인 바와 같이 KSM-603LM의 출력 신호는 MKL25Z128VLK4의 PTA4 단자에 연결되어 있다. 그런데, TV 리모컨 신호는 항상 반전되어 수신되기 때문에 리더 코드나 모든 데이터 비트들이 항상 하강 에지에서 시작되며, 따라서 이 하강 에지 신호를 MKL25Z128VLK4의 외부 인터럽트 입력신호로 사용하면 각 신호 펄스의 주기를 측정할 수 있다. 즉, 하나의 인터럽트가 걸린 시점부터 다음 인터럽트가 걸린 시점까지의 시간을 타이머로 측정하면 이로부터 리더 코드나 비트값 0 또는 비트값 1의 신호를 인식할 수 있다.

여기서 각 펄스의 주기를 측정하는데는 SysTick 타이머를 사용하며, 이를 PIT를 사용하는 것으로 수정하여 보는 것은 독자 여러분의 몫으로 남겨둔다. SysTick 타이머에서 프리스케일러 16을 사용하여 20.97152MHz/16 = 1.31072MHz의 클록 주파수를 타이머에 인가하면 이것의 1주기는 약 0.76μs가 되며, 따라서 수정된 NEC 포맷을 사용하는 TV 리모컨 신호에서 가장 긴 펄스폭을 갖는 9ms의 리더 코드는 11796개의 카운트값으로 측정된다. 만약 NEC 포맷을 사용하는 TV 리모컨이라면 가장 긴 펄스폭을 갖는 13.5ms의 리더 코드는 17695개의 카운트값으로 측정되고, 이것의 약 120%인 21234개를 넘으면 SysTick 타이머 인터럽트가 발생하면서 잡음으로 처리한다. 데이터 비트 0은 펄스폭이 1.125ms이므로 1475개의 카운트값에 해당하며, 데이터 비트 1은 펄스폭이 2.25ms이므로 2949개의 카운트값에 해당한다.

MKL25Z128VLK4는 TV 리모컨 수신 신호의 하강 에지에서 인터럽트를 발생할 때마다 SysTick 타이머의 값을 읽어서 펄스폭을 측정하며, 즉시 카운터값을 0으로 클리어하여 다음 펄스의 측정에 대비한다. 읽은 카운터 값을 사용하여 펄스폭을 확인할 때는 리모컨마다 존재할 수 있는 오차를 감안하여 ±10%의 여유폭을 준다.

리더 코드가 인식된 후에는 32비트의 데이터 비트들을 수신하는데, 8비트가 수신되었을 때마다 이를 바이트 데이터로 모아서 배열에 저장하며, 4바이트가 모두 수신되면 이를 리모컨 수신 데이터로 사용한다.

만약, 이러한 수신 동작 중에 엉뚱한 신호가 확인되면 이는 잡음에 해당하므로 즉시 수신 상태를 리더 코드 대기상태로 만들어야 한다. 특히 전자식 안정기를 사용하는 형광등 불빛 아래서는 리모컨 신호에 잡음이 많이 섞여 들어오는데, 이는 전자식 안정기의 동작 주파수가 리모컨 신호의 변조 주파수와 비슷한 대역에 있기 때문이다.

수신측의 회로는 항상 리더 코드 수신 대기상태에서 리모컨의 수신 동작을 시작해야 한다. 따라서, 수신 인터럽트에 의하여 측정된 펄스의 폭이 리더 코드, 0, 1 이외의 것은 무조건 잡음으로 간주하여 모든 수신 동작을 중단하고 수신 상태를 리더 코드 대기상태로 만든다. 예를 들어 <그림 9.13>의 noise (2)가 발생하였다면 리더 코드가 너무 짧아서 오류로 처리되고 수신 상태는 즉시 리더 코드 대기상태로 되돌려진다. 그러나, 만약 <그림 9.13>의 noise (1)으로 표시된 것처럼 수신 대기상태에서 잡음이 발생하면 이것이 리더 코드의 시작으로 오인되기 때문에 나중에 진짜 리더 코드의 시작을 올바르게 인식하지 못한다. 이를 방지하려면 수신 대기상태에서 인터럽트가 발생한 후에 리더 코드의 120% 이상이 지나도록 다음 인터럽트가 검출되지 않으면 이 인터럽트는 잡음으로 간주하여 리더 코드의 검출을 포기하고 수신 상태를 리더 코드 수신 대기상태로 되돌리는 것이 좋다. 그러나, noise (1) 발생 이후 리더 코드의 120% 이전 시간에 진짜 리더 코드가 수신되면 이 경우는 리더 코드를 인식하지 못하므로 이 1개의 리모컨 코드를 수신하지 못하고 놓치게 된다. 하지만, 이런 정도의 조치만으로도 TV 리모컨 신호의 수신율이 크게 향상된다.

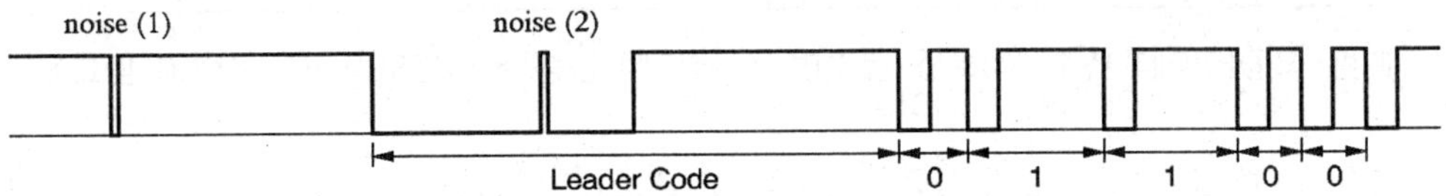

<그림 9.13> 리모컨의 수신 신호에 잡음이 포함되는 경우

▣ 삼성전자 TV 리모컨의 수신 프로그램

수정된 NEC 포맷을 사용하는 삼성전자의 TV 리모컨 신호를 수신하여 TFT-LCD 모듈의 화면에 키 코드값과 이 키의 기능을 표시하는 프로그램을 작성하여 보면 다음과 같다. TV 리모컨 모델에 따라 일부 키가 추가될 수도 있는데, 기능이 확인되지 않는 키는 코드값만을 표시하고 기능은 공백으로 처리하였다.

<프로그램 Exp09_3_1.c> 삼성전자 TV 리모컨의 신호를 수신하는 프로그램

```
/* ========================================================================== */
/*              Exp09_3_1_Samsung.c : 삼성전자 TV 리모컨 입력 프로그램         */
/* ========================================================================== */
/*                                   Programmed by Duck-Yong Yoon in 2016.    */

#include <MKL25Z4.h>
#include "OK-MKL25Z.h"

void PORTA_IRQHandler(void);                        /* Port A interrupt function */
void SysTick_Handler(void);                         /* SysTick interrupt function */

// Leader_Code  = 11796                             // 9ms / 0.17us = 11796
// High_Bit     = 2949                              // 2.25ms / 0.17us = 2949
// Low_Bit      = 1475                              // 1.125ms / 0.17us = 1475

#define ARR_value       14156                       // 120% of maximum Leader_Code
#define Leader_Max      12976                       // 110% of Leader_Code
#define Leader_Min      10617                       //  90% of Leader_Code
#define High_Bit_Max    3244                        // 110% of High_Bit_Code
#define High_Bit_Min    2654                        //  90% of High_Bit_Code
#define Low_Bit_Max     1622                        // 110% of Low_Bit_Code
#define Low_Bit_Min     1327                        //  90% of Low_Bit_Code

volatile unsigned char Remocon_state;               // step to recognize remocon signal
volatile unsigned int Remocon_count;                // 1us base time counter
volatile unsigned char Remocon_data;                // temporary byte data of remocon signal
volatile unsigned char Remocon_bit_count;           // bit count of data to recognize remocon signal
```

```
volatile unsigned char Remocon_OK_flag;          // remocon command receive OK
volatile unsigned char Remocon_command[4];       // remocon command string

/* ----- 인터럽트 처리 프로그램 ------------------------------------------------- */

void PORTA_IRQHandler(void)                      /* Port A interrupt function */
{
  unsigned char x;

  Remocon_count = ARR_value - SysTick->VAL + 1; // read Remocon_count
  SysTick->VAL = 0;                              // start new Remocon_count

  switch(Remocon_state)
    { case 0 :                                   // if ready state, go to step 1(leader state)
              Remocon_state = 1;
              Remocon_count = 0;
              break;

      case 1 :                                   // if leader state, check leader signal
              if((Remocon_count >= Leader_Min) && (Remocon_count <= Leader_Max))
                { Remocon_state = 2;             // if lead signal, go to step 2(data state)
                  Remocon_data = 0;
                  Remocon_bit_count = 0;
                }
              else
                Remocon_state = 0;               // if not lead signal, go to step 0(ready state)
              break;

      case 2:                                    // if data state, check data signal 0 or 1
              Remocon_data >>= 1;
              if((Remocon_count >= Low_Bit_Min) && (Remocon_count <= Low_Bit_Max))
                Remocon_data &= 0x7F;            // if data 0, add data bit 0
              else if((Remocon_count >= High_Bit_Min) && (Remocon_count <= High_Bit_Max))
                Remocon_data |= 0x80;
              else
                Remocon_state = 0;               // if not 0 and not 1, go to step 0(ready state)
              Remocon_bit_count++;
              if((Remocon_bit_count % 8) == 0) // if a character complete, store it
                { x = Remocon_data;
                  Remocon_command[(Remocon_bit_count/8)-1] = x;
                  Remocon_data = 0;
                }
              if(Remocon_bit_count == 32)        // if remocon OK, check custom code and checksum
                { x = Remocon_command[3];
                  if((~Remocon_command[2] & 0xFF) == x)
                    { Remocon_state = 0;
                      Remocon_OK_flag = 1;
                    }
                  else
                    Remocon_state = 0;
                }
              break;

      default : break;
    }

  PORTA_PCR4 |= 0x01000000;                      // clear Port A interrupt pending
}

void SysTick_Handler(void)                       /* SysTick interrupt function */
{
  Remocon_state = 0;                             // if overflow, the signal is noise
}

/* ----- 메인 프로그램 ---------------------------------------------------------- */

int main(void)
{
  Initialize_MCU();                              // initialize MCU and kit
  Delay_ms(50);                                  // wait for system stabilization
  Initialize_LCD();                              // initialize text LCD module
```

```
Initialize_TFT_LCD();                          // initialize TFT-LCD module

LCD_string(0x80," OK-MKL25Z V1.0 ");           // display title
LCD_string(0xC0,"  Exp09_3_1.c   ");
Beep();

TFT_string(10,10,White,Magenta," 삼성전자 TV 리모컨 ");
TFT_string(11,16,Green,Black,  "코드 : 00 00 00 00");
TFT_string(11,19,Green,Black,  "기능 :            ");
TFT_color(White,Black);

Remocon_state = 0;                             // remocon ready state
Remocon_OK_flag = 0;                           // remocon not character

SIM_SCGC5 |= 0x00000200;                       // enable clock for PORTA
PORTA_PCR4 = 0x000A0100;                       // PTA4 = REMOCON(falling-edged interrupt)
GPIOA_PDDR &= 0xFFFFFFEF;                      // PTA4 = input

NVIC->ISER[0] |= 0x40000000;                   // enable Port A interrupt

SysTick->LOAD  = ARR_value;                    // 120% of Leader_Code
SysTick->VAL   = 0;                            // clear SysTick Counter
SysTick->CTRL  = 0x00000003;                   // 20.97152MHz/16 = 1.31072MHz

while(1)
  { if(Remocon_OK_flag == 1)
      { Remocon_OK_flag = 0;
        TFT_color(White,Black);
        TFT_xy(18,16); TFT_hexadecimal(Remocon_command[0],2);          // code
        TFT_xy(21,16); TFT_hexadecimal(Remocon_command[1],2);
        TFT_xy(24,16); TFT_hexadecimal(Remocon_command[2],2);
        TFT_xy(27,16); TFT_hexadecimal(Remocon_command[3],2);
        Beep();

        if((Remocon_command[0] == 0x07) && (Remocon_command[2] == 0x02)) // function
          TFT_string(18,19,White,Black,"전원      ");
        else if((Remocon_command[0] == 0x07) && (Remocon_command[2] == 0x01))
          TFT_string(18,19,White,Black,"TV/비디오");
        else if((Remocon_command[0] == 0x07) && (Remocon_command[2] == 0x27))
          TFT_string(18,19,White,Black,"TV/유선   ");
        else if((Remocon_command[0] == 0x07) && (Remocon_command[2] == 0x11))
          TFT_string(18,19,White,Black,"0         ");
        else if((Remocon_command[0] == 0x07) && (Remocon_command[2] == 0x04))
          TFT_string(18,19,White,Black,"1         ");
        else if((Remocon_command[0] == 0x07) && (Remocon_command[2] == 0x05))
          TFT_string(18,19,White,Black,"2         ");
        else if((Remocon_command[0] == 0x07) && (Remocon_command[2] == 0x06))
          TFT_string(18,19,White,Black,"3         ");
        else if((Remocon_command[0] == 0x07) && (Remocon_command[2] == 0x08))
          TFT_string(18,19,White,Black,"4         ");
        else if((Remocon_command[0] == 0x07) && (Remocon_command[2] == 0x09))
          TFT_string(18,19,White,Black,"5         ");
        else if((Remocon_command[0] == 0x07) && (Remocon_command[2] == 0x0A))
          TFT_string(18,19,White,Black,"6         ");
        else if((Remocon_command[0] == 0x07) && (Remocon_command[2] == 0x0C))
          TFT_string(18,19,White,Black,"7         ");
        else if((Remocon_command[0] == 0x07) && (Remocon_command[2] == 0x0D))
          TFT_string(18,19,White,Black,"8         ");
        else if((Remocon_command[0] == 0x07) && (Remocon_command[2] == 0x0E))
          TFT_string(18,19,White,Black,"9         ");
        else if((Remocon_command[0] == 0x07) && (Remocon_command[2] == 0x1A))
          TFT_string(18,19,White,Black,"메뉴      ");
        else if((Remocon_command[0] == 0x07) && (Remocon_command[2] == 0x12))
          TFT_string(18,19,White,Black,"채널+     ");
        else if((Remocon_command[0] == 0x07) && (Remocon_command[2] == 0x10))
          TFT_string(18,19,White,Black,"채널-     ");
        else if((Remocon_command[0] == 0x07) && (Remocon_command[2] == 0x07))
          TFT_string(18,19,White,Black,"음량+     ");
        else if((Remocon_command[0] == 0x07) && (Remocon_command[2] == 0x0B))
          TFT_string(18,19,White,Black,"음량-     ");
        else if((Remocon_command[0] == 0x07) && (Remocon_command[2] == 0x1D))
```

```
            TFT_string(18,19,White,Black,"조정+     ");
          else if((Remocon_command[0] == 0x07) && (Remocon_command[2] == 0x1C))
            TFT_string(18,19,White,Black,"조정-     ");
          else if((Remocon_command[0] == 0x07) && (Remocon_command[2] == 0x0F))
            TFT_string(18,19,White,Black,"조용히    ");
          else if((Remocon_command[0] == 0x07) && (Remocon_command[2] == 0x3A))
            TFT_string(18,19,White,Black,"자동채널 ");
          else if((Remocon_command[0] == 0x07) && (Remocon_command[2] == 0x13))
            TFT_string(18,19,White,Black,"앞채널   ");
          else if((Remocon_command[0] == 0x07) && (Remocon_command[2] == 0x19))
            TFT_string(18,19,White,Black,"기억      ");
          else if((Remocon_command[0] == 0x07) && (Remocon_command[2] == 0x18))
            TFT_string(18,19,White,Black,"지움      ");
          else if((Remocon_command[0] == 0x07) && (Remocon_command[2] == 0x3E))
            TFT_string(18,19,White,Black,"화면크기 ");
          else if((Remocon_command[0] == 0x07) && (Remocon_command[2] == 0x03))
            TFT_string(18,19,White,Black,"취침예약 ");
          else
            TFT_string(18,19,White,Black,"          ");
        }
    }
}
```

■ LG전자 TV 리모컨의 수신 프로그램

NEC 포맷을 사용하는 LG전자의 TV 리모컨 신호를 수신하여 TFT-LCD 모듈의 화면에 키 코드값과 이 키의 기능을 표시하는 프로그램을 작성하여 보면 다음과 같다. TV 리모컨 모델에 따라 일부 키가 추가될 수도 있는데, 기능이 확인되지 않는 키는 코드값만을 표시하고 기능은 공백으로 처리하였다.

<프로그램 Exp09_3_2.c> LG전자 TV 리모컨의 신호를 수신하는 프로그램

```
/* ============================================================================ */
/*              Exp09_3_2_LG.c : LG전자 TV 리모컨 입력 프로그램                   */
/* ============================================================================ */
/*                                  Programmed by Duck-Yong Yoon in 2016.       */

#include <MKL25Z4.h>
#include "OK-MKL25Z.h"

void PORTA_IRQHandler(void);                     /* Port A interrupt function */
void SysTick_Handler(void);                      /* SysTick interrupt function */

// Leader_Code  = 17695                          // 13.5ms / 0.17us = 17695
// High_Bit     = 2949                           // 2.25ms / 0.17us = 2949
// Low_Bit      = 1475                           // 1.125ms / 0.17us = 1475

#define ARR_value       21234                    // 120% of maximum Leader_Code
#define Leader_Max      19464                    // 110% of Leader_Code
#define Leader_Min      15925                    //  90% of Leader_Code
#define High_Bit_Max    3244                     // 110% of High_Bit_Code
#define High_Bit_Min    2654                     //  90% of High_Bit_Code
#define Low_Bit_Max     1622                     // 110% of Low_Bit_Code
#define Low_Bit_Min     1327                     //  90% of Low_Bit_Code

volatile unsigned char Remocon_state;            // step to recognize remocon signal
volatile unsigned int Remocon_count;             // 1us base time counter
volatile unsigned char Remocon_data;             // temporary byte data of remocon signal
volatile unsigned char Remocon_bit_count;        // bit count of data to recognize remocon signal
```

```
volatile unsigned char Remocon_OK_flag;          // remocon command receive OK
volatile unsigned char Remocon_command[4];       // remocon command string

/* ----- 인터럽트 처리 프로그램 ---------------------------------------------- */

void PORTA_IRQHandler(void)                      /* Port A interrupt function */
{
  unsigned char x;

  Remocon_count = ARR_value - SysTick->VAL + 1; // read Remocon_count
  SysTick->VAL = 0;                              // start new Remocon_count

  switch(Remocon_state)
    { case 0 :                                   // if ready state, go to step 1(leader state)
               Remocon_state = 1;
               Remocon_count = 0;
               break;

      case 1 :                                   // if leader state, check leader signal
               if((Remocon_count >= Leader_Min) && (Remocon_count <= Leader_Max))
                 { Remocon_state = 2;            // if lead signal, go to step 2(data state)
                   Remocon_data = 0;
                   Remocon_bit_count = 0;
                 }
               else
                 Remocon_state = 0;              // if not lead signal, go to step 0(ready state)
               break;

      case 2:                                    // if data state, check data signal 0 or 1
               Remocon_data >>= 1;
               if((Remocon_count >= Low_Bit_Min) && (Remocon_count <= Low_Bit_Max))
                 Remocon_data &= 0x7F;           // if data 0, add data bit 0
               else if((Remocon_count >= High_Bit_Min) && (Remocon_count <= High_Bit_Max))
                 Remocon_data |= 0x80;
               else
                 Remocon_state = 0;              // if not 0 and not 1, go to step 0(ready state)
               Remocon_bit_count++;
               if((Remocon_bit_count % 8) == 0) // if a character complete, store it
                 { x = Remocon_data;
                   Remocon_command[(Remocon_bit_count/8)-1] = x;
                   Remocon_data = 0;
                 }
               if(Remocon_bit_count == 32)      // if remocon OK, check custom code and checksum
                 { x = Remocon_command[3];
                   if((~Remocon_command[2] & 0xFF) == x)
                     { Remocon_state = 0;
                       Remocon_OK_flag = 1;
                     }
                   else
                     Remocon_state = 0;
                 }
               break;

      default : break;
    }

  PORTA_PCR4 |= 0x01000000;                      // clear Port A interrupt pending
}

void SysTick_Handler(void)                       /* SysTick interrupt function */
{
Remocon_state = 0;                               // if overflow, the signal is noise
}

/* ----- 메인 프로그램 ------------------------------------------------------ */

int main(void)
{
  Initialize_MCU();                              // initialize MCU and kit
  Delay_ms(50);                                  // wait for system stabilization
  Initialize_LCD();                              // initialize text LCD module
```

```
Initialize_TFT_LCD();                                   // initialize TFT-LCD module

LCD_string(0x80," OK-MKL25Z V1.0 ");                    // display title
LCD_string(0xC0,"  Exp09_3_2.c    ");
Beep();

TFT_string(11,10,White,Magenta," LG전자 TV 리모컨 ");
TFT_string(11,16,Green,Black,   "코드 : 00 00 00 00");
TFT_string(11,19,Green,Black,   "기능 :            ");
TFT_color(White,Black);

Remocon_state = 0;                                      // remocon ready state
Remocon_OK_flag = 0;                                    // remocon not character

SIM_SCGC5 |= 0x00000200;                                // enable clock for PORTA
PORTA_PCR4 = 0x000A0100;                                // PTA4 = REMOCON(falling-edged interrupt)
GPIOA_PDDR &= 0xFFFFFFEF;                               // PTA4 = input

NVIC->ISER[0] |= 0x40000000;                            // enable Port A interrupt

SysTick->LOAD  = ARR_value;                             // 120% of Leader_Code
SysTick->VAL   = 0;                                     // clear SysTick Counter
SysTick->CTRL  = 0x00000003;                            // 20.97152MHz/16 = 1.31072MHz

while(1)
  { if(Remocon_OK_flag == 1)
      { Remocon_OK_flag = 0;
        TFT_color(White,Black);
        TFT_xy(18,16); TFT_hexadecimal(Remocon_command[0],2);          // code
        TFT_xy(21,16); TFT_hexadecimal(Remocon_command[1],2);
        TFT_xy(24,16); TFT_hexadecimal(Remocon_command[2],2);
        TFT_xy(27,16); TFT_hexadecimal(Remocon_command[3],2);
        Beep();

        if((Remocon_command[0] == 0x04) && (Remocon_command[2] == 0x08)) // function
          TFT_string(18,19,White,Black,"전원      ");
        else if((Remocon_command[0] == 0x04) && (Remocon_command[2] == 0x0B))
          TFT_string(18,19,White,Black,"TV/비디오");
        else if((Remocon_command[0] == 0x04) && (Remocon_command[2] == 0x0F))
          TFT_string(18,19,White,Black,"TV/유선  ");
        else if((Remocon_command[0] == 0x04) && (Remocon_command[2] == 0x10))
          TFT_string(18,19,White,Black,"0        ");
        else if((Remocon_command[0] == 0x04) && (Remocon_command[2] == 0x11))
          TFT_string(18,19,White,Black,"1        ");
        else if((Remocon_command[0] == 0x04) && (Remocon_command[2] == 0x12))
          TFT_string(18,19,White,Black,"2        ");
        else if((Remocon_command[0] == 0x04) && (Remocon_command[2] == 0x13))
          TFT_string(18,19,White,Black,"3        ");
        else if((Remocon_command[0] == 0x04) && (Remocon_command[2] == 0x14))
          TFT_string(18,19,White,Black,"4        ");
        else if((Remocon_command[0] == 0x04) && (Remocon_command[2] == 0x15))
          TFT_string(18,19,White,Black,"5        ");
        else if((Remocon_command[0] == 0x04) && (Remocon_command[2] == 0x16))
          TFT_string(18,19,White,Black,"6        ");
        else if((Remocon_command[0] == 0x04) && (Remocon_command[2] == 0x17))
          TFT_string(18,19,White,Black,"7        ");
        else if((Remocon_command[0] == 0x04) && (Remocon_command[2] == 0x18))
          TFT_string(18,19,White,Black,"8        ");
        else if((Remocon_command[0] == 0x04) && (Remocon_command[2] == 0x19))
          TFT_string(18,19,White,Black,"9        ");
        else if((Remocon_command[0] == 0x04) && (Remocon_command[2] == 0x43))
          TFT_string(18,19,White,Black,"메뉴      ");
        else if((Remocon_command[0] == 0x04) && (Remocon_command[2] == 0x00))
          TFT_string(18,19,White,Black,"채널+     ");
        else if((Remocon_command[0] == 0x04) && (Remocon_command[2] == 0x01))
          TFT_string(18,19,White,Black,"채널-     ");
        else if((Remocon_command[0] == 0x04) && (Remocon_command[2] == 0x02))
          TFT_string(18,19,White,Black,"음량+     ");
        else if((Remocon_command[0] == 0x04) && (Remocon_command[2] == 0x03))
          TFT_string(18,19,White,Black,"음량-     ");
        else if((Remocon_command[0] == 0x04) && (Remocon_command[2] == 0x06))
```

```
        TFT_string(18,19,White,Black,"조정+    ");
      else if((Remocon_command[0] == 0x04) && (Remocon_command[2] == 0x07))
        TFT_string(18,19,White,Black,"조정-    ");
      else if((Remocon_command[0] == 0x04) && (Remocon_command[2] == 0x09))
        TFT_string(18,19,White,Black,"조용히   ");
      else if((Remocon_command[0] == 0x04) && (Remocon_command[2] == 0x54))
        TFT_string(18,19,White,Black,"자동채널 ");
      else if((Remocon_command[0] == 0x04) && (Remocon_command[2] == 0x1A))
        TFT_string(18,19,White,Black,"앞채널   ");
      else if((Remocon_command[0] == 0x04) && (Remocon_command[2] == 0x44))
        TFT_string(18,19,White,Black,"기억     ");
      else if((Remocon_command[0] == 0x04) && (Remocon_command[2] == 0x55))
        TFT_string(18,19,White,Black,"지움     ");
      else if((Remocon_command[0] == 0x04) && (Remocon_command[2] == 0x0E))
        TFT_string(18,19,White,Black,"취침예약 ");
      else
        TFT_string(18,19,White,Black,"         ");
    }
  }
}
```

▣ 삼성전자/LG전자 겸용의 TV 리모컨 수신 프로그램

앞의 예제 프로그램을 수정하여 삼성전자의 TV 리모컨과 LG전자의 TV 리모컨 신호를 모두 수신할 수 있는 겸용 프로그램으로 다시 작성하면 다음과 같다.

실제로 양사의 TV 모델에 대하여 겸용으로 사용할 수 있는 리모컨 제품이 나오는데, 이런 제품에는 2가지의 유형이 있다. 하나는 리모컨에 삼성전자와 LG전자를 선택하는 키를 가지고 있어서 해당 모델의 동작 모드로 설정하여 사용하는 방식이며, 또 한가지는 무설정 방식이라고 불리는 것으로 임의의 키를 누르면 삼성전자와 LG전자의 리모컨 신호를 연속하여 출력하는 방식이다.

<프로그램 Exp09_3_3.c> 삼성전자/LG전자 겸용 TV 리모컨 수신 프로그램

```
/* ========================================================================== */
/*      Exp09_3_3_all.c : 삼성전자/LG전자 겸용 TV 리모컨 입력 프로그램        */
/* ========================================================================== */
/*                                   Programmed by Duck-Yong Yoon in 2016.    */

#include <MKL25Z4.h>
#include "OK-MKL25Z.h"

void PORTA_IRQHandler(void);                      /* Port A interrupt function */
void SysTick_Handler(void);                       /* SysTick interrupt function */

// SS_Leader_Code        = 11796                  // 9ms / 0.17us = 11796
// LG_Leader_Code        = 17695                  // 13.5ms / 0.17us = 17695
// High_Bit              = 2949                   // 2.25ms / 0.17us = 2949
// Low_Bit               = 1475                   // 1.125ms / 0.17us = 1475

#define ARR_value        21234                    // 120% of maximum Leader_Code
#define SS_Leader_Max    12976                    // 110% of Leader_Code for Samsung
#define SS_Leader_Min    10617                    //  90% of Leader_Code
#define LG_Leader_Max    19464                    // 110% of Leader_Code for LG
#define LG_Leader_Min    15925                    //  90% of Leader_Code
#define High_Bit_Max     3244                     // 110% of High_Bit_Code
```

```
#define High_Bit_Min    2654                    //  90% of High_Bit_Code
#define Low_Bit_Max     1622                    // 110% of Low_Bit_Code
#define Low_Bit_Min     1327                    //  90% of Low_Bit_Code

volatile unsigned char Remocon_state;           // step to recognize remocon signal
volatile unsigned int Remocon_count;            // 1us base time counter
volatile unsigned char Remocon_data;            // temporary byte data of remocon signal
volatile unsigned char Remocon_bit_count;       // bit count of data to recognize remocon signal
volatile unsigned char Remocon_OK_flag;         // remocon command receive OK
volatile unsigned char Remocon_command[4];      // remocon command string
volatile unsigned char format;                  // data format('S' = Samsung, 'L' = LG)

/* ----- 인터럽트 처리 프로그램 --------------------------------------------- */

void PORTA_IRQHandler(void)                     /* Port A interrupt function */
{
  unsigned char x;

  Remocon_count = ARR_value - SysTick->VAL + 1; // read Remocon_count
  SysTick->VAL = 0;                             // start new Remocon_count

  switch(Remocon_state)
    { case 0 :                                  // if ready state, go to step 1(leader state)
              Remocon_state = 1;
              Remocon_count = 0;
              break;

      case 1 :                                  // if leader state, check leader signal
              if((Remocon_count >= SS_Leader_Min) && (Remocon_count <= SS_Leader_Max))
                { format = 'S';                 // if Samsung lead signal, go to step 2(data state)
                  Remocon_state = 2;
                  Remocon_data = 0;
                  Remocon_bit_count = 0;
                }
              else if((Remocon_count >= LG_Leader_Min) && (Remocon_count <= LG_Leader_Max))
                { format = 'L';                 // if LG lead signal, go to step 2(data state)
                  Remocon_state = 2;
                  Remocon_data = 0;
                  Remocon_bit_count = 0;
                }
              else
                Remocon_state = 0;              // if not lead signal, go to step 0(ready state)
              break;

      case 2:                                   // if data state, check data signal 0 or 1
              Remocon_data >>= 1;
              if((Remocon_count >= Low_Bit_Min) && (Remocon_count <= Low_Bit_Max))
                Remocon_data &= 0x7F;           // if data 0, add data bit 0
              else if((Remocon_count >= High_Bit_Min) && (Remocon_count <= High_Bit_Max))
                Remocon_data |= 0x80;
              else
                Remocon_state = 0;              // if not 0 and not 1, go to step 0(ready state)
              Remocon_bit_count++;
              if((Remocon_bit_count % 8) == 0) // if a character complete, store it
                { x = Remocon_data;
                  Remocon_command[(Remocon_bit_count/8)-1] = x;
                  Remocon_data = 0;
                }
              if(Remocon_bit_count == 32)       // if remocon OK, check custom code and checksum
                { x = Remocon_command[3];
                  if((~Remocon_command[2] & 0xFF) == x)
                    { Remocon_state = 0;
                      Remocon_OK_flag = 1;
                    }
                  else
                    Remocon_state = 0;
                }
              break;

      default : break;
    }
```

```
  PORTA_PCR4 |= 0x01000000;                      // clear Port A interrupt pending
}

void SysTick_Handler(void)                       /* SysTick interrupt function */
{
  Remocon_state = 0;                             // if overflow, the signal is noise
}

/* ----- 메인 프로그램 ------------------------------------------------------ */

int main(void)
{
  Initialize_MCU();                              // initialize MCU and kit
  Delay_ms(50);                                  // wait for system stabilization
  Initialize_LCD();                              // initialize text LCD module
  Initialize_TFT_LCD();                          // initialize TFT-LCD module

  LCD_string(0x80," OK-MKL25Z V1.0 ");           // display title
  LCD_string(0xC0,"  Exp09_3_3.c   ");
  Beep();

  TFT_string(10,10,White,Magenta," 삼성/LG  TV 리모컨 ");
  TFT_string(11,16,Green,Black,  "코드 : 00 00 00 00");
  TFT_string(11,19,Green,Black,  "기능 :            ");
  TFT_color(White,Black);

  Remocon_state = 0;                             // remocon ready state
  Remocon_OK_flag = 0;                           // remocon not character

  SIM_SCGC5 |= 0x00000200;                       // enable clock for PORTA
  PORTA_PCR4 = 0x000A0100;                       // PTA4 = REMOCON(falling-edged interrupt)
  GPIOA_PDDR &= 0xFFFFFFEF;                      // PTA4 = input

  NVIC->ISER[0] |= 0x40000000;                   // enable Port A interrupt

  SysTick->LOAD  = ARR_value;                    // 120% of Leader_Code
  SysTick->VAL   = 0;                            // clear SysTick Counter
  SysTick->CTRL  = 0x00000003;                   // 20.97152MHz/16 = 1.31072MHz

  while(1)
    { if(Remocon_OK_flag == 1)
        { Remocon_OK_flag = 0;
          TFT_color(White,Black);
          TFT_xy(18,16); TFT_hexadecimal(Remocon_command[0],2);         // code
          TFT_xy(21,16); TFT_hexadecimal(Remocon_command[1],2);
          TFT_xy(24,16); TFT_hexadecimal(Remocon_command[2],2);
          TFT_xy(27,16); TFT_hexadecimal(Remocon_command[3],2);
          Beep();

          if((format == 'S') && (Remocon_command[0] == 0x07))
            { TFT_string(10,10,White,Magenta," 삼성전자 TV 리모컨 ");

              if(Remocon_command[2] == 0x02)                             // function
                TFT_string(18,19,White,Black,"전원      ");
              else if(Remocon_command[2] == 0x01)
                TFT_string(18,19,White,Black,"TV/비디오");
              else if(Remocon_command[2] == 0x27)
                TFT_string(18,19,White,Black,"TV/유선   ");
              else if(Remocon_command[2] == 0x11)
                TFT_string(18,19,White,Black,"0         ");
              else if(Remocon_command[2] == 0x04)
                TFT_string(18,19,White,Black,"1         ");
              else if(Remocon_command[2] == 0x05)
                TFT_string(18,19,White,Black,"2         ");
              else if(Remocon_command[2] == 0x06)
                TFT_string(18,19,White,Black,"3         ");
              else if(Remocon_command[2] == 0x08)
                TFT_string(18,19,White,Black,"4         ");
              else if(Remocon_command[2] == 0x09)
                TFT_string(18,19,White,Black,"5         ");
```

```
      else if(Remocon_command[2] == 0x0A)
        TFT_string(18,19,White,Black,"6        ");
      else if(Remocon_command[2] == 0x0C)
        TFT_string(18,19,White,Black,"7        ");
      else if(Remocon_command[2] == 0x0D)
        TFT_string(18,19,White,Black,"8        ");
      else if(Remocon_command[2] == 0x0E)
        TFT_string(18,19,White,Black,"9        ");
      else if(Remocon_command[2] == 0x1A)
        TFT_string(18,19,White,Black,"메뉴     ");
      else if(Remocon_command[2] == 0x12)
        TFT_string(18,19,White,Black,"채널+    ");
      else if(Remocon_command[2] == 0x10)
        TFT_string(18,19,White,Black,"채널-    ");
      else if(Remocon_command[2] == 0x07)
        TFT_string(18,19,White,Black,"음량+    ");
      else if(Remocon_command[2] == 0x0B)
        TFT_string(18,19,White,Black,"음량-    ");
      else if(Remocon_command[2] == 0x1D)
        TFT_string(18,19,White,Black,"조정+    ");
      else if(Remocon_command[2] == 0x1C)
        TFT_string(18,19,White,Black,"조정-    ");
      else if(Remocon_command[2] == 0x0F)
        TFT_string(18,19,White,Black,"조용히   ");
      else if(Remocon_command[2] == 0x3A)
        TFT_string(18,19,White,Black,"자동채널 ");
      else if(Remocon_command[2] == 0x13)
        TFT_string(18,19,White,Black,"앞채널   ");
      else if(Remocon_command[2] == 0x19)
        TFT_string(18,19,White,Black,"기억     ");
      else if(Remocon_command[2] == 0x18)
        TFT_string(18,19,White,Black,"지움     ");
      else if(Remocon_command[2] == 0x3E)
        TFT_string(18,19,White,Black,"화면크기 ");
      else if(Remocon_command[2] == 0x03)
        TFT_string(18,19,White,Black,"취침예약 ");
      else
        TFT_string(18,19,White,Black,"         ");
    }
  else if((format == 'L') && (Remocon_command[0] == 0x04))
    { TFT_string(10,10,White,Magenta,"  LG전자 TV 리모컨  ");

      if(Remocon_command[2] == 0x08)                              // function
        TFT_string(18,19,White,Black,"전원     ");
      else if(Remocon_command[2] == 0x0B)
        TFT_string(18,19,White,Black,"TV/비디오");
      else if(Remocon_command[2] == 0x0F)
        TFT_string(18,19,White,Black,"TV/유선  ");
      else if(Remocon_command[2] == 0x10)
        TFT_string(18,19,White,Black,"0        ");
      else if(Remocon_command[2] == 0x11)
        TFT_string(18,19,White,Black,"1        ");
      else if(Remocon_command[2] == 0x12)
        TFT_string(18,19,White,Black,"2        ");
      else if(Remocon_command[2] == 0x13)
        TFT_string(18,19,White,Black,"3        ");
      else if(Remocon_command[2] == 0x14)
        TFT_string(18,19,White,Black,"4        ");
      else if(Remocon_command[2] == 0x15)
        TFT_string(18,19,White,Black,"5        ");
      else if(Remocon_command[2] == 0x16)
        TFT_string(18,19,White,Black,"6        ");
      else if(Remocon_command[2] == 0x17)
        TFT_string(18,19,White,Black,"7        ");
      else if(Remocon_command[2] == 0x18)
        TFT_string(18,19,White,Black,"8        ");
      else if(Remocon_command[2] == 0x19)
        TFT_string(18,19,White,Black,"9        ");
      else if(Remocon_command[2] == 0x43)
        TFT_string(18,19,White,Black,"메뉴     ");
      else if(Remocon_command[2] == 0x00)
```

```
            TFT_string(18,19,White,Black,"채널+     ");
          else if(Remocon_command[2] == 0x01)
            TFT_string(18,19,White,Black,"채널-     ");
          else if(Remocon_command[2] == 0x02)
            TFT_string(18,19,White,Black,"음량+     ");
          else if(Remocon_command[2] == 0x03)
            TFT_string(18,19,White,Black,"음량-     ");
          else if(Remocon_command[2] == 0x06)
            TFT_string(18,19,White,Black,"조정+     ");
          else if(Remocon_command[2] == 0x07)
            TFT_string(18,19,White,Black,"조정-     ");
          else if(Remocon_command[2] == 0x09)
            TFT_string(18,19,White,Black,"조용히    ");
          else if(Remocon_command[2] == 0x54)
            TFT_string(18,19,White,Black,"자동채널 ");
          else if(Remocon_command[2] == 0x1A)
            TFT_string(18,19,White,Black,"앞채널    ");
          else if(Remocon_command[2] == 0x44)
            TFT_string(18,19,White,Black,"기억      ");
          else if(Remocon_command[2] == 0x55)
            TFT_string(18,19,White,Black,"지움      ");
          else if(Remocon_command[2] == 0x0E)
            TFT_string(18,19,White,Black,"취침예약 ");
          else
            TFT_string(18,19,White,Black,"          ");
        }
      else if((format == 'S') && (Remocon_command[0] == 0x05))
        { TFT_string(10,10,White,Magenta," 삼성전자 TV 리모컨 ");
          TFT_string(18,19,Magenta,Black,"(Video용)");
        }
      else if((format == 'L') && (Remocon_command[0] == 0x6E))
        { TFT_string(10,10,White,Magenta,"  LG전자 TV 리모컨  ");
          TFT_string(18,19,Magenta,Black,"(Video용)");
        }
      else
        { TFT_string(10,10,White,Magenta," 불확실한 TV 리모컨 ");
          TFT_string(18,19,Magenta,Black,"         ");
        }
    }
  }
}
```

☞ 이 프로그램에서는 삼성전자와 LG전자의 TV 리모컨 신호를 모두 인식하므로 이들 2가지의 신호를 차례로 전송하는 무설정 방식의 양사 겸용 리모컨에서는 문제가 될 수 있다. 빠른 속도로 2개 회사의 리모컨 신호를 모두 인식하여 사람이 키를 1번만 눌렀는데도 수신측에서는 이 키를 2번 누른 것처럼 동작할 수 있기 때문이다. 이러한 경우에는 처음에 TV 리모컨 신호를 한번 수신하여 이것이 삼성전자인지 LG전자인지를 구분한 후에 그 다음부터는 이 회사의 방식 1가지에 대해서만 TV 리모컨 신호를 검출하면 해결할 수 있다.

제10장
타이머 및 PWM 모듈(TPM)의 활용

이 장에서는 MKL25Z128VLK4 마이크로컨트롤러에 내장된 3개의 타이머 및 PWM 모듈(TPM)의 구조 및 기능을 설명하고, 이것을 활용하는 응용 프로그램 예제를 공부한다.

10.1 TPM의 구조와 기능

(1) TPM의 특성

MKL25Z128VLK4의 타이머 및 PWM 모듈(Timer/PWM Module ; TPM)은 다음과 같은 특징을 가지고 있다.

- 3개의 동일한 구조로 된 TPM0, TPM1, TPM2를 가지고 있다.
- 각 TPM 모듈은 16비트 카운터로서 경우에 따라 증가형 또는 증가/감소형으로 동작한다.
- 클록 소스로는 내부의 4가지 클록을 사용할 수도 있고, 외부에서 TPM_CLKINn 단자로 입력된 클록을 사용할 수도 있다.
- 선택된 클록을 프리스케일러에서 1, 2, 4, 8, 16, 32, 64, 128로 분주할 수 있다.
- 각 TPM 모듈에는 6개의 채널을 가지고 있으며, 이것들은 입력 캡쳐 모드, 출력 비교 모드, PWM 모드로 동작한다.
- 입력 캡쳐 모드에서는 트리거 신호의 상승 에지, 하강 에지, 또는 이들 모두에서 카운터의 캡쳐 동작이 수행된다.
- 출력 비교 모드에서는 카운터 값이 미리 설정된 채널값 레지스터와 같아질 때 출력 신호를 셋트, 클리어, 토글하거나 펄스 신호를 출력한다.
- PWM 출력 신호는 좌측 정렬, 중앙 정렬, 우측 정렬 방식을 선택할 수 있다.
- 각 채널에서는 특정한 상황에서 인터럽트 요청 신호, DMA 요청 신호, 또는 하드웨어 트리거 신호를 발생할 수 있다.

(2) TPM의 구조

MKL25Z128VLK4에는 완전히 동일한 구조의 TPM 모듈이 3개 있는데 이것들의 내부 구조를 블록도로 보이면 <그림 10.1>과 같다.

클록 소스로는 내부의 4가지 클록을 선택하여 사용할 수도 있고, TPM_CLKINn 단자로 입력된 외부 클록을 사용할 수도 있다. 만약, 이 클록 소스를 차단하면 TPM 모듈의 동작이 정지된다. 외부 클록 신호는 내부 클록 주파수의 1/2 이하여야 한다.

출력 비교 모드에서 각 채널의 출력 신호는 TPMx_CHn 단자로 출력된다. 여기서 x는 3개의 TPM 모듈을 나타내는 것으로 0~2이며, n은 채널 번호를 나타내는 것으로 0~5이다.

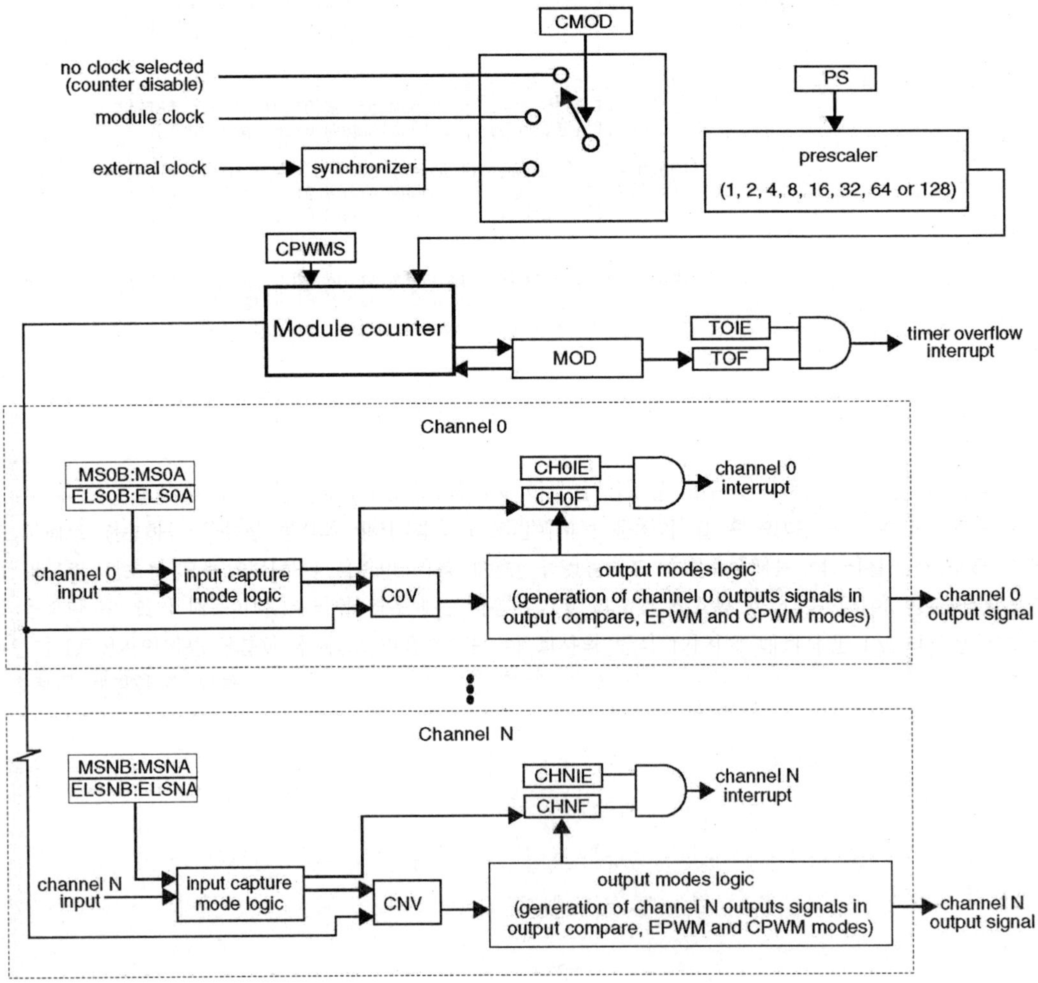

<그림 10.1> MKL25Z128VLK4의 TPM 내부 구조

(3) TPM의 동작

TPMx_SC 레지스터의 CMOD[1:0] 비트로 선택된 클록 입력 신호는 PS[2:0] 비트로 프리스케일러(prescaler)의 분주비를 설정하는데 따라 1, 2, 4, 8, 16, 32, 64, 128로 분주된 후에 16비트 카운터로 입력된다. 이 레지스터의 CPWMS 비트로 카운터를 증가형 또는 증가/감소형으로 설정할 수 있는데 이러한 동작을 <그림 10.2>에 보였다.

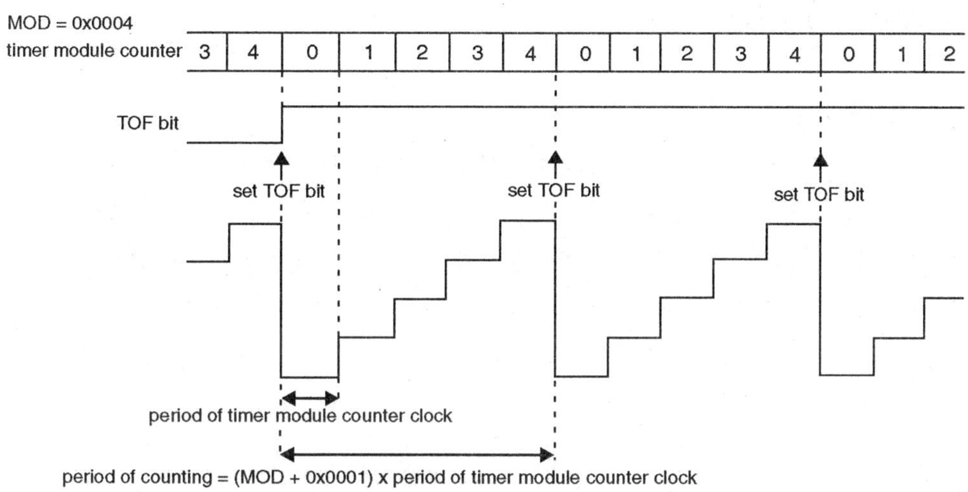

(a) 증가형 동작(CPWMS = 0, TPMx_MOD = 4로 설정한 경우)

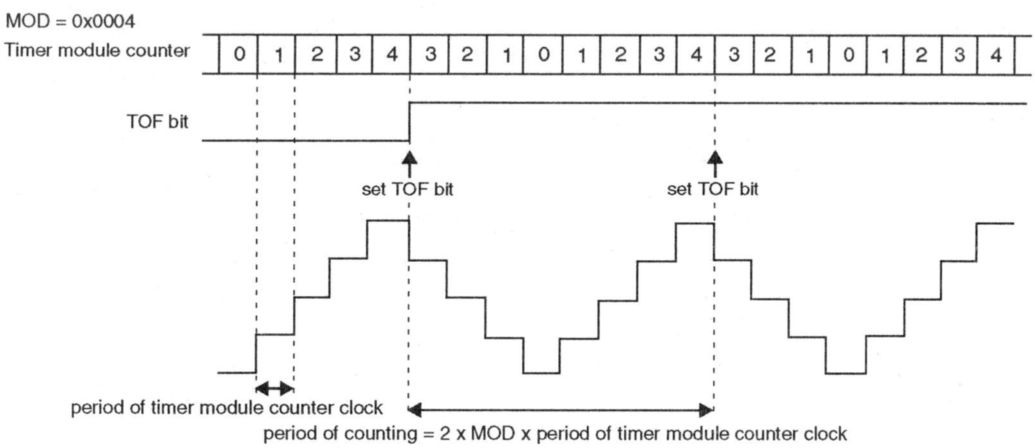

(b) 증가/감소형 동작(CPWMS = 1, TPMx_MOD = 4로 설정한 경우)

<그림 10.2> MKL25Z128VLK4에서 TPM 카운터의 증가형 및 증가/감소형 동작

카운터를 증가형으로 설정하면 클록 입력에 따라 카운터가 1씩 증가하다가 주기

레지스터 TPMx_MOD로 설정한 값을 초과하는 순간에 오버플로우가 되어 상태 레지스터에서 TOF=1로 되면서 카운터 값은 0으로 클리어된다. 따라서, 이때 카운터의 동작 주기는 (TPMx_MOD + 1) 클록이 된다.

카운터를 증가/감소형으로 설정하면 클록 입력에 따라 카운터가 1씩 증가하다가 주기 레지스터 TPMx_MOD로 설정한 값을 지나면 상태 레지스터에서 TOF=1로 되면서 다시 카운터가 1씩 감소하여 0으로 되돌아온다. 따라서, 이때 카운터의 동작 주기는 (TPMx_MOD × 2) 클록이 된다.

▣ 입력 캡쳐 모드

입력 캡쳐 모드(input capture mode)에서는 TPMx_CHn 단자로 입력된 트리거 신호에 의하여 해당 TPM 모듈의 타이머에 있는 16비트 카운터의 현재값을 캡쳐하여 TPMx_CnV 레지스터에 저장하며, 이와 동시에 상태 레지스터의 CHnF 비트가 1로 세트되어 인터럽트를 요청할 수 있다. TPMx_CHn 단자로 입력되는 캡쳐 트리거 신호는 상승 에지, 하강 에지, 상승 및 하강 에지를 선택하여 사용할 수 있다.

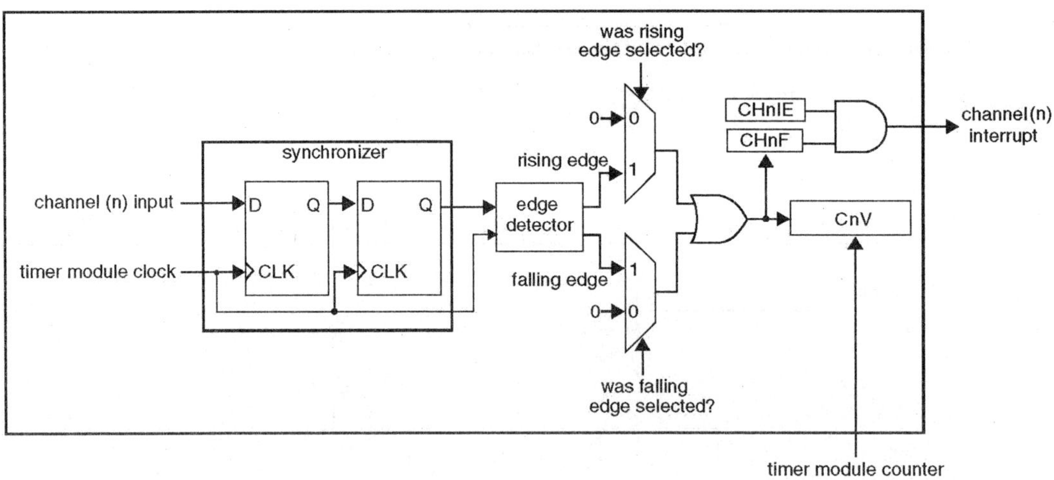

<그림 10.3> MKL25Z128VLK4에서 TPM 모듈의 입력 캡쳐 모드를 처리하는 기능도

▣ 출력 비교 모드

출력 비교 모드(output compare mode)에서는 TPM 모듈이 위치, 극성, 지속시간, 주파수를 프로그램할 수 있는 펄스 신호를 출력한다. TPM 모듈의 카운터 값이 출력 비교 채널의 TPMx_CnV 레지스터 값과 같아질 때(match) 해당 채널의 출력신호를 셋트, 클리어, 또는 토글함으로써 이러한 동작이 가능하다. 이와 같이 카운터 값의 출력 비교 매치가 발생하면 상태 레지스터 TPMx_STATUS의 CHnF 비트가 1로 세트되어 인터럽트를 요청할 수 있다.

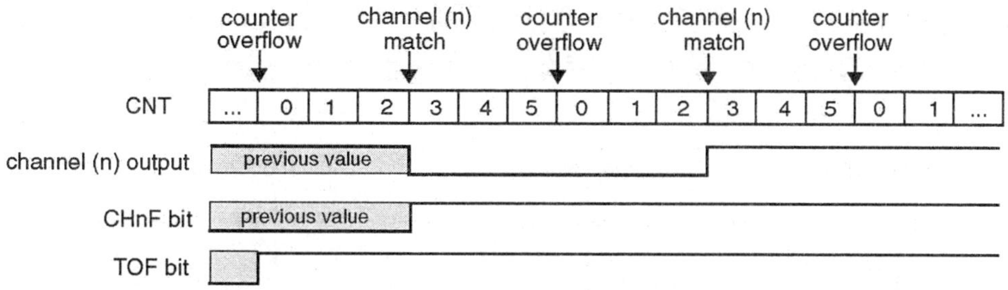

(a) 비교 매치에서 출력 신호를 토글하는 동작(MOD = 5, CnV = 3의 경우)

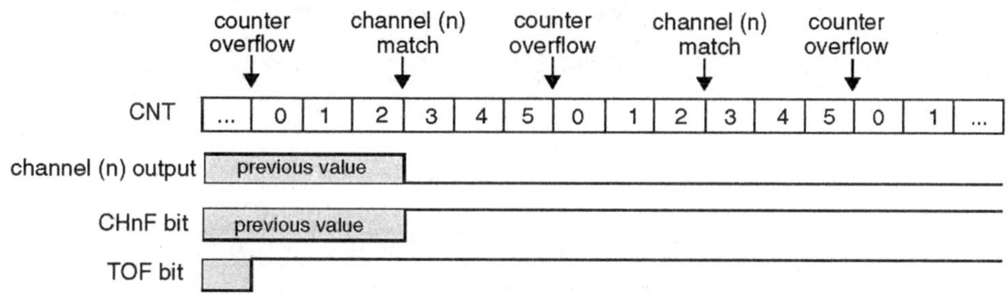

(b) 비교 매치에서 출력 신호를 클리어하는 동작(MOD = 5, CnV = 3의 경우)

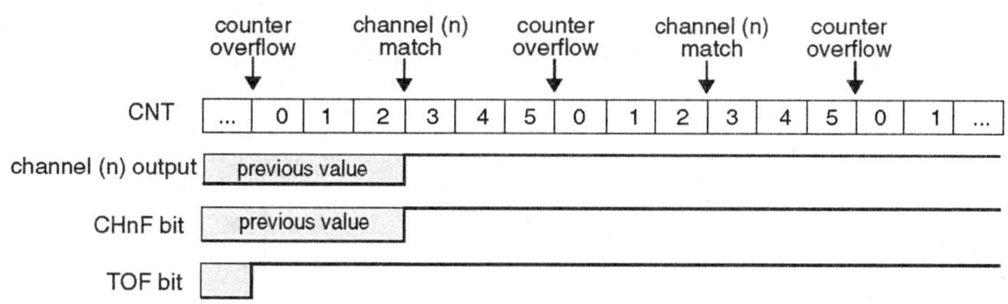

(c) 비교 매치에서 출력 신호를 셋트하는 동작(MOD = 5, CnV = 3의 경우)

<그림 10.4> MKL25Z128VLK4에서 TPM 모듈의 출력 비교 모드 동작

▣ PWM 모드

PWM 모드는 다시 에지 정렬 PWM 모드와 중앙정렬 PWM 모드로 나눌 수 있다. 에지 정렬 PWM 모드는 <그림 10.5>에 보였듯이 주기 내에서 PWM 펄스가 한쪽으로 치우쳐 위치하게 되며, 주기는 (TPMx_MOD + 1)로 결정되고 펄스폭은 TPMx_CnV 레

지스터로 결정된다. 만약, 에지 정렬 PWM 모드에서 TPMx_CnV = 0으로 설정하면 출력신호의 듀티비는 0%로 되며, TPMx_CnV > TPMx_MOD로 설정하면 듀티비는 100%로 된다.

에지 정렬 PWM 모드에서는 카운터가 증가하다가 TPMx_CnV 레지스터 값과 같아졌을 때 CHnF 비트가 1로 되면서 인터럽트를 요청할 수 있다.

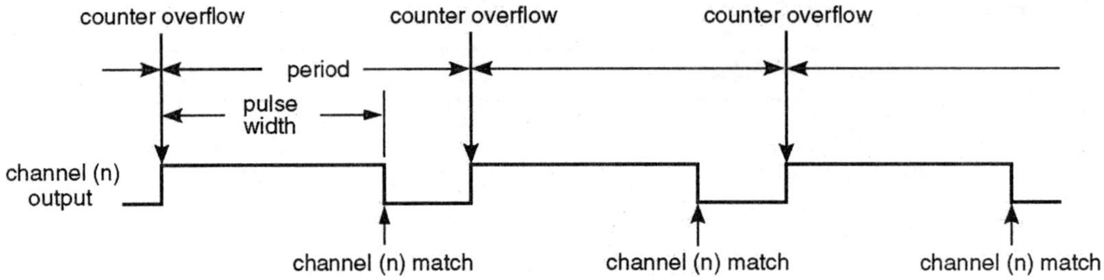

<그림 10.5> 에지 정렬 PWM 모드에서 출력 신호의 주기와 펄스 폭

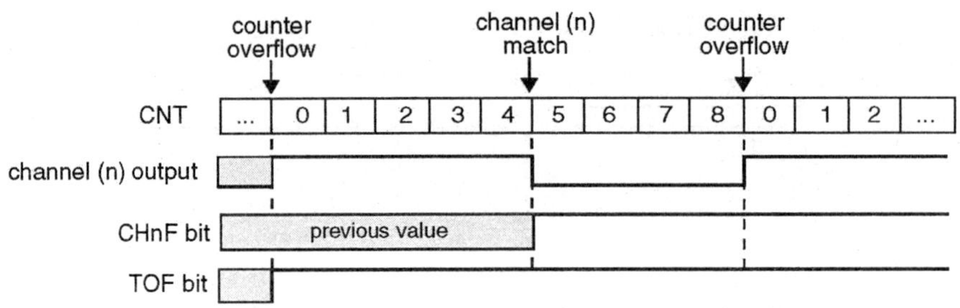

(a) ELSB:ELSA = 10으로 설정한 정상 출력(MOD = 8, CnV = 5의 경우)

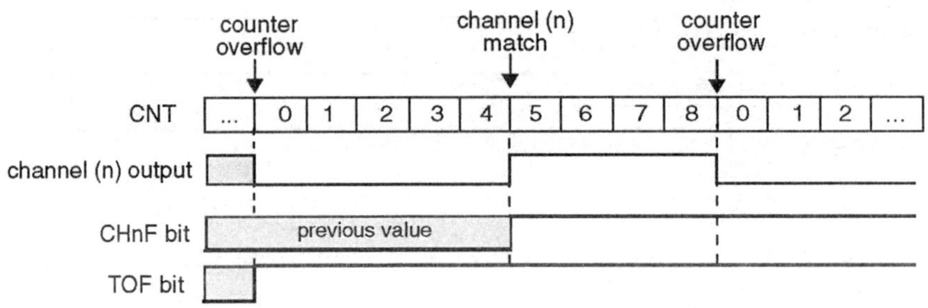

(b) ELSB:ELSA = x1로 설정한 반전 출력(MOD = 8, CnV = 5의 경우)

<그림 10.6> TPM 모듈에서 에지 정렬 PWM 출력의 2가지 방식

ELSB:ELSA = 00으로 설정한 에지 정렬 모드에서는 카운터가 증가하여 TPMx_CnV

레지스터 값과 같아졌을 때 CHnF 비트가 1로 되면서 인터럽트를 요청할 수 있지만 출력신호는 발생하지 않는다.

그러나, ELSB:ELSA = 10으로 설정한 에지 정렬 PWM 모드에서는 카운터가 오버플로우되어 0으로 될 때 출력신호가 1로 셋트되고, 카운터가 증가하여 TPMx_CnV 레지스터 값과 같아졌을 때 출력신호가 0으로 클리어되면서 CHnF 비트가 1로 되어 인터럽트를 요청할 수 있다. 이를 도시하면 <그림 10.6>의 (a)와 같다.

ELSB:ELSA = x1로 설정한 에지 정렬 PWM 모드에서는 카운터가 오버플로우되어 0으로 될 때 출력신호가 0으로 클리어되고, 카운터가 증가하여 TPMx_CnV 레지스터 값과 같아졌을 때 출력신호가 1로 셋트되면서 CHnF 비트가 1로 되어 인터럽트를 요청할 수 있다. 이를 도시하면 <그림 10.6>의 (b)와 같다.

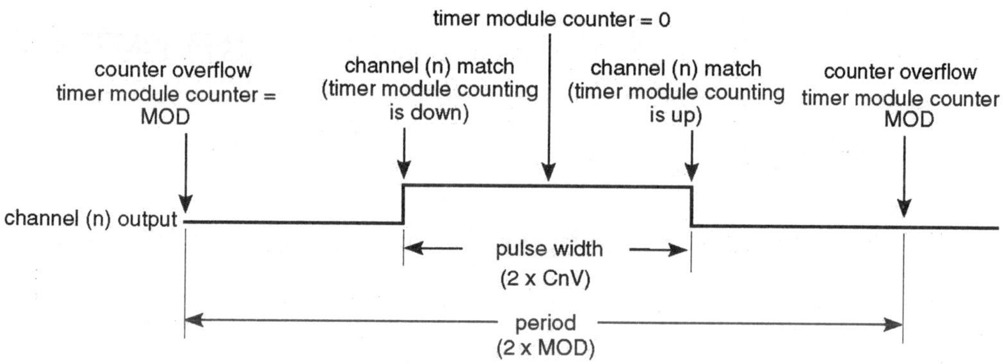

〈그림 10.7〉 중앙정렬 PWM 모드에서 출력 신호의 주기와 펄스 폭

PWM 모드 중에서 중앙정렬 PWM 모드는 <그림 10.7>에 보였듯이 주기 내에서 PWM 펄스가 중앙에 위치하게 되며, 주기는 (TPMx_MOD × 2)로 결정되고 펄스폭은 (TPMx_CnV × 2)로 결정된다. 만약, 중앙정렬 PWM 모드에서 TPMx_CnV = 0으로 설정하면 출력신호의 듀티비는 0%로 되며, TPMx_CnV > TPMx_MOD로 설정하면 듀티비는 100%로 된다.

중앙정렬 PWM 모드에서는 카운터가 감소하다가 TPMx_CnV 레지스터 값과 같아졌을 때(펄스폭의 시작 부분)와 카운터가 증가하다가 TPMx_CnV 레지스터 값과 같아졌을 때(펄스폭의 끝 부분) 모두 CHnF 비트가 1로 되고 인터럽트를 요청할 수 있다.

ELSB:ELSA = 00으로 설정한 중앙정렬 모드에서는 카운터가 TPMx_CnV 레지스터 값과 같아졌을 때 CHnF 비트가 1로 되면서 인터럽트를 요청할 수 있지만 출력신호는 발생하지 않는다.

그러나, ELSB:ELSA = 10으로 설정한 중앙정렬 PWM 모드에서는 카운터가 감소하다가 TPMx_CnV 레지스터와 매치될 때 출력신호가 1로 셋트되고, 카운터가 증가하다가 TPMx_CnV 레지스터와 매치될 때 출력신호가 0으로 클리어되면서 CHnF 비트가 1로 되어 인터럽트를 요청할 수 있다. 이를 도시하면 <그림 10.8>의 (a)와 같다.

ELSB:ELSA = x1로 설정한 중앙정렬 PWM 모드에서는 카운터가 감소하다가 TPMx_CnV 레지스터와 매치될 때 출력신호가 0으로 클리어되고, 카운터가 증가하다가 TPMx_CnV 레지스터와 매치될 때 출력신호가 1로 셋트되면서 CHnF 비트가 1로 되어 인터럽트를 요청할 수 있다. 이를 도시하면 <그림 10.8>의 (b)와 같다.

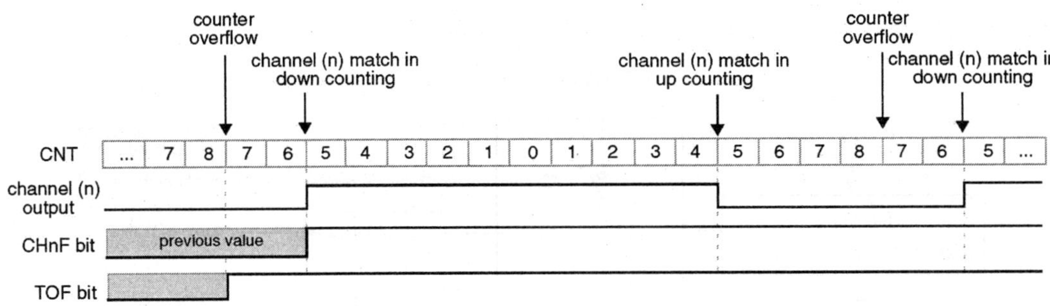

(a) ELSB:ELSA = 10으로 설정한 정상 출력(MOD = 8, CnV = 5의 경우)

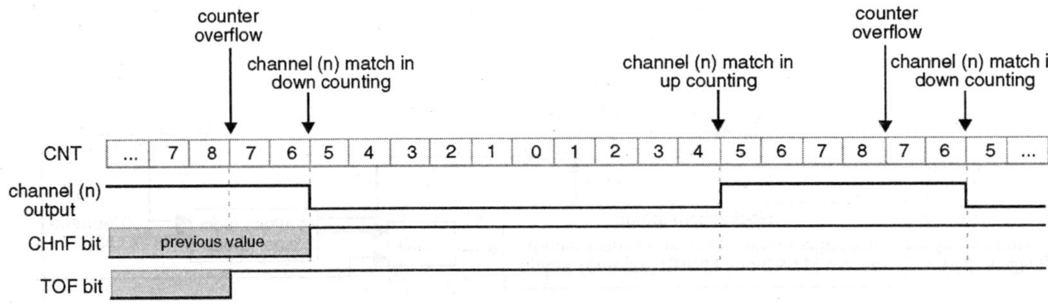

(b) ELSB:ELSA = x1로 설정한 반전 출력(MOD = 8, CnV = 5의 경우)

〈그림 10.8〉 TPM 모듈에서 중앙정렬 PWM 출력의 2가지 방식

(4) PIT와 관련된 I/O 제어 레지스터

TPM과 관련된 I/O 제어 레지스터는 각 TPM별로 17개씩 존재하여 <표 10.1>과 같이 총 51개가 있는데, 이 레지스터들의 기능을 정리하면 아래와 같다.

<표 10.1> MKL25Z128VLK4의 TPM과 관련된 I/O 제어 레지스터 요약

어드레스	레지스터 이름	레지스터의 풀어 쓴 이름	리셋 후 초기값
0x4003_8000	TPM0_SC	TPM0 Status and Control Register	0x0000_0000
0x4003_8004	TPM0_CNT	TPM0 Counter Register	0x0000_0000
0x4003_8008	TPM0_MOD	TPM0 Modulo Register	0x0000_FFFF
0x4003_800C	TPM0_C0SC	TPM0 Channel 0 Status and Control Register	0x0000_0000
0x4003_8010	TPM0_C0V	TPM0 Channel 0 Value Register	0x0000_0000
0x4003_8014	TPM0_C1SC	TPM0 Channel 1 Status and Control Register	0x0000_0000
0x4003_8018	TPM0_C1V	TPM0 Channel 1 Value Register	0x0000_0000
0x4003_801C	TPM0_C2SC	TPM0 Channel 2 Status and Control Register	0x0000_0000
0x4003_8020	TPM0_C2V	TPM0 Channel 2 Value Register	0x0000_0000
0x4003_8024	TPM0_C3SC	TPM0 Channel 3 Status and Control Register	0x0000_0000
0x4003_8028	TPM0_C3V	TPM0 Channel 3 Value Register	0x0000_0000
0x4003_802C	TPM0_C4SC	TPM0 Channel 4 Status and Control Register	0x0000_0000
0x4003_8030	TPM0_C4V	TPM0 Channel 4 Value Register	0x0000_0000
0x4003_8034	TPM0_C5SC	TPM0 Channel 5 Status and Control Register	0x0000_0000
0x4003_8038	TPM0_C5V	TPM0 Channel 5 Value Register	0x0000_0000
0x4003_8050	TPM0_STATUS	TPM0 Capture and Compare Status Register	0x0000_0000
0x4003_8084	TPM0_CONF	TPM0 Configuration Register	0x0000_0000
0x4003_9000	TPM1_SC	TPM1 Status and Control Register	0x0000_0000
0x4003_9004	TPM1_CNT	TPM1 Counter Register	0x0000_0000
0x4003_9008	TPM1_MOD	TPM1 Modulo Register	0x0000_FFFF
0x4003_900C	TPM1_C0SC	TPM1 Channel 0 Status and Control Register	0x0000_0000
0x4003_9010	TPM1_C0V	TPM1 Channel 0 Value Register	0x0000_0000
0x4003_9014	TPM1_C1SC	TPM1 Channel 1 Status and Control Register	0x0000_0000
0x4003_9018	TPM1_C1V	TPM1 Channel 1 Value Register	0x0000_0000
0x4003_901C	TPM1_C2SC	TPM1 Channel 2 Status and Control Register	0x0000_0000
0x4003_9020	TPM1_C2V	TPM1 Channel 2 Value Register	0x0000_0000
0x4003_9024	TPM1_C3SC	TPM1 Channel 3 Status and Control Register	0x0000_0000
0x4003_9028	TPM1_C3V	TPM1 Channel 3 Value Register	0x0000_0000
0x4003_902C	TPM1_C4SC	TPM1 Channel 4 Status and Control Register	0x0000_0000
0x4003_9030	TPM1_C4V	TPM1 Channel 4 Value Register	0x0000_0000
0x4003_9034	TPM1_C5SC	TPM1 Channel 5 Status and Control Register	0x0000_0000
0x4003_9038	TPM1_C5V	TPM1 Channel 5 Value Register	0x0000_0000
0x4003_9050	TPM1_STATUS	TPM1 Capture and Compare Status Register	0x0000_0000
0x4003_9084	TPM1_CONF	TPM1 Configuration Register	0x0000_0000
0x4003_A000	TPM2_SC	TPM2 Status and Control Register	0x0000_0000
0x4003_A004	TPM2_CNT	TPM2 Counter Register	0x0000_0000
0x4003_A008	TPM2_MOD	TPM2 Modulo Register	0x0000_FFFF
0x4003_A00C	TPM2_C0SC	TPM2 Channel 0 Status and Control Register	0x0000_0000
0x4003_A010	TPM2_C0V	TPM2 Channel 0 Value Register	0x0000_0000
0x4003_A014	TPM2_C1SC	TPM2 Channel 1 Status and Control Register	0x0000_0000
0x4003_A018	TPM2_C1V	TPM2 Channel 1 Value Register	0x0000_0000
0x4003_A01C	TPM2_C2SC	TPM2 Channel 2 Status and Control Register	0x0000_0000
0x4003_A020	TPM2_C2V	TPM2 Channel 2 Value Register	0x0000_0000
0x4003_A024	TPM2_C3SC	TPM2 Channel 3 Status and Control Register	0x0000_0000
0x4003_A028	TPM2_C3V	TPM2 Channel 3 Value Register	0x0000_0000
0x4003_A02C	TPM2_C4SC	TPM2 Channel 4 Status and Control Register	0x0000_0000
0x4003_A030	TPM2_C4V	TPM2 Channel 4 Value Register	0x0000_0000
0x4003_A034	TPM2_C5SC	TPM2 Channel 5 Status and Control Register	0x0000_0000
0x4003_A038	TPM2_C5V	TPM2 Channel 5 Value Register	0x0000_0000
0x4003_A050	TPM2_STATUS	TPM2 Capture and Compare Status Register	0x0000_0000
0x4003_A084	TPM2_CONF	TPM2 Configuration Register	0x0000_0000

▣ TPMx 상태 및 제어 레지스터 TPMx_SC (디폴트값 : 0x0000_0000)

b31	b30	b29	b28	b27	b26	b25	b24	b23	b22	b21	b20	b19	b18	b17	b16
–	–	–	–	–	–	–	–	–	–	–	–	–	–	–	–
–	–	–	–	–	–	–	–	–	–	–	–	–	–	–	–

b15	b14	b13	b12	b11	b10	b9	b8	b7	b6	b5	b4	b3	b2	b1	b0
–	–	–	–	–	–	–	DMA	TOF	TOIE	CPWMS	CMOD[1:0]		PS[2:0]		
–	–	–	–	–	–	–	rw	w1c	rw	rw	rw	rw	rw	rw	rw

• DMA : DMA Enable

0 = 오버플로우가 발생하였을 때 DMA를 금지한다.
1 = 오버플로우가 발생하였을 때 DMA를 허용한다.

- TOF : Timer Overflow Flag

TPM 모듈의 카운터가 TPMx_MOD 레지스터 값까지 증가하였을 때 다시 클록이 인가되면 오버플로우가 된다.

0 = TPM 모듈의 카운터에서 오버플로우가 발생하지 않았다.
1 = TPM 모듈의 카운터에서 오버플로우가 발생하였다. 이 비트를 클리어하려면 1을 써주어야 하는데, 만약 이 비트가 1일 때 다시 오버플로우가 발생하면 이 비트에 1을 써주어도 클리어되지 않는다.

- TOIE : Timer Overflow Interrupt Enable

0 = TOF 비트가 1일 때 인터럽트를 요청하지 않는다.
1 = TOF 비트가 1일 때 인터럽트를 요청한다.

- CPWMS : Center-aligned PWM Select

이 비트는 쓰기 동작 보호가 되어 있어서 카운터의 동작이 금지되었을 때만 변경할 수 있다.

0 = TPM 모듈의 카운터가 증가형으로 동작한다.
1 = TPM 모듈의 카운터가 증가/감소형으로 동작한다. 따라서, PWM 모드에서 중앙정렬형의 출력 신호를 발생한다.

- CMOD[1:0] : Clock Mode Selection

00 = TPM 모듈의 카운터에 클록 공급을 차단한다.
01 = TPM 모듈의 카운터에 내부 클록을 공급한다. 이 내부 클록은 SIM_SOFT2 레지스터의 TPMSRC 및 PLLFLLSEL 비트의 설정에 따라 MCGFLLCLK, MCGFLLCLK/2, OSCERCLK, MCGIRCLK 중에서 1가지를 선택하여 사용할 수 있다.
10 = TPM 모듈의 카운터에 외부 클록을 공급하여 상승 에지에서 동작한다. 각 TPM 모듈에는 독립적으로 외부 클록을 지정할 수 있는데 이것은 SIM_SOFT4 레지스터의 TPMxCLKSEL 비트의 설정에 따라 TPM_CLKIN0, TPM_CLKIN1 중에서 1개의 단자를 선택하여 사용할 수 있다.
11 = (사용하지 않음)

- PS[2:0] : Prescale Factor Selection

CMOD[1:0] 비트로 선택된 클록을 분주하는 분주비를 설정한다.

000 = 분주비 1. 100 = 분주비 16.
001 = 분주비 2. 101 = 분주비 32.
010 = 분주비 4. 110 = 분주비 64.
011 = 분주비 8. 111 = 분주비 128.

▣ TPMx 카운터 레지스터 TPMx_CNT (디폴트값 : 0x0000_0000)

b31	b30	b29	b28	b27	b26	b25	b24	b23	b22	b21	b20	b19	b18	b17	b16
0	0	0	0	0	0	0	0	0	0	0	0	0	0	0	0
r	r	r	r	r	r	r	r	r	r	r	r	r	r	r	r

b15	b14	b13	b12	b11	b10	b9	b8	b7	b6	b5	b4	b3	b2	b1	b0
COUNT[15:0]															
rw	rw	rw	rw	rw	rw	rw	rw	rw	rw	rw	rw	rw	rw	rw	rw

- COUNT[15:0] : Counter Value

카운터의 현재값을 나타낸다. 여기에 임의의 값을 쓰면 0으로 클리어된다.

▣ TPMx 모듈로 레지스터 TPMx_MOD (디폴트값 : 0x0000_FFFF)

b31	b30	b29	b28	b27	b26	b25	b24	b23	b22	b21	b20	b19	b18	b17	b16
0	0	0	0	0	0	0	0	0	0	0	0	0	0	0	0
r	r	r	r	r	r	r	r	r	r	r	r	r	r	r	r

b15	b14	b13	b12	b11	b10	b9	b8	b7	b6	b5	b4	b3	b2	b1	b0
MOD[15:0]															
rw	rw	rw	rw	rw	rw	rw	rw	rw	rw	rw	rw	rw	rw	rw	rw

- MOD[15:0] : Modulo Value

카운터 동작의 주기를 설정하는데 사용하는 값이다. 카운터가 증가하다가 이 값에 도달하였을 때 클록이 인가되면 오버플로우가 된다. 만약, 증가형 카운터로 설정된 경우라면 오버플로우에서 카운터 값은 0으로 클리어되며, 증가/감소형으로 설정된 경우라면 이때부터 카운터가 1씩 감소한다.

CMOD[1:0]=00으로 설정되어 클록 입력이 차단되어 있을 경우에는 TPMx_MOD 레지스터에 값을 쓰면 즉시 갱신되지만, 카운터가 동작하고 있을 때 이 레지스터에 값을 쓰면 버퍼에 저장되어 대기하고 있다가 오버플로우가 발생하였을 때 TPMx_MOD 레지스터의 값이 갱신된다.

▣ TPMx 채널n 상태 및 제어 레지스터 TPMx_CnSC (디폴트값 : 0x0000_0000)

b31	b30	b29	b28	b27	b26	b25	b24	b23	b22	b21	b20	b19	b18	b17	b16
-	-	-	-	-	-	-	-	-	-	-	-	-	-	-	-
-	-	-	-	-	-	-	-	-	-	-	-	-	-	-	-

b15	b14	b13	b12	b11	b10	b9	b8	b7	b6	b5	b4	b3	b2	b1	b0
-	-	-	-	-	-	-	-	CHF	CHIE	MSB	MSA	ELSB	ELSA	-	DMA
-	-	-	-	-	-	-	-	w1c	rw	rw	rw	rw	rw	-	rw

- CHF : Channel Flag
  0 = TPM 모듈의 해당 카운터 채널에서 이벤트가 발생하지 않았다.
  1 = TPM 모듈의 해당 카운터 채널에서 이벤트가 발생하였다. 이 비트를 클리어하려면 1을 써주어야 하는데, 만약 이 비트가 1일 때 다시 이벤트가 발생하면 이 비트에 1을 써도 클리어되지 않는다.
- CHIE : Channel Interrupt Enable
  0 = CHF 비트가 1일 때 인터럽트를 요청하지 않는다.
  1 = CHF 비트가 1일 때 인터럽트를 요청한다.
- MSB : Channel Mode Select
  <표 10.2>와 같이 카운터 채널의 동작 모드를 설정하는데 사용된다. 해당 채널에 클록이 공급되지 않으면 이 비트에는 쓰기 동작이 수행되지 않는다.
- MSA : Channel Mode Select
  <표 10.2>와 같이 카운터 채널의 동작 모드를 설정하는데 사용된다. 해당 채널에 클록이 공급되지 않으면 이 비트에는 쓰기 동작이 수행되지 않는다.
- ELSB : Edge or Level Select
  <표 10.2>와 같이 카운터 채널의 동작 모드를 설정하는데 사용된다. 해당 채널에 클록이 공급되지 않으면 이 비트에는 쓰기 동작이 수행되지 않는다.
- ELSA : Edge or Level Select
  <표 10.2>와 같이 카운터 채널의 동작 모드를 설정하는데 사용된다. 해당 채널에 클록이 공급되지 않으면 이 비트에는 쓰기 동작이 수행되지 않는다.
- DMA : DMA Enable
  0 = CHnF 비트가 1일 때 DMA 요청 신호를 발생하지 않는다.
  1 = CHnF 비트가 1일 때 DMA 요청 신호를 발생한다.

〈표 10.2〉 TPM 모듈의 동작 모드 설정

CPWMS	MSB:MSA	ELSB:ELSA	동작 모드	동작 설명
x	00	00	-	채널 동작이 금지된다.
x	01, 10, 11	00	소프트웨어 비교 모드	모든 출력 비교 모드의 동작을 수행하지만 출력 신호를 발생하지는 않는다.
0	00	01	입력 캡처 모드	트리거 신호의 상승 에지에서 캡처.
		10		트리거 신호의 하강 에지에서 캡처.
		11		트리거 신호의 상승 및 하강 에지에서 캡처.
	01	01	출력 비교 모드	비교 매치에서 출력 신호를 토글.
		10		비교 매치에서 출력 신호를 클리어.
		11		비교 매치에서 출력 신호를 셋트.
	10	10	에지 정렬 PWM 모드	정상 high PWM 신호를 출력.
		x1		반전된 low PWM 신호를 출력.
	11	10	출력 비교 모드	정상 high pulse 신호를 출력.
		x1		반전된 low pulse 신호를 출력.
1	10	10	중앙정렬 PWM 모드	정상 high PWM 신호를 출력.
		x1		반전된 low PWM 신호를 출력.

▣ TPMx 채널n 값 레지스터 TPMx_CnV (디폴트값 : 0x0000_0000)

b31	b30	b29	b28	b27	b26	b25	b24	b23	b22	b21	b20	b19	b18	b17	b16
0	0	0	0	0	0	0	0	0	0	0	0	0	0	0	0
r	r	r	r	r	r	r	r	r	r	r	r	r	r	r	r
b15	**b14**	**b13**	**b12**	**b11**	**b10**	**b9**	**b8**	**b7**	**b6**	**b5**	**b4**	**b3**	**b2**	**b1**	**b0**
VAL[15:0]															
rw	rw	rw	rw	rw	rw	rw	rw	rw	rw	rw	rw	rw	rw	rw	rw

- VAL[15:0] : Channel Value

입력 캡쳐 모드에서는 이 레지스터가 캡쳐한 값을 저장하는데 사용되고, 출력 비교 모드에서는 카운터와 비교할 기준값을 저장하는데 사용된다.

입력 캡쳐 모드에서는 여기에 값을 쓰더라도 무시되며, 출력 비교 모드에서는 여기에 값을 쓰면 버퍼에 저장되어 대기하고 있다가 오버플로우가 발생하였을 때 TPMx_CnV 레지스터의 값이 갱신된다.

▣ TPMx 캡쳐 및 비교 상태 레지스터 TPMx_STATUS (디폴트값 : 0x0000_0000)

b31	b30	b29	b28	b27	b26	b25	b24	b23	b22	b21	b20	b19	b18	b17	b16
-	-	-	-	-	-	-	-	-	-	-	-	-	-	-	-
-	-	-	-	-	-	-	-	-	-	-	-	-	-	-	-
b15	**b14**	**b13**	**b12**	**b11**	**b10**	**b9**	**b8**	**b7**	**b6**	**b5**	**b4**	**b3**	**b2**	**b1**	**b0**
-	-	-	-	-	-	-	TOF	-	-	CH5F	CH4F	CH3F	CH2F	CH1F	CH0F
-	-	-	-	-	-	-	w1c	-	-	w1c	w1c	w1c	w1c	w1c	w1c

- TOF : Timer Overflow Flag
  0 = TPM 모듈의 카운터에서 오버플로우가 발생하지 않았다.
  1 = TPM 모듈의 카운터에서 오버플로우가 발생하였다.
- CH5F : Channel 5 Flag
  0 = 채널5에서 이벤트가 발생하지 않았다.
  1 = 채널5에서 이벤트가 발생하였다.
- CH4F : Channel 4 Flag
  0 = 채널4에서 이벤트가 발생하지 않았다.
  1 = 채널4에서 이벤트가 발생하였다.
- CH3F : Channel 3 Flag
  0 = 채널3에서 이벤트가 발생하지 않았다.
  1 = 채널3에서 이벤트가 발생하였다.
- CH2F : Channel 2 Flag
  0 = 채널2에서 이벤트가 발생하지 않았다.
  1 = 채널2에서 이벤트가 발생하였다.
- CH1F : Channel 1 Flag
  0 = 채널1에서 이벤트가 발생하지 않았다.
  1 = 채널1에서 이벤트가 발생하였다.
- CH0F : Channel 0 Flag
  0 = 채널0에서 이벤트가 발생하지 않았다.
  1 = 채널0에서 이벤트가 발생하였다.

▣ TPMx 설정 레지스터 TPMx_CONF (디폴트값 : 0x0000_0000)

b31	b30	b29	b28	b27	b26	b25	b24	b23	b22	b21	b20	b19	b18	b17	b16
-	-	-	-	TRGSEL[3:0]				-	-	-	-	-	CROT	CSOO	CSOT
-	-	-	-	rw	rw	rw	rw	-	-	-	-	-	rw	rw	rw
b15	**b14**	**b13**	**b12**	**b11**	**b10**	**b9**	**b8**	**b7**	**b6**	**b5**	**b4**	**b3**	**b2**	**b1**	**b0**
-	-	-	-	-	-	GTBEEN	-	DBGMODE[1:0]		DOZEEN	-	-	-	-	-
-	-	-	-	-	-	rw	-	rw	rw	rw	-	-	-	-	-

- TRGSEL[3:0] : Trigger Select
  카운터를 스타트시키거나 카운터 값을 재저장(reload)하기 위한 트리거 입력을 선택하는 비트이다.

0000 = 외부 트리거 EXTRG_IN.	1000 = TPM0 오버플로우.
0001 = CMP0 출력.	1001 = TPM1 오버플로우.
0010 = (사용하지 않음)	1010 = TPM2 오버플로우.
0011 = (사용하지 않음)	1011 = (사용하지 않음)
0100 = PIT 트리거 0.	1100 = RTC 알람.
0101 = PIT 트리거 1.	1101 = RTC 초.
0110 = (사용하지 않음)	1110 = LPTMR 트리거.
0111 = (사용하지 않음)	1111 = (사용하지 않음)

- CROT : Counter Reload on Trigger
  이 비트는 TPM 모듈의 카운터가 금지되었을 경우에만 변경될 수 있다.
  0 = 입력 트리거 신호의 상승 에지에서 카운터를 0으로 재저장하지 않는다.
  1 = 입력 트리거 신호의 상승 에지에서 카운터를 0으로 재저장한다.
- CSOO : Counter Stop on Overflow
  이 비트는 TPM 모듈의 카운터가 금지되었을 경우에만 변경될 수 있다.
  0 = 오버플로우가 발생한 이후에도 카운터의 증가 또는 감소 동작을 계속한다.
  1 = 오버플로우가 발생한 이후에는 카운터가 증가 또는 감소 동작을 정지한다.
- CSOT : Counter Start on Trigger
  이 비트는 TPM 모듈의 카운터가 금지되었을 경우에만 변경될 수 있다.
  0 = 카운터가 허용되면 즉시 카운트 동작을 시작한다.
  1 = 카운터가 허용된 이후에 입력 트리거 신호의 상승 에지가 들어와야만 카운트 동작을 시작한다.
- GTBEEN : Global Time Base Enable
  0 = 모든 채널이 내부의 TPM 모듈 카운터를 기본 시간으로 사용한다.
  1 = 모든 채널이 외부 글로벌 기본 시간을 사용한다.
- DBGMODE[1:0] : Debug Mode
  0 = 디버그 모드에서 TPM 모듈의 카운터가 정지하고, 트리거 신호나 입력 캡쳐 신호도 무시된다.
  1 = 디버그 모드에서 TPM 모듈의 카운터가 정상적으로 동작한다.
- DOZEEN : Doze Enable
  0 = 졸음 모드에서 TPM 모듈의 카운터가 정상적으로 동작한다.
  1 = 졸음 모드에서 TPM 모듈의 카운터가 정지하고, 트리거 신호나 입력 캡쳐 신호도 무시된다.

10.2 TPM의 응용 프로그램

(1) 1채널 PWM 출력 프로그램

먼저 MKL25Z128VLK4의 타이머 및 PWM 모듈 TPM1을 사용하여 1채널의 PWM 신호를 발생하는 프로그램을 작성하여 보기로 한다. 다음 예제 프로그램에서는 TPM1의 채널0에서 중앙정렬 방식으로 1kHz의 PWM 신호를 출력하며, KEY1과 KEY2를 사용하여 듀티비를 0~100%로 가변할 수 있다. 이 프로그램을 실행하고 테스트 단자 TP5에서 PWM 파형을 오실로스코프로 관측하면 <그림 10.9>의 (a)와 같다.

〈프로그램 Exp10_2_1.c〉 TPM1을 사용한 가변 듀티비의 PWM 출력 프로그램

```
/* ========================================================================== */
/*              Exp10_2_1_PWM1.c : 1채널 PWM 출력 프로그램                    */
/* ========================================================================== */
/*                                   Programmed by Duck-Yong Yoon in 2016.    */

#include <MKL25Z4.h>
#include "OK-MKL25Z.h"
```

```
int main(void)
{
  unsigned char key;
  unsigned int PWM;                                  // pulse width

  Initialize_MCU();                                  // initialize MCU and kit
  Delay_ms(50);                                      // wait for system stabilization
  Initialize_LCD();                                  // initialize text LCD module
  Initialize_TFT_LCD();                              // initialize TFT-LCD module

  LCD_string(0x80," OK-MKL25Z V1.0 ");               // display title
  LCD_string(0xC0,"  Exp10_2_1.c   ");
  Beep();

  TFT_string(1, 3, White,Magenta, " 타이머 및 PWM 모듈(TPM1)의  PWM 출력 ");
  TFT_string(6, 8, Cyan,   Black, "TPM1_CH0 : 주기   = 1000 us");
  TFT_string(6,11, Cyan,   Black, "           펄스폭 =  500 us");
  TFT_string(6,14, Cyan,   Black, "           듀티비 =   50 %");
  TFT_string(4,23, White,  Black, "KEY1~KEY2로 펄스폭을 가변하시오.");
  TFT_string( 1,28,White,Red," CH0( ) ");
  TFT_xy( 6,28); TFT_English(0x18);
  TFT_string(11,28,White,Red," CH0( ) ");
  TFT_xy(16,28); TFT_English(0x19);

  PWM = 250;                                         // initialize PWM = 250 (duty ratio 50%)

  SIM_SCGC6 |= 0x02000000;                           // enable clock for TPM1
  PORTE_PCR20 = 0x00000300;                          // PTE20 = TPM1_CH0

  MCG_SC &= 0xF1;                                    // FCRDIV = /1
  MCG_C2 |= 0x01;                                    // internal 4MHz
  MCG_C1 |= 0x02;                                    // IRCLKEN = 1
  SIM_SOPT2 |= 0x03000000;                           // TPMSRC = MCGIRCLK = 4MHz

  TPM1_SC = 0x0000002A;                              // center-aligned, 4MHz/4/(2*500) = 1kHz
  TPM1_MOD = 500;
  TPM1_C0SC = 0x00000028;                            // center-aligned PWM mode
  TPM1_C0V = PWM;                                    // duty ratio[%] = (2*PWM)*100/(2*500)

  while(1)
    { key = Key_input();                             // key input
      if((key == KEY1) && (PWM != 500))              // if KEY1, increment duty ratio by 10%
        { PWM += 50;
          TPM1_C0V  = PWM;
          TFT_color(Yellow,Black);
          TFT_xy(26,11);
          TFT_unsigned_decimal(2*PWM,0,4);
          TFT_xy(27,14);
          TFT_unsigned_decimal(2*PWM/10,0,3);
        }
      else if((key == KEY2) && (PWM != 0))           // if KEY2, decrement duty ratio by 10%
        { PWM -= 50;
          TPM1_C0V  = PWM;
          TFT_color(Yellow,Black);
          TFT_xy(26,11);
          TFT_unsigned_decimal(2*PWM,0,4);
          TFT_xy(27,14);
          TFT_unsigned_decimal(2*PWM/10,0,3);
        }
    }
}
```

(2) 2채널 PWM 출력 프로그램

이번에는 타이머 및 PWM 모듈 TPM1을 사용하여 2채널의 PWM 신호를 발생하는 프로그램을 작성하여 보기로 한다. 다음 예제 프로그램에서는 TPM1의 채널0과 채널1에서 중앙정렬 방식으로 1kHz의 PWM 신호를 출력하며, 채널0은 KEY1과 KEY2를 사용하고 채널1은 KEY3과 KEY4를 사용하여 듀티비를 0~100%로 가변할 수 있다. 이 프로그램을 실행하고 테스트 단자 TP5, TP6에서 PWM 파형을 오실로스코프로 관측하면 <그림 10.9>의 (b)와 같다.

〈프로그램 Exp10_2_2.c〉 TPM1을 사용한 2채널의 PWM 출력 프로그램

```
/* ============================================================================ */
/*              Exp10_2_2_PWM2.c : 2채널 PWM 출력 프로그램                        */
/* ============================================================================ */
/*                                   Programmed by Duck-Yong Yoon in 2016.      */

#include <MKL25Z4.h>
#include "OK-MKL25Z.h"

int main(void)
{
  unsigned char key;
  unsigned int PWM0;                            // pulse width of TPM1_CH0
  unsigned int PWM1;                            // pulse width of TPM1_CH1

  Initialize_MCU();                             // initialize MCU and kit
  Delay_ms(50);                                 // wait for system stabilization
  Initialize_LCD();                             // initialize text LCD module
  Initialize_TFT_LCD();                         // initialize TFT-LCD module

  LCD_string(0x80," OK-MKL25Z V1.0 ");          // display title
  LCD_string(0xC0,"  Exp10_2_2.c   ");
  Beep();

  TFT_string(1, 3, White,Magenta, " 타이머 및 PWM 모듈(TPM1)의  PWM 출력 ");
  TFT_string(6, 7, Cyan,   Black, "TPM1_CH0 : 주기   = 1000 us");
  TFT_string(6, 9, Cyan,   Black, "           펄스폭 =  200 us");
  TFT_string(6,11, Cyan,   Black, "           듀티비 =   20 %");
  TFT_string(6,14, Cyan,   Black, "TPM1_CH1 : 주기   = 1000 us");
  TFT_string(6,16, Cyan,   Black, "           펄스폭 =  500 us");
  TFT_string(6,18, Cyan,   Black, "           듀티비 =   50 %");
  TFT_string(4,23, White,  Black, "KEY1~KEY4로 펄스폭을 가변하시오.");
  TFT_string( 1,28,White,Red," CH0( ) ");
  TFT_xy( 6,28); TFT_English(0x18);
  TFT_string(11,28,White,Red," CH0( ) ");
  TFT_xy(16,28); TFT_English(0x19);
  TFT_string(21,28,White,Blue," CH1( ) ");
  TFT_xy(26,28); TFT_English(0x18);
  TFT_string(31,28,White,Blue," CH1( ) ");
  TFT_xy(36,28); TFT_English(0x19);

  PWM0 = 100;                                   // initialize PWM0 = 100 (duty ratio 20%)
  PWM1 = 250;                                   // initialize PWM1 = 250 (duty ratio 50%)

  SIM_SCGC6 |= 0x02000000;                      // enable clock for TPM1
  PORTE_PCR20 = 0x00000300;                     // PTE20 = TPM1_CH0
  PORTE_PCR21 = 0x00000300;                     // PTE21 = TPM1_CH1

  MCG_SC &= 0xF1;                               // FCRDIV = /1
  MCG_C2 |= 0x01;                               // internal 4MHz
  MCG_C1 |= 0x02;                               // IRCLKEN = 1
  SIM_SOPT2 |= 0x03000000;                      // TPMSRC = MCGIRCLK = 4MHz

  TPM1_SC = 0x0000002A;                         // center-aligned, 4MHz/4/(2*500) = 1kHz
  TPM1_MOD = 500;
  TPM1_C0SC = 0x00000028;                       // center-aligned PWM mode
```

```
  TPM1_C0V = PWM0;                                  // duty ratio[%] = (2*PWM0)*100/(2*500)
  TPM1_C1SC = 0x00000028;                           // center-aligned PWM mode
  TPM1_C1V = PWM1;                                  // duty ratio[%] = (2*PWM1)*100/(2*500)

  while(1)
    { key = Key_input();                            // key input
      if((key == KEY1) && (PWM0 != 500))            // if KEY1, increment CH0 duty ratio by 10%
        { PWM0 += 50;
          TPM1_C0V  = PWM0;
          TFT_color(Yellow,Black);
          TFT_xy(26,9);
          TFT_unsigned_decimal(2*PWM0,0,4);
          TFT_xy(27,11);
          TFT_unsigned_decimal(2*PWM0/10,0,3);
        }
      else if((key == KEY2) && (PWM0 != 0))         // if KEY2, decrement CH0 duty ratio by 10%
        { PWM0 -= 50;
          TPM1_C0V  = PWM0;
          TFT_color(Yellow,Black);
          TFT_xy(26,9);
          TFT_unsigned_decimal(2*PWM0,0,4);
          TFT_xy(27,11);
          TFT_unsigned_decimal(2*PWM0/10,0,3);
        }
      else if((key == KEY3) && (PWM1 != 500))       // if KEY3, increment CH1 duty ratio by 10%
        { PWM1 += 50;
          TPM1_C1V  = PWM1;
          TFT_color(Yellow,Black);
          TFT_xy(26,16);
          TFT_unsigned_decimal(2*PWM1,0,4);
          TFT_xy(27,18);
          TFT_unsigned_decimal(2*PWM1/10,0,3);
        }
      else if((key == KEY4) && (PWM1 != 0))         // if KEY4, decrement CH1 duty ratio by 10%
        { PWM1 -= 50;
          TPM1_C1V  = PWM1;
          TFT_color(Yellow,Black);
          TFT_xy(26,16);
          TFT_unsigned_decimal(2*PWM1,0,4);
          TFT_xy(27,18);
          TFT_unsigned_decimal(2*PWM1/10,0,3);
        }
    }
}
```

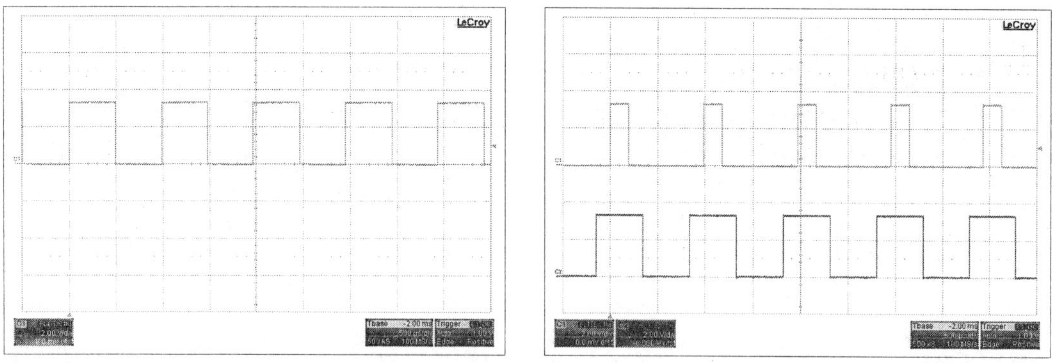

(a) 1채널(TP5) 출력 (b) 2채널(TP5, TP6) 출력

<그림 10.9> 오실로스코프로 측정한 TPM1의 PWM 출력 파형

제11장
비동기 직렬통신 포트(UART0)의 활용

이 장에서는 MKL25Z128VLK4 마이크로컨트롤러에 내장된 비동기 직렬통신 포트(UART0)의 구조 및 기능을 설명하고, 이것을 활용하는 통신 프로그램 작성 기술을 공부한다.

11.1 UART0의 구조와 기능

(1) UART0의 특성

MKL25Z128VLK4가 가지고 있는 비동기 직렬통신 포트(Universal Asynchronous Receiver/Transmitter 0 ; UART0)는 다음과 같은 특징을 가지고 있다.

- 전이중 통신의 표준 NRZ(non-return-to-zero) 포맷을 사용하는 비동기 직렬통신 포트이다.
- 데이터 송신부와 수신부는 2중 버퍼(double buffer) 구조로 되어 있다.
- 보레이트를 여러 가지로 설정할 수 있다.
- 수신측의 보레이트를 결정하는 클록은 4x~32x 배수로 오버 샘플링을 설정할 수 있다.
- 1문자의 데이터 비트를 8, 9, 10비트로 설정할 수 있다.
- 스톱 비트를 1, 2비트로 설정할 수 있다.
- 송신 완료 또는 수신 완료에 대하여 인터럽트, 폴링, DMA 방식으로 데이터를 액세스할 수 있다.
- 오버런 에러, 패리티 에러, 프레임 에러, 잡음 에러 등의 검출 기능을 갖는다.
- 하드웨어적인 패리티 비트 생성 및 패리티 체크 기능을 갖는다.

(2) UART0의 구조

MKL25Z128VLK4가 가지고 있는 직렬통신 포트 UART0의 송신부 내부 구조를 블록도로 보이면 <그림 11.1>과 같다. 송신부는 2중 버퍼 구조를 갖는 송신 데이터 버터 및 시프트 레지스터를 비롯하여 보레이트 발생기, 패리티 발생 회로, 각종 제어 회로 등으로 구성된다. 시프트 레지스터에서 출력된 데이터는 TxD 단자로 출력되는데, 루프백 제어(loopback control) 모드에서는 이 신호가 내부적으로 TxD 단자에 연결되어 송신 데이터를 곧바로 수신할 수 있도록 한다.

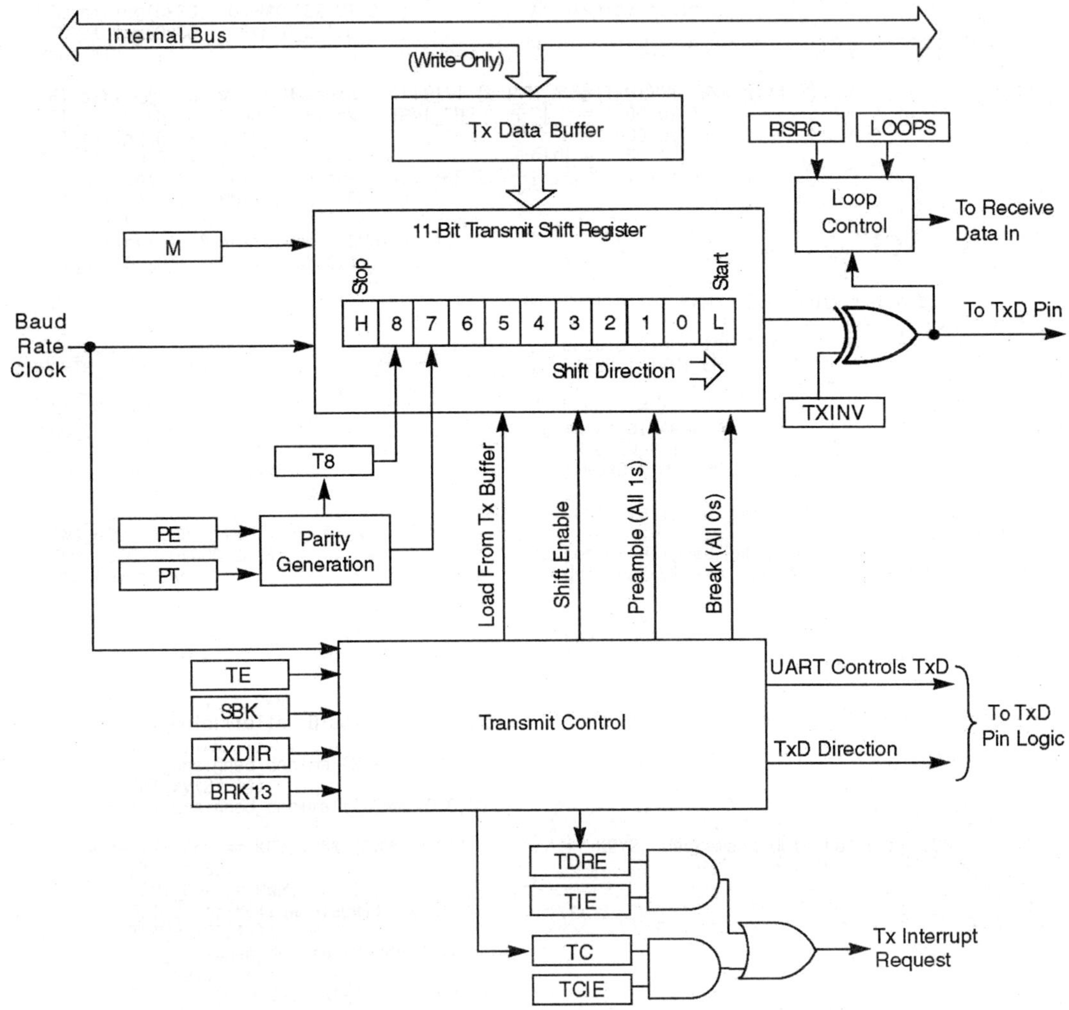

<그림 11.1> MKL25Z128VLK4에서 UART0의 송신부 구조

한편, 직렬통신 포트 UART0의 수신부 내부 구조를 블록도로 보이면 <그림 11.2>와 같다. 수신부는 2중 버퍼 구조를 갖는 수신 데이터 버터 및 시프트 레지스터를 비롯하여 보레이트 발생기, 패리티 검출 회로, 각종 제어 회로 등으로 구성된다. RxD 단자에서 입력된 데이터는 시프트 레지스터를 거쳐서 수신 데이터 버퍼로 읽혀지는데,

루프백 제어 모드에서는 RxD 신호가 내부적으로 TxD 단자에 연결되어 송신 데이터를 곧바로 수신할 수 있도록 한다.

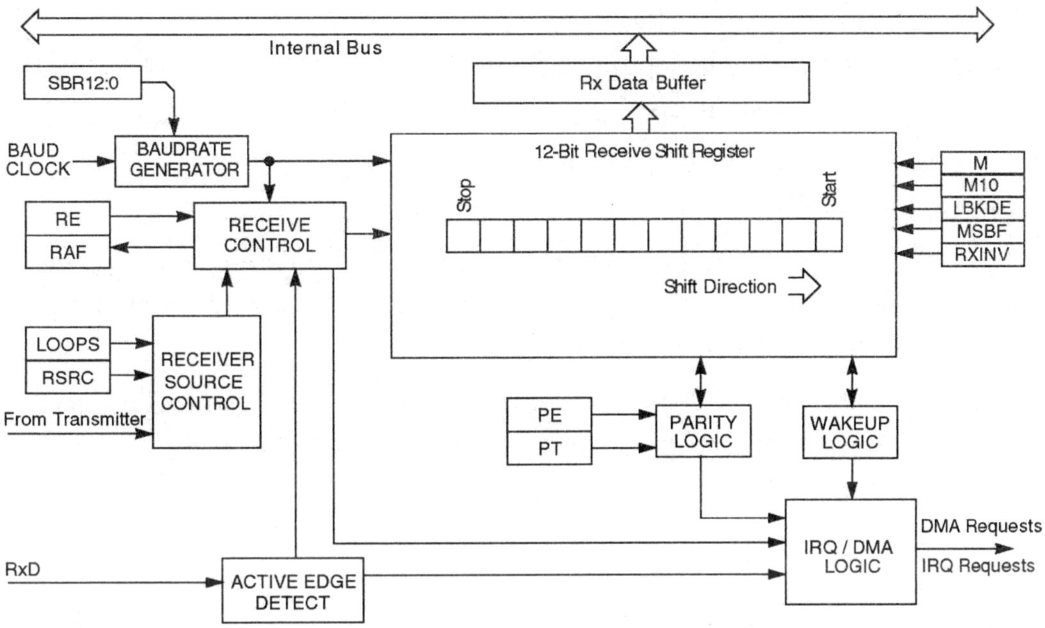

〈그림 11.2〉 MKL25Z128VLK4에서 UART0의 수신부 구조

(3) UART0의 동작

UART0의 송신부에서는 송신 버퍼와 송신 시프트 레지스터가 비어 있을 때 송신 버퍼에 송신 데이터를 쓰면 이것이 곧바로 송신 시프트 레지스터로 넘어가면서 송신 동작이 시작된다. 일단 송신 버퍼의 데이터가 송신 시프트 레지스터로 넘어가면 송신 버퍼는 비게 되므로 다음의 송신 문자를 받을 수 있는 상태가 된다.

1문자의 송신 문자는 스타트 비트, 데이터 비트, 패리티 비트, 스톱 비트의 순서로 전송된다. 이중에서 데이터 비트와 스톱 비트는 사용자가 길이를 설정할 수 있고, 패리티 비트는 사용 여부를 설정할 수 있다. 기본적으로 스타트 비트는 L상태, 스톱 비트는 H상태이며, 데이터가 1이면 H상태이고 0이면 L상태로 전송된다. 그러나, 만약 UART0_C3 레지스터에서 TXINV=1로 설정하면 TxD 단자로 출력되는 이 비트들의 상태가 모두 반전된다. UART0_C2 레지스터에서 SBK=1로 설정하면 스타트 비트와 스톱 비트를 포함하는 모든 전송 문자가 TxD 단자에서 0으로만 출력된다.

UART0의 수신부에서는 수신 버퍼가 비어 있을 때 수신 시프트 레지스터에서 스톱 비트까지 수신되면 곧바로 수신 문자가 수신 버퍼로 넘어가면서 UART0_S1 레지스터에 RDRF=1로 되어 수신 버퍼에 수신된 문자가 있다는 것을 알린다. 만약, 수신 버퍼에 이미 수신된 문자가 들어있는 상태에서 이렇게 다음 문자가 수신되어 수신 버퍼로 넘겨지면 오버런 에러가 되어 OR=1이 된다.

수신부에서 샘플링 클록에 의하여 비트 하나하나를 인식할 때는 4배속 클록부터 34배속 클록까지를 사용할 수 있다. 디폴트로는 16배속을 사용하는데, 이는 1비트를 인식하는데 16주기의 보레이트 발생 클록이 사용된다는 것을 의미한다.

UART0의 수신부에서 수신된 문자에 의하여 이 마이크로컨트롤러가 정지 모드에서 깨어나게 할 수 있는데, 여기에는 Idle-line wakeup 기능과 Address-mark wakeup 기능이 있다. 또한, 매치 어드레스 레지스터에 설정된 값과 일치되는 경우에만 수신된 데이터가 수신 버퍼로 옮겨지는 동작도 가능하다.

송수신 테스트 동작에서 사용하는 루프백 모드(loop mode 또는 loopback mode)에서는 TxD 단자로 출력한 신호가 내부에서 RxD 단자로 연결되어 곧바로 수신되는 동작을 수행할 수 있다. 또한, 1선 동작(single-wire operation) 모드에서는 TxD 단자만을 데이터 송신 및 수신에 사용하므로 반이중 통신 가능하다.

UART0의 보레이트(baud rate) 발생에 사용되는 클록 소스는 <그림 11.3>에 보인 것처럼 MCGFLLCLK, MCGPLLCLK/2, OSCERCLK, MCGIRCLK 중의 하나를 선택할 수 있다. 보레이트 발생기에서는 이 클록을 사용하여 송신부와 수신부의 전송속도를 결정하는 클록 신호를 발생한다. 이때는 UART0_BDH와 UART0_BDL 레지스터에서 설정하는 1~8191 범위의 SBR 값과 UART0_C4 레지스터에서 설정하는 4~32 범위의 OBR 값으로 이 클록을 분주하여 보레이트가 결정된다.

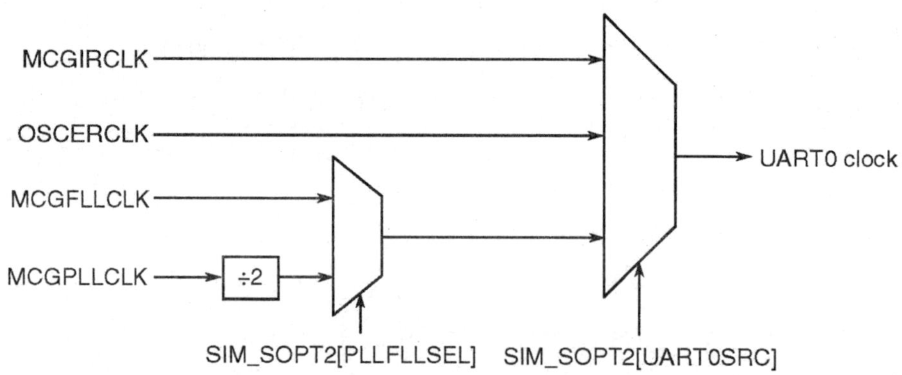

<그림 11.3> MKL25Z128VLK4에서 UART0의 클록 소스 선택

(4) UART0와 관련된 I/O 제어 레지스터

UART0와 관련된 I/O 제어 레지스터는 12개가 존재하며, 이 레지스터들의 기능을 정리하면 아래와 같다.

〈표 11.1〉 MKL25Z128VLK4의 UART0와 관련된 I/O 제어 레지스터 요약

어드레스	레지스터 이름	레지스터의 풀어 쓴 이름	리셋 후 초기값
0x4006_A000 0x4006_A001	UART0_BDH UART0_BDL	UART0 Baud Rate Register High UART0 Baud Rate Register Low	0x00 0x04
0x4006_A002	UART0_C1	UART0 Control Register 1	0x00
0x4006_A003	UART0_C2	UART0 Control Register 2	0x00
0x4006_A004	UART0_S1	UART0 Status Register 1	0xC0
0x4006_A005	UART0_S2	UART0 Status Register 2	0x00
0x4006_A006	UART0_C3	UART0 Control Register 3	0x00
0x4006_A007	UART0_D	UART0 Data Register	0x00
0x4006_A008 0x4006_A009	UART0_MA1 UART0_MA2	UART0 Match Address Register 1 UART0 Match Address Register 2	0x00 0x00
0x4006_A00A	UART0_C4	UART0 Control Register 4	0x0F
0x4006_A00B	UART0_C5	UART0 Control Register 5	0x00

▣ UART0 보레이트 상위 레지스터 UART0_BDH (디폴트값 : 0x00)

b7	b6	b5	b4	b3	b2	b1	b0
LBKDIE	RXEDGIE	SBNS	SBR[12:8]				
rw	rw	rw	rw	rw	rw	rw	rw

- LBKDIE : LIN Break Detect Interrupt Enable
  0 = LBKDIF 플랙에 의한 하드웨어 인터럽트 요청을 금지한다.
  1 = LBKDIF 플랙에 의한 하드웨어 인터럽트 요청을 허용한다.
- RXEDGIE : Rx Input Active Edge Interrupt Enable
  0 = RXEDGIF 플랙에 의한 하드웨어 인터럽트 요청을 금지한다.
  1 = RXEDGIF 플랙에 의한 하드웨어 인터럽트 요청을 허용한다.

1 • SBNS : Stop Bit Number Select
  0 = 스톱 비트를 1개 사용한다.
  1 = 스톱 비트를 2개 사용한다.
- SBR[12:8] : Buad Rate Modulo Divisor
  2개의 레지스터가 합해져서 SBR[12:0]으로 1~8191 범위를 설정할 수 있는데, 이것은 아래의 공식에 따라 보레이트를 설정한다.
  보레이트 = UART0 클록 / SBR[12:0] / (OSR[3:0] + 1)

▣ UART0 보레이트 하위 레지스터 UART0_BDL (디폴트값 : 0x04)

b7	b6	b5	b4	b3	b2	b1	b0
SBR[7:0]							
rw	rw	rw	rw	rw	rw	rw	rw

- SBR[7:0] : Buad Rate Modulo Divisor
  2개의 레지스터가 합해져서 SBR[12:0]으로 1~8191 범위를 설정할 수 있는데, 이것은 아래의 공식에 따라 보레이트를 설정한다.
  보레이트 = UART0 클록 / SBR[12:0] / (OSR[3:0] + 1)

▣ UART0 제어 레지스터1 UART0_C1 (디폴트값 : 0x00)

b7	b6	b5	b4	b3	b2	b1	b0
LOOPS	DOZEEN	RSRC	M	WAKE	ILT	PE	PT
rw	rw	rw	rw	rw	rw	rw	rw

- LOOPS : Loop Mode Select
  0 = 정상적인 모드에서 TxD 및 RxD 단자를 사용하여 통신한다.
  1 = 내부에서 TxD 및 RxD 단자를 연결하고, 루프백 모드 또는 1선 모드를 사용한다.
- DOZEEN : Doze Enable
  0 = 대기 모드에서도 UART0가 정상으로 동작한다.
  1 = 대기 모드에서는 UART0의 동작이 금지된다.
- RSRC : Receiver Source Select
  이 비트는 LOOPS=1일 경우에만 유효하다.
  0 = 루프 모드로 설정되어 외부의 RxD 단자를 사용하지 않는다.
  1 = 1선 모드로 설정되어 TxD 단자로 송신 및 수신을 모두 수행한다.
- M : 9-Bit or 8-Bit Mode Select
  0 = 송수신 문자가 8비트로 구성된다.
  1 = 송수신 문자가 9비트로 구성된다.
- WAKE : Receiver Wakeup Method Select
  0 = idle-line wakeup 모드를 사용한다.
  1 = address-mark wakeup 모드를 사용한다.
- ILT : Idle Line Type Select
  0 = 아이들 문자의 비트 카운트가 스타트 비트 다음부터 시작된다.
  1 = 아이들 문자의 비트 카운트가 스톱 비트 다음부터 시작된다.
- PE : Parity Enable
  0 = 패리티 발생 및 체크 기능을 사용하지 않는다.
  1 = 패리티 발생 및 체크 기능을 사용한다.
- PT : Parity Type
  0 = 짝수 패리티(even parity)를 사용한다.
  1 = 홀수 패리티(odd parity)를 사용한다.

▣ UART0 제어 레지스터2 UART0_C2 (디폴트값 : 0x00)

b7	b6	b5	b4	b3	b2	b1	b0
TIE	TCIE	RIE	ILIE	TE	RE	RWU	SBK
rw	rw	rw	rw	rw	rw	rw	rw

- TIE : Transmit Interrupt Enable
  0 = TDRE 플랙에 의하여 인터럽트를 요청하지 않는다.
  1 = TDRE 플랙에 의하여 인터럽트를 요청한다.
- TCIE : Transmission Complete Interrupt Enable
  0 = TC 플랙에 의하여 인터럽트를 요청하지 않는다.
  1 = TC 플랙에 의하여 인터럽트를 요청한다.
- RIE : Receiver Interrupt Enable
  0 = RDRF 플랙에 의하여 인터럽트를 요청하지 않는다.
  1 = RDRF 플랙에 의하여 인터럽트를 요청한다.
- ILIE : Idle Line Interrupt Enable
  0 = IDLE 플랙에 의하여 인터럽트를 요청하지 않는다.
  1 = IDLE 플랙에 의하여 인터럽트를 요청한다.
- TE : Transmitter Enable
  0 = 송신부의 동작을 금지한다.
  1 = 송신부의 동작을 허용한다.
- RE : Receiver Enable
  0 = 수신부의 동작을 금지한다.
  1 = 수신부의 동작을 허용한다.
- RWU : Receiver Wakeup Control
  0 = 수신부가 정상적으로 동작한다.

1 = 수신부가 wakeup 조건을 기다리며 대기한다.
- SBK : Send Break
0 = 정상적인 송신 동작을 수행한다.
1 = 브레이크 문자를 전송한다.

▣ UART0 상태 레지스터1 UART0_S1 (디폴트값 : 0xC0)

b7	b6	b5	b4	b3	b2	b1	b0
TDRE	TC	RDRF	IDLE	OR	NF	FE	PF
r	r	r	w1c	w1c	w1c	w1c	w1c

- TDRE : Transmit Data Register Empty Flag
0 = 현재 송신 데이터 버퍼에 송신할 문자가 들어있다.
1 = 현재 송신 버퍼가 비어 있다.
- TC : Transmission Complete Flag
0 = 송신부가 현재 송신 동작을 하고 있다.
1 = 현재 송신 데이터 버퍼와 송신 시프트 레지스터가 모두 비어 있다.
- RDRF : Receive Data Register Full Flag
0 = 현재 수신 데이터 버퍼가 비어 있다.
1 = 현재 수신 데이터 버퍼에 수신된 문자가 들어 있다.
- IDLE : Idle Line Flag
0 = idle line이 검출되지 않았다.
1 = idle line이 검출되었다.
- OR : Receiver Overrun Flag
0 = 오버런 에러가 발생하지 않았다.
1 = 오버런 에러가 발생하여 가장 최근에 수신된 문자가 소실되었다.
- NF : Noise Flag
수신부에서 1비트를 수신할 때 3차례 수신값을 검출하여 3번 모두 동일한 값으로 읽히지 않으면 잡음이라고 판단하여 RDRF 비트와 함께 NF 비트가 셋트된다.
0 = 데이터 수신 중에 잡음이 검출되지 않았다.
1 = 데이터 수신 중에 잡음이 검출되었다.
- FE : Framing Error Flag
0 = 데이터 수신 중에 프레임 에러가 검출되지 않았다.
1 = 데이터 수신 중에 프레임 에러가 검출되었다.(스톱 비트가 0으로 검출되었다.)
- PF : Parity Error Flag
0 = 데이터 수신 중에 패리티 에러가 발생하지 않았다.
1 = 데이터 수신 중에 패리티 에러가 발생하였다.

▣ UART0 상태 레지스터2 UART0_S2 (디폴트값 : 0x00)

b7	b6	b5	b4	b3	b2	b1	b0
LBKDIF	RXEDGIF	MSBF	RXINV	RWUID	BRK13	LBKDE	RAF
rw	rw	rw	rw	rw	rw	rw	r

- LBKDIF : LIN Break Detect Interrupt Flag
0 = LIN 브레이크 문자가 검출되지 않았다.
1 = LIN 브레이크 문자가 검출되었다.
- RXEDGIF : RxD Pin Active Edge Interrupt Flag
0 = RxD 단자에서 유효한 에지 신호가 검출되지 않았다.
1 = RxD 단자에서 유효한 에지 신호가 검출되었다.
- MSBF : MSB First
0 = 스타트 비트에 이어서 LSB(최하위 비트)부터 데이터가 전송된다.
1 = 스타트 비트에 이어서 MSB(최상위 비트)부터 데이터가 전송된다.
- RXINV : Receive Data Inversion
0 = 수신 데이터가 정상적으로 인식된다.
1 = 수신 데이터가 반전되어 인식된다.

- RWUID : Receive Wakeup Idle Detect
  0 = 수신 대기 상태(RWU=1)에서 아이들 문자에서 IDLE 비트가 검출되지 않았다.
  1 = 수신 대기 상태(RWU=1)에서 아이들 문자에서 IDLE 비트가 검출되었다.
- BRK13 : Break Character Generation Length
  0 = 브레이크 문자를 10비트 길이로 전송한다.
  1 = 브레이크 문자를 13비트 길이로 전송한다.
- LBKDE : LIN Break Detection Enable
  0 = 브레이크 문자를 10비트 길이로 검출한다.
  1 = 브레이크 문자를 13비트 길이로 검출한다.
- RAF : Receiver Active Flag
  0 = 수신부가 스톱 비트를 기다리며 아이들 상태에 있다.
  1 = 수신부가 스타트 비트를 인식하여 수신 동작을 수행하고 있다.

▣ UART0 제어 레지스터3 UART0_C3 (디폴트값 : 0x00)

b7	b6	b5	b4	b3	b2	b1	b0
R8T9	R9T8	TXDIR	TXINV	ORIE	NEIE	FEIE	PEIE
rw	rw	rw	rw	rw	rw	rw	rw

- R8T9 : Receive Bit 8 / Transmit Bit 9
- R9T8 : Receive Bit 9 / Transmit Bit 8

전송문자의 길이가 9비트일 경우(M=1) 수신 동작에서 수신 데이터의 하위 8비트는 수신 데이터 버퍼에 저장되고 최상위의 1비트는 여기 R8에 저장된다. 이를 읽을 때는 R8을 먼저 읽고 수신 데이터 버퍼를 나중에 읽어야 한다. 반대로 송신 동작에 대하여는 송신 데이터의 하위 8비트는 송신 데이터 버퍼에 저장하고 최상위의 1비트는 여기 T8에 저장한다.

전송문자의 길이가 10비트일 경우(M10=1) 수신 동작에서 수신 데이터의 하위 8비트는 수신 데이터 버퍼에 저장되고 최상위의 2비트는 각각 여기 R8, R9에 저장된다. 이를 읽을 때는 R8, R9를 먼저 읽고 수신 데이터 버퍼를 나중에 읽어야 한다. 반대로 송신 동작에 대하여는 송신 데이터의 하위 8비트는 송신 데이터 버퍼에 저장하고 최상위의 2비트는 각각 여기 R8, R9에 저장한다.

- TXDIR : TxD Pin Direction in Single-Wire Mode
  0 = 1선 모드에서 TxD 단자를 입력 핀으로 사용한다.
  1 = 1선 모드에서 TxD 단자를 출력 핀으로 사용한다.
- TXINV : Transmit Data Inversion
  0 = 송신 데이터를 정상적으로 출력한다.
  1 = 송신 데이터를 반전시켜 출력한다.
- ORIE : Overrun Error Interrupt Enable
  0 = 오버런 에러가 발생하였을 때 인터럽트를 요청하지 않는다.
  1 = 오버런 에러가 발생하였을 때 인터럽트를 요청한다.
- NEIE : Noise Error Interrupt Enable
  0 = 잡음 에러가 발생하였을 때 인터럽트를 요청하지 않는다.
  1 = 잡음 에러가 발생하였을 때 인터럽트를 요청한다.
- FEIE : Framing Error Interrupt Enable
  0 = 프레임 에러가 발생하였을 때 인터럽트를 요청하지 않는다.
  1 = 프레임 에러가 발생하였을 때 인터럽트를 요청한다.
- PEIE : Parity Error Interrupt Enable
  0 = 패리티 에러가 발생하였을 때 인터럽트를 요청하지 않는다.
  1 = 패리티 에러가 발생하였을 때 인터럽트를 요청한다.

▣ UART0 데이터 레지스터 UART0_D (디폴트값 : 0x00)

b7	b6	b5	b4	b3	b2	b1	b0
R[7:0] / T[7:0]							
rw	rw	rw	rw	rw	rw	rw	rw

- R[7:0] / T[7:0] : Receive Data / Transmit Data

수신 데이터 버퍼로 사용될 경우 수신된 문자의 하위 8비트가 여기에 저장되어 있다. 송신 데이터 버퍼로 사용될 경우에는 송신할 문자의 하위 8비트를 여기에 저장한다.

▣ UART0 매치 어드레스 레지스터1 UART0_MA1 (디폴트값 : 0x00)

b7	b6	b5	b4	b3	b2	b1	b0
MA1[7:0]							
rw	rw	rw	rw	rw	rw	rw	rw

- MA1[7:0] : Match Address
  UART0_C4 레지스터에서 MAEN1=1로 설정된 경우 수신된 데이터와 비교할 어드레스 값을 여기에 저장하여 둔다.

▣ UART0 매치 어드레스 레지스터2 UART0_MA2 (디폴트값 : 0x00)

b7	b6	b5	b4	b3	b2	b1	b0
MA2[7:0]							
rw	rw	rw	rw	rw	rw	rw	rw

- MA2[7:0] : Match Address
  UART0_C4 레지스터에서 MAEN2=1로 설정된 경우 수신된 데이터와 비교할 어드레스 값을 여기에 저장하여 둔다.

▣ UART0 제어 레지스터4 UART0_C4 (디폴트값 : 0x0F)

b7	b6	b5	b4	b3	b2	b1	b0
MAEN1	MAEN2	M10	OSR[4:0]				
rw	rw	rw	rw	rw	rw	rw	rw

- MAEN1 : Match Address Mode Enable 1
  0 = 만약 MAEN2=0이라면 수신된 모든 데이터를 수신 데이터 버퍼로 넘긴다.
  1 = MSB가 0인 모든 수신 데이터를 수신 데이터 버퍼로 넘기지 않고 버린다. MSB가 1인 데이터는 UART0_MA1 레지스터와 비교하여 이 값과 일치하는 경우에만 수신 데이터 버퍼로 넘겨진다.
- MAEN2 : Match Address Mode Enable 2
  0 = 만약 MAEN1=0이라면 수신된 모든 데이터를 수신 데이터 버퍼로 넘긴다.
  1 = MSB가 0인 모든 수신 데이터를 수신 데이터 버퍼로 넘기지 않고 버린다. MSB가 1인 데이터는 UART0_MA2 레지스터와 비교하여 이 값과 일치하는 경우에만 수신 데이터 버퍼로 넘겨진다.
- M10 : 10-Bit Mode Select
  0 = 송수신 데이터가 8비트 또는 9비트로 구성된다.
  1 = 송수신 데이터가 10비트로 구성된다.
- OSR[4:0] : Over Sampling Ratio
  이 값은 1비트를 인식하기 위하여 샘플링하는 클록수를 정의한다. 1비트 내에서의 샘플링 횟수는 여기에 설정한 값보다 1만큼 크다. 즉, 이 비트에는 3~31을 설정할 수 있는데, 그러면 샘플링 횟수는 4~32가 된다. 이 비트는 송신부와 수신부가 모두 금지되어 있을 경우에만 변경할 수 있다.

▣ UART0 제어 레지스터5 UART0_C5 (디폴트값 : 0x00)

b7	b6	b5	b4	b3	b2	b1	b0
TDMAE	–	RDMAE	–	–	–	BOTHEDGE	RESYNCDIS
rw	–	rw	–	–	–	rw	rw

- TDMAE : Transmitter Empty DMA Enable
  0 = TDRE 플랙에 의하여 DMA를 요청하지 않는다.
  1 = TDRE 플랙에 의하여 DMA를 요청한다.
- RDMAE : Receiver Full DMA Enable
  0 = RDRF 플랙에 의하여 DMA를 요청하지 않는다.
  1 = RDRF 플랙에 의하여 DMA를 요청한다.
- BOTHEDGE : Both Edge Sampling

0 = 수신부에서 보레이트 클록의 상승 에지에서만 입력 데이터를 샘플링한다.
1 = 수신부에서 보레이트 클록의 상승 에지와 하강 에지에서 모두 입력 데이터를 샘플링한다.

- RESYNCDIS : Resynchronization Disable
이 비트는 수신부가 금지되었을 경우에만 변경할 수 있다.
0 = 2문자를 연속으로 받을 때 재동기화를 지원한다.
1 = 2문자를 연속으로 받을 때 재동기회를 지원하지 않는다.

11.2 RS-232C 직렬통신

MKL25Z128VLK4 마이크로컨트롤러에서 UART0 직렬통신 포트의 TxD 단자로 출력하고 RxD 단자로 입력하는 직렬 데이터는 +3.3V의 TTL 로직 레벨이므로 이 상태로 원거리를 전송하는데는 매우 부적합하다. 따라서, 이들 신호를 먼 거리로 전송하는데 적합한 신호로 변환하기 위한 신호레벨의 인터페이스 회로가 필요한데, 이 부분도 통일된 규격이 필요하므로 국제기구를 통하여 규격화가 계속 진행되어 왔으며, 오래전부터 현재까지 일반적으로 널리 사용되어 왔던 국제규격의 예로는 RS-232C, RS-422A, RS-485 등이 있다.

이러한 비동기 직렬통신의 개념을 알기 쉽게 도시하면 <그림 11.4>와 같다. 먼 거리가 아닌 경우에는 굳이 이와 같이 신호레벨 변환을 거치지 않고 그냥 TTL 레벨의 직렬 신호로 직접 통신을 수행하기도 하는데 이런 경우를 흔히 UART 통신이라고 부른다.

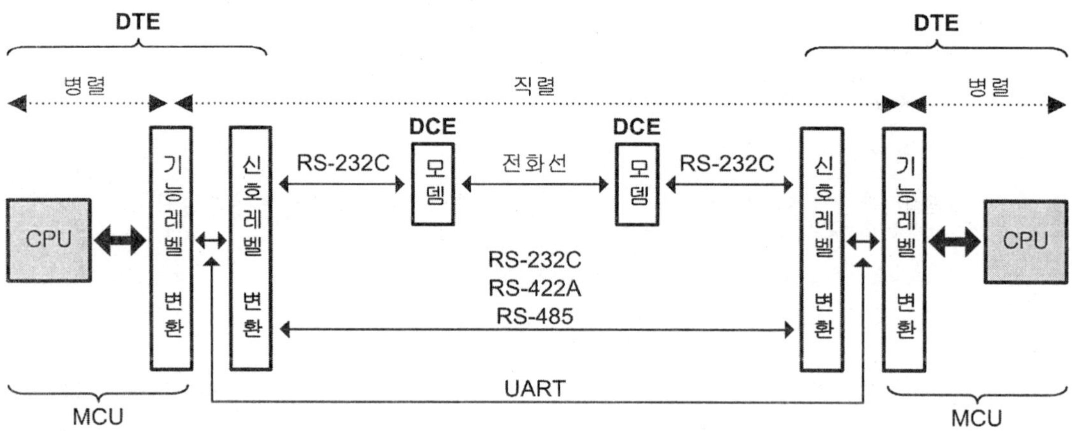

<그림 11.4> 비동기 직렬통신의 개념도

(1) RS-232C의 전기적 사양

RS-232C 통신방식은 디지털 데이터 통신회선으로 전화선을 사용하기 위하여 1962년에 EIA(Electronic Industries Association)에서 컴퓨터나 터미널 등과 같은 DTE(Data Terminal Equipment, 데이터 단말장치)와 모뎀(MODEM) 등과 같은 DCE(Data Communication Equipment 또는 Data Circuit-Terminating Equipment, 회선 종단장치) 사이에 데이터 전송용으로 제정한 통신 권고규격(recommended standard)이다. 이 규격에서는 25핀과 9핀 컨넥터에 데이터 신호와 핸드세이킹 신호들을 지정하고 이들 신호명은 물론 각 신호들의 전기적인 사양까지를 자세하게 규정하고 있다. RS-232C 방식의 전기적 사양을 다른 통신방식과 비교하여 요약하면 <표 11.2>와 같다.

〈표 11.2〉 RS-232C 및 기타 통신방식의 전기적인 사양 요약

<table>
<tr><th colspan="2">항 목</th><th>RS-232C</th><th>RS-422A</th><th>RS-485</th></tr>
<tr><td colspan="2">동작 모드</td><td>single end</td><td>differential</td><td>differential</td></tr>
<tr><td colspan="2">접속 가능 대수</td><td>1 드라이버/1 리시버
(1:1 통신)</td><td>1 드라이버/10 리시버
(1:多 통신)</td><td>32 드라이버/ 32 리시버
(多:多 멀티드롭 통신)</td></tr>
<tr><td colspan="2">최대 전송선 길이</td><td>50피트(약 15 m)</td><td>4000피트(약 1200 m)</td><td>4000피트(약 1200 m)</td></tr>
<tr><td rowspan="3">최대
전송속도</td><td>12 m</td><td rowspan="3">20 Kbps</td><td>10 Mbps</td><td>10 Mbps</td></tr>
<tr><td>120 m</td><td>1 Mbps</td><td>1 Mbps</td></tr>
<tr><td>1200 m</td><td>100 Kbps</td><td>100 Kbps</td></tr>
<tr><td colspan="2">드라이버 출력전압</td><td>±5V ~ ±15V</td><td>±2V ~ ±6V</td><td>±1.5V ~ ±6V</td></tr>
<tr><td colspan="2">리시버 입력전압
"1" = mark
"0" = space</td><td>±3V ~ ±25V
-3V ~ -25V
+3V ~ +25V</td><td>±0.2V ~ ±6V
V_A-V_B = -0.2V~-6V
V_A-V_B = +0.2V~+6V</td><td>±0.2V ~ ±6V
V_A-V_B = -0.2V~-6V
V_A-V_B = +0.2V~+6V</td></tr>
<tr><td colspan="2">최대 동상전압</td><td></td><td>±7V</td><td>-7V ~ +12V</td></tr>
<tr><td colspan="2">드라이버 부하저항</td><td>3 kΩ ~ 7 kΩ</td><td>100 Ω</td><td>54 Ω</td></tr>
<tr><td colspan="2">리시버 입력저항</td><td>3 kΩ ~ 7 kΩ</td><td>> 4 kΩ</td><td>> 12 kΩ</td></tr>
<tr><td colspan="2" rowspan="2">드라이버 IC</td><td rowspan="2">SN75150, SN75188
µA9636A, MC1488</td><td>SN75151, SN75153
SN75158, SN75159, MC3487
Am26LS31, µA9638A</td><td></td></tr>
<tr><td colspan="2">SN75172, SN75174</td></tr>
<tr><td colspan="2" rowspan="2">리시버 IC</td><td rowspan="2">SN75152, SN75154
SN75189, MC1489</td><td>SN75157, MC3486
Am26LS32A, µA9637A</td><td></td></tr>
<tr><td colspan="2">SN75173, SN75175</td></tr>
<tr><td colspan="2">컨넥터</td><td>DB-25 25핀
DB-9 9핀</td><td>규정되지 않음</td><td>규정되지 않음</td></tr>
<tr><td colspan="2">신호선 접속법</td><td>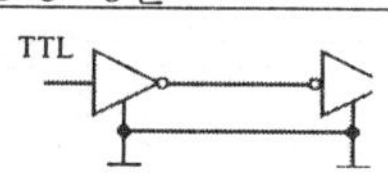
(단일선 인터페이스)</td><td>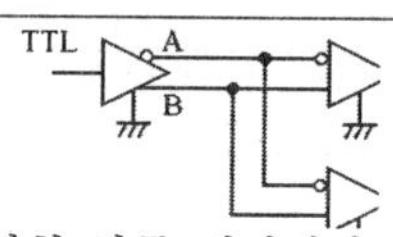
(평형 차동 인터페이스)</td><td>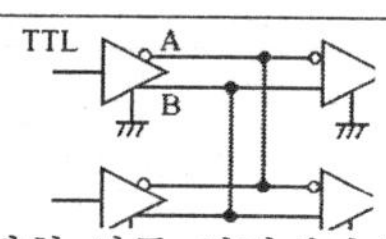
(평형 차동 인터페이스)</td></tr>
</table>

(2) RS-232C 신호의 기능 및 컨넥터 구조

RS-232C 직렬통신에서 정의된 신호들의 기능을 요약하면 <표 11.3>과 같다. 이중에서 핸드세이킹 제어에 필수적인 신호는 $\overline{RTS}$ 및 $\overline{CTS}$이다.

<표 11.3> RS-232C 신호의 기능

신호 이름	I/O	기 능
TxD	O	Transmitter Data : DTE에서 직렬로 송신하는 출력 데이터 신호이다.
RxD	I	Receiver Data : DTE에서 직렬로 수신하는 입력 데이터 신호이다.
$\overline{\text{DTR}}$	O	Data Terminal Ready : DTE가 송수신이 가능한 레디 상태에 있음을 DCE에게 알려주는 신호이다. 이를 L상태로 하면 모뎀이 회선과 접속되고, H상태로 하면 모뎀이 회선과 단절된다.
$\overline{\text{DSR}}$	I	Data Set Ready : DCE가 동작 가능한 상태에 있음을 DTE에게 알려주는 신호이다. 즉, 이는 $\overline{\text{DTR}}$ 신호에 의하여 모뎀을 회선과 접속하고 DTE에게 응답하는 신호이다.
$\overline{\text{RTS}}$	O	Request to Send : DTE가 DCE에 대하여 송신할 데이터가 있음을 알려주는 신호이다. 이 신호가 L상태인 동안에만 DCE는 회선에 캐리어를 출력한다.
$\overline{\text{CTS}}$	I	Clear to Send : DCE가 $\overline{\text{RTS}}$ 신호를 받고 회선에 캐리어를 출력하여 데이터를 송신할 수 있는 상태에 있음을 DTE에게 알려주는 신호이다. 즉, 이는 $\overline{\text{RTS}}$ 신호에 의하여 회선에 캐리어를 출력하기 시작하고 DTE에게 응답하는 신호이다.
$\overline{\text{CD}}$	I	Carrier Detect : 상대방에서 송신되어 오는 캐리어를 검출하였음을 나타내는 신호이다. 실제로 데이터를 수신하는 것은 이 신호가 L상태로 된 이후이다.
RI	I	Ring Indicator : DCE가 회선에서 호출 신호를 받으면 액티브되는 신호이다.

☞ 여기서 I/O는 DTE측을 기준으로 하여 표현한 것이다.

RS-232C에 표준으로 사용되는 D형 컨넥터는 반드시 **DTE측에 수컷**(male)을 사용하고 **DCE측에 암컷**(female)을 사용해야 한다. 따라서, 통신 케이블에 사용되는 컨넥터는 각각 이와 반대가 된다. 그런데, 25핀의 DB-25 컨넥터에는 사실상 사용하지 않는 핀이 많고 부피가 커서 불편하므로 나중에 이보다 간편한 DB-9라고 불리는 9핀 D형 컨넥터도 표준으로 추가되어 현재는 거의 이 DB-9를 사용하고 있다. RS-232C의 컨넥터 및 각 신호의 이름을 보이면 <그림 11.5> 및 <표 11.4>와 같다.

◀참고▶ RS-232C 직렬통신에서 DTE와 DCE를 제대로 이해하지 못하여 통신 컨넥터를 잘못 사용하는 예를 너무나도 자주 볼 수 있다. 현재 시중에 나와 있는 마이크로컨트롤러 트레이닝 키트의 상당수에서 RS-232C 컨넥터가 암컷으로 잘못 사용되고 있다. 규모가 크든 작든 관계없이 직렬통신의 주체가 되는 단말기는 DTE에 해당하므로 퍼스널컴퓨터나 *OK-MKL25Z* 키트도 당연히 DTE에 해당한다. 통신 규격에 따르면 DTE 측의 RS-232C 컨넥터는 반드시 9핀 또는 25핀 수컷 컨넥터를 사용해야 하며, 따라서 이들 사이를 직접 연결하는 RS-232C 통신 케이블에서는 암컷 컨넥터를 사용해야 한다.

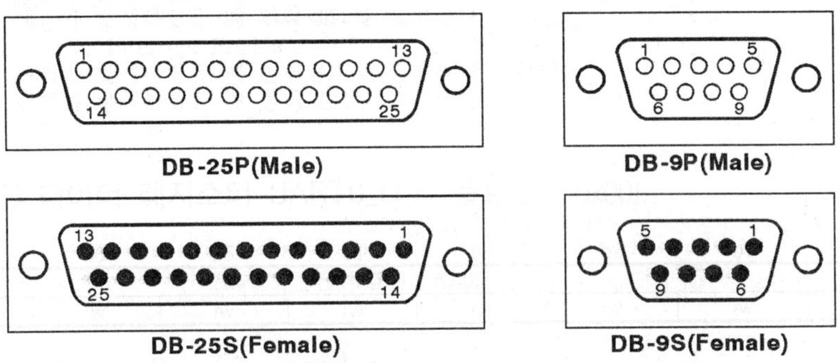

<그림 11.5> RS-232C의 컨넥터 및 핀 배열

<표 11.4> RS-232C 컨넥터의 핀 배열 및 기능

컨넥터 핀번호		일반적인 신호명	RS-232C 신호명	기 능	신호의 방향
25핀	9핀				
1		FG	AA	Protective Ground	-
2	3	TxD	BA	Transmitted Data	DTE → DCE
3	2	RxD	BB	Received Data	DTE ← DCE
4	7	$\overline{\text{RTS}}$	CA	Request to Send	DTE → DCE
5	8	$\overline{\text{CTS}}$	CB	Clear to Send	DTE ← DCE
6	6	$\overline{\text{DSR}}$	CC	Data Set Ready	DTE ← DCE
7	5	GND	AB	Signal Ground	-
8	1	$\overline{\text{CD}}$	CF	Received Line Signal Detector	DTE ← DCE
9			-	사용하지 않음(reserved)	-
10			-	사용하지 않음(reserved)	-
11			-	사용하지 않음(not used)	-
12			SCF	Secondary Received Line Signal Detector	DTE ← DCE
13			SCB	Secondary Clear to Send	DTE ← DCE
14			SBA	Secondary Transmitted Data	DTE → DCE
15			DB	Transmission Signal Element Timing	DTE ← DCE
16			SBB	Secondary Received Data	DTE ← DCE
17			DD	Receiver Signal Element Timing	DTE ← DCE
18			-	사용하지 않음(not used)	-
19			SCA	Secondary Request to Send	DTE → DCE
20	4	$\overline{\text{DTR}}$	CD	Data Terminal Ready	DTE → DCE
21			CG	Signal Quality Detector	DTE ← DCE
22	9	RI	CE	Ring Indicator	DTE ← DCE
23			CH/CI	Data Signal Rate Selector	DTE ↔ DCE
24			DA	Transmission Signal Element Timing	DTE → DCE
25			-	사용하지 않음(not used)	-

(3) RS-232C 신호선의 접속

RS-232C를 사용한 비동기 직렬통신 방식에서 컴퓨터(DTE)와 모뎀(DCE)을 접속할 경우에는 <그림 11.6>의 (b)와 같이 연결한다. 그러면, 각 신호선의 동작은 <그림 11.6>의 (c)와 같게 된다. 이 경우에는 어느 순간에 송신동작과 수신동작이 한가지씩만 수행되는 반이중 통신(half duplex)을 나타냈지만, 이를 송신과 수신동작이 동시에 중첩되게 수행되는 것으로 생각하면 전이중 통신(full duplex)이 된다.

또한, 컴퓨터(DTE)와 컴퓨터(DTE)를 RS-232C 통신 케이블로 직접 접속할 경우에는 <그림 11.7>과 같이 여러가지의 연결 방법이 가능하다. 이러한 접속방법은 DTE 사이의 전송거리가 15m 이하로 짧아서 굳이 전화선을 사용할 필요가 없고 따라서 모뎀도 필요 없는 비교적 근거리 통신의 경우에 널리 사용된다.

여기서 (a)는 핸드세이킹 기능을 사용하지 않는 경우로서 마이크로컨트롤러 키트에서 가장 널리 사용하는 방식이며, (b)는 제어논리에서는 핸드세이킹 기능을 사용하지만 실제로는 핸드세이킹 신호선을 접속하지 않고 이에 필요한 제어신호를 루프백(loopback)시켜 마치 상대측이 레디 상태에 있는 것처럼 처리해주는 경우이다. 또한, (c)는 핸드세이킹 기능을 제대로 사용하는 경우이다.

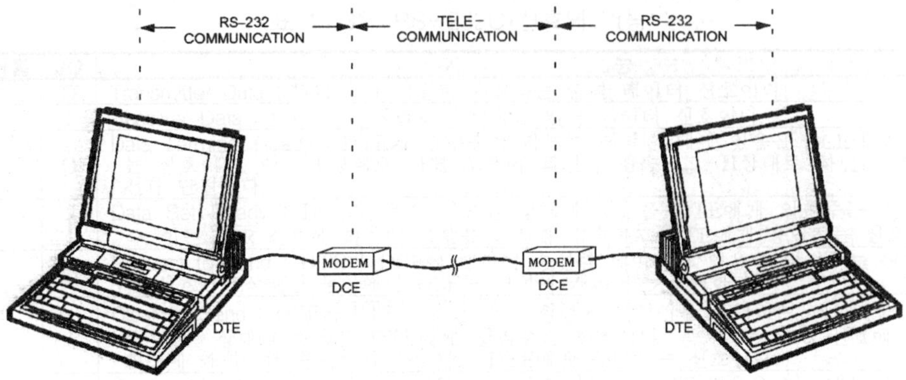

(a) 시스템 접속도

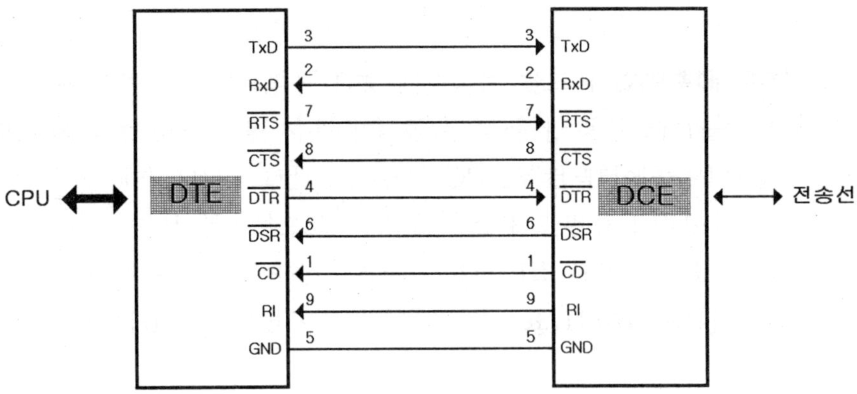

(b) 신호선의 접속

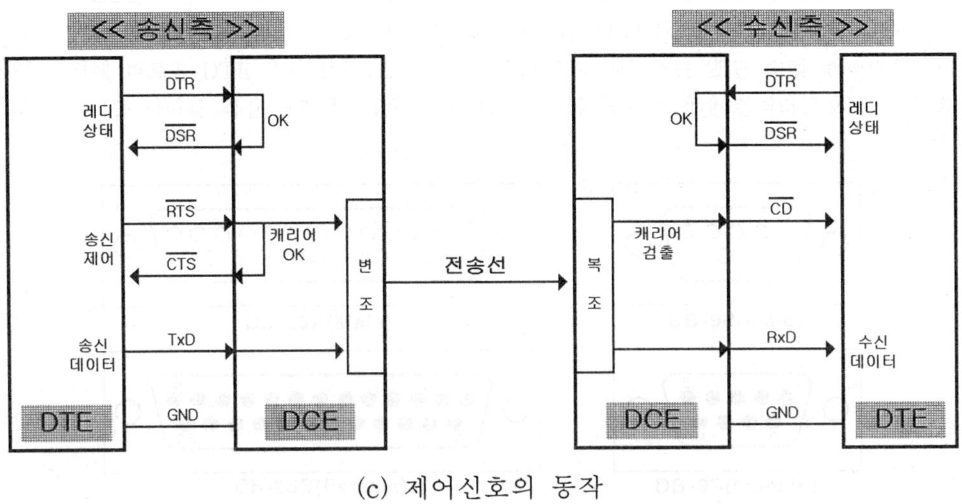

(c) 제어신호의 동작

〈그림 11.6〉 RS-232C에서 DTE와 DCE의 접속(9핀 컨넥터의 경우)

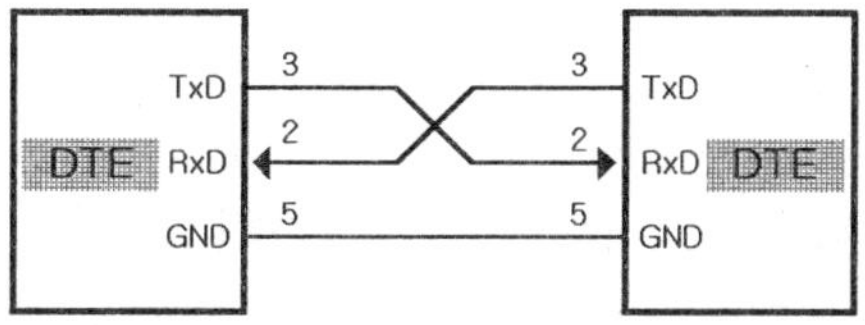

(a) No Handshaking 방법

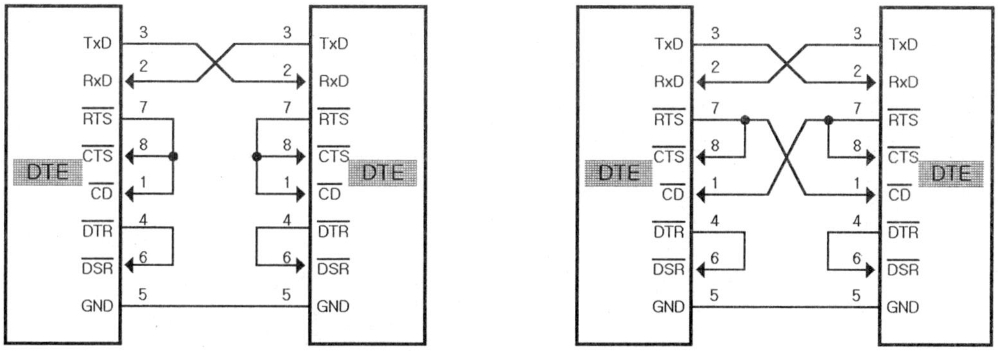

(b) Pseudo Handshaking 방법

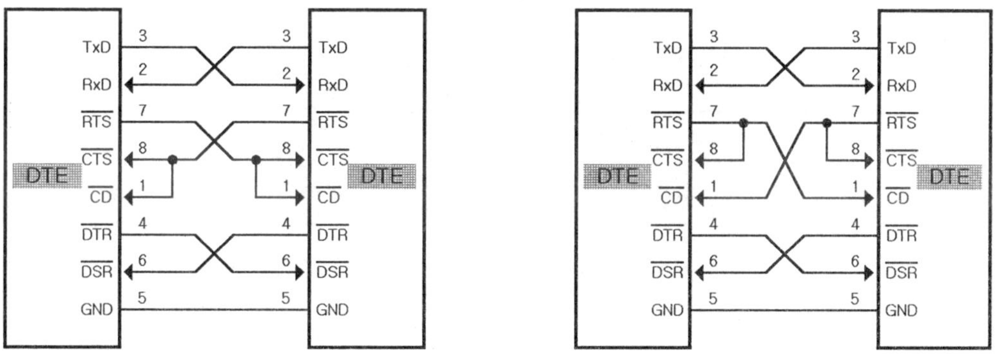

(c) Handshaking 방법

<그림 11.7> RS-232C에서 DTE와 DTE의 접속(9핀 컨넥터의 경우)

(4) RS-232C 신호 레벨의 변환

RS-232C 통신 방식의 전기적 사양은 앞의 <표 11.2>에서 보인 바와 같이 부논리로 되어 출력전압이 "1"(mark) 상태인 경우는 -5~-15[V]로 표현되고 "0"(space) 상태인 경우는 +5~+15[V]로 표현되는데 보통 ±12[V] 정도의 레벨을 사용한다. 이에 비하여 수신측에서 입력신호의 감도는 -3[V] 이하이면 "1"(mark) 상태로 인식되고 +3[V] 이상이면 "0"(space) 상태로 인식되므로 전송신호의 잡음여유(noise margin)는 최소한 2[V] 이상으로 된다.

이러한 동작을 도시하면 <그림 11.8>과 같고, RS-232C의 전압 레벨을 데이터 전송 포맷으로 도시하면 <그림 11.9>와 같다. 따라서, 직렬통신 인터페이스 회로의 신호레벨 변환 단계에서는 이처럼 전압레벨을 변환하는 기능이 필요하다. 전통적으로 RS-232C에서의 전압레벨 변환회로는 송신 신호의 경우에는 SN75188(또는 MC1488), 수신 신호의 경우에는 SN75189(또는 MC1489)가 널리 사용되었다. 그러나, 최근에는 승압회로와 반전회로를 내장하여 +5[V]의 입력 전원으로부터 ±10[V] 정도의 내부 전원을 만들어 동작하고, 송수신 변환회로를 모두 내장하여 1개의 소자만으로 RS-232C 직렬통신의 신호레벨 변환회로를 구성할 수 있는 MAXIM사의 MAX232 소자가 널리 사용되고 있다. 만약 CPU측이 +3.3V 전원으로 되어 있는 시스템이라면 +3.0V~+5.5V 범위에서 동작하는 MAX3232 소자를 사용한다.

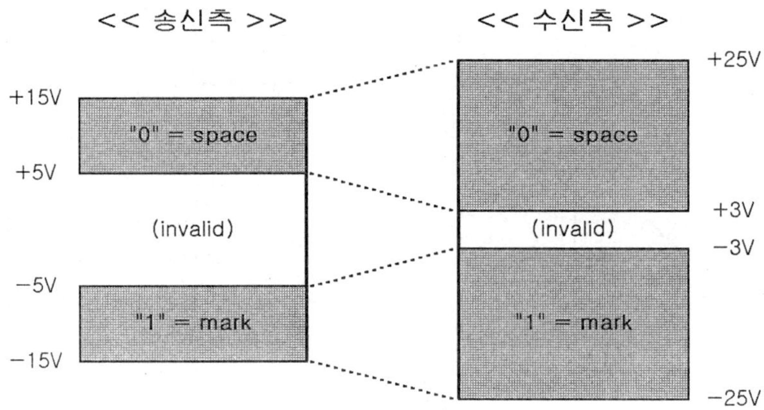

<그림 11.8> RS-232C 통신방식에서의 전압레벨 및 잡음여유

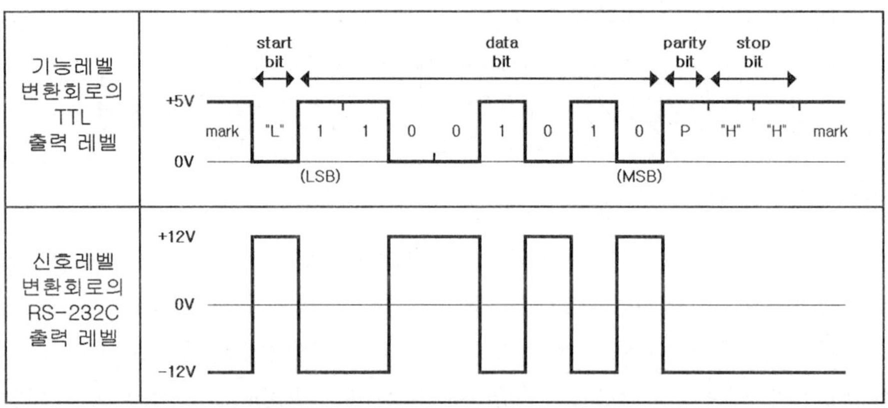

<그림 11.9> RS-232C에서의 신호 전압레벨(8비트 데이터, 홀수 패리티의 경우)

◀휴게실▶

ASCII 코드

일반적인 ASCII(American Standard Code for Information Interchange) 코드는 국제표준기구(ISO, International Standard Organization)에서 제정한 국제표준의 문자 데이터 표현을 위한 코드로서 컴퓨터 내부에서의 문자표현은 물론 컴퓨터와 컴퓨터 사이의 정보교환 또는 컴퓨터와 주변장치 사이의 정보교환에 가장 일반적으로 사용된다.

이 ASCII 코드는 7비트로 표현되므로 모두 128문자를 나타낼 수 있는데, 이중에서 20H~7EH(총95자)는 도형문자로서 영문의 대/소문자, 아라비아 숫자, 각종 문장부호 등을 표현하는데 사용되고, 00H~1FH 및 7FH(총33자)는 기능제어문자로서 주변장치의 제어, 직렬통신제어 등에 사용된다.

그러나, 오늘날의 퍼스널컴퓨터에서는 ASCII 코드를 8비트로 정의하며, 표준 ASCII 문자의 경우에는 최상위 비트인 b7을 0으로 하여 128문자를 수용하고, b7=1인 128문자를 추가하여 확장 ASCII 코드(Extended ASCII code)라 한다. 확장 ASCII 코드에는 각종 외래어 문자나 세미 그래픽 문자 등이 정의되어 있으며, 우리 나라의 경우에는 KS 규격에서 이 확장 ASCII 코드 영역을 이용하여 한글이나 한자 코드를 정의하고 있다.

(1) 전체 ASCII 코드표

코드값	문자	코드값	문자	코드값	문자	코드값	문자
00H	NUL	20H	space	40H	@	60H	`
01H	SOH	21H	!	41H	A	61H	a
02H	STX	22H	"	42H	B	62H	b
03H	ETX	23H	#	43H	C	63H	c
04H	EOT	24H	$	44H	D	64H	d
05H	ENQ	25H	%	45H	E	65H	e
06H	ACK	26H	&	46H	F	66H	f
07H	BEL	27H	'	47H	G	67H	g
08H	BS	28H	(	48H	H	68H	h
09H	HT	29H	)	49H	I	69H	i
0AH	LF	2AH	*	4AH	J	6AH	j
0BH	VT	2BH	+	4BH	K	6BH	k
0CH	FF	2CH	,	4CH	L	6CH	l
0DH	CR	2DH	-	4DH	M	6DH	m
0EH	SO	2EH	.	4EH	N	6EH	n
0FH	SI	2FH	/	4FH	O	6FH	o
10H	DLE	30H	0	50H	P	70H	p
11H	DC1	31H	1	51H	Q	71H	q
12H	DC2	32H	2	52H	R	72H	r
13H	DC3	33H	3	53H	S	73H	s
14H	DC4	34H	4	54H	T	74H	t
15H	NAK	35H	5	55H	U	75H	u
16H	SYN	36H	6	56H	V	76H	v
17H	ETB	37H	7	57H	W	77H	w
18H	CAN	38H	8	58H	X	78H	x
19H	EM	39H	9	59H	Y	79H	y
1AH	SUB	3AH	:	5AH	Z	7AH	z
1BH	ESC	3BH	;	5BH	[	7BH	{
1CH	FS	3CH	<	5CH	\	7CH	|
1DH	GS	3DH	=	5DH	]	7DH	}
1EH	RS	3EH	>	5EH	^	7EH	~
1FH	US	3FH	?	5FH	_	7FH	DEL

(2) 기능제어문자

ASCII 코드값	기능제어문자	의 미
00H(0)	NUL	null(all zeros)
01H(1)	SOH	start of heading
02H(2)	STX	start of text
03H(3)	ETX	end of text
04H(4)	EOT	end of transmission
05H(5)	ENQ	enquiry
06H(6)	ACK	acknowledge
07H(7)	BEL	bell(beep)
08H(8)	BS	backspace
09H(9)	HT	horizontal tabulation
0AH(10)	LF	line feed
0BH(11)	VT	vertical tabulation
0CH(12)	FF	form feed
0DH(13)	CR	carriage return
0EH(14)	SO	shift out
0FH(15)	SI	shift in
10H(16)	DLE	data link escape
11H(17)	DC1	device control 1
12H(18)	DC2	device control 2
13H(19)	DC3	device control 3
14H(20)	DC4	device control 4
15H(21)	NAK	negative acknowledge
16H(22)	SYN	synchronous idle
17H(23)	ETB	end of transmission block
18H(24)	CAN	cancel
19H(25)	EM	end of medium
1AH(26)	SUB	substitute
1BH(27)	ESC	escape
1CH(28)	FS	file separator
1DH(29)	GS	group separator
1EH(30)	RS	record separator
1FH(31)	US	unit separator
7FH(127)	DEL	delete

(3) 특수 기호의 명칭

ASCII 코드 중에 특수한 기호들의 정확한 명칭을 요약하면 다음 표와 같다.

문자	명 칭	문자	명 칭
!	exclamation mark	:	colon
″	quotation mark	;	semicolon
#	number sign(sharp sign)	< >	less than / greater than
$	dollar sign	=	equal sign
%	percent	?	question mark
&	ampersand(and mark)	@	commercial at mark
′	apostrophe(acute accent)	[ ]	opening/closing bracket
( )	opening/closing parenthesis	\	backslash
*	asterisk	^	circumflex(circumflex accent)
+	plus sign	_	underscore(underline)
,	comma	`	single quotation mark(grave accent)
-	minus sign(hyphen, dash)	{ }	opening/closing brace
.	period	|	vertical bar
/	slash(slant)	~	tilde

11.3 RS-232C 직렬통신 프로그램

(1) UART0의 루프백 테스트

모든 직렬통신은 최소한 2개 이상의 DTE 장비 사이에서 수행되는 것이므로 직렬통신 기능을 테스트하려면 외부에 별도로 동일한 방식으로 통신이 가능한 장비를 가지고 있어야 한다. 그러나, 때로는 자신이 가지고 있는 장비 1개만을 가지고 직렬통신 동작이 정상적으로 수행되는지 확인하고 싶을 경우가 있다. 이런 경우에는 이 장비의 송신 신호선을 수신 신호선에 연결하여 자신이 송신한 데이터를 곧바로 수신하여 보는 방법을 사용할 수 있는데 이를 루프백 테스트(loopback test)라고 한다.

MKL25Z128VLK4의 직렬통신 포트 UART0에는 내부적으로 TxD 및 RxD 신호를 연결하여 루프백 테스트를 수행할 수 있는 동작 모드를 가지고 있어서 매우 편리하다. 여기서는 이와 같이 이 마이크로컨트롤러의 UART0 포트가 갖는 루프백 테스트 기능을 사용하는 프로그램을 작성하여 보기로 한다. UART0 포트의 클록 소스는 4MHz의 MCGIRCLK을 사용하였고, 전송 데이터 포맷은 16배속 모드에서 19200 bps, 8비트 데이터, 1 스톱 비트로 하였으며, 패리티 비트는 사용하지 않는 것으로 하였다.

<프로그램 Exp11_3_1.c> UART0 포트의 루프백 테스트 프로그램

```
/* ====================================================================== */
/*      Exp11_3_1_loopback(1).c : UART0 포트의 내부 루프백 테스트          */
/* ====================================================================== */
/*                                   Programmed by Duck-Yong Yoon in 2016.  */

#include <MKL25Z4.h>
#include "OK-MKL25Z.h"

int main(void)
{
  unsigned char i, test_flag, RXD;
  unsigned char string[28] = { "UART0 Internal Loopback Test" };

  Initialize_MCU();                            // initialize MCU and kit
  Delay_ms(50);                                // wait for system stabilization
  Initialize_LCD();                            // initialize text LCD module
  Initialize_TFT_LCD();                        // initialize TFT-LCD module

  LCD_string(0x80," OK-MKL25Z V1.0 ");         // display title
  LCD_string(0xC0,"  Exp11_3_1.c    ");

  TFT_string(4,4,White,Magenta," RS-232C 직렬통신 루프백 테스트 ");
  TFT_string(7,9,White,Black,"(UART0 포트의 내부 루프백)");
  TFT_string(3,18,Cyan, Black,"송신 : ");
  TFT_string(3,21,Cyan, Black,"수신 : ");
  Delay_ms(1000);

  SIM_SCGC4 |= 0x00000400;                     // enable clock for UART0
  PORTA_PCR1 = 0x00000200;                     // PTA1 = UART0_RXD
  PORTA_PCR2 = 0x00000200;                     // PTA2 = UART0_TXD

  UART0_C1 = 0x80;                             // loopback, 8-bit character, no parity
```

```
  UART0_C2 = 0x0C;                              // enable transmitter and receiver
  UART0_C3 = 0x00;                              // not interrupt
  UART0_C4 = 0x0F;                              // 16x sampling
  MCG_SC &= 0xF1;                               // FCRDIV = /1
  MCG_C2 |= 0x01;                               // internal 4MHz
  MCG_C1 |= 0x02;                               // IRCLKEN = 1
  SIM_SOPT2 |= 0x0C000000;                      // MCGIRCLK = 4MHz
  UART0_BDH = 0;                                // 1 stop bit
  UART0_BDL = 13;                               // 4MHz/13/16 = 19200 bps
  Delay_ms(1);
  RXD = UART0_D;                                // dummy read

  while(1)
    { test_flag = 0;
      for(i = 0; i < 28; i++)
        { UART0_D = string[i];                  // transmit test data
          TFT_xy(10+i,18);                      // display transmitted test data
          TFT_color(Green,Black);
          TFT_English(string[i]);
          Delay_ms(5);

          if(UART0_S1 & 0x20) RXD = UART0_D;    // receive test data
          else                RXD = ' ';
          TFT_xy(10+i,21);                      // display transmitted test data
          TFT_color(Magenta,Black);
          TFT_English(RXD);

          if(RXD == string[i])                  // data OK ?
            test_flag++;

          Beep();
          Delay_ms(300);
        }

      if(test_flag == 28)
        { TFT_string(15,25,  Green,Black,"통신 OK !");
          Beep();
        }
      else
        { TFT_string(14,25,Magenta,Black,"통신 에러 !");
          Beep_3times();
        }
      Delay_ms(2000);

      TFT_string(14,25,Magenta,Black,"           "); // clear message
      TFT_string(10,18,Magenta,Black,"                            ");
      TFT_string(10,21,Magenta,Black,"                            ");
    }
}
```

☞ 이 예제 프로그램을 수행하면 28문자의 메시지 "UART0 Internal Loopback Test"를 1문자씩 송신하고 수신하여 UART0 포트에서 직렬통신이 정상적으로 수행되는지를 테스트한다. 모든 송수신 동작이 정상적으로 수행되었으면 "통신 OK !"라는 결과 메시지가 TFT-LCD에 출력되고, 만약 송수신이 정상적으로 수행되지 않았으면 "통신 에러 !"라는 결과 메시지가 출력된다.

그런데, 이와 같이 MKL25Z128VLK4의 UART0 포트가 가지고 있는 내부 루프백 기능을 사용하면 편리하기는 하지만 *OK-MKL25Z* 키트에 장착한 MAX3232나 컨넥터 CN5와 같은 RS-232C 통신을 위한 하드웨어의 동작은 확인할 수 없다. 이와 같은 모든 RS-232C 통신 관련 하드웨어의 동작을 확인하는 루프백 테스트를 수행하려면 이 키트에 <그림 3.8>과 같이 통신선을 추가해야 한다. 즉, *OK-MKL25Z* 키트의 컨넥터 CN5에 RS-232C 직렬통신 케이블을 연결하고, 이 케이블의 반대편 끝에서 점퍼선으로 TXD(3번)와 RXD(2번) 신호선을 연결하여 루프백 테스트가 가능하게 해주어야 한다. 그러면 UART0의 TxD 단자로 송신한 문자가 RS-232C 통신의 모든 하드웨어를 거쳐서 다시 RxD 단자로 루프백되어 되돌아오므로 RS-232C 직렬통신에 관련된 모든 하드웨어의 동작 여부를 확인할 수 있게 된다.

여기서는 이와 같이 *OK-MKL25Z* 키트의 RS-232C 직렬통신 동작을 루프백 테스트하는 프로그램을 작성하여 보기로 한다.

<프로그램 Exp11_3_2.c> RS-232C 직렬통신의 루프백 테스트 프로그램

```
/* ========================================================================== */
/*      Exp11_3_2_loopback(2).c : RS-232C 직렬통신의 루프백 테스트             */
/* ========================================================================== */
/*                               Programmed by Duck-Yong Yoon in 2016.        */

#include <MKL25Z4.h>
#include "OK-MKL25Z.h"

int main(void)
{
  unsigned char i, test_flag, RXD;
  unsigned char string[23] = { "OK-MKL25Z Loopback Test" };

  Initialize_MCU();                          // initialize MCU and kit
  Delay_ms(50);                              // wait for system stabilization
  Initialize_LCD();                          // initialize text LCD module
  Initialize_TFT_LCD();                      // initialize TFT-LCD module

  LCD_string(0x80," OK-MKL25Z V1.0 ");       // display title
  LCD_string(0xC0,"  Exp11_3_2.c   ");

  TFT_string(4,4,White,Magenta," RS-232C 직렬통신 루프백 테스트 ");

  TFT_string(1, 9,White,Black,"CN5 컨넥터에 RS-232C 케이블을 접속하고");
  TFT_string(6,12,White,Black,"2번핀과 3번핀을 연결하시오 !");
  TFT_string(5,18,Cyan, Black,"송신 : ");
  TFT_string(5,21,Cyan, Black,"수신 : ");
  Delay_ms(1000);

  SIM_SCGC4 |= 0x00000400;                   // enable clock for UART0
  PORTA_PCR1 = 0x00000200;                   // PTA1 = UART0_RXD
  PORTA_PCR2 = 0x00000200;                   // PTA2 = UART0_TXD

  UART0_C1 = 0x00;                           // 8-bit character, no parity
  UART0_C2 = 0x0C;                           // enable transmitter and receiver
  UART0_C3 = 0x00;                           // not interrupt
  UART0_C4 = 0x0F;                           // 16x sampling
  MCG_SC &= 0xF1;                            // FCRDIV = /1
  MCG_C2 |= 0x01;                            // internal 4MHz
  MCG_C1 |= 0x02;                            // IRCLKEN = 1
  SIM_SOPT2 |= 0x0C000000;                   // MCGIRCLK = 4MHz
  UART0_BDH = 0;                             // 1 stop bit
  UART0_BDL = 13;                            // 4MHz/13/16 = 19200 bps
  Delay_ms(1);
  RXD = UART0_D;                             // dummy read

  while(1)
    { test_flag = 0;
```

```
    for(i = 0; i < 23; i++)
      { UART0_D = string[i];                    // transmit test data
        TFT_xy(12+i,18);                        // display transmitted test data
        TFT_color(Green,Black);
        TFT_English(string[i]);
        Delay_ms(5);

        if(UART0_S1 & 0x20) RXD = UART0_D;      // receive test data
        else                RXD = ' ';
        TFT_xy(12+i,21);                        // display transmitted test data
        TFT_color(Magenta,Black);
        TFT_English(RXD);

        if(RXD == string[i])                    // data OK ?
          test_flag++;

        Beep();
        Delay_ms(300);
      }

    if(test_flag == 23)
      { TFT_string(15,25,  Green,Black,"통신 OK !");
        Beep();
      }
    else
      { TFT_string(14,25,Magenta,Black,"통신 에러 !");
        Beep_3times();
      }
    Delay_ms(2000);

    TFT_string(14,25,Magenta,Black,"           "); // clear message
    TFT_string(12,18,Magenta,Black,"                       ");
    TFT_string(12,21,Magenta,Black,"                       ");
  }
}
```

(2) 폴링 방법에 의한 비동기 전송

다음에는 송신 및 수신 동작에서 상태 레지스터의 플랙 비트를 폴링하는 방법으로 통신을 수행하는 프로그램을 작성한다. 송신할 때는 UART0_S1 레지스터의 TDRE 플랙 비트를 조사하여 현재 송신 버퍼가 비어있는지를 확인하고 송신할 데이터를 출력해야 하며, 수신할 때는 이 상태 레지스터의 RDRF 플랙 비트를 조사하여 현재 버퍼에 수신되어 있는 데이터가 있는지를 확인하고 수신 문자를 읽어야 한다. 직렬통신 포트의 이러한 플랙 비트를 마이크로프로세서가 빈번하게 조사하여 상태를 확인하는 방식으로 동작을 처리하는 것을 폴링(polling)이라고 한다.

OK-MKL25Z 키트에서 UART0 직렬통신 포트를 사용하여 폴링 방식으로 데이터를 전송하는 프로그램을 작성하면 다음과 같다. *OK-MKL25Z* 키트에서 이 프로그램을 실행하고 퍼스널컴퓨터에서도 적절한 RS-232C 직렬통신 프로그램을 실행한 상태에서 키트의 KEY1~KEY4를 누르면 각각의 키에 해당하는 메시지가 *OK-MKL25Z* 키트에서 퍼스널컴퓨터로 전송되어 모니터의 화면에 표시된다. 이와 반대로 퍼스널컴퓨터의 키보드를 사용하여 임의의 문자를 입력하면 퍼스널컴퓨터는 직렬포트를 통하

여 이를 전송하고 *OK-MKL25Z* 키트에서 수신된 문자는 TFT-LCD 모듈의 화면에 표시된다. Windows XP 이하의 운영체제에서는 RS-232C 직렬통신 프로그램으로 하이퍼터미널을 사용하면 되지만, Windows 7 이상의 운영체제에서는 이를 지원하지 않으므로 적절한 RS-232C 직렬통신 프로그램을 구하여 사용해야 한다.

<프로그램 Exp11_3_3.c> 폴링 방식을 사용한 RS-232C 직렬통신 프로그램

```
/* ========================================================================== */
/*      Exp11_3_3_polling.c : RS-232C 직렬통신에서 폴링을 사용한 송수신          */
/* ========================================================================== */
/*                                     Programmed by Duck-Yong Yoon in 2016.   */

#include <MKL25Z4.h>
#include "OK-MKL25Z.h"

unsigned char RX0_char(void);                 /* receive a character by UART0 */
void TX0_char(U08 data);                      /* transmit a character by UART0 */
void TX0_string(U08 *string);                 /* transmit a string by UART0 */

/* ----- 메인 프로그램 ------------------------------------------------------ */

int main(void)
{
  unsigned char RXD, count;
  unsigned short color;

  Initialize_MCU();                           // initialize MCU and kit
  Delay_ms(50);                               // wait for system stabilization
  Initialize_LCD();                           // initialize text LCD module
  Initialize_TFT_LCD();                       // initialize TFT-LCD module

  LCD_string(0x80," OK-MKL25Z V1.0 ");        // display title
  LCD_string(0xC0,"  Exp11_3_3.c   ");

  TFT_string( 2, 4,White,Magenta," RS-232C 직렬통신(폴링 방식 송수신) ");
  TFT_string(17, 8,White,Blue," 송신 ");
  TFT_string( 9,11,White,Black,"KEY1~KEY4를 누르시오 !");
  TFT_string(17,16,White,Blue," 수신 ");
  Line(0,156,319,156,White);
  Line(0,212,319,212,White);

  SIM_SCGC4 |= 0x00000400;                    // enable clock for UART0
  PORTA_PCR1 = 0x00000200;                    // PTA1 = UART0_RXD
  PORTA_PCR2 = 0x00000200;                    // PTA2 = UART0_TXD

  UART0_C1 = 0x00;                            // 8-bit character, no parity
  UART0_C2 = 0x0C;                            // enable transmitter and receiver
  UART0_C3 = 0x00;                            // not interrupt
  UART0_C4 = 0x0F;                            // 16x sampling
  MCG_SC &= 0xF1;                             // FCRDIV = /1
  MCG_C2 |= 0x01;                             // internal 4MHz
  MCG_C1 |= 0x02;                             // IRCLKEN = 1
  SIM_SOPT2 |= 0x0C000000;                    // MCGIRCLK = 4MHz
  UART0_BDH = 0;                              // 1 stop bit
  UART0_BDL = 13;                             // 4MHz/13/16 = 19200 bps
  Delay_ms(1);
  RXD = UART0_D;                              // dummy read

  count = 0;                                  // initialize received data display
  color = Cyan;
  TFT_xy(0,20);
  TFT_color(color,Black);

  while(1)
    { switch(Key_input())                     // key input
```

```
        { case KEY1 : TX0_string("  KEY1 is OK !  ");
                      TX0_char(0x0D); TX0_char(0x0A);
                      break;
          case KEY2 : TX0_string("  KEY2 is OK !  ");
                      TX0_char(0x0D); TX0_char(0x0A);
                      break;
          case KEY3 : TX0_string("  KEY3 is OK !  ");
                      TX0_char(0x0D); TX0_char(0x0A);
                      break;
          case KEY4 : TX0_string("  KEY4 is OK !  ");
                      TX0_char(0x0D); TX0_char(0x0A);
                      break;
          default:    break;
        }

      RXD = RX0_char();                               // receive data if any
      if((RXD >= 0x20) && (RXD <= 0x7F))
        { TFT_English(RXD);                           // display a character
          count++;                                    // 120 character OK ?
          if(count >= 120)                            // if yes, go home
            { count = 0;
              TFT_xy(0,20);
              color ^= 0xFFFF;
              TFT_color(color,Black);
            }
        }
    }
}

/* ----- 사용자 정의 함수 ---------------------------------------------------- */

unsigned char RX0_char(void)                         /* receive a character by UART0 */
{
  if(UART0_S1 & 0x20)                                // if RDRF=1, return with a received character
    return UART0_D;
  else                                               // if RDRF=0, return with 0x00
    return 0x00;
}

void TX0_char(U08 data)                              /* transmit a character by UART0 */
{
  while(!(UART0_S1 & 0x80));                         // wait until TDRE = 1
  UART0_D = data;
}

void TX0_string(U08 *string)                         /* transmit a string by UART0 */
{
  while(*string != '\0')
    { TX0_char(*string);
      string++;
    }
}
```

☞ 이 예제 프로그램의 문자 수신 함수 RX0_char()에서는 상태 레지스터의 RDRF 비트를 조사하여 현재까지 수신된 문자가 없으면 0x00값을 리턴하고, 수신된 문자가 있는 경우에는 그 문자를 리턴한다. 그러나, 메인 루틴에서는 이 수신 문자중에서 ASCII 코드의 도형문자에 해당하는 것들만 검색하여 TFT-LCD 화면에 표시한다. 이렇게 폴링 방식으로 수신을 수행하는 프로그램에서는 특별한 경우가 아니라면 문자 수신 함수 RX0_char()에서 RDRF=1로 될 때까지 기다리며 폴링하는 방법을 사용하지 않도록 조심하라. 그렇게 할 경우 만약 직렬통신 포트에서 문자가 수신되지 않으면 프로그램이 무한루프에 빠져서 묶여버리기 때문이다.

또한, 문자 송신 함수 TX0_char()에서는 상태 레지스터의 TDRE 비트를 조사하여 송신버퍼가 비어있을 때만 송신할 문자를 라이트한다. 특별한 경우가 아니라면 TC 플랙을 폴링하는 것보다는 TDRE 플랙을 폴링하는 것이 바람직하다.

(3) 인터럽트 방법에 의한 비동기 전송

이번에는 UART0 직렬통신 포트에서 인터럽트를 사용하여 데이터를 수신하는 방법으로 직렬통신을 수행하는 프로그램을 작성한다. 그러나, 송신을 인터럽트로 수행할 필요성은 거의 없으므로 송신 동작은 앞에서와 같이 폴링 방법을 사용한다.

앞의 예제 프로그램 Exp11_3_3.c에서 데이터 수신을 인터럽트 방식으로 변경하고 데이터 송신은 그대로 폴링 방식을 사용하는 프로그램을 작성하면 다음과 같다.

<프로그램 Exp11_3_4.c> 인터럽트 방식을 사용한 RS-232C 직렬통신 프로그램

```
/* ============================================================================ */
/*      Exp11_3_4_interrupt.c : RS-232C 직렬통신에서 인터럽트를 사용한 수신     */
/* ============================================================================ */
/*                                       Programmed by Duck-Yong Yoon in 2016.  */

#include <MKL25Z4.h>
#include "OK-MKL25Z.h"

void UART0_IRQHandler(void);                    /* UART0 interrupt function */
void TX0_char(U08 data);                        /* transmit a character by UART0 */
void TX0_string(U08 *string);                   /* transmit a string by UART0 */

/* ----- 인터럽트 처리 프로그램 ---------------------------------------------- */

volatile unsigned char RXD, count;
volatile unsigned short color;

void UART0_IRQHandler(void)                     /* UART0 interrupt function */
{
  if(UART0_S1 & 0x20)                           // if RDRF=1, receive a character
    { RXD = UART0_D;
      if((RXD >= 0x20) && (RXD <= 0x7F))
        { TFT_English(RXD);                     // display a character
          count++;                              // 120 character OK ?
          if(count >= 120)                      // if yes, go home
            { count = 0;
              TFT_xy(0,20);
              color ^= 0xFFFF;
              TFT_color(color,Black);
            }
        }
    }
}

/* ----- 메인 프로그램 ------------------------------------------------------- */

int main(void)
{
  Initialize_MCU();                             // initialize MCU and kit
  Delay_ms(50);                                 // wait for system stabilization
  Initialize_LCD();                             // initialize text LCD module
  Initialize_TFT_LCD();                         // initialize TFT-LCD module

  LCD_string(0x80," OK-MKL25Z V1.0 ");          // display title
  LCD_string(0xC0,"  Exp11_3_4.c   ");

  TFT_string( 1, 4,White,Magenta," RS-232C 직렬통신(인터럽트 방식 수신) ");
```

```
  TFT_string(17, 8,White,Blue," 송신 ");
  TFT_string( 9,11,White,Black,"KEY1~KEY4를 누르시오 !");
  TFT_string(17,16,White,Blue," 수신 ");
  Line(0,156,319,156,White);
  Line(0,212,319,212,White);

  SIM_SCGC4 |= 0x00000400;                    // enable clock for UART0
  PORTA_PCR1 = 0x00000200;                    // PTA1 = UART0_RXD
  PORTA_PCR2 = 0x00000200;                    // PTA2 = UART0_TXD

  UART0_C1 = 0x00;                            // 8-bit character, no parity
  UART0_C2 = 0x2C;                            // enable transmitter and receiver
                                              // enable RDRF interrupt
  UART0_C3 = 0x00;                            // not interrupt
  UART0_C4 = 0x0F;                            // 16x sampling
  MCG_SC &= 0xF1;                             // FCRDIV = /1
  MCG_C2 |= 0x01;                             // internal 4MHz
  MCG_C1 |= 0x02;                             // IRCLKEN = 1
  SIM_SOPT2 |= 0x0C000000;                    // MCGIRCLK = 4MHz
  UART0_BDH = 0;                              // 1 stop bit
  UART0_BDL = 13;                             // 4MHz/13/16 = 19200 bps
  Delay_ms(1);
  RXD = UART0_D;                              // dummy read

  NVIC->ISER[0] = 0x00001000;                 // enable (12)UART0 interrupt

  count = 0;                                  // initialize received data display
  color = Cyan;
  TFT_xy(0,20);
  TFT_color(color,Black);

  while(1)
    { switch(Key_input())                     // key input
        { case KEY1 : TX0_string("  KEY1 is OK !  ");
                      TX0_char(0x0D); TX0_char(0x0A);
                      break;
          case KEY2 : TX0_string("  KEY2 is OK !  ");
                      TX0_char(0x0D); TX0_char(0x0A);
                      break;
          case KEY3 : TX0_string("  KEY3 is OK !  ");
                      TX0_char(0x0D); TX0_char(0x0A);
                      break;
          case KEY4 : TX0_string("  KEY4 is OK !  ");
                      TX0_char(0x0D); TX0_char(0x0A);
                      break;
          default:    break;
        }
    }
}

/* ----- 사용자 정의 함수 ---------------------------------------------------- */

void TX0_char(U08 data)                       /* transmit a character by UART0 */
{
  while(!(UART0_S1 & 0x80));                  // wait until TDRE = 1
  UART0_D = data;
}

void TX0_string(U08 *string)                  /* transmit a string by UART0 */
{
  while(*string != '\0')
    { TX0_char(*string);
      string++;
    }
}
```

제12장
동기 직렬통신 포트(SPI)의 활용

이 장에서는 MKL25Z128VLK4 마이크로컨트롤러에 내장된 동기식 직렬통신 포트(SPI)의 구조 및 기능을 설명하고, 이것을 활용하는 응용 프로그램 예제를 공부한다.

12.1 SPI의 구조와 기능

(1) SPI의 특성

MKL25Z128VLK4의 동기 직렬통신 포트(Serial Peripheral Interface ; SPI)는 다음과 같은 특징을 가지고 있다.

- 동일한 기능을 수행하는 2개의 포트 SPI0, SPI1을 가지고 있다.
- 마스터 모드 또는 슬레이브 모드로 동작할 수 있다.
- 전이중 통신으로 동작하며, 1선 방식의 양방향 통신도 가능하다.
- 전송 속도를 가변할 수 있다.
- 클록 신호의 위상(phase)과 극성(polarity)을 설정할 수 있다.
- 데이터 송신 및 수신 동작에 이중 버퍼를 사용한다.
- 데이터 송수신에서 MSB부터 시작할 수도 있고 LSB부터 시작할 수도 있다.
- 수신 데이터를 하드웨어적으로 비교할 수 있다.
- DMA 방식으로 데이터를 송수신할 수 있다.

(2) SPI의 구조

MKL25Z128VLK4에 내장된 SPI 통신 모듈의 내부 구조를 블록도로 보이면 <그림 12.1>과 같다.

외부에 SCK, MOSI, MISO, $\overline{SS}$ 등 4개의 신호를 가지고 있다. 이중에서 MOSI는 기본적으로 마스터가 데이터를 출력하는 Master Out, Slave In 신호선이지만 1선 방식 양방향 통신의 마스터 모드에서는 양방향 데이터 신호선 MOMI(Master Out, Master In)로 동작한다. 또한, MISO는 기본적으로 마스터가 데이터를 입력하는 Master In,

Slave Out 신호선이지만 1선 방식 양방향 통신의 슬레이브 모드에서는 양방향 데이터 신호선 SISO(Slave In, Slave Out)로 동작한다.

SCK는 마스터 모드일 때 클록 신호를 발생하여 슬레이브로 보내주는 출력신호이지만, 슬레이브 모드일 때는 클록 입력신호로 동작한다. $\overline{SS}$는 슬레이브 모드일 때 외부에서 이 소자를 선택하기 위한 슬레이브 선택 입력신호로 사용되며, 마스터 모드일 때는 이것을 슬레이브 선택 출력신호로 사용할 수도 있고 다른 GPIO 단자를 사용하여 외부 슬레이브를 선택할 수도 있다.

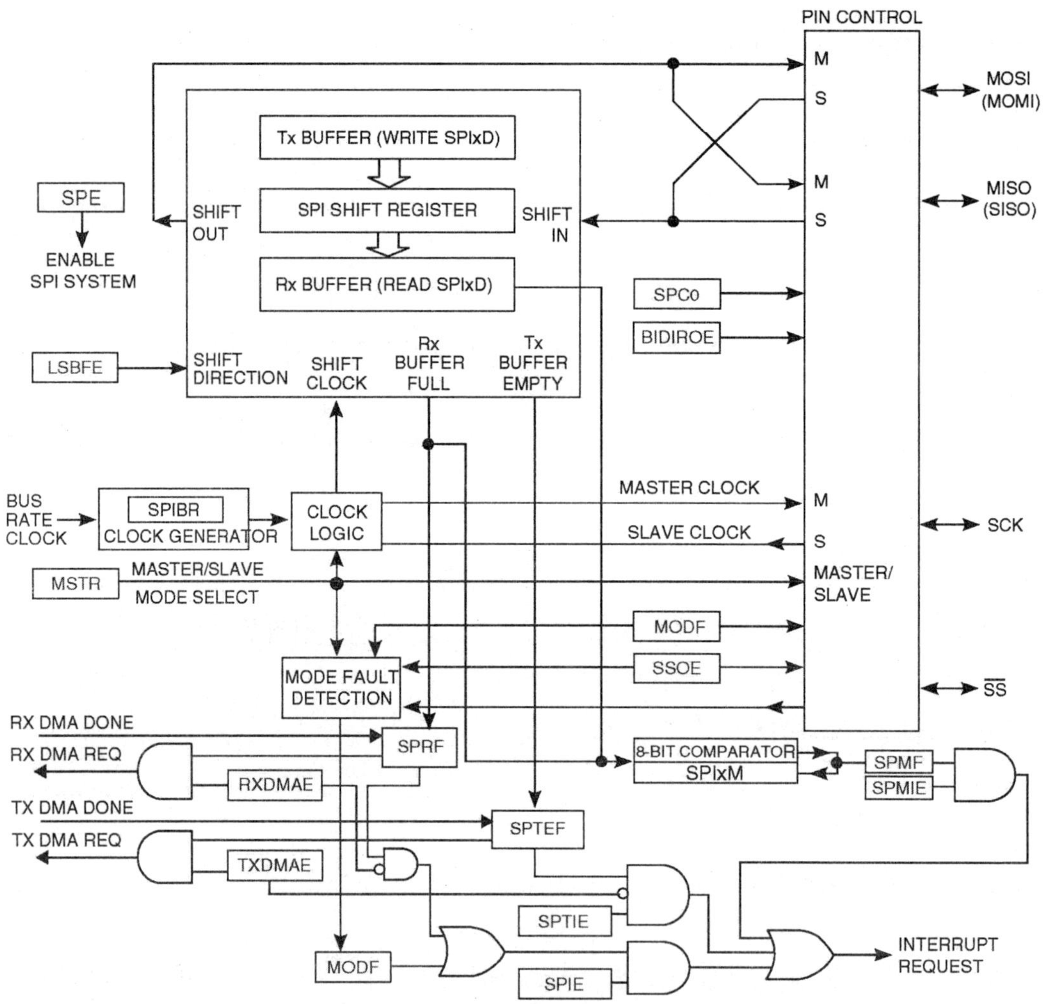

<그림 12.1> MKL25Z128VLK4의 SPI 내부 구조

(3) SPI의 동작

일반적으로 SPI 직렬통신은 <그림 12.1>에 보인 것처럼 반드시 1개의 마스터와 1개의 슬레이브 사이에서만 수행된다. 마스터는 슬레이브 선택 신호를 사용하여 1개의 슬레이브를 선택하고, 송신 데이터와 함께 클록 신호를 동시에 슬레이브에게 보낸다. 그러면 슬레이브는 이 클록 신호를 사용하여 데이터를 수신하면서 동시에 자신의 데이터를 마스터에게 보낸다.

이처럼 SPI 직렬통신에서는 마스터가 통신의 전체 동작을 제어하며, 기본적으로 송신 동작과 수신 동작이 동시에 수행되어 전이중(full duplex) 통신이 된다. 따라서, 마스터가 슬레이브에게 데이터를 보내려는 경우에는 마스터가 받은 수신 데이터는 무시하면 되며, 반대로 마스터가 슬레이브로부터 데이터를 받는 것이 목적이라면 슬레이브에게 더미 데이터(dummy data)를 송신하면서 수신된 데이터를 읽으면 된다.

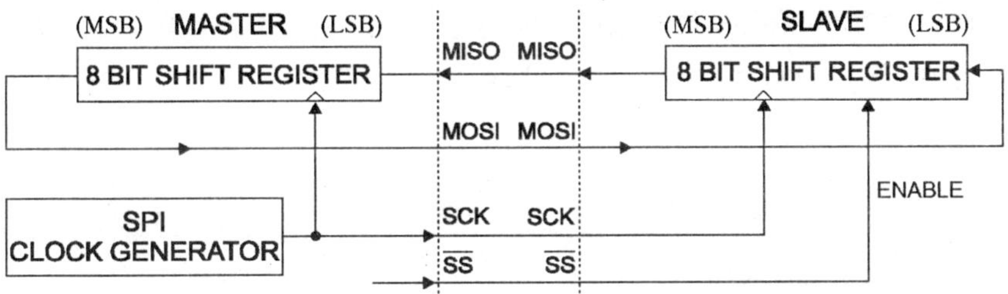

<그림 12.2> SPI 마스터와 슬레이브 사이의 데이터 전송 원리도

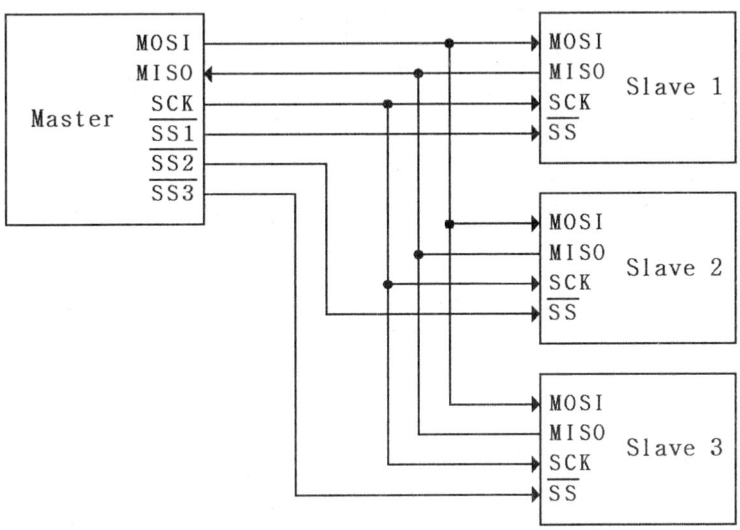

<그림 12.3> SPI를 사용한 직렬통신 시스템의 구성도

1개의 마스터에는 <그림 12.3>처럼 여러개의 슬레이브가 접속될 수 있는데, 마스터는 각 슬레이브에게 전용의 슬레이브 선택 신호($\overline{SS}$)를 출력하여 1개의 슬레이브를 지정한 후에 이것과 1:1로 통신을 수행한다. 따라서, SPI 직렬통신을 수행할 슬레이브가 1개뿐인 경우에는 $\overline{SS}$ 단자를 슬레이브 선택 신호로 사용할 수도 있지만, 슬레이브가 여러개인 경우에는 불가피하게 여러 개의 GPIO 단자를 사용하여 각각의 슬레이브를 선택해야 한다.

SPI는 클록 신호 SCK를 이용한 동기식 통신이므로 항상 마스터측에서 클록 신호를 공급한다. 그런데, SPI 직렬통신에서는 클록 신호에 의한 데이터의 인식(sampling) 방법이 명확히 1가지로 규정되어 있지 않고 <그림 12.4>와 같이 4가지 방법중에서 사용자가 하나를 선택할 수 있도록 되어 있다. 즉, 클록의 극성(clock polarity)을 지정하는데 따라 수신 데이터가 클록 신호의 상승 에지(rising edge)에서 인식될 수도 있고 하강 에지(falling edge)에서 인식될 수도 있다. 또한, 클록의 위상(clock phase)을 지정하는데 따라 데이터가 클록신호의 앞쪽 에지(leading edge)에서 인식될 수도 있고 뒤쪽 에지(trailing edge)에서 인식될 수도 있다.

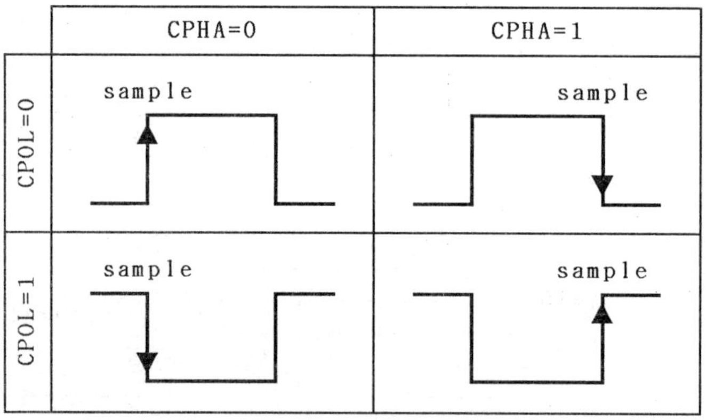

〈그림 12.4〉 SPI 직렬통신에서 클록 신호에 따라 1비트 데이터를 인식하는 방식

SPI 통신 모듈에서 MSTR=1로 설정하면 마스터 모드로 동작하는데, 여기서는 상태 레지스터에서 SPTEF=1로 되어 송신 버퍼가 비어있을 때 송신 데이터 버퍼에 데이터를 쓰면 이것이 시프트 레지스터로 옮겨져서 전송이 시작된다. 이때 만약 MODFEN=1이고 SSOE=1로 설정되어 있다면 $\overline{SS}$ 단자에서 슬레이브 선택 신호가 자동적으로 출력된다. 그러나, GPIO 단자를 슬레이브 신호로 사용하는 경우에는 데이터를 전송하기 전에 사용자가 이 GPIO 신호를 0으로 출력하여 슬레이브 선택 신호로

제어해주어야 한다.

데이터 송신 동작이 완료되면 상태 레지스터에서 SPRF=1로 되어 수신 버퍼에 데이터가 수신되었음 표시하므로 이를 읽어 수신 데이터를 가져올 수 있다. 이때 만약 수신된 데이터가 매치 레지스터 SPIx_M에 미리 설정된 값과 같다면 상태 레지스터에서 SPMF=1로 셋트된다.

SPI 통신 모듈에서 MSTR=0으로 설정하면 슬레이브 모드로 동작하는데, 이때는 외부에서 $\overline{SS}$ 단자에 0을 입력하면 이 마이크로컨트롤러가 슬레이브로 선택되어 동작을 시작한다. 슬레이브 모드에서는 외부에서 입력된 슬레이브 선택 신호와 클록 신호로 동작한다는 것 이외에는 마스터 모드에서와 유사하게 동작한다.

SPI 직렬통신에서 1바이트의 데이터가 시프트 레지스터를 사용하여 외부로 출력될 때 사용자가 MSB부터 전송하도록 설정할 수도 있고 LSB부터 전송하도록 설정할 수도 있다. 클록 신호의 위상과 극성에 따라 1바이트의 데이터가 전송되는 원리를 파형도로 보이면 <그림 12.5>와 같다.

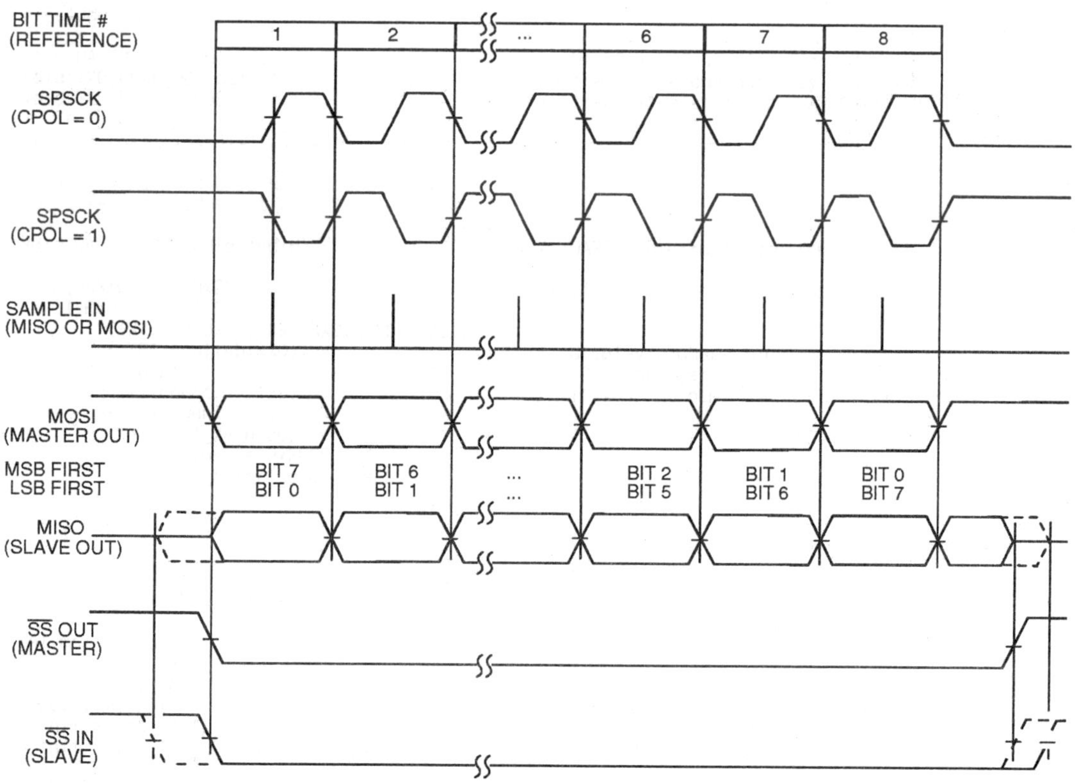

(a) CPHA=0인 경우

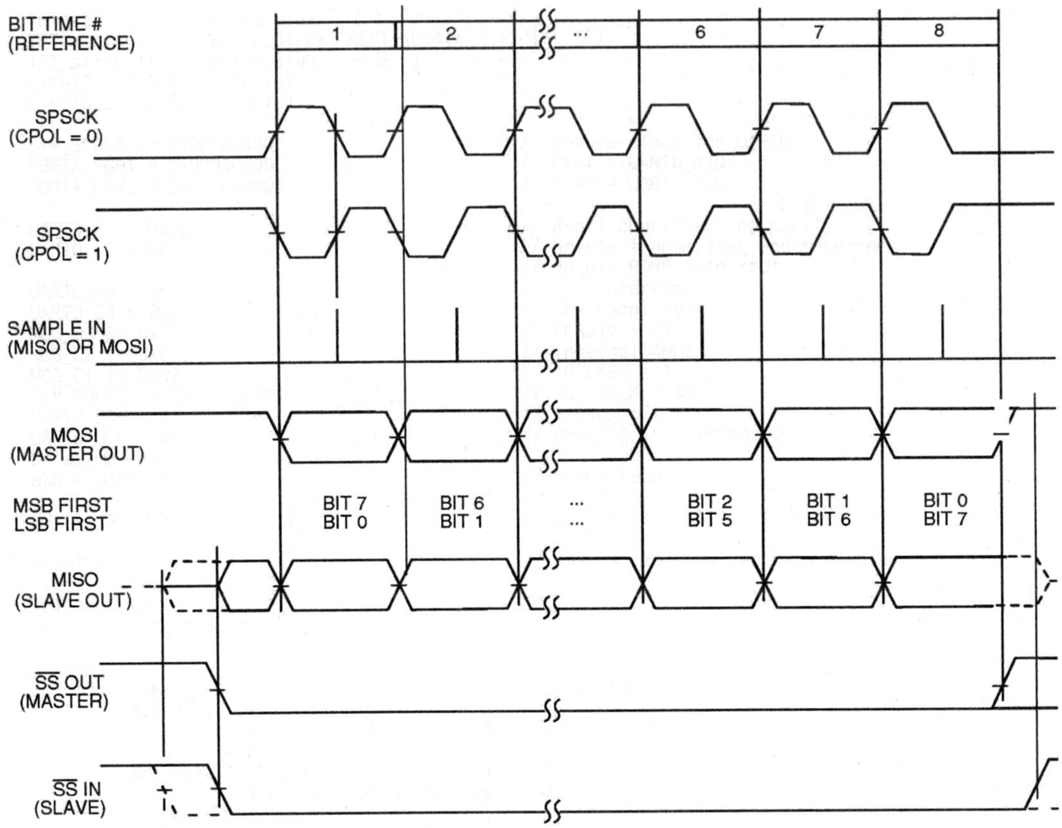

(b) CPHA=1인 경우

<그림 12.5> MKL25Z128VLK4의 SPI 모듈에서 1바이트 데이터의 전송

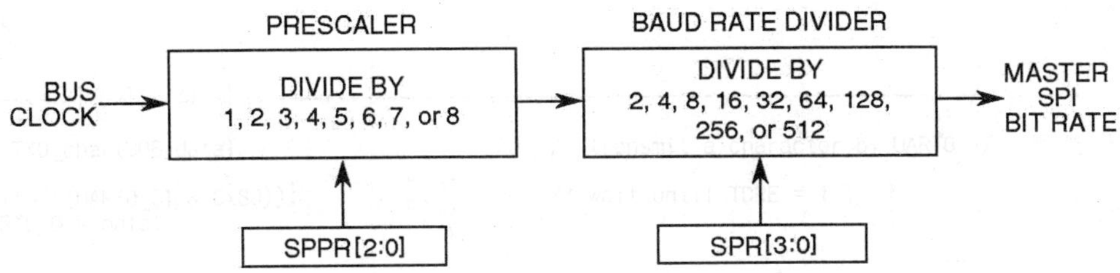

<그림 12.6> MKL25Z128VLK4의 SPI 모듈에서 전송속도의 설정

SPI 직렬통신 모듈에서 전송속도를 결정하는 클록으로는 버스 클록을 사용하는데, 이 클록은 프리스케일러에서 SPPR[2:0] 비트에 따라 1, 2, 3, 4, 5, 6, 7, 8로 나누어져서 보레이트 발생기로 입력되며, 보레이트 발생기에서는 SPR[3:0] 비트에 따라 다시 이 클록을 2, 4, 6, 8, 16, 32, 64, 128, 256, 512로 나누어 보레이트가 만들어진다.

$$\text{보레이트} = \frac{\text{버스클록}}{(SPPR+1)\times 2^{(SPR+1)}}$$

1선 방식의 양방향 모드에서는 1개의 데이터 신호선만을 사용하여 마스터와 슬레이브 사이에 데이터 송수신 동작을 수행한다. 1선 방식 양방향 모드는 제어 레지스터에서 SPC0=1로 설정하며, 마스터 모드의 경우에는 MOSI 단자가 데이터 입출력을 수행하는 MOMI 신호로 동작하고, 슬레이브 모드에서는 MISO 단자가 데이터 입출력을 수행하는 SISO 신호로 동작한다. 데이터 신호의 전송 방향은 제어 레지스터에서 BIDIROE 비트로 제어한다. 그리고, 이때 클록 신호 SCK와 슬레이브 선택 신호의 사용 방법은 정상 동작 모드에서와 동일하다. 정상적인 동작 모드와 1선 방식 양방향 모드를 그림으로 비교하여 설명하면 <그림 12.7>과 같다.

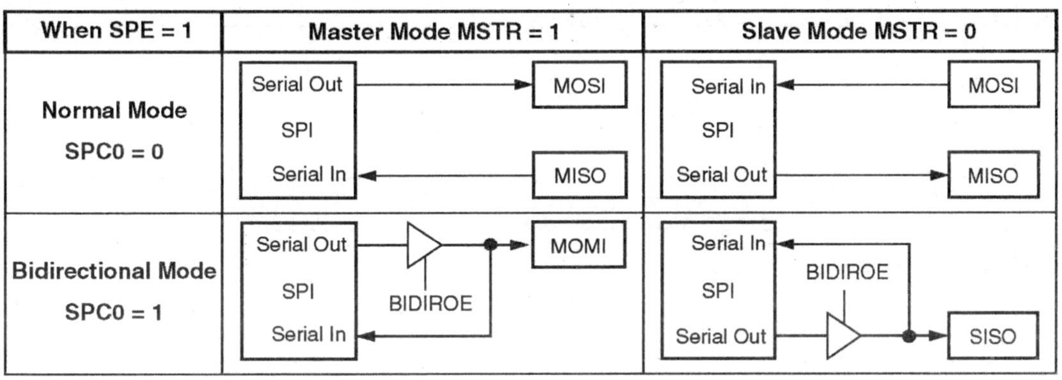

<그림 12.7> SPI 모듈에서 정상 모드와 1선 방식 양방향 모드의 비교

SPI 직렬통신 모듈을 초기화하고 데이터 전송을 수행하는 순서는 다음과 같다.

① 제어 레지스터1에서 SPI 모듈을 허용하고, 인터럽트 사용 여부, 마스터/슬레이브 모드, 클록 신호의 위상과 극성 등을 설정한다.

② 제어 레지스터2에서 여러 가지의 필요한 제어 옵션을 설정한다.

③ 보레이트 레지스터에서 SPI 전송속도를 설정한다.

④ 하드웨어 매치 기능을 사용할 경우에는 하드웨어 매치 레지스터에 비교할 값을 지정한다.

⑤ 마스터 모드의 경우 상태 레지스터에서 SPTEF=1 상태인 것을 확인하고 송신할 데이터를 송신 데이터 레지스터에 써준다.

(4) SPI와 관련된 I/O 제어 레지스터

SPI0 및 SPI1 모듈과 관련된 I/O 제어 레지스터는 <표 12.1>과 같이 각각 6개씩 총 12개가 있는데, 이 레지스터들의 기능을 정리하면 아래와 같다.

<표 12.1> MKL25Z128VLK4의 SPI와 관련된 I/O 제어 레지스터 요약

어드레스	레지스터 이름	레지스터의 풀어 쓴 이름	리셋 후 초기값
0x4007_6000	SPI0_C1	SPI0 Control Register 1	0x04
0x4007_6001	SPI0_C2	SPI0 Control Register 2	0x00
0x4007_6002	SPI0_BR	SPI0 Baud Rate Register	0x00
0x4007_6003	SPI0_S	SPI0 Status Register	0x20
0x4007_6005	SPI0_D	SPI0 Data Register	0x00
0x4007_6007	SPI0_M	SPI0 Match Register	0x00
0x4007_7000	SPI1_C1	SPI1 Control Register 1	0x04
0x4007_7001	SPI1_C2	SPI1 Control Register 2	0x00
0x4007_7002	SPI1_BR	SPI1 Baud Rate Register	0x00
0x4007_7003	SPI1_S	SPI1 Status Register	0x20
0x4007_7005	SPI1_D	SPI1 Data Register	0x00
0x4007_7007	SPI1_M	SPI1 Match Register	0x00

▣ SPIx 제어 레지스터1 SPIx_C1 (디폴트값 : 0x04)

b7	b6	b5	b4	b3	b2	b1	b0
SPIE	SPE	SPTIE	MSTR	CPOL	CPHA	SSOE	LSBFE
rw	rw	rw	rw	rw	rw	rw	rw

- SPIE : SPI Interrupt Enable(for SPRF and MODF)
  0 = SPRF와 MODF 비트에 의한 인터럽트 요청을 금지한다.
  1 = SPRF와 MODF 비트에 의한 인터럽트 요청을 허용한다.
- SPE : SPI System Enable
  0 = SPI 모듈을 금지한다.
  1 = SPI 모듈을 허용한다.
- SPTIE : SPI Transmit Interrupt Enable(for SPTEF)
  0 = SPTEF 비트에 의한 인터럽트 요청을 금지한다.
  1 = SPTEF 비트에 의한 인터럽트 요청을 허용한다.
- MSTR : Master/Slave Mode Select
  0 = SPI 모듈을 슬레이브 모드로 설정한다.
  1 = SPI 모듈을 마스터 모드로 설정한다.
- CPOL : Clock Polarity
  0 = SPI 모듈에서 active high 클록을 사용한다.
  1 = SPI 모듈에서 active low 클록을 사용한다.
- CPHA : Clock Phase
  0 = SPI 모듈에서 클록 신호의 leading edge에 데이터가 인식된다.
  1 = SPI 모듈에서 클록 신호의 trailing edge에 데이터가 인식된다.
- SSOE : Slave Select Output Enable
  제어 레지스터의 MODFEN 비트와 조합하여 마스터 모드와 슬레이브 모드에서 $\overline{SS}$ 단자의 기능을 결정한다.
  0 = MODFEN=0일 때 $\overline{SS}$ 단자가 마스터 모드에서는 GPIO로 동작, 슬레이브 모드에서는 슬레이브 선택 입력 신호로 동작한다.
  MODFEN=1일 때 $\overline{SS}$ 단자가 마스터 모드에서는 모드 에러 검출을 위한 슬레이브 선택 입력신호, 슬레이브 모드에서는 슬레이브 선택 입력신호로 동작한다.
  1 = MODFEN=0일 때 $\overline{SS}$ 단자가 마스터 모드에서는 GPIO로 동작, 슬레이브 모드에서는 슬레이브 선택 입력 신호로 동작한다.

MODFEN=1일 때 $\overline{SS}$ 단자가 마스터 모드에서는 자동 슬레이브 선택 출력신호, 슬레이브 모드에서는 슬레이브 선택 입력신호로 동작한다.

- LSBFE : LSB First
  0 = SPI가 데이터를 전송할 때 MSB부터 전송한다.
  1 = SPI가 데이터를 전송할 때 LSB부터 전송한다.

▣ SPIx 제어 레지스터2 SPIx_C2 (디폴트값 : 0x00)

b7	b6	b5	b4	b3	b2	b1	b0
SPMIE	–	TXDMAE	MODFEN	BIDIROE	RXDMAE	SPISWAI	SPC0
rw	–	rw	rw	rw	rw	rw	rw

- SPMIE : SPI Match Interrupt Enable
  0 = 데이터 버퍼 하드웨어 매치가 발생하여 SPMF=1로 되었을 때 인터럽트 요청을 금지한다.
  1 = 데이터 버퍼 하드웨어 매치가 발생하여 SPMF=1로 되었을 때 인터럽트 요청을 허용한다.
- TXDMAE : Transmit DMA Enable
  0 = SPTEF=1일 때 DMA 요청을 금지하고 인터럽트 요청을 허용한다.
  1 = SPTEF=1일 때 DMA 요청을 허용하고 인터럽트 요청을 금지한다.
- MODFEN : Master Mode-Fault Function Enable
  0 = 마스터 모드에 있을 때 모드 에러 검출 기능이 금지된다. 이때는 $\overline{SS}$ 단자가 GPIO로 동작한다.
  1 = 마스터 모드에 있을 때 모드 에러 검출 기능이 허용된다. 이때는 $\overline{SS}$ 단자가 모드 에러 검출 입력 신호 또는 슬레이브 선택 출력신호로 동작한다.
- BIDIROE : Bidirectional Mode Output Enable
  0 = 1선 방식 양방향 모드에서 출력 드라이버가 금지되어 데이터 신호선이 입력으로 동작한다.
  1 = 1선 방식 양방향 모드에서 출력 드라이버가 허용되어 데이터 신호선이 출력으로 동작한다.
- RXDMAE : Receive DMA Enable
  0 = SPRF=1일 때 DMA 요청을 금지하고 인터럽트 요청을 허용한다.
  1 = SPRF=1일 때 DMA 요청을 허용하고 인터럽트 요청을 금지한다.
- SPISWAI : SPI Stop in Wait Mode
  0 = 마이크로컨트롤러가 대기 모드에 있을 때 SPI 모듈에 클록 공급을 차단한다.
  1 = 마이크로컨트롤러가 대기 모드에 있을 때 SPI 모듈에 클록 공급을 허용한다.
- SPC0 : SPI Pin Control 0
  0 = SPI 모듈을 정상 모드로 설정하여 데이터 신호 MOSI, MISO를 정상적으로 사용한다.
  1 = SPI 모듈을 1선 방식 양방향 모드로 설정하여 마스터 모드에서는 MOSI를 양방향 데이터 신호로 사용하고 MISO는 사용하지 않으며, 슬레이브 모드에서는 MISO를 양방향 데이터 신호로 사용하고 MOSI는 사용하지 않는다.

▣ SPIx 보레이트 레지스터 SPIx_BR (디폴트값 : 0x00)

b7	b6	b5	b4	b3	b2	b1	b0
–	SPPR[2:0]			SPR[3:0]			
–	rw	rw	rw	rw	rw	rw	rw

- SPPR[2:0] : SPI Baud Rate Prescale Divisor
  000 = 프리스케일러의 분주비 1.
  001 = 프리스케일러의 분주비 2.
  010 = 프리스케일러의 분주비 3.
  011 = 프리스케일러의 분주비 4.
  100 = 프리스케일러의 분주비 5.
  101 = 프리스케일러의 분주비 6.
  110 = 프리스케일러의 분주비 7.
  111 = 프리스케일러의 분주비 8.
- SPR[3:0] : SPI Baud Rate Divisor
  0000 = SPI의 보레이트 분주비 2.
  0001 = SPI의 보레이트 분주비 4.
  0010 = SPI의 보레이트 분주비 8.
  0011 = SPI의 보레이트 분주비 16.
  0100 = SPI의 보레이트 분주비 32.
  0101 = SPI의 보레이트 분주비 64.
  0110 = SPI의 보레이트 분주비 128.
  0111 = SPI의 보레이트 분주비 256.
  1000 = SPI의 보레이트 분주비 512.
  1001～1111 = (사용하지 않음)

▣ SPIx 상태 레지스터 SPIx_S (디폴트값 : 0x20)

b7	b6	b5	b4	b3	b2	b1	b0
SPRF	SPMF	SPTEF	MODF	–	–	–	–
r	r	r	r	–	–	–	–

- SPRF : SPI Read Buffer Full Flag
  0 = 수신 데이터 버퍼에 수신된 유효 데이터가 없다.
  1 = 수신 데이터 버퍼에 수신된 유효 데이터가 있다.
- SPMF : SPI Match Flag
  0 = 수신 데이터 버퍼에 있는 데이터 값이 매치 레지스터에 설정된 값과 일치하지 않는다.
  1 = 수신 데이터 버퍼에 있는 데이터 값이 매치 레지스터에 설정된 값과 일치한다.
- SPTEF : SPI Transmit Buffer Empty Flag
  0 = 송신 데이터 버퍼에 송신할 데이터가 있다.
  1 = 송신 데이터 버퍼가 비어 있다.
- MODF : SPI Mode Fault Flag
  0 = SPI 모듈에서 모드 에러가 발생하지 않았다.
  1 = SPI 모듈에서 모드 에러가 발생하였다.

▣ SPIx 데이터 레지스터 SPIx_D (디폴트값 : 0x00)

b7	b6	b5	b4	b3	b2	b1	b0
DATA[7:0]							
rw	rw	rw	rw	rw	rw	rw	rw

- DATA[7:0] : SPI Transmit/Receive Data
  이것은 SPI 모듈에서 송신 데이터 버퍼 및 수신 데이터 버퍼로 사용되는 레지스터이다.

▣ SPIx 매치 레지스터 SPIx_M (디폴트값 : 0x00)

b7	b6	b5	b4	b3	b2	b1	b0
MATCH[7:0]							
rw	rw	rw	rw	rw	rw	rw	rw

- MATCH[7:0] : SPI Hardware Compare Match Data
  이것은 SPI 모듈에서 수신 데이터와 값이 일치하는지 하드웨어적으로 비교하는 레지스터이다.

12.2 TFT-LCD 모듈 터치 스크린 입력 프로그램

터치 스크린(touch screen)은 브라운관 또는 TFT-LCD의 화면에 손이나 펜에 의한 직접 접촉으로 데이터를 입력할 수 있는 첨단 입력장치이다. 이를 위하여 <그림 12.8>에 보인 것처럼 평면으로 된 스크린의 표면에 터치 패널(touch panel)을 설치하며 이 신호를 터치 스크린 컨트롤러가 인식하여 CPU가 읽어들일 수 있게 된다.

터치 스크린은 키보드나 마우스, 조이스틱과는 다른 개념의 입력장치로서 휴대가 간편하고 직관적이어서 사용이 매우 쉽기 때문에 종래에는 은행의 ATM과 같은 금융기기나 POS 시스템, OA기기 등의 고가 장비에나 주로 사용되었으나, 요즈음은 휴대전화, PDA, 네비게이션 등의 휴대용 멀티미디어 기기에까지 매우 광범위하게 사용되어 우리 생활에 폭넓게 자리잡고 있다.

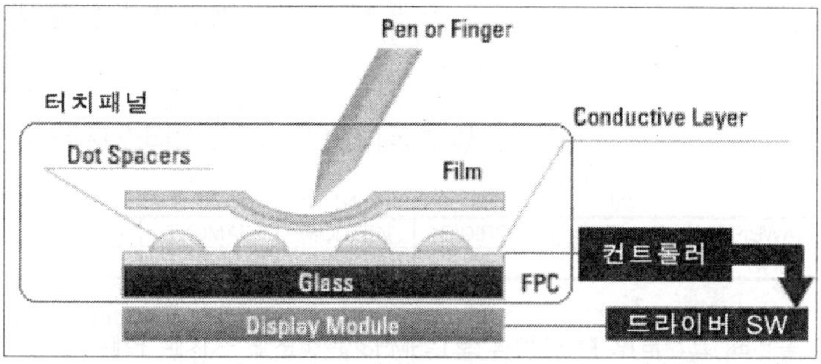

<그림 12.8> 터치 스크린의 구조(저항막 방식의 경우)

(1) 터치 스크린의 구조와 기능

터치 스크린의 종류는 여러 가지가 있으며, 이는 상당히 첨단제품으로서 앞으로도 계속하여 새로운 방식의 터치 스크린이 개발될 것으로 예상된다. 현재까지 가장 널리 사용되어온 방식은 저항막 방식의 터치 스크린이지만 최근에 휴대용 기기를 중심으로 하여 멀티 터치 기능이 있는 정전용량 방식의 사용이 크게 증가하는 추세이다.

▣ 저항막 방식의 터치 스크린

저항막 방식(resistive)의 터치 스크린은 <그림 12.9> (b)에 보인 것처럼 산화 인듐 주석(ITO ; Indium Tin Oxide)을 코팅한 2장의 투명 전도막을 상판(film)과 하판(film 또는 glass)으로 맞붙여 놓은 구조로 되어 있는데, 이것들의 사이는 평소에 돌출부(dot spacer)에 의하여 일정한 간격을 유지하면서 절연되어 있으나 손 또는 펜으로 누르면 상판과 하판이 연결되어 (c)와 같은 등가회로를 구성하게 된다.

즉, 상판에는 상하 방향으로 Y+와 Y- 단자를 설치하고 하판에는 좌우 방향으로 X+와 X- 단자를 설치하여 놓았으므로, 외부 접촉에 의하여 상판과 하판이 1점에서 만나게 되면 상하좌우의 4방향으로 저항에 의한 회로가 구성되는 것이다. 그러면 터치 스크린 컨트롤러는 먼저 X+ 단자와 X- 단자에 전원을 인가하고 Y+ 단자에서의 전압을 측정하여 X축 방향의 좌표를 검출할 수 있으며, 다시 Y+ 단자와 Y- 단자에 전원을 인가하고 X+ 단자에서의 전압을 측정하여 Y축 방향의 좌표를 검출할 수 있게 된다.

이러한 방식을 4선식 구조라고 하는데, 저항막 방식의 터치 스크린에는 이밖에 5선식 구조를 사용하기도 한다. 5선식에서는 하판에 상하좌우 방향으로 Y+, Y-, X+, X-

의 단자를 모두 가지고 있으며, 상판에는 출력 단자만을 가지고 있다. 외부 접촉에 의하여 상판과 하판이 만나면 먼저 하판의 X+와 X- 사이에 전원을 인가하고 상판의 출력단자로 전압을 검출하여 X축 방향의 좌표를 측정할 수 있으며, 다시 하판의 Y+와 Y- 사이에 전원을 인가하고 상판의 출력단자로 전압을 검출하여 Y축 방향의 좌표를 측정할 수 있다.

저항막 방식의 터치 스크린은 위치 정밀도가 높고 응답속도가 빠르며, 구조가 간단하고 제조가 용이하여 현재까지 가장 널리 사용되어 왔다. 그러나, 기본적으로 어느 한 순간에는 1점만을 검출할 수 있는 싱글 터치 방식이며, 전도막의 투과율이 낮아서 화면이 흐려지는 단점이 있고, 접촉 감도를 높이기 위하여 상판 필름을 부드러운 재질로 사용하면 펜으로 터치할 때 상처가 나기 쉬워서 내구성이 나빠진다. 이 책에서 사용하는 TFT-LCD 모듈은 모두 저항막 방식의 터치 스크린을 채용하고 있다.

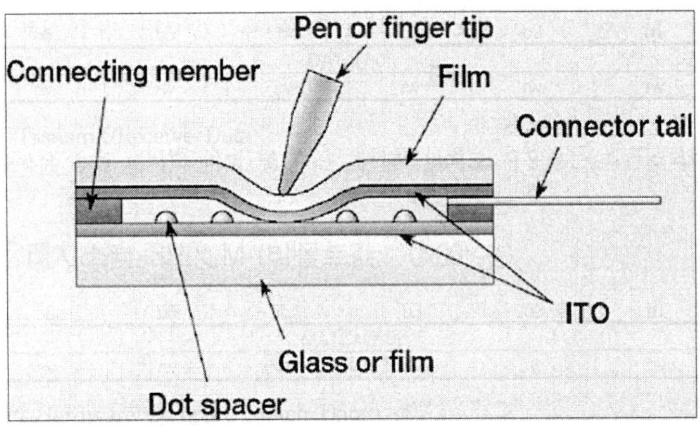

(a)

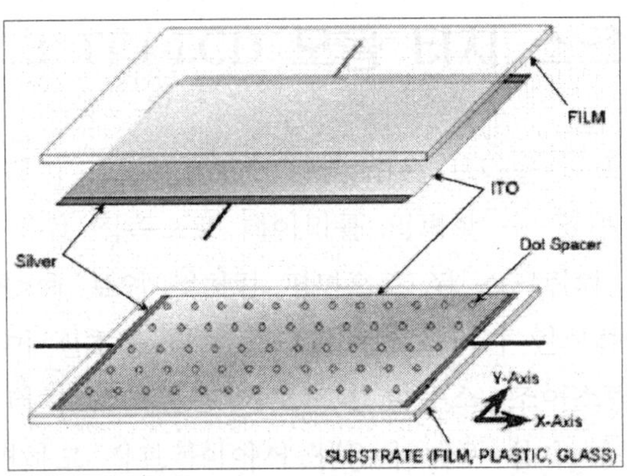

(b)

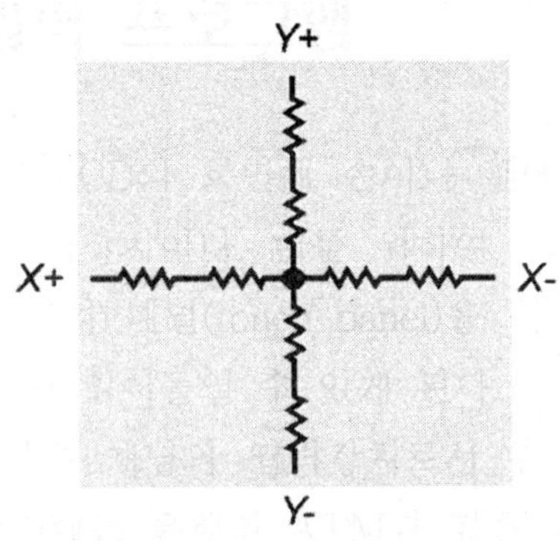

(c)

<그림 12.9> 저항막 방식 터치 스크린의 구조

▣ 정전용량 방식의 터치 스크린

정전용량 방식(capacitive)의 터치 스크린은 2장의 서브스트레이트에 특수 전도성 금속인 안티몬 주석 산화물(ATO ; Antimony Tin Oxide)을 코팅하여 상판과 하판으로 접속하고 이 사이에 형성된 정전용량을 통하여 전류가 흐르도록 한 것이다. 이때 상판에 손을 대면 사람의 몸에 의하여 정전용량이 생기고 이로 인하여 전류에 변화가 발생하는 부분을 검출하여 위치를 측정하는 원리로 동작한다. 즉, <그림 12.10>에 보인 것처럼 평소에는 터치 패드 사이에 정전용량 C_P만이 존재하지만 사람의 손을 가까이 하면 병렬로 정전용량 C_F가 추가되어 전류 파형의 시간지연이 발생한다. 이러한 정전용량의 변화를 오실레이터 회로에 적용하면 발진 주파수가 달라지고 이를 마이크로컨트롤러의 타이머/카운터로 측정할 수 있다. 제13장에서 설명하는 TSI는 바로 이런 정전용량 방식으로 터치를 인식하는 주변장치이다.

정전용량 방식은 동작원리에 따라 4선 저항막 방식과 유사하게 생각할 수 있는 투영 정전용량 방식(projected capacitive)과 5선 저항막 방식처럼 생각할 수 있는 표면 정전용량 방식(surface capacitive)의 2가지로 나눌 수 있다. 정전용량 방식의 터치 스크린은 인체의 정전용량을 이용하므로 손에 장갑을 끼거나 사람의 손이 아닌 펜 등의 물체를 사용하면 잘 동작하지 않는 단점이 있다. 그러나, 동시에 여러 점을 검출하는 멀티 터치 구조가 가능하고, 상판과 하판을 좀더 강한 재질로 만들 수 있기 때문에 수명이 길고 견고하며, 빛의 투과성을 높게 만들 수 있다.

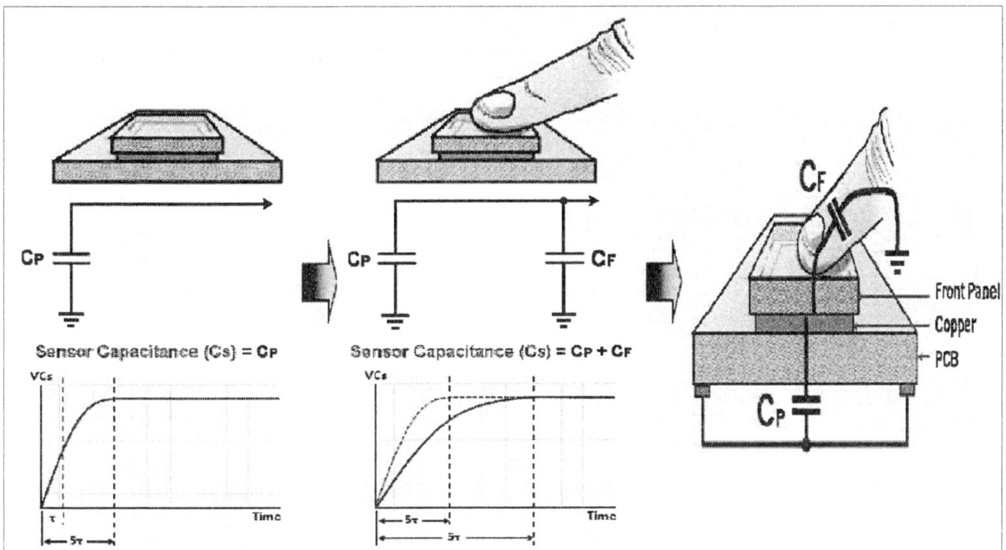

<그림 12.10> 정전용량 방식 터치 스크린의 구조

<표 12.2> 여러가지 터치 스크린 방식의 특징 비교

	저항막 방식	정전용량 방식	적외선 방식	초음파 반사 방식
터치 방법	손가락, 스타일러스 펜	손가락	손가락, 스타일러스 펜	손가락, 스타일러스 펜
내구성/수명	△	◎	◎	◎
빛 투과율	× (75~85%)	○ (>90%)	◎ (100%)	○ (>92%)
해상도	◎	◎	△	○
응답속도	◎	△	◎	△
경제성/가격	◎	×	○	○
소형화	◎	◎	△	△
대형화	△	△	△	○
멀티 터치	△	◎	×	×
기술진입 장벽	낮음	높음	높음	높음
장점	낮은 가격, 높은 정밀도, 빠른 응답	높은 내구성, 높은 빛 투과율	충격이나 긁힘에 강해 내구성이 좋음	표면이 유리라서 내구성이 좋음
단점	낮은 내구성, 낮은 빛 투과율	장갑이나 펜에는 반응하지 않음	가격이 높고 부피가 큼	센서 오염과 액체에 취약
적용 분야	소형에서 대형까지 (휴대전화, OA기기, POS, 금융단말기, TV, 모니터)	소형에 더 적합 (휴대전화, 게임기, ATM)	대형에 더 적합 (TV, 모니터, POS, ATM)	대형에 더 적합 (티켓발매기, ATM, 전자칠판, 산업용 기기)

◎ 아주 우수, ○ 우수, △ 보통, × 미흡

터치 스크린에는 이밖에도 적외선 방식이나 초음파 반사 방식 등이 있다. 이러한 각종 터치 스크린 방식들의 특징을 요약 비교하면 <표 12.2>와 같다.

특히 휴대전화의 경우 <그림 12.11>에 보인 것처럼 외형이 초기의 바(bar)형에서 폴더(folder)형과 슬라이딩(sliding)형을 거쳐서 요즈음에는 터치스크린(touch screen)형이 많이 사용되는 추세에 있다. 이러한 터치 스크린을 내장한 모델을 흔히 터치폰(touch phone)이라고 부르는데, 여기에 처음에는 저항막 방식의 터치 스크린을 사용하였으나 요즈음에는 대부분 멀티 터치 기능을 가지는 정전용량 방식의 터치 스크린을 사용하는 스마트 폰(smart phone)으로 옮겨가는 추세에 있다.

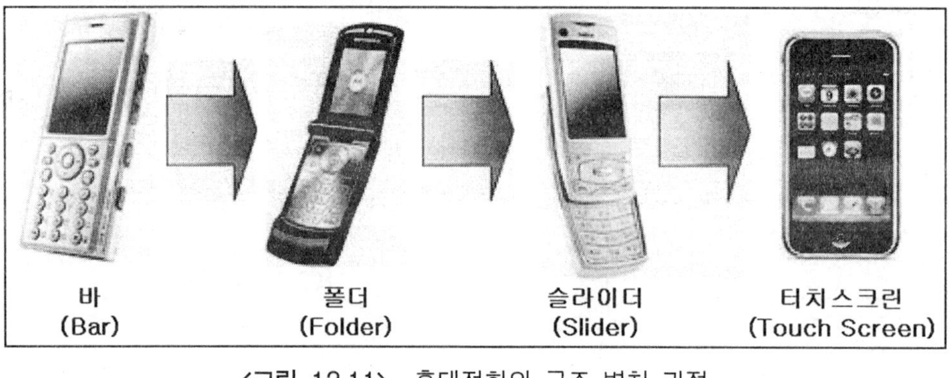

<그림 12.11> 휴대전화의 구조 변천 과정

▣ 터치 스크린용의 입력 펜

앞에서도 설명하였듯이 저항막 방식의 터치 스크린은 터치 감도를 좋게 하기 위하여 터치 스크린의 상판을 부드러운 재질로 만든다. 따라서, 사용자가 터치 스크린을 날카로운 물건으로 누르거나 문지르면 표면이 상처를 입어 터치 스크린이 쉽게 망가지거나 수명이 짧아질 수 있으므로 주의가 필요하다.

본 저자의 경험으로는 <그림 12.12>와 같은 터치 스크린 전용의 스타일러스 펜(stylus pen) 또는 터치 펜(touch pen)을 구하여 사용하는 것이 좋다. 그러나, 이것이 없다면 완전히 사용하여 더 이상 잉크가 나오지 않는 볼펜 등을 사용할 수도 있다. 이것들은 끝이 둥글고 부드럽게 처리되어 있어서 터치 스크린의 표면에서 잘 미끄러지고 터치 스크린을 손상시키지 않으며 필기감이 좋다.

<그림 12.12> 터치 스크린 전용의 스타일러스 펜

(2) 터치 스크린 컨트롤러 ADS7846

이 책의 *OK-MKL25Z* 키트에서 사용하는 3.2인치 TFT-LCD 모듈에서는 저항막 방식의 터치 스크린을 사용하고 있다. 이것을 사용하여 위치를 검출하려면 터치 스크린의 X-, X+ 사이와 Y-, Y+ 사이에 전원을 인가할 수 있도록 트랜지스터로 스위치를 부착하고 X+ 및 Y+ 신호를 마이크로컨트롤러의 A/D 컨버터로 읽어들이는 방법으로 가능하다.

그러나, 이런 직접 제어 방법보다는 역시 전용의 터치 스크린 컨트롤러를 사용하는 것이 간편한데, 이 키트의 *TFT-32A* 보드에서는 SPI 직렬통신 방식의 ADS7846 터치 스크린 컨트롤러를 사용하고 있다. 이것은 +3.3V와 +5.0V에서 사용할 수 있고, x축과 y축의 위치를 12비트의 축차비교형 A/D 컨버터로 디지털 변환하고 있으며, x축과 y축의 위치검출 기능 이외에도 z축의 압력 측정, 배터리 전압 측정, 소자의 온도 측정 기능 등을 가지고 있다. A/D 변환에 사용하기 위하여 내부에는 +2.5V의 정밀한 기준전원을 가지고 있으며, 위치검출을 수행하지 않는 동안에는 파워다운(power down) 기능을 설정할 수 있어서 휴대용 기기에서 사용할 때 소비전력을 크게 줄일 수 있다.

<그림 12.13>의 (a)에는 *TFT-32A* 보드에서 사용하고 있는 16핀 SSOP형 또는 TSSOP형 패키지의 ADS7846 핀 배열을 보였으며, (b)에는 이 소자의 내부 구성 블록도를 보였다.

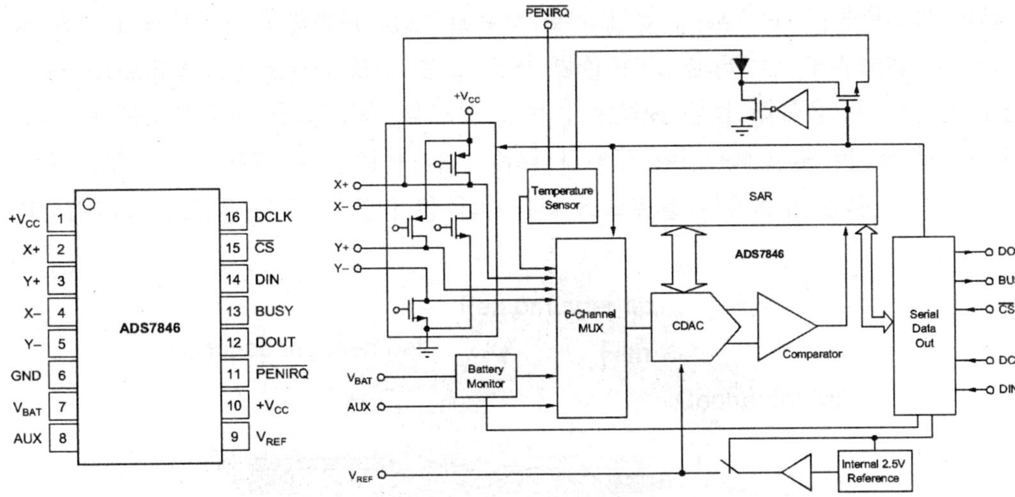

(a) 16핀 SSOP형 핀배열 (b) 내부 구성 블록도

<그림 12.13> ADS7846 터치 스크린 컨트롤러의 구조

ADS7846 컨트롤러를 사용한 전형적인 터치 스크린 응용회로는 <그림 12.14>에 보였다. 터치 스크린의 4개 단자 X+, X-, Y+, Y-를 ADS7846의 해당 핀에 연결하고, 마이크로컨트롤러와는 SPI 통신 및 인터럽트 신호로 접속한다. 여기서 인터럽트 신호는 오픈 드레인(open drain)형 출력이므로 반드시 50kΩ~100kΩ 정도의 저항으로 풀업해 주어야 한다. 터치한 입력좌표를 읽어들이는 방식에는 인터럽트 기능을 이용할 수도 있고 폴링 방식을 이용할 수도 있는데, 이 책의 *OK-MKL25Z* 키트 예제 프로그램에서는 폴링 방식을 기본으로 사용한다.

ADS7846에서는 x, y 좌표값을 검출하기 위하여 A/D 변환을 수행할 때 x좌표값을 검출하려면 X+ 및 X- 단자에 전원을 인가하고 Y+ 단자의 전압을 A/D 변환하며, y좌표값을 검출하려면 Y+ 및 Y- 단자에 전원을 인가하고 X+ 단자의 전압을 A/D 변환한다. 그런데, 이렇게 터치 스크린에 전원을 스위칭하여 인가하고 A/D 변환을 수행하는 방식에는 <그림 12.15>에 보인 것처럼 2가지가 있다. (a)와 같은 단극성 기준

(Single-Ended Reference) 입력 방식은 트랜지스터 스위치에서의 전압강하 때문에 검출값의 정확도가 떨어지므로 (b)와 같은 차동 기준(Differential Reference) 입력 방식을 사용하는 것이 유리하다.

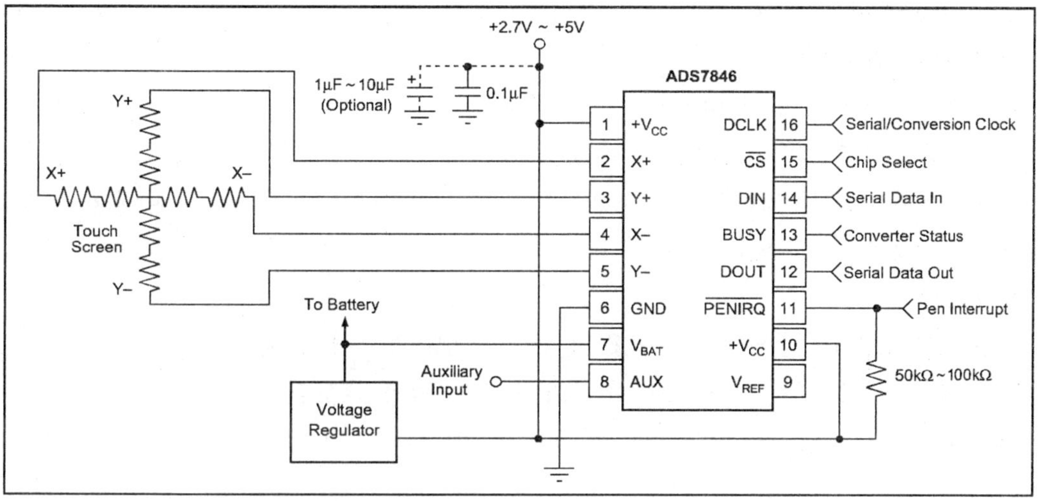

〈그림 12.14〉 ADS7846의 전형적인 응용회로

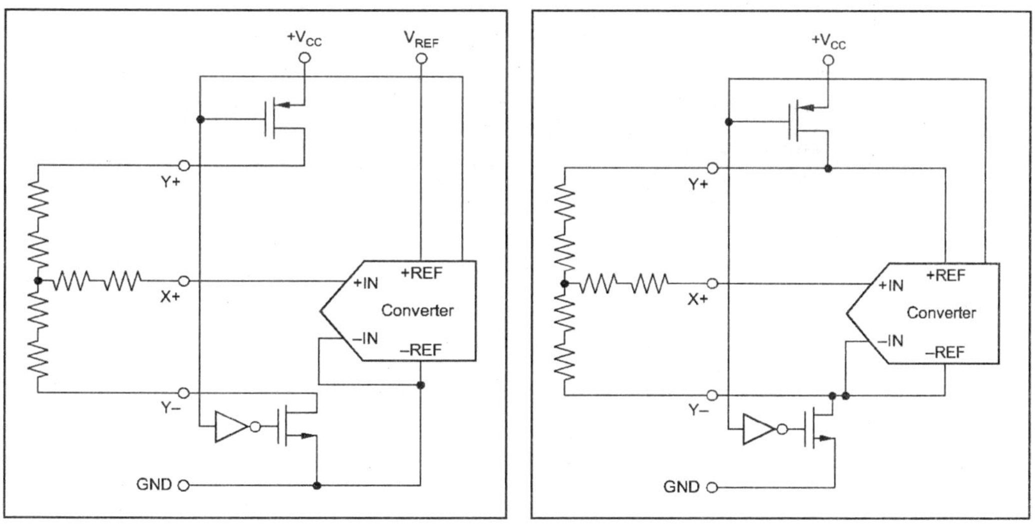

(a) 단극성 기준 입력　　　　(b) 차동 기준 입력

〈그림 12.15〉 ADS7846의 x축, y축 A/D 변환 방식

b7(MSB)	b6	b5	b4	b3	b2	b1	b0(LSB)
S	A2	A1	A0	MODE	SER/$\overline{\text{DFR}}$	PD1	PD0

<그림 12.16> ADS7846의 제어명령

ADS7846에서 사용하는 8비트의 제어명령은 <그림 12.16>과 같다. 마이크로컨트롤러가 터치한 위치값을 읽으려면 먼저 이 명령을 전송하고 나서 데이터를 읽어야 한다. 여기서 S는 스타트 비트(start bit)로서 항상 1로 되며, MODE는 A/D 변환을 12비트 분해능으로 수행하려면 0으로 설정하고 8비트 분해능으로 수행하려면 1로 설정한다. SER/$\overline{\text{DFR}}$은 단극성 기준 입력방식과 차동 기준 입력방식을 선택하는데 사용하며, 또한 PD1~PD0은 <표 12.3>에 보인 것처럼 파워다운 기능과 내부 기준전압을 사용하는 방법을 결정한다.

A2~A0은 A/D 컨버터의 입력을 선택하는 멀티플렉서의 채널 어드레스로서 이것으로 <표 12.4>에 보인 것처럼 어떤 신호를 A/D 변환할 것인지 지정한다.

이 책의 *OK-MKL25Z* 키트 예제 프로그램에서는 A/D 컨버터를 12비트 분해능으로 사용하고, PD1 = PD0 = 0으로 설정하며, 차동 기준 입력방식에서 x축과 y축의 좌표값만을 측정한다. 정확한 좌표값의 측정을 위해서는 매번 터치 스크린을 사용하기 전에 측정값의 캘리브레이션(calibration)을 수행하는 것이 바람직하지만 이 책에서는 이를 수행하지 않고 그냥 사용하는 것으로 한다.

<표 12.3> ADS7846 제어명령에서 PD1 및 PD0 비트의 기능

PD1	PD0	$\overline{\text{PENIRQ}}$	기 능
0	0	사용	A/D 변환을 하지 않는 시간에는 파워다운.
0	1	금지	내부 기준전압은 off 상태, A/D 변환기는 on 상태.
1	0	사용	내부 기준전압은 on 상태, A/D 변환기는 off 상태.
1	1	금지	내부 기준전압과 A/D 변환기가 모두 on 상태.

<표 12.4> ADS7846 제어명령에서 A2~A0 비트의 기능

SER/$\overline{\text{DFR}}$	A2	A1	A0	A/D 입력	드라이버 ON	기 능	기준 입력 모드
1	0	0	0	TEMP0		온도 측정 0	단극성 기준 입력
1	0	0	1	X+	Y+, Y-	y축 좌표 측정	단극성 기준 입력
1	0	1	0	V_{BAT}		배터리 전압 측정	단극성 기준 입력
1	0	1	1	X+	Y+, X-	z1축 압력 측정	단극성 기준 입력
1	1	0	0	Y-	Y+, X-	z2축 압력 측정	단극성 기준 입력
1	1	0	1	Y+	X+, X-	x축 좌표 측정	단극성 기준 입력
1	1	1	0	AUX_{IN}		보조입력 측정	단극성 기준 입력
1	1	1	1	TEMP1		온도 측정 1	단극성 기준 입력
0	0	0	1	X+	Y+, Y-	y축 좌표 측정 ★	차동 기준 입력
0	0	1	1	X+	Y+, X-	z1축 압력 측정	차동 기준 입력
0	1	0	0	Y-	Y+, X-	z2축 압력 측정	차동 기준 입력
0	1	0	1	Y+	X+, X-	x축 좌표 측정 ★	차동 기준 입력

ADS7846을 SPI 직렬통신으로 액세스하는 데이터 포맷은 <그림 12.17>에 설명하였다. 먼저 마이크로컨트롤러가 8비트의 제어명령을 ADS7846으로 송신하는데, 제어명령의 상위 5비트가 전송되고 나면 ADS7846은 나머지 3비트의 제어명령이 전송되는 동안에 지정된 채널의 입력신호를 샘플링하여 A/D 변환을 시작한다. 마이크로컨트롤러는 이어서 2차례 더미 데이터를 전송하면서 ADS7846으로부터 데이터를 읽어오면 된다. 첫번째로 읽는 바이트는 최상위 비트가 0이고 나머지 7비트에 A/D 변환결과의 b11~b5가 포함되며, 두번째 바이트는 상위 5비트에 A/D 변환결과의 b4~b0이 포함되고 나머지 3비트는 0으로 채워진다.

SPI 통신의 클록 신호는 high 구간과 low 구간이 각각 최소한 200ns 이상이어야 하므로 최대 2.5MHz까지의 전송속도를 사용할 수 있다. 이 책의 *OK-MKL25Z* 키트 예제 프로그램에서는 최대 한계 주파수보다 낮은 1.31072MHz의 속도로 ADS7846과 SPI 통신을 수행한다.

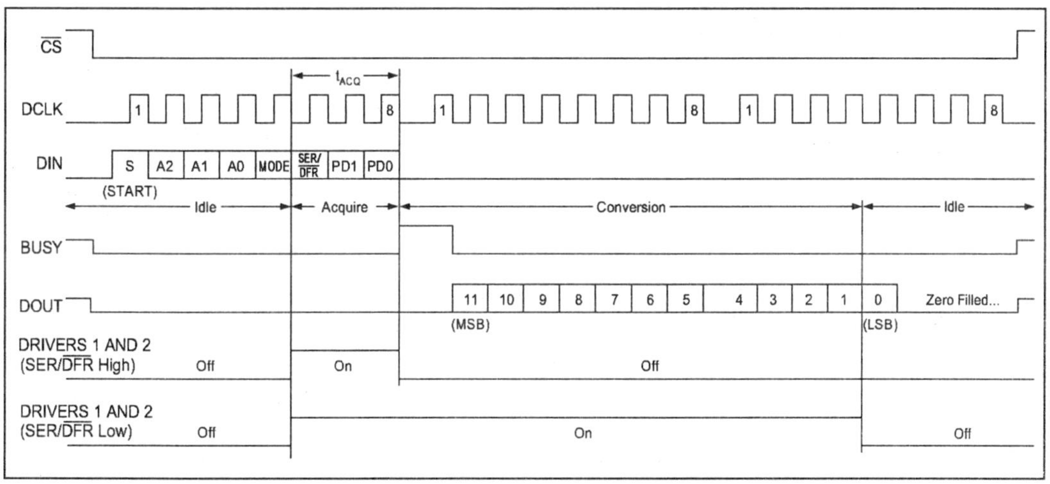

<그림 12.17> ADS7846의 통신 포맷

이와 같은 방법으로 ADS7846을 사용하여 터치 스크린을 입력하기 위한 루틴들은 기본 헤더파일 OK-MKL25Z.h에 미리 만들어 놓았으므로 사용자는 이 함수를 간단히 호출하여 사용하면 된다. 사용자가 이를 이용하여 터치 스크린을 사용하려면 먼저 Initialize_touch_screen() 함수를 실행하여 MKL25Z128VLK4 마이크로컨트롤러의 SPI 포트와 ADS7846을 초기화한 후에 Touch_screen_input() 함수를 실행하면 된다. 그러면 눌러진 터치 스크린의 x좌표값과 y좌표값이 읽혀져서 각각 전역변수 x_12bit 및 y_12bit에 저장되고 320×240 픽셀의 TFT-LCD 해상도에 맞도록 환산된 좌표값이 각각 전역변수 x_touch 및 y_touch에 저장된다. TFT-LCD 해상도에 맞도록 환산된 좌표값 x_touch와 y_touch는 각각 풍경화 모드에서는 0~319 및 0~239의 범위가 되고, 초상화 모드에서는 0~239 및 0~319의 범위가 된다. 터치 스크린을 누르지 않은 경우에는 이들 전역변수가 모두 0으로 처리된다.

ADS7846에서 읽어들인 터치 스크린의 12비트 원시 데이터인 x_12bit 및 y_12bit로부터 320×240 픽셀의 TFT-LCD 해상도에 맞도록 좌표값 x_touch 및 y_touch를 환산할 때는 외곽 부분의 자투리 값을 제거하고 비례식으로 처리하였다. 이 외곽부 자투리 값은 TFT-LCD 모델에 따라 약간씩의 차이가 있으므로 정확한 처리를 위해서는 매번 캘리브레이션을 수행하는 것이 바람직하지만, *OK-MKL25Z* 키트에서 사용하는 TFT-LCD 모델의 경우에는 저자가 실험해본 결과 위의 헤더파일에서와 같이 일정한 값을 제거하더라도 실용적으로 거의 문제가 없었으므로 여기서는 이처럼 캘리브레이션을 실시하지 않는 방법을 사용하였다.

(3) 터치 스크린 활용 프로그램

OK-MKL25Z 키트에서 터치 스크린을 입력하는 루틴은 앞에서 설명하였듯이 기본 헤더파일 OK-MKL25Z.h에 사용자 정의 함수로 만들어 두었기 때문에 이를 호출하여 간단히 사용할 수 있다.

▣ 터치 스크린의 좌표를 입력하는 프로그램

터치 스크린으로 입력된 좌표를 읽어서 TFT-LCD 화면에 디스플레이하는 프로그램은 다음과 같다.

<프로그램 Exp12_2_1.c> 터치 스크린의 좌표를 입력하는 프로그램

```
/* ========================================================================== */
/*              Exp12_2_1_touch_screen.c : 터치 스크린 입력 프로그램           */
/* ========================================================================== */
/*                                   Programmed by Duck-Yong Yoon in 2016.    */

#include <MKL25Z4.h>
#include "OK-MKL25Z.h"

int main(void)
{
  Initialize_MCU();                            // initialize MCU and kit
  Delay_ms(50);                                // wait for system stabilization
  Initialize_LCD();                            // initialize text LCD module
  Initialize_TFT_LCD();                        // initialize TFT-LCD module
  Initialize_touch_screen();                   // initialize touch screen

  LCD_string(0x80," OK-MKL25Z V1.0 ");         // display title
  LCD_string(0xC0,"  Exp12_2_1.c   ");
```

```
    Beep();

    Rectangle(0,0, 319,239, Green);                   // display title
    Rectangle(1,1, 318,238, Green);

    TFT_string( 8,5,White,Magenta, " 터치스크린 좌표 테스트 ");

    TFT_string( 1, 1, Cyan,   Black, "(0,0)");
    TFT_string(32, 1, Cyan,   Black, "(319,0)");
    TFT_string( 1,27, Cyan,   Black, "(0,239)");
    TFT_string(30,27, Cyan,   Black, "(319,239)");

    TFT_string( 9, 9, Cyan,   Black, " 원시 데이터");
    TFT_string(21, 9, Magenta,Black, " x = 0000 ");
    TFT_string(21,11, Magenta,Black, " y = 0000 ");
    TFT_string( 9,15, Cyan,   Black, " 픽셀 데이터");
    TFT_string(21,15, Magenta,Black, " x =  000 ");
    TFT_string(21,17, Magenta,Black, " y =  000 ");
    TFT_string( 8,22, White,   Blue, " 비프음 ");
    TFT_string(20,22, White,    Red, " LED ON/OFF ");
    Rectangle(61,173, 130,194, White);
    Rectangle(157,173, 258,194, White);

    while(1)
      { Touch_screen_input();                         // input touch screen

        TFT_color(Cyan,Black);
        TFT_xy(26,9);                                 // display 12-bit original X data
        TFT_unsigned_decimal(x_12bit,0,4);
        TFT_xy(26,11);                                // display 12-bit original Y data
        TFT_unsigned_decimal(y_12bit,0,4);
        TFT_xy(27,15);                                // display pixel X data
        TFT_unsigned_decimal(x_touch,0,3);
        TFT_xy(27,17);                                // display pixel Y data
        TFT_unsigned_decimal(y_touch,0,3);

        if((x_touch >= 61) && (x_touch <= 130) && (y_touch >= 173) && (y_touch <= 194))
          { Beep();
            Delay_ms(200);
          }
        else if((x_touch >= 157) && (x_touch <= 258) && (y_touch >= 173) && (y_touch <= 194))
          { Beep();
            GPIOD_PDOR ^= 0x00000080;
            Delay_ms(200);
          }
      }
}
```

☞ *OK-MKL25Z* 키트에서 터치 스크린을 입력하려면 먼저 Initialize_touch_screen() 함수로 터치 스크린 컨트롤러와 통신 포트를 초기화해야 한다. 그리고 나서 마치 키를 입력할 때처럼 터치 스크린을 읽고 싶을 때마다 한번씩 Touch_screen_input() 함수를 실행하면 되는데, 이때 입력된 터치 스크린의 x축 값과 y축 값은 각각 전역변수 x_12bit와 y_12bit에 저장되며, 이를 TFT-LCD 모듈의 풍경화 모드에서 화면 좌표 (0, 0)~(319, 239)의 범위로 환산한 값은 각각 전역변수 x_touch와 y_touch에 저장된다. 이 예제 프로그램에서는 화면이 풍경화 모드로 되어 있으므로 화면의 좌표는 (0, 0)~(319, 239) 범위로 입력되지만, 만약 화면이 초상화 모드라면 좌표는 (0, 0)~(239, 319) 범위로 입력된다.

위의 예제 프로그램에서는 이들 값을 TFT-LCD 모듈의 화면에 표시하여 사용자가 쉽게 알 수 있게 하였다. 이 프로그램을 실행하고 터치펜으로 터치 스크린 화면의 여기저기를 눌러보면서 좌표값이 올바르게 디스플레이되는지 확인하여 보라.

터치 스크린으로 아이콘을 구현할 때는 읽어들인 좌표값을 if문으로 비교하여 이 아이콘의 위치를 터치한 것으로 판단되면 해당하는 기능을 수행하면 된다.

▣ 터치 스크린을 이용한 낙서장

이번에는 *OK-MKL25Z* 키트에서 터치 스크린을 이용하여 낙서장을 만들어 보기로 한다. 낙서장을 프로그램으로 구현하려면 터치 스크린의 좌표를 연속적으로 입력하여 이전에 읽었던 점의 좌표와 현재의 좌표를 직선으로 연결하면 된다. 이 방법을 이용하면 터치 스크린에 손으로 글씨나 선을 쉽게 쓸 수 있다.

<프로그램 Exp12_2_2.c> 터치 스크린을 이용한 낙서장 프로그램

```
/* ============================================================================ */
/*      Exp12_2_2_scratch_pad.c : 터치스크린을 이용한 낙서장 프로그그램            */
/* ============================================================================ */
/*                                 Programmed by Duck-Yong Yoon in 2016.        */

#include <MKL25Z4.h>
#include "OK-MKL25Z.h"

int main(void)
{
  unsigned int xo = 0, yo = 0;

  Initialize_MCU();                           // initialize MCU and kit
  Delay_ms(50);                               // wait for system stabilization
  Initialize_LCD();                           // initialize text LCD module
  Initialize_TFT_LCD();                       // initialize TFT-LCD module

  LCD_string(0x80," OK-MKL25Z V1.0 ");        // display title
  LCD_string(0xC0,"   Exp12_2_2.c   ");
  Beep();

  Initialize_touch_screen();                  // initialize touch screen

  Rectangle(0,0, 319,239, Green);             //draw screen outline
  Rectangle(1,1, 318,238, Green);
  TFT_string(5,1, White,Magenta, " 터치 스크린을 이용한 낙서장 ");

  while(1)
    { Touch_screen_input();                   // input touch screen

      if((x_touch == 0) && (y_touch == 0))    // if not touch, skip
        { xo = 0;
          yo = 0;
        }

      if((xo == 0) && (yo == 0))              // if first touch, skip
        { xo = x_touch;
          yo = y_touch;
        }
      else
        { Line(xo,yo, x_touch,y_touch, White);
          xo = x_touch;
          yo = y_touch;
        }
    }
}
```

☞ 이전에 읽은 좌표값과 현재의 좌표값을 직선으로 연결할 때는 항상 이전 값을 처리하는 방법에 주의해야 한다. 즉, 처음 펜을 터치 스크린에 대면 처음으로 터치 스크린 값이 (0, 0)이 아닌 좌표값을 읽게 되고 이때 이전의 좌표값은 당연히 (0, 0)이었으므로 (0, 0)의 좌표와 현재의 좌표를 직선으로 연결하게 되어 화면처리가 이상해진다. 따라서, 새로 터치 스크린에 펜을 대는 경우에는 현재의 좌표값을 이전의 좌표값에 미리 복사해놓고 직선을 그리기 시작해야 한다.

▣ 터치 스크린을 이용한 그림판

이번에는 앞의 낙서장 프로그램을 좀더 발전시켜서 퍼스널컴퓨터에서 사용하는 그림판과 유사한 프로그램을 만들어 보기로 한다. 낙서장은 그냥 사용자가 터치 스크린에서 움직이는대로 써지는 기능만을 가지고 있지만, 그림판에서는 선의 굵기를 지정하거나 색깔을 변경하거나 화면을 지우는 메뉴 아이콘을 가지고 있다.

<프로그램 Exp12_2_3.c> 터치 스크린을 이용한 그림판 프로그램

```
/* ========================================================================== */
/*      Exp12_2_3_drawing_board.c : 터치스크린을 이용한 그림판 프로그램         */
/* ========================================================================== */
/*                                    Programmed by Duck-Yong Yoon in 2016.   */

#include <MKL25Z4.h>
#include "OK-MKL25Z.h"

#define icon_clear       0x01                     // clear
#define icon_width1      0x02                     // line width 1
#define icon_width2      0x03                     // line width 2
#define icon_width3      0x04                     // line width 3
#define icon_white       0x05                     // white
#define icon_red         0x06                     // red
#define icon_magenta     0x07                     // magenta
#define icon_yellow      0x08                     // yellow
#define icon_green       0x09                     // green
#define icon_cyan        0x0A                     // cyan
#define icon_blue        0x0B                     // blue
#define no_icon          0x00                     // no icon

void Draw_select(void);                           /* draw selected line width and color */
void Title_screen(void);                          /* draw title screen */
unsigned int Icon_input(void);                    /* input touch screen icon */

unsigned char icon_flag = 0;
unsigned char line_width = 2;                     // line width (default = middle)
unsigned int  user_color = White;                 // user color (default = White)

/* ----- 메인 프로그램 ------------------------------------------------------ */

int main(void)
{
  unsigned int icon;

  Initialize_MCU();                               // initialize MCU and kit
  Delay_ms(50);                                   // wait for system stabilization
  Initialize_LCD();                               // initialize text LCD module
  Initialize_TFT_LCD();                           // initialize TFT-LCD module

  LCD_string(0x80," OK-MKL25Z V1.0 ");            // display title
  LCD_string(0xC0,"  Exp12_2_3.c   ");
  Beep();
```

```
  Initialize_touch_screen();                    // initialize touch screen
  Title_screen();                               // draw title screen

  while(1)
    { icon = Icon_input();                      // input touch screen icon
      if(icon == icon_width1)
        { line_width = 1;       Draw_select(); }
      else if(icon == icon_width2)
        { line_width = 2;       Draw_select(); }
      else if(icon == icon_width3)
        { line_width = 3;       Draw_select(); }
      else if(icon == icon_clear)
        { TFT_clear_screen();   Title_screen(); }
      else if(icon == icon_white)
        { user_color = White;   Draw_select(); }
      else if(icon == icon_red)
        { user_color = Red;     Draw_select(); }
      else if(icon == icon_yellow)
        { user_color = Yellow;  Draw_select(); }
      else if(icon == icon_green)
        { user_color = Green;   Draw_select(); }
      else if(icon == icon_cyan)
        { user_color = Cyan;    Draw_select(); }
      else if(icon == icon_blue)
        { user_color = Blue;    Draw_select(); }
      else if(icon == icon_magenta)
        { user_color = Magenta; Draw_select(); }

      Touch_screen_input();                     // input touch screen
      if((x_touch != 0) || (y_touch != 0))
        { if((line_width == 1) && (x_touch >= 2) && (x_touch <= 317) && (y_touch >= 2) && (y_touch <= 210))
            TFT_pixel(x_touch, y_touch, user_color);
          else if((line_width == 2) && (x_touch >= 3) && (x_touch <= 316) && (y_touch >= 3) && (y_touch <= 209))
            { TFT_pixel(x_touch, y_touch, user_color);
              Rectangle(x_touch-1, y_touch-1, x_touch+1, y_touch+1, user_color);
            }
          else if((line_width == 3) && (x_touch >= 4) && (x_touch <= 315) && (y_touch >= 4) && (y_touch <= 208))
            { TFT_pixel(x_touch, y_touch, user_color);
              Rectangle(x_touch-1, y_touch-1, x_touch+1, y_touch+1, user_color);
              Rectangle(x_touch-2, y_touch-2, x_touch+2, y_touch+2, user_color);
            }
        }
    }
}

/* ----- 사용자 정의 함수 -------------------------------------------------- */

void Draw_select(void)                          /* draw selected line width and color */
{
  if(line_width == 1)                           // line_width = 1 ?
    { Rectangle( 8,212, 47,234, Black);
      Rectangle( 9,213, 46,233, user_color);
      Rectangle(10,214, 45,232, Black);
    }
  else if(line_width == 2)                      // line_width = 2 ?
    { Rectangle( 8,212, 47,234, Black);
      Rectangle( 9,213, 46,233, user_color);
      Rectangle(10,214, 45,232, user_color);
    }
  else if(line_width == 3)                      // line_width = 3 ?
    { Rectangle( 8,212, 47,234, user_color);
      Rectangle( 9,213, 46,233, user_color);
      Rectangle(10,214, 45,232, user_color);
    }
}

void Title_screen(void)                         /* draw title screen */
{
  Rectangle(0,0, 319,239, Green);               // draw outline of sheet
  Rectangle(1,1, 318,238, Green);
```

```
  TFT_string(16,1, White,Magenta, " 그림판 "); // display title

  TFT_string(3,27, Green,Black, "C");          // clear selection button
  Draw_select();                               // select box

  Rectangle(58,213, 78,233, Green);            // line_width selection button
  Line(63,223, 73,223, White);

  Rectangle(83,213, 103,233, Green);
  Line(88,222, 98,222, White);
  Line(88,223, 98,223, White);
  Line(88,224, 98,224, White);

  Rectangle(108,213, 128,233, Green);
  Line(113,221, 123,221, White);
  Line(113,222, 123,222, White);
  Line(113,223, 123,223, White);
  Line(113,224, 123,224, White);
  Line(113,225, 123,225, White);

  Block(139,213, 159,233, White, White);       // color selection button
  Block(164,213, 184,233, White, Red);
  Block(189,213, 209,233, White, Magenta);
  Block(214,213, 234,233, White, Yellow);
  Block(239,213, 259,233, White, Green);
  Block(264,213, 284,233, White, Cyan);
  Block(289,213, 309,233, White, Blue);
}

unsigned int Icon_input(void)                  /* input touch screen icon */
{
  unsigned int icon;

  Touch_screen_input();                        // input touch screen

  if((icon_flag == 0) && (x_touch >= 10) && (x_touch <= 45) && (y_touch >= 213) && (y_touch <= 233))
    { icon = icon_clear;
      icon_flag = 1;
      Beep();
    }
  else if((icon_flag == 0) && (x_touch >= 58) && (x_touch <= 78) && (y_touch >= 213) && (y_touch <= 233))
    { icon = icon_width1;
      icon_flag = 1;
      Beep();
    }
  else if((icon_flag == 0) && (x_touch >= 83) && (x_touch <= 103) && (y_touch >= 213) && (y_touch <= 233))
    { icon = icon_width2;
      icon_flag = 1;
      Beep();
    }
  else if((icon_flag == 0) && (x_touch >= 108) && (x_touch <= 128) && (y_touch >= 213) && (y_touch <= 233))
    { icon = icon_width3;
      icon_flag = 1;
      Beep();
    }
  else if((icon_flag == 0) && (x_touch >= 139) && (x_touch <= 159) && (y_touch >= 213) && (y_touch <= 233))
    { icon = icon_white;
      icon_flag = 1;
      Beep();
    }
  else if((icon_flag == 0) && (x_touch >= 164) && (x_touch <= 184) && (y_touch >= 213) && (y_touch <= 233))
    { icon = icon_red;
      icon_flag = 1;
      Beep();
    }
  else if((icon_flag == 0) && (x_touch >= 189) && (x_touch <= 209) && (y_touch >= 213) && (y_touch <= 233))
    { icon = icon_magenta;
      icon_flag = 1;
      Beep();
    }
```

```
  else if((icon_flag == 0) && (x_touch >= 214) && (x_touch <= 234) && (y_touch >= 213) && (y_touch <= 233))
    { icon = icon_yellow;
      icon_flag = 1;
      Beep();
    }
  else if((icon_flag == 0) && (x_touch >= 239) && (x_touch <= 259) && (y_touch >= 213) && (y_touch <= 233))
    { icon = icon_green;
      icon_flag = 1;
      Beep();
    }
  else if((icon_flag == 0) && (x_touch >= 264) && (x_touch <= 284) && (y_touch >= 213) && (y_touch <= 233))
    { icon = icon_cyan;
      icon_flag = 1;
      Beep();
    }
  else if((icon_flag == 0) && (x_touch >= 289) && (x_touch <= 309) && (y_touch >= 213) && (y_touch <= 233))
    { icon = icon_blue;
      icon_flag = 1;
      Beep();
    }
  else if((icon_flag == 1) && (x_touch == 0) && (y_touch == 0))
    { icon = no_icon;
      icon_flag = 0;
      Delay_ms(50);
    }
  else
    icon = no_icon;

  return icon;
}
```

(4) 터치 스크린을 이용한 메뉴방식 프로그램

이번에는 *OK-MKL25Z* 키트에서 사용하는 3.2인치 TFT-LCD 모듈에 여러 가지의 선택 메뉴를 만들어 놓고 이 메뉴를 선택하여 실행하는 형식의 프로그램을 작성하여 보기로 한다.

<프로그램 Exp12_2_4.c> 터치 스크린을 이용한 메뉴방식 프로그램

```
/* ========================================================================== */
/*     Exp12_2_4_touch_menu(1).c : 터치 스크린을 이용한 메뉴 처리 프로그램     */
/* ========================================================================== */
/*                                    Programmed by Duck-Yong Yoon in 2016.   */

#include <MKL25Z4.h>
#include "OK-MKL25Z.h"

void Display_menu(void);                        /* display menu screen */
void Menu1(void);                               /* menu1 : landscape mode test */
void Menu2(void);                               /* menu2 : portrait mode test */
void Menu3(void);                               /* menu3 : color bar in landscape mode */
void Menu4(void);                               /* menu4 : color bar in portrait mode */

unsigned int menu;                              // menu number

/* ----- 메인 프로그램 ------------------------------------------------------- */

int main(void)
{
  Initialize_MCU();                             // initialize MCU and kit
```

```
  Delay_ms(50);                                // wait for system stabilization
  Initialize_LCD();                            // initialize text LCD module
  Initialize_TFT_LCD();                        // initialize TFT-LCD module
  Initialize_touch_screen();                   // initialize touch screen

  LCD_string(0x80," OK-MKL25Z V1.0 ");         // display title
  LCD_string(0xC0,"   Exp12_2_4.c    ");
  Beep();

  menu = 1;                                    // initial value

  while(1)
    { Display_menu();                          // update screen menu

      Touch_screen_input();                    // input touch screen
      if((x_touch >= 32) && (x_touch <= 288) && (y_touch >= 59) && (y_touch <= 82))
        { Beep();                              // menu1
          Delay_ms(200);
          if(menu == 1) Menu1();
          else          menu = 1;
        }
      else if((x_touch >= 32) && (x_touch <= 288) && (y_touch >= 83) && (y_touch <= 106))
        { Beep();                              // menu2
          Delay_ms(200);
          if(menu == 2) Menu2();
          else          menu = 2;
        }
      else if((x_touch >= 32) && (x_touch <= 288) && (y_touch >= 107) && (y_touch <= 130))
        { Beep();                              // menu3
          Delay_ms(200);
          if(menu == 3) Menu3();
          else          menu = 3;
        }
      else if((x_touch >= 32) && (x_touch <= 288) && (y_touch >= 131) && (y_touch <= 154))
        { Beep();                              // menu4
          Delay_ms(200);
          if(menu == 4) Menu4();
          else          menu = 4;
        }
      else if((x_touch >= 9) && (x_touch <= 64) && (y_touch >= 196) && (y_touch <= 235))
        { Beep();                              // icon1
          Delay_ms(200);
          if(menu == 1)      Menu1();
          else if(menu == 2) Menu2();
          else if(menu == 3) Menu3();
          else if(menu == 4) Menu4();
        }
      else if((x_touch >= 176) && (x_touch <= 231) && (y_touch >= 196) && (y_touch <= 235))
        { menu--;                              // icon3
          if(menu == 0) menu = 4;
          Beep();
          Delay_ms(200);
        }
      else if((x_touch >= 256) && (x_touch <= 311) && (y_touch >= 196) && (y_touch <= 235))
        { menu++;                              // icon4
          if(menu == 5) menu = 1;
          Beep();
          Delay_ms(200);
        }
    }
}

/* ----- 사용자 정의 함수 ------------------------------------------------ */

void Display_menu(void)                        /* display menu screen */
{
  TFT_string(7, 3,White,Magenta," 터치스크린 메뉴 프로그램 ");  // display menu
  TFT_string(5, 8, Cyan,Black, "메뉴1 : 풍경화 모드 터치스크린");
  TFT_string(5,11, Cyan,Black, "메뉴2 : 초상화 모드 터치스크린");
  TFT_string(5,14,Green,Black, "메뉴3 : 풍경화 모드 컬러바    ");
  TFT_string(5,17,Green,Black, "메뉴4 : 초상화 모드 컬러바    ");
```

```
  if(menu == 1) Rectangle(32,59, 288,82, Magenta); // display selection bar
  else          Rectangle(32,59, 288,82, Black);
  if(menu == 2) Rectangle(32,83, 288,106, Magenta);
  else          Rectangle(32,83, 288,106, Black);
  if(menu == 3) Rectangle(32,107, 288,130, Magenta);
  else          Rectangle(32,107, 288,130, Black);
  if(menu == 4) Rectangle(32,131, 288,154, Magenta);
  else          Rectangle(32,131, 288,154, Black);

  Rectangle( 9,196, 64,235, Yellow);              // display touch icon
  Rectangle(10,197, 63,234, Yellow);
  TFT_string(2,25, Cyan,    Black, "ICON1");
  TFT_string(2,27, Magenta,Black, "(RUN)");
  Rectangle(176,196, 231,235, Yellow);
  Rectangle(177,197, 230,234, Yellow);
  TFT_string(23,25, Cyan,    Black, "ICON3");
  TFT_xy(24,27); TFT_color(Magenta,Black);
  TFT_English('('); TFT_English(0x18); TFT_English(')');
  Rectangle(256,196, 311,235, Yellow);
  Rectangle(257,197, 310,234, Yellow);
  TFT_string(33,25, Cyan,    Black, "ICON4");
  TFT_xy(34,27); TFT_color(Magenta,Black);
  TFT_English('('); TFT_English(0x19); TFT_English(')');
}

void Menu1(void)                                  /* menu1 : landscape mode test */
{
  unsigned int exit_flag;                         // menu exit flag

  TFT_clear_screen();                             // TFT-LCD clear screen
  TFT_landscape_mode();                           // landscape mode

  Rectangle(0,0, 319,239, Green);                 // display title
  Rectangle(1,1, 318,238, Green);

  TFT_string( 8,5,White,Magenta," 터치스크린 좌표 테스트 ");

  TFT_string( 1, 1, Cyan,    Black, "(0,0)");
  TFT_string(32, 1, Cyan,    Black, "(319,0)");
  TFT_string( 1,27, Cyan,    Black, "(0,239)");
  TFT_string(30,27, Cyan,    Black, "(319,239)");

  TFT_string( 9, 9, Cyan,    Black, " 원시 데이터");
  TFT_string(21, 9, Magenta,Black, " x = 0000 ");
  TFT_string(21,11, Magenta,Black, " y = 0000 ");
  TFT_string( 9,15, Cyan,    Black, " 픽셀 데이터");
  TFT_string(21,15, Magenta,Black, " x =  000 ");
  TFT_string(21,17, Magenta,Black, " y =  000 ");
  TFT_string(17,22, White,    Red, " 종료 ");
  Rectangle(131,172, 188,195, White);
  Rectangle(132,173, 187,194, White);

  exit_flag = 0;
  while(exit_flag == 0)
    { Touch_screen_input();                       // input touch screen

      TFT_color(Cyan,Black);
      TFT_xy(26,9);                               // display 12-bit original X data
      TFT_unsigned_decimal(x_12bit,0,4);
      TFT_xy(26,11);                              // display 12-bit original Y data
      TFT_unsigned_decimal(y_12bit,0,4);
      TFT_xy(27,15);                              // display pixel X data
      TFT_unsigned_decimal(x_touch,0,3);
      TFT_xy(27,17);                              // display pixel Y data
      TFT_unsigned_decimal(y_touch,0,3);

      if((x_touch >= 131) && (x_touch <= 188) && (y_touch >= 172) && (y_touch <= 195))
        { exit_flag = 1;
          Beep();
          Delay_ms(200);
          TFT_clear_screen();                     // TFT-LCD clear screen
          TFT_landscape_mode();                   // landscape mode
```

```
      }
    }
}

void Menu2(void)                                        /* menu2 : portrait mode test */
{
  unsigned int exit_flag;                               // menu exit flag

  TFT_clear_screen();                                   // TFT-LCD clear screen
  TFT_portrait_mode();                                  // portrait mode

  Rectangle(0,0, 239,319, Green);                       // display title
  Rectangle(1,1, 238,318, Green);

  TFT_string( 3,8,White,Magenta," 터치스크린 좌표 테스트 ");

  TFT_string( 1, 1, Cyan,    Black, "(0,0)");
  TFT_string(22, 1, Cyan,    Black, "(239,0)");
  TFT_string( 1,37, Cyan,    Black, "(0,319)");
  TFT_string(20,37, Cyan,    Black, "(239,319)");

  TFT_string( 4,15, Cyan,    Black, " 원시 데이터");
  TFT_string(16,15, Magenta,Black, " x = 0000 ");
  TFT_string(16,17, Magenta,Black, " y = 0000 ");
  TFT_string( 4,22, Cyan,    Black, " 픽셀 데이터");
  TFT_string(16,22, Magenta,Black, " x =  000 ");
  TFT_string(16,24, Magenta,Black, " y =  000 ");
  TFT_string(12,30, White,      Red, " 종료 ");
  Rectangle(92,236, 147,259, White);
  Rectangle(93,237, 146,258, White);

  exit_flag = 0;
  while(exit_flag == 0)
    { Touch_screen_input();                             // input touch screen

      TFT_color(Cyan,Black);
      TFT_xy(21,15);                                    // display 12-bit original X data
      TFT_unsigned_decimal(x_12bit,0,4);
      TFT_xy(21,17);                                    // display 12-bit original Y data
      TFT_unsigned_decimal(y_12bit,0,4);
      TFT_xy(22,22);                                    // display pixel X data
      TFT_unsigned_decimal(x_touch,0,3);
      TFT_xy(22,24);                                    // display pixel Y data
      TFT_unsigned_decimal(y_touch,0,3);

      if((x_touch >= 92) && (x_touch <= 147) && (y_touch >= 236) && (y_touch <= 259))
        { exit_flag = 1;
          Beep();
          Delay_ms(200);
          TFT_clear_screen();                           // TFT-LCD clear screen
          TFT_landscape_mode();                         // landscape mode
        }
    }
}

unsigned int Color[8] =                                 // 8-color data
   { White, Black, Red, Green, Blue, Yellow, Cyan, Magenta };

void Menu3(void)                                        /* menu3 : color bar in landscape mode */
{
  unsigned int i, j, k;

  TFT_clear_screen();                                   // TFT-LCD clear screen
  TFT_landscape_mode();                                 // landscape mode

  for(i = 0; i < 8; i++)
    { TFT_GRAM_address(0,i*30);                         // display 8-color bar
      for(j = 0; j < 30; j++)
        for(k = 0; k < 320; k++)
          TFT_data(Color[i]);
      if(i == 0)                                        // display name of color bar
        TFT_string(14, 1, Black,Transparent, "백색(White)");
```

```
      else if(i == 1)
        TFT_string(14, 5, White,Transparent, "흑색(Black)");
      else if(i == 2)
        TFT_string(14, 8, Green,Transparent, "적색(Red)");
      else if(i == 3)
        TFT_string(14,12, Red,   Transparent, "녹색(Green)");
      else if(i == 4)
        TFT_string(14,16, Cyan,  Transparent, "청색(Blue)");
      else if(i == 5)
        TFT_string(14,20, Black,Transparent, "노랑(Yellow)");
      else if(i == 6)
        TFT_string(14,24, Red,   Transparent, "녹청(Cyan)");
      else if(i == 7)
        TFT_string(14,27, White,Transparent, "자홍(Magenta)");
      Delay_ms(500);
    }
  Delay_ms(2000);

  TFT_clear_screen();                          // TFT-LCD clear screen
  TFT_landscape_mode();                        // landscape mode
}

void Menu4(void)                               /* menu4 : color bar in portrait mode */
{
  unsigned int i, j, k;

  TFT_clear_screen();                          // TFT-LCD clear screen
  TFT_portrait_mode();                         // portrait mode

  for(i = 0; i < 8; i++)
    { TFT_GRAM_address(0,i*40);                // display 8-color bar
      for(j = 0; j < 40; j++)
        for(k = 0; k < 240; k++)
          TFT_data(Color[i]);
      if(i == 0)                               // display name of color bar
        TFT_string(9, 2, Black,Transparent, "백색(White)");
      else if(i == 1)
        TFT_string(9, 7, White,Transparent, "흑색(Black)");
      else if(i == 2)
        TFT_string(9,12, Green,Transparent, "적색(Red)");
      else if(i == 3)
        TFT_string(9,17, Red,   Transparent, "녹색(Green)");
      else if(i == 4)
        TFT_string(9,22, Cyan,  Transparent, "청색(Blue)");
      else if(i == 5)
        TFT_string(9,27, Black,Transparent, "노랑(Yellow)");
      else if(i == 6)
        TFT_string(9,32, Red,   Transparent, "녹청(Cyan)");
      else if(i == 7)
        TFT_string(9,37, White,Transparent, "자홍(Magenta)");
      Delay_ms(500);
    }
  Delay_ms(2000);

  TFT_clear_screen();                          // TFT-LCD clear screen
  TFT_landscape_mode();                        // landscape mode
}
```

☞ 이 프로그램에는 4개의 메뉴가 있는데, 각 메뉴를 선택하려면 해당 메뉴를 직접 터치하거나 또는 아이콘 ICON3, ICON4를 사용하여 선택 바를 이동시켜도 된다. 메뉴를 실행하려면 해당 메뉴에 선택 바가 위치하는 상태에서 이 메뉴를 다시 한번 터치하거나 또는 아이콘 ICON1을 누르면 된다. 각 메뉴를 실행하고 나면 프로그램은 다시 메인 메뉴로 되돌아온다.

이 메뉴방식 예제 프로그램에서는 터치 스크린의 메뉴 아이콘을 입력하는데 문제가 좀 있다. 즉, 프로그램에서 터치 스크린을 무조건 반복하여 입력하므로 메뉴 아이콘을 조금 긴 시간동안 누르고 있으면 이를 여러 번 누른 것처럼 반복하여 인식한다.

이러한 현상을 방지하려면 터치 스크린에서 메뉴 아이콘을 입력할 때 키입력 함수에서처럼 디바운싱(debouncing) 기능과 원 터치(one touch) 기능을 넣어야 한다. 이렇게 하면 메뉴 아이콘을 누르는 시간이 길거나 짧더라도 아이콘을 정확하게 한번씩만 인식하게 된다. 다음은 위의 메뉴방식 프로그램을 이와 같이 개선한 것이다.

<프로그램 Exp12_2_5.c> 터치 스크린을 이용한 개선된 메뉴방식 프로그램

```
/* ============================================================================ */
/*      Exp12_2_5_touch_menu(2).c : 터치 스크린을 이용한 메뉴 처리 프로그램      */
/* ============================================================================ */
/*                                    Programmed by Duck-Yong Yoon in 2016.     */

#include <MKL25Z4.h>
#include "OK-MKL25Z.h"

void Display_menu(void);                        /* display menu screen */
void Menu1(void);                               /* menu1 : landscape mode test */
void Menu2(void);                               /* menu2 : portrait mode test */
void Menu3(void);                               /* menu3 : color bar in landscape mode */
void Menu4(void);                               /* menu4 : color bar in portrait mode */

unsigned int menu;                              // menu number
unsigned char icon_flag;                        // icon touch flag

/* ----- 메인 프로그램 ---------------------------------------------------- */

int main(void)
{
  Initialize_MCU();                             // initialize MCU and kit
  Delay_ms(50);                                 // wait for system stabilization
  Initialize_LCD();                             // initialize text LCD module
  Initialize_TFT_LCD();                         // initialize TFT-LCD module
  Initialize_touch_screen();                    // initialize touch screen

  LCD_string(0x80," OK-MKL25Z V1.0 ");          // display title
  LCD_string(0xC0,"  Exp12_2_5.c   ");
  Beep();

  menu = 1;                                     // initial value
  icon_flag = 1;

  while(1)
    { if(icon_flag == 1)                        // update screen menu
        Display_menu();

      Touch_screen_input();                     // input touch screen
      if((icon_flag == 0) && (x_touch >= 32) && (x_touch <= 288) && (y_touch >= 59) && (y_touch <= 82))
        { icon_flag = 1;                        // menu1
          Beep();
          if(menu == 1) Menu1();
          else          menu = 1;
        }
      else if((icon_flag == 0) && (x_touch >= 32) && (x_touch <= 288) && (y_touch >= 83) && (y_touch <= 106))
        { icon_flag = 1;                        // menu2
          Beep();
          if(menu == 2) Menu2();
          else          menu = 2;
```

```
        }
      else if((icon_flag == 0) && (x_touch >= 32) && (x_touch <= 288) && (y_touch >= 107) && (y_touch <= 130))
        { icon_flag = 1;                                // menu3
          Beep();
          if(menu == 3) Menu3();
          else          menu = 3;
        }
      else if((icon_flag == 0) && (x_touch >= 32) && (x_touch <= 288) && (y_touch >= 131) && (y_touch <= 154))
        { icon_flag = 1;                                // menu4
          Beep();
          if(menu == 4) Menu4();
          else          menu = 4;
        }
      else if((icon_flag == 0) && (x_touch >= 9) && (x_touch <= 64) && (y_touch >= 196) && (y_touch <= 235))
        { icon_flag = 1;
          Beep();                                       // icon1
          Rectangle( 9,196, 64,235, Magenta);
          Rectangle(10,197, 63,234, Magenta);
          Delay_ms(200);
          if(menu == 1)      Menu1();
          else if(menu == 2) Menu2();
          else if(menu == 3) Menu3();
          else if(menu == 4) Menu4();
        }
      else if((icon_flag == 0) && (x_touch >= 176) && (x_touch <= 231) && (y_touch >= 196) && (y_touch <= 235))
        { icon_flag = 1;
          menu--;                                       // icon3
          if(menu == 0) menu = 4;
          Beep();
          Rectangle(176,196, 231,235, Magenta);
          Rectangle(177,197, 230,234, Magenta);
          Delay_ms(200);
        }
      else if((icon_flag == 0) && (x_touch >= 256) && (x_touch <= 311) && (y_touch >= 196) && (y_touch <= 235))
        { icon_flag = 1;
          menu++;                                       // icon4
          if(menu == 5) menu = 1;
          Beep();
          Rectangle(256,196, 311,235, Magenta);
          Rectangle(257,197, 310,234, Magenta);
          Delay_ms(200);
        }
      else if((x_touch == 0) && (x_touch == 0))
        icon_flag = 0;
    }
}
/* ----- 사용자 정의 함수 ---------------------------------------------------- */

void Display_menu(void)                                 /* display menu screen */
{
  TFT_string(7, 3,White,Magenta," 터치스크린 메뉴 프로그램 ");  // display menu
  TFT_string(5, 8, Cyan,Black, "메뉴1 : 풍경화 모드 터치스크린");
  TFT_string(5,11, Cyan,Black, "메뉴2 : 초상화 모드 터치스크린");
  TFT_string(5,14,Green,Black, "메뉴3 : 풍경화 모드 컬러바    ");
  TFT_string(5,17,Green,Black, "메뉴4 : 초상화 모드 컬러바    ");

  if(menu == 1) Rectangle(32,59, 288,82, Magenta); // display selection bar
  else          Rectangle(32,59, 288,82, Black);
  if(menu == 2) Rectangle(32,83, 288,106, Magenta);
  else          Rectangle(32,83, 288,106, Black);
  if(menu == 3) Rectangle(32,107, 288,130, Magenta);
  else          Rectangle(32,107, 288,130, Black);
  if(menu == 4) Rectangle(32,131, 288,154, Magenta);
  else          Rectangle(32,131, 288,154, Black);

  Rectangle( 9,196, 64,235, Yellow);                    // display touch icon
  Rectangle(10,197, 63,234, Yellow);
  TFT_string(2,25, Cyan,    Black, "ICON1");
  TFT_string(2,27, Magenta,Black, "(RUN)");
  Rectangle(176,196, 231,235, Yellow);
```

```
  Rectangle(177,197, 230,234, Yellow);
  TFT_string(23,25, Cyan,   Black, "ICON3");
  TFT_xy(24,27); TFT_color(Magenta,Black);
  TFT_English('('); TFT_English(0x18); TFT_English(')');
  Rectangle(256,196, 311,235, Yellow);
  Rectangle(257,197, 310,234, Yellow);
  TFT_string(33,25, Cyan,   Black, "ICON4");
  TFT_xy(34,27); TFT_color(Magenta,Black);
  TFT_English('('); TFT_English(0x19); TFT_English(')');
}

void Menu1(void)                              /* menu1 : landscape mode test */
{
  unsigned int exit_flag;                     // menu exit flag

  TFT_clear_screen();                         // TFT-LCD clear screen
  TFT_landscape_mode();                       // landscape mode

  Rectangle(0,0, 319,239, Green);             // display title
  Rectangle(1,1, 318,238, Green);

  TFT_string( 8,5,White,Magenta," 터치스크린 좌표 테스트 ");

  TFT_string( 1, 1, Cyan,   Black, "(0,0)");
  TFT_string(32, 1, Cyan,   Black, "(319,0)");
  TFT_string( 1,27, Cyan,   Black, "(0,239)");
  TFT_string(30,27, Cyan,   Black, "(319,239)");

  TFT_string( 9, 9, Cyan,   Black, " 원시 데이터");
  TFT_string(21, 9, Magenta,Black, " x = 0000 ");
  TFT_string(21,11, Magenta,Black, " y = 0000 ");
  TFT_string( 9,15, Cyan,   Black, " 픽셀 데이터");
  TFT_string(21,15, Magenta,Black, " x =  000 ");
  TFT_string(21,17, Magenta,Black, " y =  000 ");
  TFT_string(17,22, White,    Red, " 종료 ");
  Rectangle(131,172, 188,195, White);
  Rectangle(132,173, 187,194, White);

  exit_flag = 0;
  while(exit_flag == 0)
    { Touch_screen_input();                   // input touch screen

      TFT_color(Cyan,Black);
      TFT_xy(26,9);                           // display 12-bit original X data
      TFT_unsigned_decimal(x_12bit,0,4);
      TFT_xy(26,11);                          // display 12-bit original Y data
      TFT_unsigned_decimal(y_12bit,0,4);
      TFT_xy(27,15);                          // display pixel X data
      TFT_unsigned_decimal(x_touch,0,3);
      TFT_xy(27,17);                          // display pixel Y data
      TFT_unsigned_decimal(y_touch,0,3);

      if((x_touch >= 131) && (x_touch <= 188) && (y_touch >= 172) && (y_touch <= 195))
        { exit_flag = 1;
          Beep();
          Rectangle(131,172, 188,195, Magenta);
          Rectangle(132,173, 187,194, Magenta);
          Delay_ms(200);
          TFT_clear_screen();                 // TFT-LCD clear screen
          TFT_landscape_mode();               // landscape mode
        }
    }
}

void Menu2(void)                              /* menu2 : portrait mode test */
{
  unsigned int exit_flag;                     // menu exit flag

  TFT_clear_screen();                         // TFT-LCD clear screen
  TFT_portrait_mode();                        // portrait mode
```

```
  Rectangle(0,0, 239,319, Green);                   // display title
  Rectangle(1,1, 238,318, Green);

  TFT_string( 3,8,White,Magenta," 터치스크린 좌표 테스트 ");

  TFT_string( 1, 1, Cyan,   Black, "(0,0)");
  TFT_string(22, 1, Cyan,   Black, "(239,0)");
  TFT_string( 1,37, Cyan,   Black, "(0,319)");
  TFT_string(20,37, Cyan,   Black, "(239,319)");

  TFT_string( 4,15, Cyan,   Black, " 원시 데이터");
  TFT_string(16,15, Magenta,Black, " x = 0000 ");
  TFT_string(16,17, Magenta,Black, " y = 0000 ");
  TFT_string( 4,22, Cyan,   Black, " 픽셀 데이터");
  TFT_string(16,22, Magenta,Black, " x =  000 ");
  TFT_string(16,24, Magenta,Black, " y =  000 ");
  TFT_string(12,30, White,    Red, " 종료 ");
  Rectangle(92,236, 147,259, White);
  Rectangle(93,237, 146,258, White);

  exit_flag = 0;
  while(exit_flag == 0)
    { Touch_screen_input();                         // input touch screen

      TFT_color(Cyan,Black);
      TFT_xy(21,15);                                // display 12-bit original X data
      TFT_unsigned_decimal(x_12bit,0,4);
      TFT_xy(21,17);                                // display 12-bit original Y data
      TFT_unsigned_decimal(y_12bit,0,4);
      TFT_xy(22,22);                                // display pixel X data
      TFT_unsigned_decimal(x_touch,0,3);
      TFT_xy(22,24);                                // display pixel Y data
      TFT_unsigned_decimal(y_touch,0,3);

      if((x_touch >= 92) && (x_touch <= 147) && (y_touch >= 236) && (y_touch <= 259))
        { exit_flag = 1;
          Beep();
          Rectangle(92,236, 147,259, Magenta);
          Rectangle(93,237, 146,258, Magenta);
          Delay_ms(200);
          TFT_clear_screen();                       // TFT-LCD clear screen
          TFT_landscape_mode();                     // landscape mode
        }
    }
}

unsigned int Color[8] =                             // 8-color data
   { White, Black, Red, Green, Blue, Yellow, Cyan, Magenta };

void Menu3(void)                                    /* menu3 : color bar in landscape mode */
{
  unsigned int i, j, k;

  TFT_clear_screen();                               // TFT-LCD clear screen
  TFT_landscape_mode();                             // landscape mode

  for(i = 0; i < 8; i++)
    { TFT_GRAM_address(0,i*30);                     // display 8-color bar
      for(j = 0; j < 30; j++)
        for(k = 0; k < 320; k++)
          TFT_data(Color[i]);
      if(i == 0)                                    // display name of color bar
        TFT_string(14, 1, Black,Transparent, "백색(White)");
      else if(i == 1)
        TFT_string(14, 5, White,Transparent, "흑색(Black)");
      else if(i == 2)
        TFT_string(14, 8, Green,Transparent, "적색(Red)");
      else if(i == 3)
        TFT_string(14,12, Red,  Transparent, "녹색(Green)");
      else if(i == 4)
        TFT_string(14,16, Cyan, Transparent, "청색(Blue)");
```

```
      else if(i == 5)
        TFT_string(14,20, Black,Transparent, "노랑(Yellow)");
      else if(i == 6)
        TFT_string(14,24, Red,   Transparent, "녹청(Cyan)");
      else if(i == 7)
        TFT_string(14,27, White,Transparent, "자홍(Magenta)");
      Delay_ms(500);
    }
  Delay_ms(2000);

  TFT_clear_screen();                         // TFT-LCD clear screen
  TFT_landscape_mode();                       // landscape mode
}

void Menu4(void)                              /* menu4 : color bar in portrait mode */
{
  unsigned int i, j, k;

  TFT_clear_screen();                         // TFT-LCD clear screen
  TFT_portrait_mode();                        // portrait mode

  for(i = 0; i < 8; i++)
    { TFT_GRAM_address(0,i*40);               // display 8-color bar
      for(j = 0; j < 40; j++)
        for(k = 0; k < 240; k++)
          TFT_data(Color[i]);
      if(i == 0)                              // display name of color bar
        TFT_string(9, 2, Black,Transparent, "백색(White)");
      else if(i == 1)
        TFT_string(9, 7, White,Transparent, "흑색(Black)");
      else if(i == 2)
        TFT_string(9,12, Green,Transparent, "적색(Red)");
      else if(i == 3)
        TFT_string(9,17, Red,   Transparent, "녹색(Green)");
      else if(i == 4)
        TFT_string(9,22, Cyan,  Transparent, "청색(Blue)");
      else if(i == 5)
        TFT_string(9,27, Black,Transparent, "노랑(Yellow)");
      else if(i == 6)
        TFT_string(9,32, Red,   Transparent, "녹청(Cyan)");
      else if(i == 7)
        TFT_string(9,37, White,Transparent, "자홍(Magenta)");
      Delay_ms(500);
    }
  Delay_ms(2000);

  TFT_clear_screen();                         // TFT-LCD clear screen
  TFT_landscape_mode();                       // landscape mode
}
```

☞ 터치 스크린 입력의 디바운싱 및 원터치 처리 기술도 제6.3절에서 설명한 키입력의 디바운싱 및 원터치 처리 기술과 매우 유사하다. 평소에는 icon_flag = 0 상태에 있다가 처음으로 터치 스크린 입력이 확인되면 위치 데이터를 읽고 icon_flag = 1로 표시하며 비프음을 울려서 50ms의 시간지연을 준다. 그러면, 터치 스크린에서 손을 떼어 다시 icon_flag = 0 상태로 되는 것을 확인하기 전에는 터치 스크린을 누른 것이 확인되더라도 이를 터치 스크린 입력으로 처리하지 않는다. 이렇게 하면 터치 스크린을 누르고 있는 시간이 길든 짧든 관계없이 터치 스크린의 입력은 오직 1번만 인식된다.

또한, 아이콘이 눌려진 것으로 인식되면 약 200ms의 시간동안 아이콘의 색깔을 변경시켜 표시함으로써 시각적인 효과를 좋게 하였다.

12.3 DS2324를 이용한 시계 프로그램

(1) DS3234의 구조와 기능

DS3234는 외부에 배터리를 사용하는 SPI 직렬통신 인터페이스형의 RTC 소자로서 내부에 매우 정밀도가 높은 크리스털 발진회로를 내장하고 있어서 0~+40℃의 온도범위에서 ±2ppm, -40~+85℃의 온도범위에서 ±3.5ppm의 정밀도를 보장한다.

▣ DS3234의 특징

① 외부에 배터리 백업 회로를 사용해야 하는 RTC이다.

② 최대 4MHz 속도의 SPI 직렬통신 방식으로 인터페이스한다.

③ 소자 내부에 32.768kHz의 수정발진 회로를 가지고 있어서 0~+40℃에서 ±2ppm, -40~+85℃에서 ±3.5ppm의 정밀도를 보장한다.

④ 연, 월, 일, 요일, 시, 분, 초 데이터를 저장하고 있으며, 서기 2099년까지 윤년을 자동으로 환산하여 처리하는 기능을 가진다.

⑤ 12시제 및 24시제를 임의로 사용할 수 있으며, 12시제를 사용하는 경우에는 오전, 오후를 표시할 수 있다.

⑥ 모든 데이터는 BCD로 표시한다.

⑦ 2개의 알람(time-of-day alarm) 기능을 사용할 수 있다.

⑧ 내부에 ±3℃의 정밀도를 갖는 디지털 온도센서를 가지고 있다.

⑨ 32kHz 단자를 통하여 32.768kHz의 클록 신호를 출력할 수 있으며, SQW 단자를 통하여 32.768kHz를 분주한 4가지의 주파수를 선택하여 외부로 출력할 수 있다.

⑩ 이 소자를 사용하는 시간이 늘어남에 따라 경년(aging) 변화로 달라지는 발진주파수를 조정(trim)할 수 있는 레지스터를 가지고 있다.

⑪ 내부에 256바이트의 배터리 백업 SRAM을 가지고 있다.

⑫ +2.0~+5.5V의 전원으로 동작하고, V_{BAT} 단자에는 +2.0~+3.8V의 배터리를 연결해야 하며, 20핀 SO(Small Outline)형 패키지로 되어 있다.

⑬ 내부에 전압검출 회로를 가지고 있어서 전원 전압 V_{CC}가 V_{PF}=2.575V 보다 낮고 또한 V_{BAT}보다 낮으면 소자의 전원은 자동적으로 V_{CC}에서 V_{BAT}로 교체된다.

⑭ 배터리로 동작할 때는 소비전력이 극히 적어져서 전원 전류가 1.5μA 정도로 낮아진다.

▣ DS3234의 외부 구조

DS3234의 외부 구조는 <그림 12.18>과 같이 20핀 SO형으로 되어 있으며, 각 핀의 기능을 요약하면 <표 12.5>와 같다.

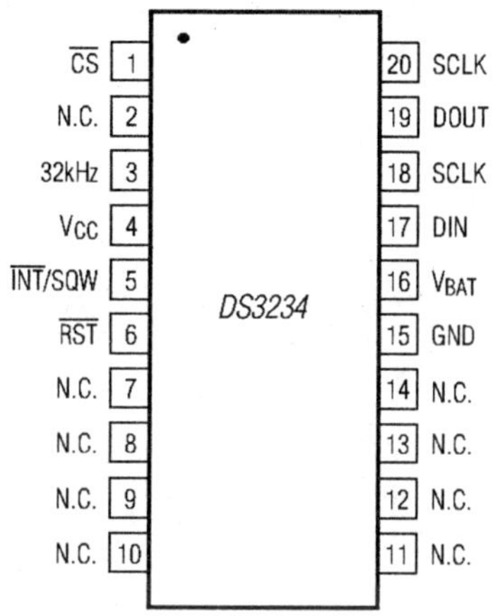

<그림 12.18> DS3234의 외부 구조

<표 12.5> DS3234 외부 핀의 기능

신호 이름	I/O	기능
V_{CC}, GND	-	Primary Power Supply : +3.3V 또는 +5V 전원 및 접지 단자이다. 이 전원 전압이 V_{PF}=2.575V 보다 낮고 또한 V_{BAT}보다 낮으면 소자의 전원은 자동적으로 V_{CC}에서 V_{BAT}로 교체된다. 이 전원은 0.1μF~1.0μF의 커패시터를 사용하여 디커플링해야 한다.
V_{BAT}	-	Backup Power Supply : +2.0V~+3.8V의 배터리 전원을 연결하는 단자이다. V_{CC}로 입력되는 전원 전압이 이 전압보다 낮고 또한 V_{PF}=2.575V 보다도 낮으면 이 소자의 동작전원은 V_{CC}에서 V_{BAT}로 교체된다. 배터리 백업 전원을 사용하지 않으려면 이 단자를 접지시켜야 한다.
$\overline{RST}$	I/O	Reset : 이 단자는 오픈 드레인형의 입출력 단자로서 내부에서 50kΩ의 저항을 사용하여 V_{CC} 단자로 풀업되어 있다. 만약 V_{CC} 전압이 V_{PF} 전압 이하로 떨어지면 이 단자는 low로 출력되며, V_{CC} 전압이 t_{RST} = 250ms 이상동안 V_{PF} 전압 이상으로 유지되면 이 단자는 하이 임피던스 상태로 된다. 이 단자를 외부에서 강제로 low로 드라이브하면 이 소자는 리셋된다. 사용자가 추가적으로 외부에 풀업저항을 접속하지 말아야 하며, 만약 이 단자를 사용하지 않을 경우에는 오픈시켜 둔다.
$\overline{CS}$	I	Chip Select : 외부에서 SPI 직렬통신으로 이 소자를 액세스하기 위한 칩선택 신호이다.
SCLK	I	SPI Clock : SPI 직렬통신의 클록 신호이다. 2개의 SCLK 신호는 내부에서 서로 연결되어 있다.
DIN	I	SPI Data Input : SPI 직렬통신의 데이터 입력 신호이다. SPI 직렬통신의 MOSI에 해당한다.
DOUT	O	SPI Data Output : SPI 직렬통신의 데이터 출력 신호이다. SPI 직렬통신의 MISO에 해당한다.
32kHz	O	32kHz Push-Pull Output : 32.768kHz의 주파수 신호를 출력하는 단자이다. 만약 EN32kHz = 0이거나 BB32kHz = 0이면 클록 신호는 출력되지 않으며 이 단자가 low를 출력한다.
$\overline{INT}$/SQW	O	Interrupt or Square-Wave Output : 이 단자는 외부의 풀업저항을 필요로 하는 오픈드레인형 출력 단자이다. 만약 INTCN = 0으로 설정하면 이 단자는 SQW로 사용되어 RS2 및 RS1 비트로 지정한 클록 주파수를 출력한다. 그러나, INTCN = 1로 설정하면 이 단자는 $\overline{INT}$로 사용되어 알람 조건이 만족되었을 경우 인터럽트 신호를 출력한다. 이 단자를 사용하지 않을 경우에는 오픈시켜 두어야 한다.

▣ DS3234의 내부 구조

DS3234의 내부 구조는 <그림 12.19>와 같고, 내부의 레지스터 및 SRAM 어드레스는 <표 12.6>과 같다.

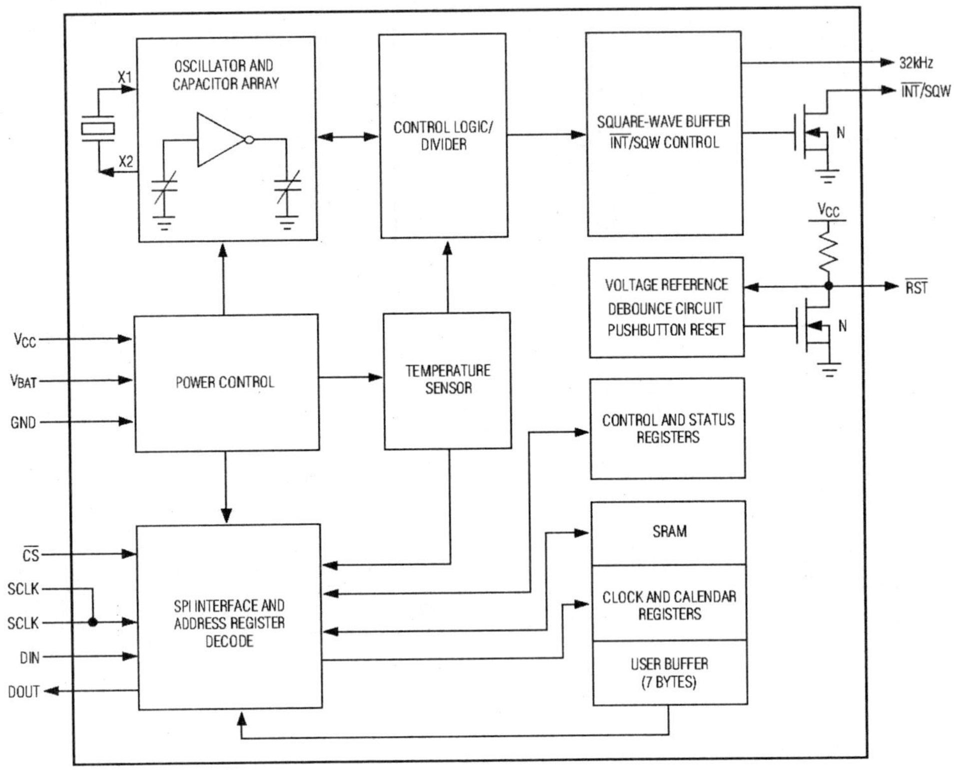

<그림 12.19> DS3234의 내부 구조

각 번지의 시각, 요일, 날짜 등은 모두 8비트 BCD(Binary-Coded Decimal) 표현법으로 동작하는데 이를 요약하면 <표 12.6>과 같다.

시간(hour)을 설정하는 02H 번지에서 비트6을 1로 설정하면 12시제로 동작하고 0으로 설정하면 24시제로 동작한다. 12시제를 사용할 때는 비트5가 0이면 오전(AM)을 나타내고 1이면 오후(PM)를 나타낸다.

요일을 설정하는 03H 번지에서 1이면 일요일에서 시작하여, 차례로 2면 화요일이고, 마지막으로 7이면 토요일이다.

06H 번지의 연도는 마지막의 2자리 00~99만 저장되며 사용자가 앞에 20을 붙이면 된다. 그러나, 세기(century) 값이 자동으로 처리되도록 하려면 05H 번지의 세기 비트는 연도가 99에서 00으로 바뀔 때마다 토글되므로 이 비트를 응용하면 된다.

<표 12.6> DS3234의 내부 레지스터 및 SRAM

번지 리드	번지 라이트	기능	설정 범위	비트7	비트6	비트5	비트4	비트3	비트2	비트1	비트0
00H	80H	초(second)	00~59	0	10초			1초			
01H	81H	분(minute)	00~59	0	10분			1분			
02H	82H	시(hour)	01~12	0	1(12시제)	$\overline{AM}$/PM	10시간	1시간			
			00~23		0(24시제)	10시간					
03H	83H	요일(day)	01~07	0	0	0	0	0	요일		
04H	84H	날짜(date)	01~31	0	0	10일		1일			
05H	85H	월(month)/세기(century)	01~12	세기	0	0	10월	1월			
06H	86H	연(year)	00~99	10년				1년			
07H	87H	알람1 초	00~59	A1M1	10초			1초			
08H	88H	알람1 분	00~59	A1M2	10분			1분			
09H	89H	알람1 시	01~12	A1M3	1(12시제)	$\overline{AM}$/PM	10시간	1시간			
			00~23		0(24시제)	10시간					
0AH	8AH	알람1 요일/날짜	01~07	A1M4	1(요일)	0	0	0	요일		
			01~31		0(날짜)	10일		1일			
0BH	8BH	알람2 분	00~59	A2M2	10분			1분			
0CH	8CH	알람2 시	01~12	A2M3	1(12시제)	$\overline{AM}$/PM	10시간	1시간			
			00~23		0(24시제)	10시간					
0DH	8DH	알람2 요일/날짜	01~07	A2M4	1(요일)	0	0	0	요일		
			01~31		0(날짜)	10일		1일			
0EH	8EH	제어	-	$\overline{EOSC}$	BBSQW	CONV	RS2	RS1	INTCN	A2IE	A1IE
0FH	8FH	제어/상태	-	OSF	BB32kHz	CRATE1	CRATE0	EN32kHz	BSY	A2F	A1F
10H	90H	발진 주파수 보정	-	SIGN	DATA	DATA	DATA	DATA	DATA	DATA	DATA
11H	-	온도 MSB	-	SIGN	DATA	DATA	DATA	DATA	DATA	DATA	DATA
12H	-	온도 LSB	-	DATA	DATA	0	0	0	0	0	0
13H	93H	온도변환 금지	-	0	0	0	0	0	0	0	BB_TD
14H~17H	94H~97H	(사용하지 않음)	-	-	-	-	-	-	-	-	-
18H	98H	SRAM 번지	-	A7	A6	A5	A4	A3	A2	A1	A0
19H	99H	SRAM 데이터	-	D7	D6	D5	D4	D3	D2	D1	D0

<표 12.7> DS3234의 알람 마스크 비트 기능

	비트6	A1M4	A1M3	A1M2	A1M1	알람 기능
알람1	X	1	1	1	1	매초마다 알람 발생
	X	1	1	1	0	초가 일치할 때마다 알람 발생
	X	1	1	0	0	분, 초가 일치할 때마다 알람 발생
	X	1	0	0	0	시, 분, 초가 일치할 때마다 알람 발생
	0	0	0	0	0	날짜, 시, 분, 초가 일치할 때마다 알람 발생
	1	0	0	0	0	요일, 시, 분, 초가 일치할 때마다 알람 발생
	비트6	**A2M4**	**A2M3**	**A2M2**	**-**	**알람 기능**
알람2	X	1	1	1	-	매분의 00초마다 알람 발생
	X	1	1	0	-	분이 일치할 때마다 알람 발생
	X	1	0	0	-	시, 분이 일치할 때마다 알람 발생
	0	0	0	0	-	날짜, 시, 분이 일치할 때마다 알람 발생
	1	0	0	0	-	요일, 시, 분이 일치할 때마다 알람 발생

① 알람 기능

알람은 2가지를 사용할 수 있는데, 07H~0AH 번지에는 알람1로서 초, 분, 시, 요일/날짜를 설정하며, 0BH~0DH 번지에는 알람2로서 분, 시, 요일/날짜를 설정한다. 현재의 RTC 값이 알람 설정 조건과 일치하면 해당되는 알람의 플랙 비트 A1F, A2F가 1로 세트되며, 만약 이때 A1IE, A2IE 비트에 의하여 해당 인터럽트가 허용상태로 되고 INTCN = 1로 설정되어 있다면 $\overline{\text{INT}}$/SQW 단자로 인터럽트 신호가 출력된다.

모든 알람 설정 레지스터의 비트7은 마스크 비트(mask bit)로서 이를 0으로 설정해야만 알람의 동작이 유효하도록 인에이블된다. 따라서, 이 마스크 비트들을 잘 조합하면 <표 12.7>과 같이 일부 조건만을 사용하여 알람을 발생시킬 수 있다.

② 제어 레지스터

0EH 번지의 제어 레지스터(Control Register)는 DS3234의 여러가지 기능을 제어하는 용도로 사용하며, 리셋 후의 디폴트 값은 0x1C이다.

비트7의 $\overline{\text{EOSC}}$(Enable Oscillator)는 DS3234가 V_{BAT} 전원으로 동작하고 있을 때 0이면 오실레이터가 정상으로 작용하고, 1이면 오실레이터가 정지한다. 그러나, 이 소자가 V_{CC} 전원으로 동작하고 있을 때는 이 비트에 관계없이 오실레이터가 정상적으로 작용한다.

비트6의 BBSQW(Battery-Backed Square-Wave Enable)는 이 소자가 배터리 백업 전원으로 동작하고 있을 때 $\overline{\text{INT}}$/SQW 단자로 구형파를 출력하도록 지정한다. 즉, INTCN = 0이고 $V_{CC} < V_{PF}$인 조건에서 이 비트를 1로 설정하면 구형파를 출력하며, 이 비트를 0으로 하면 $\overline{\text{INT}}$/SQW 단자가 하이 임피던스 상태로 된다.

비트5의 CONV(Convert Temperature)를 1로 설정하면 이 소자 내부의 온도센서가 현재의 온도를 디지털값으로 변환하는 TXCO 알고리즘을 수행하도록 한다. 이 알고리즘이 실행되는 동안에는 제어 및 상태 레지스터에서 BSY = 1로 유지된다.

비트4~3의 RS2 및 RS1(Rate Select)은 $\overline{\text{INT}}$/SQW 단자로 출력되는 구형파 신호의 주파수를 지정한다. 즉, RS2:RS1 = 00, 01, 10, 11일 때 각각 출력 주파수는 1Hz, 1024Hz, 4096Hz, 8192Hz이다.

비트2의 INTCN(Interrupt Control)은 $\overline{\text{INT}}$/SQW 단자가 인터럽트 출력신호로 사용되도록 한다. 즉, 이 비트를 1로 설정하면 $\overline{\text{INT}}$/SQW 단자가 $\overline{\text{INT}}$로 사용되고, 이 비트를 0으로 설정하면 SQW로 사용된다.

비트1~0의 A2IE 및 A1IE(Alarm 2/1 Interrupt Enable)은 각각 알람2와 1의 인터럽트 발생을 허용하는 비트이다. 해당 비트를 1로 세트하고 INTCN = 1로 설정되어 있을 경우 알람이 발생하면 $\overline{\text{INT}}$/SQW 단자로 인터럽트 신호가 출력된다.

③ 제어 및 상태 레지스터

0FH 번지의 제어 및 상태 레지스터(Control and Status Register)는 DS3234의 여러가지 기능을 제어하거나 상태를 표시하는 용도로 사용하며, 리셋 후의 디폴트 값은 0xC8이다.

비트7의 OSF(Oscillator Stop Flag)는 DS3234의 오실레이터가 동작하지 않고 정지해 있거나 정지했었음을 나타내는 플랙 비트이다. 이 비트는 한번 1로 세트되면 계속하여 이 값을 유지하기 때문에 사용자가 0으로 클리어시켜 주어야 한다.

비트6의 BB32kHz(Battery-Backed 32kHz Output)는 EN32kHz = 1로 설정된 상태에서 이 소자가 V_{BAT} 전원으로 동작하고 있을 때 32kHz 주파수 신호를 출력하도록 설정하는 비트이다. 이 비트를 0으로 설정하면 32kHz 단자는 0을 출력한다.

비트5~4의 CRATE1 및 CRATE0(Conversion Rate)은 온도센서가 온도를 디지털로 자동 변환하는 속도인 sample rate를 지정한다. 즉, CRATE1:CRATE0 = 00, 01, 10, 11일 때 각각 1초당 sample rate는 64, 128, 256, 512이다. 이 속도를 느리게 설정하면 소비전력을 절감할 수 있다.

비트3의 EN32kHz(Enable 32kHz Output)는 이 소자의 32kHz 단자에 32.768kHz 주파수 신호를 출력하도록 설정하는 비트이다. 이 비트를 0으로 설정하면 32kHz 단자는 0을 출력한다.

비트2의 BSY(Busy)는 이 소자가 TXCO 알고리즘을 수행하느라 busy 상태에 있음을 나타내는 상태 비트이다. 온도 센서의 데이터 변환이 완료되면 이 비트는 다시 0으로 클리어된다.

비트1~0의 A2F 및 A1F(Alarm 2/1 Flag)는 각각 알람2와 1에 설정된 알람 시각과 현재의 시각이 일치하여 알람 조건이 충족되었음을 나타내는 플랙 비트이다. 각각 A2IE나 A1IE 비트가 1로 설정되고 INTCN = 1로 설정되어 있을 경우 해당 알람이 발생하면 $\overline{\text{INT}}$/SQW 단자로 인터럽트 신호가 출력된다.

④ 경년변화 오프셋 레지스터

10H 번지의 경년변화 오프셋 레지스터(Aging Offset Register)는 DS3234를 오래 사용하여 발진주파수가 부정확해졌을 경우 이를 보상하기 위한 8비트 2의 보수 값을 설정하는 레지스터이며, 리셋 후의 디폴트 값은 0x00이다.

이 값을 양수로 설정하면 오실레이터 커패시터 어레이의 정전용량을 증가시켜 발진 주파수를 느리게 하며, 이 값을 음수로 설정하면 오실레이터 커패시터 어레이의 정전용량을 감소시켜 발진 주파수를 빠르게 한다. 이때 주파수 변화량은 온도에 따라 달라지는데, 25℃에서 1비트의 값은 약 0.1ppm의 주파수 변화에 대응한다.

⑤ 온도 레지스터

11H~12H 번지의 온도 레지스터(Temperature Register)는 DS3234 내부의 온도 센서를 사용하여 비트당 0.25℃ 분해능으로 온도값을 읽어들이는 레지스터이다. 온도값은 10비트 2의 보수로 표현되며, 16비트 레지스터에 좌측 정렬되어 저장된다.

⑥ 온도 제어 레지스터

13H 번지의 온도 제어 레지스터(Temperature Control Register)는 1비트만 유효한데, 이 레지스터의 비트0 BB_TD(Battery-Backed Temperature Conversion Disable)는 이 소자가 V_{BAT} 전원으로 동작하고 있을 때 온도센서의 자동 데이터 변환을 금지시켜 소비전력을 절감할 수 있는 비트이다.

⑦ SRAM 어드레스 레지스터

18H 번지의 SRAM 어드레스 레지스터는 256바이트 SRAM의 어드레스를 지정하는데 사용한다. 1번에 연속적으로 여러 번지를 액세스할 때는 이 번지값이 자동으로 1씩 증가하며, FFH 번지 이후에는 00H 번지로 된다.

⑧ SRAM 데이터 레지스터

19H 번지의 SRAM 데이터 레지스터는 256바이트 SRAM을 액세스하는 데이터를 저장하는 레지스터이다. 리드 사이클에서는 SRAM 어드레스 레지스터로 지정한 번지의 SRAM 내용이 읽혀져서 이 레지스터에 저장되며, 라이트 사이클에서는 이 레지스터에 데이터를 미리 써두면 이것이 SRAM 어드레스 레지스터로 지정한 번지의 SRAM에 써진다.

▣ DS3234의 SPI 통신 포맷

DS3234를 외부에서 마이크로컨트롤러가 액세스할 때는 SPI 통신을 사용한다. 이 SPI 통신의 최고 속도는 4MHz까지이며, SCLK 신호는 CPOL=0 및 CPHA=1인 모드1이나 CPOL=1 및 CPHA=1인 모드3을 사용해야 한다.

마이크로프로세서를 사용하여 DS3234를 액세스하는 방법은 <그림 12.20>과 같이 단일 바이트 액세스를 사용할 수도 있고, <그림 12.21>과 같이 멀티 바이트 액세스를 사용할 수도 있다.

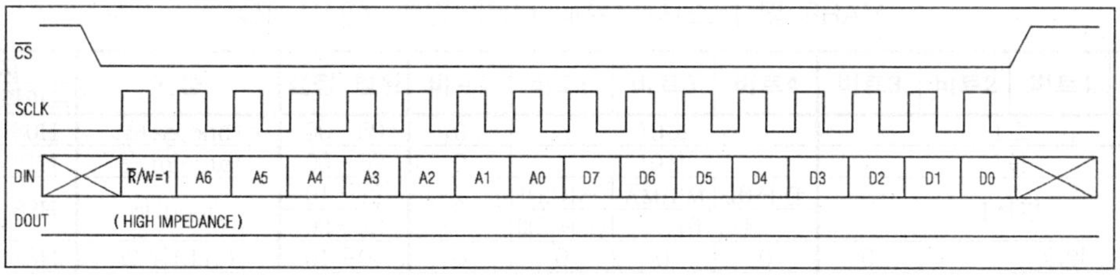

(a) 1바이트 데이터 라이트 동작

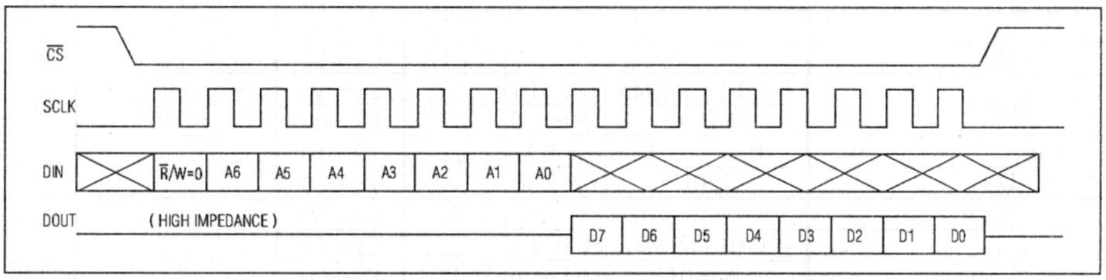

(b) 1바이트 데이터 리드 동작

<그림 12.20> DS3234의 SPI 직렬통신에 의한 단일 바이트 액세스

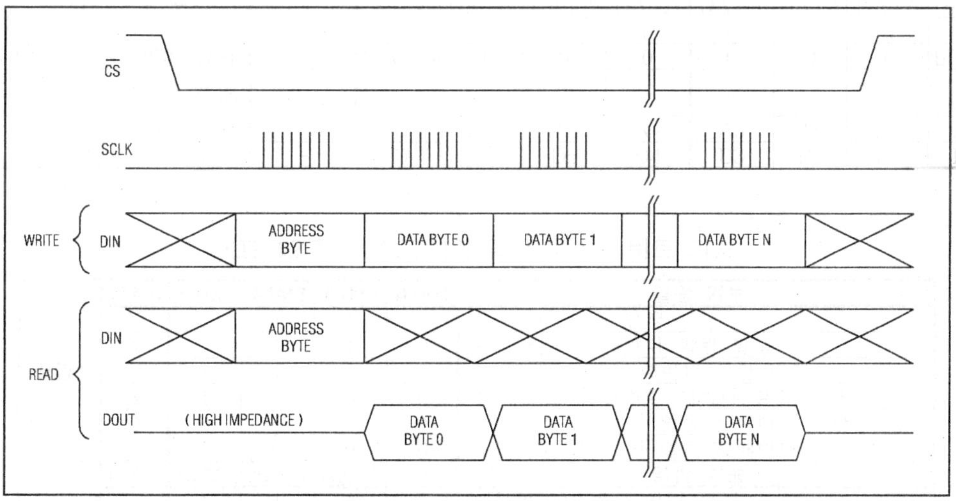

<그림 12.21> DS3234의 SPI 직렬통신에 의한 멀티 바이트 액세스

(2) 텍스트 LCD 모듈에 표시하는 디지털 시계

앞의 제5.9절에서 MKL25Z128VLK4 마이크로컨트롤러의 SysTick 타이머를 사용하여 만든 디지털 시계는 전원을 껐다가 다시 켜면 현재 시각이 달라지는데 비하여, 이제부터 DS3234를 이용하여 만드는 시계는 전원을 꺼놓았다가 다시 켜도 항상 현재 시각이 정확하게 맞는다. RTC는 전원을 꺼놓아도 내부의 배터리에 의하여 시계가 동작하기 때문이다.

DS3234를 이용하여 텍스트 LCD 모듈에 캘린더 기능을 포함하는 간단한 디지털 시계 프로그램을 C언어로 작성하여 보면 다음과 같다.

<프로그램 Exp12_3_1.c> 텍스트 LCD 모듈에 구현한 디지털 시계 프로그램(1)

```
/* ========================================================================== */
/*   Exp12_3_1_text_LCD(1).c : 텍스트 LCD에 표시한 디지털 시계 프로그그램(1)   */
/* ========================================================================== */
/*                                    Programmed by Duck-Yong Yoon in 2016.   */

#include <MKL25Z4.h>
#include "OK-MKL25Z.h"

void DS3234_initialize(void);                    /* initialize DS3234 RTC */
unsigned char DS3234_read(U08 address);          /* read DS3234 */
void DS3234_write(U08 address, U08 value);       /* write DS3234 */
void Display_time(void);                         /* display DS3234 time */

/* ----- 메인 프로그램 ------------------------------------------------------- */

unsigned char year, month, date, weekday, hour, minute, second;
unsigned char beep_flag = 0;

int main(void)
{
  Initialize_MCU();                              // initialize MCU and kit
  Delay_ms(50);                                  // wait for system stabilization
  Initialize_LCD();                              // initialize text LCD module
  Initialize_TFT_LCD();                          // initialize TFT-LCD module
  DS3234_initialize();                           // initialize DS3234
  Beep();

  LCD_string(0x80,"2016/03/01 (TUE)");           // display initial screen
  LCD_string(0xC0,"  12:00:00  AM  ");

  while(1)
    { Display_time();                            // display time
      Delay_ms(50);
    }
}

/* ----- 사용자 정의 함수 ---------------------------------------------------- */

void DS3234_initialize(void)                     /* initialize DS3234 RTC */
{
  SIM->SCGC4 |= 0x00400000;                      // enable clock for SPI0
  SIM->SCGC5 |= 0x00000200;                      // enable clock for PORTA

  PORTA_PCR14 = 0x00000100;                      // PTA14 = -RTC_CS
  GPIOA->PDDR |= 0x00004000;                     // PTA14 = output = 1
  GPIOA->PSOR = 0x00004000;
  PORTA_PCR15 = 0x00000200;                      // PTA15 = SPI0_SCK
  PORTA_PCR16 = 0x00000200;                      // PTA16 = SPI0_MOSI
  PORTA_PCR17 = 0x00000200;                      // PTA17 = SPI0_MISO

  SPI0->C1 = 0x5C;                               // master mode, CPOL = CPHA = 1, MSB first
  SPI0->C2 = 0x00;
  SPI0->BR = 0x31;                               // 20.97152MHz/(3+1)/4 = 1.31072MHz (Max 4MHz)

  second =  DS3234_read(0x00);                   // if not second, initialize
  minute =  DS3234_read(0x01);                   // if not minute, initialize
```

```
    hour =  DS3234_read(0x02);                      // if not 12 hour system, initialize
    weekday =  DS3234_read(0x03);                   // if not weekday, initialize
    date =  DS3234_read(0x04);                      // if not date, initialize
    month =  DS3234_read(0x05);                     // if not month, initialize
    year =  DS3234_read(0x06);                      // if not year, initialize

    if((second > 0x59) || (minute > 0x59) || (hour < 0x40) || (weekday > 0x07) || (date > 0x31) || (month > 0x12) || (year > 0x99))
      { DS3234_write(0x00, 0x00);                   // second = 0x00
        DS3234_write(0x01, 0x00);                   // minute = 0x00
        DS3234_write(0x02, 0x12 + 0x40);            // hour = 0x12 AM
        DS3234_write(0x03, 0x03);                   // weekday = 0x03(Tuesday)
        DS3234_write(0x04, 0x01);                   // date = 0x01
        DS3234_write(0x05, 0x03);                   // month = 0x03
        DS3234_write(0x06, 0x16);                   // year = 0x2016
        DS3234_write(0x0E, 0x00);                   // control register
        DS3234_write(0x0F, 0x00);                   // control and status register
      }
}

unsigned char DS3234_read(U08 address)              /* read DS3234 */
{
  unsigned char byte;

  byte = SPI0->D;                                   // clear SPRF flag

  GPIOA->PCOR = 0x00004000;                         // -RTC_CS = 0
  while(!(SPI0->S & 0x20));
  SPI0->D = address;
  while(!(SPI0->S & 0x80));
  byte = SPI0->D;

  while(!(SPI0->S & 0x20));
  SPI0->D = 0x00;
  while(!(SPI0->S & 0x80));
  byte = SPI0->D;
  GPIOA->PSOR = 0x00004000;                         // -RTS_CS = 1

  return byte;
}

void DS3234_write(U08 address, U08 value)           /* write DS3234 */
{
  unsigned char byte;

  byte = SPI0->D;                                   // clear SPRF flag

  GPIOA->PCOR = 0x00004000;                         // -RTC_CS = 0
  while(!(SPI0->S & 0x20));
  SPI0->D = address + 0x80;
  while(!(SPI0->S & 0x80));
  byte = SPI0->D;

  while(!(SPI0->S & 0x20));
  SPI0->D = value;
  while(!(SPI0->S & 0x80));
  byte = SPI0->D;
  GPIOA->PSOR = 0x00004000;                         // -RTS_CS = 1
}

void Display_time(void)                             /* display DS3234 time */
{
  LCD_command(0x80);                                // display year
  LCD_hexadecimal(0x20,2);
  year = DS3234_read(0x06);
  LCD_hexadecimal(year,2);
  LCD_command(0x85);                                // display month
  month = DS3234_read(0x05);
  LCD_hexadecimal(month,2);
  LCD_command(0x88);                                // display date
  date = DS3234_read(0x04);
  LCD_hexadecimal(date,2);
```

```
    weekday = DS3234_read(0x03);                     // display weekday
    if(weekday == 0x01)       LCD_string(0x8C,"SUN");
    else if(weekday == 0x02) LCD_string(0x8C,"MON");
    else if(weekday == 0x03) LCD_string(0x8C,"TUE");
    else if(weekday == 0x04) LCD_string(0x8C,"WED");
    else if(weekday == 0x05) LCD_string(0x8C,"THU");
    else if(weekday == 0x06) LCD_string(0x8C,"FRI");
    else if(weekday == 0x07) LCD_string(0x8C,"SAT");

    LCD_command(0xC2);                               // display hour
    hour = DS3234_read(0x02);
    LCD_hexadecimal(hour & 0x1F,2);
    if((hour & 0x20) == 0x00) LCD_string(0xCC,"AM");
    else                      LCD_string(0xCC,"PM");
    LCD_command(0xC5);                               // display minute
    minute = DS3234_read(0x01);
    LCD_hexadecimal(minute,2);
    LCD_command(0xC8);                               // display second
    second = DS3234_read(0x00);
    LCD_hexadecimal(second & 0x7F,2);

    if((minute == 0x00) && (second == 0x00) && (beep_flag == 0))
      { beep_flag = 1;
        Beep();
      }
    else if(second != 0x00)
      beep_flag = 0;
}
```

☞ DS3234를 사용하여 시계를 구현할 때는 모든 시간 값이 이 소자에서 처리되므로 프로그램에서는 단지 이를 읽어서 텍스트 LCD 모듈에 표시하는 일과 현재 시각을 설정하기 위한 키 입력을 검출하는 일을 반복하면 되기 때문에 인터럽트를 사용할 필요가 없이 프로그램이 단순해진다.

앞의 예제 프로그램 Exp12_3_1.c에서는 현재 시각을 설정하는 기능이 없어서 불편한데, 여기에 키 입력으로 현재 시각을 설정하는 기능을 추가한 텍스트 LCD용 디지털 시계 프로그램을 C언어로 작성하여 보면 다음과 같다.

<프로그램 Exp12_3_2.c> 텍스트 LCD 모듈에 구현한 디지털 시계 프로그램(2)

```
/* ========================================================================== */
/*    Exp12_3_2_text_LCD(2).c : 텍스트 LCD에 표시한 디지털 시계 프로그그램(2)    */
/* ========================================================================== */
/*                                   Programmed by Duck-Yong Yoon in 2016.    */

#include <MKL25Z4.h>
#include "OK-MKL25Z.h"

void DS3234_initialize(void);                       /* initialize DS3234 RTC */
unsigned char DS3234_read(U08 address);             /* read DS3234 */
void DS3234_write(U08 address, U08 value);          /* write DS3234 */
void Display_time(void);                            /* display DS3234 time */
unsigned char BCD_increment(U08 number);            /* BCD increment */
unsigned char BCD_decrement(U08 number);            /* BCD decrement */
void Cursor_left(void);                             /* go cursor left */
void Cursor_right(void);                            /* go cursor right */
void Digital_increment(void);                       /* increment time */
void Digital_decrement(void);                       /* decrement time */
```

```
/* ----- 메인 프로그램 ---------------------------------------------------- */

unsigned char cursor_position, year, month, date, weekday, hour, minute, second;
unsigned char beep_flag = 0;

int main(void)
{
  unsigned char key;

  Initialize_MCU();                          // initialize MCU and kit
  Delay_ms(50);                              // wait for system stabilization
  Initialize_LCD();                          // initialize text LCD module
  Initialize_TFT_LCD();                      // initialize TFT-LCD module
  DS3234_initialize();                       // initialize DS3234
  Beep();

  cursor_position = 0xCF;                    // initial cursor position
  LCD_command(0x0F);                         // cursor ON

  LCD_string(0x80,"2016/03/01 (TUE)");       // display initial screen
  LCD_string(0xC0,"  12:00:00  AM  ");

  while(1)
    { key = Key_input();                     // key input

      switch(key)
        { case KEY1 : Cursor_left();         // if KEY1, go cursor left
                      break;
          case KEY2 : Cursor_right();        // if KEY2, go cursor right
                      break;
          case KEY3 : Digital_increment();   // if KEY3, increment time
                      break;
          case KEY4 : Digital_decrement();   // if KEY4, decrement time
                      break;
          default   : Display_time();        // display time
                      break;
        }
      Delay_ms(50);
    }
}

/* ----- 사용자 정의 함수 ------------------------------------------------- */

void DS3234_initialize(void)                 /* initialize DS3234 RTC */
{
  SIM->SCGC4 |= 0x00400000;                  // enable clock for SPI0
  SIM->SCGC5 |= 0x00000200;                  // enable clock for PORTA

  PORTA_PCR14 = 0x00000100;                  // PTA14 = -RTC_CS
  GPIOA->PDDR |= 0x00004000;                 // PTA14 = output = 1
  GPIOA->PSOR = 0x00004000;
  PORTA_PCR15 = 0x00000200;                  // PTA15 = SPI0_SCK
  PORTA_PCR16 = 0x00000200;                  // PTA16 = SPI0_MOSI
  PORTA_PCR17 = 0x00000200;                  // PTA17 = SPI0_MISO

  SPI0->C1 = 0x5C;                           // master mode, CPOL = CPHA = 1, MSB first
  SPI0->C2 = 0x00;
  SPI0->BR = 0x31;                           // 20.97152MHz/(3+1)/4 = 1.31072MHz (Max 4MHz)

  second =  DS3234_read(0x00);               // if not second, initialize
  minute =  DS3234_read(0x01);               // if not minute, initialize
  hour =  DS3234_read(0x02);                 // if not 12 hour system, initialize
  weekday =  DS3234_read(0x03);              // if not weekday, initialize
  date =  DS3234_read(0x04);                 // if not date, initialize
  month =  DS3234_read(0x05);                // if not month, initialize
  year =  DS3234_read(0x06);                 // if not year, initialize

  if((second > 0x59) || (minute > 0x59) || (hour < 0x40) || (weekday > 0x07) || (date > 0x31) || (month > 0x12) || (year > 0x99))
    { DS3234_write(0x00, 0x00);              // second = 0x00
      DS3234_write(0x01, 0x00);              // minute = 0x00
      DS3234_write(0x02, 0x12 + 0x40);       // hour = 0x12 AM
```

```
    DS3234_write(0x03, 0x03);                  // weekday = 0x03(Tuesday)
    DS3234_write(0x04, 0x01);                  // date = 0x01
    DS3234_write(0x05, 0x03);                  // month = 0x03
    DS3234_write(0x06, 0x16);                  // year = 0x2016
    DS3234_write(0x0E, 0x00);                  // control register
    DS3234_write(0x0F, 0x00);                  // control and status register
  }
}

unsigned char DS3234_read(U08 address)         /* read DS3234 */
{
  unsigned char byte;

  byte = SPI0->D;                              // clear SPRF flag

  GPIOA->PCOR = 0x00004000;                    // -RTC_CS = 0
  while(!(SPI0->S & 0x20));
  SPI0->D = address;
  while(!(SPI0->S & 0x80));
  byte = SPI0->D;

  while(!(SPI0->S & 0x20));
  SPI0->D = 0x00;
  while(!(SPI0->S & 0x80));
  byte = SPI0->D;
  GPIOA->PSOR = 0x00004000;                    // -RTS_CS = 1

  return byte;
}

void DS3234_write(U08 address, U08 value)      /* write DS3234 */
{
  unsigned char byte;

  byte = SPI0->D;                              // clear SPRF flag

  GPIOA->PCOR = 0x00004000;                    // -RTC_CS = 0
  while(!(SPI0->S & 0x20));
  SPI0->D = address + 0x80;
  while(!(SPI0->S & 0x80));
  byte = SPI0->D;

  while(!(SPI0->S & 0x20));
  SPI0->D = value;
  while(!(SPI0->S & 0x80));
  byte = SPI0->D;
  GPIOA->PSOR = 0x00004000;                    // -RTS_CS = 1
}

void Display_time(void)                        /* display DS3234 time */
{
  LCD_command(0x80);                           // display year
  LCD_hexadecimal(0x20,2);
  year = DS3234_read(0x06);
  LCD_hexadecimal(year,2);
  LCD_command(0x85);                           // display month
  month = DS3234_read(0x05);
  LCD_hexadecimal(month,2);
  LCD_command(0x88);                           // display date
  date = DS3234_read(0x04);
  LCD_hexadecimal(date,2);
  weekday = DS3234_read(0x03);                 // display weekday
  if(weekday == 0x01)      LCD_string(0x8C,"SUN");
  else if(weekday == 0x02) LCD_string(0x8C,"MON");
  else if(weekday == 0x03) LCD_string(0x8C,"TUE");
  else if(weekday == 0x04) LCD_string(0x8C,"WED");
  else if(weekday == 0x05) LCD_string(0x8C,"THU");
  else if(weekday == 0x06) LCD_string(0x8C,"FRI");
  else if(weekday == 0x07) LCD_string(0x8C,"SAT");

  LCD_command(0xC2);                           // display hour
```

```
  hour = DS3234_read(0x02);
  LCD_hexadecimal(hour & 0x1F,2);
  if((hour & 0x20) == 0x00) LCD_string(0xCC,"AM");
  else                      LCD_string(0xCC,"PM");
  LCD_command(0xC5);                            // display minute
  minute = DS3234_read(0x01);
  LCD_hexadecimal(minute,2);
  LCD_command(0xC8);                            // display second
  second = DS3234_read(0x00);
  LCD_hexadecimal(second & 0x7F,2);

  LCD_command(cursor_position);                 // go cursor position

  if((minute == 0x00) && (second == 0x00) && (beep_flag == 0))
    { beep_flag = 1;
      Beep();
    }
  else if(second != 0x00)
    beep_flag = 0;
}

unsigned char BCD_increment(U08 number)         /* BCD increment */
{
  unsigned char i;

  i = (number >> 4)*10 + (number & 0x0F);       // convert BCD to binary
  i++;                                          // incrment
  i = ((i/10) << 4) + (i % 10);                 // convert binary to BCD
  return i;
}

unsigned char BCD_decrement(U08 number)         /* BCD decrement */
{
  unsigned char i;

  i = (number >> 4)*10 + (number & 0x0F);       // convert BCD to binary
  i--;                                          // decrement
  i = ((i/10) << 4) + (i % 10);                 // convert binary to BCD
  return i;
}

void Cursor_left(void)                          /* go cursor left */
{
  if     (cursor_position == 0xCF) cursor_position = 0xCD;
  else if(cursor_position == 0xCD) cursor_position = 0xC9;
  else if(cursor_position == 0xC9) cursor_position = 0xC6;
  else if(cursor_position == 0xC6) cursor_position = 0xC3;
  else if(cursor_position == 0xC3) cursor_position = 0x8E;
  else if(cursor_position == 0x8E) cursor_position = 0x89;
  else if(cursor_position == 0x89) cursor_position = 0x86;
  else if(cursor_position == 0x86) cursor_position = 0x83;
  else if(cursor_position == 0x83) cursor_position = 0xCF;
}

void Cursor_right(void)                         /* go cursor right */
{
  if     (cursor_position == 0xCF) cursor_position = 0x83;
  else if(cursor_position == 0x83) cursor_position = 0x86;
  else if(cursor_position == 0x86) cursor_position = 0x89;
  else if(cursor_position == 0x89) cursor_position = 0x8E;
  else if(cursor_position == 0x8E) cursor_position = 0xC3;
  else if(cursor_position == 0xC3) cursor_position = 0xC6;
  else if(cursor_position == 0xC6) cursor_position = 0xC9;
  else if(cursor_position == 0xC9) cursor_position = 0xCD;
  else if(cursor_position == 0xCD) cursor_position = 0xCF;
}

void Digital_increment(void)                    /* increment time */
{
  if(cursor_position == 0x83)                   // in case of year
    { year = DS3234_read(0x06);
```

```
    if(year == 0x99)        year = 0x00;
    else                    year = BCD_increment(year);
    DS3234_write(0x06,year);
  }
else if(cursor_position == 0x86)              // in case of month
  { month = DS3234_read(0x05);
    if(month == 0x12)       month = 0x01;
    else                    month = BCD_increment(month);
    DS3234_write(0x05,month);
  }
else if(cursor_position == 0x89)              // in case of date
  { date = DS3234_read(0x04);
    if(date == 0x31)        date = 0x01;
    else                    date = BCD_increment(date);
    DS3234_write(0x04,date);
  }
else if(cursor_position == 0x8E)              // in case of weekday
  { weekday = DS3234_read(0x03);
    if(weekday == 0x07)     weekday = 0x01;
    else                    weekday++;
    DS3234_write(0x03,weekday);
  }
else if(cursor_position == 0xC3)              // in case of hour
  { hour = DS3234_read(0x02);
    if((hour & 0x1F) == 0x12) hour = (hour & 0xE0) + 0x01;
    else                      hour = BCD_increment(hour);
    DS3234_write(0x02,hour);
  }
else if(cursor_position == 0xC6)              // in case of minute
  { minute = DS3234_read(0x01);
    if(minute == 0x59)      minute = 0x00;
    else                    minute = BCD_increment(minute);
    DS3234_write(0x01,minute);
  }
else if(cursor_position == 0xC9)              // in case of second
  { second = DS3234_read(0x00);
    if(second == 0x59)      second = 0x00;
    else                    second = BCD_increment(second);
    DS3234_write(0x00,second);
  }
else if(cursor_position == 0xCD)              // in case of AM/PM
  { hour = DS3234_read(0x02);
    if((hour & 0x20) == 0x00) hour |= 0x20;
    else                      hour &= 0xDF;
    DS3234_write(0x02,hour);
  }
}

void Digital_decrement(void)                  /* decrement time */
{
  if(cursor_position == 0x83)                 // in case of year
    { year = DS3234_read(0x06);
      if(year == 0x00)        year = 0x99;
      else                    year = BCD_decrement(year);
      DS3234_write(0x06,year);
    }
  else if(cursor_position == 0x86)            // in case of month
    { month = DS3234_read(0x05);
      if(month == 0x01)       month = 0x12;
      else                    month = BCD_decrement(month);
      DS3234_write(0x05,month);
    }
  else if(cursor_position == 0x89)            // in case of date
    { date = DS3234_read(0x04);
      if(date == 0x01)        date = 0x31;
      else                    date = BCD_decrement(date);
      DS3234_write(0x04,date);
    }
  else if(cursor_position == 0x8E)            // in case of weekday
    { weekday = DS3234_read(0x03);
      if(weekday == 0x01)     weekday = 0x07;
```

```
      else                 weekday--;
      DS3234_write(0x03,weekday);
    }
  else if(cursor_position == 0xC3)              // in case of hour
    { hour = DS3234_read(0x02);
      if((hour & 0x1F) == 0x01) hour = (hour & 0xE0) + 0x12;
      else                      hour = BCD_decrement(hour);
      DS3234_write(0x02,hour);
    }
  else if(cursor_position == 0xC6)              // in case of minute
    { minute = DS3234_read(0x01);
      if(minute == 0x00)     minute = 0x59;
      else                   minute = BCD_decrement(minute);
      DS3234_write(0x01,minute);
    }
  else if(cursor_position == 0xC9)              // in case of second
    { second = DS3234_read(0x00);
      if(second == 0x00)     second = 0x59;
      else                   second = BCD_decrement(second);
      DS3234_write(0x00,second);
    }
  else if(cursor_position == 0xCD)              // in case of AM/PM
    { hour = DS3234_read(0x02);
      if((hour & 0x20) == 0x00) hour |= 0x20;
      else                      hour &= 0xDF;
      DS3234_write(0x02,hour);
    }
}
```

☞ 현재 시각에서 연, 월, 일, 요일, 시, 분, 초, 오전/오후를 눈으로 보면서 수정할 수 있으려면 텍스트 LCD 모듈에서 커서가 보이도록 설정해야 하며, 이 값을 수정하고 있는 동안에도 반복적으로 현재의 시간값을 텍스트 LCD 모듈을 표시하게 되므로 커서의 위치가 수시로 달라지게 된다. 따라서, 항상 사용자가 화면에서 수정중인 시간에 해당하는 커서의 위치를 내부적으로 기억하고 있다가(변수 cursor_position을 사용) 시간값의 표시가 끝난 후에는 커서를 원래의 위치로 되돌려 놓아야 한다는 것이 매우 중요한 프로그래밍 포인트이다.

이 프로그램에서 KEY1은 커서 좌측 이동, KEY2는 커서 우측 이동, KEY3은 시간값 증가, KEY4는 시간값 감소의 기능을 수행한다.

(3) TFT-LCD 모듈에 표시하는 디지털 시계

이번에는 DS3234를 이용하여 현재 시각을 수정하는 기능을 포함하는 디지털 시계를 TFT-LCD 모듈의 화면에 구현하여 보기로 한다. DS3234를 이용하여 TFT-LCD 모듈에서 키 입력이나 터치 스크린으로 현재 시각을 수정할 수 있는 디지털 시계 프로그램을 C언어로 작성하여 보면 다음과 같다.

<프로그램 Exp12_3_3.c> TFT-LCD 모듈에 구현한 디지털 시계 프로그램

```
/* ========================================================================== */
/*      Exp12_3_3_digital.c : DS3234를 이용한 디지털 시계 프로그그램           */
/* ========================================================================== */
/*                                   Programmed by Duck-Yong Yoon in 2016.    */
```

```
#include <MKL25Z4.h>
#include "OK-MKL25Z.h"
#include "OK-MKL25Z_large.h"

void DS3234_initialize(void);                     /* initialize DS3234 RTC */
unsigned char DS3234_read(U08 address);           /* read DS3234 */
void DS3234_write(U08 address, U08 value);        /* write DS3234 */
void Digital_display_time(void);                  /* display DS3234 time */
unsigned char BCD_increment(U08 number);          /* BCD increment */
unsigned char BCD_decrement(U08 number);          /* BCD decrement */
void Digital_increment(void);                     /* increment time */
void Digital_decrement(void);                     /* decrement time */
void Digital_cursor_left(void);                   /* go cursor left */
void Digital_cursor_right(void);                  /* go cursor right */
unsigned char Icon_input(void);                   /* input touch screen icon */

/* ----- 메인 프로그램 ------------------------------------------------------------ */

unsigned char year, month, date, weekday, hour, minute, second, second_old;
unsigned char beep_flag = 0;

int main(void)
{
  unsigned int key = no_key;

  Initialize_MCU();                               // initialize MCU and kit
  Delay_ms(50);                                   // wait for system stabilization
  Initialize_LCD();                               // initialize text LCD module
  Initialize_TFT_LCD();                           // initialize TFT-LCD module
  Initialize_touch_screen();                      // initialize touch screen
  DS3234_initialize();                            // initialize DS3234 RTC

  LCD_string(0x80," OK-MKL25Z V1.0 ");            // display title
  LCD_string(0xC0,"  Exp12_3_3.c   ");
  Beep();

  Rectangle(0,0, 319,239, Green);                 // display title
  Rectangle(1,1, 318,238, Green);

  TFT_string( 5, 4,White,Magenta," DS3234를 이용한  디지털 시계 ");
  TFT_string(10,12,White,  Black,"2016년 03월 01일 (화)");
  TFT_string_large(7,15,White,Black,"오전 12:00:00");

  TFT_cursor(Red);                                // display cursor
  Xcursor = 38;
  Ycursor = 16;

  while(1)
    { key = Key_input();                          // key input
      if(key == no_key)                           // if no key input, read touch screen icon
        key = Icon_input();

      switch(key)
        { case KEY1 : Digital_cursor_left();      // if KEY1, go cursor left
                      break;
          case KEY2 : Digital_cursor_right();     // if KEY2, go cursor right
                      break;
          case KEY3 : Digital_increment();        // if KEY3, increment time
                      break;
          case KEY4 : Digital_decrement();        // if KEY4, decrement time
                      break;
          default   : Digital_display_time();     // display time
                      break;
        }
    }
}

/* ----- 사용자 정의 함수 ---------------------------------------------------------- */

void DS3234_initialize(void)                      /* initialize DS3234 RTC */
{
```

```
    SIM->SCGC4 |= 0x00400000;                  // enable clock for SPI0
    SIM->SCGC5 |= 0x00000200;                  // enable clock for PORTA

    PORTA_PCR14 = 0x00000100;                  // PTA14 = -RTC_CS
    GPIOA->PDDR |= 0x00004000;                 // PTA14 = output = 1
    GPIOA->PSOR = 0x00004000;
    PORTA_PCR15 = 0x00000200;                  // PTA15 = SPI0_SCK
    PORTA_PCR16 = 0x00000200;                  // PTA16 = SPI0_MOSI
    PORTA_PCR17 = 0x00000200;                  // PTA17 = SPI0_MISO

    SPI0->C1 = 0x5C;                           // master mode, CPOL = CPHA = 1, MSB first
    SPI0->C2 = 0x00;
    SPI0->BR = 0x31;                           // 20.97152MHz/(3+1)/4 = 1.31072MHz (Max 4MHz)

    second =  DS3234_read(0x00);               // if not second, initialize
    minute =  DS3234_read(0x01);               // if not minute, initialize
    hour =  DS3234_read(0x02);                 // if not 12 hour system, initialize
    weekday =  DS3234_read(0x03);              // if not weekday, initialize
    date =  DS3234_read(0x04);                 // if not date, initialize
    month =  DS3234_read(0x05);                // if not month, initialize
    year =  DS3234_read(0x06);                 // if not year, initialize

    if((second > 0x59) || (minute > 0x59) || (hour < 0x40) || (weekday > 0x07) || (date > 0x31) || (month > 0x12) || (year > 0x99))
      { DS3234_write(0x00, 0x00);              // second = 0x00
        DS3234_write(0x01, 0x00);              // minute = 0x00
        DS3234_write(0x02, 0x12 + 0x40);       // hour = 0x12 AM
        DS3234_write(0x03, 0x03);              // weekday = 0x03(Tuesday)
        DS3234_write(0x04, 0x01);              // date = 0x01
        DS3234_write(0x05, 0x03);              // month = 0x03
        DS3234_write(0x06, 0x16);              // year = 0x2016
        DS3234_write(0x0E, 0x00);              // control register
        DS3234_write(0x0F, 0x00);              // control and status register
      }
}

unsigned char DS3234_read(U08 address)         /* read DS3234 */
{
  unsigned char byte;

  byte = SPI0->D;                              // clear SPRF flag

  GPIOA->PCOR = 0x00004000;                    // -RTC_CS = 0
  while(!(SPI0->S & 0x20));
  SPI0->D = address;
  while(!(SPI0->S & 0x80));
  byte = SPI0->D;

  while(!(SPI0->S & 0x20));
  SPI0->D = 0x00;
  while(!(SPI0->S & 0x80));
  byte = SPI0->D;
  GPIOA->PSOR = 0x00004000;                    // -RTS_CS = 1

  return byte;
}

void DS3234_write(U08 address, U08 value)      /* write DS3234 */
{
  unsigned char byte;

  byte = SPI0->D;                              // clear SPRF flag

  GPIOA->PCOR = 0x00004000;                    // -RTC_CS = 0
  while(!(SPI0->S & 0x20));
  SPI0->D = address + 0x80;
  while(!(SPI0->S & 0x80));
  byte = SPI0->D;

  while(!(SPI0->S & 0x20));
  SPI0->D = value;
  while(!(SPI0->S & 0x80));
```

```
  byte = SPI0->D;
  GPIOA->PSOR = 0x00004000;                          // -RTS_CS = 1
}

void Digital_display_time(void)                      /* display DS3234 time */
{
  TFT_xy(10,12); TFT_color(Cyan,Black);              // display year
  TFT_hexadecimal(0x20, 2);
  year = DS3234_read(0x06);
  TFT_hexadecimal(year,2);
  TFT_xy(17,12); TFT_color(Cyan,Black);              // display month
  month = DS3234_read(0x05);
  TFT_hexadecimal(month,2);
  TFT_xy(22,12); TFT_color(Cyan,Black);              // display date
  date = DS3234_read(0x04);
  TFT_hexadecimal(date,2);
  weekday = DS3234_read(0x03);                       // display weekday
  if(weekday == 0x01)       TFT_string(28,12,Cyan,Black,"일");
  else if(weekday == 0x02)  TFT_string(28,12,Cyan,Black,"월");
  else if(weekday == 0x03)  TFT_string(28,12,Cyan,Black,"화");
  else if(weekday == 0x04)  TFT_string(28,12,Cyan,Black,"수");
  else if(weekday == 0x05)  TFT_string(28,12,Cyan,Black,"목");
  else if(weekday == 0x06)  TFT_string(28,12,Cyan,Black,"금");
  else if(weekday == 0x07)  TFT_string(28,12,Cyan,Black,"토");
  TFT_xy(12,15); TFT_color(Green,Black);             // display hour
  hour = DS3234_read(0x02);
  TFT_hexadecimal_large(hour & 0x1F,2);
  if((hour & 0x20) == 0x00) TFT_string_large(7,15,White,Black,"오전");
  else                      TFT_string_large(7,15,White,Black,"오후");
  TFT_xy(15,15); TFT_color(Green,Black);             // display minute
  minute = DS3234_read(0x01);
  TFT_hexadecimal_large(minute,2);
  TFT_xy(18,15); TFT_color(Green,Black);             // display second
  second = DS3234_read(0x00);
  TFT_hexadecimal_large(second & 0x7F,2);
  TFT_xy(38,16); TFT_color(Green,Black);             // display home
  TFT_English(' ');

  TFT_string( 2,25,White,Blue,"KEY1");               // display icon
  TFT_string(12,25,White,Blue,"KEY2");
  TFT_string(24,25,White,Blue,"KEY3");
  TFT_string(34,25,White,Blue,"KEY4");
  TFT_string( 2,27,Red, Black,"좌측");
  TFT_string(12,27,Red, Black,"우측");
  TFT_string(24,27,Red, Black,"증가");
  TFT_string(34,27,Red, Black,"감소");

  Rectangle( 10,196,  53,234, Cyan);
  Rectangle( 90,196, 133,234, Cyan);
  Rectangle(186,196, 229,234, Cyan);
  Rectangle(266,196, 309,234, Cyan);

  if((minute == 0x00) && (second == 0x00) && (beep_flag == 0))
    { beep_flag = 1;
      Beep();
    }
  else if(second != 0x00)
    beep_flag = 0;
}

unsigned char BCD_increment(U08 number)              /* BCD increment */
{ unsigned char i;

  i = (number >> 4)*10 + (number & 0x0F);            // convert BCD to binary
  i++;                                               // incrment
  i = ((i/10) << 4) + (i % 10);                      // convert binary to BCD
  return i;
}

unsigned char BCD_decrement(U08 number)              /* BCD decrement */
{ unsigned char i;
```

```
  i = (number >> 4)*10 + (number & 0x0F);      // convert BCD to binary
  i--;                                         // decrement
  i = ((i/10) << 4) + (i % 10);                // convert binary to BCD
  return i;
}

void Digital_cursor_left(void)                 /* go cursor left */
{
  if     ((Xcursor == 38) && (Ycursor == 16)) { Xcursor = 19; Ycursor = 15; }
  else if((Xcursor == 19) && (Ycursor == 15)) { Xcursor = 16; Ycursor = 15; }
  else if((Xcursor == 16) && (Ycursor == 15)) { Xcursor = 13; Ycursor = 15; }
  else if((Xcursor == 13) && (Ycursor == 15)) { Xcursor =  9; Ycursor = 15; }
  else if((Xcursor ==  9) && (Ycursor == 15)) { Xcursor = 28; Ycursor = 12; }
  else if((Xcursor == 28) && (Ycursor == 12)) { Xcursor = 23; Ycursor = 12; }
  else if((Xcursor == 23) && (Ycursor == 12)) { Xcursor = 18; Ycursor = 12; }
  else if((Xcursor == 18) && (Ycursor == 12)) { Xcursor = 13; Ycursor = 12; }
  else if((Xcursor == 13) && (Ycursor == 12)) { Xcursor = 38; Ycursor = 16; }
}

void Digital_cursor_right(void)                /* go cursor right */
{
  if     ((Xcursor == 38) && (Ycursor == 16)) { Xcursor = 13; Ycursor = 12; }
  else if((Xcursor == 13) && (Ycursor == 12)) { Xcursor = 18; Ycursor = 12; }
  else if((Xcursor == 18) && (Ycursor == 12)) { Xcursor = 23; Ycursor = 12; }
  else if((Xcursor == 23) && (Ycursor == 12)) { Xcursor = 28; Ycursor = 12; }
  else if((Xcursor == 28) && (Ycursor == 12)) { Xcursor =  9; Ycursor = 15; }
  else if((Xcursor ==  9) && (Ycursor == 15)) { Xcursor = 13; Ycursor = 15; }
  else if((Xcursor == 13) && (Ycursor == 15)) { Xcursor = 16; Ycursor = 15; }
  else if((Xcursor == 16) && (Ycursor == 15)) { Xcursor = 19; Ycursor = 15; }
  else if((Xcursor == 19) && (Ycursor == 15)) { Xcursor = 38; Ycursor = 16; }
}

void Digital_increment(void)                   /* increment time */
{
  if((Xcursor == 13) && (Ycursor == 12))       // in case of year
    { year = DS3234_read(0x06);
      if(year == 0x99)        year = 0x00;
      else                    year = BCD_increment(year);
      DS3234_write(0x06,year);
    }
  else if((Xcursor == 18) && (Ycursor == 12))  // in case of month
    { month = DS3234_read(0x05);
      if(month == 0x12)       month = 0x01;
      else                    month = BCD_increment(month);
      DS3234_write(0x05,month);
    }
  else if((Xcursor == 23) && (Ycursor == 12))  // in case of date
    { date = DS3234_read(0x04);
      if(date == 0x31)        date = 0x01;
      else                    date = BCD_increment(date);
      DS3234_write(0x04,date);
    }
  else if((Xcursor == 28) && (Ycursor == 12))  // in case of weekday
    { weekday = DS3234_read(0x03);
      if(weekday == 0x07)     weekday = 0x01;
      else                    weekday++;
      DS3234_write(0x03,weekday);
    }
  else if((Xcursor == 9) && (Ycursor == 15))   // in case of AM/PM
    { hour = DS3234_read(0x02);
      if((hour & 0x20) == 0x00) hour |= 0x20;
      else                      hour &= 0xDF;
      DS3234_write(0x02,hour);
    }
  else if((Xcursor == 13) && (Ycursor == 15))  // in case of hour
    { hour = DS3234_read(0x02);
      if((hour & 0x1F) == 0x12) hour = (hour & 0xE0) + 0x01;
      else                      hour = BCD_increment(hour);
      DS3234_write(0x02,hour + 0x40);
    }
```

```
  else if((Xcursor == 16) && (Ycursor == 15))   // in case of minute
    { minute = DS3234_read(0x01);
      if(minute == 0x59)      minute = 0x00;
      else                    minute = BCD_increment(minute);
      DS3234_write(0x01,minute);
    }
  else if((Xcursor == 19) && (Ycursor == 15))   // in case of second
    { second = DS3234_read(0x00);
      if(second == 0x59)      second = 0x00;
      else                    second = BCD_increment(second);
      DS3234_write(0x00,second);
    }
}

void Digital_decrement(void)                    /* decrement time */
{
  if((Xcursor == 13) && (Ycursor == 12))        // in case of year
    { year = DS3234_read(0x06);
      if(year == 0x00)        year = 0x99;
      else                    year = BCD_decrement(year);
      DS3234_write(0x06,year);
    }
  else if((Xcursor == 18) && (Ycursor == 12))   // in case of month
    { month = DS3234_read(0x05);
      if(month == 0x01)       month = 0x12;
      else                    month = BCD_decrement(month);
      DS3234_write(0x05,month);
    }
  else if((Xcursor == 23) && (Ycursor == 12))   // in case of date
    { date = DS3234_read(0x04);
      if(date == 0x01)        date = 0x31;
      else                    date = BCD_decrement(date);
      DS3234_write(0x04,date);
    }
  else if((Xcursor == 28) && (Ycursor == 12))   // in case of weekday
    { weekday = DS3234_read(0x03);
      if(weekday == 0x01)     weekday = 0x07;
      else                    weekday--;
      DS3234_write(0x03,weekday);
    }
  else if((Xcursor == 9) && (Ycursor == 15))    // in case of AM/PM
    { hour = DS3234_read(0x02);
      if((hour & 0x20) == 0x00) hour |= 0x20;
      else                      hour &= 0xDF;
      DS3234_write(0x02,hour);
    }
  else if((Xcursor == 13) && (Ycursor == 15))   // in case of hour
    { hour = DS3234_read(0x02);
      if((hour & 0x1F) == 0x01) hour = (hour & 0xE0) + 0x12;
      else                      hour = BCD_decrement(hour);
      DS3234_write(0x02,hour + 0x40);
    }
  else if((Xcursor == 16) && (Ycursor == 15))   // in case of minute
    { minute = DS3234_read(0x01);
      if(minute == 0x00)      minute = 0x59;
      else                    minute = BCD_decrement(minute);
      DS3234_write(0x01,minute);
    }
  else if((Xcursor == 19) && (Ycursor == 15))   // in case of second
    { second = DS3234_read(0x00);
      if(second == 0x00)      second = 0x59;
      else                    second = BCD_decrement(second);
      DS3234_write(0x00,second);
    }
}

unsigned char icon_flag = 0;

unsigned char Icon_input(void)                  /* input touch screen icon */
{
  unsigned char icon;
```

```
   Touch_screen_input();                          // input touch screen

   if((icon_flag == 0) && (x_touch >= 10) && (x_touch <= 53) && (y_touch >= 196) && (y_touch <= 234))
     { icon = KEY1;
       icon_flag = 1;
       Rectangle( 10,196,  53,234, Magenta);
       Beep();
     }
   else if((icon_flag == 0) && (x_touch >= 90) && (x_touch <= 133) && (y_touch >= 196) && (y_touch <= 234))
     { icon = KEY2;
       icon_flag = 1;
       Rectangle( 90,196, 133,234, Magenta);
       Beep();
     }
   else if((icon_flag == 0) && (x_touch >= 186) && (x_touch <= 229) && (y_touch >= 196) && (y_touch <= 234))
     { icon = KEY3;
       icon_flag = 1;
       Rectangle(186,196, 229,234, Magenta);
       Beep();
     }
   else if((icon_flag == 0) && (x_touch >= 266) && (x_touch <= 309) && (y_touch >= 196) && (y_touch <= 234))
     { icon = KEY4;
       icon_flag = 1;
       Rectangle(266,196, 309,234, Magenta);
       Beep();
     }
   else if((icon_flag == 1) && (x_touch == 0) && (y_touch == 0))
     { icon = no_key;
       icon_flag = 0;
       Rectangle( 10,196,  53,234, Cyan);
       Rectangle( 90,196, 133,234, Cyan);
       Rectangle(186,196, 229,234, Cyan);
       Rectangle(266,196, 309,234, Cyan);
       Delay_ms(50);
     }
   else
     icon = no_key;

   return icon;
}
```

☞ TFT-LCD 모듈에는 하드웨어적으로 커서를 디스플레이하는 기능을 가지고 있지 않으므로 사용자 프로그램에서 소프트웨어적으로 이를 처리하여 주어야 한다. 헤더 파일 OK-MKL25Z.h에서는 커서의 위치를 Xcursor 및 Ycursor 변수로 처리하므로 여기서도 이 변수를 사용하여 현재 수정중인 항목의 위치에 커서를 표시한다.

여기서 KEY1은 커서 좌측 이동, KEY2는 커서 우측 이동, KEY3은 시간값 증가, KEY4는 시간값 감소의 기능을 수행한다. 또한, 이들 키를 사용하는 대신에 화면에 표시된 해당 터치 스크린 아이콘을 눌러서 현재 시각을 수정하는 것도 가능하다.

이번에는 DS3234를 이용한 디지털 시계를 TFT-LCD 모듈에 매우 큰 글씨로 구현하여 보기로 한다. 글씨가 커서 보기에 훨씬 편리하다. 이 시계에도 현재 시각을 수정하는 기능이 포함된다.

<프로그램 Exp12_3_4.c> TFT-LCD 모듈에 매우 큰 글씨로 구현한 디지털 시계

```
/* ============================================================================ */
/*      Exp12_3_4_vlarge.c : DS3234를 이용한 매우 큰 글씨의 디지털 시계          */
/* ============================================================================ */
/*                                  Programmed by Duck-Yong Yoon in 2016.       */

#include <MKL25Z4.h>
#include "OK-MKL25Z.h"
#include "OK-MKL25Z_large.h"
#include "OK-MKL25Z_xlarge.h"

/* ---------------------------------------------------------------------------- */
/*              사용자 정의 함수 선언                                              */
/* ---------------------------------------------------------------------------- */

void DS3234_initialize(void);                   /* initialize DS3234 RTC */
unsigned char DS3234_read(U08 address);         /* read DS3234 */
void DS3234_write(U08 address, U08 value);      /* write DS3234 */
void Display_time(void);                        /* display current time */
void Time_increment(void);                      /* increment time */
void Time_decrement(void);                      /* decrement time */
void Cursor_left(void);                         /* go cursor left */
void Cursor_right(void);                        /* go cursor right */

/* ---------------------------------------------------------------------------- */
/*              상수 및 변수 선언                                                  */
/* ---------------------------------------------------------------------------- */

unsigned char year, month, date, weekday, hour, minute, second, second_old;
unsigned char blink_count = 0, hour_flag = 0;

/* ---------------------------------------------------------------------------- */
/*              메인 프로그램                                                      */
/* ---------------------------------------------------------------------------- */

int main(void)
{
  unsigned int key = no_key;

  Initialize_MCU();                             // initialize MCU and kit
  Delay_ms(50);                                 // wait for system stabilization
  Initialize_LCD();                             // initialize text LCD module
  Initialize_TFT_LCD();                         // initialize TFT-LCD module
  DS3234_initialize();                          // initialize DS3234 RTC

  LCD_string(0x80," OK-MKL25Z V1.0 ");          // display title
  LCD_string(0xC0,"  Exp12_3_4.c   ");
  Beep();

  TFT_string( 0,1,Green,  Black,"****************************************");
  TFT_string( 0,3,Magenta,Black,"       OK-MKL25Z 키트 디지털 시계        ");
  TFT_string( 0,5,Green,  Black,"****************************************");

  TFT_string_large(6,8,Cyan,Black,"2016/03/01 (화)");
  TFT_string_large(2,13,Cyan,Black,"A");
  TFT_string_large(2,16,Cyan,Black,"M");
  Rectangle(12,96, 307,157, Cyan);
  Rectangle(13,97, 306,156, Cyan);
  TFT_xy(5,13);
  TFT_color(White,Black);
  TFT_hexadecimal_vlarge(0,2);
  TFT_English_vlarge(':');
  TFT_hexadecimal_vlarge(0,2);
  TFT_English_vlarge(':');
  TFT_hexadecimal_vlarge(0,2);

  TFT_cursor(Magenta);                          // display cursor
  Xcursor = 39;
  Ycursor = 17;
```

```
TFT_string(3,25,White,Blue,"커서");                   // display key function
TFT_string(3,27,White,Blue," 좌 ");
TFT_string(13,25,White,Blue,"커서");
TFT_string(13,27,White,Blue," 우 ");
TFT_string(23,25,White,Magenta," 값 ");
TFT_string(23,27,White,Magenta,"증가");
TFT_string(33,25,White,Magenta," 값 ");
TFT_string(33,27,White,Magenta,"감소");

Rectangle(18,194, 61,237, Magenta);
Rectangle(19,195, 60,236, Magenta);
Rectangle(98,194, 141,237, Magenta);
Rectangle(99,195, 140,236, Magenta);
Rectangle(178,194, 221,237, Magenta);
Rectangle(179,195, 220,236, Magenta);
Rectangle(258,194, 301,237, Magenta);
Rectangle(259,195, 300,236, Magenta);

while(1)
  { second = DS3234_read(0x00);                       // new second ?
    if(second != second_old)                          // if yes, read time
      { second_old = second;
        minute = DS3234_read(0x01);
        hour = DS3234_read(0x02) & 0x3F;
        weekday = DS3234_read(0x03);
        date = DS3234_read(0x04);
        month = DS3234_read(0x05);
        year = DS3234_read(0x06);

        blink_count = 0;                              // start colon blink count
      }

    if((minute == 0x00) && (second == 0x00) && (hour_flag == 0)) // 매시 정각 경보
      { hour_flag = 1;
        Beep();
      }
    else if(second >= 0x01)
      hour_flag = 0;

    key = Key_input();                                // key input
    switch(key)
      { case KEY1 : Cursor_left();                    // if KEY1, go cursor left
                    break;
        case KEY2 : Cursor_right();                   // if KEY2, go cursor right
                    break;
        case KEY3 : Time_increment();                 // if KEY3, increment time
                    break;
        case KEY4 : Time_decrement();                 // if KEY4, decrement time
                    break;
      }

    Display_time();                                   // display current time
    if(blink_count < 10)                              // display colon for 0.5 sec
      { TFT_color(Cyan,Black);
        TFT_xy(13,13);
        TFT_English_vlarge(':');
        TFT_xy(25,13);
        TFT_English_vlarge(':');
      }
    else
      { TFT_color(Cyan,Black);
        TFT_xy(13,13);
        TFT_English_vlarge(' ');
        TFT_xy(25,13);
        TFT_English_vlarge(' ');
      }

    Delay_ms(8);                                      // delay count for blink time
    blink_count++;
  }
```

```
}

/* ------------------------------------------------------------------------ */
/*                  사용자 정의 함수                                          */
/* ------------------------------------------------------------------------ */

void DS3234_initialize(void)                /* initialize DS3234 RTC */
{
  SIM->SCGC4 |= 0x00400000;                 // enable clock for SPI0
  SIM->SCGC5 |= 0x00000200;                 // enable clock for PORTA

  PORTA_PCR14 = 0x00000100;                 // PTA14 = -RTC_CS
  GPIOA->PDDR |= 0x00004000;                // PTA14 = output = 1
  GPIOA->PSOR = 0x00004000;
  PORTA_PCR15 = 0x00000200;                 // PTA15 = SPI0_SCK
  PORTA_PCR16 = 0x00000200;                 // PTA16 = SPI0_MOSI
  PORTA_PCR17 = 0x00000200;                 // PTA17 = SPI0_MISO

  SPI0->C1 = 0x5C;                          // master mode, CPOL = CPHA = 1, MSB first
  SPI0->C2 = 0x00;
  SPI0->BR = 0x31;                          // 20.97152MHz/(3+1)/4 = 1.31072MHz (Max 4MHz)

  second = DS3234_read(0x00);               // if not second, initialize
  minute = DS3234_read(0x01);               // if not minute, initialize
  hour = DS3234_read(0x02);                 // if not 12 hour system, initialize
  weekday = DS3234_read(0x03);              // if not weekday, initialize
  date = DS3234_read(0x04);                 // if not date, initialize
  month = DS3234_read(0x05);                // if not month, initialize
  year = DS3234_read(0x06);                 // if not year, initialize

  if((second > 0x59) || (minute > 0x59) || (hour < 0x40) || (weekday > 0x07) || (date > 0x31) || (month > 0x12) || (year > 0x99))
    { DS3234_write(0x00, 0x00);             // second = 0x00
      DS3234_write(0x01, 0x00);             // minute = 0x00
      DS3234_write(0x02, 0x12 + 0x40);      // hour = 0x12 AM
      DS3234_write(0x03, 0x03);             // weekday = 0x03(Tuesday)
      DS3234_write(0x04, 0x01);             // date = 0x01
      DS3234_write(0x05, 0x03);             // month = 0x03
      DS3234_write(0x06, 0x16);             // year = 0x2016
      DS3234_write(0x0E, 0x00);             // control register
      DS3234_write(0x0F, 0x00);             // control and status register
    }
}

unsigned char DS3234_read(U08 address)      /* read DS3234 */
{
  unsigned char byte;

  byte = SPI0->D;                           // clear SPRF flag

  GPIOA->PCOR = 0x00004000;                 // -RTC_CS = 0
  while(!(SPI0->S & 0x20));
  SPI0->D = address;
  while(!(SPI0->S & 0x80));
  byte = SPI0->D;

  while(!(SPI0->S & 0x20));
  SPI0->D = 0x00;
  while(!(SPI0->S & 0x80));
  byte = SPI0->D;
  GPIOA->PSOR = 0x00004000;                 // -RTS_CS = 1

  return byte;
}

void DS3234_write(U08 address, U08 value)   /* write DS3234 */
{
  unsigned char byte;

  byte = SPI0->D;                           // clear SPRF flag

  GPIOA->PCOR = 0x00004000;                 // -RTC_CS = 0
```

```
    while(!(SPI0->S & 0x20));
    SPI0->D = address + 0x80;
    while(!(SPI0->S & 0x80));
    byte = SPI0->D;

    while(!(SPI0->S & 0x20));
    SPI0->D = value;
    while(!(SPI0->S & 0x80));
    byte = SPI0->D;
    GPIOA->PSOR = 0x00004000;                       // -RTS_CS = 1
}

void Display_time(void)                             /* display current time */
{
    TFT_color(Yellow,Black);                        // display color
    TFT_xy(6,8);                                    // display year
    TFT_hexadecimal_large(0x20,2);
    TFT_hexadecimal_large(year,2);
    TFT_xy(11,8);                                   // display month
    TFT_hexadecimal_large(month,2);
    TFT_xy(14,8);                                   // display date
    TFT_hexadecimal_large(date,2);
    if(weekday == 0x01)      TFT_string_large(18,8, Yellow,Black, "일"); // display weekday
    else if(weekday == 0x02) TFT_string_large(18,8, Yellow,Black, "월");
    else if(weekday == 0x03) TFT_string_large(18,8, Yellow,Black, "화");
    else if(weekday == 0x04) TFT_string_large(18,8, Yellow,Black, "수");
    else if(weekday == 0x05) TFT_string_large(18,8, Yellow,Black, "목");
    else if(weekday == 0x06) TFT_string_large(18,8, Yellow,Black, "금");
    else if(weekday == 0x07) TFT_string_large(18,8, Yellow,Black, "토");

    if((hour & 0x20) == 0x00) TFT_string_large(2,13,Cyan,Black,"A"); // display AM/PM
    else                      TFT_string_large(2,13,Cyan,Black,"P");

    TFT_color(White,Black);                         // display color
    TFT_xy(5,13);                                   // display hour
    TFT_hexadecimal_vlarge(hour & 0x1F,2);
    TFT_xy(17,13);                                  // display minute
    TFT_hexadecimal_vlarge(minute,2);
    TFT_xy(29,13);                                  // display second
    TFT_hexadecimal_vlarge(second,2);

    TFT_string(39,17, White,Black, " ");            // display home
}

void Cursor_left(void)                              /* go cursor left */
{
    if     ((Xcursor == 39) && (Ycursor == 17)) { Xcursor = 33; Ycursor = 13; }
    else if((Xcursor == 33) && (Ycursor == 13)) { Xcursor = 29; Ycursor = 13; }
    else if((Xcursor == 29) && (Ycursor == 13)) { Xcursor = 21; Ycursor = 13; }
    else if((Xcursor == 21) && (Ycursor == 13)) { Xcursor = 17; Ycursor = 13; }
    else if((Xcursor == 17) && (Ycursor == 13)) { Xcursor = 9;  Ycursor = 13; }
    else if((Xcursor == 9)  && (Ycursor == 13)) { Xcursor = 5;  Ycursor = 13; }
    else if((Xcursor == 5)  && (Ycursor == 13)) { Xcursor = 2;  Ycursor = 13; }
    else if((Xcursor == 2)  && (Ycursor == 13)) { Xcursor = 18; Ycursor = 8; }
    else if((Xcursor == 18) && (Ycursor == 8))  { Xcursor = 15; Ycursor = 8; }
    else if((Xcursor == 15) && (Ycursor == 8))  { Xcursor = 14; Ycursor = 8; }
    else if((Xcursor == 14) && (Ycursor == 8))  { Xcursor = 12; Ycursor = 8; }
    else if((Xcursor == 12) && (Ycursor == 8))  { Xcursor = 11; Ycursor = 8; }
    else if((Xcursor == 11) && (Ycursor == 8))  { Xcursor = 9;  Ycursor = 8; }
    else if((Xcursor == 9)  && (Ycursor == 8))  { Xcursor = 8;  Ycursor = 8; }
    else if((Xcursor == 8)  && (Ycursor == 8))  { Xcursor = 39; Ycursor = 17; }
}

void Cursor_right(void)                             /* go cursor right */
{
    if     ((Xcursor == 39) && (Ycursor == 17)) { Xcursor = 8;  Ycursor = 8; }
    else if((Xcursor == 8)  && (Ycursor == 8))  { Xcursor = 9;  Ycursor = 8; }
    else if((Xcursor == 9)  && (Ycursor == 8))  { Xcursor = 11; Ycursor = 8; }
    else if((Xcursor == 11) && (Ycursor == 8))  { Xcursor = 12; Ycursor = 8; }
    else if((Xcursor == 12) && (Ycursor == 8))  { Xcursor = 14; Ycursor = 8; }
    else if((Xcursor == 14) && (Ycursor == 8))  { Xcursor = 15; Ycursor = 8; }
```

```
  else if((Xcursor == 15) && (Ycursor == 8))  { Xcursor = 18; Ycursor = 8; }
  else if((Xcursor == 18) && (Ycursor == 8))  { Xcursor = 2;  Ycursor = 13; }
  else if((Xcursor == 2)  && (Ycursor == 13)) { Xcursor = 5;  Ycursor = 13; }
  else if((Xcursor == 5)  && (Ycursor == 13)) { Xcursor = 9;  Ycursor = 13; }
  else if((Xcursor == 9)  && (Ycursor == 13)) { Xcursor = 17; Ycursor = 13; }
  else if((Xcursor == 17) && (Ycursor == 13)) { Xcursor = 21; Ycursor = 13; }
  else if((Xcursor == 21) && (Ycursor == 13)) { Xcursor = 29; Ycursor = 13; }
  else if((Xcursor == 29) && (Ycursor == 13)) { Xcursor = 33; Ycursor = 13; }
  else if((Xcursor == 33) && (Ycursor == 13)) { Xcursor = 39; Ycursor = 17; }
}

void Time_increment(void)                       /* time increment */
{
  if((Xcursor == 8) && (Ycursor == 8))          // in case of year
    { year = DS3234_read(0x06);
      if((year & 0xF0) < 0x90) year += 0x10;
      else                     year &= 0x0F;
      DS3234_write(0x06,year);
    }
  else if((Xcursor == 9) && (Ycursor == 8))     // in case of year
    { year = DS3234_read(0x06);
      if((year & 0x0F) < 0x09) year += 0x01;
      else                     year &= 0xF0;
      DS3234_write(0x06,year);
    }
  else if((Xcursor == 11) && (Ycursor == 8))    // in case of month
    { month = DS3234_read(0x05);
      month ^= 0x10;
      if(month == 0x00) month += 0x01;
      if(month > 0x12)  month = 0x12;
      DS3234_write(0x05,month);
    }
  else if((Xcursor == 12) && (Ycursor == 8))    // in case of month
    { month = DS3234_read(0x05);
      if((month & 0x0F) < 0x09)
        { month += 0x01;
          if(month > 0x12) month &= 0xF0;
        }
      else
        { month &= 0xF0;
          if(month == 0x00) month = 0x01;
        }
      DS3234_write(0x05,month);
    }
  else if((Xcursor == 14) && (Ycursor == 8))    // in case of date
    { date = DS3234_read(0x04);
      if((date & 0xF0) < 0x30)
        { date += 0x10;
          if(date > 0x31) date = 0x31;
        }
      else
        { date &= 0x0F;
          if(date == 0x00) date = 0x01;
        }
      DS3234_write(0x04,date);
    }
  else if((Xcursor == 15) && (Ycursor == 8))    // in case of date
    { date = DS3234_read(0x04);
      if((date & 0x0F) < 0x09)
        { date += 0x01;
          if(date > 0x31) date &= 0xF0;
        }
      else
        { date &= 0xF0;
          if(date == 0x00) date = 0x01;
        }
      DS3234_write(0x04,date);
    }
  else if((Xcursor == 18) && (Ycursor == 8))    // in case of weekday
    { weekday = DS3234_read(0x03);
      if(weekday < 0x07) weekday += 0x01;
```

```
      else                 weekday = 0x01;
      DS3234_write(0x03,weekday);
    }
  else if((Xcursor == 2) && (Ycursor == 13))     // in case of AM/PM
    { hour = DS3234_read(0x02);
      hour ^= 0x20;
      DS3234_write(0x02,hour);
    }
  else if((Xcursor == 5) && (Ycursor == 13))     // in case of hour
    { hour = DS3234_read(0x02);
      hour ^= 0x10;
      if((hour & 0x1F) == 0x00) hour += 0x01;
      if((hour & 0x1F) > 0x12)  hour = (hour & 0x60) + 0x12;
      DS3234_write(0x02,hour);
    }
  else if((Xcursor == 9) && (Ycursor == 13))     // in case of hour
    { hour = DS3234_read(0x02);
      if((hour & 0x0F) < 0x09)
        { hour += 0x01;
          if((hour & 0x1F) > 0x12) hour &= 0xF0;
        }
      else
        { hour &= 0xF0;
          if((hour & 0x1F) == 0x00) hour += 0x01;
        }
      DS3234_write(0x02,hour);
    }
  else if((Xcursor == 17) && (Ycursor == 13))    // in case of minute
    { minute = DS3234_read(0x01);
      if((minute & 0xF0) < 0x50) minute += 0x10;
      else                       minute &= 0x0F;
      DS3234_write(0x01,minute);
    }
  else if((Xcursor == 21) && (Ycursor == 13))    // in case of minute
    { minute = DS3234_read(0x01);
      if((minute & 0x0F) < 0x09) minute += 0x01;
      else                       minute &= 0xF0;
      DS3234_write(0x01,minute);
    }
  else if((Xcursor == 29) && (Ycursor == 13))    // in case of second
    { second = DS3234_read(0x00);
      if((second & 0xF0) < 0x50) second += 0x10;
      else                       second &= 0x0F;
      DS3234_write(0x00,second);
    }
  else if((Xcursor == 33) && (Ycursor == 13))    // in case of second
    { second = DS3234_read(0x00);
      if((second & 0x0F) < 0x09) second += 0x01;
      else                       second &= 0xF0;
      DS3234_write(0x00,second);
    }
}

void Time_decrement(void)                        /* time decrement */
{
  if((Xcursor == 8) && (Ycursor == 8))           // in case of year
    { year = DS3234_read(0x06);
      if((year & 0xF0) >= 0x10) year -= 0x10;
      else                      year += 0x90;
      DS3234_write(0x06,year);
    }
  else if((Xcursor == 9) && (Ycursor == 8))      // in case of year
    { year = DS3234_read(0x06);
      if((year & 0x0F) >= 0x01) year -= 0x01;
      else                      year += 0x09;
      DS3234_write(0x06,year);
    }
  else if((Xcursor == 11) && (Ycursor == 8))     // in case of month
    { month = DS3234_read(0x05);
      month ^= 0x10;
      if(month == 0x00) month += 0x01;
```

```
      if(month > 0x12)  month = 0x12;
      DS3234_write(0x05,month);
    }
  else if((Xcursor == 12) && (Ycursor == 8))     // in case of month
    { month = DS3234_read(0x05);
      if((month & 0x0F) >= 0x01)
        { month -= 0x01;
          if(month == 0x00) month = 0x09;
        }
      else
        { month += 0x09;
          if(month > 0x12) month = 0x12;
        }
      DS3234_write(0x05,month);
    }
  else if((Xcursor == 14) && (Ycursor == 8))     // in case of date
    { date = DS3234_read(0x04);
      if((date & 0xF0) >= 0x10)
        { date -= 0x10;
          if(date == 0x00) date = 0x01;
        }
      else
        { date += 0x30;
          if(date > 0x31) date = 0x31;
        }
      DS3234_write(0x04,date);
    }
  else if((Xcursor == 15) && (Ycursor == 8))     // in case of date
    { date = DS3234_read(0x04);
      if((date & 0x0F) >= 0x01)
        { date -= 0x01;
          if(date == 0x00) date = 0x09;
        }
      else
        { date += 0x09;
          if(date > 0x31) date = 0x31;
        }
      DS3234_write(0x04,date);
    }
  else if((Xcursor == 18) && (Ycursor == 8))     // in case of weekday
    { weekday = DS3234_read(0x03);
      if(weekday > 0x01) weekday -= 0x01;
      else               weekday = 0x07;
      DS3234_write(0x03,weekday);
    }
  else if((Xcursor == 2) && (Ycursor == 13))     // in case of AM/PM
    { hour = DS3234_read(0x02);
      hour ^= 0x20;
      DS3234_write(0x02,hour);
    }
  else if((Xcursor == 5) && (Ycursor == 13))     // in case of hour
    { hour = DS3234_read(0x02);
      hour ^= 0x10;
      if((hour & 0x1F) == 0x00) hour += 0x01;
      if((hour & 0x1F) > 0x12)  hour = (hour & 0x60) + 0x12;
      DS3234_write(0x02,hour);
    }
  else if((Xcursor == 9) && (Ycursor == 13))     // in case of hour
    { hour = DS3234_read(0x02);
      if((hour & 0x0F) >= 0x01)
        { hour -= 0x01;
          if((hour & 0x1F) == 0x00) hour = (hour & 0xE0) + 0x09;
        }
      else
        { hour += 0x09;
          if((hour & 0x1F) > 0x12) hour = (hour & 0xE0) + 0x12;
        }
      DS3234_write(0x02,hour);
    }
  else if((Xcursor == 17) && (Ycursor == 13))    // in case of minute
    { minute = DS3234_read(0x01);
```

```
      if((minute & 0xF0) >= 0x10) minute -= 0x10;
      else                        minute += 0x50;
      DS3234_write(0x01,minute);
    }
  else if((Xcursor == 21) && (Ycursor == 13))    // in case of minute
    { minute = DS3234_read(0x01);
      if((minute & 0x0F) >= 0x01) minute -= 0x01;
      else                        minute += 0x09;
      DS3234_write(0x01,minute);
    }
  else if((Xcursor == 29) && (Ycursor == 13))    // in case of second
    { second = DS3234_read(0x00);
      if((second & 0xF0) >= 0x10) second -= 0x10;
      else                        second += 0x50;
      DS3234_write(0x00,second);
    }
  else if((Xcursor == 33) && (Ycursor == 13))    // in case of second
    { second = DS3234_read(0x00);
      if((second & 0x0F) >= 0x01) second -= 0x01;
      else                        second += 0x09;
      DS3234_write(0x00,second);
    }
}
```

이번에는 DS3234를 이용한 디지털 시계를 TFT-LCD 모듈에 가장 큰 글씨로 구현하여 보기로 한다. 앞의 디지털 시계에서와 달리 이 시계 프로그램에는 온도 표시 기능과 알람 기능을 추가하였다.

<프로그램 Exp12_3_5.c> TFT-LCD 모듈에 가장 큰 글씨로 구현한 디지털 시계

```
/* ============================================================================ */
/*      Exp12_3_5_xlarge.c : DS3234를 이용한 가장 큰 글씨의 디지털 시계          */
/* ============================================================================ */
/*                                    Programmed by Duck-Yong Yoon in 2016.     */

#include <MKL25Z4.h>
#include "OK-MKL25Z.h"
#include "OK-MKL25Z_large.h"
#include "OK-MKL25Z_xlarge.h"

/* ---------------------------------------------------------------------------- */
/*              사용자 정의 함수 선언                                            */
/* ---------------------------------------------------------------------------- */

void Screen1_initialize(void);                 /* initialize screen 1 */
void Display_time(void);                       /* display current time on screen 1 */
void Read_temperature(void);                   /* read temperature from LM35DZ */

void Screen2_initialize(void);                 /* initialize screen 2 */
void Display_screen2_time(void);               /* display current time on screen 2 */
void Screen2_cursor_right(void);               /* move cursor to right */
void Screen2_increment(void);                  /* increment value */
void Screen2_decrement(void);                  /* decrement value */
void DS3234_initialize(void);                  /* initialize DS3234 RTC */
unsigned char DS3234_read(U08 address);        /* read DS3234 */
void DS3234_write(U08 address, U08 byte);      /* write DS3234 */

void Screen3_initialize(void);                 /* initialize screen 3 */
void Display_screen3_alarm(void);              /* display alarm time on screen 3 */
void Screen3_cursor_right(void);               /* move cursor to right */
void Screen3_increment(void);                  /* increment value */
```

```
void Screen3_decrement(void);                    /* decrement value */
void DS3234_alarm_set(void);                     /* set alarm of DS3234 RTC */

/* ---------------------------------------------------------------------------- */
/*              상수 및 변수 선언                                                  */
/* ---------------------------------------------------------------------------- */

unsigned char screen_mode = 1;                   // screen mode 1~4
unsigned char blink_count = 0;                   // colon blink count
unsigned char year, month, date, weekday, hour, minute, second, second_old;

unsigned char alarm_set = 0;                     // alarm set flag(0 = off, 1 = on)
unsigned char alarm_ampm, alarm_hour, alarm_minute;
unsigned char alarm_status = 0;

/* ---------------------------------------------------------------------------- */
/*              메인 프로그램                                                      */
/* ---------------------------------------------------------------------------- */

int main(void)
{
  unsigned char key, date_flag = 0, hour_flag = 0;

  Initialize_MCU();                              // initialize MCU and kit
  Delay_ms(50);                                  // wait for system stabilization
  Initialize_LCD();                              // initialize text LCD module
  Initialize_TFT_LCD();                          // initialize TFT-LCD module
  DS3234_initialize();                           // initialize DS3234 RTC

  LCD_string(0x80," OK-MKL25Z V1.0 ");           // display title
  LCD_string(0xC0,"  Exp12_3_5.c   ");
  Beep();                                        // beep

  Screen1_initialize();                          // initialize screen 1

  SIM->SCGC6 |= 0x08000000;                      // enable clock for ADC0
  PORTB_PCR3 = 0x00000000;                       // PTB3 = ADC0_SE13(=ADC4)

  ADC0->CFG1 = 0x0000001F;                       // 16-bit single-ended
  ADC0->CFG2 = 0x00000008;                       // ADCK = 2.4MHz
  ADC0->SC2 = 0x00000000;                        // software trigger, use VREFH
  ADC0->SC3 = 0x00000007;                        // hardware average by 32 times

  while(1)
    { second = DS3234_read(0x00);                // new second ?
      if(second != second_old)                   // if yes, read time
        { second_old = second;
          minute = DS3234_read(0x01);
          hour = DS3234_read(0x02) & 0x3F;
          weekday = DS3234_read(0x03);
          date = DS3234_read(0x04);
          month = DS3234_read(0x05);
          year = DS3234_read(0x06);

          if(alarm_status == 1)                  // go alarm
            Beep_3times();

          blink_count = 0;                       // start colon blink count
          if(screen_mode == 1)
            Read_temperature();                  // read and display temperature
        }

      if((minute == 0x00) && (second == 0x00) && (hour_flag == 0)) // 매시 정각 경보
        { hour_flag = 1;
          Beep();
        }
      else if(second >= 0x01)
        hour_flag = 0;

      if((hour == 0x12) && (minute == 0x00) && (second == 0x00) && (date_flag == 0)) // 새로운 날짜의 시작
        { date_flag = 1;
```

```
    screen_mode = 1;
    Initialize_TFT_LCD();
    Screen1_initialize();
  }
else if(second >= 0x01)
  date_flag = 0;

if(alarm_set == 1)                          // check alarm
  { if((DS3234_read(0x0F) & 0x01) == 0x01)
      alarm_status = 1;
  }
if((alarm_set == 1) && (alarm_status == 1) && (second == 0x05)) // end alarm
  { alarm_status = 0;
    alarm_set = 0;
    DS3234_alarm_set();
  }

key = Key_input();                          // key input
if((key == KEY1) && (screen_mode == 1))     // ***** change screen_mode from 1 to 2
  { screen_mode = 2;
    Screen2_initialize();                   // initialize screen 2
    key = no_key;
  }
else if((key == KEY1) && (screen_mode == 2)) // ***** change screen_mode from 2 to 3
  { screen_mode = 3;
    TFT_cursor(Transparent);
    Screen3_initialize();                   // initialize screen 3
    key = no_key;
  }
else if((key == KEY1) && (screen_mode == 3)) // ***** change screen_mode from 3 to 1
  { DS3234_alarm_set();
    screen_mode = 1;
    TFT_cursor(Transparent);
    Screen1_initialize();                   // initialize screen 1
    key = no_key;
  }

if(screen_mode == 1)                        // ***** 화면1 : 시스템 상태
  { Display_time();                         // display current time
    if(blink_count < 8)                     // display colon for 0.5 sec
      { TFT_color(Cyan,Black);
        TFT_xy(13,14);
        TFT_English_xlarge(':');
        TFT_xy(26,14);
        TFT_English_xlarge(':');
        if(alarm_set == 1)
          { TFT_string(11,7,Magenta,Black,"알람 (");
            if(alarm_ampm == 0x40) TFT_string(17,7,Magenta,Black,"오전 ");
            else                   TFT_string(17,7,Magenta,Black,"오후 ");
            TFT_hexadecimal(alarm_hour,2);
            TFT_English(':');
            TFT_hexadecimal(alarm_minute,2);
            TFT_English(')');
          }
      }
    else
      { TFT_color(Cyan,Black);
        TFT_xy(13,14);
        TFT_English_xlarge('/');
        TFT_xy(26,14);
        TFT_English_xlarge('/');
        if(alarm_set == 1)
          TFT_string(11,7,Magenta,Black,"                   ");
      }
  }
else if(screen_mode == 2)                   // ***** 화면2 : 현재 날짜/시각 설정
  { if(key == KEY2)       Screen2_cursor_right();
    else if(key == KEY3) Screen2_increment();
    else if(key == KEY4) Screen2_decrement();
    else                 Display_screen2_time();
  }
```

```
      else if(screen_mode == 3)                       // ***** 화면3 : 알람 설정
        { if(key == KEY2)     Screen3_cursor_right();
          else if(key == KEY3) Screen3_increment();
          else if(key == KEY4) Screen3_decrement();
          else                Display_screen3_alarm();
        }

      Delay_ms(1);                                    // delay count for blink time
      blink_count++;
    }
}

/* ------------------------------------------------------------------------------- */
/*              화면1 관련 함수 (기본 화면)                                          */
/* ------------------------------------------------------------------------------- */

void Screen1_initialize(void)                         /* initialize screen 1 */
{
  TFT_clear_screen();                                 // clear screen

  TFT_string(0,1,Green,  Black,"****************************************");
  TFT_string(0,3,Magenta,Black,"       OK-MKL25Z 키트 디지털 시계       ");
  TFT_string(0, 5,Green, Black,"****************************************");
  TFT_string(0,27,Green, Black,"****************************************");
  TFT_string(3,27,White, Black,"(설계/제작:윤덕용)");

  Rectangle(0,105, 319,171, Cyan);
  Rectangle(1,106, 318,170, Cyan);

  TFT_string_large(6,9,Cyan,Black,"2016/03/01 (화)");
  TFT_color(Cyan,Black);
  TFT_English_pixel_large(9,115,'A');
  TFT_English_pixel_large(9,139,'M');
  TFT_xy(3,14);
  TFT_color(White,Black);
  TFT_hexadecimal_xlarge(0,2);
  TFT_English_xlarge(':');
  TFT_hexadecimal_xlarge(0,2);
  TFT_English_xlarge(':');
  TFT_hexadecimal_xlarge(0,2);

  TFT_string_large(7,22,Yellow,Black,"온도 00.0  C");
  TFT_xy(17,22);
  TFT_English_large(0x7F);
}

void Display_time(void)                               /* display current time on screen 1 */
{
  TFT_color(Yellow,Black);                            // display color
  TFT_xy(6,9);                                        // display year
  TFT_hexadecimal_large(0x20,2);
  TFT_hexadecimal_large(year,2);
  TFT_xy(11,9);                                       // display month
  TFT_hexadecimal_large(month,2);
  TFT_xy(14,9);                                       // display date
  TFT_hexadecimal_large(date,2);
  if(weekday == 0x01)       TFT_string_large(18,9, Yellow,Black, "일"); // display weekday
  else if(weekday == 0x02) TFT_string_large(18,9, Yellow,Black, "월");
  else if(weekday == 0x03) TFT_string_large(18,9, Yellow,Black, "화");
  else if(weekday == 0x04) TFT_string_large(18,9, Yellow,Black, "수");
  else if(weekday == 0x05) TFT_string_large(18,9, Yellow,Black, "목");
  else if(weekday == 0x06) TFT_string_large(18,9, Yellow,Black, "금");
  else if(weekday == 0x07) TFT_string_large(18,9, Yellow,Black, "토");

  TFT_color(Cyan,Black);                              // display color
  if((hour & 0x20) == 0x00) TFT_English_pixel_large(9,115,'A'); // display AM/PM
  else                      TFT_English_pixel_large(9,115,'P');

  TFT_color(White,Black);                             // display color
  TFT_xy(3,14);                                       // display hour
  TFT_hexadecimal_xlarge(hour & 0x1F, 2);
```

```
    TFT_xy(16,14);                                    // display minute
    TFT_hexadecimal_xlarge(minute, 2);
    TFT_xy(29,14);                                    // display second
    TFT_hexadecimal_xlarge(second, 2);
}

void Read_temperature(void)                           /* read temperature from LM35DZ */
{
    unsigned short result;

    ADC0->SC1[0] = 0x0000000D;                        // start ADC4 input (LM35DZ)
    while(!(ADC0->SC1[0] & 0x00000080));              // wait for end of conversion
    result = ADC0->R[0];

    TFT_xy(12,22);                                    // display temperature
    TFT_color(Cyan,Black);
    TFT_unsigned_float_large((float)result*330./65536.,2,1);
}

/* ------------------------------------------------------------------------- */
/*               화면2 관련 함수 (현재 날짜/시각 설정)                          */
/* ------------------------------------------------------------------------- */

void Screen2_initialize(void)                         /* initialize screen 2 */
{
    TFT_clear_screen();                               // clear screen

    TFT_string(3,25,White,Blue,"화면");               // display key function
    TFT_string(3,27,White,Blue,"변경");
    TFT_string(13,25,White,Brown,"커서");
    TFT_string(13,27,White,Brown,"이동");
    TFT_string(23,25,White,Magenta," 값 ");
    TFT_string(23,27,White,Magenta,"증가");
    TFT_string(33,25,White,Magenta," 값 ");
    TFT_string(33,27,White,Magenta,"감소");

    Rectangle(18,194,  61,237, Magenta);
    Rectangle(19,195,  60,236, Magenta);
    Rectangle(98,194,  141,237, Magenta);
    Rectangle(99,195,  140,236, Magenta);
    Rectangle(178,194,  221,237, Magenta);
    Rectangle(179,195,  220,236, Magenta);
    Rectangle(258,194,  301,237, Magenta);
    Rectangle(259,195,  300,236, Magenta);

    TFT_string(0,3,White,Blue,"          현재 날짜/시각 설정          ");

    TFT_string_large(6,10,Green,Black,"2015/11/01 (일)");
    TFT_string_large(6,15,Green,Black," 오전 12:00:00 ");

    TFT_cursor(Magenta);                              // display cursor
    Xcursor = 9;
    Ycursor = 15;
}

void Display_screen2_time(void)                       /* display current time on screen 2 */
{
    TFT_color(White,Black);                           // display color
    TFT_xy(6,10);                                     // display year
    TFT_hexadecimal_large(0x20,2);
    TFT_hexadecimal_large(year,2);
    TFT_xy(11,10);                                    // display month
    TFT_hexadecimal_large(month,2);
    TFT_xy(14,10);                                    // display date
    TFT_hexadecimal_large(date,2);
    if(weekday == 0x01)       TFT_string_large(18,10, White,Black, "일"); // display weekday
    else if(weekday == 0x02)  TFT_string_large(18,10, White,Black, "월");
    else if(weekday == 0x03)  TFT_string_large(18,10, White,Black, "화");
    else if(weekday == 0x04)  TFT_string_large(18,10, White,Black, "수");
    else if(weekday == 0x05)  TFT_string_large(18,10, White,Black, "목");
    else if(weekday == 0x06)  TFT_string_large(18,10, White,Black, "금");
```

```
  else if(weekday == 0x07) TFT_string_large(18,10, White,Black, "토");

  TFT_color(White,Black);                            // display color
  if((hour & 0x20) == 0x00) TFT_string_large(7,15,White,Black,"오전"); // display AM/PM
  else                      TFT_string_large(7,15,White,Black,"오후");
  TFT_xy(12,15);                                     // display hour
  TFT_hexadecimal_large(hour & 0x1F,2);
  TFT_xy(15,15);                                     // display minute
  TFT_hexadecimal_large(minute,2);
  TFT_xy(18,15);                                     // display second
  TFT_hexadecimal_large(second,2);
}

void Screen2_cursor_right(void)                      /* move cursor to right */
{
  if((Xcursor == 8) && (Ycursor == 10))        { Xcursor = 9;  Ycursor = 10; }
  else if((Xcursor == 9)  && (Ycursor == 10))  { Xcursor = 11; Ycursor = 10; }
  else if((Xcursor == 11) && (Ycursor == 10))  { Xcursor = 12; Ycursor = 10; }
  else if((Xcursor == 12) && (Ycursor == 10))  { Xcursor = 14; Ycursor = 10; }
  else if((Xcursor == 14) && (Ycursor == 10))  { Xcursor = 15; Ycursor = 10; }
  else if((Xcursor == 15) && (Ycursor == 10))  { Xcursor = 18; Ycursor = 10; }
  else if((Xcursor == 18) && (Ycursor == 10))  { Xcursor = 9;  Ycursor = 15; }
  else if((Xcursor == 9)  && (Ycursor == 15))  { Xcursor = 12; Ycursor = 15; }
  else if((Xcursor == 12) && (Ycursor == 15))  { Xcursor = 13; Ycursor = 15; }
  else if((Xcursor == 13) && (Ycursor == 15))  { Xcursor = 15; Ycursor = 15; }
  else if((Xcursor == 15) && (Ycursor == 15))  { Xcursor = 16; Ycursor = 15; }
  else if((Xcursor == 16) && (Ycursor == 15))  { Xcursor = 18; Ycursor = 15; }
  else if((Xcursor == 18) && (Ycursor == 15))  { Xcursor = 19; Ycursor = 15; }
  else if((Xcursor == 19) && (Ycursor == 15))  { Xcursor = 8;  Ycursor = 10; }
}

void Screen2_increment(void)                         /* increment value */
{
  if((Xcursor == 8) && (Ycursor == 10))              // in case of year
    { year = DS3234_read(0x06);
      if((year & 0xF0) < 0x90) year += 0x10;
      else                     year &= 0x0F;
      DS3234_write(0x06,year);
    }
  else if((Xcursor == 9) && (Ycursor == 10))         // in case of year
    { year = DS3234_read(0x06);
      if((year & 0x0F) < 0x09) year += 0x01;
      else                     year &= 0xF0;
      DS3234_write(0x06,year);
    }
  else if((Xcursor == 11) && (Ycursor == 10))        // in case of month
    { month = DS3234_read(0x05);
      month ^= 0x10;
      if(month == 0x00) month += 0x01;
      if(month > 0x12)  month = 0x12;
      DS3234_write(0x05,month);
    }
  else if((Xcursor == 12) && (Ycursor == 10))        // in case of month
    { month = DS3234_read(0x05);
      if((month & 0x0F) < 0x09)
        { month += 0x01;
          if(month > 0x12) month &= 0xF0;
        }
      else
        { month &= 0xF0;
          if(month == 0x00) month = 0x01;
        }
      DS3234_write(0x05,month);
    }
  else if((Xcursor == 14) && (Ycursor == 10))        // in case of date
    { date = DS3234_read(0x04);
      if((date & 0xF0) < 0x30)
        { date += 0x10;
          if(date > 0x31) date = 0x31;
        }
      else
```

```
        { date &= 0x0F;
          if(date == 0x00) date = 0x01;
        }
      DS3234_write(0x04,date);
    }
  else if((Xcursor == 15) && (Ycursor == 10))    // in case of date
    { date = DS3234_read(0x04);
      if((date & 0x0F) < 0x09)
        { date += 0x01;
          if(date > 0x31) date &= 0xF0;
        }
      else
        { date &= 0xF0;
          if(date == 0x00) date = 0x01;
        }
      DS3234_write(0x04,date);
    }
  else if((Xcursor == 18) && (Ycursor == 10))    // in case of weekday
    { weekday = DS3234_read(0x03);
      if(weekday < 0x07) weekday += 0x01;
      else               weekday = 0x01;
      DS3234_write(0x03,weekday);
    }
  else if((Xcursor == 9) && (Ycursor == 15))     // in case of AM/PM
    { hour = DS3234_read(0x02);
      hour ^= 0x20;
      DS3234_write(0x02,hour);
    }
  else if((Xcursor == 12) && (Ycursor == 15))    // in case of hour
    { hour = DS3234_read(0x02);
      hour ^= 0x10;
      if((hour & 0x1F) == 0x00) hour += 0x01;
      if((hour & 0x1F) > 0x12)  hour = (hour & 0x60) + 0x12;
      DS3234_write(0x02,hour);
    }
  else if((Xcursor == 13) && (Ycursor == 15))    // in case of hour
    { hour = DS3234_read(0x02);
      if((hour & 0x0F) < 0x09)
        { hour += 0x01;
          if((hour & 0x1F) > 0x12) hour &= 0xF0;
        }
      else
        { hour &= 0xF0;
          if((hour & 0x1F) == 0x00) hour += 0x01;
        }
      DS3234_write(0x02,hour);
    }
  else if((Xcursor == 15) && (Ycursor == 15))    // in case of minute
    { minute = DS3234_read(0x01);
      if((minute & 0xF0) < 0x50) minute += 0x10;
      else                       minute &= 0x0F;
      DS3234_write(0x01,minute);
    }
  else if((Xcursor == 16) && (Ycursor == 15))    // in case of minute
    { minute = DS3234_read(0x01);
      if((minute & 0x0F) < 0x09) minute += 0x01;
      else                       minute &= 0xF0;
      DS3234_write(0x01,minute);
    }
  else if((Xcursor == 18) && (Ycursor == 15))    // in case of second
    { second = DS3234_read(0x00);
      if((second & 0xF0) < 0x50) second += 0x10;
      else                       second &= 0x0F;
      DS3234_write(0x00,second);
    }
  else if((Xcursor == 19) && (Ycursor == 15))    // in case of second
    { second = DS3234_read(0x00);
      if((second & 0x0F) < 0x09) second += 0x01;
      else                       second &= 0xF0;
      DS3234_write(0x00,second);
    }
```

```
}

void Screen2_decrement(void)                         /* decrement value */
{
  if((Xcursor == 8) && (Ycursor == 10))               // in case of year
    { year = DS3234_read(0x06);
      if((year & 0xF0) >= 0x10) year -= 0x10;
      else                      year += 0x90;
      DS3234_write(0x06,year);
    }
  else if((Xcursor == 9) && (Ycursor == 10))          // in case of year
    { year = DS3234_read(0x06);
      if((year & 0x0F) >= 0x01) year -= 0x01;
      else                      year += 0x09;
      DS3234_write(0x06,year);
    }
  else if((Xcursor == 11) && (Ycursor == 10))         // in case of month
    { month = DS3234_read(0x05);
      month ^= 0x10;
      if(month == 0x00) month += 0x01;
      if(month > 0x12)  month = 0x12;
      DS3234_write(0x05,month);
    }
  else if((Xcursor == 12) && (Ycursor == 10))         // in case of month
    { month = DS3234_read(0x05);
      if((month & 0x0F) >= 0x01)
        { month -= 0x01;
          if(month == 0x00) month = 0x09;
        }
      else
        { month += 0x09;
          if(month > 0x12) month = 0x12;
        }
      DS3234_write(0x05,month);
    }
  else if((Xcursor == 14) && (Ycursor == 10))         // in case of date
    { date = DS3234_read(0x04);
      if((date & 0xF0) >= 0x10)
        { date -= 0x10;
          if(date == 0x00) date = 0x01;
        }
      else
        { date += 0x30;
          if(date > 0x31) date = 0x31;
        }
      DS3234_write(0x04,date);
    }
  else if((Xcursor == 15) && (Ycursor == 10))         // in case of date
    { date = DS3234_read(0x04);
      if((date & 0x0F) >= 0x01)
        { date -= 0x01;
          if(date == 0x00) date = 0x09;
        }
      else
        { date += 0x09;
          if(date > 0x31) date = 0x31;
        }
      DS3234_write(0x04,date);
    }
  else if((Xcursor == 18) && (Ycursor == 10))         // in case of weekday
    { weekday = DS3234_read(0x03);
      if(weekday > 0x01) weekday -= 0x01;
      else               weekday = 0x07;
      DS3234_write(0x03,weekday);
    }
  else if((Xcursor == 9) && (Ycursor == 15))          // in case of AM/PM
    { hour = DS3234_read(0x02);
      hour ^= 0x20;
      DS3234_write(0x02,hour);
    }
  else if((Xcursor == 12) && (Ycursor == 15))         // in case of hour
```

```
    { hour = DS3234_read(0x02);
      hour ^= 0x10;
      if((hour & 0x1F) == 0x00) hour += 0x01;
      if((hour & 0x1F) > 0x12)  hour = (hour & 0x60) + 0x12;
      DS3234_write(0x02,hour);
    }
  else if((Xcursor == 13) && (Ycursor == 15))    // in case of hour
    { hour = DS3234_read(0x02);
      if((hour & 0x0F) >= 0x01)
        { hour -= 0x01;
          if((hour & 0x1F) == 0x00) hour = (hour & 0xE0) + 0x09;
        }
      else
        { hour += 0x09;
          if((hour & 0x1F) > 0x12) hour = (hour & 0xE0) + 0x12;
        }
      DS3234_write(0x02,hour);
    }
  else if((Xcursor == 15) && (Ycursor == 15))    // in case of minute
    { minute = DS3234_read(0x01);
      if((minute & 0xF0) >= 0x10) minute -= 0x10;
      else                        minute += 0x50;
      DS3234_write(0x01,minute);
    }
  else if((Xcursor == 16) && (Ycursor == 15))    // in case of minute
    { minute = DS3234_read(0x01);
      if((minute & 0x0F) >= 0x01) minute -= 0x01;
      else                        minute += 0x09;
      DS3234_write(0x01,minute);
    }
  else if((Xcursor == 18) && (Ycursor == 15))    // in case of second
    { second = DS3234_read(0x00);
      if((second & 0xF0) >= 0x10) second -= 0x10;
      else                        second += 0x50;
      DS3234_write(0x00,second);
    }
  else if((Xcursor == 19) && (Ycursor == 15))    // in case of second
    { second = DS3234_read(0x00);
      if((second & 0x0F) >= 0x01) second -= 0x01;
      else                        second += 0x09;
      DS3234_write(0x00,second);
    }
}

void DS3234_initialize(void)                      /* initialize DS3234 RTC */
{
  unsigned char A1M1, A1M2, A1M3, A1M4;

  SIM->SCGC4 |= 0x00400000;                       // enable clock for SPI0
  SIM->SCGC5 |= 0x00000200;                       // enable clock for PORTA

  PORTA_PCR14 = 0x00000100;                       // PTA14 = -RTC_CS
  GPIOA->PDDR |= 0x00004000;                      // PTA14 = output = 1
  GPIOA->PSOR = 0x00004000;
  PORTA_PCR15 = 0x00000200;                       // PTA15 = SPI0_SCK
  PORTA_PCR16 = 0x00000200;                       // PTA16 = SPI0_MOSI
  PORTA_PCR17 = 0x00000200;                       // PTA17 = SPI0_MISO

  SPI0->C1 = 0x5C;                                // master mode, CPOL = CPHA = 1, MSB first
  SPI0->C2 = 0x00;
  SPI0->BR = 0x31;                                // 20.97152MHz/(3+1)/4 = 1.31072MHz (Max 4MHz)

  second =  DS3234_read(0x00);                    // if not second, initialize
  minute =  DS3234_read(0x01);                    // if not minute, initialize
  hour =  DS3234_read(0x02);                      // if not 12 hour system, initialize
  weekday =  DS3234_read(0x03);                   // if not weekday, initialize
  date =  DS3234_read(0x04);                      // if not date, initialize
  month =  DS3234_read(0x05);                     // if not month, initialize
  year =  DS3234_read(0x06);                      // if not year, initialize

  if((second > 0x59) || (minute > 0x59) || (hour < 0x40) || (weekday > 0x07) || (date > 0x31) || (month > 0x12) || (year > 0x99))
```

```
    { DS3234_write(0x00, 0x00);                    // second = 0x00
      DS3234_write(0x01, 0x00);                    // minute = 0x00
      DS3234_write(0x02, 0x12 + 0x40);             // hour = 0x12 AM
      DS3234_write(0x03, 0x03);                    // weekday = 0x03(Tuesday)
      DS3234_write(0x04, 0x01);                    // date = 0x01
      DS3234_write(0x05, 0x03);                    // month = 0x03
      DS3234_write(0x06, 0x16);                    // year = 0x2016
      DS3234_write(0x0E, 0x00);                    // control register
      DS3234_write(0x0F, 0x00);                    // control and status register
    }

  A1M1 =  DS3234_read(0x07) & 0x80;                // check alarm status
  A1M2 =  DS3234_read(0x08) & 0x80;
  A1M3 =  DS3234_read(0x09) & 0x80;
  A1M4 =  DS3234_read(0x0A) & 0x80;
  if((A1M1 == 0x00) && (A1M2 == 0x00) && (A1M3 == 0x00) && (A1M4 == 0x80))
    { alarm_set = 1;
      alarm_ampm = DS3234_read(0x09) & 0x60;       // read alarm_ampm
      alarm_hour = DS3234_read(0x09) & 0x1F;       // read alarm_hour
      alarm_minute = DS3234_read(0x08) & 0x7F;     // read alarm_minute
    }
  else
    { alarm_set = 0;
      alarm_ampm = 0;
      alarm_hour = 0;
      alarm_minute = 0;
    }
}

unsigned char DS3234_read(U08 address)             /* read DS3234 */
{
  unsigned char byte;

  byte = SPI0->D;                                  // clear SPRF flag

  GPIOA->PCOR = 0x00004000;                        // -RTC_CS = 0
  while(!(SPI0->S & 0x20));
  SPI0->D = address;
  while(!(SPI0->S & 0x80));
  byte = SPI0->D;

  while(!(SPI0->S & 0x20));
  SPI0->D = 0x00;
  while(!(SPI0->S & 0x80));
  byte = SPI0->D;
  GPIOA->PSOR = 0x00004000;                        // -RTS_CS = 1

  return byte;
}

void DS3234_write(U08 address, U08 value)          /* write DS3234 */
{
  unsigned char byte;

  byte = SPI0->D;                                  // clear SPRF flag

  GPIOA->PCOR = 0x00004000;                        // -RTC_CS = 0
  while(!(SPI0->S & 0x20));
  SPI0->D = address + 0x80;
  while(!(SPI0->S & 0x80));
  byte = SPI0->D;

  while(!(SPI0->S & 0x20));
  SPI0->D = value;
  while(!(SPI0->S & 0x80));
  byte = SPI0->D;
  GPIOA->PSOR = 0x00004000;                        // -RTS_CS = 1
}

/* ------------------------------------------------------------------------ */
/*               화면3 관련 함수 (알람 설정)                                */
```

```
/* ---------------------------------------------------------------------------- */

void Screen3_initialize(void)                   /* initialize screen 3 */
{
  TFT_clear_screen();                           // clear screen

  TFT_string(3,25,White,Blue,"화면");           // display key function
  TFT_string(3,27,White,Blue,"변경");
  TFT_string(13,25,White,Brown,"커서");
  TFT_string(13,27,White,Brown,"이동");
  TFT_string(23,25,White,Magenta," 값 ");
  TFT_string(23,27,White,Magenta,"증가");
  TFT_string(33,25,White,Magenta," 값 ");
  TFT_string(33,27,White,Magenta,"감소");

  Rectangle(18,194, 61,237, Magenta);
  Rectangle(19,195, 60,236, Magenta);
  Rectangle(98,194, 141,237, Magenta);
  Rectangle(99,195, 140,236, Magenta);
  Rectangle(178,194, 221,237, Magenta);
  Rectangle(179,195, 220,236, Magenta);
  Rectangle(258,194, 301,237, Magenta);
  Rectangle(259,195, 300,236, Magenta);

  TFT_string(0,3,White,Blue,"                 알람 설정                 ");

  TFT_string_large(8,10,Green,Black," 알람 OFF ");
  TFT_string_large(8,15,Green,Black,"오전 12:00");

  TFT_cursor(Magenta);                          // display cursor
  Xcursor = 16;
  Ycursor = 10;

  if(alarm_set == 1)                            // if alarm set, read alarm_set
    { alarm_ampm = DS3234_read(0x09) & 0x60;    // read alarm_ampm
      alarm_hour = DS3234_read(0x09) & 0x1F;    // read alarm_hour
      alarm_minute = DS3234_read(0x08) & 0x7F;  // read alarm_minute
    }
}

void Display_screen3_alarm(void)                /* display alarm time on screen 3 */
{
  if(alarm_set == 0)                            // display alarm on/off
    TFT_string_large(14,10,White,Black,"OFF");
  else
    TFT_string_large(14,10,White,Black," ON");

  if(alarm_ampm == 0x40) TFT_string_large(8,15,White,Black,"오전"); // display alarm AM/PM
  else                   TFT_string_large(8,15,White,Black,"오후");
  TFT_xy(13,15);                                // display alarm hour
  TFT_hexadecimal_large(alarm_hour,2);
  TFT_xy(16,15);                                // display alarm minute
  TFT_hexadecimal_large(alarm_minute,2);
}

void Screen3_cursor_right(void)                 /* move cursor to right */
{
  if((Xcursor == 16) && (Ycursor == 10))
    { Xcursor = 10;
      Ycursor = 15;
    }
  else if((Xcursor == 10) && (Ycursor == 15))
    { Xcursor = 13;
      Ycursor = 15;
    }
  else if((Xcursor == 13) && (Ycursor == 15))
    { Xcursor = 14;
      Ycursor = 15;
    }
  else if((Xcursor == 14) && (Ycursor == 15))
    { Xcursor = 16;
```

```
      Ycursor = 15;
    }
  else if((Xcursor == 16) && (Ycursor == 15))
    { Xcursor = 17;
      Ycursor = 15;
    }
  else if((Xcursor == 17) && (Ycursor == 15))
    { Xcursor = 16;
      Ycursor = 10;
    }
}

void Screen3_increment(void)                      /* increment value */
{
  if((Xcursor == 16) && (Ycursor == 10))          // in case of alarm_set
    { if(alarm_set == 0) alarm_set = 1;
      else               alarm_set = 0;
      DS3234_alarm_set();
    }
  else if((Xcursor == 10) && (Ycursor == 15))     // in case of alarm_ampm
    { if(alarm_ampm == 0x40) alarm_ampm = 0x60;
      else                   alarm_ampm = 0x40;
    }
  else if((Xcursor == 13) && (Ycursor == 15))     // in case of hour
    { alarm_hour ^= 0x10;
      if((alarm_hour & 0x1F) == 0x00) alarm_hour += 0x01;
      if((alarm_hour & 0x1F) > 0x12)  alarm_hour = (alarm_hour & 0x60) + 0x12;
    }
  else if((Xcursor == 14) && (Ycursor == 15))     // in case of hour
    { if((alarm_hour & 0x0F) < 0x09)
        { alarm_hour += 0x01;
          if((alarm_hour & 0x1F) > 0x12) alarm_hour &= 0xF0;
        }
      else
        { alarm_hour &= 0xF0;
          if((alarm_hour & 0x1F) == 0x00) alarm_hour = (alarm_hour & 0x60) + 0x01;
        }
    }
  else if((Xcursor == 16) && (Ycursor == 15))     // in case of minute
    { if((alarm_minute & 0xF0) < 0x50) alarm_minute += 0x10;
      else                             alarm_minute &= 0x0F;
    }
  else if((Xcursor == 17) && (Ycursor == 15))     // in case of minute
    { if((alarm_minute & 0x0F) < 0x09) alarm_minute += 0x01;
      else                             alarm_minute &= 0xF0;
    }
}

void Screen3_decrement(void)                      /* decrement value */
{
  if((Xcursor == 16) && (Ycursor == 10))          // in case of alarm_set
    { if(alarm_set == 0) alarm_set = 1;
      else               alarm_set = 0;
      DS3234_alarm_set();
    }
  else if((Xcursor == 10) && (Ycursor == 15))     // in case of alarm_ampm
    { if(alarm_ampm == 0x40) alarm_ampm = 0x60;
      else                   alarm_ampm = 0x40;
    }
  else if((Xcursor == 13) && (Ycursor == 15))     // in case of hour
    { alarm_hour ^= 0x10;
      if((alarm_hour & 0x1F) == 0x00) alarm_hour += 0x01;
      if((alarm_hour & 0x1F) > 0x12)  alarm_hour = (alarm_hour & 0x60) + 0x12;
    }
  else if((Xcursor == 14) && (Ycursor == 15))     // in case of hour
    { if((alarm_hour & 0x0F) >= 0x01)
        { alarm_hour -= 0x01;
          if((alarm_hour & 0x1F) == 0x00) alarm_hour = (alarm_hour & 0xE0) + 0x09;
        }
      else
        { alarm_hour += 0x09;
```

```
        if((alarm_hour & 0x1F) > 0x12) alarm_hour = (alarm_hour & 0xE0) + 0x12;
      }
    }
  else if((Xcursor == 16) && (Ycursor == 15))    // in case of minute
    { if((alarm_minute & 0xF0) >= 0x10) alarm_minute -= 0x10;
      else                              alarm_minute += 0x50;
    }
  else if((Xcursor == 17) && (Ycursor == 15))    // in case of minute
    { if((alarm_minute & 0x0F) >= 0x01) alarm_minute -= 0x01;
      else                              alarm_minute += 0x09;
    }
}

void DS3234_alarm_set(void)                       /* set alarm of DS3234 RTC */
{
  if(alarm_set == 0)
    { DS3234_write(0x07, 0x80);                   // second = alarm off
      DS3234_write(0x08, 0x80 + alarm_minute);    // minute = alarm off
      DS3234_write(0x09, 0x80 + alarm_ampm + alarm_hour); // hour = alarm off
      DS3234_write(0x0A, 0x80 + 0x01);            // date = alarm off
      DS3234_write(0x0A, 0x80 + 0x41);            // weekday = alarm off
      DS3234_write(0x0F, 0x00);                   // control register
    }
  else
    { DS3234_write(0x07, 0x00);                   // second = 00 = alarm on
      DS3234_write(0x08, alarm_minute);           // minute = alarm on
      DS3234_write(0x09, alarm_ampm + alarm_hour); // hour = alarm on
      DS3234_write(0x0A, 0x80 + 0x01);            // date = alarm off
      DS3234_write(0x0A, 0x80 + 0x41);            // weekday = alarm off
      DS3234_write(0x0F, 0x00);                   // control register
    }
}
```

☞ 이 프로그램에서 첫번째의 화면은 기본적인 디지털 시계 화면이지만, KEY1을 누르면 두번째의 현재 시각 수정 화면과 세번째의 알람 설정 화면으로 이동할 수 있다. 알람 설정 내용은 전원을 껐다 다시 켜더라도 변하지 않도록 하였다. 시계가 동작하는 중에 잠깐 동안 정전이 되더라도 알람 설정이 지워지면 안되기 때문이다.

(4) TFT-LCD 모듈에 표시하는 아날로그 시계

이번에는 DS3234를 이용한 아날로그/디지털 시계를 TFT-LCD 모듈에 구현하여 보기로 한다. 아날로그 시계는 TFT-LCD 모듈의 화면에 실시간 그래픽으로 구현하며, 그 내부에 디지털 시계와 캘린더를 포함하고 있다.

DS3234를 이용하여 키 입력으로 현재 시각을 수정하는 것이 가능한 아날로그/디지털 시계 프로그램을 C언어로 작성하여 보면 다음과 같다.

<프로그램 Exp12_3_6.c> TFT-LCD 모듈에 표시하는 아날로그/디지털 시계

```
/* ============================================================================ */
/*      Exp12_3_6_analog.c : DS3234를 이용한 아날로그 시계 프로그그램           */
/* ============================================================================ */
/*                                   Programmed by Duck-Yong Yoon in 2016.      */

#include <MKL25Z4.h>
```

```
#include "OK-MKL25Z.h"

void DS3234_initialize(void);                        /* initialize DS3234 RTC */
unsigned char DS3234_read(U08 address);              /* read DS3234 */
void DS3234_write(U08 address, U08 value);           /* write DS3234 */
unsigned char BCD_increment(U08 number);             /* BCD increment */
unsigned char BCD_decrement(U08 number);             /* BCD decrement */
void Analog_increment(void);                         /* increment time */
void Analog_decrement(void);                         /* decrement time */
void Analog_cursor_left(void);                       /* go cursor left */
void Analog_cursor_right(void);                      /* go cursor right */
void Draw_analog_clock(void);                        /* draw analog clock */
void Analog_display_time(void);                      /* display analog and digital time */
void Draw_pin(void);                                 /* draw hour, minute, second pin */

/* ----- 메인 프로그램 ------------------------------------------------------ */

unsigned char year, month, date, weekday, hour, minute, second, second_old;
unsigned char beep_flag = 0, start_flag;

int main(void)
{
  unsigned int key = no_key;

  Initialize_MCU();                                  // initialize MCU and kit
  Delay_ms(50);                                      // wait for system stabilization
  Initialize_LCD();                                  // initialize text LCD module
  Initialize_TFT_LCD();                              // initialize TFT-LCD module
  DS3234_initialize();                               // initialize DS3234 RTC

  LCD_string(0x80," OK-MKL25Z V1.0 ");               // display title
  LCD_string(0xC0,"  Exp12_3_6.c   ");
  Beep();

  TFT_cursor(Magenta);                               // display cursor by Magenta color
  Xcursor = 38;
  Ycursor = 27;
  start_flag = 0;

  Draw_analog_clock();                               // draw analog clock

  while(1)
    { key = Key_input();                             // key input

      switch(key)
        { case KEY1 : Analog_cursor_left();          // if KEY1, go cursor left
                      break;
          case KEY2 : Analog_cursor_right();         // if KEY2, go cursor right
                      break;
          case KEY3 : Analog_increment();            // if KEY3, increment time
                      break;
          case KEY4 : Analog_decrement();            // if KEY4, decrement time
                      break;
          default   : Analog_display_time();         // display time
                      break;
        }
    }
}

/* ----- 사용자 정의 함수 -------------------------------------------------- */

void DS3234_initialize(void)                         /* initialize DS3234 RTC */
{
  SIM->SCGC4 |= 0x00400000;                          // enable clock for SPI0
  SIM->SCGC5 |= 0x00000200;                          // enable clock for PORTA

  PORTA_PCR14 = 0x00000100;                          // PTA14 = -RTC_CS
  GPIOA->PDDR |= 0x00004000;                         // PTA14 = output = 1
  GPIOA->PSOR = 0x00004000;
  PORTA_PCR15 = 0x00000200;                          // PTA15 = SPI0_SCK
  PORTA_PCR16 = 0x00000200;                          // PTA16 = SPI0_MOSI
```

```
    PORTA_PCR17 = 0x00000200;                          // PTA17 = SPI0_MISO

    SPI0->C1 = 0x5C;                                   // master mode, CPOL = CPHA = 1, MSB first
    SPI0->C2 = 0x00;
    SPI0->BR = 0x31;                                   // 20.97152MHz/(3+1)/4 = 1.31072MHz (Max 4MHz)

    second =  DS3234_read(0x00);                       // if not second, initialize
    minute =  DS3234_read(0x01);                       // if not minute, initialize
    hour =  DS3234_read(0x02);                         // if not 12 hour system, initialize
    weekday =  DS3234_read(0x03);                      // if not weekday, initialize
    date =  DS3234_read(0x04);                         // if not date, initialize
    month =  DS3234_read(0x05);                        // if not month, initialize
    year =  DS3234_read(0x06);                         // if not year, initialize

    if((second > 0x59) || (minute > 0x59) || (hour < 0x40) || (weekday > 0x07) || (date > 0x31) || (month > 0x12) || (year > 0x99))
      { DS3234_write(0x00, 0x00);                      // second = 0x00
        DS3234_write(0x01, 0x00);                      // minute = 0x00
        DS3234_write(0x02, 0x12 + 0x40);               // hour = 0x12 AM
        DS3234_write(0x03, 0x03);                      // weekday = 0x03(Tuesday)
        DS3234_write(0x04, 0x01);                      // date = 0x01
        DS3234_write(0x05, 0x03);                      // month = 0x03
        DS3234_write(0x06, 0x16);                      // year = 0x2016
        DS3234_write(0x0E, 0x00);                      // control register
        DS3234_write(0x0F, 0x00);                      // control and status register
      }
}

unsigned char DS3234_read(U08 address)                 /* read DS3234 */
{
  unsigned char byte;

  byte = SPI0->D;                                      // clear SPRF flag

  GPIOA->PCOR = 0x00004000;                            // -RTC_CS = 0
  while(!(SPI0->S & 0x20));
  SPI0->D = address;
  while(!(SPI0->S & 0x80));
  byte = SPI0->D;

  while(!(SPI0->S & 0x20));
  SPI0->D = 0x00;
  while(!(SPI0->S & 0x80));
  byte = SPI0->D;
  GPIOA->PSOR = 0x00004000;                            // -RTS_CS = 1

  return byte;
}

void DS3234_write(U08 address, U08 value)              /* write DS3234 */
{
  unsigned char byte;

  byte = SPI0->D;                                      // clear SPRF flag

  GPIOA->PCOR = 0x00004000;                            // -RTC_CS = 0
  while(!(SPI0->S & 0x20));
  SPI0->D = address + 0x80;
  while(!(SPI0->S & 0x80));
  byte = SPI0->D;

  while(!(SPI0->S & 0x20));
  SPI0->D = value;
  while(!(SPI0->S & 0x80));
  byte = SPI0->D;
  GPIOA->PSOR = 0x00004000;                            // -RTS_CS = 1
}

unsigned char BCD_increment(U08 number)                /* BCD increment */
{ unsigned char i;

  i = (number >> 4)*10 + (number & 0x0F);              // convert BCD to binary
```

```
  i++;                                          // incrment
  i = ((i/10) << 4) + (i % 10);                 // convert binary to BCD
  return i;
}

unsigned char BCD_decrement(U08 number)         /* BCD decrement */
{ unsigned char i;

  i = (number >> 4)*10 + (number & 0x0F);       // convert BCD to binary
  i--;                                          // decrement
  i = ((i/10) << 4) + (i % 10);                 // convert binary to BCD
  return i;
}

void Analog_increment(void)                     /* increment time */
{
  if((Xcursor == 15) && (Ycursor == 21))        // in case of AM/PM
    { hour = DS3234_read(0x02);
      if((hour & 0x20) == 0x00) hour |= 0x20;
      else                      hour &= 0xDF;
      DS3234_write(0x02,hour);
    }
  else if((Xcursor == 19) && (Ycursor == 21))   // in case of hour
    { hour = DS3234_read(0x02);
      if((hour & 0x1F) == 0x12) hour = (hour & 0xE0) + 0x01;
      else                      hour = BCD_increment(hour);
      DS3234_write(0x02,hour);
    }
  else if((Xcursor == 22) && (Ycursor == 21))   // in case of minute
    { minute = DS3234_read(0x01);
      if(minute == 0x59)    minute = 0x00;
      else                  minute = BCD_increment(minute);
      DS3234_write(0x01,minute);
    }
  else if((Xcursor == 25) && (Ycursor == 21))   // in case of second
    { second = DS3234_read(0x00);
      if(second == 0x59)    second = 0x00;
      else                  second = BCD_increment(second);
      DS3234_write(0x00,second);
    }
  else if((Xcursor == 16) && (Ycursor == 8))    // in case of year
    { year = DS3234_read(0x06);
      if(year == 0x99)      year = 0x00;
      else                  year = BCD_increment(year);
      DS3234_write(0x06,year);
    }
  else if((Xcursor == 19) && (Ycursor == 8))    // in case of month
    { month = DS3234_read(0x05);
      if(month == 0x12)     month = 0x01;
      else                  month = BCD_increment(month);
      DS3234_write(0x05,month);
    }
  else if((Xcursor == 22) && (Ycursor == 8))    // in case of date
    { date = DS3234_read(0x04);
      if(date == 0x31)      date = 0x01;
      else                  date = BCD_increment(date);
      DS3234_write(0x04,date);
    }
  else if((Xcursor == 24) && (Ycursor == 8))    // in case of weekday
    { weekday = DS3234_read(0x03);
      if(weekday == 0x07)   weekday = 0x01;
      else                  weekday++;
      DS3234_write(0x03,weekday);
    }
}

void Analog_decrement(void)                     /* decrement time */
{
  if ((Xcursor == 15) && (Ycursor == 21))       // in case of AM/PM
    { hour = DS3234_read(0x02);
      if((hour & 0x20) == 0x00) hour |= 0x20;
```

```
      else                          hour &= 0xDF;
      DS3234_write(0x02,hour);
    }
  else if((Xcursor == 19) && (Ycursor == 21))   // in case of hour
    { hour = DS3234_read(0x02);
      if((hour & 0x1F) == 0x01) hour = (hour & 0xE0) + 0x12;
      else                      hour = BCD_decrement(hour);
      DS3234_write(0x02,hour);
    }
  else if((Xcursor == 22) && (Ycursor == 21))   // in case of minute
    { minute = DS3234_read(0x01);
      if(minute == 0x00)    minute = 0x59;
      else                  minute = BCD_decrement(minute);
      DS3234_write(0x01,minute);
    }
  else if((Xcursor == 25) && (Ycursor == 21))   // in case of second
    { second = DS3234_read(0x00);
      if(second == 0x00)    second = 0x59;
      else                  second = BCD_decrement(second);
      DS3234_write(0x00,second);
    }
  else if((Xcursor == 16) && (Ycursor == 8))    // in case of year
    { year = DS3234_read(0x06);
      if(year == 0x00)      year = 0x99;
      else                  year = BCD_decrement(year);
      DS3234_write(0x06,year);
    }
  else if((Xcursor == 19) && (Ycursor == 8))    // in case of month
    { month = DS3234_read(0x05);
      if(month == 0x01)     month = 0x12;
      else                  month = BCD_decrement(month);
      DS3234_write(0x05,month);
    }
  else if((Xcursor == 22) && (Ycursor == 8))    // in case of date
    { date = DS3234_read(0x04);
      if(date == 0x01)      date = 0x31;
      else                  date = BCD_decrement(date);
      DS3234_write(0x04,date);
    }
  else if((Xcursor == 24) && (Ycursor == 8))    // in case of weekday
    { weekday = DS3234_read(0x03);
      if(weekday == 0x01)   weekday = 0x07;
      else                  weekday--;
      DS3234_write(0x03,weekday);
    }
}

void Analog_cursor_left(void)                   /* go cursor left */
{
  if     ((Xcursor == 38) && (Ycursor == 27)) { Xcursor = 25; Ycursor = 21; }
  else if((Xcursor == 25) && (Ycursor == 21)) { Xcursor = 22; Ycursor = 21; }
  else if((Xcursor == 22) && (Ycursor == 21)) { Xcursor = 19; Ycursor = 21; }
  else if((Xcursor == 19) && (Ycursor == 21)) { Xcursor = 15; Ycursor = 21; }
  else if((Xcursor == 15) && (Ycursor == 21)) { Xcursor = 24; Ycursor = 8;  }

  else if((Xcursor == 24) && (Ycursor == 8)) { Xcursor = 22; Ycursor = 8;  }
  else if((Xcursor == 22) && (Ycursor == 8)) { Xcursor = 19; Ycursor = 8;  }
  else if((Xcursor == 19) && (Ycursor == 8)) { Xcursor = 16; Ycursor = 8;  }
  else if((Xcursor == 16) && (Ycursor == 8)) { Xcursor = 38; Ycursor = 27; }
}

void Analog_cursor_right(void)                  /* go cursor right */
{
  if     ((Xcursor == 38) && (Ycursor == 27)) { Xcursor = 16; Ycursor = 8; }
  else if((Xcursor == 16) && (Ycursor == 8))  { Xcursor = 19; Ycursor = 8; }
  else if((Xcursor == 19) && (Ycursor == 8))  { Xcursor = 22; Ycursor = 8; }
  else if((Xcursor == 22) && (Ycursor == 8))  { Xcursor = 24; Ycursor = 8; }
  else if((Xcursor == 24) && (Ycursor == 8))  { Xcursor = 15; Ycursor = 21; }

  else if((Xcursor == 15) && (Ycursor == 21)) { Xcursor = 19; Ycursor = 21; }
  else if((Xcursor == 19) && (Ycursor == 21)) { Xcursor = 22; Ycursor = 21; }
```

```
  else if((Xcursor == 22) && (Ycursor == 21)) { Xcursor = 25; Ycursor = 21; }
  else if((Xcursor == 25) && (Ycursor == 21)) { Xcursor = 38; Ycursor = 27; }
}

unsigned short Xcenter = 160;                        // center x,y of analog clock
unsigned short Ycenter = 120;

void Draw_analog_clock(void)                         /* draw analog clock */
{
 unsigned short i;
 unsigned short scale_out = 118;
 unsigned short scale_in1 = 112;
 unsigned short scale_in2 = 106;
 signed short Xstart, Ystart, Xend, Yend;

 Rectangle(0,0,319,239,Green);                       // draw outline

 for(i = 0; i < 60 ; i++)                            // draw clock scale
   if((i % 5) != 0)
     { Xstart = Xcenter + (signed short)(scale_in1*sin(3.141592/180*(i*6)));
       Ystart = Ycenter - (signed short)(scale_in1*cos(3.141592/180*(i*6)));
       Xend   = Xcenter + (signed short)(scale_out*sin(3.141592/180*(i*6)));
       Yend   = Ycenter - (signed short)(scale_out*cos(3.141592/180*(i*6)));

       Line(Xstart,Ystart, Xend,Yend, LightGrey);
     }
 for(i = 0; i < 12 ; i++)
   { Xstart = Xcenter + (signed short)(scale_in2*sin(3.141592/180*(i*30)));
     Ystart = Ycenter - (signed short)(scale_in2*cos(3.141592/180*(i*30)));
     Xend   = Xcenter + (signed short)(scale_out*sin(3.141592/180*(i*30)));
     Yend   = Ycenter - (signed short)(scale_out*cos(3.141592/180*(i*30)));

     Line(Xstart,Ystart, Xend,Yend, White);
   }

  Circle(Xcenter,Ycenter, 119, Cyan);                // draw outline
  Circle(Xcenter,Ycenter, 118, Cyan);

  for(i = 4; i > 0; i--)                             // draw center
    Circle(Xcenter,Ycenter, i, Yellow);
}

void Analog_display_time(void)                       /* display analog and digital time */
{
  second = DS3234_read(0x00);                        // new second ?
  if(second == second_old)
    return;
  else
    second_old = second;

  minute = DS3234_read(0x01);
  hour = DS3234_read(0x02);
  weekday = DS3234_read(0x03);
  date = DS3234_read(0x04);
  month = DS3234_read(0x05);
  year = DS3234_read(0x06);

  Draw_pin();                                        // draw hour, minute, second pin
  Circle(Xcenter,Ycenter, 5, Green);

  if((minute == 0x00) && (second == 0x00) && (beep_flag == 0))
    { beep_flag = 1;
      Beep();
    }
  else if((minute != 0x00) || (second != 0x00)) // tick sound
    { beep_flag = 0;
      GPIOD->PSOR = 0x00000020;                      // buzzer on
      Delay_us(100);                                 // delay 100 us
      GPIOD->PCOR = 0x00000020;                      // buzzer off
    }
}
```

```
signed short Xstart1_hour_old, Ystart1_hour_old, Xstart2_hour_old, Ystart2_hour_old, Xend_hour_old, Yend_hour_old;
signed short Xstart1_minute_old, Ystart1_minute_old, Xstart2_minute_old, Ystart2_minute_old, Xend_minute_old, Yend_minute_old;

signed short Xstart_second_old, Ystart_second_old, Xend_second_old, Yend_second_old;
signed short Xcircle_second_old, Ycircle_second_old;

void Draw_pin(void)                              /* draw hour, minute, second pin */
{
  unsigned short i;
  unsigned short pin_hour, length_hour = 65;
  signed short Xstart1_hour, Ystart1_hour, Xstart2_hour, Ystart2_hour, Xend_hour, Yend_hour;

  unsigned short pin_minute, length_minute = 80;
  signed short Xstart1_minute, Ystart1_minute, Xstart2_minute, Ystart2_minute, Xend_minute, Yend_minute;

  unsigned short pin_second, length_second = 100, center_second = 80;
  signed short Xstart_second, Ystart_second, Xend_second, Yend_second;
  signed short Xcircle_second, Ycircle_second;

  pin_hour = ((hour & 0x10) >> 4)*10 + (hour & 0x0F);   // convert hour to binary
  pin_minute = (minute >> 4)*10 + (minute & 0x0F);      // convert minute to binary
  pin_second = (second >> 4)*10 + (second & 0x0F);      // convert second to binary

                                                  // calculate hour variables
  Xstart1_hour = Xcenter + (signed short)(6*sin((pin_hour*30 + pin_minute/2. - 30)*3.141592/180.)+0.5);
  Ystart1_hour = Ycenter - (signed short)(6*cos((pin_hour*30 + pin_minute/2. - 30)*3.141592/180.)+0.5);

  Xstart2_hour = Xcenter + (signed short)(6*sin((pin_hour*30 + pin_minute/2. + 30)*3.141592/180.)+0.5);
  Ystart2_hour = Ycenter - (signed short)(6*cos((pin_hour*30 + pin_minute/2. + 30)*3.141592/180.)+0.5);

  Xend_hour = Xcenter + (signed short)(length_hour*sin((pin_hour*30 + pin_minute/2.)*3.141592/180.)+0.5);
  Yend_hour = Ycenter - (signed short)(length_hour*cos((pin_hour*30 + pin_minute/2.)*3.141592/180.)+0.5);

                                                  // calculate minute variables
  Xstart1_minute = Xcenter + (signed short)(6*sin((pin_minute*6 + pin_second/10. - 15)*3.141592/180.)+0.5);
  Ystart1_minute = Ycenter - (signed short)(6*cos((pin_minute*6 + pin_second/10. - 15)*3.141592/180.)+0.5);

  Xstart2_minute = Xcenter + (signed short)(6*sin((pin_minute*6 + pin_second/10. + 15)*3.141592/180.)+0.5);
  Ystart2_minute = Ycenter - (signed short)(6*cos((pin_minute*6 + pin_second/10. + 15)*3.141592/180.)+0.5);

  Xend_minute = Xcenter + (signed short)(length_minute*sin((pin_minute*6 + pin_second/10.)*3.141592/180.)+0.5);
  Yend_minute = Ycenter - (signed short)(length_minute*cos((pin_minute*6 + pin_second/10.)*3.141592/180.)+0.5);

                                                  // calculate second variables
  Xstart_second = Xcenter + (signed short)(6*sin(3.141592/180.*(pin_second*6))+0.5);
  Ystart_second = Ycenter - (signed short)(6*cos(3.141592/180.*(pin_second*6))+0.5);

  Xend_second = Xcenter + (signed short)(length_second*sin(3.141592/180.*(pin_second*6))+0.5);
  Yend_second = Ycenter - (signed short)(length_second*cos(3.141592/180.*(pin_second*6))+0.5);

  Xcircle_second = Xcenter + (signed short)(center_second*sin(3.141592/180.*(pin_second*6))+0.5);
  Ycircle_second = Ycenter - (signed short)(center_second*cos(3.141592/180.*(pin_second*6))+0.5);

  if(start_flag == 0)                             // initialize old value
    { start_flag = 1;

      Xstart1_hour_old = Xstart1_hour;
      Ystart1_hour_old = Ystart1_hour;
      Xstart2_hour_old = Xstart2_hour;
      Ystart2_hour_old = Ystart2_hour;
      Xend_hour_old = Xend_hour;
      Yend_hour_old = Yend_hour;

      Xstart1_minute_old = Xstart1_minute;
      Ystart1_minute_old = Ystart1_minute;
      Xstart2_minute_old = Xstart2_minute;
      Ystart2_minute_old = Ystart2_minute;
      Xend_minute_old = Xend_minute;
      Yend_minute_old = Yend_minute;
```

```
      Xstart_second_old = Xstart_second;
      Ystart_second_old = Ystart_second;
      Xend_second_old = Xend_second;
      Yend_second_old = Yend_second;
      Xcircle_second_old = Xcircle_second;
      Ycircle_second_old = Ycircle_second;
    }
                                                      // delete old hour and minute pin
  if((Xend_hour != Xend_hour_old) || (Yend_hour != Yend_hour_old) || (Xend_minute != Xend_minute_old) || (Yend_minute != Yend_minute_old))
    { Line(Xstart1_hour_old, Ystart1_hour_old, Xend_hour_old, Yend_hour_old, Black);
      Line(Xstart2_hour_old, Ystart2_hour_old, Xend_hour_old, Yend_hour_old, Black);

      Line(Xstart1_hour_old+1, Ystart1_hour_old, Xend_hour_old, Yend_hour_old, Black);
      Line(Xstart1_hour_old-1, Ystart1_hour_old, Xend_hour_old, Yend_hour_old, Black);
      Line(Xstart2_hour_old+1, Ystart2_hour_old, Xend_hour_old, Yend_hour_old, Black);
      Line(Xstart2_hour_old-1, Ystart2_hour_old, Xend_hour_old, Yend_hour_old, Black);

      Line(Xstart1_hour_old, Ystart1_hour_old+1, Xend_hour_old, Yend_hour_old, Black);
      Line(Xstart1_hour_old, Ystart1_hour_old-1, Xend_hour_old, Yend_hour_old, Black);
      Line(Xstart2_hour_old, Ystart2_hour_old+1, Xend_hour_old, Yend_hour_old, Black);
      Line(Xstart2_hour_old, Ystart2_hour_old-1, Xend_hour_old, Yend_hour_old, Black);

      Line(Xstart1_minute_old, Ystart1_minute_old, Xend_minute_old, Yend_minute_old, Black);
      Line(Xstart2_minute_old, Ystart2_minute_old, Xend_minute_old, Yend_minute_old, Black);

      Line(Xstart1_minute_old+1, Ystart1_minute_old, Xend_minute_old, Yend_minute_old, Black);
      Line(Xstart1_minute_old-1, Ystart1_minute_old, Xend_minute_old, Yend_minute_old, Black);
      Line(Xstart2_minute_old+1, Ystart2_minute_old, Xend_minute_old, Yend_minute_old, Black);
      Line(Xstart2_minute_old-1, Ystart2_minute_old, Xend_minute_old, Yend_minute_old, Black);

      Line(Xstart1_minute_old, Ystart1_minute_old+1, Xend_minute_old, Yend_minute_old, Black);
      Line(Xstart1_minute_old, Ystart1_minute_old-1, Xend_minute_old, Yend_minute_old, Black);
      Line(Xstart2_minute_old, Ystart2_minute_old+1, Xend_minute_old, Yend_minute_old, Black);
      Line(Xstart2_minute_old, Ystart2_minute_old-1, Xend_minute_old, Yend_minute_old, Black);
    }

  for(i = 3; i > 0; i--)                              // delete old second pin
    Circle(Xcircle_second_old, Ycircle_second_old, i, Black);
  Line(Xstart_second_old, Ystart_second_old, Xend_second_old, Yend_second_old, Black);

  TFT_color(Green, Black);                            // display hour number
  TFT_English_pixel(152, 15, '1'); TFT_English_pixel(160, 15, '2');
  TFT_English_pixel(102, 29, '1'); TFT_English_pixel(110, 29, '1');
  TFT_English_pixel(204, 29, '1');
  TFT_English_pixel(68, 65, '1'); TFT_English_pixel(76, 65, '0');
  TFT_English_pixel(242, 65, '2');
  TFT_English_pixel(58, 113, '9');
  TFT_English_pixel(256, 113, '3');
  TFT_English_pixel(72, 163, '8');
  TFT_English_pixel(242, 163, '4');
  TFT_English_pixel(108, 199, '7');
  TFT_English_pixel(204, 199, '5');
  TFT_English_pixel(157, 213, '6');

  TFT_color(Silver, Black);                           // display slash and ()
  TFT_xy(17, 8);
  TFT_English('/');
  TFT_xy(20, 8);
  TFT_English('/');
  TFT_xy(23, 8);
  TFT_English('(');
  TFT_xy(26, 8);
  TFT_English(')');
  TFT_string(13, 8, Green, Black, "20");              // display year
  TFT_hexadecimal(year, 2);
  TFT_xy(18, 8);                                      // display month
  TFT_hexadecimal(month, 2);
  TFT_xy(21, 8);                                      // display date
  TFT_hexadecimal(date, 2);
  if(weekday == 0x01)      TFT_string(24, 8, Red, Black, "일");   // display weekday
```

```
    else if(weekday == 0x02) TFT_string(24,8, Red,Black, "월");
    else if(weekday == 0x03) TFT_string(24,8, Red,Black, "화");
    else if(weekday == 0x04) TFT_string(24,8, Red,Black, "수");
    else if(weekday == 0x05) TFT_string(24,8, Red,Black, "목");
    else if(weekday == 0x06) TFT_string(24,8, Red,Black, "금");
    else if(weekday == 0x07) TFT_string(24,8, Red,Black, "토");

    Rectangle(99,61, 219,81, Silver);
    Rectangle(100,62, 218,80, Orange);

    TFT_color(Silver,Black);                    // display colon
    TFT_xy(20,21);
    TFT_English(':');
    TFT_xy(23,21);
    TFT_English(':');
    TFT_xy(18,21);                              // display hour
    TFT_color(Green,Black);
    TFT_hexadecimal(hour & 0x1F,2);
    if((hour & 0x20) == 0x00) TFT_string(14,21, Red,Black, "AM");
    else                      TFT_string(14,21, Red,Black, "PM");
    TFT_xy(21,21);                              // display minute
    TFT_color(Green,Black);
    TFT_hexadecimal(minute,2);
    TFT_xy(24,21);                              // display second
    TFT_color(Green,Black);
    TFT_hexadecimal(second,2);

    Rectangle(107,165, 211,185, Silver);
    Rectangle(108,166, 210,184, Orange);

    TFT_xy(38,27); TFT_color(Green,Black);      // display home
    TFT_English(' ');

    Line(Xstart1_hour,Ystart1_hour, Xend_hour, Yend_hour, Magenta); // draw new hour pin
    Line(Xstart2_hour,Ystart2_hour, Xend_hour, Yend_hour, Magenta);

    Line(Xstart1_minute,Ystart1_minute, Xend_minute,Yend_minute, Cyan); // draw new minute pin
    Line(Xstart2_minute,Ystart2_minute, Xend_minute,Yend_minute, Cyan);

    for(i = 3; i > 0; i--)                      // draw new second pin
      Circle(Xcircle_second,Ycircle_second, i, Yellow);
    Line (Xstart_second,Ystart_second, Xend_second,Yend_second, Yellow);

    Xstart1_hour_old = Xstart1_hour;            // store old value
    Ystart1_hour_old = Ystart1_hour;
    Xstart2_hour_old = Xstart2_hour;
    Ystart2_hour_old = Ystart2_hour;
    Xend_hour_old = Xend_hour;
    Yend_hour_old = Yend_hour;

    Xstart1_minute_old = Xstart1_minute;
    Ystart1_minute_old = Ystart1_minute;
    Xstart2_minute_old = Xstart2_minute;
    Ystart2_minute_old = Ystart2_minute;
    Xend_minute_old = Xend_minute;
    Yend_minute_old = Yend_minute;

    Xstart_second_old = Xstart_second;
    Ystart_second_old = Ystart_second;
    Xend_second_old = Xend_second;
    Yend_second_old = Yend_second;
    Xcircle_second_old = Xcircle_second;
    Ycircle_second_old = Ycircle_second;
  }
```

☞ 아날로그 시계를 화면에 표시할 때는 움직이는 시계 바늘을 처리하는 것이 핵심이다. 시계 바늘이 움직이려면 1초 간격으로 이전의 바늘을 지우고 새로운 바늘을 그려주어야 하며, 만약 이로 인하여

바탕의 다른 이미지가 지워진다면 그 부분을 다시 그려주어야 한다. 시계 바늘을 지우고 다시 그릴 때 그 사이의 시간 간격이 크면 화면이 깜빡이는 것처럼 느껴지므로 화면의 깜빡임이 없도록 빠르게 처리하는 것이 중요하다.

TFT_English() 함수는 가로 및 세로 방향으로 8픽셀의 간격으로만 영문 ASCII 문자를 표시할 수 있으므로 아날로그 시계에서 1시~12시의 숫자를 정확한 위치에 표시하기에는 부적합하다. 따라서, 여기서는 영문 ASCII 문자의 위치를 1픽셀의 단위로 지정하여 출력할 수 있는 TFT_English_pixel() 함수를 사용하였다.

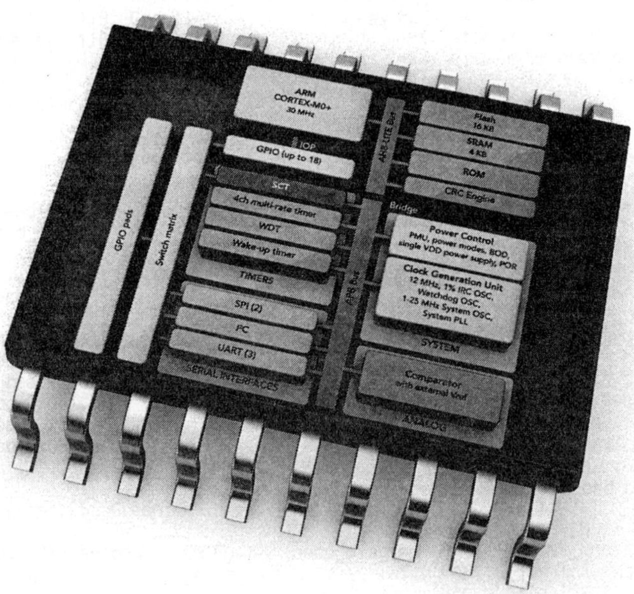

제13장
터치 검출 입력(TSI) 모듈의 활용

이 장에서는 MKL25Z128VLK4 마이크로컨트롤러에 내장된 터치 검출 입력(TSI) 모듈의 구조 및 기능을 설명하고, 이것을 활용하는 응용 프로그램 예제를 공부한다.

13.1 TSI의 구조와 기능

(1) TSI의 특성

MKL25Z128VLK4의 터치 검출 입력(Touch Sensing Input 또는 Touch Sensing Interface ; TSI) 모듈은 다음과 같은 특징을 가지고 있다.

- 정전용량 방식(capacitive touch sensing detection)으로 동작한다.
- 16개의 외부 단자(electrode 또는 touch pad)를 연결할 수 있다.
- 외부 정전용량으로 흐르는 전류의 충전 및 방전 동작을 이용하여 발진회로를 구성하고, 이를 16비트 카운터로 계수하여 터치 동작을 검출한다.
- 발진 주파수를 조정하기 위하여 정전류 값이나 스캔 시간을 설정할 수 있는 기능을 가진다.
- 16비트 카운터의 동작을 제어하기 위하여 내부 기준 발진회로를 가지고 있다.
- 스캔 동작을 소프트웨어 또는 하드웨어적인 방법으로 트리거할 수 있다.
- 터치 입력으로 이 마이크로컨트롤러를 wakeup할 수 있는 기능을 가진다.
- DMA와 연계된 동작을 지원한다.

(2) TSI의 구조

MKL25Z128VLK4에 내장된 TSI 모듈의 내부 구조를 블록도로 보이면 <그림 13.1>과 같다.

외부에 TSI0~TSI15의 16개 터치 입력 단자를 가지고 있으며, 터치를 검출하기 위한 트리거 방법으로는 소프트웨어 트리거와 LPTMR 모듈을 사용한 하드웨어 트리거가 있다. 스캔 동작이 종료되어 터치 동작이 검출되면 TSI0_DATA 레지스터에 16비트의 카운터 값이 저장되면서 TSI0_GENCS 레지스터에서 EOSF 비트가 1로 세트되고 인터럽트 또는 DMA를 요청할 수 있다.

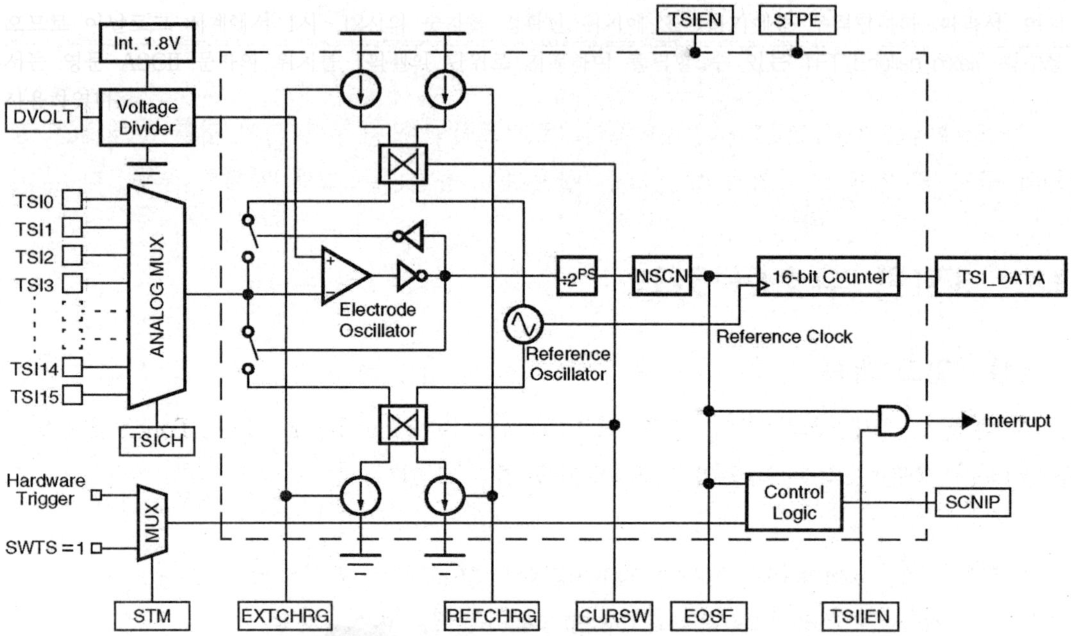

<그림 13.1> MKL25Z128VLK4의 TSI 내부 구조

(3) TSI의 동작

정전용량 방식의 터치 검출 입력 모듈은 기본적으로 2개의 발진회로를 사용하여 구성된다. 첫번째 발진회로는 터치 패드에서 인체를 통하여 접지로 전류를 흐르게 하는 외부 등가회로의 정전용량에 의하여 주파수가 결정되는데, 여기서 만들어진 주파수는 16비트 카운터의 샘플링 시간을 제어하기 위하여 사용된다. 이 카운터의 클록 입력으로는 두번째의 기준 발진회로에 의하여 만들어진 클록 신호가 사용된다.

외부 터치 패드의 등가 커패시터를 이용하는 발진회로는 <그림 13.2>의 (a)와 같고, 여기서 이 커패시터에 충전 및 방전을 반복하는 방법으로 형성되는 전압의 파형은 (b)와 같다.

여기서 외부 커패시터 C_{elec}를 충전 및 방전하는 정전류의 크기는 TSI0_GENCS 레지스터에서 EXTCHRG[2:0] 비트로 설정하며, 이 커패시터 전압의 변화폭을 ΔV라고 하면 이 발진회로의 주파수는 다음과 같이 표시된다.

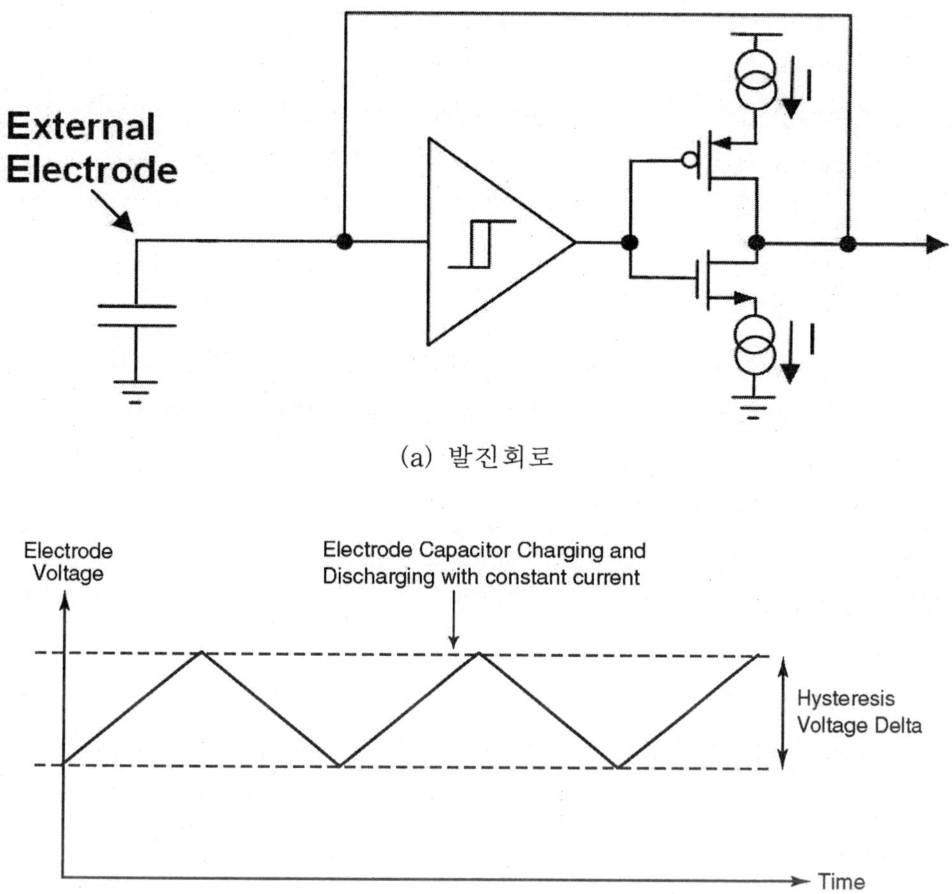

(b) 외부 등가 정전용량에 형성되는 전압의 파형

<그림 13.2> MKL25Z128VLK4에서 TSI의 외부 정전용량을 이용하는 발진회로

$$f_{elec} = \frac{I_{elec}}{2\times C_{elec}\times\Delta V} \tag{13.1}$$

이렇게 발진된 주파수는 TSI0_GENCS 레지스터에서 PS[2:0] 비트로 설정된 프리스케일러에 의하여 분주된 후 16비트 카운터로 전달된다. 그런데, 카운터가 동작하는 샘플링 시간은 TSI0_GENCS 레지스터에서 NSCN[5:0] 비트로 설정된 배수에 따라 달라져서 다음과 같이 표시할 수 있다.

$$T_{samp} = \frac{1}{f_{elec}}\times PS\times NSCN = \frac{2\times PS\times NSCN\times C_{elec}\times\Delta V}{I_{elec}} \tag{13.2}$$

한편, 기준 발진회로는 외부 터치 패드 발진회로와 같은 구조로 되어 있지만 내부에서 일정한 정전용량을 갖는 커패시터를 사용한다는 점이 다르다. 여기서 정전류의 크기는 TSI0_GENCS 레지스터에서 REFCHRG[2:0] 비트로 설정하며, 이 커패시터 전압의 변화폭을 ΔV라고 하면 이 발진회로의 주파수는 다음과 같이 표시된다.

$$f_{ref} = \frac{I_{ref}}{2 \times C_{ref} \times \Delta V} \tag{13.3}$$

TSI 모듈의 16비트 카운터는 터치 패드 발진회로에 의하여 결정된 샘플링 시간 동안에 기준 발진회로의 클록 주파수 신호를 받아 카운트하는 방법으로 동작한다. 그 결과 16비트 카운터로 측정되는 값은 외부 터치 패드의 등가 정전용량에 비례하며, 다음과 같이 표시할 수 있다.

$$\text{TSI0\_DATA} = T_{samp} \times F_{ref} = \frac{I_{ref} \times C_{elec} \times PS \times NSCN}{I_{elec} \times C_{ref}} \tag{13.4}$$

MKL25Z128VLK4에서 기준 발진회로의 커패시터 C_{ref}는 1.0pF로 되어 있으며, 외부 터치 패드의 등가 커패시터 C_{elec}은 터치 패드의 면적이나 사람의 손에 의하여 결정되는 값이다. 2가지의 전류 I_{elec}과 I_{ref}, 그리고 PS 및 NSCN은 사용자가 설정하는 값이다. 여기서 전류를 작게 설정하면 커패시터에 충전 및 방전하는 시간이 길어져서 터치 동작을 검출하는 정밀도가 높아진다. 그러나, 전류를 크게 하면 커패시터에 충전 및 방전하는 시간이 짧아져서 터치 패드의 면적이 클 때 유리하다. TSI0_GENCS 레지스터에서 CURSW 비트를 1로 설정하면 전류 I_{elec}과 I_{ref}가 서로 바뀌어 동작한다.

이와 같이 TSI 모듈에서는 식 (13.4)로 표시되는 카운터 값을 TSI0_DATA 레지스터로 읽어서 터치 동작을 인식한다. 터치 패드에 사람 손을 대지 않았을 경우에는 이론적으로 C_{elec}=0이어야 하므로 이 값은 0이어야 하고, 터치 패드에 사람이 손을 대면 등가적인 C_{elec} 값에 해당하는 카운터 값이 읽혀진다. 이 차이를 가지고 터치 동작을 인식할 수 있다. 그러나, 실제로는 터치 패드에 사람이 손을 대지 않았을 경우에도 주변회로의 영향으로 미미한 C_{elec} 값이 나타나게 되고, 이것에 의하여 TSI0_DATA 레지스터에는 0이 아닌 어느 정도의 값이 읽혀지게 된다. 따라서, 상황에 따라 터치에 손을 댔을 경우와 그렇지 않을 경우의 TSI0_DATA 레지스터 값 차이를 이용하여 터치 동작을 신뢰성 있게 인식하는 것이 필요하다.

(4) TSI와 관련된 I/O 제어 레지스터

TSI와 관련된 I/O 제어 레지스터는 <표 13.1>과 같이 총 3개가 있는데, 이 레지스터들의 기능을 정리하면 아래와 같다.

〈표 13.1〉 MKL25Z128VLK4의 TSI와 관련된 I/O 제어 레지스터 요약

어드레스	레지스터 이름	레지스터의 풀어 쓴 이름	리셋 후 초기값
0x4003_5000	TSI0_GENCS	TSI General Control and Status Register	0x0000_0000
0x4003_5004	TSI0_DATA	TSI Data Register	0x0000_0000
0x4003_5008	TSI0_TSHD	TSI Threshold Register	0x0000_0000

■ TSI0 제어 및 상태 레지스터 TSI0_GENCS (디폴트값 : 0x0000_0000)

b31	b30	b29	b28	b27	b26	b25	b24	b23	b22	b21	b20	b19	b18	b17	b16
OUTRGF	–	–	ESOR	MODE[3:0]				REFCHRG[2:0]			DVOLT[1:0]		EXTCHRG[2:0]		
w1c	–	–	rw	rw	rw	rw	rw	rw	rw	rw	rw	rw	rw	rw	rw

b15	b14	b13	b12	b11	b10	b9	b8	b7	b6	b5	b4	b3	b2	b1	b0
PS[2:0]			NSCN[4:0]					TSIEN	TSIIEN	STPE	STM	SCNIP	EOSF	CURSW	–
rw	rw	rw	rw	rw	rw	rw	rw	rw	rw	rw	rw	r	w1c	rw	–

- OUTRGF : Out of Range Flag
  0 = TSI 측정값이 TSI0_TSHD 레지스터로 지정한 범위를 벗어나지 않았다.
  1 = TSI 측정값이 TSI0_TSHD 레지스터로 지정한 범위를 벗어났다.
- ESOR : End-of-Scan or Out-of-Range Interrupt Selection
  0 = TSIIEN 비트를 1로 설정하면 Out-of-Range 인터럽트가 선택된다.
  1 = TSIIEN 비트를 1로 설정하면 End-of-Scan 인터럽트가 선택된다.
- MODE[3:0] : TSI Analog Mode Setup and Status Bits
  0000 = TSI가 표준적인 정전용량 방식의 터치 센싱 모드로 동작하도록 한다.
  0100 = TSI가 1개의 드레숄드가 있는 잡음 검출 모드로 동작하도록 한다.(주파수 제한 회로 금지)
  1000 = TSI가 1개의 드레숄드가 있는 잡음 검출 모드로 동작하도록 한다.(주파수 제한 회로 사용)
  1100 = TSI가 자동 잡음 검출 모드로 동작하도록 한다.
- REFCHRG[2:0] : Reference Oscillator Charge and Discharge Current Value
  000 = 500 nA. 100 = 8μA.
  001 = 1μA. 101 = 16μA.
  010 = 2μA. 110 = 32μA.
  011 = 4μA. 111 = 64μA.
- DVOLT[1:0] : Voltage Rail of Oscillator
  00 = 오실레이터 출력에서 DV=1.03V, Vp = 1.33V, Vm = 0.30V.
  01 = 오실레이터 출력에서 DV=0.73V, Vp = 1.18V, Vm = 0.45V.
  10 = 오실레이터 출력에서 DV=0.43V, Vp = 1.03V, Vm = 0.60V.
  11 = 오실레이터 출력에서 DV=0.29V, Vp = 0.95V, Vm = 0.67V.
- EXTCHRG[2:0] : External Electrode Oscillator Charge and Discharge Current Value
  000 = 500 nA. 100 = 8μA.
  001 = 1μA. 101 = 16μA.
  010 = 2μA. 110 = 32μA.
  011 = 4μA. 111 = 64μA.
- PS[2:0] : Prescale Factor Selection of Electrode Oscillator
  000 = 분주비 1. 100 = 분주비 16.
  001 = 분주비 2. 101 = 분주비 32.
  010 = 분주비 4. 110 = 분주비 64.
  011 = 분주비 8. 111 = 분주비 128.
- NSCN[4:0] : Scan Number for Scan Time Range
  00000 = 1배의 스캔 시간. 10000 = 17배의 스캔 시간.

00001 = 2배의 스캔 시간.
00010 = 3배의 스캔 시간.
00011 = 4배의 스캔 시간.
00100 = 5배의 스캔 시간.
00101 = 6배의 스캔 시간.
00110 = 7배의 스캔 시간.
00111 = 8배의 스캔 시간.
01000 = 9배의 스캔 시간.
01001 = 10배의 스캔 시간.
01010 = 11배의 스캔 시간.
01011 = 12배의 스캔 시간.
01100 = 13배의 스캔 시간.
01101 = 14배의 스캔 시간.
01110 = 15배의 스캔 시간.
01111 = 16배의 스캔 시간.
10001 = 18배의 스캔 시간.
10010 = 19배의 스캔 시간.
10011 = 20배의 스캔 시간.
10100 = 21배의 스캔 시간.
10101 = 22배의 스캔 시간.
10110 = 23배의 스캔 시간.
10111 = 24배의 스캔 시간.
11000 = 25배의 스캔 시간.
11001 = 26배의 스캔 시간.
11010 = 27배의 스캔 시간.
11011 = 28배의 스캔 시간.
11100 = 29배의 스캔 시간.
11101 = 30배의 스캔 시간.
11110 = 31배의 스캔 시간.
11111 = 32배의 스캔 시간.

- TSIEN : TSI Module Enable
  0 = TSI 모듈이 금지된다.
  1 = TSI 모듈이 허용된다.
- TSIIEN : TSI Interrupt Enable
  0 = TSI 인터럽트가 금지된다.
  1 = TSI 인터럽트가 허용된다.
- STPE : TSI STOP Enable
  0 = 이 소자가 저전력 모드로 들어가면 TSI의 동작이 금지된다.
  1 = 이 소자가 저전력 모드로 들어가더라도 TSI의 동작이 계속된다.
- STM : Scan Trigger Mode
  0 = 스캔 동작을 개시하는 것을 소프트웨어로 트리거한다.
  1 = 스캔 동작을 개시하는 것을 하드웨어로 트리거한다.
- SCNIP : Scan in Progress Status
  0 = 현재 스캔 동작을 수행하지 않고 있다.
  1 = 현재 스캔 동작을 수행하고 있다.
- EOSF : End of Scan Flag
  0 = TSI의 스캔 동작이 완료되지 않았다.
  1 = TSI의 스캔 동작이 완료되었다.
- CURSW : Current Source Swap
  0 = 외부 전극 발진회로와 내부 기준 발진회로에 공급되는 전류를 정상적으로 사용한다.
  1 = 외부 전극 발진회로와 내부 기준 발진회로에 공급되는 전류를 서로 바꾸어 사용한다.

▣ TSI0 데이터 레지스터 TSI0_DATA (디폴트값 : 0x0000_0000)

b31	b30	b29	b28	b27	b26	b25	b24	b23	b22	b21	b20	b19	b18	b17	b16
TSICH[3:0]				0	0	0	0	DMAEN	SWTS	0	0	0	0	0	0
rw	rw	rw	rw	r	r	r	r	rw	w	r	r	r	r	r	r

b15	b14	b13	b12	b11	b10	b9	b8	b7	b6	b5	b4	b3	b2	b1	b0
TSICNT[15:0]															
r	r	r	r	r	r	r	r	r	r	r	r	r	r	r	r

- TSICH[3:0] : TSI Channel Select
  0000 = 채널0. 0100 = 채널4. 1000 = 채널8. 1100 = 채널12.
  0001 = 채널1. 0101 = 채널5. 1001 = 채널9. 1101 = 채널13.
  0010 = 채널2. 0110 = 채널6. 1010 = 채널10. 1110 = 채널14.
  0011 = 채널3. 0111 = 채널7. 1011 = 채널11. 1111 = 채널15.
- DMAEN : DMA Transfer Enable
  0 = ESOR 및 TSIIEN 비트에 의하여 인터럽트 요청 신호가 발생된다.
  1 = ESOR 및 TSIIEN 비트에 의하여 DMA 요청 신호가 발생된다.
- SWTS : Software Trigger Start
  0 = 아무 동작을 수행하지 않는다.
  1 = STM 비트가 클리어되어 소프트웨어 트리거 모드로 되어있을 때 이 비트를 1로 쓰면 즉시 지정된 채널에 대하여 스캔 동작을 시작한다.

• TSICNT[15:0] : TSI Conversion Counter Value
스캔 동작을 수행하고 나서 저장된 카운터 값을 나타낸다.

▣ TSI0 드레숄드 레지스터 TSI0_TSHD (디폴트값 : 0x0000_0000)

b31	b30	b29	b28	b27	b26	b25	b24	b23	b22	b21	b20	b19	b18	b17	b16
THRESH[15:0]															
rw	rw	rw	rw	rw	rw	rw	rw	rw	rw	rw	rw	rw	rw	rw	rw
b15	**b14**	**b13**	**b12**	**b11**	**b10**	**b9**	**b8**	**b7**	**b6**	**b5**	**b4**	**b3**	**b2**	**b1**	**b0**
THRESL[15:0]															
rw	rw	rw	rw	rw	rw	rw	rw	rw	rw	rw	rw	rw	rw	rw	rw

• THRESH[15:0] : TSI Wakeup Channel High-Threshold
저전력 모드에서 TSI가 이 마이크로컨트롤러를 wakeup하기 위한 상위 비교 기준값을 설정한다. TSI의 측정값이 이것보다 크면 out-of-range가 되어 인터럽트가 발생하면서 wakeup이 수행된다.

• THRESL[15:0] : TSI Wakeup Channel Low-Threshold
저전력 모드에서 TSI가 이 마이크로컨트롤러를 wakeup하기 위한 하위 비교 기준값을 설정한다. TSI의 측정값이 이것보다 작으면 out-of-range가 되어 인터럽트가 발생하면서 wakeup이 수행된다.

13.2 TSI의 응용 프로그램

이제 MKL25Z128VLK4의 TSI 기능을 이용하여 터치 패드로 만든 키 TSI1~TSI4를 입력하는 프로그램을 작성하여 보기로 한다.

(1) TSI 입력을 실시간 그래프로 표시하는 프로그램

먼저, TSI의 데이터 레지스터를 실시간으로 읽어서 그래프로 표시하는 프로그램을 작성하여 보기로 한다. 사람이 터치 패드를 누르지 않더라도 PCB의 패턴에 의하여 약간의 외부 커패시터 C_{elec}가 존재하기 때문에 0이 아닌 약간의 TSI 데이터 값이 읽혀진다. 그러나, 사람이 손가락으로 터치 패드를 누르면 외부 커패시터 C_{elec}가 커지므로 TSI 데이터 값도 훨씬 더 크게 읽혀진다. 이 차이를 비교하여 현재 터치 패드가 눌렸는지 여부를 판단할 수 있다.

<프로그램 Exp13_2_1.c> TSI 입력을 실시간 그래프로 표시하는 프로그램

```
/* ============================================================================ */
/*   Exp13_2_1_TSI.c : 터치 센싱 입력(TSI)을 실시간 그래프로 표시                */
/* ============================================================================ */
/*                                     Programmed by Duck-Yong Yoon in 2016.    */

#include <MKL25Z4.h>
#include "OK-MKL25Z.h"

void TSI_initialize(void);                     /* initialize TSI */
void TSI_input(void);                          /* input TSI1~TSI4 */
void Graphic_line(void);                       /* draw line of graphic screen */
```

```
void Graphic_scale(void);                    /* display graphic scale */
void Graphic_clear(void);                    /* clear graphic screen */

unsigned short TSI1_count, TSI2_count, TSI3_count, TSI4_count;

/* ----- 메인 프로그램 ---------------------------------------------------- */

int main(void)
{
  unsigned char step = 1;
  unsigned short count, y1, y2, y3, y4, y1x, y2x, y3x, y4x;

  Initialize_MCU();                          // initialize MCU and kit
  Delay_ms(50);                              // wait for system stabilization
  Initialize_LCD();                          // initialize text LCD module
  Initialize_TFT_LCD();                      // initialize TFT-LCD module
  TSI_initialize();                          // initialize TSI

  LCD_string(0x80," OK-MKL25Z V1.0 ");       // display title
  LCD_string(0xC0,"  Exp13_2_1.c   ");
  Beep();

  Graphic_line();                            // draw line of graphic screen
  Graphic_scale();                           // display graphic scale

  while(1)
    { TSI_input();                           // TSI input

      count = TSI1_count;                    // draw TSI1 graphic
      if(count > 0x5000) count = 0x5000;
      y1 = 220. - count*200./(float)0x5000 + 0.5;
      if(step == 1) y1x = y1;
      Line(45+step-1,y1x, 45+step,y1, Red);
      y1x = y1;

      count = TSI2_count;                    // draw TSI2 graphic
      if(count > 0x5000) count = 0x5000;
      y2 = 220. - count*200./(float)0x5000 + 0.5;
      if(step == 1) y2x = y2;
      Line(45+step-1,y2x, 45+step,y2, Magenta);
      y2x = y2;

      count = TSI3_count;                    // draw TSI3 graphic
      if(count > 0x5000) count = 0x5000;
      y3 = 220. - count*200./(float)0x5000 + 0.5;
      if(step == 1) y3x = y3;
      Line(45+step-1,y3x, 45+step,y3, Green);
      y3x = y3;

      count = TSI4_count;                    // draw TSI4 graphic
      if(count > 0x5000) count = 0x5000;
      y4 = 220. - count*200./(float)0x5000 + 0.5;
      if(step == 1) y4x = y4;
      Line(45+step-1,y4x, 45+step,y4, Cyan);
      y4x = y4;

      TFT_xy(7,3);                           // display TSI1 count value
      TFT_color(Red,Black);
      TFT_hexadecimal(TSI1_count,4);
      TFT_xy(7,5);                           // display TSI2 count value
      TFT_color(Magenta,Black);
      TFT_hexadecimal(TSI2_count,4);
      TFT_xy(7,7);                           // display TSI3 count value
      TFT_color(Green,Black);
      TFT_hexadecimal(TSI3_count,4);
      TFT_xy(7,9);                           // display TSI4 count value
      TFT_color(Cyan,Black);
      TFT_hexadecimal(TSI4_count,4);

      if(step >= 250)                        // new screen ?
        { Graphic_clear();                   // if yes, clear screen
```

```
          Graphic_line();
          step = 0;
        }

      Delay_ms(20);
      step++;
    }
}

/* ----- 사용자 정의 함수 ------------------------------------------------------ */

void TSI_initialize(void)                      /* initialize TSI */
{
  SIM_SCGC5 |= 0x00000020;                     // enable clock for TSI

  PORTB_PCR16 = 0x00000000;                    // PTB16 = TSI0_CH9(=TSI1)
  PORTB_PCR17 = 0x00000000;                    // PTB17 = TSI0_CH10(=TSI2)
  PORTB_PCR18 = 0x00000000;                    // PTB18 = TSI0_CH11(=TSI3)
  PORTB_PCR19 = 0x00000000;                    // PTB19 = TSI0_CH12(=TSI4)

  TSI0_GENCS = 0x10CD8F80;                     // configure and enable TSI
}

void TSI_input(void)                           /* input TSI1~TSI4 */
{
  TSI0_GENCS |= 0x00000004;                    // clear EOSF flag
  TSI0_DATA = 0x90400000;                      // software trigger of channel 9(TSI1)
  while((TSI0_GENCS & 0x00000004) != 0x00000004); // wait until scan complete(EOSF = 1)
  TSI1_count = TSI0_DATA & 0x0000FFFF;         // read TSI count

  TSI0_GENCS |= 0x00000004;                    // clear EOSF flag
  TSI0_DATA = 0xA0400000;                      // software trigger of channel 10(TSI2)
  while((TSI0_GENCS & 0x00000004) != 0x00000004); // wait until scan complete(EOSF = 1)
  TSI2_count = TSI0_DATA & 0x0000FFFF;         // read TSI count

  TSI0_GENCS |= 0x00000004;                    // clear EOSF flag
  TSI0_DATA = 0xB0400000;                      // software trigger of channel 11(TSI3)
  while((TSI0_GENCS & 0x00000004) != 0x00000004); // wait until scan complete(EOSF = 1)
  TSI3_count = TSI0_DATA & 0x0000FFFF;         // read TSI count

  TSI0_GENCS |= 0x00000004;                    // clear EOSF flag
  TSI0_DATA = 0xC0400000;                      // software trigger of channel 12(TSI4)
  while((TSI0_GENCS & 0x00000004) != 0x00000004); // wait until scan complete(EOSF = 1)
  TSI4_count = TSI0_DATA & 0x0000FFFF;         // read TSI count
}

void Graphic_line(void)                        /* draw line of graphic screen */
{
  unsigned short x, y;

  Rectangle(45,20, 295,220, Cyan);             // outline

  for(x = 95; x <= 245; x += 50)               // x-axis scale
    { Line(x,18, x,22, Cyan);
      Line(x,218, x,222, Cyan);

      for(y = 25; y <= 215; y += 5)            // vertical line
        TFT_pixel(x,y, Silver);
    }

  for(y = 40; y <= 200; y += 20)               // y-axis scale
    { Line(43,y, 47,y, Cyan);
      Line(293,y, 297,y, Cyan);

      for(x = 50; x <= 290; x += 5)            // horizontal line
        TFT_pixel(x,y, Silver);
    }
}

void Graphic_scale(void)                       /* display graphic scale */
{
```

```
  TFT_string(8,0,White,Magenta," 터치 패드 TSI1~TSI4 입력 ");
  TFT_color(White,Black);                         // scale
  TFT_English_pixel(32,213, '0');                 // 0
  TFT_English_pixel(0,173, '1');                  // 0x1000
  TFT_English_pixel(8,173, '0');
  TFT_English_pixel(16,173, '0');
  TFT_English_pixel(24,173, '0');
  TFT_English_pixel(32,173, 'H');
  TFT_English_pixel(0,133, '2');                  // 0x2000
  TFT_English_pixel(8,133, '0');
  TFT_English_pixel(16,133, '0');
  TFT_English_pixel(24,133, '0');
  TFT_English_pixel(32,133, 'H');
  TFT_English_pixel(0,93, '3');                   // 0x3000
  TFT_English_pixel(8,93, '0');
  TFT_English_pixel(16,93, '0');
  TFT_English_pixel(24,93, '0');
  TFT_English_pixel(32,93, 'H');
  TFT_English_pixel(0,53, '4');                   // 0x4000
  TFT_English_pixel(8,53, '0');
  TFT_English_pixel(16,53, '0');
  TFT_English_pixel(24,53, '0');
  TFT_English_pixel(32,53, 'H');
  TFT_English_pixel(0,13, '5');                   // 0x5000
  TFT_English_pixel(8,13, '0');
  TFT_English_pixel(16,13, '0');
  TFT_English_pixel(24,13, '0');
  TFT_English_pixel(32,13, 'H');
  TFT_color(White,Black);                         // auxilliary scale
  TFT_English_pixel(301,213, '0');                // 0
  TFT_English_pixel(301,173, '1');                // 1K
  TFT_English_pixel(308,173, 'K');
  TFT_English_pixel(301,133, '2');                // 2K
  TFT_English_pixel(308,133, 'K');
  TFT_English_pixel(301,93, '3');                 // 3K
  TFT_English_pixel(308,93, 'K');
  TFT_English_pixel(301,53, '4');                 // 4K
  TFT_English_pixel(308,53, 'K');
  TFT_English_pixel(301,13, '5');                 // 5K
  TFT_English_pixel(308,13, 'K');

  TFT_color(White,Black);                         // time scale
  TFT_English_pixel(41,224, '0');                 // 0 sec
  TFT_English_pixel(91,224, '1');                 // 1 sec
  TFT_English_pixel(141,224, '2');                // 2 sec
  TFT_English_pixel(191,224, '3');                // 3 sec
  TFT_English_pixel(241,224, '4');                // 4 sec
  TFT_English_pixel(291,224, '5');                // 5 sec
}

void Graphic_clear(void)                          /* clear graphic screen */
{
  unsigned short x, y;

  for(y = 21; y <= 219; y++)
    { TFT_GRAM_address(46,y);
      for(x = 46; x <= 294; x++)
        TFT_data(Black);
    }
}
```

☞ 이 프로그램에서는 사람의 손가락으로 터치 패드 TSI1~TSI4를 각각 누름에 따라 해당 터치 데이터 값을 다른 색깔의 그래프로 표시한다. 터치 패드를 누르지 않은 상태에서는 각 터치 데이터 값이 대략 0x0500 정도 이하지만, 사람이 손가락으로 터치 패드를 누르면 이 값이 약 0x2500 정도까지 커

지는 것을 볼 수 있다. 사람의 손가락으로 터치 패드를 좁게 누르면 이 값도 작아지고, 터치 패드를 넓게 누르면 이 값도 커진다.

x축 눈금의 단위는 초(sec)이다. 약 20ms의 간격으로 터치 데이터를 읽어서 각 픽셀에 표시하므로 x축 방향으로 50픽셀 단위로 묶어진 1눈금은 약 1초를 나타내게 된다.

(2) 원 터치 기능이 없는 TSI 입력 프로그램

TSI도 일반적인 키 입력과 비슷하여 이를 누르고 뗄 때 진동이 발생할 수 있으므로 디바운싱(debouncing) 처리가 필요하다. 또한, 오랫동안 터치 패드를 누르고 있으면 TSI 입력이 여러번 수행될 수 있으므로 원 터치(one-touch) 기능을 가져야 한다.

디바운싱 기능과 원 터치 기능을 사용하지 않은 TSI 입력 프로그램은 다음과 같다. 이 프로그램을 실행하고 터치 패드를 좀 길게 누르면 여러차례 TSI가 입력된 것으로 처리되는 것을 볼 수 있다.

<프로그램 Exp13_2_2.c> 원 터치 기능이 없는 TSI 입력 프로그램

```
/* ========================================================================== */
/*       Exp13_2_2_bouncing.c : 원터치 기능이 없는 TSI 입력 프로그램           */
/* ========================================================================== */
/*                                   Programmed by Duck-Yong Yoon in 2016.   */

#include <MKL25Z4.h>
#include "OK-MKL25Z.h"

void TSI_initialize(void);                          /* initialize TSI */
unsigned char TSI_input(void);                      /* input TSI1~TSI4 */

/* ----- 메인 프로그램 ------------------------------------------------------- */

int main(void)
{
  unsigned char key;

  Initialize_MCU();                                 // initialize MCU and kit
  Delay_ms(50);                                     // wait for system stabilization
  Initialize_LCD();                                 // initialize text LCD module
  Initialize_TFT_LCD();                             // initialize TFT-LCD module
  TSI_initialize();                                 // initialize TSI

  LCD_string(0x80," OK-MKL25Z V1.0 ");              // display title
  LCD_string(0xC0,"  Exp13_2_2.c   ");
  Beep();

  TFT_string(3, 9,White,Magenta," 터치 패드 TSI1~TSI4를 누르시오 ! ");

  while(1)
    { key = TSI_input();                            // TSI input
      switch(key)
        { case KEY1 : GPIOD->PSOR = 0x00000080;
                      TFT_string(14,15, Cyan,Black, "TSI1 is OK !");
                      Delay_ms(100);
                      GPIOD->PCOR = 0x00000080;
                      break;
          case KEY2 : GPIOD->PSOR = 0x00000080;
                      TFT_string(14,15, Cyan,Black, "TSI2 is OK !");
                      Delay_ms(100);
```

```
                        GPIOD->PCOR = 0x00000080;
                        break;
        case KEY3 :     GPIOD->PSOR = 0x00000080;
                        TFT_string(14,15, Cyan,Black, "TSI3 is OK !");
                        Delay_ms(100);
                        GPIOD->PCOR = 0x00000080;
                        break;
        case KEY4 :     GPIOD->PSOR = 0x00000080;
                        TFT_string(14,15, Cyan,Black, "TSI4 is OK !");
                        Delay_ms(100);
                        GPIOD->PCOR = 0x00000080;
                        break;
        default:        break;
      }
   }
}

/* ----- 사용자 정의 함수 ------------------------------------------------------ */

void TSI_initialize(void)                         /* initialize TSI */
{
  SIM_SCGC5 |= 0x00000020;                        // enable clock for TSI

  PORTB_PCR16 = 0x00000000;                       // PTB16 = TSI0_CH9(=TSI1)
  PORTB_PCR17 = 0x00000000;                       // PTB17 = TSI0_CH10(=TSI2)
  PORTB_PCR18 = 0x00000000;                       // PTB18 = TSI0_CH11(=TSI3)
  PORTB_PCR19 = 0x00000000;                       // PTB19 = TSI0_CH12(=TSI4)

  TSI0_GENCS = 0x10CD8F80;                        // configure and enable TSI
}

unsigned char TSI_input(void)                     /* input TSI1~TSI4 */
{
  unsigned short TSI1_count, TSI2_count, TSI3_count, TSI4_count;

  TSI0_GENCS |= 0x00000004;                       // clear EOSF flag
  TSI0_DATA = 0x90400000;                         // software trigger of channel 9(TSI1)
  while((TSI0_GENCS & 0x00000004) != 0x00000004); // wait until scan complete(EOSF = 1)
  TSI1_count = TSI0_DATA & 0x0000FFFF;            // read TSI count
  if(TSI1_count >= 0x1000)
    { Beep();
      return KEY1;
    }

  TSI0_GENCS |= 0x00000004;                       // clear EOSF flag
  TSI0_DATA = 0xA0400000;                         // software trigger of channel 10(TSI2)
  while((TSI0_GENCS & 0x00000004) != 0x00000004); // wait until scan complete(EOSF = 1)
  TSI2_count = TSI0_DATA & 0x0000FFFF;            // read TSI count
  if(TSI2_count >= 0x1000)
    { Beep();
      return KEY2;
    }

  TSI0_GENCS |= 0x00000004;                       // clear EOSF flag
  TSI0_DATA = 0xB0400000;                         // software trigger of channel 11(TSI3)
  while((TSI0_GENCS & 0x00000004) != 0x00000004); // wait until scan complete(EOSF = 1)
  TSI3_count = TSI0_DATA & 0x0000FFFF;            // read TSI count
  if(TSI3_count >= 0x1000)
    { Beep();
      return KEY3;
    }

  TSI0_GENCS |= 0x00000004;                       // clear EOSF flag
  TSI0_DATA = 0xC0400000;                         // software trigger of channel 12(TSI4)
  while((TSI0_GENCS & 0x00000004) != 0x00000004); // wait until scan complete(EOSF = 1)
  TSI4_count = TSI0_DATA & 0x0000FFFF;            // read TSI count
  if(TSI4_count >= 0x1000)
    { Beep();
      return KEY4;
    }
```

```
  return no_key;
}
```

☞ 앞의 예제 Exp13_2_1.c에서 보았듯이 터치 패드를 누르지 않았을 때는 TSI 데이터 값이 0x0500 정도로 읽혀지고, 터치 패드를 눌렀을 때는 0x2500까지 읽혀지므로, 만약 읽혀진 데이터 값이 0x1000을 넘으면 터치 패드가 눌려진 것으로 판단하였다.

(3) 원 터치 기능이 있는 TSI 입력 프로그램

디바운싱 기능과 원 터치 기능을 사용한 TSI 입력 프로그램은 다음과 같다. 이 프로그램에서는 터치 패드를 길게 누르든 짧게 누르든 정확히 1번만 TSI가 입력된 것으로 처리되는 것을 볼 수 있다.

<프로그램 Exp13_2_3.c> 원 터치 기능이 있는 TSI 입력 프로그램

```
/* ========================================================================== */
/*      Exp13_2_3_debouncing.c : 원터치 기능이 있는 TSI 입력 프로그램          */
/* ========================================================================== */
/*                                   Programmed by Duck-Yong Yoon in 2016.    */

#include <MKL25Z4.h>
#include "OK-MKL25Z.h"

void TSI_initialize(void);                      /* initialize TSI */
unsigned char TSI_input(void);                  /* input TSI1~TSI4 */

unsigned char TSI_flag = 0;                     // TSI input flag

/* ----- 메인 프로그램 ------------------------------------------------------ */

int main(void)
{
  unsigned char key;

  Initialize_MCU();                             // initialize MCU and kit
  Delay_ms(50);                                 // wait for system stabilization
  Initialize_LCD();                             // initialize text LCD module
  Initialize_TFT_LCD();                         // initialize TFT-LCD module
  TSI_initialize();                             // initialize TSI

  LCD_string(0x80," OK-MKL25Z V1.0 ");          // display title
  LCD_string(0xC0,"  Exp13_2_3.c   ");
  Beep();

  TFT_string(3, 9,White,Magenta," 터치 패드 TSI1~TSI4를 누르시오 ! ");

  while(1)
    { key = TSI_input();                        // TSI input
      switch(key)
        { case KEY1 : GPIOD->PSOR = 0x00000080;
                      TFT_string(14,15, Cyan,Black, "TSI1 is OK !");
                      Delay_ms(100);
                      GPIOD->PCOR = 0x00000080;
                      break;
          case KEY2 : GPIOD->PSOR = 0x00000080;
                      TFT_string(14,15, Cyan,Black, "TSI2 is OK !");
                      Delay_ms(100);
```

```
                    GPIOD->PCOR = 0x00000080;
                    break;
        case KEY3 : GPIOD->PSOR = 0x00000080;
                    TFT_string(14,15, Cyan,Black, "TSI3 is OK !");
                    Delay_ms(100);
                    GPIOD->PCOR = 0x00000080;
                    break;
        case KEY4 : GPIOD->PSOR = 0x00000080;
                    TFT_string(14,15, Cyan,Black, "TSI4 is OK !");
                    Delay_ms(100);
                    GPIOD->PCOR = 0x00000080;
                    break;
        default:    break;
      }
  }
}
/* ----- 사용자 정의 함수 ------------------------------------------------------ */

void TSI_initialize(void)                         /* initialize TSI */
{
  SIM_SCGC5 |= 0x00000020;                        // enable clock for TSI

  PORTB_PCR16 = 0x00000000;                       // PTB16 = TSI0_CH9(=TSI1)
  PORTB_PCR17 = 0x00000000;                       // PTB17 = TSI0_CH10(=TSI2)
  PORTB_PCR18 = 0x00000000;                       // PTB18 = TSI0_CH11(=TSI3)
  PORTB_PCR19 = 0x00000000;                       // PTB19 = TSI0_CH12(=TSI4)

  TSI0_GENCS = 0x10CD8F80;                        // configure and enable TSI
}

unsigned char TSI_input(void)                     /* input TSI1~TSI4 */
{
  unsigned char key;
  unsigned short TSI1_count, TSI2_count, TSI3_count, TSI4_count;

  TSI0_GENCS |= 0x00000004;                       // clear EOSF flag
  TSI0_DATA = 0x90400000;                         // software trigger of channel 9(TSI1)
  while((TSI0_GENCS & 0x00000004) != 0x00000004); // wait until scan complete(EOSF = 1)
  TSI1_count = TSI0_DATA & 0x0000FFFF;            // read TSI count

  TSI0_GENCS |= 0x00000004;                       // clear EOSF flag
  TSI0_DATA = 0xA0400000;                         // software trigger of channel 10(TSI2)
  while((TSI0_GENCS & 0x00000004) != 0x00000004); // wait until scan complete(EOSF = 1)
  TSI2_count = TSI0_DATA & 0x0000FFFF;            // read TSI count

  TSI0_GENCS |= 0x00000004;                       // clear EOSF flag
  TSI0_DATA = 0xB0400000;                         // software trigger of channel 11(TSI3)
  while((TSI0_GENCS & 0x00000004) != 0x00000004); // wait until scan complete(EOSF = 1)
  TSI3_count = TSI0_DATA & 0x0000FFFF;            // read TSI count

  TSI0_GENCS |= 0x00000004;                       // clear EOSF flag
  TSI0_DATA = 0xC0400000;                         // software trigger of channel 12(TSI4)
  while((TSI0_GENCS & 0x00000004) != 0x00000004); // wait until scan complete(EOSF = 1)
  TSI4_count = TSI0_DATA & 0x0000FFFF;            // read TSI count

  if((TSI_flag == 0) && (TSI1_count >= 0x1000))
    { TSI_flag = 1;
      key = KEY1;
      Beep();
    }
  else if((TSI_flag == 0) && (TSI2_count >= 0x1000))
    { TSI_flag = 1;
      key = KEY2;
      Beep();
    }
  else if((TSI_flag == 0) && (TSI3_count >= 0x1000))
    { TSI_flag = 1;
      key = KEY3;
      Beep();
    }
```

```
  else if((TSI_flag == 0) && (TSI4_count >= 0x1000))
    { TSI_flag = 1;
      key = KEY4;
      Beep();
    }
  else if((TSI_flag == 1) && (TSI1_count < 0x1000) && (TSI2_count < 0x1000) && (TSI3_count <
0x1000) && (TSI4_count < 0x1000))
    { TSI_flag = 0;
      key = no_key;
      Delay_ms(50);
    }
  else
    key = no_key;

  return key;
}
```

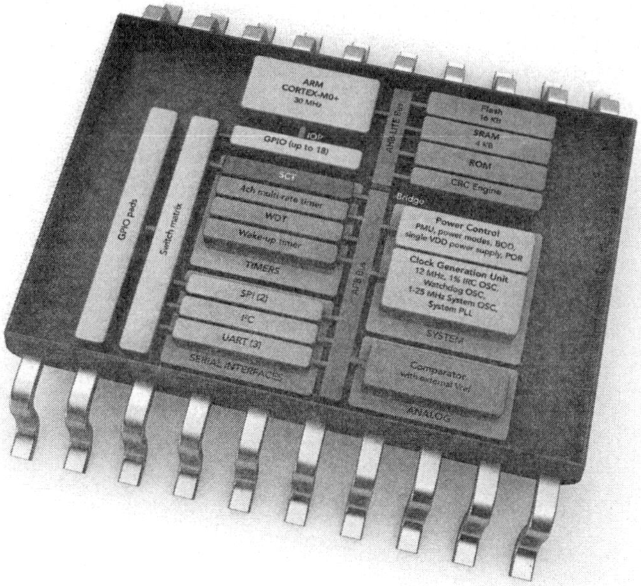

참고 문헌

[1] Cortex-M0+ Technical Reference Manual(ARM DDI 0484C), ARM, 2012.
[2] Cortex-M0+ Devices Generic User Guide(ARM DUI 0662B), ARM, 2012.
[3] KL25 Sub-Family Reference Manual, Freescale, 2012.
[4] Kinetis KL25 Sub-Family datasheet, Freescale, 2014.

저자 소개

(1) 학력

1981. 2. 서울대학교 전기공학과 졸업
1983. 2. 서울대학교 대학원 전기공학과 졸업(공학석사)
1995. 2. 단국대학교 대학원 전기공학과 졸업(공학박사)

(2) 주요 경력

1982. 12.~1984. 5. 삼성전자(주) 종합연구소 근무
1984. 6. ~1985. 2. 한독(주) 컴퓨터기술연구소 근무
1985. 3. ~2006. 2. 국립 천안공업대학 전자계산기과/제어계측과 교수
2005. 3. ~현재 국립 공주대학교 천안공과대학 전기전자제어공학부 교수

(3) 저서

마이크로프로세서 응용실습 (1988, 자유아카데미)
16비트 마이크로프로세서 및 IBM PC 하드웨어 입문 (1991, 조원사)
마이크로프로세서 응용 -Z80 MASTER- (1998, Ohm사)
DSP 마스터 시리즈 ① - TMS320C31 마스터 (1998, Ohm사)
DSP 마스터 시리즈 ② - TMS320C32 마스터 (1999, Ohm사)
어셈블리와 C언어로 익히는 80C196KC 마스터(I) (2000, Ohm사)
어셈블리와 C언어로 익히는 80C196KC 마스터(II) (2000, Ohm사)
어셈블리와 C언어로 익히는 8051 마스터 (2001, Ohm사)
어셈블리와 C언어로 익히는 AT89S52 마스터 (2006, Ohm사)
프로세서 응용 시리즈 ① - LCD 모듈의 철저 활용 (2002, Ohm사)
프로세서 응용 시리즈 ② - LCD 모듈 활용 마스터 (2004, Ohm사)
프로세서 응용 시리즈 ③ - ATmega128을 활용한 졸업작품 만들기(I) (2005, Ohm사)
프로세서 응용 시리즈 ④ - 졸업작품 만들기(VII) TFT-LCD 모듈 활용 마스터 (2009, Ohm사)
AVR 마스터 시리즈 ① - AVR ATmega128 마스터 (2004, Ohm사)
AVR 마스터 시리즈 ② - AVR ATmega162 마스터 (2004, Ohm사)
AVR 마스터 시리즈 ③ - AVR ATmega8515 마스터 (2004, Ohm사)
고성능 AVR 정복 시리즈 ① - AVR ATmega128 정복 (2006, Ohm사)
고성능 AVR 정복 시리즈 ② - AVR ATmega1281/2561 정복 (2006, Ohm사)
고성능 AVR 정복 시리즈 ③ - AVR ATmega1280/2560 정복 (2006, Ohm사)
고성능 AVR 정복 시리즈 ④ - AVR ATxmega 패밀리 정복 (2010, Ohm사)
고성능 AVR 정복 시리즈 ⑤ - AVR ATmega128A 바이블 (2011, Ohm사)
ARM 시작하기 시리즈 ① - ARM7TDMI AT91SAM7S256으로 시작하기 (2007, Ohm사)
ARM 시작하기 시리즈 ② - ARM Cortex-M0 STM32F051 마스터 (2013, Ohm사)
실용 모터제어 시리즈 ① - 직류전동기 제어 기술 (2015, Ohm사)
실용 모터제어 시리즈 ② - BLDC 모터 제어 기술 (2015, Ohm사)
NXP사의 ARM Cortex-M0+ MKL25Z128VLK4 활용 (2016, Ohm사)

(4) 주 관심 분야

벡터제어 인버터를 이용한 유도전동기 및 동기전동기 서보제어 시스템 설계
마이크로프로세서를 이용한 자동화 시스템 및 제어계측 시스템 설계
기타 마이크로프로세서, 마이크로컨트롤러 및 DSP 응용 시스템 개발
마이크로프로세서와 마이크로컨트롤러의 기초 및 응용분야 교육

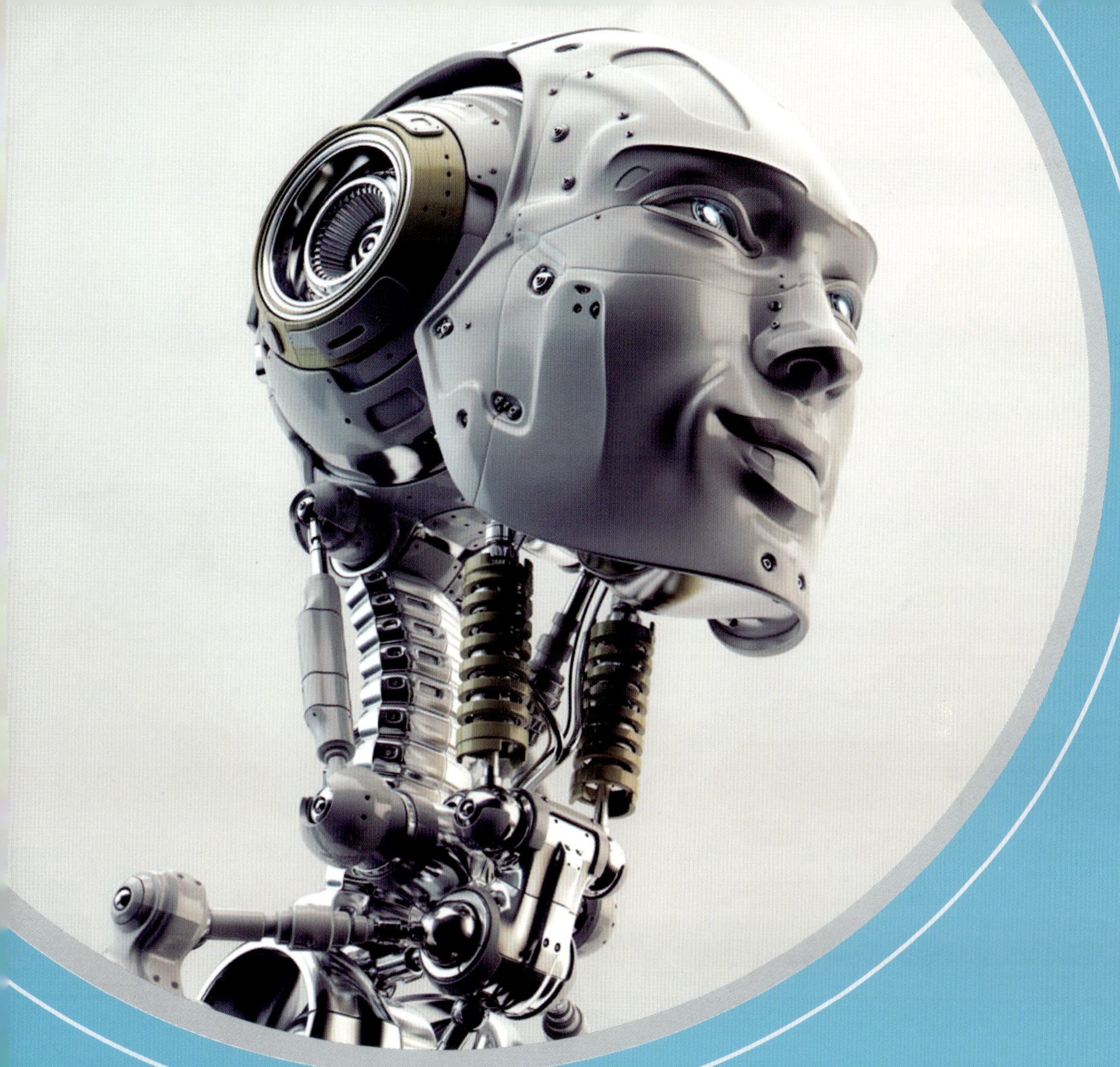

통신 모듈

RNKit

iBeacon 동글

SPI 제어 이더넷 모듈

시리얼 무선모듈

지그비모듈

WIFI 쉴드

시리얼 WIFI 쉴드

TCP/IP W5100 쉴드

RFID 리더 쉴드

USB 호스트 쉴드

GPS 쉴드

블루투스 쉴드

WizFi 쉴드

W5200 이더넷 쉴드

CAN BUS 쉴드

GPS 안테나

센서 모듈

RNKit

다양한 센서를 활용한 로봇 구현과 IoT 환경에서에서 활용이 가능한 센서 모듈입니다.

초음파 센서 모듈

포토인터럽트 모듈

적외선 송수신 모듈

MMA7361
가속도 센서 모듈

MPU-6050
가속도 센서 모듈

MMA7455
가속도 센서 모듈

습도 센서 모듈

가스 센서 모듈

칼라 센서모듈

인체 감응 센서 모듈

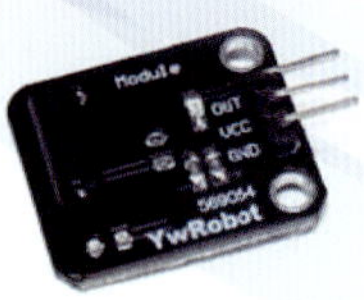

진동센서 모듈

홀 센서 모듈

마그네틱 센서 모듈

레이더센서모듈

온도센서 모듈

입력 모듈

스위치, 터치, 조이스틱 등의 입력 방식을 활용 가능한 입력 모듈입니다.

조이스틱 모듈

4x4 키패드 모듈

미니 조이스틱 쉴드

조이스틱 쉴드

터치 센서 모듈

출력 모듈

외부 기기 제어를 위한 릴레이 출력과 적외선 리모콘 제어 모듈입니다.

5V용 1회로
릴레이 모듈

5V용 1회로 릴레이
모듈(포터커플러)

5V용 2회로 릴레이
모듈

5V용 2회로 릴레이
모듈(포터커플러)

MAX7219
도트메트릭스 모듈

5V 4채널
릴레이 쉴드

1채널 적외선
리모콘 제어(릴레이)

8채널 적외선
리모콘 제어(TTL)

4채널 적외선
리모콘 제어(TTL)

DC-DC Converter
3V to 5V 1A

모터 드라이버

DC모터와 스테핑 모터 구동을 위한 드라이버 모듈입니다.

L298N 스테핑
모터 드라이버

L298N 4채널 모터
드라이버(H-브리지)

THB7128 스테핑
모터 드라이버

L293D 모터 쉴드

L298N 모터 쉴드

기타

준비된 다양한 모듈로 캡스톤 디자인의 완성도를 높일 수 있습니다.

OV7670 CCD 모듈

시리얼 카메라 모듈

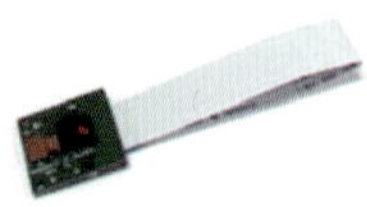
라즈베리 카메라

OLED 모듈

RTC 모듈

Micro SD 제어 모듈

5V 승압 모듈

리튬이온 충전 모듈

라즈베리파이 쉴드

악세사리 쉴드

클럭 쉴드

SD/TF 카드 쉴드

기초학습 쉴드

뮤직 쉴드

Mega2560 센서 프로토 쉴드

패키지 KIT

아두이노 기초 학습 패키지를 통해 아두이노를 활용한 캡스톤 디자인에 도전해 보세요.

아두이노 구동 로봇

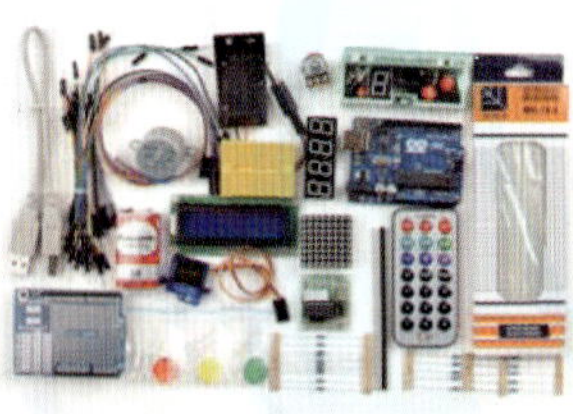
아두이노 우노 실험 KIT

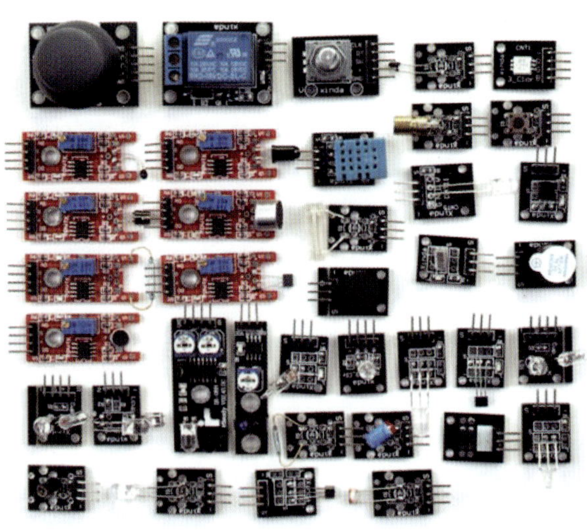
아두이노 센서 37종

프로세서

AVR, 아두이노, 라즈베리파이, STM32 개발 보드 등의 다양한 프로세서 모듈이 구성되어 있어 작품의 난이도에 맞게 자유롭게 선택하여 개발이 가능합니다.

아두이노 UNO

아두이노 Mega2560

라즈베리파이 2

STM32 개발 보드

디스플레이 모듈

다양한 아두이노 디스플레이 쉴드와 문자형 LCD부터 TFT 풀칼라 LCD 까지, 작품의 화려함을 더해 줍니다.

2.4인치 TFT LCD

3.2인치 TFT LCD

LCD & Key 쉴드

칼라 RGB 쉴드

2.8인치 TFT 터치 쉴드

통신 모듈

블루투스, WIFI, GPS 등 다양한 유 · 무선 통신 모듈로 웹서버, 모바일 통신, IoT 등의 구현에 이용할 수 있습니다.

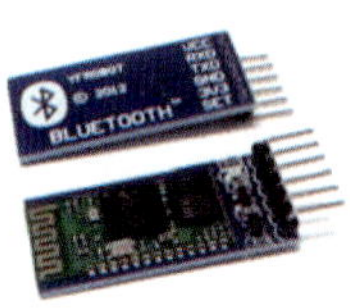

블루투스 모듈

WIFI 모듈

WIFI-232 변환 모듈

2.4GHz 무선 모듈

GPS 모듈

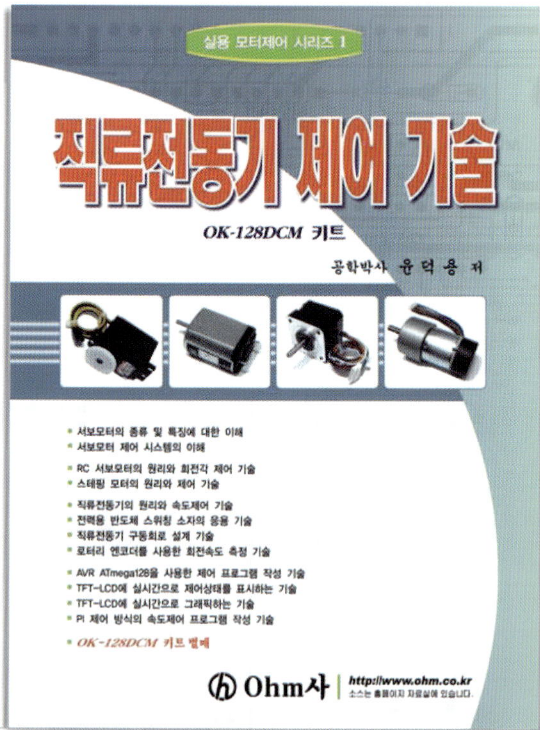

도서출판 Ohm사

실용 모터제어 시리즈 ①

직류전동기 제어 기술

이 책은 실제로 전동기 제어 시스템의 하드웨어를 설계하고 제어 프로그램을 작성하는 실용적인 기술을 다루고자 하며, 스스로 이 분야의 기술을 익혀서 졸업작품을 만들고자 하는 관련 학과의 학생이나 산업체에서 이 분야의 기술개발 업무를 수행하는현장 엔지니어들에게도 도움이 될 것입니다.

제1장 전동기란 무엇인가
제2장 RC 서보모터의 제어기술
제3장 스테핑 모터의 제어기술
제4장 직류전동기의 제어기술
제5장 초소형 직류전동기의 속도제어
제6장 소형 직류전동기의 속도제어
제7장 OK-128DCM 직류전동기 제어 키트

실용 모터제어 시리즈 ② – BLDC 전동기 제어 기술 (계획중)
실용 모터제어 시리즈 ③– 단상 유도전동기 제어 기술 (계획중)
실용 모터제어 시리즈 ④ – 벡터제어 인버터 설계 기술 (계획중)

OK-128DCM KIT

항 목	사 양
1. MCU	ATmega128A-AU(16 MHz)
2. ROM	MCU에 내장된 128KB의 플래시 메모리
3. RAM	MCU에 내장된 4KB
4. 프로그램 입력/실행	1. 표준 USB형 AVRISP mkII 다운로드 케이블 2. 병렬포트형 AVR ISP 다운로드 케이블
5. I/O	1. MCU 프로그램용 6핀 컨넥터 2. MCU가 직접 제어하는 기본 I/O 기능 ① 3.2인치 240×320 픽셀 TFT-LCD 모듈 ② 4개의 키입력 스위치(KEY1 ~ KEY4) ③ +5V용 버저 ④ 시스템 모드 설정용 2비트 DIP 스위치 ⑤ RS-232C 직렬포트(CN5) ⑥ 12비트 2채널 D/A 컨버터 MCP4822 3. 모터제어를 위한 I/O 기능 ① 3개의 RC 서보모터 제어 컨넥터(CN6 ~ 8) ② 2SC1815를 사용한 초소형 직류전동기 단방향 제어 컨넥터(CN9) ③ IRF530을 사용한 소형 직류전동기 단방향 제어 컨넥터(CN10) ④ L298을 사용한 소형 직류전동기 양방향 제어 컨넥터(CN12) ⑤ 2상/4상 스테핑 모터 제어 컨넥터(CN13) ⑥ 전동기 속도 및 방향 검출 컨넥터(CN11) ⑦ 전동기 회전방향 표시용 LED(LED2 ~ 3) ⑧ 기준속도 입력용 가변저항(VR1) ⑨ 전동기 전류 검출용 션트저항(R20)
6. 전원	+5V(3A 이상), +12V(1A 이상)
7. PCB 외형	150×112mm 양면 에폭시 기판

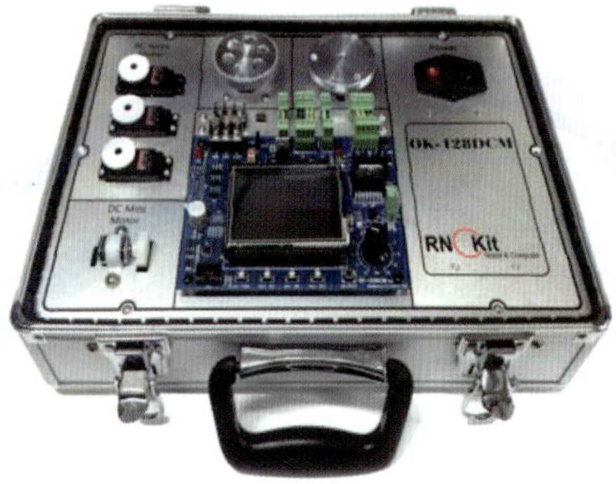

http://www.ohm.co.kr
E-mail :ohm@ohm.co.kr
소스는 홈페이지 자료실에 있습니다.

NXP사의 ARM Cortex-M0+
MKL25Z128VLK4 활용 -OK-MKL25Z 키트-

초판인쇄	2016년 3월 20일
초판발행	2016년 3월 25일
저 자	윤 덕 용
발 행 인	곽 종 학
발 행 처	도서출판 Ohm사
주 소	140-150 서울 용산구 갈월동 17번지 세기B/D
전 화	02-776-4868~9
팩 스	02-779-6757
등록번호	1975년 9월 12일 제3-3호

ISBN 978-89-7101-796-8 정가 38,000원